2024年版
第二種電気工事士
筆記試験 模範解答集

電気書院　編

電気書院

[本書の正誤に関するお問い合せ方法は，最終ページをご覧ください]

2024年版 第二種電気工事士学科試験模範解答集 目次

第二種電気工事士試験の申込日程等……………………………………………2
2023年度第二種電気工事士（上期試験）全国高校生・高専生合格者ランキング……3
● これだけは覚えよう　一般問題 ……………………………4
● これだけは覚えよう　鑑別 名称と用途 ……………………21
● これだけは覚えよう　配線図問題① 図記号，材料・工具の選別 ……25
● これだけは覚えよう　配線図問題② 回路についての問題 ……38
● チャレンジ　配線図問題 ……………………………50

試験問題と解答・解説

◆ 2023年度(令和5年度)：上期試験–午前実施分…… 試験問題 72／解答・解説 82
◆ 2023年度(令和5年度)：上期試験–午後実施分…… 試験問題 88／解答・解説 98
◆ 2023年度(令和5年度)：下期試験–午前実施分…… 試験問題 104／解答・解説 114
◆ 2023年度(令和5年度)：下期試験–午後実施分…… 試験問題 120／解答・解説 130
◆ 2022年度(令和4年度)：上期試験–午前実施分…… 試験問題 136／解答・解説 146
◆ 2022年度(令和4年度)：上期試験–午後実施分…… 試験問題 152／解答・解説 162
◆ 2022年度(令和4年度)：下期試験–午前実施分…… 試験問題 168／解答・解説 178
◆ 2022年度(令和4年度)：下期試験–午後実施分…… 試験問題 184／解答・解説 194
◆ 2021年度(令和3年度)：上期試験–午前実施分…… 試験問題 200／解答・解説 210
◆ 2021年度(令和3年度)：上期試験–午後実施分…… 試験問題 216／解答・解説 226
◆ 2021年度(令和3年度)：下期試験–午前実施分…… 試験問題 232／解答・解説 242
◆ 2021年度(令和3年度)：下期試験–午後実施分…… 試験問題 248／解答・解説 258
◆ 2020年度(令和2年度)：下期試験–午前実施分…… 試験問題 264／解答・解説 274
◆ 2020年度(令和2年度)：下期試験–午後実施分…… 試験問題 280／解答・解説 290
◆ 2019年度(令和元年度)：上期試験…………… 試験問題 296／解答・解説 306
◆ 2019年度(令和元年度)：下期試験…………… 試験問題 312／解答・解説 322
◆ 2018年度(平成30年度)：上期試験…………… 試験問題 328／解答・解説 338
◆ 2018年度(平成30年度)：下期試験…………… 試験問題 344／解答・解説 354
◆ 2017年度(平成29年度)：上期試験…………… 試験問題 360／解答・解説 370
◆ 2017年度(平成29年度)：下期試験…………… 試験問題 376／解答・解説 386
◆ 2016年度(平成28年度)：上期試験…………… 試験問題 392／解答・解説 402
◆ 2016年度(平成28年度)：下期試験…………… 試験問題 408／解答・解説 418
◆ 2015年度(平成27年度)：上期試験…………… 試験問題 424／解答・解説 434
◆ 2015年度(平成27年度)：下期試験…………… 試験問題 440／解答・解説 450
◆ 2014年度(平成26年度)：上期試験…………… 試験問題 456／解答・解説 466
◆ 2014年度(平成26年度)：下期試験…………… 試験問題 472／解答・解説 482
巻末：第二種電気工事士試験で必要な電気関連法規抜粋 ……………………487
巻末：構内電気設備の配線用図記号 JIS C 0303：2000（抜粋）………………508

第二種電気工事士試験の申込日程等

■ 受験申込期間・試験地・試験日程

上期試験，下期試験の両方の受験が可能です．学科試験免除の取り扱いは，上期学科試験に合格した場合，学科試験免除の権利は，その年度の下期試験だけに有効となり，下期学科試験に合格した場合，学科試験免除の権利は，次年度の上期試験だけに有効となります．また，2023年度の試験からパソコンで行うCBT方式が導入され，従来の筆記方式・CBT方式のいずれかを選択し申し込みます．試験の実施方法などの詳細は，一般財団法人電気技術者試験センターホームページ（https://www.shiken.or.jp）でご確認下さい．

		上期試験	下期試験
受験申込受付期間		2024年 3月18日（月）～ 4月8日（木） ＊申込期間は，CBT方式・筆記方式・学科免除者共に同じです．	2024年 8月19日（月）～ 9月5日（木） ＊申込期間は，CBT方式・筆記方式・学科免除者共に同じです．
学科試験日	CBT方式＊	4月22日（月）～ 5月9日（木）	9月20日（金）～ 10月7日（月）
	筆記方式＊	5月26日（日）	10月27日（日）
技能試験日		7月20日（土）または 7月21日（日）	12月14日（土）または 12月15日（日）

＊学科試験は，CBT方式または筆記方式のいずれかの受験となります．CBT方式の試験を欠席した場合，筆記方式の受験はできません．CBT方式は，所定の期間内に受験場所，試験時間を選択することが可能です．

■ 合格基準点について

学科試験（CBT方式・筆記方式）は全50問×各2点の計100点満点です．筆記方式の解答は，試験翌日に一般財団法人電気技術者試験センターのホームページで問題と共に公表されます（CBT方式は公表なし）．合格基準点は60点です．過去の問題に取り組む際は，80点以上を目標に8割以上の理解度を意識しましょう．

■ 過去10年間の合格状況一覧

※令和４年度までは「筆記試験」，令和５年度以降は「学科試験」

年度	学科試験※			技能試験		
	受験者数	合格者数	合格率[%]	受験者数	合格者数	合格率[%]
26年度上期	79,323	49,312	62.2	62,919	47,447	75.4
26年度下期	26,205	12,960	49.5	14,962	10,304	68.9
27年度上期	79,002	49,340	62.5	60,650	43,547	71.8
27年度下期	39,447	20,364	51.6	23,422	15,894	67.9
28年度上期	74,737	48,697	65.2	62,508	46,317	74.1
28年度下期	39,791	18,453	46.4	22,297	15,899	71.3
29年度上期	71,646	43,724	61.0	55,660	39,704	71.3
29年度下期	40,733	22,655	55.6	25,696	16,282	63.4
30年度上期	74,091	42,824	57.8	55,612	38,586	69.4
30年度下期	49,188	25,497	51.8	39,786	25,791	64.8

年度	学科試験※			技能試験		
	受験者数	合格者数	合格率[%]	受験者数	合格者数	合格率[%]
元年度上期	75,066	53,026	70.6	58,699	39,581	67.4
元年度下期	47,200	27,599	58.5	41,680	25,935	62.2
2年度上期	—	—	—	41,680	25,935	62.2
2年度下期	104,883	65,114	62.1	66,113	48,202	72.9
3年度上期	86,418	52,176	60.4	64,443	47,841	74.2
3年度下期	70,135	40,464	57.7	51,833	36,843	71.1
4年度上期	78,634	45,734	58.2	53,558	39,771	74.3
4年度下期	66,454	35,445	53.3	44,101	31,117	70.6
5年度上期	70,414	42,187	59.9	49,547	36,250	73.2

※令和２年度の上期筆記試験は，新型コロナウイルス感染症感染拡大防止の観点から，試験実施が中止された．
令和２年度の上期技能試験は，上期筆記試験免除者のみを対象として実施された．

2023年度 第二種電気工事士（上期試験）
全国高校生・高専生合格者ランキング

※全国の工業高校を対象に弊社独自に集計しました.

順位	学校名	合格者数	(率)
1	東京都立府中工科高等学校	84	(91.3)
2	茨城県水戸工業高等学校	74	(89.2)
3	愛知県立豊橋工科高等学校	70	(89.7)
4	相川学園静清高等学校	67	(88.2)
5	呉武田学園呉港高等学校	66	(79.5)
6	滋賀県立瀬田工業高等学校	65	(85.5)
7	福岡工業大学附属城東高等学校	64	(85.3)
8	愛知県立半田工科高等学校	59	(78.7)
9	山梨県立甲府工業高等学校（全）	58	(86.6)
10	名古屋工業高等学校	57	(68.7)
11	茨城県立下館工業高等学校	49	(80.3)
11	静岡県立科学技術高等学校（全）	49	(68.1)
11	大阪府立堺工科高等学校	49	(61.3)
14	愛知産業大学三河高等学校	48	(35.3)
15	岡山県立倉敷工業高等学校	46	(80.7)
16	北海道帯広工業高等学校	43	(93.5)
16	大阪府立都島工業高等学校（全）	43	(87.8)
16	東京都立蔵前工科高等学校	43	(63.2)
19	徳島県立徳島科学技術高等学校（定）	42	(84.0)
19	仙台市立仙台工業高等学校	42	(75.0)
21	北海道立札幌琴似工業高等学校	40	(85.1)
22	高知県立高知工業高等学校（全）	36	(94.7)
22	北海道苫小牧工業高等学校	36	(94.7)
22	三重県立松阪工業高等学校	36	(92.3)
25	東京実業高等学校	35	(94.6)
25	福井県立科学技術高等学校	35	(94.6)
25	茨城県立玉造工業高等学校	35	(87.5)
25	新潟県立新潟工業高等学校	35	(61.4)
29	栃木県立真岡工業高等学校	34	(91.9)
29	愛知県立愛知総合工科高等学校	34	(89.5)
29	埼玉県立春日部工業高等学校	34	(85.0)
32	福島県立郡山北工業高等学校	31	(86.1)
33	北海道函館工業高等学校（全）	29	(96.7)
33	福島県立平工業高等学校	29	(90.6)
35	兵庫県立兵庫工業高等学校	28	(93.3)
35	広島市立広島工業高等学校	28	(82.4)
37	長野県駒ケ根工業高等学校	27	(84.4)
38	福井県立敦賀工業高等学校	26	(89.7)
38	大阪府立佐野工科高等学校	26	(50.0)
40	宮城県工業高等学校	25	(92.6)
40	茨城県立土浦工業高等学校	25	(86.2)
40	千葉県立千葉工業高等学校	25	(86.2)
40	岩手県立福岡工業高等学校	25	(55.6)
44	兵庫県立姫路工業高等学校	24	(92.3)
45	神奈川県立川崎工科高等学校	23	(88.5)
45	埼玉県立秩父農工科学高等学校	23	(82.1)
47	島根県立益田翔陽高等学校	22	(84.6)
47	福島県立福島工業高等学校（全）	22	(75.9)
49	埼玉県立大宮工業高等学校	21	(56.8)
49	徳島県立つるぎ高等学校	21	(55.3)
51	川崎市立川崎総合科学高等学校	20	(90.9)
51	兵庫県立豊岡総合高等学校	20	(87.0)
51	愛知県立岡崎工業高等学校（全）	20	(76.9)
54	栃木県立矢板高等学校	19	(79.2)
54	沖縄県立美里工業高等学校	19	(76.0)
54	長野県飯田 OIDE 長姫高等学校	19	(73.1)
54	東京都立墨田工科高等学校（全）	19	(67.9)
58	兵庫県立飾磨工業高等学校（全）	18	(90.0)
59	星翔高等学校	16	(66.7)
59	京都市立京都工学院高等学校	16	(57.1)
61	岐阜県立高山工業高等学校	15	(93.8)
61	茨城県立波崎高等学校	15	(78.9)
61	千葉県立清水高等学校	15	(68.2)
64	新田高等学校	14	(87.5)
64	神奈川県立横須賀工業高等学校	14	(70.0)
66	大阪府泉尾工業高等学校	13	(100)
66	茨城県立日立工業高等学校	13	(86.7)
66	新潟県立上越総合技術高等学校	13	(81.3)
69	静岡県立浜松工業高等学校（全）	12	(92.3)
69	愛知工業大学名電高等学校	12	(80.0)
69	福島県立清陵情報高等学校	12	(75.0)
72	埼玉県立越谷総合技術高等学校	11	(100)
72	関市立関商工高等学校	11	(100)
74	東京都立荒川工科高等学校（全）	10	(90.9)
74	長野県松本工業高等学校	10	(90.9)
74	大森学園高等学校	10	(76.9)
77	宮城県白石工業高等学校	9	(81.8)
77	岡山県立笠岡工業高等学校	9	(69.2)
77	松韻学園 福島高等学校	9	(69.2)
77	岩手県立水沢工業高等学校	9	(60.0)
77	秋田県立由利工業高等学校	9	(39.1)
82	新潟県立柏崎工業高等学校	8	(100)
82	福島県立勿来工業高等学校	8	(88.9)
82	静岡県立浜松城北工業高等学校	8	(66.7)
85	新潟県立新発田南高等学校	7	(100)
85	宮城県黒川高等学校	7	(100)
85	山口県桜ヶ丘高等学校	7	(77.8)
88	神奈川県立平塚工科高等学校	6	(100)
88	愛媛県立吉田高等学校	6	(75.0)
90	神奈川県立磯子工業高等学校（全）	5	(100)
90	宮城県石巻工業高等学校	5	(100)
90	東京都立町田工科高等学校	5	(71.4)
90	尼崎市立尼崎双星高等学校	5	(62.5)
90	高知県立宿毛工業高等学校	5	(62.5)
95	青森県立十和田工業高等学校	4	(100)
95	宮城県第二工業高等学校	4	(100)
95	楊志館高等学校	4	(80.0)
98	北海道滝川工業高等学校	3	(75.0)
98	鳥取県立境港総合技術高等学校	3	(60.0)
98	愛知県立三谷水産高等学校	3	(50.0)
98	北海道札幌工業高等学校（定）	3	(50.0)
102	石川県立金沢北陵高等学校	2	(100)
102	徳島県立徳島科学技術高等学校（全）	2	(100)
102	富山県立砺波工業高等学校	2	(100)
102	兵庫県立飾磨工業高等学校（多部制 1、2 部）	2	(40.0)
106	秋田県立小坂高等学校	1	(100)
106	宮城県登米総合産業高等学校	1	(100)
106	長崎県立長崎工業高等学校（定）	1	(50.0)
106	東京都立橘高等学校（全）	1	(33.3)
106	北海道小樽水産高等学校	1	(33.3)

（送付：276 校／返信：110 校／掲載：110 校）
2023 年 10 月 10 日集計 /11 月 20 日更新

一般問題

1. 抵抗の直並列接続

1. 抵抗の直列接続

抵抗 R_1[Ω]，抵抗 R_2[Ω] を直列接続したときの合成抵抗 R[Ω] は，右のように求められる．

$$R=R_1+R_2\ [\Omega]$$

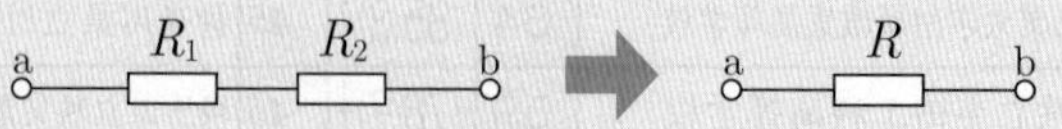

2. 抵抗の並列接続

抵抗 R_1[Ω]，抵抗 R_2[Ω] を並列接続したときの合成抵抗 R[Ω] は，下図のように抵抗 R_1[Ω]，抵抗 R_2[Ω] の和(R_1+R_2)と積($R_1\times R_2$)の「和分の積」という計算方法で求められる．

$$R=\frac{R_1R_2}{R_1+R_2}\ [\Omega]$$

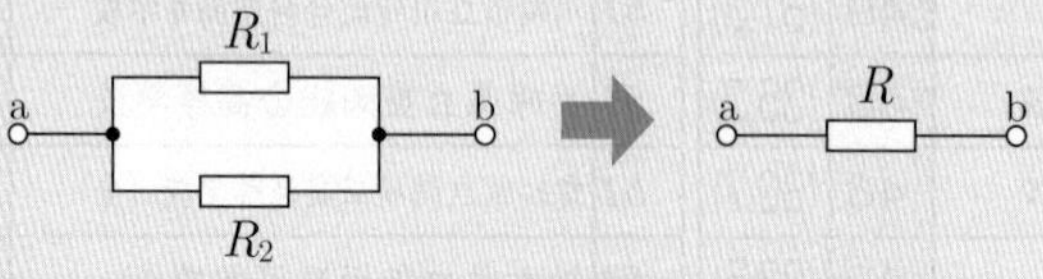

また，合成抵抗はそれぞれの抵抗よりも小さくなり，同じ抵抗値の抵抗 R_n[Ω] を n 個並列接続した場合の合成抵抗は，

$$R=\frac{R_n}{n}\ [\Omega]$$

となる．(例：4 Ω の抵抗を 2 個並列接続した場合の合成抵抗 R[Ω] は，$R=\frac{4}{2}=2\,\Omega$)

2. オームの法則と電圧・電流の計算

1. オームの法則

電気回路に流れる電流 I[A] は，電圧 V[V] に比例し，抵抗 R[Ω] に反比例する．

$$I=\frac{V}{R}\ [\mathrm{A}],\quad R=\frac{V}{I}\ [\Omega],\quad V=IR\ [\mathrm{V}]$$

2. 電圧の計算

抵抗 R_1[Ω]，R_2[Ω] を直列接続した回路に電圧 V[V] を加えたとき，それぞれの抵抗に加わる電圧はそれぞれの抵抗値に比例する．よって，抵抗値が大きい抵抗には大きな電圧が加わる．

V[V]　I[A]　R_1[Ω]　V_1[V]　V_2[V]　R_2[Ω]

$$I=\frac{V}{R_1+R_2}\text{ [A]}$$

$$V_1=IR_1=\frac{V}{R_1+R_2}\times R_1=\frac{R_1}{R_1+R_2}V\text{ [V]}$$

$$V_2=IR_2=\frac{V}{R_1+R_2}\times R_2=\frac{R_2}{R_1+R_2}V\text{ [V]}$$

3. 電流の計算

抵抗 R_1[Ω], R_2[Ω]を並列接続した回路に電圧 V[V]を加えたとき, それぞれの抵抗に流れる電流は, 抵抗値が小さい抵抗には大きな電流が流れ, 抵抗値が大きい抵抗には小さい電流が流れる.

I[A]　I_1[A]　R_1[Ω]　I_2[A]　R_2[Ω]　V[V]

$$V=IR=I\times\frac{R_1R_2}{R_1+R_2}\text{ [V]}$$

$$I_1=\frac{V}{R_1}=\frac{1}{R_1}\times I\times\frac{R_1R_2}{R_1+R_2}=\frac{R_2}{R_1+R_2}I\text{ [A]}$$

$$I_2=\frac{V}{R_2}=\frac{1}{R_2}\times I\times\frac{R_1R_2}{R_1+R_2}=\frac{R_1}{R_1+R_2}I\text{ [A]}$$

3. 電気抵抗の性質

1. 導体の抵抗

導体の抵抗 R[Ω] は, 導体の長さ L[m] に比例し, 断面積 A[mm²] に反比例する. よって, 導体の抵抗 R[Ω] は右のように表される.

ρ は同じ温度における導体の種類によって決まる比例定数で, 抵抗率といい, ρ[Ω·m] で表す.

A [mm²]　L[m]

$$R=\rho\frac{L}{A}$$　※直径 D[mm] $=D\times10^{-3}$[m]

$$A=\pi r^2=\pi\left(\frac{D}{2}\right)^2=\pi\left(\frac{D\times10^{-3}}{2}\right)^2=\frac{\pi}{4}D^2\times10^{-6}\text{ [m}^2\text{]}$$

$$R=\rho\frac{L}{A}=\rho\frac{L}{\frac{\pi}{4}D^2\times10^{-6}}=\frac{4\rho L}{\pi D^2}\times10^6\text{ [Ω]}$$

$$\therefore \text{抵抗率 } \rho=\frac{\pi D^2R}{4L}\times10^{-6}\text{ [Ω·m]}$$

※試験問題では直径 [mm], 断面積 [mm²] の数値が与えられることが多いため, ここでは直径 [mm], 断面積 [mm²] を直径 [m], 断面積 [m²] に変換して計算している.

4. 電力・電力量・熱量

1. 直流回路の電力

直流回路の電圧を V[V]，電流を I[A] とすると，電力 P[W] は電圧 V[V] と電流 I[A] の積（$P=IV$[W]）で求められる．また，$P=IV$ の式からオームの法則より，$P=I^2R$[W] と $P=\dfrac{V^2}{R}$[W] の式を導き出せる．

2. 電力量

電力 P[W] が，ある時間にする仕事の量を電力量 W といい，電力と時間 [h] の積で表される．P[kW] の電熱器を t[h] 使用した場合の電力量 [kW·h] は，

$W=Pt=I^2Rt$[kW·h]

3. 熱量

熱量の単位は [J]（ジュール）で，電力量 1[W·s] を熱量に換算すると，1[J] になる．

抵抗（接触抵抗）R[Ω] に電流 I[A] を t 時間流した場合の発熱量 Q[kJ] は，

$Q=I^2Rt$[J]

$$
\begin{aligned}
1[\mathrm{kW\cdot h}] &= 1[\mathrm{kW}]\times 1[\mathrm{h}]\\
&= 1000[\mathrm{W}]\times 1[\mathrm{h}]\\
&= 1000[\mathrm{W}]\times 60[\mathrm{m}]\times 60[\mathrm{s}]\\
&= 1000\times 3600[\mathrm{W\cdot s}]\\
&= 1000\times 3600[\mathrm{J}]\\
&= 3600[\mathrm{kJ}]
\end{aligned}
$$

5. 単相交流回路

1. 交流電圧の波形，最大値，実効値

・最大値 = V_m[V]（振幅の大きさ）

・実効値 = $\dfrac{V_m}{\sqrt{2}} \fallingdotseq 0.707V_m$[V]

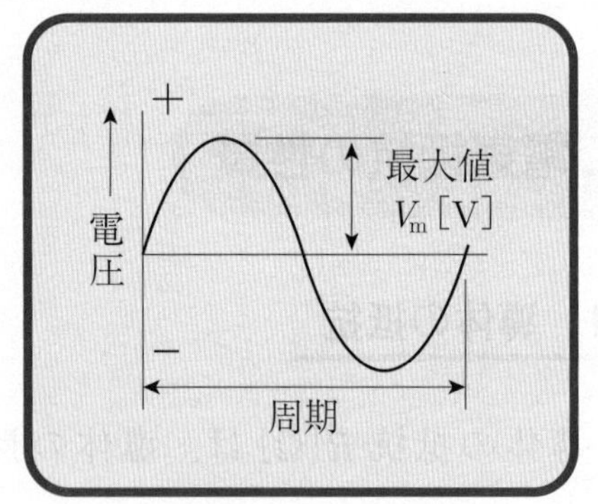

2. インピーダンスと電圧，電流，力率

① R，L 直列回路

・電圧：$V=\sqrt{{V_R}^2+{V_L}^2}$ [V]

・誘導リアクタンス：$X_L=\omega L=2\pi fL$ [Ω]

・インピーダンス：$Z=\sqrt{R^2+{X_L}^2}$ [Ω]

・電流：$I=\dfrac{V}{Z}=\dfrac{V}{\sqrt{R^2+{X_L}^2}}$ [A]

・抵抗 R に加わる電圧：$V_R=IR=\dfrac{VR}{\sqrt{R^2+{X_L}^2}}$ [V]

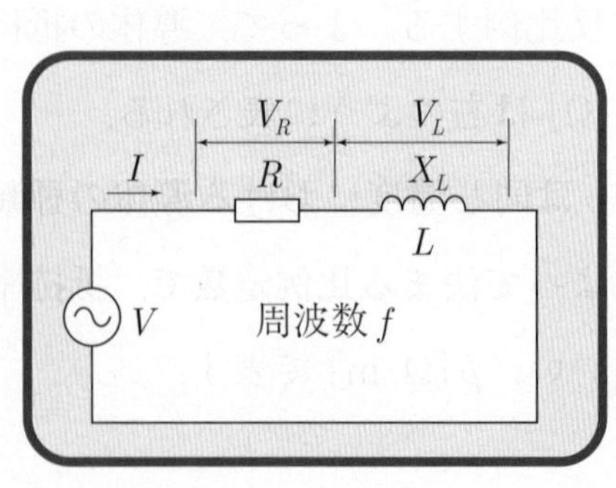

・リアクタンス X に加わる電圧：$V_L = IX_L = \dfrac{VX_L}{\sqrt{R^2 + X_L{}^2}}$〔V〕

・力率：$\cos\theta = \dfrac{V_R I}{VI} = \dfrac{IR}{IZ} = \dfrac{R}{Z} = \dfrac{R}{\sqrt{R^2 + X_L{}^2}}$

・消費電力：$P = I^2 R = V_R I = VI\cos\theta$〔W〕

② R, L 並列回路

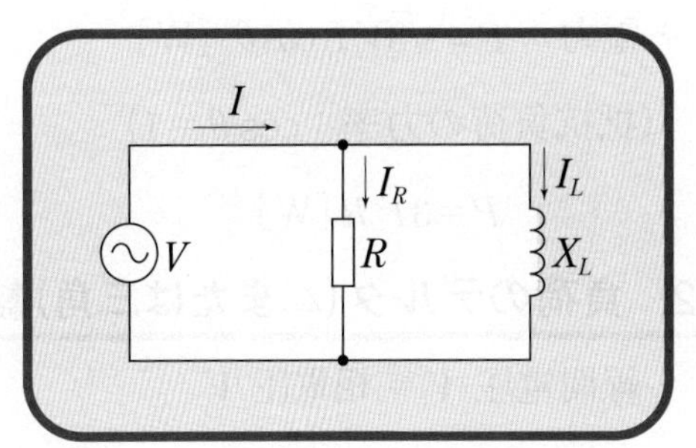

・抵抗 R に流れる電流：$I_R = \dfrac{V}{R}$〔A〕

・リアクタンス X に流れる電流：$I_L = \dfrac{V}{X_L}$〔A〕

・全電流：$I = \sqrt{I_R{}^2 + I_L{}^2}$〔A〕

・インピーダンス：$Z = \dfrac{V}{I}$〔Ω〕

・力率：$\cos\theta = \dfrac{VI_R}{VI} = \dfrac{I_R}{I} = \dfrac{I_R}{\sqrt{I_R{}^2 + I_L{}^2}}$

・消費電力：$P = I_R{}^2 R = VI_R = VI\cos\theta$〔W〕

3. 力率改善

遅れ力率の負荷とコンデンサを並列に接続すると，交流回路の力率が改善され，電線路に流れる電流が減少する．そして，電流が減少することにより，電線路の電圧降下や電力損失が小さくなる．

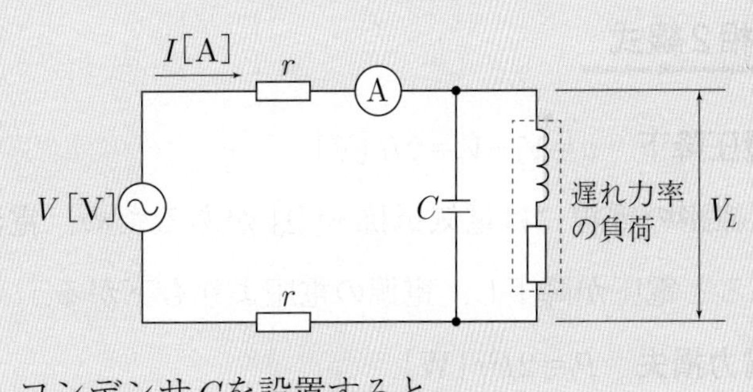

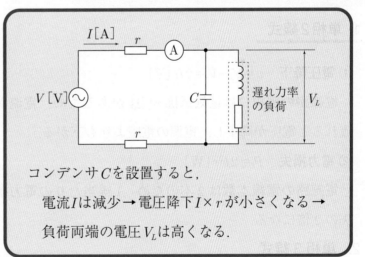

コンデンサCを設置すると，

電流Iは減少→電圧降下$I \times r$が小さくなる→

負荷両端の電圧V_Lは高くなる．

6. 三相交流回路

1. 負荷のスター（Y または星形）結線

・線間電圧 $V_l = \sqrt{3} \times$ 相電圧 V

・線電流 $I_l =$ 相電流 I

・電力：$P = \sqrt{3} V_l I_l \cos\theta$ [W]

（抵抗負荷の力率：$\cos\theta = 1$）

$P = 3I^2R$ [W]

2. 負荷のデルタ（△または三角）結線

・線間電圧 $V_l =$ 相電圧 V

・線電流 $I_l = \sqrt{3} \times$ 相電流 I

・電力：$P = \sqrt{3} V_l I_l \cos\theta$ [W]

（抵抗負荷の力率：$\cos\theta = 1$）

$P = 3I^2R$ [W]

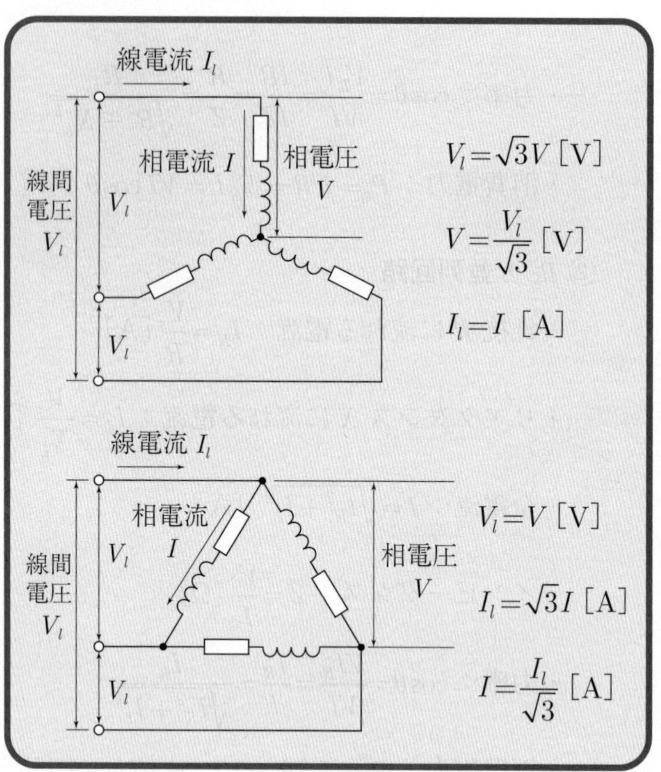

7. 各配電方式の電圧降下・電力損失

1. 単相2線式

① **電圧降下**　$v = V_s - V_r = 2Ir$ [V]

電線路の電線には電気抵抗 r [Ω] があるため，電流が流れると電圧が降下し，電源の電圧よりも下がる．

② **電力損失**　$P_l = 2I^2r$ [W]

電線路の電線本数は2本のため，1線当たりの電力損失の2倍になる．

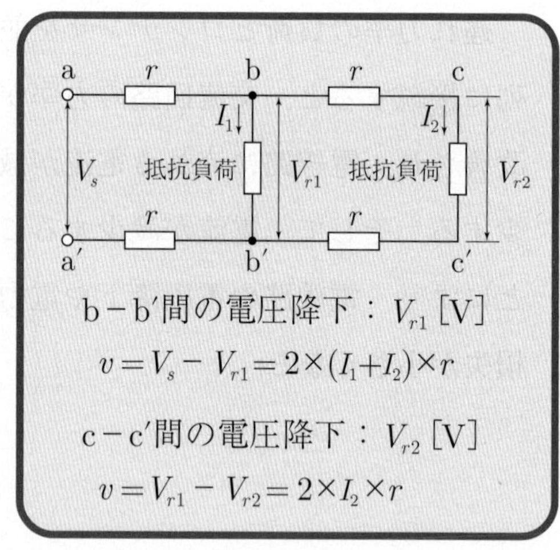

2. 単相3線式

① **電圧降下**　$v = V_s - V_r = Ir$ [V]

抵抗負荷が等しく，中性線に流れる電流が0Aのとき

② **電力損失**　$P_l = 2I^2r$ [W]

中性線に電流が流れていない場合，中性線での電力損失は発生しない．

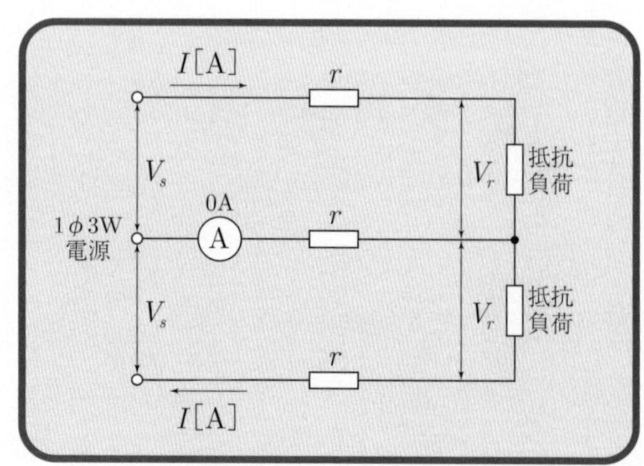

3. 三相3線式

・電圧降下：$v=V_s-V_r=\sqrt{3}Ir$［V］

・電力損失：$P_l=3I^2r$［W］

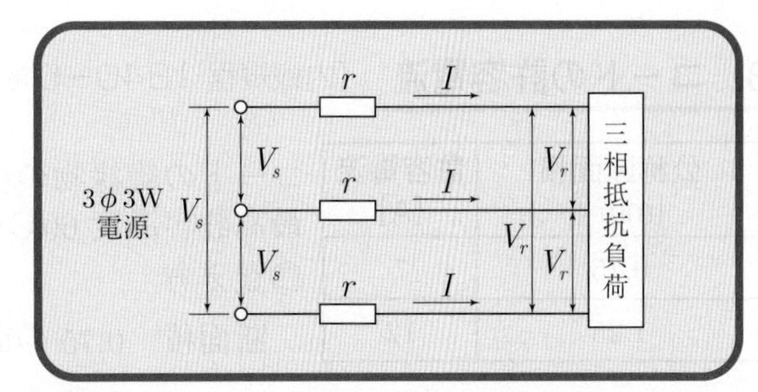

4. 単相3線式の中性線断線

単相3線式の中性線が断線すると，抵抗値が大きく，消費電力が小さい抵抗負荷に定格電圧を超える過電圧が加わる．

断線時のa－c間に流れる電流は，

$$I=\frac{200}{R_1+R_2}\ [\mathrm{A}]$$

断線時のa－b間の電圧　$V_{\mathrm{ab}}=IR_1$［V］

断線時のb－c間の電圧　$V_{\mathrm{bc}}=IR_2$［V］

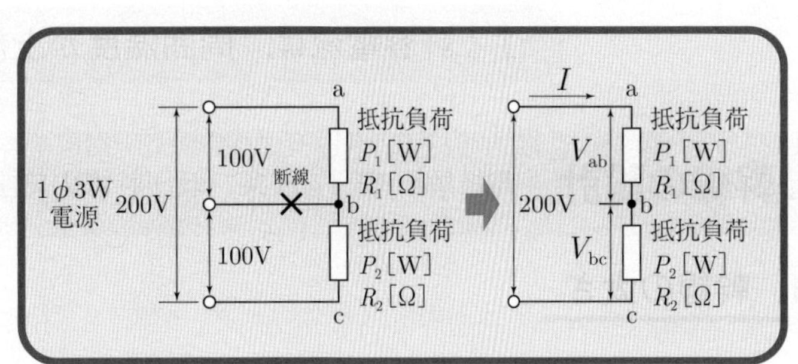

8. 電線の許容電流　電技解釈 第146条［低圧配線に使用する電線］

1. 600Vビニル絶縁電線（軟銅線）の許容電流

内線規程1340－1表

導体の直径（単線）[mm]	許容電流 [A]	導体の公称断面積（より線）[mm²]	許容電流 [A]
1.6	27	2	27
2.0	35	3.5	37
2.6	48	5.5	49

（周囲温度30℃以下）

2. 各種電線管または金属線ぴに収めて使用する場合

同一管内の電線数	電流減少係数
3本以下	0.70
4本	0.63
5または6本	0.56

◎使用時の許容電流

許容電流＝600Vビニル絶縁電線の許容電流×電流減少係数

（内線規程1340－2表 備考2により，小数点以下1位を7捨8入する．）

◎電流減少係数の覚え方

3本の電流減少係数0.70を覚える．

4本は0.70から0.07を1回引く（0.70－0.07＝0.63）

5～6本は0.70から0.07を2回引く（0.70－0.07－0.07＝0.56）

3. コードの許容電流 ［内線規程 1340－5表］

公称断面積 [mm²]	許容電流 [A]
0.75	7
1.25	12

コードの絶縁物の種類は，ビニル混合物または天然ゴム混合物の最高許容温度 60℃のものを示す．

◎覚え方

断面積 0.75 の許容電流は 7A

1.25 の許容電流は 12A と覚える

注：許容電流は，周囲温度が上昇すると小さくなる．

9. 幹線の設計 電技解釈 第148条［低圧幹線の施設］

1. 幹線の太さ

幹線に使用する電線の許容電流は，電気使用機械器具の定格電流の合計値以上であること．ただし，電動機等の起動電流が大きい電気機械器具の定格電流の合計が，他の電気使用機械器具の定格電流の合計より大きい場合は，次による．

【$I_H \geqq I_M$ のとき】

① $I_W \geqq I_{H1} + I_{H2} + I_{M1} + I_{M2}$

【$I_H < I_M$ のとき，I_M が 50A 以下（$I_M \leqq 50$）の場合】

② $I_W \geqq 1.25 I_M + I_H$ [A]

【$I_H < I_M$ のとき，I_M が 50A を超える（$I_M > 50$）の場合】

③ $I_W \geqq 1.1 I_M + I_H$ [A]

【需要率が示された場合】

例）定格電流 12A の電動機5台，需要率 80%のとき

$I_M = 12 \times 5 \times 0.8 = 48$A

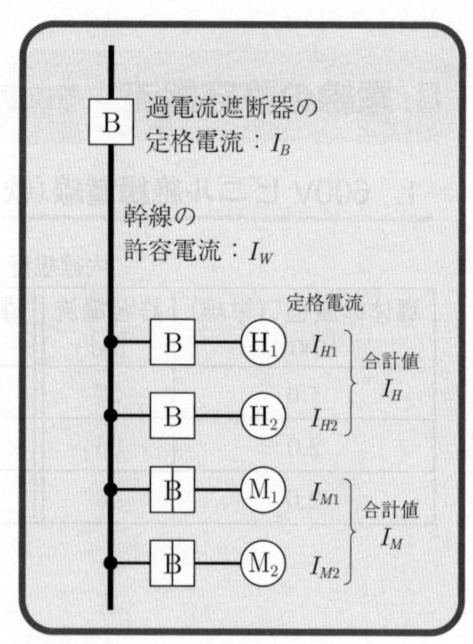

2. 幹線に施設する過電流遮断器

定格電流 I_B は，

$$\left.\begin{array}{l} I_B \leqq 3I_M + I_H [\mathrm{A}] \\ I_B \leqq 2.5 I_W [\mathrm{A}] \end{array}\right\} \text{いずれか小さい値以下}$$

10. 分岐回路の施設　電技解釈 第149条［低圧分岐回路等の施設］

1. 過電流遮断器及び開閉器の施設

①低圧幹線との分岐点から電線の長さが3m以下の箇所に過電流遮断器を施設すること．

【分岐点から3mを超える箇所に施設する場合】

②電線の長さが8m以下で，電線の許容電流がその電線に接続する低圧幹線を保護する過電流遮断器の定格電流の35%以上の場合．

③電線の許容電流がその電線に接続する低圧幹線を保護する過電流遮断器の定格電流の55%以上である場合．（施設箇所の制限なし）

2. 分岐回路の電線の太さとコンセント

分岐回路の種類	電線の太さ	コンセントの定格電流［A］
20A配線用遮断器分岐回路	直径1.6mm以上 ※1	20A以下のもの
20A分岐回路（ヒューズに限る）	直径2.0mm以上 ※2	20Aのもの ※3
30A分岐回路	直径2.6mm以上 ※2	20A以上30A以下のもの ※3

※1 内線規程により，電線の太さ1.6mmのVVFケーブルなどを使用する場合には，原則として定格電流が20Aのコンセントを施設しないこと．（内線規程3202－1表 備考2）

※2 単線2.0mmとより線$3.5mm^2$，単線2.6mmとより線$5.5mm^2$は，より線の方が許容電流が大きいので使用できる．

※3 内線規程により，15A以下のプラグが接続できる20Aコンセント（15A・20A兼用コンセント）は使用しないこと．（内線規程3605－8表 備考1）

11. 配線用遮断器・漏電遮断器

1. 配線用遮断器の性能　電技解釈 第33条［低圧電路に施設する過電流遮断器の性能等］

①定格電流の1倍の電流で自動的に動作しないこと．

②短絡電流や過電流が継続して流れたとき，時間内に自動的に動作すること．

定格電流の区分	時　間	
30A以下の配線用遮断器	定格電流の1.25倍の電流が通じた場合は，60分以内	定格電流の2倍の電流が通じた場合は，2分以内

2. 漏電遮断器の施設 電技解釈 第36条［地絡遮断装置の施設］

漏電遮断器は，電気配線や機器からの地絡（漏電）電流を零相変流器により検出し，定格感度電流（15 mA，30 mA 等）以上流れると自動的に電路を遮断する装置である．

金属製外箱を有する使用電圧が60 V を超える低圧の機械器具に電気を供給する電路には，地絡遮断装置である漏電遮断器を施設する．

【漏電遮断器の施設を省略できる場合】

①電気用品安全法の適用を受ける二重絶縁構造の機械器具を施設する場合．

②対地電圧が150 V 以下の機械器具を水気のある場所以外の場所に施設する場合．

③機械器具を乾燥した場所に施設する場合

12. 三相誘導電動機

1. 回転方向の変更

逆回転させるための方法は，三相電源の３本の結線のうち，いずれか２本を入れ替える．

2. 同期速度（回転速度）

三相誘導電動機の同期速度（回転速度）N_s [min^{-1}] は，周波数 f [Hz] に比例し，極数 p に反比例する．

$$N_s = \frac{120f}{p} \quad [\mathrm{min}^{-1}]$$

上式より，定格周波数が 60 [Hz]，極数 4 の場合，同期速度は 1800 min^{-1} となり，定格周波数が 50 [Hz]，極数 4 の場合，同期速度は 1500 min^{-1} となる．このように電源の周波数の増減により，回転数も増減する．

3. 始動電流

停止から運転までを始動（起動）といい，始動中は定格電流よりも大きな電流が流れる．この始動電流は定格電流（全負荷電流）の 4 ～ 8 倍になるため，始動電流を抑制するためにスターデルタ始動法がある．

4. 三相誘導電動機回路の力率改善

手元開閉器の負荷側に低圧進相コンデンサを電動機と並列に接続して，力率を改善する．

13. 照明器具

1. 光源の種類

LED 電球形：「発光ダイオード」と呼ばれる半導体による光源．電球形で口金 E26 のため，ランプレセプタクル（口金 E26）に直接取り付けることができる．

蛍光灯：高周波点灯専用形の蛍光灯は，インバータを使用した高周波による点灯のため，点灯管（グローランプ）を用いる蛍光灯に比べて，ちらつきが少ない，発光効率が高い，点灯に要する時間が短い，などの特長がある．また，蛍光灯と白熱電灯を比較すると，同じ明るさにおいては蛍光灯の方が消費電力が少なく，発光効率が高い．

高圧水銀灯：一般に水銀ランプと呼ばれ，放電を安定させるため専用の安定器が必要である．

ナトリウムランプ：霧の濃い場所やトンネル内などの照明に適している．

14. 絶縁電線・ケーブル・コード

1. 絶縁電線・ケーブル

軟銅線などの導体がビニルなどの絶縁体で覆われたものを「絶縁電線」といい，導体を絶縁体で覆った上に，さらに外装（シース）と呼ばれる保護被覆で覆ったものを「ケーブル」という．

絶縁電線の名称	記　号	最高許容温度［℃］
600V ビニル絶縁電線	IV	60
600V 二種ビニル絶縁電線	HIV	75
600V 耐燃性ポリエチレン絶縁電線	EM－IE	75
600V 耐燃性架橋ポリエチレン絶縁電線	EM－IC	90

ケーブルの名称	記　号	最高許容温度［℃］
600V ビニル絶縁ビニルシースケーブル平形	VVF	60
600V 架橋ポリエチレン絶縁ビニルシースケーブル	CV	90

記号：JIS C 0303 表 1 電線の記号
最高許容温度：内線規程 1340－3 表

2. コード

絶縁電線と同様に導体を絶縁体で覆ったもので可とう性がある．電気器具に付属する電線などとして使用される．絶縁体によりビニルコード，ゴムコード，袋打コードなどがあり，ビニルコードは発熱する電気こたつ，コンロ，トースターなどの電気器具には使用できない．

15. 低圧屋内配線の施設場所と工事種別　電技解釈 第156条

工事の種類 ＼ 施設場所	展開した場所		点検できる隠ぺい場所		点検できない隠ぺい場所	
	乾燥した場所	水気や湿気のある場所	乾燥した場所	水気や湿気のある場所	乾燥した場所	水気や湿気のある場所
ケーブル工事（キャブタイヤケーブルを除く）	○	○	○	○	○	○
金属管工事	○	○	○	○	○	○
合成樹脂管工事（CD管を除く）	○	○	○	○	○	○
二種金属製可とう電線管工事	○	○	○	○	○	○
がいし引き工事	○	○	○	○		
金属線ぴ工事	○*		○*			
金属ダクト工事	○		○			
バスダクト工事	○	△*	○			
フロアダクト工事					○*	
ライティングダクト工事	○*		○*			

△：屋外用バスダクトを使用すること　*：300V以下に限る．

16. 電線の接続法　電技解釈 第12条［電線の接続法］

①電線の電気抵抗を増加させないこと．

②電線の引張強さを20%以上減少させないこと．

③接続部分には接続管その他の器具を使用するか，ろう付けすること．

④絶縁電線相互の接続部分の絶縁処理は，絶縁電線の絶縁物と同等以上の絶縁効力のあるもので十分に被覆すること．（内線規程1335－1表）

- 接続部分を黒色粘着性ポリエチレン絶縁テープを半幅以上重ねて1回巻く（2層以上）．
- ビニルテープを用いる場合は，半幅以上重ねて2回以上巻く（4層以上）．
- 自己融着性絶縁テープを用いる場合は，半幅以上重ねて1回以上（2層以上）巻き，かつ，その上に保護テープを半幅以上重ねて1回以上巻く．

17. 低圧屋内配線工事の種類　電技解釈 第157条～第164条

1. 使用電線

低圧屋内配線の電線には，屋外用ビニル絶縁電線（OW）を除く絶縁電線を使用すること．

2. 支持点間の距離

工事の種類	支持点間の距離［m］
がいし引き工事	2m以下（造営材の上面または側面に取り付ける場合）
合成樹脂管工事	1.5m以下

金属ダクト工事 バスダクト工事	3m 以下
ライティングダクト工事	2m 以下
ケーブル工事	2m 以下（接触防護措置を施し，垂直に取り付ける場合は 6m 以下）

3. ケーブル工事 ［ケーブルの屈曲　内線規程 3165−4］

ケーブルを曲げる場合は，被覆を損傷しないように曲げ部分の内側の半径をケーブルの仕上がり外径の 6 倍（単心のものは 8 倍）以上とすること．

4. 合成樹脂管工事

①合成樹脂管相互及びボックスとは，差し込み深さを管の外径の 1.2 倍（接着剤を使用する場合は 0.8 倍）以上とすること．

② CD 管は直接コンクリートに埋め込んで施設すること．

5. ライティングダクト工事

①ダクト終端部は閉そくすること．

②ダクトの開口部は下に向けて施設すること．

③ダクトは造営材を貫通しないこと．

④漏電遮断器を施設する（ダクトに簡易接触防護措置を施す場合は省略できる．）．

6. 住宅内への三相 200V ルームエアコン等の施設　電技解釈 第 143 条

①定格消費電力 2kW 以上であること．

②ルームエアコン等は，屋内配線と直接接続すること（コンセント不可）．

③電気を供給する電路には，専用の配線用遮断器および漏電遮断器を施設すること．

7. ショウウインドー・ショウケース内の低圧屋内配線　電技解釈 第 172 条

ショウウインドー・ショウケースを乾燥した場所に施設し，かつ，内部を乾燥した状態で使用する場合，電線には断面積 0.75 mm^2 以上のコードを使用し，絶縁性のある造営材に適当な留め具によって 1m 以下の間隔で取り付けること．

18. 接地工事

1. 接地工事の種類　電技解釈 第 17 条［接地工事の種類及び施工方法］

接地工事の種類	接地抵抗値		接地線の太さ
C 種接地工事	10 Ω 以下	500 Ω 以下※	1.6 mm 以上
D 種接地工事	100 Ω 以下		

※地絡を生じた場合に 0.5 秒以内に電路を自動的に遮断する装置（漏電遮断器）を施設した場合

2. 接地工事の省略　電技解釈 第29条［機械器具の金属製外箱等の接地］

①交流の対地電圧が150 V以下の機械器具を乾燥した場所に施設する場合

②水気のある場所以外の場所に施設する低圧用の機械器具に電気を供給する電路に，定格感度電流15 mA以下，動作時間0.1秒以内の電流動作型の漏電遮断器を施設する場合

19. 検査

1. 竣工検査

新設または変更工事完成時に電気設備技術基準，内線規程に基づいて施工されているか検査する．

①目視点検：施工状況を目視で点検する．

②絶縁抵抗測定：使用電圧の区分ごとに絶縁抵抗値を測定する．

③接地抵抗測定：接地工事の種類ごとに接地抵抗値を測定する．

④導通試験：回路計により，未接続，電線の断線を見つけ出し，回路の正誤を判別する．

2. 測定器

測定器の名称	測定器の詳細
絶縁抵抗計（電池内蔵）	ディジタル形と指針形（アナログ形）があり，測定電圧（出力電圧）は直流電圧である．測定時は電池容量を確認し，機器を損傷させない測定電圧を選定．
接地抵抗計（電池式）	ディジタル形と指針形（アナログ形）があり，測定電圧（出力電圧）は交流電圧である．測定時には電池容量を確認し，地電圧を確認．
回路計	ディジタル形と指針形（アナログ形）があり，両方とも電池が必要である．交流電圧，直流電圧，回路抵抗の測定に使用する．電圧測定は，想定される値の直近上位のレンジを選定する．
検電器	電路の充電の有無を確認する．（接地側電線があるので，すべての相を確認．）
検相器	三相誘導電動機の回転方向を確認するため，三相交流（三相3線式）の相順（相回転）を調べる．
クランプ形電流計	単相3線式の漏れ電流測定は，すべての電線（3本）を測定器の検出部に通す．
回転計	電動機の回転速度の測定する．

3. 電圧・電流・電力の測定

【単相3線式（100/200 V）の電線相互間の電圧】

赤色線と白色線間：100 V

黒色線と白色線間：100 V

赤色線と黒色線間：200 V

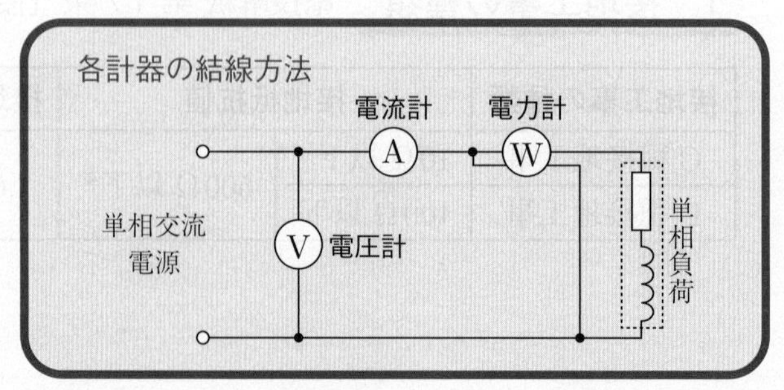

【単相３線式(100/200Ｖ)の電線と大地間の電圧】

赤色線と大地間：100Ｖ

黒色線と大地間：100Ｖ

白色線と大地間：0Ｖ

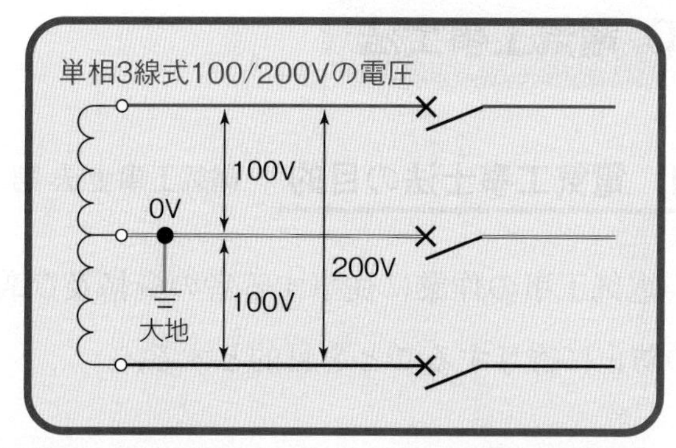

4. 絶縁抵抗の測定

①電路と大地間の測定

分岐開閉器を開放し，負荷側の点滅器はすべて「入」にして，接続されている負荷（電灯・電気機器）は使用状態で測定する．

②電路の電線相互間の測定

分岐開閉器を開放し，負荷側の点滅器はすべて「入」にして，接続されている負荷(電灯・電気機器)をすべて取り外して測定する．

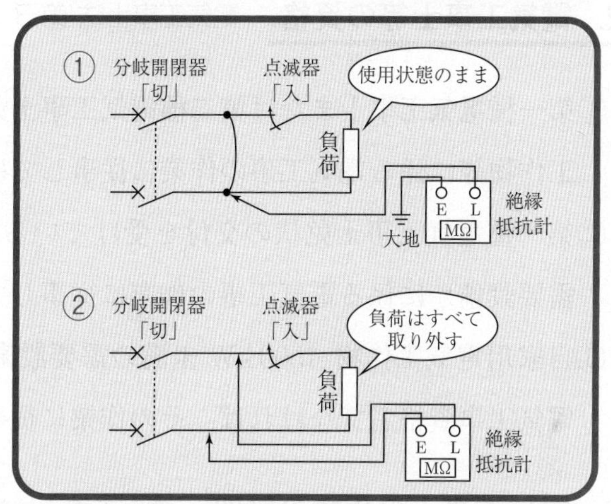

③絶縁性能

電技省令第58条により，電路と大地間及び電線相互間の絶縁抵抗は右表の値以上でなければならない．また，電技解釈第14条により，絶縁抵抗測定が困難な場合においては，電路に使用電圧が加わった状態における漏えい電流が1mA以下であること．

電路の使用電圧の区分		絶縁抵抗値
300Ｖ以下	対地電圧が150Ｖ以下の場合	0.1 MΩ 以上
	その他の場合	0.2 MΩ 以上
300Ｖを超える低圧回路		0.4 MΩ 以上

5. 接地抵抗の測定

施工された接地極（被測定接地極）に補助接地極Ｐ(電圧極)とＣ(電流極)を一直線上に配置して測定する．

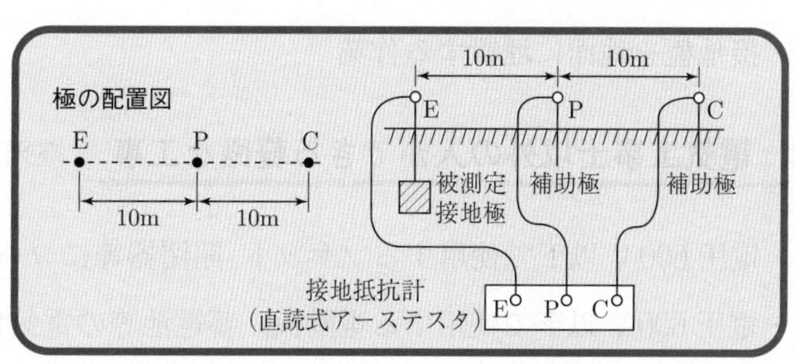

6. 計器の記号

● 動作原理別

種類	記号	測定回路	種類	記号	測定回路
可動コイル形	[可動コイル形記号]	直流	整流形	[整流形記号]	交流
可動鉄片形	[可動鉄片形記号]	交流	誘導形	[誘導形記号]	交流
熱電形	[熱電形記号]	交流，直流	静電形	[静電形記号]	交流，直流

● 置き方の記号

種類	記号
鉛直	⊥
水平	⊓
傾斜	∠

20. 電気工事士法

1. 電気工事士法の目的　電気工事士法 第1条

電気工事の作業に従事する者の資格及び義務を定め，もって電気工事の欠陥による災害の発生の防止に寄与することを目的とする.

2. 電気工事士等の資格　電気工事士法 第3条

①第一種電気工事士または第二種電気工事士免状の交付を受けている者でなければ，一般用電気工作物等に係る電気工事の作業に従事してはならない.

②第一種電気工事士免状の交付を受けている者でなければ，自家用電気工作物（500 kW 未満の需要設備）に係る電気工事の作業に従事してはならない.

③自家用電気工作物（500 kW 未満の需要設備）の非常用予備発電装置の特殊電気工事は，特種電気工事資格者でなければ，その作業に従事してはならない.

3. 電気工事士の作業の範囲　電気工事士法施工規則 第2条

・電線相互を接続する作業

・電線管等に電線を収める作業

・電線管の曲げる作業，ねじ切り作業，電線管相互の接続作業，電線管とボックスを接続する作業

・アウトレットボックスを造営材に取り付ける作業

・電線が造営材を貫通する部分に金属製の防護装置を取り付ける作業

・配電盤を造営材に取り付ける作業

・接地極を地面に埋設する作業

4. 電気工事士以外の人ができる軽微な工事　電気工事士法施工令 第1条

・電圧 600 V 以下で使用するソケット，開閉器等にコード，キャブタイヤケーブルを接続する工事

・電圧 600 V 以下で使用する電動機，蓄電池等の電気機器の端子に電線をねじ止めする工事

・電圧 600 V 以下で使用する電力量計を取り付けるまたは取り外す工事

・インターホン，火災感知器等の施設に使用する小型変圧器（二次電圧が 36 V 以下のものに限る）の二次側の配線工事

・電線を支持する柱，腕木の設置または変更する工事

・地中電線用の暗きょ，管を設置または変更する工事

5. 電気工事士の義務と制限

①電気設備技術基準の遵守　　　(電気工事士法第 5 条第 1 項)

②電気工事士免状携帯　　　　　(電気工事士法第 5 条第 2 項)

③氏名変更時に免状交付の都道府県知事へ書き換えの申請(電気工事士法施行令第3条, 第5条)

④電気工事の業務に関しての報告 (電気工事士法第 9 条, 電気工事士法施行令第 12 条)

⑤電気用品安全法適応品の使用　(電気用品安全法第 28 条第 1 項)

21. 電気用品安全法

1. 電気用品安全法の目的

電気用品の製造, 販売等を規制するとともに, 電気用品の安全性の確保につき民間事業者の自主的な活動を促進することで, 電気用品による危険及び障害の発生を防止することが目的.

2. 電気用品の表示

特定電気用品に表示するもの	特定電気用品以外の電気用品に表示するもの
PSE または ＜PS＞E, 届出事業者名, 登録検査機関名, 定格	PSE または (PS)E, 届出事業者名, 定格

3. 特定電気用品　電気用品安全法施行令 第 1 条の 2, 別表第 1

品　目		詳　細
電線 (定格電圧 100 V 以上 600 V 以下)	絶縁電線	導体の公称断面積 100 mm² 以下
	ケーブル	導体の公称断面積 22 mm² 以下, 線心 7 本以下
配線器具 (定格電圧 100 V 以上 300 V 以下)	点滅器 (定格電流 30 A 以下)	タンブラースイッチ, タイムスイッチ
	開閉器 (定格電流 100 A 以下)	箱開閉器, フロートスイッチ, 配線用遮断器, 漏電遮断器
	接続器 (定格電流 50A 以下, 極数 5 以下)	差込み接続器

4. 特定電気用品以外の電気用品

品　目		詳　細
電線管 (内径 120 mm 以下)		金属製電線管, 合成樹脂可とう電線管 (PF 管), ケーブル配線用スイッチボックス
配線器具(定格電圧 100 V 以上 300 V 以下)	開閉器(定格電流 100 A 以下)	カバー付ナイフスイッチ, 電磁開閉器
	ライティングダクト	
光源 (定格電圧 100 V 以上 300 V 以下, 周波数 50 Hz または 60 HZ)	蛍光ランプ (40W 以下)	

22. その他の法令

1. 電圧の種別　電技省令 第2条［電圧の種別等］

電圧は，低圧，高圧及び特別高圧の3種類に区分される．

電圧の種別	交　流	直　流
低圧	600 V 以下	750 V 以下
高圧	600 V を超え 7000 V 以下	750 V を超え 7000 V 以下
特別高圧	7000 V を超えるもの	

2. 一般用電気工作物　電気事業法 第38条，電気事業法施行規則 第48条

低圧（600 V 以下の電圧）で受電し，受電の場所と同一の構内で使用するための電気工作物（同一構内に施設した下記の小規模発電設備を含む）．一般用電気工作物となる小規模発電設備は，発電電圧が 600 V 以下のものであって次に示す出力もの．

水力発電設備	出力 20 kW 未満 及び最大使用水量 1 m^3/s 未満（ダムを伴うものを除く）
太陽電池発電設備	出力 10 kW 未満
内燃力発電設備	
燃料電池発電設備	
スターリングエンジン発電設備	
上記発電設備の合計	出力の合計が 50 kW 未満

3. 自家用電気工作物　電気事業法 第38条

電気事業の用に供する電気工作物及び一般用電気工作物以外の電気工作物をいう．

- 高圧（600 V を超える電圧）で受電するもの．
- 小規模発電設備以外の発電設備があるもの．
- 火薬類を製造する事業場

4. 電気事業の業務の適正化に関する法律

電気工事業を営む者の登録等及びその業務の規制を行うことで，その業務の適正な実施を確保し，一般用電気工作物および自家用電気工作物の保安の確保に資することを目的とする．

①営業所ごとに，第一種電気工事士または第二種電気工事士免状取得後3年以上の実務経験者を「主任電気工事士」としておく．

②営業所ごとに絶縁抵抗計，接地抵抗計及び回路計を備える．

③営業所及び電気工事の施工場所ごとに規定の標識を掲示する．

④営業所ごとに帳簿を備え，5年間保存する．

※写真に示した★印は，直近3年度（2023，2022，2021 年度）の一般問題における鑑別問題としての出題頻度

これだけは覚えよう

鑑別 名称と用途

名称 埋込スイッチボックス（合成樹脂製）

用途 住宅のケーブル工事でスイッチやコンセントを取り付けるのに用いる．

名称 露出スイッチボックス（ねじなし電線管用）

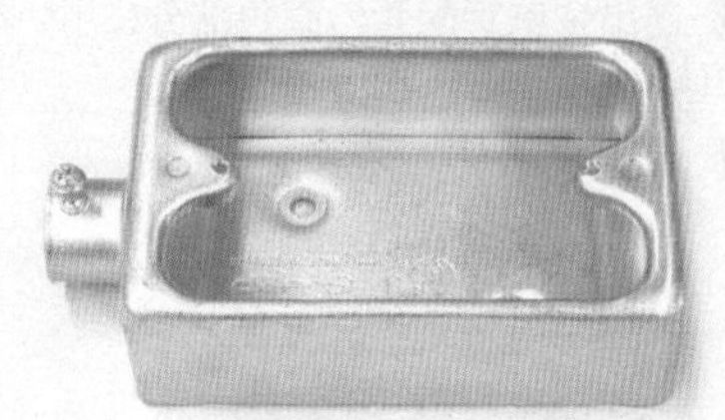

用途 露出配管工事でスイッチやコンセントを取り付けるのに用いる．

名称 合成樹脂管用スイッチボックス

用途 合成樹脂管工事でスイッチやコンセントを取り付けるのに用いる．

名称 シーリング（丸形）

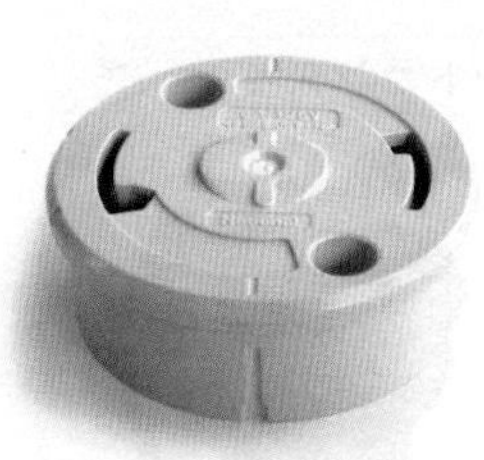

用途 直付形照明器具を直接取り付けることができる．

名称 アウトレットボックス*

用途 電線の接続や器具の取付けに用いる．
（*アウトレットボックスは通称で，JISではジョイントボックスとされている．）

名称 コンクリートボックス

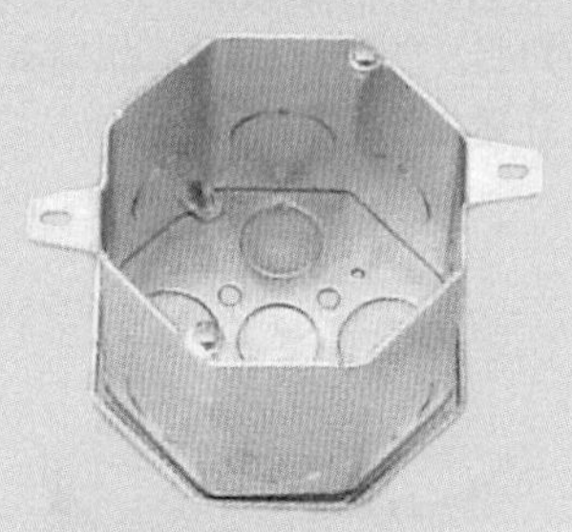

用途 用途はアウトレットボックスと同じで，コンクリートに埋込む場合に用いる．

名称 プルボックス

用途 多くの電線管がある場所に使用し，電線を引き込んだり接続をする．

名称 VVF用ジョイントボックス

用途 VVFケーブルの接続箇所に用いる．

名称 合成樹脂製可とう電線管（PF管）

用途 可とう性を必要とする合成樹脂配管に用いる．

名称 合成樹脂製可とう電線管用ボックスコネクタ

用途 可とう性を必要とする合成樹脂配管に用いる．

名称 サドル

用途 造営材に金属管を固定するのに用いる．

名称 パイラック（商品名）

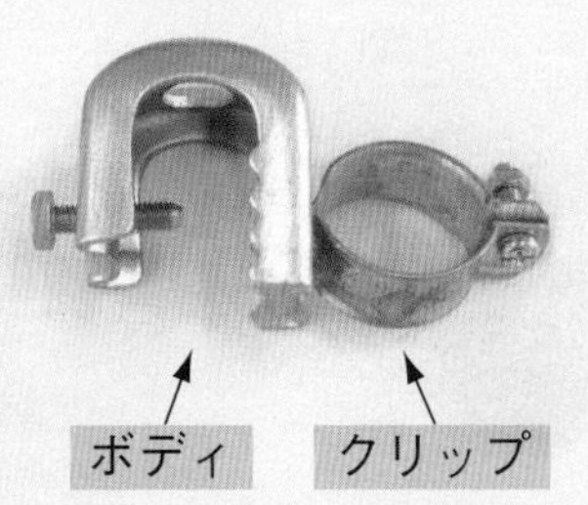

用途 鉄骨等に金属管を固定するのに用いる．

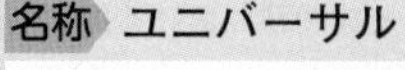

名称 ノーマルベンド

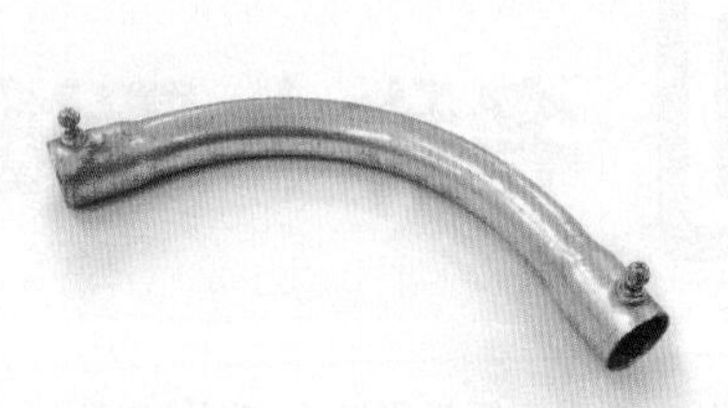

用途 配管の直角屈曲場所に用いる(写真はねじなし電線管用).

名称 ユニバーサル

用途 露出金属管配管の直角部分に用いる(写真はねじなし電線管用).

名称 ねじなしボックスコネクタ

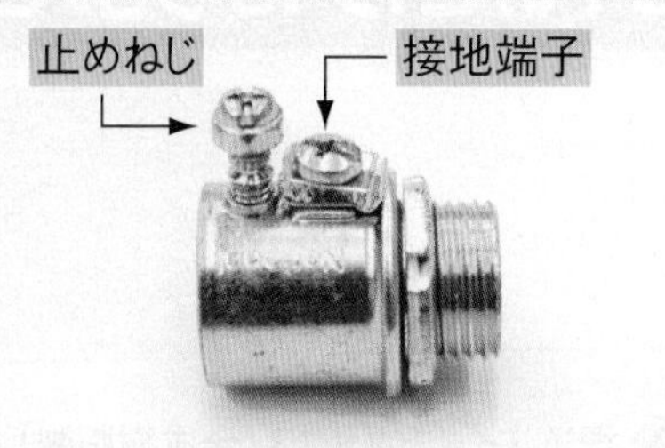

用途 ねじなし電線管とボックスを接続するのに用いる.

名称 絶縁ブッシング

用途 金属管の管端やボックスコネクタに取り付けて電線の保護に用いる.

名称 リングスリーブ

用途 ボックス内で電線相互の圧着接続に用いる.

名称 差込形コネクタ

用途 ボックス内で電線相互の接続に用いる.

名称 圧着端子

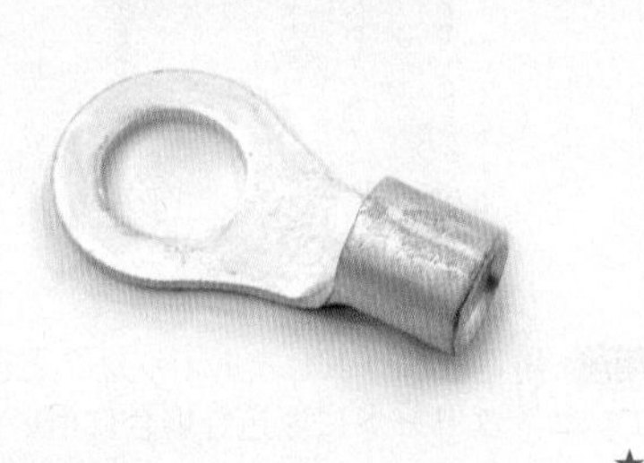

★

用途 電線の端に圧着し，機器類の端子に結線するのに用いる.

名称 ライティングダクト

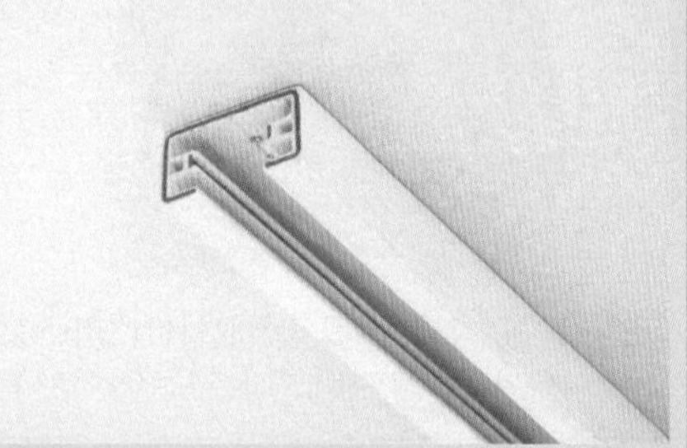

用途 商店等の照明配線に用い，照明器具などを任意の位置で使用できる.

名称 エントランスキャップ

用途 屋外の金属管管端に取り付け，雨水の浸入を防ぐ.垂直配管と水平配管に使用できる.

名称 ターミナルキャップ

用途 配管管端に取り付け，電線被覆の保護に用いる.雨線外では水平配管に使用できる.

名称 リモコンリレー

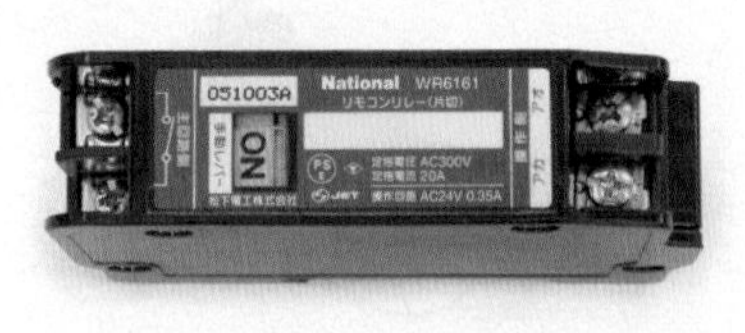

★

用途 リモコン配線用のリレーとして用いる.

名称 自動点滅器

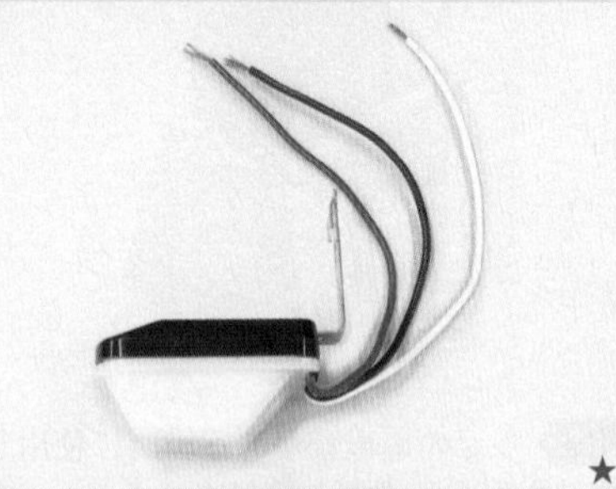

★

用途 外灯などを周囲の明暗で自動的に点滅させるのに用いる.

名称 フロートレススイッチ電極

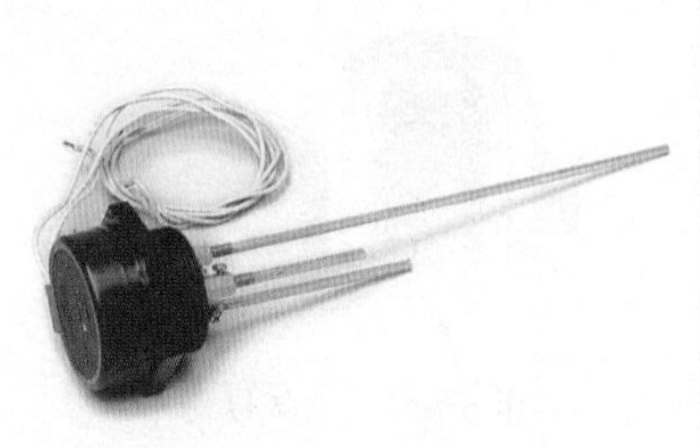

用途 水槽の水位などの検出に用いる.

名称 配線用遮断器

用途 過負荷電流や短絡電流が流れた時に回路を遮断させる.

名称 モータブレーカ

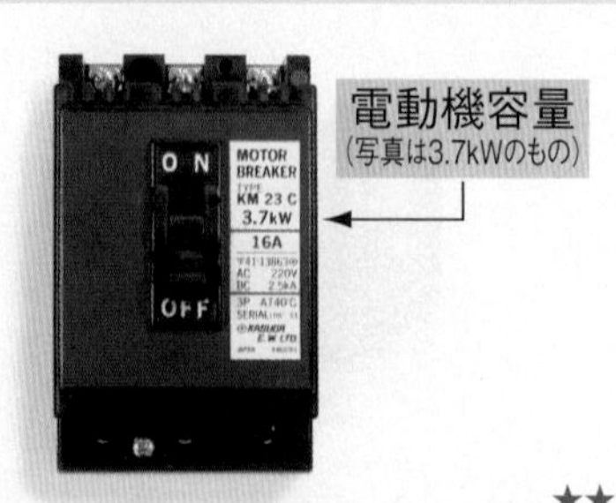

★★

用途 電動機の過負荷の保護に用いる配線用遮断器.

名称 漏電遮断器

★

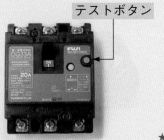

用途 漏れ電流を検出し，回路を遮断するのに用いる．テストボタンが付いている．

名称 低圧進相コンデンサ

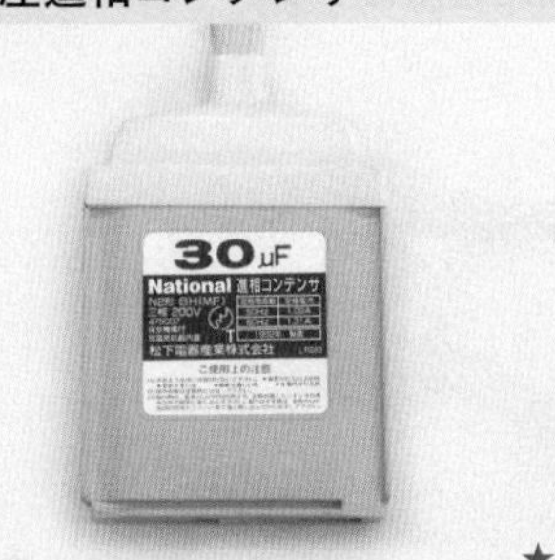

★★★

用途 電動機の力率の改善に用いる．

名称 電磁開閉器

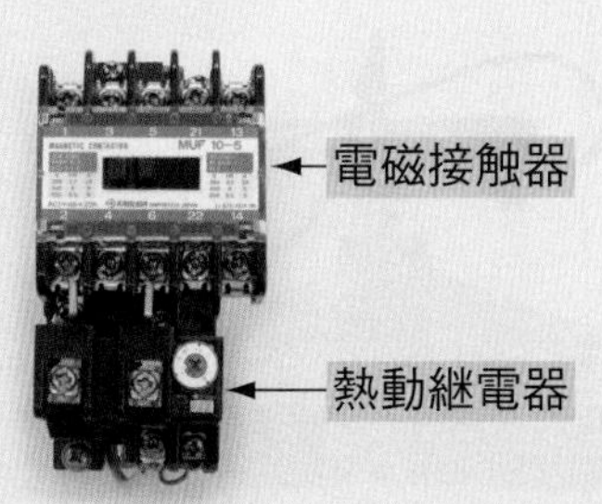

用途 電磁接触器と熱動継電器を組み合わせて，電動機の開閉器として用いる．

名称 ケーブルラック

用途 ケーブルを固定したり，支持したりするのに用いる．

名称 リングスリーブ用圧着ペンチ

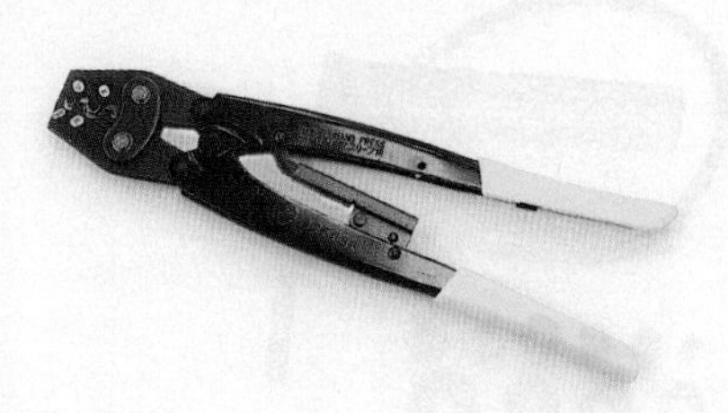

用途 リングスリーブ(E形)を圧着し，電線の接続に用いる(柄が黄色)．

名称 圧着端子用圧着ペンチ

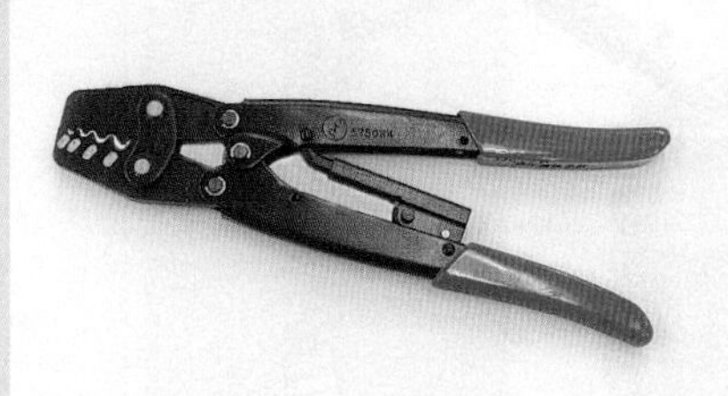

用途 圧着端子を圧着するのに用いる(柄が赤色)．

名称 手動油圧式圧着器

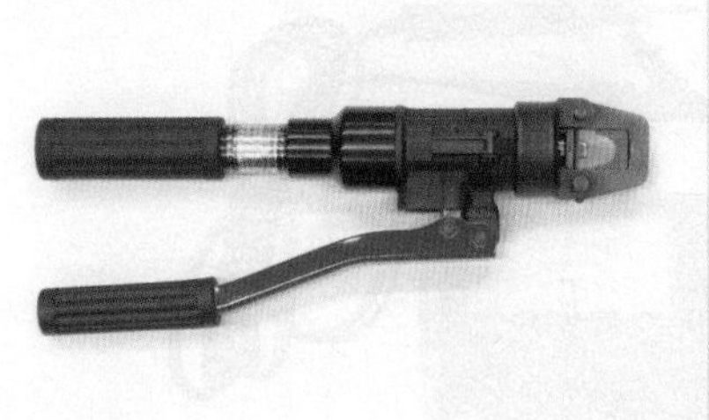

★

用途 油圧で太い電線の接続・結線箇所の圧着をするのに用いる．

名称 パイプカッタ

用途 金属管の切断に用いる．

名称 パイプバイス

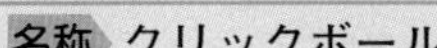

用途 金属管の切断およびねじ切りの時に，管を固定する押さえとして用いる．

名称 ケーブルカッタ

用途 太い電線やケーブルを切断するのに用いる．

名称 ケーブルストリッパ

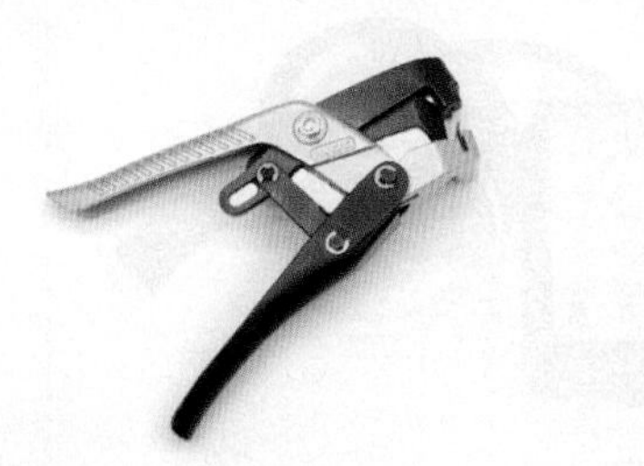

★

用途 VVFケーブルのシース(外装)や絶縁被覆のはぎ取りに用いる．

名称 クリックボール

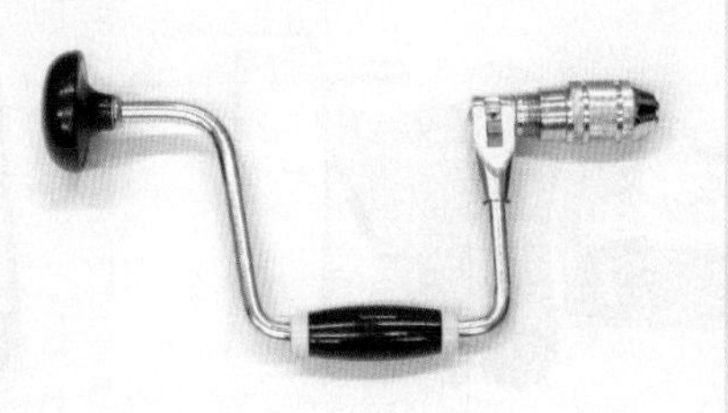

用途 先にリーマや羽根ぎりを取り付けて，管端処理や木材加工に用いる．

名称 リーマ

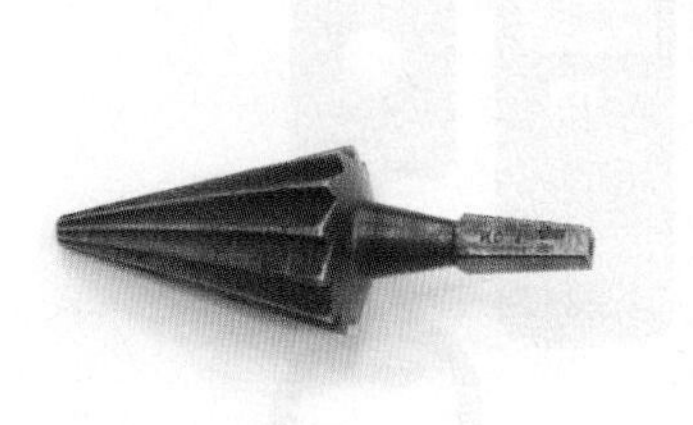

用途 クリックボールに取り付けて，金属管の内面のバリを取るのに用いる．

名称 ホルソ

★

用途 電気ドリルに取り付けて，ボックス類や分電盤の金属板に穴をあけるのに用いる．

名称 パイプベンダ

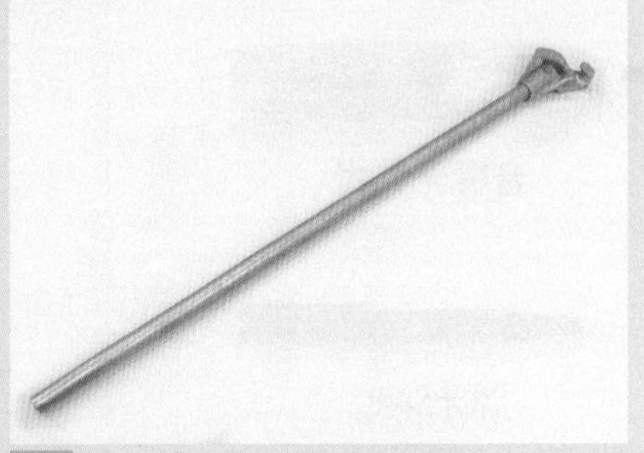

用途 金属管を曲げ加工に用いる．

＊印の写真提供：共立電気計器株式会社

名称 油圧式パイプベンダ

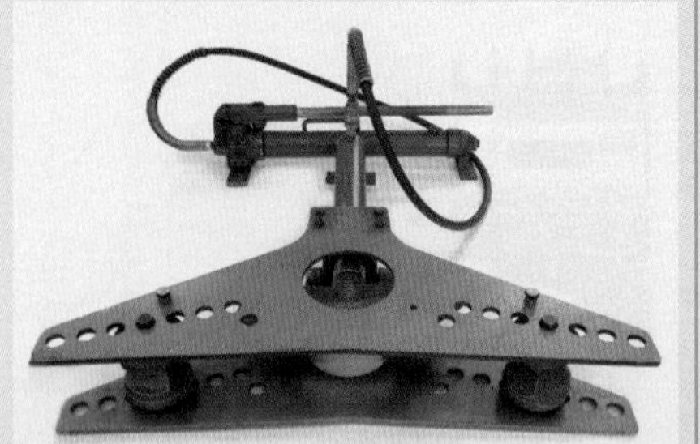

用途 太い金属管の曲げ加工に用いる.

名称 合成樹脂管用カッタ

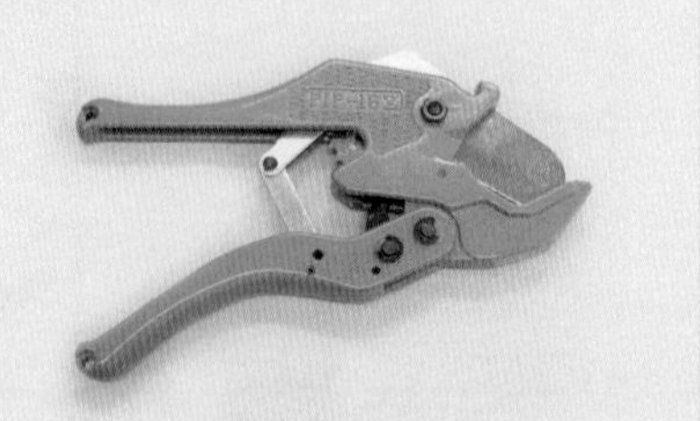

★

用途 合成樹脂管の切断に用いる.

名称 面取り器

用途 硬質塩化ビニル電線管の切断面のバリ取りに用いる.

名称 ガストーチランプ

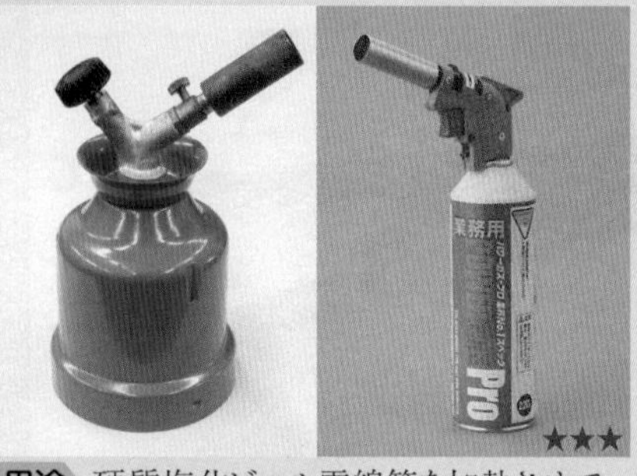

★★★

用途 硬質塩化ビニル電線管を加熱させて,曲げ加工に用いる.

名称 ノックアウトパンチャ

用途 金属製のプルボックス等に穴を開けるのに用いる.

名称 呼び線挿入器

用途 電線管内に電線を挿入するのに用いる.

名称 張線器(シメラー)

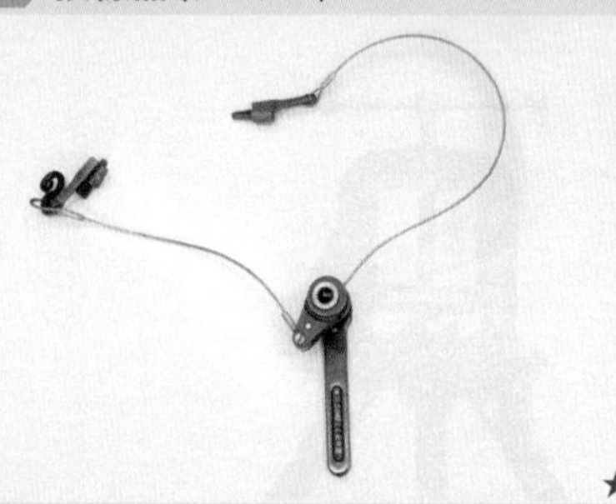

★

用途 架空線工事で,電線のたるみを取るのに用いる.

名称 回路計(テスタ)

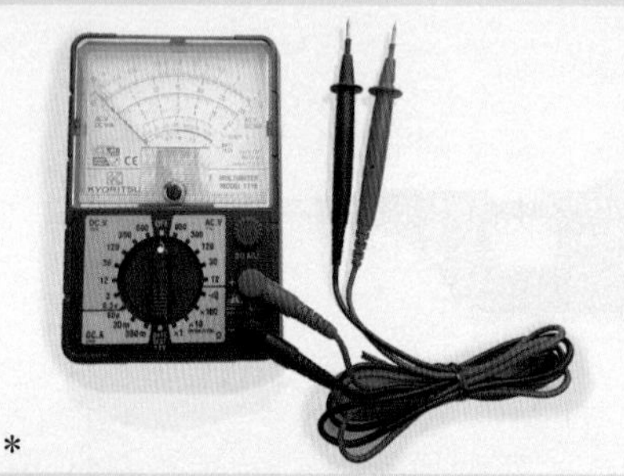

＊

用途 回路の電圧,抵抗の測定に用いる.

名称 絶縁抵抗計(メガー)

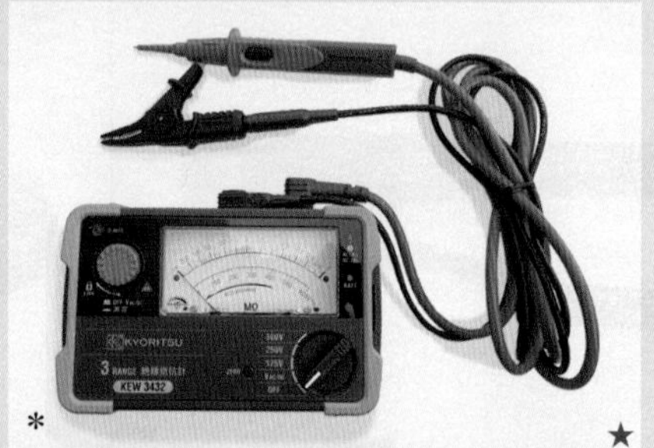

＊ ★

用途 絶縁抵抗を測定するのに用いる.

名称 接地抵抗計(アーステスタ)

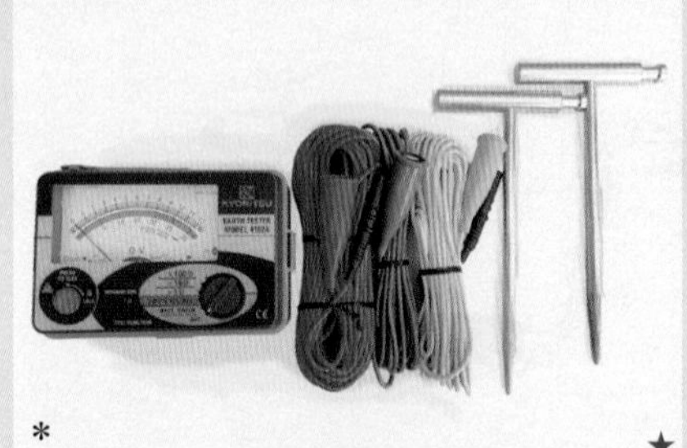

＊ ★

用途 接地抵抗を測定するのに用いる.

名称 検相器

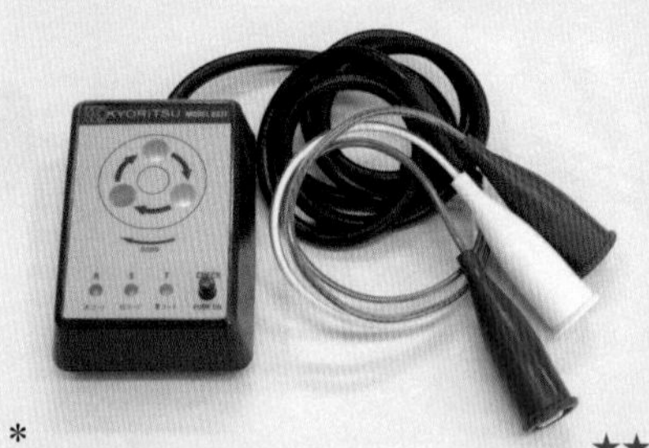

＊ ★★

用途 三相回路の相順を調べるのに用いる.

名称 クランプ形電流計(クランプメータ)

＊

用途 通電状態で回路の負荷電流,漏れ電流を測定するのに用いる.

名称 検電器(低圧用)

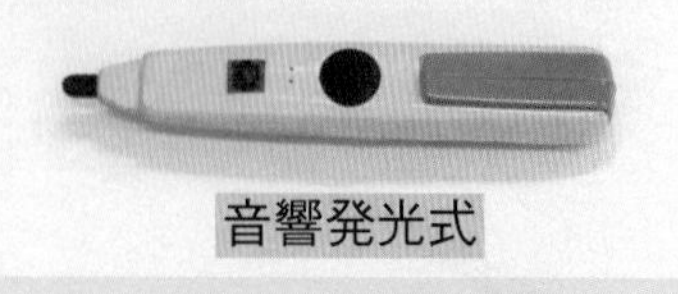

音響発光式

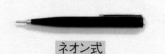

ネオン式

用途 低圧電路の充電の有無を調べるのに用いる.

名称 漏電警報

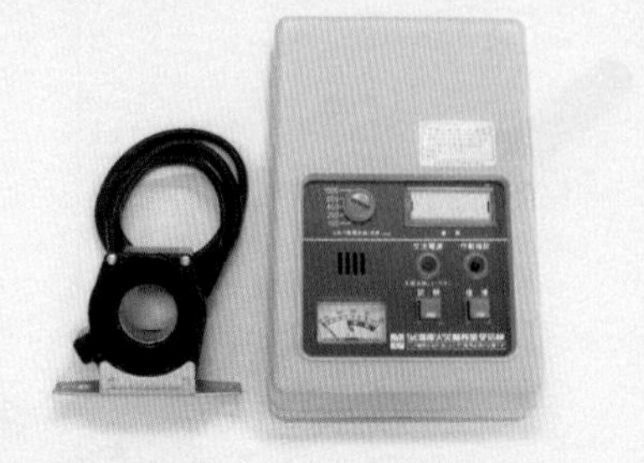

用途 漏れ電流を検出した時に,警報を出して知らせるもの.

名称 照度計

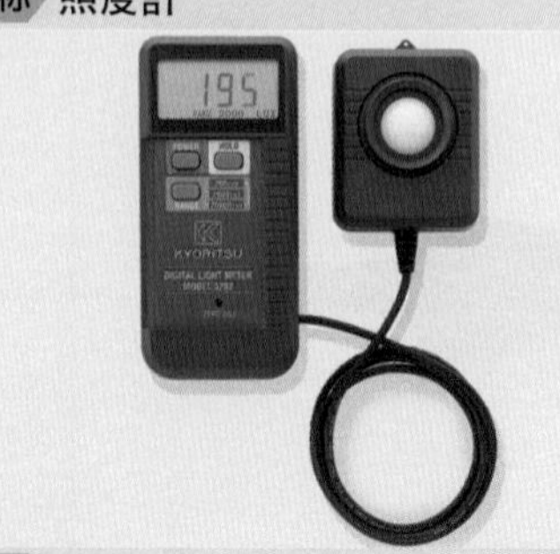

＊

用途 照度の測定に用いる.

配線図問題①

図記号，材料・工具の選別

1. 配線図の図記号と材料

JIS C 0303:2000 構内電気設備の配線用図記号から，出題頻度の高い図記号を並べました．

● 一般配線（一部屋外設備）

図記号	名称
————————	天井隠ぺい配線
— — — —	床隠ぺい配線
- - - - - - - - - -	露出配線
—·—·—	地中配線（屋外設備）

【電線の種類，絶縁電線の太さ，電線数，管類の種類等の示し方】

【ケーブル】
VVF 1.6－3C
種類　太さ　心線の本数

【絶縁電線】
IV 1.6（E19）
種類　太さ　管類の種類
電線の本数
E19は鋼製電線管（ねじなし電線管）を表す

● 電線の記号

記　号	電線の種類
IV	600V ビニル絶縁電線
VVF	600V ビニル絶縁ビニルシースケーブル（平形）
VVR	600V ビニル絶縁ビニルシースケーブル（丸形）
CV	600V 架橋ポリエチレン絶縁ビニルシースケーブル
EM － EEF	600V ポリエチレン絶縁耐燃性ポリエチレンシースケーブル平形

● 管類の記号

記　号	配管の種類
E	鋼製電線管（ねじなし電線管）
PF	合成樹脂製可とう電線管（PF 管）
CD	合成樹脂製可とう電線管（CD 管）
VE	硬質塩化ビニル電線管
HIVE	耐衝撃性硬質塩化ビニル電線管
FEP	波付硬質合成樹脂管

● 天井隠ぺい配線の例

図記号	写真
VVF2.0−2C	
VVF1.6−3C	
VVR38mm^2−3C	
CV5.5−3C	
IV1.6(E19)	
IV1.6(19)	
IV1.6(PF16)	

● 地中電線路の施設方式の例

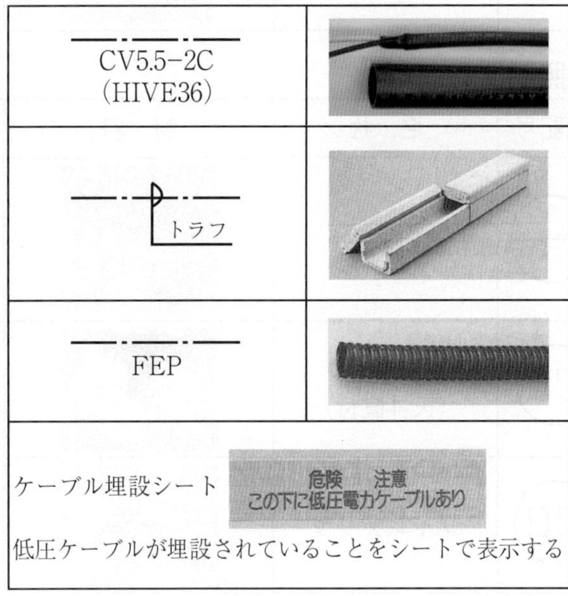

図記号	写真
CV5.5−2C（HIVE36）	
トラフ	
FEP	

ケーブル埋設シート
危険　注意
この下に低圧電力ケーブルあり
低圧ケーブルが埋設されていることをシートで表示する

● 一般配線

図記号	名称	材料	図記号	名称	材料
	アウトレットボックス* (*アウトレットボックスは通称で，JISではジョイントボックスとされている．)			接地端子	
	VVF 用ジョイントボックス		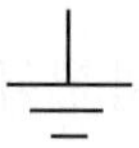	接地極	
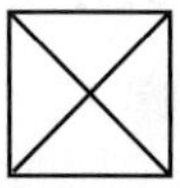	プルボックス		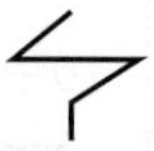	受電点	

● 機器

図記号	名称	材料	図記号	名称	材料
M	電動機		RC O	ルームエアコン(屋外ユニット)	
	コンデンサ		RC I	ルームエアコン(屋内ユニット)	
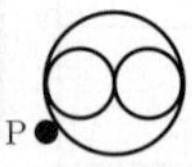 P	換気扇		T	小形変圧器(チャイム用)	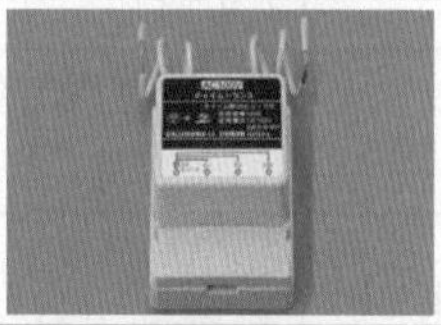
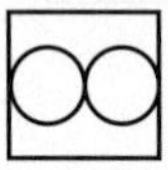 (天井付き)	換気扇		T R	リモコン変圧器	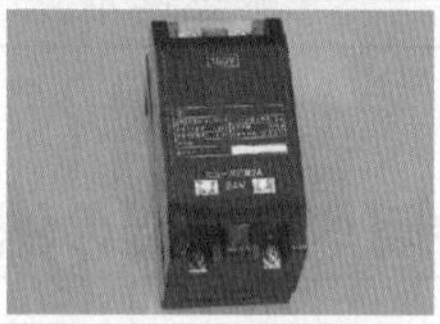

● 照明器具

図記号	名称	材料	図記号	名称	材料
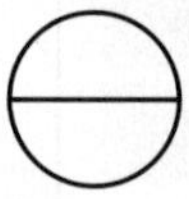	ペンダント	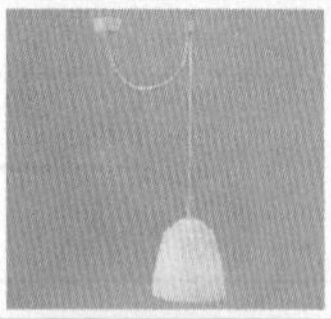	DL	埋込器具(ダウンライト)	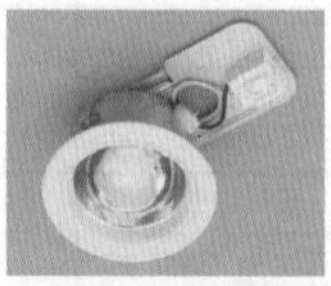
CL	シーリング(天井直付)		( )	引掛シーリング(角形)	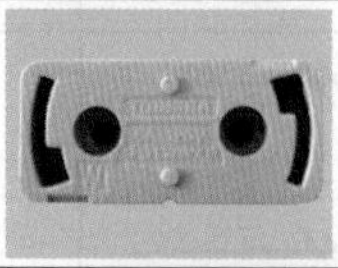
CH	シャンデリヤ		( )	引掛シーリング(丸形)	

図記号	名　称	材　料	図記号	名　称	材　料
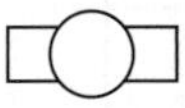	蛍光灯 （ボックス付）		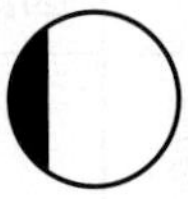	壁付照明器具	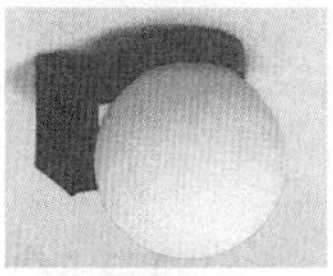
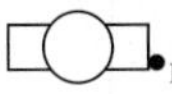 P	蛍光灯 （ボックス付）	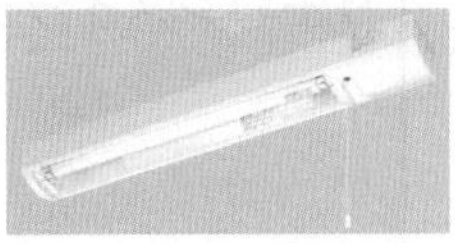	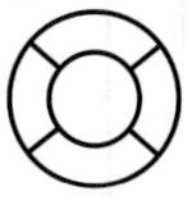	屋外灯	
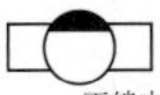 雨線内用	蛍光灯 （ボックス付）		蛍光灯の図記号は，大小及び形状に応じた表示としてもよい．		

● コンセント

図記号	名　称	材　料	図記号	名　称	材　料
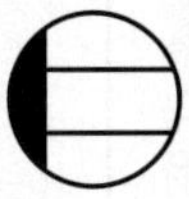	埋込形コンセント		 2TE	埋込形コンセント 引掛形接地極付 （口数：2口）	
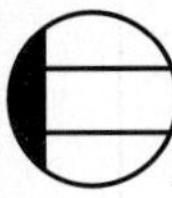 E	埋込形コンセント 接地極付		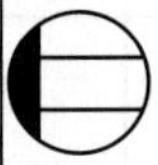 2 EL	漏電遮断器付 コンセント （口数：2口）	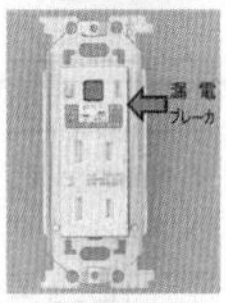
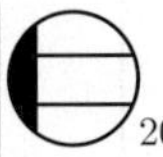 20A	埋込形コンセント 20A 用		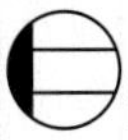 250V E	埋込形コンセント 接地極付 15A200V 用	
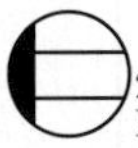 20A E	埋込形コンセント 15A・20A 兼用 接地極付		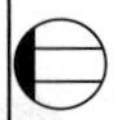 20A250V E	埋込形コンセント 接地極付 20A200V 用	
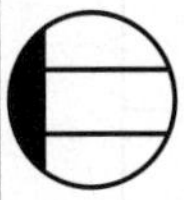 2	埋込形 ダブルコンセント （口数：2口）		 2	フロアコンセント （口数：2口）	
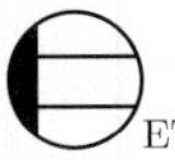 ET	埋込形コンセント 接地端子付		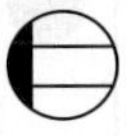 2 LK EET WP	防雨形コンセント （2口／抜止形／接地極付接地端子付）	
 EET	埋込形コンセント 接地極付 接地端子付		 3P250V E	埋込形コンセント 250V3極接地極付	
 2ELK	埋込形コンセント 抜止形接地極付 （口数：2口）				

● 点滅器

図記号	名　称	材　料	図記号	名　称	材　料
●	埋込形 単極スイッチ （片切スイッチ）	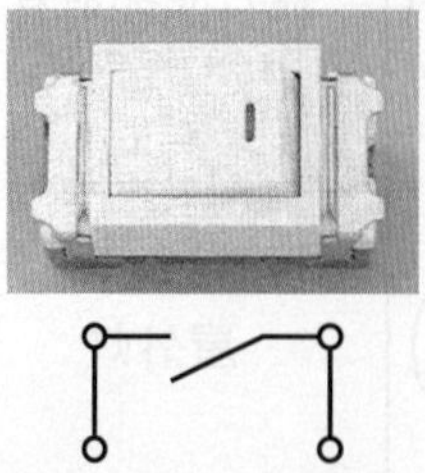	●$_{\mathrm{R}}$	リモコンスイッチ	
●$_{\mathrm{2P}}$	埋込形 ２極スイッチ （両切スイッチ）	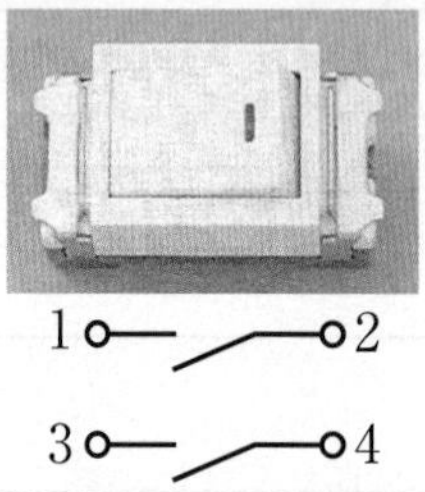	○	別置確認表示灯 （パイロットランプ）	
●$_{3}$	埋込形 ３路スイッチ	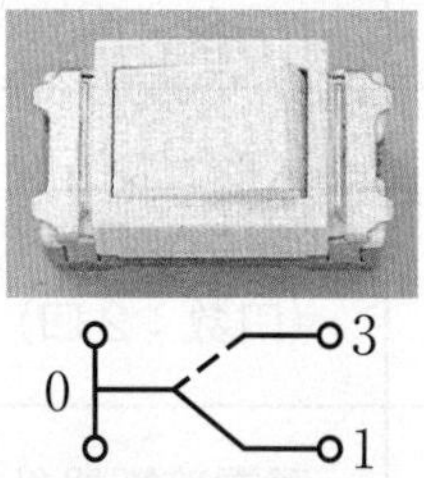	●$_{\mathrm{P}}$	プルスイッチ	
●$_{4}$	埋込形 ４路スイッチ	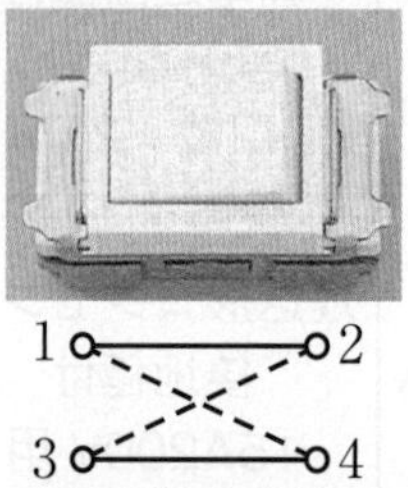	●$_{\mathrm{A(3A)}}$	自動点滅器	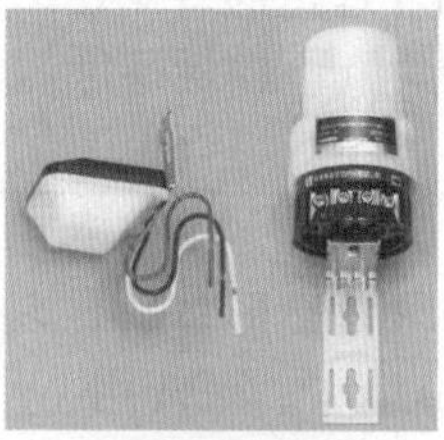
●$_{\mathrm{H}}$	位置表示灯内蔵 スイッチ	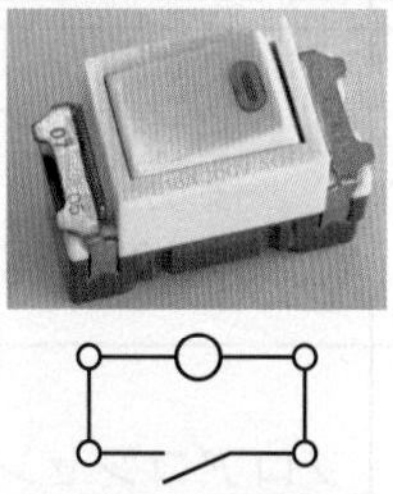	 ●↗	調光器	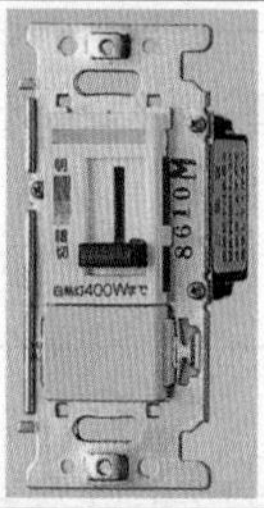
●$_{\mathrm{L}}$	確認表示灯内蔵 スイッチ	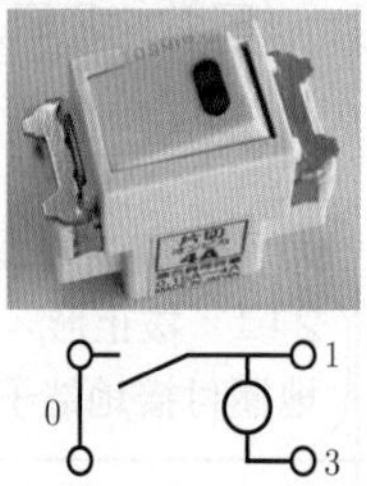	●$_{\mathrm{D}}$	遅延スイッチ	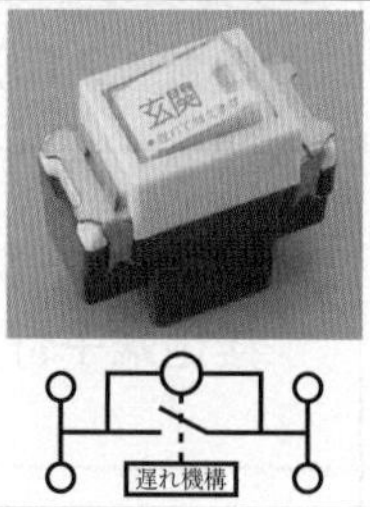

● 開閉器，計器

図記号	名　称	材　料	図記号	名　称	材　料
S	開閉器 カバー付 ナイフスイッチ	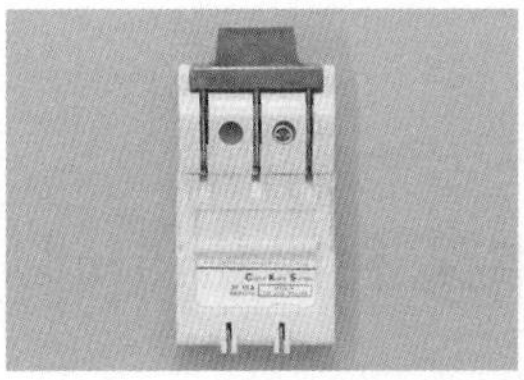	B	配線用遮断器 (2P1E)	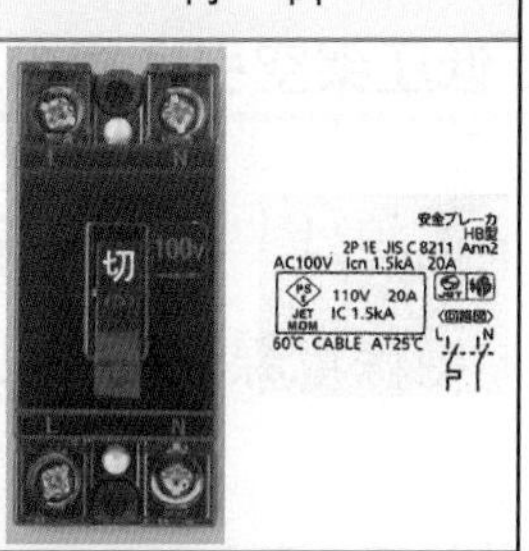
S	電流計付箱開閉器	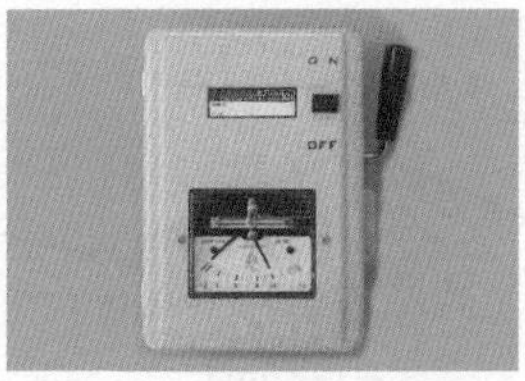		配線用遮断器 (2P2E)	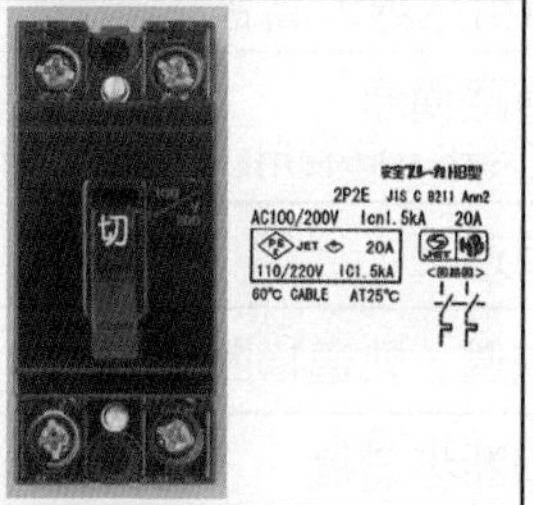
TS	タイムスイッチ	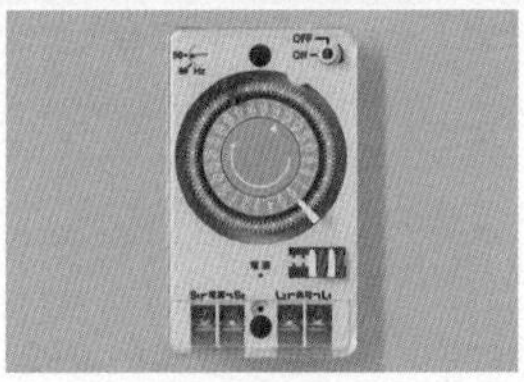	BE	過負荷保護付 漏電遮断器 (2P1E)	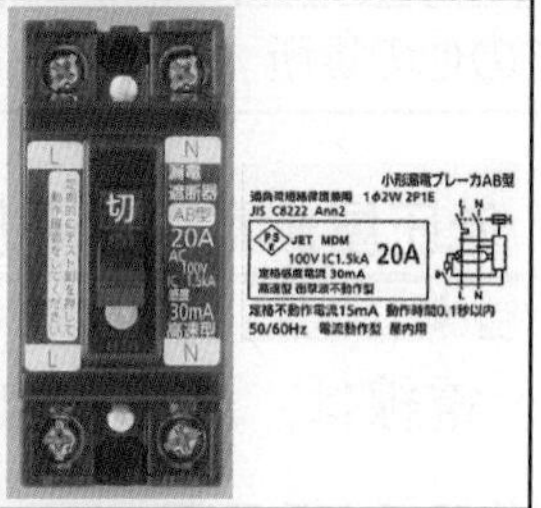
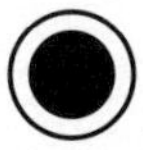 ●B	電磁開閉器用 押しボタン	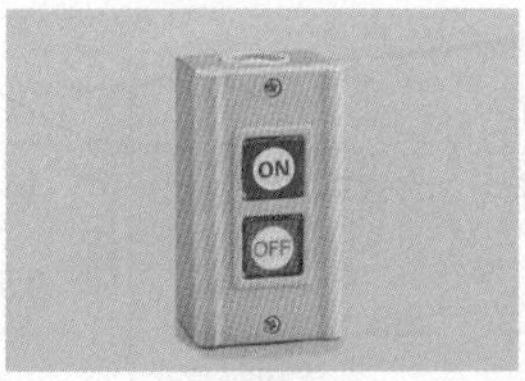		過負荷保護付 漏電遮断器 (2P2E)	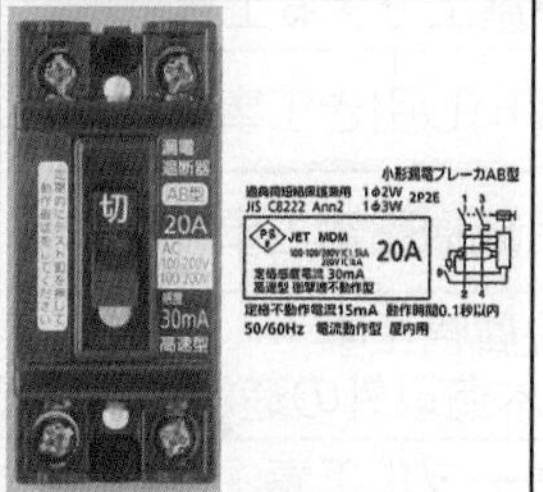
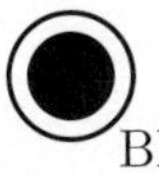 ●BL	電磁開閉器用 押しボタン (確認表示灯付)	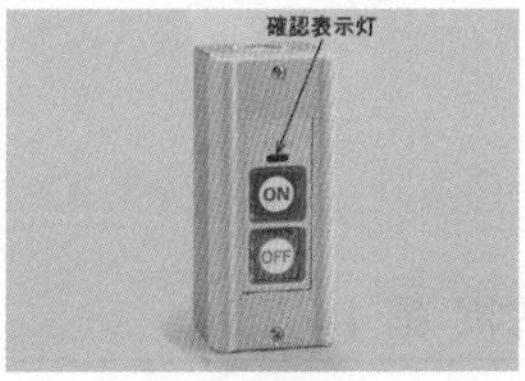		過負荷保護付 漏電遮断器 (3P3E)	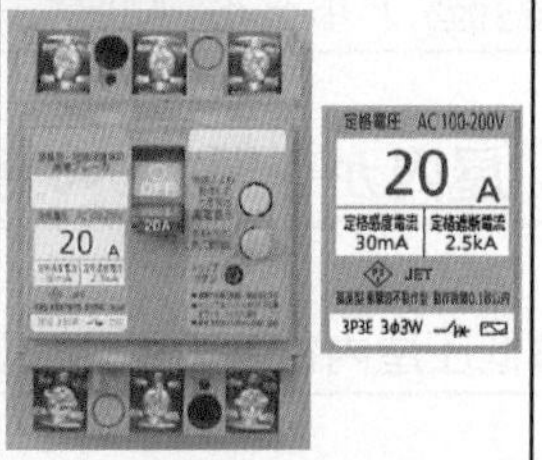
Wh Wh (箱入り又はフード付)	電力量計	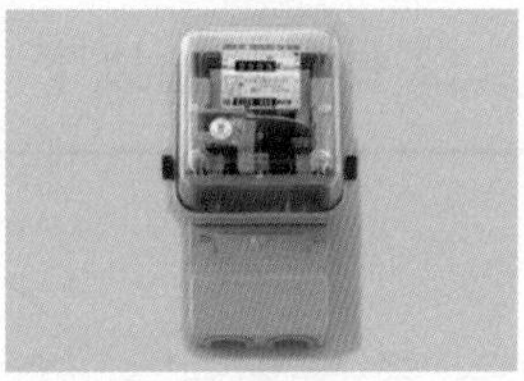	E	漏電遮断器	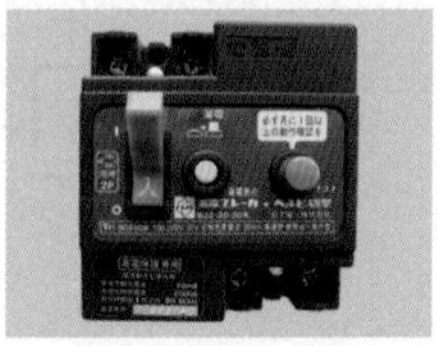

● その他

図記号	名　称	図記号	名　称	図記号	名　称
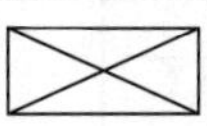	配電盤	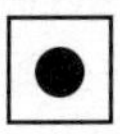	押しボタン	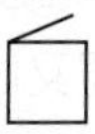	ブザー
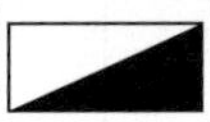	分電盤	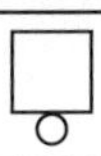	ベル	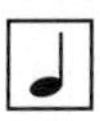	チャイム

2. 技術基準の適合性

1. 低圧架空引込線の施設　電技解釈 第 116 条

・電線は，絶縁電線またはケーブルであること．

・絶縁電線（DV 線）：直径 2.6 mm 以上の硬銅線, 径間が 15 m 以下の時は直径 2.0 mm 以上の硬銅線でもよい．

●引込線の高さ

道路横断 （歩行にのみ使用される部分を除く）	路面上 5 m 以上
歩道上	路面上 4 m 以上
鉄道・軌道横断	軌道面上 5.5 m 以上
横断歩道橋	路面上 3 m 以上
その他の場所	地表上 4 m 以上

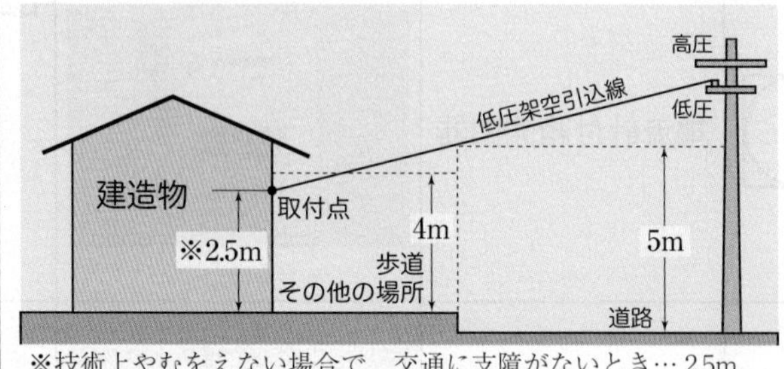

※技術上やむをえない場合で，交通に支障がないとき… 2.5m

2. 低圧屋側電線路の施設　電技解釈 第 110 条

・電線は，絶縁電線（2.0 mm 以上）またはケーブルであること．

●施工できる工事

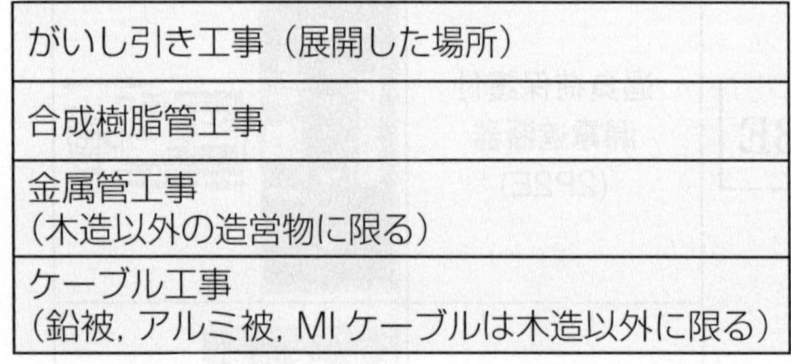

がいし引き工事（展開した場所）
合成樹脂管工事
金属管工事 （木造以外の造営物に限る）
ケーブル工事 （鉛被，アルミ被，MI ケーブルは木造以外に限る）

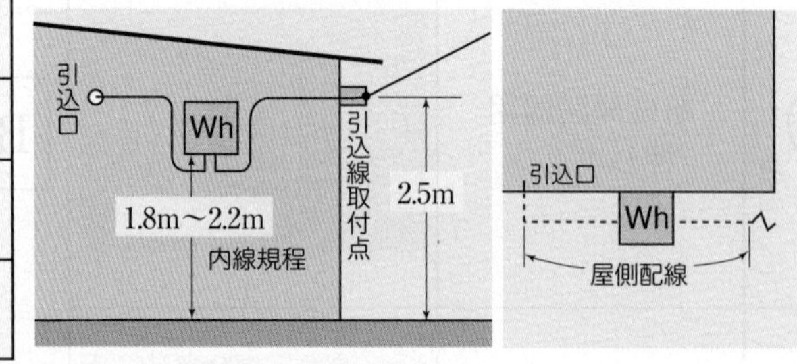

3. 屋内から屋外への引出し配線の施設

●低圧屋内電路の引込口における開閉器の施設　電技解釈 第 147 条

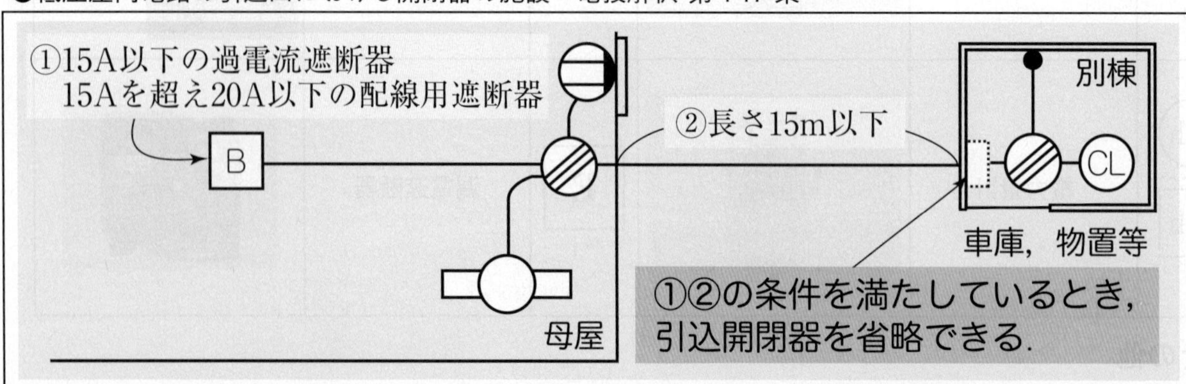

★原則：引込開閉器は，引込口に近い箇所であって，容易に開閉できる場所に施設する

★引込開閉器が省略できる場合（以下①，②のどちらの条件も満たすこと）

①定格電流が 15 A 以下の過電流遮断器又は 15 A を超え 20 A 以下の配線用遮断器で保護されている

②母屋から別棟までの配線の長さが 15 m 以下の場合

●母屋から屋内配線を分岐して，屋外灯等への屋外配線の開閉器・過電流遮断器の施設　電技解釈 第166条

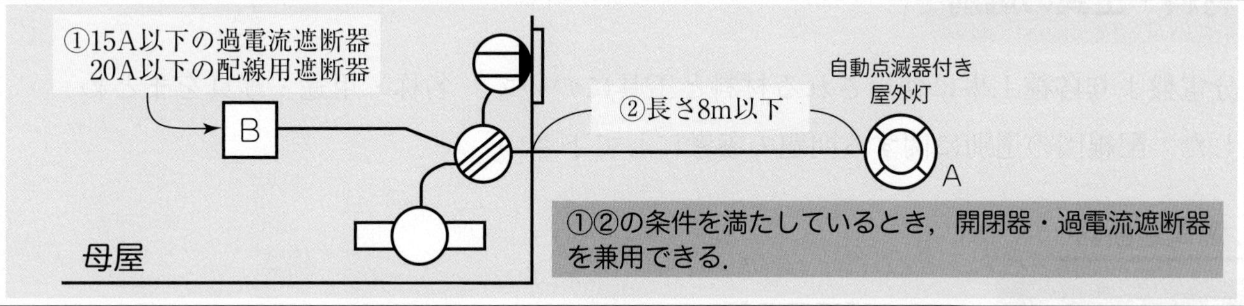

★原則：屋内配線又は屋外配線の開閉器・過電流遮断器は，屋内配線のものと兼用しないこと
★兼用できる場合（以下①，②のどちらの条件も満たすこと）
　①定格電流が15A以下の過電流遮断器又は20A以下の配線用遮断器で保護されている
　②屋外配線の長さが屋内電路の分岐点から8m以下の場合

4. 地中電線路の施設　電技解釈 第120条（内線規程 2400−2図）

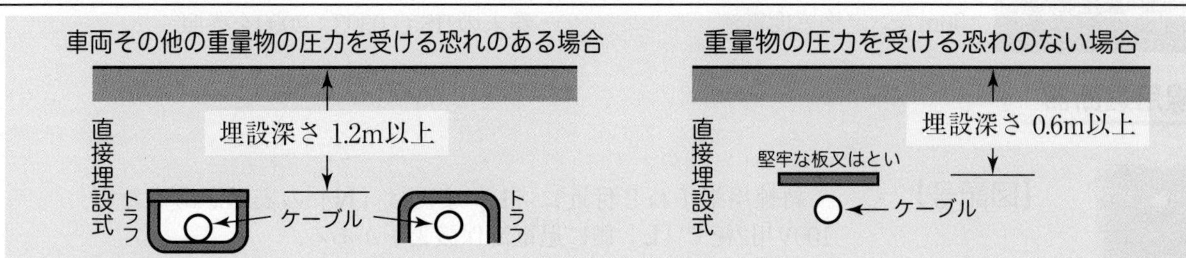

①使用電線：ケーブル（VV，CV，MI）　②布設方式：直接埋設式，管路式，暗きょ式
③直接埋設式による施設方法：車両その他の重量物の圧力を受ける場合
　地中電線の埋設深さ1.2m以上，ケーブルを堅ろうなトラフその他の防護物に収めて施設する．その他の防護物には，VE，HIVE，FEP等がある
　直接埋設式による施設方法：その他の場所→ 埋設深さ0.6m以上，上部を堅ろうな板又はといで覆う

5. 小勢力回路の施設　電技解釈 第181条

●最大使用電圧が60V以下のベルやチャイムへの配線

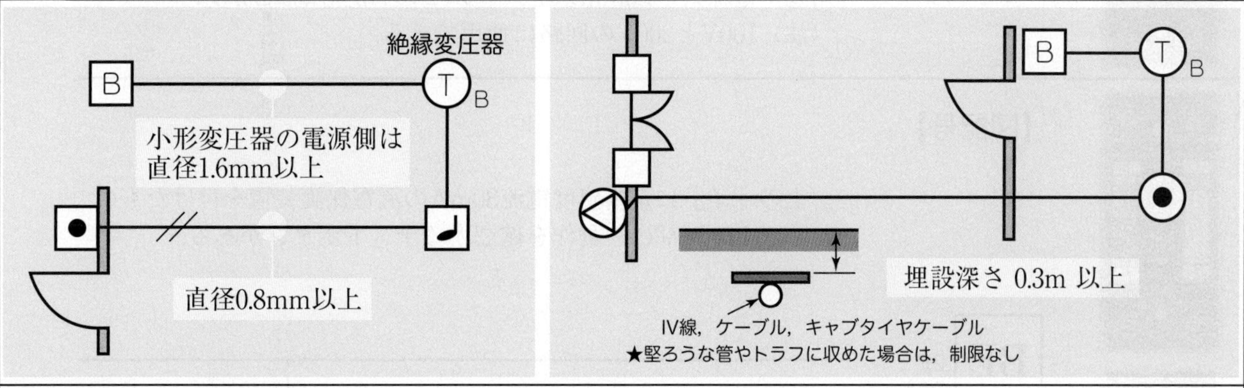

①使用電線　屋内配線：直径0.8mm以上の軟銅線，コード，キャブタイヤケーブル，ケーブル
　　　　　　屋外架空配線：直径1.2mm以上の軟銅線
　　　　　　地中配線：600Vビニル絶縁電線，キャブタイヤケーブル，ケーブル
②地中配線を直接埋設式による施設方法
　・車両その他の重量物の圧力を受ける場合
　　埋設深さ1.2m以上，ケーブルを堅ろうな管，トラフその他の防護物に収めて施設する
　・その他の場所：埋設深さ0.3m以上，上部を堅ろうな板又はといで覆う

3. 材料・工具の選別

分電盤より各種工事に使用される材料と工具について，名称・用途・写真をまとめました．配線図の選別に関する問題の参考にして下さい．

1. 漏電遮断器

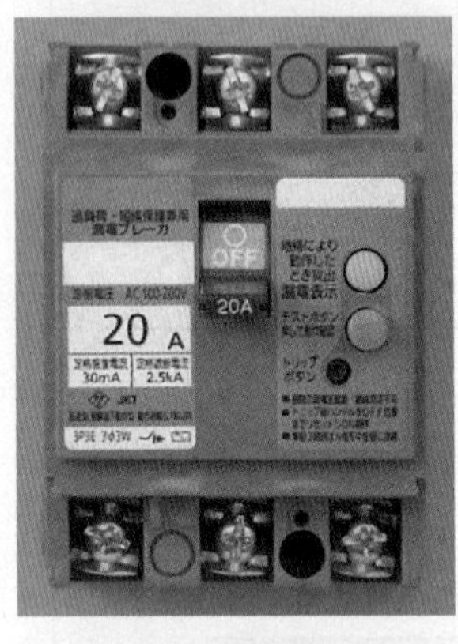

【図記号】

過負荷保護付 BE 3P 50AF 20A 30mA

傍記例

3P：極数

50AF：フレームの大きさ

20A：定格電流（過負荷保護）

30mA：定格感度電流

ハンドルの右側にテストボタンと漏電時に突出する漏電表示がある．

※過負荷保護付の場合，図記号に極数，フレームの大きさ，定格電流，定格感度電流などを傍記するが，筆記試験の配線図では，問いに直接関係ない場合は傍記が省略されている．図記号の傍記などの詳細については，巻末のJIS C 0303：2000を参照．

2. 配線用遮断器

【図記号】

B 2P 20A

イ

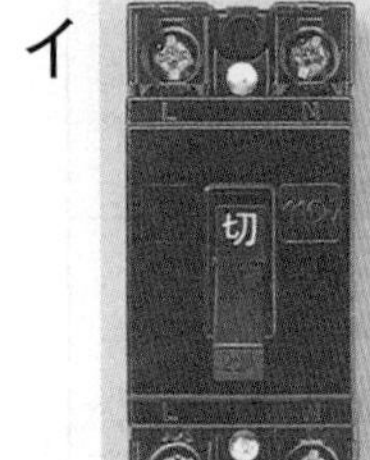

結線用端子ねじ付近に「**L**」または「**N**」の表示があるため，100V用2極で「**L**」側に過電流保護素子がある．

2P1E：2極，過電流検出素子　L側のみ．

100V20A：定格電圧，定格電流．

用途：電線太さ1.6mm以上，コンセント定格電流20A以下

（注）200V回路には使用できない．（100V専用）

ロ

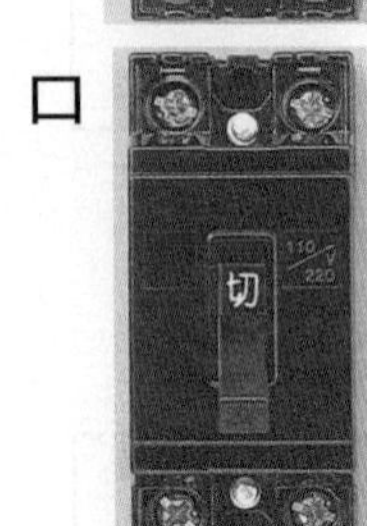

結線用端子ねじ付近に極性の表示がない．100V，200V両用の2極で両端に過電流保護素子がある．

2P2E：2極，過電流検出素子　両側にある．

20A：定格電流　110V/220V：定格電圧．

用途：電線太さ1.6mm以上，コンセント定格電流20A以下

（注）100Vと200Vの回路に使用できる．

【図記号】

BE 2P 20A 30mA

ハ

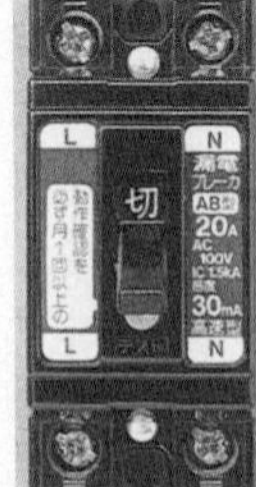

上の「イ」に定格感度電流30mAの漏電保護装置を付けたもの．ハンドル下部に，動作を確認するテストボタンがある．

ニ

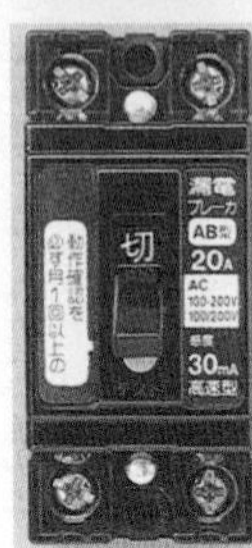

上の「ロ」に定格感度電流30mAの漏電保護装置を付けたもの．ハンドル下部に，動作を確認するテストボタンがある．

3. ケーブル工事

各種ケーブル（CV，CVT，VVF，VVR，EM－EEF 他）がありますが，600 V ビニル絶縁ビニルシースケーブル（VVF）の施行例を示します．

⑴ VVF 用ジョイントボックスと埋込形スイッチボックスを使用する例

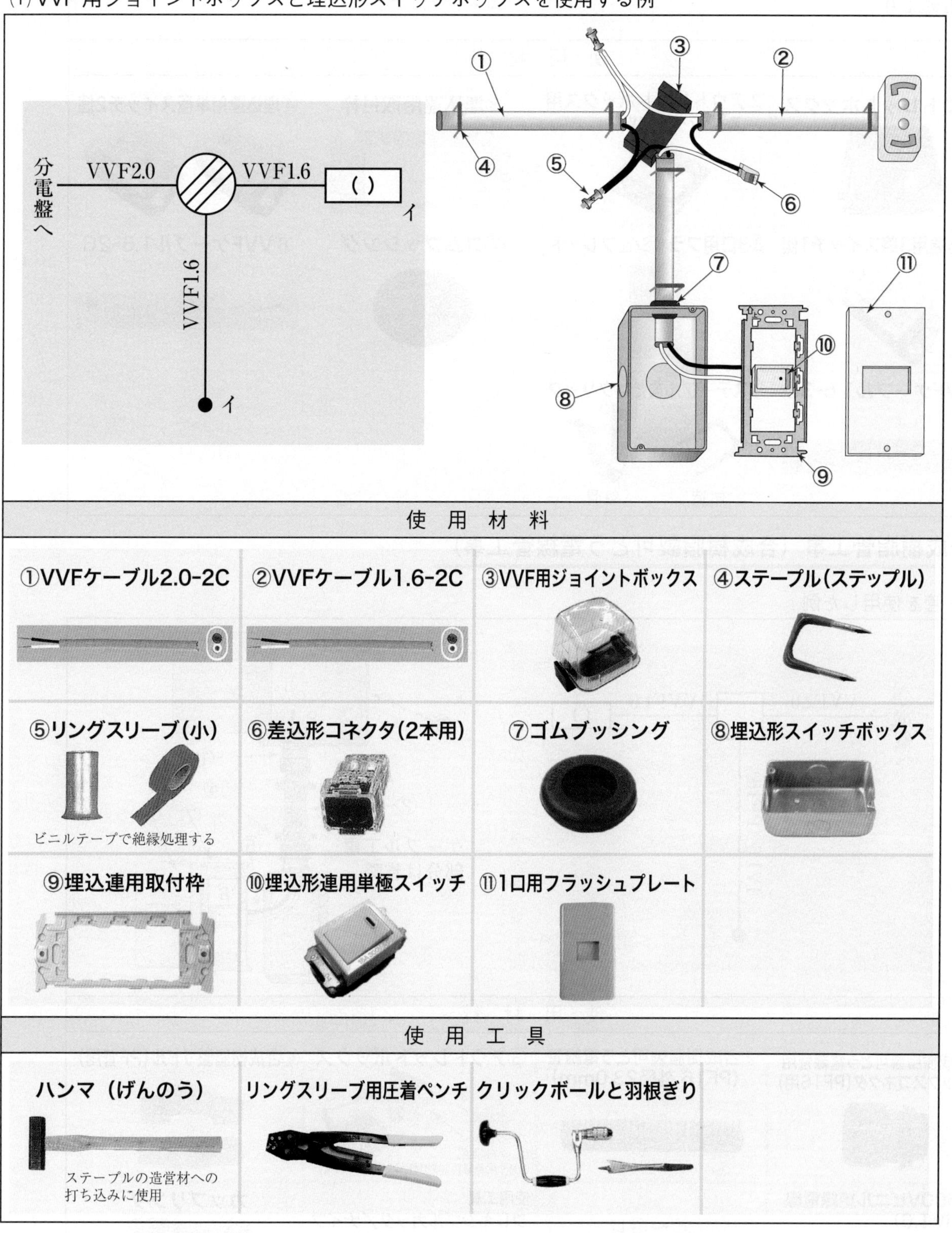

(2) アウトレットボックスを使用する例

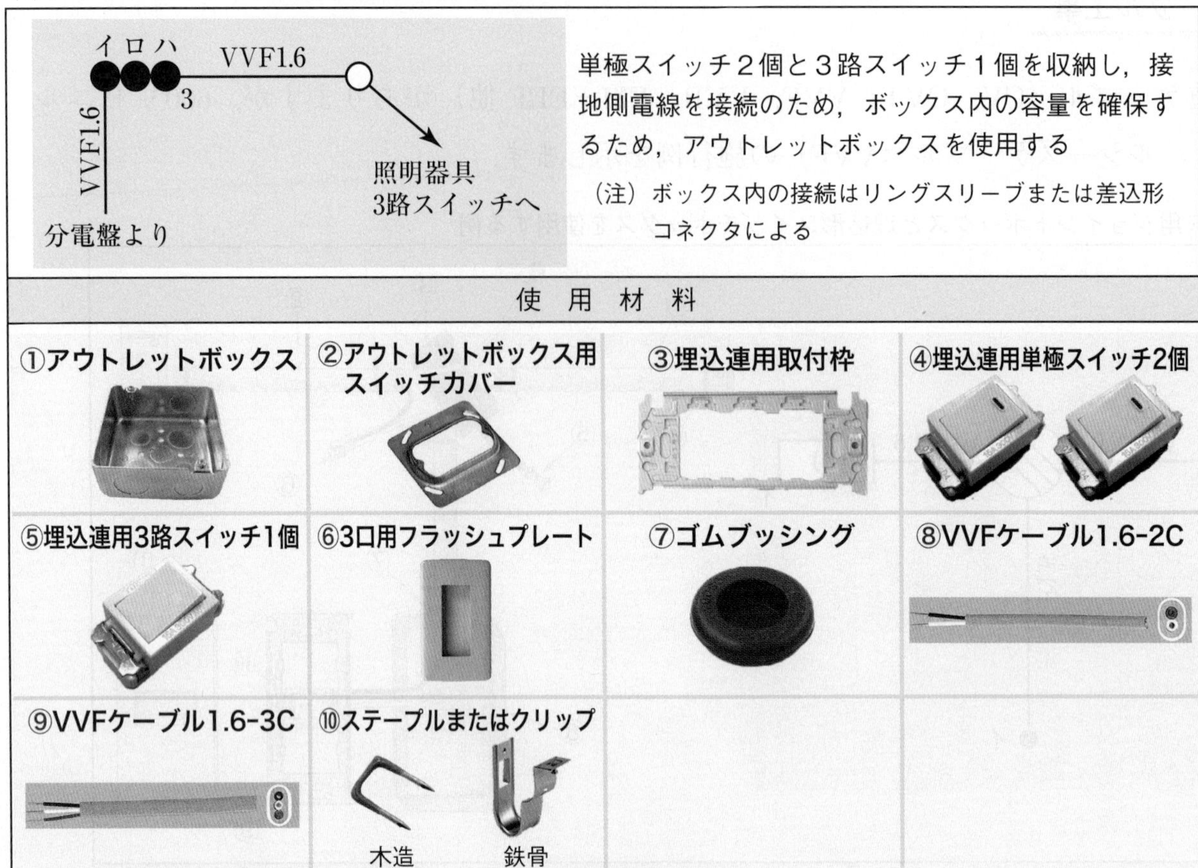
イ ロ ハ
VVF1.6
3
VVF1.6
分電盤より
照明器具
3路スイッチへ
単極スイッチ２個と３路スイッチ１個を収納し，接地側電線を接続のため，ボックス内の容量を確保するため，アウトレットボックスを使用する
(注) ボックス内の接続はリングスリーブまたは差込形コネクタによる
使 用 材 料
①アウトレットボックス
②アウトレットボックス用スイッチカバー
③埋込連用取付枠
④埋込連用単極スイッチ2個
⑤埋込連用3路スイッチ1個
⑥3口用フラッシュプレート
⑦ゴムブッシング
⑧VVFケーブル1.6-2C
⑨VVFケーブル1.6-3C
⑩ステープルまたはクリップ
木造
鉄骨

4. 合成樹脂管工事（合成樹脂製可とう電線管工事）

● PF 管を使用した例

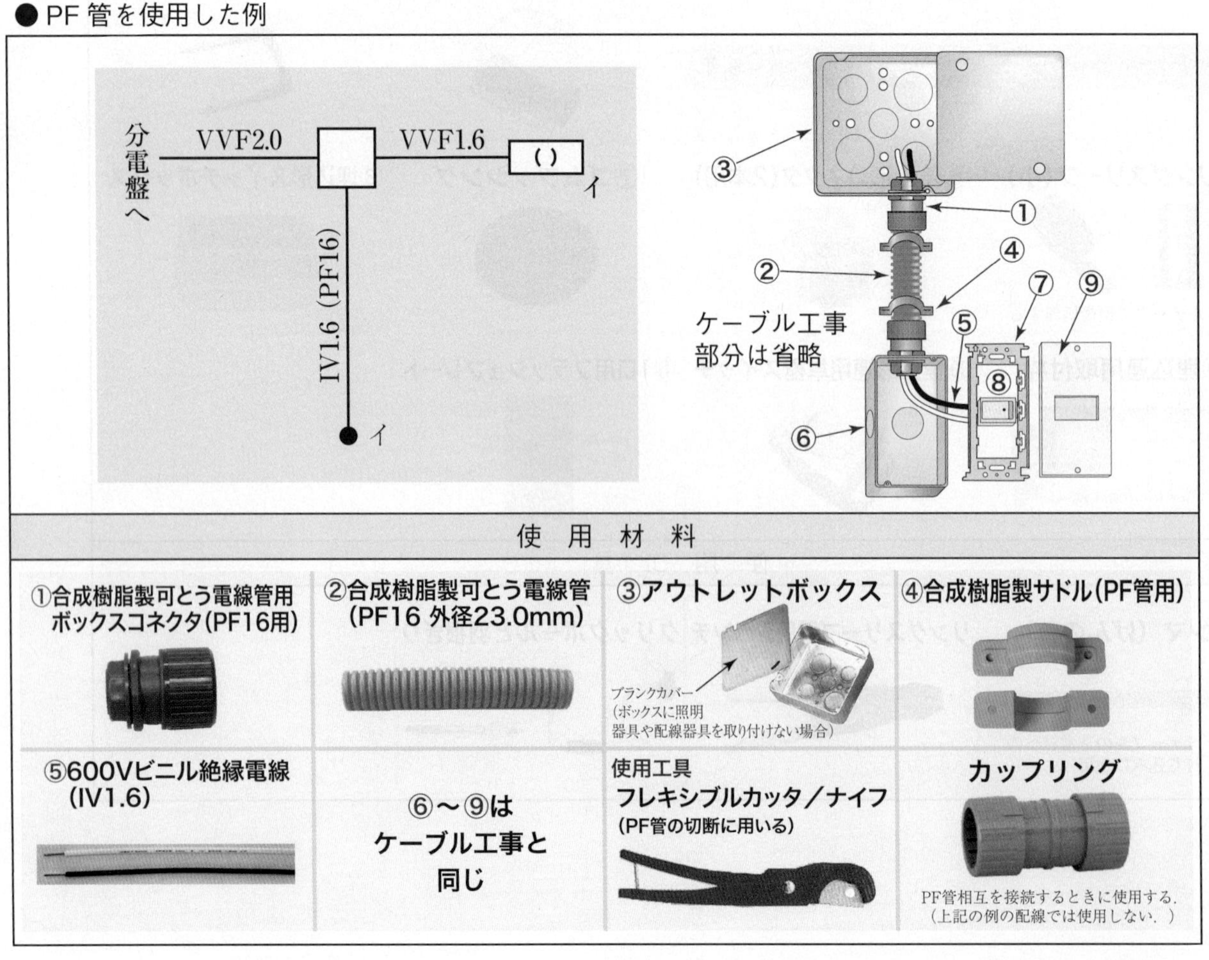
分電盤へ
VVF2.0
VVF1.6
( )
イ
IV1.6 (PF16)
イ
ケーブル工事部分は省略
使 用 材 料
①合成樹脂製可とう電線管用ボックスコネクタ(PF16用)
②合成樹脂製可とう電線管(PF16 外径23.0mm)
③アウトレットボックス
ブランクカバー
(ボックスに照明器具や配線器具を取り付けない場合)
④合成樹脂製サドル(PF管用)
⑤600Vビニル絶縁電線(IV1.6)
⑥〜⑨はケーブル工事と同じ
使用工具
フレキシブルカッタ／ナイフ
(PF管の切断に用いる)
カップリング
PF管相互を接続するときに使用する．
(上記の例の配線では使用しない．)

5. 金属管工事

金属管には，ねじなし電線管，薄鋼電線管，厚鋼電線管がありますが，ここでは，ねじなし金属管を使用した施行例を示します．

● ねじなし電線管を使用した例

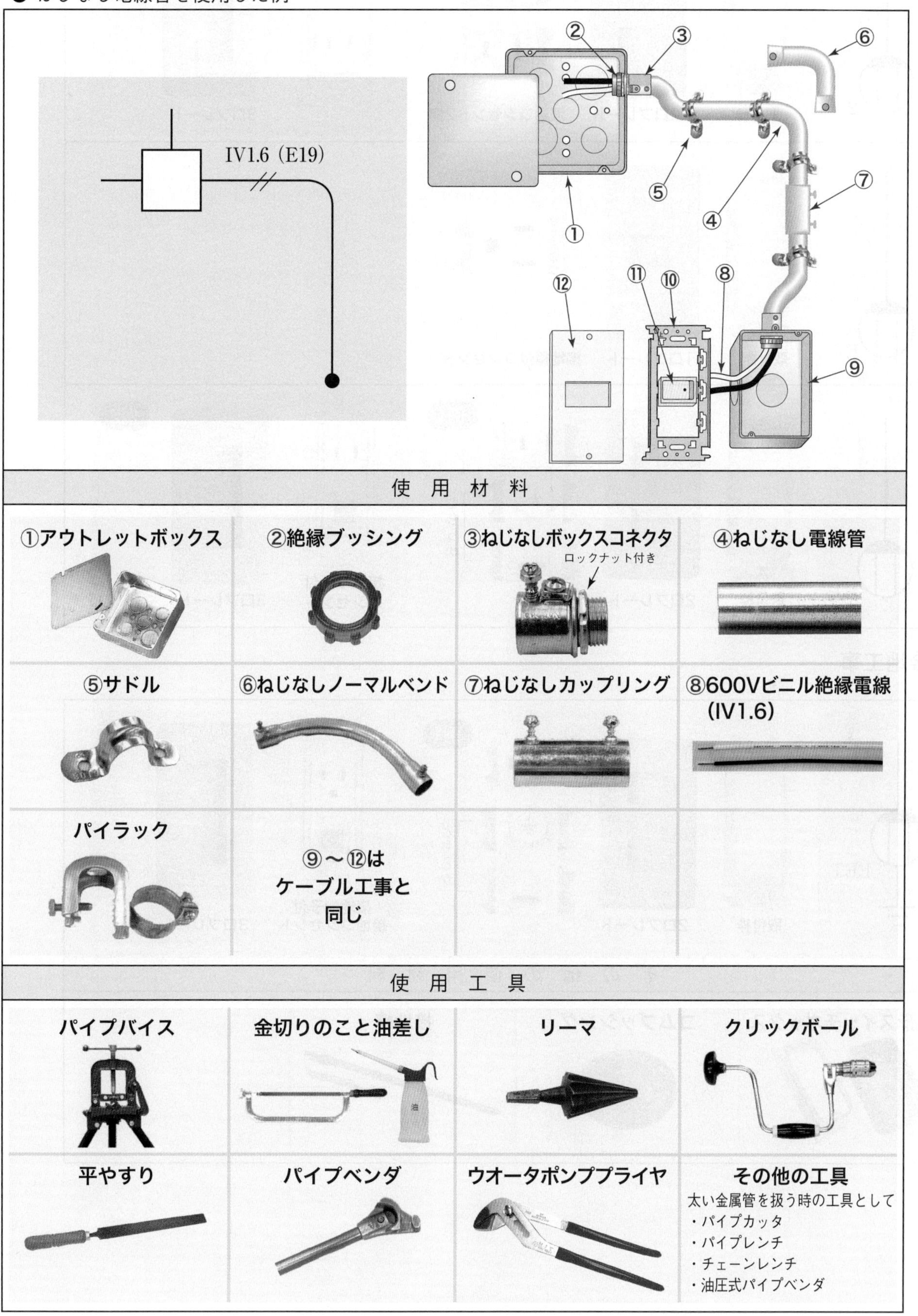

6. 埋込コンセント工事（組合せ例）

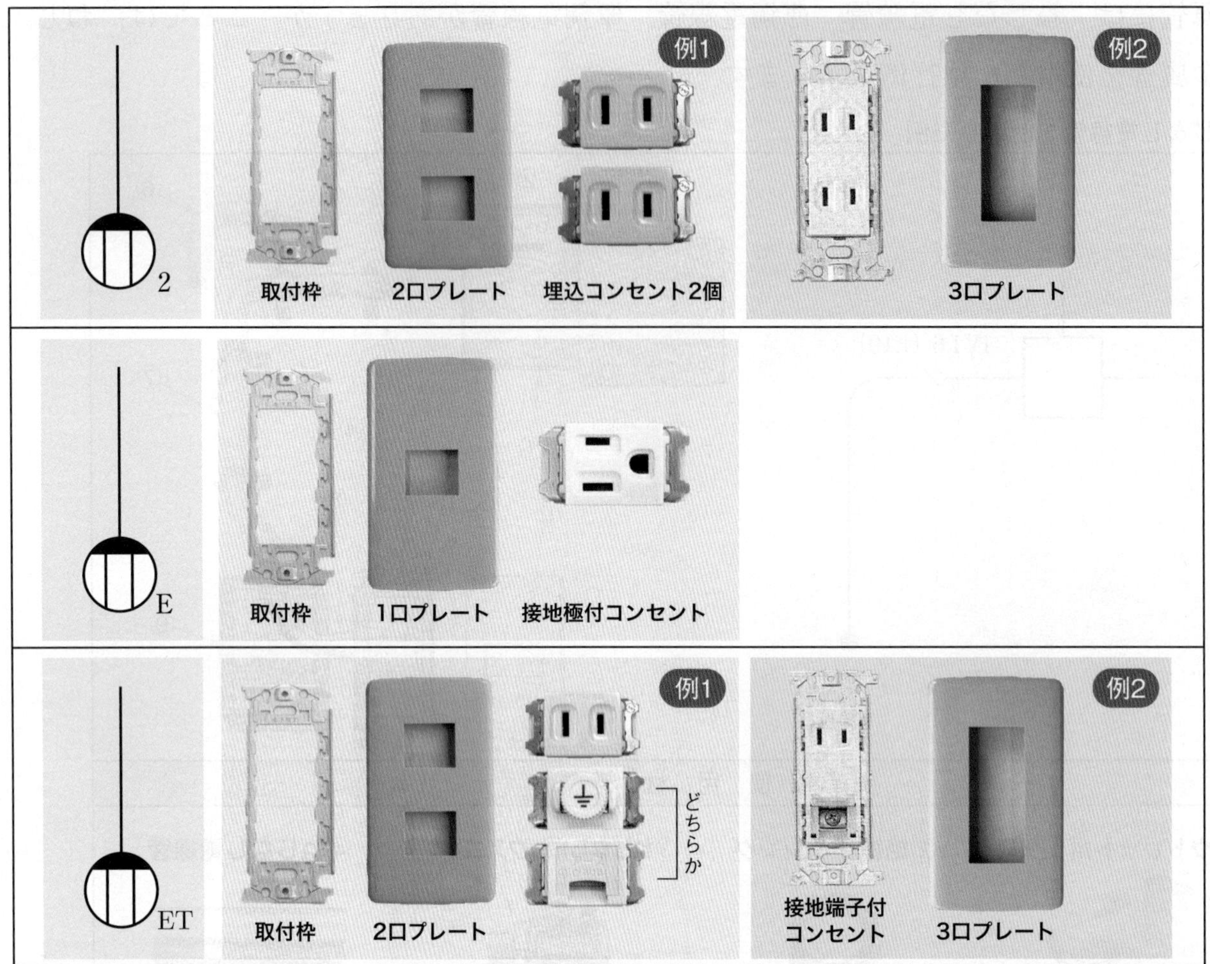

7. 接地工事

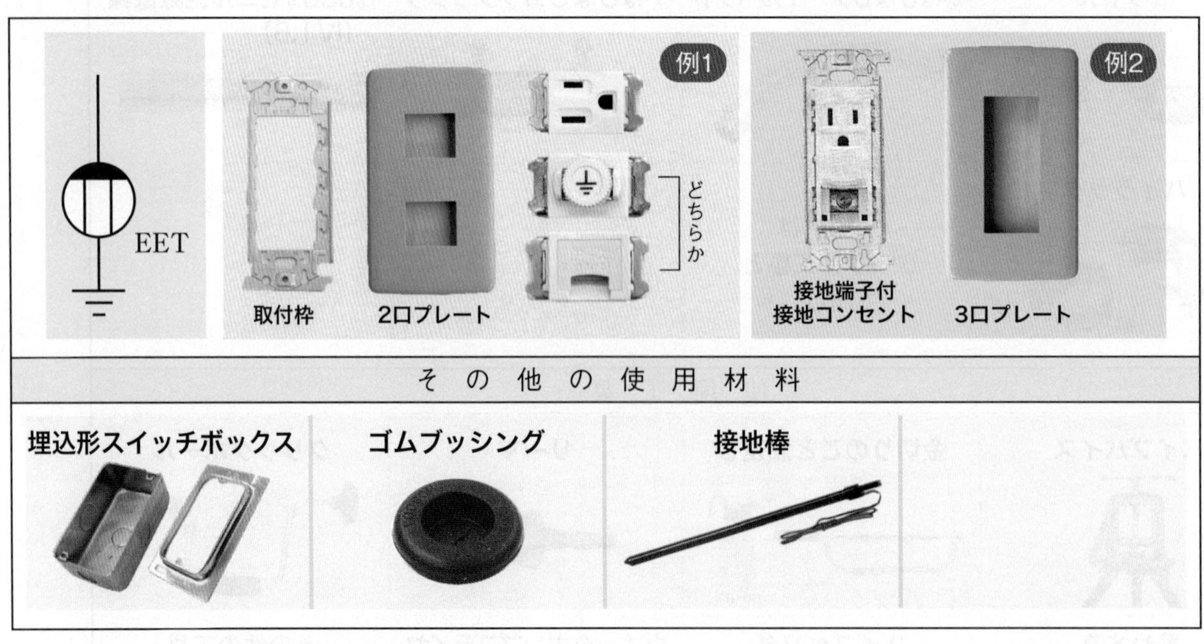

4. ジョイントボックス内の電線接続

各ジョイントボックス内の電線接続は終端接続とし，リングスリーブまたは差込形コネクタで行う．リングスリーブ接続ではその種類（小・中・大）が同一電線太さ，または異なる電線の組み合わせで JIS C 2806 や内線規程に定められている．差込形コネクタでは，2 本の接続は 2 本用, 3 本は 3 本用, 4 本は 4 本用を使用するが, 電線太さは 1.6 mm と 2.0 mm の両方に使用できる．

リングスリーブの種類	電線の組合せ			
	同一の場合			異なる場合
	1.6mm又は 2mm²	2.0mm又は3.5mm²	2.6mm又は5.5mm²	
小	2 本	－	－	1.6mm 1本と0.75mm² 1本 1.6mm 2本と0.75mm² 1本
小	3 ～ 4 本	2 本	－	2.0mm 1本と1.6mm 1～2本
中	5 ～ 6 本	3 ～ 4 本	2 本	2.0mm 1本と1.6mm 3～5本 2.0mm 2本と1.6mm 1～3本 その他の組合せ有り
大	7 本	5 本	3 本	2.0mm 1本と1.6mm 6本 2.0mm 2本と1.6mm 4本 その他の組合せ有り

※異なる場合は，JIS または内線規程 1335 節 1335－2 表 参照

5. 竣工検査に用いられる測定器

受電前

① 目視点検

チェックシートにより，支持間隔や離隔距離等その他を点検する．

② 接地抵抗測定

接地抵抗計にて，接地極と 2 箇所の補助極により接地抵抗値を測定する．

③ 絶縁抵抗測定

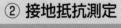

絶縁抵抗計にて,電路と大地(対地)間と電路相互の線間絶縁抵抗を測定する．

④ 導通試験

配線図に示された接続，結線が正しく行われているかを**回路計**にて確認する．

検　電

検電器により,充電の「有」「無」を確認する．

※一般的な順番であり，②，③は入れ替えても良い

受電後

電圧測定

配電方式に適合しているか，各相間と各相と対地間の各電圧を回路計で測定する．

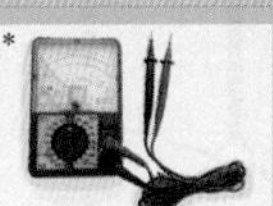

三相の動力回路は検相器で相順を確認する．

電流測定

各負荷電流が定格電流以内か，また，単相 3 線式で非接地側のバランスがとれているかの電流測定する．

照度測定

設計仕様に適合しているか,各室の明るさ(照度)を照度計で測定する．

＊印の写真提供：共立電気計器株式会社

これだけは覚えよう

配線図問題②

回路についての問題

1. 複線図のルール

電源からの電線には接地側電線と非接地側電線があり，それぞれ結線する器具が決まっています．

① 接地側電線：照明器具，コンセントに結線する．

② 非接地側電線：コンセント，点滅器に結線する．

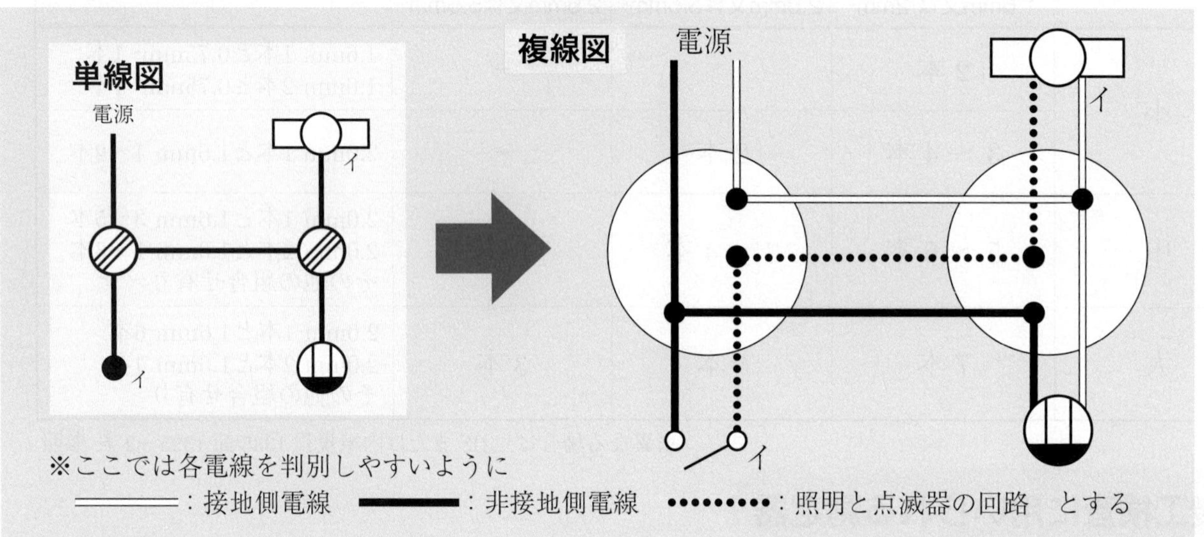

照明器具に結ぶ点滅器が３路スイッチの場合，３路スイッチは２個を１組として使用するため，電源に近い方の３路スイッチに非接地側電線を結線し，３路スイッチ相互を結んで，最後にもう一方の３路スイッチと照明器具を結びます．

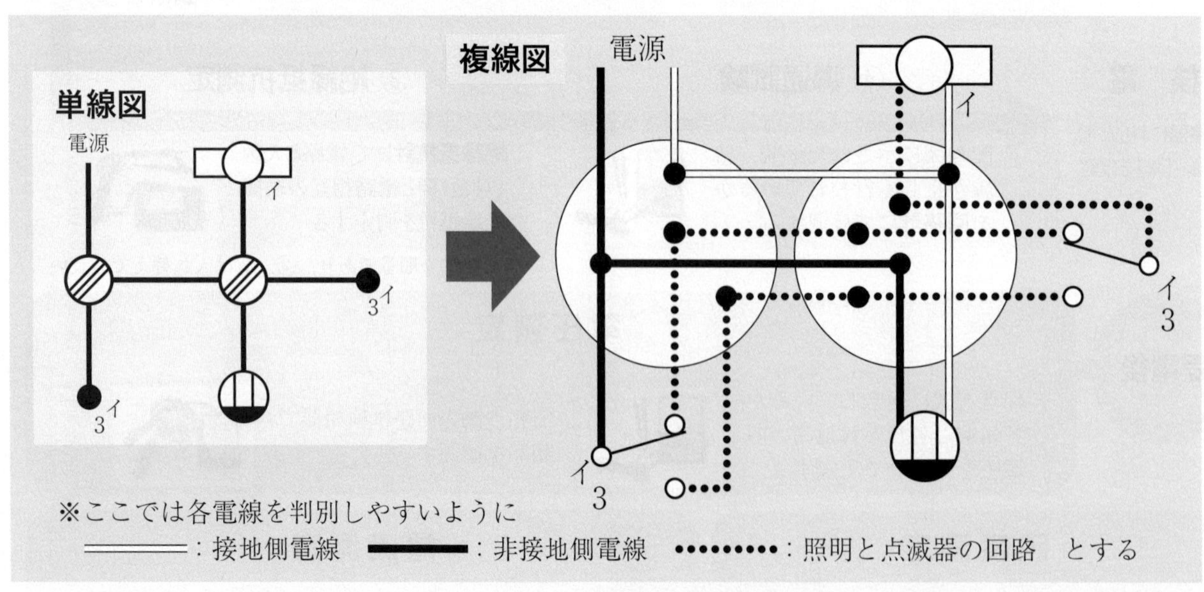

2. 電線の条数

1. 器具に結線する電線の条数

コンセントには接地側・非接地側の２本を結線，照明器具には接地側電線と点滅器へ至る電線の２本，点滅器には非接地側電線と照明器具に至る電線の２本といったように，基本的に器具に結線する電線は２本となります（例外は３路スイッチの３本や４路スイッチの４本）．

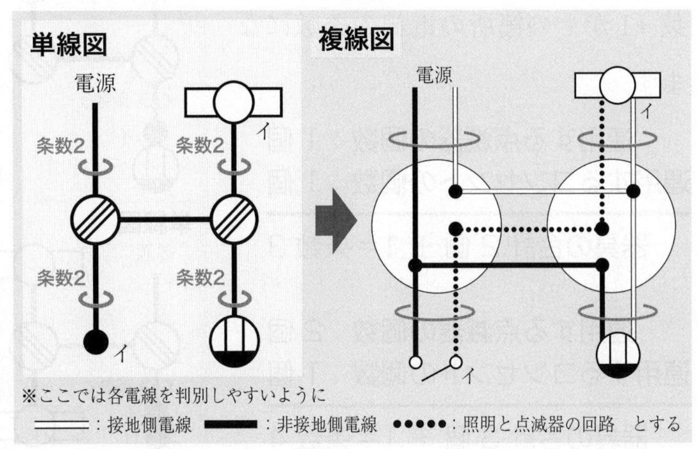

2. ジョイントボックス間の電線の条数

ジョイントボックス間の電線の条数は，接地側電線の本数＋非接地側電線の本数＋点滅回路の本数となります．

接地側電線の本数：1
非接地側電線の本数：1
点滅回路の本数：1

条数３

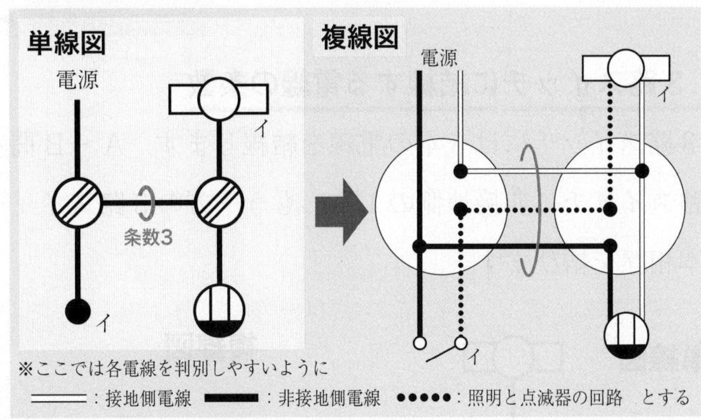

3. 点滅器連用箇所に結線する電線の条数

同じ箇所に点滅器が複数個ある場合（この箇所を連用箇所といいます）は，連用する点滅器の個数 +1 がその箇所の電線の条数になります．

連用する点滅器の個数：２個

点滅器の合計２個＋１＝条数３

連用する点滅器の個数：３個

点滅器の合計３個＋１＝条数４

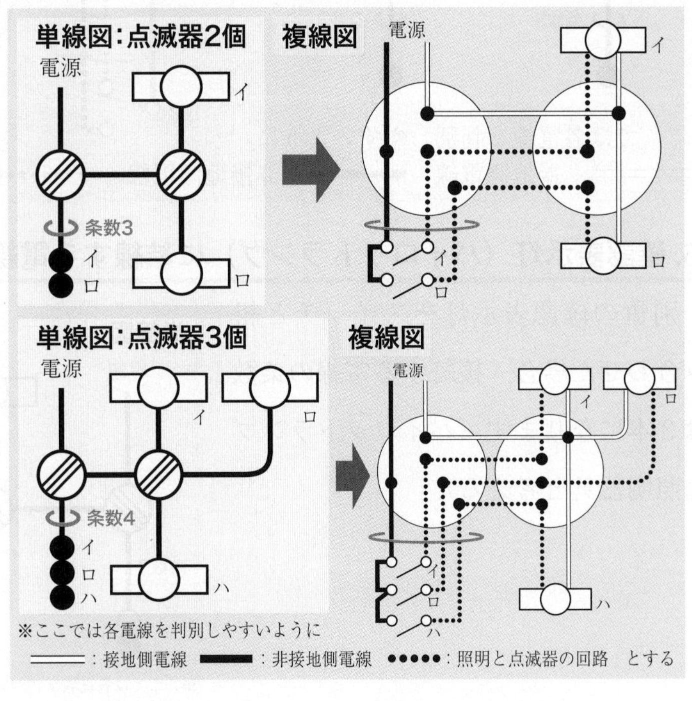

これだけは覚えよう 配線図問題②

4. 点滅器・コンセント連用箇所に結線する電線の条数

同じ箇所に点滅器とコンセントを連用している場合も，連用する器具の個数 +1 がその箇所の電線の条数になります．

連用する点滅器の個数：1 個
連用するコンセントの個数：1 個

器具の合計 2 個 + 1＝条数 3

連用する点滅器の個数：2 個
連用するコンセントの個数：1 個

器具の合計 3 個 + 1＝条数 4

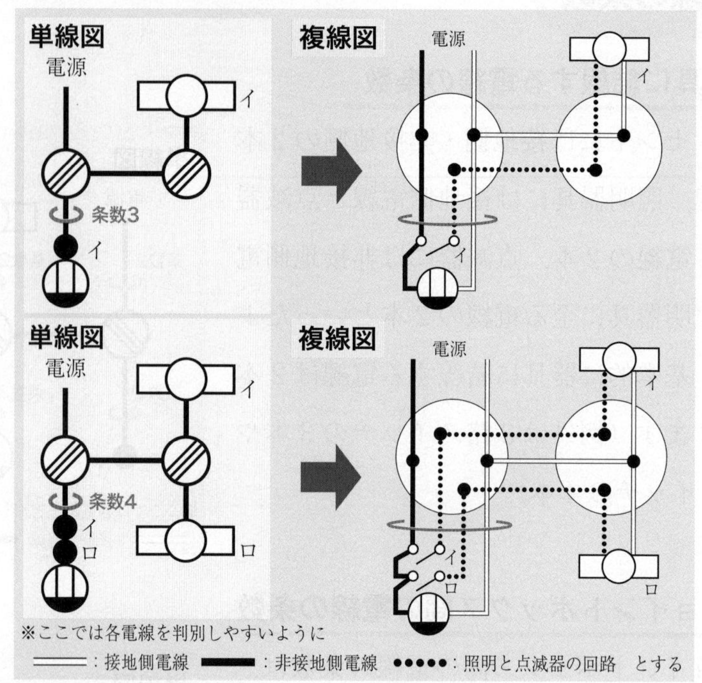

5. 3 路スイッチに結線する電線の条数

3 路スイッチには 3 本の電線を結線します．A－B 間を最少条数にするには電源に近い方の 3 路スイッチに非接地側の 1 本，もう一方の 3 路スイッチに照明器具から 1 本を結び，残りの 2 本相互を結びます．

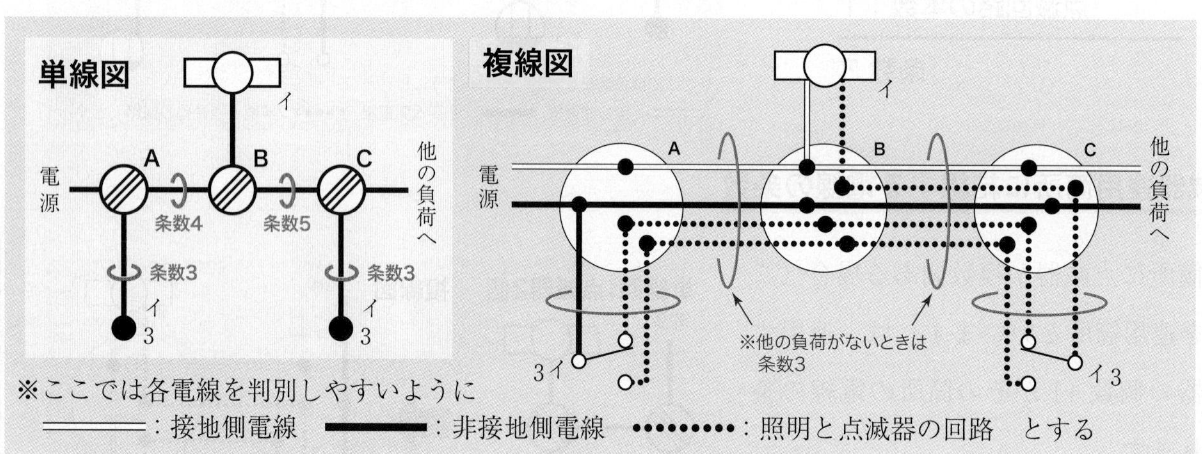

6. 確認表示灯（パイロットランプ）に結線する電線の条数

別置の確認表示灯をスイッチと組み合わせた場合，接続する電線の条数は 3 本になります（パイロットランプを照明器具と考える）．

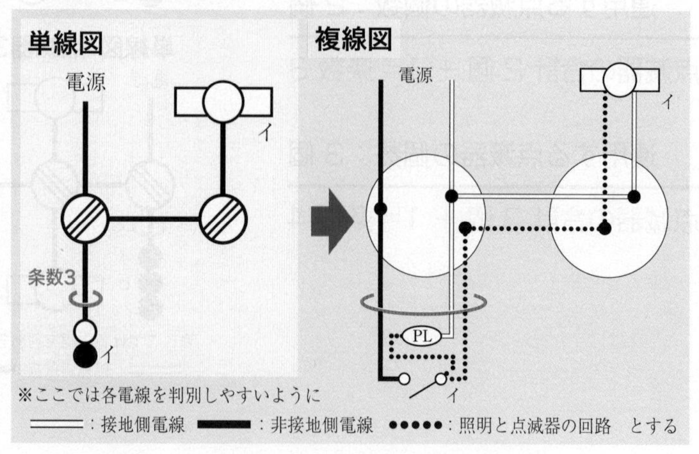

3. 実際に出題された配線図

過去に出題された配線図問題の一部分を例題として，複線図に書き直してみましょう．

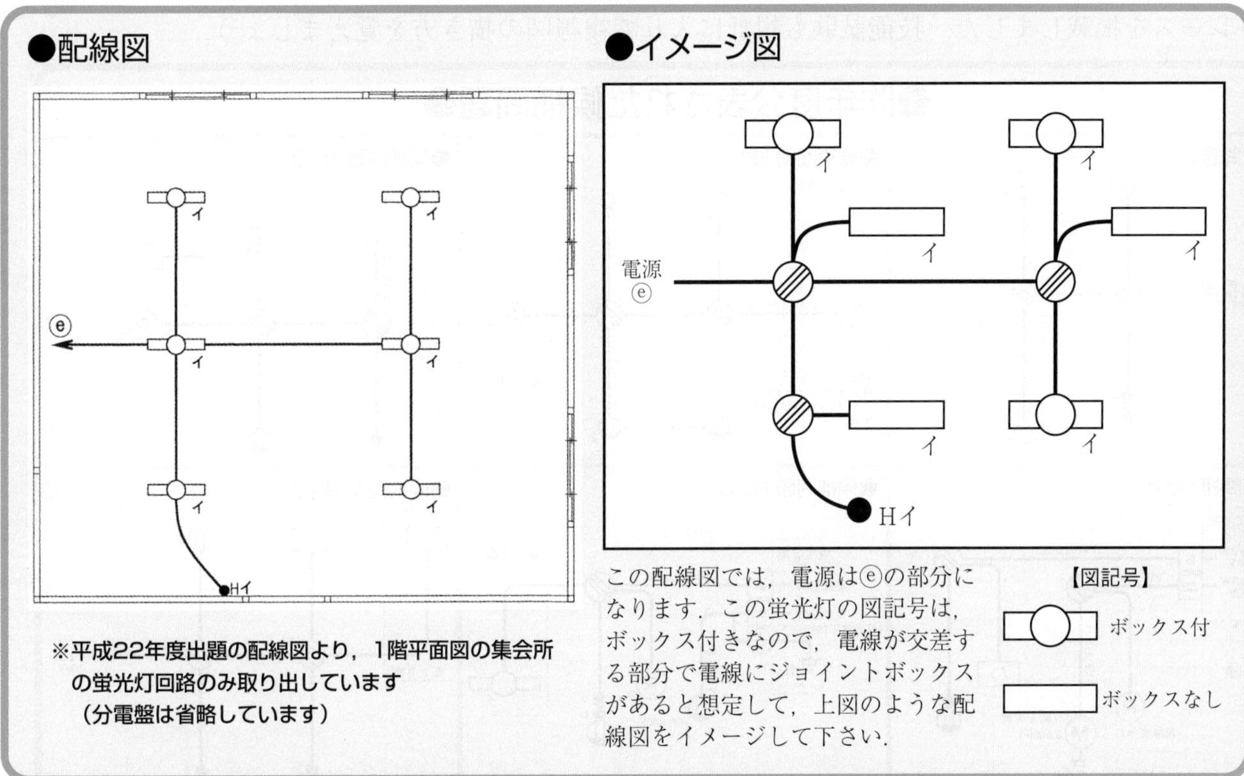

※平成22年度出題の配線図より，1階平面図の集会所の蛍光灯回路のみ取り出しています（分電盤は省略しています）

この配線図では，電源はⓔの部分になります．この蛍光灯の図記号は，ボックス付きなので，電線が交差する部分で電線にジョイントボックスがあると想定して，上図のような配線図をイメージして下さい．

複線図

電源
ⓔ

イ

H イ

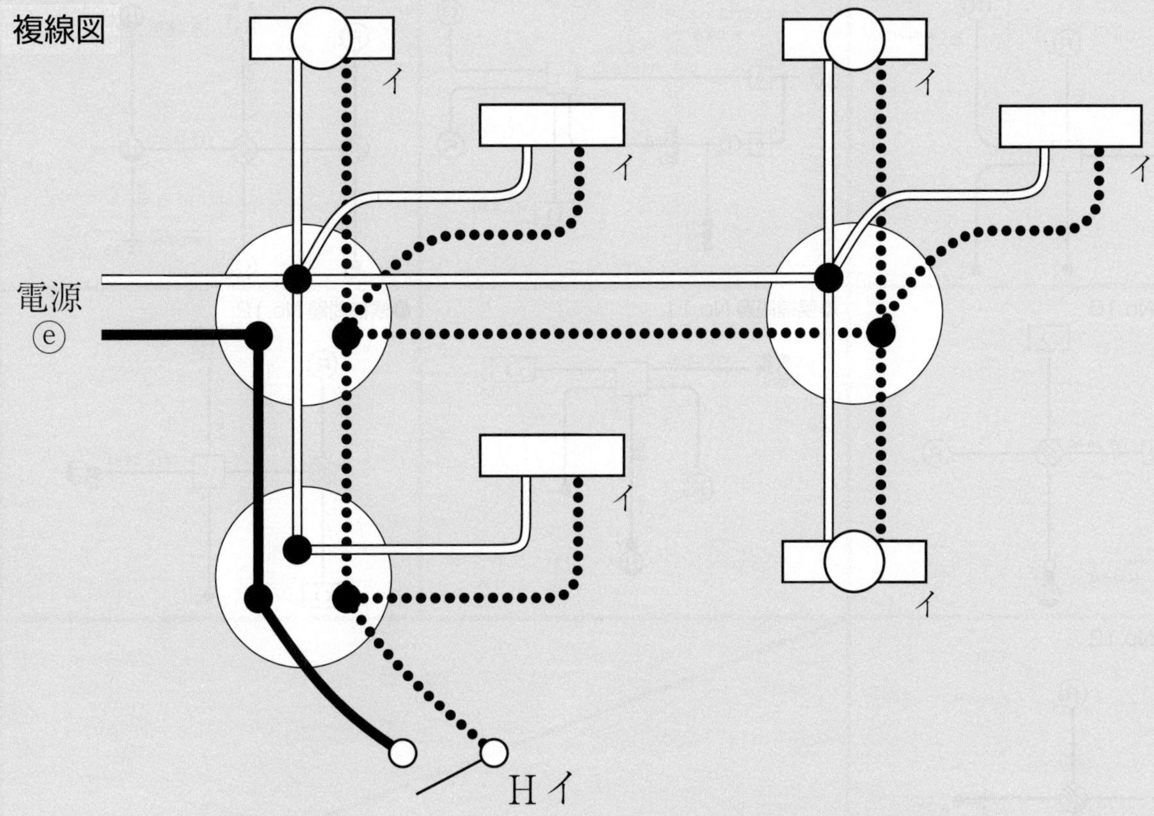

※ここでは各電線を判別しやすいように
══════：接地側電線　━━━━━：非接地側電線　••••••••：照明と点滅器の回路　とする

4. 技能試験の配線図と複線図

ここでは，昨年度の技能試験で出題された各問題の複線図をなぞって描けるように，各複線図のトレースを掲載しました．技能試験も視野に入れて複線図の描き方を覚えましょう．

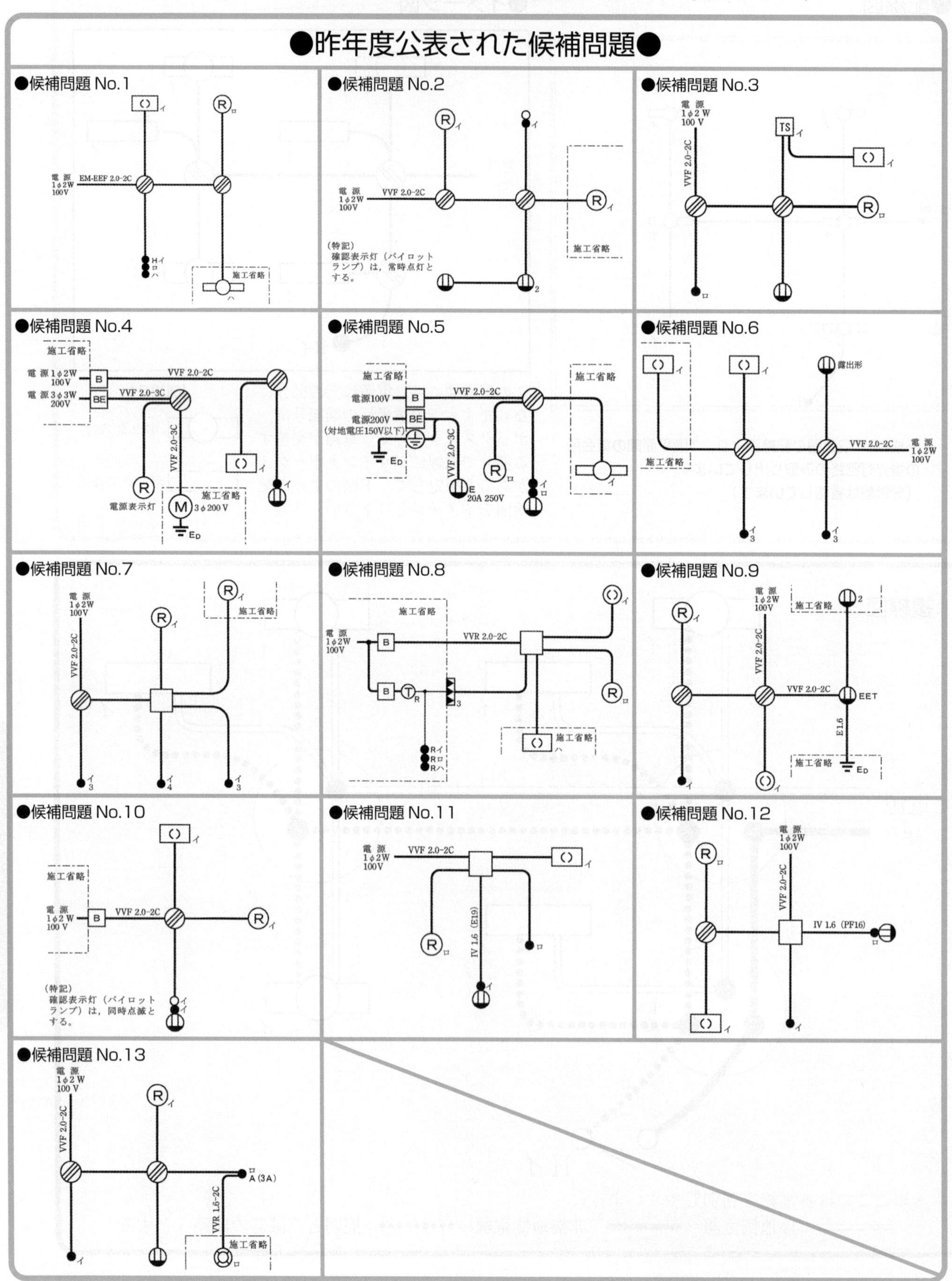

●配線図と複線図（候補問題 No.1）●

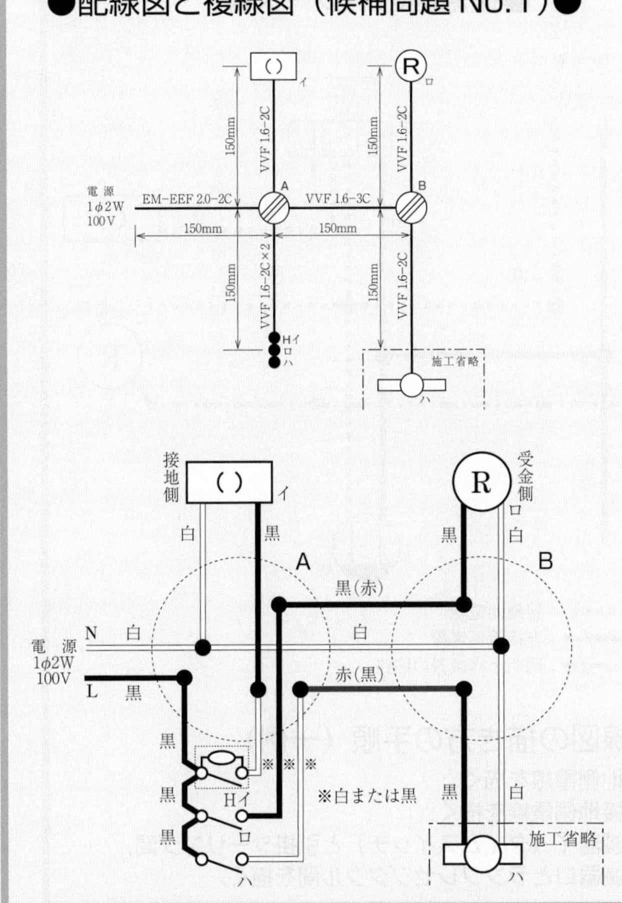

●複線図のトレース●

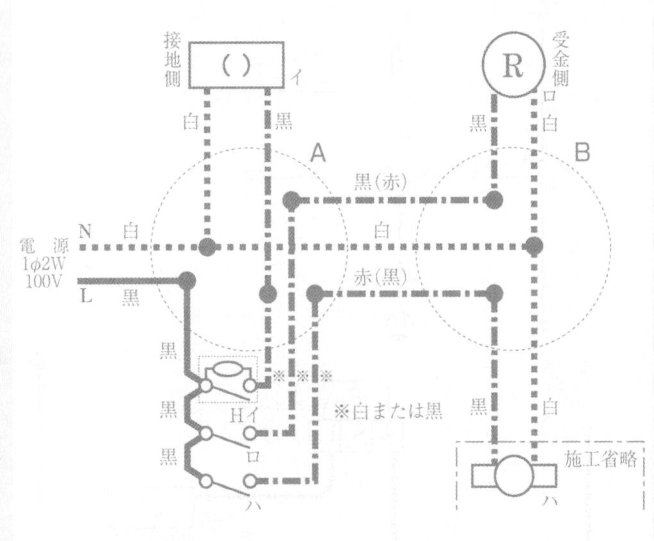

：接地側電線
：非接地側電線
：照明と点滅器の回路

色別の指定がない箇所は，（ ）内の色を使用してもよい．

●複線図の描き方の手順（一例）

①接地側電線を描く．
②非接地側電線を描く．
③点滅器イと引掛シーリング間，点滅器ロとランプレセプタクル間，点滅器ハと蛍光灯（施工省略）間を描く．

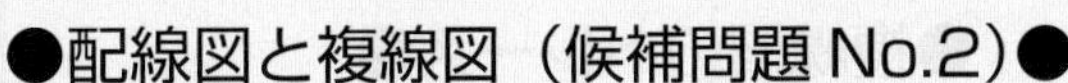

●配線図と複線図（候補問題 No.2）●

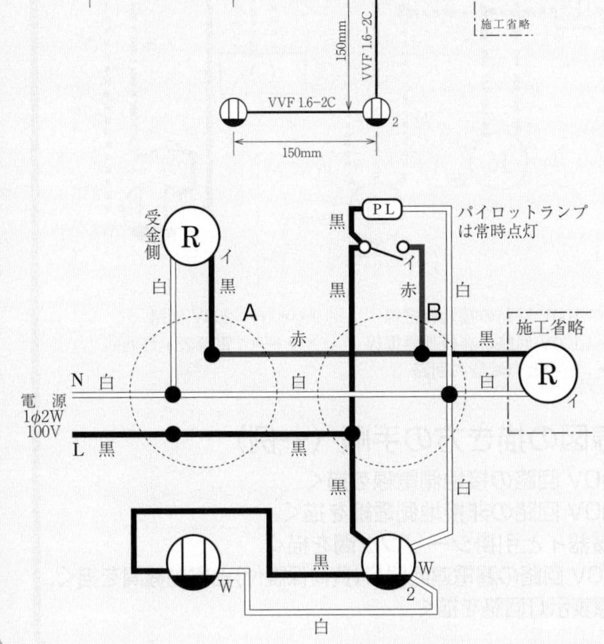

●複線図のトレース●

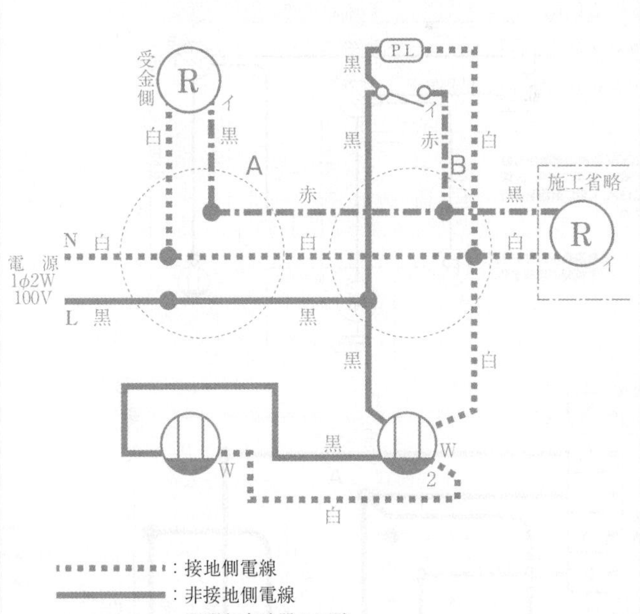

：接地側電線
：非接地側電線
：照明と点滅器の回路

●複線図の描き方の手順（一例）

①接地側電線を描く．
②非接地側電線を描く．
③点滅器イと各ランプレセプタクル間を描く．

これだけは覚えよう 配線図問題②

●配線図と複線図（候補問題 No.3）●

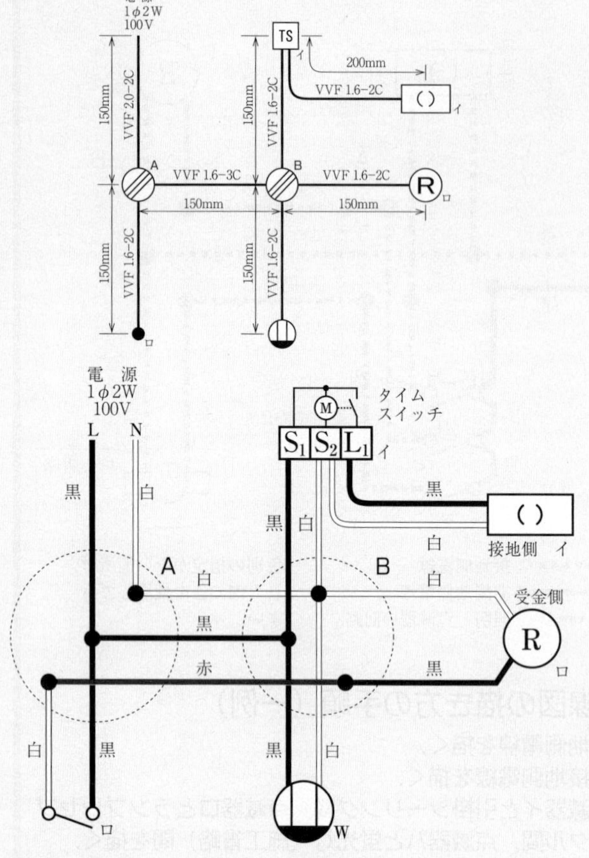

●複線図のトレース●

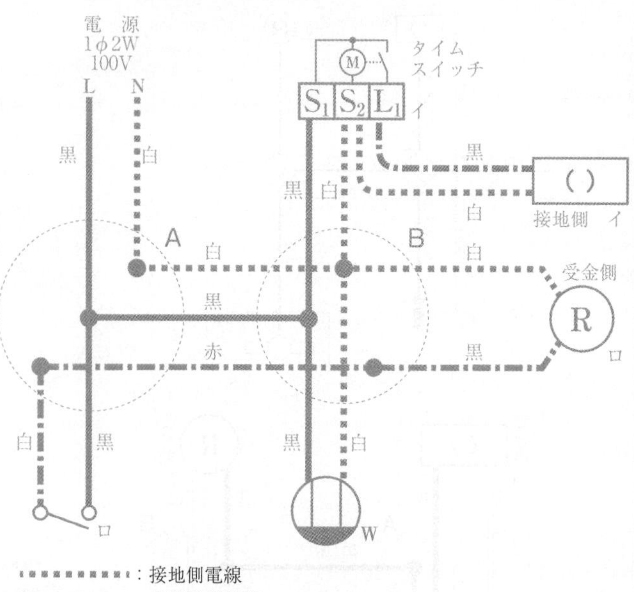

●複線図の描き方の手順（一例）

①接地側電線を描く.
②非接地側電線を描く.
③点滅器イ（タイムスイッチ）と引掛シーリング間,
点滅器ロとランプレセプタクル間を描く.

●配線図と複線図（候補問題 No.4）●

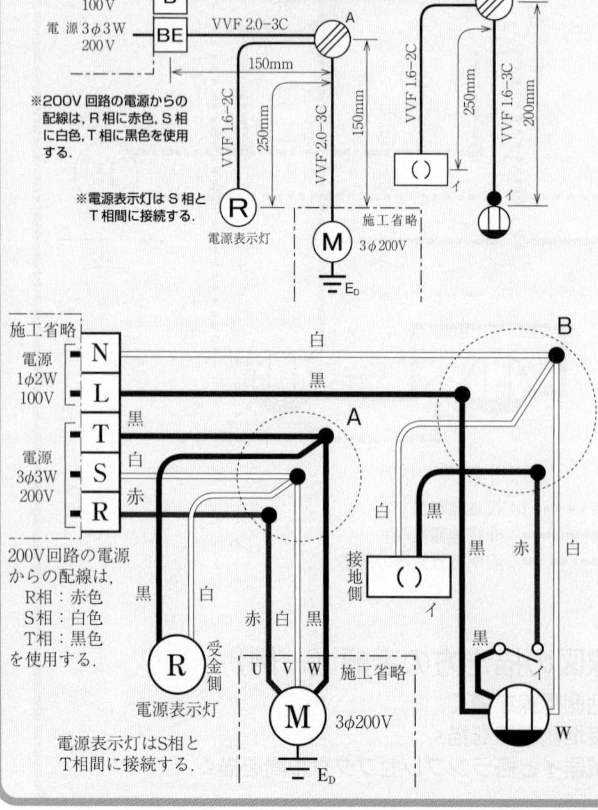

●複線図のトレース●

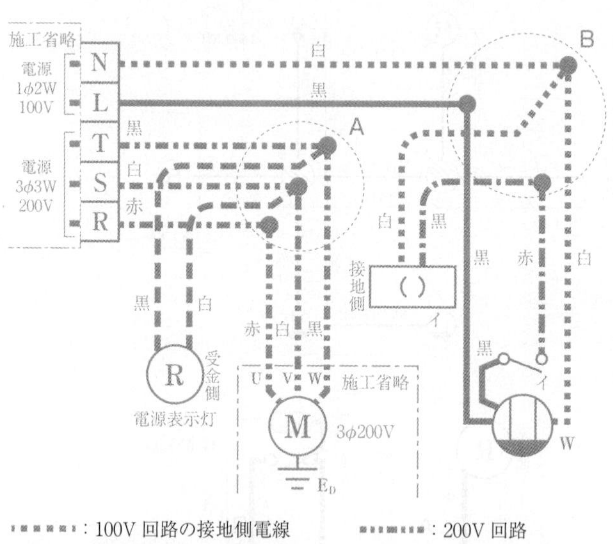

●複線図の描き方の手順（一例）

①100V 回路の接地側電線を描く.
②100V 回路の非接地側電線を描く.
③点滅器イと引掛シーリング間を描く.
④200V 回路の漏電遮断器(過負荷保護付)と電動機間を描く.
⑤電源表示灯回路を描く.

●配線図と複線図（候補問題 No.5）●

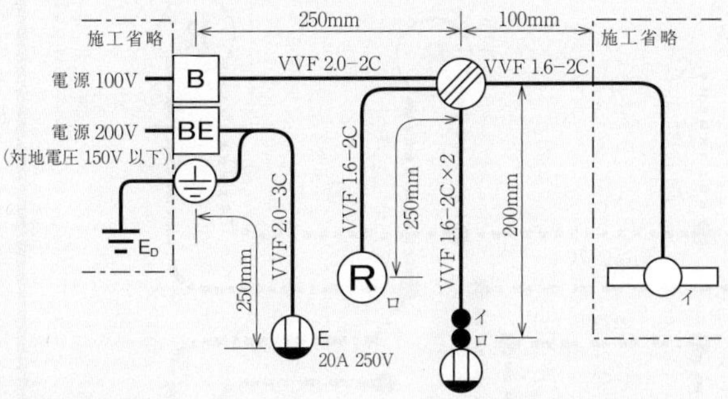

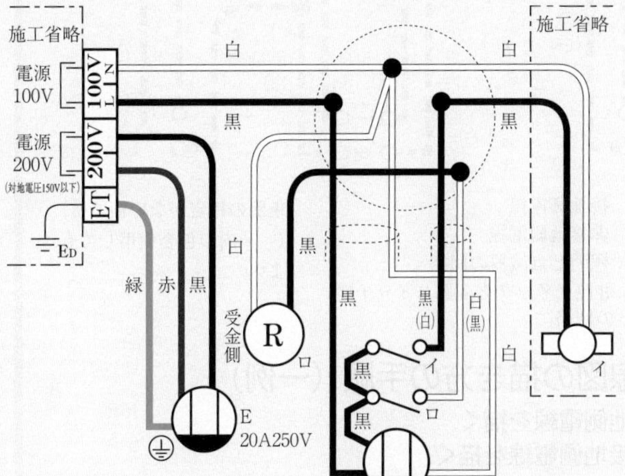

施工省略　250mm　100mm　施工省略
電源 100V　B　VVF 2.0-2C　VVF 1.6-2C
電源 200V　BE
（対地電圧 150V 以下）
VVF 1.6-2C　250mm　VVF 1.6-2C×2　200mm
VVF 2.0-3C　250mm
E_D　R　ロ　イ　ロ　イ
E　20A 250V

施工省略　白　白　施工省略
電源 100V　100V L N　黒　黒
電源 200V　200V
（対地電圧150V以下）
ET　E_D
白　黒
緑　赤　黒　黒　黒（白）　白（黒）　白
受金側　R　イ　ロ　黒　黒
E　20A250V　W

●複線図のトレース●

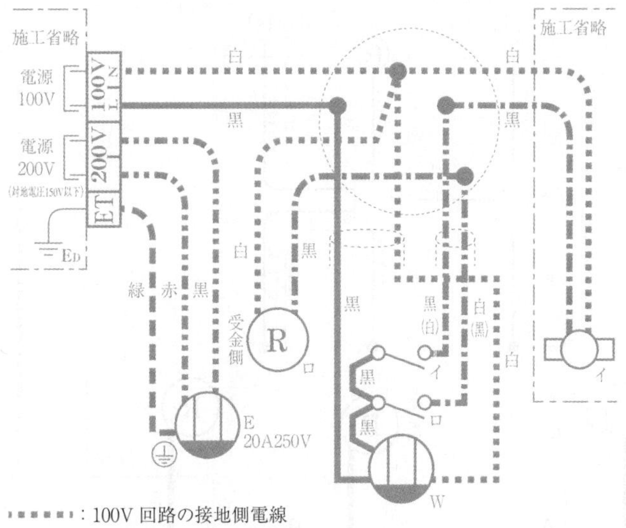

施工省略　白　白　施工省略
電源 100V　100V L N　黒　黒
電源 200V　200V
（対地電圧150V以下）
ET　E_D
白　黒
緑　赤　黒　黒　黒（白）　白（黒）　白
受金側　R　ロ　イ　ロ　黒　黒
E　20A250V　W

▪▪▪▪▪：100V 回路の接地側電線
━━━：100V 回路の非接地側電線
━ ▪ ━：照明と点滅器の回路
▪▪▪▪▪：200V 回路
━ ━ ━：接地線

色別の指定がない箇所は，（　）内の色を使用してもよい．

●複線図の描き方の手順（一例）

①100V 回路の接地側電線を描く．
②100V 回路の非接地側電線を描く．
③点滅器イと蛍光灯（施工省略）間，
点滅器ロとランプレセプタクル間を描く．
④200V 回路と接地線（緑）を描く．

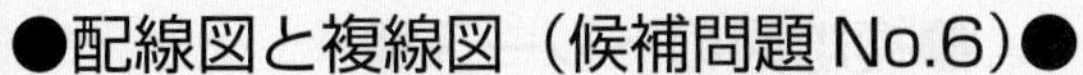

●配線図と複線図（候補問題 No.6）●

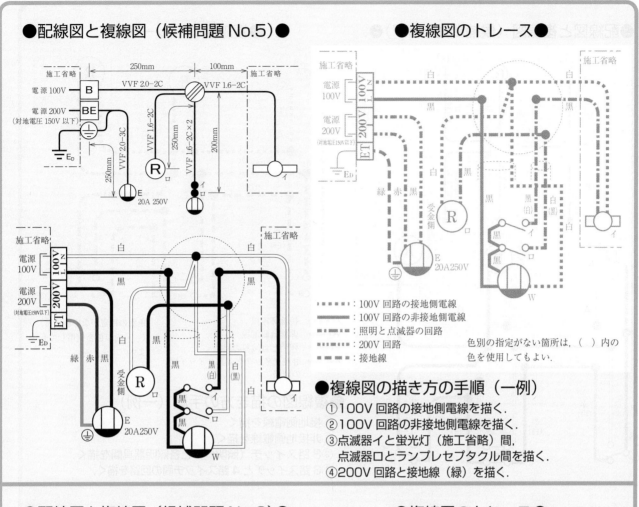

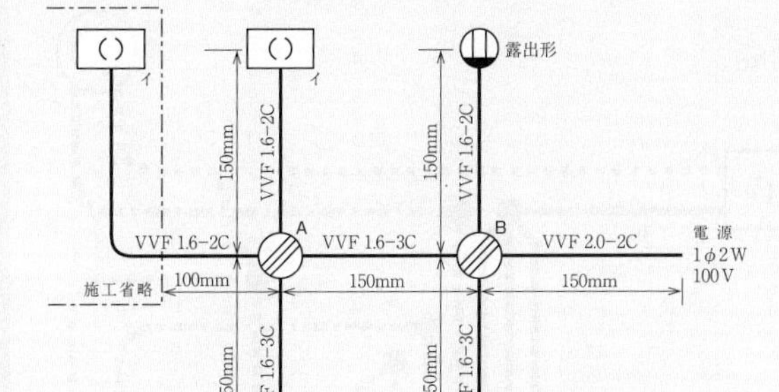

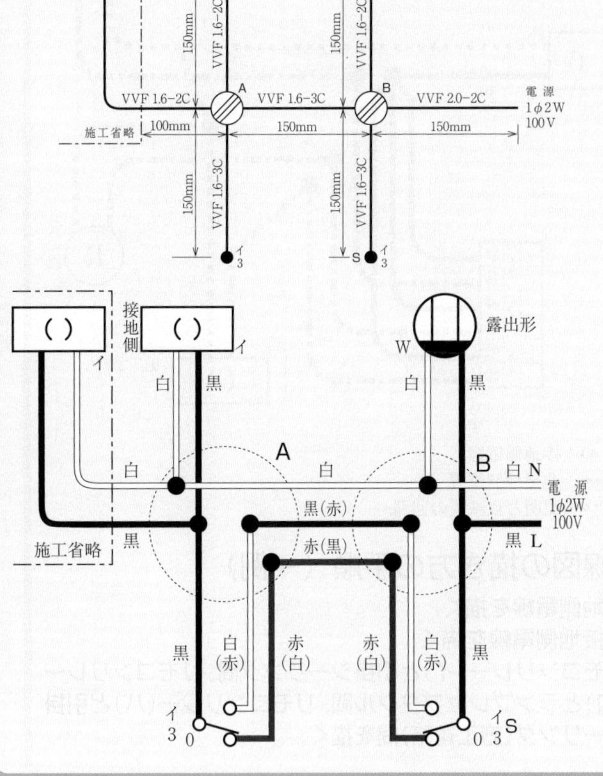

●複線図のトレース●

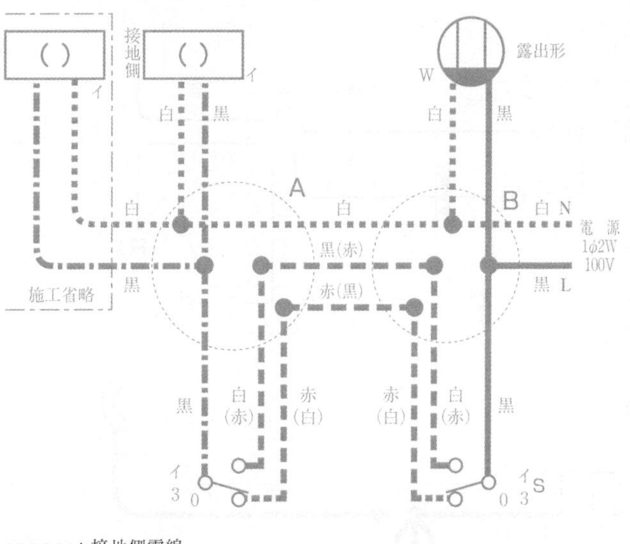

▪▪▪▪▪：接地側電線
━━━：非接地側電線
━ ▪ ━：照明と点滅器の回路
━ ━ ━：3 路スイッチ相互間の回路

色別の指定がない箇所は，（　）内の色を使用してもよい．

●複線図の描き方の手順（一例）

①接地側電線を描く．
②非接地側電線を描く．
③3 路スイッチ（照明側）と各照明器具間を描く．
④3 路スイッチ相互間の回路を描く．

これだけは覚えよう　配線図問題②

●配線図と複線図（候補問題 No.7）●

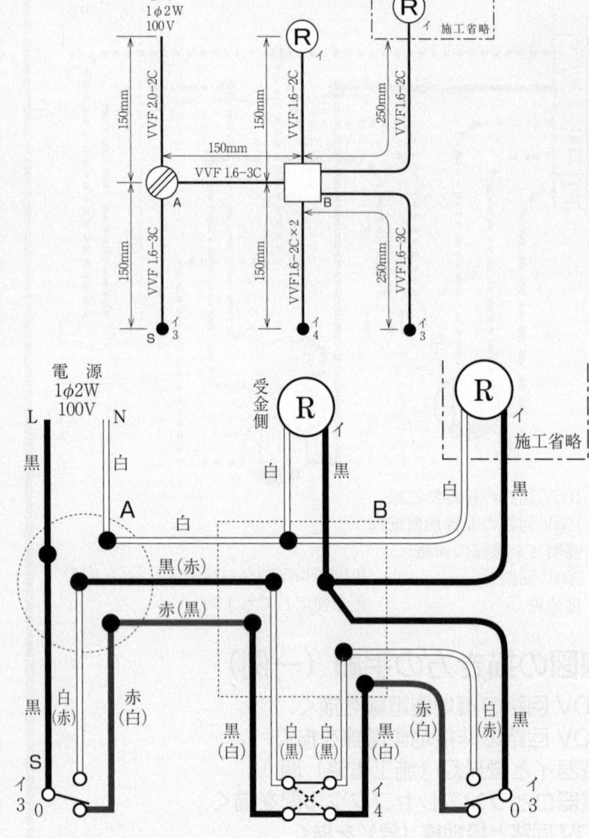

●複線図のトレース●

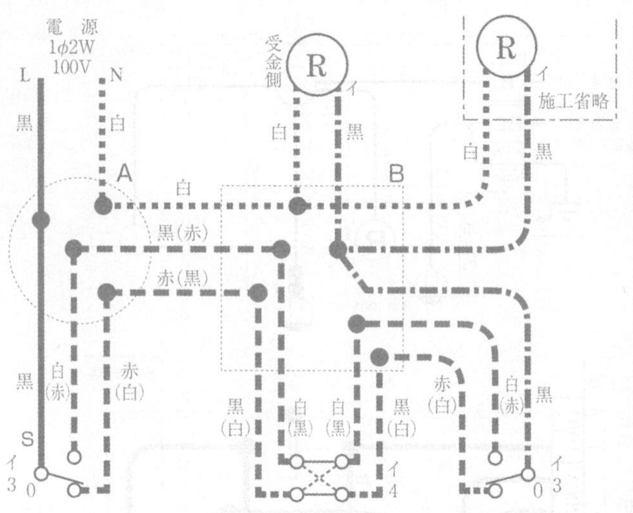

●複線図の描き方の手順（一例）

①接地側電線を描く．
②非接地側電線を描く．
③3路スイッチ（照明側）と各照明器具間を描く．
④3路スイッチと4路スイッチ間の回路を描く．

●配線図と複線図（候補問題 No.8）●

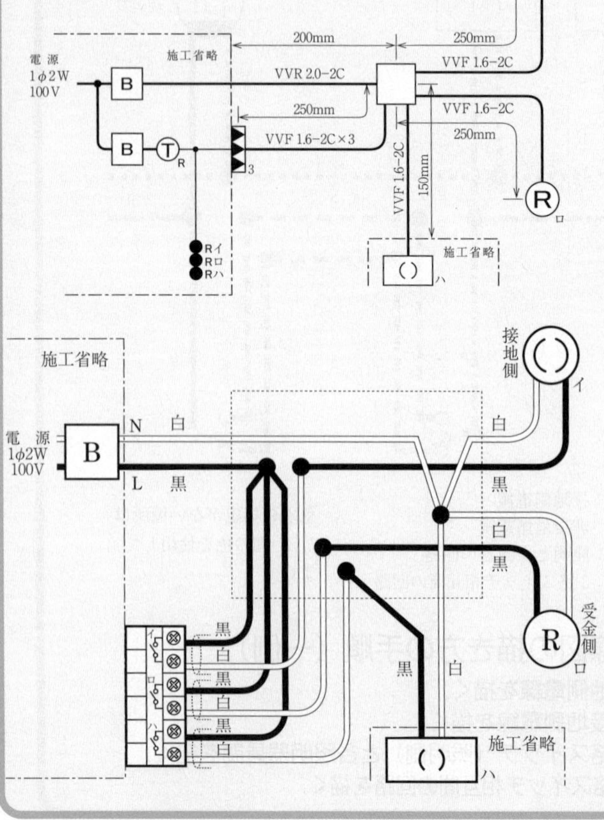

●複線図のトレース●

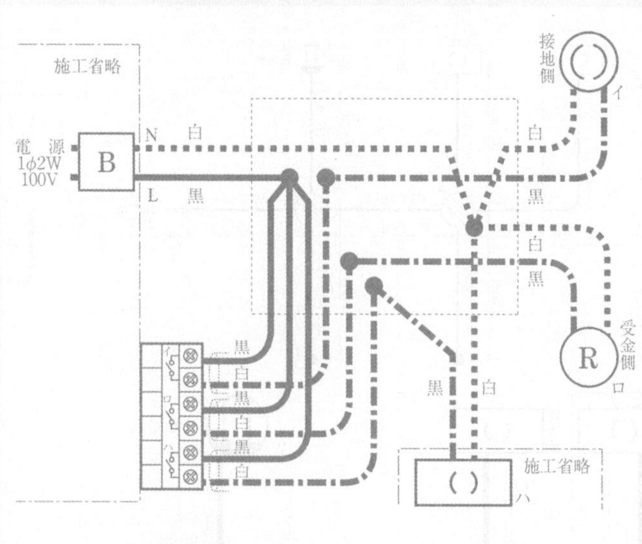

●複線図の描き方の手順（一例）

①接地側電線を描く．
②非接地側電線を描く．
③リモコンリレー(イ)と引掛シーリング間，リモコンリレー(ロ)とランプレセプタクル間，リモコンリレー(ハ)と引掛シーリング(施工省略)間を描く．

●配線図と複線図（候補問題 No.9）●

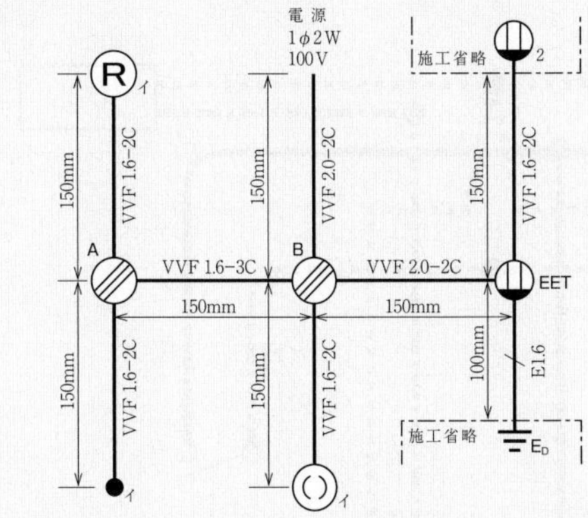

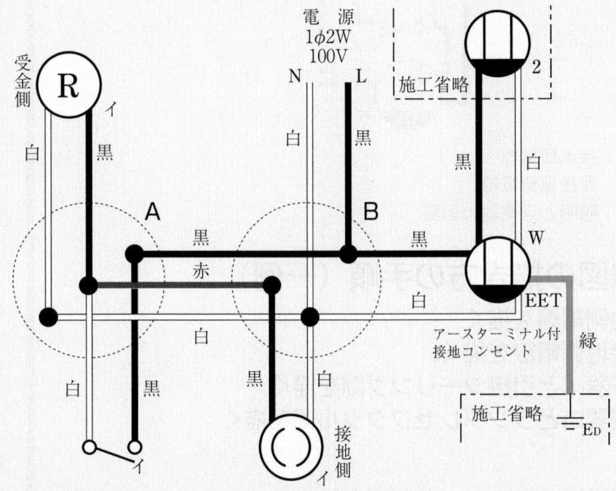

●複線図のトレース●

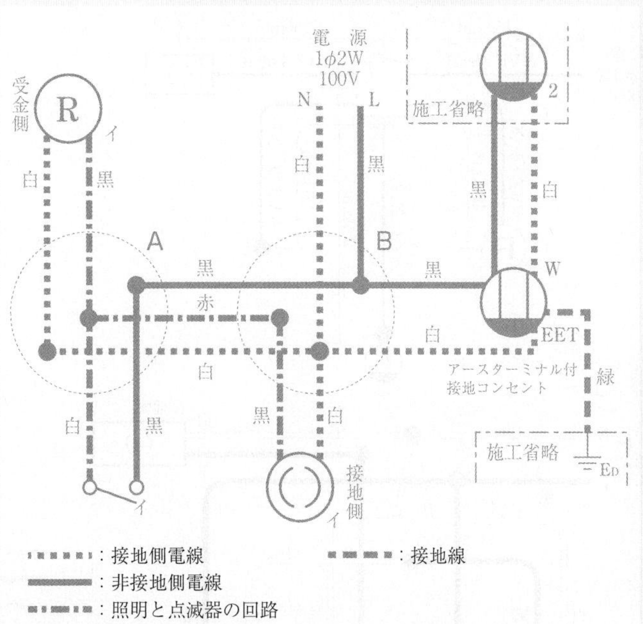

::::::: 接地側電線　━━━ : 非接地側電線　━・━・ : 照明と点滅器の回路　━ ━ ━ : 接地線

●複線図の描き方の手順（一例）

①接地側電線を描く.
②非接地側電線を描く.
③点滅器イとランプレセプタクル，引掛シーリング間を描く.
④接地線を描く.

●配線図と複線図（候補問題 No.10）●

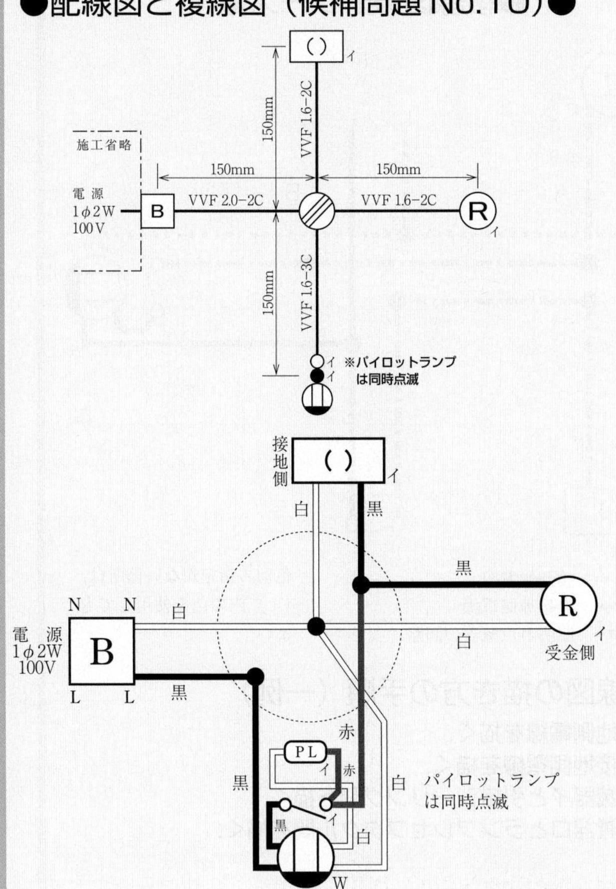

●複線図のトレース●

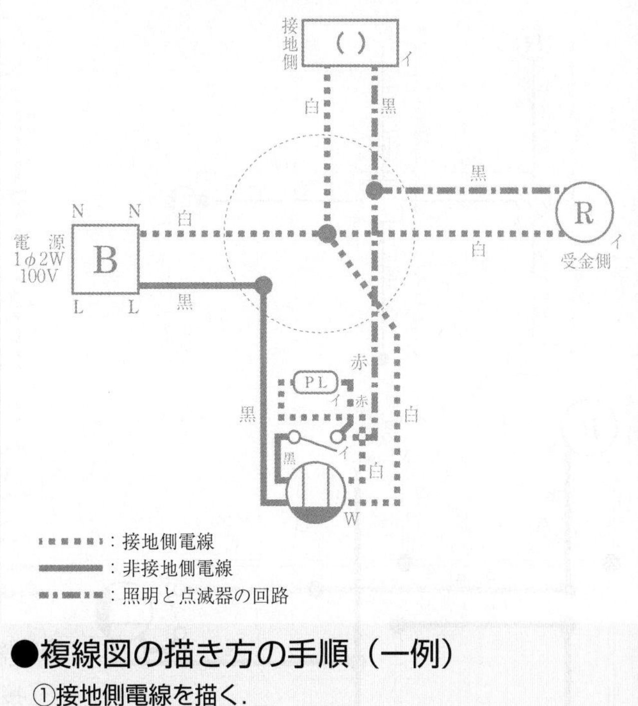

●複線図の描き方の手順（一例）

①接地側電線を描く.
②非接地側電線を描く.
③点滅器イとランプレセプタクル, 引掛シーリング間を描き，点滅器イとパイロットランプ間を描く.

●配線図と複線図（候補問題 No.11）●

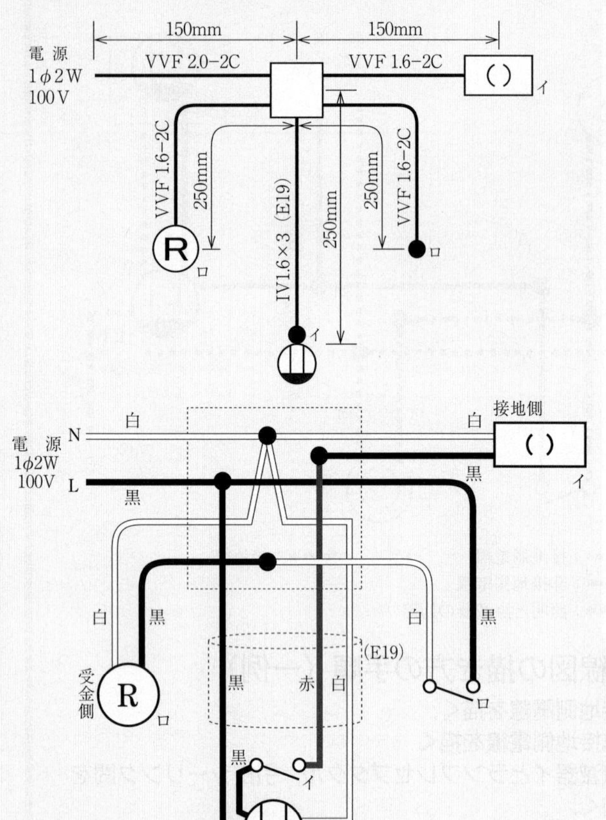

●複線図のトレース●

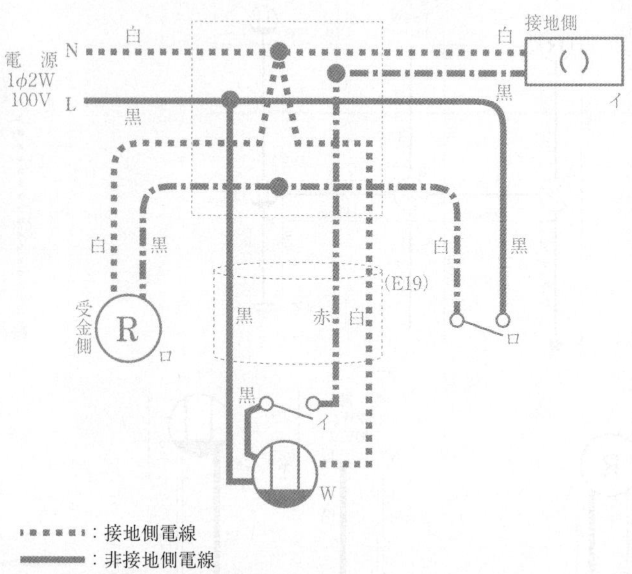

┅┅┅：接地側電線
━━━：非接地側電線
━・━・：照明と点滅器の回路

●複線図の描き方の手順（一例）

①接地側電線を描く.
②非接地側電線を描く.
③点滅器イと引掛シーリング間を描く.
④点滅器ロとランプレセプタクル間を描く.

●配線図と複線図（候補問題 No.12）●

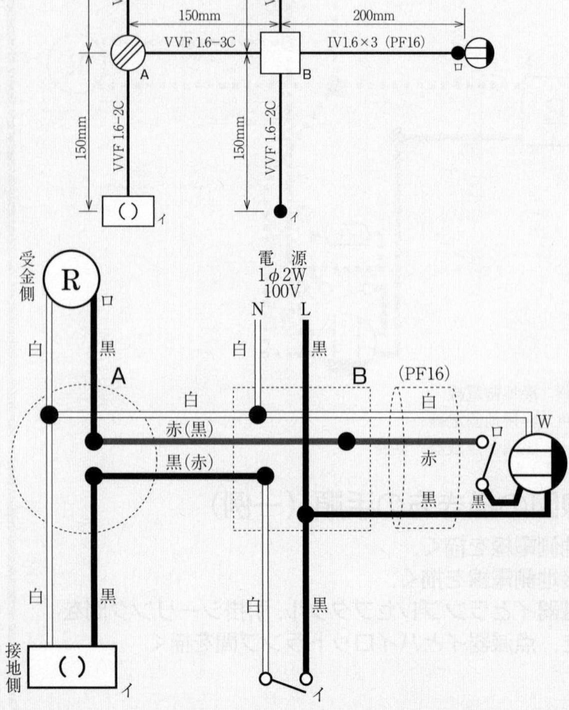

●複線図のトレース●

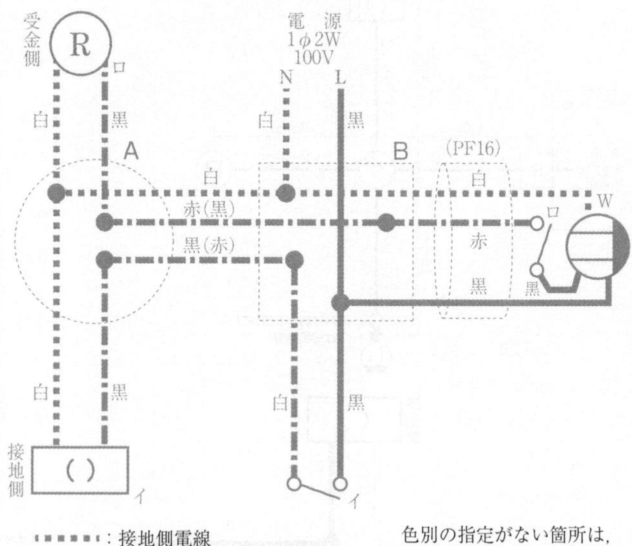

┅┅┅：接地側電線
━━━：非接地側電線
━・━・：照明と点滅器の回路

色別の指定がない箇所は，（　）内の色を使用してもよい．

●複線図の描き方の手順（一例）

①接地側電線を描く.
②非接地側電線を描く.
③点滅器イと引掛シーリング間を描く.
④点滅器ロとランプレセプタクル間を描く.

●配線図と複線図（候補問題 No.13）●

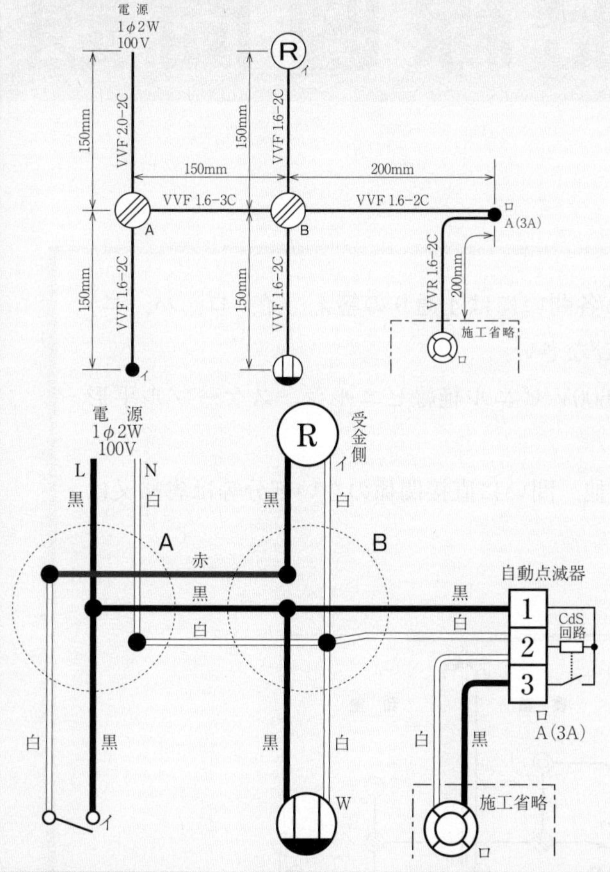

●複線図のトレース●

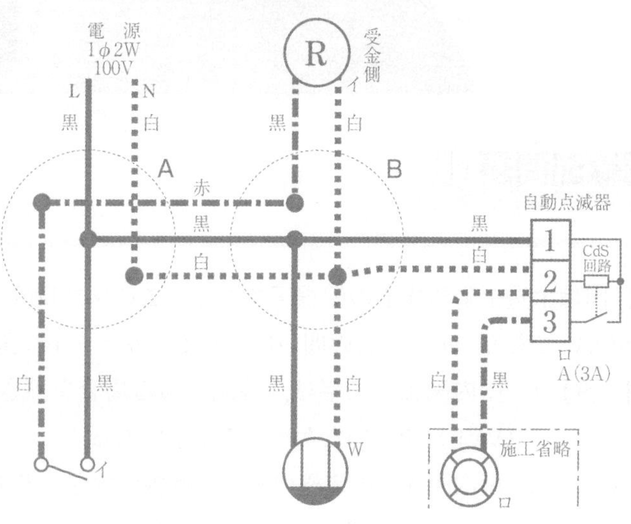

：接地側電線
：非接地側電線
：照明と点滅器の回路

●複線図の描き方の手順（一例）

①接地側電線を描く.
②非接地側電線を描く.
③点滅器イとランプレセプタクル間を描く.
④点滅器ロ（自動点滅器）と屋外灯（施工省略）間を描く.

【特殊な器具類について】

①タイムスイッチ（候補問題 No.3）

タイムスイッチ（交流モータ式）は，内蔵された交流モータでダイヤル（24時間目盛り付き円板）を回転させて，設定時刻に内部接点を「閉」,「開」することで，負荷を「入」,「切」する構造になっています．そのため，モータは常時電源とつながっていなければいけないことを覚えておきましょう．
技能試験では，３極の端子台がタイムスイッチの代用として使用されます．

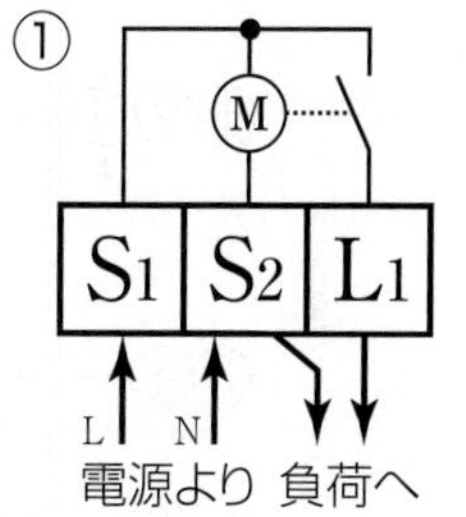

②電源表示灯（候補問題 No.4）

電源表示灯は，電源が供給されているかどうかを示す表示灯です．候補問題 No. 4 では，施工省略部分の三相電動機に電源が供給されているかどうかを示す表示灯になっています．
技能試験では，電源表示灯の代用としてランプレセプタクルが使用されます．また，三相 200V 回路の各相の電線色別と電源表示灯を接続する相について，施工条件で指定されます．

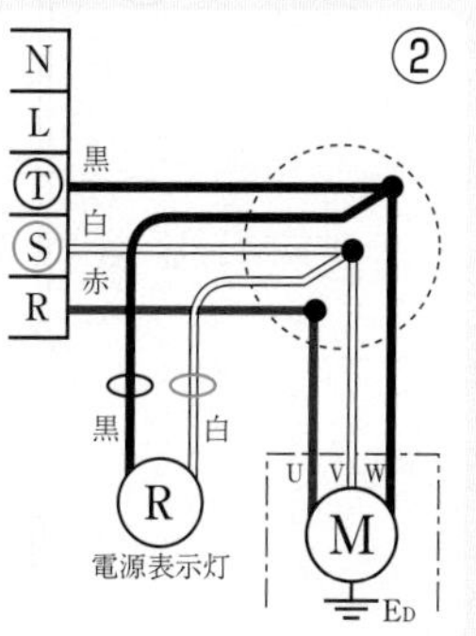

③自動点滅器（候補問題 No.13）

自動点滅器（光導電素子とバイメタルスイッチ式）は，内蔵された cds 回路が周囲の明るさを検知して，内部接点を「閉」,「開」することで，屋外灯などの照明器具を点灯・消灯する構造になっています．そのため，cds 回路は常時電源とつながっていなければならないことを覚えておきましょう．
技能試験では，３極の代用端子台が自動点滅器（光導電素子とバイメタルスイッチ式）の代用として使用されます．

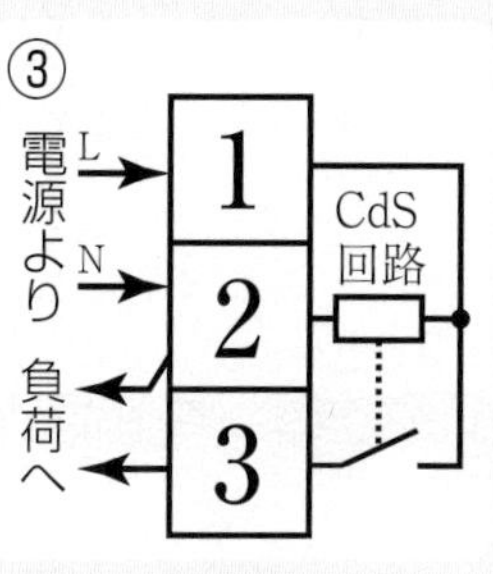

チャレンジ

配線図問題

配線図問題 ①

図は木造1階建住宅の配線図である．この図に関する各問いには4通りの答え（イ，ロ，ハ，ニ）が書いてある．それぞれの問いに対して，答えを1つ選びなさい．

【注意】1. 屋内配線の工事は，特記のある場合を除き600Vビニル絶縁ビニルシースケーブル平形（VVF）を用いたケーブル工事である．

2. 屋内配線等の電線の本数，電線の太さ，その他，問いに直接関係のない部分等は省略又は簡略化してある．

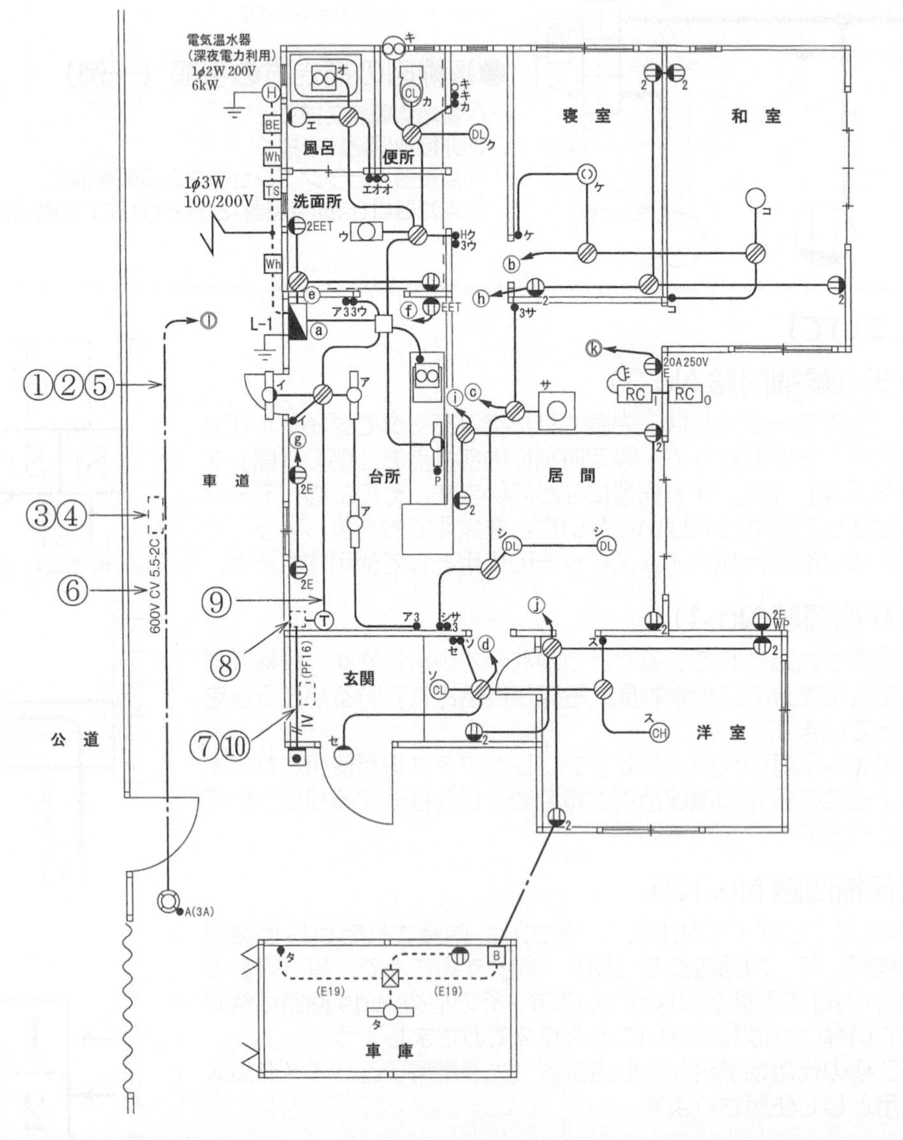

	問い	答え
1	①で示す図記号の名称は.	イ. 露出配線 ロ. 地中配線 ハ. 床隠ぺい配線 ニ. 天井隠ぺい配線
2	②で示す部分の地中電線路を直接埋設式により施設する場合の埋設深さの最小値[m]は. ただし, 車両その他の重量物の圧力を受けるおそれがある場所とする.	イ. 0.3　ロ. 0.6　ハ. 1.2　ニ. 1.5
3	③で示す部分の⬚には, この配線工事で用いる管の傍記表示が示される. 傍記表示が (HIVE36) の場合, 傍記表示が示す管の種類は.	イ. 耐衝撃性硬質塩化ビニル管 ロ. 硬質塩化ビニル電線管 ハ. 硬質塩化ビニル管 ニ. 耐衝撃性硬質塩化ビニル電線管
4	④で示す部分の⬚には, この配線工事で用いる管の傍記表示が示される. 傍記表示が (FEP) の場合, 傍記表示が示す管の種類は	イ. 2種金属製可とう電線管 ロ. 波付硬質合成樹脂管 ハ. 鋼製電線管 (ねじなし電線管) ニ. 合成樹脂製可とう電線管
5	⑤で示す部分の配線工事に使用できない電線の記号 (種類) は.	イ. VVF　ロ. CV　ハ. IV　ニ. VVR
6	⑥で示すCV (低圧ケーブル記号) の名称は.	イ. 600V ビニル絶縁ビニルシースケーブル丸形 ロ. 600V 架橋ポリエチレン絶縁ビニルシースケーブル ハ. 600V ゴム絶縁クロロプレンシースケーブル ニ. 600V ポリエチレン絶縁ビニルシースケーブル
7	⑦で示す部分の小勢力回路で使用できる電圧の最大値[V]は.	イ. 24　ロ. 30　ハ. 48　ニ. 60
8	⑧で示す部分にはチャイムを取り付ける. その図記号は.	イ. ♩　ロ.　ハ.　ニ. T
9	⑨の部分に使用できる電線 (軟銅線) の導体の最小直径[mm]は.	イ. 0.8　ロ. 1.2　ハ. 1.6　ニ. 2.4
10	⑩で示す部分の小勢力回路で使用できる電線 (軟銅線) の導体の最小太さの直径[mm]は.	イ. 0.8　ロ. 1.2　ハ. 1.6　ニ. 2.4

配線図問題①の解答

1. ロ

①で示す図記号は，地中配線である．露出配線の図記号は- - - - - - - - -，床隠ぺい配線の図記号は━ ━ ━ ━，天井隠ぺい配線の図記号は━━━━━━━である．

2. ハ

電技解釈第 120 条【地中電線路の施設】により，直接埋設式の埋設深さは，車両その他の重量物の圧力を受けるおそれがある場所においては 1.2m 以上，その他の場所においては 0.6m 以上でなければならない．

3. ニ

管の傍記表示は，

イ．耐衝撃性硬質塩化ビニル管（HIVP）
　　HI　　VP

ロ．硬質塩化ビニル電線管（VE）
　　VE

ハ．硬質塩化ビニル管（VP）
　　VP

ニ．耐衝撃性硬質塩化ビニル電線管（HIVE）
　　HI　　VE

なお, HIVE36 の「36」は管の呼び方で太さを示す．

4. ロ

FEP の傍記表示は，波付硬質合成樹脂管を表す．なお，2 種金属製可とう電線管は F2，鋼製電線管（ねじなし電線管）は E，合成樹脂製可とう電線管は PF（PF 管）または CD（CD 管）の傍記表示となる．

5. ハ

電技解釈第 120 条【地中電線路の施設】により，地中電線路には，ケーブルを使用しなければならない．ケーブル・電線の記号と名称は，

VVF：600V ビニル絶縁ビニルシースケーブル平形
CV：600V 架橋ポリエチレン絶縁ビニルシースケーブル
IV：600V ビニル絶縁電線
VVR：600V ビニル絶縁ビニルシースケーブル丸形

ケーブルはシースで保護されており，IV はシースがないのでケーブルではない．

6. ロ

⑥で示す CV は 600V 架橋ポリエチレン絶縁ビニルシースケーブルである．傍記表示 CV5.5−2C の「5.5」は電線の太さが $5.5mm^2$ であることを示し，「2C」は心線数が 2 心であることを示す．

なお，600V ビニル絶縁ビニルシースケーブル丸形は VVR，600V ゴム絶縁クロロプレンシースケーブルは RN，600V ポリエチレン絶縁ビニルシースケーブルは EV である．ただし，RN と EV は，JIS C 0303 における電線の記号には示されていない．

7. ニ

電技解釈第 181 条【小勢力回路の施設】により，小勢力回路で使用できる電圧の最大値は，60V である．

8. イ

チャイムの図記号は♩である．なお，□はベル，□はブザー，T は時報用ブザーの図記号である．

9. ハ

電技解釈第 146 条【低圧配線に使用する電線】により，小形変圧器の一次側は，低圧配線の 100V 回路のため，使用できる電線（軟銅線）の導体の最小直径は 1.6mm である．

10. イ

電技解釈第 181 条【小勢力回路の施設】により，小勢力回路に使用できる電線（軟銅線）の最小太さの直径は，0.8mm である．

配線図問題 ②

図は鉄筋コンクリート造の集合住宅共用部の部分的配線図である．この図に関する各問いには4通りの答え（イ，ロ，ハ，ニ）が書いてある．それぞれの問いに対して，答えを1つ選びなさい．

【注意】1. 屋内配線の工事は，特記のある場合を除き600Vビニル絶縁ビニルシースケーブル平形（VVF）を用いたケーブル工事である．

2. 屋内配線等の電線の本数，電線の太さ，その他，問いに直接関係のない部分等は省略又は簡略化してある．

3. ジョイントボックスを経由する電線は，すべて接続箇所を設けている．

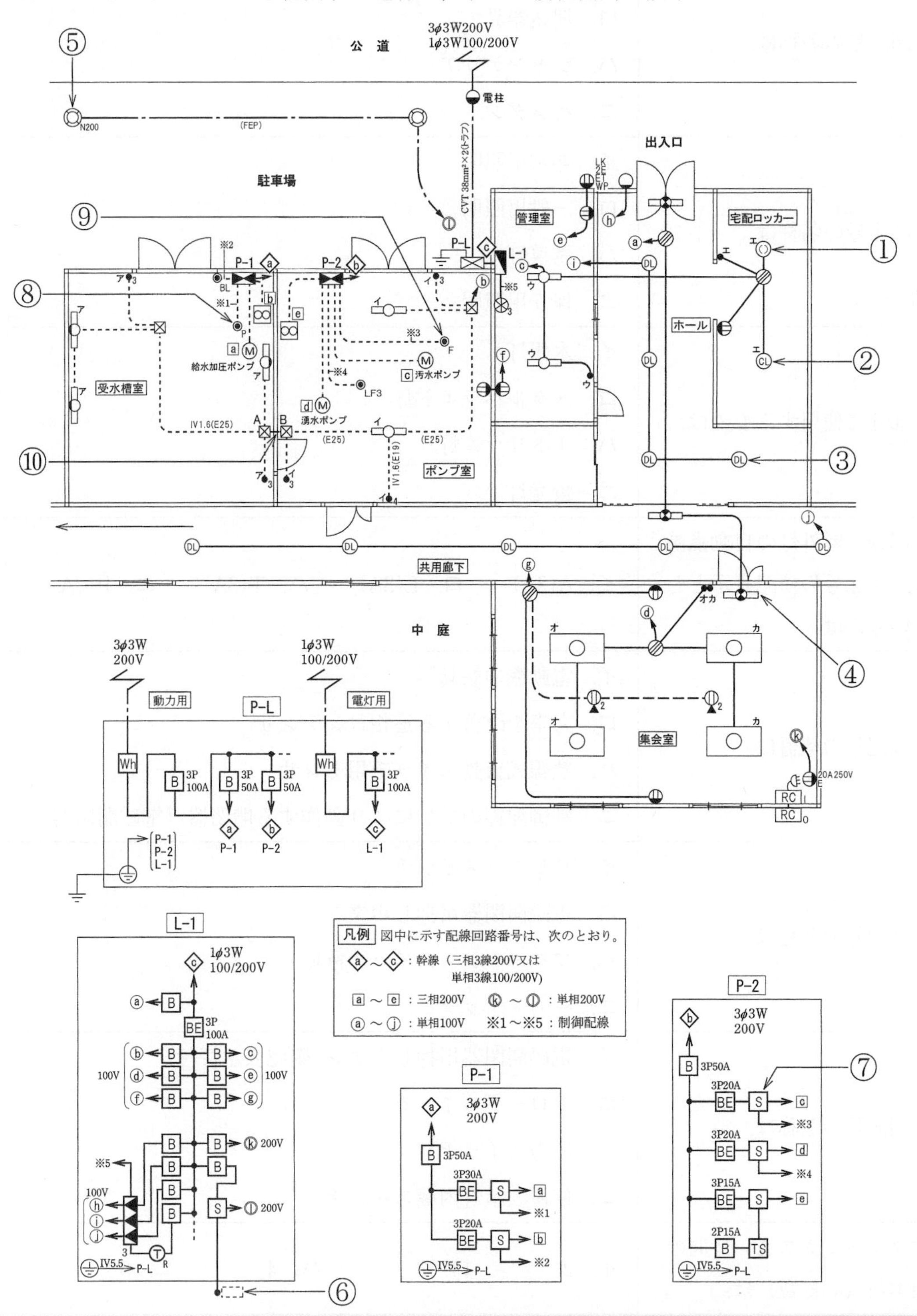

	問　い	答　え
1	①で示す図記号の名称は.	イ. ペンダント　ロ. 引掛シーリング（丸形） ハ. 埋込器具　ニ. 天井コンセント（引掛形）
2	②で示す図記号の名称は.	イ. シーリング（天井直付） ロ. シャンデリア ハ. 白熱灯 ニ. 水銀灯
3	③で示す図記号の名称は.	イ. シーリング（天井直付） ロ. 埋込器具 ハ. シャンデリア ニ. ペンダント
4	④で示す図記号の名称は.	イ. 非常用照明 ロ. 一般用照明 ハ. 誘導灯 ニ. 保安用照明
5	⑤で示す部分に使用するものは.	イ. 水銀灯 ロ. メタルハライド灯 ハ. ナトリウム灯 ニ. 蛍光灯
6	⑥で示す部分は屋外灯の自動点滅器である. 図記号の傍記表示として. 正しいものは.	イ. A(3A)　ロ. L(3A)　ハ. T(3A)　ニ. P(3A)
7	⑦で示す図記号の機器は.	イ. 電動機の始動器 ロ. 力率を改善する進相コンデンサ ハ. 熱線式自動スイッチ用センサ ニ. 制御配線の信号により動作する開閉器（電磁開閉器）
8	⑧で示す図記号の名称は.	イ. リモコンスイッチ ロ. 電磁開閉器用押しボタン ハ. フロートレススイッチ電極 ニ. 圧力スイッチ
9	⑨で示す図記号の名称は.	イ. 電磁開閉器用押しボタン(確認表示灯付) ロ. フロートスイッチ ハ. 圧力スイッチ ニ. 位置表示灯内蔵スイッチ
10	⑩で示すプルボックスA－B間の最少電線本数（心線数）は.	イ. 2　ロ. 3　ハ. 4　ニ. 5

配線図問題②の解答

1. ロ

①で示す図記号は引掛シーリング（丸形）である．なお，ペンダントは⊖，埋込器具は(DL)，天井コンセント(引掛形)は$(||)_T$の図記号である．

2. イ

②で示す図記号はシーリング（天井直付）である．なお，シャンデリアは(CH)，白熱灯は○，水銀灯は$○_{H200}$の図記号であり，水銀灯の図記号の傍記200は容量を示す．

3. ロ

③で示す図記号は埋込器具である．なお，シーリング（天井直付）は(CL)，シャンデリアは(CH)，ペンダントは⊖の図記号である．

4. ハ

④で示す蛍光灯は誘導灯である．なお，非常用照明は□●□，一般用照明は□○□，保安用照明は▨○▨の図記号である．

5. ハ

④で示す部分にはナトリウム灯を使用する．なお，水銀灯は$○_{H200}$，メタルハライド灯は$○_{M200}$，ナトリウム灯は$○_{N200}$の図記号であり，傍記中の数字は容量を示す．また，HID灯は水銀灯，メタルハライド灯，ナトリウム灯の総称で高輝度放電灯とも呼ばれている．

6. イ

自動点滅器の図記号には，A(3A) を傍記する．

7. ニ

電動機の始動器は◻︎，進相コンデンサは$\boxed{\overset{\top}{\bot}}$，熱線式自動スイッチ用センサは$\nabla\!S$の図記号であるから，⑦で示す図記号は，制御配線の信号により動作する開閉器（電磁開閉器）である．

8. ニ

⑧で示す図記号は圧力スイッチである．なお，リモコンスイッチは$●_R$，電磁開閉器用押しボタンは$◉_B$，フロートレススイッチ電極は$◉_{LF}$である．

9. ロ

⑨で示す図記号はフロートスイッチである．なお，電磁開閉器用押しボタン(確認表示灯付)は$◉_{BL}$，圧力スイッチは$◉_P$，位置表示灯内蔵スイッチは$●_H$である．

10. イ

プルボックスAからの配線は，受水槽室内のの3路スイッチ「ア」の点滅回路である．プルボックスBからの配線は，ポンプ室内の3路スイッチ「イ」および4路スイッチ「イ」の点滅回路と．ポンプ室内から受水槽室内への電源送りの配線（接地側電線，非接地側電線）である．よって，プルボックスA–B間の最少電線本数(心線数)は2本となる．

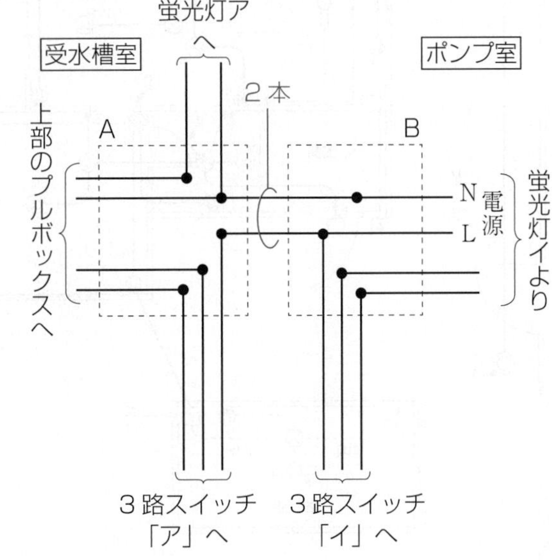

配線図問題 ③

図は木造1階建住宅の配線図である．この図に関する各問いには4通りの答え（イ，ロ，ハ，ニ）が書いてある．それぞれの問いに対して，答えを1つ選びなさい．

【注意】1. 屋内配線の工事は，特記のある場合を除き600V ビニル絶縁ビニルシースケーブル平形（VVF）を用いたケーブル工事である．

2. 屋内配線等の電線の本数，電線の太さ，その他，問いに直接関係のない部分等は省略又は簡略化してある．

3. 3路スイッチの記号「0」の端子には，電源側又は負荷側の電線を結線する．

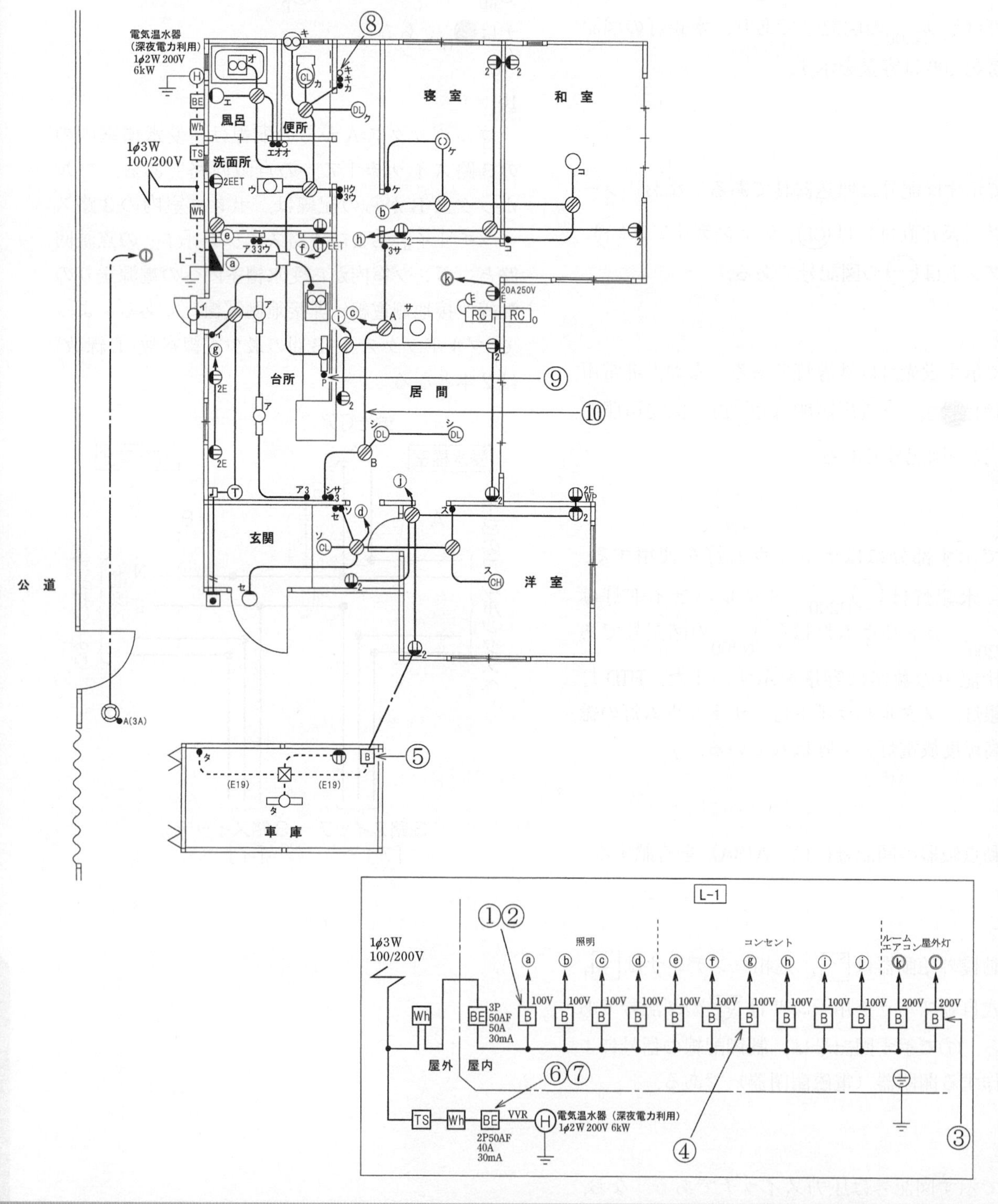

	問　い	答　え
1	①で示す図記号の名称は.	イ. 配線用遮断器 ロ. 漏電遮断器 ハ. カットアウトスイッチ ニ. モータブレーカ
2	②で示す図記号の器具を使用する目的は.	イ. 不平衡電圧を遮断する. ロ. 地絡電流を遮断する. ハ. 過電流を遮断する. ニ. 過電流と地絡電流を遮断する.
3	③の部分で施設する配線用遮断器は.	イ. 2極1素子　ロ. 2極2素子 ハ. 3極2素子　ニ. 3極3素子
4	④で示す台所のコンセントへ至る配線用遮断器の定格電流の最大値[A]は.	イ. 15　ロ. 20　ハ. 30　ニ. 40
5	⑤で示す引込口開閉器が省略できる場合の住宅と車庫との間の電路の長さの最大値[m]は.	イ. 5　ロ. 10　ハ. 15　ニ. 20
6	⑥で示す図記号の名称は.	イ. 配線用遮断器　ロ. モータブレーカ ハ. 漏電警報器　ニ. 漏電遮断器（過負荷保護付）
7	⑦で示す図記号の器具を用いる目的は.	イ. 地絡電流のみを遮断する. ロ. 不平衡電流を遮断する. ハ. 過電流のみを遮断する. ニ. 過電流と地絡電流を遮断する.
8	⑧で示す図記号の名称は.	イ. 白熱灯 ロ. 熱線式自動スイッチ ハ. 確認表示灯 ニ. 位置表示灯
9	⑨で示す図記号の名称は.	イ. 圧力スイッチ ロ. プルスイッチ ハ. ペンダントスイッチ ニ. 押しボタン
10	⑩で示すジョイントボックスA−B間の最少電線本数（心線数）は. ただし，電源からの接地側電線は，スイッチを経由しないで照明器具に配線する.	イ. 2　ロ. 3　ハ. 4　ニ. 5

配線図問題③の解答

1. イ

①で示す図記号は配線用遮断器である．なお，漏電遮断器は[E]（過負荷保護付の場合は[BE]でもよい．），カットアウトスイッチは[S]，モータブレーカは[B]である．

2. ハ

②で示す図記号は配線用遮断器で，「過電流の遮断」を目的として使用される．なお，「不平衡電圧の遮断」は単相3線式中性線欠相保護付の遮断器，「地絡電流の遮断」は漏電遮断器，「過電流と地絡電流の遮断」は過負荷保護付の漏電遮断器を使用する目的である．

3. ロ

③で示す図記号は，「200V」の傍記により200V回路に施設される配線用遮断器で，2極2素子のものを用いる．なお，2極2素子のものは100V回路にも使用できるが，2極1素子のものは100V回路専用である．

4. ロ

電技解釈第149条149−3表【低圧分岐回路等の施設】により，台所のコンセントの定格電流は15Aであるから，ⓖ回路の配線用遮断器の定格電流の最大値は20Aである．

5. ハ

電技解釈第147条【低圧屋内電路の引込口における開閉器の施設】により，屋内電路の使用電圧が300V以下であって，他の屋内電路（定格電流15Aを超え20A以下の配線用遮断器で保護されている電路）に接続する長さ15m以下の電路の場合，引込口開閉器を省略できる．なお，ⓙ回路のコンセントの定格電流は15Aである．

6. ニ

⑥で示す図記号は漏電遮断器（過負荷保護付）である．なお，配線用遮断器は[B]，モータブレーカは[B]，漏電警報器は$\ominus_G$の図記号である．

7. ニ

⑦で示す図記号は過負荷保護付の漏電遮断器であるから，「過電流と地絡電流の遮断」を目的として用いられる．なお，「地絡電流の遮断」は漏電遮断器，「過電流の遮断」は配線用遮断器を用いる目的である．

8. ハ

⑧で示す図記号は別置の確認表示灯である．なお，白熱灯は○，熱線式自動スイッチは$●_{RAS}$である．なお，位置表示灯の図記号はJIS C 0303に定められていないが，位置表示灯内蔵スイッチの図記号は$●_H$と定められている．

9. ロ

⑨で示す図記号はプルスイッチである．なお，圧力スイッチは$◉_P$，押しボタンは[●]である．ペンダントスイッチの図記号はJIS C 0303に定められていない．

10. ハ

3路スイッチの電源側，負荷側を確認すると，$●●_3$（シ サ）が電源側になる（点滅器シに非接地側電線が必要なため．）ので，ジョイントボックスA−B間には電源L, Nの2本の電線が必要である．また，ジョイントボックスAには照明器具「シ」への配線がなく，ジョイントボックスBには照明器具「サ」への配線がない．よって，ジョイントボックスA−B間には3路スイッチ相互間の電線2本が必要で，合計4本が最少電線本数（心線数）である．

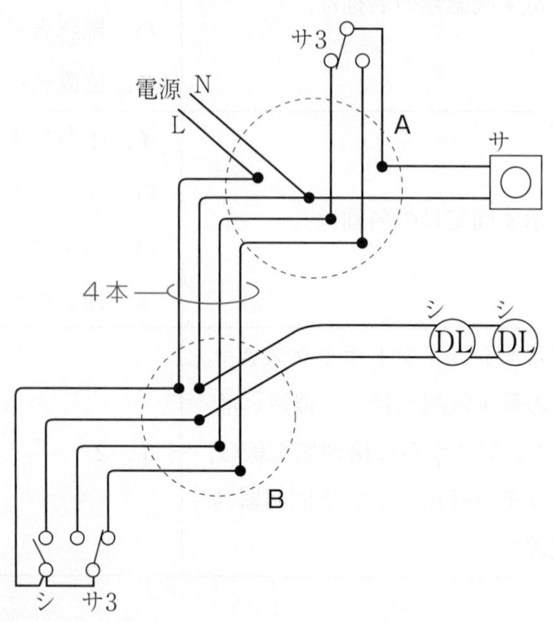

配線図問題 ④

図は鉄骨軽量コンクリート造店舗平屋建の配線図である．この図に関する各問いには 4 通りの答え（イ，ロ，ハ，ニ）が書いてある．それぞれの問いに対して，答えを 1 つ選びなさい．

【注意】1. 屋内配線の工事は，特記のある場合を除き 600V ビニル絶縁ビニルシースケーブル平形（VVF）を用いたケーブル工事である．

2. 屋内配線等の電線の本数，電線の太さ，その他，問いに直接関係のない部分等は省略又は簡略化してある．

3. 漏電遮断器は，定格感度電流 30 [mA]，動作時間 0.1 秒以内のものを使用している．

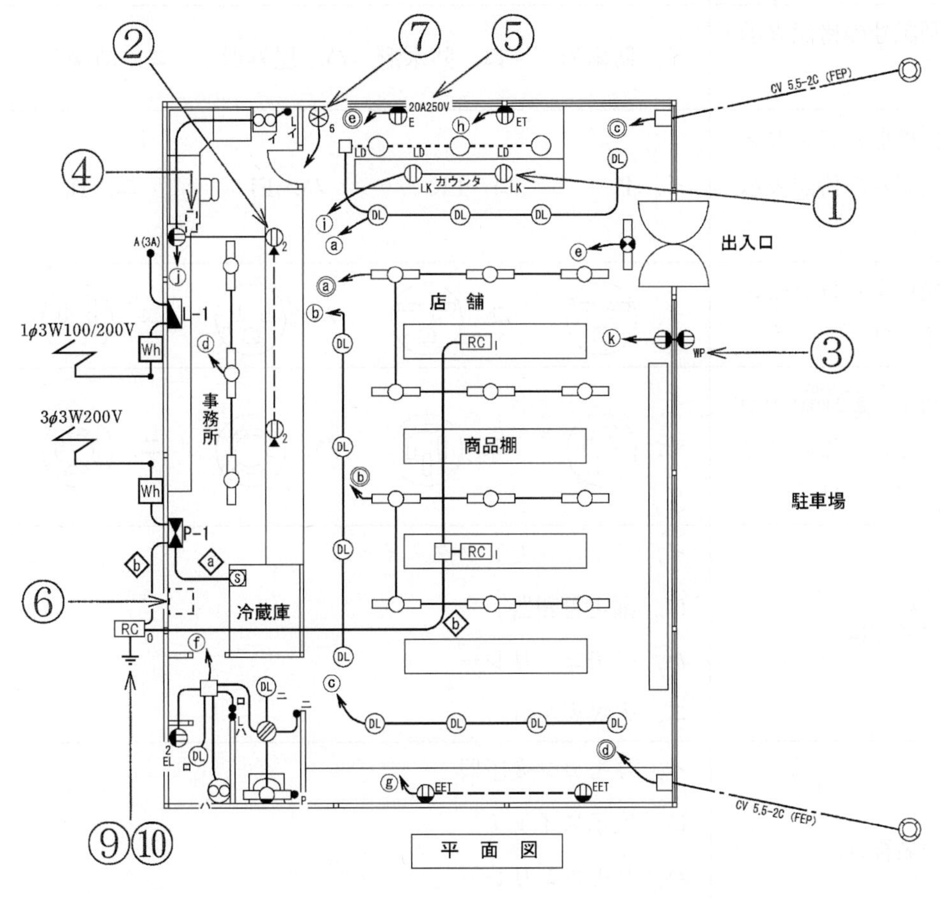

回路の符号
○ 印は単相100V回路
◎ 印は単相200V回路
◇ 印は三相200V回路

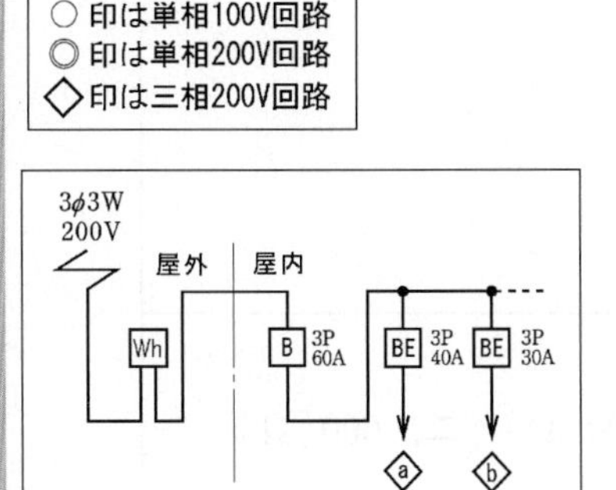

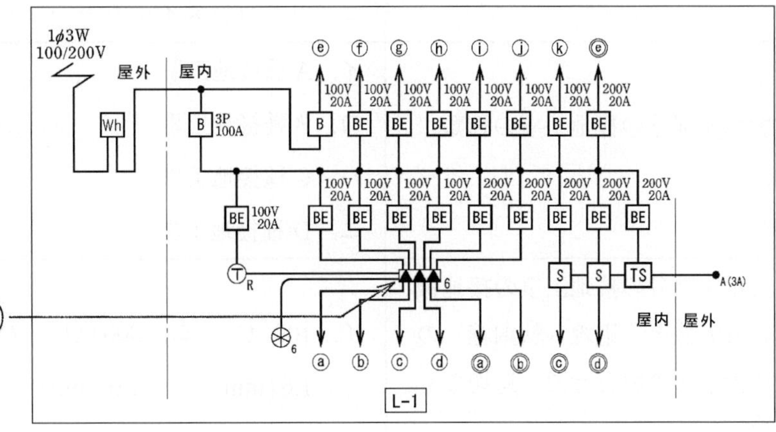

チャレンジ 配線図問題

問い		答え
1	①で示す図記号の器具の取り付け場所は.	イ．壁面 ロ．床面 ハ．二重床面 ニ．天井面
2	②で示す図記号の器具は.	イ．天井に取り付けるコンセント ロ．床面に取り付けるコンセント ハ．二重床用のコンセント ニ．非常用コンセント
3	③で示す部分の図記号の傍記表示「WP」の意味は.	イ．防雨形　ロ．防水形　ハ．屋外形　ニ．防滴形
4	④で示す部分は引掛形のコンセントである．その図記号の傍記表示として正しいものは.	イ．T　ロ．LK　ハ．EL　ニ．H
5	⑤で示す部分に使用するコンセントの極配置（刃受）は.	イ． 　ロ． 　ハ． 　ニ． 
6	⑥で示す部分に図記号 250V 3P30A E のコンセントを増設したい．このコンセントの極配置（刃受）は.	イ． 　ロ． 　ハ． 　ニ． 
7	⑦で示す図記号の名称は.	イ．リモコンセレクタスイッチ ロ．漏電警報器 ハ．リモコンリレー ニ．火災表示灯
8	⑧で示す図記号の名称は.	イ．リモコン変圧器 ロ．表示スイッチ ハ．リモコンリレー ニ．リモコンスイッチ
9	⑨で示す部分の接地工事の種類は.	イ．A 種接地工事 ロ．B 種接地工事 ハ．C 種接地工事 ニ．D 種接地工事
10	⑩で示す部分の接地工事の接地抵抗の最大値と，電線（軟銅線）の最小太さとの組合せで，適切なものは.	イ．100［Ω］ 1.6［mm］　ロ．300［Ω］ 1.6［mm］　ハ．500［Ω］ 1.6［mm］　ニ．600［Ω］ 2.0［mm］

配線図問題④の解答

1. ニ

①で示す図記号は天井面に取り付けるコンセントである．なお，壁面に取り付けるコンセントの図記号は(壁側を塗りつぶす.)，床面に取り付けるコンセントは，二重床面に取り付けるコンセントはの図記号である．

2. ロ

②で示す図記号は床面に取り付けるコンセントである．なお，天井に取り付けるコンセントは，二重床用のコンセントは，非常用コンセントはの図記号である．

3. イ

③で示す部分の図記号の傍記表示「WP」は，コンセントの防雨形を表す．

4. イ

引掛形のコンセントの図記号の傍記表示は「T」である．なお，コンセントの図記号の傍記表示で「LK」は抜け止め形，「EL」は漏電遮断器付，「H」は医用を表す．

5. ロ

⑤で示す図記号のコンセントは，定格電流20A，定格電圧250Vの接地極付コンセントであるから，ロの極配置（刃受）である．なお，は定格電流15A，定格電圧250Vの接地極付コンセント，は定格電流15A，定格電圧125Vの接地極付コンセント，は定格電流15A/20A，定格電圧125Vの接地極付コンセントである．

6. ロ

250V 3P30A E は，定格電流30A，定格電圧250Vで3極の接地極付コンセントであるから，ロの極配置（刃受）である．なお，は3極のコンセント，は引掛形で2極の接地極付コンセント，は引掛形で3極の接地極付コンセントである．

7. イ

⑦で示す図記号はリモコンセレクタスイッチである．なお，漏電警報器は$_G$，リモコンリレーは▲▲▲（リレー数を傍記する.），火災表示灯は⊗の図記号である．

8. ハ

⑧で示す図記号はリモコンリレーである．なお，リモコン変圧器は$Ⓣ_R$，表示スイッチは，リモコンスイッチは●$_R$の図記号である．

9. ニ

⑨で示す部分はルームエアコンの屋外ユニットに施す接地工事である．使用電圧は300V以下であるから，電技解釈第29条【機械器具の金属製外箱等の接地】により，D種接地工事を施す．

10. ハ

電技解釈第17条【接地工事の種類及び施設方法】により，D種接地工事の接地抵抗の最大値は100Ω，接地線の最小太さは1.6mmの軟銅線でなければならないが，地絡が生じた場合に0.5秒以内に電路を自動的に遮断する装置（漏電遮断器）を施設する場合は，接地抵抗の最大値を500Ωとすることができる．⑩で示す接地工事を施した電路には漏電遮断器が取り付けられており，問題文の【注意】に，漏電遮断器は動作時間が0.1秒以内のものを使用しているとあるので，接地抵抗の最大値は500Ωである．

配線図問題 ⑤

図は木造1階建住宅の配線図である．この図に関する各問いには4通りの答え（イ，ロ，ハ，ニ）が書いてある．それぞれの問いに対して，答えを1つ選びなさい．

【注意】1. 屋内配線の工事は，特記のある場合を除き600V ビニル絶縁ビニルシースケーブル平形（VVF）を用いたケーブル工事である．

2. 屋内配線等の電線の本数，電線の太さ，その他，問いに直接関係のない部分等は省略又は簡略化してある．

3. 選択肢（答え）の写真にあるコンセント及び点滅器は，「JIS C 0303：2000 構内電気設備の配線用図記号」で示す「一般形」である．

4. ジョイントボックスを経由する電線は，すべて接続箇所を設けている．

5. 3路スイッチの記号「0」の端子には，電源側又は負荷側の電線を結線する．

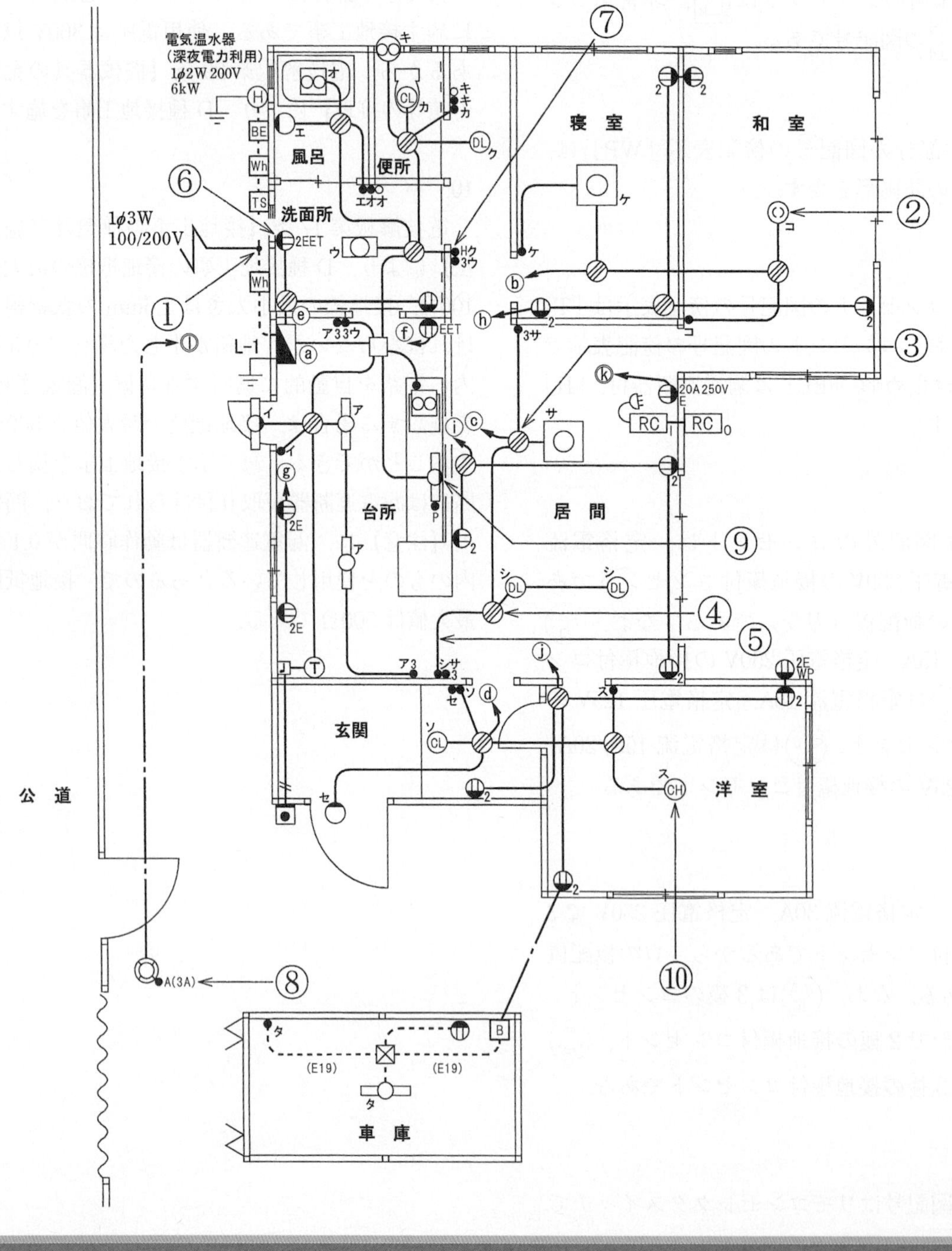

問い		答え			
1	①で示す部分でDV線を引き留める場合に使用するものは.	イ. 	ロ. 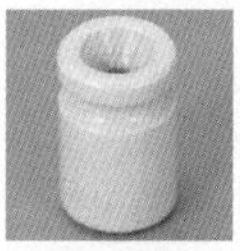	ハ. 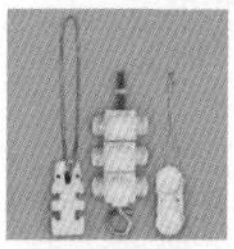	ニ. 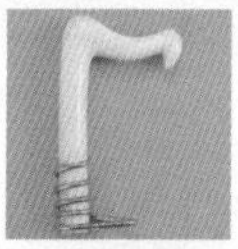
2	②で示す木造部分に配線用の穴をあけるための工具として，適切なものは.	イ. 	ロ. 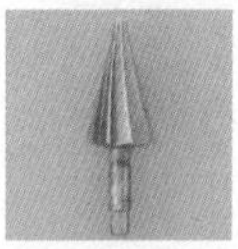	ハ. 	ニ. 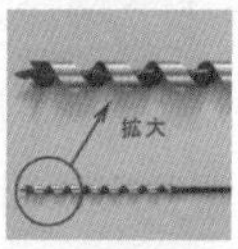 拡大
3	③で示すVVF用ジョイントボックス内の接続をすべて圧着接続とする場合，使用するリングスリーブの種類と最少個数の組合せで適切なものは．ただし，使用する電線はVVF1.6とする.	イ.  小 5個	ロ. 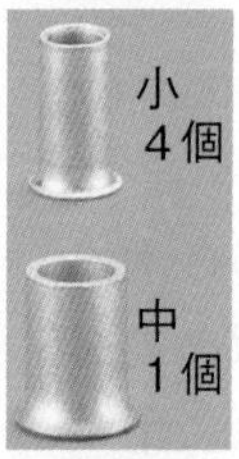 小 4個 中 1個	ハ. 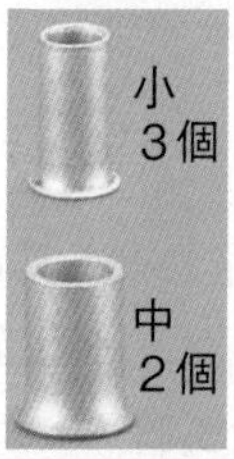 小 3個 中 2個	ニ. 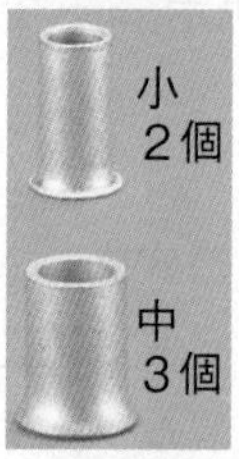 小 2個 中 3個
4	④で示すVVF用ジョイントボックス内の接続をすべて差込形コネクタとする場合，使用する差込形コネクタの種類と最少個数の組合せで適切なものは．ただし，使用する電線はVVF1.6とする.	イ. 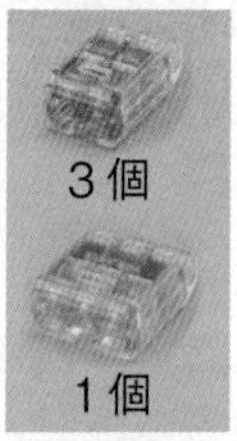 3個 1個	ロ. 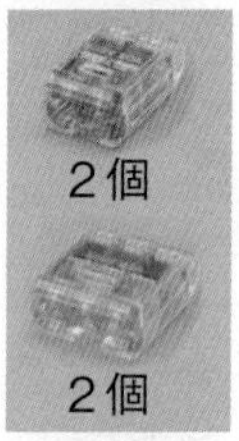 2個 2個	ハ.  4個	ニ.  5個
5	⑤で示す部分の配線工事に必要なケーブルは．ただし，使用するケーブルの心線数は最少とする.	イ. 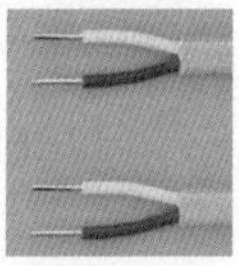	ロ. 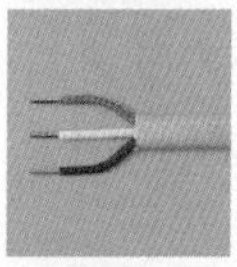	ハ. 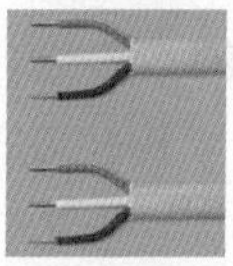	ニ. 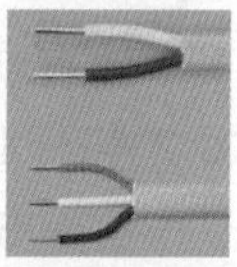
6	⑥で示す図記号の器具は.	イ. 	ロ. 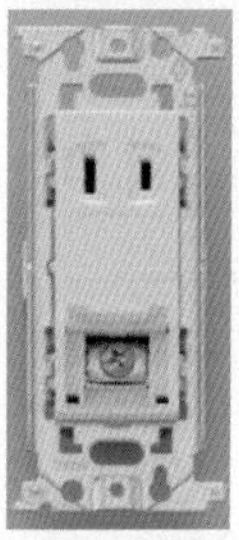	ハ. 	ニ. 
7	⑦で示す図記号の器具は．ただし，写真の下の図は接点の構成を示す.	イ. 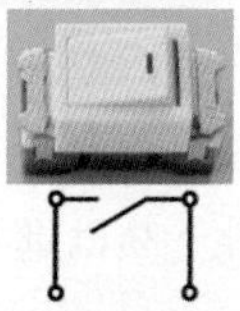	ロ. 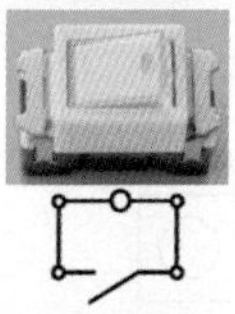	ハ. 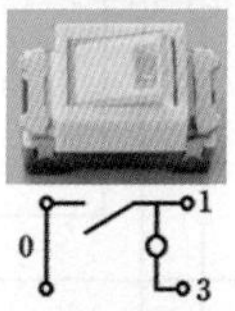 0 1 3	ニ. 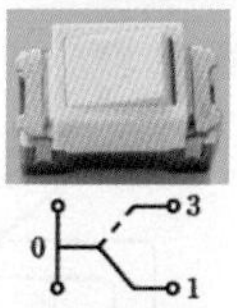 0 3 1
8	⑧で示す図記号の器具は.	イ. 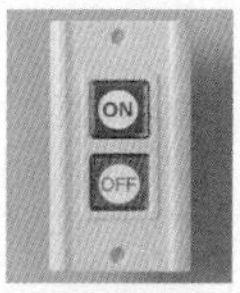 ON OFF	ロ. 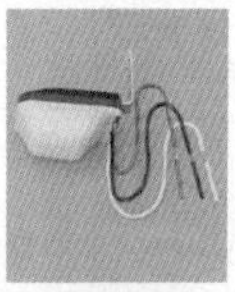	ハ. 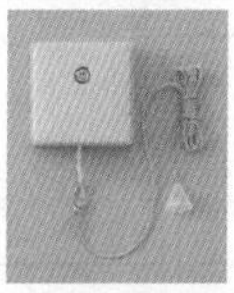	ニ. 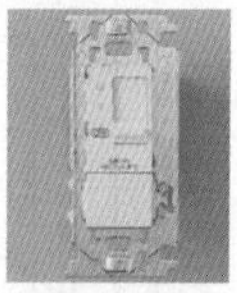
9	⑨で示す図記号の器具に使用されているものは.	イ. 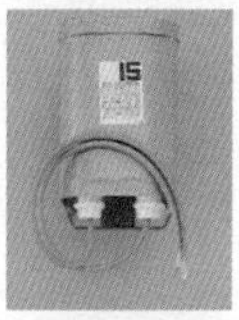 15	ロ. 	ハ.  40 μF	ニ. 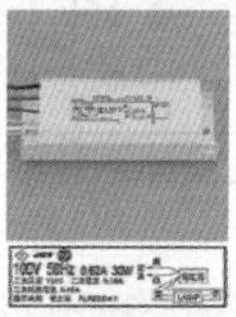
10	⑩で示す図記号の器具は.	イ. 	ロ. 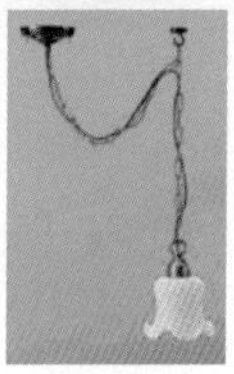	ハ. 	ニ. 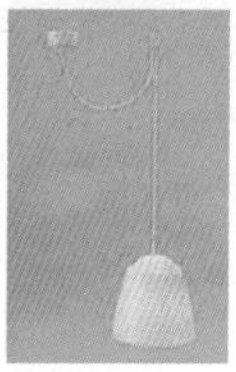

チャレンジ 配線図問題

配線図問題⑤の解答

1. ハ

DV 線の引き留めに使用するのは，ハの平形がいしである．なお，イは支線に用いる玉がいし，ロはがいし引き工事に用いる低圧ノップがいし，ニはネオン管の支持に用いるチューブサポートである．

2. ニ

木造部分の穴あけに使用する工具は，ニの木工用ドリルビットである．なお，イは金属板の穴あけに用いるホルソ，ロは金属管のバリ取りに用いるリーマ，ハはねじの溝加工に用いるタップセットである．

3. イ

③で示す部分の接続は，図 1 のように 2 本の接続が 4 箇所，3 本の接続が 1 箇所の合計 5 箇所である．使用する電線が VVF1.6 の場合，小のリングスリーブで 2 本～ 4 本まで接続できるので，小のリングスリーブが 5 個必要になる．

4. ニ

④で示す部分の接続は，図 1 のように 2 本の接続が 5 箇所であり，2 本用の差込形コネクタが 5 個必要になる．

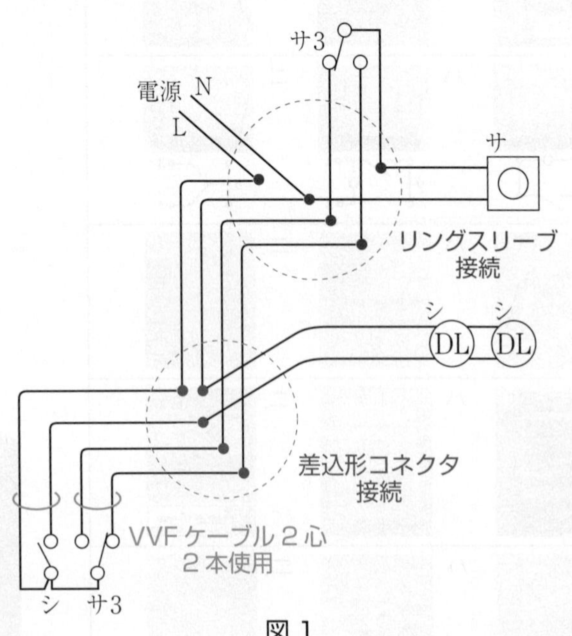

図 1

5. イ

⑤で示す部分の配線は，図 1 のように電源からの電線が 1 本，点滅器「シ」の回路が 1 本，3 路スイッチ相互間の電線が 2 本となり，VVF ケーブル 2 心が 2 本必要である．

6. ハ

⑥で示す図記号は，2 口の接地極付接地端子付コンセントであるから，ハである．なお，イは接地極付接地端子付コンセント（傍記：EET），ロは接地端子付コンセント（傍記：ET），ニは 2 口の接地端子付コンセント（傍記：2ET）である．

7. ロ

⑦で示す図記号は，位置表示灯内蔵スイッチであるから，ロである．なお，イは単極スイッチ（傍記：なし），ハは確認表示灯内蔵スイッチ（傍記：L），ニは 3 路スイッチ（傍記：3）である．

8. ロ

⑧で示す図記号は，自動点滅器であるから，ロの器具である．なお，イは電磁開閉器用押しボタン，ハはプルスイッチ，ニは調光器である．

9. ニ

⑨で示す図記号は，壁付の蛍光灯（プルスイッチ付）であるから，ニの蛍光灯用安定器を使用する．なお，イはネオン変圧器，ロはリモコン変圧器，ハは進相コンデンサである．

10. ハ

⑩で示す図記号は，シャンデリアであるから，ハの器具である．なお，イは埋込器具，ロはチェーンペンダント，ニはコードペンダントである．

配線図問題 ⑥

図は鉄筋コンクリート造の集合住宅共用部の部分的配線図である．この図に関する各問いには4通りの答え（イ，ロ，ハ，ニ）が書いてある．それぞれの問いに対して，答えを1つ選びなさい．

【注意】1. 屋内配線の工事は，特記のある場合を除き600V ビニル絶縁ビニルシースケーブル平形（VVF）を用いたケーブル工事である．

2. 屋内配線等の電線の本数，電線の太さ，その他，問いに直接関係のない部分等は省略又は簡略化してある．

3. 選択肢（答え）の写真にあるコンセントは，「JIS C 0303：2000 構内電気設備の配線用図記号」で示す「一般形」である．

4. ジョイントボックスを経由する電線は，すべて接続箇所を設けている．

5. 3路スイッチの記号「0」の端子には，電源側又は負荷側の電線を結線する．

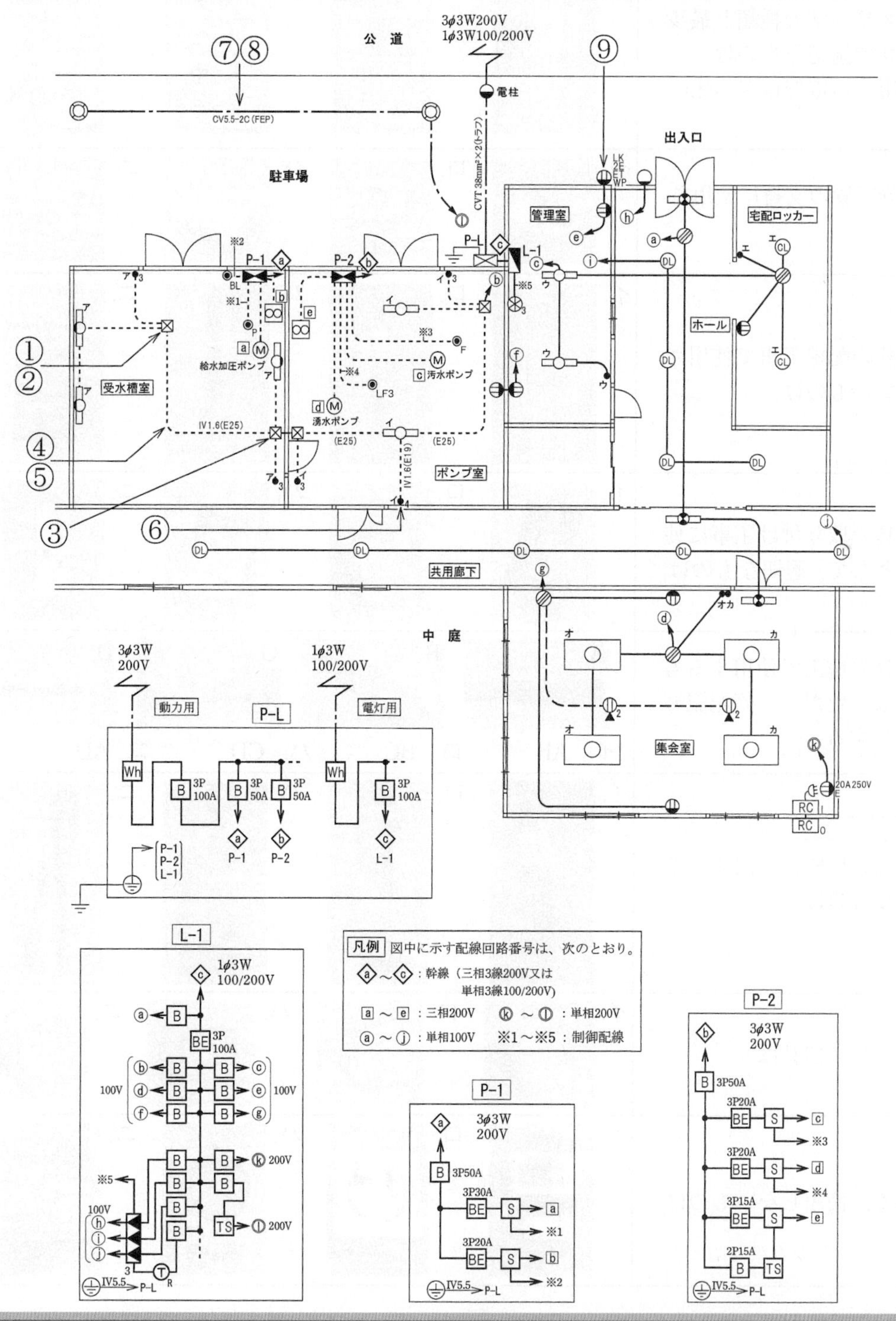

チャレンジ 配線図問題

	問　い	答　え			
1	①で示す図記号のものは.	イ. 	ロ. 	ハ. 	ニ. 
2	②で示すプルボックス内の接続をすべて差込形コネクタとする場合，使用する差込形コネクタの種類と最少個数の組合せで適切なものは. ただし，使用する電線はVVF1.6とする.	イ.  3個 1個	ロ.  2個 2個	ハ.  4個	ニ.  5個
3	③で示すプルボックス内の接続をすべて圧着接続とする場合，使用するリングスリーブの種類と最少個数の組合せで適切なものは. ただし，使用する電線はVVF1.6とする.	イ.  小 5個	ロ. 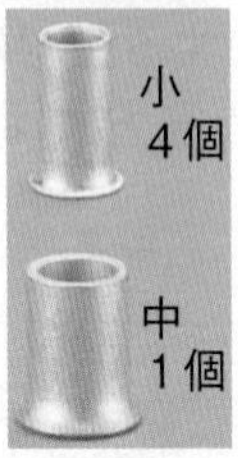 小 4個 中 1個	ハ. 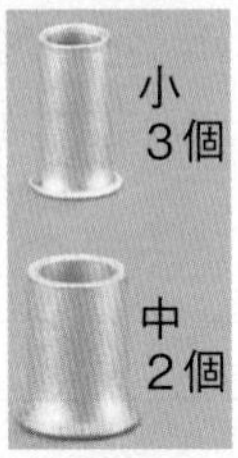 小 3個 中 2個	ニ. 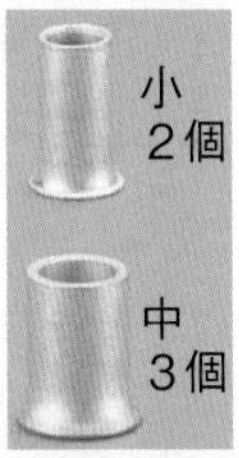 小 2個 中 3個
4	④で示す部分で管の支持に使用されるものは.	イ. 	ロ. 	ハ. 	ニ. 
5	⑤で示す部分の配線工事で使用されることのないものは.	イ. 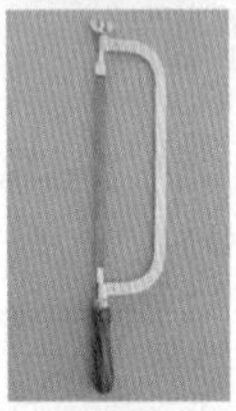	ロ. 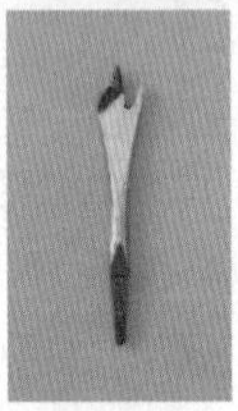	ハ. 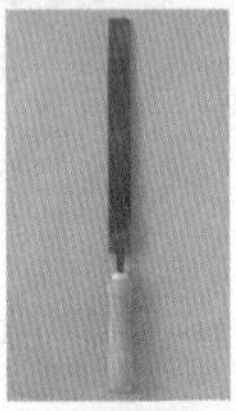	ニ. 
6	⑥で示す器具の取り付け工事に使用する材料として，適切なものは.	イ. 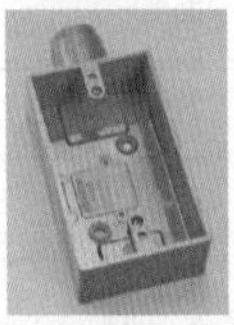	ロ. 	ハ. 	ニ. 
7	⑦で示す部分の施工で使用するものの組合せは. ただし，傍記記号で示すものとする.	A イ. AB	B ロ. BC	C 危険　注意 この下に低圧電力ケーブルあり ハ. CD	D ニ. AD
8	⑧で示す電線の切断に使用する工具で，適切なものは.	イ. 	ロ. 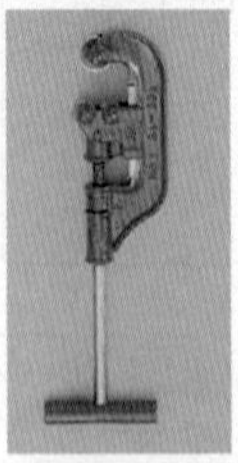	ハ. 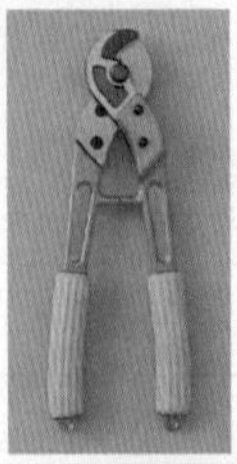	ニ. 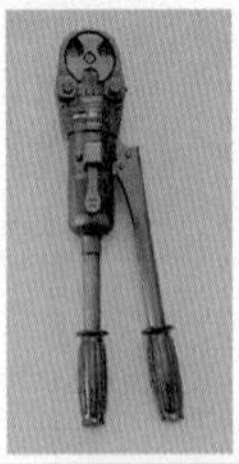
9	⑨で示す図記号の器具は.	イ. 	ロ. 	ハ. 	ニ. 
10	この配線図で，使用しないものは.	イ. 	ロ. 	ハ. 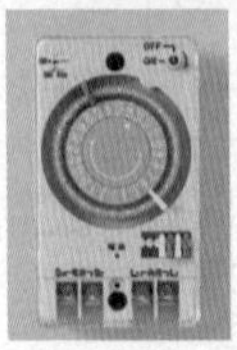	ニ. 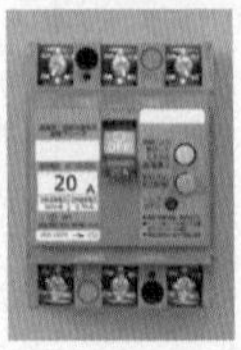

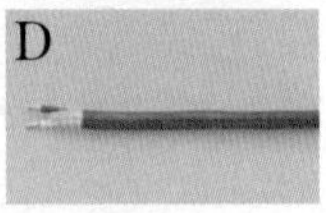

配線図問題⑥の解答

1. ハ

①で示す図記号はプルボックスであるから，ハである．なお，イはジョイントボックス（アウトレットボックス），ロはVVF用ジョイントボックスで図記号は⊘，ニはジョイントボックス（コンクリートボックス）であり，イとニの図記号はともに□である．

2. イ

②で示す部分の接続は，図1のように2本の接続が3箇所，3本の接続が1箇所である．よって，必要となる差込形コネクタは，2本用が3個と3本用が1個である．

3. イ

③で示す部分の接続は，図1のように2本の接続が4箇所，3本の接続が1箇所の合計5箇所である．使用する電線がVVF1.6の場合，小のリングスリーブで2本～4本まで接続できるので，小のリングスリーブが5個必要になる．

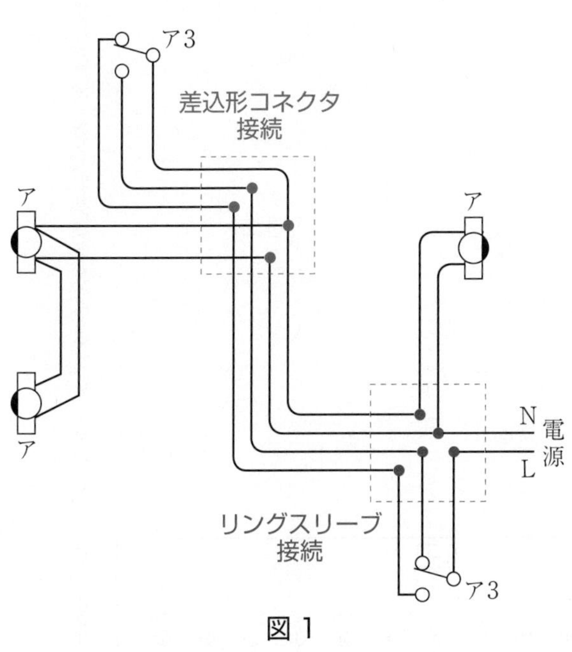

図1

4. ロ

④で示す部分で管の支持に使用されるのは，ロの鋼帯支持金具（商品名：パイラック）である．なお，イはねじなし電線管とボックスの接続に用いるボックスコネクタ，ハは金属製可とう電線管とねじなし金属管の接続に用いるコンビネーションカップリング，ニは金属管の露出配管の直角部に用いるユニバーサルである．

5. ロ

⑤で示す部分の配線工事は，金属管工事であるから，木材の穴あけに用いる羽根ぎりは使用しない．なお，イの金切りのこは金属管の切断，ハの平やすりは金属管の切断面の仕上げ，ニのパイプバイスは金属管の固定にそれぞれ使用する．

6. ハ

イは合成樹脂管用の露出形スイッチボックス，ロは防雨形コンセント，ハはねじなし電線管用の露出形スイッチボックス，ニは20A250Vコンセントである．⑥で示す器具は4路スイッチであり，この部分の配線工事は金属管工事の露出配線であるから，ハを使用する．

7. ニ

Aは波付硬質合成樹脂管(FEP)，Bは地中電線路に用いるトラフ，Cは埋設配線の位置を標示するためのケーブル埋設標示シート，DはCVケーブルの2心である．⑦で示す部分は地中埋設配線であり，図記号の傍記よりAとDを使用する．

8. ハ

⑧で示す電線の切断には，ハのケーブルカッタを使用する．なお，イは金属管の接続に用いるパイプレンチ，ロは金属管の切断に用いるパイプカッタ，ニは圧着端子などの圧着に用いる手動式油圧圧着器である．

9. ハ

⑨で示す図記号の傍記は，LK：抜止形，2E：接地極付で2口，ET：接地端子付，WP：防雨形を表す．よって，ハである．

10. ロ

それぞれの図記号は，イは[S]，ロは∞P，ハは[TS]，ニは[BE]であるから，ロの壁付の換気扇（プルスイッチ付）は使用しない．

チャレンジ配線図問題

配線図問題 ⑦

図は木造1階建住宅の配線図である．この図に関する各問いには4通りの答え（イ，ロ，ハ，ニ）が書いてある．それぞれの問いに対して，答えを1つ選びなさい．

【注意】1. 屋内配線の工事は，特記のある場合を除き600V ビニル絶縁ビニルシースケーブル平形（VVF）を用いたケーブル工事である．

2. 屋内配線等の電線の本数，電線の太さ，その他，問いに直接関係のない部分等は省略又は簡略化してある．

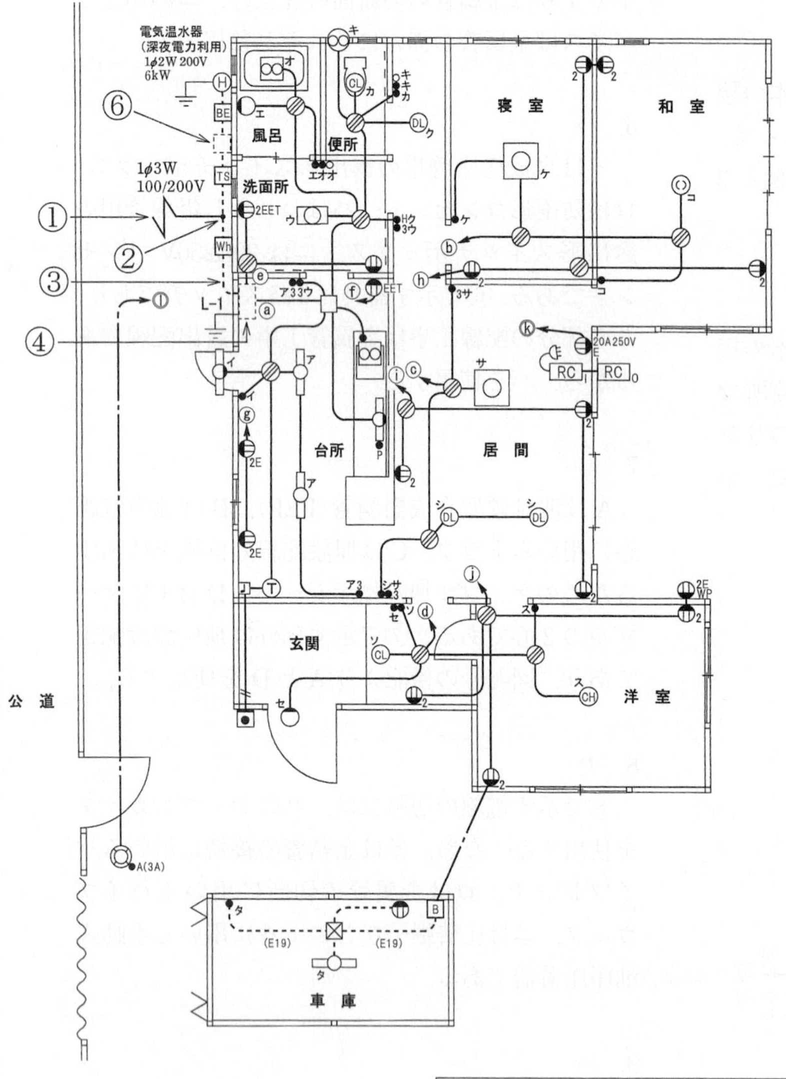

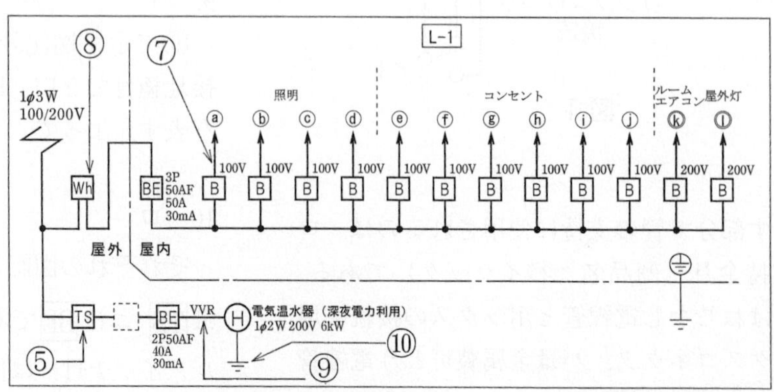

問い		答え
1	①で示す図記号の名称は.	イ．立上り　ロ．引下げ　ハ．受電点　ニ．接地極
2	②で示す引込線取付点の地表上の高さの最低値[m]は．ただし，引込線は道路を横断せず，技術上やむを得ない場合で，交通に支障がないものとする.	イ．2.5　ロ．3.0　ハ．3.5　ニ．4.0
3	③で示す部分の配線工事で使用するものは.	イ． 　ロ． 　ハ． 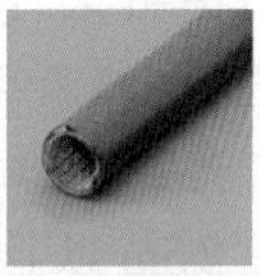　ニ． 
4	④で示す部分に取り付ける分電盤の図記号は.	イ． 　ロ． 　ハ． 　ニ． 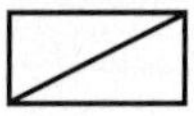
5	⑤で示す図記号の器具は.	イ． 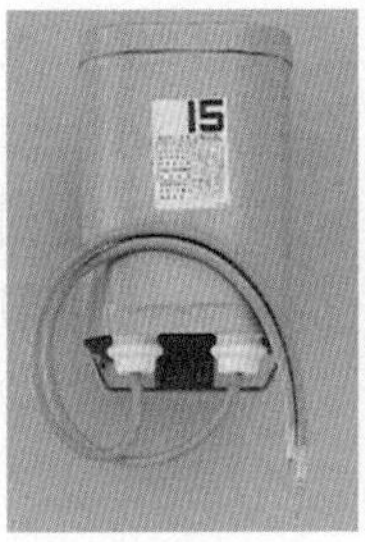　ロ． 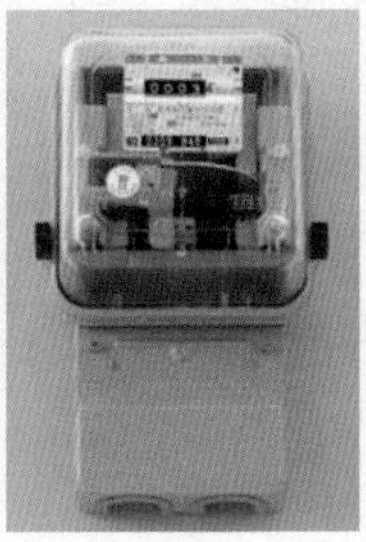　ハ． 　ニ． 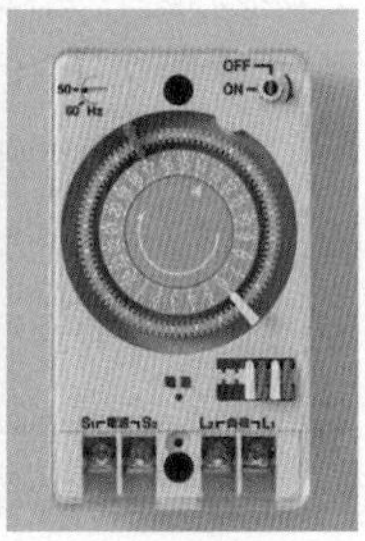
6	⑥で示す部分に取り付ける計器の図記号は.	イ．S　ロ．CT　ハ．W　ニ．Wh
7	⑦で示す回路の負荷電流を測定するものは.	イ． 　ロ． 　ハ． 　ニ． 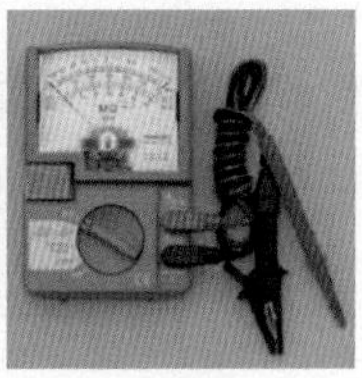
8	⑧で示す図記号の計器の使用目的は.	イ．負荷率を測定する．　ロ．電力を測定する． ハ．電力量を測定する．　ニ．最大電力を測定する．
9	⑨で示す部分の電路と大地間との絶縁抵抗として，許容される最小値[MΩ]は.	イ．0.1　ロ．0.2　ハ．0.4　ニ．1.0
10	⑩で示す屋外部分の接地工事を施すとき，一般的に使用されることのないものは.	イ． 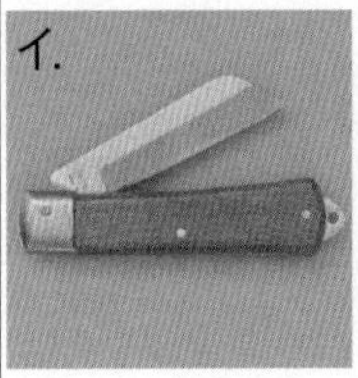　ロ． 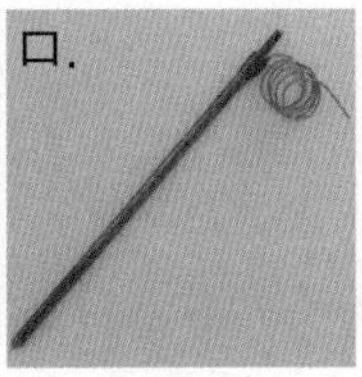　ハ． 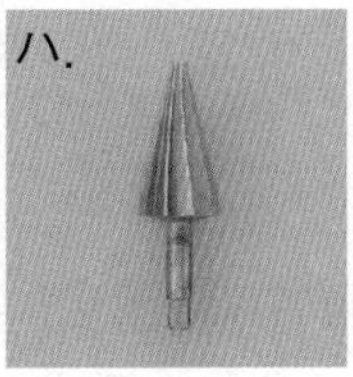　ニ． 

配線図問題⑦の解答

1. ハ

①で示す図記号は，受電点である．なお，立ち上りは［図記号］，引下げは［図記号］，接地極は［図記号］の図記号である．

2. イ

電技解釈第116条116−1表【低圧架空引込線等の施設】により，道路を横断せずに技術上やむを得ない場合で交通に支障がないときの引込線取付点の高さは，地表上2.5m以上である．

3. イ

問題文より，この配線図は木造であるから，③で示す部分は木造建築物の低圧屋側電線路である．電技解釈第110条【低圧屋側電線路の施設】により，木造建築物の低圧屋側電線路は，ケーブル工事(鉛被ケーブル，アルミ被ケーブル，MIケーブルを除く.)，がいし引き工事，合成樹脂管工事のいずれかにより施工しなければならない．よって，③で示す部分の配線工事には，イのVVRケーブルを使用する．なお，ロはねじなし電線管，ハはビニル被覆金属製可とう電線管（防水プリカチューブ），ニは2種金属線ぴである．

4. ハ

分電盤は，ハの図記号である．なお，イは配電盤，ロは制御盤，ニはOA盤の図記号である．

5. ニ

⑤で示す図記号の器具は，ニのタイムスイッチである．なお，イはネオン変圧器，ロは電力量計，ハは電流計付の箱開閉器である．

6. ニ

⑥で示す部分には，ニの電力量計（箱入り又はフード付）を取り付ける．なお，イは開閉器，ロは変流器（箱入り），ハは電力計の図記号である．

7. ロ

⑦で示す回路の負荷電流を測定するものは，ロのクランプ形電流計（クランプメータ）である．なお，イは電圧を測定する回路計（テスタ），ハは接地抵抗を測定する接地抵抗計（アーステスタ），ニは絶縁抵抗を測定する絶縁抵抗計(メガー)である．

8. ハ

⑧で示す図記号は電力量計であるから，使用目的は「電力量の測定」である．なお，負荷率は，電力量計と最大需要電力計［図記号 W P_{max}］で測定した数値により計算して求める．電力は電力計で測定する．最大電力は，最大需要電力計で測定する．

9. イ

⑨で示す部分は，単相3線式(1ϕ3W)100/200Vを電源として単相2線式200Vで供給される配線である．また，単相3線式100/200Vの対地電圧は100Vである．電技省令第58条【低圧の電路の絶縁抵抗】により，電路の使用電圧が300V以下で対地電圧が150V以下の場合は，絶縁抵抗値の最小値は0.1MΩである．

10. ハ

⑩で示す部分にD種接地工事を施すときに使用するのは，イの電工ナイフ，ロの接地極，ニの圧着端子である．接地極に接続されている接地線（緑色）は，より線のため，圧着端子を圧着して電気温水器の接続端子に結線する．ハのリーマは金属管のバリ取りに用いる工具であるから，使用されることはない．

第二種電気工事士
学科試験－筆記方式

2023年度
（令和5年度）

上期試験
（午前実施分）

※ 2023年度（令和5年度）の第二種電気工事士上期学科試験（筆記方式）は，新型コロナウイルス感染防止対策として，同日の午前と午後にそれぞれ実施された．

問題１．一般問題（問題数 30，配点は１問当たり２点）

【注】本問題の計算で $\sqrt{2}$，$\sqrt{3}$ 及び円周率 π を使用する場合の数値は次によること。 $\sqrt{2}=1.41$ ， $\sqrt{3}=1.73$ ， $\pi=3.14$

次の各問いには４通りの答え（イ，ロ，ハ，ニ）が書いてある。それぞれの問いに対して答えを１つ選びなさい。

なお，選択肢が数値の場合は最も近い値を選びなさい。

	問い	答え			
1	図のような回路で，スイッチSを閉じたとき，a−b 端子間の電圧［V］は。 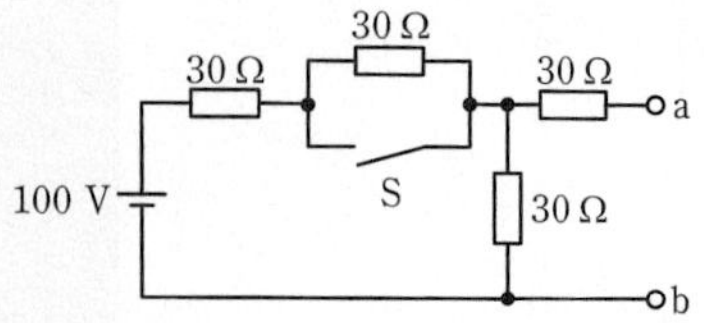 （図：100 V，30 Ω，30 Ω，S，30 Ω，30 Ω，a，b）	イ．30	ロ．40	ハ．50	ニ．60
2	抵抗率 ρ［Ω・m］，直径 D［mm］，長さ L［m］の導線の電気抵抗［Ω］を表す式は。	イ．$\dfrac{4\rho L}{\pi D^2}\times10^6$	ロ．$\dfrac{\rho L^2}{\pi D^2}\times10^6$	ハ．$\dfrac{4\rho L}{\pi D}\times10^6$	ニ．$\dfrac{4\rho L^2}{\pi D}\times10^6$
3	抵抗に 100 V の電圧を２時間 30 分加えたとき，電力量が 4 kW・h であった。抵抗に流れる電流［A］は。	イ．16	ロ．24	ハ．32	ニ．40
4	図のような回路で，抵抗 R に流れる電流が 4 A，リアクタンス X に流れる電流が 3 A であるとき，この回路の消費電力［W］は。 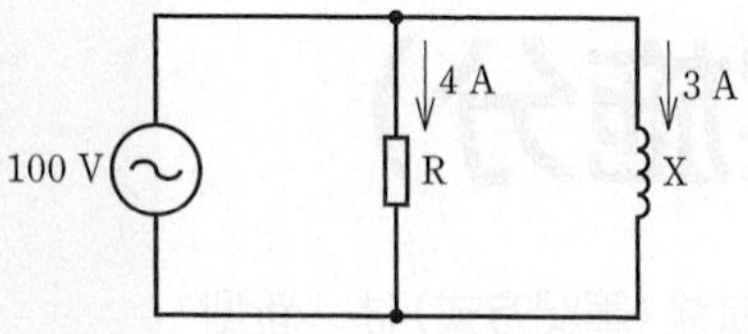 （図：100 V，4 A，R，3 A，X）	イ．300	ロ．400	ハ．500	ニ．700
5	図のような三相３線式回路の全消費電力［kW］は。 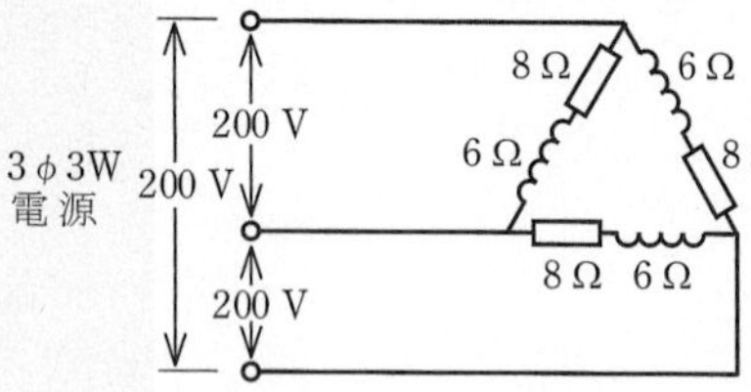 （図：3φ3W 電源，200 V，200 V，200 V，8 Ω，6 Ω，6 Ω，8 Ω，8 Ω，6 Ω）	イ．2.4	ロ．4.8	ハ．9.6	ニ．19.2

	問い	答え			
6	図のような三相3線式回路で，電線1線当たりの抵抗が0.15 Ω，線電流が10 Aのとき，この配線の電力損失［W］は。 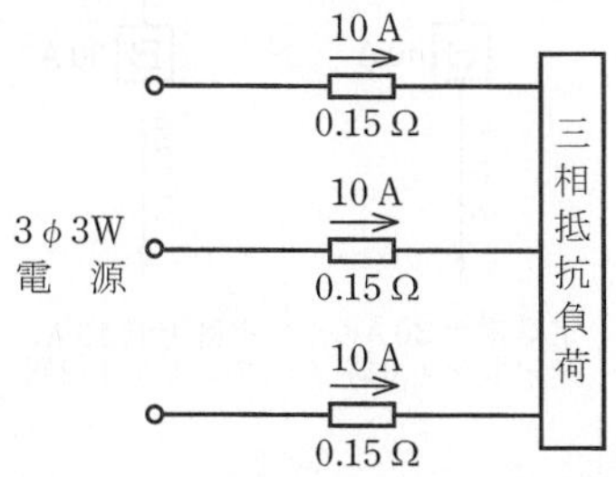 	イ．15	ロ．26	ハ．30	ニ．45
7	図1のような単相2線式回路を，図2のような単相3線式回路に変更した場合，配線の電力損失はどうなるか。 ただし，負荷電圧は100 V一定で，負荷A，負荷Bはともに消費電力1 kWの抵抗負荷で，電線の抵抗は1線当たり0.2 Ωとする。 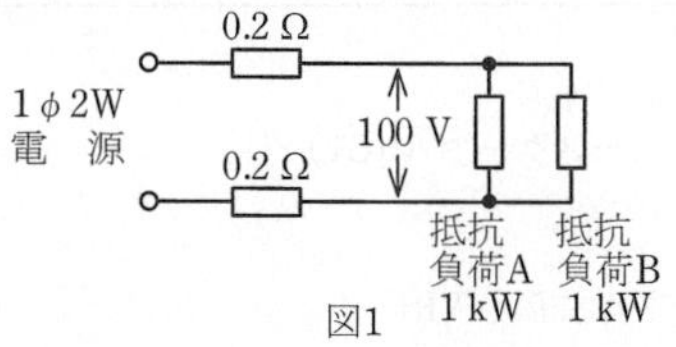 図1 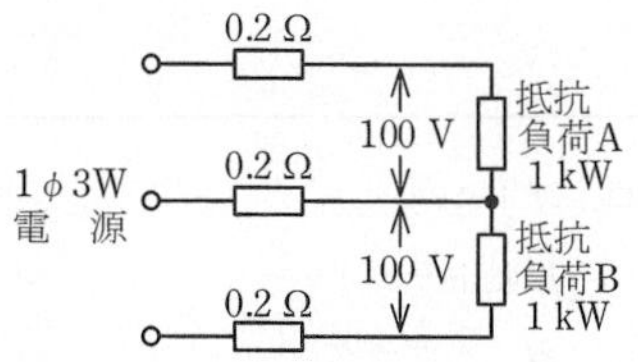 図2	イ．0になる。 ロ．小さくなる。 ハ．変わらない。 ニ．大きくなる。			
8	合成樹脂製可とう電線管(PF管)による低圧屋内配線工事で，管内に断面積5.5 mm^2の600Vビニル絶縁電線(軟銅線)7本を収めて施設した場合，電線1本当たりの許容電流［A］は。 ただし，周囲温度は30 ℃以下，電流減少係数は0.49とする。	イ．13	ロ．17	ハ．24	ニ．29
9	図のように定格電流60 Aの過電流遮断器で保護された低圧屋内幹線から分岐して，10 mの位置に過電流遮断器を施設するとき，a−b間の電線の許容電流の最小値［A］は。 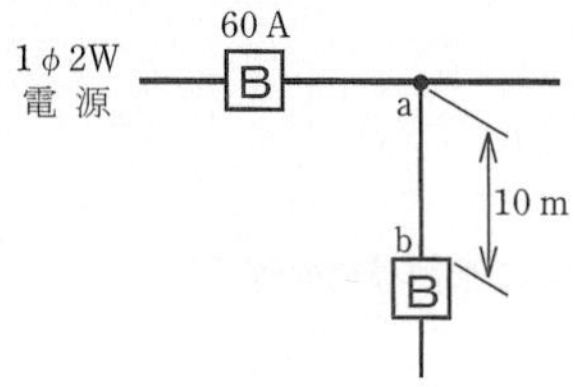 	イ．15	ロ．21	ハ．27	ニ．33

	問　い	答　え
10	低圧屋内配線の分岐回路の設計で，配線用遮断器，分岐回路の電線の太さ及びコンセントの組合せとして，**適切なものは。** ただし，分岐点から配線用遮断器までは3 m，配線用遮断器からコンセントまでは8 mとし，電線の数値は分岐回路の電線（軟銅線）の太さを示す。 また，コンセントは兼用コンセントではないものとする。	イ．B 20 A，2.0 mm，定格電流 30 Aのコンセント 1個 ロ．B 30 A，2.0 mm，定格電流 30 Aのコンセント 1個 ハ．B 40 A，8 mm^2，定格電流 30 Aのコンセント 1個 ニ．B 30 A，2.6 mm，定格電流 15 Aのコンセント 2個
11	多数の金属管が集合する場所等で，通線を容易にするために用いられるものは。	イ．分電盤 ロ．プルボックス ハ．フィクスチュアスタッド ニ．スイッチボックス
12	絶縁物の最高許容温度が最も高いものは。	イ．600V 架橋ポリエチレン絶縁ビニルシースケーブル（CV） ロ．600V 二種ビニル絶縁電線（HIV） ハ．600V ビニル絶縁ビニルシースケーブル丸形（VVR） ニ．600V ビニル絶縁電線（IV）
13	コンクリート壁に金属管を取り付けるときに用いる材料及び工具の組合せとして，**適切なものは。**	イ．カールプラグ　ステープル　ホルソ　ハンマ ロ．サドル　振動ドリル　カールプラグ　木ねじ ハ．たがね　コンクリート釘　ハンマ　ステープル ニ．ボルト　ホルソ　振動ドリル　サドル
14	定格周波数60 Hz，極数4の低圧三相かご形誘導電動機の同期速度［min^{-1}］は。	イ．1 200　ロ．1 500　ハ．1 800　ニ．3 000
15	組み合わせて使用する機器で，その組合せが明らかに**誤っているものは。**	イ．ネオン変圧器と高圧水銀灯 ロ．光電式自動点滅器と庭園灯 ハ．零相変流器と漏電警報器 ニ．スターデルタ始動装置と一般用低圧三相かご形誘導電動機

	問　い	答　え
16	写真に示す材料の特徴として，**誤っているものは**。 なお，材料の表面には「**タイシガイセン EM600V EEF/F1.6mm JIS JET＜PS＞E○○社 タイネン 2014**」が記されている。	イ．分別が容易でリサイクル性がよい。 ロ．焼却時に有害なハロゲン系ガスが発生する。 ハ．ビニル絶縁ビニルシースケーブルと比べ絶縁物の最高許容温度が高い。 ニ．難燃性がある。
17	写真に示す器具の用途は。	イ．LED 電球の明るさを調節するのに用いる。 ロ．人の接近による自動点滅に用いる。 ハ．蛍光灯の力率改善に用いる。 ニ．周囲の明るさに応じて屋外灯などを自動点滅させるのに用いる。
18	写真に示す工具の用途は。	イ．VVF ケーブルの外装や絶縁被覆をはぎ取るのに用いる。 ロ．CV ケーブル(低圧用)の外装や絶縁被覆をはぎ取るのに用いる。 ハ．VVR ケーブルの外装や絶縁被覆をはぎ取るのに用いる。 ニ．VFF コード(ビニル平形コード)の絶縁被覆をはぎ取るのに用いる。
19	単相 100 V の屋内配線工事における絶縁電線相互の接続で，**不適切なものは**。	イ．絶縁電線の絶縁物と同等以上の絶縁効力のあるもので十分被覆した。 ロ．電線の引張強さが 15 %減少した。 ハ．差込形コネクタによる終端接続で，ビニルテープによる絶縁は行わなかった。 ニ．電線の電気抵抗が 5 %増加した。
20	低圧屋内配線工事(臨時配線工事の場合を除く)で，600V ビニル絶縁ビニルシースケーブルを用いたケーブル工事の施工方法として，**適切なものは**。	イ．接触防護措置を施した場所で，造営材の側面に沿って垂直に取り付け，その支持点間の距離を 8 m とした。 ロ．金属製遮へい層のない電話用弱電流電線と共に同一の合成樹脂管に収めた。 ハ．建物のコンクリート壁の中に直接埋設した。 ニ．丸形ケーブルを，屈曲部の内側の半径をケーブル外径の 8 倍にして曲げた。

	問　い	答　え
21	住宅(一般用電気工作物)に系統連系型の発電設備(出力 5.5 kW)を，図のように，太陽電池，パワーコンディショナ，漏電遮断器(分電盤内)，商用電源側の順に接続する場合，取り付ける漏電遮断器の種類として，**最も適切なものは。** 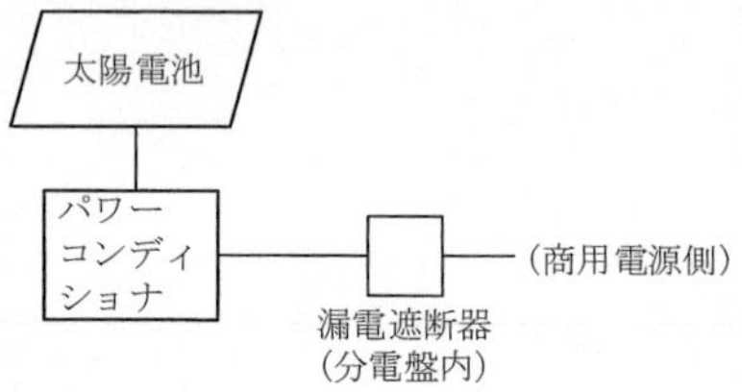 [図] 太陽電池 → パワーコンディショナ → 漏電遮断器(分電盤内) → (商用電源側)	イ．漏電遮断器(過負荷保護なし) ロ．漏電遮断器(過負荷保護付) ハ．漏電遮断器(過負荷保護付　高感度形) ニ．漏電遮断器(過負荷保護付　逆接続可能型)
22	床に固定した定格電圧 200 V，定格出力 1.5 kW の三相誘導電動機の鉄台に接地工事をする場合，接地線(軟銅線)の太さと接地抵抗値の組合せで，**不適切なものは。** ただし，漏電遮断器を設置しないものとする。	イ．直径 1.6 mm，10 Ω ロ．直径 2.0 mm，50 Ω ハ．公称断面積 0.75 mm^2，5 Ω ニ．直径 2.6 mm，75 Ω
23	低圧屋内配線の金属可とう電線管(使用する電線管は 2 種金属製可とう電線管とする)工事で，**不適切なものは。**	イ．管の内側の曲げ半径を管の内径の 6 倍以上とした。 ロ．管内に 600V ビニル絶縁電線を収めた。 ハ．管とボックスとの接続にストレートボックスコネクタを使用した。 ニ．管と金属管(鋼製電線管)との接続に TS カップリングを使用した。
24	回路計(テスタ)に関する記述として，**正しいものは。**	イ．ディジタル式は電池を内蔵しているが，アナログ式は電池を必要としない。 ロ．電路と大地間の抵抗測定を行った。その測定値は電路の絶縁抵抗値として使用してよい。 ハ．交流又は直流電圧を測定する場合は，あらかじめ想定される値の直近上位のレンジを選定して使用する。 ニ．抵抗を測定する場合の回路計の端子における出力電圧は，交流電圧である。
25	低圧屋内配線の電路と大地間の絶縁抵抗を測定した。「電気設備に関する技術基準を定める省令」に**適合していないものは。**	イ．単相 3 線式 100/200 V の使用電圧 200 V 空調回路の絶縁抵抗を測定したところ 0.16 MΩであった。 ロ．三相 3 線式の使用電圧 200 V(対地電圧 200 V)電動機回路の絶縁抵抗を測定したところ 0.18 MΩであった。 ハ．単相 2 線式の使用電圧 100 V 屋外庭園灯回路の絶縁抵抗を測定したところ 0.12 MΩであった。 ニ．単相 2 線式の使用電圧 100 V 屋内配線の絶縁抵抗を，分電盤で各回路を一括して測定したところ，1.5 MΩであったので個別分岐回路の測定を省略した。
26	使用電圧100 Vの低圧電路に，地絡が生じた場合0.1秒で自動的に電路を遮断する装置が施してある。この電路の屋外にD種接地工事が必要な自動販売機がある。その接地抵抗値a[Ω]と電路の絶縁抵抗値b[MΩ]の組合せとして，「電気設備に関する技術基準を定める省令」及び「電気設備の技術基準の解釈」に**適合していないものは。**	イ．a　600　b　2.0 ロ．a　500　b　1.0 ハ．a　100　b　0.2 ニ．a　10　b　0.1

問　い		答　え
27	単相交流電源から負荷に至る回路において，電圧計，電流計，電力計の結線方法として，**正しいものは。**	イ．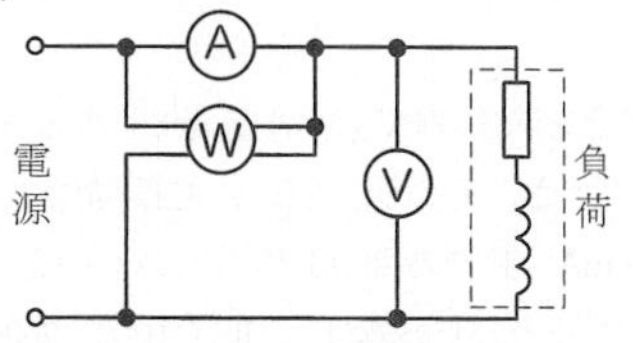 ロ．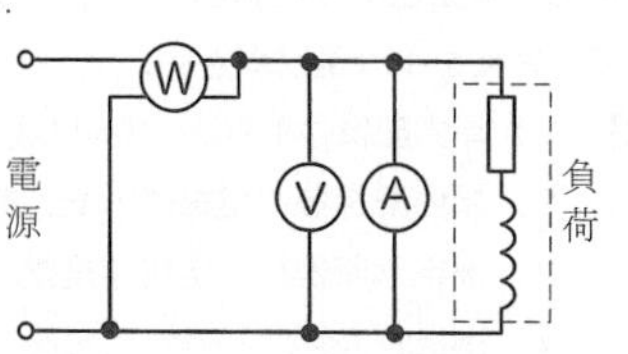 ハ．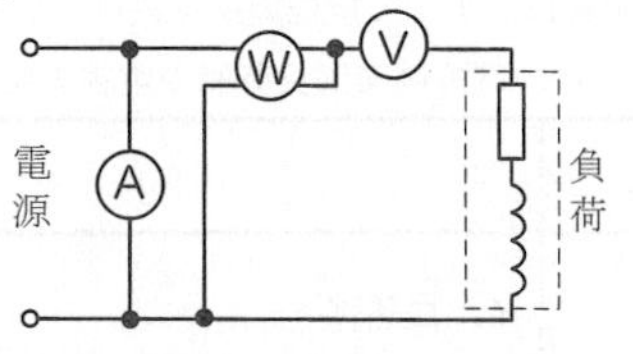 ニ．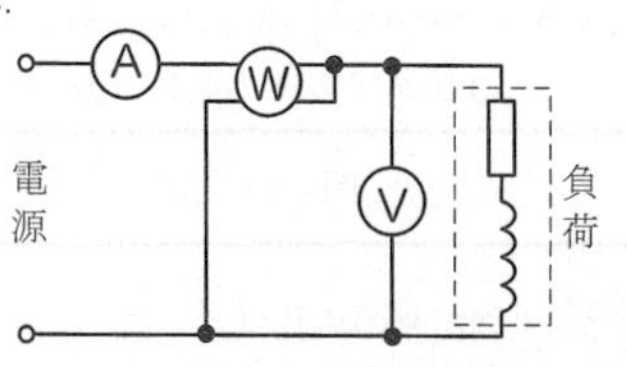
28	「電気工事士法」において，第二種電気工事士であっても**従事できない作業は。**	イ．一般用電気工作物の配線器具に電線を接続する作業 ロ．一般用電気工作物に接地線を取り付ける作業 ハ．自家用電気工作物（最大電力 500 kW 未満の需要設備）の地中電線用の管を設置する作業 ニ．自家用電気工作物（最大電力 500 kW 未満の需要設備）の低圧部分の電線相互を接続する作業
29	「電気用品安全法」の適用を受ける電気用品に関する記述として，**誤っているものは。**	イ．(PS/E) の記号は，電気用品のうち「特定電気用品以外の電気用品」を示す。 ロ．◇PS/E の記号は，電気用品のうち「特定電気用品」を示す。 ハ．<PS>E の記号は，電気用品のうち輸入した「特定電気用品以外の電気用品」を示す。 ニ．電気工事士は，「電気用品安全法」に定められた所定の表示が付されているものでなければ，電気用品を電気工作物の設置又は変更の工事に使用してはならない。
30	「電気設備に関する技術基準を定める省令」における電路の保護対策について記述したものである。次の空欄(A)及び(B)の組合せとして，**正しいものは。** 電路の (A) には，過電流による過熱焼損から電線及び電気機械器具を保護し，かつ，火災の発生を防止できるよう，過電流遮断器を施設しなければならない。 また，電路には， (B) が生じた場合に，電線若しくは電気機械器具の損傷，感電又は火災のおそれがないよう， (B) 遮断器の施設その他の適切な措置を講じなければならない。ただし，電気機械器具を乾燥した場所に施設する等 (B) による危険のおそれがない場合は，この限りでない。	イ．(A)必要な箇所　(B)地絡 ロ．(A)すべての分岐回路　(B)過電流 ハ．(A)必要な箇所　(B)過電流 ニ．(A)すべての分岐回路　(B)地絡

問題２．配線図 (問題数 20，配点は１問当たり ２ 点)

図は，木造１階建住宅の配線図である。この図に関する次の各問いには４通りの答え（イ，ロ，ハ，ニ）が書いてある。それぞれの問いに対して，答えを１つ選びなさい。

【注意】 １．屋内配線の工事は，特記のある場合を除き 600V ビニル絶縁ビニルシースケーブル平形（VVF）を用いたケーブル工事である。

２．屋内配線等の電線の本数，電線の太さ，その他，問いに直接関係のない部分等は省略又は簡略化してある。

３．漏電遮断器は，定格感度電流 30 mA，動作時間 0.1 秒以内のものを使用している。

４．選択肢（答え）の写真にあるコンセント及び点滅器は，「JIS C 0303：2000 構内電気設備の配線用図記号」で示す「一般形」である。

５．分電盤の外箱は合成樹脂製である。

６．ジョイントボックスを経由する電線は，すべて接続箇所を設けている。

７．３路スイッチの記号「0」の端子には，電源側又は負荷側の電線を結線する。

	問　い	答　え
31	①で示す図記号の名称は。	イ．白熱灯　ロ．通路誘導灯 ハ．確認表示灯　ニ．位置表示灯
32	②で示す図記号の名称は。	イ．一般形点滅器　ロ．一般形調光器 ハ．ワイド形調光器　ニ．ワイドハンドル形点滅器
33	③で示す器具の接地工事における接地抵抗の許容される最大値［Ω］は。	イ．10　ロ．100　ハ．300　ニ．500
34	④の部分の最少電線本数(心線数)は。	イ．2　ロ．3　ハ．4　ニ．5
35	⑤で示す図記号の名称は。	イ．プルボックス　ロ．VVF 用ジョイントボックス ハ．ジャンクションボックス　ニ．ジョイントボックス
36	⑥で示す部分の電路と大地間の絶縁抵抗として，許容される最小値［MΩ］は。	イ．0.1　ロ．0.2　ハ．0.3　ニ．0.4
37	⑦で示す図記号の名称は。	イ．タイマ付スイッチ　ロ．遅延スイッチ ハ．自動点滅器　ニ．熱線式自動スイッチ
38	⑧で示す部分の小勢力回路で使用できる電線(軟銅線)の最小太さの直径［mm］は。	イ．0.8　ロ．1.2　ハ．1.6　ニ．2.0
39	⑨で示す部分の配線工事で用いる管の種類は。	イ．硬質ポリ塩化ビニル電線管 ロ．波付硬質合成樹脂管 ハ．耐衝撃性硬質ポリ塩化ビニル電線管 ニ．耐衝撃性硬質ポリ塩化ビニル管
40	⑩で示す部分の工事方法で**施工できない**工事方法は。	イ．金属管工事　ロ．合成樹脂管工事 ハ．がいし引き工事　ニ．ケーブル工事

	問い	答え			
41	⑪で示すボックス内の接続をすべて差込形コネクタとする場合，使用する差込形コネクタの種類と最少個数の組合せで，**正しいものは。** ただし，使用する電線はすべてVVF1.6とする。	イ． 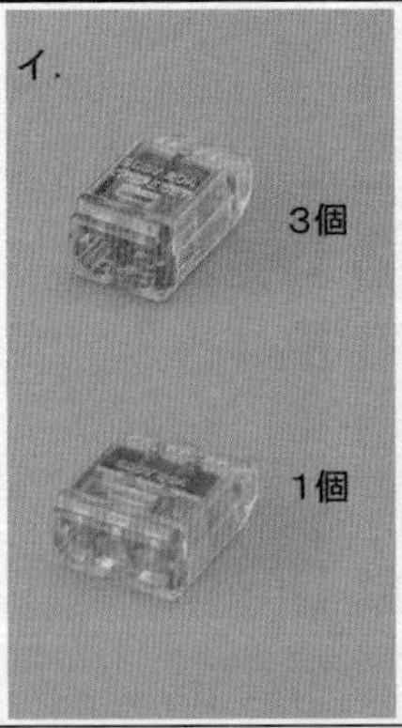 3個 1個	ロ． 4個 1個 	ハ． 4個 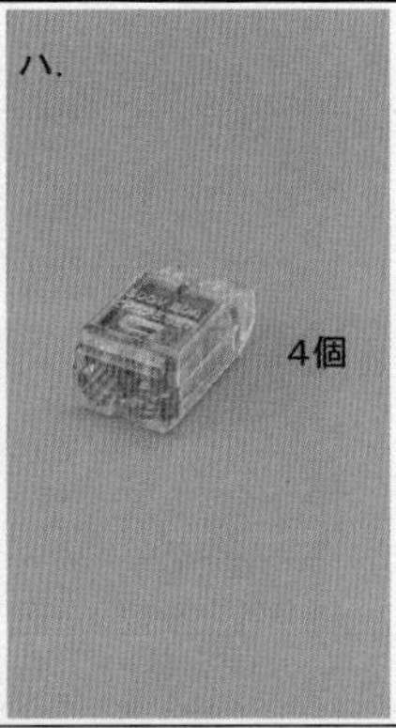	ニ． 5個 
42	⑫で示すボックス内の接続をすべて圧着接続とする場合，使用するリングスリーブの種類と最少個数の組合せで，**正しいものは。** ただし，使用する電線はすべてVVF1.6とする。	イ．  小 4個	ロ． 小 5個 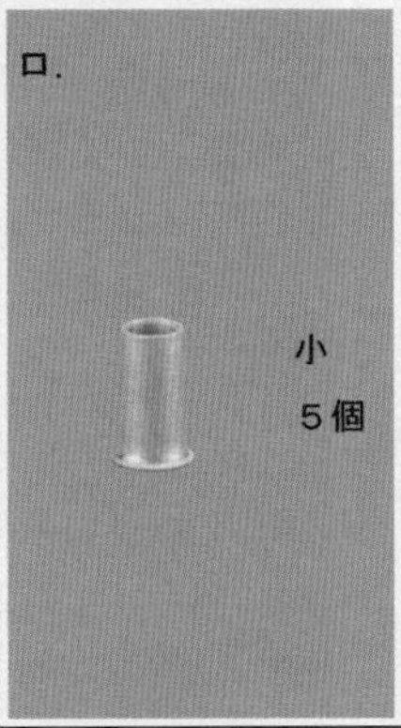	ハ． 小 3個 中 1個 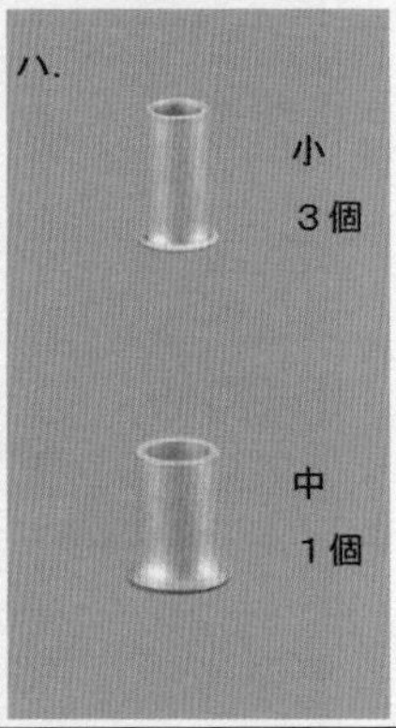	ニ． 小 4個 中 1個 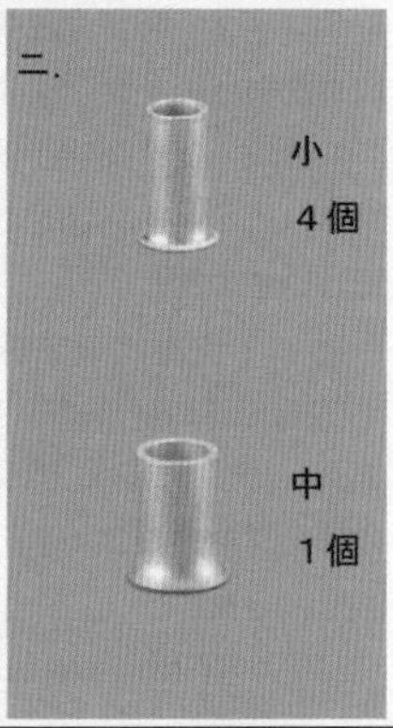
43	⑬で示す点滅器の取付け工事に使用する材料として，**適切なものは。**	イ． 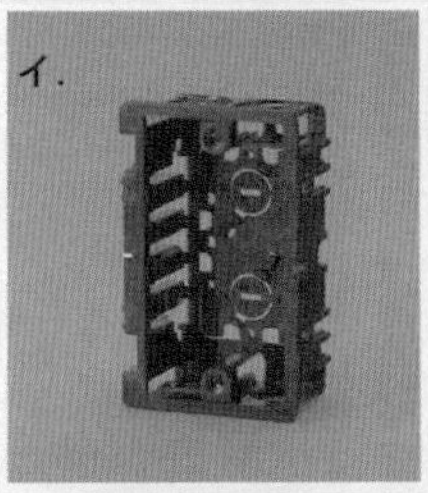	ロ． 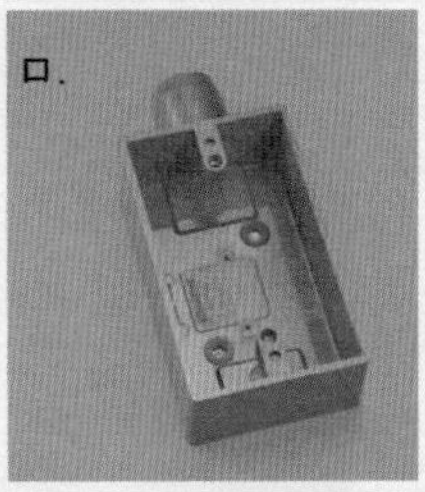	ハ． 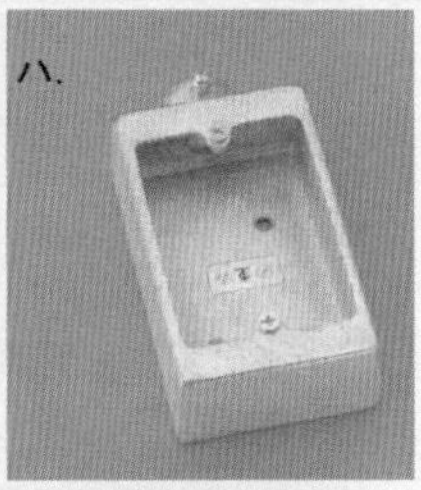	ニ． 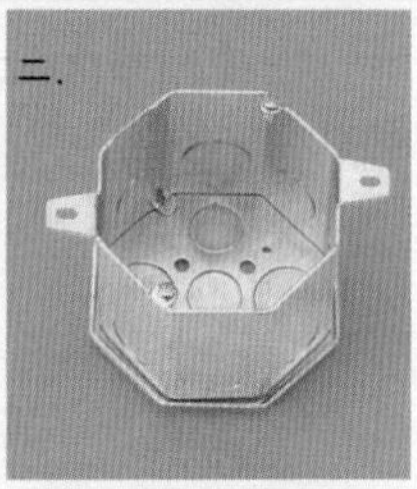
44	⑭で示す図記号の機器は。	イ． 	ロ． 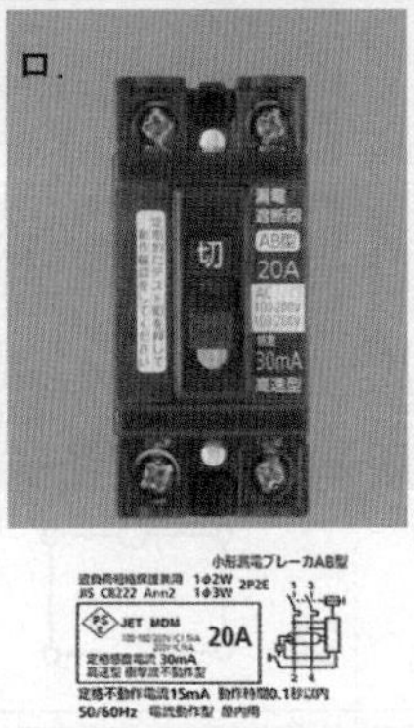	ハ． 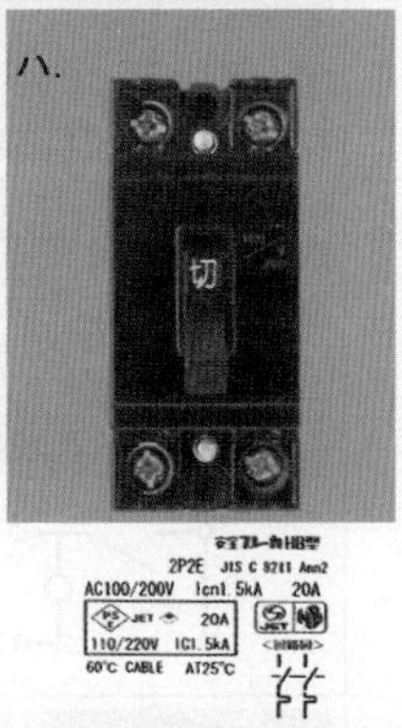	ニ． 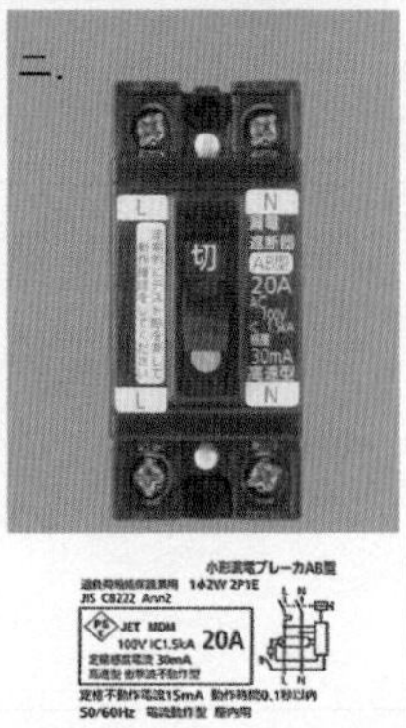
45	⑮で示す部分の配線を器具の裏面から見たものである。**正しいものは。** ただし，電線の色別は，白色は電源からの接地側電線，黒色は電源からの非接地側電線，赤色は負荷に結線する電線とする。	イ． 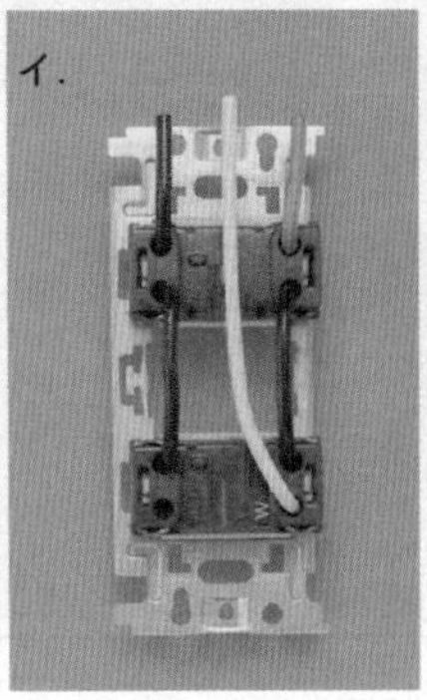	ロ． 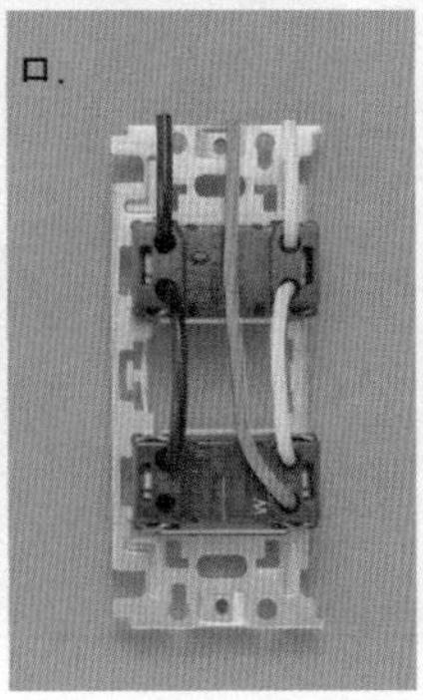	ハ． 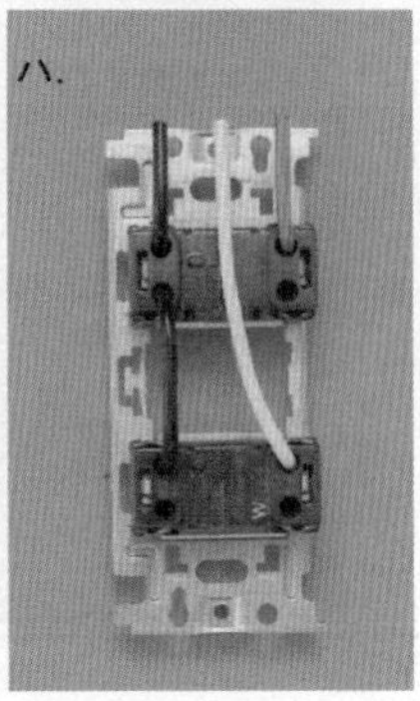	ニ． 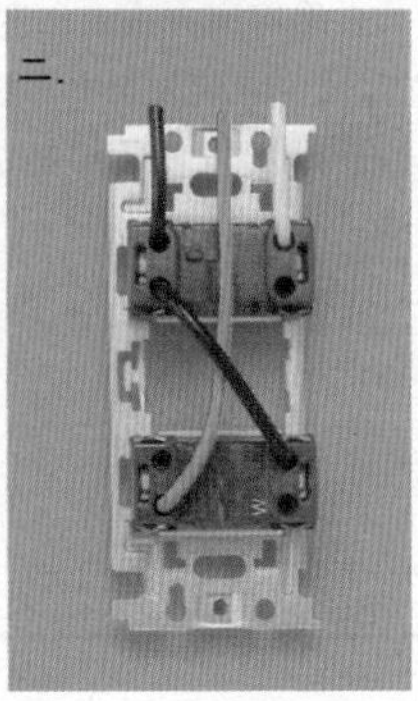

	問い	答え			
46	⑯で示す部分に使用するケーブルで，**適切なものは**。	イ． 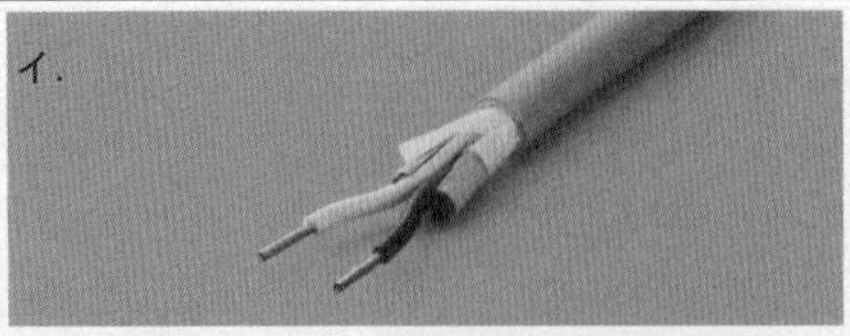	ロ． 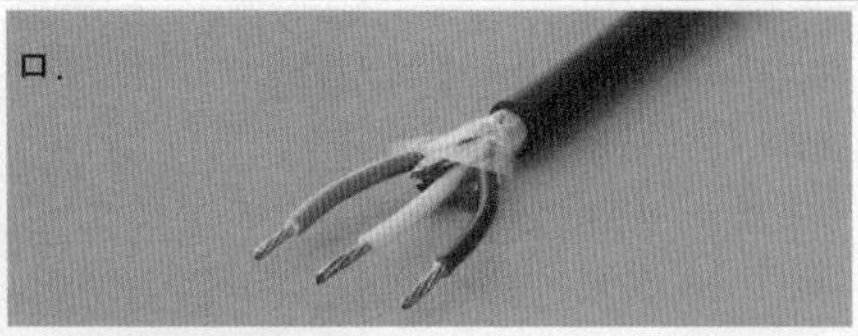	ハ． 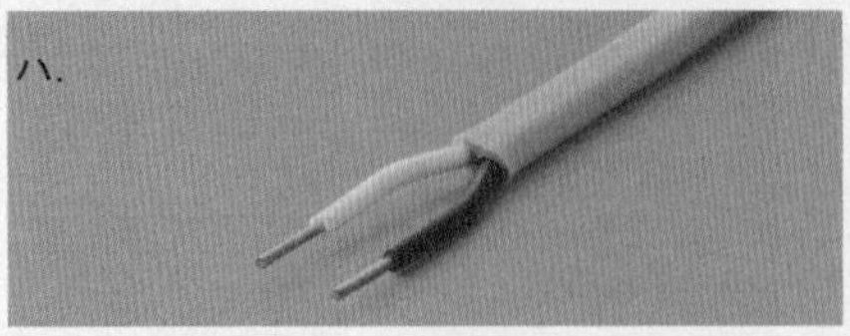	ニ． 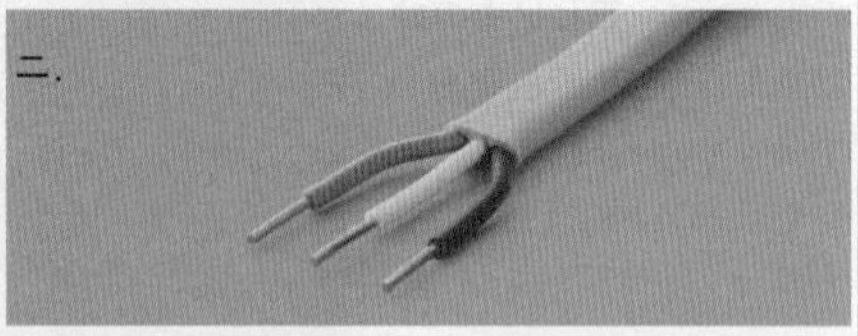
47	⑰で示すボックス内の接続をリングスリーブで圧着接続した場合のリングスリーブの種類，個数及び圧着接続後の刻印との組合せで，**正しいものは**。 ただし，使用する電線はすべてVVF1.6とする。 また，写真に示す**リングスリーブ中央の**○，小，中は刻印を表す。	イ． 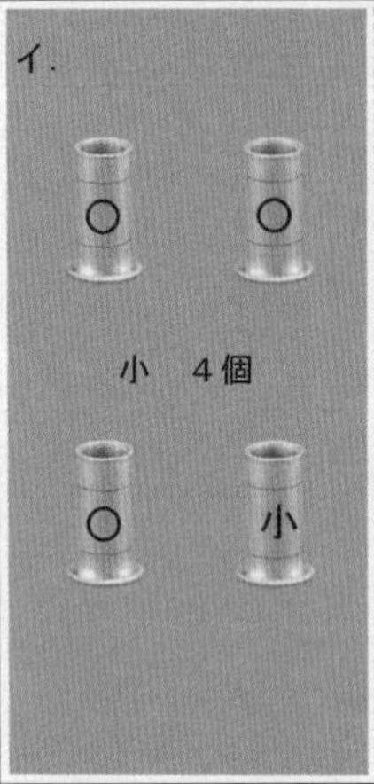 ○ ○ 小　4個 ○ 小	ロ． 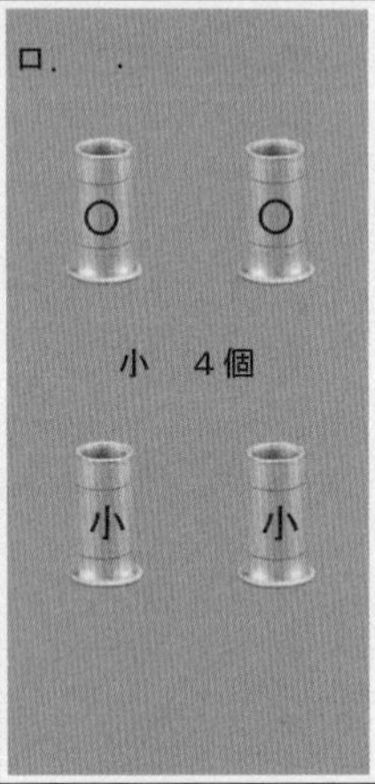 ○ ○ 小　4個 小 小	ハ． 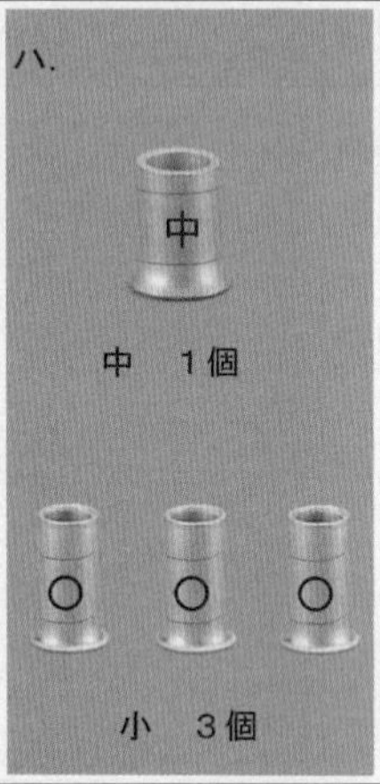 中 中　1個 ○ ○ ○ 小　3個	ニ． 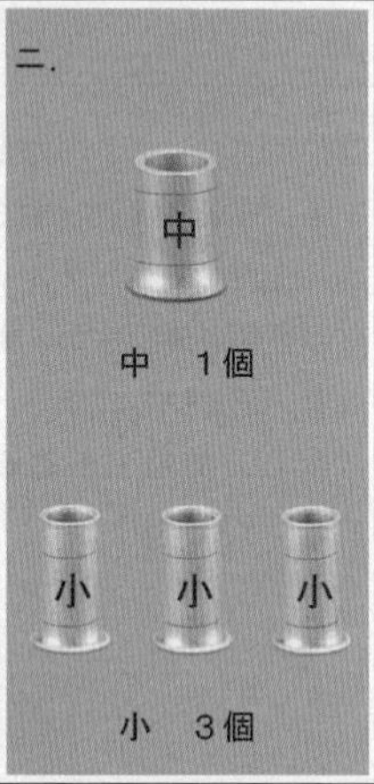 中 中　1個 小 小 小 小　3個
48	この配線図で，**使用しているコンセントは**。	イ． 	ロ． 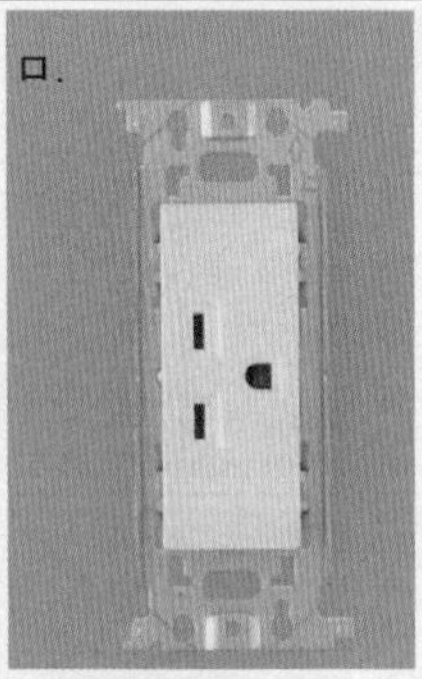	ハ． 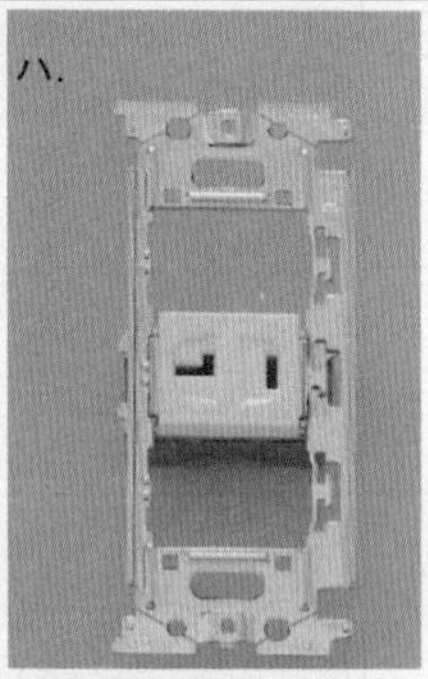	ニ． 
49	この配線図で**使用していないスイッチは**。 ただし，写真下の図は，接点の構成を示す。	イ． 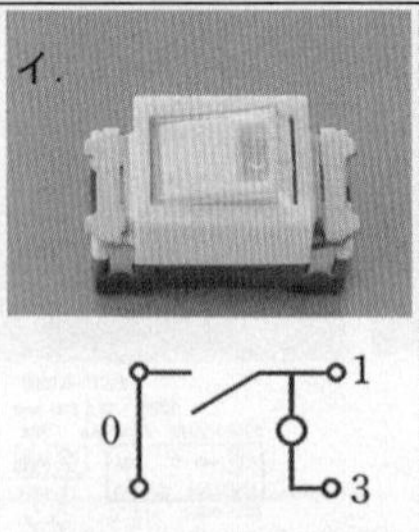 0 1 3	ロ． 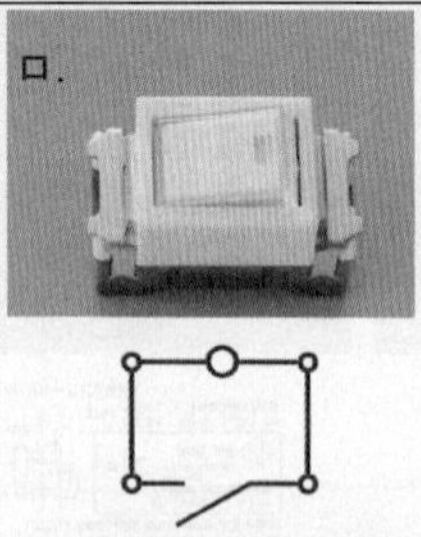	ハ． 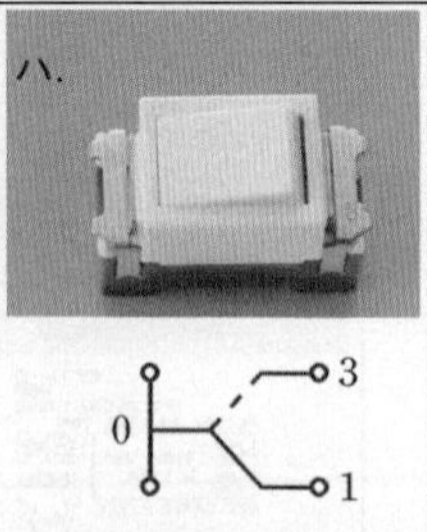 0 3 1	ニ． 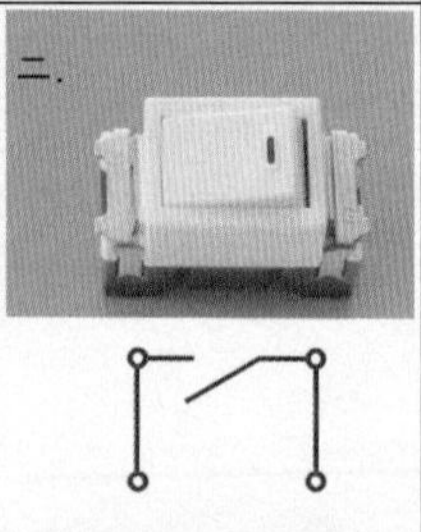
50	この配線図の施工に関して，一般的に使用するものの組合せで，**不適切なものは**。	イ． 	ロ． 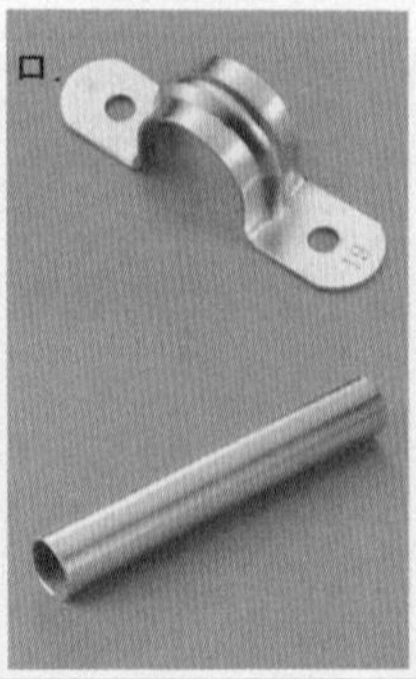	ハ． 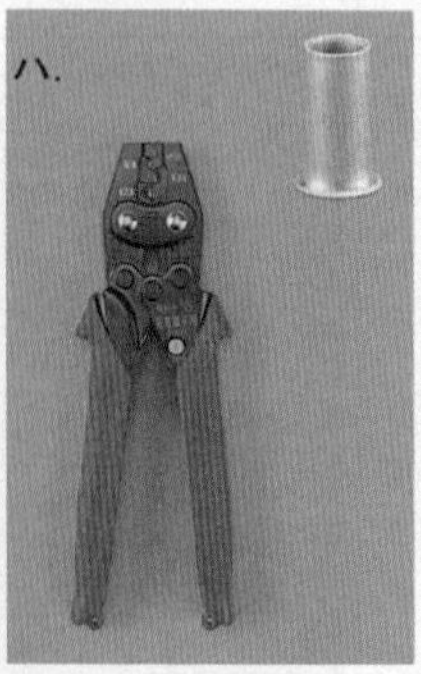	ニ． 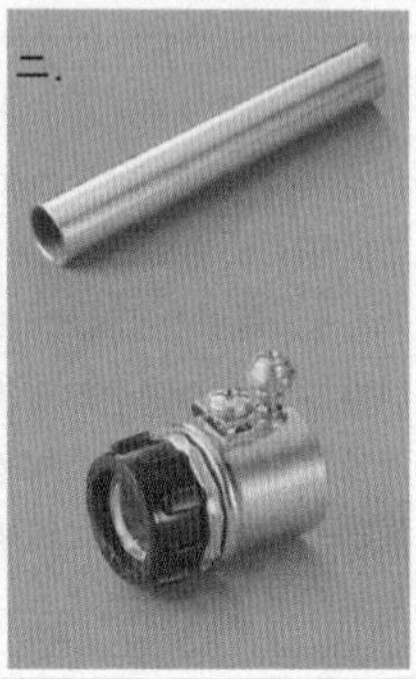

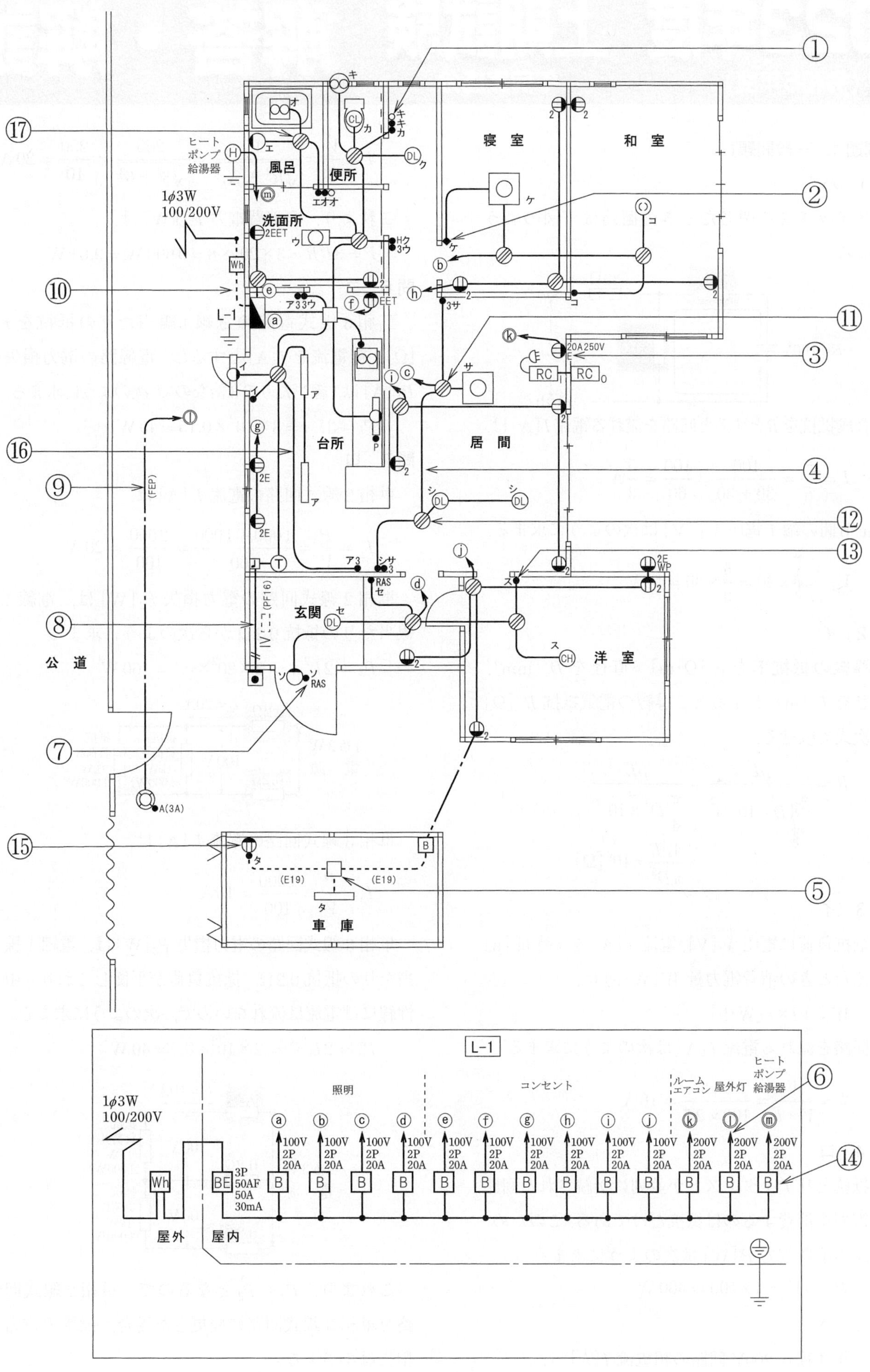

①
②
③
④
⑤
⑥
⑦
⑧
⑨
⑩
⑪
⑫
⑬
⑭
⑮
⑯
⑰
寝 室
和 室
風呂
便所
洗面所
台所
居 間
玄関
洋 室
車 庫
公 道
ヒート ポンプ 給湯器
1φ3W 100/200V
L-1
20A250V E
RC
(FEP)
(PF16)
(E19)
A(3A)
照明
コンセント
ルーム エアコン
屋外灯
ヒート ポンプ 給湯器
100V 2P 20A
200V 2P 20A
3P 50AF 50A 30mA
屋外
屋内

2023年度 上期試験 解答・解説

(令和5年度)　―午前実施分―

〔問題1. 一般問題〕

問1 ハ

スイッチSを閉じたときの回路は下図のようになる.

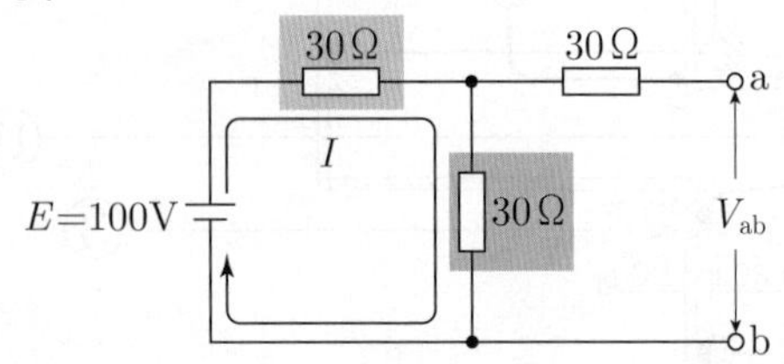

合成抵抗をRとすると回路を流れる電流I[A]は,

$$I=\frac{E}{R}=\frac{100}{30+30}=\frac{100}{60}=\frac{5}{3}\text{A}$$

a–b間の端子電圧V_{ab}[V]は次のように求まる.

$$V_{ab}=I\times 30=\frac{5}{3}\times 30=50\text{V}$$

問2 イ

導線の抵抗率をρ [Ω·m], 直径をD [mm], 長さをL [m] とすると, 導線の電気抵抗R [Ω] は次式で表せる.

$$R=\frac{\rho L}{\frac{\pi}{4}(D\times 10^{-3})^2}=\frac{\rho L}{\frac{\pi}{4}D^2\times 10^{-6}}=\frac{4\rho L}{\pi D^2}\times 10^6\,[\Omega]$$

問3 イ

抵抗負荷に電圧V[V], 電流I[A]をt時間[h]加えたときの消費電力量W[W·h]は,

$$W=VI\times t\,[\text{W}\cdot\text{h}]$$

回路を流れる電流I[A]は次のように求まる.

$$I=\frac{W}{V\times t}=\frac{4\,000}{100\times 2.5}=16\text{A}$$

問4 ロ

抵抗とリアクタンスとが並列に接続された回路で電力を消費するのは抵抗だけである. このため, 回路の消費電力P[W]は次のように求まる.

$$P=IV=4\times 100=400\text{W}$$

問5 ハ

三相3線式200V回路の相電流I[A]は,

$$I=\frac{V}{Z}=\frac{V}{\sqrt{R^2+X_L{}^2}}=\frac{200}{\sqrt{8^2+6^2}}=\frac{200}{10}=20\text{A}$$

これより, 全消費電力P[kW]は,

$$P=3I^2R=3\times 20^2\times 8=9\,600\text{W}=9.6\text{kW}$$

問6 ニ

三相3線式電路の電線1線当たりの抵抗をr[Ω], 線電流をI[A]とすると, 電線路の電力損失P_L[A]は1線当たりの3倍なので, 次のように求まる.

$$P_L=3I^2r=3\times 10^2\times 0.15=45\text{W}$$

問7 ロ

単相2線式回路の電流I_2[A]は,

$$I_2=\frac{P}{V}=\frac{1000+1000}{100}=\frac{2\,000}{100}=20\text{A}$$

単相2線式回路の電力損失P_2[W]は, 電線1線当たりの抵抗0.2Ωから次のように求まる.

$$P_2=2I_2{}^2R=2\times 20^2\times 0.2=160\text{W}$$

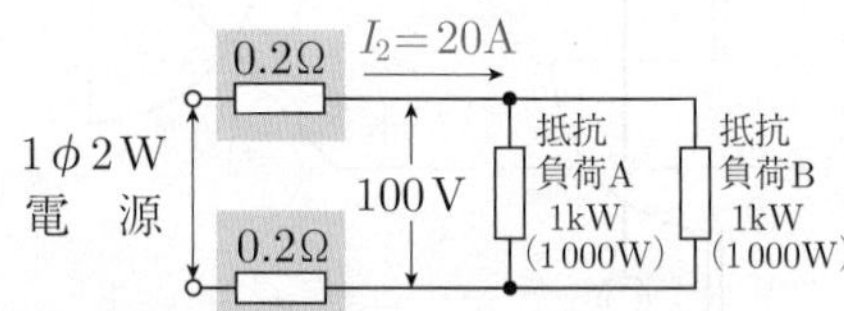

単相3線式回路の電流I_3[A]は,

$$I_3=\frac{P}{V}=\frac{1000}{100}=10\text{A}$$

単相3線式回路の電力損失P_3[W]は, 電線1線当たりの抵抗0.2Ω, 抵抗負荷が平衡しており, 中性線には電流は流れないので, 次のように求まる.

$$P_3=2I_3{}^2R=2\times 10^2\times 0.2=40\text{W}$$

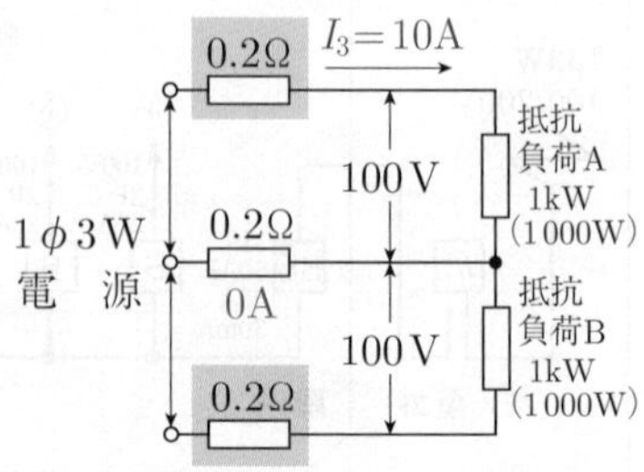

これより, $P_3<P_2$となるので, 単相2線式回路を単相3線式回路に変更した場合, 配線の電力損失は小さくなる.

問8 ハ

断面積5.5 mm^{2}の600Vビニル絶縁電線の許容電流は49 Aで，合成樹脂製可とう電線管に7本収めるときの電流減少係数は0.49であるから，電線1本当たりの許容電流I[A]は次のように求まる．

$$I = 49 \times 0.49 = 24\,\text{A}$$

絶縁電線の許容電流（内線規程 1340-1 表）

種　類	太　さ	許容電流［A］
単線直径［mm］	1.6	27
	2.0	35
より線断面積［mm^2］	2	27
	3.5	37
	5.5	49

（周囲温度30℃以下）

問9 ニ

電技解釈第149条により，分岐回路の過電流遮断器の位置が幹線との分岐点から8 mを超えているので，a−b間の電線の許容電流I[A]は，過電流遮断器の定格電流をI_B[A]とすると，次のように求まる．

$$I \geqq I_B \times 0.55 = 60 \times 0.55 = 33\,\text{A}$$

問10 ハ

電技解釈第149条により，40A分岐回路のコンセントは30 A以上40 A以下，電線の太さは直径8 mm^{2}以上のものを用いなければならない．

分岐回路の施設（電技解釈第149条）

分岐過電流遮断器の定格電流	コンセント	電線の太さ
15A	15A以下	直径1.6mm以上
20A（配線用遮断器）	20A以下	
20A（配線用遮断器を除く）	20A	直径2mm以上
30A	20A以上30A以下	直径2.6mm以上
40A	30A以上40A以下	断面積8mm^{2}以上
50A	40A以上50A以下	断面積14mm^{2}以上

問11 ロ

多数の金属管が集合する場所等で，通線を容易にするために用いる材料は，プルボックスである．この他，金属管工事などで電線相互の接続に使用される．

問12 イ

600V架橋ポリエチレン絶縁ビニルシースケーブル（CV）の絶縁物の最高許容温度は90℃である．

絶縁電線・ケーブルの最高許容温度（内線規程 1340-3 表）

種　類	最高許容温度
600Vビニル絶縁電線（IV）	60℃
600V二種ビニル絶縁電線（HIV）	75℃
600Vビニル絶縁ビニルシースケーブル（VVF，VVR）	60℃
600V架橋ポリエチレン絶縁ビニルシースケーブル（CV）	90℃

問13 ロ

コンクリート壁に金属管を取り付けるときは，コンクリート壁に振動ドリルで穴をあけ，カールプラグを挿入し，その後に木ネジをねじ込み，金属管をサドルで固定する．

問14 ハ

三相かご形誘導電動機の同期速度N_s[min^{-1}]は，電源周波数f［Hz］，極数をpとすると次のように求まる．

$$N_s = \frac{120f}{p} = \frac{120 \times 60}{4} = 1\,800\,\text{min}^{-1}$$

問15 イ

ネオン変圧器は、ネオン放電灯との組み合わせで使用するので，イが誤りである．ネオン変圧器は，二次側を9 000～15 000Vに昇圧して放電灯を点灯させるための変圧器である．

問16 ロ

写真に示す材料は，600Vポリエチレン絶縁耐燃性ポリエチレンシースケーブル平形である．環境配慮型ケーブルとして，燃焼時に有害なハロゲンガスやダイオキシンの発生がなく，煙の発生も少ない．鉛等の重金属類を含まず難燃性で，絶縁物の最高許容温度は75℃とVVFと比べて高い．なお，ケーブル表面の表記は，JISはJIS認証，JETは登録検査機関の略称，<PS>Eは特定電気用品の表示記号である．

問17 ニ

写真に示す器具は，自動点滅器である．周囲の明るさに応じて屋外灯などを自動点滅させるのに用いる．

問18 イ

写真に示す工具は，ケーブルストリッパーである．VVFケーブルの外装（シース）や絶縁被覆のはぎ取り作業に用いる工具である．

問 19　ニ

電技解釈第 12 条により，電線の接続は電気抵抗を増加させてはいけないので，ニが誤りである．この他に，電線の引張強さを 20％以上減少させないこと，絶縁電線の絶縁物と同等以上の絶縁効力のあるもので被覆すること，絶縁電線の絶縁物と同等以上の絶縁効力のある接続器（差込形コネクタ）を使用することなどが定められている．

問 20　ニ

内線規程 3165-4 により，ケーブル工事の場合，被覆を損傷させないよう，曲げ半径をケーブル直径の 6 倍以上とするので，ニが正しい．なお，イの接触防護措置を施した場所で垂直に取り付ける場合は支持点間の距離を 6 m 以下とする（電技解釈第 164 条）．ロの電線と弱電流電線を同一の管に入れることは，弱電流電線が制御線であって，特別に定められた工事をする場合以外は禁止されている（電技解釈第 167 条）．ハは 600 V ビニル絶縁ビニルシースケーブルを直接コンクリートに埋設してはいけない（電技解釈第 164 条）．

問 21　ニ

内線規程 3594-4 により，太陽光発電設備に至る回路に漏電遮断器を施設する場合は，逆接続可能型の漏電遮断器を使用しなくてはならない．これは，漏電遮断器が「切」の状態で負荷側に電圧が加わった場合に内部回路が故障するおそれがあるからである．

問 22　ハ

電技解釈第 29 条により，三相 200V 電動機の鉄台には D 種接地工事を施さなければいけない．このときの接地工事は電技解釈第 17 条により，接地線（軟銅線）の最小太さは直径 1.6mm（公称断面積 2mm^2），接地抵抗値は漏電遮断器が設置されていないので，100 Ω 以下で施工する．

問 23　ニ

2 種金属製可とう電線管と金属管（鋼製電線管）との接続にはコンビネーションカップリングが用いられる．TS カップリングは硬質ポリ塩化ビニル電線管相互の接続に使用する材料である．

問 24　ハ

回路計（テスタ）で，交流又は直流電圧を測定する場合は，内部回路保護のため，あらかじめ想定される値の直近上位のレンジを選定して使用する．

問 25　ロ

電技省令第 58 条により，三相 3 線式 200 V の電動機回路は，使用電圧 300 V 以下で対地電圧は 150 V を超えるので，絶縁抵抗値は 0.2 MΩ 以上なくてはいけない．

低圧電路の絶縁性能（電技省令第 58 条）

電路の使用電圧の区分		絶縁抵抗値
300V 以下	対地電圧 150V 以下	0.1 MΩ 以上
	その他の場合	0.2 MΩ 以上
300V を超える低圧回路		0.4 MΩ 以上

問 26　イ

電技解釈第 17 条により，D 種接地工事は低圧電路において，地絡を生じた場合に 0.5 秒以内に当該電路を自動的に遮断する装置を施設したときは，接地抵抗を 500 Ω 以下にできる．また，使用電圧 100V の低圧電路の対地電圧は 150V 以下であるから，電技省令第 58 条により，電路の絶縁抵抗は 0.1 MΩ 以上でなければならない．

問 27　ニ

電圧計，電流計，電力計の結線は，電圧計は負荷と並列に，電流計は負荷と直列に接続する．電力計の電圧コイルは負荷と並列に，電流コイルは負荷と直列に接続する．

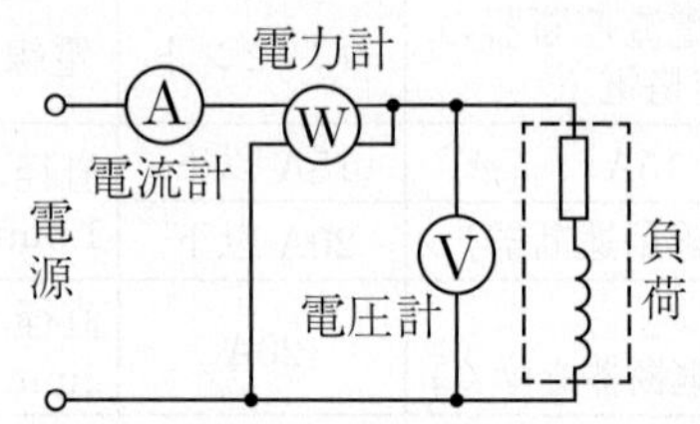

問 28　ニ

電気工事士法により，第二種電気工事士は，自家用電気工作物（最大電力が 500kW 未満の需要設備）の低圧部分の工事はできない．イ，ロは第二種電気工事士が従事できる作業である．ハは電気工事士の免状がなくても従事できる作業である．

問 29　ハ

<PS>E の記号は，電気用品のうち特定電気用品を示す．なお，特定電気用品の表示は ◇PSE が使用されるが，表示スペースがとれないときはこ <PS>E の記号が使用される．

問 30　イ

電路の必要な箇所には，過電流遮断器を施設しなければならない（電技省令第14条）．また，電路には，地絡が生じた場合に，電線若しくは電気機械器具の損傷，感電又は火災のおそれがないよう，地絡遮断器の施設等を講じること．ただし，地絡による危険のおそれがない場合は，この限りでない（電技省令第15条）．

〔問題2．配線図〕

問31　ハ

①で示す図記号○は，点滅器●と組み合わされているので，ハの確認表示灯である．なお，白熱灯は◯，通路誘導灯は□⊗□の図記号で表す．

問32　ニ

②で示す図記号はワイドハンドル形点滅器なので，ニが正しい．一般形点滅器は●，一般形調光器は●↗，ワイド形調光器は◆↗の図記号で表される．

問33　ニ

③で示すコンセントの接地極には，電技解釈第29条により，D種接地工事を施さなくてはならない．地絡を生じたときに0.5秒以内に動作する漏電遮断装置が設置されているので，接地抵抗値は500Ω以下であればよい（電技解釈第17条）．

問34　ハ

④で示す部分の最少電線本数（心線数）は，複線結線図−1より4本である．

問35　ニ

⑤で示す図記号はジョイントボックスなので，ニが正しい．プルボックスは☒，VVF用ジョイントボックスは⊘，ジャンクションボックスは--◎--の図記号で表される．

問36　イ

⑥で示す部分は単相3線式100/200Vを電源とする屋外灯専用回路である．この電路の対地電圧は100Vなので，電技省令第58条により絶縁抵抗は0.1MΩ以上でなければならない．

問37　ニ

⑦で示す図記号は，ニの熱線式自動スイッチである．タイマ付きスイッチは$●_{T}$，遅延スイッチは$●_{D}$，自動点滅器は$●_{A(3A)}$の図記号で表される．

問38　イ

⑧で示す小勢力回路で使用できる電線（軟銅線）の太さは，電技解釈第181条により，直径0.8mm以上である．

問39　ロ

⑨で示す部分の記号FEPは，波付硬質合成樹脂管である．硬質ポリ塩化ビニル電線管はVE，耐衝撃性硬質ポリ塩化ビニル電線管はHIVE，耐衝撃性硬質ポリ塩化ビニル管はHIVPの記号で表す．

問40　イ

⑩で示す低圧屋側電線路は，電技解釈第110条による．木造の造営物の場合は，金属管工事での施設はできず，ケーブル工事（鉛被ケーブル，アルミ被ケーブル，MIケーブルを除く），がいし引き工事，合成樹脂管工事で施設する．なお，木造以外の造営物の場合は，上記のほかに金属管工事などでも施設できる．

問41　ロ

⑪で示すボックス内の接続は複線結線図−1のようになる．使用する差込形コネクタは2本接続用4個，3本接続用1個である．

問42　ロ

⑫で示すボックス内の接続は複線結線図−1のようになる．これより1.6mm×2本接続5箇所となるので，使用するリングスリーブは小5個である（JIS C 2806）．

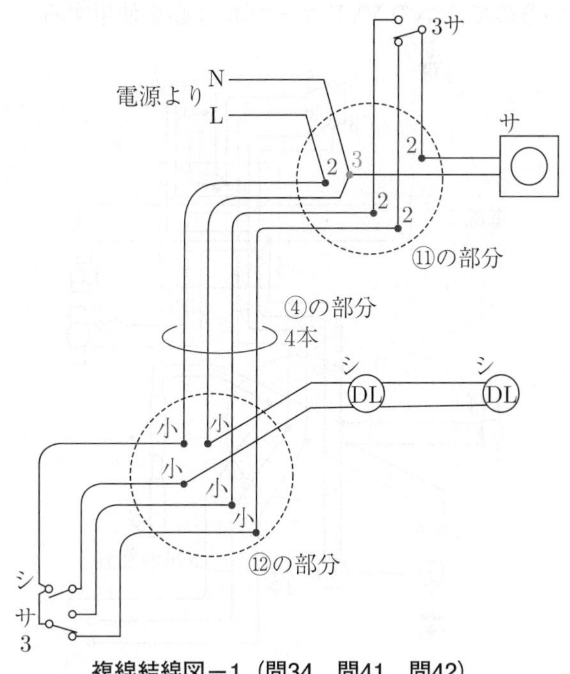

複線結線図−1（問34，問41，問42）

問43　イ

⑬で示す部分の点滅器の取付け工事は，VVFケーブル工事（天井隠ぺい配線）で施設されるの

で，イの埋込スイッチボックス（合成樹脂製）を使用する．

問 44　ハ

⑭で示す図記号は，単相 200V 回路に施設される配線用遮断器なので，ハの 2P2E（2 極 2 素子）の配線用遮断器を使用する．なお，イは 2P1E の配線用遮断器（100V 用），ロは 2P2E の過負荷短絡保護兼用漏電遮断器（100/200V 用），ニは 2P1E の過負荷短絡保護兼用漏電遮断器（100V 用）である．

問 45　ハ

⑮で示す部分の配線の詳細は下記のとおり．

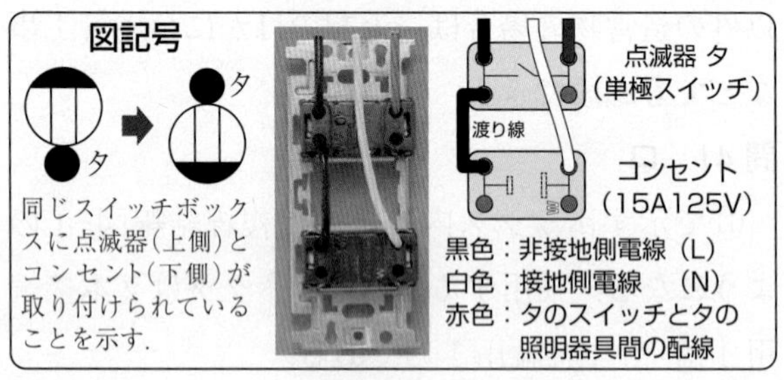

問 46　ニ

⑯で示す部分に使用する電線は次図より 3 本となる．問題文の【注意】1. で，「特記のある場合を除き，600V ビニル絶縁ビニルシースケーブル平形（VVF）を用いたケーブル工事」とされているので，ニの VVF ケーブル 3 心を使用する．

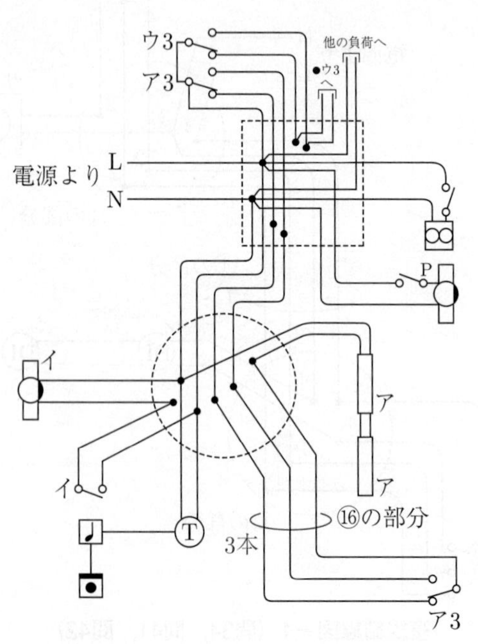

問 47　イ

⑰で示すボックス内の接続は次図のようになる．これより 1.6mm×4 本接続 1 箇所，1.6mm×2 本接続 3 箇所となるので，使用するリングスリーブは小 4 個（刻印小が 1 個，○が 3 個）である（JIS C 2806）．

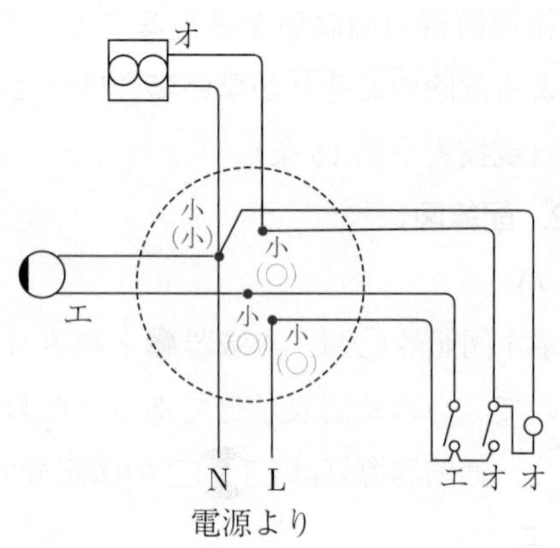

問 48　ニ

この配線図では，ニの単相 100 V 用 15 A 接地極付接地端子付コンセント（図記号：◎EET）がⓕの回路で使用されている．イは単相 100 V 用 15 A 接地極付コンセント（図記号：◎E），ロは単相 200 V 用 15 A 接地極付コンセント（図記号：◎250V E），ハは単相 100 V 用 20 A コンセント（図記号：◎20A）である（内線規程 3202-2 表）．

問 49　イ

この配線図の工事では，イの確認表示灯内蔵スイッチ（図記号：●L）は使用していない．ロの位置表示灯内蔵スイッチ（図記号：●H），ハの埋込形 3 路スイッチ（図記号：●3），ニの埋込形単極スイッチ（片切スイッチ，図記号：●）はそれぞれ使用されている．

問 50　ハ

ハのリングスリーブ（E 形）を用いた電線の圧着接続には，リングスリーブ用（柄が黄色）の圧着ペンチを使用しなければならない．柄が赤色のものは圧着端子用の圧着ペンチである．

第二種電気工事士
学科試験－筆記方式

2023年度
（令和5年度）

上期試験
（午後実施分）

※ 2023 年度（令和 5 年度）の第二種電気工事士上期学科試験（筆記方式）は，新型コロナウイルス感染防止対策として，同日の午前と午後にそれぞれ実施された．

問題１．一般問題（問題数 30，配点は１問当たり２点）

【注】本問題の計算で $\sqrt{2}$，$\sqrt{3}$ 及び円周率 π を使用する場合の数値は次によること。 $\sqrt{2}=1.41$ ，$\sqrt{3}=1.73$ ，π＝3.14

次の各問いには４通りの答え（イ，ロ，ハ，ニ）が書いてある。それぞれの問いに対して答えを１つ選びなさい。

なお，選択肢が数値の場合は最も近い値を選びなさい。

	問い	答え			
1	図のような回路で，端子 a－b 間の合成抵抗［Ω］は。 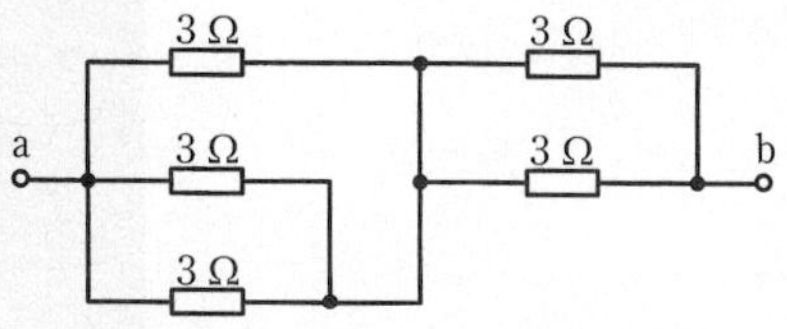 （3 Ω，3 Ω，3 Ω，3 Ω，3 Ω，a，b）	イ．1.1	ロ．2.5	ハ．6	ニ．15
2	A，B 2 本の同材質の銅線がある。A は直径 1.6 mm，長さ 100 m，B は直径 3.2 mm，長さ 50 m である。A の抵抗は B の抵抗の何倍か。	イ．1	ロ．2	ハ．4	ニ．8
3	抵抗に 15 A の電流を 1 時間 30 分流したとき，電力量が 4.5 kW・h であった。抵抗に加えた電圧［V］は。	イ．24	ロ．100	ハ．200	ニ．400
4	単相交流回路で 200 V の電圧を力率 90 %の負荷に加えたとき，15 A の電流が流れた。負荷の消費電力［kW］は。	イ．2.4	ロ．2.7	ハ．3.0	ニ．3.3
5	図のような三相 3 線式回路に流れる電流 I［A］は。 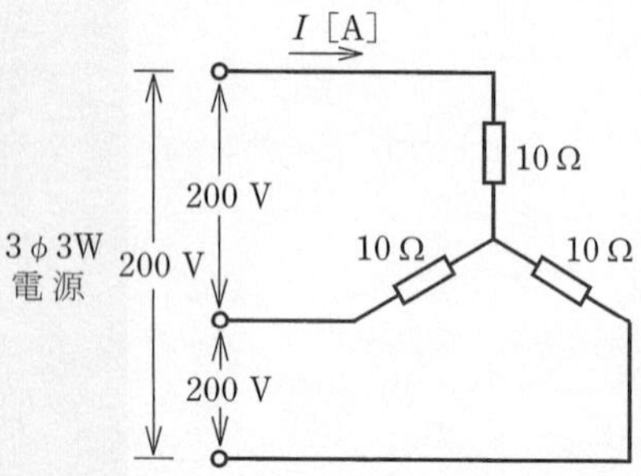 （I［A］，3φ3W 電源，200 V，200 V，200 V，10 Ω，10 Ω，10 Ω）	イ．8.3	ロ．11.6	ハ．14.3	ニ．20.0

	問い	答え			
6	図のような単相2線式回路において，d–d′間の電圧が100 Vのときa–a′間の電圧［V］は。 ただし，r_1，r_2及びr_3は電線の電気抵抗［Ω］とする。 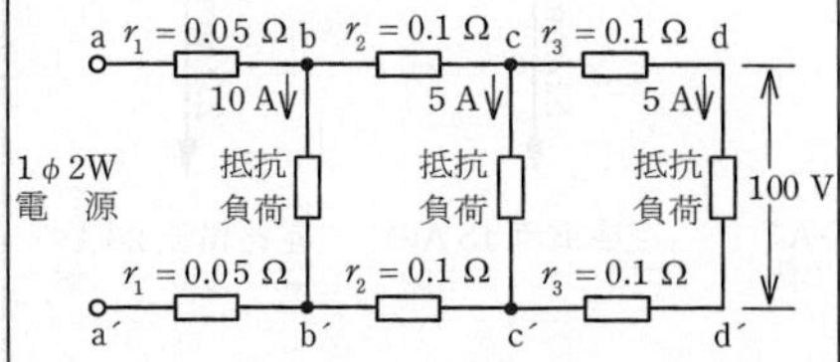 （図：a r_1 = 0.05 Ω b r_2 = 0.1 Ω c r_3 = 0.1 Ω d／10 A 5 A 5 A／1φ2W 電源 抵抗負荷 抵抗負荷 抵抗負荷 100 V／r_1 = 0.05 Ω r_2 = 0.1 Ω r_3 = 0.1 Ω／a′ b′ c′ d′）	イ．102	ロ．103	ハ．104	ニ．105
7	図のような単相3線式回路で，電線1線当たりの抵抗がr［Ω］，負荷電流がI［A］，中性線に流れる電流が0 Aのとき，電圧降下$(V_s - V_r)$［V］を示す式は。 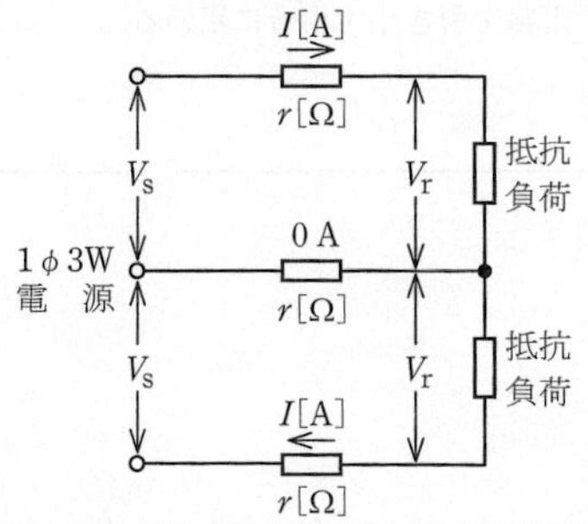 （図：I[A] r[Ω] V_s V_r 抵抗負荷／1φ3W 電源 0 A r[Ω]／V_s V_r 抵抗負荷／I[A] r[Ω]）	イ．$2rI$	ロ．$3rI$	ハ．rI	ニ．$\sqrt{3}rI$
8	低圧屋内配線工事に使用する600 Vビニル絶縁ビニルシースケーブル丸形(軟銅線)，導体の直径2.0 mm，3心の許容電流［A］は。 ただし，周囲温度は30 ℃以下，電流減少係数は0.70とする。	イ．19	ロ．24	ハ．33	ニ．35
9	図のように定格電流40 Aの過電流遮断器で保護された低圧屋内幹線から分岐して，10 mの位置に過電流遮断器を施設するとき，a–b間の電線の許容電流の最小値［A］は。 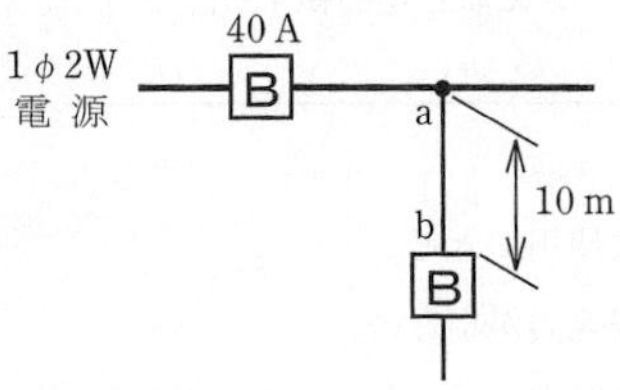 （図：1φ2W 電源 40 A B a b 10 m B）	イ．10	ロ．14	ハ．18	ニ．22

問い		答え
10	低圧屋内配線の分岐回路の設計で，配線用遮断器，分岐回路の電線の太さ及びコンセントの組合せとして，**適切なものは**。 ただし，分岐点から配線用遮断器までは3 m，配線用遮断器からコンセントまでは8 mとし，電線の数値は分岐回路の電線（軟銅線）の太さを示す。 また，コンセントは兼用コンセントではないものとする。	イ．B 30 A　2.0 mm　定格電流30 Aのコンセント1個 ロ．B 20 A　1.6 mm　定格電流30 Aのコンセント2個 ハ．B 30 A　5.5 mm²　定格電流15 Aのコンセント2個 ニ．B 20 A　2.0 mm　定格電流20 Aのコンセント1個
11	アウトレットボックス（金属製）の使用方法として，**不適切なものは**。	イ．金属管工事で電線の引き入れを容易にするのに用いる。 ロ．金属管工事で電線相互を接続する部分に用いる。 ハ．配線用遮断器を集合して設置するのに用いる。 ニ．照明器具などを取り付ける部分で電線を引き出す場合に用いる。
12	使用電圧が300 V以下の屋内に施設する器具であって，付属する移動電線にビニルコードが**使用できるものは**。	イ．電気扇風機 ロ．電気こたつ ハ．電気こんろ ニ．電気トースター
13	電気工事の作業と使用する工具の組合せとして，**誤っているものは**。	イ．金属製キャビネットに穴をあける作業とノックアウトパンチャ ロ．木造天井板に電線管を通す穴をあける作業と羽根ぎり ハ．電線，メッセンジャワイヤ等のたるみを取る作業と張線器 ニ．薄鋼電線管を切断する作業とプリカナイフ
14	一般用低圧三相かご形誘導電動機に関する記述で，**誤っているものは**。	イ．負荷が増加すると回転速度はやや低下する。 ロ．全電圧始動（じか入れ）での始動電流は全負荷電流の2倍程度である。 ハ．電源の周波数が60 Hzから50 Hzに変わると回転速度が低下する。 ニ．3本の結線のうちいずれか2本を入れ替えると逆回転する。
15	直管LEDランプに関する記述として，**誤っているものは**。	イ．すべての蛍光灯照明器具にそのまま使用できる。 ロ．同じ明るさの蛍光灯と比較して消費電力が小さい。 ハ．制御装置が内蔵されているものと内蔵されていないものとがある。 ニ．蛍光灯に比べて寿命が長い。

	問い	答え

16 写真に示す材料の用途は。

イ．合成樹脂製可とう電線管相互を接続するのに用いる。
ロ．合成樹脂製可とう電線管と硬質ポリ塩化ビニル電線管とを接続するのに用いる。
ハ．硬質ポリ塩化ビニル電線管相互を接続するのに用いる。
ニ．鋼製電線管と合成樹脂製可とう電線管とを接続するのに用いる。

17 写真に示す器具の名称は。

イ．漏電警報器
ロ．電磁開閉器
ハ．配線用遮断器(電動機保護兼用)
ニ．漏電遮断器

18 写真に示す工具の用途は。

イ．金属管切り口の面取りに使用する。
ロ．鉄板の穴あけに使用する。
ハ．木柱の穴あけに使用する。
ニ．コンクリート壁の穴あけに使用する。

19 低圧屋内配線工事で，600V ビニル絶縁電線(軟銅線)をリングスリーブ用圧着工具とリングスリーブ E 形を用いて終端接続を行った。接続する電線に適合するリングスリーブの種類と圧着マーク(刻印)の組合せで，**不適切なものは。**

イ．直径 1.6 mm 2 本の接続に，小スリーブを使用して圧着マークを○にした。
ロ．直径 1.6 mm 1 本と直径 2.0 mm 1 本の接続に，小スリーブを使用して圧着マークを小にした。
ハ．直径 1.6 mm 4 本の接続に，中スリーブを使用して圧着マークを中にした。
ニ．直径 1.6 mm 1 本と直径 2.0 mm 2 本の接続に，中スリーブを使用して圧着マークを中にした。

20 次表は使用電圧 100 V の屋内配線の施設場所による工事の種類を示す表である。表中の a～f のうち，**「施設できない工事」を全て選んだ組合せとして，正しいものは。**

施設場所の区分	工事の種類		
	金属線ぴ工事	金属ダクト工事	ライティングダクト工事
展開した場所で湿気の多い場所	a	b	c
点検できる隠ぺい場所で乾燥した場所	d	e	f

イ．a，b，c
ロ．a，c
ハ．b，e
ニ．d，e，f

	問　い	答　え
21	単相 3 線式 100/200 V 屋内配線の住宅用分電盤の工事を施工した。**不適切なものは。**	イ．ルームエアコン(単相 200 V)の分岐回路に2極2素子の配線用遮断器を取り付けた。 ロ．電熱器(単相 100 V)の分岐回路に2極2素子の配線用遮断器を取り付けた。 ハ．主開閉器の中性極に銅バーを取り付けた。 ニ．電灯専用(単相 100 V)の分岐回路に2極1素子の配線用遮断器を取り付け，素子のある極に中性線を結線した。
22	機械器具の金属製外箱に施すD種接地工事に関する記述で，**不適切なものは。**	イ．一次側 200 V，二次側 100 V，3 kV·A の絶縁変圧器(二次側非接地)の二次側電路に電動丸のこぎりを接続し，接地を施さないで使用した。 ロ．三相 200 V 定格出力 0.75 kW 電動機外箱の接地線に直径 1.6 mm の IV 電線(軟銅線)を使用した。 ハ．単相 100 V 移動式の電気ドリル(一重絶縁)の接地線として多心コードの断面積 0.75 mm² の 1 心を使用した。 ニ．単相 100 V 定格出力 0.4 kW の電動機を水気のある場所に設置し，定格感度電流 15 mA，動作時間 0.1 秒の電流動作型漏電遮断器を取り付けたので，接地工事を省略した。
23	図に示す雨線外に施設する金属管工事の末端Ⓐ又はⒷ部分に使用するものとして，**不適切なものは。** 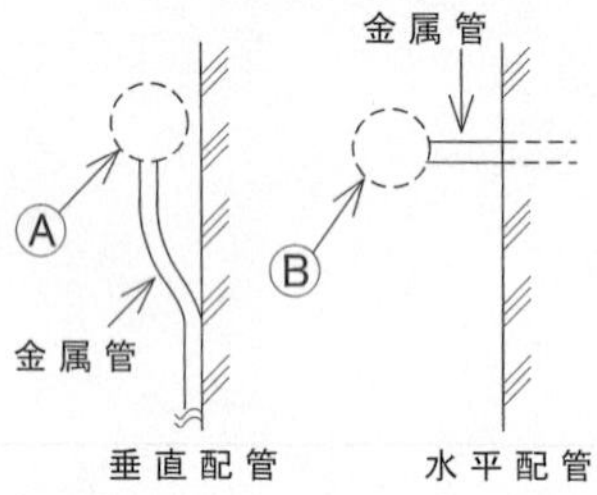 金属管 Ⓐ Ⓑ 金属管 垂直配管　水平配管	イ．Ⓐ部分にエントランスキャップを使用した。 ロ．Ⓑ部分にターミナルキャップを使用した。 ハ．Ⓑ部分にエントランスキャップを使用した。 ニ．Ⓐ部分にターミナルキャップを使用した。
24	一般用電気工作物の竣工(新増設)検査に関する記述として，**誤っているものは。**	イ．検査は点検，通電試験(試送電)，測定及び試験の順に実施する。 ロ．点検は目視により配線設備や電気機械器具の施工状態が「電気設備に関する技術基準を定める省令」などに適合しているか確認する。 ハ．通電試験(試送電)は，配線や機器について，通電後正常に使用できるかどうか確認する。 ニ．測定及び試験では，絶縁抵抗計，接地抵抗計，回路計などを利用して測定し，「電気設備に関する技術基準を定める省令」などに適合していることを確認する。
25	図のような単相3線式回路で，開閉器を閉じて機器Aの両端の電圧を測定したところ150 V を示した。この原因として，**考えられるものは。** 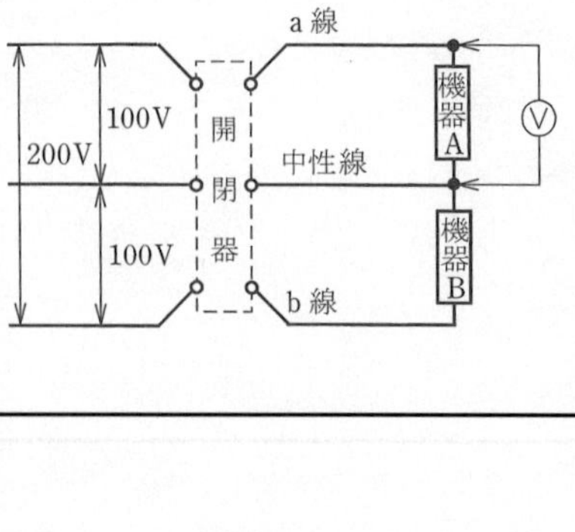 a 線 100V 200V 開閉器 中性線 100V b 線 機器A Ⓥ 機器B	イ．機器Aの内部で断線している。 ロ．a 線が断線している。 ハ．b 線が断線している。 ニ．中性線が断線している。

	問い	答え
26	接地抵抗計(電池式)に関する記述として，**誤っているものは。**	イ．接地抵抗計には，ディジタル形と指針形(アナログ形)がある。 ロ．接地抵抗計の出力端子における電圧は，直流電圧である。 ハ．接地抵抗測定の前には，接地抵抗計の電池が有効であることを確認する。 ニ．接地抵抗測定の前には，地電圧が許容値以下であることを確認する。
27	漏れ電流計(クランプ形)に関する記述として，**誤っているものは。**	イ．漏れ電流計(クランプ形)の方が一般的な負荷電流測定用のクランプ形電流計より感度が低い。 ロ．接地線を開放することなく，漏れ電流が測定できる。 ハ．漏れ電流専用のものとレンジ切換えで負荷電流も測定できるものもある。 ニ．漏れ電流計には増幅回路が内蔵され，［mA］単位で測定できる。
28	次の記述は，電気工作物の保安に関する法令について記述したものである。**誤っているものは。**	イ．「電気工事士法」は，電気工事の作業に従事する者の資格及び権利を定め，もって電気工事の欠陥による災害の発生の防止に寄与することを目的としている。 ロ．「電気事業法」において，一般用電気工作物の範囲が定義されている。 ハ．「電気用品安全法」では，電気工事士は適切な表示が付されているものでなければ電気用品を電気工作物の設置又は変更の工事に使用してはならないと定めている。 ニ．「電気設備に関する技術基準を定める省令」において，電気設備は感電，火災その他人体に危害を及ぼし，又は物件に損傷を与えるおそれがないよう施設しなければならないと定めている。
29	「電気用品安全法」における電気用品に関する記述として，**誤っているものは。**	イ．電気用品の製造又は輸入の事業を行う者は，「電気用品安全法」に規定する義務を履行したときに，経済産業省令で定める方式による表示を付すことができる。 ロ．特定電気用品には〈PSE〉または(PS)Eの表示が付されている。 ハ．電気用品の販売の事業を行う者は，経済産業大臣の承認を受けた場合等を除き，法令に定める表示のない電気用品を販売してはならない。 ニ．電気工事士は，「電気用品安全法」に規定する表示の付されていない電気用品を電気工作物の設置又は変更の工事に使用してはならない。
30	「電気設備に関する技術基準を定める省令」における電圧の低圧区分の組合せで，**正しいものは。**	イ．直流にあっては600 V以下，交流にあっては600 V以下のもの ロ．直流にあっては750 V以下，交流にあっては600 V以下のもの ハ．直流にあっては600 V以下，交流にあっては750 V以下のもの ニ．直流にあっては750 V以下，交流にあっては750 V以下のもの

問題2．配線図（問題数 20，配点は1問当たり 2 点）

図は，木造3階建住宅の配線図である。この図に関する次の各問いには4通りの答え（イ，ロ，ハ，ニ）が書いてある。それぞれの問いに対して，答えを1つ選びなさい。

【注意】 1．屋内配線の工事は，特記のある場合を除き600V ビニル絶縁ビニルシースケーブル平形（VVF)を用いたケーブル工事である。
2．屋内配線等の電線の本数，電線の太さ，その他，問いに直接関係のない部分等は省略又は簡略化してある。
3．漏電遮断器は，定格感度電流 30 mA，動作時間 0.1 秒以内のものを使用している。
4．選択肢（答え）の写真にあるコンセント及び点滅器は，「JIS C 0303：2000 構内電気設備の配線用図記号」で示す「一般形」である。
5．図においては，必要なジョイントボックスがすべて示されているとは限らないが，ジョイントボックスを経由する電線は，すべて接続箇所を設けている。
6．3路スイッチの記号「0」の端子には，電源側又は負荷側の電線を結線する。

	問い	答え
31	①で示す図記号の名称は。	イ．プルボックス　ロ．VVF 用ジョイントボックス ハ．ジャンクションボックス　ニ．ジョイントボックス
32	②で示す図記号の器具の名称は。	イ．一般形点滅器　ロ．一般形調光器 ハ．ワイド形調光器　ニ．ワイドハンドル形点滅器
33	③で示す部分の工事の種類として，正しいものは。	イ．ケーブル工事(CVT) ロ．金属線ぴ工事 ハ．金属ダクト工事 ニ．金属管工事
34	④で示す部分に施設する機器は。	イ．3極2素子配線用遮断器(中性線欠相保護付) ロ．3極2素子漏電遮断器(過負荷保護付，中性線欠相保護付) ハ．3極3素子配線用遮断器 ニ．2極2素子漏電遮断器(過負荷保護付)
35	⑤で示す部分の電路と大地間の絶縁抵抗として，許容される最小値[MΩ]は。	イ．0.1　ロ．0.2　ハ．0.4　ニ．1.0
36	⑥で示す部分に照明器具としてペンダントを取り付けたい。図記号は。	イ．(CL)　ロ．(CH)　ハ．[図記号]　ニ．[図記号]
37	⑦で示す部分の接地工事の種類及びその接地抵抗の許容される最大値[Ω]の組合せとして，正しいものは。	イ．A 種接地工事　10 Ω　ロ．A 種接地工事　100 Ω ハ．D 種接地工事　100 Ω　ニ．D 種接地工事　500 Ω
38	⑧で示す部分の最少電線本数(心線数)は。	イ．2　ロ．3　ハ．4　ニ．5
39	⑨で示す部分の小勢力回路で使用できる電圧の最大値［V］は。	イ．24　ロ．30　ハ．40　ニ．60
40	⑩で示す部分の配線工事で用いる管の種類は。	イ．波付硬質合成樹脂管 ロ．硬質ポリ塩化ビニル電線管 ハ．耐衝撃性硬質ポリ塩化ビニル電線管 ニ．耐衝撃性硬質ポリ塩化ビニル管

	問い	答え			
41	⑪で示す部分の配線を器具の裏面から見たものである。**正しいものは。** ただし，電線の色別は，白色は電源からの接地側電線，黒色は電源からの非接地側電線とする。	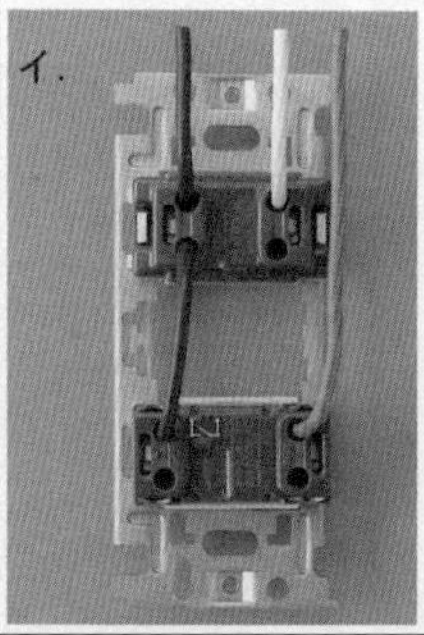 イ．	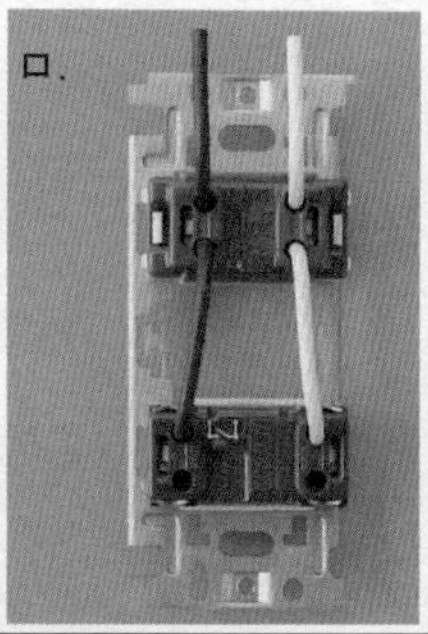 ロ．	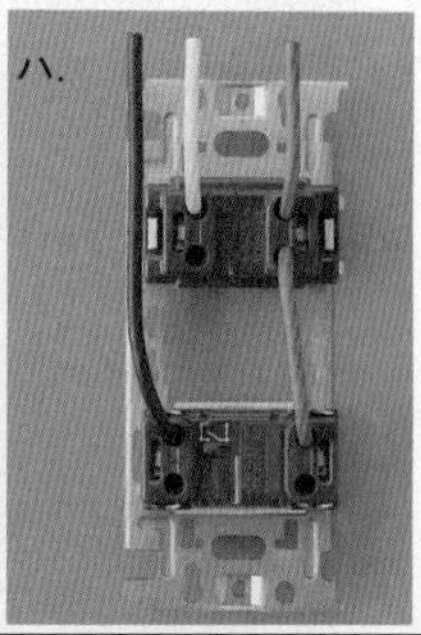 ハ．	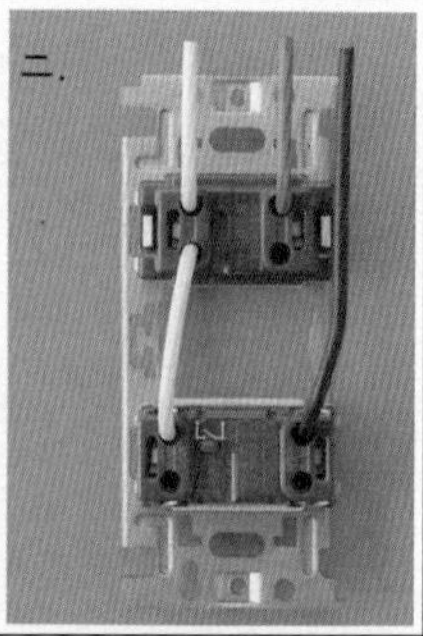 ニ．
42	⑫で示す部分の配線工事に必要なケーブルは。 ただし，心線数は最少とする。	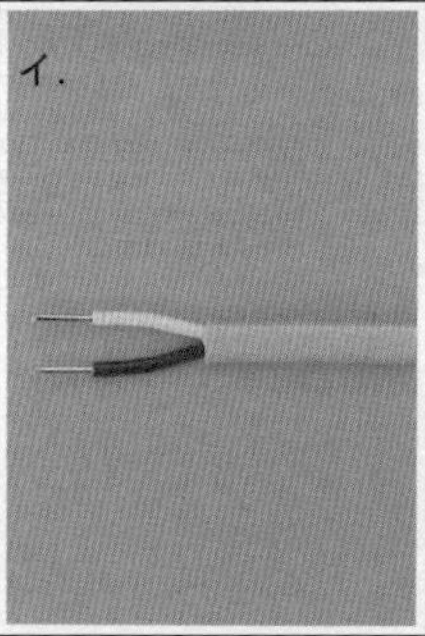 イ．	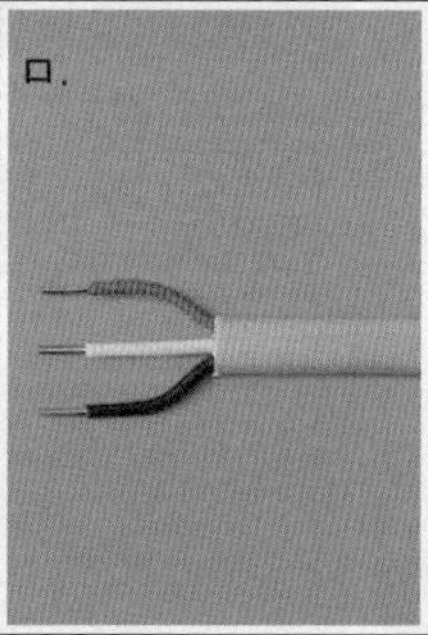 ロ．	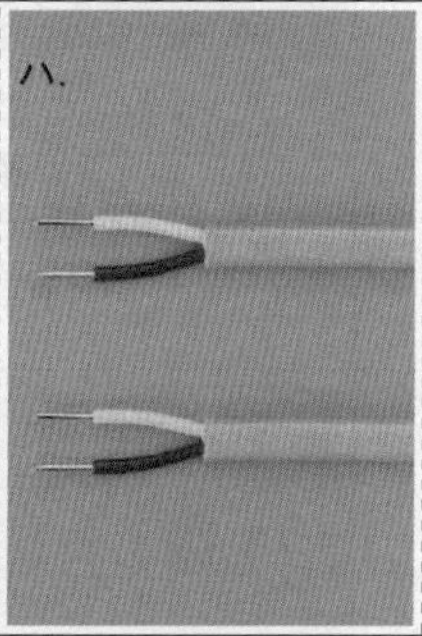 ハ．	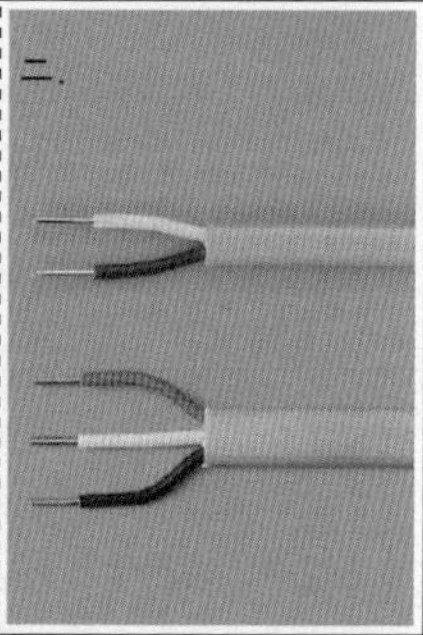 ニ．
43	⑬で示す図記号の器具は。	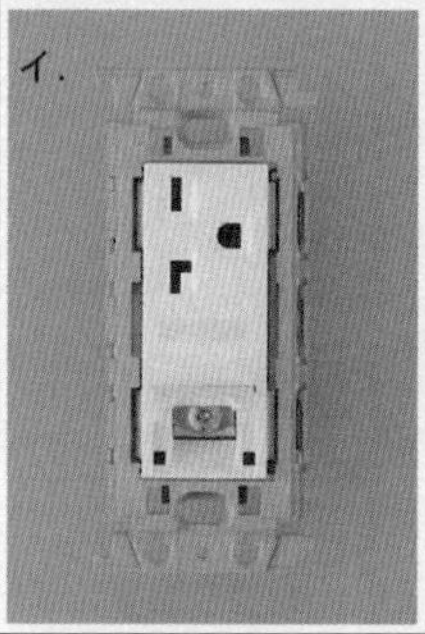 イ．	 ロ．	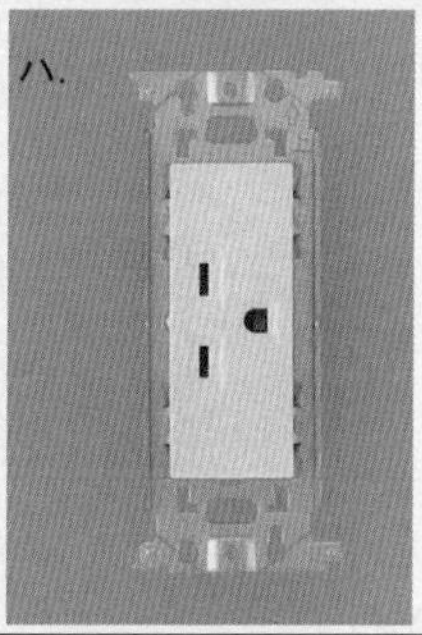 ハ．	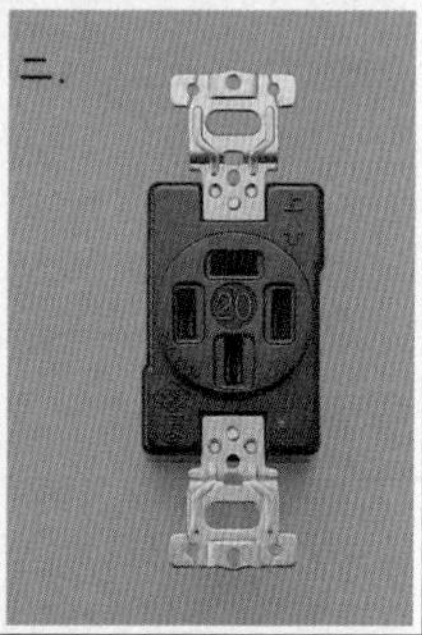 ニ．
44	⑭で示すボックス内の接続をすべて圧着接続とする場合，使用するリングスリーブの種類と最少個数の組合せで，**正しいものは。** ただし，使用する電線は特記のないものは VVF1.6 とする。	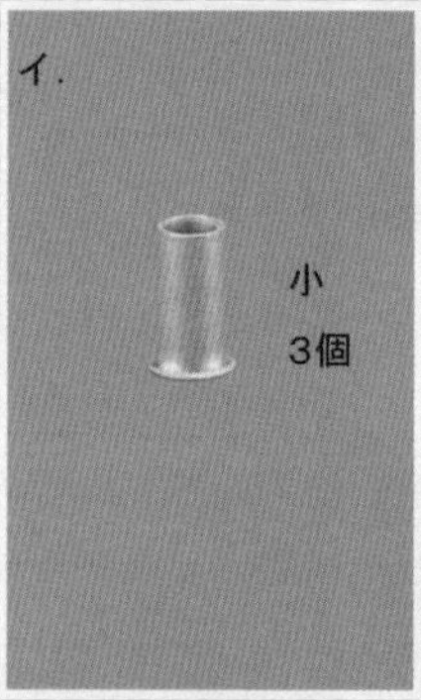 イ． 小 3個	 ロ． 小 4個	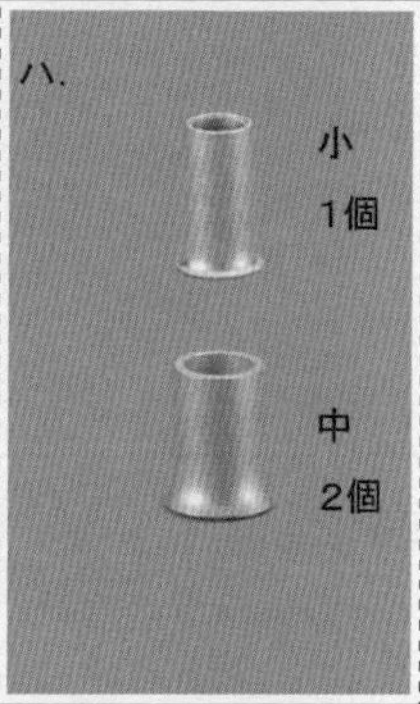 ハ． 小 1個 中 2個	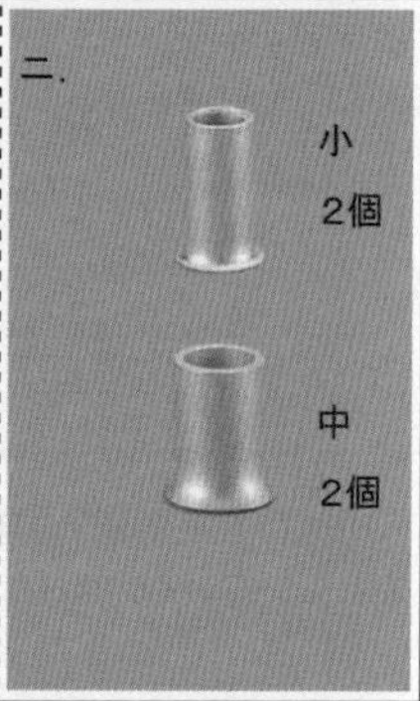 ニ． 小 2個 中 2個
45	⑮で示すボックス内の接続をリングスリーブで圧着接続した場合のリングスリーブの種類，個数及び圧着接続後の刻印との組合せで，**正しいものは。** ただし，使用する電線はすべて VVF1.6 とする。 また，写真に示す**リングスリーブ中央の○，小**は刻印を表す。	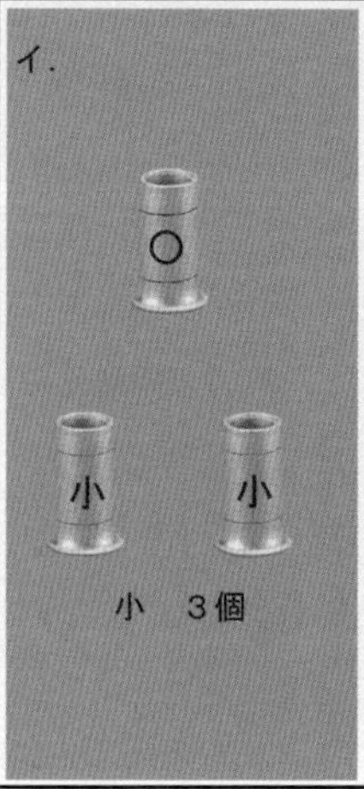 イ． ○ 小　小 小　3個	 ロ． ○ ○　○ 小　3個	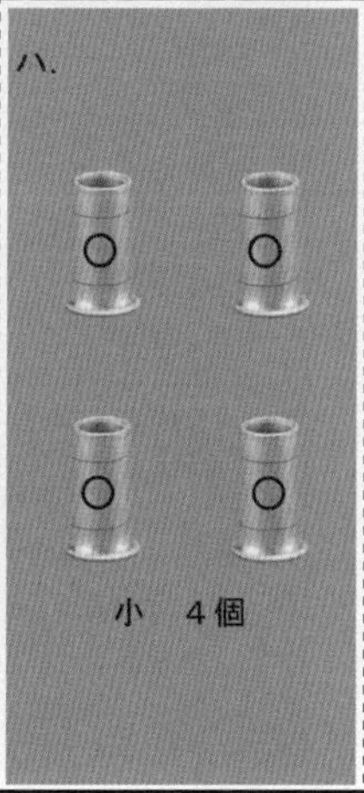 ハ． ○　○ ○　○ 小　4個	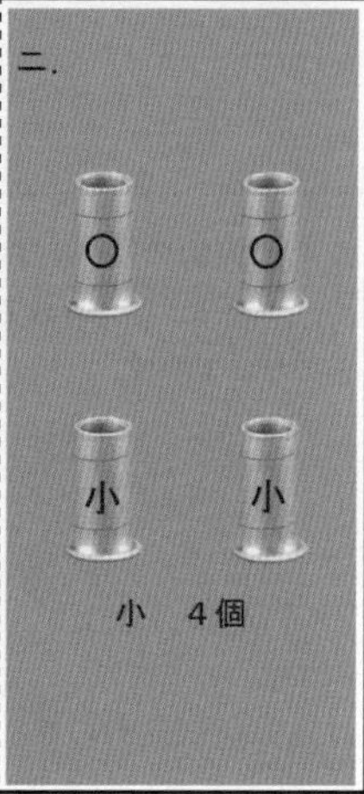 ニ． ○　○ 小　小 小　4個

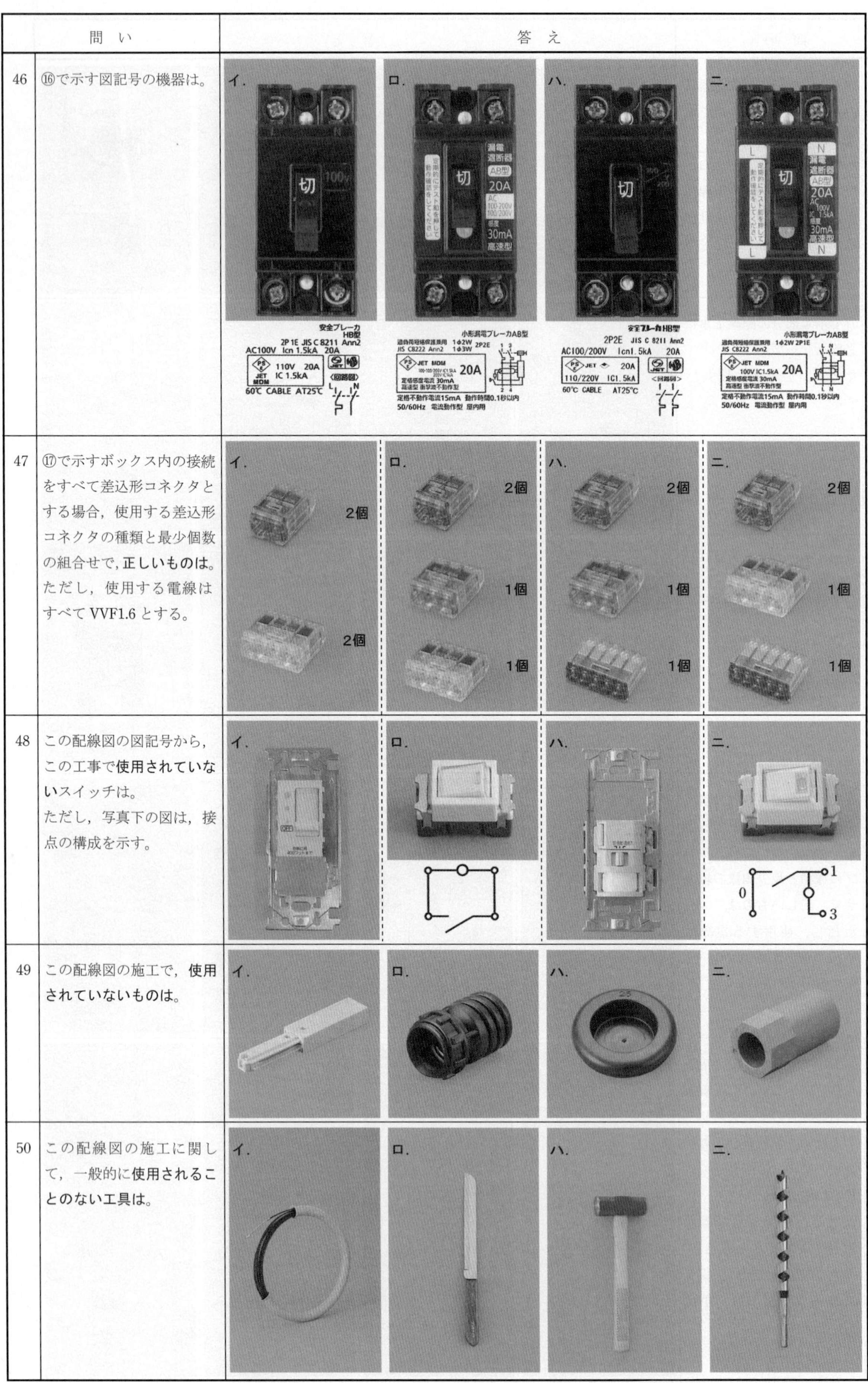

	問い	答え
46	⑯で示す図記号の機器は。	イ．　ロ．　ハ．　ニ．
47	⑰で示すボックス内の接続をすべて差込形コネクタとする場合，使用する差込形コネクタの種類と最少個数の組合せで，**正しいものは**。 ただし，使用する電線はすべてVVF1.6とする。	イ．　ロ．　ハ．　ニ．
48	この配線図の図記号から，この工事で**使用されていないスイッチは**。 ただし，写真下の図は，接点の構成を示す。	イ．　ロ．　ハ．　ニ．
49	この配線図の施工で，**使用されていないものは**。	イ．　ロ．　ハ．　ニ．
50	この配線図の施工に関して，一般的に**使用されることのない工具は**。	イ．　ロ．　ハ．　ニ．

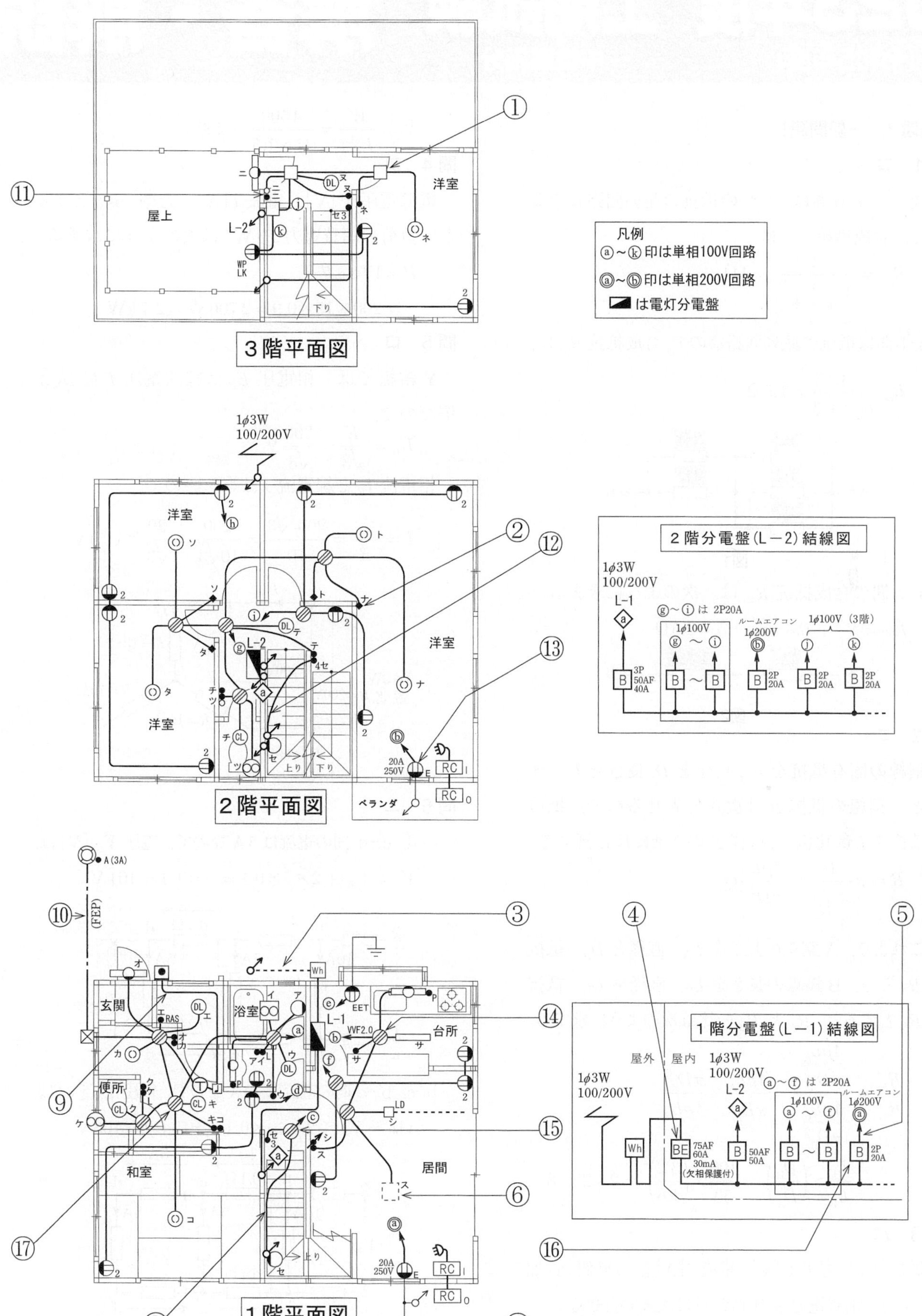

3階平面図
2階平面図
1階平面図
凡例
ⓐ～ⓚ 印は単相100V回路
◎a～◎b 印は単相200V回路
は電灯分電盤
2階分電盤（L－2）結線図
1φ3W 100/200V
L－1
ⓖ～ⓘ は 2P20A
1φ100V
ルームエアコン 1φ200V
1φ100V（3階）
3P 50AF 40A
2P 20A
1階分電盤（L－1）結線図
屋外 屋内
75AF 60A 30mA（欠相保護付）
50AF 50A
ⓐ～ⓕ は 2P20A
洋室
屋上
ベランダ
玄関
浴室
台所
便所
和室
居間

第二種電気工事士学科試験(筆記方式)

2023年度 上期試験 解答・解説

（令和5年度）　—午後実施分—

〔問題 1. 一般問題〕

問 1　ロ

図 1 の a−o 間は，3 つの抵抗の並列回路になるので，合成抵抗 R_{ao} は，

$$R_{ao} = \frac{1}{\frac{1}{3}+\frac{1}{3}+\frac{1}{3}} = 1\,\Omega$$

o−b 間は抵抗の並列回路なので，合成抵抗 R_{ob} は，

$$R_{ob} = \frac{3\times 3}{3+3} = 1.5\,\Omega$$

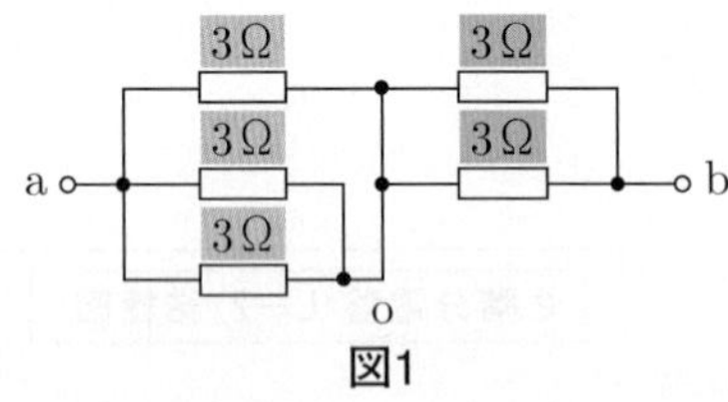

図1

a−b 間の合成抵抗 R_{ab} は，次のように求まる．

$$R_{ab} = R_{ao} + R_{ob} = 1+1.5 = 2.5\,\Omega$$

a ─ 1Ω ─ o ─ 1.5Ω ─ b

図2

問 2　ニ

銅線の固有抵抗を ρ，直径を D，長さを L とすると，銅線の抵抗 R は次式で表せるので，抵抗 R は長さ L に比例し，直径 D の 2 乗に反比例する．

$$R = \rho\frac{L}{\frac{\pi}{4}D^2} = \frac{4\rho L}{\pi D^2}\,[\Omega]$$

これより，A 銅線の長さを L_A，直径を D_A，抵抗を R_A とし，B 銅線の長さを L_B，直径を D_B，抵抗を R_B とすると，R_A と R_B の比は次のように求まる．

$$\frac{R_A}{R_B} = \frac{\frac{4\rho L_A}{\pi {D_A}^2}}{\frac{4\rho L_B}{\pi {D_B}^2}} = \frac{4\rho L_A}{\pi {D_A}^2} \times \frac{\pi {D_B}^2}{4\rho L_B}$$

$$= \frac{L_A}{L_B} \times \left(\frac{D_B}{D_A}\right)^2 = \frac{100}{50} \times \left(\frac{3.2}{1.6}\right)^2 = 2\times 2^2 = 8$$

問 3　ハ

抵抗負荷に電圧 V[V]，電流 I[A]を，t 時間[h]加えたときの消費電力量 W[W·h]は次式で表せる．

$$W = VI\times t$$

これより，抵抗負荷に加えた電圧 V[V]は次のように求まる．

$$V = \frac{W}{I\times t} = \frac{4\,500}{15\times 1.5} = 200\,\mathrm{V}$$

問 4　ロ

電源電圧 V[V]，電流 I[A]，力率 $\cos\theta$ とすると，負荷の消費電力 P[W]は次のように求まる．

$$P = VI\cos\theta$$

$$= 200\times 15\times 0.9 = 2\,700\,\mathrm{W} = 2.7\,\mathrm{kW}$$

問 5　ロ

Y 結線では，相電圧 E_P は線間電圧 E の $1/\sqrt{3}$ 倍なので，

$$E_P = \frac{E}{\sqrt{3}} = \frac{200}{\sqrt{3}}\,\mathrm{V}$$

相電流 I_P と線電流 I は等しいので，

$$I = \frac{E_P}{R} = \frac{200/\sqrt{3}}{10} = \frac{200}{10\sqrt{3}} = \frac{20}{\sqrt{3}} \fallingdotseq 11.6\,\mathrm{V}$$

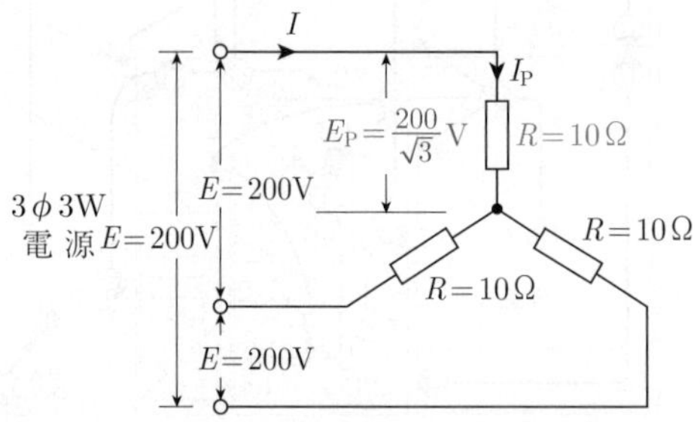

問 6　ニ

c−d，c′−d′ 間の電流は 5 A なので，電圧 $V_{cc'}$[V]は，

$$V_{cc'} = V_{dd'} + 2\times 5\times 0.1 = 100+1 = 101\,\mathrm{V}$$

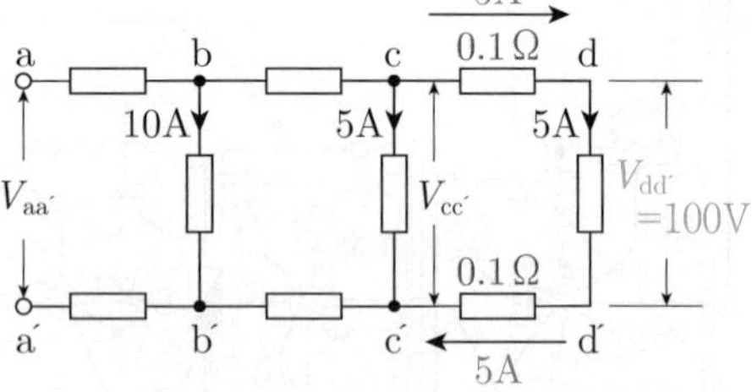

b−c，b′−c′ 間の電流は 10 A なので，電圧 $V_{bb'}$[V]は，

$$V_{bb'} = V_{cc'} + 2\times 10\times 0.1 = 101+2 = 103\,\mathrm{V}$$

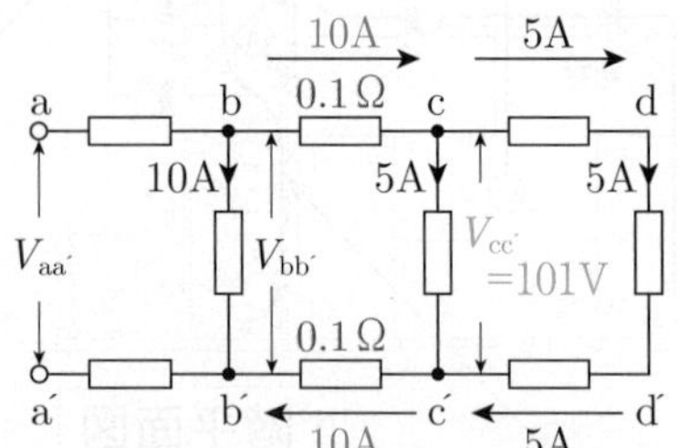

a−b，a′−b′ 間の電流 20A なので，電圧 $V_{aa'}$[V]は，

$$V_{aa'} = V_{bb'} + 2 + 20\times 0.05 = 103+2 = 105\,\mathrm{V}$$

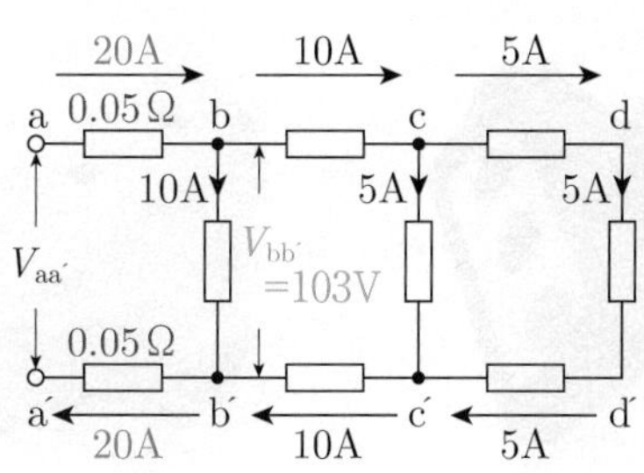

問 7　ハ

抵抗負荷が平衡していれば，中性線には電流が流れず電圧降下は発生しない．1 線当たりの抵抗は r[Ω]，負荷電流が I[A] なので，電圧降下 ($V_s - V_r$) [V] は次式で表せる．

$$V_s - V_r = rI$$

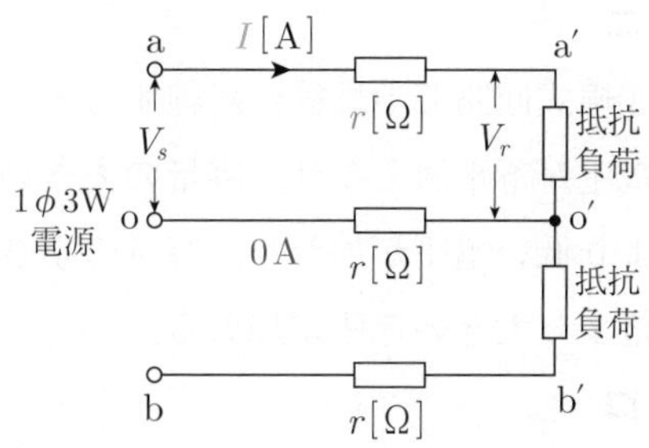

問 8　ロ

直径 2.0 mm の 600 V ビニル絶縁電線の許容電流は 35 A で，電流減少係数は 0.7 であるから，1 線当たりの許容電流 I[A] は次のように求まる．

$$I = 35 \times 0.7 \fallingdotseq 24\ \mathrm{A}$$

絶縁電線の許容電流（内線規程 1340-1 表）

種　類	太　さ	許容電流［A］
単線直径 [mm]	1.6	27
	2.0	35
より線断面積 [mm²]	2	27
	3.5	37
	5.5	49

（周囲温度 30℃以下）

問 9　ニ

電技解釈第 149 条により，分岐回路の過電流遮断器の位置が幹線との分岐点から 8 m を超えているので，a–b 間の電線の許容電流 I[A] は，過電流遮断器の定格電流を I_B[A] とすると，次のように求まる．

$$I \geqq I_B \times 0.55 = 40 \times 0.55 = 22\ \mathrm{A}$$

問 10　ニ

電技解釈第 149 条により，20 A（配線用遮断器）分岐回路のコンセントは 20A 以下，電線の太さは直径 1.6mm 以上のものを用いなければならない．

分岐回路の施設（電技解釈第 149 条）

分岐過電流遮断器の定格電流	コンセント	電線の太さ
15A	15A 以下	直径 1.6 mm 以上
20A（配線用遮断器）	20A 以下	
20A（配線用遮断器を除く）	20A	直径 2 mm 以上
30A	20A 以上 30A 以下	直径 2.6 mm（断面積 5.5mm²）以上
40A	30A 以上 40A 以下	断面積 8 mm² 以上

問 11　ハ

アウトレットボックスは，金属管工事で電線の引き入れを容易にしたり，金属管工事で電線相互を接続したり，照明器具などを取り付ける部分で電線を引き出す場合に用いる材料である．配線用遮断器を集合して設置するのに用いるのは分電盤である．

問 12　イ

ビニルコードは，電気を熱として使用しない機器に限り使用できるので，イが正しい．ロ，ハ，ニの器具は電気を熱として使用するので，これらの機器には使用できない．

問 13　ニ

薄鋼電線管の切断作業には，パイプカッタや金切りのこが使用されるので，ニが誤りである．プリカナイフは，2 種金属製可とう電線管の切断に使用する工具である．

問 14　ロ

三相かご形誘導電動機を全電圧始動（じか入れ）した場合の始動電流は全負荷電流の 4 ～ 8 倍程度となる．

問 15　イ

直管 LED ランプは，蛍光灯照明器具の点灯方式の違いによりそのまま使用できないものがある．使用できたとしても既設蛍光灯器具との組み合わせによっては，光学面や安全面などで問題が生じることがある．

問 16　イ

写真に示す材料はカップリング（PF 管用）で，合成樹脂製可とう電線管相互を接続するのに用いる材料である．

問 17　ハ

写真に示す器具は，配線用遮断器（電動機保護兼用）である．器具の右下部分に「200 V/2.2 kW 相当」の表示があり，電動機回路を保護する配線用遮断器として用いられる．

問 18　ロ

写真に示す工具はホルソである．電気ドリルに取り付け，分電盤などの金属板の穴あけに使用する工具である．

問 19　ハ

JIS C 2806，内線規程 1335-2 表により，接続する電線に適合するリングスリーブ（E 形）の種類と圧着マーク（刻印）の組み合わせは次表による．ハは，小スリーブを使用して圧着マークを小としなくてはならない．

リングスリーブと電線の組合せ（JIS C 2806, 内線規定 1335−2 表）

種類	電線の組合せ			刻印
	1.6mm	2.0mm	異なる場合	
小	2 本	−	1.6mm×1＋0.75mm²×1	○
			1.6mm×2＋0.75mm²×1	
	3 〜 4 本	2 本	2.0mm×1＋1.6mm×1 〜 2	小
中	5 〜 6 本	3 〜 4 本	2.0mm×1＋1.6mm×3 〜 5	中
			2.0mm×2＋1.6mm×1 〜 3	
			2.0mm×3＋1.6mm×1	

問 20　イ

電技解釈第 156 条により，使用電圧が 300V 以下で，展開した場所で湿気の多い場所では，金属線ぴ工事，金属ダクト工事，ライティングダクト工事は施設できない．

問 21　ニ

単相 3 線式 100/200V 屋内配線の分電盤工事で，電灯専用回路（単相 100V）の分岐回路に 2 極 1 素子（2P1E）を使用してもよいが，素子のない極に中性線を結線しなくてはならない．

問 22　ニ

電技解釈第 29 条により，D 種接地工事を省略することができるのは，水気のある場所以外の場所に低圧用の機械器具に電気を供給する電路に，定格感度電流 15 mA 以下，動作時間が 0.1 秒以下の漏電遮断器を施設する場合なので，ニが不適切である．

問 23　ニ

内線規程 3110-15 により，雨線外に施設する金属管配線の末端には，水の浸入を防止するため，垂直配管の場合，末端Ⓐにはエントランスキャップを使用する．水平配管の場合，末端Ⓑにはターミナルキャップまたはエントランスキャップを使用する．

エントランスキャップ

ターミナルキャップ

問 24　イ

一般用電気工作物の竣工（新増設）検査は，点検（目視），測定（絶縁抵抗測定等）及び試験を行い，電路等に異常がないことを確認した後，通電試験（試送電）を行う．

問 25　ニ

単相 3 線式回路で中性線が断線すると，機器に加わる電圧が不平衡となり，容量の大きい機器には定格より低い電圧が加わり，容量の小さい機器には定格より大きい電圧が加わる．

問 26　ロ

接地抵抗計の出力端子の電圧は交流電圧である．これは，土中に直流電圧を印可すると，電気分解と同様の化学反応が発生し抵抗値が変化するので，正確な接地抵抗測定ができなくなるためである．

問 27　イ

漏れ電流計（クランプ形）は，一般的な負荷電流測定用のクランプ形電流計よりも感度が高い．漏れ電流計（クランプ形）は，低圧電路の絶縁性能を測定するのに用いられる測定器であるため，1 mA 以下の電流（漏えい電流）を測定できる性能を有している．

問 28　イ

電気工事士法は，電気工事の作業に従事する者の資格及び義務を定め，もって電気工事の欠陥による発生の防止に寄与することを目的としている（同法第1条）．電気工事士の権利を定めた法律ではない．

問 29　ロ

(PSE)の記号は，電気用品のうち特定電気用品以外の電気用品を示すので，ロが誤りである．特定電気用品とは，構造や使用の方法などから危険・傷害の発生するおそれが多い電気製品のことで，◇PSE◇の表示をしなくてはならない．

問 30　ロ

電技省令第 2 条により，低圧は直流にあっては

750V以下，交流にあっては600V以下と定められている．

〔問題2．配線図〕

問31　ニ

①で示す図記号はジョイントボックスなので，ニが正しい．プルボックスは⊠，VVF用ジョイントボックスは◎，ジャンクションボックスは--◎--の図記号で表される．

問32　ニ

②で示す図記号はワイドハンドル形点滅器なので，ニが正しい．一般形点滅器は●，一般形調光器は●↗，ワイド形調光器は●↗の図記号で表される．

問33　イ

③で示す部分の低圧屋側電線路の工事は，木造の造営物の場合は，金属線ぴ工事，金属ダクト工事，金属管工事での施設はできず，ケーブル工事（鉛被ケーブル，アルミ被ケーブル，MIケーブルを除く），がいし引き工事，合成樹脂管工事で施設する．なお，木造以外の造営物の場合は，上記のほかに金属管工事などでも施設できる（電技解釈第110条）．

問34　ロ

④で示す図記号は，単相3線式回路に施設される漏電遮断器なので，ロの3極2素子漏電遮断器（過負荷保護付，中性線欠相保護付）の漏電遮断器を使用する．

問35　イ

⑤で示す部分は単相3線式の単相200Vの電路（配線番号ⓐ）で，対地電圧は100Vである．このため，電路と大地の絶縁抵抗値は0.1MΩ以上なくてはいけない．

低圧電路の絶縁性能（電技省令第58条）

電路の使用電圧の区分		絶縁抵抗値
300V以下	対地電圧150V以下	0.1MΩ以上
	その他の場合	0.2MΩ以上
300Vを超える低圧回路		0.4MΩ以上

問36　ニ

ペンダントの図記号は⊖なので，ニが正しい．Ⓒⓛはシーリング（天井直付），Ⓒⓗはシャンデリヤ，◎は屋外灯の図記号である．

問37　ニ

⑦で示す部分の接地工事は，使用電圧が300V以下なので，D種接地工事を施す．また，地絡を生じたときに0.5秒以内に動作する漏電遮断器が設置されているので，接地抵抗は500Ω以下とする（電技解釈第17条，第29条）．

問38　ロ

⑧で示す部分の最少電線本数は，複線結線図-1により3本である．

問39　ニ

⑨で示す小勢力回路で使用できる電圧は，電技解釈第181条により，60V以下である．

問40　イ

⑩で示す部分の記号FEPは，波付硬質合成樹脂管である．硬質ポリ塩化ビニル電線管はVE，耐衝撃性硬質ポリ塩化ビニル電線管はHIVE，耐衝撃性硬質ポリ塩化ビニル管はHIVPの記号で表す．

問41　ハ

⑪で示す部分の配線は下記のとおり．

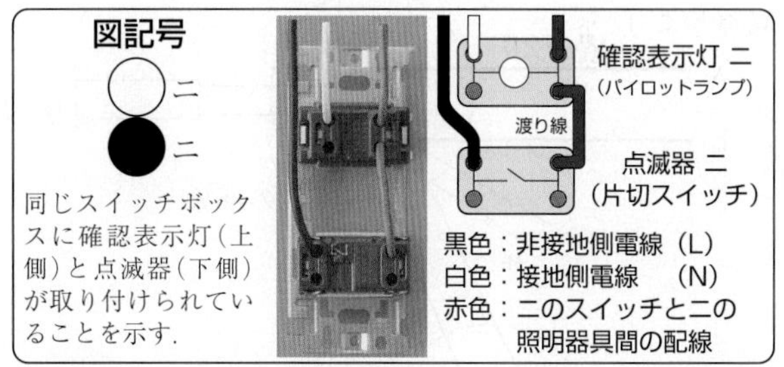

問42　ハ

⑫で示す部分は，セの4路スイッチのみと接続する配線である．最少の心線数は複線結線図-1より4本で，VVFケーブル2心が2本必要である．

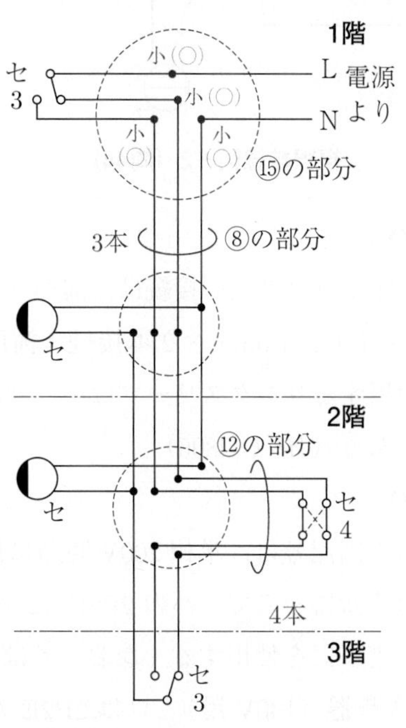

複線結線図－1（問38，問42，問45）

問 43　ロ

⑬で示す図記号の器具は単相 200V 用 20A 接地極付コンセントなので，ロが正しい．なお，イは単相 200V 用 20A 接地極付接地端子付コンセント（図記号：20A 250V EET），ハは単相 200V 用 15A 接地極付コンセント（図記号：250V E），ニは三相 200V 接地極付コンセントである（図記号：3P 250V E）（内線規程 3202-2 表）．

問 44　ハ

⑭で示すボックス内の接続は，複線結線図−2 より，1.6 mm×2 本接続 1 箇所，2.0 mm×1 本と 1.6 mm×3 本接続 2 箇所となるので，使用するリングスリーブは小 1 個，中 2 個である（JIS C 2806）．

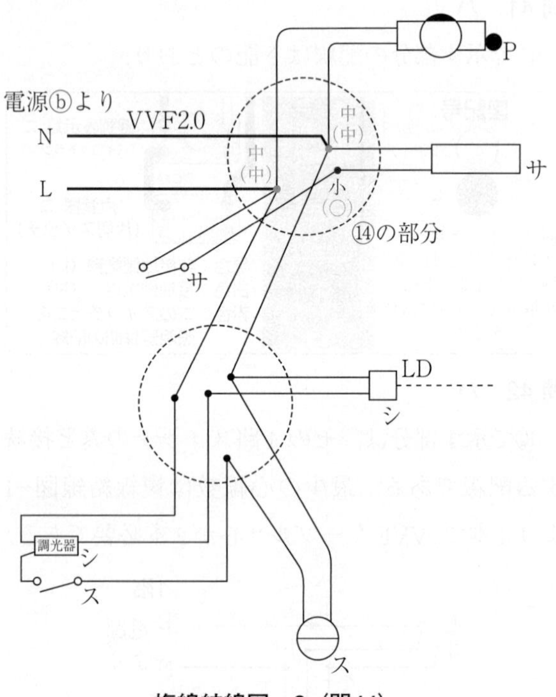

複線結線図−2（問44）

問 45　ハ

⑮で示すボックス内の接続は，前ページの複線結線図−1 より，1.6mm × 2 本接続 4 箇所となるので，使用するリングスリーブは小（刻印「○」）が 4 個である（JIS C 2806）．

問 46　ハ

⑯で示す図記号は，単相 200V 回路に施設される配線用遮断器なので，ハの 2P2E（2 極 2 素子）の配線用遮断器を使用する．なお，イは 2P1E の配線用遮断器（100V 用），ロは 2P2E の過負荷短絡保護兼用漏電遮断器（100/200V 用），ニは 2P1E の過負荷短絡保護兼用漏電遮断器（100V 用）である．

問 47　ニ

⑰で示すボックス内の接続は複線結線図−3 のようになる．使用する差込形コネクタは 2 本接続用 2 個，4 本接続用 1 個，5 本接続用 1 個である．

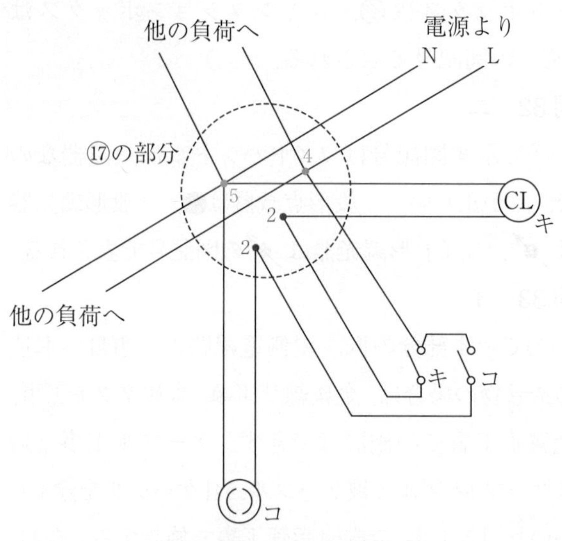

複線結線図−3（問47）

問 48　ロ

この配線図の工事では，ロの位置表示灯内蔵スイッチ（図記号：$●_H$）は使用されていない．イは調光器（図記号：●↗），ハは熱線式自動スイッチ（図記号：$●_{RAS}$），ニは確認表示灯内蔵スイッチ（図記号：$●_L$）で，各々使用されている．

問 49　ニ

この配線図の工事では，ニの 2 号ボックスコネクタは使用されていない．この材料は硬質ポリ塩化ビニル電線管とボックスを接続するのに使用される．イはライティングダクトのフィードインキャップ，ロは FEP 管用ボックスコネクタ，ハはゴムブッシング（25mm）で，各々使用されている．

問 50　ロ

この配線図の工事では，ロのプリカナイフは使用しない．この工具は，2 種金属製可とう電線管の切断に使用する工具である．イは呼び線挿入器で，電線管内に電線を挿入するのに使用する．ハはハンマで，接地棒の打ち込みなどに使用する．ニは木工用ドリルビットで，電動ドリルに取付けて木材の穴あけなどに使用する工具である．

第二種電気工事士
学科試験－筆記方式

2023年度
（令和5年度）

下期試験
（午前実施分）

※ 2023 年度（令和 5 年度）の第二種電気工事士下期学科試験（筆記方式）は，新型コロナウイルス感染防止対策として，同日の午前と午後にそれぞれ実施された．

問題１．一般問題（問題数 30，配点は１問当たり２点）

【注】本問題の計算で $\sqrt{2}$，$\sqrt{3}$ 及び円周率 π を使用する場合の数値は次によること。 $\sqrt{2}=1.41$ ， $\sqrt{3}=1.73$ ， $\pi=3.14$

次の各問いには４通りの答え（イ，ロ，ハ，ニ）が書いてある。それぞれの問いに対して答えを１つ選びなさい。

なお，選択肢が数値の場合は最も近い値を選びなさい。

	問い	答え			
1	図のような直流回路で，a–b 間の電圧［V］は。 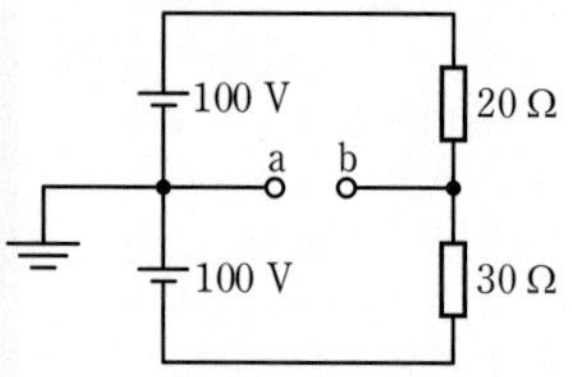 	イ．10	ロ．20	ハ．30	ニ．40
2	A，B 2 本の同材質の銅線がある。A は直径 1.6 mm，長さ 20 m，B は直径 3.2 mm，長さ 40 m である。A の抵抗は B の抵抗の何倍か。	イ．2	ロ．3	ハ．4	ニ．5
3	消費電力が 400 W の電熱器を 1 時間 20 分使用した時の発熱量［kJ］は。	イ．960	ロ．1 920	ハ．2 400	ニ．2 700
4	図のような交流回路で，電源電圧 102 V，抵抗の両端の電圧が 90 V，リアクタンスの両端の電圧が 48 V であるとき，負荷の力率［%］は。 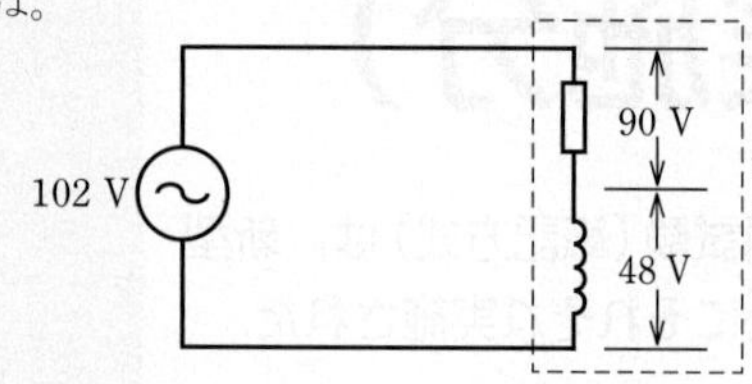 	イ．47	ロ．69	ハ．88	ニ．96
5	図のような電源電圧 E［V］の三相 3 線式回路で，図中の✕印点で断線した場合，断線後の a–c 間の抵抗 R［Ω］に流れる電流 I［A］を示す式は。 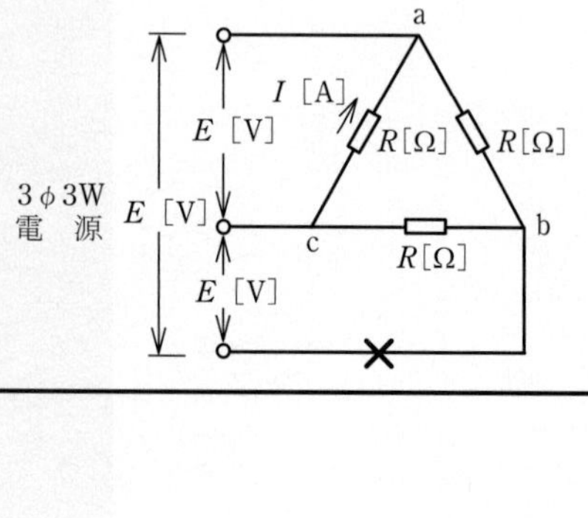 	イ．$\dfrac{E}{2R}$	ロ．$\dfrac{E}{\sqrt{3}R}$	ハ．$\dfrac{E}{R}$	ニ．$\dfrac{3E}{2R}$

	問い	答え			
6	図のような単相2線式回路で，c－c'間の電圧が100 Vのとき，a－a'間の電圧［V］は。 ただし，r_1及びr_2は電線の電気抵抗［Ω］とする。 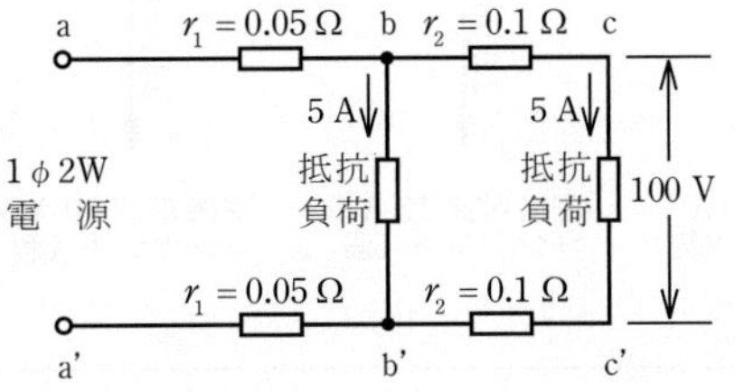 a　r_1＝0.05 Ω　b　r_2＝0.1 Ω　c 5 A　5 A 1 φ 2W 電源　抵抗負荷　抵抗負荷　100 V r_1＝0.05 Ω　r_2＝0.1 Ω a'　b'　c'	イ．101	ロ．102	ハ．103	ニ．104
7	図のような単相3線式回路で，負荷A，負荷Bはともに消費電力800 Wの抵抗負荷である。負荷電圧がともに100 Vであるとき，この配線の電力損失［W］は。 ただし，電線1線当たりの抵抗は0.5 Ωとする。 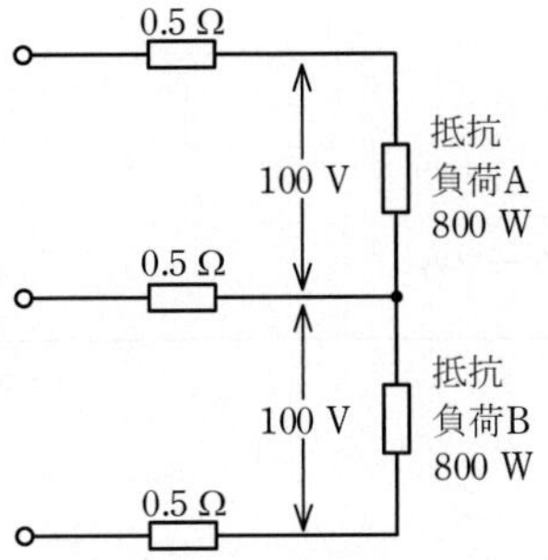 0.5 Ω　100 V　抵抗負荷A 800 W 1 φ 3W 電源　0.5 Ω 100 V　抵抗負荷B 800 W 0.5 Ω	イ．32	ロ．64	ハ．96	ニ．128
8	金属管による低圧屋内配線工事で，管内に直径2.0 mmの600Vビニル絶縁電線(軟銅線)4本を収めて施設した場合，電線1本当たりの許容電流［A］は。 ただし，周囲温度は30 ℃以下，電流減少係数は0.63とする。	イ．17	ロ．22	ハ．30	ニ．35
9	図のように定格電流50 Aの配線用遮断器で保護された低圧屋内幹線からVVRケーブル太さ8 mm^2(許容電流42 A)で低圧屋内電路を分岐する場合，a－b間の長さの最大値［m］は。 ただし，低圧屋内幹線に接続される負荷は，電灯負荷とする。 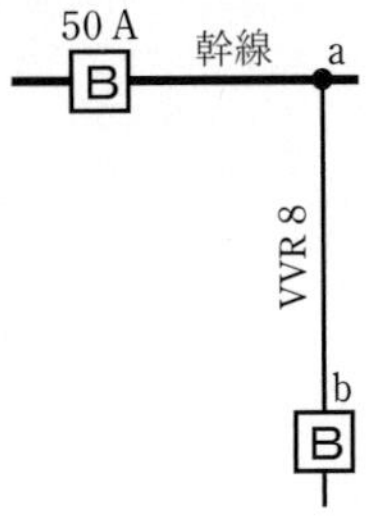 50 A　B　幹線　a VVR 8 b　B	イ．3	ロ．5	ハ．8	ニ．制限なし

	問い	答え
10	低圧屋内配線の分岐回路の設計で，配線用遮断器，分岐回路の電線の太さ及びコンセントの組合せとして，**適切なものは。** ただし，分岐点から配線用遮断器までは3 m，配線用遮断器からコンセントまでは8 mとし，電線の数値は分岐回路の電線（軟銅線）の太さを示す。 また，コンセントは兼用コンセントではないものとする。	イ．B 20 A　2.0 mm　定格電流 30 Aのコンセント 1個 ロ．B 30 A　2.0 mm　定格電流 20 Aのコンセント 2個 ハ．B 30 A　2.6 mm　定格電流 15 Aのコンセント 1個 ニ．B 50 A　14 mm^2　定格電流 50 Aのコンセント 1個
11	プルボックスの主な使用目的は。	イ．多数の金属管が集合する場所等で，電線の引き入れを容易にするために用いる。 ロ．多数の開閉器類を集合して設置するために用いる。 ハ．埋込みの金属管工事で，スイッチやコンセントを取り付けるために用いる。 ニ．天井に比較的重い照明器具を取り付けるために用いる。
12	耐熱性が最も優れているものは。	イ．600V 二種ビニル絶縁電線 ロ．600V ビニル絶縁電線 ハ．MI ケーブル ニ．600V ビニル絶縁ビニルシースケーブル
13	ねじなし電線管の曲げ加工に使用する工具は。	イ．トーチランプ ロ．ディスクグラインダ ハ．パイプレンチ ニ．パイプベンダ
14	必要に応じ，スターデルタ始動を行う電動機は。	イ．一般用三相かご形誘導電動機 ロ．三相巻線形誘導電動機 ハ．直流分巻電動機 ニ．単相誘導電動機
15	低圧電路に使用する定格電流30 Aの配線用遮断器に37.5 Aの電流が継続して流れたとき，この配線用遮断器が自動的に動作しなければならない時間［分］の限度（最大の時間）は。	イ．2　ロ．4　ハ．60　ニ．120
16	写真に示す材料の名称は。	イ．銅線用裸圧着スリーブ ロ．銅管端子 ハ．銅線用裸圧着端子 ニ．ねじ込み形コネクタ

	問　い	答　え
17	写真に示す機器の名称は。	イ．水銀灯用安定器 ロ．変流器 ハ．ネオン変圧器 ニ．低圧進相コンデンサ
18	写真に示す工具の電気工事における用途は。	イ．硬質ポリ塩化ビニル電線管の曲げ加工に用いる。 ロ．金属管（鋼製電線管）の曲げ加工に用いる。 ハ．合成樹脂製可とう電線管の曲げ加工に用いる。 ニ．ライティングダクトの曲げ加工に用いる。
19	600V ビニル絶縁ビニルシースケーブル平形 1.6 mm を使用した低圧屋内配線工事で，絶縁電線相互の終端接続部分の絶縁処理として，**不適切なものは。** ただし，ビニルテープは JIS に定める厚さ約 0.2 mm の電気絶縁用ポリ塩化ビニル粘着テープとする。	イ．リングスリーブ（E 形）により接続し，接続部分をビニルテープで半幅以上重ねて 3 回（6 層）巻いた。 ロ．リングスリーブ（E 形）により接続し，接続部分を黒色粘着性ポリエチレン絶縁テープ（厚さ約 0.5 mm）で半幅以上重ねて 3 回（6 層）巻いた。 ハ．リングスリーブ（E 形）により接続し，接続部分を自己融着性絶縁テープ（厚さ約 0.5 mm）で半幅以上重ねて 1 回（2 層）巻いた。 ニ．差込形コネクタにより接続し，接続部分をビニルテープで巻かなかった。
20	次表は使用電圧 100 V の屋内配線の施設場所による工事の種類を示す表である。表中の a～f のうち，**「施設できる工事」を全て選んだ組合せとして，正しいものは。**	イ．a，f ロ．a，b，d，e，f ハ．b，d，e ニ．d，e，f

施設場所の区分	工事の種類		
	金属ダクト工事	合成樹脂管工事（CD 管を除く）	セルラダクト工事
展開した場所で乾燥した場所	a	b	c
点検できる隠ぺい場所で乾燥した場所	d	e	f

2023 年度：下期‐午前（令和 5 年度）

	問い	答え
21	低圧屋内配線の図記号と，それに対する施工方法の組合せとして，**正しいものは。**	イ．------///------ IV1.6（E19） 厚鋼電線管で天井隠ぺい配線。 ロ．———///——— IV1.6（PF16） 硬質ポリ塩化ビニル電線管で露出配線。 ハ．———///——— IV1.6（16） 合成樹脂製可とう電線管で天井隠ぺい配線。 ニ．------///------ IV1.6（F2 17） 2種金属製可とう電線管で露出配線。
22	D種接地工事を**省略できないものは。** ただし，電路には定格感度電流30 mA，動作時間が0.1秒以下の電流動作型の漏電遮断器が取り付けられているものとする。	イ．乾燥したコンクリートの床に施設する三相200 V(対地電圧200 V)誘導電動機の鉄台 ロ．乾燥した木製の床の上で取り扱うように施設する三相200 V(対地電圧200 V)空気圧縮機の金属製外箱部分 ハ．乾燥した場所に施設する単相3線式100/200 V(対地電圧100 V)配線の電線を収めた長さ7 mの金属管 ニ．乾燥した場所に施設する三相200 V(対地電圧200 V)動力配線の電線を収めた長さ3 mの金属管
23	低圧屋内配線の合成樹脂管工事で，合成樹脂管(合成樹脂製可とう電線管及びCD管を除く)を造営材の面に沿って取り付ける場合，管の支持点間の距離の最大値［m］は。	イ．1　ロ．1.5　ハ．2　ニ．2.5
24	低圧検電器に関する記述として，**誤っているものは。**	イ．低圧検電器では，接触式と非接触式のものがある。 ロ．音響発光式には電池が必要であるが，ネオン式には不要である。 ハ．使用電圧100Vのコンセントの接地側極では検知するが，非接地側極では検知しない。 ニ．電路の充電の有無を確認するには，当該電路の全ての電線について検電することが必要である。
25	使用電圧が低圧の電路において，絶縁抵抗測定が困難であったため，使用電圧が加わった状態で漏えい電流により絶縁性能を確認した。「電気設備の技術基準の解釈」に定める，絶縁性能を有していると判断できる漏えい電流の最大値［mA］は。	イ．0.1　ロ．0.2　ハ．1　ニ．2

	問い	答え
26	使用電圧 100 V の低圧電路に，地絡が生じた場合 0.1 秒で自動的に電路を遮断する装置が施してある。この電路の屋外に D 種接地工事が必要な自動販売機がある。その接地抵抗値 a[Ω]と電路の絶縁抵抗値 b[MΩ]の組合せとして，「電気設備に関する技術基準を定める省令」及び「電気設備の技術基準の解釈」に**適合していないものは**。	イ．a 600 b 2.0　ロ．a 450 b 1.0　ハ．a 200 b 0.2　ニ．a 50 b 0.1
27	アナログ計器とディジタル計器の特徴に関する記述として，**誤っているものは**。	イ．アナログ計器は永久磁石可動コイル形計器のように，電磁力等で指針を動かし，振れ角でスケールから値を読み取る。 ロ．ディジタル計器は測定入力端子に加えられた交流電圧などのアナログ波形を入力変換回路で直流電圧に変換し，次に A-D 変換回路に送り，直流電圧の大きさに応じたディジタル量に変換し，測定値が表示される。 ハ．電圧測定では，アナログ計器は入力抵抗が高いので被測定回路に影響を与えにくいが，ディジタル計器は入力抵抗が低いので被測定回路に影響を与えやすい。 ニ．アナログ計器は変化の度合いを読み取りやすく，測定量を直感的に判断できる利点を持つが，読み取り誤差を生じやすい。
28	「電気工事士法」において，第二種電気工事士免状の交付を受けている者であっても**従事できない**電気工事の作業は。	イ．自家用電気工作物（最大電力 500 kW 未満の需要設備）の低圧部分の電線相互を接続する作業 ロ．自家用電気工作物（最大電力 500 kW 未満の需要設備）の地中電線用の管を設置する作業 ハ．一般用電気工作物の接地工事の作業 ニ．一般用電気工作物のネオン工事の作業
29	「電気用品安全法」の適用を受ける次の電気用品のうち，特定電気用品は。	イ．定格電流 20 Aの漏電遮断器 ロ．消費電力 30 Wの換気扇 ハ．外径 19 mmの金属製電線管 ニ．消費電力 40 W の蛍光ランプ
30	「電気設備に関する技術基準を定める省令」における電圧の低圧区分の組合せで，**正しいものは**。	イ．直流 600 V 以下，交流 750 V 以下 ロ．直流 600 V 以下，交流 600 V 以下 ハ．直流 750 V 以下，交流 600 V 以下 ニ．直流 750 V 以下，交流 300 V 以下

問題2．配線図（問題数 20，配点は1問当たり 2 点）

図は，木造2階建住宅及び車庫の配線図である。この図に関する次の各問いには4通りの答え（**イ**，**ロ**，**ハ**，**ニ**）が書いてある。それぞれの問いに対して，答えを1つ選びなさい。

【注意】 1．屋内配線の工事は，特記のある場合を除き 600V ビニル絶縁ビニルシースケーブル平形（VVF）を用いたケーブル工事である。
2．屋内配線等の電線の本数，電線の太さ，その他，問いに直接関係のない部分等は省略又は簡略化してある。
3．漏電遮断器は，定格感度電流 30 mA，動作時間 0.1 秒以内のものを使用している。
4．選択肢（答え）の写真にあるコンセント及び点滅器は，「JIS C 0303：2000 構内電気設備の配線用図記号」で示す「一般形」である。
5．分電盤の外箱は合成樹脂製である。
6．ジョイントボックスを経由する電線は，すべて接続箇所を設けている。
7．3路スイッチの記号「0」の端子には，電源側又は負荷側の電線を結線する。

	問　い	答　え
31	①で示す部分の最少電線本数（心線数）は。	**イ**．2　**ロ**．3　**ハ**．4　**ニ**．5
32	②で示す部分の図記号の傍記表示「WP」の意味は。	**イ**．防雨形　**ロ**．防爆形　**ハ**．屋外形　**ニ**．防滴形
33	③で示す図記号の器具の種類は。	**イ**．熱線式自動スイッチ　**ロ**．タイマ付スイッチ **ハ**．遅延スイッチ　**ニ**．キースイッチ
34	④で示す部分の小勢力回路で使用できる電線（軟銅線）の導体の最小直径［mm］は。	**イ**．0.5　**ロ**．0.8　**ハ**．1.2　**ニ**．1.6
35	⑤で示す部分の電路と大地間の絶縁抵抗として，許容される最小値［MΩ］は。	**イ**．0.1　**ロ**．0.2　**ハ**．0.4　**ニ**．1.0
36	⑥で示す部分の接地工事の種類及びその接地抵抗の許容される最大値［Ω］の組合せとして，**正しいものは**。	**イ**．C 種接地工事　10 Ω **ロ**．C 種接地工事　50 Ω **ハ**．D 種接地工事　100 Ω **ニ**．D 種接地工事　500 Ω
37	⑦で示す部分に使用できるものは。	**イ**．ゴム絶縁丸打コード **ロ**．引込用ビニル絶縁電線 **ハ**．架橋ポリエチレン絶縁ビニルシースケーブル **ニ**．屋外用ビニル絶縁電線
38	⑧で示す部分の配線で（E19）とあるのは。	**イ**．外径 19 mm のねじなし電線管である。 **ロ**．内径 19 mm のねじなし電線管である。 **ハ**．外径 19 mm の薄鋼電線管である。 **ニ**．内径 19 mm の薄鋼電線管である。
39	⑨で示す引込口開閉器が省略できる場合の，住宅と車庫との間の電路の長さの最大値［m］は。	**イ**．8　**ロ**．10　**ハ**．15　**ニ**．20
40	⑩で示す部分の配線工事で用いる管の種類は。	**イ**．耐衝撃性硬質ポリ塩化ビニル電線管 **ロ**．波付硬質合成樹脂管 **ハ**．硬質ポリ塩化ビニル電線管 **ニ**．合成樹脂製可とう電線管

	問　い	答　え			
41	⑪で示すボックス内の接続をリングスリーブで圧着接続した場合のリングスリーブの種類，個数及び圧着接続後の刻印との組合せで，**正しいものは**。 ただし，使用する電線は特記のないものは VVF1.6 とする。 また，写真に示す**リングスリーブ中央**の○，小，**中**は刻印を表す。	 イ． 小　3個 小 小 小	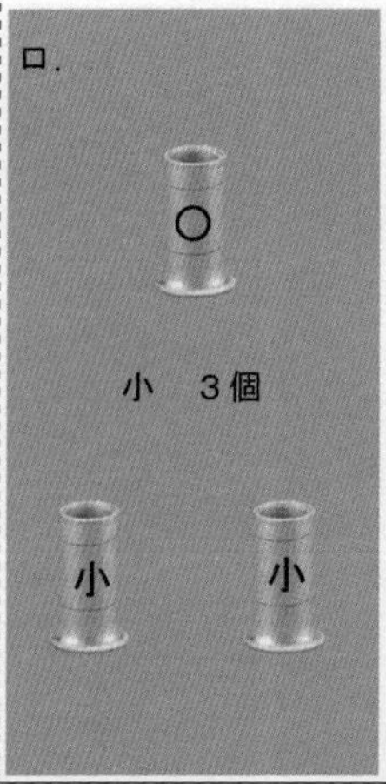 ロ． 小　3個 ○ 小 小	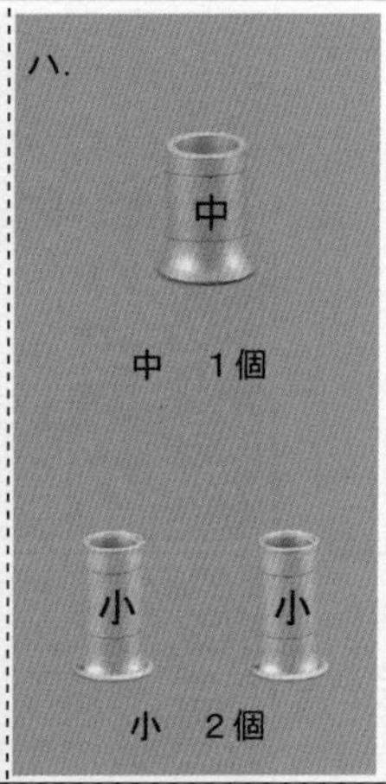 ハ． 中　1個 小　2個 中 小 小	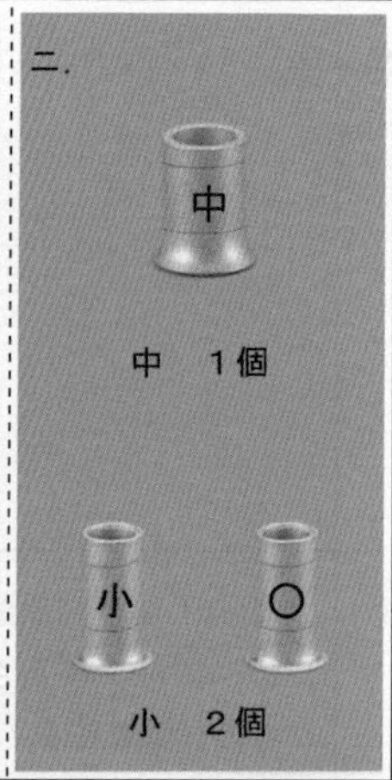 ニ． 中　1個 小　2個 中 小 ○
42	⑫で示す部分の配線工事に必要なケーブルは。 ただし，心線数は最少とする。	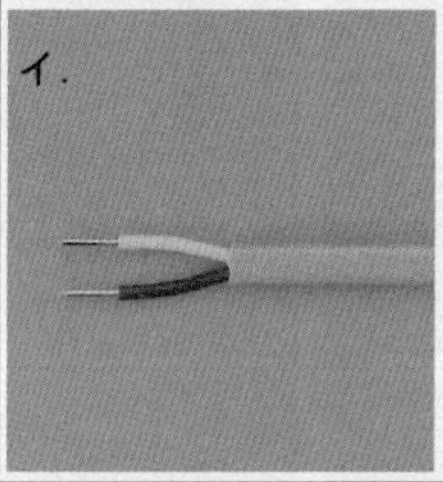 イ．	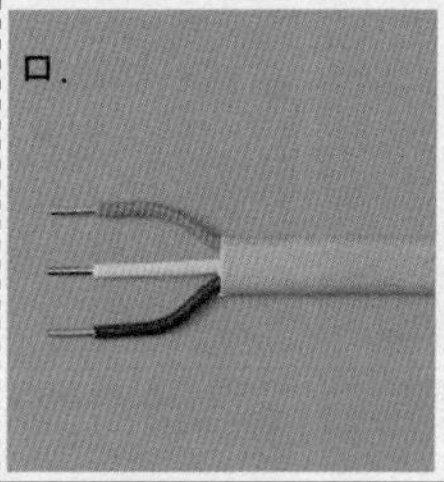 ロ．	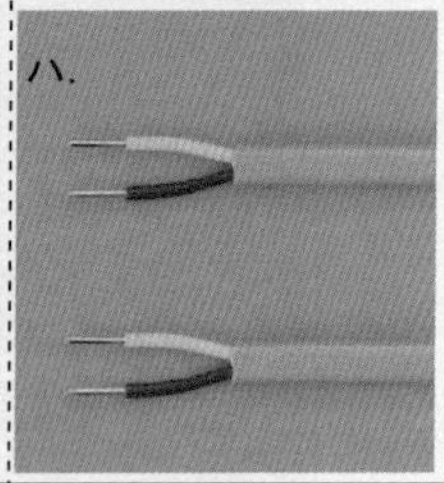 ハ．	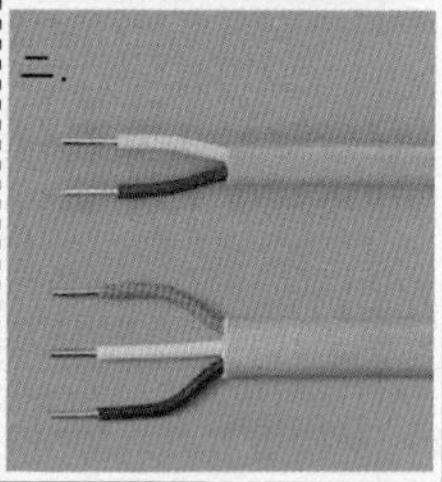 ニ．
43	⑬で示すボックス内の接続をすべて差込形コネクタとする場合，使用する差込形コネクタの種類と最少個数の組合せで，**正しいものは**。 ただし，使用する電線はすべて VVF1.6 とする。	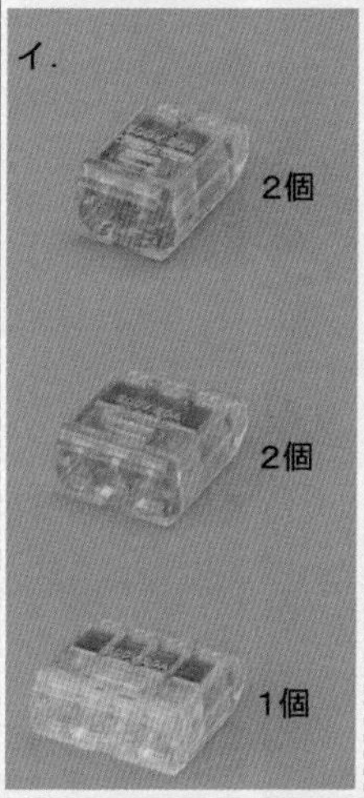 イ． 2個 2個 1個	 ロ． 2個 1個 1個	 ハ． 3個 1個 1個	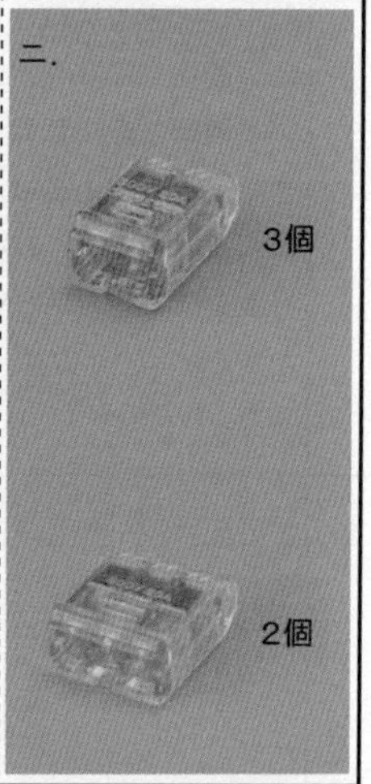 ニ． 3個 2個
44	⑭で示す図記号の器具は。	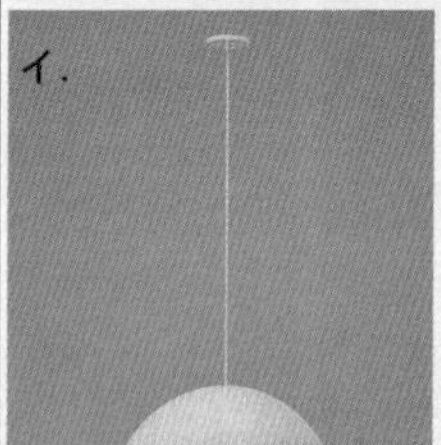 イ．	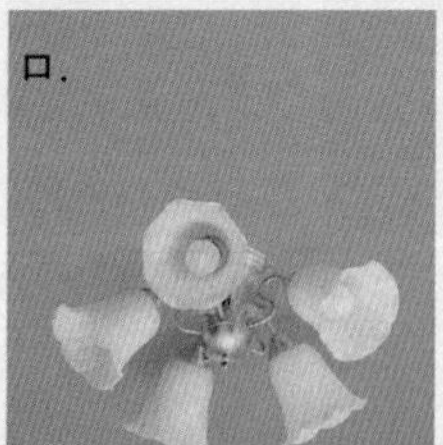 ロ．	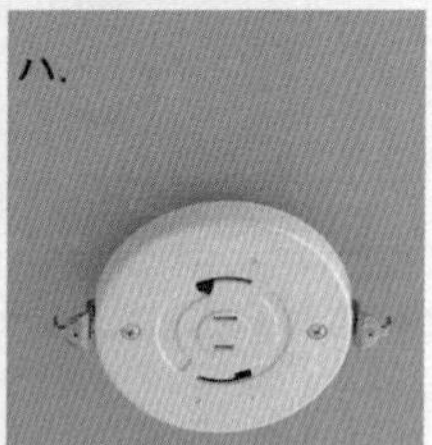 ハ．	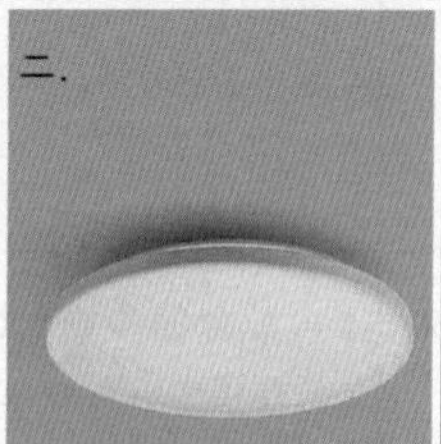 ニ．
45	⑮で示す部分に取り付ける機器は。	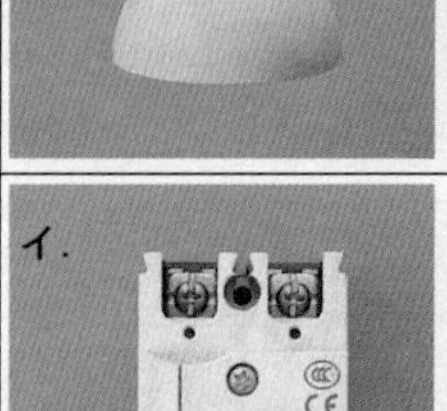 イ．	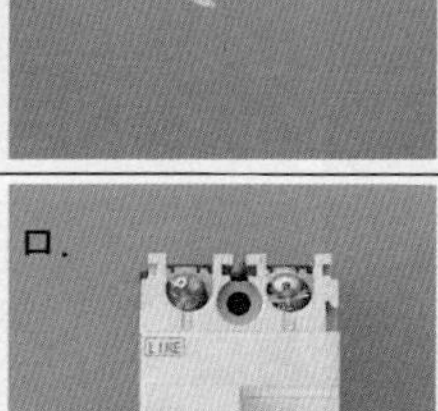 ロ．	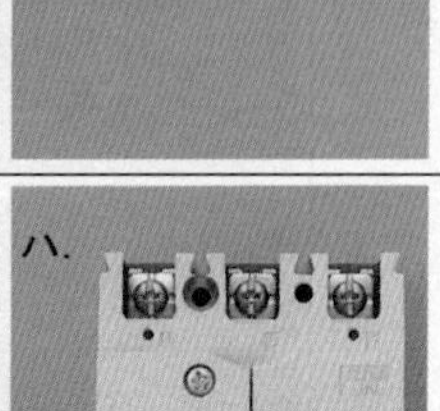 ハ．	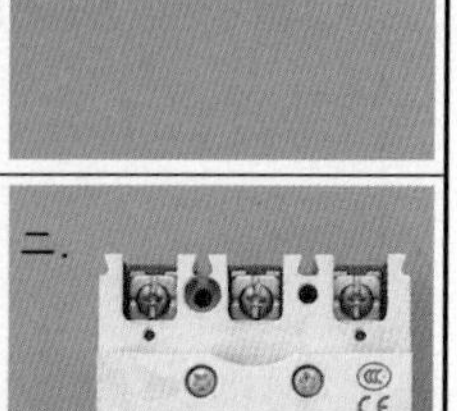 ニ．

問い		答え			
46	⑯で示す図記号のものは。	イ. 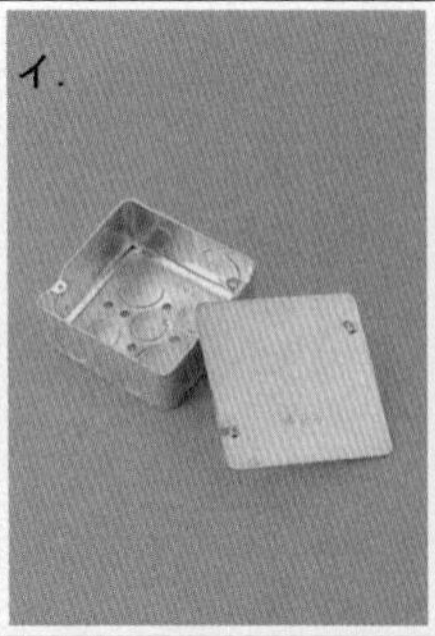	ロ. 	ハ. 	ニ. 
47	⑰で示す部分の配線工事で，一般的に**使用されることのない工具は**。	イ. 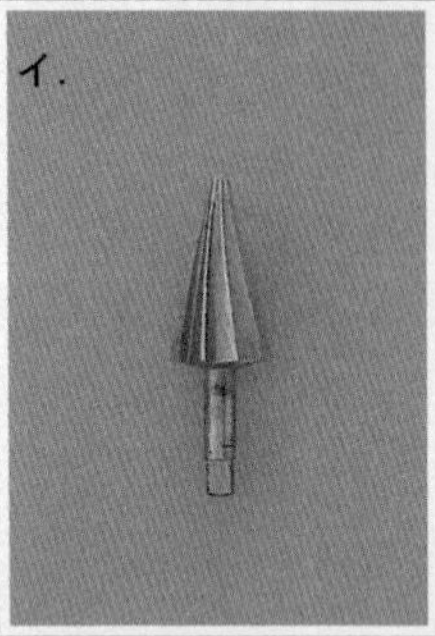	ロ. 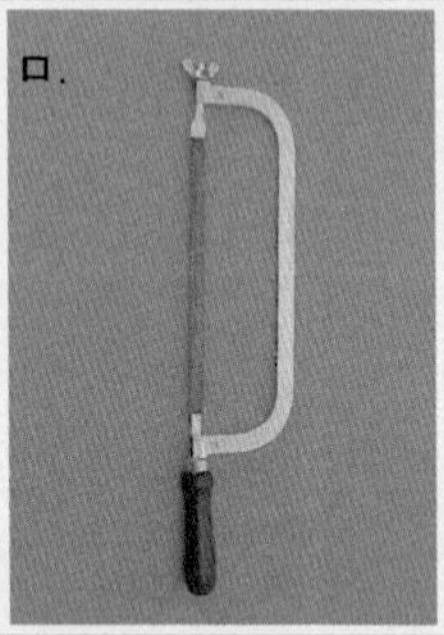	ハ. 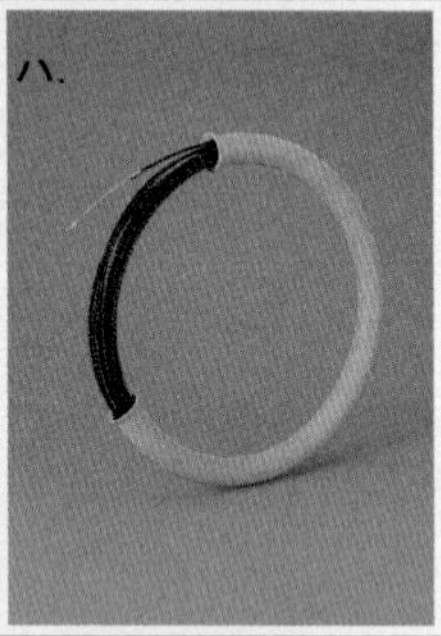	ニ. 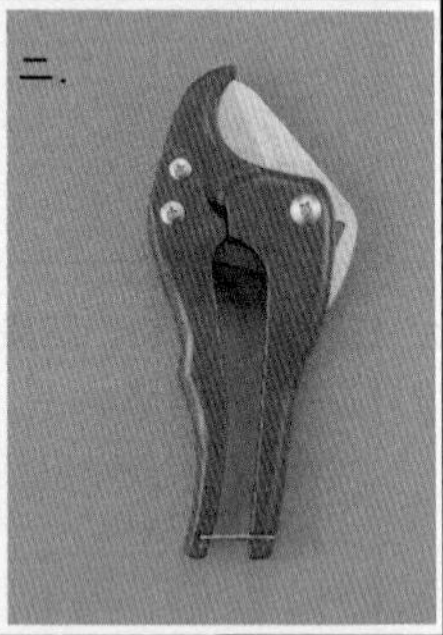
48	⑱で示すボックス内の接続をすべて圧着接続とする場合，使用するリングスリーブの種類と最少個数の組合せで，**正しいものは**。 ただし，使用する電線は特記のないものは VVF1.6 とする。	イ. 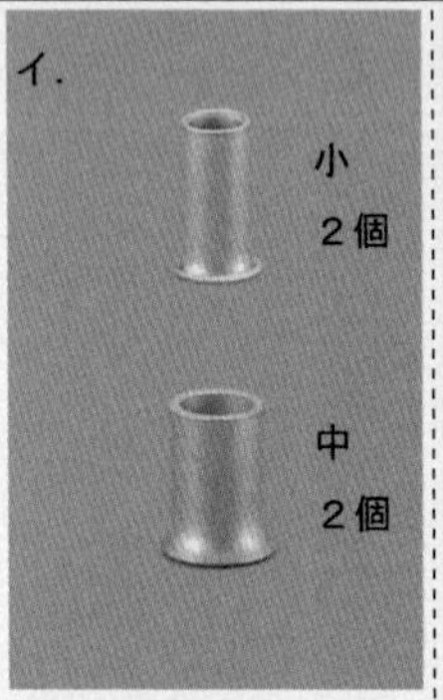 小 2個 中 2個	ロ. 小 3個 中 1個 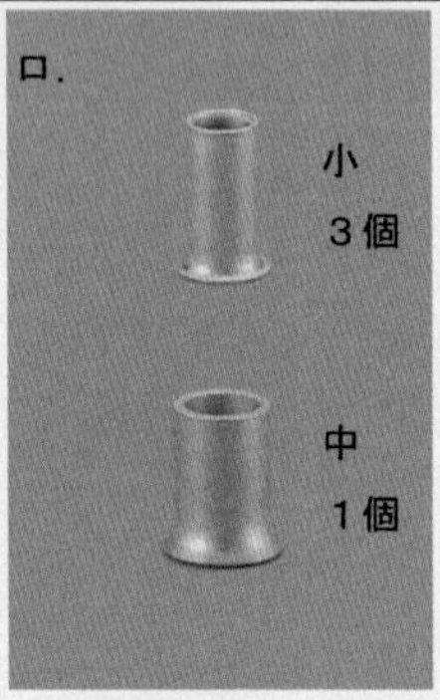	ハ. 小 4個 中 1個 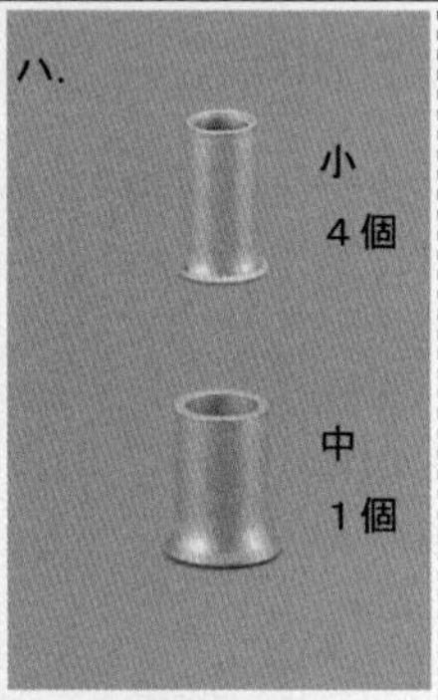	ニ. 小 5個 
49	この配線図の図記号で，**使用されていない**コンセントは。	イ. 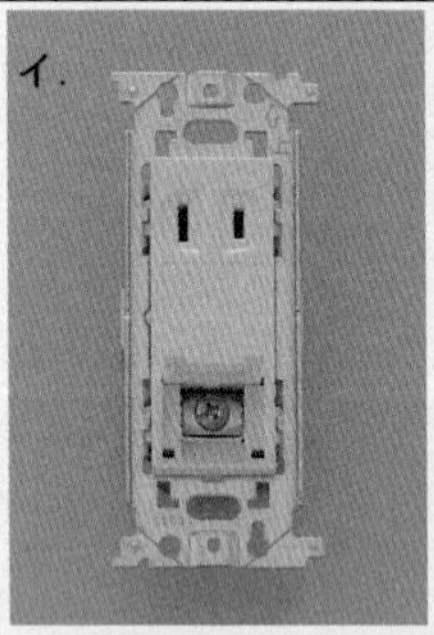	ロ. 	ハ. 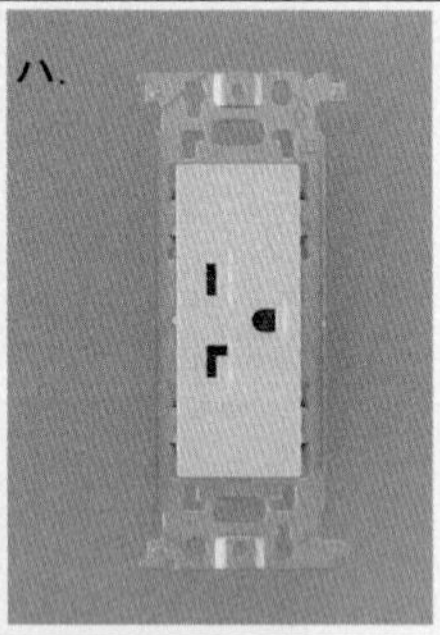	ニ. 
50	この配線図の施工に関して，使用するものの組合せで，**誤っているものは**。	イ. 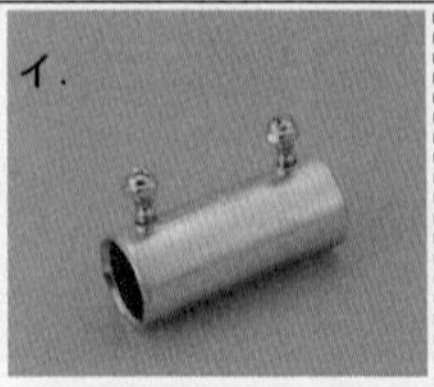 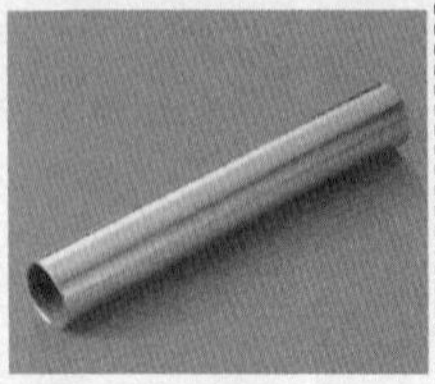	ロ.  	ハ. 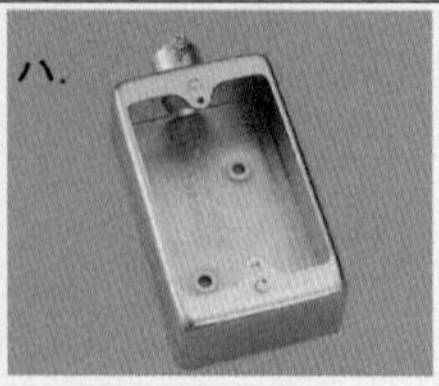 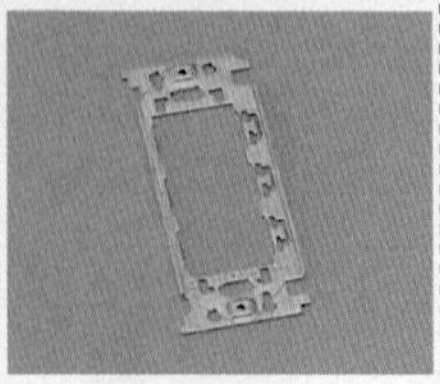	ニ. 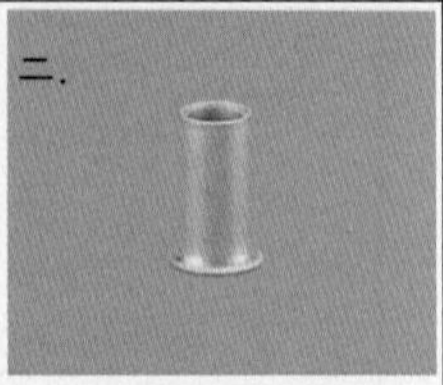 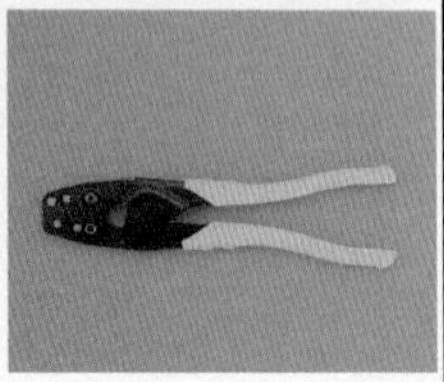

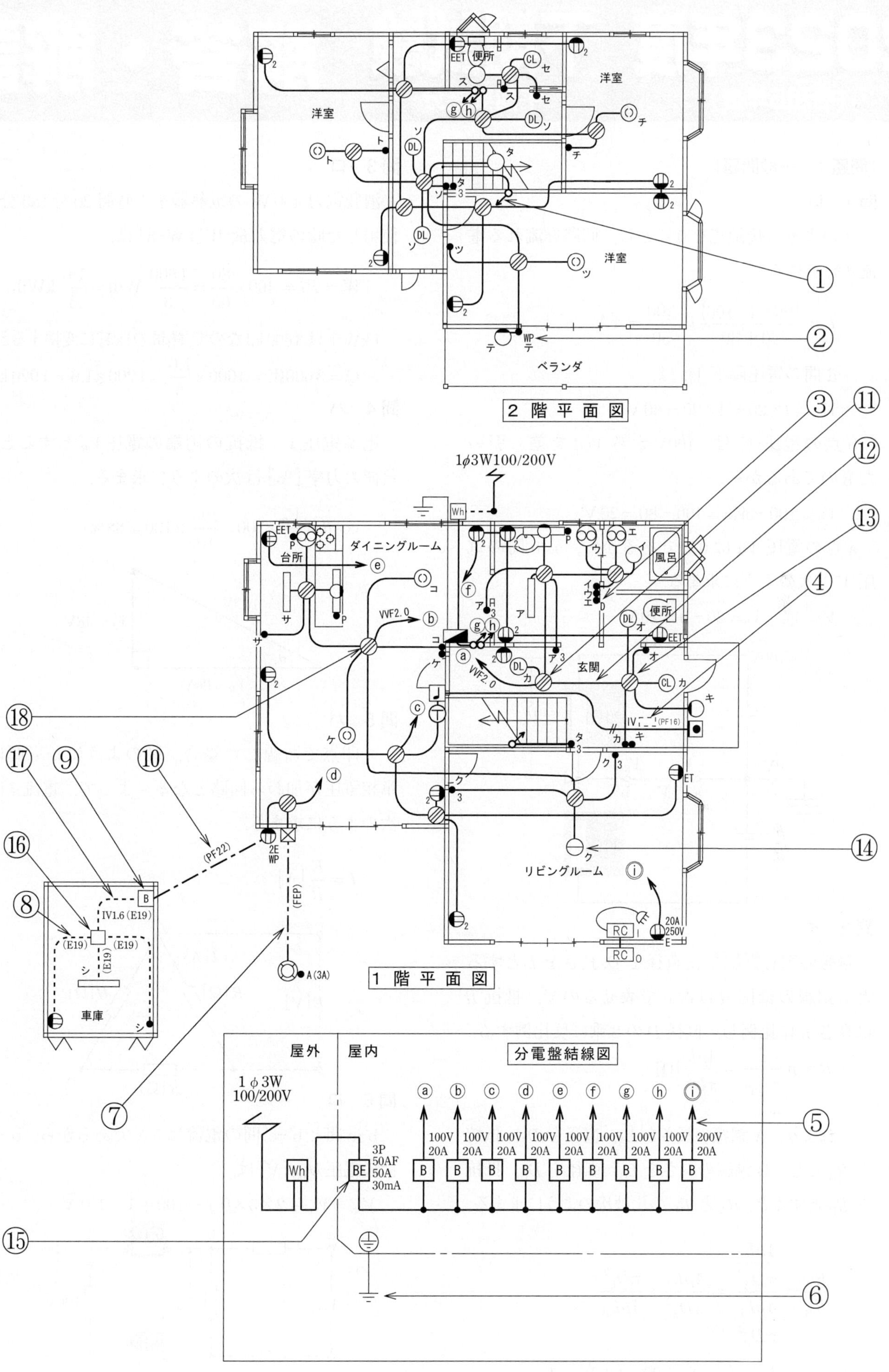

2023 年度:下期-午前(令和5年度)

2023年度 下期試験 解答・解説
（令和5年度） ―午前実施分―

〔問題 1. 一般問題〕

問 1 ロ

図のように接地点を 0 V とし，回路を流れる電流 I を求めると，

$$I=\frac{100-(-100)}{20+30}=\frac{200}{50}=4\,\mathrm{A}$$

c–d 間の電圧降下 V_{cd} は，

$$V_{cd}=I\times 20=4\times 20=80\,\mathrm{V}$$

b 点の電圧 V_b は，100V から V_{cd} を差し引いたものであるから，

$$V_b=100-V_{cd}=100-80=20\,\mathrm{V}$$

a 点の電圧 V_a は 0 V であるから，a–b 間の電圧 V は次のように求まる．

$$V=V_b-V_a=20-0=20\,\mathrm{V}$$

+100V　I=4A　c　20Ω　V_{cd}　0V　V_a　V_b　d　a　V　b　30Ω　−100V

問 2 イ

銅線の固有抵抗を ρ, 直径を D, 長さを L とすると，銅線の抵抗 R は次式で表せるので，抵抗 R は長さ L に比例し，直径 D の 2 乗に反比例する．

$$R=\rho\frac{L}{\frac{\pi}{4}D^2}=\frac{4\rho L}{\pi D^2}\,[\Omega]$$

これより，A 銅線の長さを L_A，直径を D_A，抵抗を R_A とし，B 銅線の長さを L_B，直径を D_B，抵抗を R_B とすると，R_A と R_B の比は次のように求まる．

$$\frac{R_A}{R_B}=\frac{\dfrac{4\rho L_A}{\pi D_A{}^2}}{\dfrac{4\rho L_B}{\pi D_B{}^2}}=\frac{4\rho L_A}{\pi D_A{}^2}\times\frac{\pi D_B{}^2}{4\rho L_B}$$

$$=\frac{L_A}{L_B}\times\left(\frac{D_B}{D_A}\right)^2=\frac{20}{40}\times\left(\frac{3.2}{1.6}\right)^2=\frac{1}{2}\times 2^2=2$$

問 3 ロ

消費電力 400 W の電熱器を 1 時間 20 分（80 分）使用した時の電力量 W[kW·h] は，

$$W=Pt=400\times\frac{80}{60}=\frac{1600}{3}\,\mathrm{W\cdot h}=\frac{1.6}{3}\,\mathrm{kW\cdot h}$$

1 kW·h は 3 600 kJ なので，熱量 Q[kJ] に変換すると，

$$Q=3600W=3600\times\frac{1.6}{3}=1200\times 1.6=1920\,\mathrm{kJ}$$

問 4 ハ

電源電圧 V，抵抗の両端の電圧 V_R とすると，負荷の力率 [%] は次のように求まる．

$$\cos\theta=\frac{V_R}{V}\times 100=\frac{90}{102}\times 100=88\,\%$$

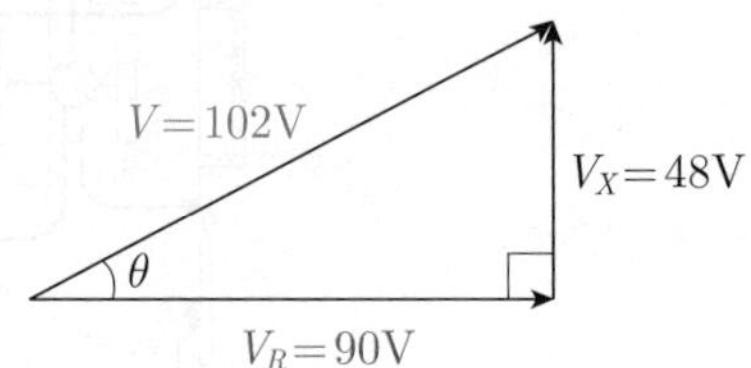

問 5 ハ

×印点で断線した場合，図のように a–c 間に単相電圧が加わる回路となる．よって，電流 I は次のように求まる．

$$I=\frac{E}{R}\,[\mathrm{A}]$$

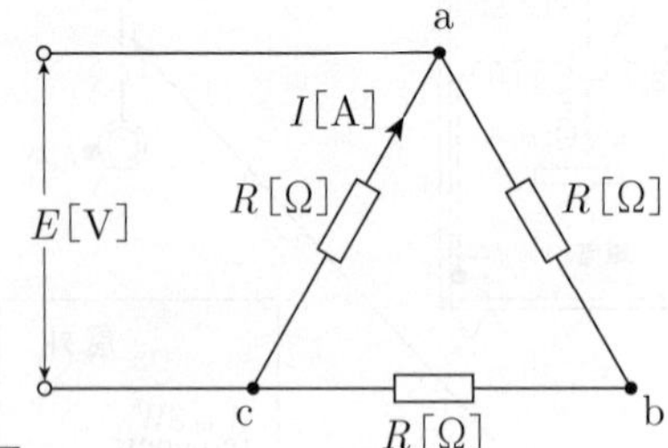

問 6 ロ

b–c 間と b′–c′ 間の電流は 5 A であるから，b–b′ 間の電圧 $V_{bb'}$[V] は，

$$V_{bb'}=V_{cc'}+2\times 5\times 0.1=100+1=101\,\mathrm{V}$$

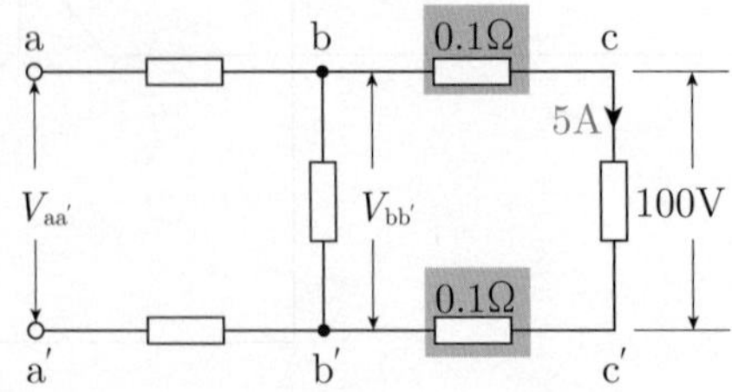

a–b 間と a′–b′ 間の電流 10 A であるから，a–a′

問	1	2	3	4	5	6	7	8	9	10	11	12	13	14	15	16	17	18	19	20	21	22	23	24	25
答	ロ	イ	ロ	ハ	ハ	ロ	ロ	ロ	ニ	ニ	イ	ハ	ニ	イ	ハ	ハ	ニ	イ	ハ	ロ	ニ	イ	ロ	ハ	ハ

問	26	27	28	29	30	31	32	33	34	35	36	37	38	39	40	41	42	43	44	45	46	47	48	49	50
答	イ	ハ	イ	イ	ハ	ロ	イ	ハ	ロ	イ	ニ	ハ	イ	ハ	ニ	ニ	ロ	イ	イ	ハ	イ	ニ	イ	ニ	ロ

間の電圧 $V_{aa'}$［V］は，

$$V_{aa'} = V_{bb'} + 2 \times 10 \times 0.05 = 101 + 1 = 102\,\mathrm{V}$$

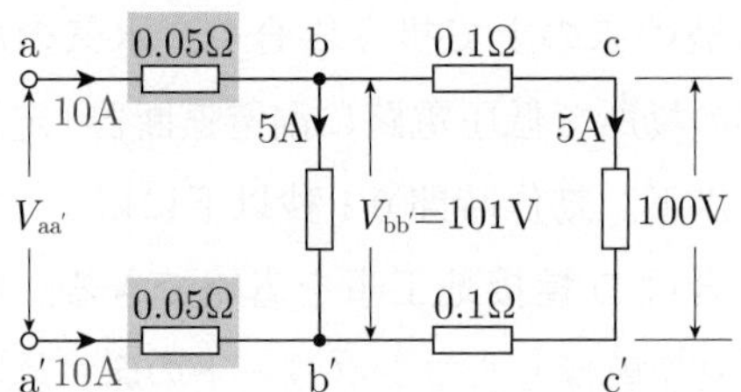

問 7　ロ

抵抗負荷 A，B に流れる電流 I［A］は，

$$I = \frac{P}{V} = \frac{800}{100} = 8\,\mathrm{A}$$

抵抗負荷が平衡しているので中性線には電流が流れず電力損失は発生しない．よって，1 線当たりの抵抗 r［Ω］，負荷電流が I［A］のとき，電線路の電力損失 P_L［W］は次のように求まる．

$$P_L = 2I^2 r = 2 \times 64 \times 0.5 = 64\,\mathrm{W}$$

問 8　ロ

直径 2.0 mm の 600 V ビニル絶縁電線の許容電流は 35 A，金属管に 4 本収めるときの電流減少係数は 0.63 なので，電線 1 本当たりの許容電流 I［A］は次のように求まる．

$$I = 35 \times 0.63 \fallingdotseq 22\,\mathrm{A}$$

絶縁電線の許容電流（内線規程 1340-1 表）

種　類	太　さ	許容電流［A］
単線直径［mm］	1.6	27
	2.0	35
より線断面積［mm²］	2	27
	3.5	37
	5.5	49

（周囲温度 30℃以下）

問 9　ニ

低圧屋内幹線の配線用遮断器の定格電流 I_0 が 50 A で，分岐回路（VVR 8 mm²）の許容電流 I が 42 A である．このため，配線用遮断器の定格電流 I_0 に対する分岐回路の許容電流 I の割合は，

$$\frac{I}{I_0} = \frac{42}{50} = 0.84 \quad I = 0.84\,I_0$$

電技解釈第 149 条により，$I \geqq 0.55 I_0$ となるため，分岐点から配線用遮断器までの長さの制限はない．

過電流遮断器の施設（電技解釈第 149 条）

	配線用遮断器までの長さ
原則	3 m 以下
$I \geqq 0.35 I_0$	8 m 以下
$I \geqq 0.55 I_0$	制限なし

問 10　ニ

電技解釈第 149 条により，50 A 分岐回路のコンセントは 40 A 以上 50 A 以下，電線の太さは断面積 14 mm² 以上のものを用いる．

分岐回路の施設（電技解釈第 149 条）

分岐過電流遮断器の定格電流	コンセント	電線の太さ
15A	15A 以下	直径 1.6 mm 以上
20A（配線用遮断器）	20A 以下	
20A（配線用遮断器を除く）	20A	直径 2 mm 以上
30A	20A 以上 30A 以下	直径 2.6 mm（断面積 5.5mm²）以上
40A	30A 以上 40A 以下	断面積 8 mm² 以上
50A	40A 以上 50A 以下	断面積 14 mm² 以上

問 11　イ

プルボックスは，多数の金属管が集合する場所等で，電線の引き入れを容易にするために用いる材料である．このほか，金属管工事で電線相互の接続などに使用される．

問 12　ハ

MI ケーブルとは，導体相互間と銅管との間に粉末状の酸化マグネシウムその他の絶縁性のある無機物を充填し，熱処理したケーブルのことである．耐熱温度は内部構造によって異なるが，200～1 000℃以上の耐熱性を有している．

絶縁電線・ケーブルの最高許容温度（内線規程 1340-3 表）

種　類	最高許容温度
600V ビニル絶縁電線（IV）	60℃
600V 二種ビニル絶縁電線（HIV）	75℃
600V ビニル絶縁ビニルシースケーブル（平形：VVF，丸形：VVR）	60℃
600V 架橋ポリエチレン絶縁ビニルシースケーブル（CV）	90℃

問 13　ニ

ねじなし電線管の曲げ加工は，パイプベンダや油圧式パイプベンダが使用される．トーチランプは硬質ポリ塩化ビニル電線管の曲げ加工，ディスクグラインダは鉄板の切断など，パイプレンチは金属管やカップリングの締付などに使用する工具である．

問 14　イ

スターデルタ始動を必要により行う電動機は，一般用三相かご形誘導電動機である．スターデ

ルタ始動とは，巻線をY結線として始動し，ほぼ全速度に達したときに△結線に戻す方式で，5.5 kW以上の三相かご形誘導電動機の始動法である．全電圧始動と比較し，始動電流を1/3に小さくすることができる．

問15　ハ

電技解釈第33条により，定格電流30 Aの配線用遮断器は1.25倍（37.5 A）の電流が流れた場合，60分以内に自動的に動作しなければならない．

問16　ハ

写真に示す材料は銅線用裸圧着端子である．絶縁電線（より線）を挿入し，専用の圧着ペンチで圧着接続した後，機械器具端子との接続に用いる．

問17　ニ

写真に示す機器の名称は，低圧進相コンデンサである．電動機などと並列に接続し，回路の力率を改善するために用いる．

問18　イ

写真に示す工具はガストーチランプである．硬質ポリ塩化ビニル電線管の曲げ加工や，はんだを溶かすことなどに用いる．

問19　ハ

内線規程1335-7により，終端接続の絶縁処理に自己融着性絶縁テープ（厚さ約0.5mm）を用いる場合は，半幅以上重ねて1回（2層）以上巻き，かつ，その上に保護テープを半幅以上重ねて1回（2層）以上巻かなくてはいけない．

問20　ロ

電技解釈第156条により，セルラダクト工事は，使用電圧300 V以下で，点検できる隠ぺい場所で乾燥した場所に限り施設できる．金属ダクト工事と合成樹脂管工事（CD管を除く）は，展開した場所で乾燥した場所，点検できる隠ぺい場所で乾燥した場所ともに施工できる．

問21　ニ

低圧屋内配線の図記号と施工方法の組合せが正しいのは，ニの2種金属製可とう電線管（記号：F2）で露出配線（図記号：------）の組合せである．イはねじなし電線管（記号：E）で露出配線，ロは合成樹脂製可とう電線管（記号：PF），ハは厚鋼電線管（太さ16mm）で，それぞれ天井隠ぺい配線を示している．

問22　イ

電技解釈第29条により，低圧機械器具を乾燥した木製の床の上で扱う場合や，水気のある場所以外の場所で低圧電路に漏電遮断器（定格感度15 mA以下，動作時間0.1秒以下に限る）を施設する場合はD種接地工事を省略できる．低圧用機械器具を乾燥したコンクリートの床に施設した場合はD種接地工事を省略できない．

問23　ロ

電技解釈第158条により，合成樹脂管の支持点間の距離は1.5 m以下とし，かつ，その支持点は，管端，管とボックスとの接続点及び管相互のそれぞれの近くの箇所に設けなくてはいけない．また，管相互及び管とボックスとの接続は、管の差込み深さを管の外径の1.2倍（接着剤を使用する場合は0.8倍）以上として施工する．

問24　ハ

低圧検電器は使用電圧100 Vのコンセントの非接地極側では検知するが，接地極側では検知しない．これは，対地電圧が非接地極側は100 Vであるのに対し接地極側は0 Vであるためである．このため，電路の充電の有無を確認するには，当該電路のすべての電線について検電することが必要である．

問25　ハ

電技解釈第14条により，使用電圧が低圧電路で絶縁抵抗の測定が困難な場合は，当該電路の使用電圧が加わった状態における漏えい電流が1 mA以下でなければならない．

問26　イ

電技解釈第17条により，D種接地工事は低圧電路において，地絡を生じた場合に0.5秒以内に当該電路を自動的に遮断する装置を施設したときは，接地抵抗を500 Ω以下とすることができる．また，電技省令第58条により，電路の絶縁抵抗は0.1 MΩ以上でなければならない．

問27　ハ

電圧測定において，ディジタル計器は入力抵抗を極めて高くすることができるので，被測定回路に影響を与えず高精度の測定が可能である．

問28　イ

電気工事士法により，第二種電気工事士免状では自家用電気工作物（最大電力が500 kW 未満の需要設備）の低圧部分の工事はできない．この工事ができるのは，第一種電気工事士であるが，電線路を除く低圧部分であれば認定電気工事従事者も従事できる．ロは電気工事の免状がなくても従事できる．ハ，ニは一般用電気工作物の工事なので第二種電気工事士の免状で従事できる．

問 29　イ

電気用品安全法により，特定電気用品に区分されるものは，イの定格電流 20 A の漏電遮断器である．消費電力 30 W の換気扇，外径 19 mm の金属製電線管，消費電力 40 W の蛍光ランプは特定電気用品以外の電気用品である．

問 30　ハ

電技省令第 2 条により，低圧は直流にあっては 750 V 以下，交流にあっては 600 V 以下と定められている．

〔問題 2．配線図〕

問 31　ロ

①で示す部分の配線は，階段部分の●$^{タ}_{3}$の 3 路スイッチのみに接続する配線なので，最少電線本数は 3 本である．

問 32　イ

②で示す図記号の傍記表示「WP」は防雨形の意味である．防爆形は「EX」と傍記表示する．

問 33　ハ

③で示す図記号●$_{D}$は，遅延スイッチである．熱線式自動スイッチは●$_{RAS}$，タイマ付スイッチは●$_{T}$で表す．

問 34　ロ

電技解釈第 181 条により，小勢力回路で使用できる電線（軟銅線）は直径 0.8 mm 以上である．

問 35　イ

⑤で示す部分は単相 3 線式の単相 200 V の電路（配線番号ⓘ）で，対地電圧は 100 V である．よって，電路と大地の絶縁抵抗の最小値は 0.1MΩ である．

低圧電路の絶縁性能（電技省令第 58 条）

電路の使用電圧の区分		絶縁抵抗値
300V 以下	対地電圧 150V 以下	0.1 MΩ 以上
	その他の場合	0.2 MΩ 以上
300V を超える低圧回路		0.4 MΩ 以上

問 36　ニ

⑥で示す部分の接地工事は，単相 3 線式 100/200 V 電灯分電盤の集中接地端子の接地なので，電技解釈第 29 条により D 種接地工事を施す，また，電技解釈第 17 条により，電路に 0.1 秒以内に動作する漏電遮断器が設置されているので，接地抵抗値は 500 Ω 以下とする．なお，集中接地端子は，コンセントの接地極などに施す接地工事の接地線を集中して接続し，接地極に至る接地線を共用させる目的で住宅用分電盤に施設される．

問 37　ハ

⑦で示す部分は，管路式地中電線路（波付硬質合成樹脂管）である．電技解釈第 120 条により，地中電線路には電線にケーブルを使用しなくてはいけない．

問 38　イ

⑧で示す部分の配線は（E19）とあるので，外径 19mm のねじなし電線管を使用した露出配線である．

問 39　ハ

⑨で示す引込口開閉器が省略できるのは，電技

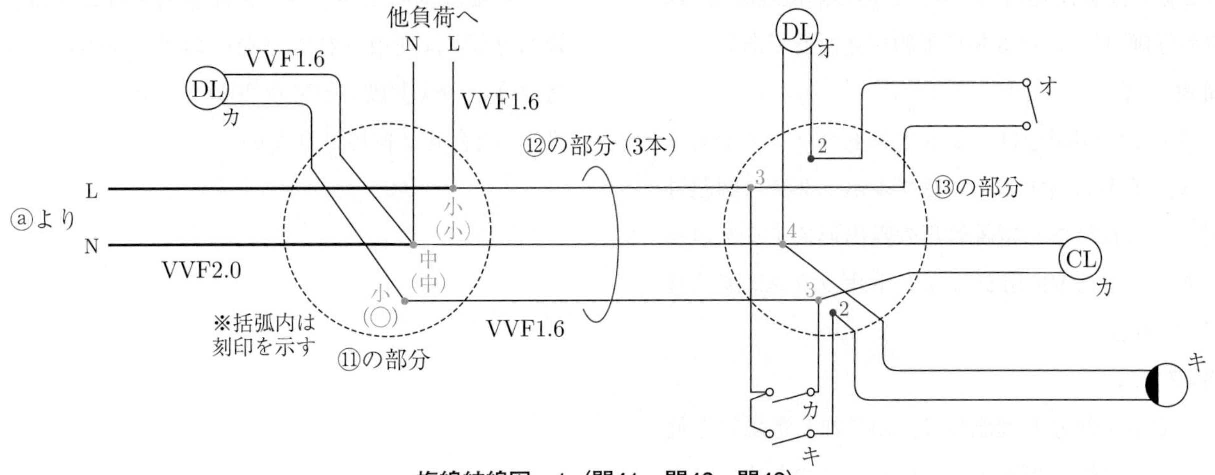

複線結線図－1（問41，問42，問43）

解釈第147条により，住宅から車庫までの配線の電路の長さが15 m以下の場合である．

問40　ニ

⑩で示す記号PFは，合成樹脂製可とう電線管である．耐衝撃性硬質ポリ塩化ビニル電線管はHIVE，波付硬質合成樹脂管はFEP，硬質ポリ塩化ビニル電線管はVEの記号で表す．

問41　ニ

⑪で示すボックス内の接続は，前ページの複線結線図−1より，1.6 mm×2本接続1箇所，1.6 mm×2本＋2.0 mm×1本接続1箇所，1.6 mm×3本＋2.0 mm×1本接続1箇所となるので，使用するリングスリーブは小2個（刻印「○」と「小」），中1個（刻印「中」）である（JIS C 2806）．

問42　ロ

⑫で示す部分に使用する電線は前ページの複線結線図−1より3本となるので，ロのVVFケーブル3心を使用する．

問43　イ

⑬で示すボックス内の接続は前ページの複線結線図−1より，使用する差込形コネクタは2本接続用2個，3本接続用2個，4本接続用1個である．

問44　イ

⑭で示す図記号は，イのペンダントである．ロはシャンデリヤ（図記号㊉），ハは引掛けシーリング丸形（図記号◎），ニはシーリング（天井直付）（図記号㋚）の図記号で表す．

問45　ハ

⑮で示す部分に取り付ける機器は，図記号から，ハの3極の漏電遮断器（過負荷保護付）である．イは2極の配線用遮断器，ロは2極の漏電遮断器（過負荷保護付），ニは3極の配線用遮断器である．

問46　イ

⑯で示す図記号は，ジョイントボックスであるから，イが該当する．ロはプルボックス（図記号⊠），ハはねじなし電線管用の露出形スイッチボックス，ニはVVF用ジョイントボックス（図記号▨）である．

問47　ニ

⑰で示す部分の図記号は，ねじなし電線管を使用した金属管工事を示している．このため，ニの合成樹脂管用カッタは使用しない．

問48　イ

⑱で示すボックス内の接続は，複線結線図−2より，1.6 mm×2本接続2箇所，1.6 mm×4本＋2.0 mm×1本接続1箇所，1.6 mm×3本＋2.0 mm×1本接続1箇所となるので，使用するリングスリーブは小2個，中2個である（JIS C 2806）．

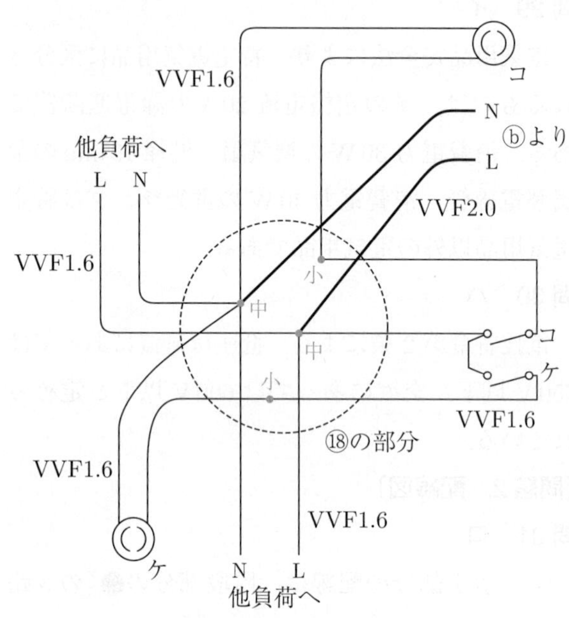

複線結線図−2（問48）

問49　ニ

この配線図の工事では，ニの接地極付コンセント（2口）（図記号⦶2E）は使用されていない．イは接地端子付コンセント（図記号⦶ET），ロは接地極付接地端子付コンセント（図記号⦶EET），ハは200V20A接地極付コンセント（図記号⦶20A 250V E）で，各々使用されている．

問50　ロ

この配線図の工事では，2種金属製可とう電線管（F2管）は使用されていないので，ロのボックスコネクタ（上段）とアウトレットボックス（下段）の組合せは使用されない．

第二種電気工事士
学科試験－筆記方式

2023年度
（令和5年度）

下期試験
（午後実施分）

※ 2023 年度（令和 5 年度）の第二種電気工事士下期学科試験（筆記方式）は，新型コロナウイルス感染防止対策として，同日の午前と午後にそれぞれ実施された．

問題１．一般問題 (問題数 30，配点は１問当たり２点)

【注】本問題の計算で $\sqrt{2}$，$\sqrt{3}$ 及び円周率 π を使用する場合の数値は次によること。 $\sqrt{2}=1.41$ ，$\sqrt{3}=1.73$ ，$\pi=3.14$

次の各問いには４通りの答え（イ，ロ，ハ，ニ）が書いてある。それぞれの問いに対して答えを１つ選びなさい。

なお，選択肢が数値の場合は最も近い値を選びなさい。

	問　い	答　え			
1	図のような回路で，8 Ωの抵抗での消費電力［W］は。 20 Ω　8 Ω　30 Ω　200 V	イ．200	ロ．800	ハ．1200	ニ．2000
2	抵抗率 ρ［Ω・m］，直径 D［mm］，長さ L［m］の導線の電気抵抗［Ω］を表す式は。	イ．$\dfrac{4\rho L}{\pi D^2}\times10^6$	ロ．$\dfrac{\rho L^2}{\pi D^2}\times10^6$	ハ．$\dfrac{4\rho L}{\pi D}\times10^6$	ニ．$\dfrac{4\rho L^2}{\pi D}\times10^6$
3	電線の接続不良により，接続点の接触抵抗が 0.2 Ωとなった。この電線に 10 A の電流が流れると，接続点から１時間に発生する熱量［kJ］は。 ただし，接触抵抗の値は変化しないものとする。	イ．72	ロ．144	ハ．288	ニ．576
4	図のような抵抗とリアクタンスとが直列に接続された回路の消費電力［W］は。 100 V　8 Ω　6 Ω	イ．600	ロ．800	ハ．1 000	ニ．1 250
5	図のような三相負荷に三相交流電圧を加えたとき，各線に20 Aの電流が流れた。線間電圧 E［V］は。 20 A　6 Ω　E［V］　3 φ 3W 電源　E［V］　20 A　6 Ω　6 Ω　E［V］　20 A	イ．120	ロ．173	ハ．208	ニ．240

	問い	答え			
6	図のような三相3線式回路で，電線1線当たりの抵抗値が 0.15 Ω，線電流が 10 A のとき，この配線の電力損失［W］は。 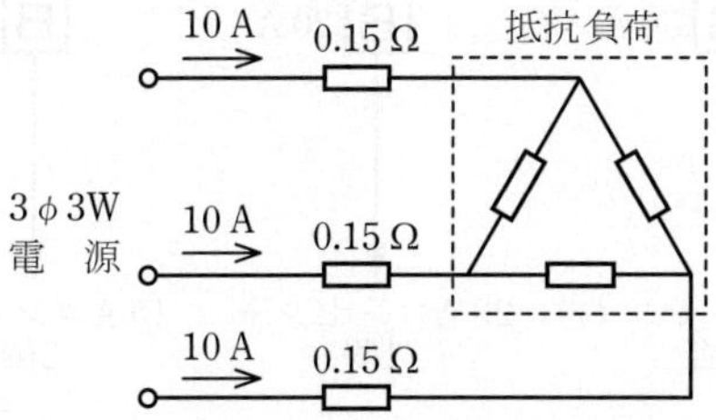 10 A　0.15 Ω　抵抗負荷 $3\phi 3W$ 電源　10 A　0.15 Ω 10 A　0.15 Ω	イ．2.6	ロ．15	ハ．26	ニ．45
7	図のような単相3線式回路(電源電圧 210/105 V)において，抵抗負荷 A 20 Ω，B 10 Ω を使用中に，図中の×印点 P で中性線が断線した。断線後の抵抗負荷 A に加わる電圧［V］は。 ただし，断線によって負荷の抵抗値は変化せず，どの配線用遮断器も動作しなかったものとする。 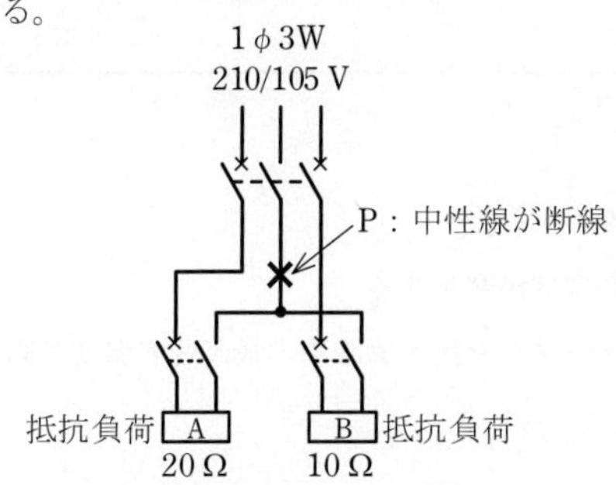 $1\phi 3W$ 210/105 V P：中性線が断線 抵抗負荷 A 20 Ω　B 10 Ω 抵抗負荷	イ．70	ロ．105	ハ．140	ニ．210
8	金属管による低圧屋内配線工事で，管内に断面積 3.5 mm^2 の 600V ビニル絶縁電線(軟銅線)4 本を収めて施設した場合，電線1本当たりの許容電流［A］は。 ただし，周囲温度は 30℃以下，電流減少係数は 0.63 とする。	イ．19	ロ．23	ハ．31	ニ．49
9	図のように定格電流 50 A の配線用遮断器で保護された低圧屋内幹線から VVR ケーブル太さ 8 mm^2(許容電流 42 A)で低圧屋内電路を分岐する場合，a－b 間の長さの最大値［m］は。 ただし，低圧屋内幹線に接続される負荷は，電灯負荷とする。 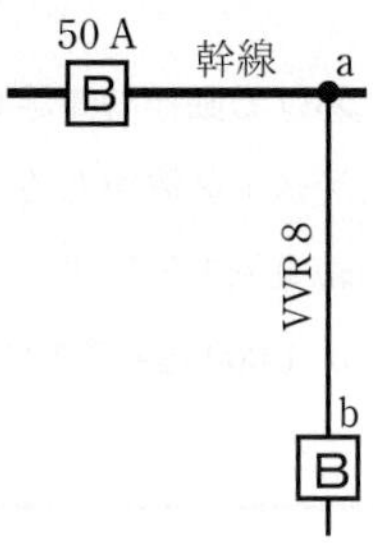 50 A　幹線　a B VVR 8 b B	イ．3	ロ．5	ハ．8	ニ．制限なし

2023 年度：下期-午後（令和5年度）

	問い	答え
10	低圧屋内配線の分岐回路の設計で，配線用遮断器の定格電流とコンセントの組合せとして，**不適切なものは**。	イ．B 30 A → 30 Aコンセント 2個 ロ．B 30 A → 15 Aコンセント 2個 ハ．B 20 A → 20 Aコンセント 1個 ニ．B 20 A → 15 Aコンセント 2個
11	プルボックスの主な使用目的は。	イ．多数の金属管が集合する場所等で，電線の引き入れを容易にするために用いる。 ロ．多数の開閉器類を集合して設置するために用いる。 ハ．埋込みの金属管工事で，スイッチやコンセントを取り付けるために用いる。 ニ．天井に比較的重い照明器具を取り付けるために用いる。
12	600V ポリエチレン絶縁耐燃性ポリエチレンシースケーブルの特徴として，**誤っているものは**。	イ．分別が容易でリサイクル性がよい。 ロ．焼却時に有害なハロゲン系ガスが発生する。 ハ．ビニル絶縁ビニルシースケーブルと比べ絶縁物の最高許容温度が高い。 ニ．難燃性がある。
13	ノックアウトパンチャの用途で，**適切なものは**。	イ．金属製キャビネットに穴を開けるのに用いる。 ロ．太い電線を圧着接続する場合に用いる。 ハ．コンクリート壁に穴を開けるのに用いる。 ニ．太い電線管を曲げるのに用いる。
14	三相誘導電動機が周波数50 Hzの電源で無負荷運転されている。この電動機を周波数60 Hzの電源で無負荷運転した場合の回転の状態は。	イ．回転速度は変化しない。 ロ．回転しない。 ハ．回転速度が減少する。 ニ．回転速度が増加する。
15	漏電遮断器に関する記述として，**誤っているものは**。	イ．高速形漏電遮断器は，定格感度電流における動作時間が 0.1 秒以内である。 ロ．漏電遮断器には，漏電電流を模擬したテスト装置がある。 ハ．漏電遮断器は，零相変流器によって地絡電流を検出する。 ニ．高感度形漏電遮断器は，定格感度電流が 1 000 mA 以下である。

	問　い	答　え
16	写真に示す材料の用途は。	イ．硬質ポリ塩化ビニル電線管相互を接続するのに用いる。 ロ．金属管と硬質ポリ塩化ビニル電線管とを接続するのに用いる。 ハ．合成樹脂製可とう電線管相互を接続するのに用いる。 ニ．合成樹脂製可とう電線管と CD 管とを接続するのに用いる。
17	写真に示す器具の用途は。	イ．リモコン配線の操作電源変圧器として用いる。 ロ．リモコン配線のリレーとして用いる。 ハ．リモコンリレー操作用のセレクタスイッチとして用いる。 ニ．リモコン用調光スイッチとして用いる。
18	写真に示す工具の用途は。	イ．金属管の切断に使用する。 ロ．ライティングダクトの切断に使用する。 ハ．硬質ポリ塩化ビニル電線管の切断に使用する。 ニ．金属線ぴの切断に使用する。
19	600V ビニル絶縁ビニルシースケーブル平形 1.6 mm を使用した低圧屋内配線工事で，絶縁電線相互の終端接続部分の絶縁処理として，**不適切なものは。** ただし，ビニルテープは JIS に定める厚さ約 0.2 mm の電気絶縁用ポリ塩化ビニル粘着テープとする。	イ．リングスリーブにより接続し，接続部分を自己融着性絶縁テープ(厚さ約 0.5 mm)で半幅以上重ねて 1 回(2 層)巻き，更に保護テープ(厚さ約 0.2 mm)を半幅以上重ねて 1 回(2 層)巻いた。 ロ．リングスリーブにより接続し，接続部分を黒色粘着性ポリエチレン絶縁テープ(厚さ約 0.5 mm)で半幅以上重ねて 2 回(4 層)巻いた。 ハ．リングスリーブにより接続し，接続部分をビニルテープで半幅以上重ねて 1 回(2 層)巻いた。 ニ．差込形コネクタにより接続し，接続部分をビニルテープで巻かなかった。
20	使用電圧 100 V の低圧屋内配線工事で，**不適切なものは。**	イ．乾燥した場所にある乾燥したショウウィンドー内で，絶縁性のある造営材に，断面積 0.75mm^2 のビニル平形コードを 1 m の間隔で，外部から見えやすい箇所にその被覆を損傷しないように適当な留め具により取り付けた。 ロ．展開した場所に施設するケーブル工事で，2 種キャブタイヤケーブルを造営材の側面に沿って取り付け，このケーブルの支持点間の距離を 1.5 m とした。 ハ．合成樹脂管工事で，合成樹脂管(合成樹脂製可とう電線管及び CD 管を除く)を造営材の側面に沿って取り付け，この管の支持点間の距離を 1.5 m とした。 ニ．ライティングダクト工事で，造営材の下面に堅ろうに取り付け，このダクトの支持点間の距離を 2 m とした。

	問い	答え
21	店舗付き住宅の屋内に三相3線式200 V，定格消費電力2.5 kWのルームエアコンを施設した。このルームエアコンに電気を供給する電路の工事方法として，**適切なものは**。 ただし，配線は接触防護措置を施し，ルームエアコン外箱等の人が触れるおそれがある部分は絶縁性のある材料で堅ろうに作られているものとする。	**イ**．専用の過電流遮断器を施設し，合成樹脂管工事で配線し，コンセントを使用してルームエアコンと接続した。 **ロ**．専用の漏電遮断器（過負荷保護付）を施設し，ケーブル工事で配線し，ルームエアコンと直接接続した。 **ハ**．専用の配線用遮断器を施設し，金属管工事で配線し，コンセントを使用してルームエアコンと接続した。 **ニ**．専用の開閉器のみを施設し，金属管工事で配線し，ルームエアコンと直接接続した。
22	特殊場所とその場所に施工する低圧屋内配線工事の組合せで，**不適切なものは**。	**イ**．プロパンガスを他の小さな容器に小分けする可燃性ガスのある場所 厚鋼電線管で保護した600Vビニル絶縁ビニルシースケーブルを用いたケーブル工事 **ロ**．小麦粉をふるい分けする可燃性粉じんのある場所 硬質ポリ塩化ビニル電線管VE28を使用した合成樹脂管工事 **ハ**．石油を貯蔵する危険物の存在する場所 金属線ぴ工事 **ニ**．自動車修理工場の吹き付け塗装作業を行う可燃性ガスのある場所 厚鋼電線管を使用した金属管工事
23	硬質ポリ塩化ビニル電線管による合成樹脂管工事として，**不適切なものは**。	**イ**．管の支持点間の距離は2 mとした。 **ロ**．管相互及び管とボックスとの接続で，専用の接着剤を使用し，管の差込み深さを管の外径の0.9倍とした。 **ハ**．湿気の多い場所に施設した管とボックスとの接続箇所に，防湿装置を施した。 **ニ**．三相200 V配線で，簡易接触防護措置を施した場所に施設した管と接続する金属製プルボックスに，D種接地工事を施した。
24	アナログ式回路計（電池内蔵）の回路抵抗測定に関する記述として，**誤っているものは**。	**イ**．測定レンジをOFFにして，指針が電圧表示の零の位置と一致しているか確認する。 **ロ**．抵抗測定レンジに切り換える。被測定物の概略値が想定される場合は，測定レンジの倍率を適正なものにする。 **ハ**．赤と黒の測定端子（テストリード）を短絡し，指針が0 Ωになるよう調整する。 **ニ**．被測定物に，赤と黒の測定端子（テストリード）を接続し，その時の指示値を読む。なお，測定レンジに倍率表示がある場合は，読んだ指示値を倍率で割って測定値とする。
25	アナログ形絶縁抵抗計（電池内蔵）を用いた絶縁抵抗測定に関する記述として，**誤っているものは**。	**イ**．絶縁抵抗測定の前には，絶縁抵抗計の電池が有効であることを確認する。 **ロ**．絶縁抵抗測定の前には，絶縁抵抗測定のレンジに切り替え，測定モードにし，接地端子（E:アース）と線路端子（L:ライン）を短絡し零点を指示することを確認する。 **ハ**．電子機器が接続された回路の絶縁測定を行う場合は，機器等を損傷させない適正な定格測定電圧を選定する。 **ニ**．被測定回路に電源電圧が加わっている状態で測定する。

	問い	答え
26	工場の200V三相誘導電動機(対地電圧200V)への配線の絶縁抵抗値［MΩ］及びこの電動機の鉄台の接地抵抗値［Ω］を測定した。電気設備技術基準等に適合する測定値の組合せとして，**適切なものは**。 ただし，200V電路に施設された漏電遮断器の動作時間は0.1秒とする。	**イ**．0.2 MΩ　300 Ω **ロ**．0.4 MΩ　600 Ω **ハ**．0.1 MΩ　200 Ω **ニ**．0.1 MΩ　50 Ω
27	クランプ形電流計に関する記述として，**誤っているものは**。	**イ**．クランプ形電流計を使用すると通電状態のまま電流を測定できる。 **ロ**．クランプ形電流計は交流専用のみであり，直流を測定できるものはない。 **ハ**．クランプ部の形状や大きさにより，測定できる電線の太さや最大電流に制限がある。 **ニ**．クランプ形電流計にはアナログ式とディジタル式がある。
28	「電気工事士法」において，一般用電気工作物の工事又は作業で電気工事士でなければ**従事できないものは**。	**イ**．電圧600V以下で使用する電動機の端子にキャブタイヤケーブルをねじ止めする。 **ロ**．火災感知器に使用する小型変圧器(二次電圧が 36 V 以下)二次側の配線をする。 **ハ**．電線を支持する柱を設置する。 **ニ**．配電盤を造営材に取り付ける。
29	「電気用品安全法」における電気用品に関する記述として，**誤っているものは**。	**イ**．電気用品の製造又は輸入の事業を行う者は，「電気用品安全法」に規定する義務を履行したときに，経済産業省令で定める方式による表示を付すことができる。 **ロ**．特定電気用品には〈PSE〉または(PS)Eの表示が付されている。 **ハ**．電気用品の販売の事業を行う者は，経済産業大臣の承認を受けた場合等を除き，法令に定める表示のない電気用品を販売してはならない。 **ニ**．電気工事士は，「電気用品安全法」に規定する表示の付されていない電気用品を電気工作物の設置又は変更の工事に使用してはならない。
30	「電気設備に関する技術基準を定める省令」において，次の空欄(A)及び(B)の組合せとして，**正しいものは**。 電圧の種別が低圧となるのは，電圧が直流にあっては［(A)］，交流にあっては［(B)］のものである。	**イ**．(A) 600V以下　(B) 650V以下 **ロ**．(A) 650V以下　(B) 750V以下 **ハ**．(A) 750V以下　(B) 600V以下 **ニ**．(A) 750V以下　(B) 650V以下

2023年度：下期・午後（令和5年度）

問題2．配線図（問題数 20，配点は1問当たり 2 点）

図は，鉄骨軽量コンクリート造店舗平屋建の配線図である。この図に関する次の各問いには4通りの答え（**イ**，**ロ**，**ハ**，**ニ**）が書いてある。それぞれの問いに対して，答えを1つ選びなさい。

【注意】 1．屋内配線の工事は，特記のある場合を除き600V ビニル絶縁ビニルシースケーブル平形（VVF)を用いたケーブル工事である。
2．屋内配線等の電線の本数，電線の太さ，その他，問いに直接関係のない部分等は省略又は簡略化してある。
3．漏電遮断器は，定格感度電流 30 mA，動作時間 0.1 秒以内のものを使用している。
4．選択肢（答え）の写真にあるコンセント及び点滅器は，「JIS C 0303：2000 構内電気設備の配線用図記号」で示す「一般形」である。
5．ジョイントボックスを経由する電線は，すべて接続箇所を設けている。
6．3路スイッチの記号「0」の端子には，電源側又は負荷側の電線を結線する。

	問　い	答　え
31	①で示す図記号の名称は。	**イ**．ジョイントボックス　**ロ**．VVF 用ジョイントボックス **ハ**．プルボックス　**ニ**．ジャンクションボックス
32	②で示す部分はルームエアコンの屋内ユニットである。その図記号の傍記表示として，**正しいものは。**	**イ**．B　**ロ**．O　**ハ**．I　**ニ**．R
33	③で示す部分の最少電線本数(心線数)は。	**イ**．2　**ロ**．3　**ハ**．4　**ニ**．5
34	④で示す低圧ケーブルの名称は。	**イ**．引込用ビニル絶縁電線 **ロ**．600V ビニル絶縁ビニルシースケーブル平形 **ハ**．600V ビニル絶縁ビニルシースケーブル丸形 **ニ**．600V 架橋ポリエチレン絶縁ビニルシースケーブル(単心３本のより線)
35	⑤で示す部分の電路と大地間の絶縁抵抗として，許容される最小値［MΩ］は。	**イ**．0.1　**ロ**．0.2　**ハ**．0.4　**ニ**．1.0
36	⑥で示す部分の接地工事の種類及びその接地抵抗の許容される最大値［Ω］の組合せとして，**正しいものは。**	**イ**．C 種接地工事　10 Ω　**ロ**．C 種接地工事　50 Ω **ハ**．D 種接地工事　100 Ω　**ニ**．D 種接地工事　500 Ω
37	⑦で示す図記号の名称は。	**イ**．配線用遮断器　**ロ**．カットアウトスイッチ **ハ**．モータブレーカ　**ニ**．漏電遮断器(過負荷保護付)
38	⑧で示す図記号の名称は。	**イ**．火災表示灯　**ロ**．漏電警報器 **ハ**．リモコンセレクタスイッチ　**ニ**．表示スイッチ
39	⑨で示す図記号の器具の取り付け場所は。	**イ**．二重床面　**ロ**．壁面　**ハ**．床面　**ニ**．天井面
40	⑩で示す配線工事で耐衝撃性硬質ポリ塩化ビニル電線管を使用した。その傍記表示は。	**イ**．FEP　**ロ**．HIVE　**ハ**．VE　**ニ**．CD

問い		答え			
41	⑪で示すボックス内の接続をすべて圧着接続した場合のリングスリーブの種類，個数及び圧着接続後の刻印との組合せで，**正しいものは**。 ただし，使用する電線はすべて VVF1.6 とする。 また，写真に示す**リングスリーブ中央**の○，小，中は刻印を表す。	イ． 小　小 小　小 小　4個	ロ． ○　○ 小　小 小　4個	ハ． 中 中　1個 ○　○　小 小　3個	ニ． 中 中　1個 ○　小　小 小　3個
42	⑫で示す部分で DV 線を引き留める場合に**使用するものは**。	イ．	ロ．	ハ．	ニ．
43	⑬で示すボックス内の接続をすべて圧着接続とする場合，使用するリングスリーブの種類と最少個数の組合せで，**正しいものは**。 ただし，使用する電線はすべて VVF1.6 とする。	イ． 小 4個	ロ． 小 5個	ハ． 小 3個 中 1個	ニ． 小 4個 中 1個
44	⑭で示す図記号の部分に**使用される機器は**。	イ．	ロ．	ハ．	ニ．
45	⑮で示す屋外部分の接地工事を施すとき，一般的に**使用されることのないものは**。	イ．	ロ．	ハ．	ニ．

2023年度:下期-午後(令和5年度)

	問い	答え			
46	⑯で示す部分の配線工事に必要なケーブルは。 ただし，心線数は最少とする。	イ． 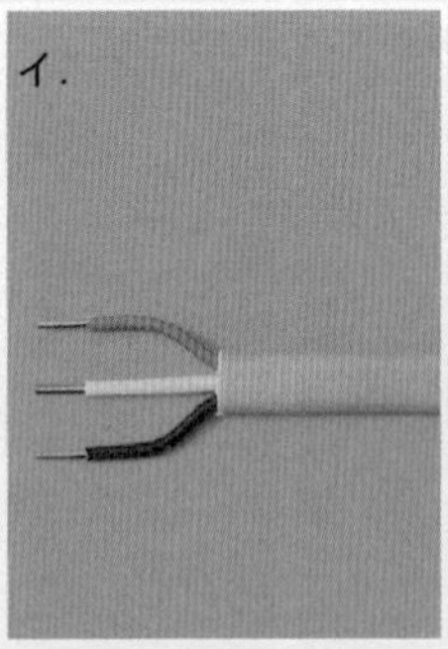	ロ． 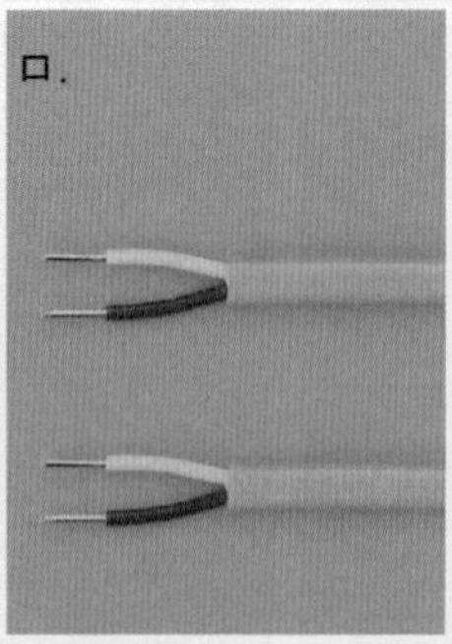	ハ． 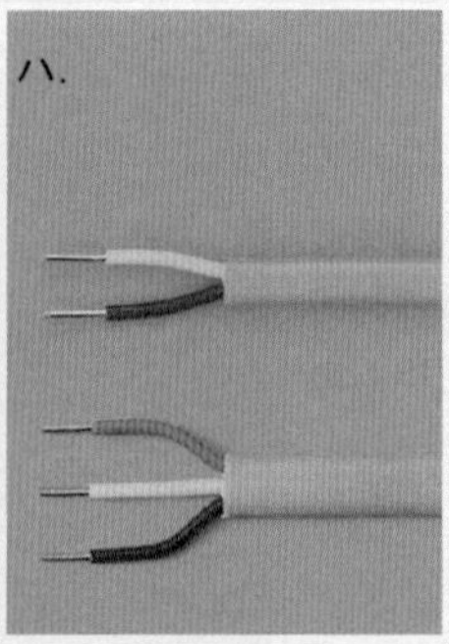	ニ． 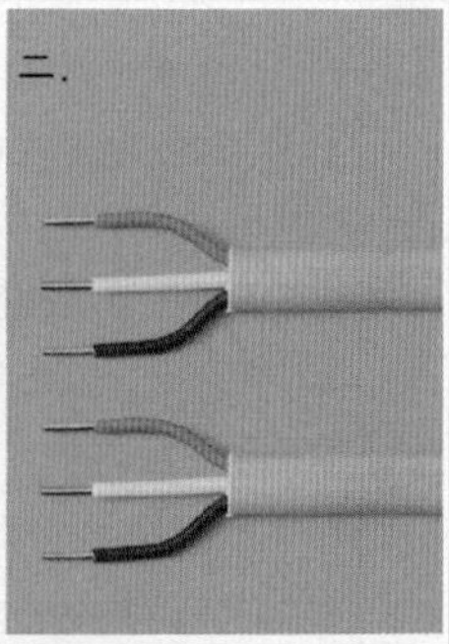
47	⑰で示すボックス内の接続をすべて差込形コネクタとする場合，使用する差込形コネクタの種類と最少個数の組合せで，**正しいものは。** ただし，使用する電線はすべてVVF1.6とする。	イ．  2個 1個 1個	ロ． 3個 1個 1個 	ハ． 3個 2個 	ニ． 2個 2個 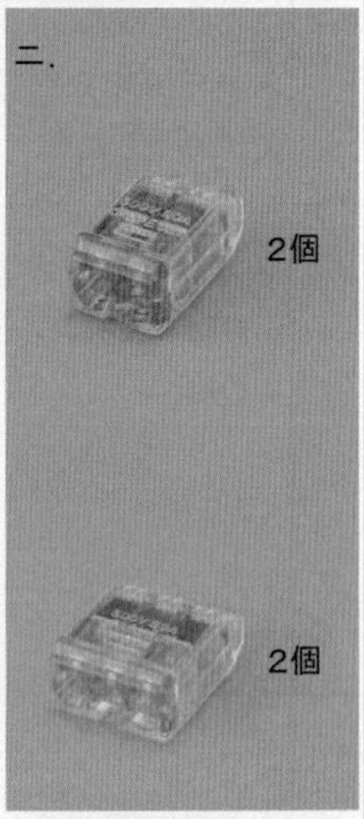
48	⑱で示す図記号のものは。	イ． 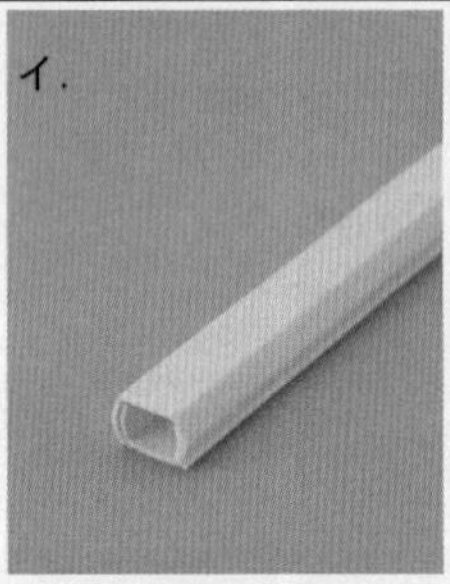	ロ． 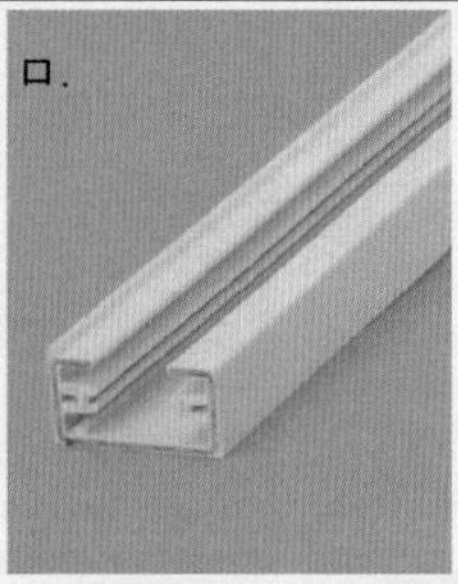	ハ． 	ニ． 
49	この配線図の施工で，**使用されていないものは。** ただし，写真下の図は，接点の構成を示す。	イ． 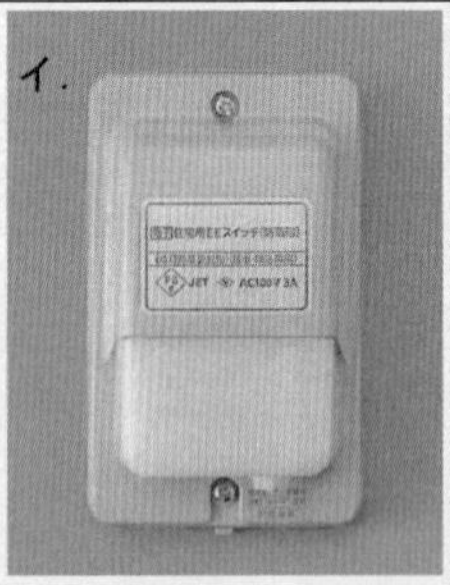	ロ． 	ハ． 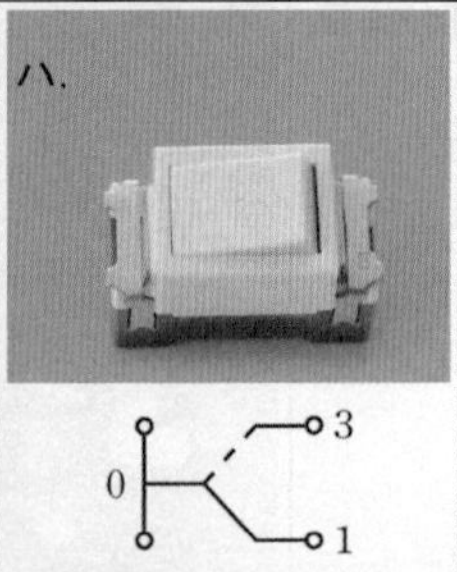 3 0 1	ニ． 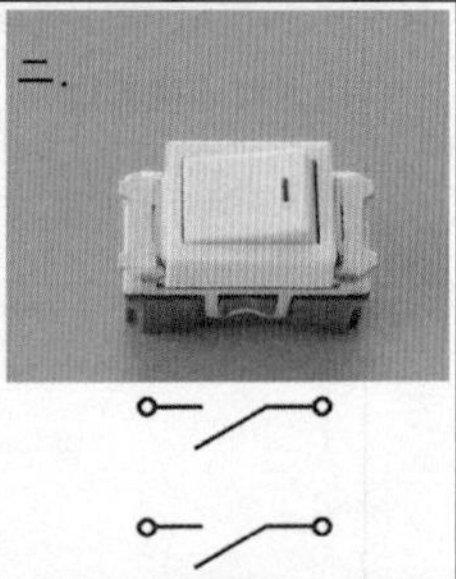
50	この配線図で，**使用されているコンセントは。**	イ． 	ロ． 	ハ． 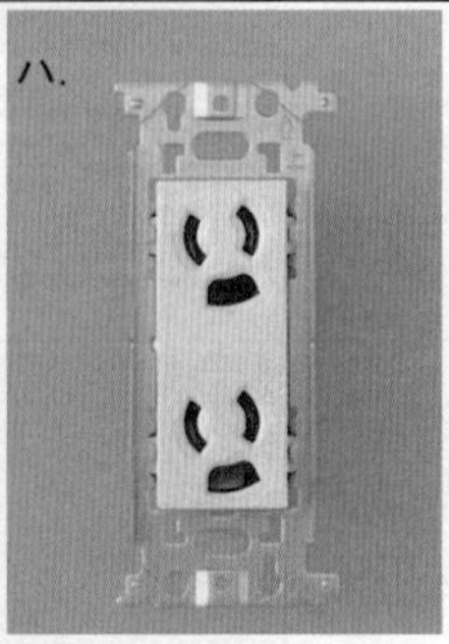	ニ． 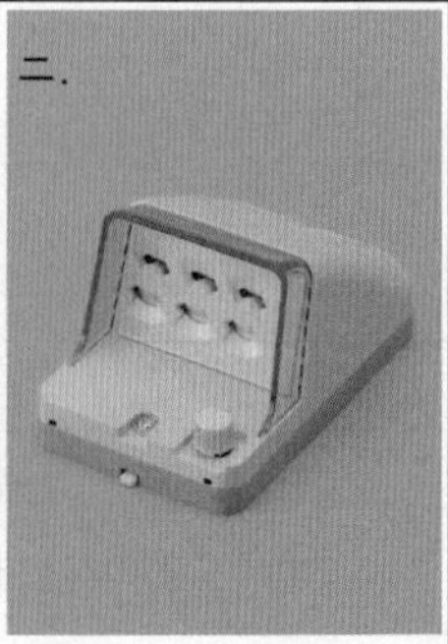

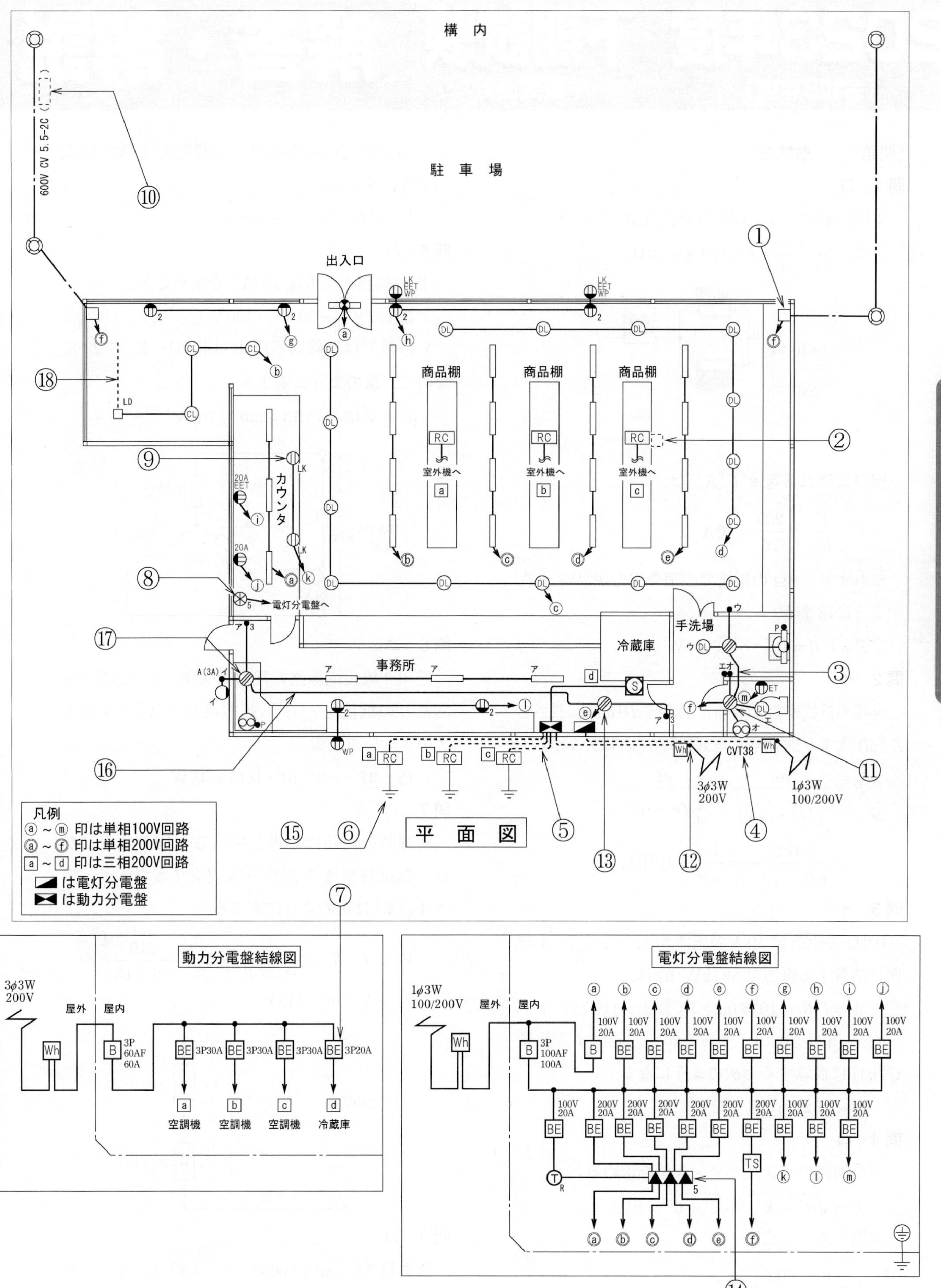

構　内
駐　車　場
600V CV 5.5-2C
出入口
商品棚
商品棚
商品棚
RC
室外機へ
カウンタ
電灯分電盤へ
事務所
冷蔵庫
手洗場
CVT38
3φ3W
200V
1φ3W
100/200V
平　面　図
凡例
ⓐ～ⓜ 印は単相100V回路
ⓐ～ⓕ 印は単相200V回路
a～d 印は三相200V回路
は電灯分電盤
は動力分電盤
動力分電盤結線図
3φ3W
200V
屋外
屋内
3P
60AF
60A
3P30A
3P30A
3P30A
3P20A
空調機
空調機
空調機
冷蔵庫
電灯分電盤結線図
1φ3W
100/200V
3P
100AF
100A
100V
20A
200V
20A
TS

第二種電気工事士学科試験(筆記方式)

2023年度 下期試験 解答・解説

(令和5年度) —午後実施分—

〔問題 1．一般問題〕

問 1　ロ

下図において a-c 間の合成抵抗 R_{ac} [Ω] は，

$$R_{ac} = \frac{20 \times 30}{20 + 30} + 8 = 12 + 8 = 20\,\Omega$$

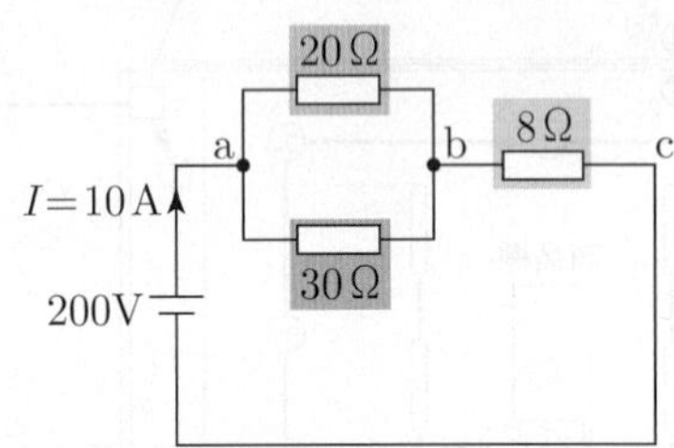

回路に流れる電流 I [A] は，

$$I = \frac{V}{R_{ac}} = \frac{200}{20} = 10\,\text{A}$$

これより，8 Ω の抵抗での消費電力 P [W] は次のように求まる．

$$P = I^2R = 10^2 \times 8 = 800\,\text{W}$$

問 2　イ

導線の抵抗率を ρ [Ω·m]，直径を D [mm]，長さを L [m] とすると，導線の電気抵抗 R [Ω] は次式となる．

$$R = \frac{\rho L}{\frac{\pi}{4}(D \times 10^{-3})^2} = \frac{\rho L}{\frac{\pi}{4}D^2 \times 10^{-6}}$$

$$= \frac{4\rho L}{\pi D^2 \times 10^{-6}} = \frac{4\rho L}{\pi D^2} \times 10^6\,[\Omega]$$

問 3　イ

0.2 Ω の抵抗に 10 A の電流が流れるので，1 時間に消費する電力量 W [kW·h] は，

$$W = I^2Rt = 10^2 \times 0.2 \times 10^{-3} \times 1 = 0.02\,\text{kW·h}$$

1 kW·h は 3 600 kJ であるから，発生する熱量 Q [kJ] に換算すると次のようになる．

$$Q = 0.02 \times 3\,600 = 72\,\text{kJ}$$

問 4　ロ

図の回路のインピーダンス Z を求めると，

$$Z = \sqrt{R^2 + X^2} = \sqrt{8^2 + 6^2} = 10\,\Omega$$

回路を流れる電流 I は，

$$I = \frac{V}{Z} = \frac{100}{10} = 10\,\text{A}$$

抵抗とリアクタンスの直列回路で，電力を消費するのは抵抗のみなので，消費電力 P [W] は次のように求まる．

$$P = I^2R = 10^2 \times 8 = 800\,\text{W}$$

問 5　ハ

図の回路の相電圧 E_P [V] を求めると，

$$E_P = I \times R = 20 \times 6 = 120\,\text{V}$$

Y 結線では，線間電圧 E は相電圧 E_P の $\sqrt{3}$ 倍なので，次のように求まる．

$$E = \sqrt{3}E_P = 1.73 \times 120 \fallingdotseq 208\,\text{V}$$

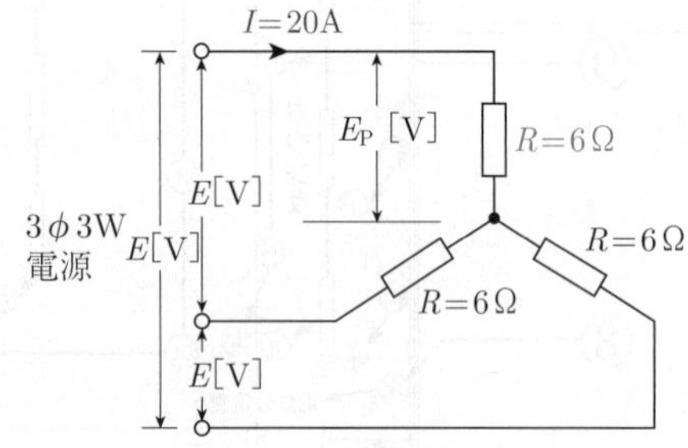

問 6　ニ

三相 3 線式電線路の電力損失 P_L は，電線 1 線あたりの抵抗を r [Ω]，線電流を I [A] とすると次のように求まる．

$$P_L = 3I^2r = 3 \times 10^2 \times 0.15 = 45\,\text{W}$$

問 7　ハ

断線時の回路図を書き換えると図のようになる．抵抗負荷 A を流れる電流を I とすると，電圧 V_A [V] は次のように求まる．

$$V_A = I \times R_A = \frac{V}{R_A + R_B} \times R_A = \frac{210}{20 + 10} \times 20$$

$$= 7 \times 20 = 140\,\text{V}$$

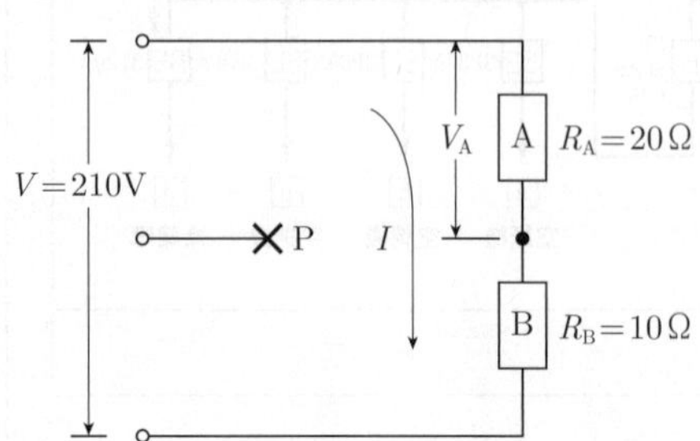

問 8　ロ

断面積 3.5 mm² の 600 V ビニル絶縁電線の許容電流は 37 A で，金属管に 4 本収めるときの電流減少係数は 0.63 である．よって，電線 1 本当た

りの許容電流 I[A] は次のように求まる.

$$I = 37 \times 0.63 \fallingdotseq 23\,\mathrm{A}$$

絶縁電線の許容電流（内線規程 1340-1 表）

種　類	太　さ	許容電流 [A]
単線直径 [mm]	1.6	27
	2.0	35
より線断面積 [mm^2]	2	27
	3.5	37
	5.5	49

（周囲温度 30℃以下）

問 9　ニ

低圧屋内幹線の配線用遮断器の定格電流 I_0 が 50 A で，分岐回路（VVR 8 mm^2）の許容電流 I が 42 A である．このため，配線用遮断器の定格電流 I_0 に対する分岐回路の許容電流 I の割合は，

$$\frac{I}{I_0} = \frac{42}{50} = 0.84 \qquad I = 0.84 I_0$$

$I \geqq 0.55 I_0$ となるため，電技解釈第 149 条により，分岐点から配線用遮断器までの長さの制限はない．

過電流遮断器の施設（電技解釈第 149 条）

	配線用遮断器までの長さ
原則	3 m 以下
$I \geqq 0.35 I_0$	8 m 以下
$I \geqq 0.55 I_0$	制限なし

問 10　ロ

電技解釈第 149 条により，30 A 分岐回路のコンセントは 20 A 以上 30 A 以下，電線の太さは直径 2.6 mm 以上のものを用いる．

分岐回路の施設（電技解釈第 149 条）

分岐過電流遮断器の定格電流	コンセント	電線の太さ
15A	15A 以下	直径 1.6 mm 以上
20A（配線用遮断器）	20A 以下	
20A（配線用遮断器を除く）	20A	直径 2 mm 以上
30A	20A 以上 30A 以下	直径 2.6 mm（断面積 5.5mm^2）以上
40A	30A 以上 40A 以下	断面積 8 mm^2 以上
50A	40A 以上 50A 以下	断面積 14 mm^2 以上

問 11　イ

プルボックスは，多数の金属管が集合する場所等で，電線の引き入れを容易にするために用いる材料である．

問 12　ロ

600 V ポリエチレン絶縁耐燃性ポリエチレンシースケーブルは，耐紫外線用エコケーブルとも呼ばれ，ビニル絶縁ビニルシースケーブルと比べ絶縁物の最高許容温度が高く，難燃性があり，焼却時に有害なハロゲン系ガスが発生しない．

問 13　イ

ノックアウトパンチャは金属製キャビネットやプルボックスなどの鉄板に穴を開ける工具である．太い電線の圧着接続には手動油圧式圧着器，コンクリート壁の穴開けには振動ドリル，太い電線管の曲げ加工には油圧式パイプベンダが用いられる．

問 14　ニ

三相誘導電動機の同期速度 N_s[min^{-1}] は，周波数を f[Hz]，極数を p とすると次式で表せる．

$$N_s = \frac{120f}{p} \ [\mathrm{min}^{-1}]$$

よって，周波数 50 Hz の電源で無負荷運転されている電動機を周波数 60 Hz に変化させると回転速度は 1.2 倍に増加する．

問 15　ニ

高感度形漏電遮断器の定格感度電流は 30 mA 以下なので，ニが誤りである．高速形漏電遮断器の動作時間は定格感度電流の 0.1 秒以内である．漏電遮断器は零相変流器によって地絡電流を検出し，漏電電流を模擬したテスト装置（テストボタン）がある．

漏電遮断器の種類（内線規程 1375-2 表）

感度電流による区分	定格感度電流 [mA]
高感度形	5, 6, 10, 15, 30
中感度形	50, 100, 200, 300, 500, 1 000
低感度形	3 000, 5 000, 10 000, 20 000, 30 000
動作時間による区分	動作時間
高速形	定格感度電流で 0.1 秒以内

問 16　イ

写真に示す材料は TS カップリングである．硬質ポリ塩化ビニル電線管（VE 管）相互を接続するのに用いられる．

問 17　ロ

写真に示す器具は，リモコン配線のリレーとして用いるリモコンリレーである．

問 18　ハ

写真に示す工具は合成樹脂管用カッタである．

硬質ポリ塩化ビニル電線管などの切断に使用する工具である．

問 19　ハ

内線規程 1335−7 により，終端接続の絶縁処理にビニルテープ（厚さ約 0.2mm）を用いる場合は，ビニルテープを半幅以上重ねて 2 回（4 層）以上巻かなくてはいけない．

問 20　ロ

電技解釈第 164 条により，2 種キャブタイヤケーブルは，使用電圧が 300V 以下の展開した場所又は点検できる隠ぺい場所に施工できるが，造営材の下面又は側面に沿って取り付ける場合はケーブルの支持点間の距離を 1m 以下としなくてはいけない．

問 21　ロ

電技解釈第 143 条により，住宅の屋内配線の対地電圧は 150 V 以下でなくてはならないが，定格消費電力が 2 kW 以上の電気機械器具で，次のように施設する場合は，対地電圧を 300 V 以下とすることができる．

- 当該電気機械器具のみに電気を供給する
- 屋内配線には簡易接触防護措置を施す
- 電気機械器具は屋内配線と直接接続する
- 専用の過電流遮断器，漏電遮断器を施設する

問 22　ハ

電技解釈第 177 条により，石油などの危険物を貯蔵または製造する場所の低圧屋内配線工事は，合成樹脂管（CD 管を除く），金属管工事，ケーブル工事で施工する．金属線ぴ工事で施工してはいけない．

問 23　イ

電技解釈第 158 条により，合成樹脂管の支持点間の距離は 1.5 m 以下とし，かつ，その支持点は，管端，管とボックスとの接続点及び管相互のそれぞれの近くの箇所に設けなくてはいけない．また，管相互及び管とボックスとの接続は、管の差込み深さを管の外径の 1.2 倍（接着剤を使用する場合は 0.8 倍）以上として施工する．

問 24　ニ

アナログ式回路計（電池内蔵）で回路抵抗を測定する場合，使用した測定レンジに倍率表示があるときは，読んだ指示値に倍率を掛けて測定値としなくてはいけないので，ニが誤りである．

問 25　ニ

絶縁抵抗計で電路の絶縁抵抗を測定ときは必ず被測定回路を停電して行わなければならない．やむを得ず停電できない場合は，当該電路の使用電圧が加わった状態における漏えい電流が 1 mA 以下であることを確認する（電技解釈第 14 条）．

問 26　イ

電技省令第 58 条により，200 V 三相誘導電動機（対地電圧 200 V）の配線の絶縁抵抗値は 0.2 MΩ 以上である．また，電技解釈第 29 条により，電動機の鉄台には D 種接地工事を施さなくてはならないが，0.5 秒以内に動作する漏電遮断器が施設されているので，接地抵抗値は 500 Ω 以下である（電技解釈第 17 条）．

低圧電路の絶縁性能（電技省令第 58 条）

電路の使用電圧の区分		絶縁抵抗値
300V 以下	対地電圧 150V 以下	0.1 MΩ 以上
	その他の場合	0.2 MΩ 以上
300V を超える低圧回路		0.4 MΩ 以上

問 27　ロ

クランプ形電流計は交流電流だけでなく直流電流の測定もできるものがある．クランプ式なので通電状態のまま電流を測定できるが，クランプ部の形状や大きさにより，測定できる電線の太さや最大電流に制限がある．

問 28　ニ

電気工事士法施行規則第 2 条により，ニの配電盤を造営材に取り付ける作業は電気工事士でなければ従事できない．イ，ロ，ハの工事は，電気工事士法施行令第 1 条により，軽微な工事として電気工事士でなくても従事できる．

問 29　ロ

電気用品安全法第 10 条により，電気用品のうち特定電気用品を示す記号は◇PSE，<PS>E なので，ロが誤りである．特定電気用品とは，構造や使用の方法などから危険・傷害の発生するおそれが多い電気製品のことある．

問 30　ハ

電技省令第 2 条により，電圧の種類が低圧となるのは，電圧が直流にあっては 750 V 以下，交流

にあっては600V以下と定められている.

〔問題2. 配線図〕

問31 イ

①で示す図記号はジョイントボックスなので,イが正しい. VVF用ジョイントボックスは⊘,プルボックスは⊠,ジャンクションボックスは--◎--の図記号で表される.

問32 ハ

ルームエアコンの屋内ユニットの傍記表示はIである. 屋外ユニットはOと傍記する.

問33 イ

③で示す部分の最小電線本数(心線数)は複線結線図−1より2本である.

問34 ニ

④で示す低圧ケーブルは, CVT38とあるので,電線の太さ38 mm^2 の600V架橋ポリエチレン絶縁ビニルシースケーブル(単心3本より線)を使用している.

問35 ロ

⑤で示す部分は三相3線式200Vの電路(空調機Ⓒ)で,対地電圧は200Vである. よって,電路と大地間の絶縁抵抗値は0.2MΩ以上である.

低圧電路の絶縁性能(電技省令第58条)

電路の使用電圧の区分		絶縁抵抗値
300V以下	対地電圧150V以下	0.1MΩ以上
	その他の場合	0.2MΩ以上
300Vを超える低圧回路		0.4MΩ以上

問36 ニ

⑥で示す部分の接地工事は,三相3線式200Vで使用されるルームエアコンの室外ユニットの接地なので,電技解釈第29条によりD種接地工事を施す. 電技解釈第17条により,電源側に0.1秒以内で動作する漏電遮断器が設置されているので,接地抵抗値は500Ω以下であればよい.

問37 ニ

⑦で示す図記号 BE$_{3P20A}$ は,漏電遮断器(過負荷保護付)である. 配線用遮断器の図記号はB,カットアウトスイッチの図記号はS,モータブレーカの図記号はB又はB$_M$である.

問38 ハ

⑧で示す図記号⊗$_5$はリモコンセレクタスイッチである. 傍記の「5」は回路数(リレー数)を示す. 火災表示灯の図記号は⊗,漏電警報器の図記号は$_G$,表示スイッチの図記号は⊡(発信器)である.

問39 ニ

⑨で示す図記号$_{LK}$は抜け止め形コンセントを天井面に取り付けることを示す.

問40 ロ

耐衝撃性硬質ポリ塩化ビニル電線管の傍記記号はHIVEである. FEPは波付硬質合成樹脂管, VEは硬質ポリ塩化ビニル電線管, CDは合成樹脂製可とう電線管の傍記記号である.

問41 ロ

⑪で示すボックス内の接続は,複線結線図−1より, 1.6mm×2本接続2箇所, 1.6mm×3本接続1箇所, 1.6mm×4本接続1箇所となる. 使用するリングスリーブは小が4個で,刻印は「○」2個,「小」2個である(JIS C2806).

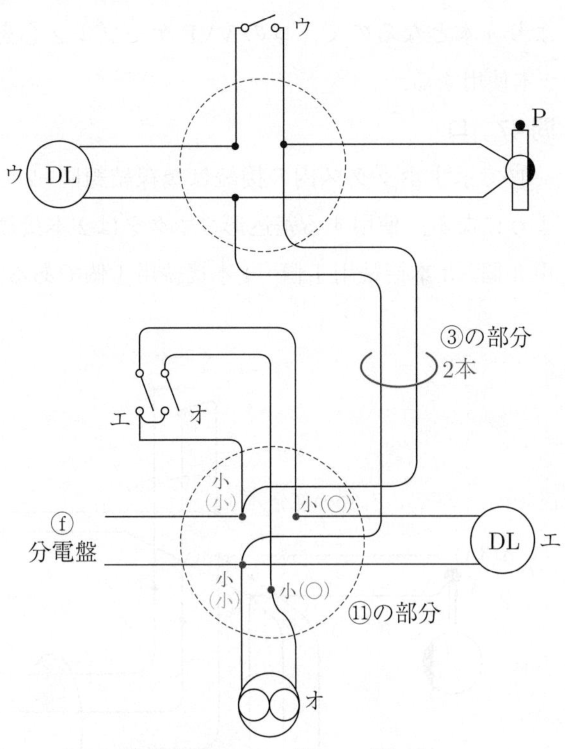

複線結線図−1(問33,問41)

問42 ハ

⑫で示す部分でDV線を引き留める場合に使用するのは,ハの平形がいしである. イはがいし引き工事で電線の支持に用いるノップがいし,ロはネオン放電管の支持に用いるチューブサポート,

ニは電柱の引き留め箇所など支線の絶縁に用いる玉がいしである．

問 43　イ

⑬で示すボックス内の接続は，複線結線図−2より，1.6 mm×2 本接続 3 箇所，1.6 mm×3 本接続 1 箇所となるので，使用するリングスリーブは小が 4 個である（JIS C 2806）．

問 44　ニ

⑭で示す図記号はリモコンリレーであるが，単相 200 V 回路なので，ニの両切のリモコンリレーを使用する．イは漏電遮断器，ロはタイムスイッチ，ハは片切のリモコンリレーである．

問 45　ハ

⑮で示す接地工事を施すとき使用する工具は，イの電工ナイフ，ロの接地棒，ニの圧着端子である．ハのリーマは金属管の加工がないので使用されない．

問 46　ロ

⑯で示す部分に使用する電線は複線結線図−2より 4 本となるので，ロの VVF ケーブル 2 心を 2 本使用する．

問 47　ロ

⑰で示すボックス内の接続は複線結線図−2 のようになる．使用する差込形コネクタは 2 本接続用 3 個，3 本接続用 1 個，4 本接続用 1 個である．

問 48　ロ

⑱で示す図記号 □-------- LD はライティングダクトなので，ロが正しい．イはモール，ハは 1 種金属線ぴ，ニはケーブルラックである．

問 49　ニ

この配線図の工事では，ニの 2 極スイッチは使用されない．イは自動点滅器，ロはリモコン変圧器，ハは 3 路スイッチで，各々使用されている．

問 50　イ

この配線図で使用されているのは，イの抜け止め形コンセント（図記号 ⦶LK）である．ロは 2 口用の接地端子付コンセント（図記号 ⦶2ET），ハは 2 口用の接地極付抜け止め形コンセント（図記号 ⦶2LK E），ニは 3 口用の防雨形接地端子付抜け止め形コンセント（図記号 ⦶3LK ET WP）であり，この配線図は使用されていない．

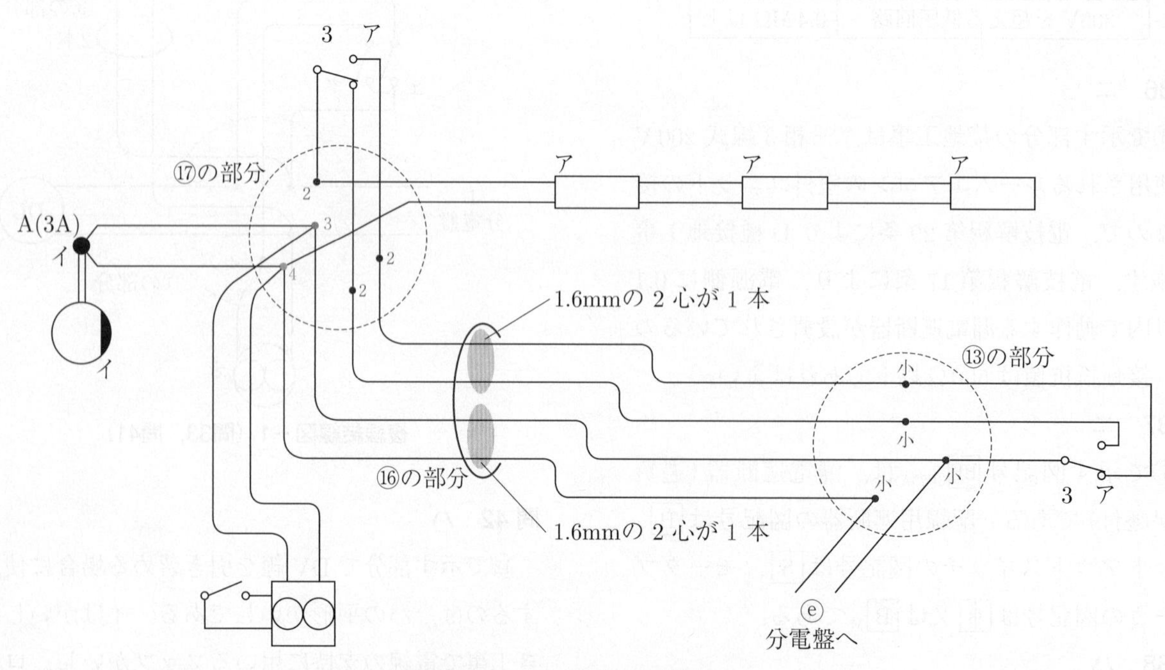

複線結線図−2（問43，問46，問47）

第二種電気工事士
筆記試験

2022年度
（令和4年度）

上期試験
（午前実施分）

※ 2022 年度（令和 4 年度）の第二種電気工事士上期筆記試験は，新型コロナウイルス感染防止対策として，同日の午前と午後にそれぞれ実施された．

問題1．一般問題（問題数 30，配点は1問当たり2点）

【注】本問題の計算で $\sqrt{2}$，$\sqrt{3}$ 及び円周率 π を使用する場合の数値は次によること。$\sqrt{2}=1.41$，$\sqrt{3}=1.73$，$\pi=3.14$

次の各問いには4通りの答え（イ，ロ，ハ，ニ）が書いてある。それぞれの問いに対して答えを1つ選びなさい。

なお，選択肢が数値の場合は最も近い値を選びなさい。

	問い	答え			
1	図のような回路で，電流計Ⓐの値が1Aを示した。このときの電圧計Ⓥの指示値[V]は。 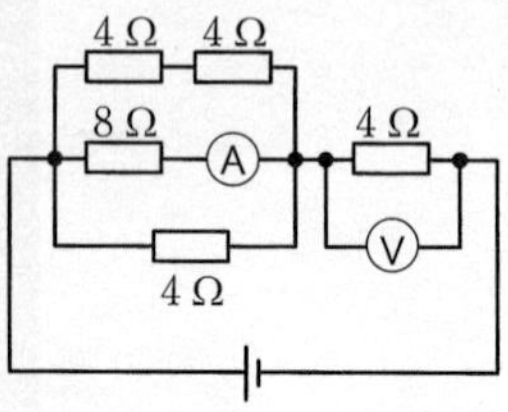 （図：4Ω 4Ω，8Ω Ⓐ，4Ω，4Ω Ⓥ）	イ．16	ロ．32	ハ．40	ニ．48
2	ビニル絶縁電線（単線）の抵抗又は許容電流に関する記述として，**誤っているものは**。	イ．許容電流は，周囲の温度が上昇すると，大きくなる。 ロ．許容電流は，導体の直径が大きくなると，大きくなる。 ハ．電線の抵抗は，導体の長さに比例する。 ニ．電線の抵抗は，導体の直径の2乗に反比例する。			
3	抵抗器に100Vの電圧を印加したとき，5Aの電流が流れた。1時間30分の間に抵抗器で発生する熱量［kJ］は。	イ．750	ロ．1 800	ハ．2 700	ニ．5 400
4	図のような交流回路において，抵抗8Ωの両端の電圧 V［V］は。 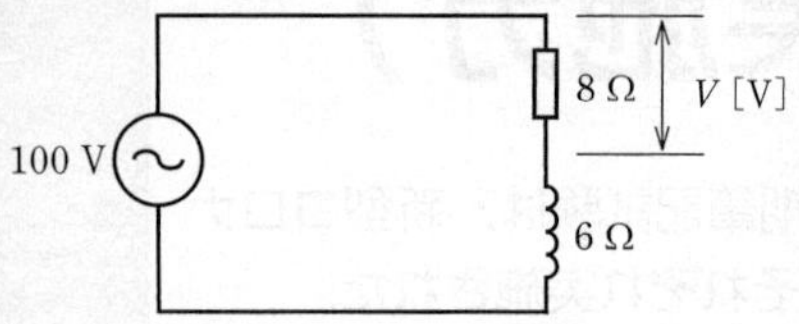 （図：100V，8Ω，V［V］，6Ω）	イ．43	ロ．57	ハ．60	ニ．80
5	図のような三相3線式回路の全消費電力［kW］は。 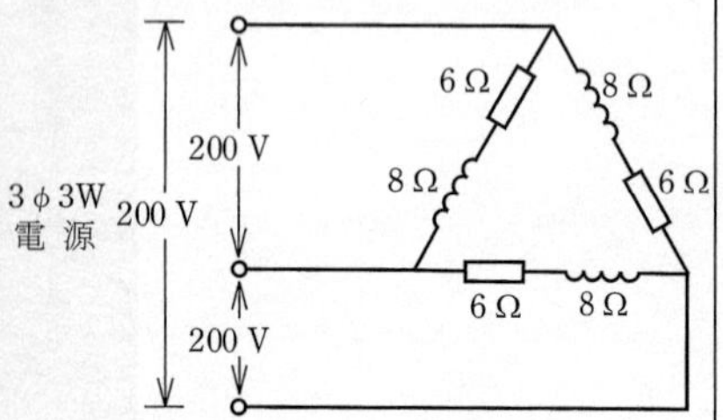 （図：3φ3W 電源 200V，200V，200V，6Ω，8Ω，8Ω，6Ω，6Ω，8Ω）	イ．2.4	ロ．4.8	ハ．7.2	ニ．9.6

	問い	答え			
6	図のような三相3線式回路で，電線1線当たりの抵抗が0.15 Ω，線電流が10 Aのとき，この電線路の電力損失［W］は。 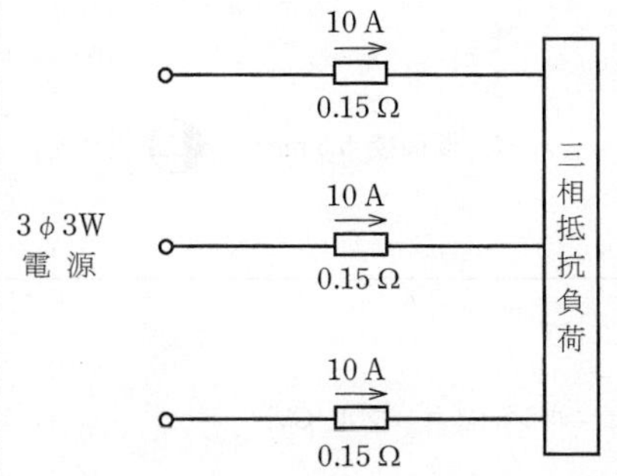	イ．15	ロ．26	ハ．30	ニ．45
7	図のような単相3線式回路において，消費電力1 000 W，200 Wの2つの負荷はともに抵抗負荷である。図中の✕印点で断線した場合，a-b間の電圧［V］は。 ただし，断線によって負荷の抵抗値は変化しないものとする。 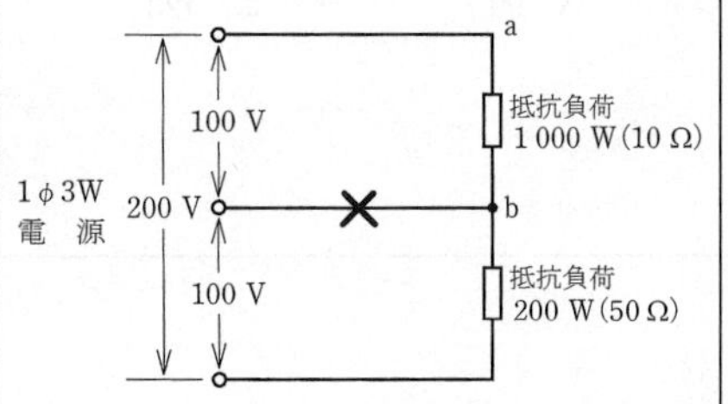	イ．17	ロ．33	ハ．100	ニ．167
8	金属管による低圧屋内配線工事で，管内に直径2.0 mmの600Vビニル絶縁電線（軟銅線）4本を収めて施設した場合，電線1本当たりの許容電流［A］は。 ただし，周囲温度は30 ℃以下，電流減少係数は0.63とする。	イ．22	ロ．31	ハ．35	ニ．38
9	定格電流12 Aの電動機5台が接続された単相2線式の低圧屋内幹線がある。この幹線の太さを決定するための根拠となる電流の最小値［A］は。 ただし，需要率は80％とする。	イ．48	ロ．60	ハ．66	ニ．75

	問い	答え
10	定格電流30 Aの配線用遮断器で保護される分岐回路の電線(軟銅線)の太さと，接続できるコンセントの図記号の組合せとして，**適切なものは。** ただし，コンセントは兼用コンセントではないものとする。	イ．断面積 5.5 mm² ⊖2 ロ．断面積 3.5 mm² ⊖3 ハ．直径 2.0 mm ⊖20 A ニ．断面積 5.5 mm² ⊖20 A 2
11	低圧の地中配線を直接埋設式により施設する場合に**使用できるものは。**	イ．600V 架橋ポリエチレン絶縁ビニルシースケーブル(CV) ロ．屋外用ビニル絶縁電線(OW) ハ．引込用ビニル絶縁電線(DV) ニ．600V ビニル絶縁電線(IV)
12	600V ポリエチレン絶縁耐燃性ポリエチレンシースケーブル平形(EM-EEF)の絶縁物の最高許容温度［℃］は。	イ．60　ロ．75　ハ．90　ニ．120
13	電気工事の種類と，その工事で使用する工具の組合せとして，**適切なものは。**	イ．金属線ぴ工事とボルトクリッパ ロ．合成樹脂管工事とパイプベンダ ハ．金属管工事とクリックボール ニ．バスダクト工事と圧着ペンチ
14	三相誘導電動機が周波数50 Hzの電源で無負荷運転されている。この電動機を周波数60 Hzの電源で無負荷運転した場合の回転の状態は。	イ．回転速度は変化しない。 ロ．回転しない。 ハ．回転速度が減少する。 ニ．回転速度が増加する。
15	蛍光灯を，同じ消費電力の白熱電灯と比べた場合，**正しいものは。**	イ．力率が良い。 ロ．雑音(電磁雑音)が少ない。 ハ．寿命が短い。 ニ．発光効率が高い。(同じ明るさでは消費電力が少ない)

	問い	答え
16	写真に示す材料の用途は。	イ．PF 管を支持するのに用いる。 ロ．照明器具を固定するのに用いる。 ハ．ケーブルを束線するのに用いる。 ニ．金属線ぴを支持するのに用いる。
17	写真に示す機器の名称は。	イ．水銀灯用安定器 ロ．変流器 ハ．ネオン変圧器 ニ．低圧進相コンデンサ
18	写真に示す測定器の用途は。	イ．接地抵抗の測定に用いる。 ロ．絶縁抵抗の測定に用いる。 ハ．電気回路の電圧の測定に用いる。 ニ．周波数の測定に用いる。
19	単相 100 V の屋内配線工事における絶縁電線相互の接続で，**不適切なものは。**	イ．絶縁電線の絶縁物と同等以上の絶縁効力のあるもので十分被覆した。 ロ．電線の引張強さが 15%減少した。 ハ．電線相互を指で強くねじり，その部分を絶縁テープで十分被覆した。 ニ．接続部の電気抵抗が増加しないように接続した。
20	電気設備の簡易接触防護措置としての最小高さの組合せとして，**正しいものは。** ただし，人が通る場所から容易に触れることのない範囲に施設する。	イ．a，h ロ．b，g ハ．c，e ニ．d，f

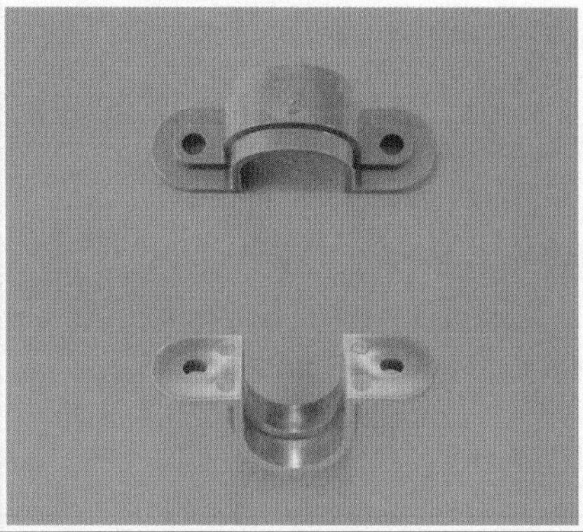

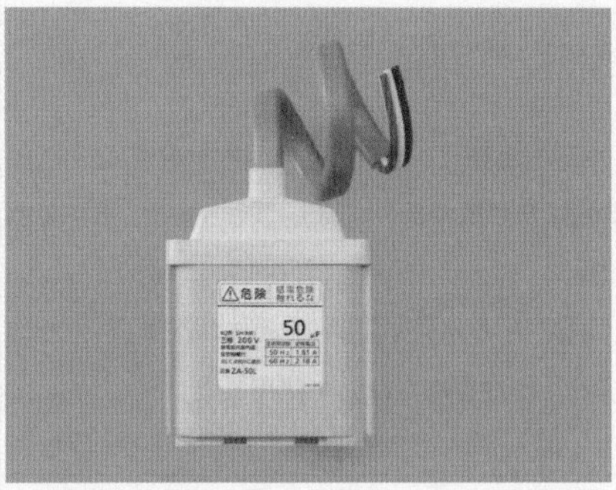

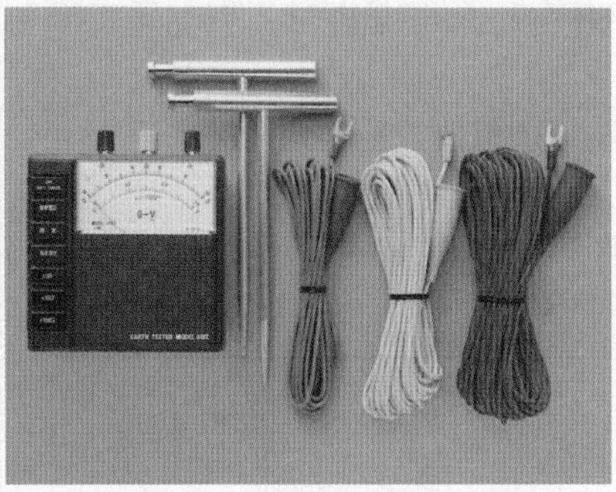

屋内で床面からの最小高さ[m]	屋外で地表面からの最小高さ[m]
a　1.6	e　2
b　1.7	f　2.1
c　1.8	g　2.2
d　1.9	h　2.3

	問い	答え
21	低圧屋内配線の図記号と，それに対する施工方法の組合せとして，**正しいものは**。	イ．-----///----- IV1.6（E19） 厚鋼電線管で天井隠ぺい配線。 ロ．———///——— IV1.6（PF16） 硬質ポリ塩化ビニル電線管で露出配線。 ハ．———///——— IV1.6（16） 合成樹脂製可とう電線管で天井隠ぺい配線。 ニ．-----///----- IV1.6（F2 17） 2種金属製可とう電線管で露出配線。
22	機械器具の金属製外箱に施すD種接地工事に関する記述で，**不適切なものは**。	イ．三相200 V電動機外箱の接地線に直径1.6 mmのIV電線を使用した。 ロ．単相100 V移動式の電気ドリル(一重絶縁)の接地線として多心コードの断面積0.75 mm^{2}の1心を使用した。 ハ．単相100 Vの電動機を水気のある場所に設置し，定格感度電流15 mA，動作時間0.1秒の電流動作型漏電遮断器を取り付けたので，接地工事を省略した。 ニ．一次側200 V，二次側100 V，3 kV･Aの絶縁変圧器(二次側非接地)の二次側電路に電動丸のこぎりを接続し，接地を施さないで使用した。
23	硬質ポリ塩化ビニル電線管による合成樹脂管工事として，**不適切なものは**。	イ．管の支持点間の距離は2 mとした。 ロ．管相互及び管とボックスとの接続で，専用の接着剤を使用し，管の差込み深さを管の外径の0.9倍とした。 ハ．湿気の多い場所に施設した管とボックスとの接続箇所に，防湿装置を施した。 ニ．三相200 V配線で，簡易接触防護措置を施した場所に施設した管と接続する金属製プルボックスに，D種接地工事を施した。
24	単相3線式100/200 Vの屋内配線で，絶縁被覆の色が赤色，白色，黒色の3種類の電線が使用されていた。この屋内配線で電線相互間及び電線と大地間の電圧を測定した。その結果としての電圧の組合せで，**適切なものは**。 ただし，中性線は白色とする。	イ．黒色線と大地間 100 V／白色線と大地間 200 V／赤色線と大地間 0 V ロ．黒色線と白色線間 100 V／黒色線と大地間 0 V／赤色線と大地間 200 V ハ．赤色線と黒色線間 200 V／白色線と大地間 0 V／黒色線と大地間 100 V ニ．黒色線と白色線間 200 V／黒色線と大地間 100 V／赤色線と大地間 0 V
25	単相3線式100/200 Vの屋内配線において，開閉器又は過電流遮断器で区切ることができる電路ごとの絶縁抵抗の最小値として，「電気設備に関する技術基準を定める省令」に規定されている値［MΩ］の組合せで，**正しいものは**。	イ．電路と大地間 0.2／電線相互間 0.4 ロ．電路と大地間 0.2／電線相互間 0.2 ハ．電路と大地間 0.1／電線相互間 0.1 ニ．電路と大地間 0.1／電線相互間 0.2

	問　い	答　え
26	工場の200 V三相誘導電動機（対地電圧200 V）への配線の絶縁抵抗値［MΩ］及びこの電動機の鉄台の接地抵抗値［Ω］を測定した。電気設備技術基準等に適合する測定値の組合せとして，**適切なものは**。 ただし，200 V電路に施設された漏電遮断器の動作時間は0.5秒を超えるものとする。	イ．0.4 MΩ　300 Ω ロ．0.3 MΩ　60 Ω ハ．0.15 MΩ　200 Ω ニ．0.1 MΩ　50 Ω
27	直動式指示電気計器の目盛板に図のような記号がある。記号の意味及び測定できる回路で，**正しいものは**。 	イ．永久磁石可動コイル形で目盛板を鉛直に立てて，直流回路で使用する。 ロ．永久磁石可動コイル形で目盛板を鉛直に立てて，交流回路で使用する。 ハ．可動鉄片形で目盛板を鉛直に立てて，直流回路で使用する。 ニ．可動鉄片形で目盛板を水平に置いて，交流回路で使用する。
28	「電気工事士法」において，一般用電気工作物に係る工事の作業でa，bともに電気工事士でなければ**従事できないものは**。	イ．a：配電盤を造営材に取り付ける。 b：電線管に電線を収める。 ロ．a：地中電線用の管を設置する。 b：定格電圧100 Vの電力量計を取り付ける。 ハ．a：電線を支持する柱を設置する。 b：電線管を曲げる。 ニ．a：接地極を地面に埋設する。 b：定格電圧125 Vの差込み接続器にコードを接続する。
29	「電気用品安全法」における電気用品に関する記述として，**誤っているものは**。	イ．電気用品の製造又は輸入の事業を行う者は，「電気用品安全法」に規定する義務を履行したときに，経済産業省令で定める方式による表示を付すことができる。 ロ．「特定電気用品以外の電気用品」には〈PS〉Eまたは<PS>Eの表示が付されている。 ハ．電気用品の販売の事業を行う者は，経済産業大臣の承認を受けた場合等を除き，法令に定める表示のない電気用品を販売してはならない。 ニ．電気工事士は，「電気用品安全法」に規定する表示の付されていない電気用品を電気工作物の設置又は変更の工事に使用してはならない。
30	一般用電気工作物に関する記述として，**誤っているものは**。	イ．低圧で受電するものは，出力60 kWの太陽電池発電設備を同一構内に施設すると，一般用電気工作物とならない。 ロ．低圧で受電するものは，小規模事業用電気工作物に該当しない小規模発電設備を同一構内に施設すると，一般用電気工作物とならない。 ハ．低圧で受電するものであっても，火薬類を製造する事業場など，設置する場所によっては一般用電気工作物とならない。 ニ．高圧で受電するものは，受電電力の容量，需要場所の業種にかかわらず，一般用電気工作物とならない。

※令和５年３月20日の電気事業法および関連法の改正・施行に伴い，問30の選択肢の内容を一部変更しています．

問題2．配線図（問題数 20，配点は1問当たり 2 点）

図は，鉄骨軽量コンクリート造一部２階建工場及び倉庫の配線図である。この図に関する次の各問いには４通りの答え（イ，ロ，ハ，ニ）が書いてある。それぞれの問いに対して，答えを１つ選びなさい。

【注意】１．屋内配線の工事は，特記のある場合を除き電灯回路は 600V ビニル絶縁ビニルシースケーブル平形（VVF)を用いたケーブル工事である。

２．屋内配線等の電線の本数，電線の太さ及び１階工場内の照明等の回路，その他，問いに直接関係のない部分等は省略又は簡略化してある。

３．漏電遮断器は，定格感度電流 30 mA，動作時間 0.1 秒以内のものを使用している。

４．選択肢（答え）の写真にあるコンセント及び点滅器は，「JIS C 0303：2000 構内電気設備の配線用図記号」で示す「一般形」である。

５．ジョイントボックスを経由する電線は，すべて接続箇所を設けている。

６．３路スイッチの記号「0」の端子には，電源側又は負荷側の電線を結線する。

	問　い	答　え
31	①で示す部分の最少電線本数（心線数）は。	イ．3　ロ．4　ハ．5　ニ．6
32	②で示す引込口開閉器の設置は。 ただし，この屋内電路を保護する過負荷保護付漏電遮断器の定格電流は 20 A である。	イ．屋外の電路が地中配線であるから省略できない。 ロ．屋外の電路の長さが 10 m 以上なので省略できない。 ハ．過負荷保護付漏電遮断器の定格電流が 20 A なので省略できない。 ニ．屋外の電路の長さが 15 m 以下なので省略できる。
33	③で示す部分の配線工事で用いる管の種類は。	イ．硬質ポリ塩化ビニル電線管 ロ．耐衝撃性硬質ポリ塩化ビニル電線管 ハ．耐衝撃性硬質ポリ塩化ビニル管 ニ．波付硬質合成樹脂管
34	④で示す図記号の名称は。	イ．フロートスイッチ ロ．圧力スイッチ ハ．電磁開閉器用押しボタン ニ．握り押しボタン
35	⑤で示す引込線取付点の地表上の高さの最低値［m］は。 ただし，引込線は道路を横断せず，技術上やむを得ない場合で交通に支障がないものとする。	イ．2.5　ロ．3.0　ハ．3.5　ニ．4.0
36	⑥で示す部分に施設してはならない過電流遮断装置は。	イ．２極にヒューズを取り付けたカバー付ナイフスイッチ ロ．２極２素子の配線用遮断器 ハ．２極にヒューズを取り付けたカットアウトスイッチ ニ．２極１素子の配線用遮断器
37	⑦で示す部分の接地工事の接地抵抗の最大値と，電線（軟銅線）の最小太さとの組合せで，適切なものは。	イ．100 Ω 2.0 mm　ロ．300 Ω 1.6 mm　ハ．500 Ω 1.6 mm　ニ．600 Ω 2.0 mm
38	⑧で示す部分の電路と大地間の絶縁抵抗として，許容される最小値［MΩ］は。	イ．0.1　ロ．0.2　ハ．0.4　ニ．1.0
39	⑨で示す部分にモータブレーカを取り付けたい。図記号は。	イ．S　ロ．M　ハ．M　ニ．B
40	⑩で示すコンセントの極配置（刃受）で，正しいものは。	イ．　ロ．　ハ．　ニ．

	問い	イ.	ロ.	ハ.	ニ.
41	⑪で示すボックス内の接続をすべて圧着接続とする場合，使用するリングスリーブの種類と最少個数の組合せで，**正しいものは。**	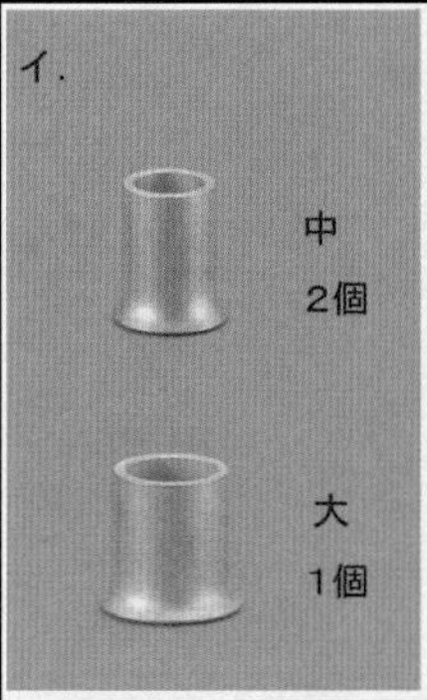 中 2個 大 1個	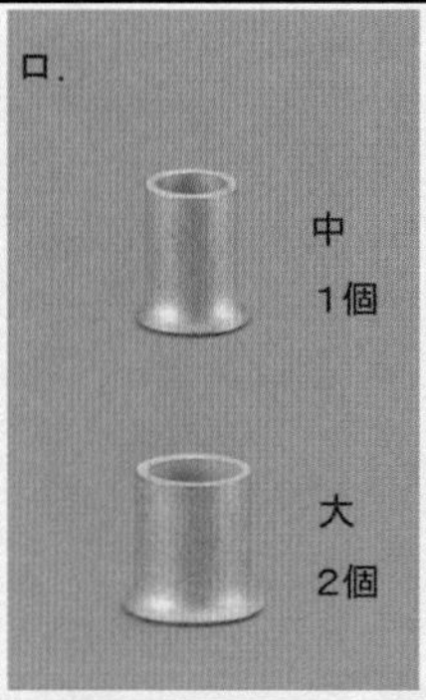 中 1個 大 2個	 中 3個	 大 3個
42	⑫で示すボックス内の接続をすべて差込形コネクタとする場合，使用する差込形コネクタの種類と最少個数の組合せで，**正しいものは。** ただし，使用する電線はすべてVVF1.6とする。	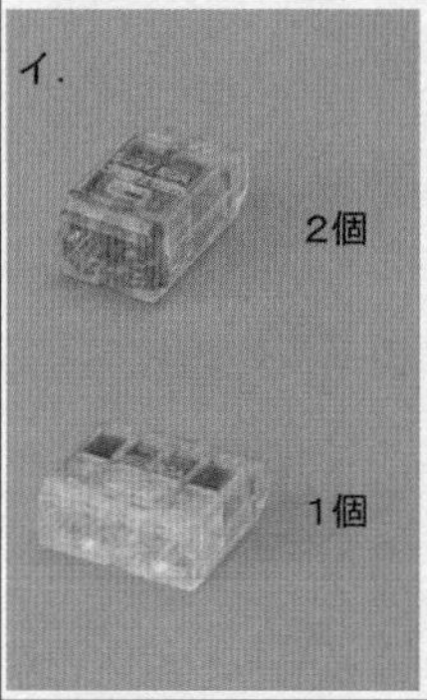 2個 1個	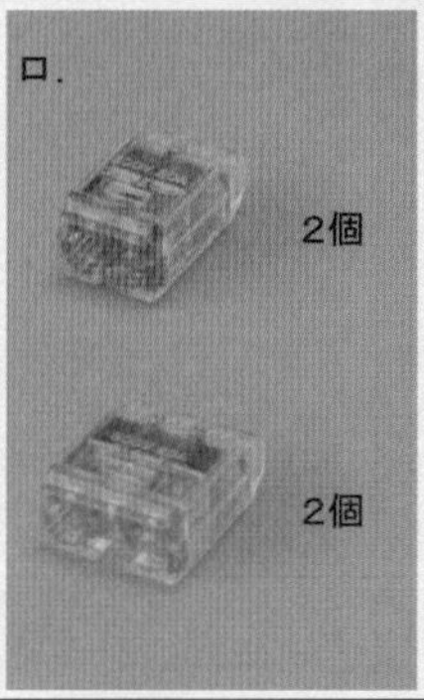 2個 2個	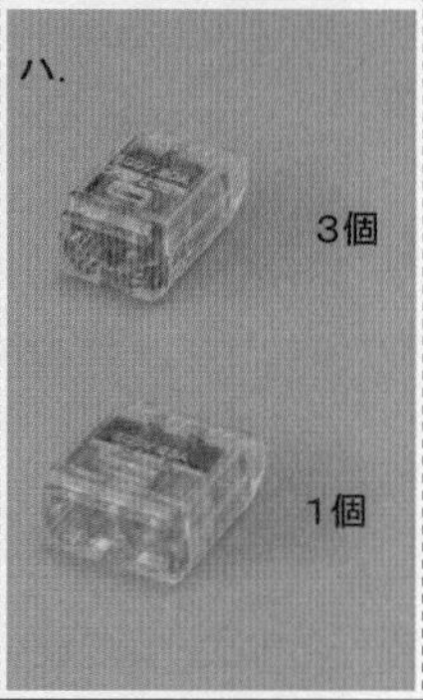 3個 1個	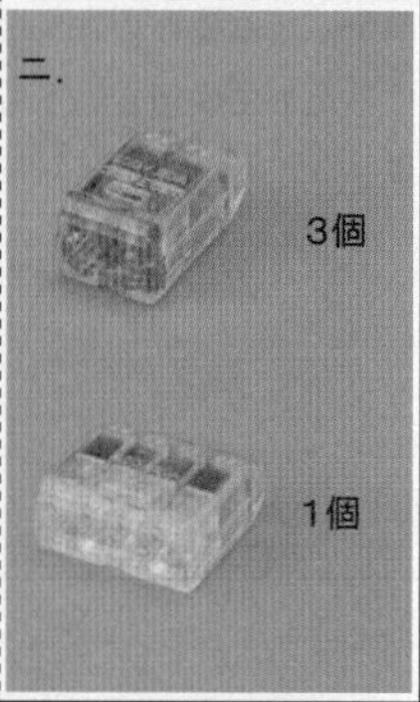 3個 1個
43	⑬で示す点滅器の取付け工事に**使用されないものは。**	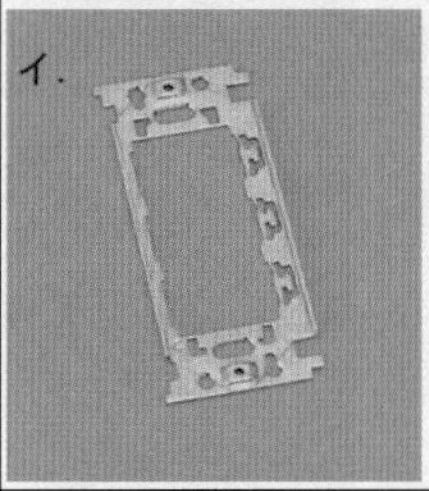	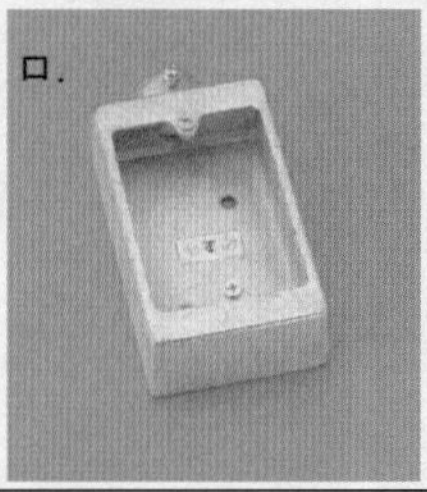	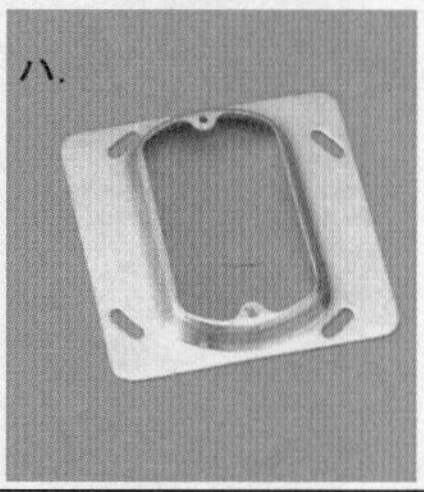	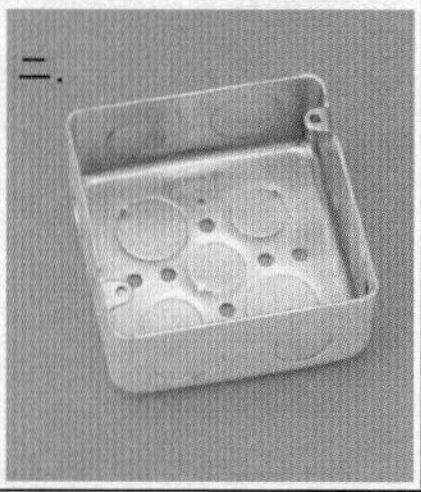
44	⑭で示す部分の配線工事に必要なケーブルは。 ただし，心線数は最少とする。	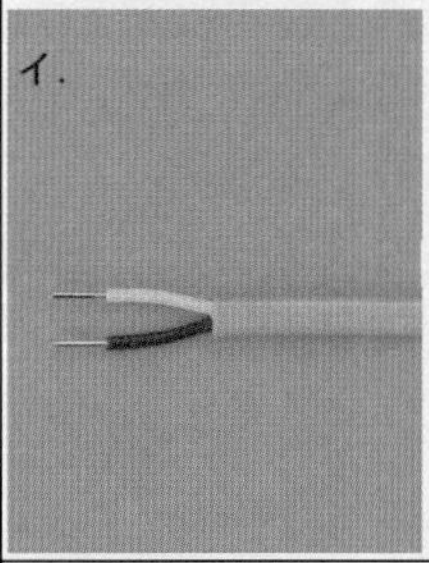	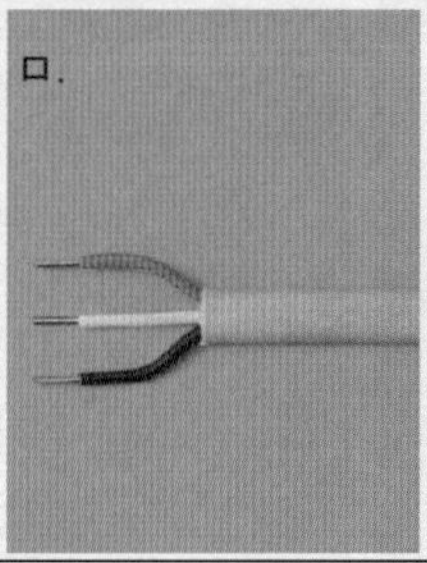	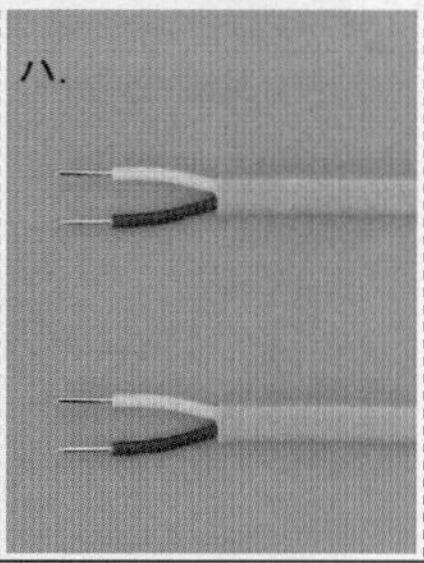	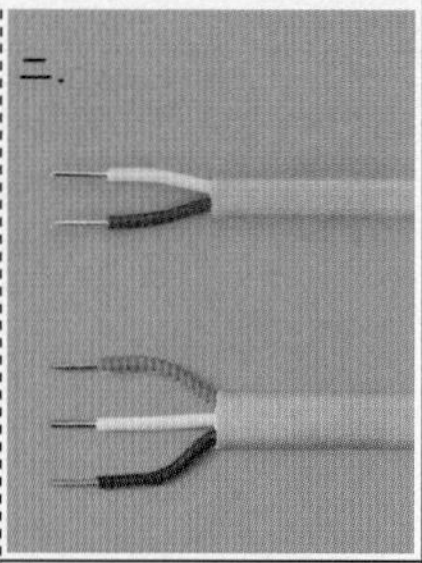
45	⑮で示すボックス内の接続をリングスリーブで圧着接続した場合のリングスリーブの種類，個数及び圧着接続後の刻印との組合せで，**正しいものは。** ただし，使用する電線はすべてIV1.6とする。 また，写真に示す**リングスリーブ中央の○，小，中**は刻印を表す。	 小 小 小 小 3個	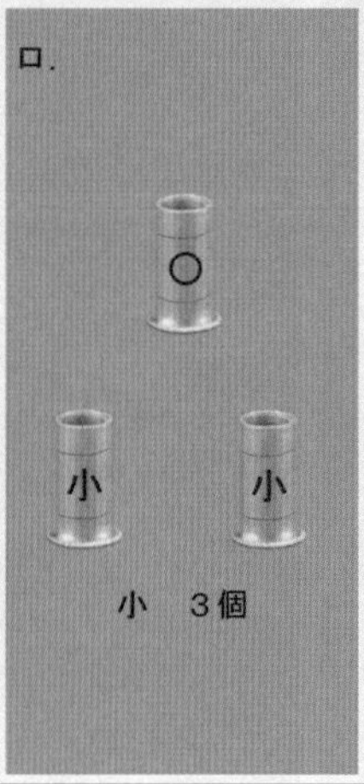 ○ 小 小 小 3個	 小 ○ ○ 小 3個	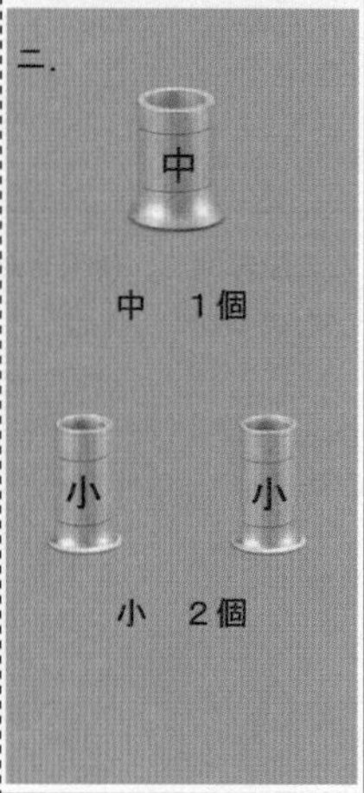 中 中 1個 小 小 小 2個

2022年度：上期-午前（令和4年度）

	問い	答え			
46	⑯で示す部分の配線を器具の裏面から見たものである。**正しいものは。** ただし，電線の色別は，白色は電源からの接地側電線，黒色は電源からの非接地側電線，赤色は負荷に結線する電線とする。	イ. 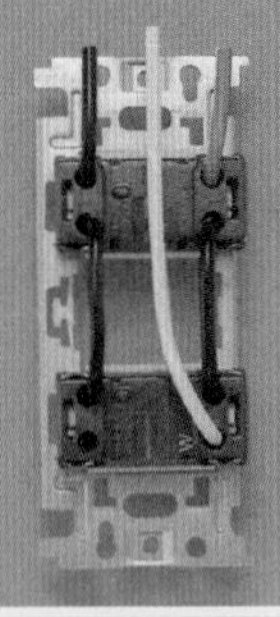	ロ. 	ハ. 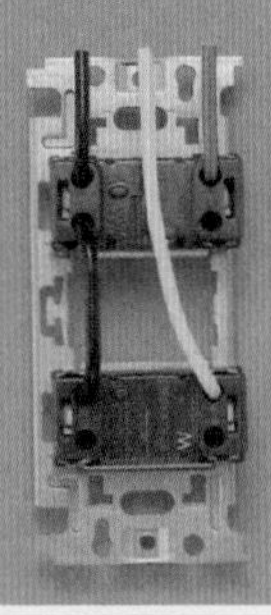	ニ. 
47	⑰で示す電線管相互を接続するために**使用されるものは。**	イ. 	ロ. 	ハ. 	ニ. 
48	⑱で示すジョイントボックス内の電線相互の接続作業に用いるものとして，**不適切なものは。**	イ. 	ロ. 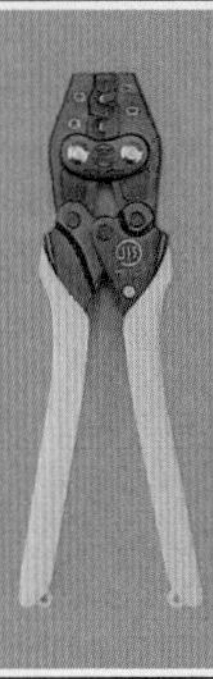	ハ. 	ニ. 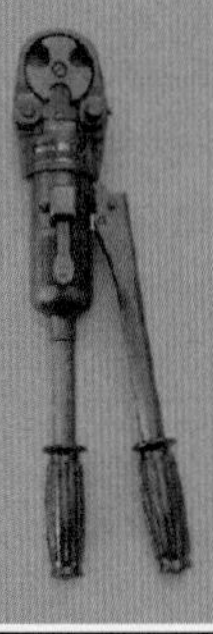
49	⑲で示す図記号の器具は。	イ. 	ロ. 	ハ. 	ニ. 
50	この配線図で，**使用されていない**コンセントは。	イ. 	ロ. 	ハ. 	ニ. 

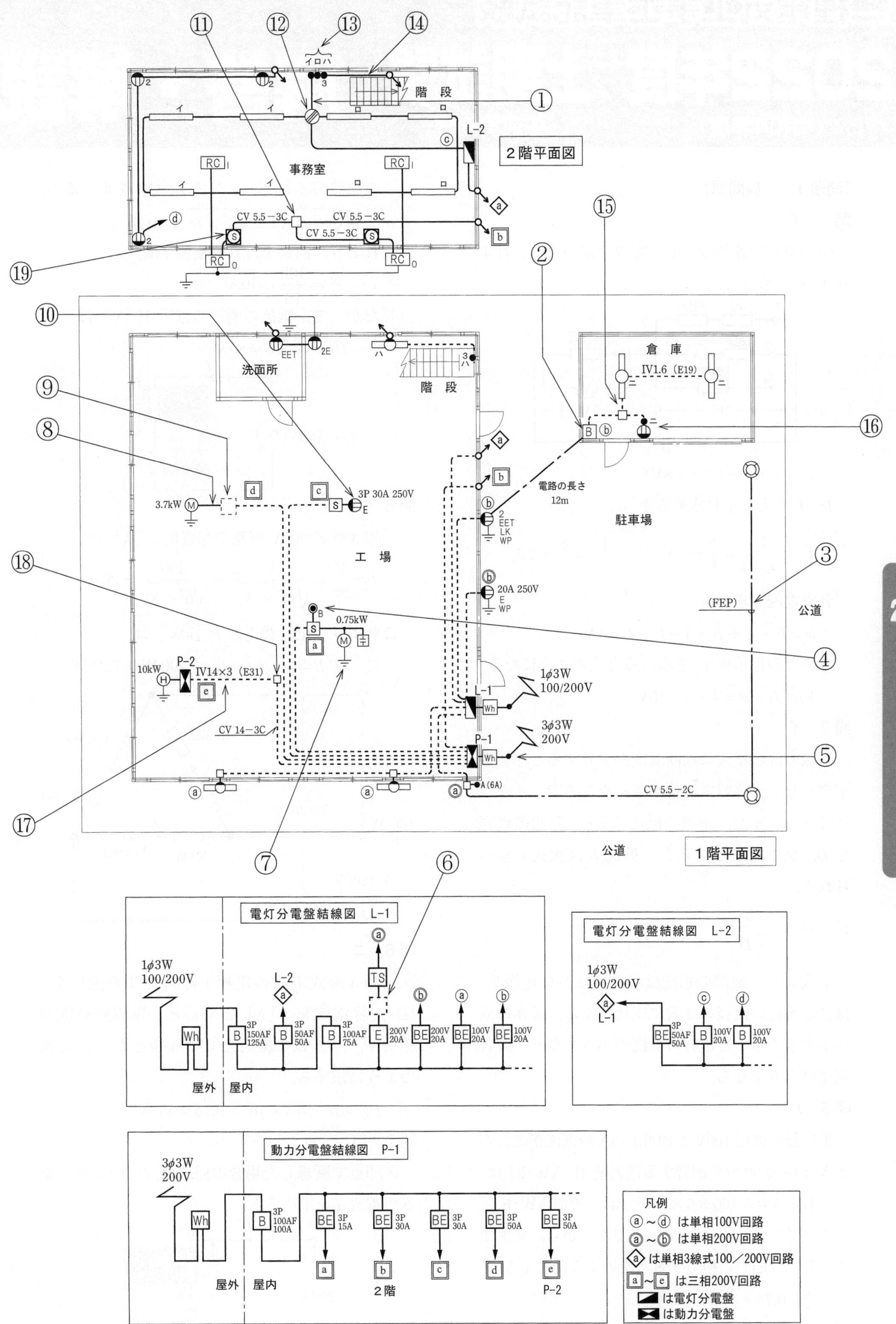

2022年度：上期-午前（令和4年度）

〔問題 1. 一般問題〕

問 1 イ

図のように各部の電圧，電流を定める．これより V_1 を求めると，

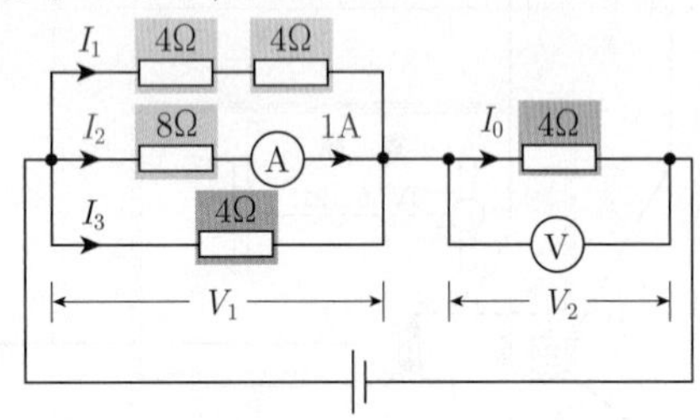

$V_1 = I_2 \times 8 = 1 \times 8 = 8\text{V}$

I_1，I_3 をそれぞれ求めると，

$$I_1 = \frac{V_1}{4+4} = \frac{8}{8} = 1\text{A},\quad I_3 = \frac{V_1}{4} = \frac{8}{4} = 2\text{A}$$

合成電流を求めると，

$I_0 = I_1 + I_2 + I_3 = 1 + 1 + 2 = 4\text{A}$

電圧計の指示値 V_2 を求めると次のようになる．

$V_2 = I_0 \times R = 4 \times 4 = 16\text{V}$

問 2 イ

電線の許容電流は周囲温度が上昇すると熱放散が悪くなり，許容電流は小さくなるので，イが誤りである．また，銅線の抵抗率を ρ，銅線の直径を D，長さを L とすると，抵抗 R は次式で求められる．

$$R = \rho \frac{L}{\frac{\pi}{4}D^2}$$

上式より，電線の抵抗は導体の長さに比例し，抵抗は導体の直径の 2 乗に反比例する．導体の直径が大きくなると電線の抵抗が小さくなり，許容電流は大きくなる．

問 3 ハ

抵抗器に電圧 100V を印可し 5A の電流が流れたとき, 1 時間 30 分で消費する電力量 W［kW·h］は，

$W = VIt = 100 \times 5 \times 1.5 \times 10^{-3} = 0.75\,\text{kW·h}$

ここで，1 kW·h は 3 600 kJ であるから，発生する熱量 Q［kJ］に換算すると次のように求まる．

$Q = 0.75 \times 3\,600 = 2\,700\,\text{kJ}$

問 4 ニ

この回路のインピーダンス Z［Ω］を求めると，

$$Z = \sqrt{R^2 + X^2} = \sqrt{8^2 + 6^2} = 10\,\Omega$$

これより，回路を流れる電流 I は，

$$I = \frac{V_0}{Z} = \frac{100}{10} = 10\,\text{A}$$

したがって，抵抗の両端の電圧 V［V］は，

$V = IR = 10 \times 8 = 80\,\text{V}$

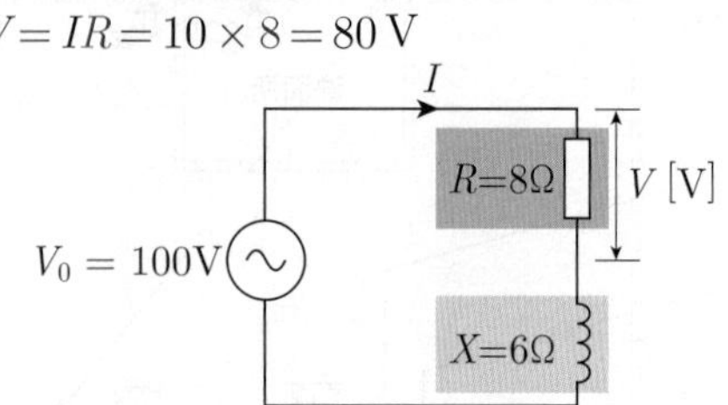

問 5 ハ

三相 3 線式 200V 回路の相電流 I［A］は，

$$I = \frac{V}{Z} = \frac{V}{\sqrt{R^2 + X_L^2}} = \frac{200}{\sqrt{6^2 + 8^2}} = 20\,\text{A}$$

これより，全消費電力 P［kW］は，

$P = 3I^2R = 3 \times 20^2 \times 6 = 7\,200\,\text{W} = 7.2\,\text{kW}$

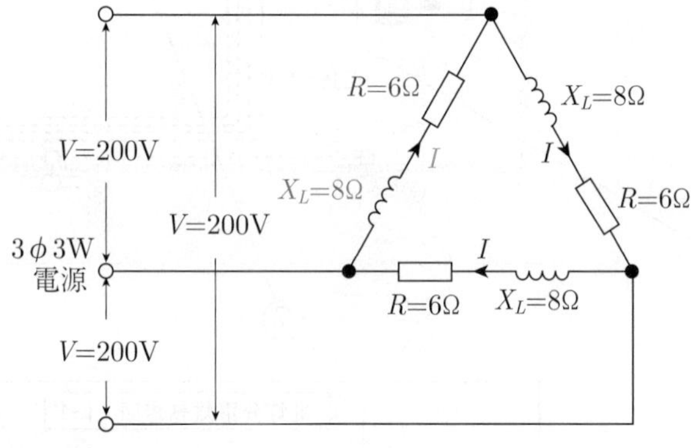

問 6 ニ

三相 3 線式電路の電線 1 線当たりの抵抗を r［Ω］，線電流を I［A］とすると，電線路の電力損失 P_L［A］は 1 線当たりの 3 倍となるので次のように求まる．

$P_L = 3I^2r = 3 \times 10^2 \times 0.15 = 45\,\text{W}$

問 7 ロ

×印点で断線した場合の回路は，図のようになる．電流 I を求めると，

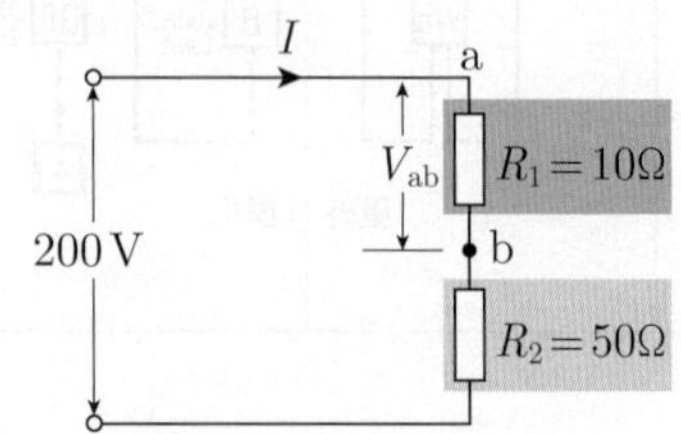

$$I = \frac{V}{R_1 + R_2} = \frac{200}{10+50} = \frac{200}{60} = \frac{10}{3}\,\mathrm{A}$$

R_1の抵抗値が10Ωなので，a–b間の電圧 V_{ab}は，

$$V_{ab} = R_1 \times I = 10 \times \frac{10}{3} \fallingdotseq 33\mathrm{V}$$

問 8　イ

直径 2.0mm の 600V ビニル絶縁電線の許容電流は 35A で，金属管に 4 本収めるときの電流減少係数は 0.63 であるから，電線 1 本当たりの許容電流 I［A］は次のように求まる．

$$I = 35 \times 0.63 \fallingdotseq 22\,\mathrm{A}$$

絶縁電線の許容電流（内線規程 1340-1 表）

種　類	太　さ	許容電流［A］
単線直径［mm］	1.6	27
	2.0	35
より線断面積［mm²］	2	27
	3.5	37
	5.5	49

（周囲温度 30℃以下）

問 9　ロ

電技解釈第 148 条により，低圧屋内幹線の太さを決める根拠となる電流を求める．需要率は 80％なので電動機電流の合計 I_Mは，

$$I_M = 12 \times 5 \times 0.8 = 48\,\mathrm{A}$$

このため $I_M < 50\mathrm{A}$なので，幹線の太さを決める根拠となる電流の最小値 I_W[A]は次のようになる．

$$I_W = I_M \times 1.25 = 48 \times 1.25 = 60\,\mathrm{A}$$

問 10　ニ

電技解釈第 149 条により，30A 分岐回路のコンセントは 20A 以上 30A 以下，電線は直径 2.6mm（断面積 5.5mm²）以上のものを用いなければならない．

分岐回路の施設（電技解釈第 149 条）

分岐過電流遮断器の定格電流	コンセント	電線の太さ
15A	15A 以下	直径 1.6 mm 以上
20A（配線用遮断器）	20A 以下	
20A（配線用遮断器を除く）	20A	直径 2 mm 以上
30A	20A 以上 30A 以下	直径 2.6 mm（断面積 5.5mm²）以上
40A	30A 以上 40A 以下	断面積 8 mm² 以上

問 11　イ

電技解釈第 120 条により，地中電線路には電線にケーブルを使用しなくてはいけない．なお，埋設方法は，管路式，暗きょ式，直接埋設式により施設しなくてはいけない．

問 12　ロ

600V ポリエチレン絶縁耐燃性ポリエチレンシースケーブル平形（EM–EEF）の絶縁物の最高許容温度は 75℃である．

絶縁電線・ケーブルの最高許容温度（内線規程 1340-3 表）

種　類	最高許容温度
600V ビニル絶縁電線（IV）	60℃
600V 二種ビニル絶縁電線（HIV）	75℃
600V ポリエチレン絶縁耐燃性ポリエチレンシースケーブル（EM–EEF）	
600V ビニル絶縁ビニルシースケーブル（VVF，VVR）	60℃
600V 架橋ポリエチレン絶縁ビニルシースケーブル（CV）	90℃

問 13　ハ

金属管の切断後にはクリックボールにリーマを取り付けて管端処理を行うので，ハが正しい．ボルトクリッパは太い電線などの切断作業，パイプベンダは金属管の曲げ作業，圧着ペンチは電線の接続に使用する工具である．

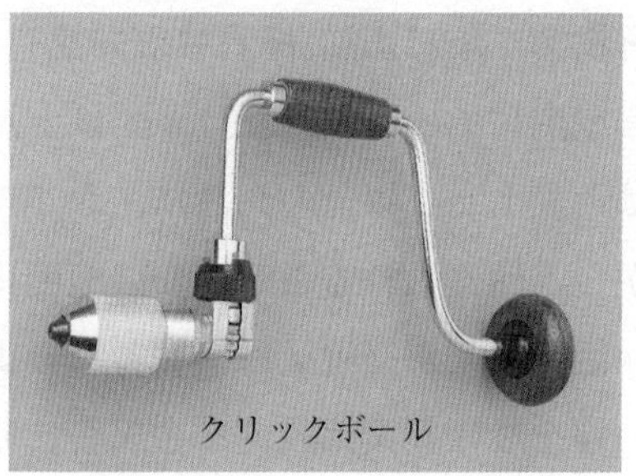

クリックボール

問 14　ニ

三相誘導電動機の同期速度 N_sは，周波数を f［Hz］，極数を p とすると次式で表せる．

$$N_S = \frac{120f}{p}\ [\mathrm{min}^{-1}]$$

このため，周波数を 50Hz から 60Hz に変化させると 1.2 倍に回転速度が増加する．

問 15　ニ

蛍光灯を同じ消費電力の白熱灯と比較すると，発光効率が高い，寿命が長い，放射熱が少ないなどの長所があるが，力率が悪い，雑音（電磁雑音）が発生するなどの短所がある．

問 16　イ

写真に示す材料は PF 管用サドルで，造営材に PF 管を支持するのに用いられる．

問 17　ニ

写真に示す機器の名称は低圧進相コンデンサで

ある．電動機などと並列に接続し，回路の力率を改善するために用いる．

問 18　イ

写真に示す測定器の名称は，直読式接地抵抗計(アーステスタ)で，接地抵抗の測定に用いられる．接地抵抗は，被測定接地極(E)を端とし，一直線上に 2 箇所の補助接地極(P，C)を順次 10m 程度離して配置して測定する．

問 19　ハ

電技解釈第 12 条により，電線の接続は，

・電気抵抗を増加させないこと

・電線の引張強さを 20％以上減少させないこと

・電線の絶縁物と同等以上の絶縁効力のあるもので被覆すること

・電線相互のねじり接続では，接続部分に接続器具を使用し，又はろう付けすること

などが定められている．

問 20　ハ

電技解釈第 1 条により，簡易接触防護措置とは，設備を，屋内にあっては床上 1.8 m 以上，屋外にあっては地表上 2 m 以上の高さに，かつ，人が通る場所から容易に触れることのない範囲に施設すること，設備に人が接近又は接触しないよう，さく，へい等を設け，又は設備を金属管に収める等の防護措置を施すことと定められている．

問 21　ニ

低圧屋内配線の図記号と施工方法の組合せが正しいのは，ニの 2 種金属製可とう電線管（記号：F2）で露出配線（図記号：------）の組合せである．イはねじなし電線管（E）で露出配線，ロは合成樹脂製可とう電線管（PF）で天井隠ぺい配線を示している．

問 22　ハ

電技解釈第 29 条により，D 種接地工事を省略することができるのは，水気のある場所以外の場所に低圧用の機械器具に電気を供給する電路に，定格感度電流 15 mA 以下，動作時間が 0.1 秒以下の漏電遮断器を施設する場合なので，ハが不適切である．

問 23　イ

電技解釈第 158 条により，合成樹脂管の支持点間の距離は 1.5 m 以下とし，かつ，その支持点は，管端，管とボックスとの接続点及び管相互のそれぞれの近くの箇所に設けなくてはいけない．また，管相互及び管とボックスとの接続は，管の差込み深さを管の外径の 1.2 倍（接着剤を使用する場合は 0.8 倍）以上として施工する．

問 24　ハ

内線規程 1315−1，1315−6により，単相 3線式電路の電線の色は下図のように用いられる．したがって，赤色線と黒色線間の電圧は 200V，白色線と大地間の電圧は 0V，黒色線と大地間の電圧は 100Vである．

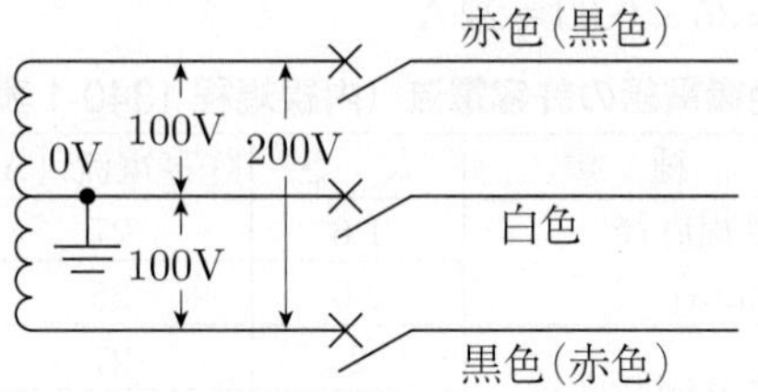

問 25　ハ

電技省令第 58 条により，電気使用場所の開閉器又は過電流遮断器で区切られる低圧電路の使用電圧と電線相互間及び電路と大地間の絶縁抵抗値は下表の値以上でなければならない．

低圧電路の絶縁性能（電技省令第 58 条）

電路の使用電圧の区分		絶縁抵抗値
300V 以下	対地電圧 150V 以下	0.1 MΩ 以上
	その他の場合	0.2 MΩ 以上
300V を超える低圧回路		0.4 MΩ 以上

問 26　ロ

電技省令第 58 条により，200V 三相誘導電動機（対地電圧 200V）の配線の絶縁抵抗値は 0.2 MΩ 以上あればよい．また，この電路に施設されている漏電遮断器の動作時間は 0.5 秒を超えるため，電技解釈第 17 条の緩和措置は取れず，接地抵抗値は 100 Ω 以下でなければならない．

問 27　イ

設問の記号は可動コイル形の測定器で，目盛板を鉛直に立てて使用することを示している．また，可動コイル形の測定器は直流回路用である．

測定器の種類と使用できる回路

種類	記号	使用できる回路
可動コイル形		直流回路
可動鉄片形		交流回路
誘導形		交流回路
熱電形		交流･直流回路

測定器の使用法

記号	使用法
⊥	鉛直に立てて使用
⊓	水平に置いて使用
∠60°	傾斜(60°)で使用

問 28　イ

イの「配電盤を造営材に取り付ける作業」,「電線管に電線を収める作業」は電気工事士でなくては従事できない．ロ，ハ：a，ニ：b の工事は軽微な作業として電気工事士でなくても従事できる（電気工事士法施行令第 1 条，電気工事士法施行規則第 2 条）．

問 29　ロ

電気用品安全法第 10 条により，◇PSE，<PS>E の記号は，電気用品のうち特定電気用品を示すので，ロが誤りである．なお，特定電気用品とは，構造や使用の方法などから危険・傷害の発生するおそれが多い電気製品のことある．

問 30　ロ

一般用電気工作物とは，低圧受電で受電の場所と同一の構内で使用する電気工作物で，同じ構内で連係して使用する下記の小規模事業用電気工作物以外の小規模発電設備も含む．一般用電気工作となる小規模発電設備は，発電電圧 600V 以下で，出力の合計が 50 kW 以上となるものを除く（電気事業法施行規則第 48 条）．

小規模発電設備

設備名	出力	区分
風力発電設備	20 kW 未満	小規模事業用電気工作物＊＊
太陽電池発電設備	50 kW 未満	
	10 kW 未満	一般用電気工作物
水力発電設備＊	20 kW 未満	
内燃力発電設備	10 kW 未満	
燃料電池発電設備	10 kW 未満	
スターリングエンジン発電設備	10 kW 未満	

＊最大使用水量 $1m^3/s$ 未満（ダムを伴うものを除く）

＊＊第二種電気工事士は，小規模事業用電気工作物の工事に従事できる．

〔問題 2．配線図〕

問 31　ロ

①で示す部分の最少電線本数は，複線結線図−1 より，4 本である．

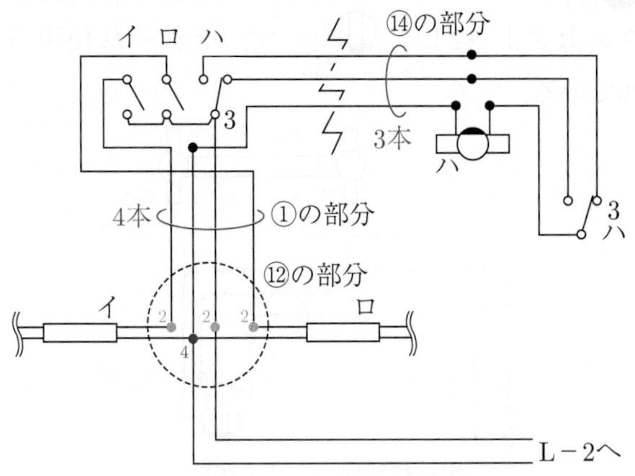

複線結線図－1（問31，問42，問44）

問 32　ニ

②で示す部分は，低圧屋内電路の使用電圧が 100V で，定格電流 20A の BE（過負荷保護付漏電遮断器）で保護された電路に接続しているので，住宅と倉庫の間の電路の長さが 15m 以下であれば，引込口開閉器を省略できる（電技解釈 147 条）．

問 33　ニ

③で示す部分の記号 FEP は，波付硬質合成樹脂管である．硬質ポリ塩化ビニル電線管は VE，耐衝撃性硬質ポリ塩化ビニル電線管は HIVE，耐衝撃性硬質ポリ塩化ビニル管は HIVP の記号で表す．

問 34　ハ

④で図記号は電磁開閉器用押しボタンなので，ハが正しい．この押しボタンスイッチは，三相 200V 回路 a の電動機（0.75kW）の運転操作を行うためのものである．

問 35　イ

⑤で示す引込線取付点の地表上の高さは，道路を横断せず技術上やむを得ない場合で，交通に支障のないときは，2.5m 以上である（電技解釈第 116 条）．

問 36　ニ

⑥で示に示す部分は，単相 200V 回路なので，2 極ともヒューズを取り付けてあるナイフスイッチ，カットアウトスイッチ，2 極 2 素子（2P2E）の配線用遮断器を使用する．ニの 2 極 1 素子（2P1E）の配線用遮断器は使用してはいけない（内線規程 1360−7）．

問 37　ハ

⑦で示す部分は，三相 200V 電動機の金属製外箱に施す接地工事なので D 種接地工事を施す．接地線（軟銅線）の最小太さは 1.6 mm，電源側に動作時間 0.1 秒以内の漏電遮断器が設置されているので，接地抵抗値は 500 Ω 以下でよい（電技解釈第 17 条，第 29 条）．

問 38　ロ

⑧で示す部分は三相 3 線式 200V の電路なので，対地電圧は 150V を超えるため，電路と大地の絶縁抵抗値は 0.2MΩ 以上なくてはいけない．

低圧電路の絶縁性能（電技省令第 58 条）

電路の使用電圧の区分		絶縁抵抗値
300V 以下	対地電圧 150V 以下	0.1 MΩ 以上
	その他の場合	0.2 MΩ 以上
300V を超える低圧回路		0.4 MΩ 以上

問 39　ニ

⑨で示す部分に取付けるモーターブレーカの図記号は B なので，ニが正しい．なお，S は開閉器，M はマンホールの図記号である．

問 40　ロ

⑩で示す図記号は三相 200V 用 30A 接地極付コンセントなので，ロが正しい．なお，イは三相 200V 用コンセント，ハは三相 200V 用 20A 引掛形コンセント，ニは三相 200V 用 20A 引掛形接地極付コンセントの極配置(刃受)である(内線規程 3202-2, 3 表)．

問 41　ニ

⑪で示すボックス内の接続に必要なリングスリーブは，大スリーブが 3 個（$5.5mm^2$×3 本接続 3 箇所）である（JIS C 2806）．

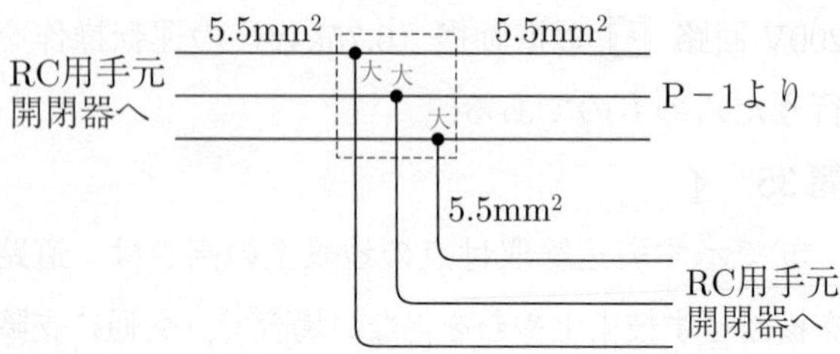

問 42　ニ

⑫で示すボックス内の接続は，前ページの複線結線図-1 のようになる．使用する差込形コネクタは 2 本接続用 3 個，4 本接続用 1 個である．

問 43　ロ

⑬で示す部分の点滅器の取付け工事は，VVF ケーブル工事（天井隠ぺい配線）で施設されるので，ロの露出スイッチボックス（ねじなし電線管用）は使用されない．

問 44　ロ

⑭で示す部分の配線は，前ページの複線結線図-1 のように 3 本必要になる．この配線図問題の【注意】1. により，電灯回路は VVF を用いたケーブル工事であるから，ロの 3 心の VVF ケーブル 1 本を使用する．

問 45　ハ

⑮で示すボックス内の接続は，複線結線図-2 より，1.6 mm × 2 本接続 2 箇所，1.6 mm × 3 本接続 1 箇所となるので，使用するリングスリーブは小 3 個で刻印「小」が 1 個，刻印「○」が 2 個である（JIS C 2806）．

問 46　ハ

⑯で示す部分の配線の詳細は次のとおり．

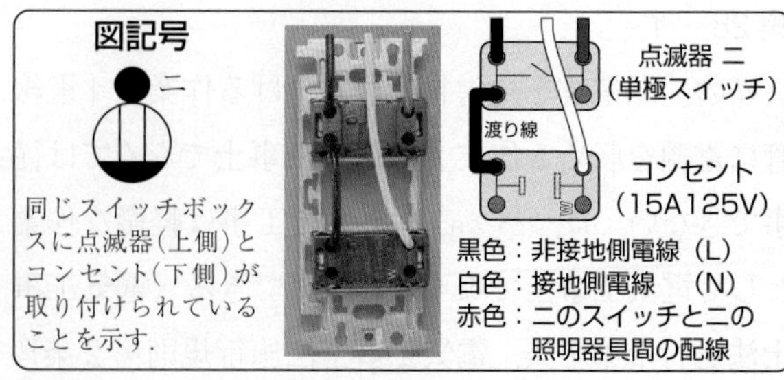

問 47　ニ

⑰で示す部分は，ねじなし電線管を使用した露出配線工事であるので，電線管相互の接続には，ニのねじなしカップリングを使用する．イはコンビネーションカップリング，ロはカップリング，ハは TS カップリングである．

問 48　ロ

⑱で示すジョイントボックス内の電線相互の接続作業（$14mm^2$ × 2 本接続 3 箇所）は，イのケーブルカッタで電線を切断し，ハの電工ナイフでケーブル外装を剥ぎ取り，ニの手動油圧式圧着器で電線相互を圧着接続する．イのリングスリーブ用圧着ペンチは使用できない．

問 49　イ

⑲で示す図記号は電流計付箱開閉器である．なお，ロはカバー付ナイフスイッチ，ニは電磁開閉器で図記号はともに S である．ハは三相用の配線用遮断器で B_{3P} の図記号である．

問 50　ニ

この配線図では，ニの接地端子付コンセント $_{ET}$ は使用されていない．イは電気自動車(EV)・プラグインハイブリッド車（PHEV）充電用の防雨形 200V 用 20A 接地極付コンセント 20A250V E WP で，専用プラグを回転させずにロックできる．ロは接地極付接地端子付コンセント $_{EET}$，ハは防雨形接地極付接地端子付抜止形コンセント（2 口）2 EET LK WP で，それぞれ使用されている．

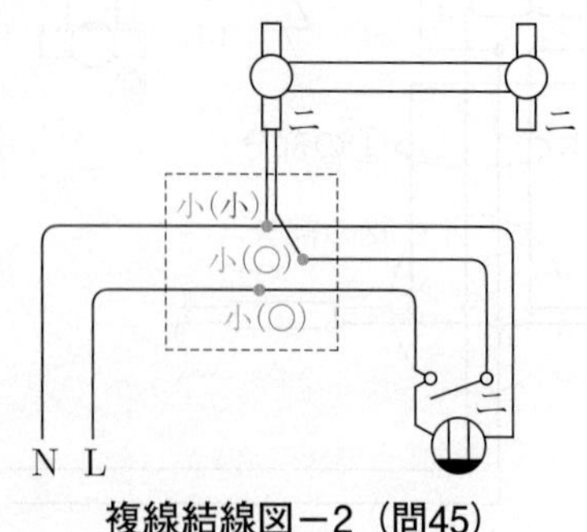

複線結線図－2（問45）

第二種電気工事士
筆記試験

2022年度
（令和4年度）

上期試験
（午後実施分）

※ 2022 年度（令和 4 年度）の第二種電気工事士上期筆記試験は，新型コロナウイルス感染防止対策として，同日の午前と午後にそれぞれ実施された．

問題1．一般問題（問題数 30，配点は1問当たり2点）

【注】本問題の計算で $\sqrt{2}$，$\sqrt{3}$ 及び円周率 π を使用する場合の数値は次によること。$\sqrt{2}=1.41$，$\sqrt{3}=1.73$，$\pi=3.14$

次の各問いには4通りの答え（イ，ロ，ハ，ニ）が書いてある。それぞれの問いに対して答えを1つ選びなさい。

なお，選択肢が数値の場合は最も近い値を選びなさい。

	問い	答え			
1	図のような回路で，スイッチ S を閉じたとき，a–b端子間の電圧［V］は。 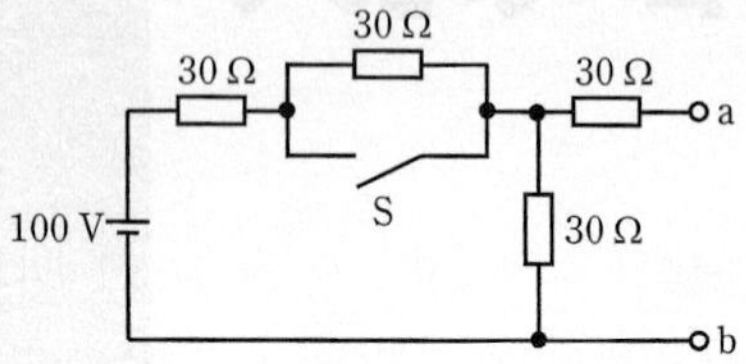 30 Ω　30 Ω　30 Ω　S　100 V　30 Ω　a　b	イ．30	ロ．40	ハ．50	ニ．60
2	抵抗率 ρ［Ω・m］，直径 D［mm］，長さ L［m］の導線の電気抵抗［Ω］を表す式は。	イ．$\dfrac{4\rho L}{\pi D^2}\times 10^6$	ロ．$\dfrac{\rho L^2}{\pi D^2}\times 10^6$	ハ．$\dfrac{4\rho L}{\pi D}\times 10^6$	ニ．$\dfrac{4\rho L^2}{\pi D}\times 10^6$
3	電線の接続不良により，接続点の接触抵抗が0.2Ωとなった。この接続点での電圧降下が2Vのとき，接続点から1時間に発生する熱量［kJ］は。 ただし，接触抵抗及び電圧降下の値は変化しないものとする。	イ．72	ロ．144	ハ．288	ニ．576
4	コイルに100 V，50 Hz の交流電圧を加えたら6Aの電流が流れた。このコイルに100 V，60 Hz の交流電圧を加えたときに流れる電流［A］は。 ただし，コイルの抵抗は無視できるものとする。	イ．4	ロ．5	ハ．6	ニ．7
5	図のような三相3線式回路の全消費電力［kW］は。 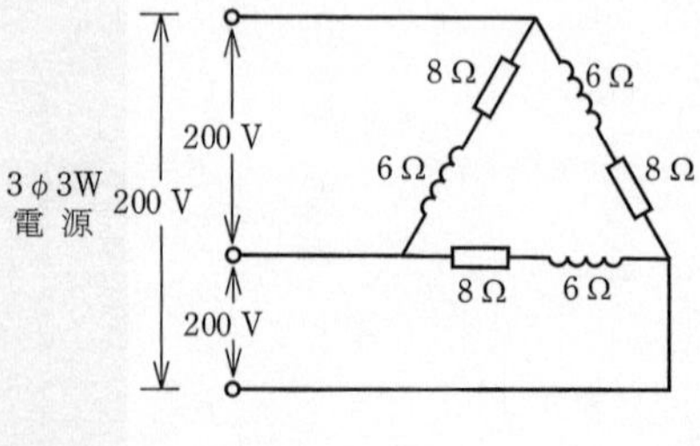 3φ3W 電源　200 V　200 V　200 V　8 Ω　6 Ω　6 Ω　8 Ω　8 Ω　6 Ω	イ．2.4	ロ．4.8	ハ．9.6	ニ．19.2

	問い	答え			
6	図のように，単相2線式電線路で，抵抗負荷A，B，Cにそれぞれ負荷電流10Aが流れている。 電源電圧が210Vであるとき抵抗負荷Cの両端電圧 V_C [V] は。 ただし，r は電線の抵抗 [Ω] とする。 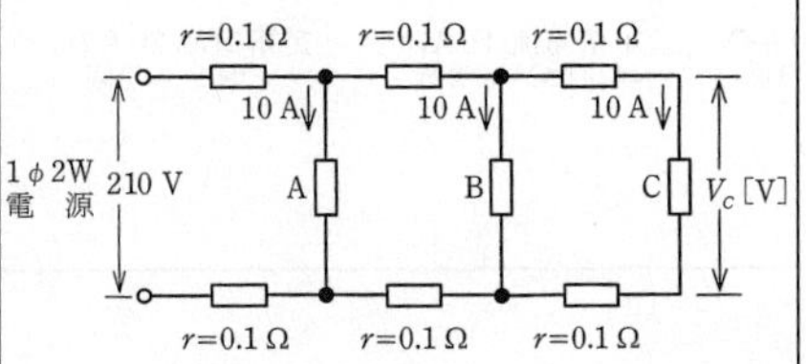 r=0.1Ω　r=0.1Ω　r=0.1Ω 10A　10A　10A 1φ2W 電源　210V　A　B　C　V_C [V] r=0.1Ω　r=0.1Ω　r=0.1Ω	イ．198	ロ．200	ハ．202	ニ．204
7	図のような単相3線式回路において，電線1線当たりの抵抗が0.1Ωのとき，a–b間の電圧 [V] は。 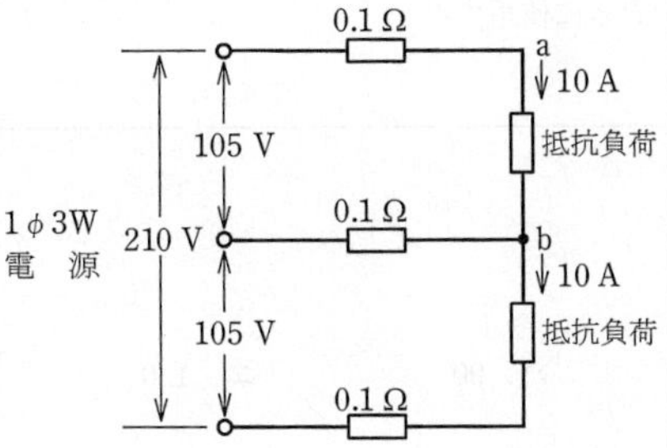 0.1Ω　a　10A　抵抗負荷 105V 1φ3W 電源　210V　0.1Ω　b　10A　抵抗負荷 105V 0.1Ω	イ．102	ロ．103	ハ．104	ニ．105
8	金属管による低圧屋内配線工事で，管内に直径2.0mmの600Vビニル絶縁電線(軟銅線)2本を収めて施設した場合，電線1本当たりの許容電流 [A] は。 ただし，周囲温度は30℃以下，電流減少係数は0.70とする。	イ．19	ロ．24	ハ．27	ニ．35
9	図のように，三相の電動機と電熱器が低圧屋内幹線に接続されている場合，幹線の太さを決める根拠となる電流の最小値 [A] は。 ただし，需要率は100%とする。 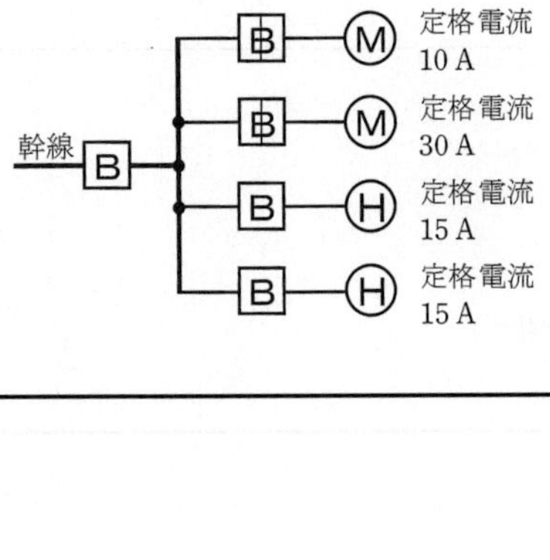 幹線　B B　M　定格電流 10A B　M　定格電流 30A B　H　定格電流 15A B　H　定格電流 15A	イ．70	ロ．74	ハ．80	ニ．150

	問い	答え
10	低圧屋内配線の分岐回路の設計で，配線用遮断器，分岐回路の電線の太さ及びコンセントの組合せとして，**適切なものは**。 ただし，分岐点から配線用遮断器までは 3 m，配線用遮断器からコンセントまでは 8 m とし，電線の数値は分岐回路の電線（軟銅線）の太さを示す。 また，コンセントは兼用コンセントではないものとする。	イ．B 30 A　3.5 mm^2　定格電流 30 A のコンセント 1個 ロ．B 20 A　2.0 mm　定格電流 30 A のコンセント 1個 ハ．B 30 A　2.6 mm　定格電流 15 A のコンセント 2個 ニ．B 20 A　2.0 mm　定格電流 20 A のコンセント 2個
11	金属管工事において使用されるリングレジューサの使用目的は。	イ．両方とも回すことのできない金属管相互を接続するときに使用する。 ロ．金属管相互を直角に接続するときに使用する。 ハ．金属管の管端に取り付け，引き出す電線の被覆を保護するときに使用する。 ニ．アウトレットボックスのノックアウト（打ち抜き穴）の径が，それに接続する金属管の外径より大きいときに使用する。
12	600V 架橋ポリエチレン絶縁ビニルシースケーブル（CV）の絶縁物の最高許容温度［℃］は。	イ．60　ロ．75　ハ．90　ニ．120
13	電気工事の作業と使用する工具の組合せとして，**誤っているものは**。	イ．金属製キャビネットに穴をあける作業とノックアウトパンチャ ロ．木造天井板に電線管を通す穴をあける作業と羽根ぎり ハ．電線，メッセンジャワイヤ等のたるみを取る作業と張線器 ニ．薄鋼電線管を切断する作業とプリカナイフ
14	三相誘導電動機の始動において，全電圧始動（じか入れ始動）と比較して，スターデルタ始動の特徴として，**正しいものは**。	イ．始動時間が短くなる。 ロ．始動電流が小さくなる。 ハ．始動トルクが大きくなる。 ニ．始動時の巻線に加わる電圧が大きくなる。
15	力率の最も良い電気機械器具は。	イ．電気トースター ロ．電気洗濯機 ハ．電気冷蔵庫 ニ．電球形 LED ランプ（制御装置内蔵形）

<table>
<tr><th colspan="2">問　い</th><th>答　え</th></tr>
<tr><td>16</td><td>写真に示す材料についての記述として，不適切なものは。</td><td>イ．合成樹脂製可とう電線管を接続する。
ロ．スイッチやコンセントを取り付ける。
ハ．電線の引き入れを容易にする。
ニ．合成樹脂でできている。</td></tr>
<tr><td>17</td><td>写真に示す器具の名称は。</td><td>イ．配線用遮断器
ロ．漏電遮断器
ハ．電磁接触器
ニ．漏電警報器</td></tr>
<tr><td>18</td><td>写真に示す工具の電気工事における用途は。</td><td>イ．硬質ポリ塩化ビニル電線管の曲げ加工に用いる。
ロ．金属管(鋼製電線管)の曲げ加工に用いる。
ハ．合成樹脂製可とう電線管の曲げ加工に用いる。
ニ．ライティングダクトの曲げ加工に用いる。</td></tr>
<tr><td>19</td><td>600V ビニル絶縁ビニルシースケーブル平形 1.6 mm を使用した低圧屋内配線工事で，絶縁電線相互の終端接続部分の絶縁処理として，不適切なものは。
ただし，ビニルテープは JIS に定める厚さ約 0.2 mm の電気絶縁用ポリ塩化ビニル粘着テープとする。</td><td>イ．リングスリーブ(E 形)により接続し，接続部分をビニルテープで半幅以上重ねて 3 回(6 層)巻いた。
ロ．リングスリーブ(E 形)により接続し，接続部分を黒色粘着性ポリエチレン絶縁テープ(厚さ約 0.5 mm)で半幅以上重ねて 3 回(6 層)巻いた。
ハ．リングスリーブ(E 形)により接続し，接続部分を自己融着性絶縁テープ(厚さ約 0.5 mm)で半幅以上重ねて 1 回(2 層)巻いた。
ニ．差込形コネクタにより接続し，接続部分をビニルテープで巻かなかった。</td></tr>
<tr><td>20</td><td>次表は使用電圧 100 V の屋内配線の施設場所による工事の種類を示す表である。
表中の a～f のうち，「施設できない工事」を全て選んだ組合せとして，正しいものは。
<table>
<tr><th rowspan="2">施設場所の区分</th><th colspan="3">工事の種類</th></tr>
<tr><th>金属線ぴ工事</th><th>合成樹脂管工事(CD管を除く)</th><th>平形保護層工事</th></tr>
<tr><td>展開した場所で乾燥した場所</td><td>a</td><td>c</td><td>e</td></tr>
<tr><td>点検できる隠ぺい場所で乾燥した場所</td><td>b</td><td>d</td><td>f</td></tr>
</table></td><td>イ．b
ロ．b，f
ハ．e
ニ．e，f</td></tr>
</table>

2022年度・上期-午後(令和4年度)

	問　い	答　え
21	単相3線式100/200 V屋内配線の住宅用分電盤の工事を施工した。**不適切なものは。**	イ．ルームエアコン(単相200 V)の分岐回路に2極2素子の配線用遮断器を取り付けた。 ロ．電熱器(単相100 V)の分岐回路に2極2素子の配線用遮断器を取り付けた。 ハ．主開閉器の中性極に銅バーを取り付けた。 ニ．電灯専用(単相100 V)の分岐回路に2極1素子の配線用遮断器を取り付け，素子のある極に中性線を結線した。
22	床に固定した定格電圧200 V，定格出力1.5 kWの三相誘導電動機の鉄台に接地工事をする場合，接地線(軟銅線)の太さと接地抵抗値の組合せで，**不適切なものは。** ただし，漏電遮断器を設置しないものとする。	イ．直径1.6 mm，10 Ω ロ．直径2.0 mm，50 Ω ハ．公称断面積0.75 mm^2，5 Ω ニ．直径2.6 mm，75 Ω
23	低圧屋内配線の合成樹脂管工事で，合成樹脂管(合成樹脂製可とう電線管及びCD管を除く)を造営材の面に沿って取り付ける場合，管の支持点間の距離の最大値［m］は。	イ．1　ロ．1.5　ハ．2　ニ．2.5
24	ネオン式検電器を使用する目的は。	イ．ネオン放電灯の照度を測定する。 ロ．ネオン管灯回路の導通を調べる。 ハ．電路の漏れ電流を測定する。 ニ．電路の充電の有無を確認する。
25	絶縁抵抗測定が困難なので，単相100/200 Vの分電盤の各分岐回路に対し，使用電圧が加わった状態で，クランプ形漏れ電流計を用いて，漏えい電流を測定した。その測定結果は，使用電圧100 VのA回路は0.5 mA，使用電圧200 VのB回路は1.5 mA，使用電圧100 VのC回路は3 mAであった。絶縁性能が「電気設備の技術基準の解釈」に適合している回路は。	イ．すべて適合している。 ロ．A回路とB回路が適合している。 ハ．A回路のみが適合している。 ニ．すべて適合していない。

	問い	答え
26	直読式接地抵抗計(アーステスタ)を使用して直読で，接地抵抗を測定する場合，被測定接地極Eに対する，2つの補助接地極P(電圧用)及びC(電流用)の配置として，**最も適切なものは**。	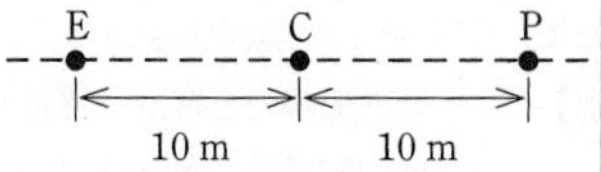 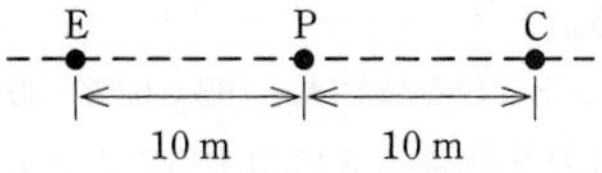 イ．P―E―C（10 m，10 m） 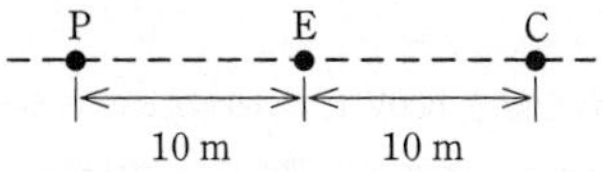 ロ．E―C―P（10 m，10 m） ハ．E―P―C（10 m，10 m） ニ．E，P，Cを各辺10 mの三角形に配置 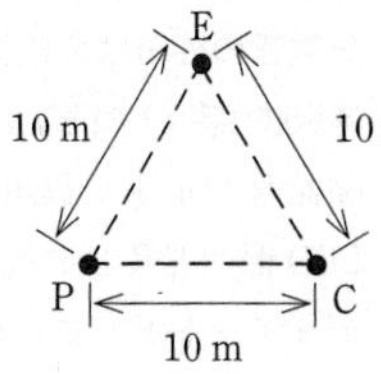
27	図の交流回路は，負荷の電圧，電流，電力を測定する回路である。図中にa，b，cで示す計器の組合せとして，**正しいものは**。 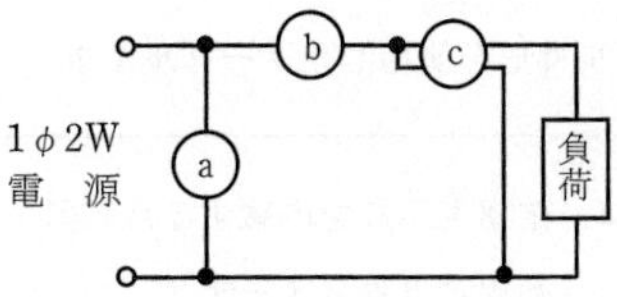 1φ2W 電源　負荷	イ．a 電流計　b 電圧計　c 電力計 ロ．a 電力計　b 電流計　c 電圧計 ハ．a 電圧計　b 電力計　c 電流計 ニ．a 電圧計　b 電流計　c 電力計
28	「電気工事士法」において，第二種電気工事士免状の交付を受けている者であっても**従事できない**電気工事の作業は。	イ．自家用電気工作物(最大電力500 kW未満の需要設備)の低圧部分の電線相互を接続する作業 ロ．自家用電気工作物(最大電力500 kW未満の需要設備)の地中電線用の管を設置する作業 ハ．一般用電気工作物の接地工事の作業 ニ．一般用電気工作物のネオン工事の作業
29	「電気用品安全法」の適用を受ける次の電気用品のうち，特定電気用品は。	イ．定格消費電力40 Wの蛍光ランプ ロ．外径19 mmの金属製電線管 ハ．定格消費電力30 Wの換気扇 ニ．定格電流20 Aの配線用遮断器
30	一般用電気工作物に関する記述として，**正しいものは**。 ただし，発電設備は電圧600 V以下とする。	イ．低圧で受電するものは，出力55 kWの太陽電池発電設備を同一構内に施設しても，一般用電気工作物となる。 ロ．低圧で受電するものは，小規模事業用電気工作物に該当しない小規模発電設備を同一構内に施設しても，一般用電気工作物となる。 ハ．高圧で受電するものであっても，需要場所の業種によっては，一般用電気工作物になる場合がある。 ニ．高圧で受電するものは，受電電力の容量，需要場所の業種にかかわらず，すべて一般用電気工作物となる。

※令和５年３月20日の電気事業法および関連法の改正・施行に伴い，問30の選択肢の内容を一部変更しています.

問題２．配線図 （問題数 20，配点は１問当たり ２ 点）

図は，木造 2 階建住宅の配線図である。この図に関する次の各問いには４通りの答え（イ，ロ，ハ，ニ）が書いてある。それぞれの問いに対して，答えを１つ選びなさい。

【注意】 1．屋内配線の工事は，特記のある場合を除き 600V ビニル絶縁ビニルシースケーブル平形（VVF）を用いたケーブル工事である。

2．屋内配線等の電線の本数，電線の太さ，その他，問いに直接関係のない部分等は省略又は簡略化してある。

3．漏電遮断器は，定格感度電流 30 mA，動作時間 0.1 秒以内のものを使用している。

4．分電盤の外箱は合成樹脂製である。

5．選択肢（答え）の写真にあるコンセント及び点滅器は，「JIS C 0303：2000 構内電気設備の配線用図記号」で示す「一般形」である。

6．図記号で示す一般用照明には LED 照明器具を使用することとし，選択肢（答え）の写真にある照明器具は，すべて LED 照明器具とする。

7．ジョイントボックスを経由する電線は，すべて接続箇所を設けている。

8．３路スイッチの記号「0」の端子には，電源側又は負荷側の電線を結線する。

	問　い	答　え
31	①で示す部分の工事方法として，**適切なものは**。	イ．金属管工事 ロ．金属可とう電線管工事 ハ．金属線ぴ工事 ニ．600V ビニル絶縁ビニルシースケーブル丸形を使用したケーブル工事
32	②で示す図記号の器具の種類は。	イ．位置表示灯を内蔵する点滅器　ロ．確認表示灯を内蔵する点滅器 ハ．遅延スイッチ　ニ．熱線式自動スイッチ
33	③で示す部分の接地工事の種類及びその接地抵抗の許容される最大値［Ω］の組合せとして，**正しいものは**。	イ．C 種接地工事　10 Ω　ロ．C 種接地工事　100 Ω ハ．D 種接地工事　100 Ω　ニ．D 種接地工事　500 Ω
34	④で示す部分は抜け止め形の防雨形コンセントである。その図記号の傍記表示は。	イ．L　ロ．T　ハ．K　ニ．LK
35	⑤で示す部分の配線で(PF16)とあるのは。	イ．外径 16 mm の硬質ポリ塩化ビニル電線管である。 ロ．外径 16 mm の合成樹脂製可とう電線管である。 ハ．内径 16 mm の硬質ポリ塩化ビニル電線管である。 ニ．内径 16 mm の合成樹脂製可とう電線管である。
36	⑥で示す部分の小勢力回路で使用できる電圧の最大値［V］は。	イ．24　ロ．30　ハ．40　ニ．60
37	⑦で示す図記号の名称は。	イ．ジョイントボックス ロ．VVF 用ジョイントボックス ハ．プルボックス ニ．ジャンクションボックス
38	⑧で示す部分の最少電線本数(心線数)は。	イ．2　ロ．3　ハ．4　ニ．5
39	⑨で示す図記号の名称は。	イ．一般形点滅器　ロ．一般形調光器 ハ．ワイドハンドル形点滅器　ニ．ワイド形調光器
40	⑩で示す部分の電路と大地間の絶縁抵抗として，許容される最小値［MΩ］は。	イ．0.1　ロ．0.2　ハ．0.3　ニ．0.4

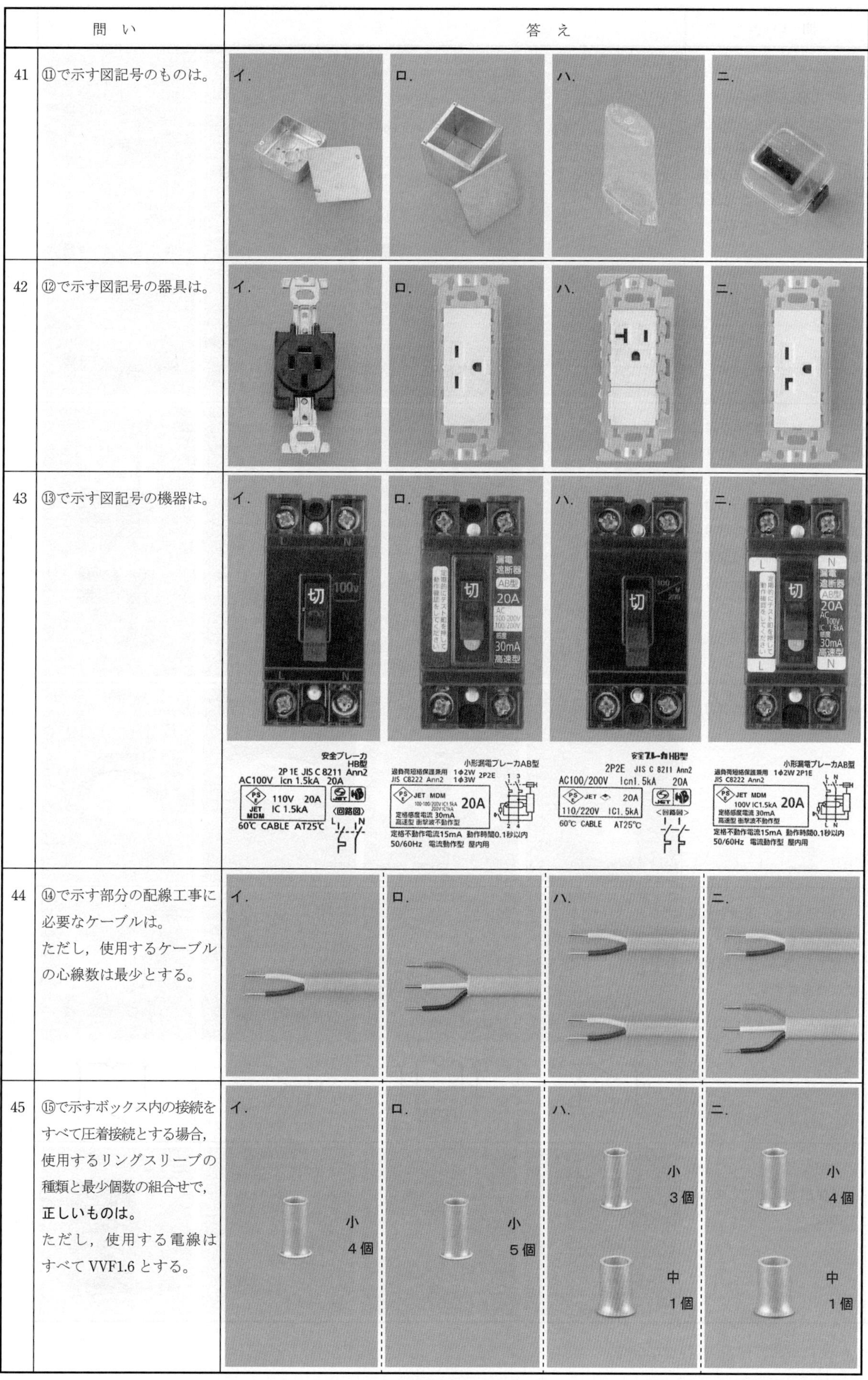

	問　い	答　え			
		イ.	ロ.	ハ.	ニ.
41	⑪で示す図記号のものは。				
42	⑫で示す図記号の器具は。				
43	⑬で示す図記号の機器は。	安全ブレーカ HB型 2P 1E JIS C 8211 Ann2 AC100V Icn 1.5kA 20A 110V 20A IC 1.5kA JET MDM 〈回路図〉 60℃ CABLE AT25℃	小形漏電ブレーカAB型 過負荷短絡保護兼用 1φ2W 2P2E JIS C8222 Ann2 1φ3W JET MDM 20A 定格感度電流 30mA 高速型 衝撃波不動作型 定格不動作電流15mA 動作時間0.1秒以内 50/60Hz 電流動作型 屋内用	安全ブレーカHB型 2P2E JIS C 8211 Ann2 AC100/200V Icn1.5kA 20A JET 20A 110/220V IC1.5kA 〈回路図〉 60℃ CABLE AT25℃	小形漏電ブレーカAB型 過負荷短絡保護兼用 1φ2W 2P1E JIS C8222 Ann2 JET MDM 100V IC1.5kA 20A 定格感度電流 30mA 高速型 衝撃波不動作型 定格不動作電流15mA 動作時間0.1秒以内 50/60Hz 電流動作型 屋内用
44	⑭で示す部分の配線工事に必要なケーブルは。 ただし，使用するケーブルの心線数は最少とする。				
45	⑮で示すボックス内の接続をすべて圧着接続とする場合，使用するリングスリーブの種類と最少個数の組合せで，**正しいものは。** ただし，使用する電線はすべて VVF1.6 とする。	小 4個	小 5個	小 3個 中 1個	小 4個 中 1個

問い		答え			
46	⑯で示すボックス内の接続をすべて差込形コネクタとする場合，使用する差込形コネクタの種類と最少個数の組合せで，**正しいものは。** ただし，使用する電線はすべてVVF1.6とする。	イ．  1個 1個 1個	ロ． 1個 2個 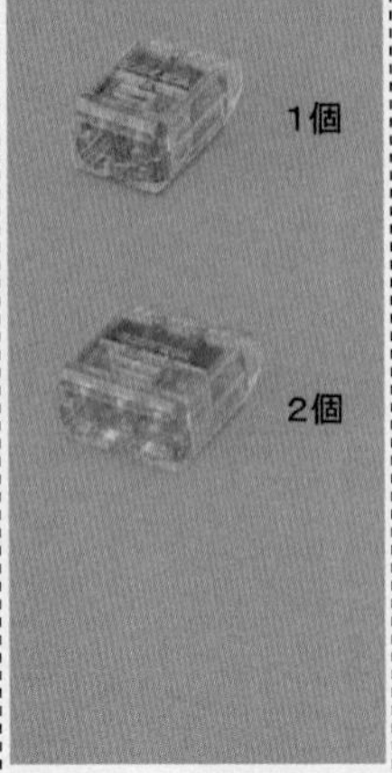	ハ． 1個 1個 1個 	ニ． 1個 1個 1個 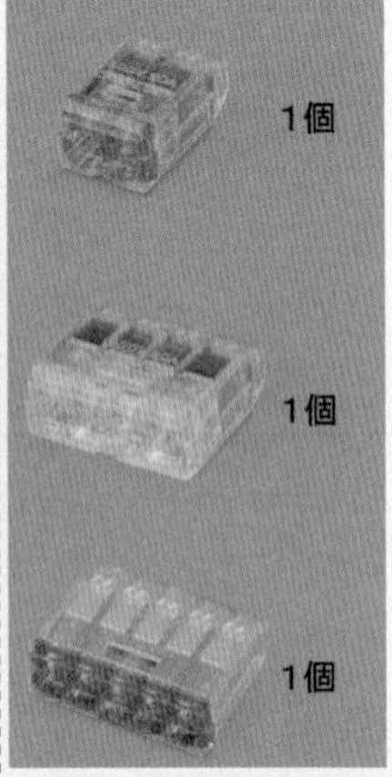
47	⑰で示す部分の配線を器具の裏面から見たものである。**正しいものは。** ただし，電線の色別は，白色は電源からの接地側電線，黒色は電源からの非接地側電線，赤色は負荷に結線する電線とする。	イ． 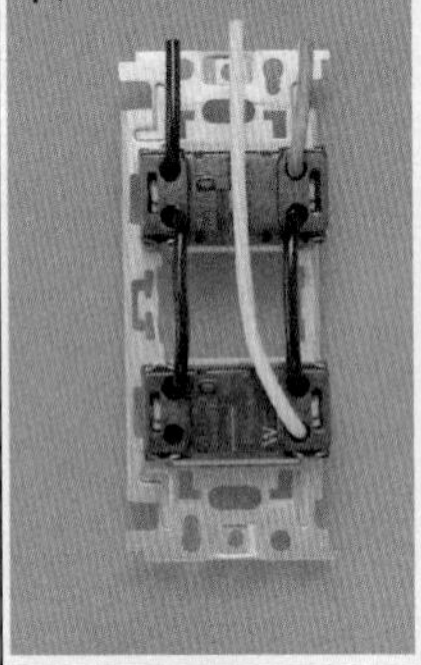	ロ． 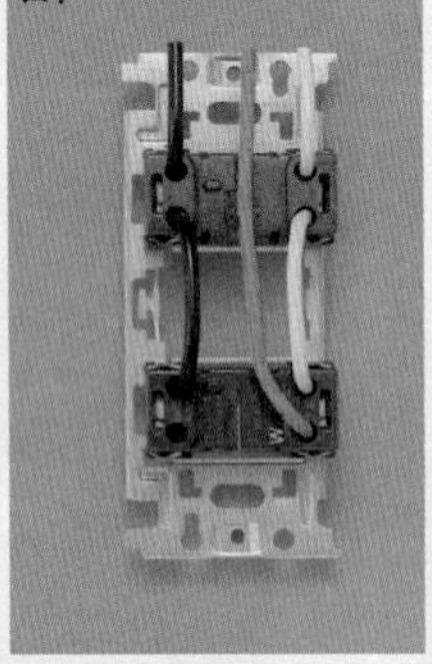	ハ． 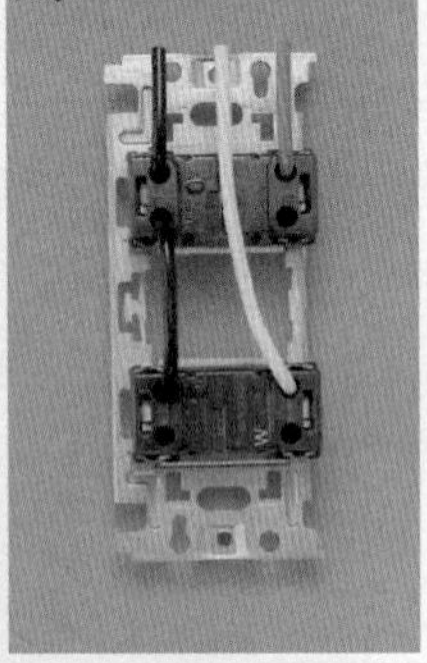	ニ． 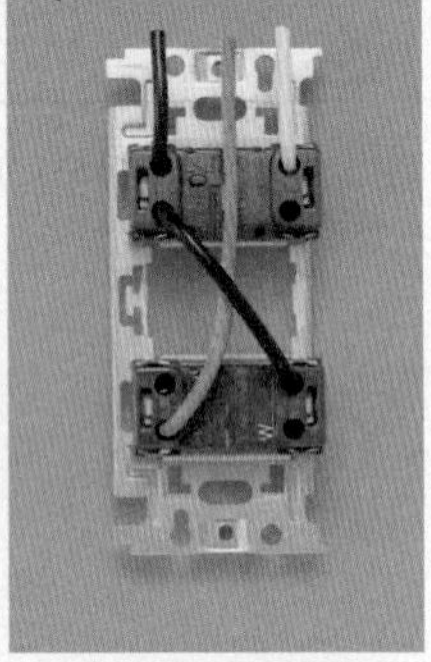
48	⑱で示す図記号の器具は。	イ． 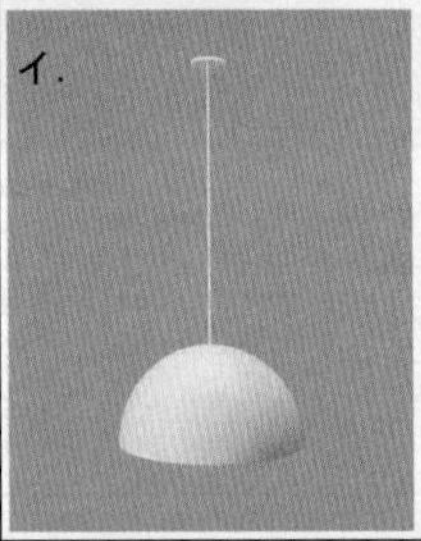	ロ． 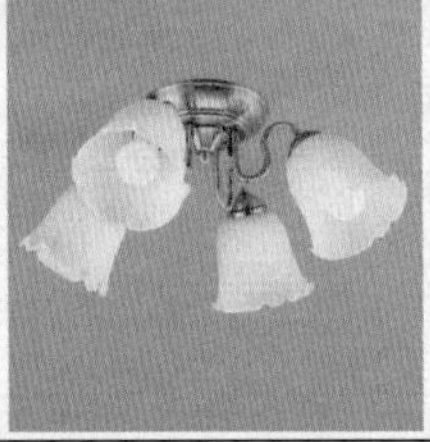	ハ． 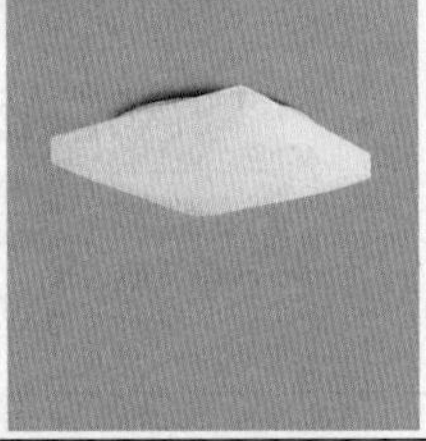	ニ． 
49	この配線図で，**使用されていない**スイッチは。 ただし，写真下の図は，接点の構成を示す。	イ． 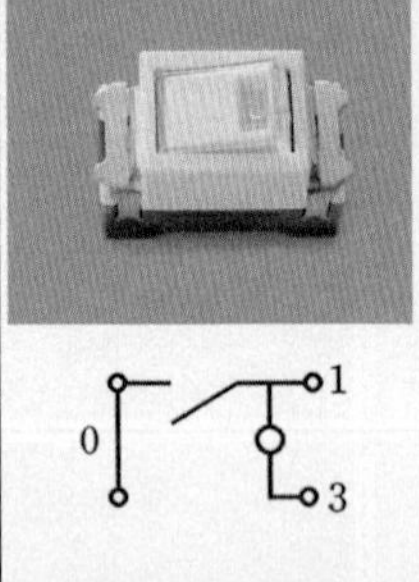 0 1 3	ロ． 玄関 遅れ機構 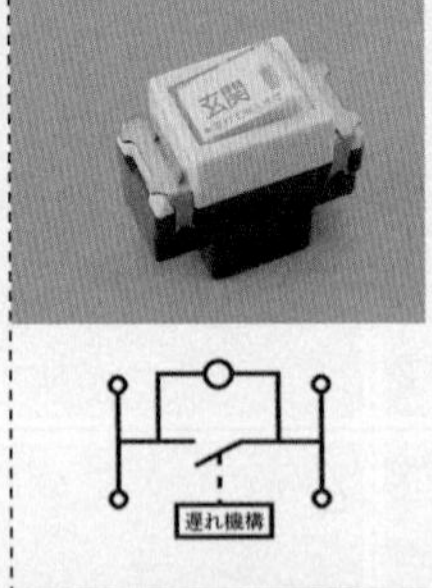	ハ． 0 3 1 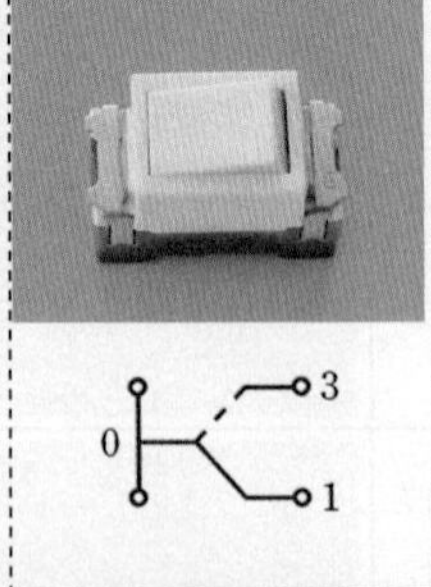	ニ． 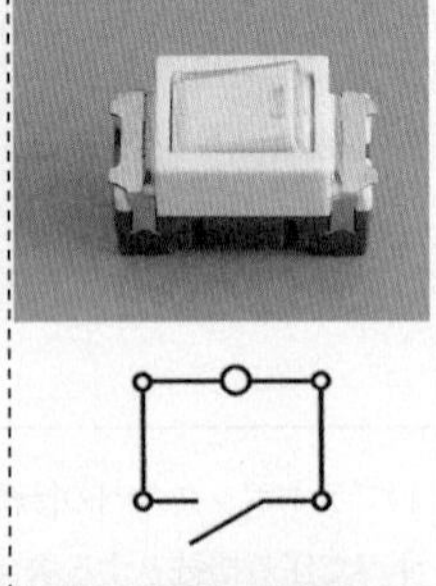
50	この配線図の施工で，一般的に**使用されることのないものは。**	イ． 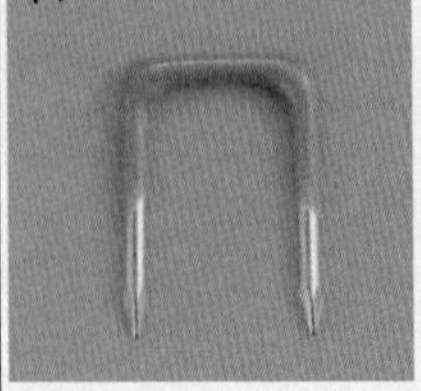	ロ． 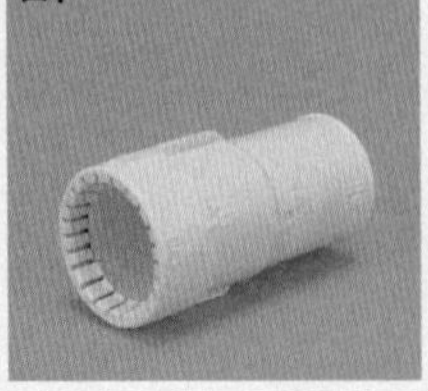	ハ． 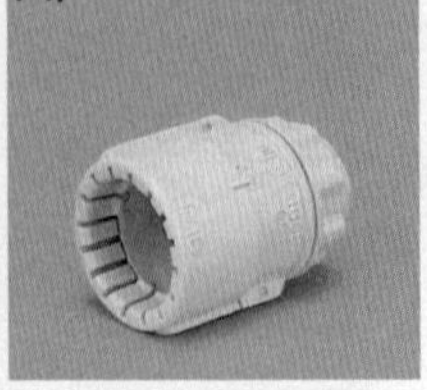	ニ． 

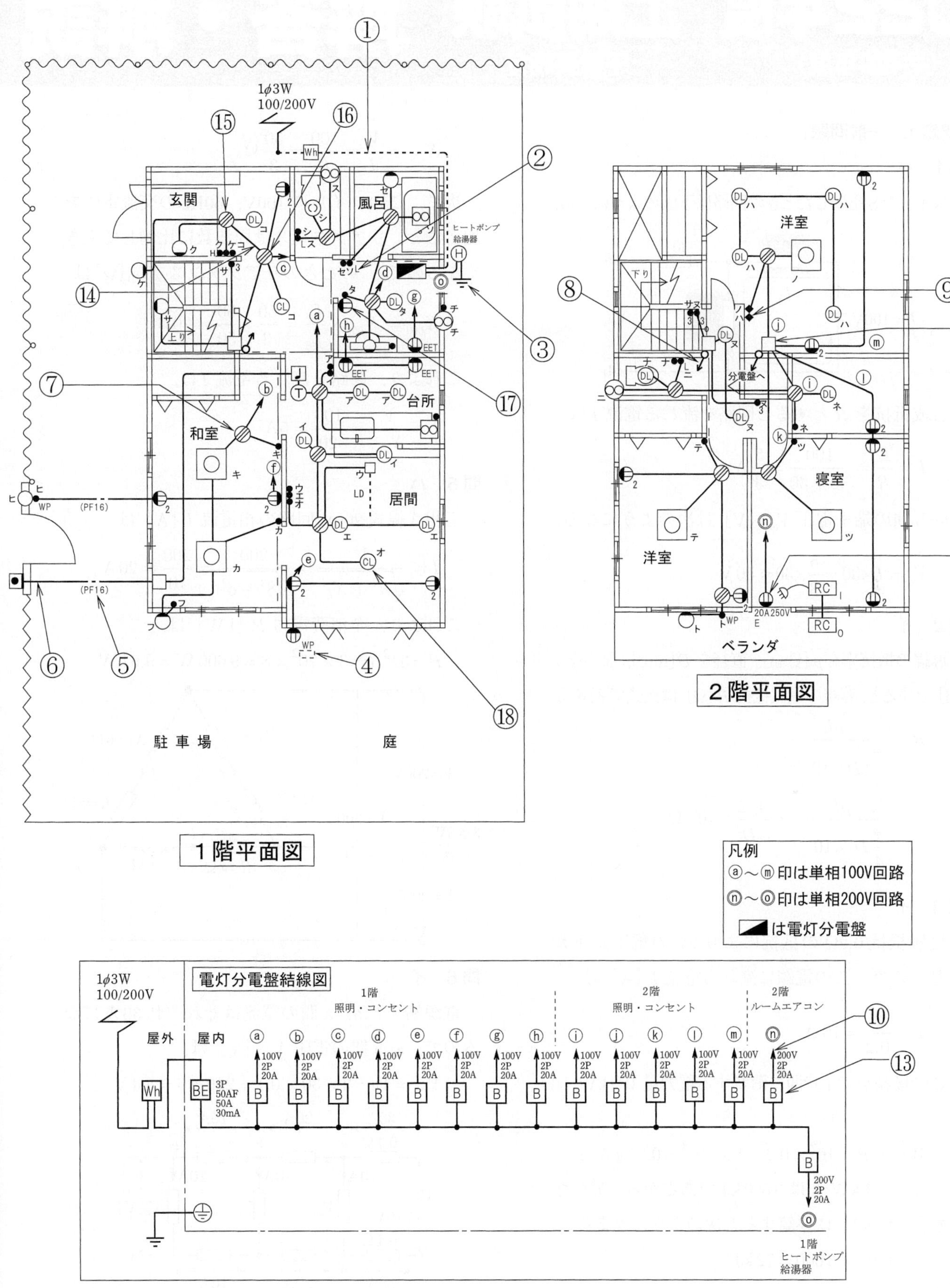
1φ3W
100/200V
玄関
風呂
ヒートポンプ
給湯器
和室
台所
居間
駐車場
庭
1階平面図
洋室
寝室
ベランダ
分電盤へ
2階平面図
凡例
ⓐ～ⓜ印は単相100V回路
ⓝ～ⓞ印は単相200V回路
は電灯分電盤
電灯分電盤結線図
屋外
屋内
1階
照明・コンセント
2階
照明・コンセント
2階
ルームエアコン
3P
50AF
50A
30mA
200V
2P
20A
1階
ヒートポンプ
給湯器

〔問題 1. 一般問題〕

問 1 ハ

スイッチSを閉じたときの回路は下図のようになる.

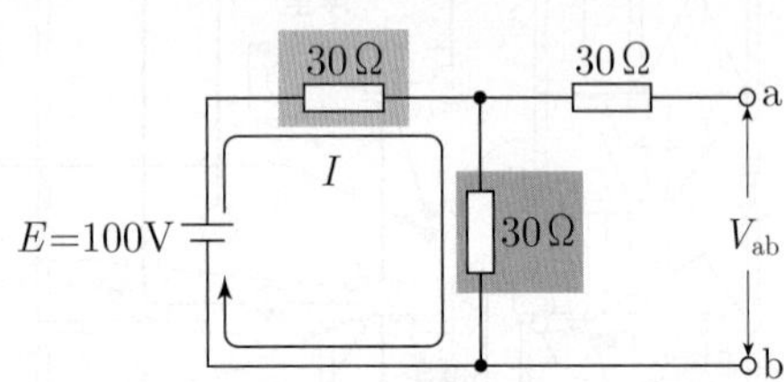

合成抵抗を R とすると回路を流れる電流 I は,

$$I=\frac{E}{R}=\frac{100}{30+30}=\frac{5}{3}\,\mathrm{A}$$

a−b 間の端子電圧 V_{ab} [V] は次のようになる.

$$V_{ab}=I\times 30=\frac{5}{3}\times 30=50\,\mathrm{V}$$

問 2 イ

導線の抵抗率を ρ [Ω·m], 直径を D[mm], 長さを L [m] とすると, 導線の電気抵抗 R[Ω] は次式で表せる.

$$R=\frac{\rho L}{\frac{\pi}{4}\left(D\times 10^{-3}\right)^2}=\frac{\rho L}{\frac{\pi}{4}D^2\times 10^{-6}}=\frac{4\rho L}{\pi D^2}\times 10^6\,[\Omega]$$

問 3 イ

接触抵抗 0.2Ω の抵抗により 2V の電圧降下が生じたので, この電線に流れる電流 I [A] は,

$$I=\frac{2}{0.2}=10\,\mathrm{A}$$

この接続点で1時間に消費する電力量 W [kW·h] は,

$$W=I^2R=10^2\times 0.2\times 1\times 10^{-3}=0.02\,\mathrm{kW\cdot h}$$

ここで, 1 kW·h は 3 600 kJ であるから, 発生する熱量 Q [kJ] に換算すると次のように求まる.

$$Q=0.02\times 3\,600=72\,\mathrm{kJ}$$

問 4 ロ

コイルに 100V, 50Hz の交流電圧を加えたときのリアクタンス X_{L50} [Ω] は,

$$X_{L50}=\frac{V}{I}=\frac{100}{6}=\frac{50}{3}\,\Omega$$

次に, このコイルに 100V, 60Hz の交流電圧を加えると, リアクタンスは周波数に比例して大きくなるので, このときのリアクタンス X_{L60} [Ω] は,

$$X_{L60}=X_{L50}\times\frac{f_{60}}{f_{50}}=\frac{50}{3}\times\frac{60}{50}=20\,\Omega$$

これより, 回路を流れる電流 I は,

$$I=\frac{V}{X_{L60}}=\frac{100}{20}=5\,\mathrm{A}$$

問 5 ハ

三相 3 線式 200V 回路の相電流 I [A] は,

$$I=\frac{V}{\sqrt{R^2+X_L^2}}=\frac{200}{\sqrt{8^2+6^2}}=\frac{200}{10}=20\,\mathrm{A}$$

これより, 全消費電力 P [kW] は,

$$P=3I^2R=3\times 20^2\times 8=9\,600\,\mathrm{W}=9.6\,\mathrm{kW}$$

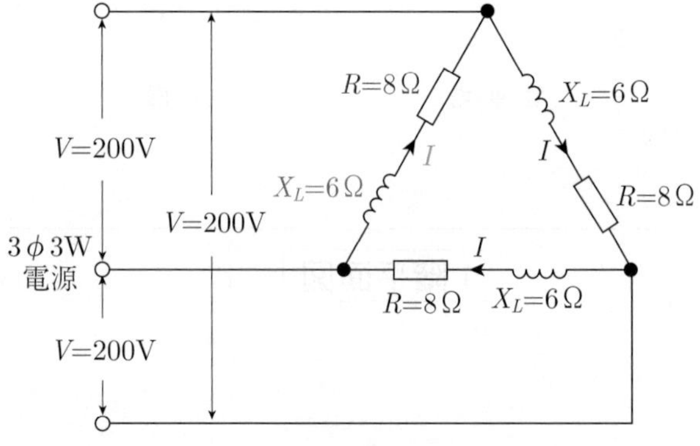

問 6 イ

電源端子と a, a′間の電流はそれぞれ 30 A になるので, a−a′間の電圧 $V_{aa'}$ [V] は,

$$V_{aa'}=V_0-2\times 30\times 0.1=210-6=204\,\mathrm{V}$$

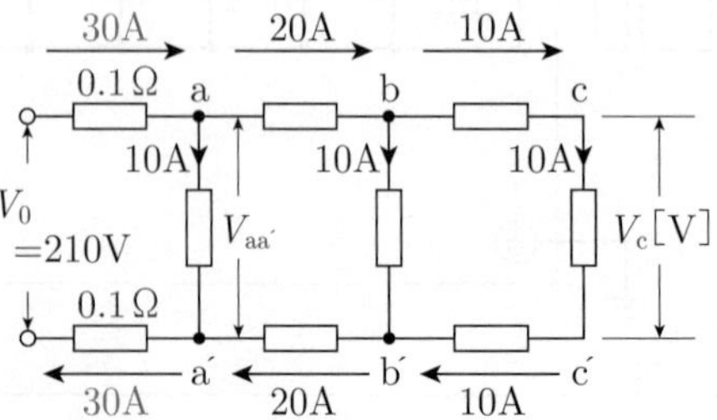

a−b 間と a′−b′間の電流は 20A になるので, b−b′間の電圧 $V_{bb'}$ [V] は,

$$V_{bb'}=V_{aa'}-2\times 20\times 0.1=204-4=200\,\mathrm{V}$$

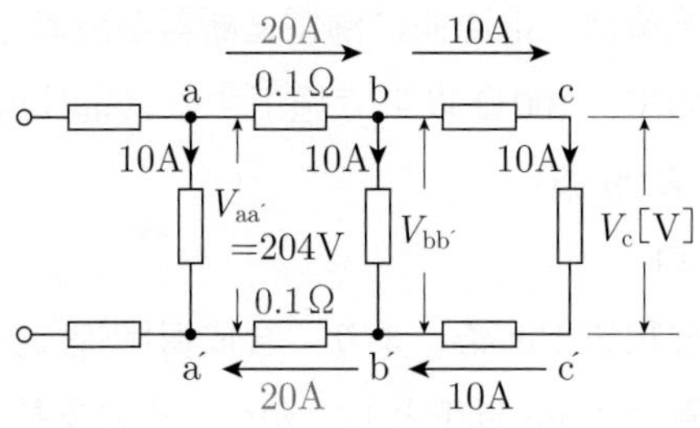

b–c 間と b′–c′ 間の電流は 10A なので，c–c′ 間の電圧 V_c［V］は次のように求まる．

$$V_c = V_{bb'} - 2 \times 10 \times 0.1 = 200 - 2 = 198\,\text{V}$$

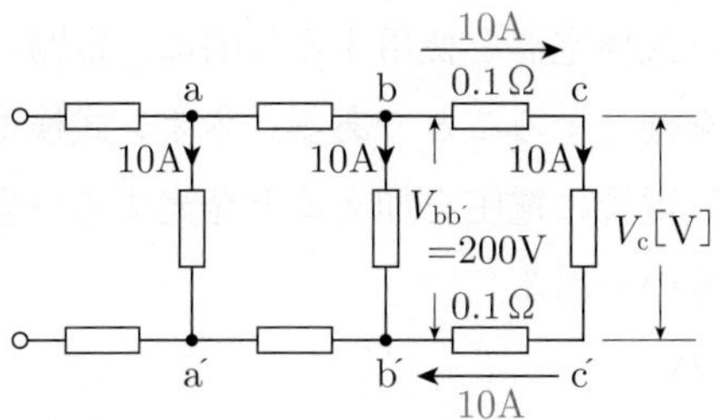

問 7　ハ

抵抗負荷が平衡しているので，中性線には電流が流れず電圧降下は発生しない．1 線当たりの抵抗は 0.1Ω なので a–b 間の電圧 V_{ab}［V］は，

$$V_{ab} = 105 - 10 \times 0.1 = 105 - 1 = 104\,\text{V}$$

問 8　ロ

直径 2.0mm の 600V ビニル絶縁電線の許容電流は 35A で，金属管に 2 本収めるときの電流減少係数は 0.70 であるから，電線 1 本当たりの許容電流 I［A］は，

$$I = 35 \times 0.70 \fallingdotseq 24\text{A}$$

絶縁電線の許容電流（内線規程 1340-1 表）

種　類	太　さ	許容電流［A］
単線直径［mm］	1.6	27
	2.0	35
より線断面積［mm^2］	2	27
	3.5	37
	5.5	49

（周囲温度 30℃以下）

問 9　ハ

電技解釈第 148 条により，低圧屋内幹線の太さを決める根拠となる電流を求める．電動機電流の合計を I_M，電熱器電流の合計を I_H とすると，

$$I_M = 10 + 30 = 40\,\text{A} \qquad I_H = 15 + 15 = 30\,\text{A}$$

これより，$I_H < I_M$ であり $I_M \leqq 50\text{A}$ なので，幹線の太さを決める根拠となる電流の最小値 I［A］は，

$$I = I_M \times 1.25 + I_H = 40 \times 1.25 + 30 = 80\,\text{A}$$

問 10　ニ

電技解釈第 149 条により，20A 分岐回路のコンセントは 20A 以下，電線は直径 1.6mm 以上のものを用いなければならない．

分岐回路の施設（電技解釈第 149 条）

分岐過電流遮断器の定格電流	コンセント	電線の太さ
15A	15A 以下	直径 1.6 mm 以上
20A（配線用遮断器）	20A 以下	
20A（配線用遮断器を除く）	20A	直径 2 mm 以上
30A	20A 以上 30A 以下	直径 2.6 mm（断面積 5.5mm^2）以上
40A	30A 以上 40A 以下	断面積 8 mm^2 以上

問 11　ニ

リングレジューサとは，アウトレットボックスのノックアウト（打ち抜き穴）の径が，それに接続する金属管の外径より大きいときに使用する材料である．

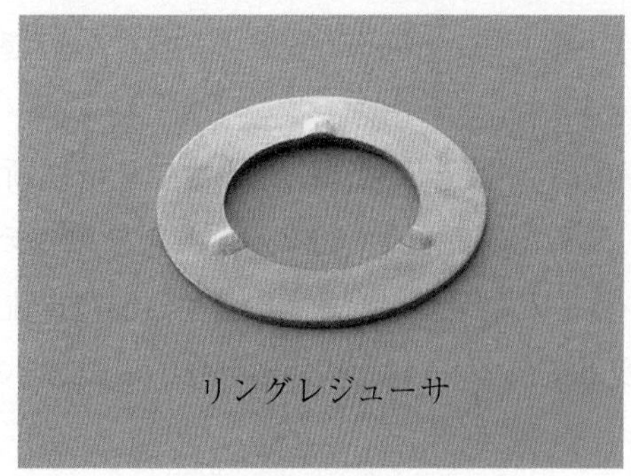
リングレジューサ

問 12　ハ

600V 架橋ポリエチレン絶縁ビニルシースケーブル（CV）の絶縁物の最高許容温度は 90℃である．

絶縁電線・ケーブルの最高許容温度（内線規程 1340–3 表）

種　類	最高許容温度
600V ビニル絶縁電線（IV）	60℃
600V 二種ビニル絶縁電線（HIV）	75℃
600V ビニル絶縁ビニルシースケーブル（VVF，VVR）	60℃
600V 架橋ポリエチレン絶縁ビニルシースケーブル（CV）	90℃

問 13　ニ

薄鋼電線管の切断作業には，パイプカッタや金切りのこが使用されるので，ニが誤りである．プリカナイフとは，2 種金属製可とう電線管の切断に使用する工具である．

問 14　ロ

三相誘導電動機のスターデルタ始動とは，巻線を Y 結線として始動し，ほぼ全速度に達したときに△結線に戻す方式をいうが，全電圧始動（じか入れ始動）と比較して，始動電流を 1/3 に小さくすることができる，始動トルクは 1/3 なる，始動時間が短くなるなどの特徴があり，一般に 5.5kW 以上の誘導電動機の始動法に用いられる．

問 15　イ

力率の良い電気機械器具は，抵抗負荷の電気トースターである．電気洗濯機と電気冷蔵庫は電動機を内蔵しているので力率は良くない．電球形LEDランプ（制御装置内蔵形）も整流器や制御装置を内蔵しているので力率は良くない．

問 16　ハ

写真に示す材料は合成樹脂製の埋込スイッチボックスで，合成樹脂製可とう電線管と接続し，スイッチやコンセントの取り付けに使用する材料である．電線の引き入れを容易にするために使用される材料はアウトレットボックスやプルボックスである．

問 17　ロ

写真に示す器具は過電流保護付の漏電遮断器である．配線用遮断器との違いは，漏電検出のテストボタンが付いていることと，動作する漏電電流の定格感度電流値(30mA)が表示されていることである．

問 18　イ

写真に示す工具はガストーチランプである．硬質ポリ塩化ビニル電線管の曲げ加工や，はんだを溶かすことなどに用いる．

問 19　ハ

内線規程 1335-7 により，終端接続の絶縁処理に自己融着性絶縁テープ（厚さ約 0.5mm）を用いる場合は，半幅以上重ねて 1 回(2 層)以上巻き，かつ，その上に保護テープを半幅以上重ねて 1 回(2 層）以上巻かなくてはいけない．

問 20　ハ

電技解釈第 156 条により，平形保護層工事は，使用電圧が 300V 以下で，点検できる隠ぺい場所で乾燥した場所に限り施設できる．

問 21　ニ

単相 3 線式 100/200V 屋内配線の住宅用分電盤工事で，電灯専用回路（単相 100V）の分岐回路に 2 極 1 素子（2P1E）を使用してもよいが，素子のない極に中性線を結線しなくてはならないので，ニが誤りである．

問 22　ハ

三相 200V 電動機の鉄台には D 種接地工事を施さなければいけない．このとき，接地線（軟銅線）の太さは直径 1.6mm（断面積 2 mm^2）以上，接地抵抗値は，電源側に漏電遮断器が設置されていないので，100Ω 以下で施工する（電技解釈第 17 条，第 29 条）．

問 23　ロ

電技解釈第 158 条により，合成樹脂管の支持点間の距離は 1.5m 以下とし，かつ，その支持点は，管端，管とボックスとの接続点及び管相互のそれぞれの近くの箇所に設けなくてはいけない．

問 24　ニ

ネオン式検電器を使用する目的は，電路の充電の有無を確認することである．ネオン式検電器はネオン放電管に電圧を加えると発光する原理を利用したものである．

問 25　ハ

絶縁抵抗測定が困難な場合においては，当該電路の使用電圧が加わった状態における漏えい電流が，1mA 以下であることと定められている．したがって，ハが適合している（電技解釈 14 条）．

問 26　ハ

接地抵抗計（アーステスタ）は，被測定接地極(E)を端とし，一直線上に 2 箇所の補助接地極（P，C）を順次 10 m 離して配置し測定する．

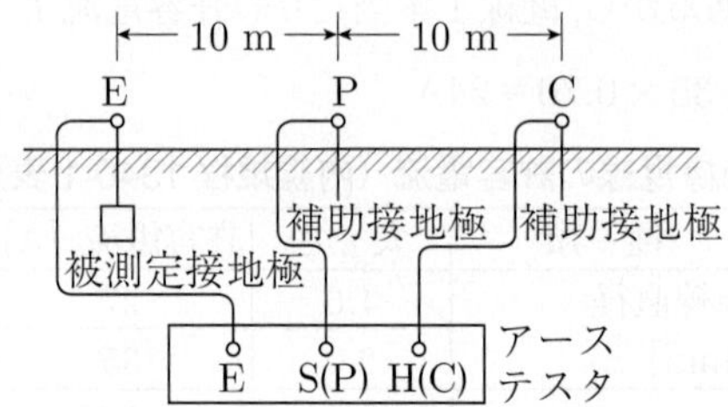

問 27　ニ

図の回路において，電圧計，電流計，電力計の結線方法は，電圧計は負荷と並列に，電流計は負荷と直列に接続する．また，電力計の電圧コイルは負荷と並列に，電流コイルは負荷と直列に接続する．したがって，ニが正しい．

問 28　イ

電気工事士法により，第二種電気工事士免状では自家用電気工作物（最大電力が 500kW 未満の需要設備）の低圧部分の工事はできない．この工事ができるのは，第一種電気工事士であるが，電線路を除く低圧部分であれば認定電気工事従事者も従事できる．ロは電気工事の免状がなくても従事できる．ハ, ニは第二種電気工事士の免状で従事できる．

問 29　ニ

電気用品安全法施行令（別表第 1）により，特定電気用品に区分されるものは，定格電流 20A の配線用遮断器である．特定電気用品とは，構造や使用の方法などから危険・傷害の発生するおそれが多い電気製品である．定格消費電力 40W の蛍光ランプ，外径 19mm の金属製電線管，定格消費電力 30W の換気扇は特定電気用品に該当しない．

問 30　ロ

一般用電気工作物とは，低圧受電で受電の場所と同一の構内で使用する電気工作物で，同じ構内で連係して使用する下記の小規模事業用電気工作物以外の小規模発電設備も含む．一般用電気工作となる小規模発電設備は，発電電圧 600V 以下で，出力の合計が 50kW 以上となるものを除く（電気事業法施行規則第 48 条）．

小規模発電設備

設備名	出力	区分
風力発電設備	20kW 未満	小規模事業用電気工作物**
太陽電池発電設備	50kW 未満	
	10kW 未満	一般用電気工作物
水力発電設備*	20kW 未満	
内燃力発電設備	10kW 未満	
燃料電池発電設備	10kW 未満	
スターリングエンジン発電設備	10kW 未満	

* 最大使用水量 $1m^3/s$ 未満（ダムを伴うものを除く）
** 第二種電気工事士は，小規模事業用電気工作物の工事に従事できる．

〔問題 2．配線図〕

問 31　ニ

①で示す部分の工事方法は，木造建築の場合，ケーブル工事（鉛被ケーブル, アルミ被ケーブル, MI ケーブルを除く），合成樹脂管工事，がいし引き工事のいずれかで施設しなければならない（電技解釈第 110 条）．

問 32　ロ

②で示す図記号は，ロの確認表示灯を内蔵する点滅器である．イの位置表示灯を内蔵する点滅器は●$_H$，ハの遅延スイッチは●$_D$，ニの熱線式自動スイッチは●$_{RAS}$ と表す．

問 33　ニ

③で示す部分は単相 200V ヒートポンプ給湯器の外箱に施す接地工事なので，D 種接地工事で施工する．また，電源側に地絡を生じたときに 0.5 秒以内に動作する漏電遮断器が設置されているので, 接地抵抗は 500Ω 以下であればよい．したがって，ニが正しい（電技解釈第 17 条，第 29 条）．

問 34　ニ

④で示す部分の抜け止め形の防雨形コンセントの傍記記号は，防雨形を示す WP に加えて LK と傍記するので，ニが正しい．ロの T は引掛形のコンセントの傍記記号である．イの L とハの K はコンセントの傍記には使用しない．

問 35　ニ

⑤で示す部分の配線は（PF16）とあるので，内径 16mm の合成樹脂製可とう電線管を使用した地中配線である．

問 36　ニ

⑥で示す部分の小勢力回路で使用できる電圧の最大値は，電技解釈第 181 条により，60V 以下とされている．

問 37　ロ

⑦で示す図記号は VVF 用ジョイントボックスである．ジョイントボックスの図記号は□，プルボックスの図記号は⊠，ジャンクションボックスの図記号は--◎--で表される．

問 38　ハ

⑧で示す部分の最少電線本数（心線数）は，複線結線図−1（簡略図）より 4 本である．

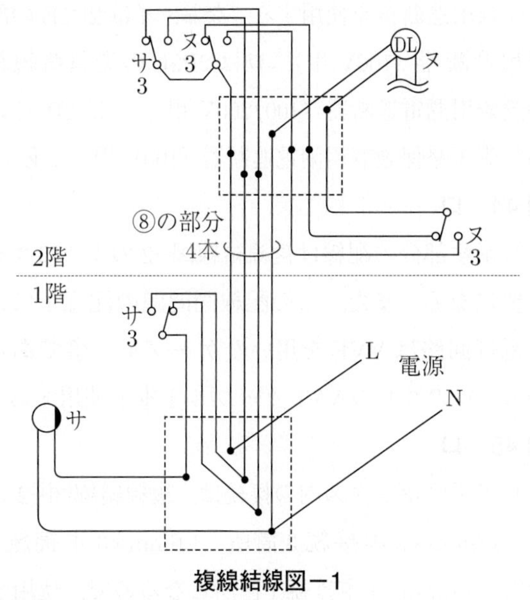

複線結線図−1

問 39　ハ

⑨で示す図記号は，ハのワイドハンドル形点滅器である．一般形点滅器の図記号は●，一般形調

2022 年度：上期-午後（令和 4 年度）

光器の図記号は，ワイド形調光器の図記号は
である．

問 40　イ

⑩で示す部分は単相 3線式 100/200Vを電源とする単相 200Vのルームエアコン専用回路である．この電路の対地電圧は 150V以下なので，絶縁抵抗は 0.1MΩ以上でなければならない(電技省令第58条)．

低圧電路の絶縁性能（電技省令第 58 条）

電路の使用電圧の区分		絶縁抵抗値
300V 以下	対地電圧 150V 以下	0.1 MΩ 以上
	その他の場合	0.2 MΩ 以上
300V を超える低圧回路		0.4 MΩ 以上

問 41　イ

⑪で示す図記号は，イのアウトレットボックスである．ロはプルボックス, ハとニは VVF 用ジョイントボックスである．

問 42　ニ

⑫で示す図記号の器具は単相 200V 用 20A 接地極付コンセントなので，ニが正しい．なお，イは三相 200V 用接地極付コンセント，ロは単相 200V 用 15A 接地極付コンセント，ハは単相 100V 用 20A 接地極付コンセントである（内線規程 3202-2 表)．

問 43　ハ

⑬で示す部分の図記号は単相 200V 回路に施設される配線用遮断器なので, ハの 2P2E(2 極 2 素子) の配線用遮断器を使用する．なお，イは 2P1E の配線用遮断器（100V 用)，ロは 2P2E の過負荷短絡保護兼用漏電遮断器（100/200V 用)，ニは 2P1E の過負荷短絡保護兼用漏電遮断器（100V 用）である．

問 44　ロ

⑭示す部分の配線は複線結線図−2 のように 3 本必要になる．また，この配線図問題の注意 1 により電灯回路は VVF を用いたケーブル工事であるから，ロの 3 心の VVF ケーブル 1 本を使用する．

問 45　ロ

⑮で示すボックス内の接続は，複線結線図−2 より，1.6mm×2 本接続 3 箇所，1.6mm×3 本接続 1 箇所，1.6mm×4 本接続 1 箇所となるので，使用するリングスリーブは小 5 個である（JIS C 2806)．

問 46　ニ

⑯で示すボックス内の接続は，複線結線図−2 のようになるので，2 本接続用 1 個，4 本接続用 1 個，5 本接続用 1 個である．

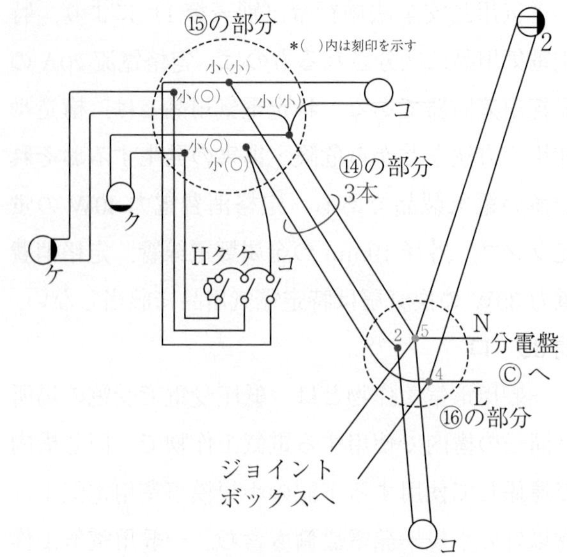

複線結線図－2（問44，問45，問46）

問 47　ハ

⑰で示す部分の配線の詳細は下記のとおり．

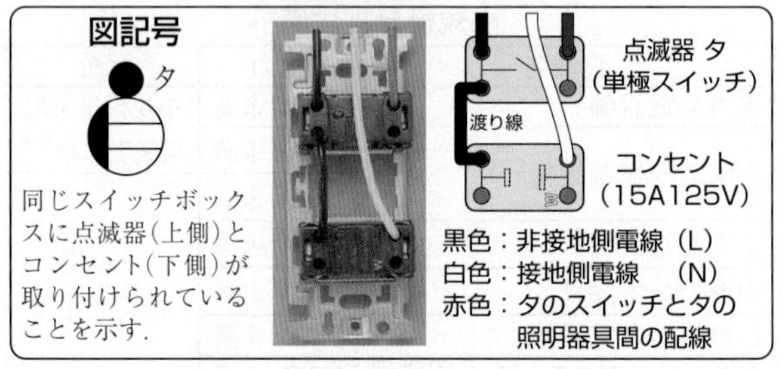

問 48　ハ

⑱で示す図記号は，ハのシーリング（図記号：(CL)）である．イはペンダント（図記号：[図記号]），ロはシャンデリヤ（図記号:(CH)），ハは埋込器具（ダウンライト）（図記号：(DL)）である．

問 49　ロ

この配線図では，ロの遅延スイッチ（図記号：●$_D$）は使用されていない．イは確認表示灯内蔵スイッチ（図記号：●$_L$)，ハは 3 路スイッチ（図記号：●$_3$)，ニは位置表示灯内蔵スイッチ（図記号：●$_H$）である．

問 50　ロ

この配線図では，ロのコンビネーションカップリング（PF 管と VE 管の接続用）は使用されていない．イはステープル，ハは合成樹脂製可とう管用ボックスコネクタ，ニは埋込スイッチボックス（合成樹脂製）でそれぞれ使用されている．

第二種電気工事士
筆記試験

2022年度
（令和4年度）

下期試験
（午前実施分）

※ 2022 年度（令和 4 年度）の第二種電気工事士下期筆記試験は，新型コロナウイルス感染防止対策として，同日の午前と午後にそれぞれ実施された．

問題1．一般問題（問題数 30，配点は1問当たり2点）

【注】本問題の計算で $\sqrt{2}$, $\sqrt{3}$ 及び円周率 π を使用する場合の数値は次によること。$\sqrt{2}=1.41$ ，$\sqrt{3}=1.73$ ，$\pi=3.14$

次の各問いには4通りの答え（イ，ロ，ハ，ニ）が書いてある。それぞれの問いに対して答えを1つ選びなさい。

なお，選択肢が数値の場合は最も近い値を選びなさい。

	問い	答え
1	図のような直流回路に流れる電流 I［A］は。 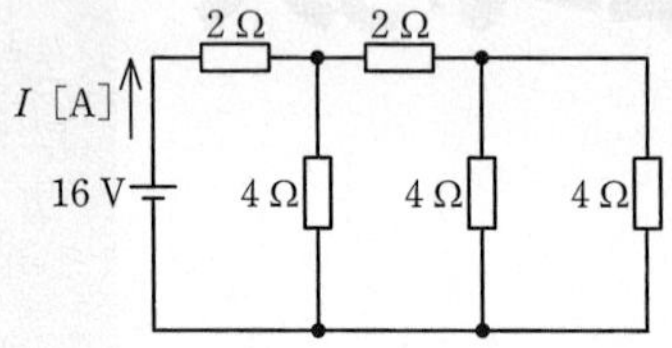	イ．1　ロ．2　ハ．4　ニ．8
2	ビニル絶縁電線（単線）の抵抗又は許容電流に関する記述として，**誤っているものは**。	イ．許容電流は，周囲の温度が上昇すると，大きくなる。 ロ．許容電流は，導体の直径が大きくなると，大きくなる。 ハ．電線の抵抗は，導体の長さに比例する。 ニ．電線の抵抗は，導体の直径の2乗に反比例する。
3	電熱器により，90 kgの水の温度を20 K上昇させるのに必要な電力量［kW・h］は。 ただし，水の比熱は4.2 kJ/(kg・K)とし，熱効率は100 %とする。	イ．0.7　ロ．1.4　ハ．2.1　ニ．2.8
4	図のような交流回路において，抵抗 12 Ω の両端の電圧 V［V］は。 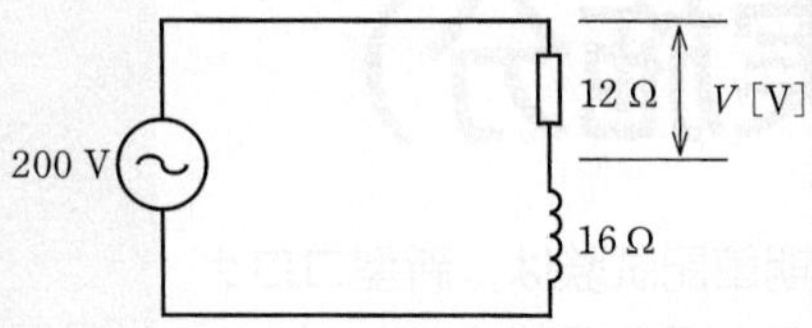	イ．86　ロ．114　ハ．120　ニ．160
5	図のような電源電圧 E［V］の三相3線式回路で，図中の×印点で断線した場合，断線後の a-c 間の抵抗 R［Ω］に流れる電流 I［A］を示す式は。 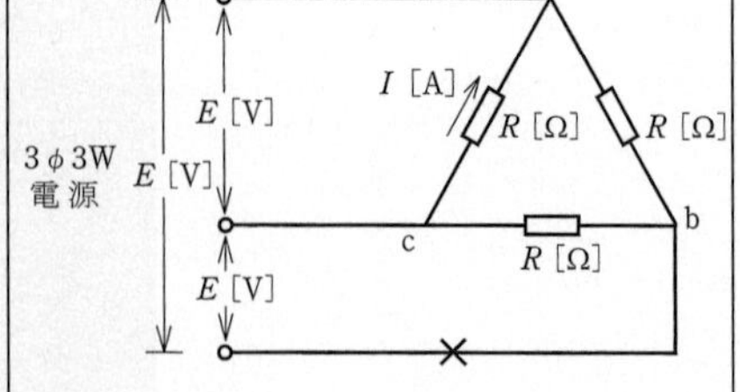	イ．$\frac{E}{2R}$　ロ．$\frac{E}{\sqrt{3}R}$　ハ．$\frac{E}{R}$　ニ．$\frac{3E}{2R}$

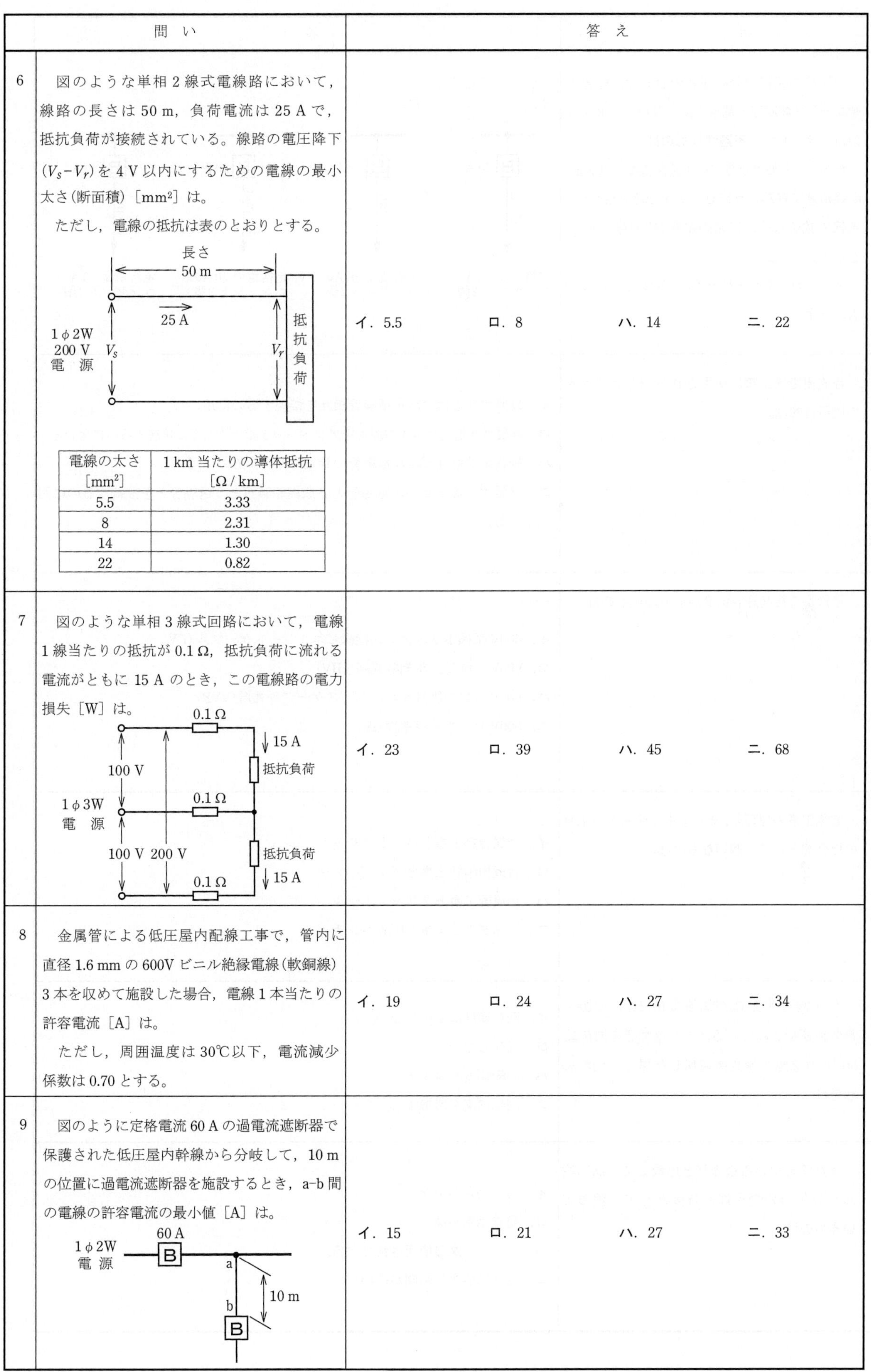

	問い	答え			
6	図のような単相2線式電線路において，線路の長さは50 m，負荷電流は25 A で，抵抗負荷が接続されている。線路の電圧降下 (V_s-V_r) を 4 V 以内にするための電線の最小太さ(断面積)［mm²］は。 ただし，電線の抵抗は表のとおりとする。	イ．5.5	ロ．8	ハ．14	ニ．22
7	図のような単相3線式回路において，電線1線当たりの抵抗が 0.1 Ω，抵抗負荷に流れる電流がともに 15 A のとき，この電線路の電力損失［W］は。	イ．23	ロ．39	ハ．45	ニ．68
8	金属管による低圧屋内配線工事で，管内に直径 1.6 mm の 600V ビニル絶縁電線(軟銅線) 3本を収めて施設した場合，電線1本当たりの許容電流［A］は。 ただし，周囲温度は30℃以下，電流減少係数は0.70とする。	イ．19	ロ．24	ハ．27	ニ．34
9	図のように定格電流 60 A の過電流遮断器で保護された低圧屋内幹線から分岐して，10 m の位置に過電流遮断器を施設するとき，a-b 間の電線の許容電流の最小値［A］は。	イ．15	ロ．21	ハ．27	ニ．33

問6の図

問6の表

電線の太さ［mm²］	1 km 当たりの導体抵抗［Ω / km］
5.5	3.33
8	2.31
14	1.30
22	0.82

問7の図

問9の図

2022年度・下期・午前(令和4年度)

	問　い	答　え
10	低圧屋内配線の分岐回路の設計で，配線用遮断器，分岐回路の電線の太さ及びコンセントの組合せとして，**不適切なものは。** ただし，分岐点から配線用遮断器までは3 m，配線用遮断器からコンセントまでは8 mとし，電線の数値は分岐回路の電線（軟銅線）の太さを示す。 また，コンセントは兼用コンセントではないものとする。	イ．B 20 A　1.6 mm　定格電流 15 Aのコンセント 2個 ロ．B 30 A　2.0 mm　定格電流 30 Aのコンセント 2個 ハ．B 20 A　2.0 mm　定格電流 20 Aのコンセント 3個 ニ．B 30 A　5.5 mm²　定格電流 20 Aのコンセント 1個
11	合成樹脂管工事に使用される 2号コネクタの使用目的は。	イ．硬質ポリ塩化ビニル電線管相互を接続するのに用いる。 ロ．硬質ポリ塩化ビニル電線管をアウトレットボックス等に接続するのに用いる。 ハ．硬質ポリ塩化ビニル電線管の管端を保護するのに用いる。 ニ．硬質ポリ塩化ビニル電線管と合成樹脂製可とう電線管とを接続するのに用いる。
12	絶縁物の最高許容温度が最も高いものは。	イ．600V 架橋ポリエチレン絶縁ビニルシースケーブル（CV） ロ．600V 二種ビニル絶縁電線（HIV） ハ．600V ビニル絶縁ビニルシースケーブル丸形（VVR） ニ．600V ビニル絶縁電線（IV）
13	電気工事の種類と，その工事で使用する工具の組合せとして，**適切なものは。**	イ．金属線ぴ工事とボルトクリッパ ロ．合成樹脂管工事とパイプベンダ ハ．金属管工事とクリックボール ニ．バスダクト工事と圧着ペンチ
14	三相誘導電動機が周波数60 Hzの電源で無負荷運転されている。この電動機を周波数50 Hzの電源で無負荷運転した場合の回転の状態は。	イ．回転速度は変化しない。 ロ．回転しない。 ハ．回転速度が減少する。 ニ．回転速度が増加する。
15	点灯管を用いる蛍光灯と比較して，高周波点灯専用形の蛍光灯の特徴として，**誤っているものは。**	イ．ちらつきが少ない。 ロ．発光効率が高い。 ハ．インバータが使用されている。 ニ．点灯に要する時間が長い。

	問　い	答　え
16	写真に示す材料の名称は。 拡大	イ．無機絶縁ケーブル ロ．600V ビニル絶縁ビニルシースケーブル平形 ハ．600V 架橋ポリエチレン絶縁ビニルシースケーブル ニ．600V ポリエチレン絶縁耐燃性ポリエチレンシースケーブル平形
17	写真に示す機器の名称は。	イ．水銀灯用安定器 ロ．変流器 ハ．ネオン変圧器 ニ．低圧進相コンデンサ
18	写真に示す器具の用途は。	イ．三相回路の相順を調べるのに用いる。 ロ．三相回路の電圧の測定に用いる。 ハ．三相電動機の回転速度の測定に用いる。 ニ．三相電動機の軸受けの温度の測定に用いる。
19	単相 100 V の屋内配線工事における絶縁電線相互の接続で，**不適切なものは。**	イ．絶縁電線の絶縁物と同等以上の絶縁効力のあるもので十分被覆した。 ロ．電線の電気抵抗が 10％増加した。 ハ．終端部を圧着接続するのにリングスリーブ(E 形)を使用した。 ニ．電線の引張強さが 15％減少した。
20	同一敷地内の車庫へ使用電圧 100 V の電気を供給するための低圧屋側配線部分の工事として，**不適切なものは。**	イ．600V 架橋ポリエチレン絶縁ビニルシースケーブル(CV)によるケーブル工事 ロ．硬質ポリ塩化ビニル電線管(VE)による合成樹脂管工事 ハ．1 種金属製線ぴによる金属線ぴ工事 ニ．600V ビニル絶縁ビニルシースケーブル丸形(VVR)によるケーブル工事

	問　い	答　え
21	木造住宅の単相 3 線式 100/200 V 屋内配線工事で，**不適切な工事方法は。** ただし，使用する電線は 600V ビニル絶縁電線，直径 1.6 mm(軟銅線)とする。	イ．合成樹脂製可とう電線管(CD 管)を木造の床下や壁の内部及び天井裏に配管した。 ロ．合成樹脂製可とう電線管(PF 管)内に通線し，支持点間の距離を 1.0 m で造営材に固定した。 ハ．同じ径の硬質ポリ塩化ビニル電線管(VE)2 本を TS カップリングで接続した。 ニ．金属管を点検できない隠ぺい場所で使用した。
22	特殊場所とその場所に施工する低圧屋内配線工事の組合せで，**不適切なものは。**	イ．プロパンガスを他の小さな容器に小分けする可燃性ガスのある場所 厚鋼電線管で保護した 600V ビニル絶縁ビニルシースケーブルを用いたケーブル工事 ロ．小麦粉をふるい分けする可燃性粉じんのある場所 硬質ポリ塩化ビニル電線管 VE28 を使用した合成樹脂管工事 ハ．石油を貯蔵する危険物の存在する場所 金属線ぴ工事 ニ．自動車修理工場の吹き付け塗装作業を行う可燃性ガスのある場所 厚鋼電線管を使用した金属管工事
23	使用電圧 200 V の電動機に接続する部分の金属可とう電線管工事として，**不適切なものは。** ただし，管は 2 種金属製可とう電線管を使用する。	イ．管とボックスとの接続にストレートボックスコネクタを使用した。 ロ．管の長さが 6 m であるので，電線管の D 種接地工事を省略した。 ハ．管の内側の曲げ半径を管の内径の 6 倍以上とした。 ニ．管と金属管(鋼製電線管)との接続にコンビネーションカップリングを使用した。
24	回路計(テスタ)に関する記述として，**正しいものは。**	イ．ディジタル式は電池を内蔵しているが，アナログ式は電池を必要としない。 ロ．電路と大地間の抵抗測定を行った。その測定値は電路の絶縁抵抗値として使用してよい。 ハ．交流又は直流電圧を測定する場合は，あらかじめ想定される値の直近上位のレンジを選定して使用する。 ニ．抵抗を測定する場合の回路計の端子における出力電圧は，交流電圧である。
25	低圧屋内配線の電路と大地間の絶縁抵抗を測定した。「電気設備に関する技術基準を定める省令」に**適合していないものは。**	イ．単相 3 線式 100/200 V の使用電圧 200 V 空調回路の絶縁抵抗を測定したところ 0.16 MΩであった。 ロ．三相 3 線式の使用電圧 200 V(対地電圧 200 V)電動機回路の絶縁抵抗を測定したところ 0.18 MΩであった。 ハ．単相 2 線式の使用電圧 100 V 屋外庭園灯回路の絶縁抵抗を測定したところ 0.12 MΩであった。 ニ．単相 2 線式の使用電圧 100 V 屋内配線の絶縁抵抗を，分電盤で各回路を一括して測定したところ，1.5 MΩであったので個別分岐回路の測定を省略した。

	問い	答え
26	直読式接地抵抗計(アーステスタ)を使用して直読で接地抵抗を測定する場合，補助接地極(2箇所)の配置として，**適切なものは**。	イ．被測定接地極を中央にして，左右一直線上に補助接地極を10m程度離して配置する。 ロ．被測定接地極を端とし，一直線上に2箇所の補助接地極を順次10m程度離して配置する。 ハ．被測定接地極を端とし，一直線上に2箇所の補助接地極を順次1m程度離して配置する。 ニ．被測定接地極と2箇所の補助接地極を相互に5m程度離して正三角形に配置する。
27	単相2線式100V回路の漏れ電流を，クランプ形漏れ電流計を用いて測定する場合の測定方法として，**正しいものは**。 ただし，▬ は接地線を示す。	イ．　ロ．　ハ．　ニ．
28	電気の保安に関する法令についての記述として，**誤っているものは**。	イ．「電気工事士法」は，電気工事の作業に従事する者の資格及び義務を定め，もって電気工事の欠陥による災害の発生の防止に寄与することを目的とする。 ロ．「電気設備に関する技術基準を定める省令」は，「電気工事士法」の規定に基づき定められた経済産業省令である。 ハ．「電気用品安全法」は，電気用品の製造，販売等を規制するとともに，電気用品の安全性の確保につき民間事業者の自主的な活動を促進することにより，電気用品による危険及び障害の発生を防止することを目的とする。 ニ．「電気用品安全法」において，電気工事士は電気工作物の設置又は変更の工事に適正な表示が付されている電気用品の使用を義務づけられている。
29	「電気用品安全法」における電気用品に関する記述として，**誤っているものは**。	イ．電気用品の製造又は輸入の事業を行う者は，「電気用品安全法」に規定する義務を履行したときに，経済産業省令で定める方式による表示を付すことができる。 ロ．特定電気用品は構造又は使用方法その他の使用状況からみて特に危険又は障害の発生するおそれが多い電気用品であって，政令で定めるものである。 ハ．特定電気用品には ⓅⓈⒺ 又は(PS)E の表示が付されている。 ニ．電気工事士は，「電気用品安全法」に規定する表示の付されていない電気用品を電気工作物の設置又は変更の工事に使用してはならない。
30	「電気設備に関する技術基準を定める省令」における電圧の低圧区分の組合せで，**正しいものは**。	イ．直流にあっては600V以下，交流にあっては600V以下のもの ロ．直流にあっては750V以下，交流にあっては600V以下のもの ハ．直流にあっては600V以下，交流にあっては750V以下のもの ニ．直流にあっては750V以下，交流にあっては750V以下のもの

問題２．配線図（問題数 20，配点は１問当たり２点）

図は，木造１階建住宅の配線図である。この図に関する次の各問いには４通りの答え（イ，ロ，ハ，ニ）が書いてある。それぞれの問いに対して，答えを１つ選びなさい。

【注意】１．屋内配線の工事は，特記のある場合を除き 600V ビニル絶縁ビニルシースケーブル平形（VVF）を用いたケーブル工事である。
２．屋内配線等の電線の本数，電線の太さ，その他，問いに直接関係のない部分等は省略又は簡略化してある。
３．漏電遮断器は，定格感度電流 30 mA，動作時間 0.1 秒以内のものを使用している。
４．選択肢（答え）の写真にあるコンセント及び点滅器は，「JIS C 0303 : 2000 構内電気設備の配線用図記号」で示す「一般形」である。
５．分電盤の外箱は合成樹脂製である。
６．ジョイントボックスを経由する電線は，すべて接続箇所を設けている。
７．３路スイッチの記号「0」の端子には，電源側又は負荷側の電線を結線する。

	問い	答え			
31	①で示す図記号の名称は。	イ．白熱灯 ハ．確認表示灯		ロ．熱線式自動スイッチ ニ．位置表示灯	
32	②で示す部分にペンダントを取り付けたい。図記号は。	イ．(CH)	ロ．(CP)	ハ．⊖	ニ．(CL)
33	③で示す引込口開閉器が省略できる場合の，住宅と車庫との間の電路の長さの最大値[m]は。	イ．5	ロ．10	ハ．15	ニ．20
34	④で示す部分の電路と大地間の絶縁抵抗として，許容される最小値［MΩ］は。	イ．0.1	ロ．0.2	ハ．0.3	ニ．0.4
35	⑤の部分で施設する配線用遮断器は。	イ．２極１素子 ハ．３極２素子		ロ．２極２素子 ニ．３極３素子	
36	⑥で示す図記号の名称は。	イ．ジョイントボックス ハ．プルボックス		ロ．VVF 用ジョイントボックス ニ．ジャンクションボックス	
37	⑦で示す部分の小勢力回路で使用できる電圧の最大値［V］は。	イ．24	ロ．30	ハ．40	ニ．60
38	⑧で示す部分に波付硬質合成樹脂管を施工したい。その図記号の傍記表示は。	イ．PF	ロ．HIVE	ハ．FEP	ニ．HIVP
39	⑨で示す部分の接地工事の種類及びその接地抵抗の許容される最大値［Ω］の組合せとして，**正しいものは**。	イ．C 種接地工事　10 Ω ロ．C 種接地工事　100 Ω ハ．D 種接地工事　100 Ω ニ．D 種接地工事　500 Ω			
40	⑩で示す部分の最少電線本数（心線数）は。	イ．2	ロ．3	ハ．4	ニ．5

問い		答え			
41	⑪で示す点滅器の取付け工事に使用するものは。	イ. 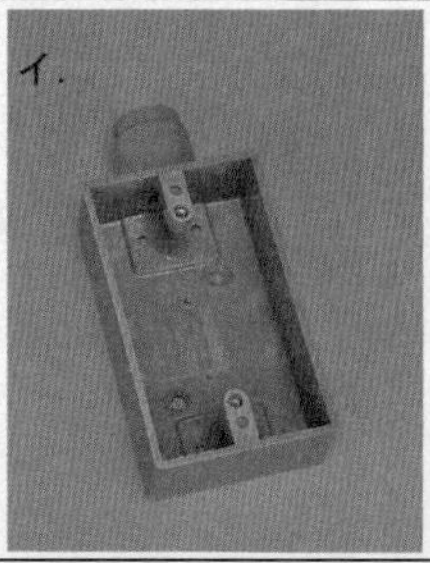	ロ. 	ハ. 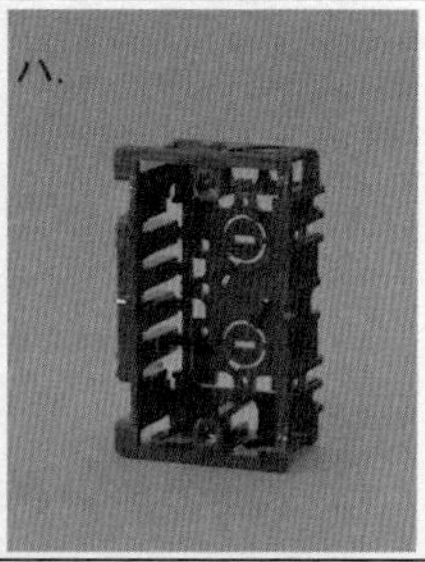	ニ. 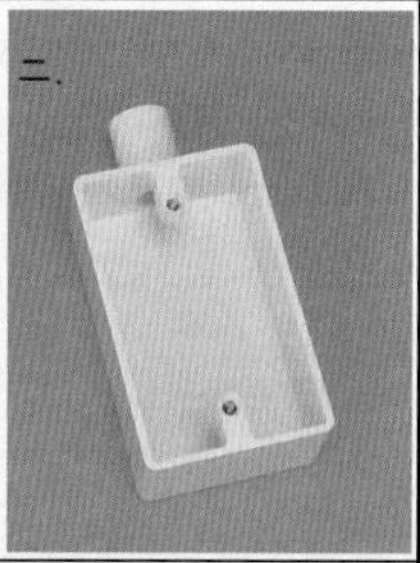
42	⑫で示すボックス内の接続をすべて圧着接続とした場合のリングスリーブの種類，個数及び圧着接続後の刻印の組合せで，**正しいものは。** ただし，使用する電線はすべて VVF1.6 とし，傍記 RASの器具は2線式とする。 また，写真に示す**リングスリーブ中央の○，小，中**は刻印を表す。	イ.  小 ○ ○ 小　3個	ロ. 中 中 中　2個 ○ 小　1個 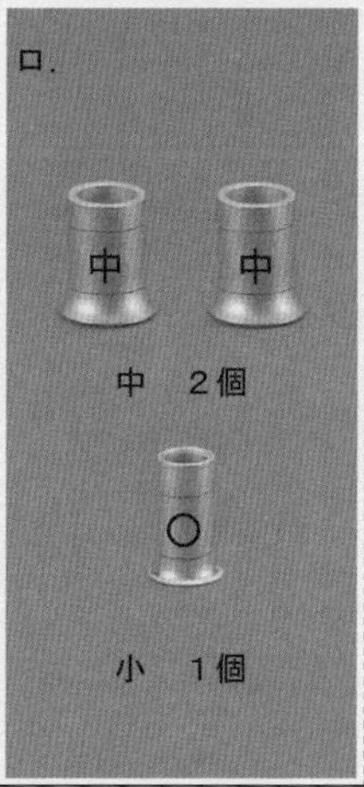	ハ. 中 中 中　2個 小 小　1個 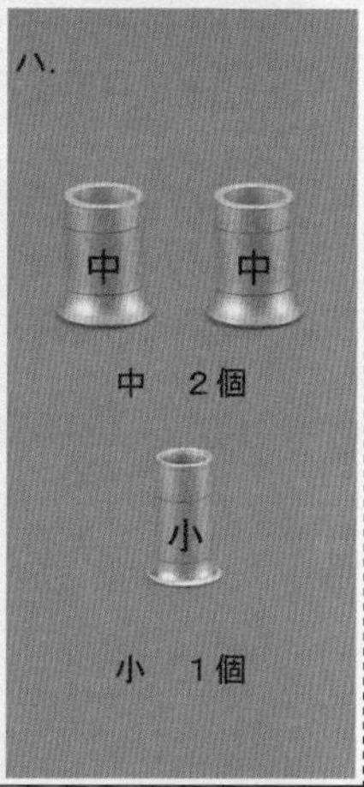	ニ. ○ 小 小 小　3個 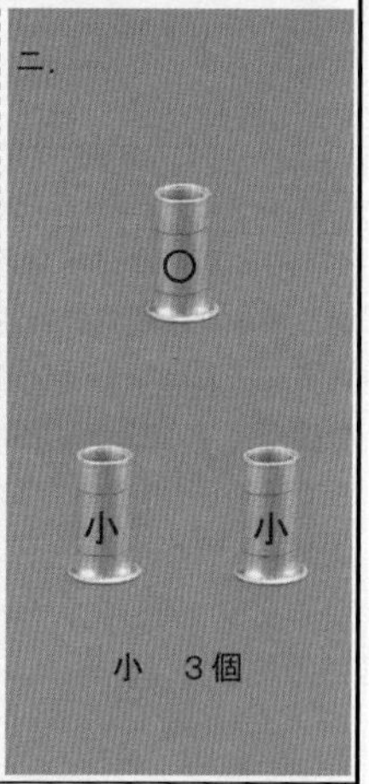
43	⑬で示す回路の負荷電流を測定するものは。	イ. 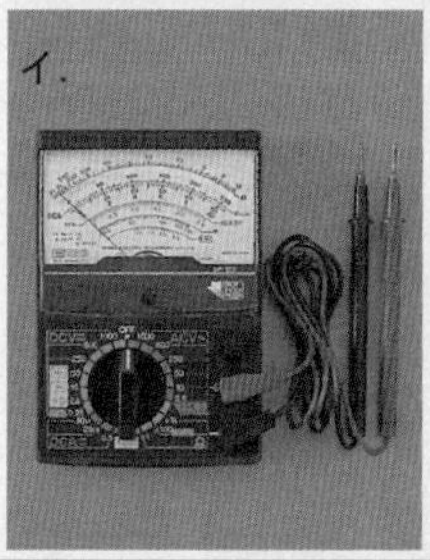	ロ. 	ハ. 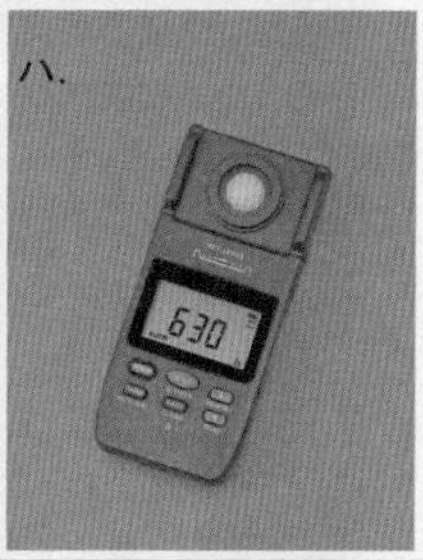	ニ. 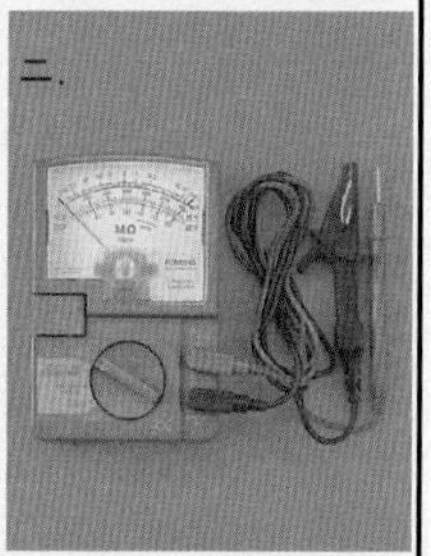
44	⑭で示す部分の配線を器具の裏面から見たものである。**正しいものは。** ただし，電線の色別は，白色は電源からの接地側電線，黒色は電源からの非接地側電線，赤色は負荷に結線する電線とする。	イ. 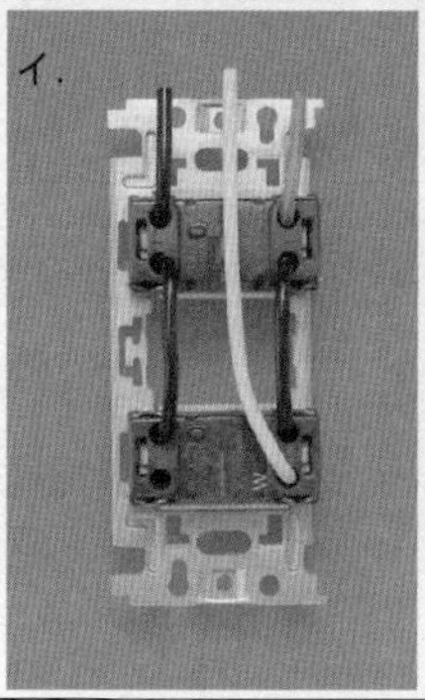	ロ. 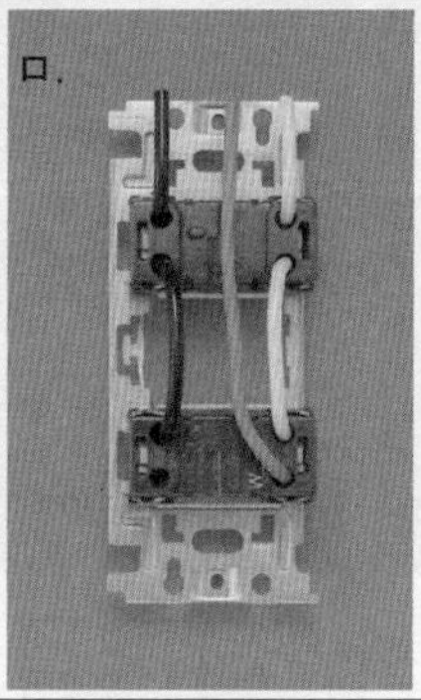	ハ. 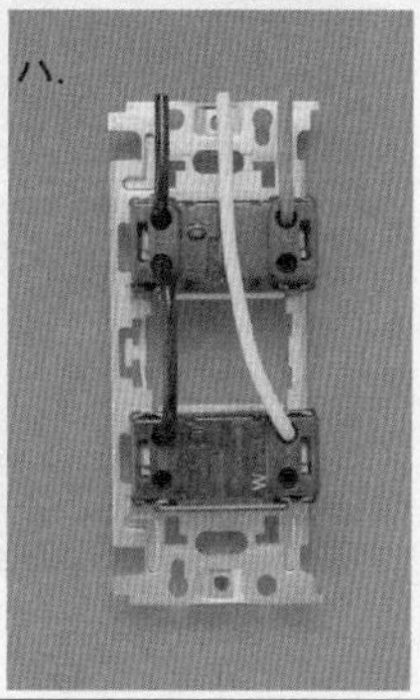	ニ. 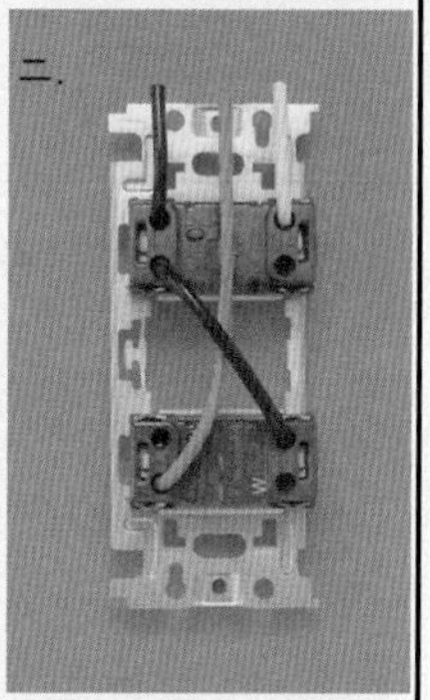
45	⑮で示すボックス内の接続をすべて圧着接続とする場合，使用するリングスリーブの種類と最少個数の組合せで，**正しいものは。** ただし，使用する電線はすべて VVF1.6 とする。	イ. 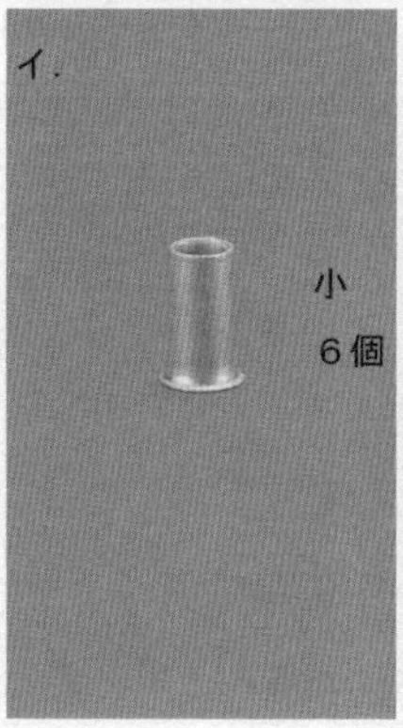 小 6個	ロ. 小 5個 中 1個 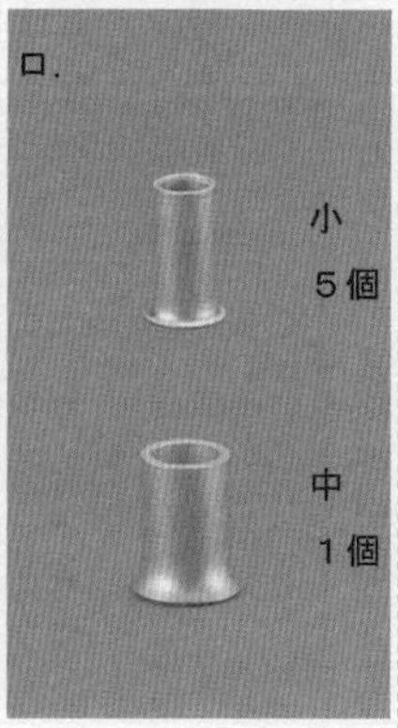	ハ. 小 4個 中 2個 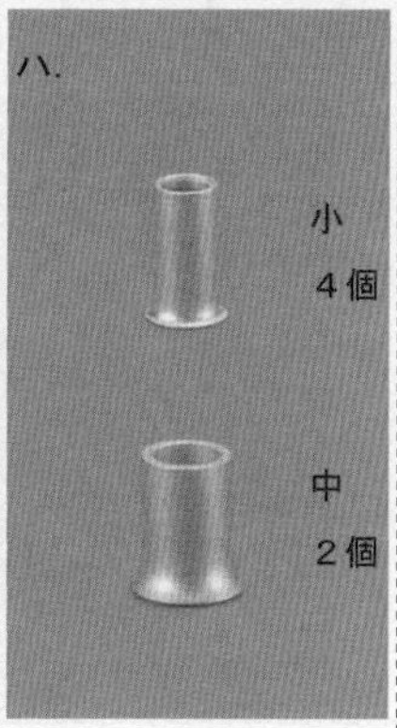	ニ. 小 3個 中 3個 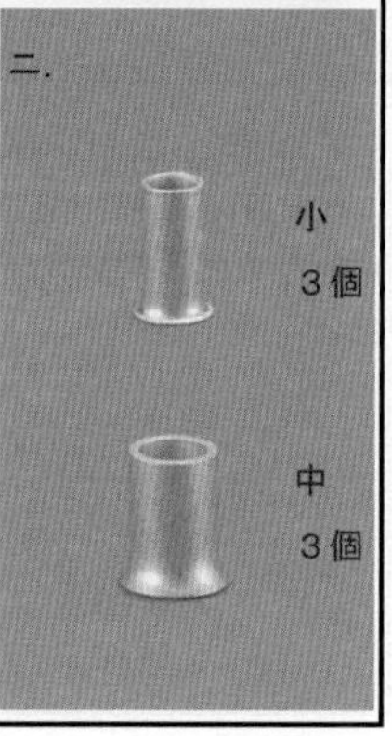

2022年度：下期-午前（令和4年度）

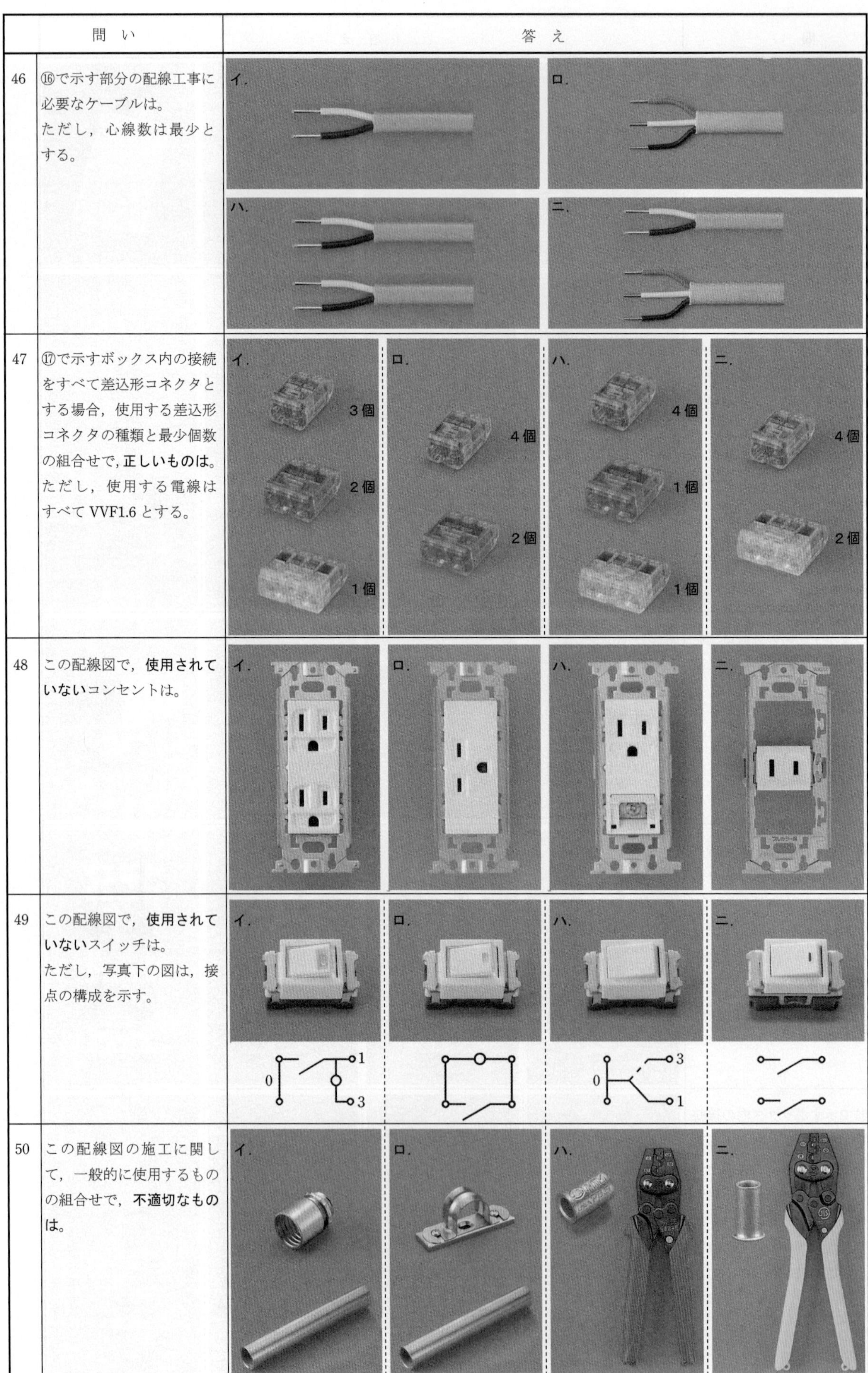

	問い	答え
46	⑯で示す部分の配線工事に必要なケーブルは。 ただし，心線数は最少とする。	イ．　ロ．　ハ．　ニ．
47	⑰で示すボックス内の接続をすべて差込形コネクタとする場合，使用する差込形コネクタの種類と最少個数の組合せで，**正しいものは**。 ただし，使用する電線はすべてVVF1.6とする。	イ．3個　2個　1個 ロ．4個　2個 ハ．4個　1個　1個 ニ．4個　2個
48	この配線図で，**使用されていない**コンセントは。	イ．　ロ．　ハ．　ニ．
49	この配線図で，**使用されていない**スイッチは。 ただし，写真下の図は，接点の構成を示す。	イ．0　1　3 ロ． ハ．0　3　1 ニ．
50	この配線図の施工に関して，一般的に使用するものの組合せで，**不適切なものは**。	イ．　ロ．　ハ．　ニ．

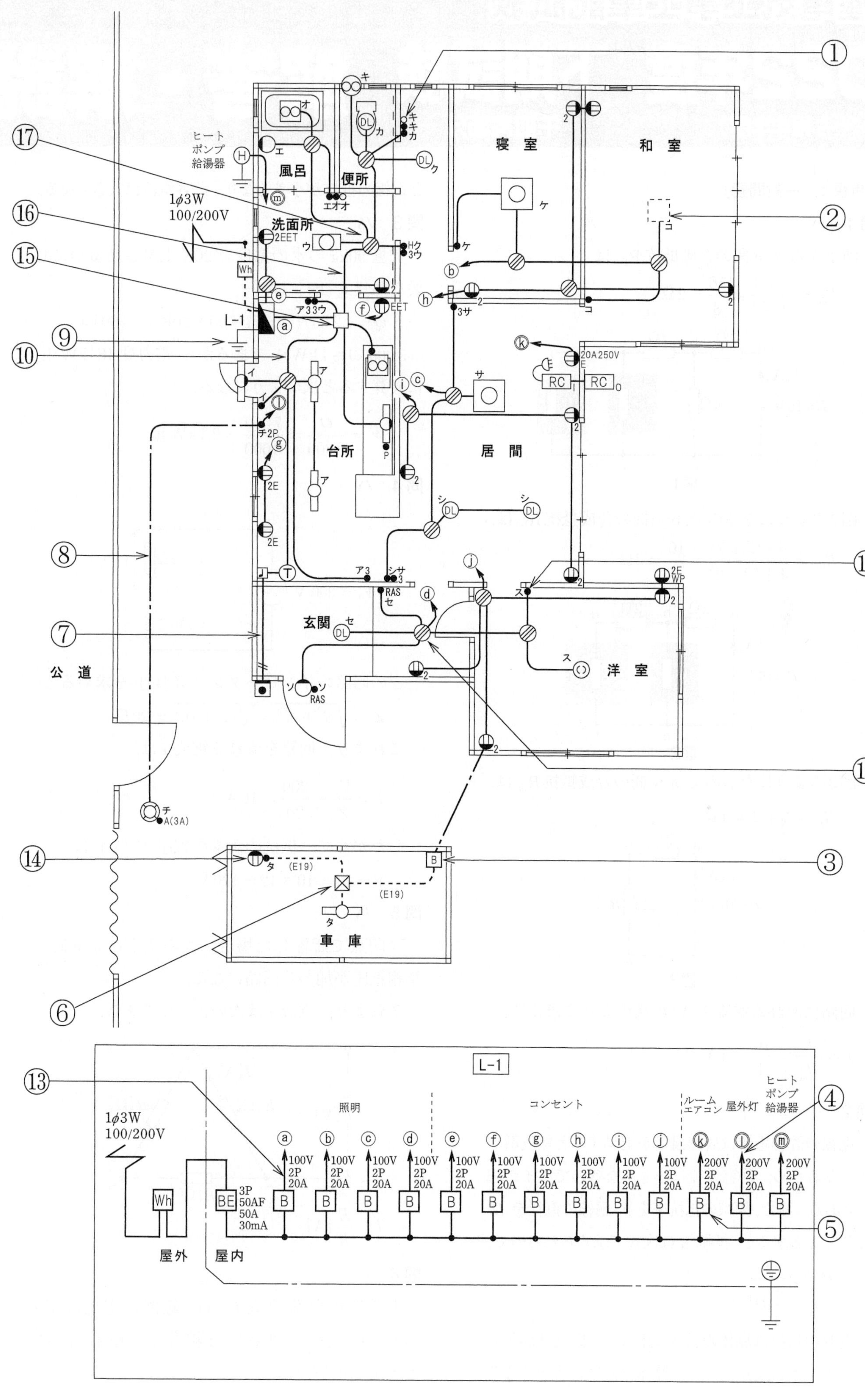

2022年度:下期-午前(令和4年度)

2022年度 下期試験 解答・解説

（令和4年度）　―午前実施分―

〔問題1．一般問題〕

問1　ハ

図1から d–e 間の合成抵抗 R_{de} は,

$$R_{de}=\frac{4\times4}{4+4}=\frac{16}{8}=2\,\Omega$$

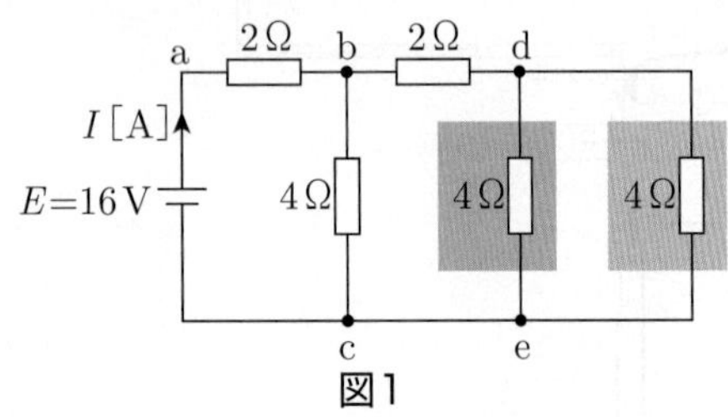

図1

図2のようになるので, b–c 間の合成抵抗 R_{bc} は,

$$R_{bc}=\frac{4\times(2+2)}{4+(2+2)}=\frac{16}{8}=2\,\Omega$$

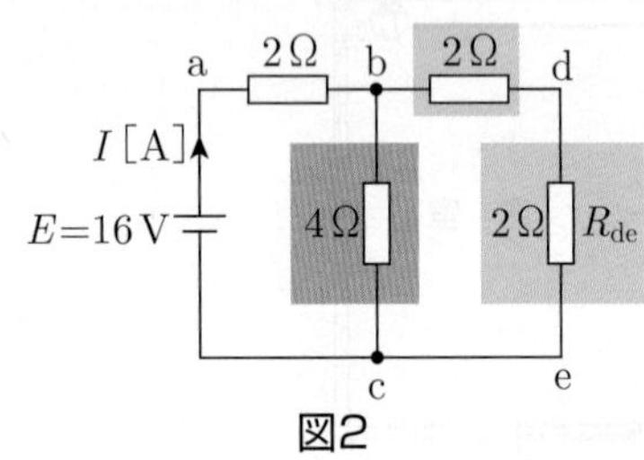

図2

図3のようになるので, a–c 間の合成抵抗 R_{ac} は,

$$R_{ac}=2+2=4\,\Omega$$

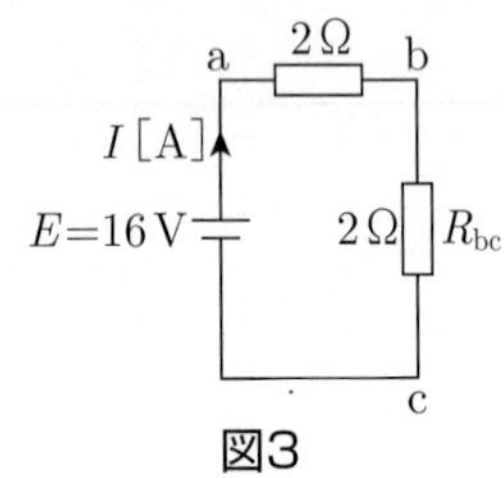

図3

回路に流れる電流 I[A] は次のように求まる.

$$I=\frac{E}{R_{ac}}=\frac{16}{4}=4\,\mathrm{A}$$

問2　イ

電線の許容電流は周囲温度が上昇すると熱放散が悪くなるため，許容電流は小さくなるので，イが誤りである．また, 銅線の抵抗率を ρ, 銅線の直径を D, 長さを L とすると, 抵抗 R は次式で求められるので,

$$R=\rho\frac{L}{\frac{\pi}{4}D^2}$$

電線の抵抗は導体の長さに比例し，抵抗は導体の直径の2条に反比例する．導体の直径が大きくなると電線の抵抗が小さくなり，許容電流は大きくなる．

問3　ハ

質量 90kg の水の温度を 20K 上昇させるのに必要な熱量 Q[kJ] は,

$$Q=4.2\,\mathrm{kJ/(kg\cdot K)}\times90\times20\mathrm{K}=7\,560\,\mathrm{kJ}$$

3 600 kJ = 1 kW·h であるから, 電力量 W[kW·h] に換算すると次のようになる．

$$W=\frac{Q}{3600}=\frac{7560}{3600}=2.1\,\mathrm{kW\cdot h}$$

問4　ハ

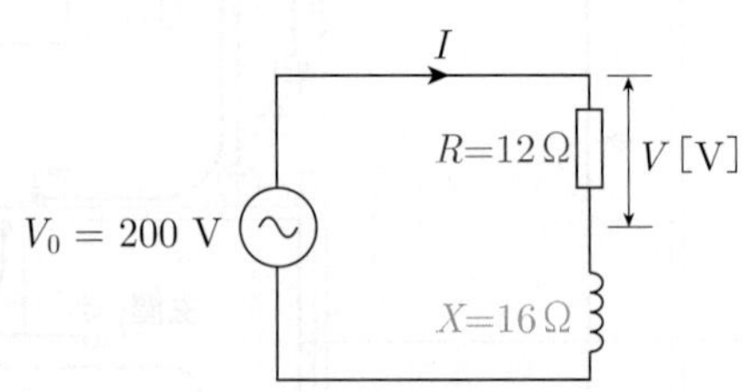

この回路のインピーダンス Z [Ω] を求めると,

$$Z=\sqrt{R^2+X^2}=\sqrt{12^2+16^2}=20\,\Omega$$

これより，回路を流れる電流 I は,

$$I=\frac{V_0}{Z}=\frac{200}{20}=10\,\mathrm{A}$$

したがって，抵抗の両端の電圧 V [V] は,

$$V=IR=10\times12=120\,\mathrm{V}$$

問5　ハ

×印点で断線した場合，図のように a–c 間に単相電圧が加わる回路になる．

これより，電流 I は次のように求まる．

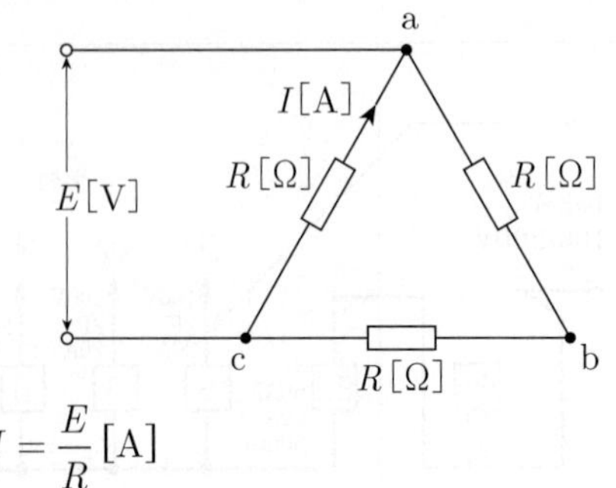

$$I=\frac{E}{R}\,[\mathrm{A}]$$

問6　ハ

電線路の負荷電流 I [A]，線路の電圧降下 e $(=V_s-V_r)$ [V] とすると，1線当たりの抵抗 R [Ω] は次式で求められる．

$$e = 2IR\,[\mathrm{V}]$$

$$\therefore R = \frac{e}{2I} = \frac{4}{2 \times 25} = \frac{2}{25}\,\Omega$$

電線路の長さ L は 50m なので，1km 当たりの導体抵抗 $r\,[\Omega/\mathrm{km}]$ は次式で求められる．

$$r = \frac{R}{L} = \frac{2/25}{50/1000} = \frac{2}{25} \times \frac{1000}{50} = 1.6\,\Omega/\mathrm{km}$$

よって，1km 当たりの導体抵抗が 1.6 Ω/km よりも小さい 14mm² が電線の最小太さ（断面積）となる．

問 7　ハ

図の回路の抵抗負荷は平衡しているので，中性線には電流が流れず電力損失は発生しない．このため，電線 1 線当たりの抵抗 R は 0.1 Ω であるから，この電線路の電力損失 P_L [W] は次のように求まる．

$$P_L = 2I^2R = 2 \times 15^2 \times 0.1 = 45\,\mathrm{W}$$

問 8　イ

直径 1.6mm の 600V ビニル絶縁電線の許容電流は 27A で，金属管に 3 本収めるときの電流減少係数は 0.70 であるから，電線 1 本当たりの許容電流 I [A] は次のように求まる．

$$I = 27 \times 0.70 \fallingdotseq 19\,\mathrm{A}$$

絶縁電線の許容電流（内線規程 1340-1 表）

種　類	太　さ	許容電流［A］
単線直径 [mm]	1.6	27
	2.0	35
より線断面積 [mm²]	2	27
	3.5	37
	5.5	49

（周囲温度 30℃以下）

問 9　ニ

電技解釈第 149 条により，分岐回路の過電流遮断器の位置が幹線との分岐点から 8 m を超えているので，a–b 間の電線の許容電流 I [A] は，過電流遮断器の定格電流を I_B [A] とすると，次式により求まる．

$$I \geqq I_B \times 0.55 = 60 \times 0.55 = 33\,\mathrm{A}$$

問 10　ロ

分岐回路の施設（電技解釈第 149 条）

分岐過電流遮断器の定格電流	コンセント	電線の太さ
15A	15A 以下	直径 1.6 mm 以上
20A（配線用遮断器）	20A 以下	
20A（配線用遮断器を除く）	20A	直径 2 mm 以上
30A	20A 以上 30A 以下	直径 2.6 mm（断面積 5.5mm²）以上
40A	30A 以上 40A 以下	断面積 8 mm² 以上

電技解釈第 149 条により，30A 分岐回路のコンセントは 20A 以上 30A 以下，電線は直径 2.6mm（断面積 5.5mm²）以上のものを用いなければならない．

問 11　ロ

合成樹脂管工事に使用される 2 号コネクタは，硬質ポリ塩化ビニル電線管（VE）をアウトレットボックス等に接続するのに使用する材料である．

2 号ボックスコネクタ

問 12　イ

600V 架橋ポリエチレン絶縁ビニルシースケーブル（CV）の絶縁物の最高許容温度は 90℃である．

絶縁電線・ケーブルの最高許容温度（内線規程 1340–3 表）

種　類	最高許容温度
600V ビニル絶縁電線（IV）	60℃
600V 二種ビニル絶縁電線（HIV）	75℃
600V ポリエチレン絶縁耐燃性ポリエチレンシースケーブル（EM-EEF）	
600V ビニル絶縁ビニルシースケーブル（VVF，VVR）	60℃
600V 架橋ポリエチレン絶縁ビニルシースケーブル（CV）	90℃

問 13　ハ

金属管の切断後にはクリックボールにリーマを取り付けて管端処理を行うので，ハが正しい．ボルトクリッパは太い電線などの切断作業，パイプベンダは金属管の曲げ作業，圧着ペンチは電線の接続に使用する工具である．

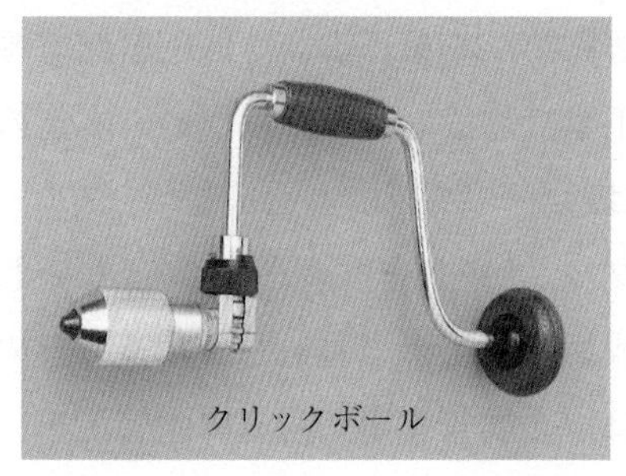

クリックボール

問 14　ハ

三相誘導電動機の同期速度 N_s [min⁻¹] は，周波数を f [Hz]，極数を p とすると次式で表せる．

$$N_s = \frac{120f}{p}\,[\mathrm{min}^{-1}]$$

このため，周波数を60Hzから50Hzに変化させると5/6倍に回転速度は減少する．

問15　ニ

点灯管を用いる蛍光灯と高周波点灯専用形（Hf）の蛍光灯を比較すると，Hfは，ちらつきが少ない，発光効率が高い，点灯回路にインバータが使用されていて，点灯に要する時間が短いなどの特徴がある．

問16　ニ

写真に示す材料の名称は，600Vポリエチレン絶縁耐燃性ポリエチレンシースケーブル平形である．耐紫外線用エコケーブルとも呼ばれ，ケーブル表面に記されているEMはエコマテリアル及び耐燃性を示し，<PS>Eは特定電気用品の表示記号である．

問17　ニ

写真に示す機器の名称は，低圧進相コンデンサである．電動機などと並列に接続し，回路の力率を改善するために用いる．

問18　イ

写真に示す器具は，検相器（相回転計，相順検定器）である．この器具は，三相回路の相順を調べるのに用いる．

問19　ロ

電技解釈第12条により，電線相互の接続は次のように定められている．

⑴電線接続部の電気抵抗を増加させない
⑵電線の引張強さを20%以上減少させない
⑶接続部分には接続管その他の器具を使用するか，ろう付けすること
⑷絶縁電線の絶縁物と同等以上の絶縁抗力のあるもので十分に被覆すること

問20　ハ

電技解釈第110条により，低圧屋側電線路は金属線ぴ工事で施設してはいけない．木造の造営物の場合は，ケーブル工事（鉛被ケーブル，アルミ被ケーブル，MIケーブルを除く），がいし引き工事，合成樹脂管工事で施設し，木造以外の造営物の場合は，金属管工事，合成樹脂管工事，バスダクト工事，ケーブル工事で施設する．

問21　イ

電技解釈第158条により，合成樹脂製可とう電線管（CD管）は，直接コンクリートに埋め込んで施設するか，専用の不燃性又は自消性のある難燃性の管またはダクトに収めて施設しなくてはならない．

問22　ハ

電技解釈第177条により，石油などの危険物を貯蔵または製造する場所での低圧屋内配線工事は，合成樹脂管(CD管を除く)，金属管工事，ケーブル工事で施工する．金属線ぴ工事で施工してはいけない．

問23　ロ

電技解釈第160条により，金属可とう電線管工事では，2種金属製可とう電線管を使用電圧200Vで施工する場合，D種接地工事を施さなくてはならない．ただし，管の長さが4m以下の場合は，D種接地工事を省略できる．

問24　ハ

回路計（テスタ）で，交流又は直流電圧を測定する場合，内部回路保護のため，あらかじめ想定される値の直近上位のレンジを選定して使用する．

問25　ロ

電技省令第58条により，低圧電路の使用電圧と絶縁抵抗の最小値が定められている．三相3線式200Vの電動機回路は，使用電圧300V以下で対地電圧は150Vを超えるので，絶縁抵抗値は0.2MΩ以上なくてはいけない．

低圧電路の絶縁性能（電技省令第58条）

電路の使用電圧の区分		絶縁抵抗値
300V以下	対地電圧150V以下	0.1MΩ以上
	その他の場合	0.2MΩ以上
300Vを超える低圧回路		0.4MΩ以上

問26　ロ

接地抵抗計（アーステスタ）は，被測定接地極(E)を端とし，一直線上に2箇所の補助接地極(P，C)を順次10m離して配置し測定する．

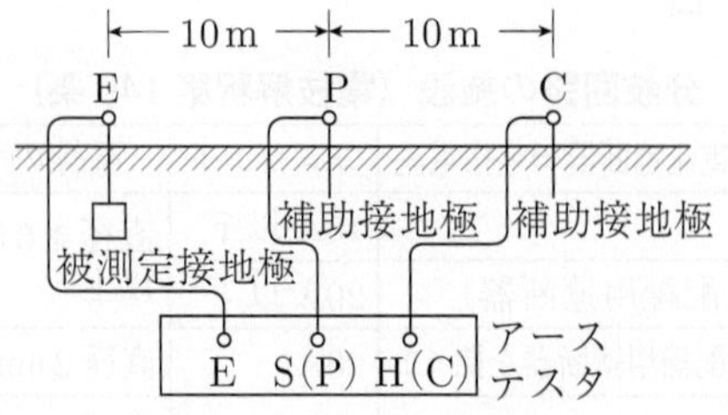

問27　イ

単相2線式回路の漏れ電流は，クランプで接地線を除く2本の電線を挟んで測定する．図のよう

な単相2線式回路において，負荷電流をI，漏れ電流をI_gとすると検出部を通る電流は次のようになり，漏れ電流I_gを検出できる．

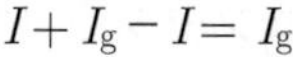

$$I+I_g-I=I_g$$

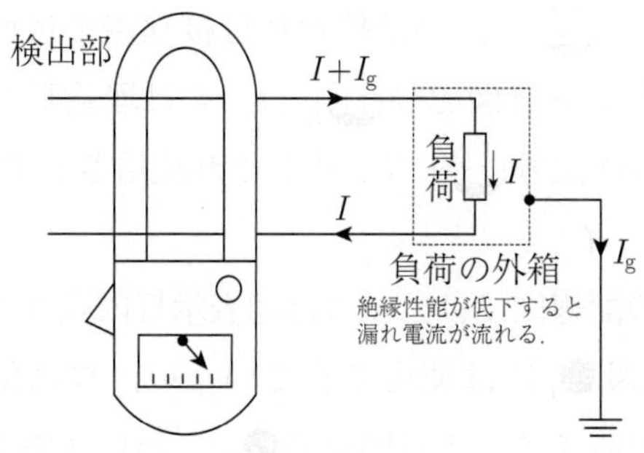

問28　ロ

「電気設備に関する技術基準を定める省令」とは，「電気事業法」の規定に基づき，電気工作物の技術基準を定めた経済産業省令である．

問29　ハ

電気用品安全法第10条により，電気用品のうち特定電気用品を示す記号は〈PS E〉，<PS>Eなので，ハが誤りである．特定電気用品とは，構造や使用の方法などから危険・傷害の発生するおそれが多い電気製品のことである．

問30　ロ

電技省令第2条により，低圧は直流にあっては750V以下，交流にあっては600V以下と定められている．

〔問題2. 配線図〕

問31　ハ

①で示す図記号○は，点滅器と組み合わされているので，確認表示灯（別置型）である．なお，白熱灯は◯，熱線式自動スイッチは●$_{RAS}$，位置表示灯内蔵スイッチは●$_H$の図記号で表す．

問32　ハ

ペンダントの図記号は⊖なので，ハが正しい．Ⓒⓗはシャンデリヤ，ⒸⓁはシーリング（天井直付）を示す．

問33　ハ

③で示す部分は，配線番号ⓘの分岐回路である．この電路の使用電圧は100Vで，定格電流20Aの配線用遮断器（図記号Ⓑ）で保護されているので，住宅と倉庫の間の電路の長さが15m以下であれば，引込口開閉器を省略できる（電技解釈第147条）．

問34　イ

④で示す部分は単相3線式の単相200Vの電路（配線番号Ⓘ）で，対地電圧は100Vである．このため，電路と大地の絶縁抵抗値は0.1MΩ以上なくてはいけない．

低圧電路の絶縁性能（電技省令第58条）

電路の使用電圧の区分		絶縁抵抗値
300V以下	対地電圧150V以下	0.1MΩ以上
	その他の場合	0.2MΩ以上
300Vを超える低圧回路		0.4MΩ以上

問35　ロ

⑤で示す部分は単相200V電路に使用する配線用遮断器なので，2極2素子のものを使用しなくてはならない．

問36　ハ

⑥で示す図記号はプルボックスなので，ハが正しい．ジョイントボックスは□，VVF用ジョイントボックスは⊘，ジャンクションボックスは--◎--の図記号で表される．

問37　ニ

電技解釈第181条により，⑦で示す部分の小勢力回路で使用できる電圧の最大値は60Vである．

問38　ハ

波付硬質合成樹脂管の傍記表記はFEPなので，ハが正しい．PFは合成樹脂製可とう電線管，HIVEは耐衝撃性硬質塩化ビニル電線管，HIVPは耐衝撃性硬質塩化ビニル管の傍記表記である．

問39　ニ

⑨で示す部分の接地工事は，単相3線式100/200V電灯分電盤の集中接地端子の接地工事なので，電技解釈第29条によりD種接地工事を施す．また，電技解釈第17条により，電源側に0.5秒以内に動作する漏電遮断器が設置されているので，接地抵抗値は500Ω以下であればよい．なお，集中接地端子は，コンセントの接地極などに施す接地工事の接地線を集中して接続し，接地極に至る接地線を共用させる目的で住宅用分電盤に施設される．

問40　ハ

⑩で示す部分の最少電線本数（心線数）は，複線結線図－1により4本である．

問41　ハ

⑪で示す部分の点滅器の取付け工事は，VVFケーブル工事（天井隠ぺい配線）で施設されるので，ハの合成樹脂製の埋込スイッチボックスが用

いられる．

問 42　ニ

⑫で示すボックス内の接続は，複線結線図－2より，1.6mm×2 本接続 1 箇所，1.6mm×4 本接続 2 箇所となるので，使用するリングスリーブは小 3 個で刻印「○」が 1 個，刻印「小」が 2 個である（JIS C 2806）．

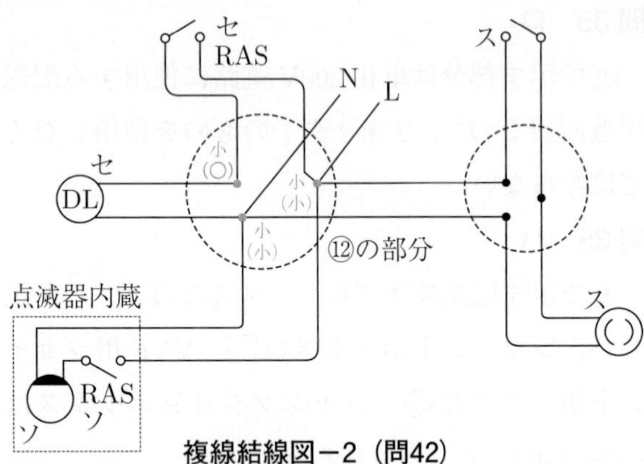

複線結線図－2（問42）

問 43　ロ

⑬で示す回路の負荷電流の測定には，ロのクランプ形電流計を使用する．イは回路計（テスタ），ハは照度計，ニは絶縁抵抗計である．

問 44　ハ

⑭で示す部分の配線の詳細は下記のとおり．

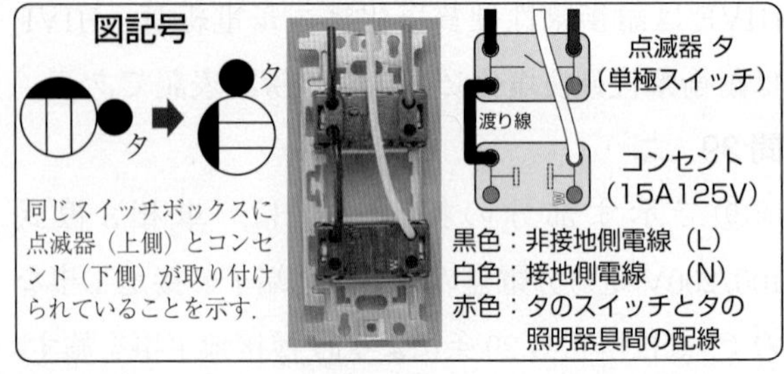

問 45　ハ

⑮で示すボックス内の接続は，複線結線図－1より，1.6mm×2 本接続 4 箇所，1.6mm×5 本接続 1 箇所，1.6mm×6 本接続 1 箇所となるので，使用するリングスリーブは小 4 個，中 2 個である（JIS C 2806）．

問 46　ハ

⑯で示す部分の配線は複線結線図－1のように 4 本必要になる．このため，ハの 2 心の VVF ケーブル 2 本を使用する．

問 47　ニ

⑰で示すボックス内の接続は，複線結線図－1に示すようになる．使用する差込形コネクタは 2 本接続用 4 個，4 本接続用 2 個であるである．

問 48　ロ

この配線図では，ロの単相 200V 用 15A 接地極付埋込形コンセント（図記号 $_{E}^{250V}$）は使用されていない．イは接地極付埋込形コンセント（2 口）（図記号 $_{2E}$），ハは接地極付接地端子付埋込形コンセント（図記号 $_{EET}$），ニは埋込形コンセント（図記号 ）で，それぞれ使用されている．

問 49　イ

この配線図では，イの確認表示灯内蔵スイッチ（図記号●$_{L}$）は使用されていない．ロは位置表示灯内蔵スイッチ（図記号●$_{H}$），ハは 3 路スイッチ（図記号●$_{3}$），ニは 2 極スイッチ（両切スイッチ，図記号●$_{2P}$，200V 屋外灯回路で使用）で，それぞれ使用されている．

問 50　イ

この配線図の工事では，2 種金属可とう電線管（F2）は使用されておらず，イの F2 用ストレートボックスコネクタ（上）とねじなし電線管（E19）（下）の組合せは不適切である．

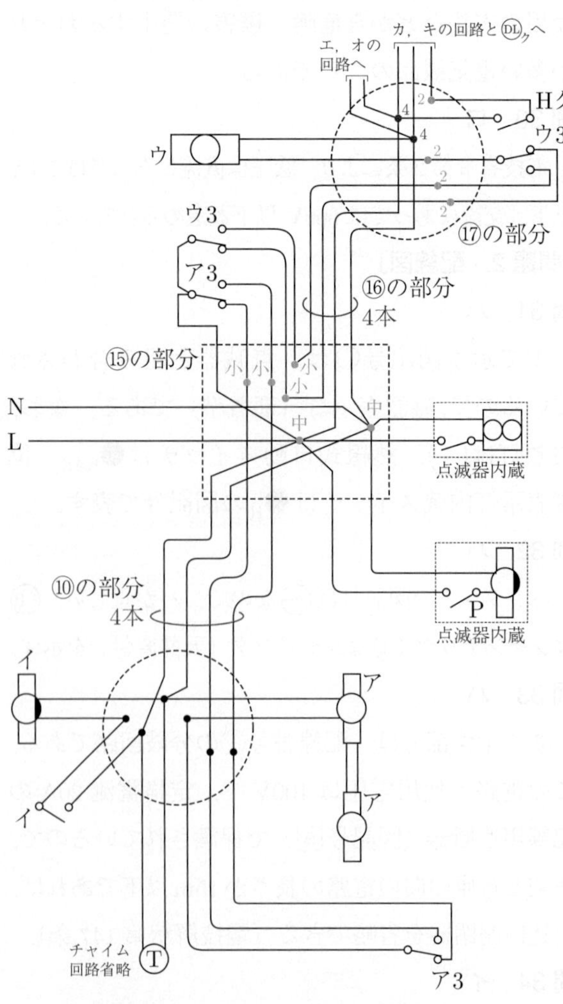

複線結線図－1（問40，問45，問46，問47）

第二種電気工事士
筆記試験

2022年度
（令和4年度）

下期試験
（午後実施分）

※ 2022 年度（令和 4 年度）の第二種電気工事士下期筆記試験は，新型コロナウイルス感染防止対策として，同日の午前と午後にそれぞれ実施された．

問題１．一般問題（問題数 30，配点は１問当たり２点）

【注】本問題の計算で $\sqrt{2}$，$\sqrt{3}$ 及び円周率 π を使用する場合の数値は次によること。$\sqrt{2}=1.41$ ，$\sqrt{3}=1.73$ ，$\pi=3.14$

次の各問いには４通りの答え（**イ**，**ロ**，**ハ**，**ニ**）が書いてある。それぞれの問いに対して答えを１つ選びなさい。

なお，選択肢が数値の場合は最も近い値を選びなさい。

	問い	答え			
1	図のような直流回路で，a–b 間の電圧［V］は。 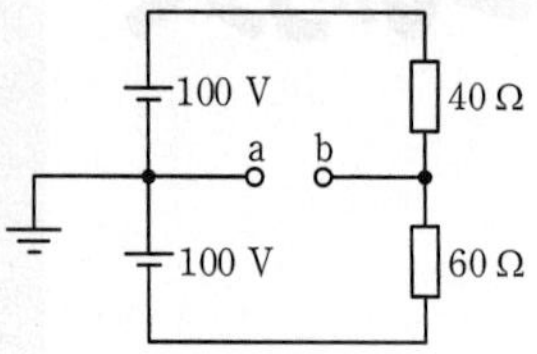	イ．20	ロ．30	ハ．40	ニ．50
2	抵抗 R［Ω］に電圧 V［V］を加えると，電流 I［A］が流れ，P［W］の電力が消費される場合，抵抗 R［Ω］を示す式として，**誤っているものは**。	イ．$\dfrac{V}{I}$	ロ．$\dfrac{P}{I^2}$	ハ．$\dfrac{V^2}{P}$	ニ．$\dfrac{PI}{V}$
3	抵抗器に100 Vの電圧を印加したとき，4 Aの電流が流れた。1時間20分の間に抵抗器で発生する熱量［kJ］は。	イ．960	ロ．1 920	ハ．2 400	ニ．2 700
4	図のような交流回路の力率［%］を示す式は。 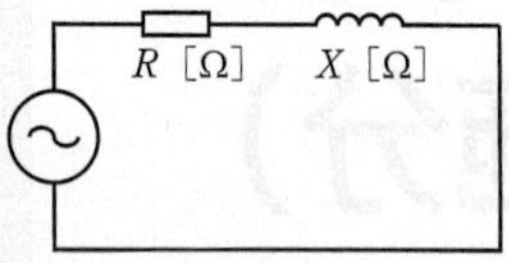	イ．$\dfrac{100RX}{R^2+X^2}$	ロ．$\dfrac{100R}{\sqrt{R^2+X^2}}$	ハ．$\dfrac{100X}{\sqrt{R^2+X^2}}$	ニ．$\dfrac{100R}{R+X}$
5	図のような三相3線式回路に流れる電流 I［A］は。 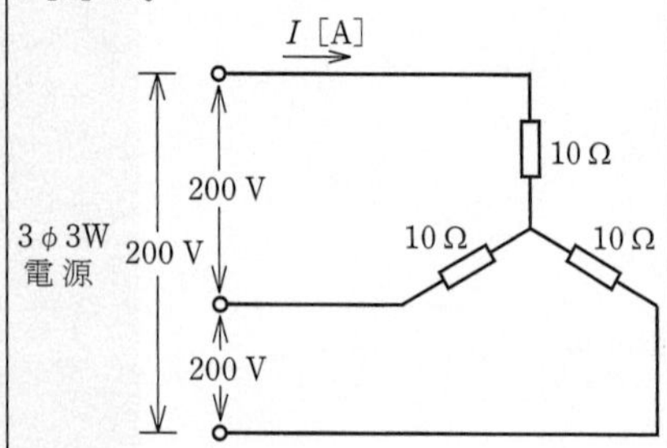	イ．8.3	ロ．11.6	ハ．14.3	ニ．20.0

	問い	答え
6	図のように，電線のこう長8 mの配線により，消費電力2 000 Wの抵抗負荷に電力を供給した結果，負荷の両端の電圧は100 Vであった。配線における電圧降下［V］は。 ただし，電線の電気抵抗は長さ1 000 m当たり5.0 Ωとする。 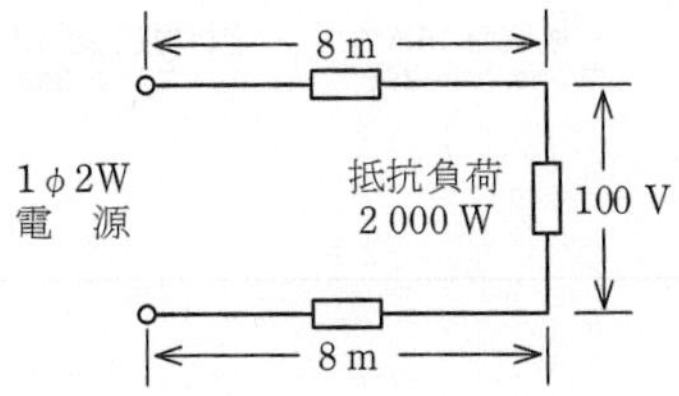	イ．0.2　ロ．0.8　ハ．1.6　ニ．2.4
7	図のような単相 3 線式回路で，電線 1 線当たりの抵抗が 0.1 Ω，抵抗負荷に流れる電流がともに 20 A のとき，この電線路の電力損失［W］は。 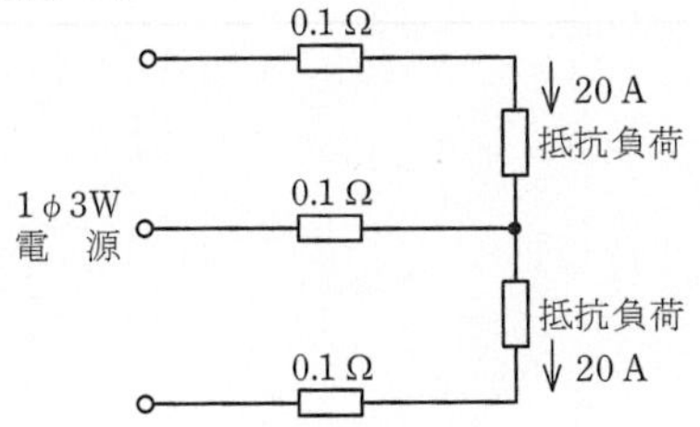	イ．40　ロ．69　ハ．80　ニ．120
8	金属管による低圧屋内配線工事で，管内に直径 2.0 mm の 600V ビニル絶縁電線（軟銅線）5 本を収めて施設した場合，電線 1 本当たりの許容電流［A］は。 ただし，周囲温度は 30 ℃以下，電流減少係数は 0.56 とする。	イ．15　ロ．19　ハ．27　ニ．35
9	図のように定格電流 50 A の過電流遮断器で保護された低圧屋内幹線から分岐して，7 m の位置に過電流遮断器を施設するとき，a–b 間の電流の許容電流の最小値［A］は。 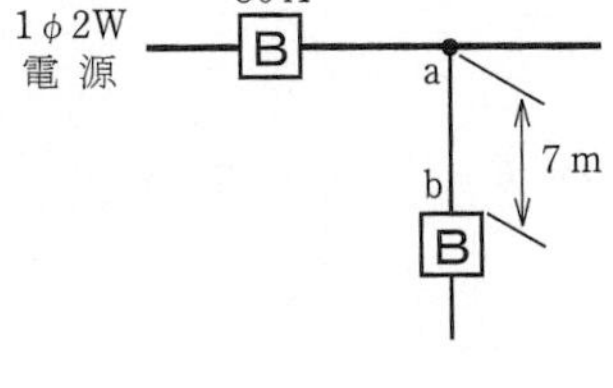	イ．12.5　ロ．17.5　ハ．22.5　ニ．27.5

	問い	答え
10	低圧屋内配線の分岐回路の設計で，配線用遮断器，分岐回路の電線の太さ及びコンセントの組合せとして，**適切なものは**。 ただし，分岐点から配線用遮断器までは 3 m，配線用遮断器からコンセントまでは 8 mとし，電線の数値は分岐回路の電線（軟銅線）の太さを示す。 また，コンセントは兼用コンセントではないものとする。	イ．B 30 A，2.0 mm，定格電流 20 Aのコンセント 2個 ロ．B 20 A，2.0 mm，定格電流 30 Aのコンセント 1個 ハ．B 30 A，2.6 mm，定格電流 15 Aのコンセント 2個 ニ．B 20 A，2.0 mm，定格電流 20 Aのコンセント 2個
11	プルボックスの主な使用目的は。	イ．多数の金属管が集合する場所等で，電線の引き入れを容易にするために用いる。 ロ．多数の開閉器類を集合して設置するために用いる。 ハ．埋込みの金属管工事で，スイッチやコンセントを取り付けるために用いる。 ニ．天井に比較的重い照明器具を取り付けるために用いる。
12	使用電圧が 300 V 以下の屋内に施設する器具であって，付属する移動電線にビニルコードが**使用できるものは**。	イ．電気扇風機 ロ．電気こたつ ハ．電気こんろ ニ．電気トースター
13	電気工事の種類と，その工事で使用する工具の組合せとして，**適切なものは**。	イ．金属線ぴ工事とボルトクリッパ ロ．合成樹脂管工事とパイプベンダ ハ．金属管工事とクリックボール ニ．バスダクト工事と圧着ペンチ
14	三相誘導電動機が周波数50 Hzの電源で無負荷運転されている。この電動機を周波数60 Hzの電源で無負荷運転した場合の回転の状態は。	イ．回転速度は変化しない。 ロ．回転しない。 ハ．回転速度が減少する。 ニ．回転速度が増加する。
15	過電流遮断器として低圧電路に施設する定格電流 40 A のヒューズに 80 A の電流が連続して流れたとき，溶断しなければならない時間［分］の限度（最大の時間）は。 ただし，ヒューズは水平に取り付けられているものとする。	イ．3　ロ．4　ハ．6　ニ．8

	問い	答え
16	写真に示す材料の名称は。	イ．無機絶縁ケーブル ロ．600V ビニル絶縁ビニルシースケーブル平形 ハ．600V 架橋ポリエチレン絶縁ビニルシースケーブル ニ．600V ポリエチレン絶縁耐燃性ポリエチレンシースケーブル平形
17	写真に示す器具の用途は。	イ．照明器具の明るさを調整するのに用いる。 ロ．人の接近による自動点滅器に用いる。 ハ．蛍光灯の力率改善に用いる。 ニ．周囲の明るさに応じて街路灯などを自動点滅させるのに用いる。
18	写真に示す器具の用途は。	イ．三相回路の相順を調べるのに用いる。 ロ．三相回路の電圧の測定に用いる。 ハ．三相電動機の回転速度の測定に用いる。 ニ．三相電動機の軸受けの温度の測定に用いる。
19	600V ビニル絶縁ビニルシースケーブル平形 1.6 mm を使用した低圧屋内配線工事で，絶縁電線相互の終端接続部分の絶縁処理として，**不適切なものは**。 ただし，ビニルテープは JIS に定める厚さ約 0.2mm の電気絶縁用ポリ塩化ビニル粘着テープとする。	イ．リングスリーブにより接続し，接続部分を自己融着性絶縁テープ（厚さ約 0.5 mm）で半幅以上重ねて 1 回（2 層）巻き，更に保護テープ（厚さ約 0.2 mm）を半幅以上重ねて 1 回（2 層）巻いた。 ロ．リングスリーブにより接続し，接続部分を黒色粘着性ポリエチレン絶縁テープ（厚さ約 0.5 mm）で半幅以上重ねて 2 回（4 層）巻いた。 ハ．リングスリーブにより接続し，接続部分をビニルテープで半幅以上重ねて 1 回（2 層）巻いた。 ニ．差込形コネクタにより接続し，接続部分をビニルテープで巻かなかった。

	問　い	答　え
20	次表は使用電圧 100 V の屋内配線の施設場所による工事の種類を示す表である。 表中の a〜f のうち，**「施設できない工事」を全て選んだ組合せとして，正しいものは。** <table><tr><td rowspan="2">施設場所の区分</td><td colspan="3">工事の種類</td></tr><tr><td>金属線ぴ工事</td><td>金属管工事</td><td>金属ダクト工事</td></tr><tr><td>点検できる隠ぺい場所で乾燥した場所</td><td>a</td><td>c</td><td>e</td></tr><tr><td>展開した場所で湿気の多い場所</td><td>b</td><td>d</td><td>f</td></tr></table>	イ．a ロ．b，f ハ．e ニ．e，f
21	図に示す一般的な低圧屋内配線の工事で，スイッチボックス部分におけるパイロットランプの異時点滅(負荷が点灯していないときパイロットランプが点灯)回路は。 ただし，ⓐは電源からの非接地側電線(黒色)，ⓑは電源からの接地側電線(白色)を示し，負荷には電源からの接地側電線が直接に結線されているものとする。 なお，パイロットランプは 100 V 用を使用する。 パイロットランプ○ は，異時点滅とする。	イ． ロ． ハ． ニ．
22	D種接地工事を**省略できないものは。** ただし，電路には定格感度電流 30 mA，定格動作時間 0.1 秒の漏電遮断器が取り付けられているものとする。	イ．乾燥した場所に施設する三相 200 V(対地電圧 200 V)動力配線の電線を収めた長さ 3 m の金属管。 ロ．乾燥した場所に施設する単相 3 線式 100/200 V(対地電圧 100 V)配線の電線を収めた長さ 6 m の金属管。 ハ．乾燥した木製の床の上で取り扱うように施設する三相 200 V(対地電圧 200 V)空気圧縮機の金属製外箱部分。 ニ．乾燥した場所のコンクリートの床に施設する三相 200 V(対地電圧 200 V)誘導電動機の鉄台。
23	低圧屋内配線工事で，600V ビニル絶縁電線を金属管に収めて使用する場合，その電線の許容電流を求めるための電流減少係数に関して，同一管内の電線数と電線の電流減少係数との組合せで，**誤っているものは。** ただし，周囲温度は 30℃以下とする。	イ．2 本　0.80 ロ．4 本　0.63 ハ．5 本　0.56 ニ．6 本　0.56
24	低圧電路で使用する測定器とその用途の組合せとして，**誤っているものは。**	イ．絶縁抵抗計　と　絶縁不良箇所の確認 ロ．回路計(テスタ)　と　導通の確認 ハ．検相器　と　電動機の回転速度の測定 ニ．検電器　と　電路の充電の有無の確認

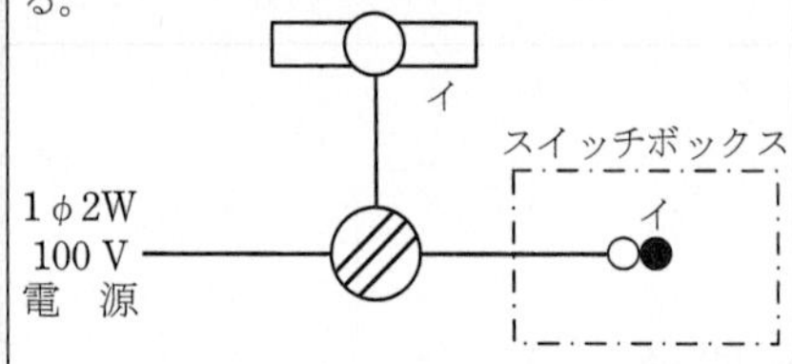

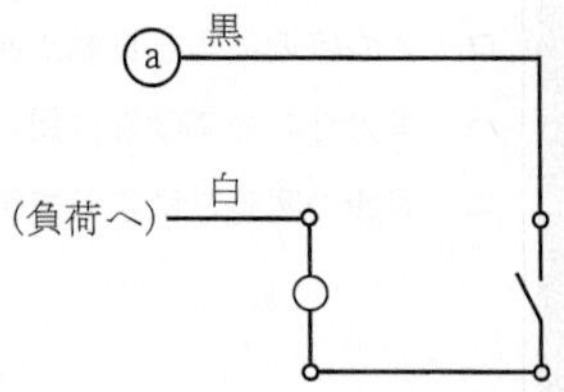

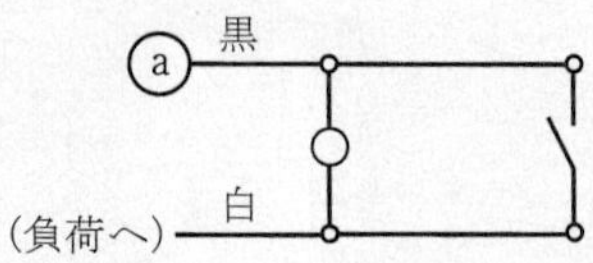

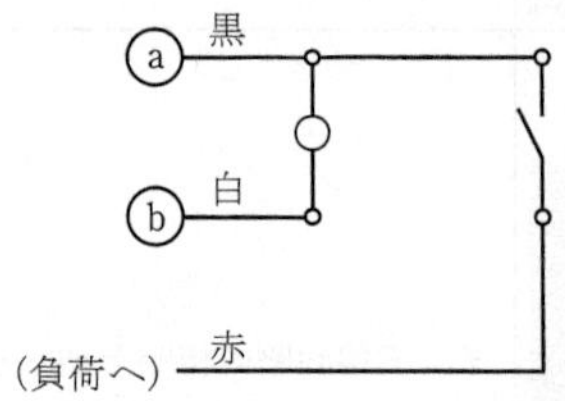

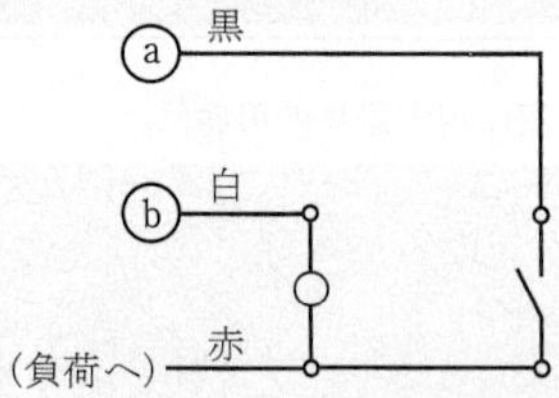

	問　い	答　え
25	図のような単相3線式回路で，開閉器を閉じて機器Aの両端の電圧を測定したところ120Vを示した。この原因として，**考えられるものは。** 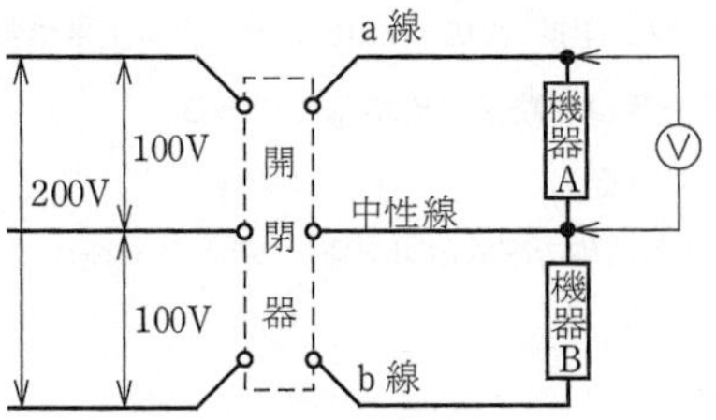 	**イ**．a線が断線している。 **ロ**．中性線が断線している。 **ハ**．b線が断線している。 **ニ**．機器Aの内部で断線している。
26	次の空欄(A)，(B)及び(C)に当てはまる組合せとして，**正しいものは。** 使用電圧が300V以下で対地電圧が150Vを超える低圧の電路の電線相互間及び電路と大地との間の絶縁抵抗は区切ることのできる電路ごとに［(A)］[MΩ]以上でなければならない。また，当該電路に施設する機械器具の金属製の台及び外箱には［(B)］接地工事を施し，接地抵抗値は［(C)］[Ω]以下に施設することが必要である。 ただし，当該電路に施設された地絡遮断装置の動作時間は0.5秒を超えるものとする。	**イ**．(A)0.4 (B)C種 (C)10 **ロ**．(A)0.2 (B)C種 (C)500 **ハ**．(A)0.2 (B)D種 (C)100 **ニ**．(A)0.2 (B)D種 (C)500
27	単相3線式回路の漏れ電流の有無を，クランプ形漏れ電流計を用いて測定する場合の測定方法として，**正しいものは。** ただし，は中性線を示す。	**イ**．　**ロ**．　**ハ**．　**ニ**． 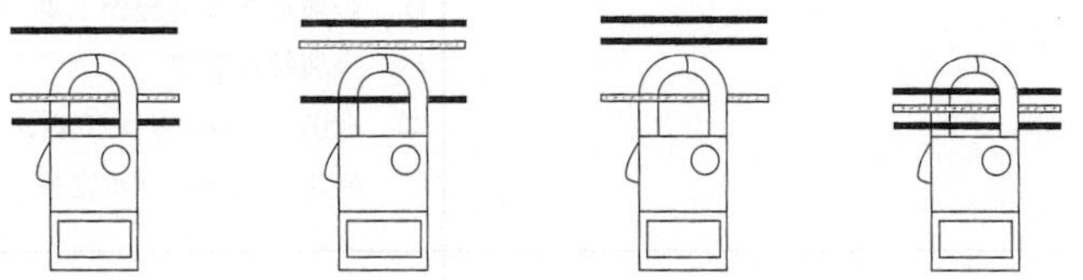
28	「電気工事士法」において，一般用電気工作物の工事又は作業で電気工事士でなければ**従事できないものは。**	**イ**．インターホーンの施設に使用する小型変圧器（二次電圧が36V以下）の二次側の配線をする。 **ロ**．電線を支持する柱，腕木を設置する。 **ハ**．電圧600V以下で使用する電力量計を取り付ける。 **ニ**．電線管とボックスを接続する。
29	「電気用品安全法」の適用を受ける次の電気用品のうち，特定電気用品は。	**イ**．定格消費電力20Wの蛍光ランプ **ロ**．外径19mmの金属製電線管 **ハ**．定格消費電力500Wの電気冷蔵庫 **ニ**．定格電流30Aの漏電遮断器
30	一般用電気工作物に関する記述として，**誤っているものは**	**イ**．低圧で受電するもので，出力60kWの太陽電池発電設備を同一構内に施設するものは，一般用電気工作物となる。 **ロ**．低圧で受電するものは，小規模事業用電気工作物に該当しない小規模発電設備を同一構内に施設しても一般用電気工作物となる。 **ハ**．低圧で受電するものであっても，火薬類を製造する事業場など，設置する場所によっては一般用電気工作物とならない。 **ニ**．高圧で受電するものは，受電電力の容量，需要場所の業種にかかわらず，一般用電気工作物とならない。

※令和5年3月20日の電気事業法および関連法の改正・施行に伴い，問30の選択肢の内容を一部変更しています.

2022年度・下期・午後（令和4年度）

問題２．配線図（問題数 20，配点は１問当たり ２ 点）

図は，木造３階建住宅の配線図である。この図に関する次の各問いには４通りの答え（イ，ロ，ハ，ニ）が書いてある。それぞれの問いに対して，答えを１つ選びなさい。

【注意】 １．屋内配線の工事は，特記のある場合を除き 600V ビニル絶縁ビニルシースケーブル平形（VVF）を用いたケーブル工事である。

２．屋内配線等の電線の本数，電線の太さ，その他，問いに直接関係のない部分等は省略又は簡略化してある。

３．漏電遮断器は，定格感度電流 30 mA，動作時間 0.1 秒以内のものを使用している。

４．選択肢（答え）の写真にあるコンセント及び点滅器は，「JIS C 0303：2000 構内電気設備の配線用図記号」で示す「一般形」である。

５．ジョイントボックスを経由する電線は，すべて接続箇所を設けている。

６．３路スイッチの記号「0」の端子には，電源側又は負荷側の電線を結線する。

	問　い	答　え
31	①で示す部分にペンダントを取り付けたい。図記号は。	イ．(CH)　ロ．(CP)　ハ．⊖　ニ．(CL)
32	②で示す図記号の名称は。	イ．一般形点滅器　ロ．一般形調光器 ハ．ワイドハンドル形点滅器　ニ．ワイド形調光器
33	③で示すコンセントの極配置（刃受）は。	イ． 　ロ． 　ハ． 　ニ． 
34	④で示す部分の工事方法として，**適切なものは。**	イ．金属管工事 ロ．金属可とう電線管工事 ハ．金属線ぴ工事 ニ．600V 架橋ポリエチレン絶縁ビニルシースケーブル（単心３本のより線）を使用したケーブル工事
35	⑤で示す部分の電路と大地間の絶縁抵抗として，許容される最小値［MΩ］は。	イ．0.1　ロ．0.2　ハ．0.4　ニ．1.0
36	⑥で示す部分の接地工事の種類及びその接地抵抗の許容される最大値［Ω］の組合せとして，**正しいものは。**	イ．C 種接地工事　10 Ω ロ．C 種接地工事　100 Ω ハ．D 種接地工事　100 Ω ニ．D 種接地工事　500 Ω
37	⑦で示す部分の最少電線本数（心線数）は。	イ．2　ロ．3　ハ．4　ニ．5
38	⑧で示す部分の配線で（PF22）とあるのは。	イ．外径 22 mm の硬質ポリ塩化ビニル電線管である。 ロ．外径 22 mm の合成樹脂製可とう電線管である。 ハ．内径 22 mm の硬質ポリ塩化ビニル電線管である。 ニ．内径 22 mm の合成樹脂製可とう電線管である。
39	⑨で示す部分の小勢力回路で使用できる電圧の最大値［V］は。	イ．24　ロ．30　ハ．40　ニ．60
40	⑩で示す図記号の配線方法は。	イ．天井隠ぺい配線　ロ．床隠ぺい配線 ハ．天井ふところ内配線　ニ．床面露出配線

	問い	答え			
		イ.	ロ.	ハ.	ニ.
41	⑪で示すボックス内の接続をすべて差込形コネクタとする場合，使用する差込形コネクタの種類と最少個数の組合せで，**正しいものは。** ただし，使用する電線はすべてVVF1.6とする。	2個 1個 1個	2個 1個 1個	2個 2個	2個 2個
42	⑫で示すボックス内の接続をリングスリーブで圧着接続した場合のリングスリーブの種類，個数及び圧着接続後の刻印との組合せで，**正しいものは。** ただし，使用する電線はすべてVVF1.6とする。 また，写真に示す**リングスリーブ中央の○，小，中は**刻印を表す。	中　中 中　2個 ○　○ 小　2個	中 中　1個 ○　○　小 小　3個	中 中　1個 ○　小　小 小　3個	小　小 ○　○ 小　4個
43	⑬で示す部分の配線工事に必要なケーブルは。 ただし，使用するケーブルの心線数は最少とする。	イ.	ロ.	ハ.	ニ.
44	⑭で示すボックス内の接続をすべて圧着接続とする場合，使用するリングスリーブの種類と最少個数の組合せで，**正しいものは。** ただし，使用する電線はすべてVVF1.6とする。	小 5個	小 4個 中 1個	小 3個 中 2個	小 4個 中 2個
45	⑮で示す部分の配線を器具の裏面から見たものである。**正しいものは。** ただし，電線の色別は，白色は電源からの接地側電線，黒色は電源からの非接地側電線とする。	イ.	ロ.	ハ.	ニ.

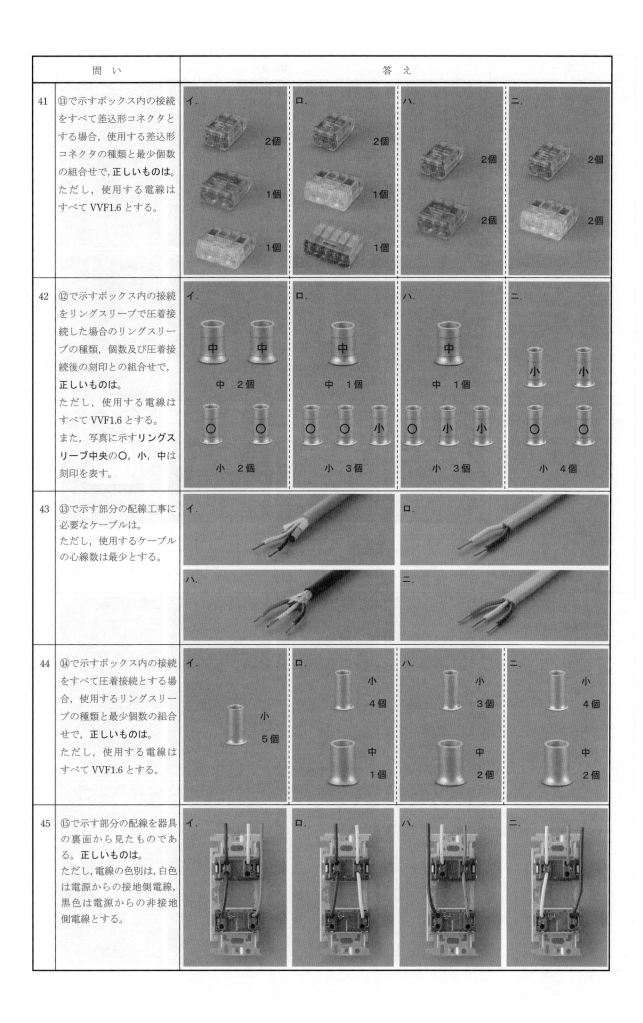

問い		答え			
46	この配線図の施工で,一般的に**使用されることのないもの**は。	イ. 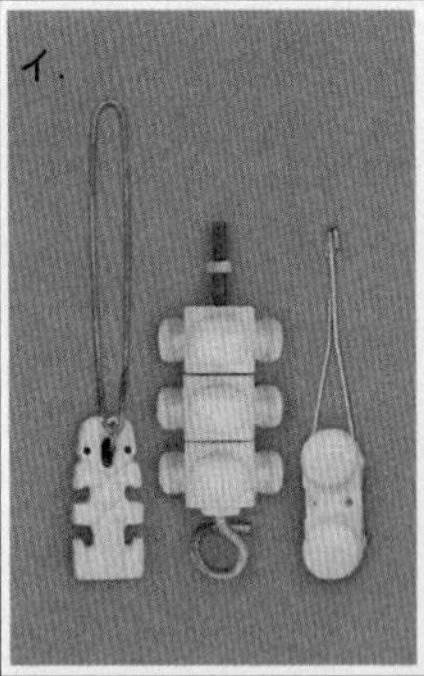	ロ. 	ハ. 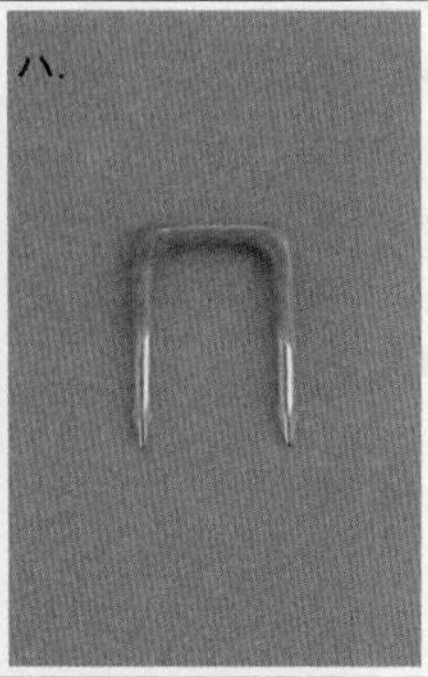	ニ. 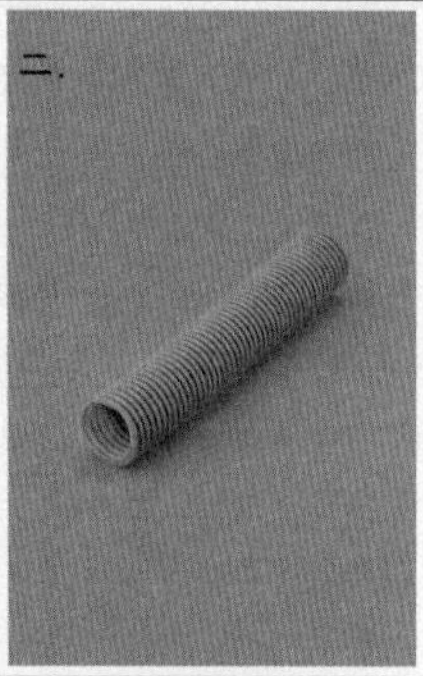
47	この配線図の施工で,一般的に**使用されることのないもの**は。	イ. 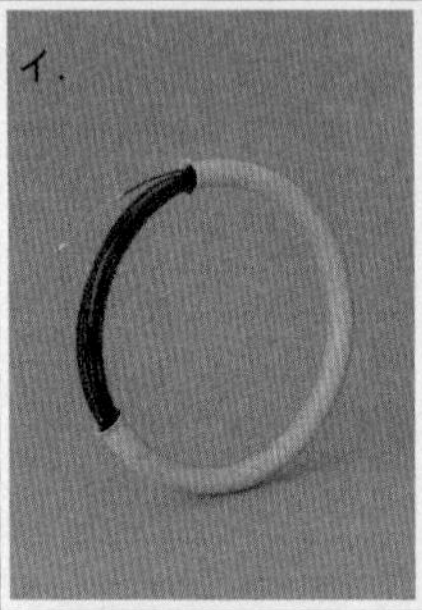	ロ. 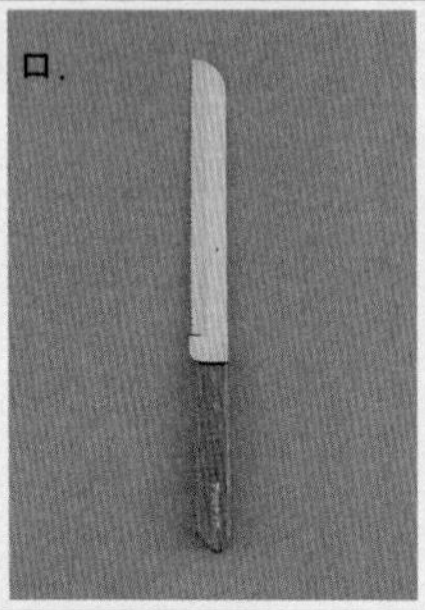	ハ. 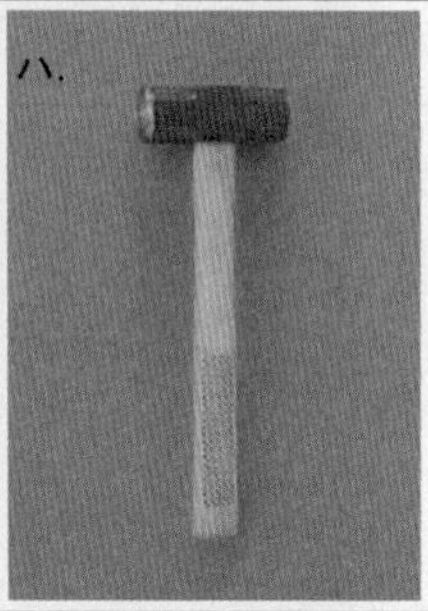	ニ. 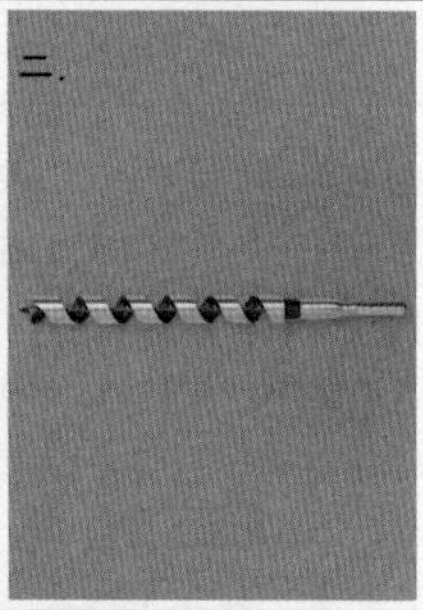
48	この配線図で,**使用されていない**スイッチは。 ただし,写真下の図は,接点の構成を示す。	イ. 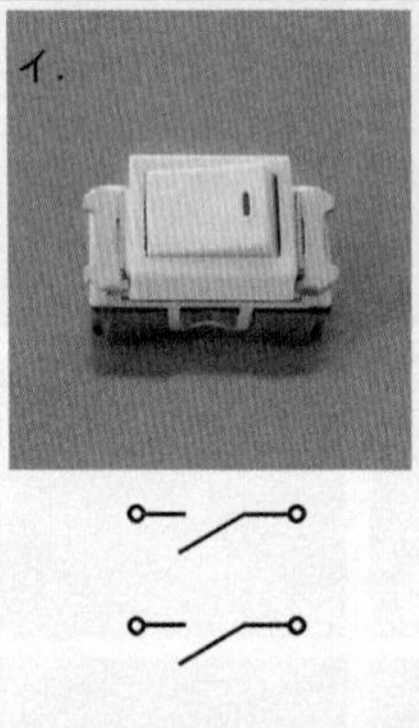	ロ. 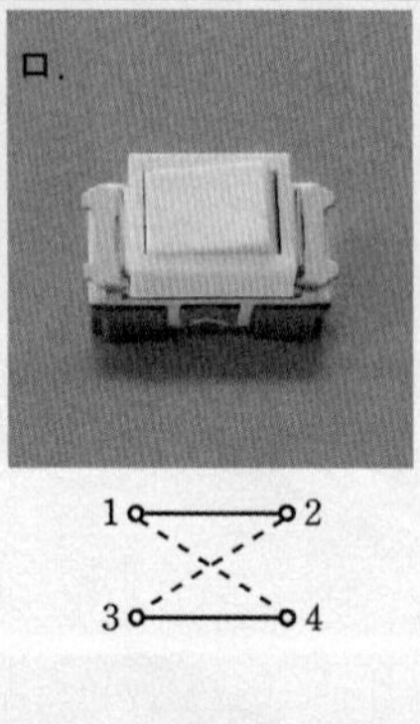 1 2 3 4	ハ. 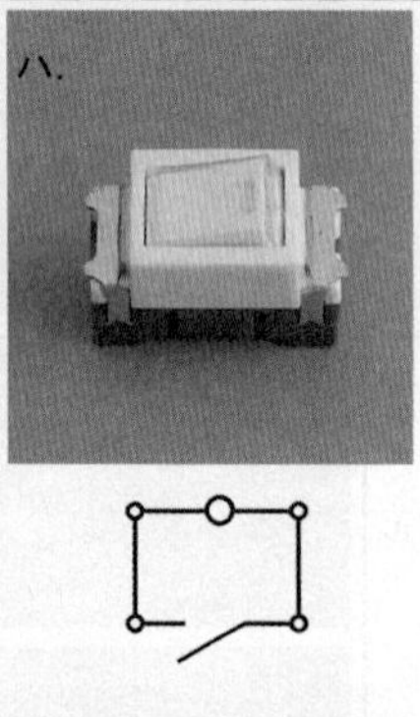	ニ. 0 1 3 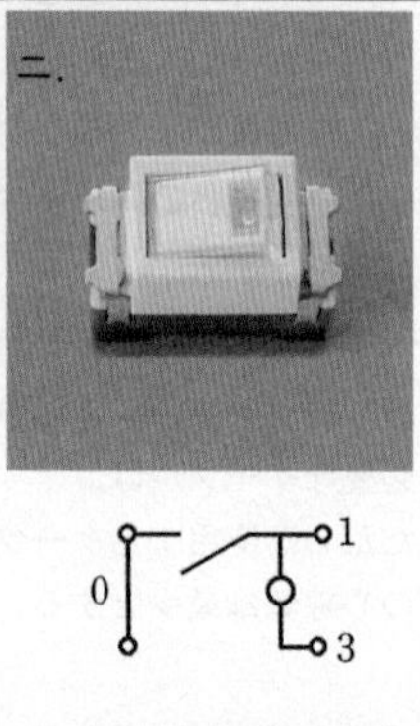
49	この配線図の施工で,一般的に**使用されることのないもの**は。	イ. 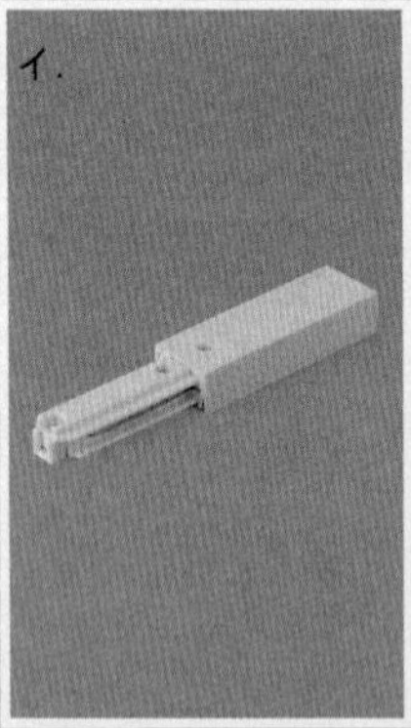	ロ. 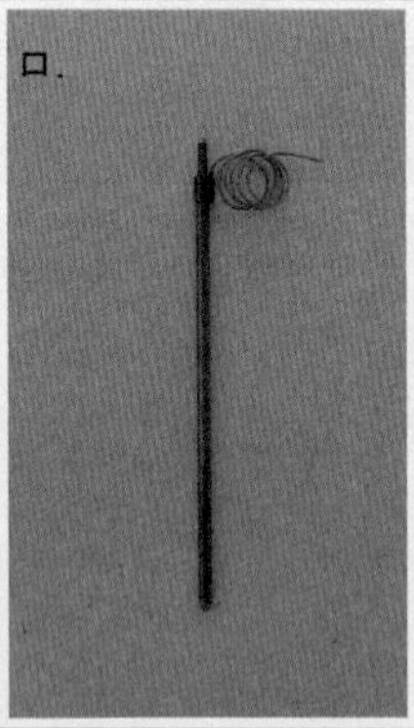	ハ. 	ニ. 
50	この配線図で,使用されているコンセントとその個数の組合せで,**正しいものは**。	イ.  1個	ロ.  2個	ハ. 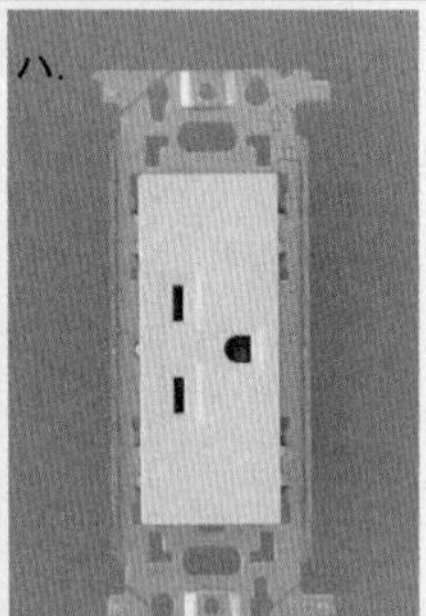 1個	ニ. 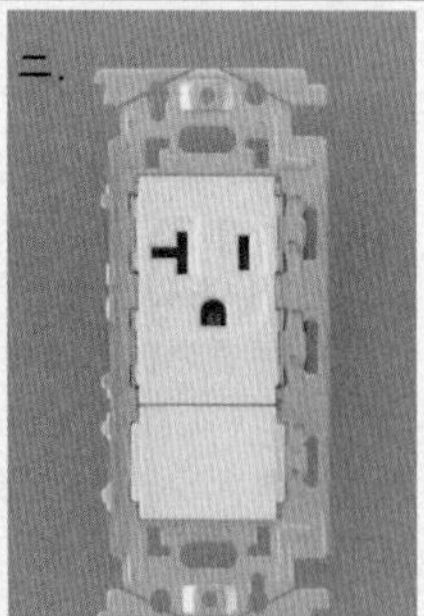 2個

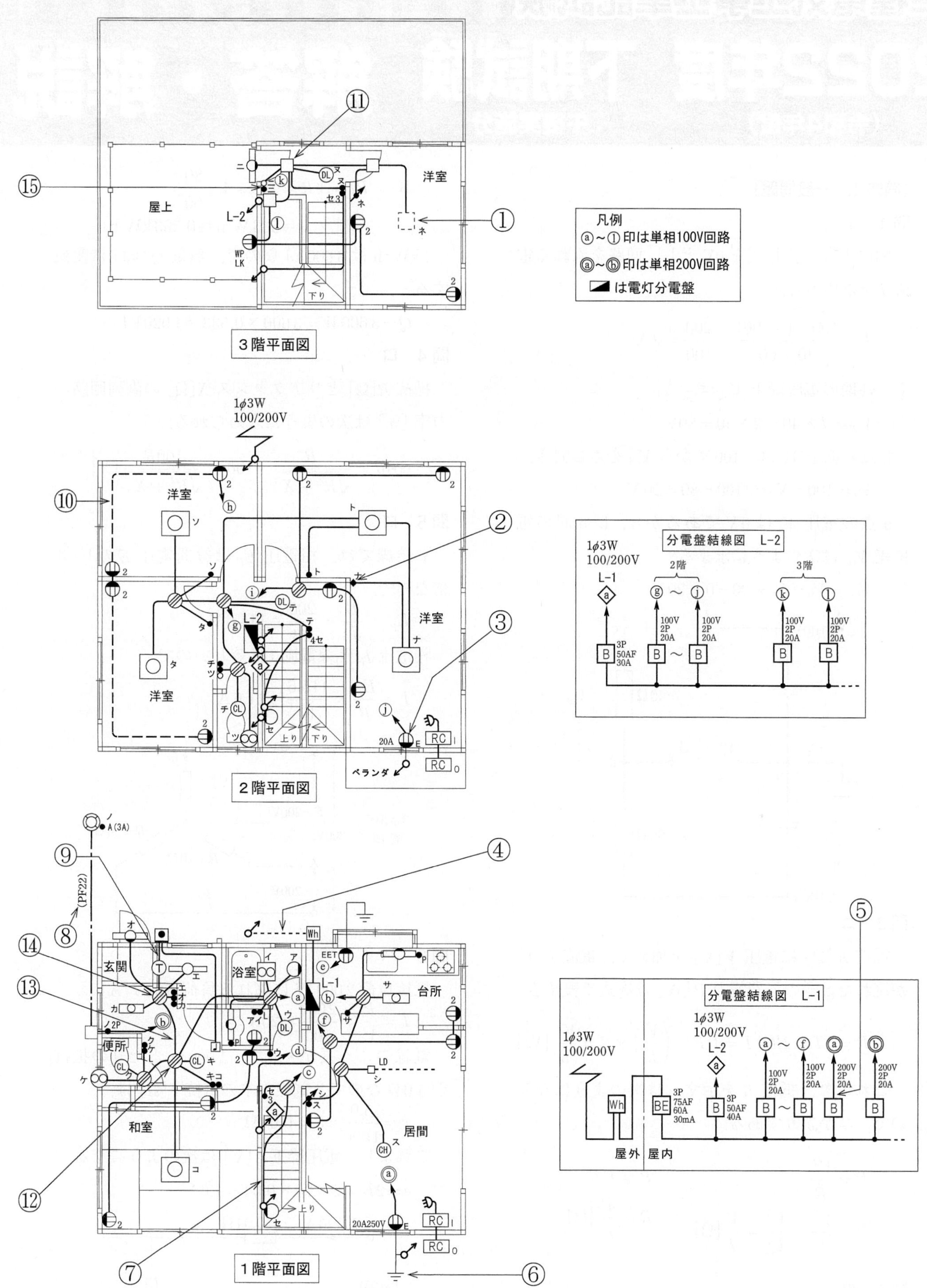

2022年度：下期-午後（令和4年度）

〔問題 1. 一般問題〕

問 1　イ

図のように接地点を 0V とし，回路を流れる電流 I を求めると，

$$I=\frac{100-(-100)}{40+60}=\frac{200}{100}=2\,\mathrm{A}$$

c–d 間の電圧降下 V_{cd} は，

$$V_{cd}=I\times 40=2\times 40=80\mathrm{V}$$

b 点の電圧 V_b は，100 V から V_{cd} を差し引き，

$$V_b=100-V_{cd}=100-80=20\,\mathrm{V}$$

a 点の電圧 V_a は 0 V であるから，b–a 間の電位差 V_{ba} は次のように求まる．

$$V_{ba}=V_b-V_a=20-0=20\,\mathrm{V}$$

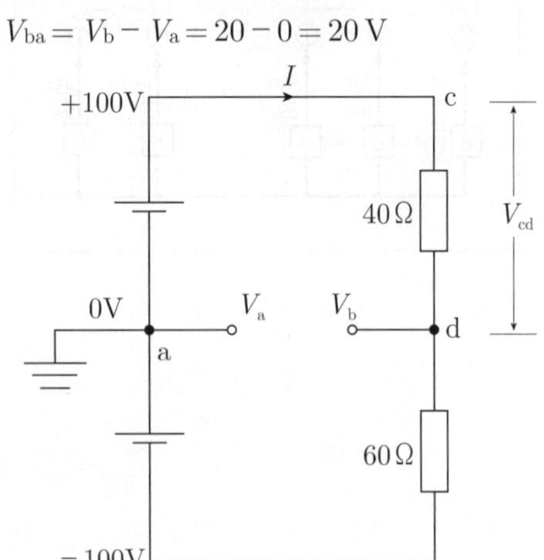

問 2　ニ

抵抗 R[Ω] に電圧 V[V] を加えて，電流 I[A] が流れたときの消費電力 P[W] は次式で表せる．

$$P=VI=IR\times I=I^2R=\left(\frac{V}{R}\right)^2\times R=\frac{V^2}{R}\ [\mathrm{W}]$$

これより，抵抗 R を示す式は次のようになるので，ニが誤りである．

$$P=\frac{V^2}{R}$$

$$R=\frac{V^2}{P}=\frac{V^2}{VI}=\frac{V}{I}\ [\Omega]$$

$$P=I^2R$$

$$R=\frac{P}{I^2}\ [\Omega]$$

問 3　ロ

抵抗器に 100 V の電圧を印可したとき，4 A の電流が流れた．1 時間 20 分（80 分）で消費する電力量 W[kW·h] は，

$$W=Pt=VIt=100\times 4\times\frac{80}{60}$$

$$\fallingdotseq 533\,\mathrm{W\cdot h}\fallingdotseq 0.533\,\mathrm{kW\cdot h}$$

1 kW·h は 3 600 kJ なので，熱量 Q[kJ] に変換すると，

$$Q=3\,600\,W=3\,600\times 0.533\fallingdotseq 1\,920\,\mathrm{kJ}$$

問 4　ロ

抵抗 R[Ω] とリアクタンス X[Ω] の直列回路の力率 [%] は次のように求められる．

$$\cos\theta=\frac{R}{\sqrt{R^2+X^2}}\times 100=\frac{100R}{\sqrt{R^2+X^2}}\ [\%]$$

問 5　ロ

Y 結線では，相電圧 E_P は線間電圧 E の $1/\sqrt{3}$ 倍なので，

$$E_P=\frac{E}{\sqrt{3}}=\frac{200}{\sqrt{3}}\fallingdotseq 115.6\,\mathrm{V}$$

相電流 I_P と線電流 I は等しいので，

$$I=\frac{E_P}{R}=\frac{115.6}{10}\fallingdotseq 11.6\,\mathrm{A}$$

問 6　ハ

抵抗負荷 2 000 W に流れる負荷電流 I[A] は，

$$I=\frac{P}{V}=\frac{2\,000}{100}=20\mathrm{A}$$

電線のこう長が 8 m で，1 000 m 当たりの抵抗が 5.0 Ω なので，電線 1 本の抵抗 r[Ω] は，

$$r=\frac{5.0}{1000}\times 8=0.04\,\Omega$$

これより，電圧降下 e[V] は次のようになる．

$$e=2Ir=2\times 20\times 0.04=1.6\,\mathrm{V}$$

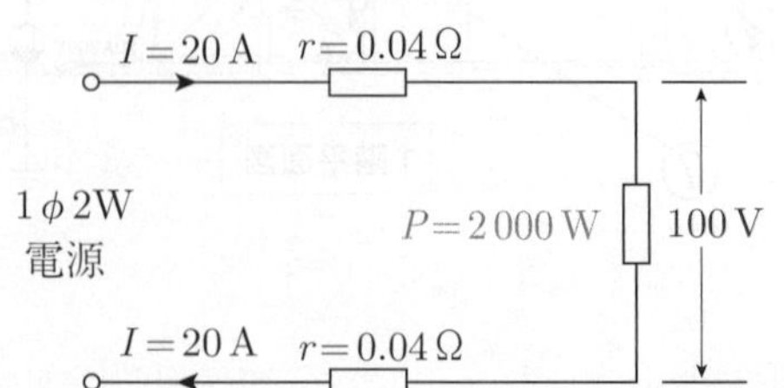

問7　ハ

図の回路の抵抗負荷は平衡しているので，中性線には電流が流れず電力損失は発生しない．このため，電線1線当たりの抵抗 R は0.1Ωであるから，この電線路の電力損失 P_L[W] は次のように求まる．

$$P_L = 2I^2R = 2 \times 20^2 \times 0.1 = 80\,\mathrm{W}$$

問8　ロ

直径2.0mmの600Vビニル絶縁電線（軟銅線）の許容電流は35Aで，金属管に5本収めるときの電流減少係数は0.56であるから，電線1本当たりの許容電流 I[A] は次のように求まる．

$$I = 35 \times 0.56 \fallingdotseq 19\,\mathrm{A}$$

絶縁電線の許容電流（内線規程1340-1表）

種　類	太　さ	許容電流［A］
単線直径 [mm]	1.6	27
	2.0	35
より線断面積 [mm^2]	2	27
	3.5	37
	5.5	49

（周囲温度30℃以下）

問9　ロ

電技解釈第149条により，低圧幹線との分岐点から3mを超え8m以下の位置に配線用遮断器を施設する場合，過電流遮断器の定格電流を I_B[A] とすると，a−b間の電線の許容電流 I[A] は，

$$I = I_B \times 0.35 = 50 \times 0.35 = 17.5\,\mathrm{A}$$

分岐回路の施設（電技解釈第149条）

	配線用遮断器までの長さ
原則	3m以下
$I \geqq 0.35I_B$	8m以下
$I \geqq 0.55I_B$	制限なし

問10　ニ

電技解釈第149条により，20A分岐回路のコンセントは定格電流20A以下のもの，電線は直径1.6mm以上のものを用いなければならない．

分岐回路の施設（電技解釈第149条）

分岐過電流遮断器の定格電流	コンセント	電線の太さ
15A	15A以下	直径1.6mm 以上
20A（配線用遮断器）	20A以下	
20A（配線用遮断器を除く）	20A	直径2mm以上
30A	20A以上 30A以下	直径2.6mm （断面積5.5mm^2） 以上
40A	30A以上 40A以下	断面積8mm^2 以上

問11　イ

プルボックスは，多数の金属管が集合する場所等で，電線の引き入れを容易にするために用いる材料である．

問12　イ

ビニルコードは，電気を熱として使用しない機器に限り使用できるので，イが正しい．ロ，ハ，ニの器具は電気を熱として使用するので，これらの機器には使用できない．

問13　ハ

金属管の切断後にはクリックボールにリーマを取り付けて管端処理を行うので，ハが正しい．ボルトクリッパは太い電線などの切断作業，パイプベンダは金属管の曲げ作業，圧着ペンチは電線の接続に使用する工具である．

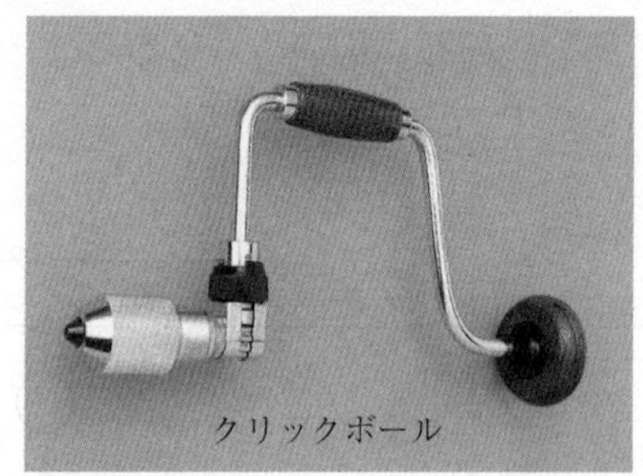
クリックボール

問14　ニ

三相誘導電動機の同期速度 N_s[min^{-1}] は，周波数を f[Hz]，極数を p とすると次式で表せる．

$$N_s = \frac{120f}{p}\,[\mathrm{min}^{-1}]$$

このため，周波数を50Hzから60Hzに変化させると1.2倍に回転速度が増加する．

問15　ロ

電技解釈第33条により，定格電流40Aのヒューズに80Aの電流が連続して流れると，定格電流の2倍となるので，4分以内に溶断しなければならない．

問16　ニ

写真に示す材料の名称は，600Vポリエチレン絶縁耐燃性ポリエチレンシースケーブル平形である．耐紫外線用エコケーブルとも呼ばれ，ケーブル表面に記されているEMはエコマテリアル及び耐燃性を示し，<PS>Eは特定電気用品の表示記号である．

問17　ロ

写真に示す器具は熱線式自動スイッチである．人の接近による自動点滅器として，玄関照明などに用いられる．

問18　イ

写真に示す器具は，検相器（相回転計，相順検定器）

である. この器具は, 三相回路の相順を調べるのに用いる.

問 19　ハ

内線規程 1335−7 により, 終端接続の絶縁処理は, ビニルテープ（厚さ約 0.2 mm）を用いる場合は, ビニルテープを半幅以上重ねて 2 回(4 層)以上巻かなくてはいけない.

問 20　ロ

電技解釈第 156 条により, 金属線ぴ工事, 金属ダクト工事は, 展開した場所で乾燥した場所, 点検できる隠ぺい場所で乾燥した場所に限り施設できる. ただし, 金属線ぴ工事は, 使用電圧 300V 以下の工事に限る.

問 21　ロ

図に示す一般的な低圧屋内配線工事でスイッチボックス部分の回路は図のようになる.

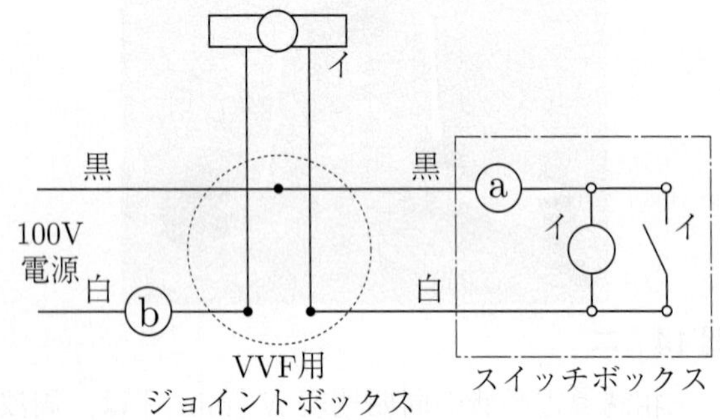

問 22　ニ

イ, ロの金属管工事は D 種接地工事を省略できる. また, 機械器具の鉄台及び外箱の D 種接地工事を省略できるのは, 低圧用の機械器具を乾燥した木製の床などの絶縁性のものの上で取り扱うように施設する場合や水気のある場所以外の電路に定格感度 15 mA 以下, 動作時間 0.1 秒以下の漏電遮断器が取り付けられている場合である. ニの乾燥したコンクリートの床は絶縁物とみなされない(電技解釈第 29 条, 第 159 条).

問 23　イ

内線規程 1340−2 表により, 600V ビニル絶縁電線を金属管などに収めて使用する場合, 電線の許容電流を求めるための電流減少係数は次表のように定められている. このため, 同一管内に 2 本の電線を収める場合の電流減少係数は 0.70 なので, イが誤りである.

電流減少係数（内線規程 1340−2 表）

同一管内の電線数	電流減少係数
3 以下	0.70
4	0.63
5 または 6	0.56
7 以上 15 以下	0.49

問 24　ハ

検相器は三相回路の相順を調べるのに用いる測定器なので, ハが誤りである. 電動機の回転速度を測定する計測器は回転計である.

問 25　ロ

単相 3 線式回路で中性線が断線すると, 容量の大きい機器には定格より低い電圧が加わり, 容量の小さい機器には定格より大きい電圧が加わる.

問 26　ハ

電技省令第 58 条により, 使用電圧が 300 V 以下で対地電圧が 150 V を超える電路の絶縁抵抗値は 0.2 MΩ 以上あればよい. また, 機械器具の鉄台には D 種接地工事を施し, 0.5 秒を超えて動作する漏電遮断器を施設する場合は, 接地抵抗値が 100 Ω 以下でなければならない. (電技解釈第 17 条, 第 29 条).

問 27　ニ

単相 3 線式回路の漏れ電流は, クランプで 3 本すべての電線を挟んで測定する. 下図のような単相 3 線式回路において, 負荷電流を I_1, I_2, 漏れ電流を I_g とすると検出部を通る電流は次のようになり, 漏れ電流 I_g を検出できる.

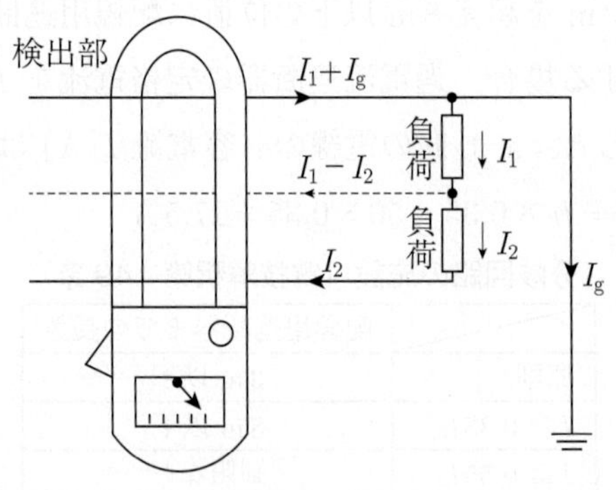

問 28　ニ

電気工事士法施行規則第 2 条により, ニの電線管とボックスを接続する作業は電気工事士でなくては従事できない. イ, ロ, ハの工事は, 電気工事士法施行令第 1 条により, 軽微な工事として電気工事士でなくても従事できる.

問 29　ニ

電気用品安全法により, 特定電気用品に区分されるものは, ニの定格電流 30 A の漏電遮断器である. 定格消費電力 20 W の蛍光ランプ, 外径 19 mm の金属製電線管, 定格消費電力 500 W の電気冷蔵庫は特定電気用品以外の電気用品に該当する.

問 30　イ

一般用電気工作物とは，低圧受電で受電の場所と同一の構内で使用する電気工作物で，同じ構内で連係して使用する下記の小規模事業用電気工作物以外の小規模発電設備も含む．一般用電気工作となる小規模発電設備は，発電電圧 600V 以下で，出力の合計が 50kW 以上となるものを除く（電気事業法施行規則第 48 条）．

小規模発電設備

設備名	出力	区分
風力発電設備	20kW 未満	小規模事業用電気工作物**
太陽電池発電設備	50kW 未満	
	10kW 未満	一般用電気工作物
水力発電設備*	20kW 未満	
内燃力発電設備	10kW 未満	
燃料電池発電設備	10kW 未満	
スターリングエンジン発電設備	10kW 未満	

＊最大使用水量 $1m^3/s$ 未満（ダムを伴うものを除く）

＊＊第二種電気工事士は，小規模事業用電気工作物の工事に従事できる．

〔問題 2. 配線図〕

問 31　ハ

ペンダントの図記号は⊖なので，ハが正しい．㊥はシャンデリヤ，㋚はシーリング（天井直付）を示す．

問 32　ハ

②で示す図記号はワイドハンドル形点滅器なので，ハが正しい．一般形点滅器は●，一般形調光器は ，ワイド形調光器は の図記号で表される．

問 33　ハ

③で示す図記号のコンセントは，100V20A 接地極付コンセントであるから，極配置（刃受）はハである．なお，イは単相 200V20A の接地極付コンセント，ロは 100V15A 接地極付コンセント，ニは単相 200V15A 接地極付コンセントの極配置（刃受）である．

問 34　ニ

電技解釈第 110 条により，低圧屋側電線路は，木造の造営物の場合，ケーブル工事（鉛被ケーブル，アルミ被ケーブル，MI ケーブルを除く），がいし引き工事，合成樹脂管工事で，木造以外の場合は，金属管工事，合成樹脂管工事，バスダクト工事，ケーブル工事で施工しなければいけない．

問 35　イ

⑤で示す部分は単相 3 線式 200V の電路なので，対地電圧は 100V である．このため，電路と大地の絶縁抵抗値は 0.1MΩ 以上なくてはいけない．

低圧電路の絶縁性能（電技省令第 58 条）

電路の使用電圧の区分		絶縁抵抗値
300V 以下	対地電圧 150V 以下	0.1MΩ 以上
	その他の場合	0.2MΩ 以上
300V を超える低圧回路		0.4MΩ 以上

問 36　ニ

⑥で示す部分の接地工事は，単相 200V エアコンの接地工事なので，D 種接地工事を施す．また，地絡を生じたときに 0.5 秒以内で動作する漏電遮断装置が設置されているので，接地抵抗値は 500Ω 以下であればよい（電技解釈第 17 条，第 29 条）．

問 37　ロ

⑦で示す部分の最少電線本数は，電気回路図により 3 本である．

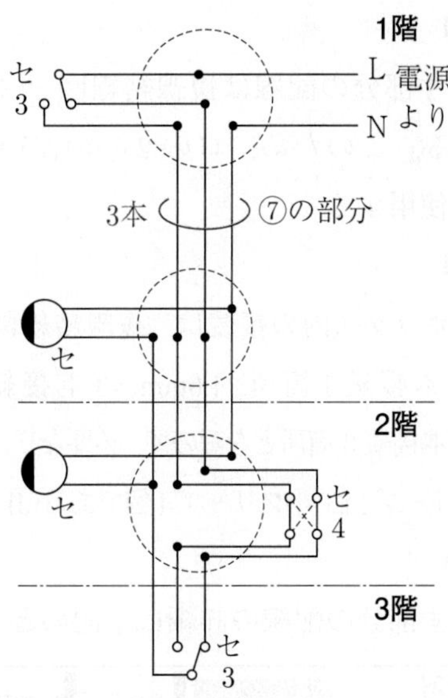

問 38　ニ

⑧で示す部分の配線は（PF22）とあるので，内径 22mm の合成樹脂製可とう電線管を使用した地中配線である．

問 39　ニ

電技解釈第 181 条により，⑨で示す部分の小勢力回路で使用できる電圧の最大値は 60V である．

問 40　ロ

⑩で示す図記号の配線方法は，ロの床隠ぺい配線である．

問 41　ロ

⑪で示すボックス内の接続は複線結線図−1 のようになる．使用する差込形コネクタは 2 本接続用 2 個，4 本接続用 1 個，5 本接続用 1 個である．

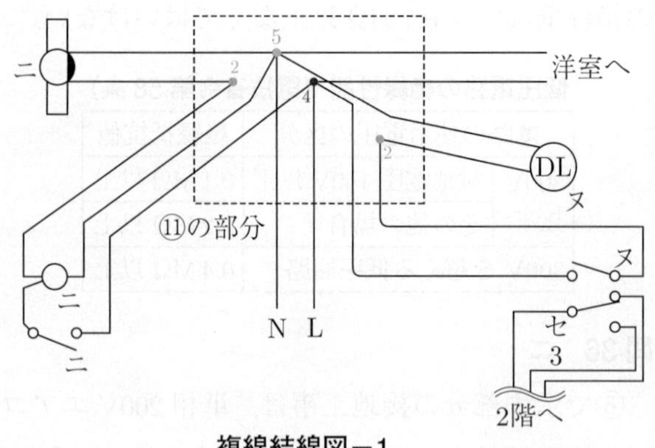

複線結線図－1

問 42　ロ

⑫で示すボックス内の接続は，複線結線図−2 より，1.6mm×2 本接続 2 箇所，1.6mm×4 本接続 1 箇所，1.6mm×5 本接続 1 箇所となるので，使用とするリングスリーブは中 1 個（刻印「中」），小 3 個（刻印「○」2 個，刻印「小」1 個）である（JIS C 2806）.

問 43　ロ

⑬で示す部分の配線は複線結線図−2 のように 2 本になる．このため，ロの 2 心の VVF ケーブル 1 本を使用する．

問 44　ロ

⑭示すボックス内の接続は，複線結線図−2 より，1.6mm×5 本接続 1 箇所，1.6mm×3 本接続 1 箇所，1.6mm×2 本接続 3 箇所となるので，必要なリングスリーブは，中スリーブ 1 個，小スリーブ 4 個である（JIS C 2806）.

問 45　ハ

⑮で示す部分の配線の詳細は下記のとおり．

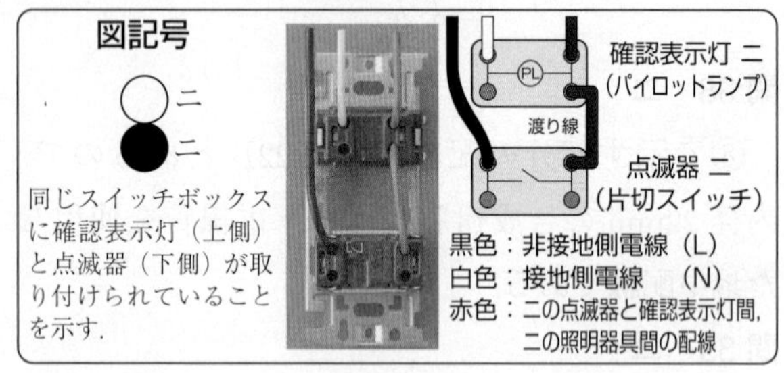

問 46　ロ

この配線図の工事では，配線図にねじなし電線管の傍記はないので，ロの露出スイッチボックス（ねじなし電線管用）は使用しない．イは引留がいしで引込用電線を引留めるのに使用する．ハは VVF のステープルで VVF ケーブルの支持に使用する．ニは合成樹脂製可とう電線管（PF 管）で地中埋設配管として使用する．

問 47　ロ

この配線図の工事では，ロのプリカナイフは使用しない．この工具は，2 種金属製可とう電線管の切断に使用する工具である．イは呼び線挿入機で電線管内に電線を挿入するのに使用する．ハはハンマで接地棒の打ち込みなどに使用する．ニは木工用ドリルビットで電動ドリルに取付けて木材の穴あけなどに使用する工具である．

問 48　ハ

この配線図の工事では，ハの位置表示灯内蔵スイッチ（図記号●$_{\mathrm{H}}$）は使用していない．イの 2 極スイッチ（両切スイッチ，図記号●$_{\mathrm{2P}}$，200V 屋外灯回路で使用），ロの 4 路スイッチ（図記号●$_{4}$），ニの確認表示灯内蔵スイッチ（図記号●$_{\mathrm{L}}$）はそれぞれ使用されている．

問 49　ニ

この配線図の工事では，ニの 2 号ボックスコネクタは使用されていない．この材料は硬質ポリ塩化ビニル電線管とボックスを接続するのに使用される．イはライティングダクトのフィードインキャップ，ロは接地棒，ハは合成樹脂製可とう電線管のカップリングで，それぞれ使用されている．

問 50　イ

この配線図では，イの単相 200V20A 接地極付コンセント（図記号◐ 250V 20A E）は 1 個使用されている．ロの接地極付接地端子付コンセント（図記号◐$_{\mathrm{EET}}$）は 1 個，ニの 100V20A 接地極付コンセント（図記号◐ 20A E）は 1 個使用されている．ハの単相 200V 用 15A 接地極付コンセント（図記号◐ 250V E）は使用されていない．

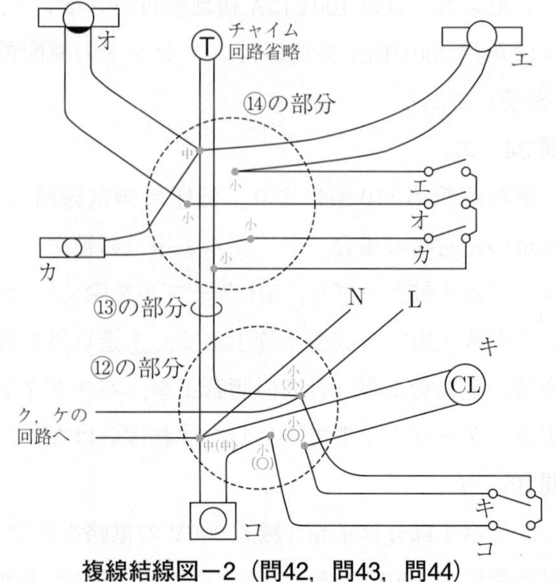

複線結線図－2（問42，問43，問44）

第二種電気工事士 筆記試験

2021年度 （令和3年度）

上期試験 （午前実施分）

※ 2021 年度（令和 3 年度）の第二種電気工事士上期筆記試験は，新型コロナウイルス感染防止対策として，同日の午前と午後にそれぞれ実施された．

問題１．一般問題（問題数 30，配点は１問当たり２点）

【注】本問題の計算で $\sqrt{2}$，$\sqrt{3}$ 及び円周率 π を使用する場合の数値は次によること。$\sqrt{2}=1.41$，$\sqrt{3}=1.73$，$\pi=3.14$

次の各問いには４通りの答え（イ，ロ，ハ，ニ）が書いてある。それぞれの問いに対して答えを１つ選びなさい。

なお，選択肢が数値の場合は最も近い値を選びなさい。

	問い	答え			
1	図のような回路で，スイッチSを閉じたとき，a－b 端子間の電圧［V］は。 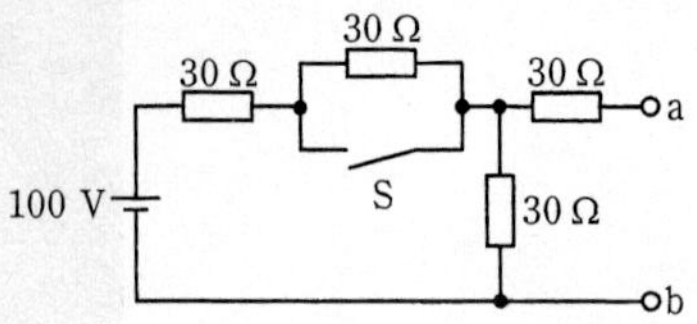	イ．30	ロ．40	ハ．50	ニ．60
2	抵抗 R［Ω］に電圧 V［V］を加えると，電流 I［A］が流れ，P［W］の電力が消費される場合，抵抗 R［Ω］を示す式として，**誤っているもの**は。	イ．$\dfrac{PI}{V}$	ロ．$\dfrac{P}{I^2}$	ハ．$\dfrac{V^2}{P}$	ニ．$\dfrac{V}{I}$
3	電線の接続不良により，接続点の接触抵抗が 0.5 Ωとなった。この電線に 20 A の電流が流れると，接続点から１時間に発生する熱量［kJ］は。 ただし，接触抵抗の値は変化しないものとする。	イ．72	ロ．144	ハ．720	ニ．1 440
4	図のような抵抗とリアクタンスとが並列に接続された回路の消費電力［W］は。 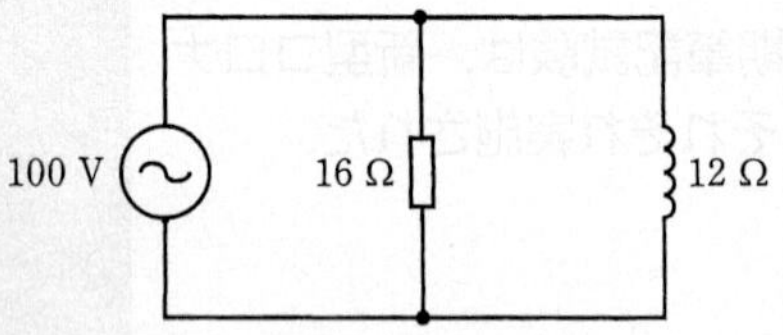	イ．500	ロ．625	ハ．833	ニ．1 042
5	図のような三相３線式 200 V の回路で，c－o 間の抵抗が断線した。断線前と断線後の a－o 間の電圧 V の値［V］の組合せとして，**正しいもの**は。 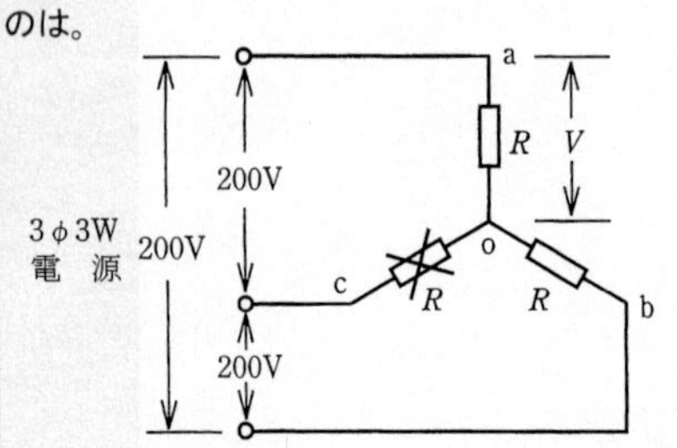	イ．断線前 116 断線後 116	ロ．断線前 116 断線後 100	ハ．断線前 100 断線後 116	ニ．断線前 100 断線後 100

	問い	答え			
6	図のような単相3線式回路で，スイッチaだけを閉じたときの電流計Ⓐの指示値I_1［A］とスイッチa及びbを閉じたときの電流計Ⓐの指示値I_2［A］の組合せとして，**適切なものは**。 ただし，Ⓗは定格電圧100 Vの電熱器である。 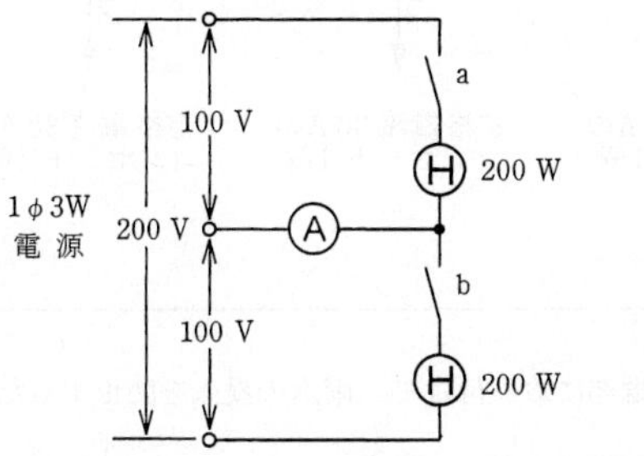 1φ3W 電源　100 V　200 V　100 V　a　b　Ⓗ 200 W　Ⓗ 200 W	イ．I_1　2 I_2　2	ロ．I_1　2 I_2　0	ハ．I_1　2 I_2　4	ニ．I_1　4 I_2　0
7	図のような三相交流回路において，電線1線当たりの抵抗が0.2 Ω，線電流が15 Aのとき，この電線路の電力損失［W］は。 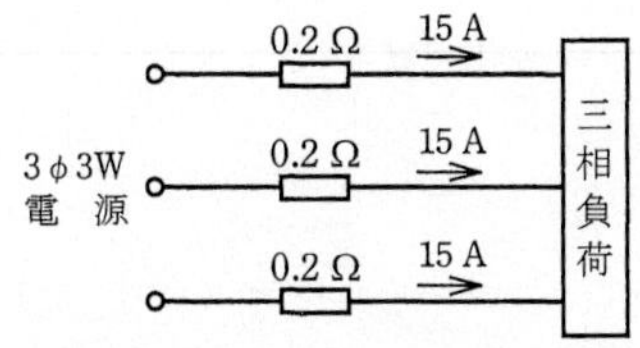 3φ3W 電源　0.2 Ω　15 A　三相負荷	イ．78	ロ．90	ハ．120	ニ．135
8	合成樹脂製可とう電線管(PF管)による低圧屋内配線工事で，管内に断面積5.5 mm²の600Vビニル絶縁電線(軟銅線)7本を収めて施設した場合，電線1本当たりの許容電流［A］は。 ただし，周囲温度は30℃以下，電流減少係数は0.49とする。	イ．13	ロ．17	ハ．24	ニ．29
9	図のような電熱器Ⓗ1台と電動機Ⓜ2台が接続された単相2線式の低圧屋内幹線がある。この幹線の太さを決定する根拠となる電流I_W［A］と幹線に施設しなければならない過電流遮断器の定格電流を決定する根拠となる電流I_B［A］の組合せとして，**適切なものは**。 ただし，需要率は100%とする。 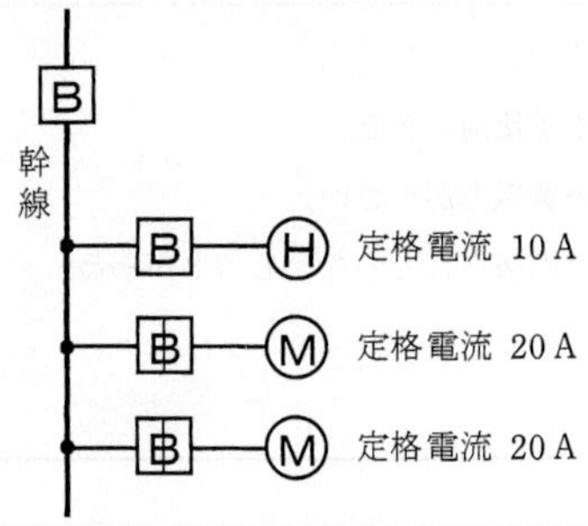 B　幹線　B—Ⓗ 定格電流 10 A　B—Ⓜ 定格電流 20 A　B—Ⓜ 定格電流 20 A	イ．I_W　50 I_B　125	ロ．I_W　50 I_B　130	ハ．I_W　60 I_B　130	ニ．I_W　60 I_B　150

	問　い	答　え
10	低圧屋内配線の分岐回路の設計で，配線用遮断器，分岐回路の電線の太さ及びコンセントの組合せとして，**適切なものは。** ただし，分岐点から配線用遮断器までは3 m，配線用遮断器からコンセントまでは8 mとし，電線の数値は分岐回路の電線(軟銅線)の太さを示す。 また，コンセントは兼用コンセントではないものとする。	イ．B 20 A，2.0 mm，定格電流20 Aのコンセント1個 ロ．B 30 A，2.0 mm，定格電流30 Aのコンセント1個 ハ．B 20 A，1.6 mm，定格電流30 Aのコンセント1個 ニ．B 40 A，5.5 mm²，定格電流30 Aのコンセント1個
11	エントランスキャップの使用目的は。	イ．主として垂直な金属管の上端部に取り付けて，雨水の浸入を防止するために使用する。 ロ．コンクリート打ち込み時に金属管内にコンクリートが浸入するのを防止するために使用する。 ハ．金属管工事で管が直角に屈曲する部分に使用する。 ニ．フロアダクトの終端部を閉そくするために使用する。
12	耐熱性が最も優れているものは。	イ．600V 二種ビニル絶縁電線 ロ．600V ビニル絶縁電線 ハ．MI ケーブル ニ．600V ビニル絶縁ビニルシースケーブル
13	電気工事の種類と，その工事に使用する工具との組合せで，**適切なものは。**	イ．合成樹脂管工事とリード型ねじ切り器 ロ．ライティングダクト工事と合成樹脂管用カッタ ハ．金属管工事とパイプベンダ ニ．金属線ぴ工事とボルトクリッパ
14	極数6の三相かご形誘導電動機を周波数60 Hzで使用するとき，最も近い回転速度[min^{-1}]は。	イ．600　ロ．1 200　ハ．1 800　ニ．3 600
15	直管LEDランプに関する記述として，**誤っているものは。**	イ．すべての蛍光灯照明器具にそのまま使用できる。 ロ．同じ明るさの蛍光灯と比較して消費電力が小さい。 ハ．制御装置が内蔵されているものと内蔵されていないものとがある。 ニ．蛍光灯に比べて寿命が長い。

問い	答え

16　写真に示す材料の名称は。

イ．無機絶縁ケーブル
ロ．600V ビニル絶縁ビニルシースケーブル平形
ハ．600V 架橋ポリエチレン絶縁ビニルシースケーブル
ニ．600V ポリエチレン絶縁耐燃性ポリエチレンシースケーブル平形

17　写真に示す器具の名称は。

イ．漏電警報器
ロ．電磁開閉器
ハ．配線用遮断器（電動機保護兼用）
ニ．漏電遮断器

18　写真に示す工具の名称は。

イ．手動油圧式圧着器
ロ．手動油圧式カッタ
ハ．ノックアウトパンチャ（油圧式）
ニ．手動油圧式圧縮器

19　次表は単相100 V屋内配線の施設場所と工事の種類との施工の可否を示す表である。表中のa～fのうち，**「施設できない」ものを全て選んだ組合せとして，正しいものは。**

施設場所の区分	工事の種類		
	合成樹脂管工事（CD管を除く）	ケーブル工事	ライティングダクト工事
展開した場所で湿気の多い場所	a	c	e
点検できる隠ぺい場所で乾燥した場所	b	d	f

イ．a，f
ロ．eのみ
ハ．bのみ
ニ．e，f

20　低圧屋内配線工事（臨時配線工事の場合を除く）で，600V ビニル絶縁ビニルシースケーブルを用いたケーブル工事の施工方法として，**適切なものは。**

イ．接触防護措置を施した場所で，造営材の側面に沿って垂直に取り付け，その支持点間の距離を8 mとした。
ロ．金属製遮へい層のない電話用弱電流電線と共に同一の合成樹脂管に収めた。
ハ．建物のコンクリート壁の中に直接埋設した。
ニ．丸形ケーブルを，屈曲部の内側の半径をケーブル外径の8倍にして曲げた。

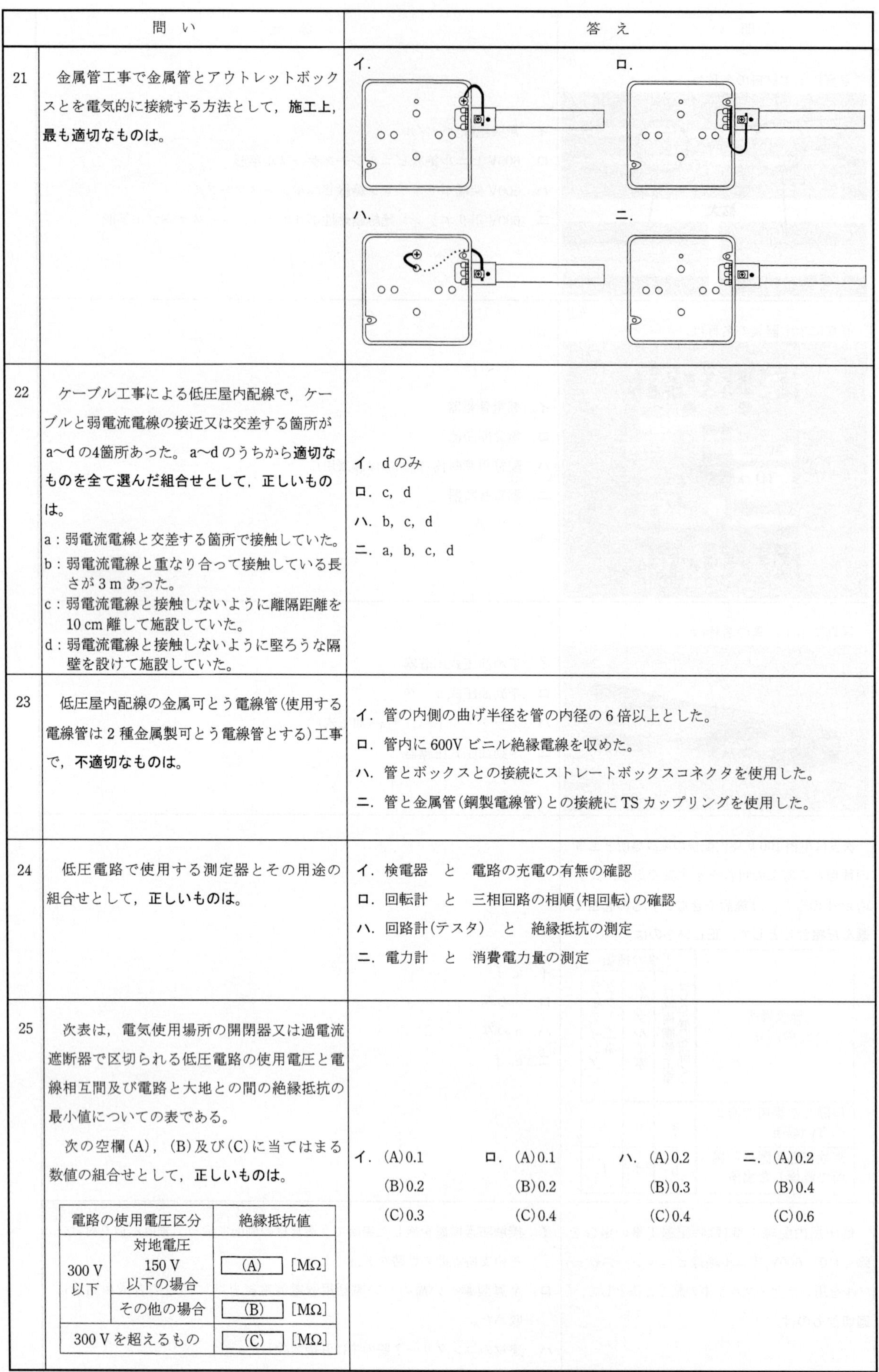

<table>
<tr><th colspan="2">問　い</th><th>答　え</th></tr>
<tr><td>21</td><td>金属管工事で金属管とアウトレットボックスとを電気的に接続する方法として，施工上，最も適切なものは。</td><td>イ.
ロ.
ハ.
ニ.</td></tr>
<tr><td>22</td><td>ケーブル工事による低圧屋内配線で，ケーブルと弱電流電線の接近又は交差する箇所がa～dの4箇所あった。a～dのうちから適切なものを全て選んだ組合せとして，正しいものは。
a：弱電流電線と交差する箇所で接触していた。
b：弱電流電線と重なり合って接触している長さが3 mあった。
c：弱電流電線と接触しないように離隔距離を10 cm離して施設していた。
d：弱電流電線と接触しないように堅ろうな隔壁を設けて施設していた。</td><td>イ．dのみ
ロ．c，d
ハ．b，c，d
ニ．a，b，c，d</td></tr>
<tr><td>23</td><td>低圧屋内配線の金属可とう電線管（使用する電線管は2種金属製可とう電線管とする）工事で，不適切なものは。</td><td>イ．管の内側の曲げ半径を管の内径の6倍以上とした。
ロ．管内に600V ビニル絶縁電線を収めた。
ハ．管とボックスとの接続にストレートボックスコネクタを使用した。
ニ．管と金属管（鋼製電線管）との接続にTSカップリングを使用した。</td></tr>
<tr><td>24</td><td>低圧電路で使用する測定器とその用途の組合せとして，正しいものは。</td><td>イ．検電器　と　電路の充電の有無の確認
ロ．回転計　と　三相回路の相順（相回転）の確認
ハ．回路計（テスタ）　と　絶縁抵抗の測定
ニ．電力計　と　消費電力量の測定</td></tr>
<tr><td>25</td><td>次表は，電気使用場所の開閉器又は過電流遮断器で区切られる低圧電路の使用電圧と電線相互間及び電路と大地との間の絶縁抵抗の最小値についての表である。
次の空欄（A），（B）及び（C）に当てはまる数値の組合せとして，正しいものは。
<table>
<tr><th colspan="2">電路の使用電圧区分</th><th>絶縁抵抗値</th></tr>
<tr><td rowspan="2">300 V以下</td><td>対地電圧150 V以下の場合</td><td>（A）［MΩ］</td></tr>
<tr><td>その他の場合</td><td>（B）［MΩ］</td></tr>
<tr><td colspan="2">300 Vを超えるもの</td><td>（C）［MΩ］</td></tr>
</table></td><td>イ．（A）0.1
（B）0.2
（C）0.3
ロ．（A）0.1
（B）0.2
（C）0.4
ハ．（A）0.2
（B）0.3
（C）0.4
ニ．（A）0.2
（B）0.4
（C）0.6</td></tr>
</table>

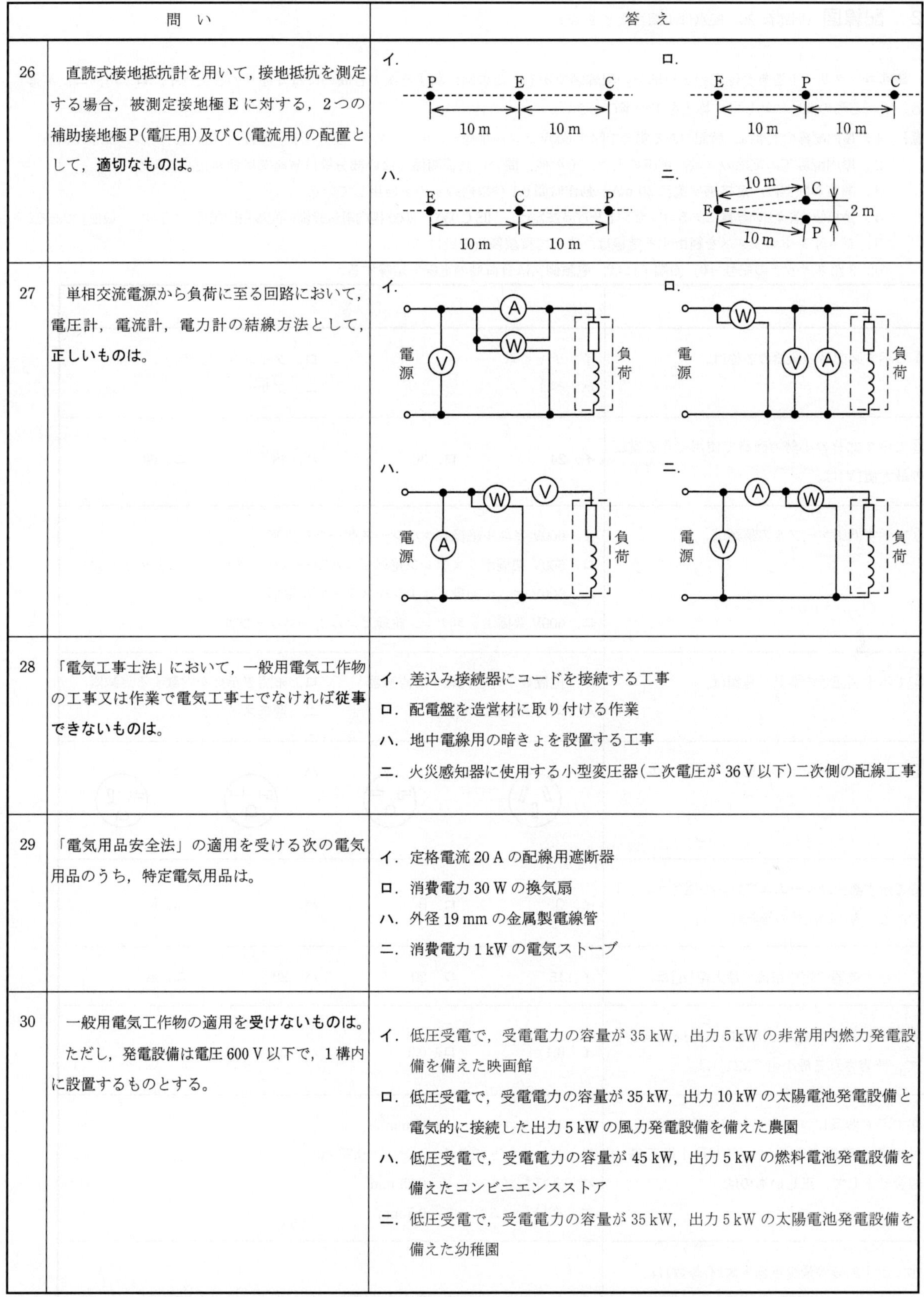

	問い	答え
26	直読式接地抵抗計を用いて，接地抵抗を測定する場合，被測定接地極Eに対する，2つの補助接地極P(電圧用)及びC(電流用)の配置として，**適切なものは**。	イ. P E C（10 m，10 m） ロ. E P C（10 m，10 m） ハ. E C P（10 m，10 m） ニ. E から C まで 10 m，E から P まで 10 m，C と P の間 2 m
27	単相交流電源から負荷に至る回路において，電圧計，電流計，電力計の結線方法として，**正しいものは**。	イ. 電源 V A W 負荷 ロ. 電源 W V A 負荷 ハ. 電源 A W V 負荷 ニ. 電源 V A W 負荷
28	「電気工事士法」において，一般用電気工作物の工事又は作業で電気工事士でなければ**従事できないものは**。	イ．差込み接続器にコードを接続する工事 ロ．配電盤を造営材に取り付ける作業 ハ．地中電線用の暗きょを設置する工事 ニ．火災感知器に使用する小型変圧器(二次電圧が 36 V 以下)二次側の配線工事
29	「電気用品安全法」の適用を受ける次の電気用品のうち，特定電気用品は。	イ．定格電流 20 A の配線用遮断器 ロ．消費電力 30 W の換気扇 ハ．外径 19 mm の金属製電線管 ニ．消費電力 1 kW の電気ストーブ
30	一般用電気工作物の適用を**受けないものは**。 ただし，発電設備は電圧 600 V 以下で，1 構内に設置するものとする。	イ．低圧受電で，受電電力の容量が 35 kW，出力 5 kW の非常用内燃力発電設備を備えた映画館 ロ．低圧受電で，受電電力の容量が 35 kW，出力 10 kW の太陽電池発電設備と電気的に接続した出力 5 kW の風力発電設備を備えた農園 ハ．低圧受電で，受電電力の容量が 45 kW，出力 5 kW の燃料電池発電設備を備えたコンビニエンスストア ニ．低圧受電で，受電電力の容量が 35 kW，出力 5 kW の太陽電池発電設備を備えた幼稚園

※令和５年３月20日の電気事業法および関連法の改正・施行に伴い，問30の選択肢の内容を一部変更し，併せて解答も変更しています．

問題２．配線図（問題数 20，配点は１問当たり２点）

図は，鉄筋コンクリート造集合住宅の１戸部分の配線図である。この図に関する次の各問いには４通りの答え（**イ**，**ロ**，**ハ**，**ニ**）が書いてある。それぞれの問いに対して，答えを１つ選びなさい。

【注意】１．屋内配線の工事は，特記のある場合を除き 600V ビニル絶縁ビニルシースケーブル平形（VVF）を用いたケーブル工事である。
２．屋内配線等の電線の本数，電線の太さ，その他，問いに直接関係のない部分等は省略又は簡略化してある。
３．漏電遮断器は，定格感度電流 30 mA，動作時間 0.1 秒以内のものを使用している。
４．選択肢（答え）の写真にあるコンセント及び点滅器は，「JIS C 0303：2000 構内電気設備の配線用図記号」で示す「一般形」である。
５．ジョイントボックスを経由する電線は，すべて接続箇所を設けている。
６．３路スイッチの記号「0」の端子には，電源側又は負荷側の電線を結線する。

	問　い	答　え
31	①で示す図記号の機器の名称は。	イ．チャイム　ロ．タイムスイッチ ハ．ベル　ニ．ブザー
32	②で示す部分の小勢力回路で使用できる電圧の最大値[V]は。	イ．24　ロ．30　ハ．48　ニ．60
33	③で示す低圧ケーブルの種類は。	イ．600V ビニル絶縁ビニルシースケーブル丸形 ロ．600V 架橋ポリエチレン絶縁ビニルシースケーブル（単心３本のより線） ハ．600V ビニル絶縁ビニルシースケーブル平形 ニ．600V 架橋ポリエチレン絶縁ビニルシースケーブル
34	④で示す図記号の器具の種類は。	イ．位置表示灯を内蔵する点滅器　ロ．確認表示灯を内蔵する点滅器 ハ．熱線式自動スイッチ　ニ．遅延スイッチ
35	⑤で示すコンセントの極配置（刃受）は。	イ． 　ロ． 　ハ． 　ニ． 
36	⑥で示す部分はルームエアコンの屋外ユニットである。その図記号の傍記表示は。	イ．O　ロ．B　ハ．I　ニ．R
37	⑦で示す機器の定格電流の最大値[A]は。	イ．15　ロ．20　ハ．30　ニ．40
38	⑧で示す部分の電路と大地間の絶縁抵抗として，許容される最小値［MΩ］は。	イ．0.1　ロ．0.2　ハ．0.4　ニ．1.0
39	⑨で示す器具にコード吊りで白熱電球を取り付ける。使用できるコードと最小断面積の組合せとして，**正しいものは**。	イ．ビニルコード　1.25 mm^2 ロ．ビニルキャブタイヤコード　0.75 mm^2 ハ．丸打ちゴムコード　0.75 mm^2 ニ．袋打ちゴムコード　0.5 mm^2
40	⑩で示す部分の最少電線本数（心線数）は。	イ．2　ロ．3　ハ．4　ニ．5

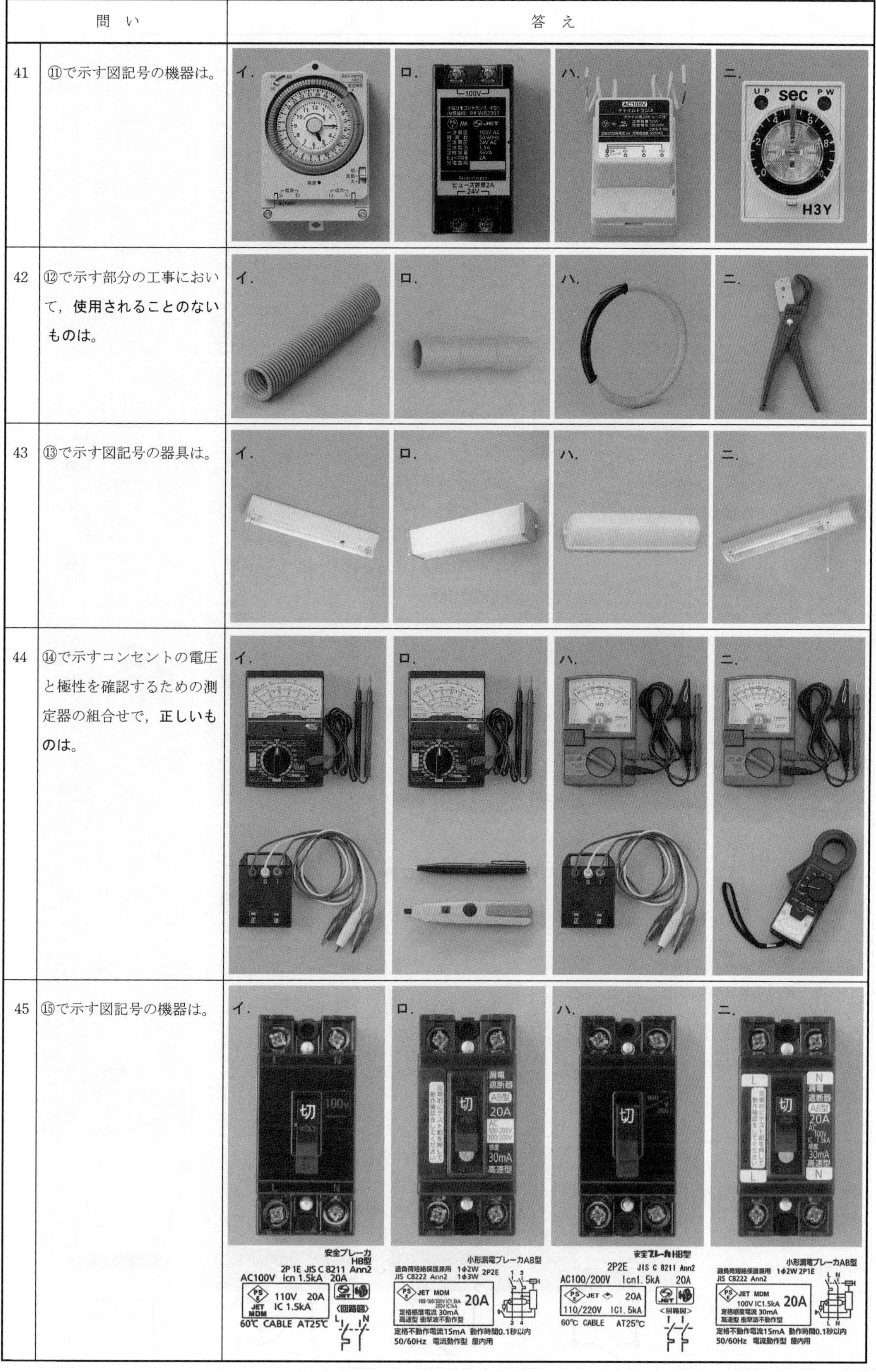

	問い	答え			
41	⑪で示す図記号の機器は。	イ.	ロ.	ハ.	ニ.
42	⑫で示す部分の工事において，**使用されることのないものは。**	イ.	ロ.	ハ.	ニ.
43	⑬で示す図記号の器具は。	イ.	ロ.	ハ.	ニ.
44	⑭で示すコンセントの電圧と極性を確認するための測定器の組合せで，**正しいものは。**	イ.	ロ.	ハ.	ニ.
45	⑮で示す図記号の機器は。	イ.	ロ.	ハ.	ニ.

	問い	答え			
46	⑯で示すボックス内の接続をすべて圧着接続した場合のリングスリーブの種類，個数及び圧着接続後の刻印との組合せで，**正しいものは**。 ただし，使用する電線はすべて VVF1.6 とする。 また，写真に示す**リングスリーブ中央**の○，小，中は刻印を表す。	イ. 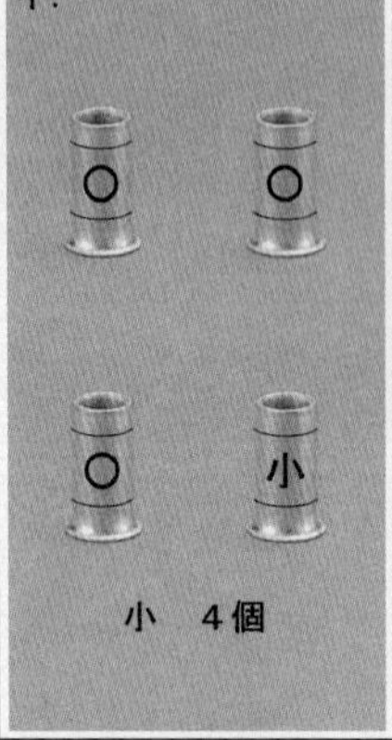 ○ ○ ○ 小 小　4個	ロ. ○ ○ 小 小 小　4個 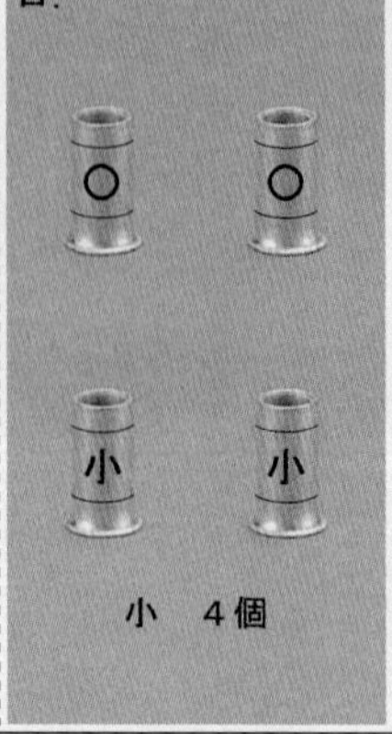	ハ. 中 中　1個 ○ ○ 小 小　3個 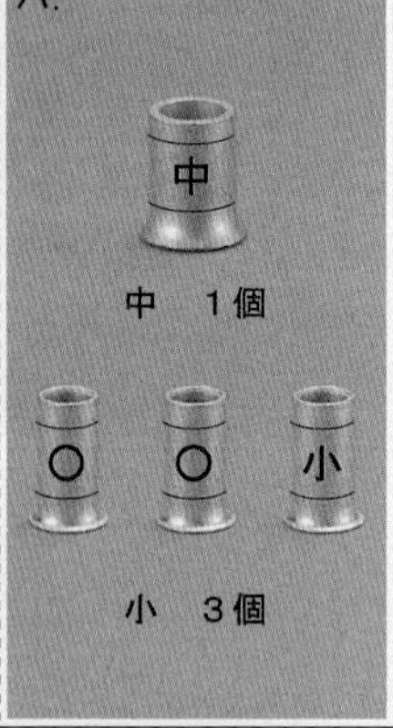	ニ. 中 中　1個 小 小 小 小　3個 
47	⑰で示すボックス内の接続をすべて圧着接続とする場合，使用するリングスリーブの種類と最少個数の組合せで，**正しいものは**。 ただし，使用する電線はすべて VVF1.6 とする。	イ.  小 3個	ロ. 中 3個 	ハ. 小 1個 中 2個 	ニ. 小 2個 中 1個 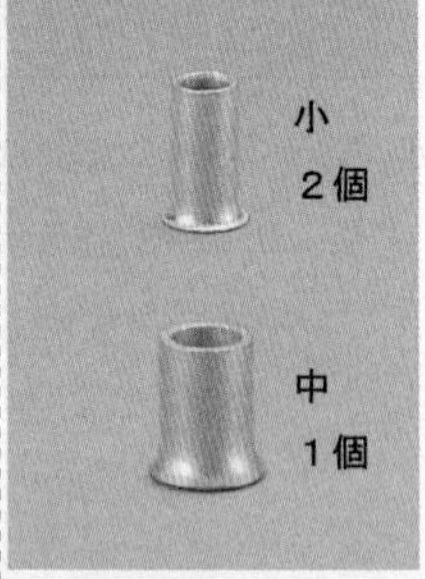
48	⑱で示すボックス内の接続をすべて差込形コネクタとする場合,使用する差込形コネクタの種類と最少個数の組合せで,**正しいものは**。 ただし，使用する電線はすべて VVF1.6 とする。	イ.  1個 2個	ロ. 1個 2個 	ハ. 1個 1個 1個 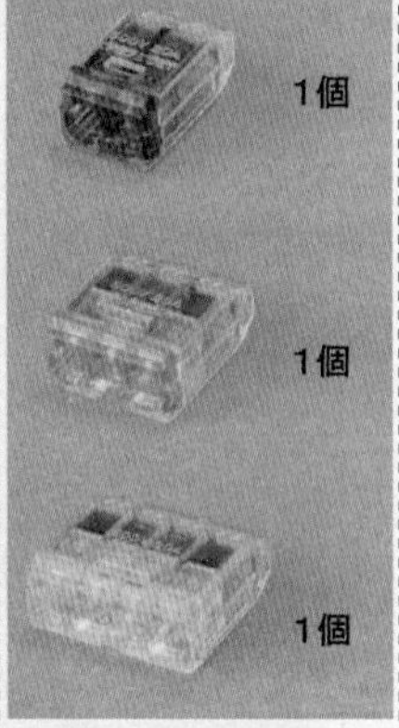	ニ. 2個 1個 1個 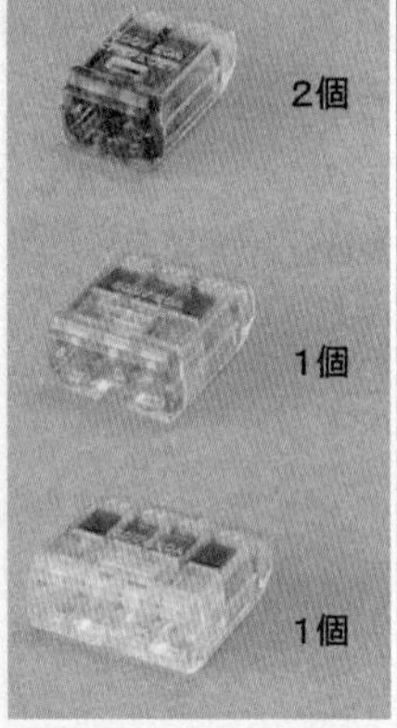
49	この配線図の図記号から，この工事で**使用されていない**コンセントは。	イ. 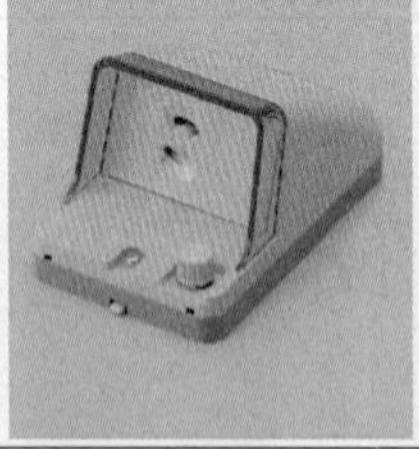	ロ. 	ハ. 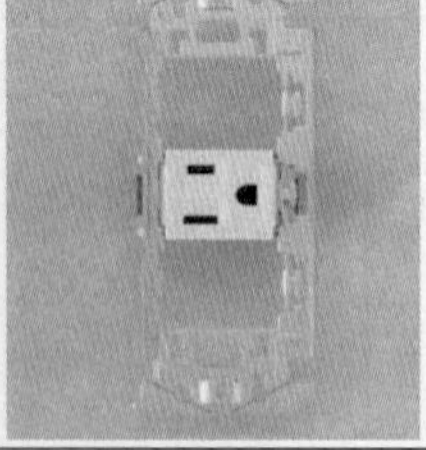	ニ. 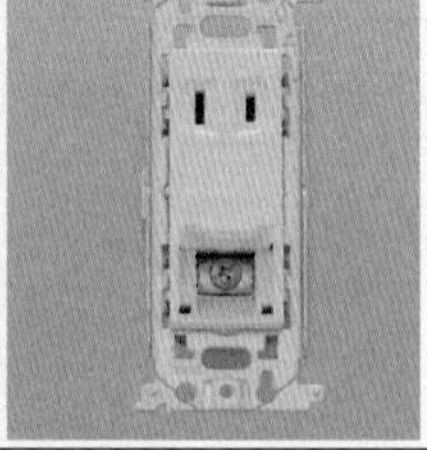
50	この配線図の図記号から，この工事で**使用されていない**スイッチは。 ただし，写真下の図は，接点の構成を示す。	イ. 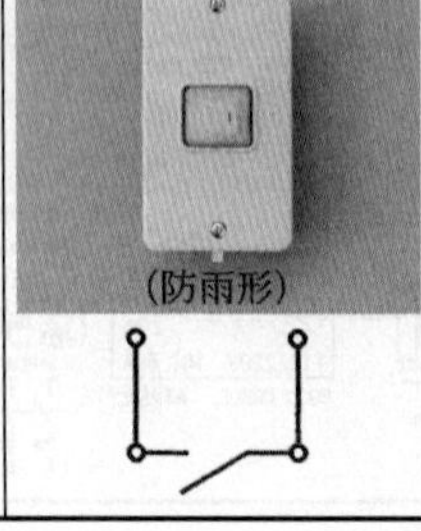 (防雨形)	ロ. 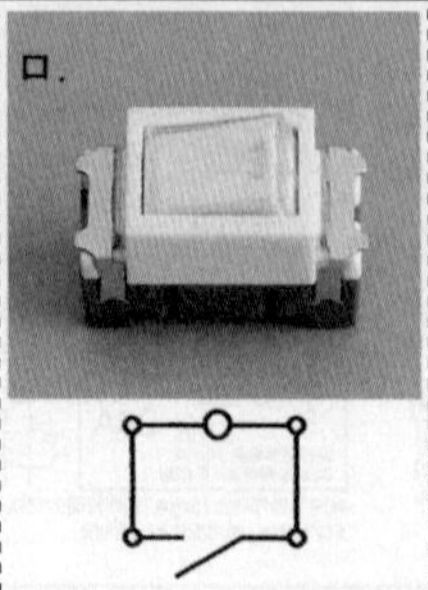	ハ. 3 0 1 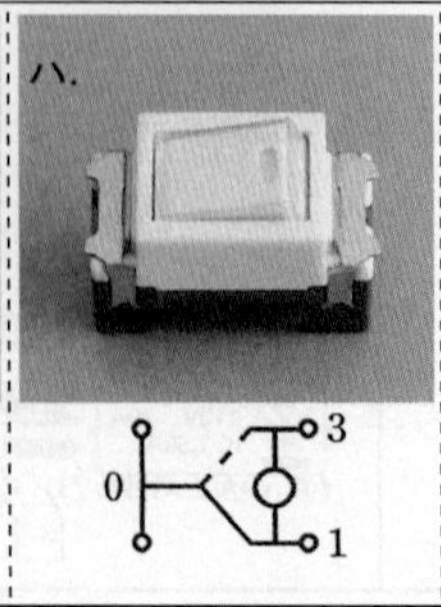	ニ. 1 0 3 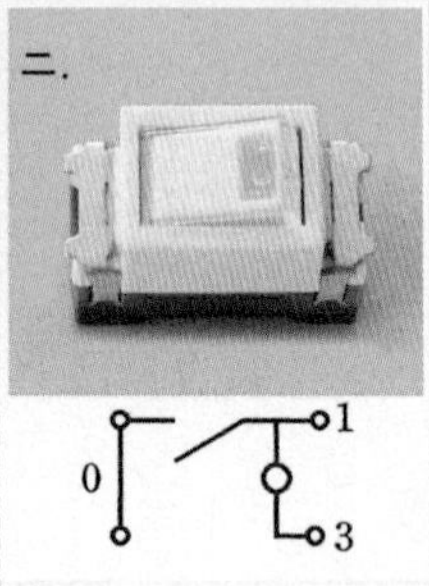

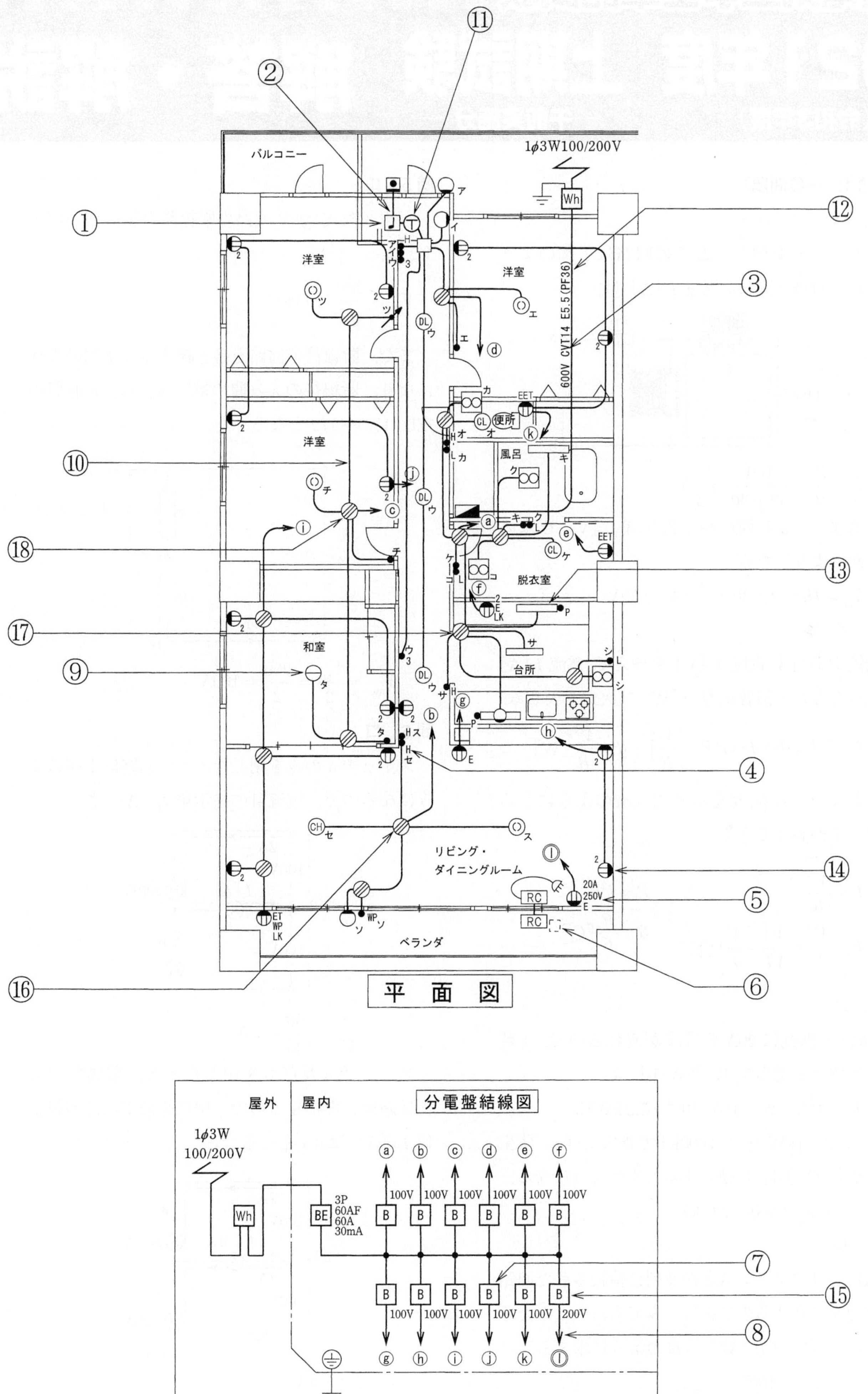
バルコニー
1φ3W100/200V
Wh
600V CVT14 E5.5(PF36)
洋室
洋室
和室
便所
風呂
脱衣室
台所
リビング・
ダイニングルーム
ベランダ
EET
ET
WP
LK
20A
250V
RC
RC
①
②
③
④
⑤
⑥
⑨
⑩
⑪
⑫
⑬
⑭
⑯
⑰
⑱
平面図
分電盤結線図
屋外
屋内
1φ3W
100/200V
Wh
BE
3P
60AF
60A
30mA
ⓐ ⓑ ⓒ ⓓ ⓔ ⓕ
100V 100V 100V 100V 100V 100V
B B B B B B
⑦
B B B B B B
⑮
100V 100V 100V 100V 100V 200V
⑧
ⓖ ⓗ ⓘ ⓙ ⓚ ⓛ

2021年度 上期試験 解答・解説
（令和3年度）
―午前実施分―

〔問題1. 一般問題〕

問1　ハ

スイッチSを閉じたときの回路は下図のようになる．回路を流れる電流 I［A］は，

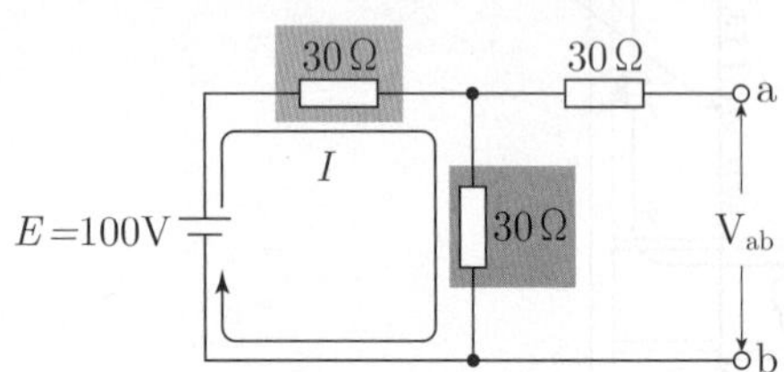

$$I=\frac{E}{R}=\frac{100}{30+30}=\frac{5}{3}\,\text{A}$$

これより，a-b 間の端子電圧 V_{ab}［V］を求めると次のようになる．

$$V_{ab}=IR=I\times 30=\frac{5}{3}\times 30=50\text{V}$$

問2　イ

抵抗 R［Ω］に電圧 V［V］を加えて，電流 I［A］が流れたときの消費電力 P［W］は次式で表せる．

$$P=VI=IR\times I=I^2R=\left(\frac{V}{R}\right)^2\times R=\frac{V^2}{R}\,[\text{W}]$$

これより，抵抗 R を示す式は次のようになるので，イが誤りである．

$$P=\frac{V^2}{R}$$

$$R=\frac{V^2}{P}=\frac{V^2}{VI}=\frac{V}{I}\,[\Omega]$$

$$P=I^2R$$

$$R=\frac{P}{I^2}\,[\Omega]$$

問3　ハ

0.5Ωの抵抗に20Aの電流が流れるので，1時間に消費する電力量 W［kW·h］は，

$$W=I^2R=20^2\times 0.5\times 10^{-3}=0.2\,\text{kW·h}$$

ここで，1kW·h は3 600kJ であるから，発生する熱量 Q［kJ］に換算すると次のようになる．

$$Q=0.2\times 3\,600=720\,\text{kJ}$$

問4　ロ

抵抗とリアクタンスとが並列に接続された回路で電力を消費するのは抵抗のみである．このため回路の消費電力 P［W］は次のように求まる．

$$P=\frac{V^2}{R}=\frac{100^2}{16}=625\,\text{W}$$

問5　ロ

三相3線式200V回路の断線前の a−o 間の電圧 V_{ao} は，

$$V_{ao}=\frac{200}{\sqrt{3}}\fallingdotseq 116\,\text{V}$$

また，断線後の回路を書き換えると下図のようになり，断線後の a-o 間の電圧 V_{ao}' は，a-b 間の電圧 V_{ab} の 1/2 となる．

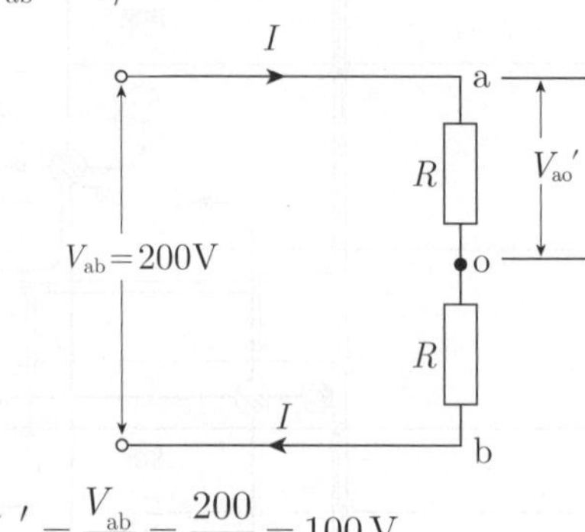

$$V_{ao}'=\frac{V_{ab}}{2}=\frac{200}{2}=100\,\text{V}$$

問6　ロ

スイッチaのみを閉じたときの回路は下図のようになるので，電流計の指示値 I_1［A］は，

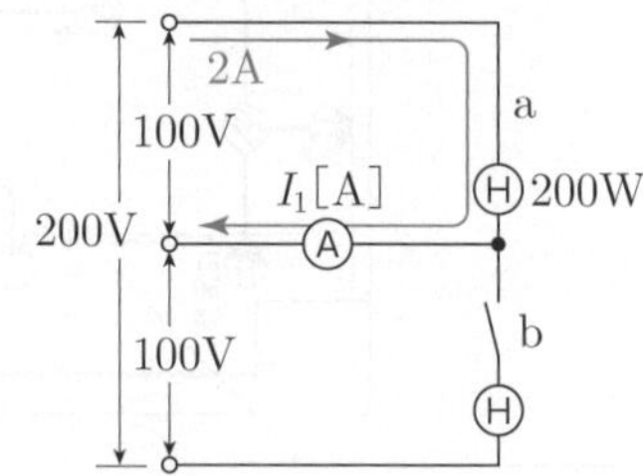

$$I_1=\frac{P}{V}=\frac{200}{100}=2\,\text{A}$$

スイッチa及びbを閉じたとき，電熱器の負荷は平衡状態となるので，中性線の電流計の指示値 I_2［A］は0Aとなる．

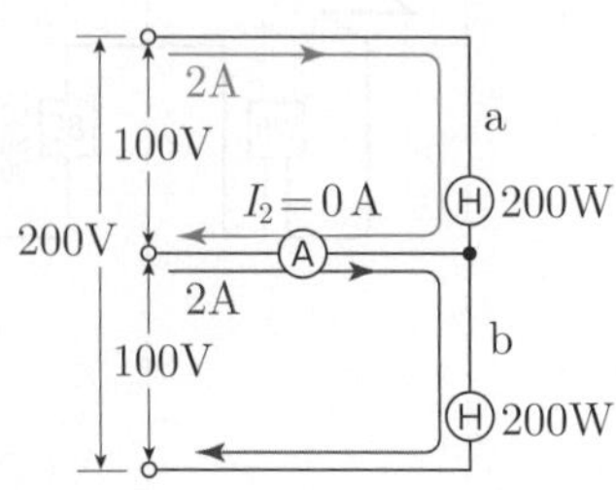

$I_2=2\text{-}2=0\text{A}$

問	1	2	3	4	5	6	7	8	9	10	11	12	13	14	15	16	17	18	19	20	21	22	23	24	25
答	ハ	イ	ハ	ロ	ロ	ロ	ニ	ハ	ハ	イ	イ	ハ	ハ	ロ	イ	ニ	ハ	イ	ロ	ニ	ハ	ロ	ニ	イ	ロ

問	26	27	28	29	30	31	32	33	34	35	36	37	38	39	40	41	42	43	44	45	46	47	48	49	50
答	ロ	ニ	ロ	イ	ロ	イ	ニ	ロ	イ	ロ	イ	ロ	イ	ハ	イ	ハ	ロ	ニ	ロ	ハ	ロ	ハ	ロ	ニ	ハ

問7　ニ

三相交流回路の電線路の電力損失 P_L［W］は，1線あたりの電力損失の3倍となる．電線1線当たりの抵抗 0.2Ω，負荷電流 15A なので電力損失 P_L［W］は，次のように求まる．

$$P_L = 3I^2r = 3\times15^2\times0.2 = 135\,\mathrm{W}$$

問8　ハ

断面積 $5.5\mathrm{mm}^2$ の 600V ビニル絶縁電線の許容電流は 49A で，合成樹脂可とう電線管に7本収めるときの電流減少係数は 0.49 であるから，電線1本当たりの許容電流 I［A］は次のように求まる．

$$I = 49\times0.49 \fallingdotseq 24\,\mathrm{A}$$

絶縁電線の許容電流（内線規程 1340-1 表）

種　類	太　さ	許容電流［A］
単線直径［mm］	1.6	27
	2.0	35
より線断面積［mm^2］	2	27
	3.5	37
	5.5	49

（周囲温度 30℃以下）

問9　ハ

電技解釈第148条により，低圧屋内幹線の太さと過電流遮断器の定格電流の根拠となる電流を求める．幹線の太さを決める根拠となる電流 I_W［A］は，電熱器電流 I_H=10A，電動機電流の合計値 I_M= 40A となり，$I_H < I_M$ なので次のように求まる．

$$I_W \geqq 1.25I_M + I_H = 1.25\times40 + 10 = 60\mathrm{A}$$

また，幹線に施設しなければならない過電流遮断器の定格電流を決定する根拠となる電流 I_B［A］は，

$$I_B \leqq 3I_M + I_H = 3\times40 + 10 = 130\mathrm{A} \quad ①$$

$$I_B \leqq 2.5I_W = 2.5\times60 = 150\mathrm{A} \quad ②$$

①＜②であるから，130A となる．

問10　イ

電技解釈第149条により，20A 分岐回路のコンセントは 20A 以下，電線は直径 1.6mm 以上のものを用いなければならない．

分岐回路の施設（電技解釈第149条）

分岐過電流遮断器の定格電流	コンセント	電線の太さ
15A	15A 以下	直径 1.6mm 以上
20A（配線用遮断器）	20A 以下	
20A（配線用遮断器を除く）	20A	直径 2mm 以上
30A	20A 以上 30A 以下	直径 2.6mm 以上
40A	30A 以上 40A 以下	断面積 $8\mathrm{mm}^2$ 以上

問11　イ

エントランスキャップとは，雨線外に施設する金属管の内部に水の浸入を防止するため，垂直な金属管の上端に取り付ける材料のことである．また，雨線外に施設する水平配管の末端には，ターミナルキャップまたはエントランスキャップを使用する（内線規程 3110-15）．

エントランスキャップ

ターミナルキャップ

問12　ハ

MI ケーブルとは，導体相互間と銅管との間に粉末状の酸化マグネシウムその他の絶縁性のある無機物を充填し，圧延後に焼鈍したケーブルのことである．耐熱温度は内部構造によって異なるが，200～1 000℃以上の耐熱性を有するものもある．

絶縁電線・ケーブルの最高許容温度（内線規程 1340-3 表）

種　類	最高許容温度
600V ビニル絶縁電線（IV）	60℃
600V 二種ビニル絶縁電線（HIV）	75℃
600V ビニル絶縁ビニルシースケーブル（平形：VVF，丸形：VVR）	60℃
600V 架橋ポリエチレン絶縁ビニルシースケーブル（CV）	90℃

問13　ハ

金属管の曲げ加工にはパイプベンダを使用するので，ハが正しい．リード型ねじ切り器は金属管のねじ切り加工，合成樹脂管用カッタは合成樹脂管の切断加工，ボルトクリッパは太い電線などの切断に使用する工具である．

問14　ロ

三相かご形誘導電動機の同期速度 N_s は，周波数を f［Hz］，極数を p とすると，次のように求まる．

$$N_s = \frac{120f}{p} = \frac{120\times60}{6} = 1200\ \mathrm{min}^{-1}$$

問15　イ

直管 LED ランプは，蛍光灯照明器具の点灯方式の違いによりそのまま使用できないこともある．また，使用できたとしても既設蛍光灯器具との組み合わせによっては，光学面や安全面などで

問題が生じることもあり，直管 LED ランプの使用には十分注意が必要である．

問 16　ニ

写真に示す材料の名称は，600V ポリエチレン絶縁耐燃性ポリエチレンシースケーブル平形である．耐紫外線用エコケーブルとも呼ばれ，ケーブル表面に記されている EM はエコマテリアル及び /F は耐燃性を示し，<PS>E は特定電気用品の表示記号である．

問 17　ハ

写真に示す器具の名称は，配線用遮断器（電動機保護兼用）である．右下の赤色のトリップボタンの上部に「2.2 kW 相当」の表示があり，電動機回路を保護する配線用遮断器として用いられる．

問 18　イ

写真に示す工具の名称は，左側ヘッド部のダイスの形状から手動油圧式圧着器である．油圧によりスリーブや端子と電線の圧着接続に用いられる．

問 19　ロ

電技解釈第 156 条により，ライティングダクト工事は，使用電圧が 300V 以下で，展開した場所で乾燥した場所，点検できる隠ぺい場所で乾燥した場所に限り施設できる．

問 20　ニ

電技解釈第 164 条により，ケーブルを曲げるときは，屈曲部の内側の半径をケーブル外径の 6 倍以上とし，ケーブルの支持点間距離は 2m 以下を基本とするが，接触防護措置を施した場所で垂直に取り付ける場合は 6m 以下で施工する．そして，600V ビニル絶縁ビニルシースケーブルは，コンクリートに直接埋設してはいけない．また，電技解釈第 167 条により，低圧配線と弱電流電線とは同一の管または線ぴに収めて施設してはいけない．

問 21　ハ

電技解釈第 159 条により，金属管とアウトレットボックスは堅ろうに，かつ電気的に完全に接続しなくてはならない．このため，金属管とアウトレットボックスとを電気的に接続する方法は，ハに示すようにアウトレットボックスにボンド線をネジ止めし，アウトレットボックスの裏側を通してボックスコネクタの接地端子に結線する．

問 22　ロ

電技解釈第 167 条により，ケーブル工事による低圧配線は，弱電流電線と接触しないように施設するか，低圧配線と弱電流電線が接触しないように堅ろうな隔壁を設けなければならない．

問 23　ニ

金属可とう電線管（2 種金属製可とう電線管）と金属管（鋼製電線管）との接続にはコンビネーションカップリングが用いられる．TS カップリングは硬質塩化ビニル電線管相互の接続に使用する材料である．

問 24　イ

検電器は電路の充電の有無を確認する測定器である．三相回路の相順（相回転）の確認は検相器，絶縁抵抗の測定は絶縁抵抗計，消費電力量の測定は電力量計を使用する．

問 25　ロ

電技省令第 58 条により，電気使用場所の開閉器又は過電流遮断器で区切られる低圧電路の使用電圧と電線相互間及び電路と大地間の絶縁抵抗値は下表の値以上でなければならない．

低圧電路の絶縁性能（電技省令第 58 条）

電路の使用電圧の区分		絶縁抵抗値
300V 以下	対地電圧 150V 以下	0.1MΩ 以上
	その他の場合	0.2MΩ 以上
300V を超える低圧回路		0.4MΩ 以上

問 26　ロ

直読式接地抵抗計（アーステスタ）は，被測定接地極（E）を端とし，一直線上に 2 箇所の補助接地極（P, C）を順次 10m 程度離して配置して測定する．

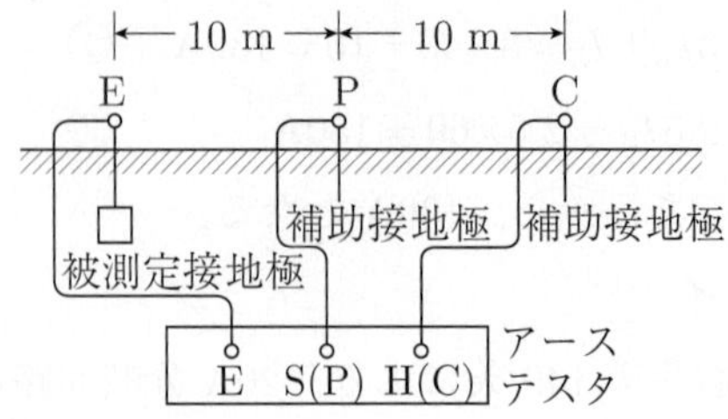

問 27　ニ

電圧計，電流計，電力計の結線方法は，電圧計は負荷と並列に，電流計は負荷と直列に接続する．また，電力計の電圧コイルは負荷と並列に，電流コイルは負荷と直列に接続する．

問 28　ロ

電気工事士法施行規則第 2 条により，ロの配電盤を造営材に取り付ける作業は電気工事士でなくては従事できない．イ，ハ，ニの工事は，電気工事士法施行令第1条により，軽微な工事として電気工事士でなくても従事できる．

問29　イ

電気用品安全法施行令（別表第1）により，特定電気用品に区分されるものは，イの定格電流20Aの配線用遮断器である．消費電力30Wの換気扇，外径19mmの金属製電線管，消費電力1kWの電気ストーブは特定電気用品以外の電気用品に該当する．

問30　ロ

一般用電気工作物とは，低圧受電で受電の場所と同一の構内で使用する電気工作物で，同じ構内で連係して使用する下記の小規模事業用電気工作物以外の小規模発電設備も含む．一般用電気工作となる小規模発電設備は，発電電圧600V以下で，出力の合計が50kW以上となるものを除く（電気事業法施行規則第48条）．

小規模発電設備

設備名	出力	区分
風力発電設備	20kW未満	小規模事業用電気工作物**
太陽電池発電設備	50kW未満	
	10kW未満	一般用電気工作物
水力発電設備*	20kW未満	
内燃力発電設備	10kW未満	
燃料電池発電設備	10kW未満	
スターリングエンジン発電設備	10kW未満	

*最大使用水量$1m^3/s$未満（ダムを伴うものを除く）
**第二種電気工事士は，小規模事業用電気工作物の工事に従事できる．

〔問題2．配線図〕

問31　イ

①で示す図記号はチャイムなので，イが正しい．タイムスイッチは[TS]，ベルは□，ブザーは□の図記号で表される．

問32　ニ

電技解釈第181条により，②で示す部分の小勢力回路で使用できる電圧の最大値は60Vである．

問33　ロ

③で示す低圧ケーブルは，電線の記号に「600V CVT14」と表記されていることから，ロの600V架橋ポリエチレン絶縁ビニルシースケーブル（単心3本のより線）を示す．

問34　イ

④で示す部分の図記号の器具は，傍記表記が「H」なので，イの位置表示灯を内蔵する点滅器を示す．確認表示灯を内蔵する点滅器は$●_L$，熱線式自動スイッチは$●_{RAS}$，遅延スイッチは$●_D$の図記号で表される．

問35　ロ

⑤で示す図記号は定格250V20A用接地極付コンセントなので，ロが正しい．イは三相250V接地極なしコンセント，ニは125V20A接地極付コンセントの極配置(刃受)である(内線規程3202-2表)．

問36　イ

⑥で示す部分はルームエアコンの屋外ユニットなので，傍記表示は「O」である．

問37　ロ

⑦で示す機器は単相100Vの配線用遮断器である．この分岐回路ⓙには定格電流15Aのコンセントが接続されているので，配線用遮断器の定格電流の最大値は20Aである（電技解釈第149条）．

問38　イ

⑧で示す部分は単相3線式の単相200Vの電路（配線番号①）で，対地電圧は100Vである．このため，電路と大地の絶縁抵抗値は0.1MΩ以上なくてはいけない．

低圧電路の絶縁性能（電技省令第58条）

電路の使用電圧の区分		絶縁抵抗値
300V以下	対地電圧150V以下	0.1MΩ以上
	その他の場合	0.2MΩ以上
300Vを超える低圧回路		0.4MΩ以上

問39　ハ

電技解釈170条により，⑨で示す器具にコード吊で白熱電球を取り付けには，ビニルコードは使用できず，断面積$0.75mm^2$以上の防湿コード，ゴムコード，ゴムキャブタイヤコードなどを使用しなくてはならない．

問40　イ

⑩で示す部分の最小電線本数は，複線結線図-1（次ページ参照）より2本である．

問41　ハ

⑪で示す図記号は小形変圧器（チャイム用）を示しているので，ハが正しい．なお，イはタイムスイッチ[TS]，ロはリモコン変圧器$Ⓣ_R$，ニはシーケンス制御に使用されるタイマである．

問42　ロ

⑫で示す部分の工事は図記号の表記「PF36」か

ら，合成樹脂製可とう電線管（PF 管）を使用した工事であることを示している．このため，ロの TS カップリングは使用されない．TS カップリングは硬質塩化ビニル電線管相互の接続に使用する材料である．

問 43　ニ

⑬で示す図記号はキッチンライトで，ニが正しい．これは手元灯と呼ばれ，プルスイッチ付で，棚下取付の照明器具として用いられる．イは天井直付蛍光灯，ロとハは壁付蛍光灯である．

問 44　ロ

⑭示すコンセントの電圧を確認するには回路計（テスタ）を使用し，極性を確認するには低圧検電器を使用する．このため，ロの組み合わせ（上:回路計，下:低圧検電器（ネオン式，音響発光式））が正しい．

問 45　ハ

⑮で示す図記号は単相 200V 回路に施設される配線用遮断器なので，ハの 2P2E（2 極 2 素子）の配線用遮断器を使用する．なお，イは 2P1E の配線用遮断器（100V 用），ロは 2P2E の過負荷短絡保護兼用漏電遮断器（100/200V 用），ニは 2P1E の過負荷短絡保護兼用漏電遮断器（100V 用）である．

問 46　ロ

⑯で示すボックス内の接続は，複線結線図−2 より，1.6mm×2 本接続 2 箇所，1.6mm×3 本接続 1 箇所．1.6mm×4 本接続 1 箇所となるので，使用するリングスリーブは小 4 個で刻印「○」が 2 個，刻印「小」が 2 個である（JIS C2806）．

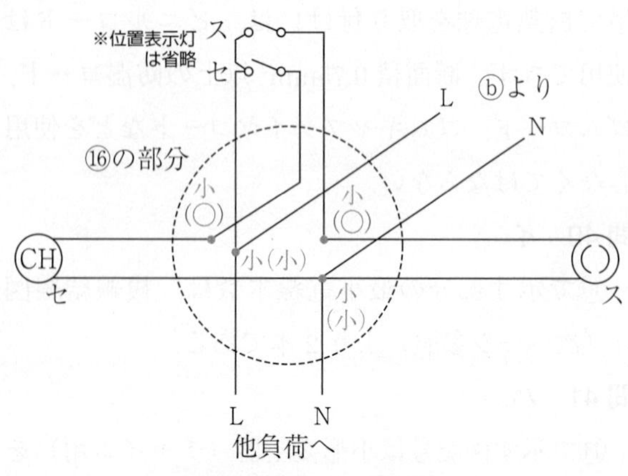

複線結線図−2（問46）

問 47　ハ

⑰で示すボックス内の接続は，複線結線図−3 より，1.6mm×2 本接続 1 箇所，1.6mm×5 本接続 2 箇所となるので，使用するリングスリーブは小 1 個，中 2 個である（JIS C2806）．

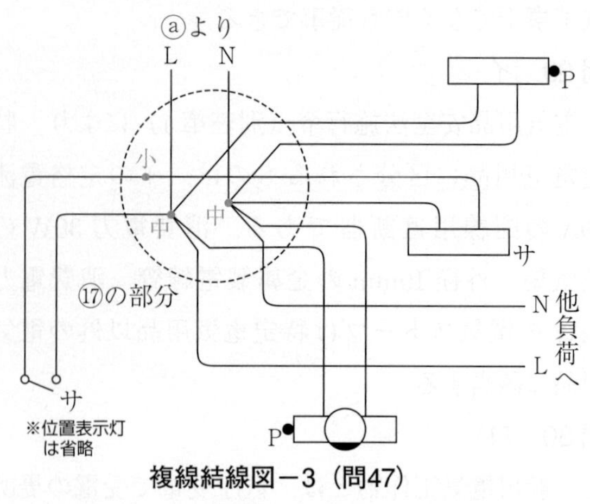

複線結線図−3（問47）

問 48　ロ

⑱で示すボックス内の接続は複線結線図−1 のようになる．使用する差込形コネクタは 2 本接続用 1 個，4 本接続用 2 個である．

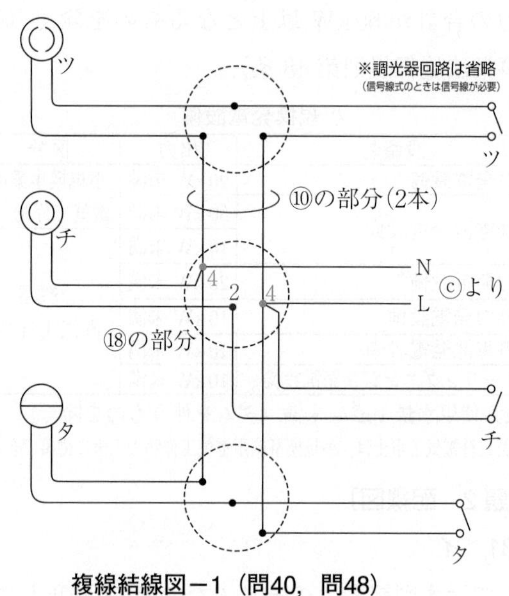

複線結線図−1（問40，問48）

問 49　ニ

この配線図の工事では，ニの接地端子付コンセント（1 口）$_{\mathrm{ET}}$ は使用されていない．イは防雨形コンセント（1 口，抜止形，接地端子付）$_{\mathrm{ET,WP,LK}}$，ロは抜止形接地極付コンセント（2 口）$^{2}_{\mathrm{E,LK}}$，ハは接地極付コンセント（1 口）$_{\mathrm{E}}$ で，各々使用されている．

問 50　ハ

この配線図の工事では，ハの位置表示灯内蔵 3 路スイッチ（図記号●$_{\mathrm{3H}}$）は使用していない．イの防雨形スイッチ（図記号●$_{\mathrm{WP}}$），ロの位置表示灯内蔵スイッチ（図記号●$_{\mathrm{H}}$），ニの確認表示灯内蔵スイッチ（図記号●$_{\mathrm{L}}$）はそれぞれ使用されている．

第二種電気工事士
筆記試験

2021年度
（令和3年度）

上期試験
（午後実施分）

※ 2021 年度（令和 3 年度）の第二種電気工事士上期筆記試験は，新型コロナウイルス感染防止対策として，同日の午前と午後にそれぞれ実施された．

問題1．一般問題（問題数 30，配点は1問当たり2点）

【注】本問題の計算で $\sqrt{2}$，$\sqrt{3}$ 及び円周率 π を使用する場合の数値は次によること。$\sqrt{2}=1.41$，$\sqrt{3}=1.73$，$\pi=3.14$

次の各問いには4通りの答え（イ，ロ，ハ，ニ）が書いてある。それぞれの問いに対して答えを1つ選びなさい。

なお，選択肢が数値の場合は最も近い値を選びなさい。

	問い	答え
1	図のような回路で，8 Ωの抵抗での消費電力［W］は。 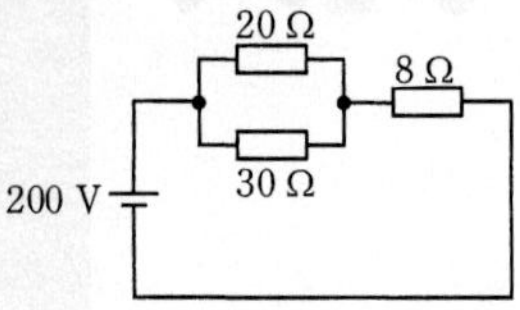	イ．200　ロ．800　ハ．1 200　ニ．2 000
2	直径 2.6 mm，長さ 20 m の銅導線と抵抗値が最も近い同材質の銅導線は。	イ．断面積 8 mm^2，長さ 40 m ロ．断面積 8 mm^2，長さ 20 m ハ．断面積 5.5 mm^2，長さ 40 m ニ．断面積 5.5 mm^2，長さ 20 m
3	消費電力が400 Wの電熱器を1時間20分使用した時の発熱量［kJ］は。	イ．960　ロ．1 920　ハ．2 400　ニ．2 700
4	図のような回路で，電源電圧が 24 V，抵抗 $R=4\,\Omega$ に流れる電流が 6 A，リアクタンス $X_L=3\,\Omega$ に流れる電流が 8 A であるとき，回路の力率［%］は。 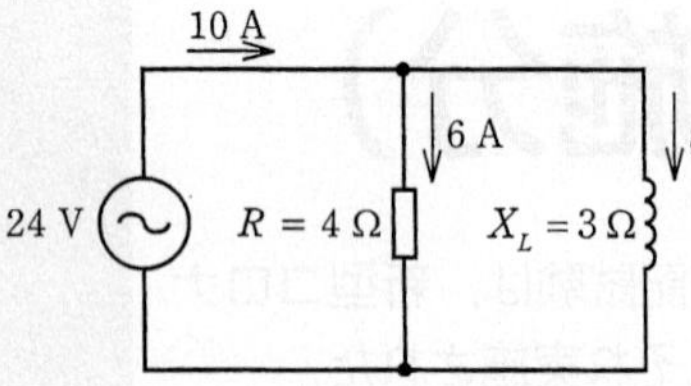	イ．43　ロ．60　ハ．75　ニ．80
5	図のような三相 3 線式回路に流れる電流 I［A］は。 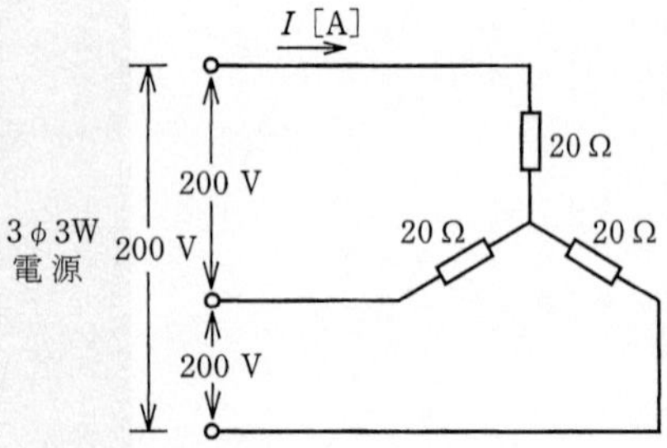	イ．2.9　ロ．5.0　ハ．5.8　ニ．10.0

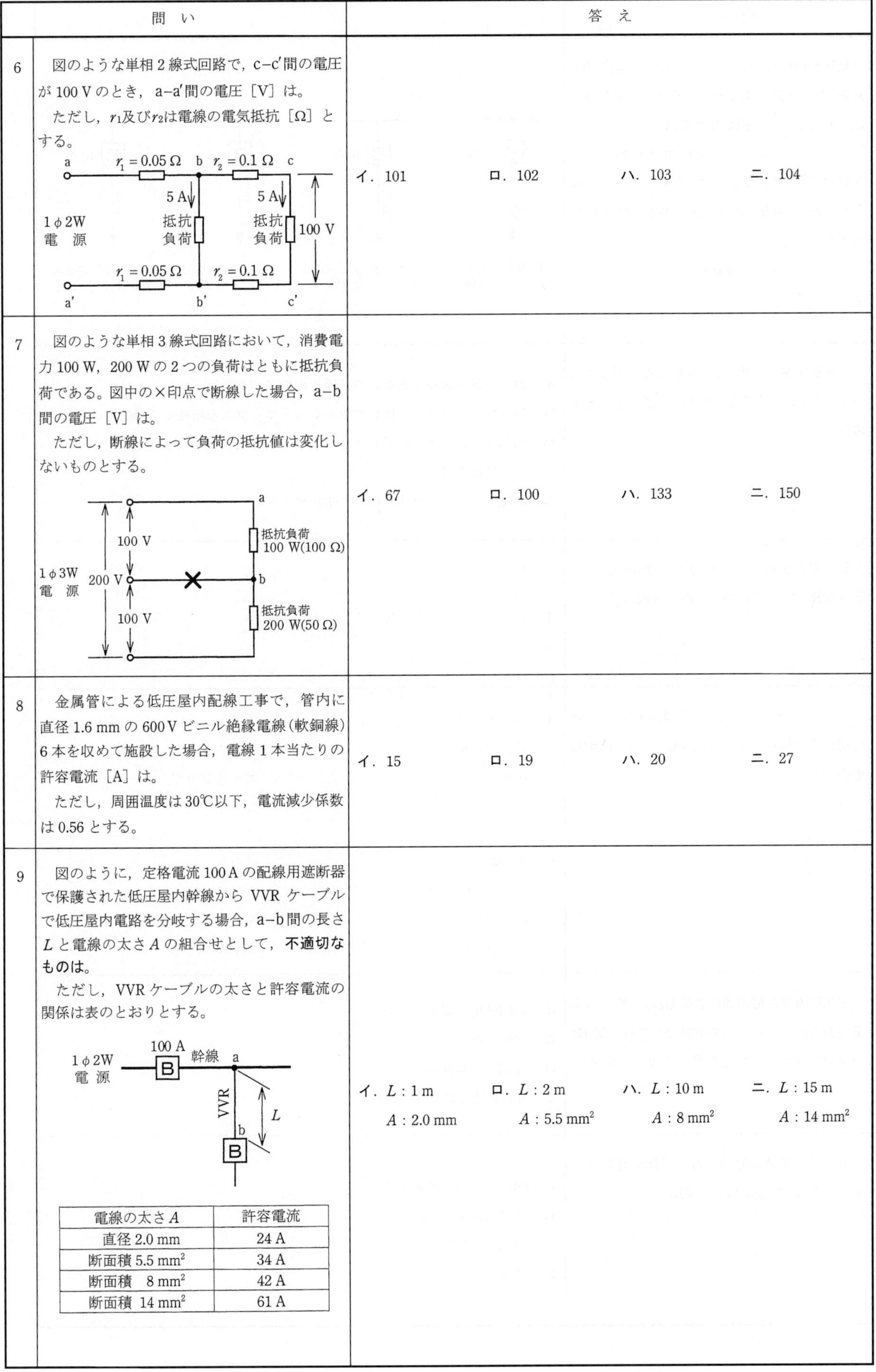

	問い	答え			
6	図のような単相2線式回路で，c–c′間の電圧が100 Vのとき，a–a′間の電圧［V］は。 ただし，r_1及びr_2は電線の電気抵抗［Ω］とする。	イ．101	ロ．102	ハ．103	ニ．104
7	図のような単相3線式回路において，消費電力100 W，200 Wの2つの負荷はともに抵抗負荷である。図中の×印点で断線した場合，a–b間の電圧［V］は。 ただし，断線によって負荷の抵抗値は変化しないものとする。	イ．67	ロ．100	ハ．133	ニ．150
8	金属管による低圧屋内配線工事で，管内に直径1.6 mmの600 Vビニル絶縁電線(軟銅線)6本を収めて施設した場合，電線1本当たりの許容電流［A］は。 ただし，周囲温度は30℃以下，電流減少係数は0.56とする。	イ．15	ロ．19	ハ．20	ニ．27
9	図のように，定格電流100 Aの配線用遮断器で保護された低圧屋内幹線からVVRケーブルで低圧屋内電路を分岐する場合，a–b間の長さLと電線の太さAの組合せとして，**不適切なものは。** ただし，VVRケーブルの太さと許容電流の関係は表のとおりとする。	イ．L：1 m A：2.0 mm	ロ．L：2 m A：5.5 mm^2	ハ．L：10 m A：8 mm^2	ニ．L：15 m A：14 mm^2

電線の太さA	許容電流
直径 2.0 mm	24 A
断面積 5.5 mm^2	34 A
断面積　8 mm^2	42 A
断面積 14 mm^2	61 A

	問　い	答　え
10	低圧屋内配線の分岐回路の設計で，配線用遮断器，分岐回路の電線の太さ及びコンセントの組合せとして，**不適切なものは**。 ただし，分岐点から配線用遮断器までは3 m，配線用遮断器からコンセントまでは8 mとし，電線の数値は分岐回路の電線（軟銅線）の太さを示す。 また，コンセントは兼用コンセントではないものとする。	イ．B 20 A　1.6 mm　定格電流 15 Aのコンセント 2個 ロ．B 30 A　2.0 mm　定格電流 30 Aのコンセント 2個 ハ．B 20 A　2.0 mm　定格電流 20 Aのコンセント 3個 ニ．B 40 A　$8\ mm^2$　定格電流 30 Aのコンセント 1個
11	金属管工事に使用される「ねじなしボックスコネクタ」に関する記述として，**誤っているものは**。	イ．ボンド線を接続するための接地用の端子がある。 ロ．ねじなし電線管と金属製アウトレットボックスを接続するのに用いる。 ハ．ねじなし電線管との接続は止めネジを回して，ネジの頭部をねじ切らないように締め付ける。 ニ．絶縁ブッシングを取り付けて使用する。
12	低圧屋内配線として使用する600V ビニル絶縁電線（IV）の絶縁物の最高許容温度［℃］は。	イ．45　ロ．60　ハ．75　ニ．90
13	コンクリート壁に金属管を取り付けるときに用いる材料及び工具の組合せとして，**適切なものは**。	イ．カールプラグ　ステープル　ホルソ　ハンマ ロ．サドル　振動ドリル　カールプラグ　木ねじ ハ．たがね　コンクリート釘　ハンマ　ステープル ニ．ボルト　ホルソ　振動ドリル　サドル
14	三相誘導電動機が周波数60 Hzの電源で無負荷運転されている。この電動機を周波数50 Hzの電源で無負荷運転した場合の回転の状態は。	イ．回転速度は変化しない。 ロ．回転しない。 ハ．回転速度が減少する。 ニ．回転速度が増加する。
15	低圧三相誘導電動機に対して低圧進相コンデンサを並列に接続する目的は。	イ．回路の力率を改善する。 ロ．電動機の振動を防ぐ。 ハ．電源の周波数の変動を防ぐ。 ニ．回転速度の変動を防ぐ。

	問い	答え
16	写真の矢印で示す材料の名称は。	イ．金属ダクト ロ．ケーブルラック ハ．ライティングダクト ニ．２種金属製線ぴ
17	写真に示す器具の用途は。	イ．器具等を取り付けるための基準線を投影するために用いる。 ロ．照度を測定するために用いる。 ハ．振動の度合いを確かめるために用いる。 ニ．作業場所の照明として用いる。
18	写真に示す工具の電気工事における用途は。	イ．硬質塩化ビニル電線管の曲げ加工に用いる。 ロ．金属管(鋼製電線管)の曲げ加工に用いる。 ハ．合成樹脂製可とう電線管の曲げ加工に用いる。 ニ．ライティングダクトの曲げ加工に用いる。
19	単相 100 V の屋内配線工事における絶縁電線相互の接続で，次のような箇所があった。 a～d のうちから**適切なものを全て選んだ組合せとして，正しいものは。** a：電線の絶縁物と同等以上の絶縁効力のあるもので十分に被覆した。 b：電線の引張強さが 10%減少した。 c：電線の電気抵抗が 5%増加した。 d：電線の電気抵抗を増加させなかった。	イ．a のみ　ロ．b 及び c　ハ．b 及び d　ニ．a，b 及び d
20	使用電圧 300 V 以下の低圧屋内配線の工事方法として，**不適切なものは。**	イ．金属可とう電線管工事で，より線(600V ビニル絶縁電線)を用いて，管内に接続部分を設けないで収めた。 ロ．ライティングダクト工事で，ダクトの開口部を下に向けて施設した。 ハ．合成樹脂管工事で，施設する低圧配線と水管が接触していた。 ニ．金属ダクト工事で，電線を分岐する場合，接続部分に十分な絶縁被覆を施し，かつ，接続部分を容易に点検できるようにしてダクトに収めた。

	問　い	答　え
21	図に示す一般的な低圧屋内配線の工事で，スイッチボックス部分の回路は。ただし，ⓐは電源からの非接地側電線（黒色），ⓑは電源からの接地側電線（白色）を示し，負荷には電源からの接地側電線が直接に結線されているものとする。 なお，パイロットランプは 100 V 用を使用する。 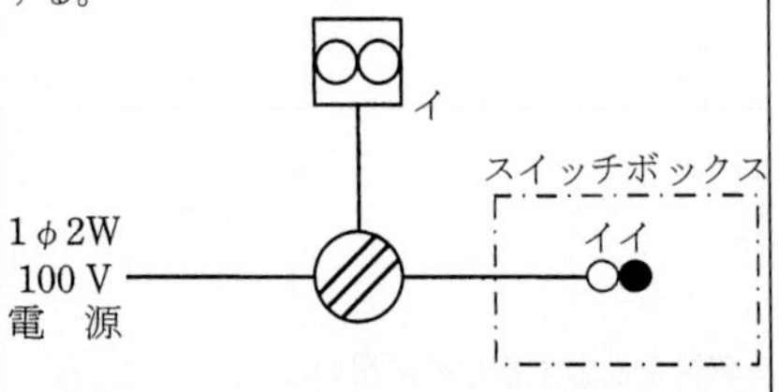 1φ2W 100 V 電源　イ　スイッチボックス　イイ ○ は確認表示灯（パイロットランプ）を示す。	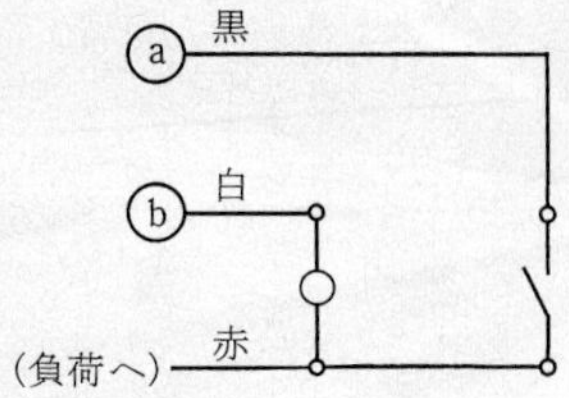 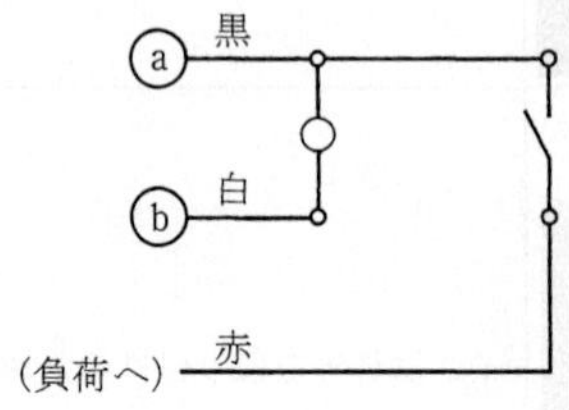 イ．ⓐ 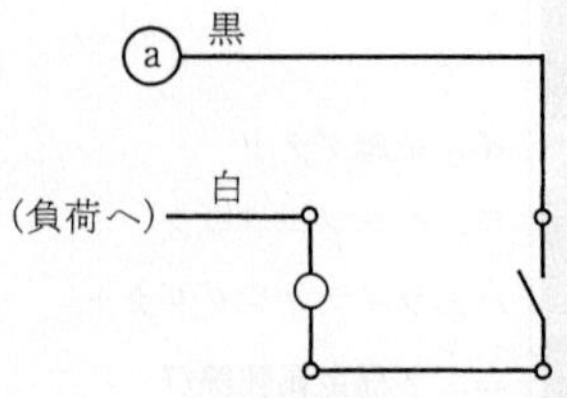 黒　（負荷へ）白 ロ．ⓐ 黒　ⓑ 白　（負荷へ）赤 ハ．ⓐ 黒　ⓑ 白　（負荷へ）赤 ニ．ⓐ 黒　（負荷へ）白 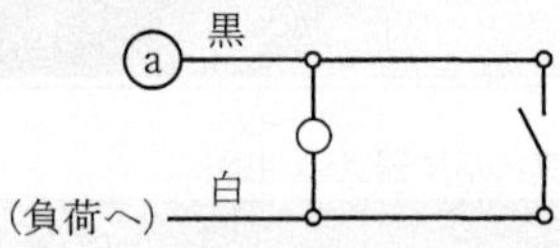
22	D 種接地工事を**省略できないものは。** ただし，電路には定格感度電流 30 mA，動作時間 0.1 秒の漏電遮断器が取り付けられているものとする。	イ．乾燥した場所に施設する三相 200 V（対地電圧 200 V）動力配線を収めた長さ 4 m の金属管。 ロ．乾燥した木製の床の上で取り扱うように施設する三相 200 V（対地電圧 200 V）誘導電動機の鉄台。 ハ．乾燥したコンクリートの床に施設する三相 200 V（対地電圧 200 V）ルームエアコンの金属製外箱部分。 ニ．乾燥した場所に施設する単相3線式 100/200 V（対地電圧 100 V）配線の電線を収めた長さ 8 m の金属管。
23	低圧屋内配線工事で，600V ビニル絶縁電線を合成樹脂管に収めて使用する場合，その電線の許容電流を求めるための電流減少係数に関して，同一管内の電線数と電線の電流減少係数との組合せで，**誤っているものは。** ただし，周囲温度は30℃以下とする。	イ．2 本　0.80 ロ．4 本　0.63 ハ．5 本　0.56 ニ．7 本　0.49
24	低圧回路を試験する場合の測定器とその用途の組合せとして，**誤っているものは。**	イ．回路計（テスタ）　と　導通試験 ロ．検相器　と　三相回路の相順（相回転）の確認 ハ．電力計　と　消費電力量の測定 ニ．クランプ式電流計　と　負荷電流の測定
25	アナログ形絶縁抵抗計（電池内蔵）を用いた絶縁抵抗測定に関する記述として，**誤っているものは。**	イ．絶縁抵抗測定の前には，絶縁抵抗計の電池容量が正常であることを確認する。 ロ．絶縁抵抗測定の前には，絶縁抵抗測定のレンジに切り替え，測定モードにし，接地端子（E:アース）と線路端子（L:ライン）を短絡し零点を指示することを確認する。 ハ．電子機器が接続された回路の絶縁測定を行う場合は，機器等を損傷させない適正な定格測定電圧を選定する。 ニ．被測定回路に電源電圧が加わっている状態で測定する。

	問　い	答　え
26	使用電圧 100 V の低圧電路に，地絡が生じた場合 0.1 秒で自動的に電路を遮断する装置が施してある。この電路の屋外に D 種接地工事が必要な自動販売機がある。その接地抵抗値 a[Ω] と電路の絶縁抵抗値 b[MΩ] の組合せとして，「電気設備に関する技術基準を定める省令」及び「電気設備の技術基準の解釈」に**適合していないものは**。	イ．a　600 b　2.0 ロ．a　450 b　1.0 ハ．a　200 b　0.2 ニ．a　50 b　0.1
27	アナログ計器とディジタル計器の特徴に関する記述として，**誤っているものは**。	イ．アナログ計器は永久磁石可動コイル形計器のように，電磁力等で指針を動かし，触れ角でスケールから値を読み取る。 ロ．ディジタル計器は測定入力端子に加えられた交流電圧などのアナログ波形を入力変換回路で直流電圧に変換し，次に A-D 変換回路に送り，直流電圧の大きさに応じたディジタル量に変換し，測定値が表示される。 ハ．アナログ計器は変化の度合いを読み取りやすく，測定量を直感的に判断できる利点を持つが，読み取り誤差を生じやすい。 ニ．電圧測定では，アナログ計器は入力抵抗が高いので被測定回路に影響を与えにくいが，ディジタル計器は入力抵抗が低いので被測定回路に影響を与えやすい。
28	「電気工事士法」において，一般用電気工作物に係る工事の作業で，a, b ともに電気工事士でなければ**従事できないものは**。	イ．a：配電盤を造営材に取り付ける。 b：電線管を曲げる。 ロ．a：地中電線用の管を設置する。 b：定格電圧 100 V の電力量計を取り付ける。 ハ．a：電線を支持する柱を設置する。 b：電線管に電線を収める。 ニ．a：接地極を地面に埋設する。 b：定格電圧 125 V の差込み接続器にコードを接続する。
29	「電気用品安全法」について述べた記述で，**正しいものは**。	イ．電気工事士は，適法な表示が付されているものでなければ，電気用品を電気工作物の設置等の工事に使用してはならない(経済産業大臣の承認を受けた特定の用途に使用される電気用品を除く)。 ロ．特定電気用品には，(PS/E)または(PS)E の表示が付されている。 ハ．定格使用電圧 100 V の漏電遮断器は特定電気用品以外の電気用品である。 ニ．電気工作物の部分となり，又はこれに接続して用いられる機械，器具又は材料はすべて電気用品である。
30	「電気設備に関する技術基準を定める省令」で定められている交流の電圧区分で，**正しいものは**。	イ．低圧は 600 V 以下，高圧は 600 V を超え 10 000 V 以下 ロ．低圧は 600 V 以下，高圧は 600 V を超え 7 000 V 以下 ハ．低圧は 750 V 以下，高圧は 750 V を超え 10 000 V 以下 ニ．低圧は 750 V 以下，高圧は 750 V を超え 7 000 V 以下

問題2．配線図 (問題数 20，配点は1問当たり 2 点)

図は，鉄筋コンクリート造の集合住宅共用部の部分的な配線図である。この図に関する次の各問いには4通りの答え（イ，ロ，ハ，ニ）が書いてある。それぞれの問いに対して，答えを1つ選びなさい。

【注意】 1．屋内配線の工事は，動力回路及び特記のある場合を除き 600V ビニル絶縁ビニルシースケーブル平形（VVF）を用いたケーブル工事である。

2．屋内配線等の電線の本数，電線の太さ，その他，問いに直接関係のない部分等は省略又は簡略化してある。

3．漏電遮断器は，定格感度電流 30 mA，動作時間 0.1 秒以内のものを使用している。

4．選択肢（答え）の写真にあるコンセント及び点滅器は，「JIS C 0303：2000 構内電気設備の配線用図記号」で示す「一般形」である。

5．配電盤，分電盤及び制御盤の外箱は金属製である。

6．ジョイントボックスを経由する電線は，すべて接続箇所を設けている。

7．3路スイッチの記号「0」の端子には，電源側又は負荷側の電線を結線する。

	問い	答え			
31	①で示す引込線取付点の地表上の高さの最低値［m］は。 ただし，引込線は道路を横断せず，技術上やむを得ない場合で，交通に支障がないものとする。	イ．2	ロ．2.5	ハ．3	ニ．4
32	②で示す配線工事に使用できない電線の記号（種類）は。	イ．VVF	ロ．VVR	ハ．IV	ニ．CV
33	③で示す図記号の器具の種類は。	イ．熱線式自動スイッチ ロ．遅延スイッチ ハ．確認表示灯を内蔵する点滅器 ニ．位置表示灯を内蔵する点滅器			
34	④で示す図記号の機器は。	イ．電流計付箱開閉器 ロ．電動機の力率を改善する低圧進相用コンデンサ ハ．制御配線の信号により動作する開閉器（電磁開閉器） ニ．電動機の始動装置			
35	⑤で示す機器の定格電流の最大値［A］は。	イ．15	ロ．20	ハ．25	ニ．30
36	⑥で示す図記号の器具の名称は。	イ．リモコンリレー ハ．火災表示灯		ロ．リモコンセレクタスイッチ ニ．漏電警報器	
37	⑦で示す部分の接地工事における接地抵抗の許容される最大値［Ω］は。 なお，引込線の電源側には地絡遮断装置は設置されていない。	イ．10	ロ．100	ハ．300	ニ．500
38	⑧で示す図記号の器具の名称は。	イ．電磁開閉器用押しボタン ハ．圧力スイッチ		ロ．フロートスイッチ ニ．フロートレススイッチ電極	
39	⑨で示す部分の最少電線本数（心線数）は。	イ．2	ロ．3	ハ．4	ニ．5
40	⑩で示す部分は引掛形のコンセントである。その図記号の傍記表示は。	イ．T	ロ．LK	ハ．EL	ニ．H

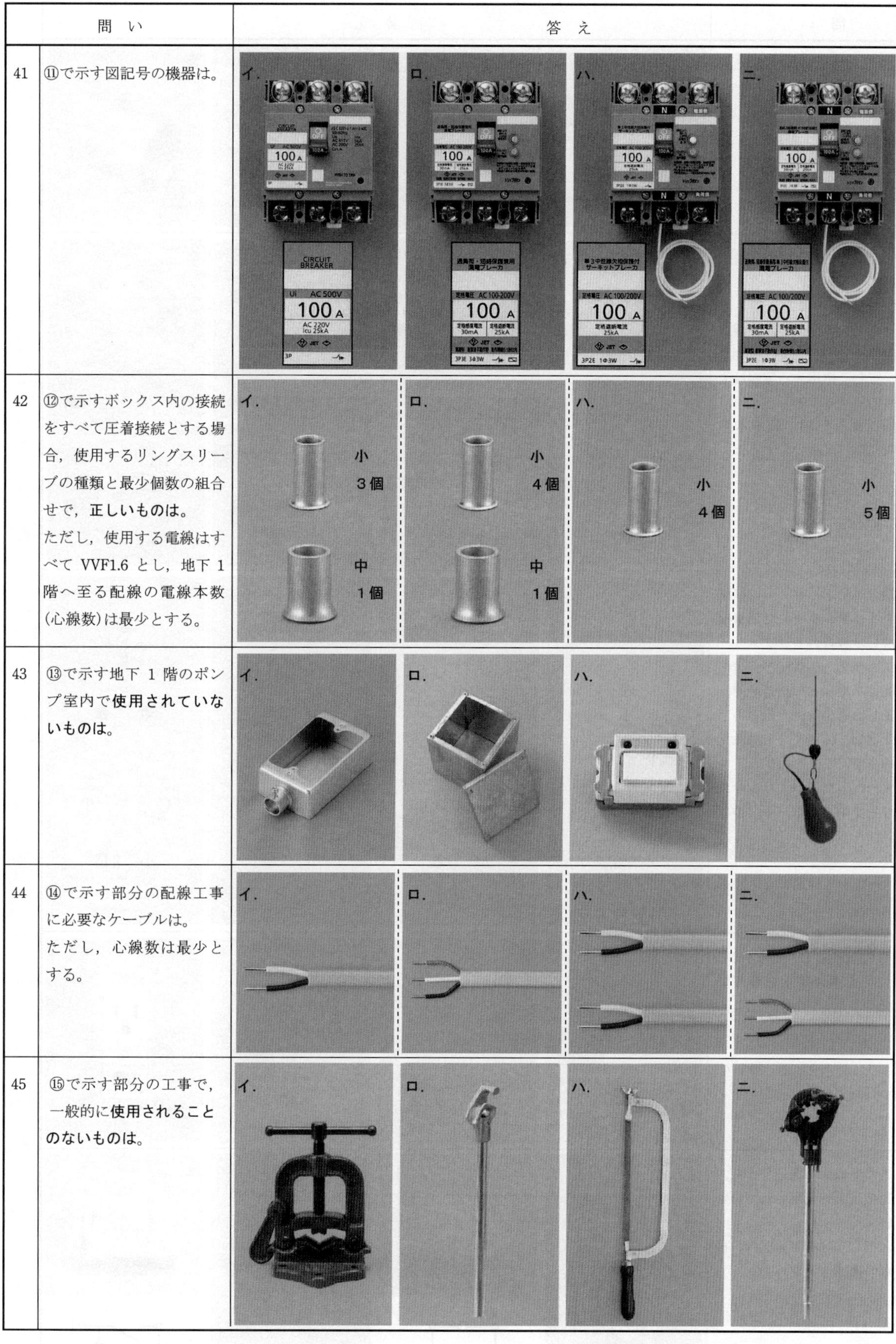

	問い	答え			
41	⑪で示す図記号の機器は。	イ. CIRCUIT BREAKER Ui AC 500V 100 A AC 220V Icu 25kA 3P	ロ. 過負荷・短絡保護兼用 漏電ブレーカ 定格電圧 AC100-200V 100 A 定格感度電流 30mA 定格遮断電流 25kA 3P3E 1Φ3W	ハ. 単3中性線欠相保護付 サーキットブレーカ 定格電圧 AC100/200V 100 A 定格遮断電流 25kA 3P2E 1Φ3W	ニ. 過負荷・短絡保護兼用 単3中性線欠相保護付 漏電ブレーカ 定格電圧 AC100/200V 100 A 定格感度電流 30mA 定格遮断電流 25kA 3P2E 1Φ3W
42	⑫で示すボックス内の接続をすべて圧着接続とする場合，使用するリングスリーブの種類と最少個数の組合せで，**正しいものは。** ただし，使用する電線はすべてVVF1.6とし，地下1階へ至る配線の電線本数(心線数)は最少とする。	イ. 小 3個 中 1個	ロ. 小 4個 中 1個	ハ. 小 4個	ニ. 小 5個
43	⑬で示す地下1階のポンプ室内で**使用されていないものは。**	イ.	ロ.	ハ.	ニ.
44	⑭で示す部分の配線工事に必要なケーブルは。 ただし，心線数は最少とする。	イ.	ロ.	ハ.	ニ.
45	⑮で示す部分の工事で，一般的に**使用されることのないものは。**	イ.	ロ.	ハ.	ニ.

	問い	答え			
46	⑯で示す部分の工事で，一般的に使用されることのないものは。	 イ.	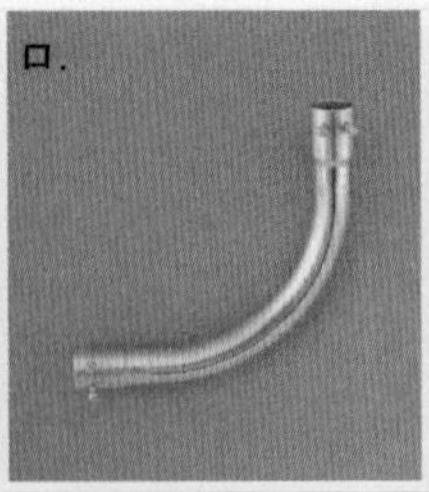 ロ.	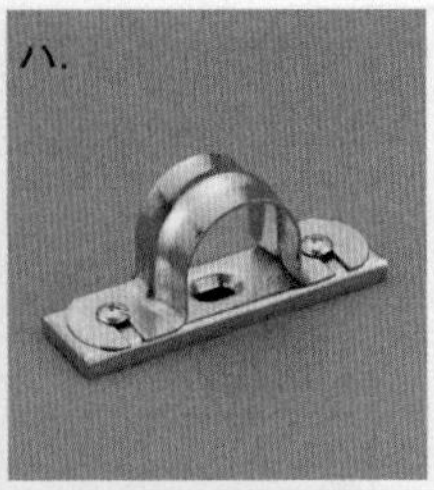 ハ.	 ニ.
47	⑰で示すボックス内の接続をすべて差込形コネクタとする場合,使用する差込形コネクタの種類と最少個数の組合せで,**正しいものは。** ただし，使用する電線はすべて VVF1.6 とし，地下 1 階へ至る配線の電線本数(心線数)は最少とする。	 イ. 2個 3個	 ロ. 3個 2個	 ハ. 2個 1個 1個	 ニ. 3個 1個 1個
48	⑱で示すボックス内の接続をリングスリーブで圧着接続した場合のリングスリーブの種類，個数及び圧着接続後の刻印との組合せで，**正しいものは。** ただし，使用する電線はすべて VVF1.6 とする。 また，写真に示す**リングスリーブ**中央の○，小，**中**は刻印を表す。	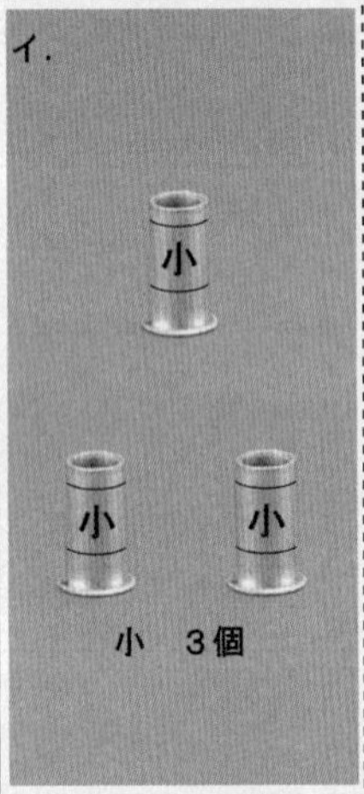 イ. 小 小 小 小　3個	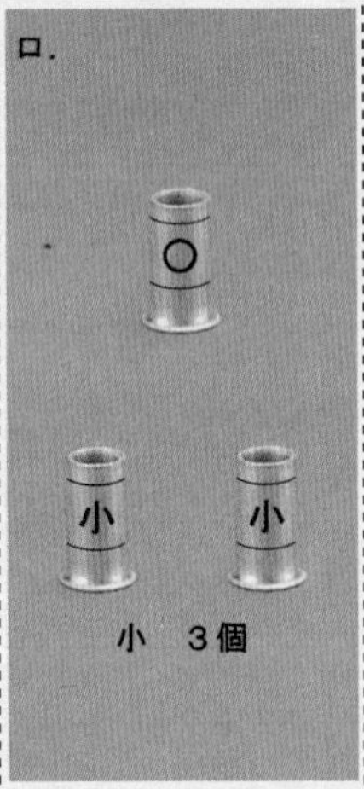 ロ. ○ 小 小 小　3個	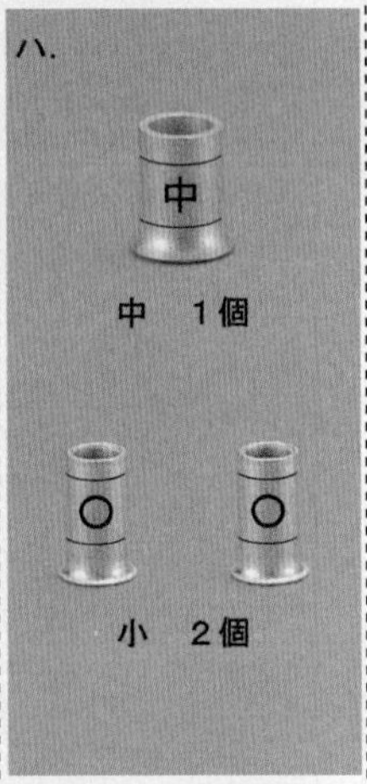 ハ. 中 中　1個 ○ ○ 小　2個	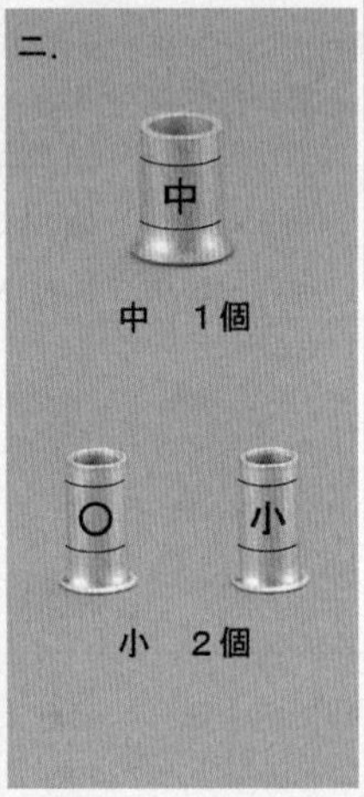 ニ. 中 中　1個 ○ 小 小　2個
49	この配線図の図記号から，この工事で**使用されているコンセントは。**	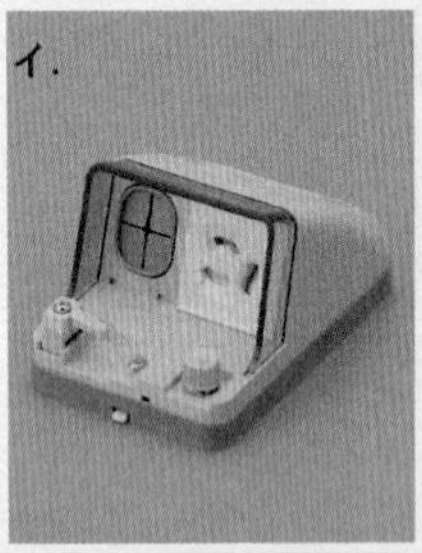 イ.	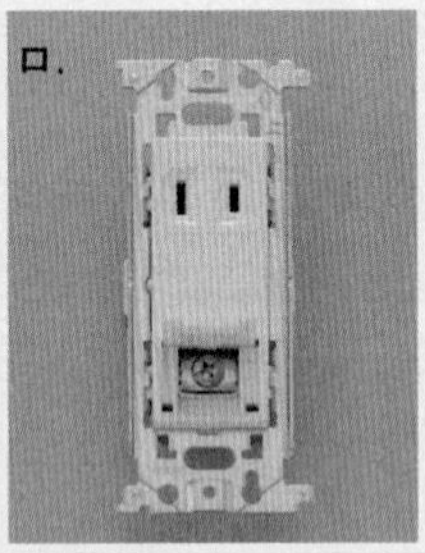 ロ.	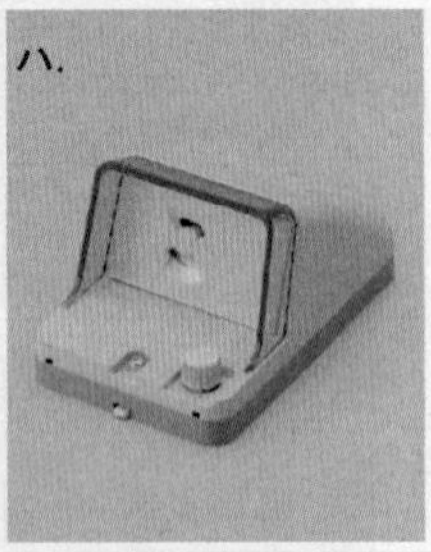 ハ.	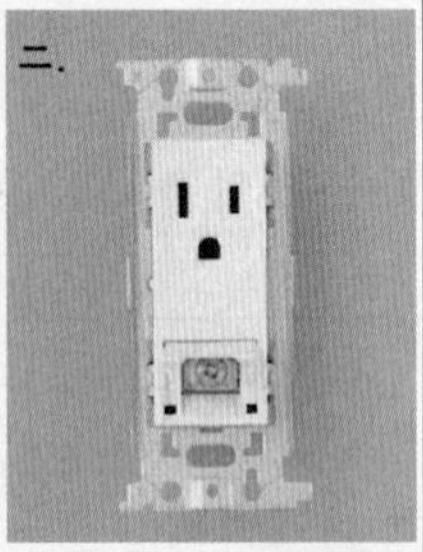 ニ.
50	この配線図の図記号から，この工事で**使用されていないスイッチは。** ただし，写真下の図は，接点の構成を示す。	 イ. ON OFF	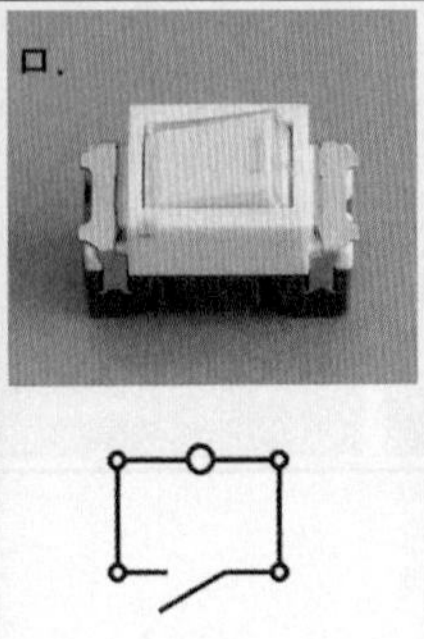 ロ.	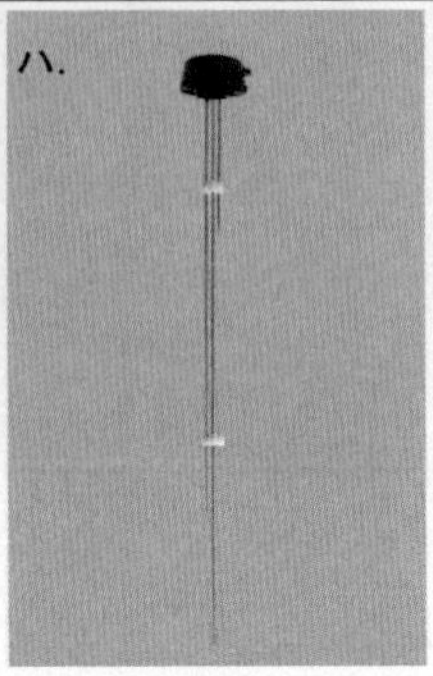 ハ.	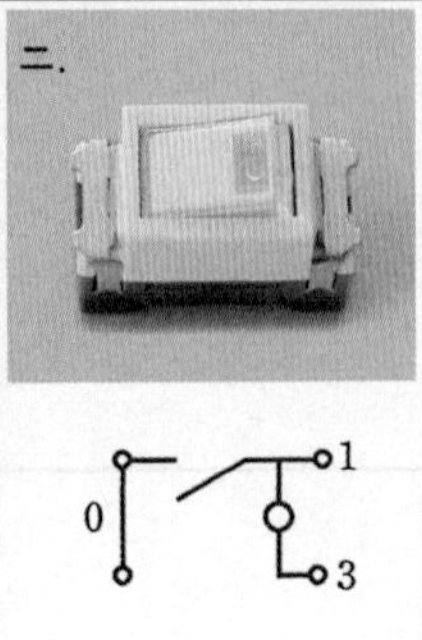 ニ. 0 1 3

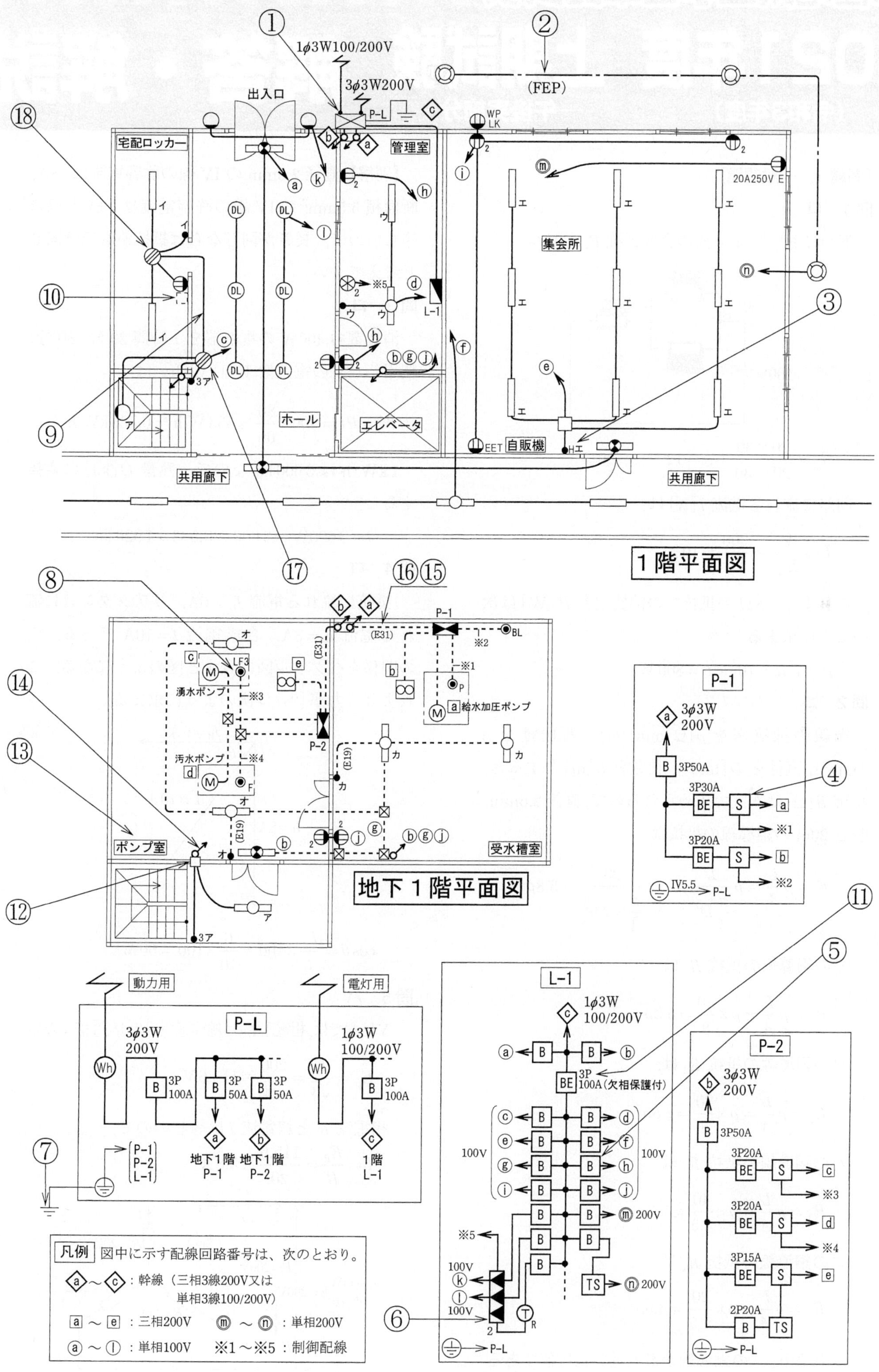
1φ3W100/200V
3φ3W200V
P-L
(FEP)
出入口
宅配ロッカー
管理室
集会所
20A250V E
ホール
エレベータ
自販機
共用廊下
共用廊下
1階平面図
P-1
給水加圧ポンプ
湧水ポンプ
汚水ポンプ
P-2
ポンプ室
受水槽室
地下1階平面図
P-1
3φ3W
200V
3P50A
3P30A
3P20A
IV5.5
L-1
1φ3W
100/200V
3P
100A(欠相保護付)
100V
100V
200V
200V
P-L
動力用
電灯用
3φ3W
200V
3P
100A
3P
50A
3P
50A
1φ3W
100/200V
3P
100A
地下1階
P-1
地下1階
P-2
1階
L-1
P-2
3φ3W
200V
3P50A
3P20A
3P20A
3P15A
2P20A
凡例 図中に示す配線回路番号は、次のとおり。
ⓐ〜ⓒ:幹線(三相3線200V又は単相3線100/200V)
a〜e:三相200V
ⓜ〜ⓝ:単相200V
ⓐ〜ⓛ:単相100V
※1〜※5:制御配線

第二種電気工事士筆記試験
2021年度 上期試験 解答・解説
(令和3年度) ―午後実施分―

〔問題 1. 一般問題〕

問 1　ロ

下図において a–c 間の合成抵抗 R_{ac}[Ω] は，

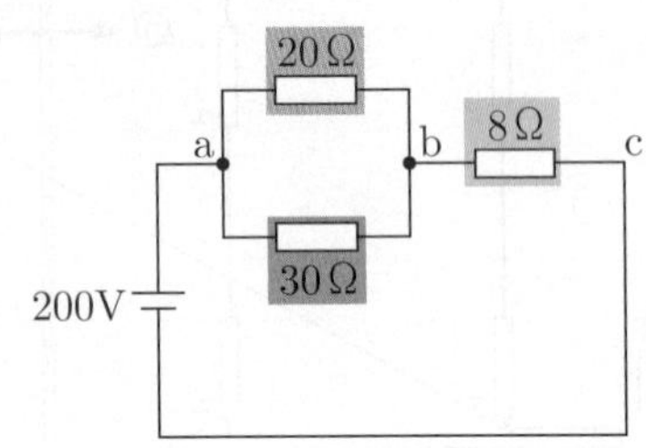

$$R_{ac}=\frac{20\times30}{20+30}+8=12+8=20\,\Omega$$

回路に流れる電流 I[A] は，

$$I=\frac{V}{R_{ac}}=\frac{200}{20}=10\,\mathrm{A}$$

これより，8Ω の抵抗での消費電力 P[W] は次のように求まる．

$$P=I^2R=10^2\times8=800\,\mathrm{W}$$

問 2　ニ

銅線の抵抗率を ρ[Ω·mm²/m]，断面積を A[mm²]，直径を D[mm²]，長さを L[m] とすると，抵抗 R[Ω] は次式で求められるので，直径 2.6mm，長さ 20m の銅導線の抵抗は，

$$R=\rho\frac{L}{A}=\rho\frac{L}{\frac{\pi}{4}D^2}=\rho\times\frac{20}{\frac{\pi}{4}\times2.6^2}\fallingdotseq3.8\rho$$

イの銅導線の抵抗 R_1 は，

$$R_1=\rho\frac{L}{A}=\rho\times\frac{40}{8}=5.0\rho$$

ロの銅導線の抵抗 R_2 は，

$$R_2=\rho\frac{L}{A}=\rho\times\frac{20}{8}=2.5\rho$$

ハの銅導線の抵抗 R_3 は，

$$R_3=\rho\frac{L}{A}=\rho\times\frac{40}{5.5}\fallingdotseq7.3\rho$$

ニの銅導線の抵抗 R_4 は，

$$R_4=\rho\frac{L}{A}=\rho\times\frac{20}{5.5}\fallingdotseq3.6\rho$$

これより，ニの銅導線が最も近い抵抗値である．

【別解】直径 2.6mm の IV 線の許容電流は 48A，断面積 5.5mm² の IV 線の許容電流は 49A とほぼ等しいので，長さが同じならば抵抗値もほぼ同じと考えてよい．

問 3　ロ

消費電力 400W の電熱器を 1 時間 20 分（80 分）使用した時の電力量 W［kW·h］は，

$$W=Pt=400\times\frac{80}{60}\fallingdotseq533\,\mathrm{W\cdot h}\fallingdotseq0.533\,\mathrm{kW\cdot h}$$

1 kW·h は 3 600 kJ なので，熱量 Q[kJ] に変換すると，

$$Q=3\,600\,\mathrm{W}=3\,600\times0.533\fallingdotseq1\,920\,\mathrm{kJ}$$

問 4　ロ

抵抗に流れる電流 $I_R=6$A，リアクタンスに流れる電流 $I_L=8$A，合成電流 $I=10$A である．この関係をベクトル図に表すと図のようになる．これより，力率[%] は次のように求まる．

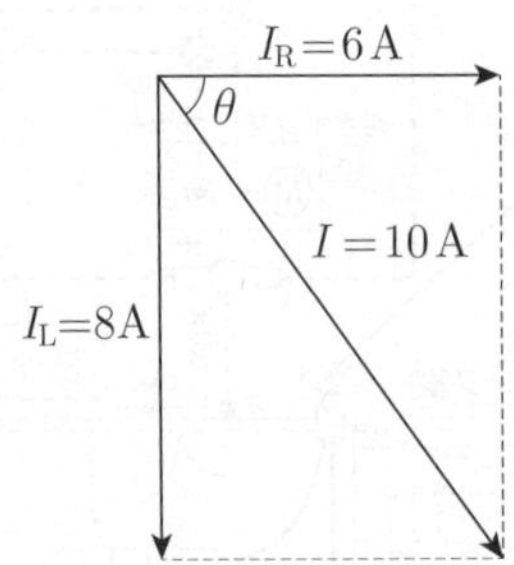

$$\cos\theta=\frac{I_R}{I}\times100=\frac{6}{10}\times100=60\%$$

問 5　ハ

Y 結線では，相電圧 E_P は線間電圧 E の $1/\sqrt{3}$ 倍なので，

$$E_P=\frac{E}{\sqrt{3}}=\frac{200}{\sqrt{3}}\fallingdotseq115.6\,\mathrm{V}$$

相電流 I_P と線電流 I は等しいので，

$$I=\frac{E_P}{R}=\frac{115.6}{20}\fallingdotseq5.8\,\mathrm{A}$$

問 6　ロ

b-c 間と b′-c′間の電流は 5A であるから，b-b′間の電圧 $V_{bb'}$[V] は，

$$V_{bb'} = V_{cc'} + 2 \times 5 \times 0.1 = 100 + 1 = 101\ \mathrm{V}$$

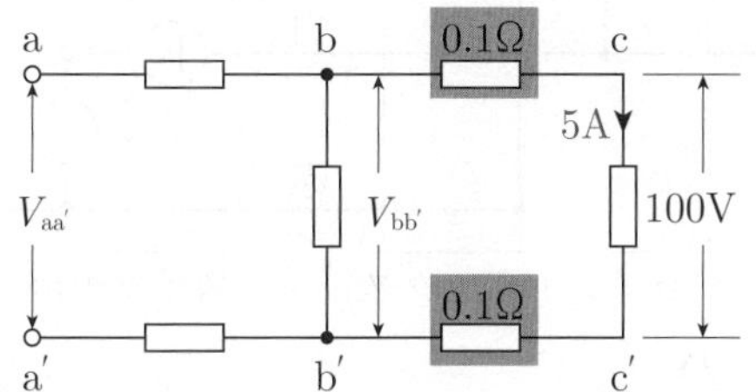

a-b 間と a′-b′間の電流 10A であるから，a-a′間の電圧 $V_{aa'}$[V] は，

$$V_{aa'} = V_{bb'} + 2\times10\times0.05 = 101 + 1 = 102\ \mathrm{V}$$

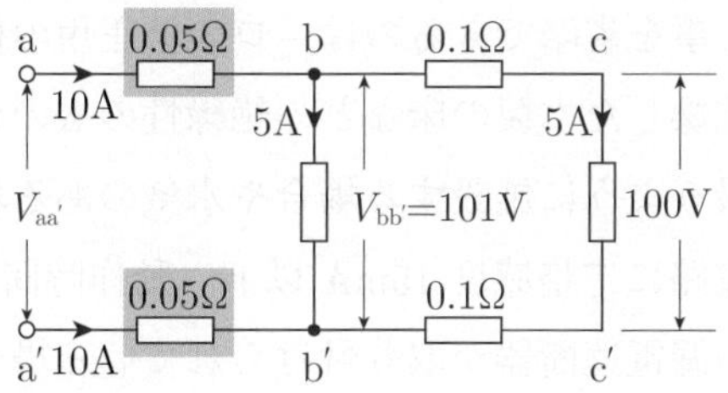

問 7　ハ

×印点で断線した場合の回路は，図のようになる．電流 I を求めると，

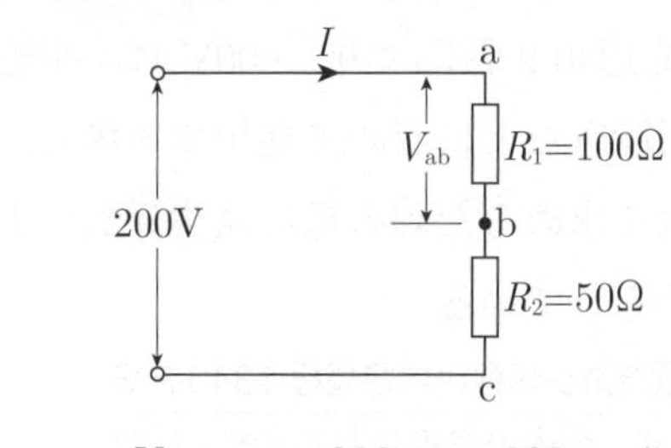

$$I = \frac{V}{R_1 + R_2} = \frac{200}{100+50} = \frac{200}{150} = \frac{4}{3}\,\mathrm{A}$$

R_1 の抵抗値が 100 Ω なので，a-b 間の電圧 V_{ab} は，

$$V_{ab} = R_1 \times I = 100 \times \frac{4}{3} \fallingdotseq 133\ \mathrm{V}$$

問 8　イ

直径 1.6mm の 600V ビニル絶縁電線の許容電流は 27A で，金属管に 6 本収めるときの電流減少係数は 0.56 であるから，電線 1 本当たりの許容電流 I[A] は次のようになる．

$$I = 27 \times 0.56 \fallingdotseq 15\ \mathrm{A}$$

絶縁電線の許容電流（内線規程 1340-1 表）

種　類	太　さ	許容電流［A］
単線直径 [mm]	1.6	27
	2.0	35
より線断面積 [mm²]	2	27
	3.5	37
	5.5	49

（周囲温度 30℃ 以下）

問 9　ハ

電技解釈第 149 条により，低圧幹線との分岐点から 8 m を超える位置に配線用遮断器を施設する場合，電線の許容電流 I_W が低圧屋内幹線の配線用遮断器の定格電流 I_B の 55％以上でなければならない．よって，ハの場合は許容電流が 55 A 以上である断面積 14 mm² の VVR ケーブルを使用しなくてはならない．

分岐回路の施設（電技解釈第 149 条）

	配線用遮断器までの長さ
原則	3 m 以下
$I_W \geqq 0.35 I_B$	8 m 以下
$I_W \geqq 0.55 I_B$	制限なし

問 10　ロ

電技解釈第 149 条により，30A 分岐回路のコンセントは 20A 以上 30A 以下，電線の太さは直径 2.6mm 以上のものを用いなければならない．

分岐回路の施設（電技解釈第 149 条）

分岐過電流遮断器の定格電流	コンセント	電線の太さ
15A	15A 以下	直径 1.6mm 以上
20A（配線用遮断器）	20A 以下	
20A（配線用遮断器を除く）	20A	直径 2mm 以上
30A	20A 以上 30A 以下	直径 2.6mm 以上
40A	30A 以上 40A 以下	断面積 8mm² 以上
50A	40A 以上 50A 以下	断面積 14mm² 以上

問 11　ハ

金属管工事に使用されるねじなしボックスコネクタは，ねじなし電線管と金属製アウトレットボックスの接続に使用する材料である．ねじなし電線管との接続は止めネジを回して，ネジの頭部をねじ切るまで締め付けて取り付ける．

問 12　ロ

低圧電路に使用するビニル絶縁電線（IV）の絶縁物の最高許容温度は 60℃ である．

絶縁電線・ケーブルの最高許容温度（内線規程 1340-3 表）

種　類	最高許容温度
600V ビニル絶縁電線（IV）	60℃
600V 二種ビニル絶縁電線（HIV）	75℃
600V ビニル絶縁ビニルシースケーブル（平形：VVF，丸形：VVR）	60℃
600V 架橋ポリエチレン絶縁ビニルシースケーブル（CV）	90℃

問 13　ロ

コンクリート壁に金属管を取り付けるときは，コンクリート壁に振動ドリルで穴をあけ，カールプラグを挿入し，その後に木ネジをねじ込み，金

属管をサドルで固定する．

問 14　ハ

三相誘導電動機の回転数 N[min^{-1}] は，電源周波数 f[Hz]，極数を p とすると次式で表せる．

$$N=\frac{120f}{p}\ [\text{min}^{-1}]$$

これより，回転数は周波数に比例するので，周波数が 60Hz の電動機を 50Hz で運転すると回転速度は減少する．

問 15　イ

低圧進相コンデンサは，低圧三相誘導電動機に対して並列に接続し，回路の力率を改善するために用いる機器である．

問 16　ロ

写真の矢印で示す材料の名称は，ケーブルラックである．鉄骨や鉄筋コンクリート造の建築物において，多数のケーブルを施設するのに用いる材料である．

問 17　イ

写真に示す機器は，レーザー水準器である．壁に器具等を取り付けるための基準線をレーザーで投影する器具である．

問 18　イ

写真に示す工具はガストーチランプである．硬質塩化ビニル電線管の曲げ加工に用いられる工具である．

問 19　ニ

電技解釈第 12 条により，電線の接続は，

- 電線の電気抵抗を増加させないこと
- 電線の引張強さを 20%以上減少させないこと
- 電線の絶縁物と同等以上の絶縁効力のあるもので被覆すること
- 絶縁電線と同等以上の絶縁効力のある接続器（差込型コネクタ）を使用すること

などが定められている．

問 20　ハ

電技解釈第 167 条により，合成樹脂管工事で施設する低圧配線は，弱電流電線または水管等と接触しないように施設しなければならない．

問 21　ロ

図に示す一般的な低圧屋内配線工事でスイッチボックス部分の回路は図のようになる．

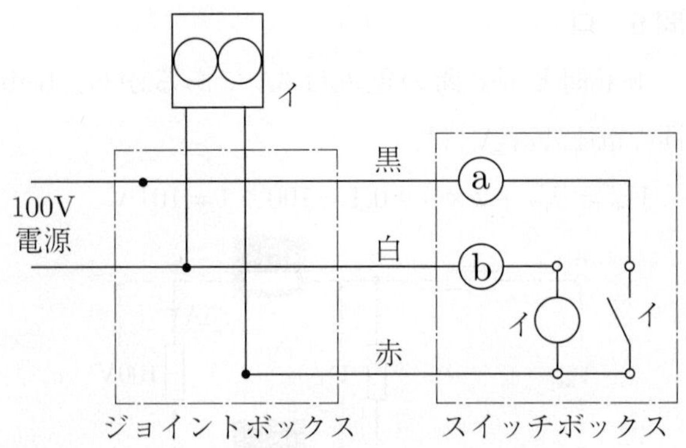

問 22　ハ

電技解釈第 159 条により，イ，ニの金属管工事はD 種接地工事を省略できる．また，電技解釈第 29 条により，機械器具の鉄台及び外箱のD 種接地工事を省略できるのは，ロの低圧用の機械器具を乾燥した木製の床などの絶縁性のものの上で取り扱うように施設する場合や水気のある場所以外の電路に定格感度 15mA 以下，動作時間 0.1 秒以下の漏電遮断器が取り付けられている場合である．ハの乾燥したコンクリートの床は，乾燥した木製の床とは異なり，絶縁性のものに該当しない．

問 23　イ

内線規程 1340-2 表により，600V ビニル絶縁電線を合成樹脂管などに収めて使用する場合，電線の許容電流を求めるための電流減少係数は下表のように定められている．

電流減少係数（内線規程 1340-2 表）

同一管内の電線数	電流減少係数
3 以下	0.70
4	0.63
5 または 6	0.56
7 以上 15 以下	0.49

問 24　ハ

消費電力量の測定は電力量計を使用する．導通試験は回路計（テスタ），三相回路の相順（相回転）の確認は検相器，負荷電流の測定はクランプ式電流計を使用する．

問 25　ニ

絶縁抵抗計で電路の絶縁抵抗を測定するときは必ず被測定回路を停電して行わなければならない．やむを得ず停電できない場合は，当該電路の使用電圧が加わった状態における漏えい電流が 1mA 以下であることを確認する（電技解釈第 14 条）．

問 26　イ

電技解釈第17条により，D種接地工事は低圧電路において，地絡を生じた場合に0.5秒以内に当該電路を自動的に遮断する装置を施設したときは，接地抵抗を500Ω以下とすることができる．また，電技省令第58条により，電路の絶縁抵抗は0.1MΩ以上でなければならない．

低圧電路の絶縁性能（電技省令第58条）

電路の使用電圧の区分		絶縁抵抗値
300V以下	対地電圧150V以下	0.1MΩ以上
	その他の場合	0.2MΩ以上
300Vを超える低圧回路		0.4MΩ以上

問27　ニ

電圧測定において，ディジタル計器は入力抵抗を極めて高くすることができるので，被測定回路に影響を与えず高精度の測定が可能である．

問28　イ

電気工事士法施行規則第2条による電気工事士でなくては従事できない作業は，

・配電盤を造営材に取り付ける

・電線管を曲げる　・電線管に電線を収める

・接地極を地面に埋設する

などである．したがって，イが正しい．

問29　イ

電気用品安全法第28条により，電気工事士は適正な表示がされた電気用品でなければ電気工作物の工事に使用してはならない．特定電気用品とは，構造や使用の方法などから危険・傷害の発生するおそれが多い電気製品のことで，〈PSE〉の表示が付されている．

問30　ロ

交流の区分では，低圧は600V以下，高圧は600Vを超え7000V以下と定められている(電技省令第2条)．

電圧の種別等（電技省令第2条）

区分	直　流	交　流
低圧	750V以下	600V以下
高圧	750Vを超え7000V以下	600Vを超え7000V以下

〔問題2．配線図〕

問31　ロ

電技解釈第116条により，道路を横断せず技術上やむを得ない場合で，交通に支障のないとき，引込線取付点の地表上の高さは2.5m以上である．

問32　ハ

②で示す部分は，波付硬質合成樹脂管（FEP）による管路式地中電線路で，電技解釈第120条により，電線にケーブルを使用しなくてはならず，ハのIV（600Vビニル絶縁電線）は使用できない．

問33　ニ

③で示す図記号はHの傍記があるので，位置表示灯を内蔵する点滅器を示す．熱線式自動スイッチはRAS（センサ分離形はRA），遅延スイッチはD，確認表示灯を内蔵する点滅器はLと傍記する．

問34　ハ

④で示す図記号の機器は，制御配線の信号により動作する開閉器(電磁開閉器)である．この配線図では，受水槽室のⓐで示す給水加圧ポンプを※1の圧力スイッチ●Pによって動作させるために使用されている．

問35　ロ

⑤で示す機器は単相100V配線用遮断器である．ⓗの分岐回路には15Aコンセントが設置されているため，電技解釈第149条により，定格電流20A以下のものを用いなくてはいけない．

問36　イ

⑥で示す図記号はリモコンリレーである．傍記の「2」はリレー数を表している．なお，リモコンセレクタスイッチは⊗の図記号で表される．

問37　ロ

⑦で示す部分の接地工事は，使用電圧が300V以下であることから，電技解釈第29条により，D種接地工事を施す．また，電源側に地絡遮断装置が設置されていないので，接地抵抗は100Ω以下としなくてはならない．

機械器具の金属製外箱等の接地(電技解釈第29条)

機械器具の使用電圧の区分		接地工事
低圧	300V以下	D種接地工事
	300V超過	C種接地工事

問38　ニ

⑧で示す図記号は，ⓒの湧水ポンプの運転制御に用いられるフロートレススイッチ電極（電極数3）である．なお，フロートスイッチの図記号は●Fである．

問39　イ

⑨で示す部分の最少電線本数は，次ページの複線結線図より2本である．

問40　イ

引掛形コンセントの図記号の傍記はTである．

なお，LK は抜け止め形，EL は漏電遮断器付，H は位置表示灯内蔵点滅器の傍記記号である．

問 41　ニ

⑪で示す図記号は，ニの３極の漏電遮断器（過負荷保護，欠相保護付）である．イは３極の配線用遮断器，ロは３極の漏電遮断器（過負荷保護付），ハは３極の配線用遮断器（欠相保護付）である．なお，ハとニには，中性線の断線があった場合の過電圧検出リード線があり，これがあるものが欠相保護付となる．

問 42　ハ

⑫で示すボックス内の接続は，複線結線図より，1.6mm×2 本接続３箇所，1.6mm×3 本接続１箇所となるので，使用するリングスリーブは小４個である（JIS C2806）．

問 43　ハ

⑬で示す地下１階のポンプ室内では，ハのリモコンスイッチ（図記号●$_{\mathrm{R}}$）は使用されていない．イの露出スイッチボックス（ねじなし電線管用），ロのプルボックス（図記号☒），ニのフロートスイッチ（図記号◉$_{\mathrm{F}}$）はそれぞれ使用されている．

問 44　ハ

⑭で示す部分の最少電線本数は，複線結線図より４本となる．このため，電線は VVF1.6-2C（1.6 mm２心）を２本使用する．

問 45　ニ

⑮で示す部分の図記号は，ねじなし電線管を使用した金属管工事を示している．このため，ニのリード型ラチェット式ねじ切り器は使用しない．

問 46　ニ

⑯で示す部分の図記号は，ねじなし電線管を使用した金属管工事を示している．このため，ニのカップリングは使用しない．

問 47　ニ

⑰で示すボックス内の接続は複線結線図のようになる．使用する差込形コネクタは２本接続用３個，３本接続用１個，４本接続用１個である．

問 48　イ

⑱で示すボックス内の接続は，複線結線図より，1.6mm×3 本接続２箇所，1.6mm×4 本接続１箇所となるので，使用するリングスリーブは小３個（刻印「小」）である（JIS C2806）．

問 49　ニ

この配線図の工事では，ニの接地極付接地端子付コンセント（図記号◍$_{\mathrm{EET}}$）は１個使用されている．なお，イは，接地極付接地端子付防雨形コンセントであるが，これは給湯器用で，左上が制御線の入線部，左下がコード押さえになっている．

問 50　ニ

この配線図の工事では，ニの確認表示灯内蔵スイッチ（図記号●$_{\mathrm{L}}$）は使用されていない．なお，イは電磁開閉器用押ボタン（確認表示灯付）（図記号◉$_{\mathrm{BL}}$），ロは位置表示灯内蔵スイッチ（図記号●$_{\mathrm{H}}$），ハのフロートレススイッチ電極（図記号◉$_{\mathrm{LF3}}$）はそれぞれ使用されている．

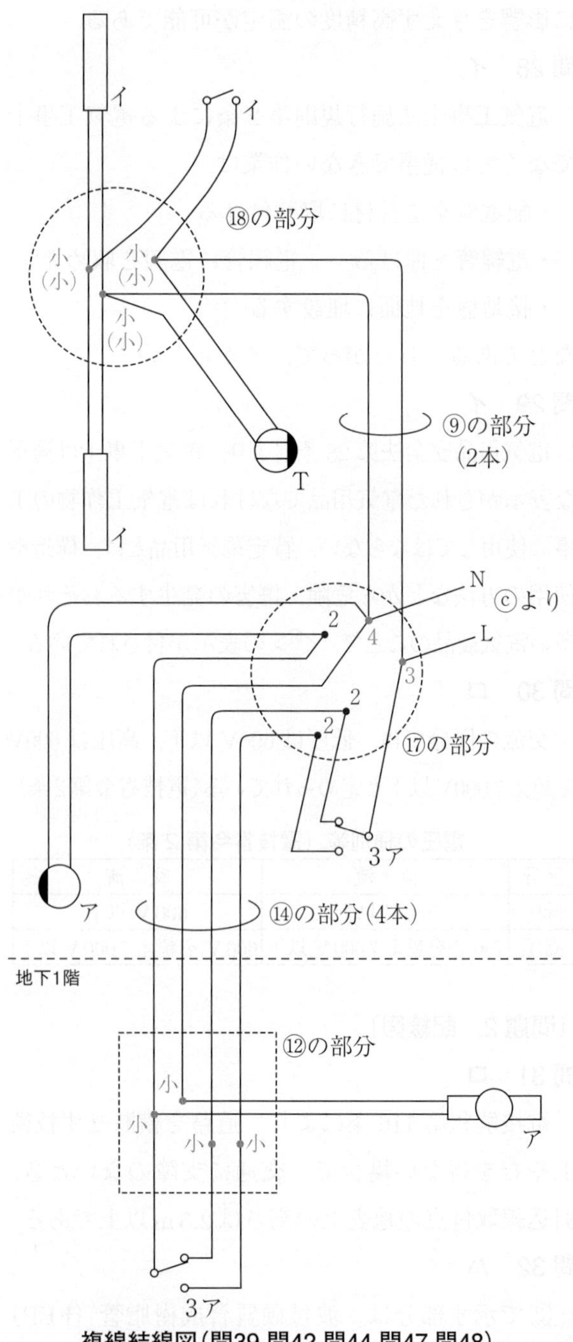

複線結線図（問39,問42,問44,問47,問48）

第二種電気工事士
筆記試験

2021年度
（令和3年度）

下期試験
（午前実施分）

※ 2021 年度（令和 3 年度）の第二種電気工事士下期筆記試験は，新型コロナウイルス感染防止対策として，同日の午前と午後にそれぞれ実施された．

問題１．一般問題（問題数 30，配点は１問当たり２点）

【注】本問題の計算で $\sqrt{2}$，$\sqrt{3}$ 及び円周率 π を使用する場合の数値は次によること。$\sqrt{2}=1.41$ ，$\sqrt{3}=1.73$ ，π＝3.14

次の各問いには４通りの答え（イ，ロ，ハ，ニ）が書いてある。それぞれの問いに対して答えを１つ選びなさい。

なお，選択肢が数値の場合は最も近い値を選びなさい。

	問　い	答　え
1	図のような回路で，スイッチ S_1 を閉じ，スイッチ S_2 を開いたときの，端子 a－b 間の合成抵抗［Ω］は。 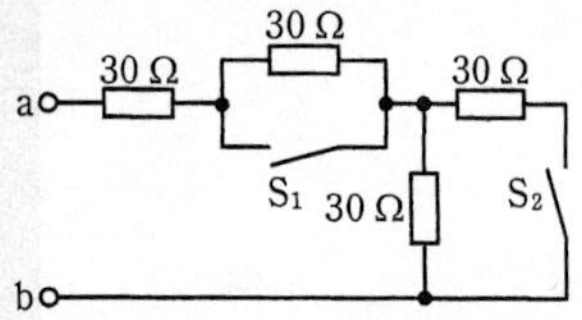	イ．45　ロ．60　ハ．75　ニ．120
2	電気抵抗 R［Ω］，直径 D［mm］，長さ L［m］の導線の抵抗率［Ω・m］を表す式は。	イ．$\frac{\pi DR}{4L\times10^3}$　ロ．$\frac{\pi D^2R}{L^2\times10^6}$　ハ．$\frac{\pi D^2R}{4L\times10^6}$　ニ．$\frac{\pi DR}{4L^2\times10^3}$
3	消費電力が300 Wの電熱器を，2時間使用したときの発熱量［kJ］は。	イ．600　ロ．1 080　ハ．2 160　ニ．3 600
4	図のような抵抗とリアクタンスとが直列に接続された回路の消費電力［W］は。 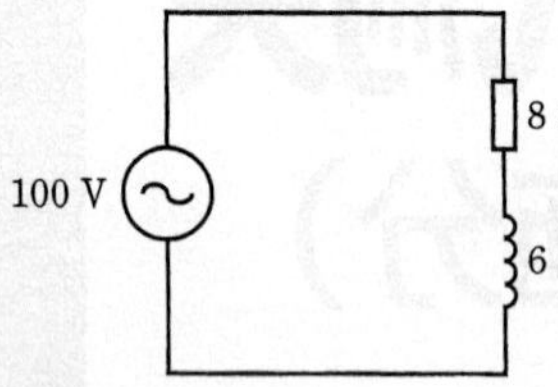	イ．600　ロ．800　ハ．1 000　ニ．1 250
5	図のような三相負荷に三相交流電圧を加えたとき，各線に20 Aの電流が流れた。線間電圧 E［V］は。 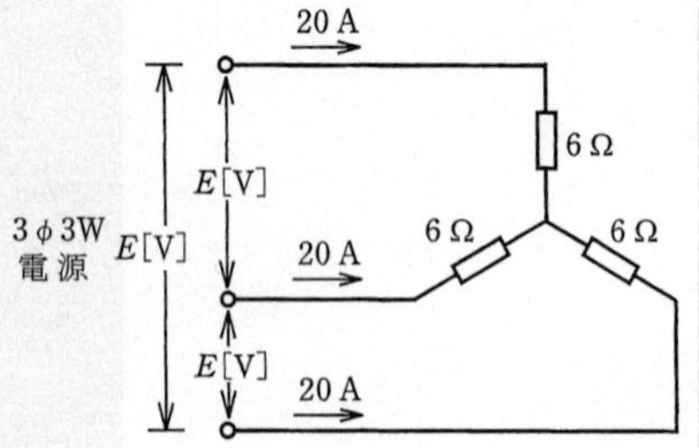	イ．120　ロ．173　ハ．208　ニ．240

	問い	答え			
6	図のような単相2線式回路において，d－d′間の電圧が100 Vのときa－a′間の電圧[V]は。 ただし，r_1，r_2及びr_3は電線の電気抵抗［Ω］とする。 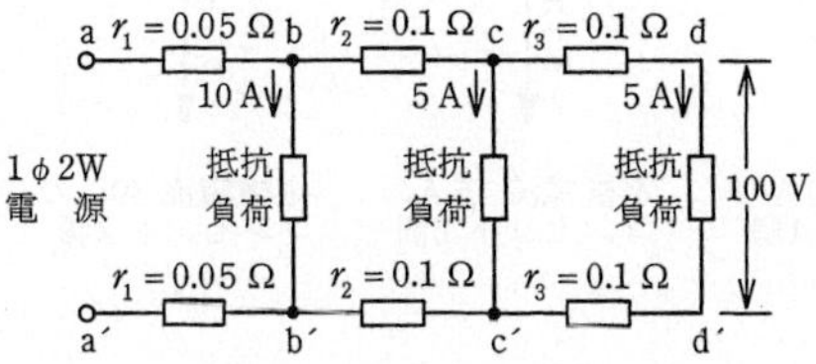 	イ．102	ロ．103	ハ．104	ニ．105
7	図のような単相3線式回路において，電線1線当たりの抵抗が0.05 Ωのとき，a－b間の電圧［V］は。 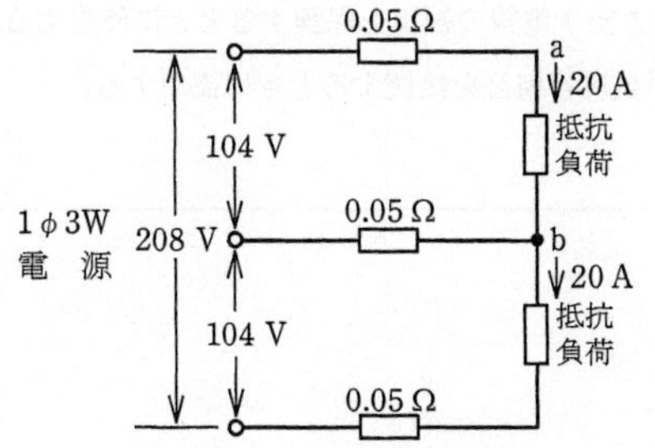 	イ．100	ロ．101	ハ．102	ニ．103
8	低圧屋内配線の合成樹脂管工事で，管内に直径2.0 mmの600Vビニル絶縁電線(軟銅線)を4本収めて施設した場合，電線1本当たりの許容電流［A］は。 ただし，周囲温度は30℃以下とする。	イ．17	ロ．19	ハ．22	ニ．24
9	図のように定格電流40 Aの過電流遮断器で保護された低圧屋内幹線から分岐して，10 mの位置に過電流遮断器を施設するとき，a－b間の電線の許容電流の最小値［A］は。 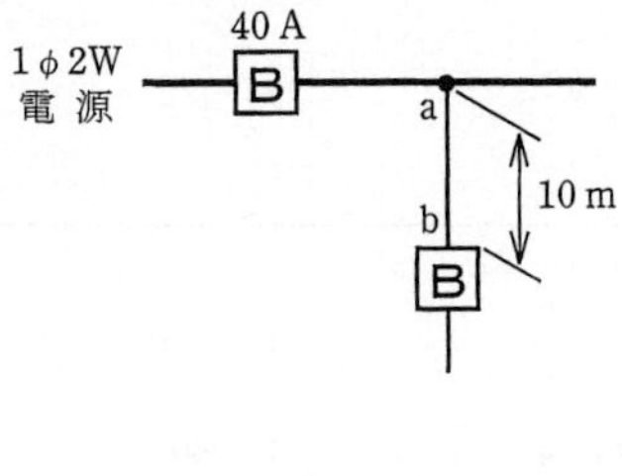 	イ．10	ロ．14	ハ．18	ニ．22

	問い	答え
10	低圧屋内配線の分岐回路の設計で，配線用遮断器，分岐回路の電線の太さ及びコンセントの組合せとして，**適切なものは。** ただし，分岐点から配線用遮断器までは3 m，配線用遮断器からコンセントまでは8 mとし，電線の数値は分岐回路の電線（軟銅線）の太さを示す。 また，コンセントは兼用コンセントではないものとする。	イ．B 30 A　2.6 mm　定格電流 20 Aのコンセント 1個 ロ．B 20 A　2.6 mm　定格電流 30 Aのコンセント 1個 ハ．B 30 A　5.5 mm²　定格電流 15 Aのコンセント 2個 ニ．B 20 A　2.0 mm　定格電流 30 Aのコンセント 2個
11	金属管工事において使用されるリングレジューサの使用目的は。	イ．アウトレットボックスのノックアウト（打ち抜き穴）の径が，それに接続する金属管の外径より大きいときに使用する。 ロ．金属管相互を直角に接続するときに使用する。 ハ．金属管の管端に取り付け，引き出す電線の被覆を保護するときに使用する。 ニ．両方とも回すことのできない金属管相互を接続するときに使用する。
12	許容電流から判断して，公称断面積1.25 mm²のゴムコード（絶縁物が天然ゴムの混合物）を使用できる最も消費電力の大きな電熱器具は。 ただし，電熱器具の定格電圧は100 Vで，周囲温度は30℃以下とする。	イ．600 Wの電気炊飯器 ロ．1 000 Wのオーブントースター ハ．1 500 Wの電気湯沸器 ニ．2 000 Wの電気乾燥器
13	電気工事の種類と，その工事で使用する工具の組合せとして，**適切なものは。**	イ．金属管工事　と　リーマ ロ．合成樹脂管工事　と　パイプベンダ ハ．金属線ぴ工事　と　ボルトクリッパ ニ．バスダクト工事　と　ガストーチランプ
14	三相誘導電動機の始動電流を小さくするために用いられる方法は。	イ．三相電源の3本の結線を3本とも入れ替える。 ロ．三相電源の3本の結線のうち，いずれか2本を入れ替える。 ハ．コンデンサを取り付ける。 ニ．スターデルタ始動装置を取り付ける。
15	低圧電路に使用する定格電流20 Aの配線用遮断器に40 Aの電流が継続して流れたとき，この配線用遮断器が自動的に動作しなければならない時間［分］の限度（最大の時間）は。	イ．1　ロ．2　ハ．4　ニ．60

	問　い	答　え
16	写真に示す材料の用途は。	イ．硬質ポリ塩化ビニル電線管(硬質塩化ビニル電線管)相互を接続するのに用いる。 ロ．金属管と硬質ポリ塩化ビニル電線管(硬質塩化ビニル電線管)とを接続するのに用いる。 ハ．合成樹脂製可とう電線管相互を接続するのに用いる。 ニ．合成樹脂製可とう電線管とCD管とを接続するのに用いる。
17	写真に示す器具の名称は。	イ．キーソケット ロ．線付防水ソケット ハ．プルソケット ニ．ランプレセプタクル
18	写真に示す測定器の名称は。	イ．接地抵抗計 ロ．漏れ電流計 ハ．絶縁抵抗計 ニ．検相器
19	低圧屋内配線工事で，600V ビニル絶縁電線(軟銅線)をリングスリーブ用圧着工具とリングスリーブE形を用いて終端接続を行った。接続する電線に適合するリングスリーブの種類と圧着マーク(刻印)の組合せで，a～dのうちから**不適切なものを全て選んだ組合せとして，正しいものは。**	イ．a，b ロ．b，c ハ．c，d ニ．a，d

	接続する電線の太さ(直径)及び本数	リングスリーブの種類	圧着マーク(刻印)
a	1.6 mm　2 本	小	○
b	1.6 mm　2 本と 2.0 mm　1 本	中	中
c	1.6 mm　4 本	中	中
d	1.6 mm　1 本と 2.0 mm　2 本	中	中

	問い	答え
20	D種接地工事を**省略できないものは。** ただし，電路には定格感度電流 15 mA，動作時間が 0.1 秒以下の電流動作型の漏電遮断器が取り付けられているものとする。	イ．乾燥した場所に施設する三相 200 V(対地電圧 200 V)動力配線の電線を収めた長さ 3 m の金属管。 ロ．乾燥した木製の床の上で取り扱うように施設する三相 200 V(対地電圧 200 V)空気圧縮機の金属製外箱部分。 ハ．水気のある場所のコンクリートの床に施設する三相 200 V(対地電圧 200 V)誘導電動機の鉄台。 ニ．乾燥した場所に施設する単相 3 線式 100/200 V(対地電圧 100 V)配線の電線を収めた長さ 7 m の金属管。
21	使用電圧 200 V の三相電動機回路の施工方法で，**不適切なものは。**	イ．湿気の多い場所に 1 種金属製可とう電線管を用いた金属可とう電線管工事を行った。 ロ．造営材に沿って取り付けた 600V ビニル絶縁ビニルシースケーブルの支持点間の距離を 2 m 以下とした。 ハ．金属管工事に 600V ビニル絶縁電線を使用した。 ニ．乾燥した場所の金属管工事で，管の長さが 3 m なので金属管の D 種接地工事を省略した。
22	三相誘導電動機回路の力率を改善するために，低圧進相コンデンサを接続する場合，その接続場所及び接続方法として，**最も適切なものは。**	イ．手元開閉器の負荷側に電動機と並列に接続する。 ロ．主開閉器の電源側に各台数分をまとめて電動機と並列に接続する。 ハ．手元開閉器の負荷側に電動機と直列に接続する。 ニ．手元開閉器の電源側に電動機と並列に接続する。
23	金属管工事による低圧屋内配線の施工方法として，**不適切なものは。**	イ．太さ 25 mm の薄鋼電線管に断面積 8 mm^2 の 600V ビニル絶縁電線 3 本を引き入れた。 ロ．太さ 25 mm の薄鋼電線管相互の接続にコンビネーションカップリングを使用した。 ハ．薄鋼電線管とアウトレットボックスとの接続部にロックナットを使用した。 ニ．ボックス間の配管でノーマルベンドを使った屈曲箇所を 2 箇所設けた。
24	低圧回路を試験する場合の試験項目と測定器に関する記述として，**誤っているものは。**	イ．導通試験に回路計(テスタ)を使用する。 ロ．絶縁抵抗測定に絶縁抵抗計を使用する。 ハ．負荷電流の測定にクランプ形電流計を使用する。 ニ．電動機の回転速度の測定に検相器を使用する。
25	分岐開閉器を開放して負荷を電源から完全に分離し，その負荷側の低圧屋内電路と大地間の絶縁抵抗を一括測定する方法として，**適切なものは。**	イ．負荷側の点滅器をすべて「切」にして，常時配線に接続されている負荷は，使用状態にしたままで測定する。 ロ．負荷側の点滅器をすべて「入」にして，常時配線に接続されている負荷は，使用状態にしたままで測定する。 ハ．負荷側の点滅器をすべて「切」にして，常時配線に接続されている負荷は，すべて取り外して測定する。 ニ．負荷側の点滅器をすべて「入」にして，常時配線に接続されている負荷は，すべて取り外して測定する。

	問い	答え
26	接地抵抗計(電池式)に関する記述として，**正しいものは。**	イ．接地抵抗計はアナログ形のみである。 ロ．接地抵抗計の出力端子における電圧は，直流電圧である。 ハ．接地抵抗測定の前には，P 補助極(電圧極)，被測定接地極(E 極)，C 補助極(電流極)の順に約 10 m 間隔で直線上に配置する。 ニ．接地抵抗測定の前には，接地極の地電圧が許容値以下であることを確認する。
27	アナログ式回路計(電池内蔵)の回路抵抗測定に関する記述として，**誤っているものは。**	イ．回路計の電池容量が正常であることを確認する。 ロ．抵抗測定レンジに切り換える。被測定物の概略値が想定される場合は，測定レンジの倍率を適正なものにする。 ハ．赤と黒の測定端子(テストリード)を開放し，指針が 0 Ωになるよう調整する。 ニ．被測定物に，赤と黒の測定端子(テストリード)を接続し，その時の指示値を読む。なお，測定レンジに倍率表示がある場合は，読んだ指示値に倍率を乗じて測定値とする。
28	電気工事士の義務又は制限に関する記述として，**誤っているものは。**	イ．電気工事士は，都道府県知事から電気工事の業務に関して報告するよう求められた場合には，報告しなければならない。 ロ．電気工事士は，「電気工事士法」で定められた電気工事の作業に従事するときは，電気工事士免状を事務所に保管していなければならない。 ハ．電気工事士は，「電気工事士法」で定められた電気工事の作業に従事するときは，「電気設備に関する技術基準を定める省令」に適合するよう作業を行わなければならない。 ニ．電気工事士は，氏名を変更したときは，免状を交付した都道府県知事に申請して免状の書換えをしてもらわなければならない。
29	「電気用品安全法」の適用を受ける次の配線器具のうち，特定電気用品の組合せとして，**正しいものは。** ただし，定格電圧，定格電流，極数等から全てが「電気用品安全法」に定める電気用品であるとする。	イ．タンブラースイッチ，カバー付ナイフスイッチ ロ．電磁開閉器，フロートスイッチ ハ．タイムスイッチ，配線用遮断器 ニ．ライティングダクト，差込み接続器
30	一般用電気工作物の適用を受けるものは。 ただし，発電設備は電圧 600 V 以下で，1 構内に設置するものとする。	イ．低圧受電で，受電電力 30 kW，出力 40 kW の太陽電池発電設備と電気的に接続した出力 15 kW の風力発電設備を備えた農園 ロ．低圧受電で，受電電力 30 kW，出力 20 kW の非常用内燃力発電設備を備えた映画館 ハ．低圧受電で，受電電力 30 kW，出力 5 kW の太陽電池発電設備を備えた幼稚園 ニ．高圧受電で，受電電力 50 kW の機械工場

※令和５年３月 20 日の電気事業法および関連法の改正・施行に伴い，問 30 の選択肢の内容を一部変更しています.

問題2．配線図（問題数 20，配点は1問当たり 2 点）

図は，木造3階建住宅の配線図である。この図に関する次の各問いには4通りの答え（イ，ロ，ハ，ニ）が書いてある。それぞれの問いに対して，答えを1つ選びなさい。

【注意】 1．屋内配線の工事は，特記のある場合を除き600V ビニル絶縁ビニルシースケーブル平形（VVF)を用いたケーブル工事である。

2．屋内配線等の電線の本数，電線の太さ，その他，問いに直接関係のない部分等は省略又は簡略化してある。

3．漏電遮断器は，定格感度電流 30 mA，動作時間 0.1 秒以内のものを使用している。

4．選択肢（答え）の写真にあるコンセント及び点滅器は，「JIS C 0303：2000 構内電気設備の配線用図記号」で示す「一般形」である。

5．ジョイントボックスを経由する電線は，すべて接続箇所を設けている。

6．3路スイッチの記号「0」の端子には，電源側又は負荷側の電線を結線する。

	問い	答え
31	①で示す図記号の名称は。	イ．プルボックス ロ．VVF 用ジョイントボックス ハ．ジャンクションボックス ニ．ジョイントボックス
32	②で示す図記号の器具の名称は。	イ．一般形点滅器 ロ．一般形調光器 ハ．ワイド形調光器 ニ．ワイドハンドル形点滅器
33	③で示す部分の最少電線本数(心線数)は。	イ．2　ロ．3　ハ．4　ニ．5
34	④で示す部分の工事の種類として，**正しいもの**は。	イ．ケーブル工事(CVT) ロ．金属線ぴ工事 ハ．金属ダクト工事 ニ．金属管工事
35	⑤で示す部分に施設する機器は。	イ．3極2素子配線用遮断器(中性線欠相保護付) ロ．3極2素子漏電遮断器(過負荷保護付，中性線欠相保護付) ハ．3極3素子配線用遮断器 ニ．2極2素子漏電遮断器(過負荷保護付)
36	⑥で示す部分の電路と大地間の絶縁抵抗として，許容される最小値[MΩ]は。	イ．0.1　ロ．0.2　ハ．0.4　ニ．1.0
37	⑦で示す部分に照明器具としてペンダントを取り付けたい。図記号は。	イ．(CL)　ロ．(CH)　ハ．[図記号]　ニ．[図記号]
38	⑧で示す部分の接地工事の種類及びその接地抵抗の許容される最大値[Ω]の組合せとして，**正しいものは**。	イ．A 種接地工事　10 Ω ロ．A 種接地工事　100 Ω ハ．D 種接地工事　100 Ω ニ．D 種接地工事　500 Ω
39	⑨で示す部分の配線工事で用いる管の種類は。	イ．波付硬質合成樹脂管 ロ．硬質ポリ塩化ビニル電線管(硬質塩化ビニル電線管) ハ．耐衝撃性硬質ポリ塩化ビニル電線管(耐衝撃性硬質塩化ビニル電線管) ニ．耐衝撃性硬質ポリ塩化ビニル管(耐衝撃性硬質塩化ビニル管)
40	⑩で示す部分の図記号の傍記表示「LK」の種類は。	イ．引掛形　ロ．ワイド形　ハ．抜け止め形　ニ．漏電遮断器付

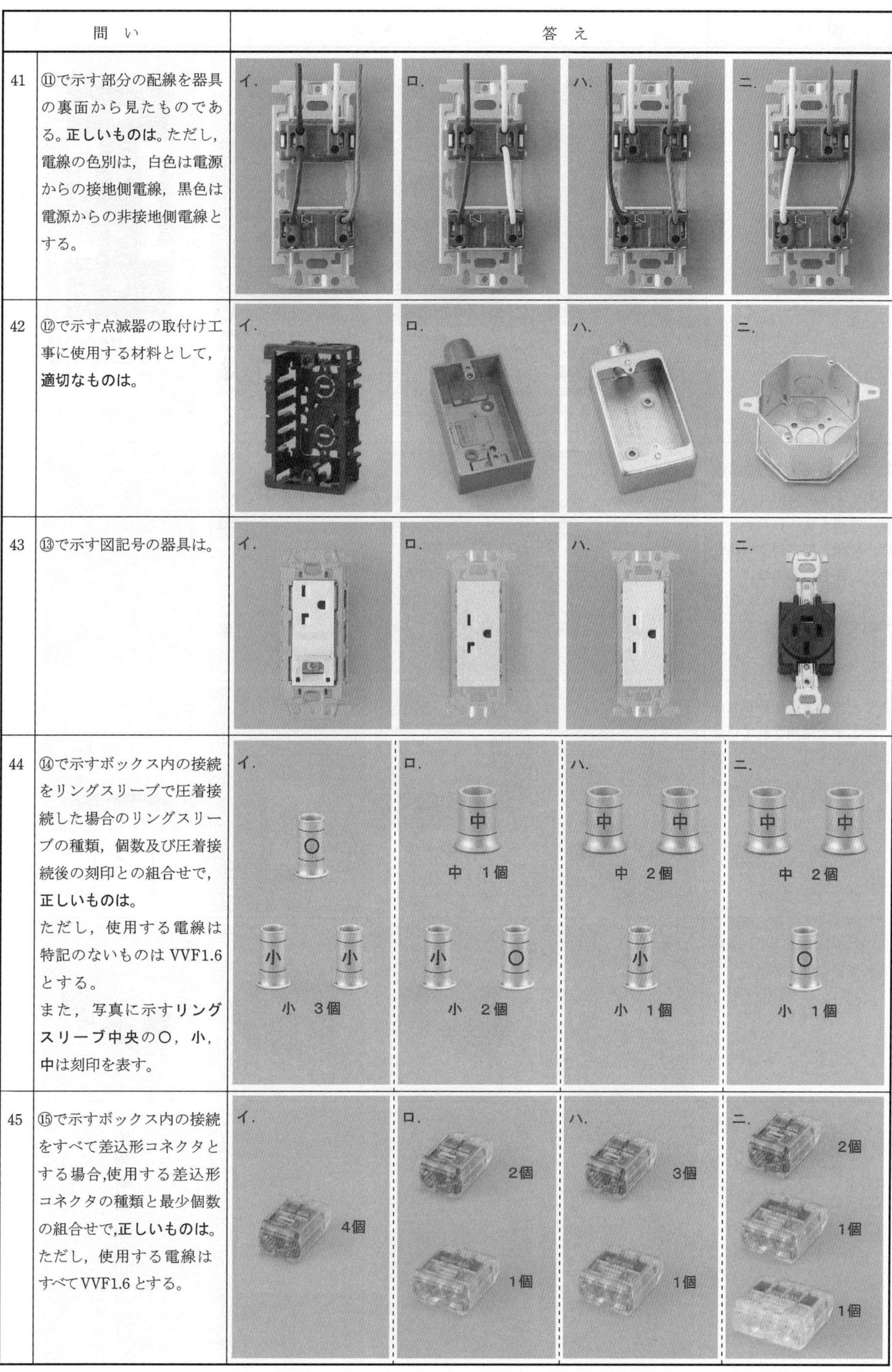

	問い	答え			
41	⑪で示す部分の配線を器具の裏面から見たものである。**正しいものは。**ただし，電線の色別は，白色は電源からの接地側電線，黒色は電源からの非接地側電線とする。	イ.	ロ.	ハ.	ニ.
42	⑫で示す点滅器の取付け工事に使用する材料として，**適切なものは。**	イ.	ロ.	ハ.	ニ.
43	⑬で示す図記号の器具は。	イ.	ロ.	ハ.	ニ.
44	⑭で示すボックス内の接続をリングスリーブで圧着接続した場合のリングスリーブの種類，個数及び圧着接続後の刻印との組合せで，**正しいものは。** ただし，使用する電線は特記のないものは VVF1.6 とする。 また，写真に示す**リングスリーブ中央の**○，小，中は刻印を表す。	イ. ○ 小 小 小　3個	ロ. 中 中　1個 小 ○ 小　2個	ハ. 中 中 中　2個 小 小　1個	ニ. 中 中 中　2個 ○ 小　1個
45	⑮で示すボックス内の接続をすべて差込形コネクタとする場合,使用する差込形コネクタの種類と最少個数の組合せで,**正しいものは。**ただし，使用する電線はすべて VVF1.6 とする。	イ. 4個	ロ. 2個 1個	ハ. 3個 1個	ニ. 2個 1個 1個

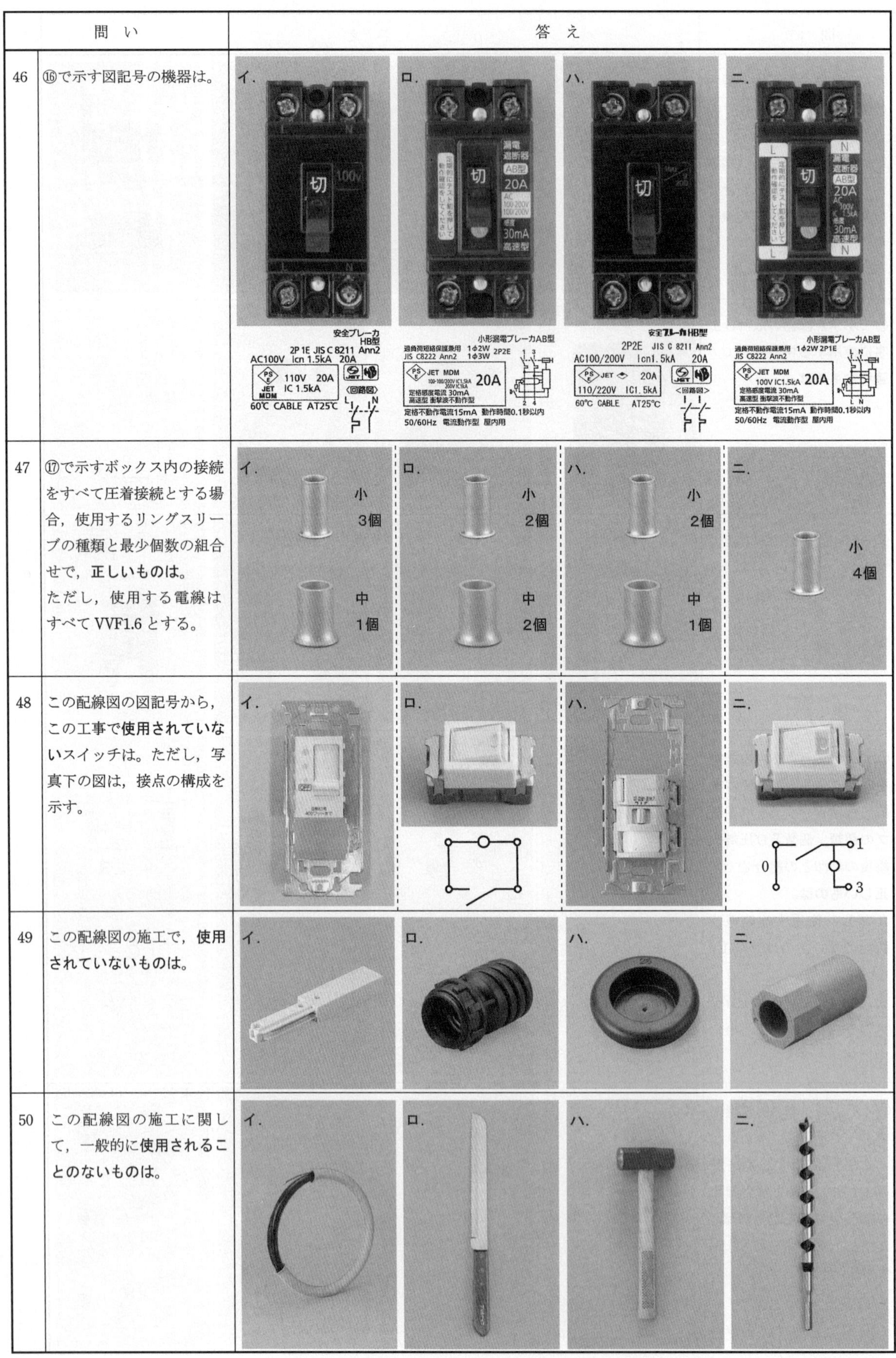

	問い	答え
46	⑯で示す図記号の機器は。	イ．　ロ．　ハ．　ニ．
47	⑰で示すボックス内の接続をすべて圧着接続とする場合，使用するリングスリーブの種類と最少個数の組合せで，**正しいものは**。 ただし，使用する電線はすべてVVF1.6とする。	イ．小 3個 中 1個　ロ．小 2個 中 2個　ハ．小 2個 中 1個　ニ．小 4個
48	この配線図の図記号から，この工事で**使用されていないスイッチは**。ただし，写真下の図は，接点の構成を示す。	イ．　ロ．　ハ．　ニ．
49	この配線図の施工で，**使用されていないものは**。	イ．　ロ．　ハ．　ニ．
50	この配線図の施工に関して，一般的に**使用されることのないものは**。	イ．　ロ．　ハ．　ニ．

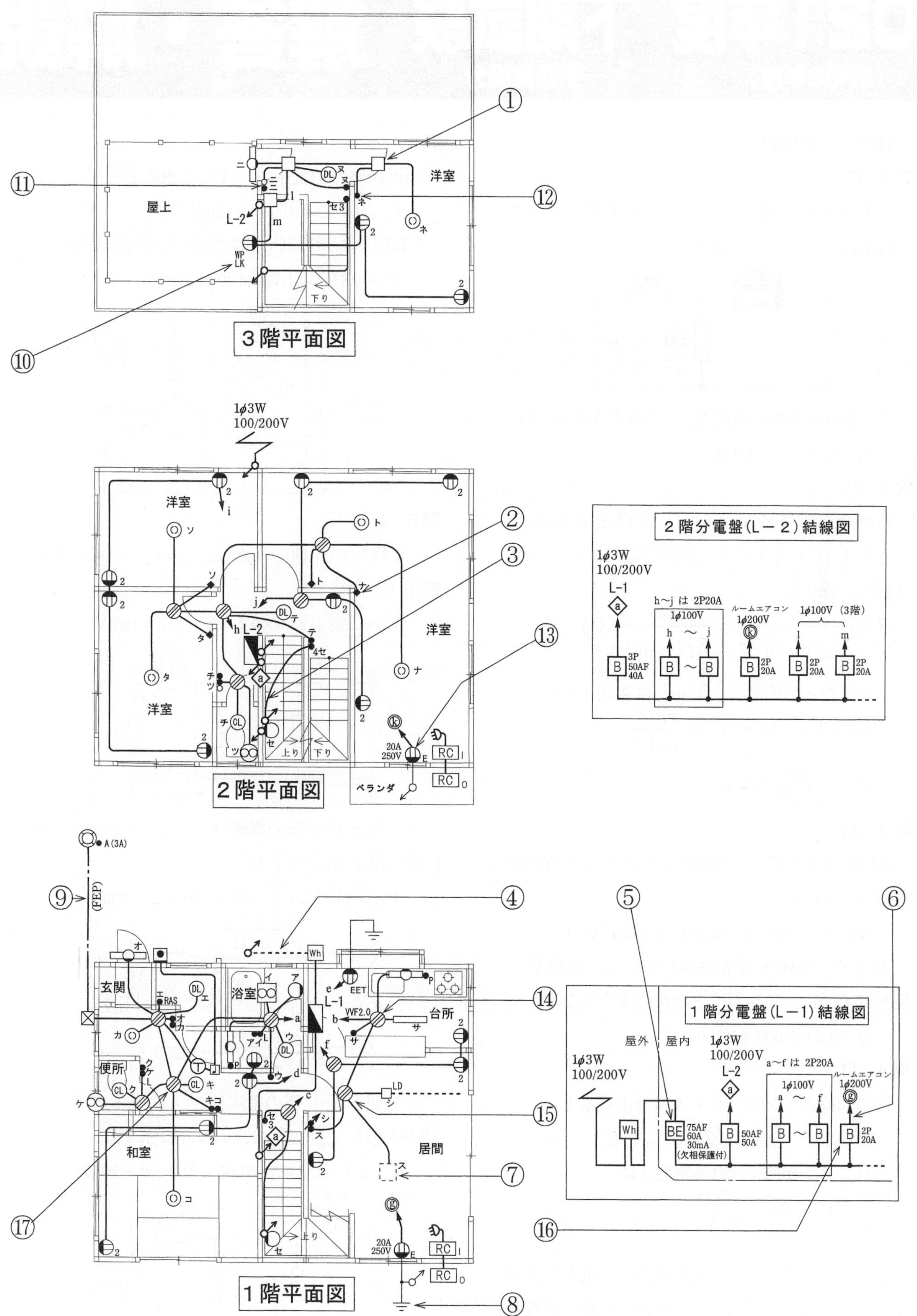
3階平面図
2階平面図
1階平面図
屋上
洋室
L-2
WP
LK
下り
1φ3W
100/200V
ベランダ
20A
250V
RC
玄関
浴室
台所
便所
和室
居間
L-1
Wh
VVF2.0
EET
(FEP)
A (3A)
2階分電盤（L－2）結線図
h～j は 2P20A
1φ100V
ルームエアコン
1φ200V
1φ100V（3階）
3P
50AF
40A
2P
20A
1階分電盤（L－1）結線図
屋外
屋内
a～f は 2P20A
75AF
60A
30mA
(欠相保護付)
50AF
50A

〔問題1. 一般問題〕

問1 ロ

スイッチ S_1 を閉じ，スイッチ S_2 を開いたときの回路は下図のようになる．

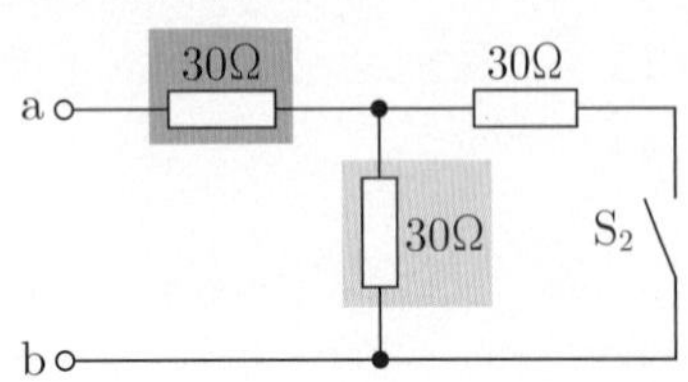

これよりa-b間の抵抗 R_{ab} は次のように求まる．

$$R_{ab}=30+30=60\ \Omega$$

問2 ハ

導線の抵抗率を ρ［Ω·m］，直径を D［mm］，長さを L［m］とすると，導線の電気抵抗 R［Ω］は次式で表せる．

$$R=\frac{\rho L}{\frac{\pi}{4}\times(D\times10^{-3})^2}=\frac{\rho L}{\frac{\pi}{4}D^2\times10^{-6}}\ [\Omega]$$

この式から抵抗率 ρ［Ω·m］は次式となる．

$$\rho L=R\times\frac{\pi}{4}D^2\times10^{-6}=\frac{\pi RD^2}{4\times10^6}$$

$$\rho=\frac{\pi RD^2}{4L\times10^6}\ [\Omega\cdot\mathrm{m}]$$

問3 ハ

300Wの電熱器を2時間使用したときの消費電力量 W［kW·h］は，

$$W=Pt=300\times2=600\ \mathrm{W\cdot h}=0.6\ \mathrm{kW\cdot h}$$

ここで，1kW·hは3 600kJなので，電熱器の発熱量 Q［kJ］に換算すると次のようになる．

$$Q=0.6\times3\,600=2\,160\ \mathrm{kJ}$$

問4 ロ

図の回路のインピーダンス Z を求めると，

$$Z=\sqrt{R^2+X^2}=\sqrt{8^2+6^2}=10\ \Omega$$

これより，回路を流れる電流 I は，

$$I=\frac{V}{Z}=\frac{100}{10}=10\ \mathrm{A}$$

抵抗とリアクタンスの直列回路で，電力を消費するのは抵抗のみである．このため回路の消費電力 P［W］は次のように求まる．

$$P=I^2R=10^2\times8=800\ \mathrm{W}$$

問5 ハ

図の回路の相電圧 E_P［V］を求めると，

$$E_P=I\times R=20\times6=120\ \mathrm{V}$$

Y結線では，線間電圧 E は相電圧 E_P の $\sqrt{3}$ 倍なので，

$$E=\sqrt{3}E_P=1.73\times120\fallingdotseq208\ \mathrm{V}$$

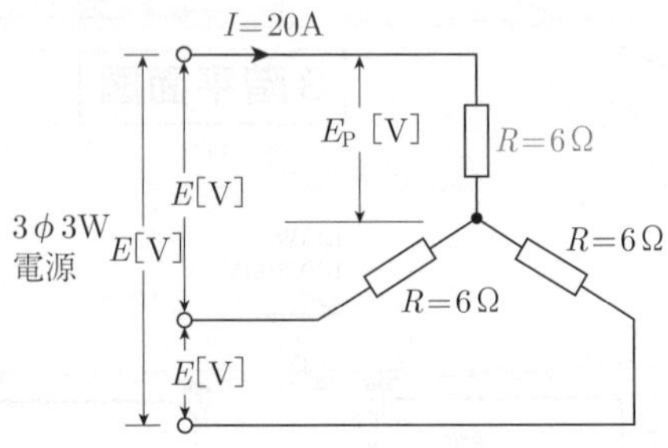

問6 ニ

c–d間とc′–d′間の電流は5Aなので，c–c′間の電圧 $V_{cc'}$［V］は，

$$V_{cc'}=V_{dd'}+2\times5\times0.1=100+1=101\ \mathrm{V}$$

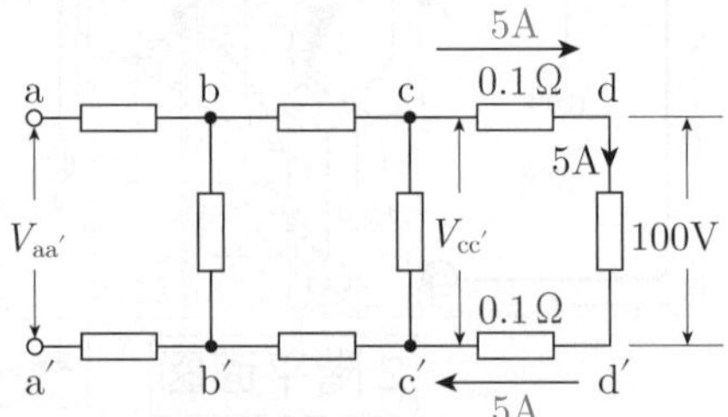

b–c間とb′–c′間の電流は10Aになるので，b–b′間の電圧 $V_{bb'}$［V］は，

$$V_{bb'}=V_{cc'}+2\times10\times0.1=101+2=103\ \mathrm{V}$$

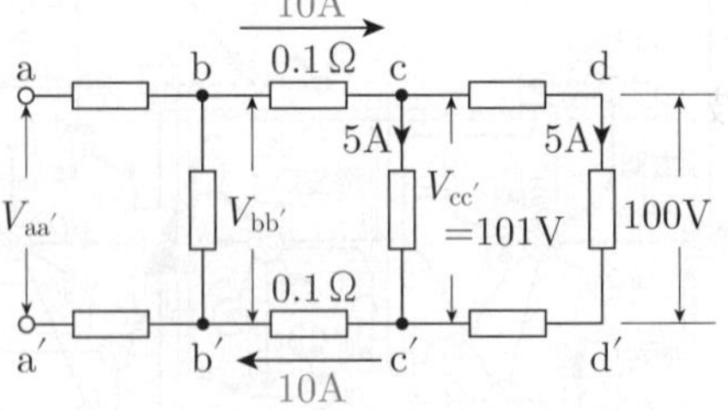

a–b間とa′–b′間の電流は20Aになるので，a–a′間の電圧 $V_{aa'}$［V］は次のように求まる．

$$V_{aa'}=V_{bb'}+2\times20\times0.05=103+2=105\ \mathrm{V}$$

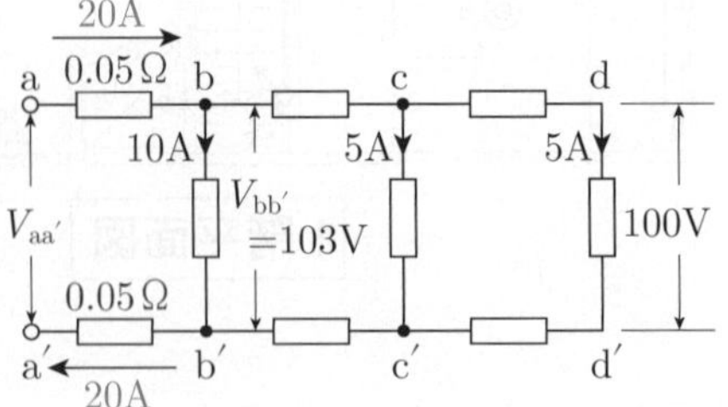

問	1	2	3	4	5	6	7	8	9	10	11	12	13	14	15	16	17	18	19	20	21	22	23	24	25
答	ロ	ハ	ハ	ロ	ハ	ニ	ニ	ハ	ニ	イ	イ	ロ	イ	ニ	ロ	イ	ロ	ハ	ロ	ハ	イ	イ	ロ	ニ	ロ

問	26	27	28	29	30	31	32	33	34	35	36	37	38	39	40	41	42	43	44	45	46	47	48	49	50
答	ニ	ハ	ロ	ハ	ハ	ニ	ニ	ハ	イ	ロ	イ	ニ	ニ	イ	ハ	ハ	イ	ロ	ニ	ハ	ハ	イ	ロ	ニ	ロ

問 7　ニ

図の回路の抵抗負荷は平衡しているので，中性線には電流が流れず電圧降下は発生しない．電線 1 線当たりの抵抗は 0.05 W なので a–b 間の電圧 V_{ab}[V]は，

$$V_{ab} = 104 - 20 \times 0.05 = 104 - 1 = 103\ \mathrm{V}$$

問 8　ハ

直径 2.0 mm の 600 V ビニル絶縁電線の許容電流は 35 A で，合成樹脂管に 4 本収めるときの電流減少係数は 0.63 であるから，電線 1 本当たりの許容電流 I［A］は次のように求まる．

$$I = 35 \times 0.63 \fallingdotseq 22\ \mathrm{A}$$

絶縁電線の許容電流（内線規程 1340-1 表）

種　類	太　さ	許容電流［A］
単線直径 [mm]	1.6	27
	2.0	35
より線断面積 [mm²]	2	27
	3.5	37
	5.5	49

（周囲温度 30℃以下）

電流減少係数（内線規程 1340-2 表）

同一管内の電線数	電流減少係数
3 以下	0.70
4	0.63
5 又は 6	0.56

問 9　ニ

電技解釈第 149 条により，分岐回路の過電流遮断器の位置が，幹線との分岐点から 8 m を超えているので，過電流遮断器の定格電流を I_B［A］とすると，a–b 間の電線の許容電流 I[A]の最小値は次のように求まる．

$$I \geqq I_B \times 0.55 = 40 \times 0.55 = 22\ \mathrm{A}$$

問 10　イ

電技解釈第 149 条により，30 A 分岐回路のコンセントは 20 A 以上 30 A 以下，電線は直径 2.6 mm 以上のものを用いなければならない．

分岐回路の施設（電技解釈第 149 条）

分岐過電流遮断器の定格電流	コンセント	電線の太さ
15A	15A 以下	直径 1.6mm 以上
20A（配線用遮断器）	20A 以下	
20A（配線用遮断器を除く）	20A	直径 2mm 以上
30A	20A 以上 30A 以下	直径 2.6mm 以上
40A	30A 以上 40A 以下	断面積 8mm² 以上

問 11　イ

リングレジューサとは，アウトレットボックスのノックアウト（打ち抜き穴）の径が，それに接続する金属管の外径より大きいときに使用する材料である．

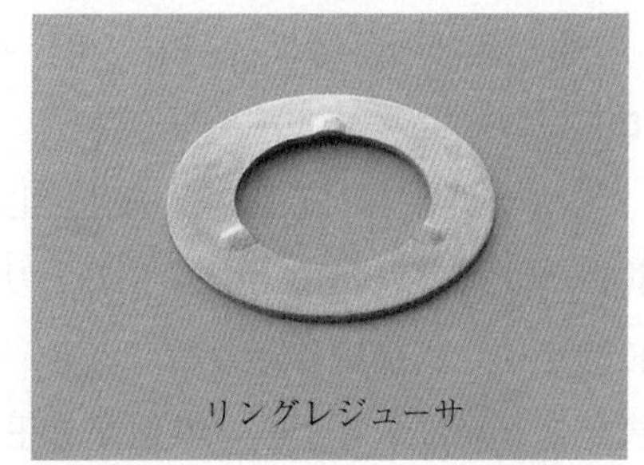
リングレジューサ

問 12　ロ

内線規程 1340–5 表より，公称断面積 1.25 mm² のゴムコードの許容電流は 12 A である．このため，定格電圧 100 V で 1 200 W 以下の電熱器具に使用しなくてはいけない．

問 13　イ

金属管のバリ取りはリーマを使用するので，イが正しい．ロのパイプベンダは金属管の曲げ加工，ハのボルトクリッパは太い電線などの切断，ニのガストーチランプは合成樹脂管の曲げ加工に使用する工具である．

問 14　ニ

三相誘導電動機の始動電流を小さくするために用いられる方法は，スターデルタ始動装置を使用した始動方法である．この方法は，巻線を Y 結線として始動し，ほぼ全速度に達したときに△結線に戻す方式で，全電圧始動と比較し，始動電流を 1/3 に小さくすることができる．一般に，5.5 kW 以上の誘導電動機の始動法に用いられる．

問 15　ロ

電技解釈第 33 条により，定格電流 20 A の配線用遮断器に 40 A の電流が継続して流れたとき，通過電流は定格電流の 2 倍となるので，2 分以内に動作しなければならない．なお，通過電流が定格電流の 1.25 倍のときは 60 分以内に動作しなければならない．

問 16　イ

写真に示す材料は TS カップリングである．硬質ポリ塩化ビニル電線管（VE 管）相互を接続するのに用いられる．

問 17　ロ

写真に示す器具は線付防水ソケットである．屋外照明器具のソケットとして使用される．

問 18　ハ

写真に示す測定器は絶縁抵抗計（メガー）である．文字盤にある MΩ の表示から判断できる．この測

定器は，電路や機器の絶縁抵抗測定に用いられる．

問 19　ロ

600 V ビニル絶縁電線（軟銅線）を使用した屋内配線工事で，リングスリーブ用圧着工具とリングスリーブ E 形を用いて接続作業を行うとき，電線の太さに適合するリングスリーブの種類と圧着マーク（刻印）の組み合わせは下表のようになっている．

リングスリーブと圧着マーク（刻印）の組合わせ

接続する電線の太さ及び本数	リングスリーブの種類	圧着マーク（刻印）
1.6mm 2 本	小	○
1.6mm 2 本と 2.0mm 1 本	小	小
1.6mm 4 本	小	小
1.6mm 1 本と 2.0mm 2 本	中	中

※内線規程 1335-2 表，JIS C 2806 参照

問 20　ハ

電技解釈第 29 条により，ハの水気のある場所の D 種接地工事は省略できない．機械器具の鉄台及び外箱の D 種接地工事を省略できるのは，ロのように低圧用の機械器具を乾燥した木製の床などの絶縁性のものの上で取り扱うように施設する場合や水気のある場所以外に供給する電路に漏電遮断器（定格感度 15 mA 以下，動作時間 0.1 秒以下の電流動作型）を施設する場合である．また，電技解釈第 159 条により，イ，ニの金属管工事は D 種接地工事を省略できる．

問 21　イ

電技解釈第 160 条により，第 1 種金属製可とう電線管を用いた金属可とう電線管工事を行うことができるのは，展開した場所または点検できる隠ぺい場所であって乾燥した場所でなくてはいけない．

問 22　イ

三相誘導電動機の力率の改善には低圧進相コンデンサが用いられる．この低圧進相コンデンサは，手元開閉器の負荷側に電動機と並列に接続して使用する（内線規定 3335-4）．

問 23　ロ

金属管工事による低圧屋内配線を施設する場合，薄鋼電線管相互の接続にはカップリングが使用される．コンビネーションカップリングは，ねじなし電線管（鋼製電線管）と可とう電線管（第 2 種可とう電線管）の接続に使用する材料である．

問 24　ニ

電動機の回転速度の測定には回転計を使用する．検相器は三相回路の相順（相回転）を確認する測定器である．導通試験には回路計（テスタ），絶縁抵抗の測定は絶縁抵抗計，負荷電流の測定にはクランプ形電流計が使用される．

問 25　ロ

分岐回路を開放して負荷を電源から分離し，その負荷側の低圧屋内電路と大地間の絶縁抵抗一括測定する場合は，負荷側の点滅器をすべて「入」にして，常時配線に接続されている負荷は使用状態にしたままで測定する．

問 26　ニ

接地抵抗測定の前には，正確な接地抵抗を測定するため，接地極の地電圧が許容電圧以下であることを確認してから測定を行う．なお，接地抵抗計の出力端子の電圧は交流電圧で，測定は被測定接地極（E）を端とし，一直線上に 2 箇所の補助接地極（P，C）を順に 10m 程度離して配置する．

問 27　ハ

アナログ式回路計（電池内蔵）で，回路抵抗を測定する場合，正確な回路抵抗を測定するため，測定前には赤と黒の測定端子（テストリード）を短絡し，指針が 0 W になるよう調整してから測定を行う．

問 28　ロ

電気工事士法第 5 条 2 項により，電気工事士は「電気工事士法」で定められた電気工事の作業に従事するときは，電気工事士免状を携帯していなければならない．

問 29　ハ

電気用品安全法施行令（別表第 1）により，特定電気用品に区分されるものは，タンブラースイッチ，フロートスイッチ，タイムスイッチ，配線用遮断器，差込み接続器などである．したがって，ハが正しい．

問 30　ハ

一般用電気工作物とは，低圧受電で受電の場所と同一の構内で使用する電気工作物で，同じ構内で連係して使用する下記の小規模事業用電気工作物以外の小規模発電設備も含む．一般用電気工作となる小規模発電設備は，発電電圧 600V 以下で，出力の合計が 50 kW 以上となるものを除く（電気事業法施行規則第 48 条）．

小規模発電設備

設備名	出力	区分
風力発電設備	20kW 未満	小規模事業用電気工作物**
太陽電池発電設備	50kW 未満	
	10kW 未満	一般用電気工作物
水力発電設備*	20kW 未満	
内燃力発電設備	10kW 未満	
燃料電池発電設備	10kW 未満	
スターリングエンジン発電設備	10kW 未満	

*最大使用水量 1m3/s 未満（ダムを伴うものを除く）

**第二種電気工事士は，小規模事業用電気工作物の工事に従事できる．

〔問題 2. 配線図〕

問 31　ニ

①で示す図記号はジョイントボックスなので，ニが正しい．プルボックスは⊠，VVF ジョイントボックスは◎（斜線），ジャンクションボックスは--◎--の図記号で表される．

問 32　ニ

②で示す図記号はワイドハンドル形点滅器なので，ニが正しい．一般形点滅器は●，一般形調光器は●↗，ワイド形調光器は◆↗の図記号で表される．

問 33　ハ

③で示す部分の配線は，セの 4 路スイッチのみと接続する配線なので，最小電線本数（心線数）は 4 本である．

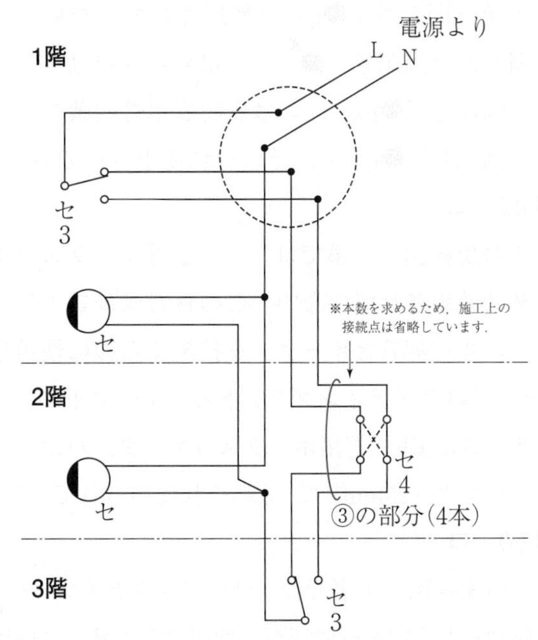

問 34　イ

電技解釈第 110 条により，④に示す部分の木造の造営物の低圧屋側電線路は，ケーブル工事（鉛被ケーブル，アルミ被ケーブル，MI ケーブルを除く），がいし引き工事，合成樹脂管工事で施工しなくてはいけない．

問 35　ロ

⑤で示す図記号は漏電遮断器である．この部分は単相 3 線式回路なので，ロの 3 極 2 素子漏電遮断器（過負荷保護付，中性線欠相保護付）を施設する．

問 36　イ

⑥で示す部分は単相 3 線式の単相 200 V の電路（配線番号ⓖ）で，対地電圧は 100 V である．このため，電路と大地の絶縁抵抗値は 0.1 MΩ 以上なくてはいけない．

低圧電路の絶縁性能（電技省令第 58 条）

電路の使用電圧の区分		絶縁抵抗値
300V 以下	対地電圧 150V 以下	0.1MΩ 以上
	その他の場合	0.2MΩ 以上
300V を超える低圧回路		0.4MΩ 以上

問 37　ニ

ペンダントの図記号は⊖なので，ニが正しい．Ⓒⓛはシーリング（天井直付），Ⓒⓗはシャンデリヤ，◎は屋外灯の図記号である．

問 38　ニ

⑧で示す部分の接地工事は，使用電圧が 300 V 以下であることから，電技解釈第 29 条により，D 種接地工事を施す．また，電技解釈第 17 条により，電路に 0.1 秒以内に動作する漏電遮断器が設置されているので，接地抵抗は 500 Ω 以下であればよい．

問 39　イ

⑨で示す記号 FEP は，波付硬質合成樹脂管である．硬質ポリ塩化ビニル電線管（硬質塩化ビニル電線管）は VE，耐衝撃性硬質ポリ塩化ビニル電線管（耐衝撃性硬質塩化ビニル電線管）は HIVE，耐衝撃性硬質ポリ塩化ビニル管（耐衝撃性硬質塩化ビニル管）は HIVP の記号で表す．

問 40　ハ

⑩で示すコンセントの傍記表示「LK」は，ハの抜け止め形を示す．また，「WP」の表示は防雨形であることを示している．なお，引掛形は「T」，漏電遮断器付は「EL」と傍記表示する．また，ワイド形には⬖の図記号を用いる．

問 41　ハ

⑪で示す図記号は同じスイッチボックスに確認表示灯（上側）と点滅器（下側）が取り付けられているこ

とを示す．電源からの接地側電線（白色）は確認表示灯の端子に，非接地側電線（黒色）は点滅器に結線する．また，点滅器の負荷側の電線は赤色で結線する．傍記より，この部分は同時点滅回路のため，器具間には，渡り線として赤色の電線を結線しなくてはならない．

問 42　イ

⑫で示す部分の点滅器の取付け工事は，VVF ケーブル工事（天井隠ぺい配線）で施設されるので，イの合成樹脂製の埋込スイッチボックスが用いられる．

問 43　ロ

⑬で示す図記号の器具は単相 200 V 用 20 A 接地極付コンセントなので，ロが正しい．なお，イは単相 200 V 用 20 A 接地極付接地端子付コンセント，ハは単相 200 V 用 15 A 接地極付コンセント，ニは三相 200 V 接地極付コンセントである（内線規程 3202-2 表）．

問 44　ニ

⑭で示すボックス内の接続は，複線結線図－1 より，1.6 mm×2 本接続 1 箇所，2.0 mm×1 本と 1.6 mm×3 本接続 2 箇所となるので，使用するリングスリーブは小で刻印「○」が 1 個，中で刻印「中」が 2 個である（JIS C 2806）．

問 45　ハ

⑮で示すボックス内の接続は複線結線図－1 のようになる．使用する差込形コネクタは 2 本接続用 3 個，3 本接続用 1 個である．

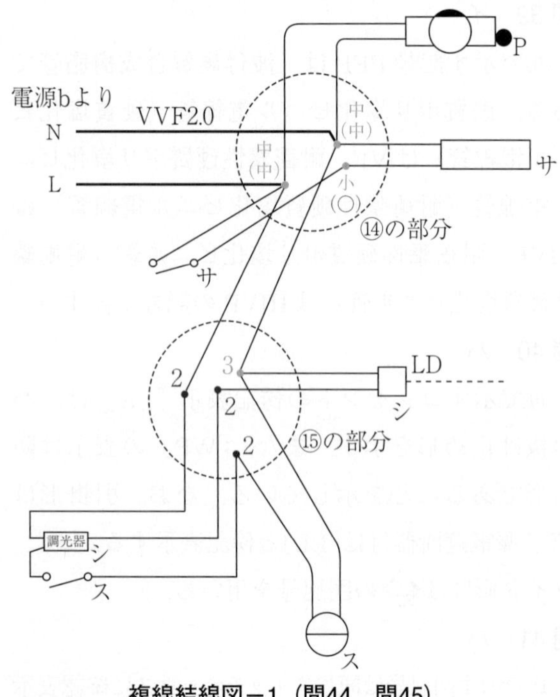

複線結線図－1（問44，問45）

問 46　ハ

⑯で示す図記号は単相 200 V 回路に施設される配線用遮断器なので，ハの 2P2E（2 極 2 素子）の配線用遮断器を使用する．なお，イは 2P1E の配線用遮断器（100 V 用），ロは 2P2E の過負荷短絡保護兼用漏電遮断器（100/200 V 用），ニは 2P1E の過負荷短絡保護兼用漏電遮断器（100 V 用）である．

問 47　イ

⑰で示すボックス内の接続は，複線結線図－2 より，1.6 mm×2 本接続 2 箇所，1.6 mm×4 本接続 1 箇所，1.6 mm×5 本接続 1 箇所となるので，使用するリングスリーブは小 3 個，中 1 個である（JIS C 2806）．

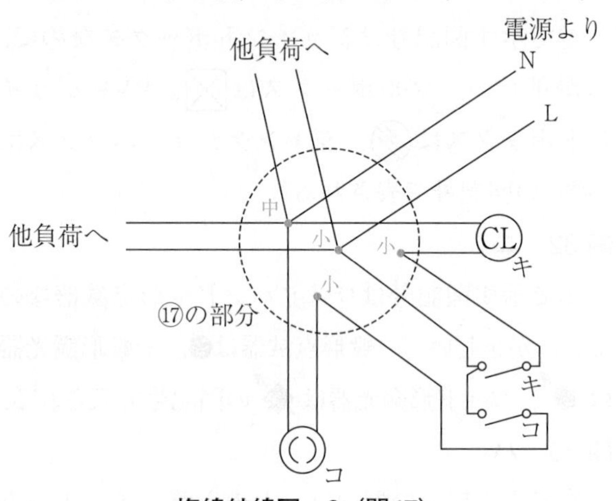

複線結線図－2（問47）

問 48　ロ

この配線図の工事では，ロの位置表示灯内蔵スイッチ（図記号：$\bullet_{H}$）は使用されていない．イは調光器（図記号：●），ハは熱線式自動スイッチ（図記号：$\bullet_{RAS}$），ニは確認表示灯内蔵スイッチ（図記号：$\bullet_{L}$）で，それぞれ使用されている．

問 49　ニ

この配線図の工事では，ニの 2 号ボックスコネクタは使用されていない．この材料は硬質ポリ塩化ビニル電線管とボックスを接続するのに使用される．イはライティングダクトのフィードインボックス，ロは FEP 管用ボックスコネクタ，ハはゴムブッシング（25mm）で，それぞれ使用されている．

問 50　ロ

この配線図の工事では，ロのプリカナイフ（2 種金属製可とう電線管の切断に使用する工具）は使用しない．なお，イは呼び線挿入器（電線管内に電線を挿入するのに使用），ハはハンマ（接地棒の打ち込みなどに使用），ニは木工用ドリルビット（電動ドリルに取付けて木材の穴あけなどに使用）である．

第二種電気工事士
筆記試験

2021年度
（令和3年度）

下期試験
（午後実施分）

※ 2021 年度（令和 3 年度）の第二種電気工事士下期筆記試験は，新型コロナウイルス感染防止対策として，同日の午前と午後にそれぞれ実施された．

問題1．一般問題 (問題数30，配点は1問当たり2点)

【注】本問題の計算で$\sqrt{2}$，$\sqrt{3}$ 及び円周率 π を使用する場合の数値は次によること。$\sqrt{2}=1.41$，$\sqrt{3}=1.73$，$\pi=3.14$

次の各問いには4通りの答え（イ，ロ，ハ，ニ）が書いてある。それぞれの問いに対して答えを1つ選びなさい。

なお，選択肢が数値の場合は最も近い値を選びなさい。

	問い	答え			
1	図のような回路で，電流計Ⓐの値が2Aを示した。このときの電圧計Ⓥの指示値[V]は。 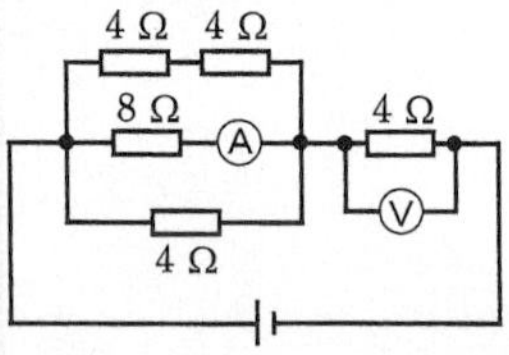 4 Ω 4 Ω 8 Ω 4 Ω 4 Ω	イ．16	ロ．32	ハ．40	ニ．48
2	抵抗率ρ[Ω・m]，直径D[mm]，長さL[m]の導線の電気抵抗[Ω]を表す式は。	イ．$\frac{\rho L^2}{\pi D^2}\times10^6$	ロ．$\frac{4\rho L}{\pi D^2}\times10^6$	ハ．$\frac{4\rho L^2}{\pi D}\times10^6$	ニ．$\frac{4\rho L}{\pi D}\times10^6$
3	消費電力が500Wの電熱器を，1時間30分使用したときの発熱量[kJ]は。	イ．450	ロ．750	ハ．1 800	ニ．2 700
4	単相200Vの回路に，消費電力2.0kW，力率80%の負荷を接続した場合，回路に流れる電流[A]は。	イ．7.2	ロ．8.0	ハ．10.0	ニ．12.5
5	図のような三相3線式回路に流れる電流I[A]は。 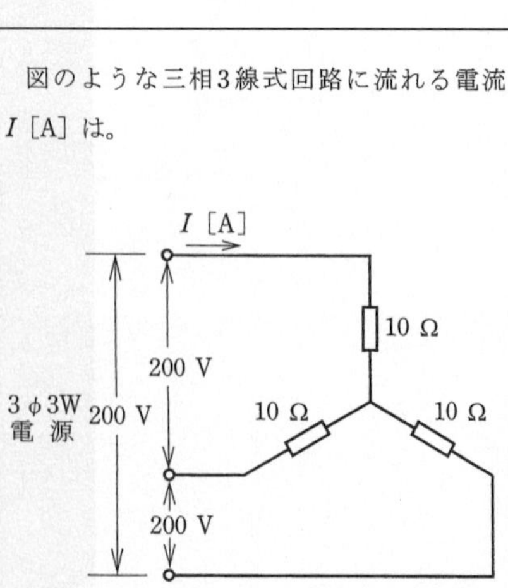 I[A] 3φ3W 電源 200 V 200 V 200 V 10 Ω 10 Ω 10 Ω	イ．8.3	ロ．11.6	ハ．14.3	ニ．20.0

	問い	答え			
6	図のような単相2線式回路において，c－c′間の電圧が 100 V のとき，a－a′間の電圧［V］は。 ただし，r は電線の電気抵抗［Ω］とする。 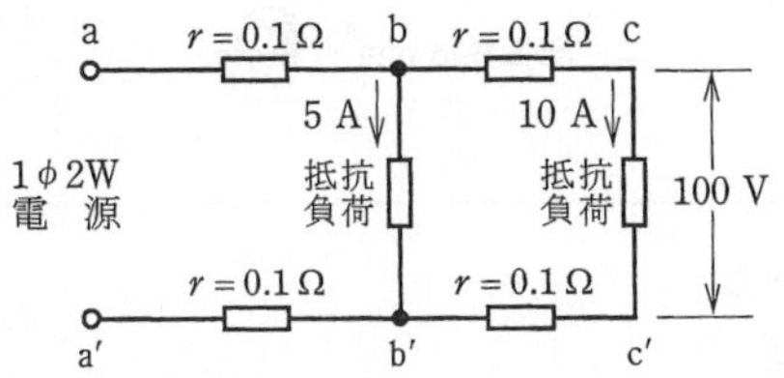 a　r＝0.1 Ω　b　r＝0.1 Ω　c 5 A　10 A 1φ2W 電源　抵抗負荷　抵抗負荷　100 V r＝0.1 Ω　r＝0.1 Ω a′　b′　c′	イ．102	ロ．103	ハ．104	ニ．105
7	図のような単相3線式回路において，電線1線当たりの電気抵抗が 0.2 Ω，抵抗負荷に流れる電流がともに 10 A のとき，配線の電力損失［W］は。 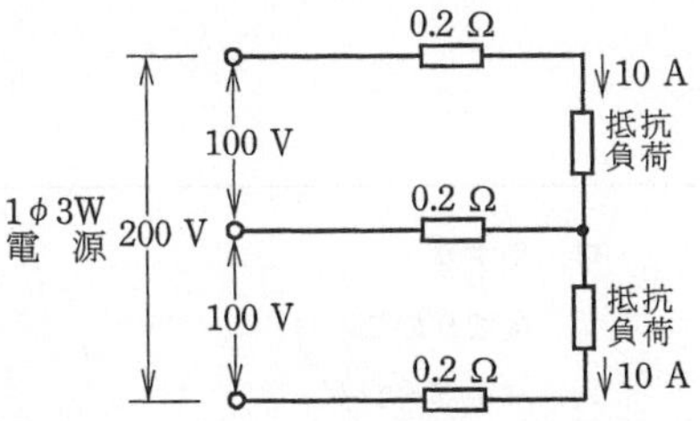 0.2 Ω　10 A 100 V　抵抗負荷 1φ3W 電源　200 V　0.2 Ω 100 V　抵抗負荷 0.2 Ω　10 A	イ．4	ロ．8	ハ．40	ニ．80
8	金属管による低圧屋内配線工事で，管内に断面積 3.5 mm^2 の 600V ビニル絶縁電線（軟銅線）3 本を収めて施設した場合，電線1本当たりの許容電流［A］は。 ただし，周囲温度は 30 ℃以下，電流減少係数は 0.70 とする。	イ．19	ロ．26	ハ．34	ニ．49
9	図のような電熱器 Ⓗ 1 台と電動機 Ⓜ 2 台が接続された単相 2 線式の低圧屋内幹線がある。この幹線の太さを決定する根拠となる電流 I_W［A］と幹線に施設しなければならない過電流遮断器の定格電流を決定する根拠となる電流 I_B［A］の組合せとして，**適切なものは。** ただし，需要率は 100 %とする。 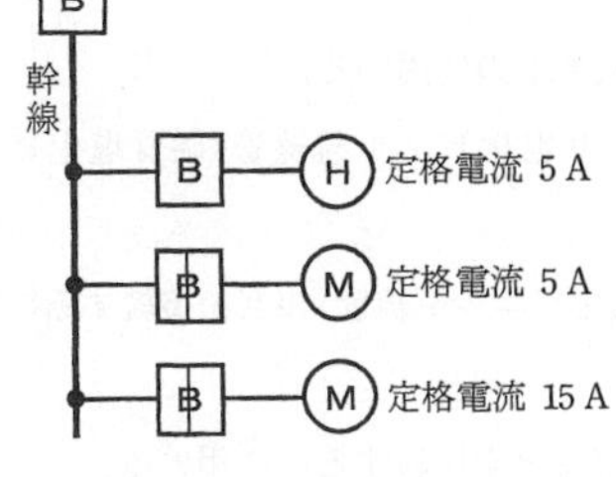 B　幹線 B　Ⓗ 定格電流 5 A B　Ⓜ 定格電流 5 A B　Ⓜ 定格電流 15 A	イ．I_W 27 I_B 55	ロ．I_W 27 I_B 65	ハ．I_W 30 I_B 55	ニ．I_W 30 I_B 65

	問　い	答　え
10	定格電流 30 A の配線用遮断器で保護される分岐回路の電線（軟銅線）の太さと，接続できるコンセントの図記号の組合せとして，**適切なものは**。 ただし，コンセントは兼用コンセントではないものとする。	イ．断面積 5.5 mm^2　⊖ 20A 2 ロ．直径 2.6 mm　⊖ 2 ハ．直径 2.0 mm　⊖ 30A ニ．断面積 8 mm^2　⊖ 2
11	金属管工事において，絶縁ブッシングを使用する主な目的は。	イ．電線の被覆を損傷させないため。 ロ．電線の接続を容易にするため。 ハ．金属管を造営材に固定するため。 ニ．金属管相互を接続するため。
12	低圧の地中配線を直接埋設式により施設する場合に**使用できるものは**。	イ．屋外用ビニル絶縁電線（OW） ロ．600 V 架橋ポリエチレン絶縁ビニルシースケーブル（CV） ハ．引込用ビニル絶縁電線（DV） ニ．600 V ビニル絶縁電線（IV）
13	金属管（鋼製電線管）の切断及び曲げ作業に使用する工具の組合せとして，**適切なものは**。	イ．やすり　パイプレンチ　パイプベンダ ロ．やすり　金切りのこ　パイプベンダ ハ．リーマ　金切りのこ　トーチランプ ニ．リーマ　パイプレンチ　トーチランプ
14	必要に応じ，スターデルタ始動を行う電動機は。	イ．三相かご形誘導電動機 ロ．三相巻線形誘導電動機 ハ．直流分巻電動機 ニ．単相誘導電動機
15	漏電遮断器に関する記述として，**誤っているものは**。	イ．高速形漏電遮断器は，定格感度電流における動作時間が 0.1 秒以下である。 ロ．漏電遮断器には，漏電電流を模擬したテスト装置がある。 ハ．漏電遮断器は，零相変流器によって地絡電流を検出する。 ニ．高感度形漏電遮断器は，定格感度電流が 1 000 mA 以下である。
16	写真に示す材料の用途は。	イ．合成樹脂製可とう電線管相互を接続するのに用いる。 ロ．合成樹脂製可とう電線管と硬質ポリ塩化ビニル電線管（硬質塩化ビニル電線管）とを接続するのに用いる。 ハ．硬質ポリ塩化ビニル電線管（硬質塩化ビニル電線管）相互を接続するのに用いる。 ニ．鋼製電線管と合成樹脂製可とう電線管とを接続するのに用いる。

	問い	答え
17	写真に示す器具の用途は。 JET 100V 50Hz 0.62A 30W 電源 黒 白 二次電圧 150V 二次電流 0.36A 二次短絡電流 0.45A 器具内用 低力率 FLR20S×1 安定器 黄 LAMP 青	イ．手元開閉器として用いる。 ロ．電圧を変成するために用いる。 ハ．力率を改善するために用いる。 ニ．蛍光灯の放電を安定させるために用いる。
18	写真に示す工具の用途は。	イ．電線の支線として用いる。 ロ．太い電線を曲げてくせをつけるのに用いる。 ハ．施工時の電線管の回転等すべり止めに用いる。 ニ．架空線のたるみを調整するのに用いる。
19	600 V ビニル絶縁ビニルシースケーブル平形 1.6 mm を使用した低圧屋内配線工事で，絶縁電線相互の終端接続部分の絶縁処理として，**不適切なものは。** ただし，ビニルテープは JIS に定める厚さ約 0.2 mm の電気絶縁用ポリ塩化ビニル粘着テープとする。	イ．差込形コネクタにより接続し，接続部分をビニルテープで巻かなかった。 ロ．リングスリーブ(E 形)により接続し，接続部分を黒色粘着性ポリエチレン絶縁テープ(厚さ約 0.5 mm)で半幅以上重ねて 1 回(2 層)巻いた。 ハ．リングスリーブ(E 形)により接続し，接続部分をビニルテープで半幅以上重ねて 1 回(2 層)巻いた。 ニ．リングスリーブ(E 形)により接続し，接続部分にリングスリーブ用の絶縁キャップを被せ，ビニルテープで巻かなかった。
20	同一敷地内の車庫へ使用電圧 100 V の電気を供給するための低圧屋側配線部分の工事として，**不適切なものは。**	イ．1 種金属製線ぴによる金属線ぴ工事 ロ．硬質ポリ塩化ビニル電線管(硬質塩化ビニル電線管)(VE)による合成樹脂管工事 ハ．600 V 架橋ポリエチレン絶縁ビニルシースケーブル(CV)によるケーブル工事 ニ．600 V ビニル絶縁ビニルシースケーブル丸形(VVR)によるケーブル工事
21	単相 3 線式 100/200 V の屋内配線工事で漏電遮断器を**省略できないものは。**	イ．乾燥した場所の天井に取り付ける照明器具に電気を供給する電路 ロ．小勢力回路の電路 ハ．簡易接触防護措置を施してない場所に施設するライティングダクトの電路 ニ．乾燥した場所に施設した，金属製外箱を有する使用電圧 200 V の電動機に電気を供給する電路

	問　い	答　え
22	D 種接地工事の施工方法として，**不適切なものは。**	イ．移動して使用する電気機械器具の金属製外箱の接地線として，多心キャブタイヤケーブルの断面積 0.75 mm^2 の 1 心を使用した。 ロ．低圧電路に地絡を生じた場合に 0.5 秒以内に自動的に電路を遮断する装置を設置し，接地抵抗値が 300 Ω であった。 ハ．単相 100 V の電動機を水気のある場所に設置し，定格感度電流 30 mA，動作時間 0.1 秒の電流動作型漏電遮断器を取り付けたので，接地工事を省略した。 ニ．ルームエアコンの接地線として，直径 1.6 mm の軟銅線を使用した。
23	低圧屋内配線の合成樹脂管工事で，合成樹脂管（合成樹脂製可とう電線管及び CD 管を除く）を造営材の面に沿って取り付ける場合，管の支持点間の距離の最大値［m］は。	イ．1　　ロ．1.5　　ハ．2　　ニ．2.5
24	低圧電路で使用する測定器とその用途の組合せとして，**正しいものは。**	イ．電力計　と　消費電力量の測定 ロ．検電器　と　電路の充電の有無の確認 ハ．回転計　と　三相回路の相順（相回転）の確認 ニ．回路計（テスタ）　と　絶縁抵抗の測定
25	絶縁抵抗計（電池内蔵）に関する記述として，**誤っているものは。**	イ．絶縁抵抗計には，ディジタル形と指針形（アナログ形）がある。 ロ．絶縁抵抗測定の前には，絶縁抵抗計の電池容量が正常であることを確認する。 ハ．絶縁抵抗計の定格測定電圧（出力電圧）は，交流電圧である。 ニ．電子機器が接続された回路の絶縁測定を行う場合は，機器等を損傷させない適正な定格測定電圧を選定する。
26	工場の 200 V 三相誘導電動機（対地電圧 200 V）への配線の絶縁抵抗値［MΩ］及びこの電動機の鉄台の接地抵抗値［Ω］を測定した。電気設備技術基準等に適合する測定値の組合せとして，**適切なものは。** ただし，200 V 電路に施設された漏電遮断器の動作時間は 0.1 秒とする。	イ．0.1 MΩ　50 Ω ロ．1 MΩ　600 Ω ハ．0.15 MΩ　200 Ω ニ．0.4 MΩ　300 Ω

	問い	答え
27	アナログ計器とディジタル計器の特徴に関する記述として，**誤っているものは。**	イ．アナログ計器は永久磁石可動コイル形計器のように，電磁力等で指針を動かし，振れ角でスケールから値を読み取る。 ロ．ディジタル計器は測定入力端子に加えられた交流電圧などのアナログ波形を入力変換回路で直流電圧に変換し，次にA-D変換回路に送り，直流電圧の大きさに応じたディジタル量に変換し，測定値が表示される。 ハ．電圧測定では，アナログ計器は入力抵抗が高いので被測定回路に影響を与えにくいが，ディジタル計器は入力抵抗が低いので被測定回路に影響を与えやすい。 ニ．アナログ計器は変化の度合いを読み取りやすく，測定量を直感的に判断できる利点を持つが，読み取り誤差を生じやすい。
28	「電気工事士法」において，第二種電気工事士であっても**従事できない作業は。**	イ．一般用電気工作物の配線器具に電線を接続する作業 ロ．一般用電気工作物に接地線を取り付ける作業 ハ．自家用電気工作物（最大電力 500 kW 未満の需要設備）の地中電線用の管を設置する作業 ニ．自家用電気工作物（最大電力 500 kW 未満の需要設備）の低圧部分の電線相互を接続する作業
29	「電気用品安全法」の適用を受ける電気用品に関する記述として，**誤っているものは。**	イ．電気工事士は，「電気用品安全法」に定められた所定の表示が付されているものでなければ，電気用品を電気工作物の設置又は変更の工事に使用してはならない。 ロ．<PS>E の記号は，電気用品のうち特定電気用品を示す。 ハ．(PS)E の記号は，輸入した特定電気用品を示す。 ニ．(PS)E の記号は，電気用品のうち特定電気用品以外の電気用品を示す。
30	「電気設備に関する技術基準を定める省令」において，次の空欄(A)及び(B)の組合せとして，**正しいものは。** 電圧の種別が低圧となるのは，電圧が直流にあっては［(A)］，交流にあっては［(B)］のものである。	イ．(A) 600 V 以下　(B) 650 V 以下 ロ．(A) 650 V 以下　(B) 750 V 以下 ハ．(A) 750 V 以下　(B) 600 V 以下 ニ．(A) 750 V 以下　(B) 650 V 以下

問題２．配線図（問題数 20，配点は１問当たり ２ 点）

図は，鉄骨軽量コンクリート造一部２階建工場及び倉庫の配線図である。この図に関する次の各問いには４通りの答え（イ，ロ，ハ，ニ）が書いてある。それぞれの問いに対して，答えを１つ選びなさい。

【注意】
1．屋内配線の工事は，特記のある場合を除き電灯回路は 600 V ビニル絶縁ビニルシースケーブル平形（VVF），動力回路は 600 V 架橋ポリエチレン絶縁ビニルシースケーブル（CV）を用いたケーブル工事である。
2．屋内配線等の電線の本数，電線の太さ，その他，問いに直接関係のない部分等は省略又は簡略化してある。
3．漏電遮断器は，定格感度電流 30 mA，動作時間が 0.1 秒以内のものを使用している。
4．選択肢（答え）の写真にあるコンセントは，「JIS C 0303:2000 構内電気設備の配線用図記号」で示す「一般形」である。
5．ジョイントボックスを経由する電線は，すべて接続箇所を設けている。
6．３路スイッチの記号「０」の端子には，電源側又は負荷側の電線を結線する。

	問い	答え
31	①で示す部分の最少電線本数（心線数）は。	イ．3　ロ．4　ハ．5　ニ．6
32	②で示す引込口開閉器が省略できる場合の，工場と倉庫との間の電路の長さの最大値［m］は。	イ．5　ロ．10　ハ．15　ニ．20
33	③で示す図記号の名称は。	イ．圧力スイッチ ロ．押しボタン ハ．電磁開閉器用押しボタン ニ．握り押しボタン
34	④で示す部分に使用できるものは。	イ．引込用ビニル絶縁電線 ロ．架橋ポリエチレン絶縁ビニルシースケーブル ハ．ゴム絶縁丸打コード ニ．屋外用ビニル絶縁電線
35	⑤で示す屋外灯の種類は。	イ．水銀灯　ロ．メタルハライド灯 ハ．ナトリウム灯　ニ．蛍光灯
36	⑥で示す部分に施設してはならない過電流遮断装置は。	イ．２極にヒューズを取り付けたカバー付ナイフスイッチ ロ．２極２素子の配線用遮断器 ハ．２極にヒューズを取り付けたカットアウトスイッチ ニ．２極１素子の配線用遮断器
37	⑦で示す図記号の計器の使用目的は。	イ．電力を測定する。 ロ．力率を測定する。 ハ．負荷率を測定する。 ニ．電力量を測定する。
38	⑧で示す部分の接地工事の電線（軟銅線）の最小太さと，接地抵抗の最大値との組合せで，正しいものは。	イ．1.6 mm　100 Ω　ロ．1.6 mm　500 Ω ハ．2.0 mm　100 Ω　ニ．2.0 mm　600 Ω
39	⑨で示す部分に使用するコンセントの極配置（刃受）は。	イ． 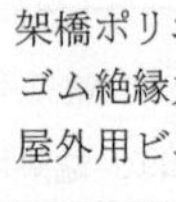　ロ． 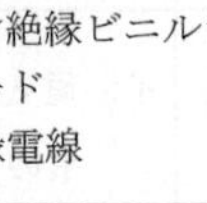　ハ．　ニ．
40	⑩で示す部分に取り付けるモータブレーカの図記号は。	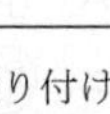 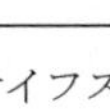 イ．B　ロ．BE　ハ．Ⓢ　ニ．S 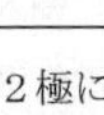

	問い	答え			
41	⑪で示す部分の接地抵抗を測定するものは。	イ. 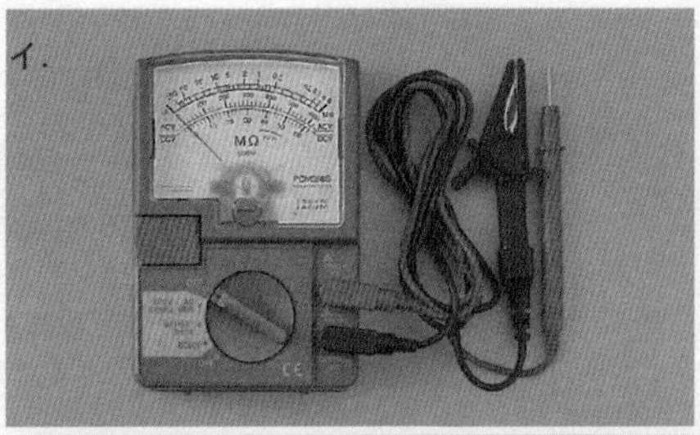	ロ. 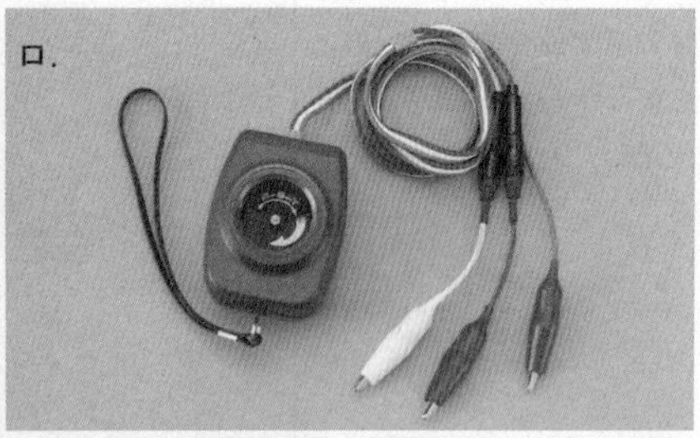	ハ. 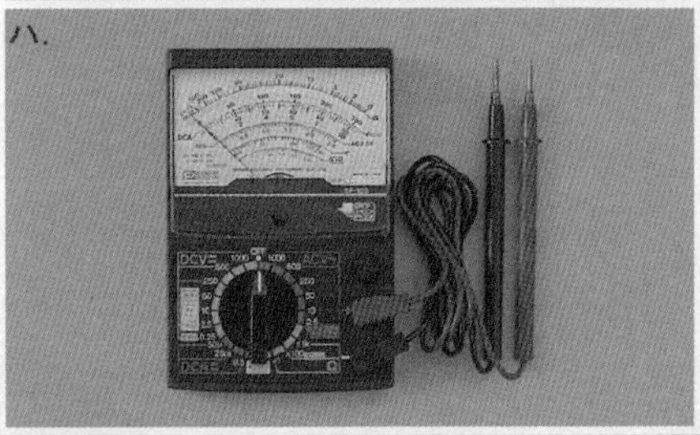	ニ. 
42	⑫で示すジョイントボックス内の接続をすべて圧着接続とする場合，使用するリングスリーブの種類と最少個数の組合せで，**正しいものは**。	イ. 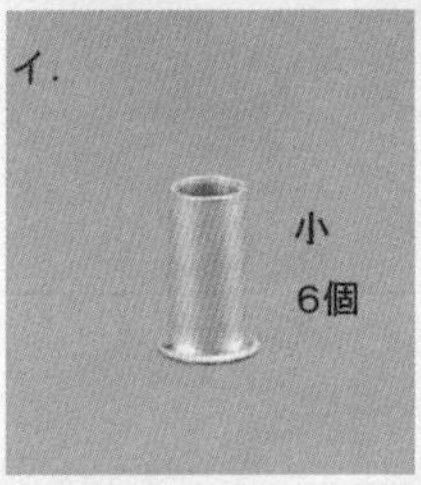 小 6個	ロ.  中 3個	ハ.  大 3個	ニ. 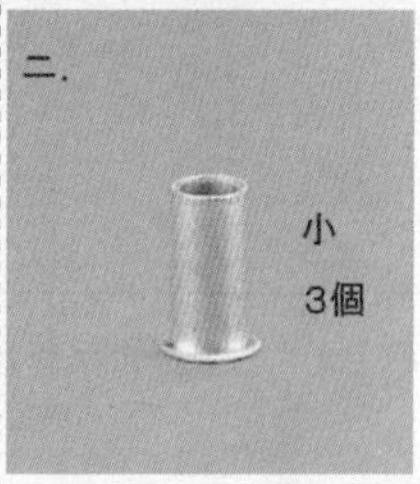 小 3個
43	⑬で示すVVF用ジョイントボックス内の接続をすべて差込形コネクタとする場合，使用する差込形コネクタの種類と最少個数の組合せで，**正しいものは**。 ただし，使用する電線はすべてVVF1.6とする。	イ. 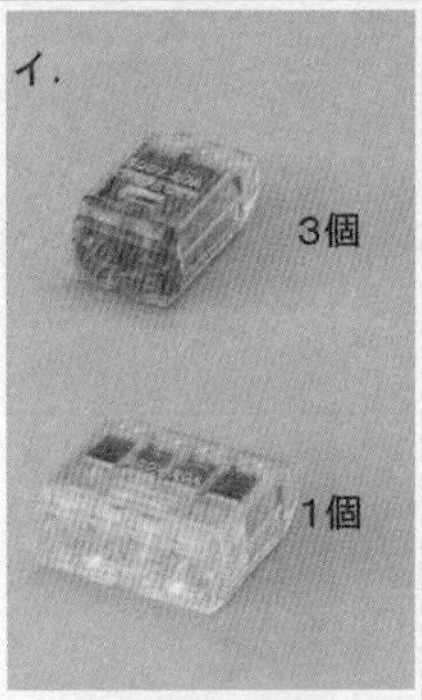 3個 1個	ロ. 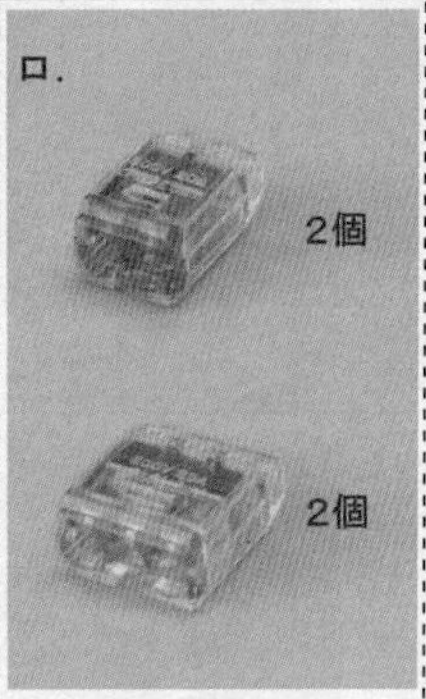 2個 2個	ハ. 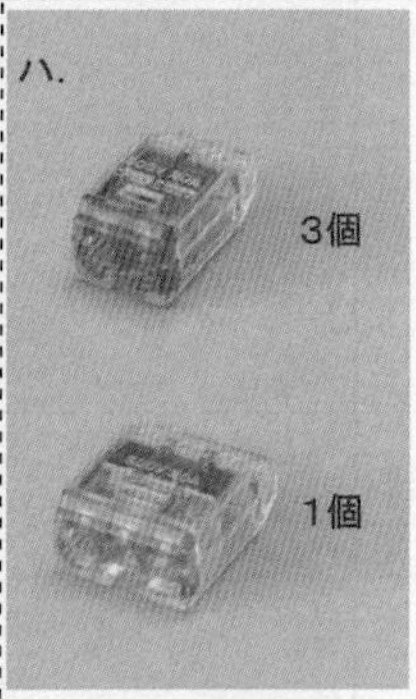 3個 1個	ニ. 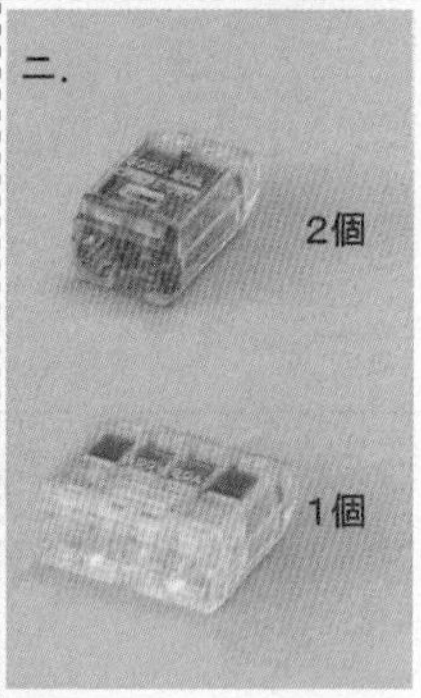 2個 1個
44	⑭で示す点滅器の取付け工事に**使用されることのない**材料は。	イ. 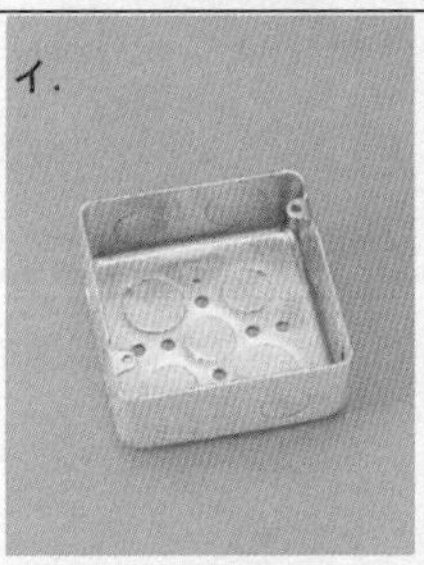	ロ. 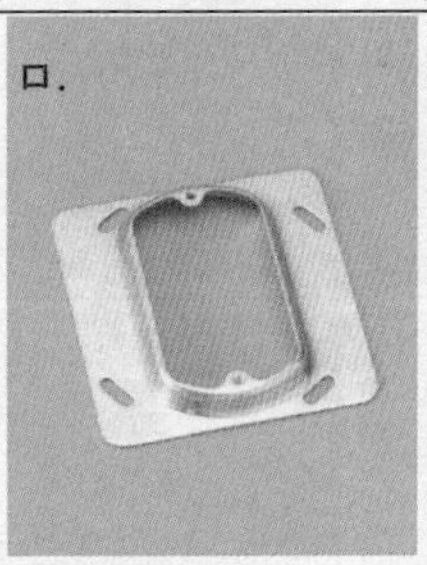	ハ. 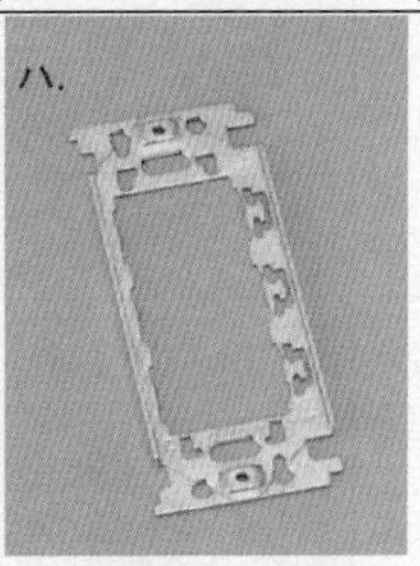	ニ. 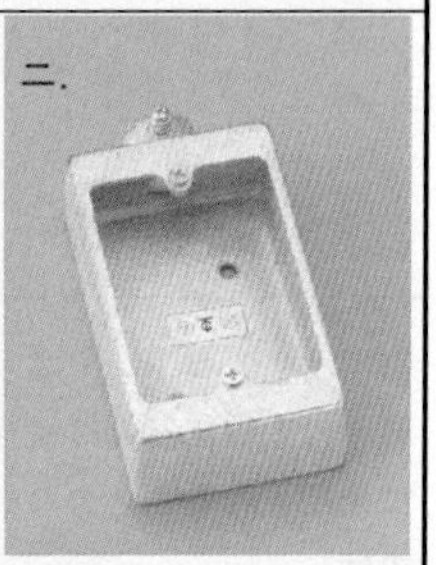
45	⑮で示す図記号のコンセントは。	イ. 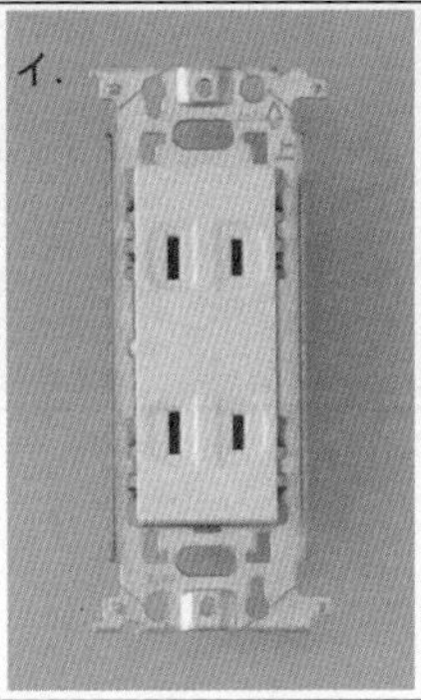	ロ. 	ハ. 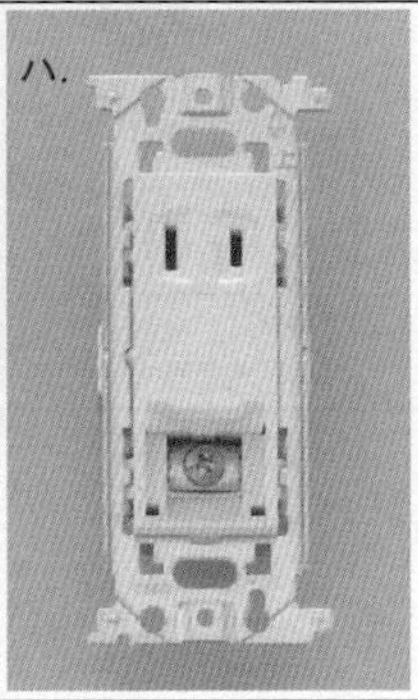	ニ. 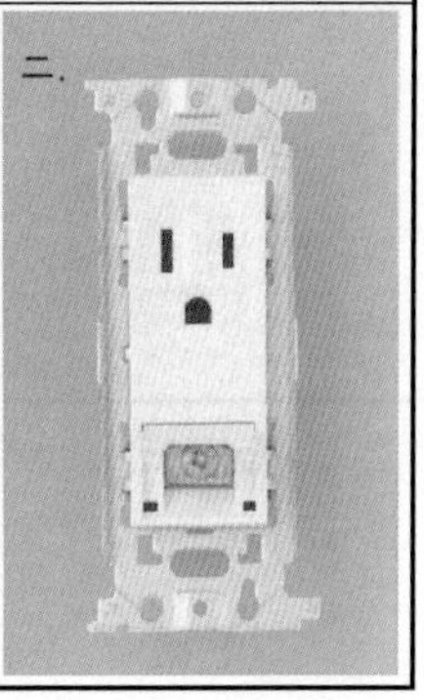

問い		答え
46	⑯で示す部分の配線工事に必要なケーブルは。 ただし，心線数は最少とする。	イ． 　ロ． 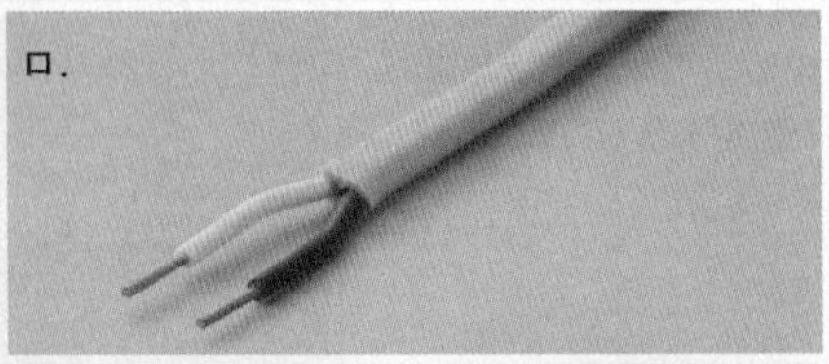　ハ． 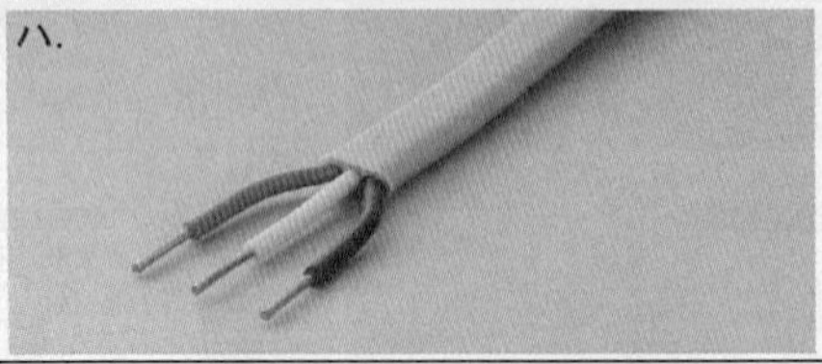　ニ． 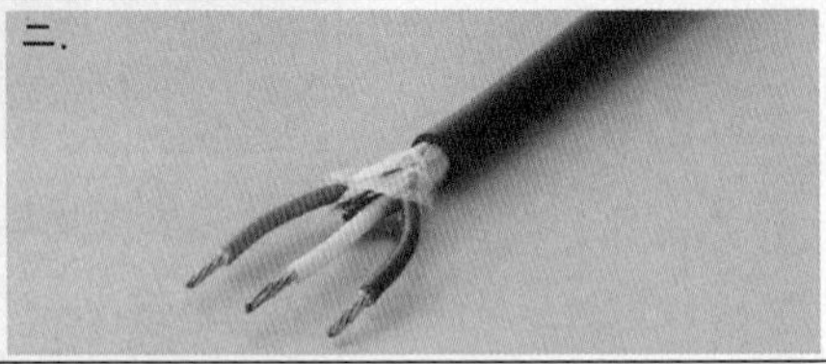
47	⑰で示す部分に使用するトラフは。	イ． 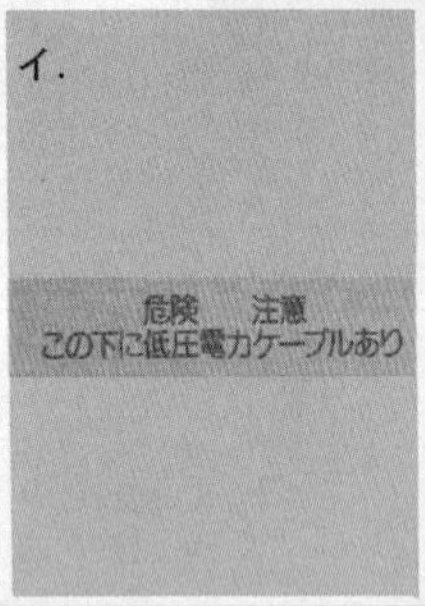　ロ． 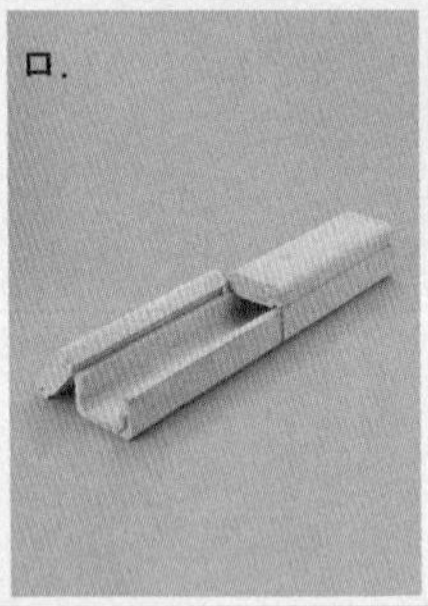　ハ． 　ニ． 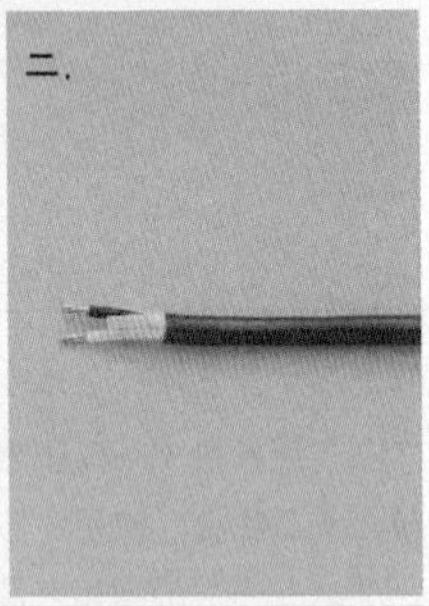
48	⑱で示す図記号の機器は。	イ． 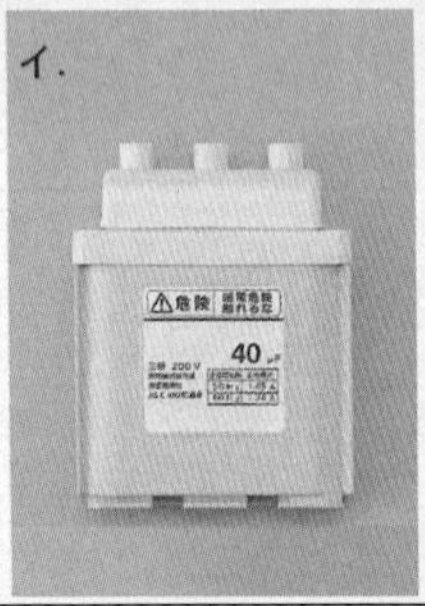　ロ． 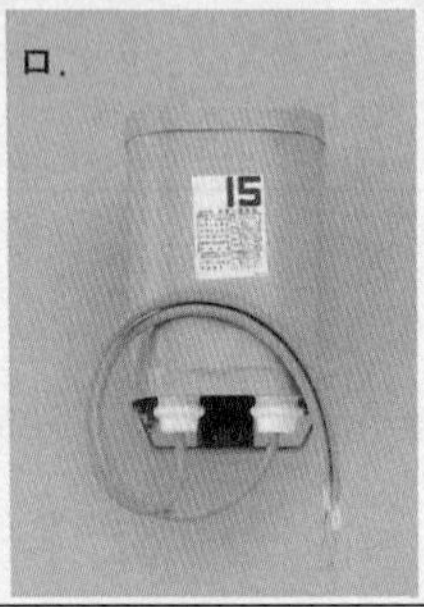　ハ． 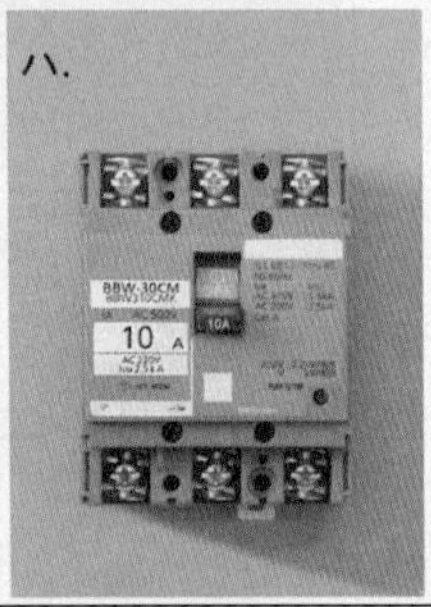　ニ． 
49	⑲で示す部分を金属管工事で行う場合、管の支持に用いる材料は。	イ． 　ロ． 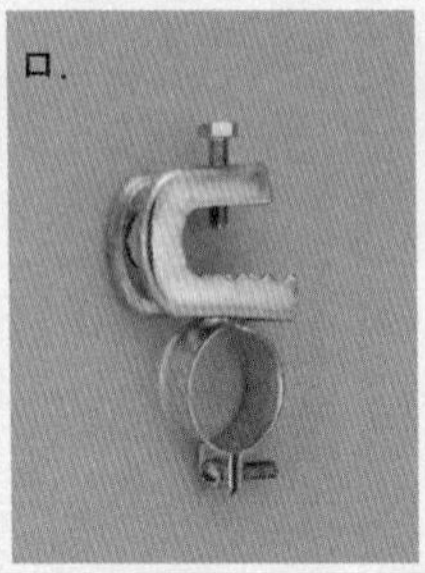　ハ． 　ニ． 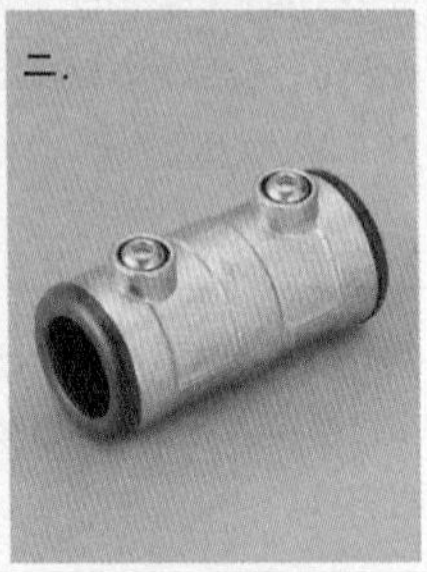
50	⑳で示すジョイントボックス内の電線相互の接続作業に使用されることのないものは。	イ． 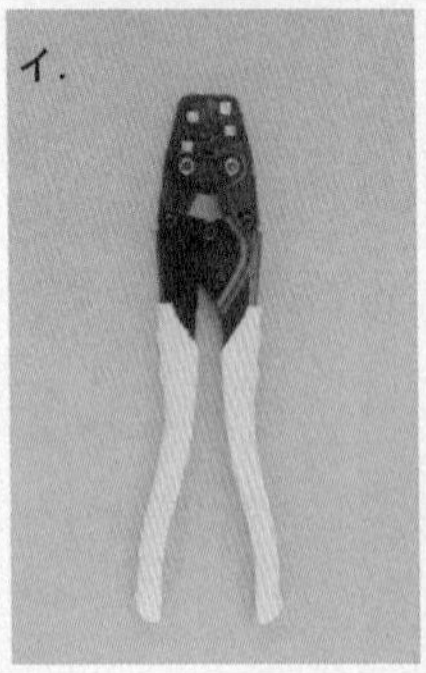　ロ． 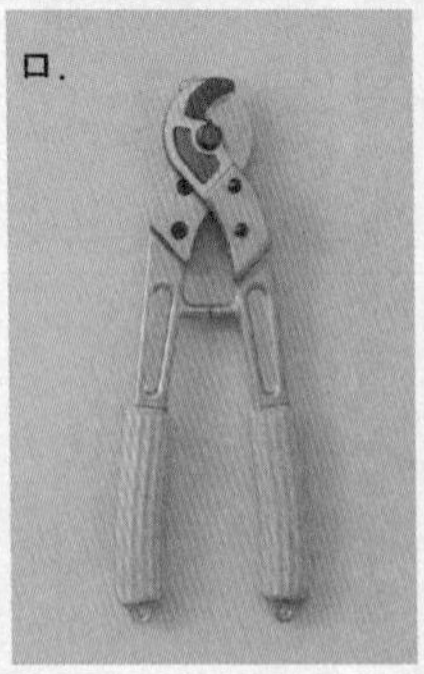　ハ． 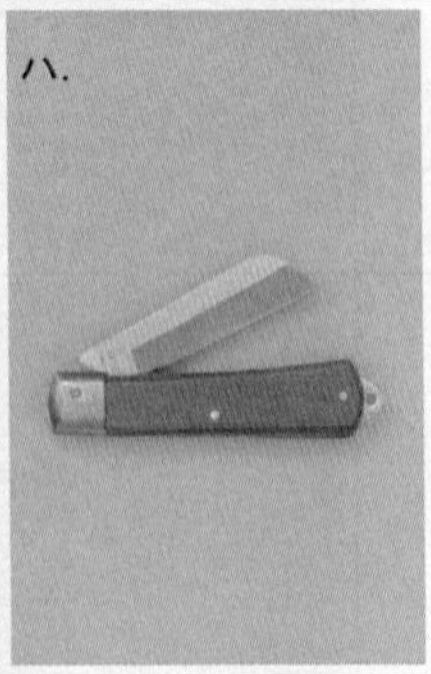　ニ． 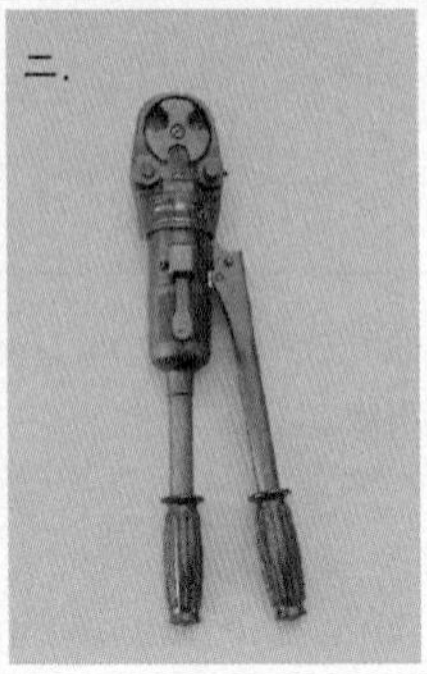

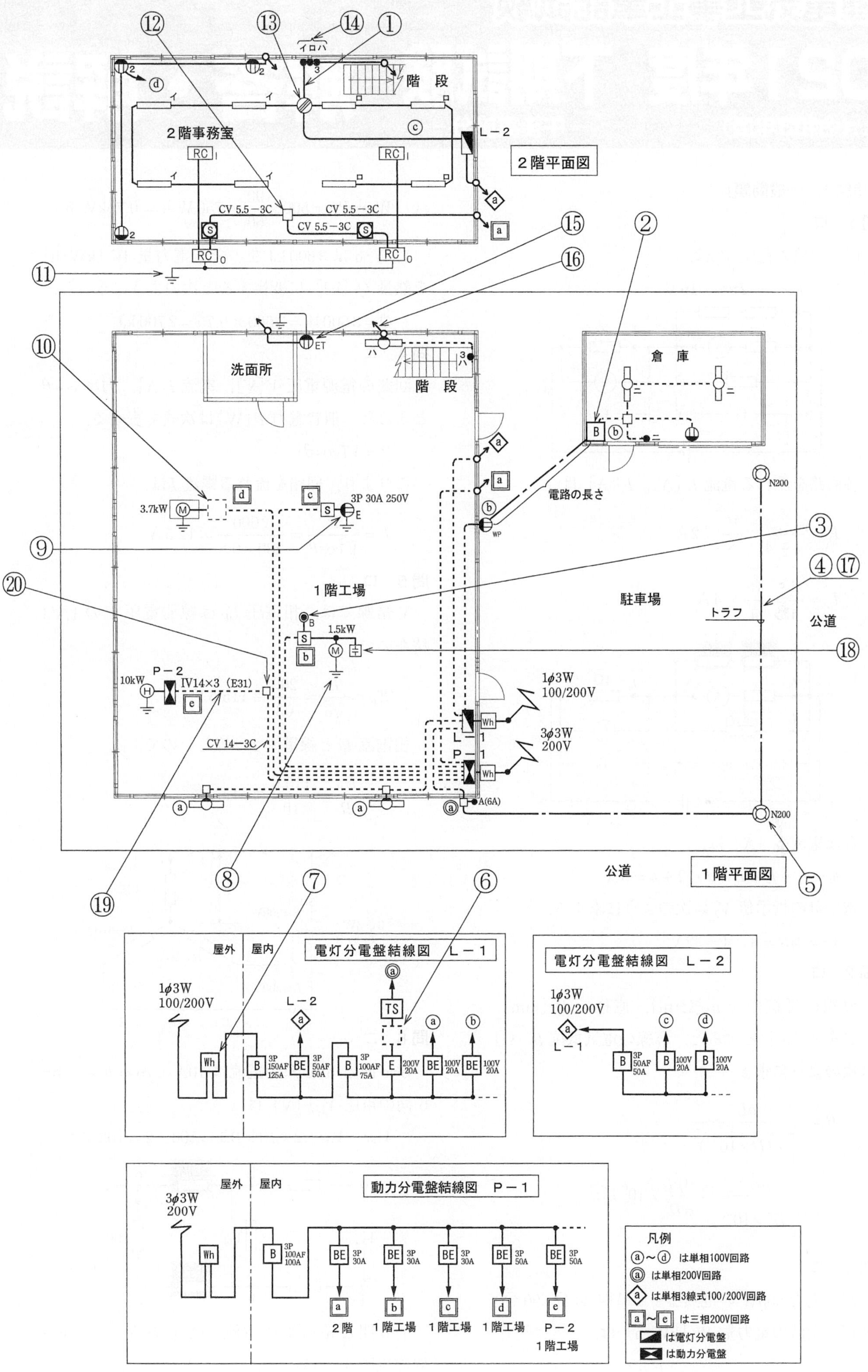

2階事務室
階 段
L－2
2階平面図
CV 5.5－3C
CV 5.5－3C
CV 5.5－3C
洗面所
階 段
倉 庫
電路の長さ
1階工場
駐車場
トラフ
公道
3.7kW
3P 30A 250V
1.5kW
P－2
10kW
IV14×3（E31）
CV 14－3C
1φ3W
100/200V
L－1
P－1
3φ3W
200V
A(6A)
N200
公道
1階平面図
屋外
屋内
電灯分電盤結線図 L－1
電灯分電盤結線図 L－2
動力分電盤結線図 P－1
2階
1階工場
P－2
凡例
ⓐ～ⓓ は単相100V回路
は単相200V回路
は単相3線式100/200V回路
は三相200V回路
は電灯分電盤
は動力分電盤

第二種電気工事士筆記試験
2021年度 下期試験 解答・解説
(令和3年度) —午後実施分—

〔問題1. 一般問題〕

問1 ロ

図の回路の電圧 V_1 は,

$V_1 = I_2 \times 8 = 2 \times 8 = 16\,\mathrm{V}$

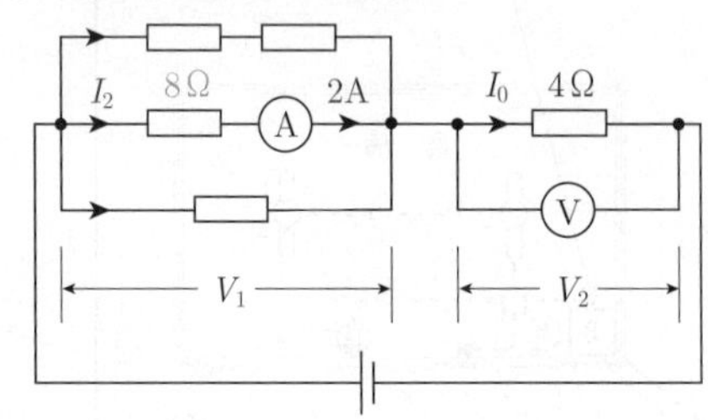

各回路を流れる電流 I_1 [A], I_3 [A] は,

$$I_1 = \frac{V_1}{4+4} = \frac{16}{8} = 2\,\mathrm{A}$$

$$I_3 = \frac{V_1}{4} = \frac{16}{4} = 4\,\mathrm{A}$$

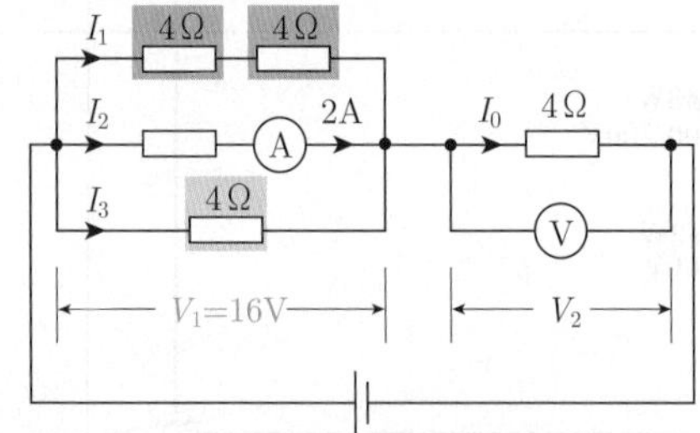

合成電流 I_0 [A] は,

$I_0 = I_1 + I_2 + I_3 = 2 + 2 + 4 = 8\,\mathrm{A}$

電圧計の指示値 V_2 は次のように求まる.

$V_2 = I_0 R = 8 \times 4 = 32\,\mathrm{V}$

問2 ロ

導線の抵抗率を ρ [Ω·m], 直径を D [mm], 長さを L [m] とすると, 導線の電気抵抗 R [Ω] は次のように求まる.

$$R = \frac{\rho L}{\frac{\pi}{4} \times (D \times 10^{-3})^2} = \frac{\rho L}{\frac{\pi}{4} D^2 \times 10^{-6}} = \frac{4\rho L}{\pi D^2} \times 10^6\ [\Omega]$$

問3 ニ

消費電力500Wの電熱器を1時間30分(90分)使用した時の電力量 W [kW·h] は,

$$W = Pt = 500 \times \frac{90}{60} = 750\,\mathrm{W \cdot h} = 0.75\,\mathrm{kW \cdot h}$$

1kW·hは3 600kJなので, 電力量 W [kW·h] を熱量 Q [kJ] に変換すると次のように求まる.

$Q = 3\,600\,W = 3\,600 \times 0.75 = 2\,700\,\mathrm{kJ}$

問4 ニ

回路の電源電圧 V[V], 電流 I[A], 力率 $\cos\theta$ とすると, 消費電力 P[W] は次式で表せる.

$P = VI\cos\theta$

これより, 回路を流れる電流 I は,

$$I = \frac{P}{V\cos\theta} = \frac{2000}{200 \times 0.8} = 12.5\,\mathrm{A}$$

問5 ロ

Y結線では, 相電圧 E_P は線間電圧 E の $1/\sqrt{3}$ 倍なので,

$$E_\mathrm{P} = \frac{E}{\sqrt{3}} = \frac{200}{\sqrt{3}} \fallingdotseq 115.6\,\mathrm{V}$$

相電流 I_P と線電流 I は等しいので,

$$I = \frac{E_\mathrm{P}}{R} = \frac{115.6}{10} \fallingdotseq 11.6\,\mathrm{A}$$

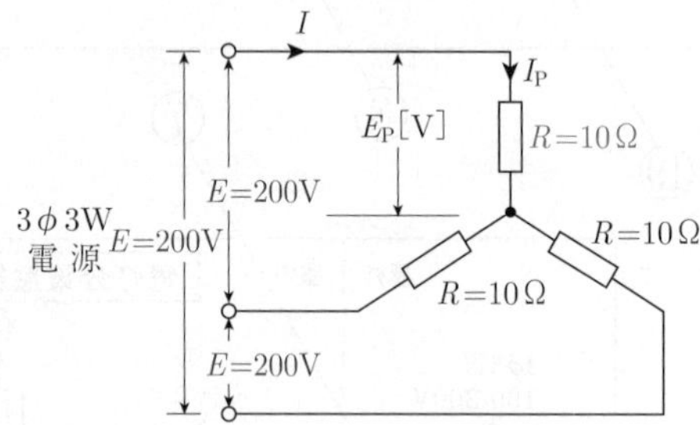

問6 ニ

b−c間とb′−c′間の電流は10Aであるから, b−b′間の電圧 $V_{\mathrm{bb'}}$ [V] は,

$V_{\mathrm{bb'}} = V_{\mathrm{cc'}} + 2 \times 10 \times 0.1 = 100 + 2 = 102\,\mathrm{V}$

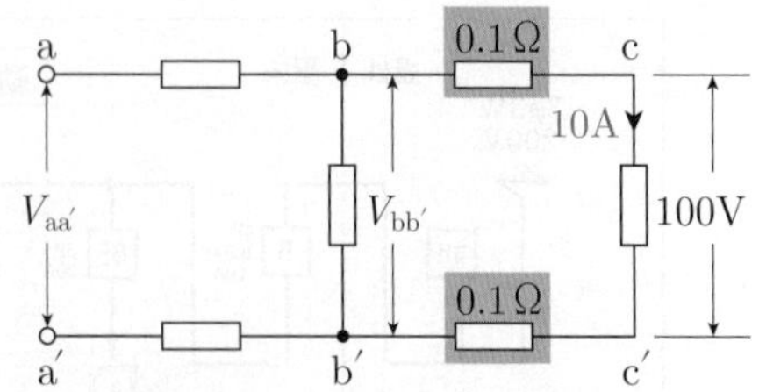

a−b間とa′−b′間の電流15Aであるから, a−a′間の電圧 $V_{\mathrm{aa'}}$ [V] は,

$$V_{aa'} = V_{bb'} + 2 \times 15 \times 0.1 = 102 + 3 = 105\ \mathrm{V}$$

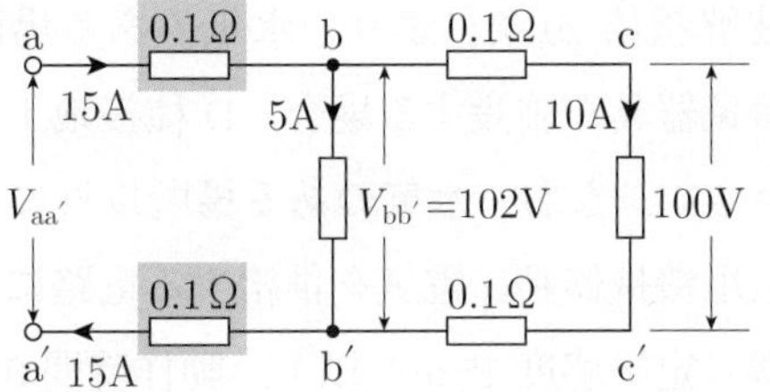

問 7　ハ

抵抗負荷が平衡していれば，中性線には電流が流れず電力損失は発生しない．このため，1 線当たりの抵抗 r［Ω］，負荷電流が I［A］のとき，電線路の電力損失 P_L［W］は次のように求まる．

$$P_L = 2I^2 r = 2 \times 10^2 \times 0.2 = 40\ \mathrm{W}$$

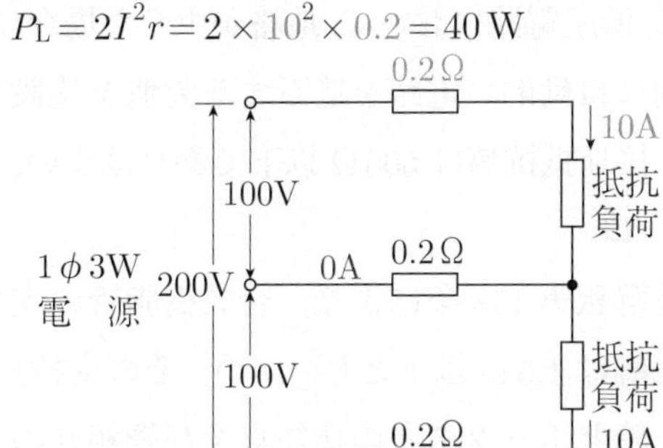

問 8　ロ

断面積 3.5 mm² の 600 V ビニル絶縁電線の許容電流は 37 A である．金属管内に 3 本を収めて施設する場合の電流減少係数は 0.70 であるから，電線 1 本当たりの許容電流 I［A］は，

$$I = 37 \times 0.70 = 25.9 \fallingdotseq 26\ \mathrm{A}$$

絶縁電線の許容電流（内線規程 1340−1 表）

種　類	太　さ	許容電流［A］
単線直径［mm］	1.6	27
	2.0	35
より線断面積［mm²］	3.5	37
	5.5	49

（周囲温度 30℃以下）

問 9　ニ

電技解釈第 148 条により，低圧屋内幹線の太さを決める根拠となる電流を求める．電動機電流の合計を I_M，電熱器電流を I_H とすると，

$$I_M = 5 + 15 = 20\ \mathrm{A} \qquad I_H = 5\ \mathrm{A}$$

このため，$I_H < I_M$ であり $I_M \leqq 50$ A なので，幹線の太さを決める根拠となる電流の最小値 I_W［A］は次のようになる．

$$I_W = I_M \times 1.25 + I_H = 20 \times 1.25 + 5 = 30\ \mathrm{A}$$

配線用遮断器の定格電流を決定する根拠となる電流 I_B［A］は次のようになる．

$$I_B \leqq 3I_M + I_H = 3 \times 20 + 5 = 65\ \mathrm{A} \quad ①$$

$$I_B \leqq 2.5I_W = 2.5 \times 30 = 75\ \mathrm{A} \quad ②$$

①＜②であるから，65 A となる．

問 10　イ

電技解釈第 149 条により，30 A 分岐回路のコンセントは 20 A 以上，30 A 以下，電線の直径 2.6 mm（断面積 5.5 mm²）以上のものを用いなければならない．

分岐回路の施設（電技解釈第 149 条）

分岐過電流遮断器の定格電流	コンセント	電線の太さ
15A	15A 以下	直径 1.6mm 以上
20A（配線用遮断器）	20A 以下	
20A（配線用遮断器を除く）	20A	直径 2mm 以上
30A	20A 以上 30A 以下	直径 2.6mm 以上（断面積 5.5mm²）
40A	30A 以上 40A 以下	断面積 8mm² 以上
50A	40A 以上 50A 以下	断面積 14mm² 以上

問 11　イ

絶縁ブッシングは，金属管工事で電線の被覆を損傷させないため，金属管の管端やボックスコネクタに取り付ける電気材料である．

問 12　ロ

電技解釈第 120 条により，地中電線路には電線にケーブルを使用しなくてはいけないので，ロが正しい．なお，埋設方法は，管路式，暗きょ式，直接埋設方式により施設しなくてはいけない．

問 13　ロ

金属管（鋼製電線管）は金切りのこで金属管を切断し，処理にはやすりを使う．また，曲げ作業にはパイプベンダを使用するので，ロが正しい．

問 14　イ

スターデルタ始動を必要により行う電動機は，イの三相かご形誘導電動機である．スターデルタ始動とは，巻線を Y 結線として始動し，ほぼ全速度に達したときに△結線に戻す方式で，5.5 kW 以上の三相かご形誘導電動機の始動法である．全電圧始動と比較し，始動電流を 1/3 に小さくすることができる．

問 15　ニ

高感度形漏電遮断器の定格感度電流は 30mA 以下なので，ニが誤りである．なお，高速形の動作時間は定格感度電流の 0.1 秒以下である．また，漏電遮断器は零相変流器によって地絡電流を検出し，漏電電流を模擬したテスト装置（テストボタン）がある．

漏電遮断器の感度電流

感度区分	動作制限区分	定格感度電流
高感度形	高速形 時延形 反限時形	30 mA 以下
中感度形	高速形 時延形	30mA を超え 1000 mA 以下
低感度形	高速形 時延形	1000mA を超え 30 A 以下

漏電遮断器の動作時間

高速形……定格感度電流で 0.1 秒以内
時延形……定格感度電流で 0.1 秒を超え 2 秒以内
反限時形…定格感度電流で 0.3 秒以内
　　　　　定格感度電流の 2 倍で 0.15 秒以内
　　　　　定格感度電流の 5 倍で 0.04 秒以内

問 16　イ

写真に示す材料はカップリングで，合成樹脂製可とう電線管相互を接続するのに用いる材料である．

問 17　ニ

写真に示す器具は蛍光灯の安定器で，蛍光灯の放電を安定させるために用いられる．

問 18　ニ

写真に示す工具は張線器（シメラー）で，架空線のたるみを調整するのに用いられる．

問 19　ハ

終端接続の絶縁処理は，内線規程 1335-7 により，ビニルテープ（0.2 mm）を用いる場合は，ビニルテープを半幅以上重ねて 2 回（4 層）以上巻かなくてはいけない．

問 20　イ

電技解釈第 110 条により，低圧屋側電線路は金属線ぴ工事で施設してはいけない．木造の造営物の場合は，ケーブル工事（鉛被ケーブル，アルミ被ケーブル，MI ケーブルを除く），がいし引き工事，合成樹脂管工事で施設し，木造以外の造営物の場合は，がいし引き工事，合成樹脂管工事，金属管工事，バスダクト工事，ケーブル工事で施設する．

問 21　ハ

電技解釈第 165 条により，ライティングダクト工事は，簡易接触防護措置を施していない場所に施設する場合，地絡を生じたときに自動的に電路を遮断する装置（漏電遮断器）を施設しなくてはならない．

問 22　ハ

電技解釈第 29 条により，水気のある場所に低圧用機械器具を施設する場合，D 種接地工事を省略できない．なお，水気のある場所以外に施設する低圧用機械器具に電気を供給する電路に，漏電遮断器（定格感度 15 mA 以下，動作時間 0.1 秒以下に限る）を設置する場合は，D 種接地工事を省略できる．また，電技解釈第 17 条により，接地線は太さが直径 1.6 mm 以上の軟銅線（IV, IE, IC 線），断面積 0.75 mm^2 以上の多心キャブタイヤケーブル（移動して使用する電気機械器具）で施設する．そして，低圧電路において，地絡が生じた場合に 0.5 秒以内に自動的に電路を遮断する装置を施設する場合，接地抵抗値は 500 Ω 以下であればよい．

問 23　ロ

電技解釈第 158 条により，合成樹脂管の支持点間の距離は 1.5 m 以下とし，かつ，その支持点は，管端，管とボックスとの接続点及び管相互のそれぞれの近くの箇所に設けなくてはいけない．

問 24　ロ

検電器は電路の充電の有無を確認するための測定器なので，ロが正しい．なお，電力計は消費電力，回転計は電動機の回転速度，回路計（テスタ）は電路の電圧などを測定する計測器である．

問 25　ハ

絶縁抵抗計（電池内蔵）の定格測定電圧（出力電圧）は，直流電圧である．絶縁抵抗計は，絶縁物に直流電圧を加えて漏れ電流を測定し，間接的に絶縁抵抗を測定する計測器である．

問 26　ニ

電技省令第 58 条により，200 V 三相誘導電動機（対地電圧 200 V）の配線の絶縁抵抗値は 0.2MΩ 以上あればよい．また，電技解釈第 29 条により，電動機の鉄台には D 種接地工事を施さなくてはならないが，0.5 秒以内に動作する漏電遮断器が施設されているので，接地抵抗値は 500Ω 以下であればよい（電技解釈第 17 条）．

低圧電路の絶縁性能（電技省令第 58 条）

電路の使用電圧の区分		絶縁抵抗値
300V 以下	対地電圧 150V 以下	0.1MΩ 以上
	その他の場合	0.2MΩ 以上
300V を超える低圧回路		0.4MΩ 以上

問 27　ハ

電圧の測定で，ディジタル計器は入力抵抗が高く，被測定回路に影響を与えにくいので，ハが誤りである．ディジタル計器は，測定入力端子に電圧などのアナログ波形を直流に変換し，A-D 変換器でディジタル量に変換した値を測定値として表示するものである．

問 28　ニ

電気工事士法により，第二種電気工事士免状では自家用電気工作物（最大電力が 500 kW 未満の需要設備）の低圧部分の工事はできない．イ，ロは第二種電気工事士の免状がなければ従事できない．ハは電気工事の免状がなくても従事できる作業である．

問 29　ハ

(PS)E の記号は，電気用品のうち特定電気用品以外の電気用品を示すもので，特に輸入した電気用品に限定したものではない．この表示は，表示スペースがとれない特定電気用品以外の電気用品に使用される．

問 30　ハ

電技省令第 2 条により，低圧は直流にあっては 750 V 以下，交流にあっては 600 V 以下と定められている．

〔問題 2. 配線図〕

問 31　ロ

①で示す部分の最小電線本数は，複線結線図-1 より 4 本である．

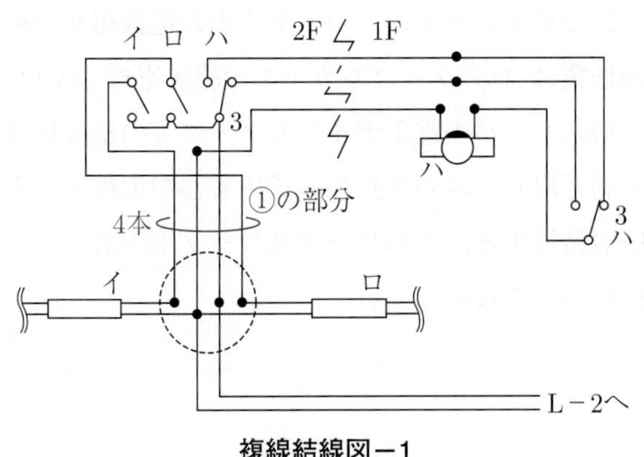

複線結線図－1

問 32　ハ

②の部分は，低圧屋内電路の使用電圧が 100 V で，定格電流 20 A の BE（過負荷保護付漏電遮断器）で保護された電路に接続しているので，電技解釈 147 条により，工場（1 階）と倉庫の間の電路の長さが 15 m 以下であれば，引込口開閉器を省略できる．

問 33　ハ

③で示す図記号は電磁開閉器用押しボタンなので，ハが正しい．この押しボタンは，三相 200 V 回路 b の電動機（1.5kW）の運転操作を行うためのものである．

問 34　ロ

④で示す部分はトラフによる直接埋設式地中電線路なので，電技解釈第 120 条により，電線はケーブルを使用しなくてはならない．

問 35　ハ

⑤で示す屋外灯は，N200 と傍記があることから，ナトリウム灯（200W）である．なお，水銀灯は H，メタルハライド灯は M と傍記する．

問 36　ニ

⑥で示す部分は，単相 200 V 回路なので，2 極 2 素子（2P2E）の配線用遮断器や，2 極ともヒューズを取り付けてあるナイフスイッチ，カットアウトスイッチを使用する．ニの 2 極 1 素子（2P1E）の配線用遮断器は使用してはいけない．

問 37　ニ

⑦で示す図記号は電力量計で，需要設備の電力量を測定するための計器である．

問 38　ロ

⑧で示す部分の接地工事は，三相 200 V 電動機の金属製外箱に施す接地工事なので，電技解釈第 29 条により D 種接地工事を施す．接地工事は電技解釈第 17 条により，接地線（軟銅線）の最小太さは 1.6 mm，接地抵抗値は，電源側に 0.1 秒以内に動作する漏電遮断器が設置されているので，500 Ω 以下であればよい．

問 39　イ

⑨で示す図記号は三相 200 V 用 30 A 接地極付コンセントなので，イが正しい．なお，ロは三相 200 V 用 20 A 引掛形接地極付コンセント，ハは三相 200 V 用 20A 引掛形コンセント，ニは三相 200 V 用コンセントの極配置（刃受）である（内線規程 3202-2，3 表）．

問 40　イ

⑩で示す部分に取付けるモーターブレーカの図

記号は[B]なので，イが正しい．なお，[BE]は過負荷保護付漏電遮断器，[S]は電流計付開閉器，[S]は開閉器の図記号である．

問 41　ニ

⑪で示す部分の接地抵抗を測定するのは，ニの接地抵抗計（アーステスタ）である．なお，イは絶縁抵抗計（メガー），ロは検相器（相回転計），ハは回路計（テスタ）である．

問 42　ハ

⑫で示すボックス内の接続に必要なリングスリーブは，大スリーブが 3 個（5.5 mm^2×3 本接続 3 箇所）である（JIS C 2806）．

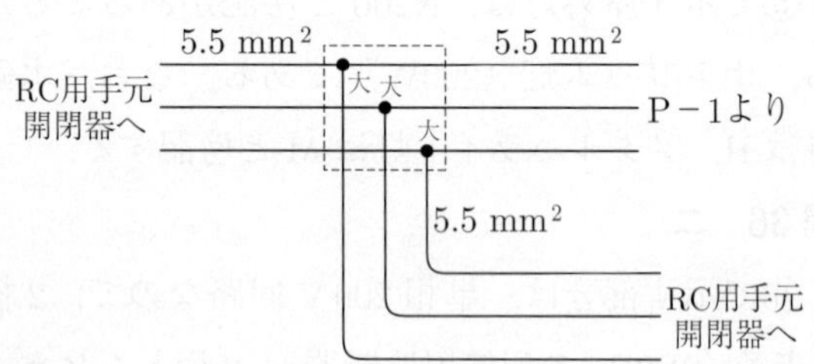

問 43　イ

⑬で示すボックス内の接続は複線結線図−2 のようになる．使用する差込形コネクタは 2 本接続用 3 個，4 本接続用 1 個である．

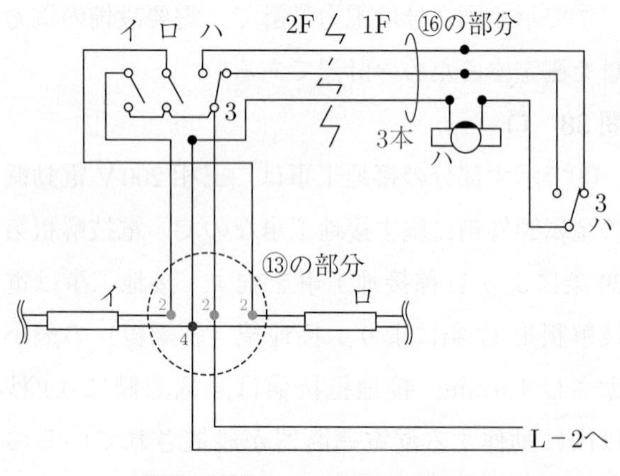

複線結線図－2（問43，問46）

問 44　ニ

⑭で示す部分の点滅器の取付け工事は，VVF ケーブル工事（天井隠ぺい配線）で施設されるので，ニの露出スイッチボックス（ねじなし電線管用）は使用されない．

問 45　ハ

⑮で示す図記号のコンセントは，「ET」の傍記があるので，ハの接地端子付を示す．なお，イは埋込形コンセント（2 口）（図記号：⏀_2），ロは接地極付（2 口）（図記号：⏀_{2E}），ニは接地極付接地端子付（図記号：⏀_{EET}）である．

問 46　ハ

⑯で示す部分の配線は複線結線図−2 のように 3 本必要になる．この配線図問題の【注意】1 より，特記のある場合を除き，電灯回路は VVF を用いたケーブル工事であるから，ハの 3 心の VVF ケーブルを 1 本を使用する．

問 47　ロ

⑰で示す部分の地中電線路は，ロのトラフによる直接埋設式である．なお，イはケーブル埋設箇所の位置を表示する埋設表示シート，ハは波付硬質合成樹脂管（FEP），ニは CV ケーブルである．

問 48　イ

⑱で示す図記号の機器は，イの進相コンデンサである．この進相コンデンサは，三相 200 V 回路[b]の電動機（1.5 kW）の力率改善のために設置される．

問 49　ロ

⑲で示す部分を金属管工事で行う場合，管の支持に用いる材料は，ロの一般形鋼（H 形鋼など）に金属管を支持するための本体（ボディ）とクリップである．この材料はボディ（写真上部分）を鉄骨に，クリップ（写真下部分）に金属管を取付けて固定する．なお，この材料は「パイラック」，「パイプセッター」，「U ラック」などの商品名で市場に流通している．

問 50　イ

⑳で示すジョイントボックス内の電線相互の接続作業は，ロのケーブルカッタで絶縁電線（IV14）を切断し，ハの電工ナイフでケーブルの絶縁被覆を剥ぎ取り，ニの手動油圧式圧着器で電線相互を圧着接続する．イのリングスリーブ用圧着ペンチは使用できない．

第二種電気工事士 筆記試験

2020年度 （令和2年度）

下期試験 （午前実施分）

※ 2020 年度（令和２年度）の第二種電気工事士上期筆記試験は，新型コロナウイルス感染症拡大防止の観点から，試験実施が中止された．
下期筆記試験は上期試験からの振替え受験者と下期試験申込者を対象者とし，同日の午前と午後にそれぞれ実施された．

問題１．一般問題（問題数 30，配点は１問当たり２点）

【注】本問題の計算で $\sqrt{2}$，$\sqrt{3}$ 及び円周率 π を使用する場合の数値は次によること。$\sqrt{2}=1.41$，$\sqrt{3}=1.73$，$\pi=3.14$

次の各問いには４通りの答え（イ，ロ，ハ，ニ）が書いてある。それぞれの問いに対して答えを１つ選びなさい。

なお，選択肢が数値の場合は最も近い値を選びなさい。

	問い	答え
1	図のような直流回路に流れる電流 I［A］は。 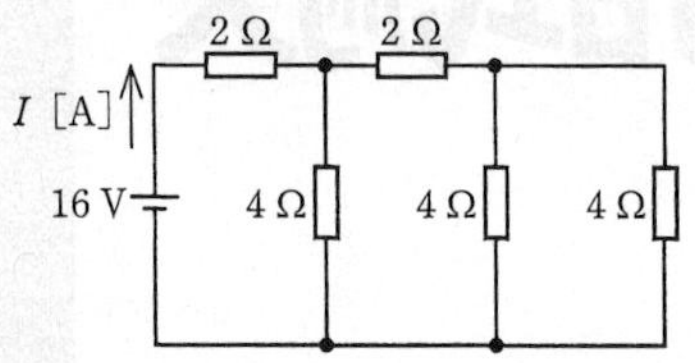	イ．1　ロ．2　ハ．4　ニ．8
2	A，B 2 本の同材質の銅線がある。A は直径 1.6 mm，長さ 20 m，B は直径 3.2 mm，長さ 40 m である。A の抵抗は B の抵抗の何倍か。	イ．2　ロ．3　ハ．4　ニ．5
3	電線の接続不良により，接続点の接触抵抗が 0.2 Ωとなった。この電線に 15 A の電流が流れると，接続点から 1 時間に発生する熱量［kJ］は。 ただし，接触抵抗の値は変化しないものとする。	イ．11　ロ．45　ハ．72　ニ．162
4	図のような交流回路の力率［%］を示す式は。 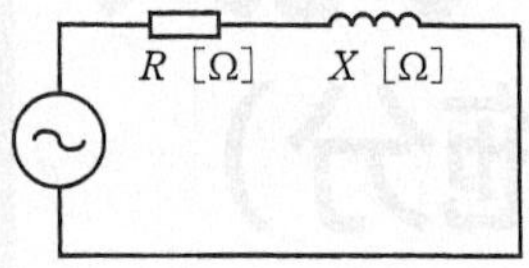	イ．$\dfrac{100RX}{R^2+X^2}$　ロ．$\dfrac{100R}{\sqrt{R^2+X^2}}$　ハ．$\dfrac{100X}{\sqrt{R^2+X^2}}$　ニ．$\dfrac{100R}{R+X}$
5	定格電圧 V［V］，定格電流 I［A］の三相誘導電動機を定格状態で時間 t［h］の間，連続運転したところ，消費電力量が W［kW・h］であった。この電動機の力率［%］を表す式は。	イ．$\dfrac{W}{3VIt}\times10^5$　ロ．$\dfrac{\sqrt{3}VI}{Wt}\times10^5$　ハ．$\dfrac{3VI}{W}\times10^5$　ニ．$\dfrac{W}{\sqrt{3}VIt}\times10^5$
6	図のような三相3線式回路において，電線1線当たりの抵抗が r［Ω］，線電流が I［A］のとき，この電線路の電力損失［W］を示す式は。 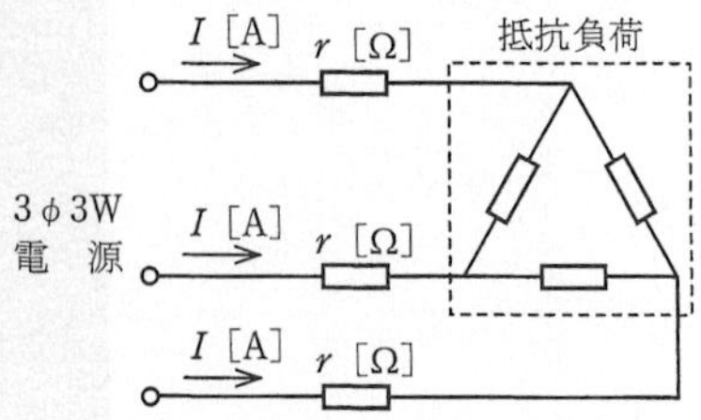	イ．$\sqrt{3}I^2r$　ロ．$3Ir$　ハ．$3I^2r$　ニ．$\sqrt{3}Ir$

	問い	答え
7	図のような単相 3 線式回路において，電線 1 線当たりの抵抗が0.1 Ω，抵抗負荷に流れる電流がともに15 Aのとき，この電線路の電力損失［W］は。 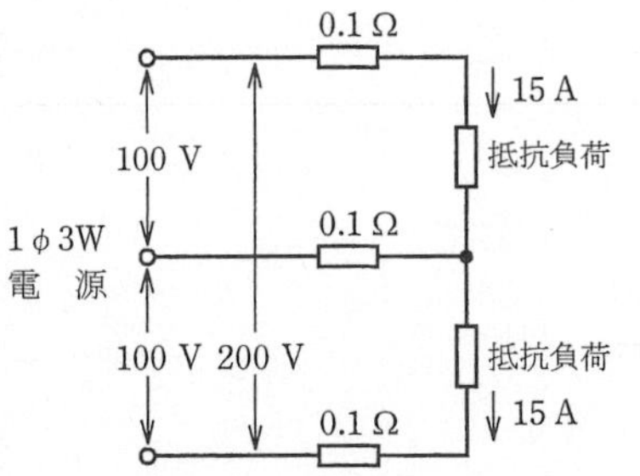 	イ．45　ロ．60　ハ．90　ニ．135
8	金属管による低圧屋内配線工事で，管内に断面積 5.5 mm^2 の 600 V ビニル絶縁電線（軟銅線）4 本を収めて施設した場合，電線 1 本当たりの許容電流［A］は。 ただし，周囲温度は 30℃以下，電流減少係数は 0.63 とする。	イ．19　ロ．24　ハ．31　ニ．49
9	図のように，三相の電動機と電熱器が低圧屋内幹線に接続されている場合，幹線の太さを決める根拠となる電流の最小値［A］は。 ただし，需要率は 100%とする。 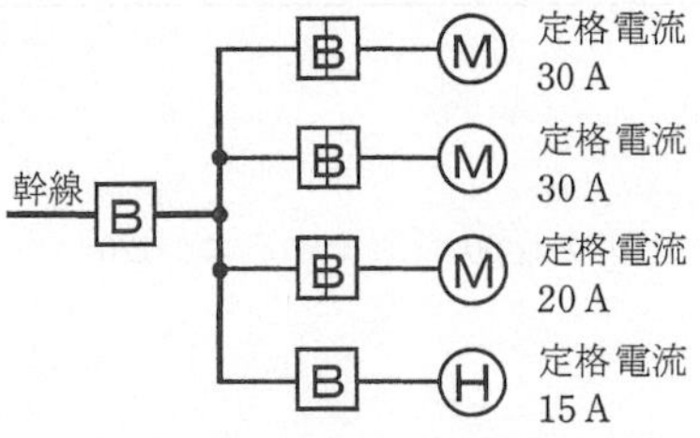 	イ．95　ロ．103　ハ．115　ニ．255
10	低圧屋内配線の分岐回路の設計で，配線用遮断器，分岐回路の電線の太さ及びコンセントの組合せとして，**適切なものは**。 ただし，分岐点から配線用遮断器までは 3 m，配線用遮断器からコンセントまでは 8 m とし，電線の数値は分岐回路の電線（軟銅線）の太さを示す。 また，コンセントは兼用コンセントではないものとする。	イ．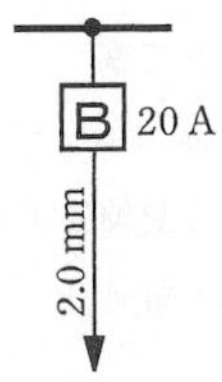 定格電流 30 Aの コンセント 1個 ロ．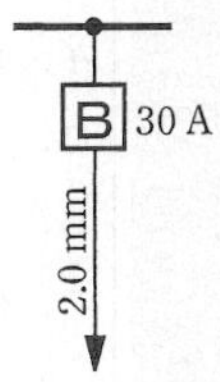 定格電流 20 Aの コンセント 2個 ハ．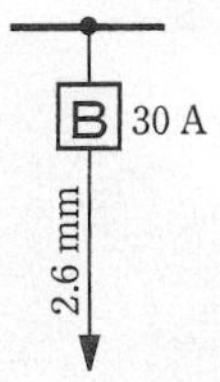 定格電流 15 Aの コンセント 1個 ニ．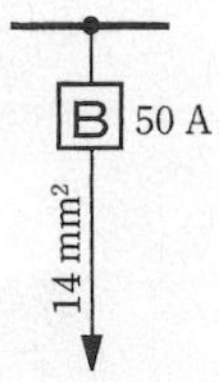 定格電流 50 Aの コンセント 1個

	問　い	答　え
11	低圧の地中配線を直接埋設式により施設する場合に**使用できるものは。**	イ．600V架橋ポリエチレン絶縁ビニルシースケーブル(CV) ロ．屋外用ビニル絶縁電線(OW) ハ．引込用ビニル絶縁電線(DV) ニ．600Vビニル絶縁電線(IV)
12	許容電流から判断して，公称断面積 1.25 mm^2 のゴムコード(絶縁物が天然ゴムの混合物)を使用できる最も消費電力の大きな電熱器具は。 ただし，電熱器具の定格電圧は 100 V で，周囲温度は 30℃以下とする。	イ．　600 W の電気炊飯器 ロ．1 000 W のオーブントースター ハ．1 500 W の電気湯沸器 ニ．2 000 W の電気乾燥器
13	電気工事の作業と使用する工具の組合せとして，**誤っているものは。**	イ．金属製キャビネットに穴をあける作業とノックアウトパンチャ ロ．木造天井板に電線管を通す穴をあける作業と羽根ぎり ハ．電線，メッセンジャワイヤ等のたるみを取る作業と張線器 ニ．薄鋼電線管を切断する作業とプリカナイフ
14	一般用低圧三相かご形誘導電動機に関する記述で，**誤っているものは。**	イ．負荷が増加すると回転速度はやや低下する。 ロ．全電圧始動(じか入れ)での始動電流は全負荷電流の 4～8 倍程度である。 ハ．電源の周波数が 60 Hz から 50 Hz に変わると回転速度が増加する。 ニ．3 本の結線のうちいずれか 2 本を入れ替えると逆回転する。
15	低圧電路に使用する定格電流30 Aの配線用遮断器に37.5Aの電流が継続して流れたとき，この配線用遮断器が自動的に動作しなければならない時間［分］の限度(最大の時間)は。	イ．2　　ロ．4　　ハ．60　　ニ．120
16	写真に示す材料が使用される工事は。 25 mm (金属製)	イ．金属ダクト工事 ロ．金属管工事 ハ．金属可とう電線管工事 ニ．金属線ぴ工事

	問い	答え
17	写真に示す器具の○で囲まれた部分の名称は。	イ．熱動継電器 ロ．漏電遮断器 ハ．電磁接触器 ニ．漏電警報器
18	写真に示す工具の用途は。	イ．金属管切り口の面取りに使用する。 ロ．鉄板の穴あけに使用する。 ハ．木柱の穴あけに使用する。 ニ．コンクリート壁の穴あけに使用する。
19	使用電圧 100 V の屋内配線で，湿気の多い場所における工事の種類として，**不適切なものは。**	イ．展開した場所で，ケーブル工事 ロ．展開した場所で，金属線ぴ工事 ハ．点検できない隠ぺい場所で，防湿装置を施した金属管工事 ニ．点検できない隠ぺい場所で，防湿装置を施した合成樹脂管工事(CD 管を除く)
20	低圧屋内配線の工事方法として，**不適切なものは。**	イ．金属可とう電線管工事で，より線(絶縁電線)を用いて，管内に接続部分を設けないで収めた。 ロ．ライティングダクト工事で，ダクトの開口部を下に向けて施設した。 ハ．金属線ぴ工事で，長さ 3 m の 2 種金属製線ぴ内で電線を分岐し，D 種接地工事を省略した。 ニ．金属ダクト工事で，電線を分岐する場合，接続部分に十分な絶縁被覆を施し，かつ，接続部分を容易に点検できるようにしてダクトに収めた。

	問　い	答　え
21	住宅の屋内に三相 200 V のルームエアコンを施設した。工事方法として，**適切なものは**。 ただし，三相電源の対地電圧は 200 V で，ルームエアコン及び配線は簡易接触防護措置を施すものとする。	イ．定格消費電力が 1.5 kW のルームエアコンに供給する電路に，専用の配線用遮断器を取り付け，合成樹脂管工事で配線し，コンセントを使用してルームエアコンと接続した。 ロ．定格消費電力が 1.5 kW のルームエアコンに供給する電路に，専用の漏電遮断器を取り付け，合成樹脂管工事で配線し，ルームエアコンと直接接続した。 ハ．定格消費電力が 2.5 kW のルームエアコンに供給する電路に，専用の配線用遮断器と漏電遮断器を取り付け，ケーブル工事で配線し，ルームエアコンと直接接続した。 ニ．定格消費電力が 2.5 kW のルームエアコンに供給する電路に，専用の配線用遮断器を取り付け，金属管工事で配線し，コンセントを使用してルームエアコンと接続した。
22	簡易接触防護措置を施した乾燥した場所に施設する低圧屋内配線工事で，D 種接地工事を**省略できないものは**。	イ．三相 3 線式 200 V の合成樹脂管工事に使用する金属製ボックス ロ．三相 3 線式 200 V の金属管工事で電線を収める管の全長が 5 m の金属管 ハ．単相 100 V の電動機の鉄台 ニ．単相 100 V の金属管工事で電線を収める管の全長が 5 m の金属管
23	硬質塩化ビニル電線管による合成樹脂管工事として，**不適切なものは**。	イ．管の支持点間の距離は 2 m とした。 ロ．管相互及び管とボックスとの接続で，専用の接着剤を使用し，管の差込み深さを管の外径の 0.9 倍とした。 ハ．湿気の多い場所に施設した管とボックスとの接続箇所に，防湿装置を施した。 ニ．三相 200 V 配線で，簡易接触防護措置を施した場所に施設した管と接続する金属製プルボックスに，D 種接地工事を施した。
24	絶縁被覆の色が赤色，白色，黒色の 3 種類の電線を使用した単相 3 線式 100/200 V 屋内配線で，電線相互間及び電線と大地間の電圧を測定した。その結果として，電圧の組合せで，**適切なものは**。 ただし，中性線は白色とする。	イ．赤色線と大地間　200 V 白色線と大地間　100 V 黒色線と大地間　0 V ロ．赤色線と黒色線間　100 V 赤色線と大地間　0 V 黒色線と大地間　200 V ハ．赤色線と白色線間　200 V 赤色線と大地間　0 V 黒色線と大地間　100 V ニ．赤色線と黒色線間　200 V 白色線と大地間　0 V 黒色線と大地間　100 V
25	低圧屋内配線の電路と大地間の絶縁抵抗を測定した。「電気設備に関する技術基準を定める省令」に**適合していないものは**。	イ．単相 3 線式 100/200 V の使用電圧 200 V 空調回路の絶縁抵抗を測定したところ 0.16 MΩであった。 ロ．三相 3 線式の使用電圧 200 V（対地電圧 200 V）電動機回路の絶縁抵抗を測定したところ 0.18 MΩであった。 ハ．単相 2 線式の使用電圧 100 V 屋外庭園灯回路の絶縁抵抗を測定したところ 0.12 MΩであった。 ニ．単相 2 線式の使用電圧 100 V 屋内配線の絶縁抵抗を，分電盤で各回路を一括して測定したところ，1.5 MΩであったので個別分岐回路の測定を省略した。

	問い	答え
26	工場の三相200V三相誘導電動機の鉄台に施設した接地工事の接地抵抗値を測定し，接地線(軟銅線)の太さを検査した。「電気設備の技術基準の解釈」に適合する接地抵抗値 … 組合せ … 器の	イ．100 Ω 1.0 mm ロ．200 Ω 1.2 mm ハ．300 Ω 1.6 mm ニ．600 Ω 2.0 mm
27	… な … 路	イ．永久磁石可動コイル形で目盛板を水平に置いて，直流回路で使用する。 ロ．永久磁石可動コイル形で目盛板を水平に置いて，交流回路で使用する。 ハ．可動鉄片形で目盛板を鉛直に立てて，直流回路で使用する。 ニ．可動鉄片形で目盛板を水平に置いて，交流回路で使用する。
28		イ．電気工事に従事する主任電気工事士の資格を定める。 ロ．電気工作物の保安調査の義務を明らかにする。 ハ．電気工事士の身分を明らかにする。 ニ．電気工事の欠陥による災害発生の防止に寄与する。
29	低圧の屋内電路に使用する次のもののうち，特定電気用品の組合せとして，**正しいものは**。 A:定格電圧100V，定格電流20Aの漏電遮断器 B:定格電圧100V，定格消費電力25Wの換気扇 C:定格電圧600V，導体の太さ(直径)2.0mmの3心ビニル絶縁ビニルシースケーブル D:内径16mmの合成樹脂製可とう電線管(PF管)	イ．A及びB ロ．A及びC ハ．B及びD ニ．C及びD
30	一般用電気工作物に関する記述として，**正しいものは**。 ただし，発電設備は電圧600V以下とする。	イ．低圧で受電するものは，出力55kWの太陽電池発電設備を同一構内に施設しても，一般用電気工作物となる。 ロ．低圧で受電するものは，小規模事業用電気工作物に該当しない小規模発電設備を同一構内に施設しても，一般用電気工作物となる。 ハ．高圧で受電するものであっても，需要場所の業種によっては，一般用電気工作物になる場合がある。 ニ．高圧で受電するものは，受電電力の容量，需要場所の業種にかかわらず，すべて一般用電気工作物となる。

※令和5年3月20日の電気事業法および関連法の改正・施行に伴い，問30の選択肢の内容を一部変更しています．

問題２．配線図（問題数 20，配点は１問当たり２点）

図は，木造２階建住宅及び車庫の配線図である。この図に関する次の各問いには４通りの答
それの問いに対して，答えを１つ選びなさい。

【注意】 1．屋内配線の工事は，特記のある場合を除き 600V ビニル絶縁ビニルシースケーブ
2．屋内配線等の電線の本数，電線の太さ，その他，問いに直接関係のない部分
3．漏電遮断器は，定格感度電流 30 mA，動作時間 0.1 秒以内のものを使用して
4．選択肢（答え）の写真にあるコンセント及び点滅器は，「JIS C 0303：2000 構内電
5．分電盤の外箱は合成樹脂製である。
6．ジョイントボックスを経由する電線は，すべて接続箇所を設けている。
7．3路スイッチの記号「0」の端子には，電源側又は負荷側の電線を結線する

	問い	
31	①で示す図記号の器具の種類は。	イ．シーリング（天井直付） ハ．埋込器具
32	②で示す部分の最少電線本数（心線数）は。	イ．2　ロ．3
33	③で示す部分の小勢力回路で使用できる電線（軟銅線）の導体の最小直径［mm］は。	イ．0.5　ロ．0.8　ニ．1.6
34	④で示す部分はルームエアコンの屋外ユニットである。その図記号の傍記表示は。	イ．O　ロ．B　ハ．I　ニ．R
35	⑤で示す部分の電路と大地間の絶縁抵抗として，許容される最小値［MΩ］は。	イ．0.1　ロ．0.2　ハ．0.4　ニ．1.0
36	⑥で示す部分の接地工事の種類及びその接地抵抗の許容される最大値［Ω］の組合せとして，**正しいものは**。	イ．C 種接地工事　10 Ω ロ．C 種接地工事　50 Ω ハ．D 種接地工事　100 Ω ニ．D 種接地工事　500 Ω
37	⑦で示す部分に使用できるものは。	イ．ゴム絶縁丸打コード ロ．引込用ビニル絶縁電線 ハ．架橋ポリエチレン絶縁ビニルシースケーブル ニ．屋外用ビニル絶縁電線
38	⑧で示す引込口開閉器が省略できる場合の，住宅と車庫との間の電路の長さの最大値［m］は。	イ．8　ロ．10　ハ．15　ニ．20
39	⑨で示す部分の配線工事で用いる管の種類は。	イ．耐衝撃性硬質塩化ビニル電線管 ロ．波付硬質合成樹脂管 ハ．硬質塩化ビニル電線管 ニ．合成樹脂製可とう電線管
40	⑩で示す部分の工事方法として，**正しいものは**。	イ．金属線ぴ工事 ロ．ケーブル工事（VVR） ハ．金属ダクト工事 ニ．金属管工事

東京都
ミヤ
9784485214961
C3054 ¥1500E

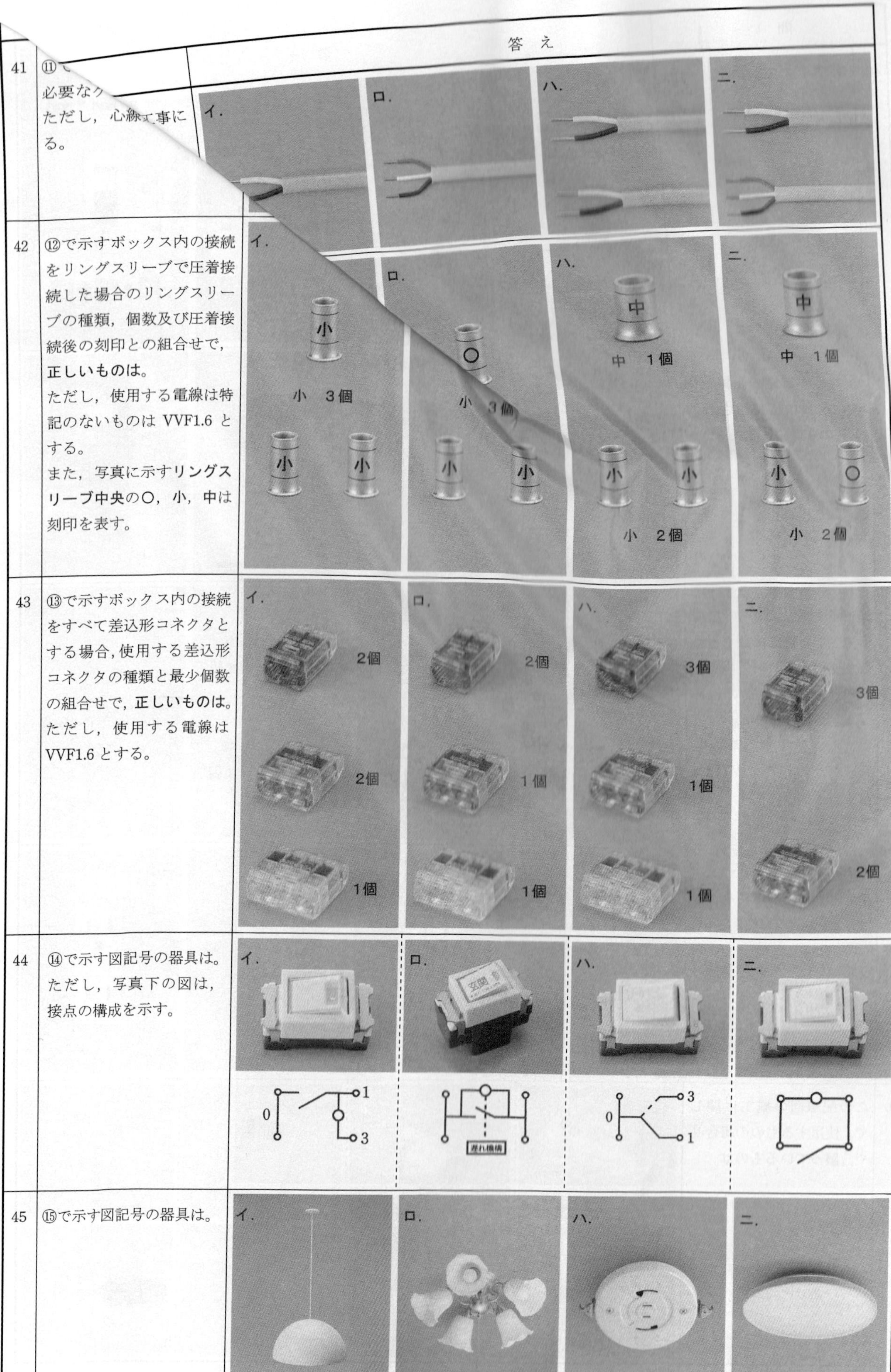

		答え
41	⑪で… 必要なク… ただし，心線…事に る。	
42	⑫で示すボックス内の接続をリングスリーブで圧着接続した場合のリングスリーブの種類，個数及び圧着接続後の刻印との組合せで，**正しいものは**。 ただし，使用する電線は特記のないものは VVF1.6 とする。 また，写真に示す**リングスリーブ中央**の○，小，中は刻印を表す。	
43	⑬で示すボックス内の接続をすべて差込形コネクタとする場合，使用する差込形コネクタの種類と最少個数の組合せで，**正しいものは**。 ただし，使用する電線は VVF1.6 とする。	
44	⑭で示す図記号の器具は。 ただし，写真下の図は，接点の構成を示す。	
45	⑮で示す図記号の器具は。	

	問い	答え			
46	⑯で示す部分に取り付ける機器は。	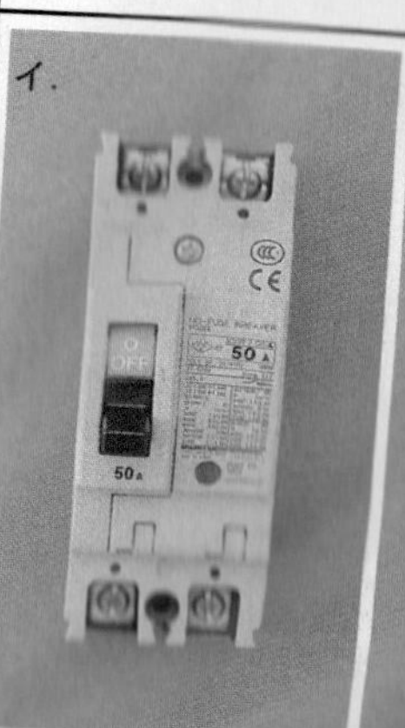	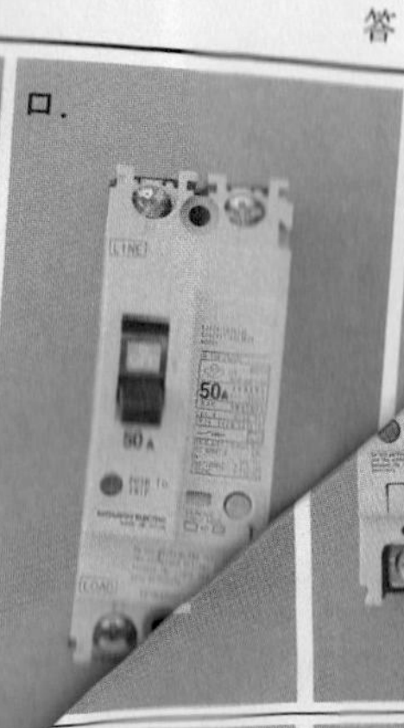	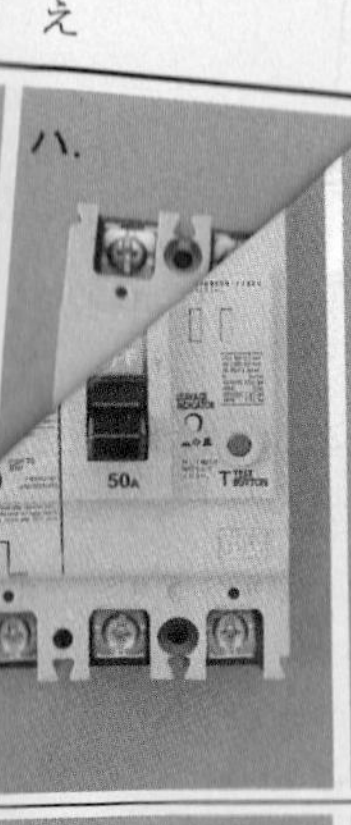	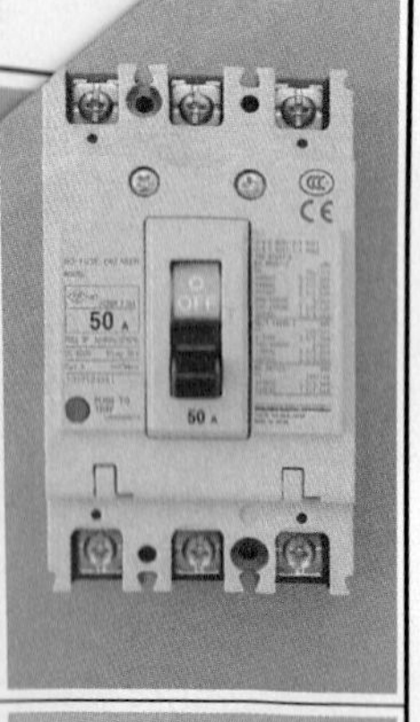
47	⑰で示す部分の配線工事で，一般的に使用されることのない工具は。	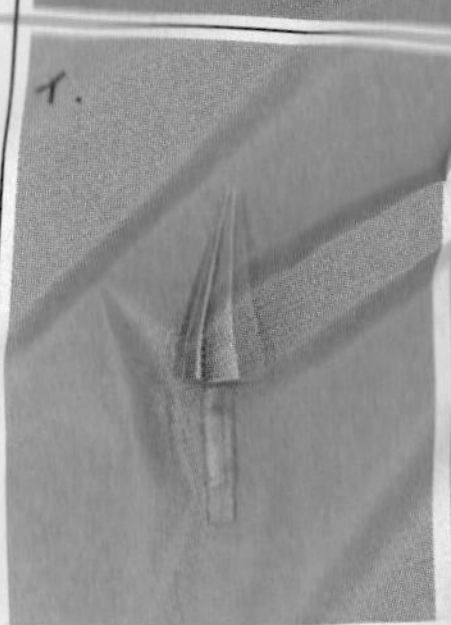		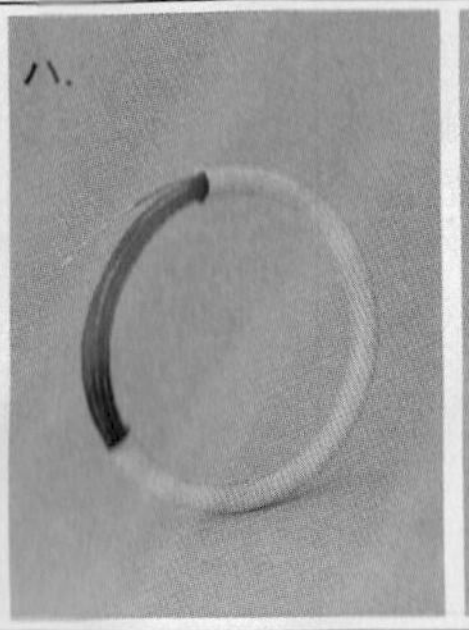	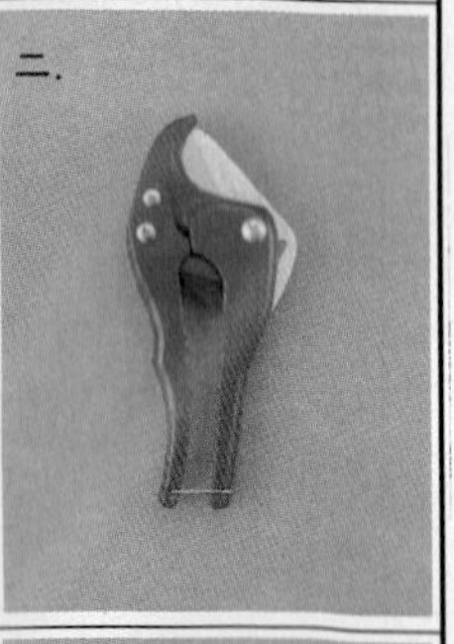
48	⑱で示すボックス内の接続をすべて圧着接続とする場合，使用するリングスリーブの種類と最少個数の組合せで，正しいものは。ただし，使用する電線は特記のないものは VVF1.6 とする。	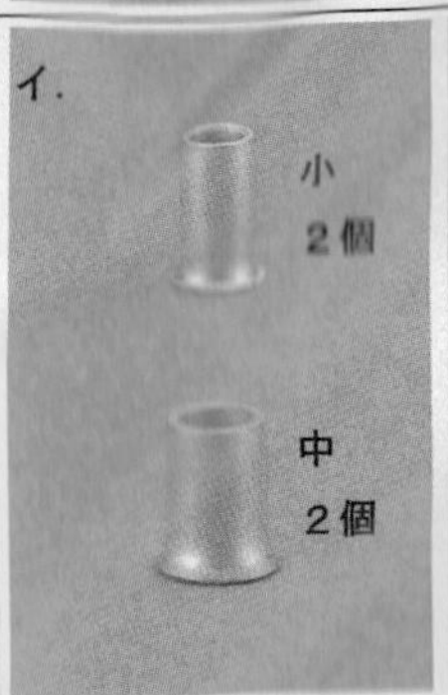 イ. 小 2個 中 2個	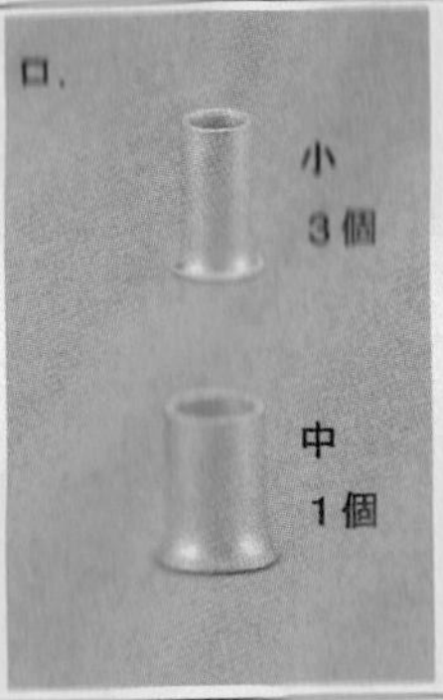 ロ. 小 3個 中 1個	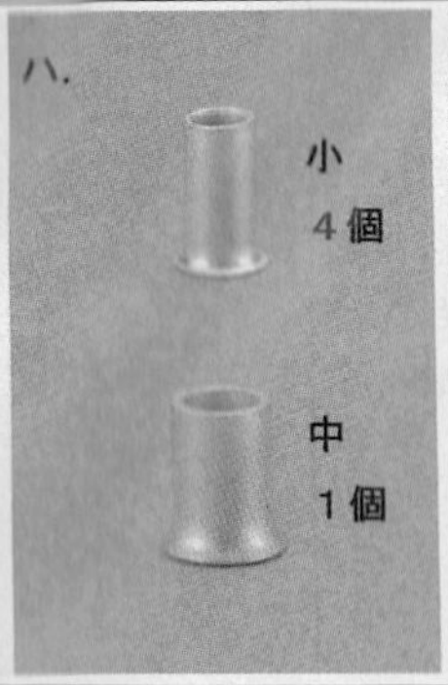 ハ. 小 4個 中 1個	 ニ. 小 5個
49	この配線図の図記号で，使用されていないコンセントは。	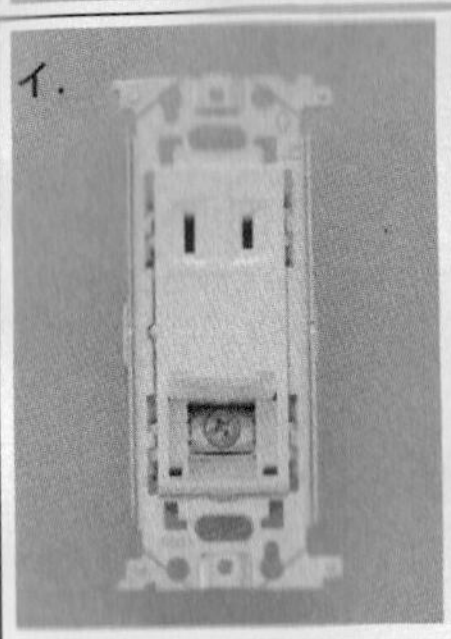		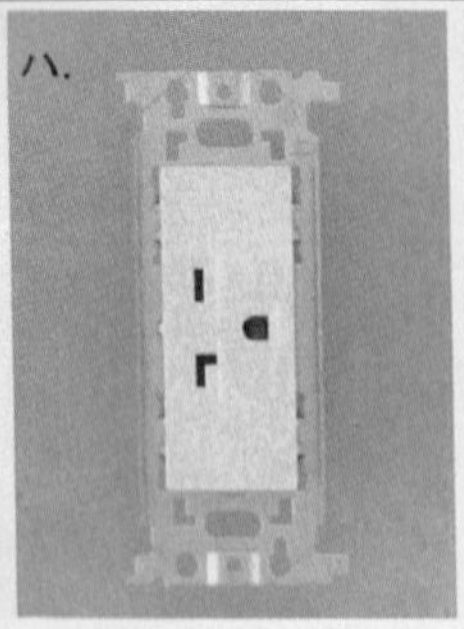	
50	この配線図の施工に関して，使用するものの組合せで，誤っているものは。	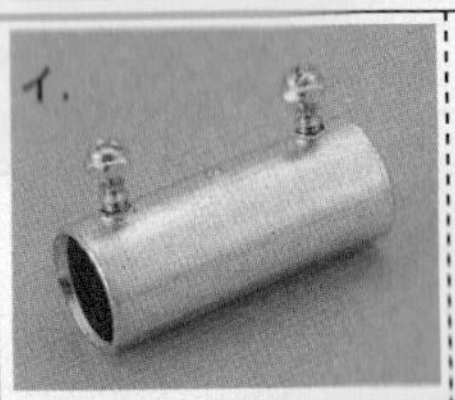 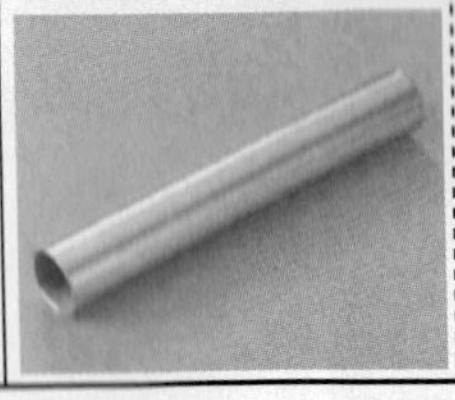	 	 	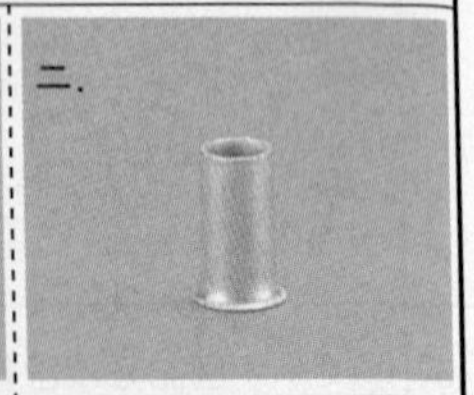 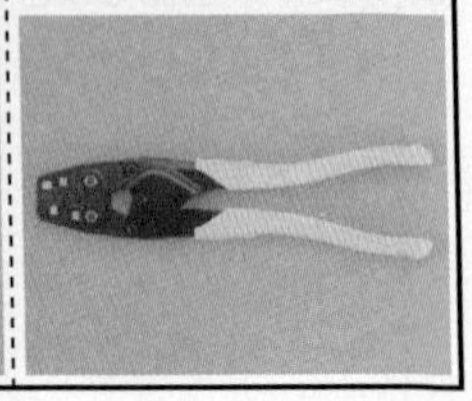

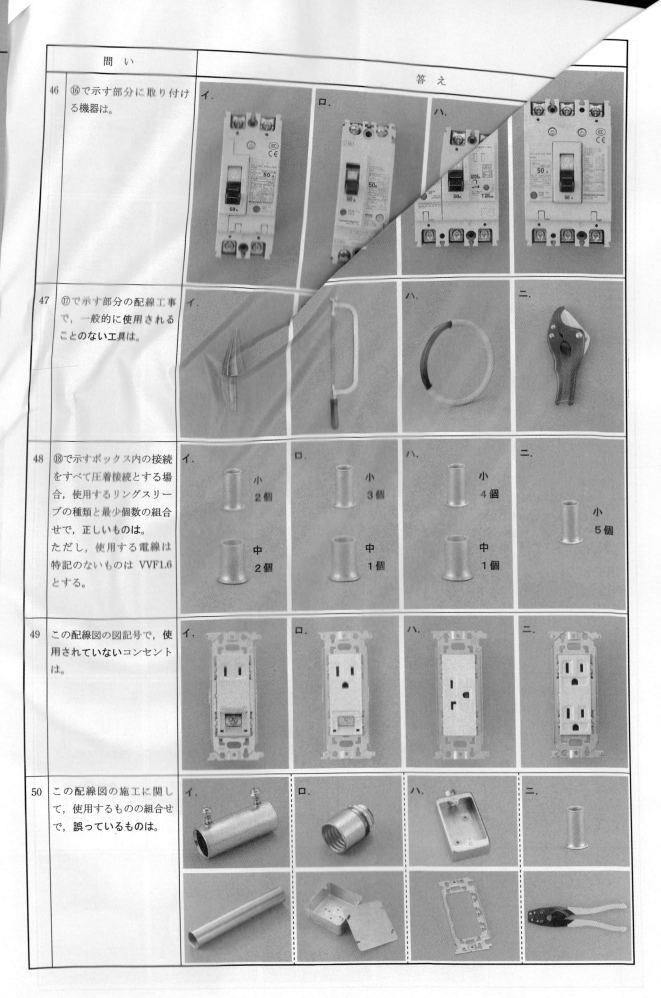

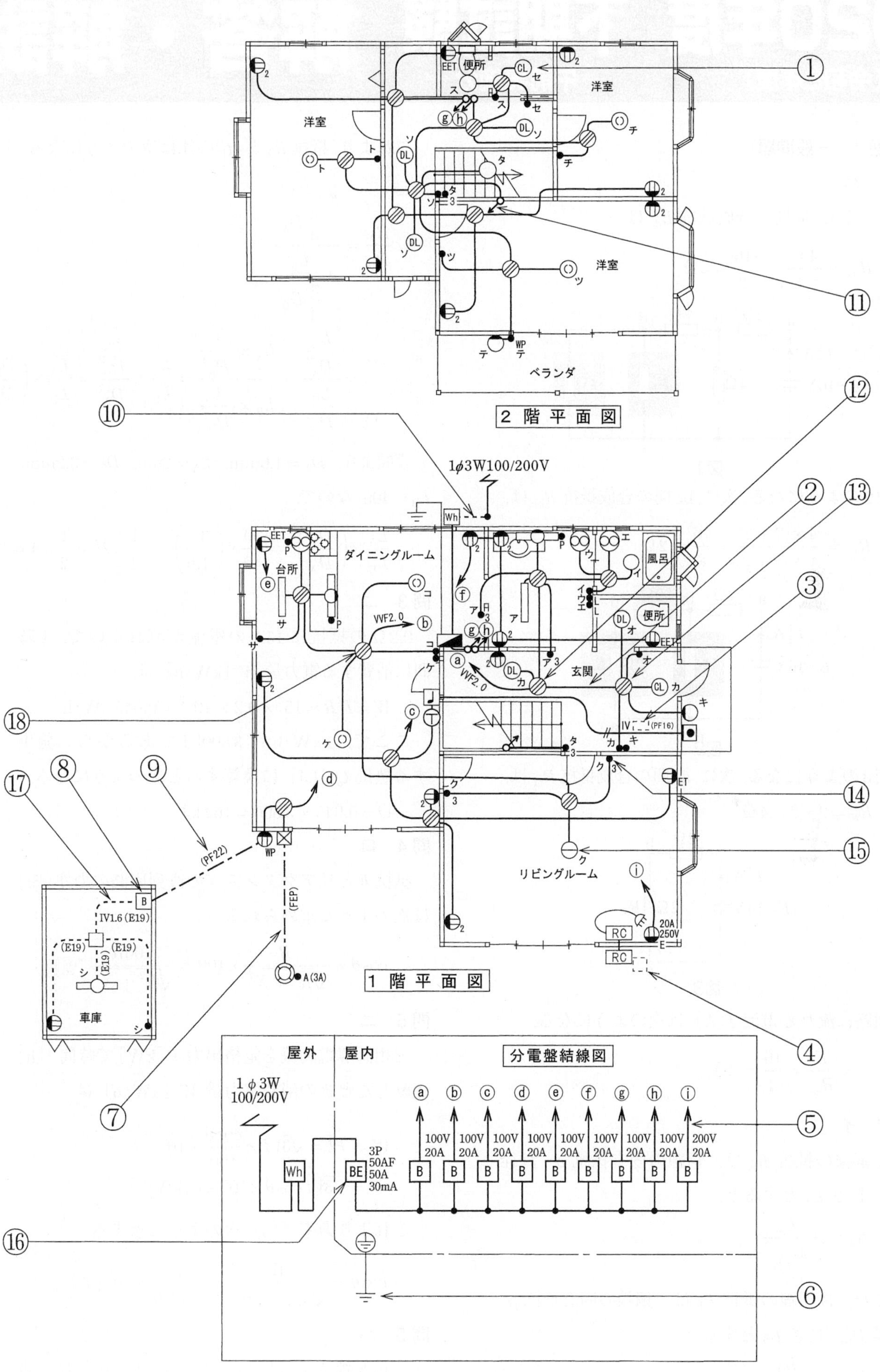

2 階 平 面 図
1 階 平 面 図
分電盤結線図
屋外
屋内
1φ3W100/200V
洋室
便所
ベランダ
ダイニングルーム
台所
玄関
風呂
リビングルーム
車庫
3P
50AF
50A
30mA

第二種電気工事士筆記試験
2020年度 下期試験 解答・解説
（令和2年度） ―午前実施分―

〔問題 1．一般問題〕

問 1　ハ

図 1 から de 間の合成抵抗 R_{de} は,

$$R_{de} = \frac{4\times4}{4+4} = \frac{16}{8} = 2\,\Omega$$

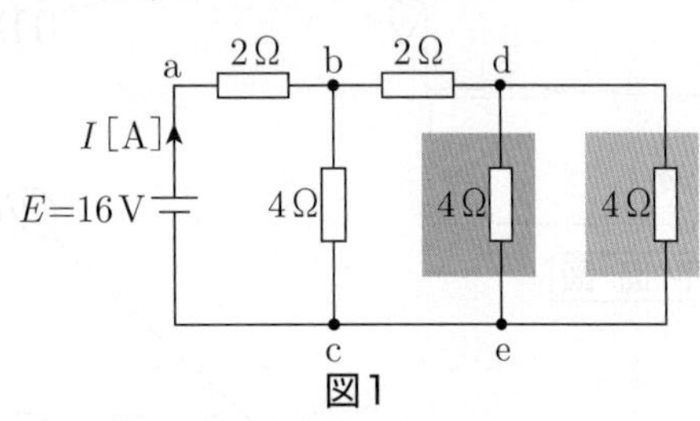

図1

図2のようになる. 次に, bc 間の合成抵抗 R_{bc} は,

$$R_{bc} = \frac{4\times(2+2)}{4+(2+2)} = \frac{16}{8} = 2\,\Omega$$

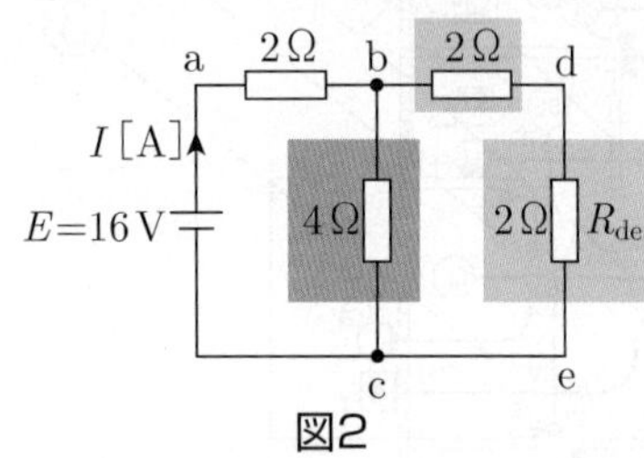

図2

図3のようになる. 次に, ac 間の合成抵抗 R_{ac} は,

$$R_{ac} = 2+2 = 4\,\Omega$$

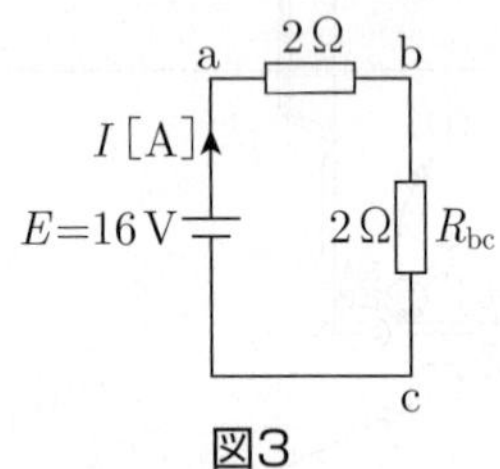

図3

回路に流れる電流 I[A] は次のようになる.

$$I = \frac{E}{R_{ac}} = \frac{16}{4} = 4\,\text{A}$$

問 2　イ

A 銅線の抵抗 R_A は, 銅線の固有抵抗 ρ, 直径 D_A, 長さ L_A とすると,

$$R_A = \rho\frac{L_A}{\frac{\pi}{4}D_A^2}$$

また, B 銅線の抵抗 R_B は, 銅線の固有抵抗 ρ, 直径 D_B, 長さ L_B とすると,

$$R_B = \rho\frac{L_B}{\frac{\pi}{4}D_B^2}$$

これより, 抵抗 R_A と R_B の比は次のようになる.

$$\frac{R_A}{R_B} = \frac{\rho\frac{L_A}{\frac{\pi}{4}D_A^2}}{\rho\frac{L_B}{\frac{\pi}{4}D_B^2}}$$

$$= \frac{\frac{L_A}{D_A^2}}{\frac{L_B}{D_B^2}} = \frac{L_A\times\frac{1}{D_A^2}}{L_B\times\frac{1}{D_B^2}} = \frac{L_A}{L_B}\times\frac{D_B^2}{D_A^2} = \frac{L_A}{L_B}\times\left(\frac{D_B}{D_A}\right)^2$$

設問より, $D_A = 1.6\text{mm}$, $L_A = 20\text{m}$, $D_B = 3.2\text{mm}$, $L_B = 40\text{m}$ なので

$$\frac{L_A}{L_B}\times\left(\frac{D_B}{D_A}\right)^2 = \frac{20}{40}\times\left(\frac{3.2}{1.6}\right)^2 = \frac{1}{2}\times2^2 = \frac{1}{2}\times4 = 2$$

問 3　ニ

0.2Ω の抵抗に 15A の電流が流れるので, 1 時間に消費する電力量 W [kW·h] は,

$$W = I^2R = 15^2\times0.2\times10^{-3} = 0.045\,\text{kW·h}$$

ここで, 1 kW·h は 3 600kJ であるから, 発生する熱量 Q [kJ] に換算すると次のようになる.

$$Q = 0.045\times3\,600 = 162\,\text{kJ}$$

問 4　ロ

抵抗 R とリアクタンス X の直列回路の力率[%]は次のように求められる.

$$\cos\theta = \frac{R}{\sqrt{R^2+X^2}}\times100 = \frac{100R}{\sqrt{R^2+X^2}}\,[\%]$$

問 5　ニ

三相誘導電動機を定格出力 P[kW] で時間 t[h] 運転したときの消費電力量 W [kW·h] は,

$$W = Pt = \sqrt{3}VI\times\frac{\cos\theta}{100}\times10^3\times t$$
$$= \sqrt{3}VI\cos\theta\times10^5\times t\,[\text{kW·h}]$$

これより力率 [%] 次のように求まる.

$$\cos\theta = \frac{W}{\sqrt{3}VIt\times10^{-5}} = \frac{W}{\sqrt{3}VIt}\times10^5\,[\%]$$

問 6　ハ

三相 3 線式電線路の電力損失 P_L [W] は, 電線 1 線当たりの抵抗 r [Ω], 線電流 I [A] とす

ると次式で表せる．

$$P_{\mathrm{L}} = 3I^2 r\,[\mathrm{W}]$$

問 7　イ

負荷が平衡しているとき，中性線には電流が流れないので電力損失は発生しない．このため，電線路の電力損失 P_{L}［W］は，1 線当たりの抵抗 0.1Ω，負荷電流 15 A なので次のようになる．

$$P_{\mathrm{L}} = 2I^2 r = 2 \times 15^2 \times 0.1 = 45\,[\mathrm{W}]$$

問 8　ハ

断面積 5.5mm^2 の 600V ビニル絶縁電線の許容電流は 49A で，金属管に 4 本収めるときの電流減少係数は 0.63 であるから，電線 1 本当たりの許容電流 I［A］は次のようになる．

$$I = 49 \times 0.63 \fallingdotseq 31\,\mathrm{A}$$

絶縁電線の許容電流（内線規程 1340−1 表）

種　類	太　さ	許容電流［A］
単線 直径［mm］	1.6	27
	2.0	35
より線 断面積［mm^2］	3.5	37
	5.5	49

（周囲温度 30℃以下）

問 9　ロ

電技解釈第 148 条により，低圧屋内幹線の太さを決める根拠となる電流を求める．電動機電流の合計を I_M，電熱器電流の合計を I_H とすると，

$$I_M = 30 + 30 + 20 = 80\mathrm{A},\quad I_H = 15\mathrm{A}$$

このため，$I_H < I_M$ であり $I_M > 50\mathrm{A}$ なので，幹線の太さを決める根拠となる電流 I［A］は次のようになる．

$$I = I_M \times 1.1 + I_H = 80 \times 1.1 + 15 = 103\,\mathrm{A}$$

問 10　ニ

電技解釈第 149 条により，50A の分岐回路には 40A 以上 50A 以下のコンセントを用いる．

分岐回路の施設（電技解釈第 149 条）

分岐過電流遮断器の定格電流	コンセント	電線の太さ
15A	15 A 以下	直径 1.6 mm 以上
20A（配線用遮断器）	20 A 以下	
20A（配線用遮断器を除く）	20 A	直径 2 mm 以上
30A	20 A 以上 30 A 以下	直径 2.6 mm 以上
40A	30 A 以上 40 A 以下	断面積 8 mm^2 以上
50A	40 A 以上 50 A 以下	断面積 14 mm^2 以上

問 11　イ

電技解釈第 120 条により，地中電線路は電線にケーブルを使用しなくてはいけないので，イが正しい．

問 12　ロ

内線規程 1340−5 表より，公称断面積 1.25 mm^2 のゴムコードの許容電流は 12 A である．このため，定格電圧 100 V で 1 200 W を超える電熱器具は使用できない．

問 13　ニ

薄鋼電線管の切断作業には，パイプカッタや金切りのこが使用されるので，ニが誤りである．プリカナイフとは，2 種金属製可とう電線管の切断に使用する工具である．

問 14　ハ

三相誘導電動機の回転数は電源周波数に比例するので，電源周波数が 60 Hz から 50 Hz に変わると回転速度は低下する．よって，ハが誤りである．

問 15　ハ

電技解釈第 33 条により，定格電流 30 A の配線用遮断器は 1.25 倍（37.5 A）の電流が流れた場合，60 分以内に自動的に動作しなければならない．

問 16　ニ

写真に示す材料は 1 種金属線ぴ（幅 40 mm 未満）で，金属線ぴ工事に使用される．

問 17　ハ

写真に示す器具の○で囲まれた部分は電磁接触器である．下部に接続されている熱動継電器と組み合わせ，電磁開閉器として電動機負荷などの開閉器として使用される．

問 18　ロ

写真に示す工具はホルソである．電気ドリルに取り付け，分電盤などの金属板の穴あけに使用する工具である．

問 19　ロ

電技解釈第 156 条により，金属線ぴ工事は展開した場所であっても，湿気の多い場所又は水気のある場所には施設できない．

問 20　ハ

電技解釈第 161 条により，金属線ぴ工事による低圧屋内配線は，2 種金属線ぴ内で電線を分岐する場合，長さに係わらず D 種接地工事を省略してはいけない．

問 21　ハ

電技解釈第 143 条により，住宅の屋内電路の対

地電圧は150V以下としなくてはいけないが，定格消費電力2kW以上，対地電圧300V以下の電気機械器具に電気を供給する場合は，次により施設することができる．

(1) 屋内配線は当該機器のみに電気を供給するもので電気機械器具と直接接続すること．

(2) 電路には専用の過電流遮断器，漏電遮断器を施設すること．

(3) 屋内配線には簡易防護措置を施すこと．

問22　ロ

電技解釈第159条により，金属管工事でD種接地工事を省略することができるのは，管の長さが4m以下で乾燥した場所に施設する場合なので，ロが不適切である．イは電技解釈第158条，ハは電技解釈第29条, ニは電技解釈第159条（対地電圧150V以下で管長8m以下）によりD種接地工事が省略できる．

問23　イ

電技解釈第158条により，合成樹脂管の支持点間の距離は1.5m以下とし，かつ，その支持点は，管端，管とボックスとの接続点及び管相互のそれぞれの近くの箇所に設けなくてはいけない．

問24　ニ

内線規程1315−1，1315−6により，単相3線式電路の電線の標識は次図のように用いられる．したがって，赤色線と黒色線間の電圧は200V，白色線と大地間の電圧は0V，黒色線と大地間の電圧は100Vである．

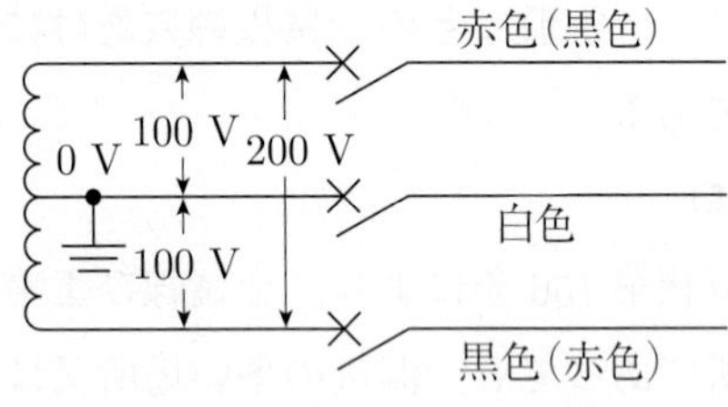

問25　ロ

電技省令第58条により，低圧電路の使用電圧と絶縁抵抗の最小値が定められている．三相3線式200Vの電動機回路は，使用電圧300V以下で対地電圧は150Vを超えるので，絶縁抵抗値は0.2MΩ以上なくてはいけない．

低圧電路の絶縁性能（電技省令第58条）

電路の使用電圧の区分		絶縁抵抗値
300V以下	対地電圧150V以下	0.1MΩ以上
	その他の場合	0.2MΩ以上
300Vを超える低圧回路		0.4MΩ以上

問26　ハ

電技解釈第29条により，使用電圧200Vの機械器具の鉄台にはD種接地工事を施さなくてはいけない．また，電技解釈第17条により，電路に0.1秒で動作する漏電遮断器が施設されているので，D種接地工事の接地抵抗値は500Ω以下，接地線は1.6mm以上で施工する．

機械器具の金属製外箱等の接地(電技解釈第29条)

機械器具の使用電圧の区分		接地工事
低圧	300V以下	D種接地工事
	300V超過	C種接地工事

問27　イ

設問の図記号（左図）は可動コイル形を示す．可動コイル形の測定器は直流回路用の計器である．また，図記号（右図）は測定器の目盛板を水平に置いて測定することを示す．

測定器の種類と使用できる回路

種類	記号	使用できる回路
可動コイル形		直流回路
可動鉄片形		交流回路
誘導形		交流回路

測定器の使用法

記号	使用法
⊥	鉛直に立てて使用
⊓	水平に置いて使用

問28　ニ

電気工事士法は，電気工事の作業に従事する者の資格及び義務を定め、もって電気工事の欠陥による災害の発生の防止に寄与することを目的として定められている（電気工事士法第1条）．

問29　ロ

電気用品安全法施行令（別表第1）により，特定電気用品に区分されるものは，Aの定格電圧100V，定格電流20Aの漏電遮断器と，Cの定格電圧600V，直径2mmのケーブルである．Bの

	問　い	答　え			
41	⑪で示す部分の配線工事に必要なケーブルは。 ただし，心線数は最少とする。	イ. 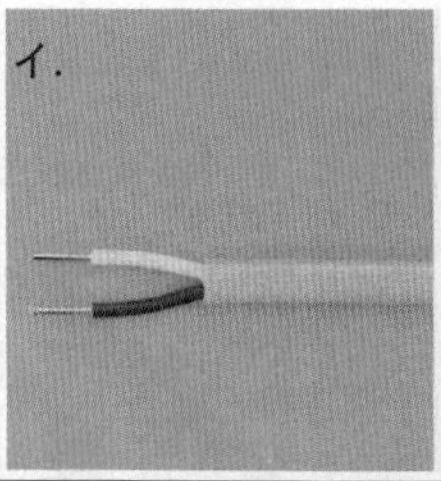	ロ. 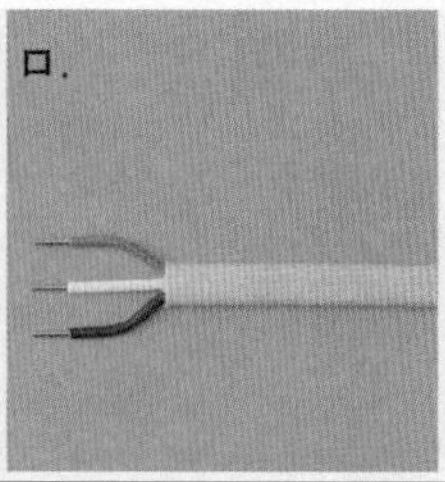	ハ. 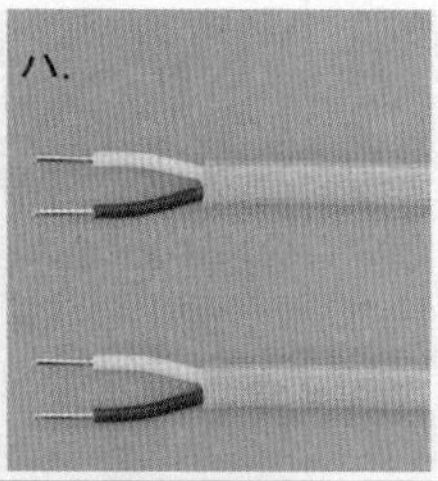	ニ. 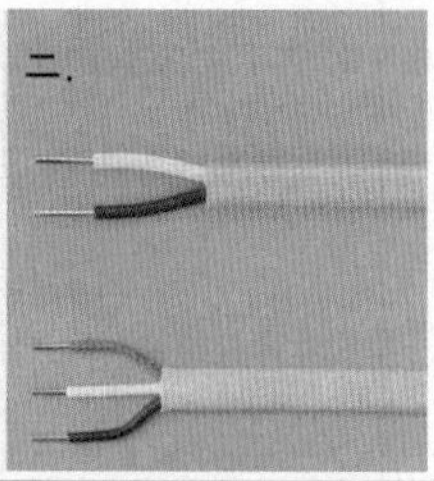
42	⑫で示すボックス内の接続をリングスリーブで圧着接続した場合のリングスリーブの種類，個数及び圧着接続後の刻印との組合せで，**正しいものは**。 ただし，使用する電線は特記のないものは VVF1.6 とする。 また，写真に示す**リングスリーブ中央の**○，小，中は刻印を表す。	イ.  小　3個	ロ. 小　3個 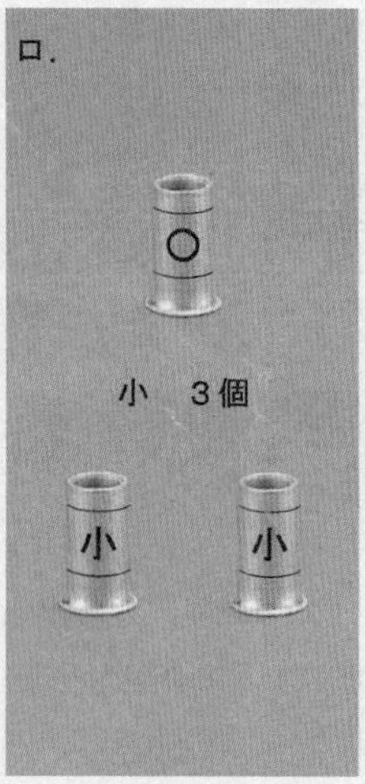	ハ. 中　1個 小　2個 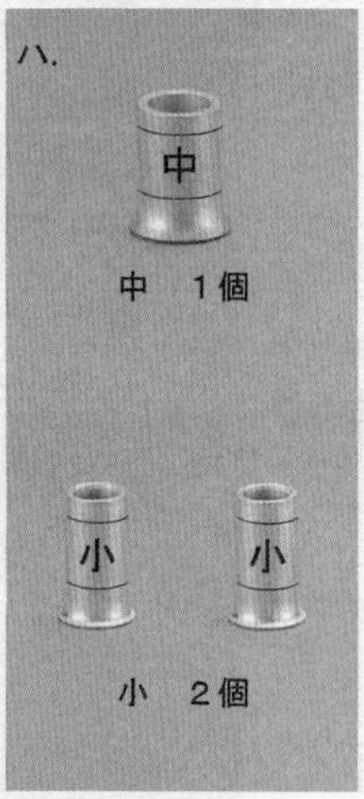	ニ. 中　1個 小　2個 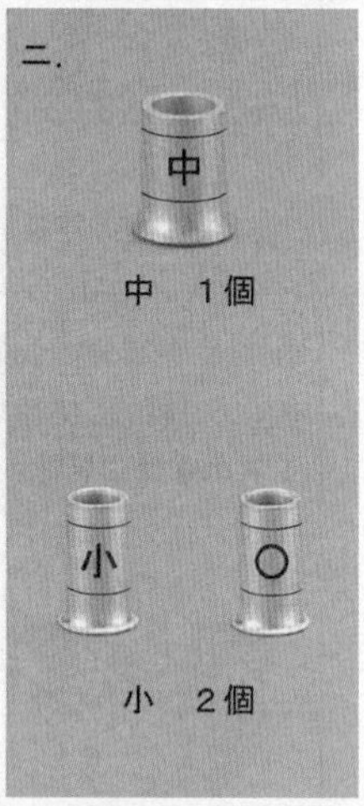
43	⑬で示すボックス内の接続をすべて差込形コネクタとする場合，使用する差込形コネクタの種類と最少個数の組合せで，**正しいものは**。 ただし，使用する電線は VVF1.6 とする。	イ.  2個 2個 1個	ロ. 2個 1個 1個 	ハ. 3個 1個 1個 	ニ. 3個 2個 
44	⑭で示す図記号の器具は。 ただし，写真下の図は，接点の構成を示す。	イ. 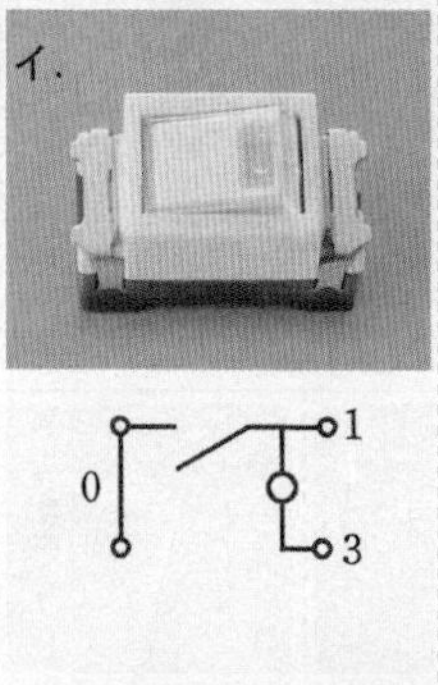 0 1 3	ロ. 遅れ機構 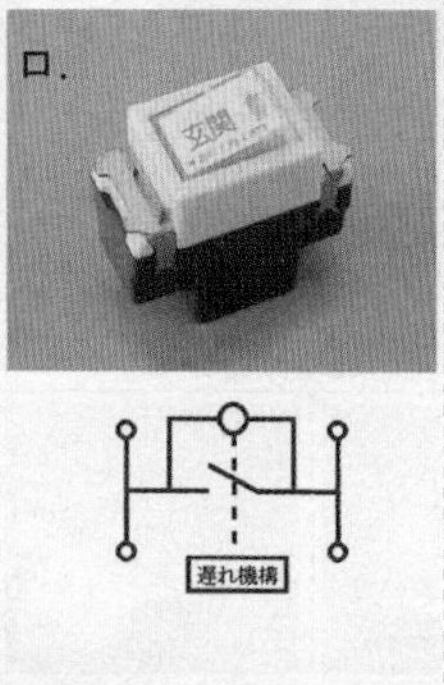	ハ. 0 3 1 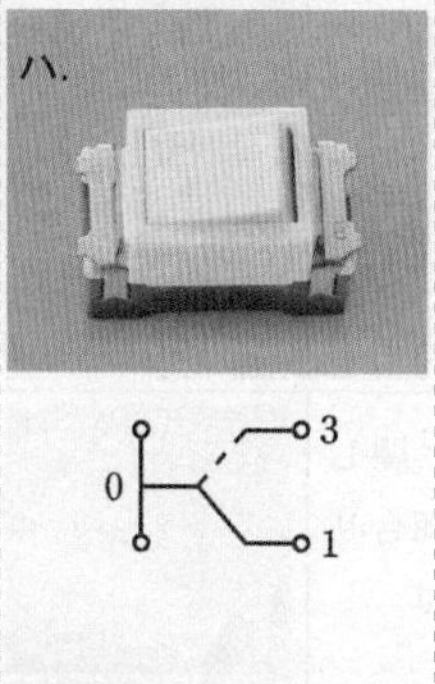	ニ. 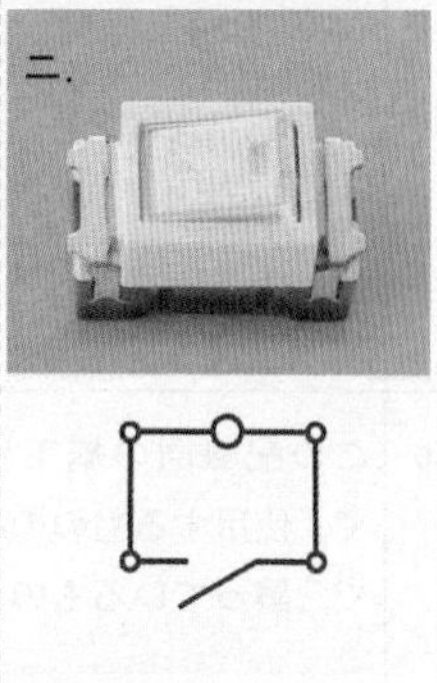
45	⑮で示す図記号の器具は。	イ. 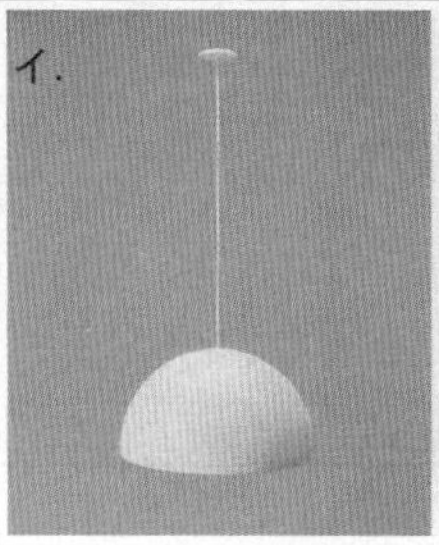	ロ. 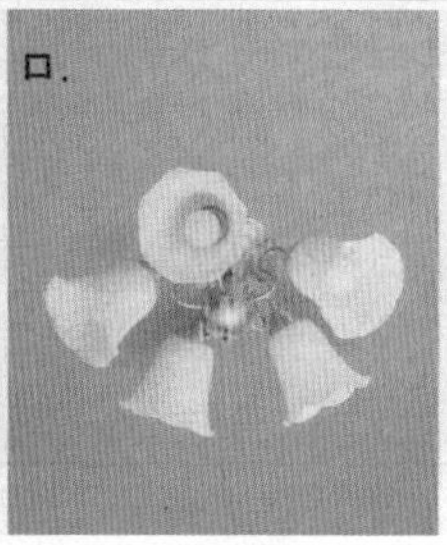	ハ. 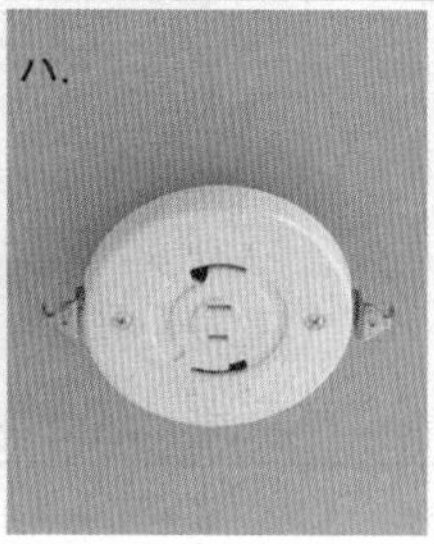	ニ. 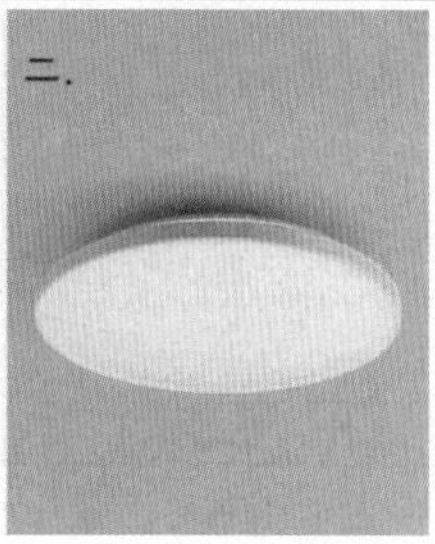

	問い	答え			
46	⑯で示す部分に取り付ける機器は。	イ. 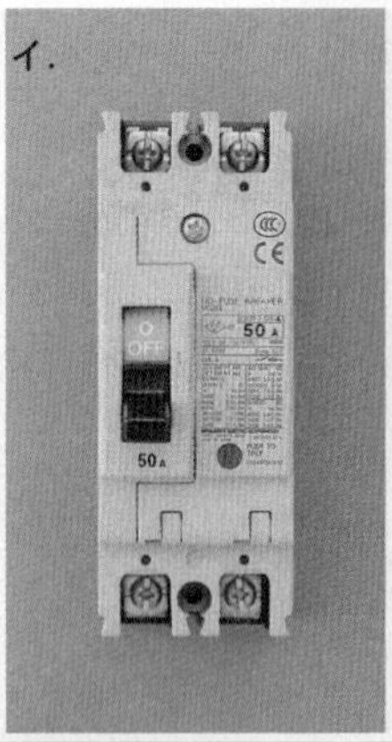	ロ. 	ハ. 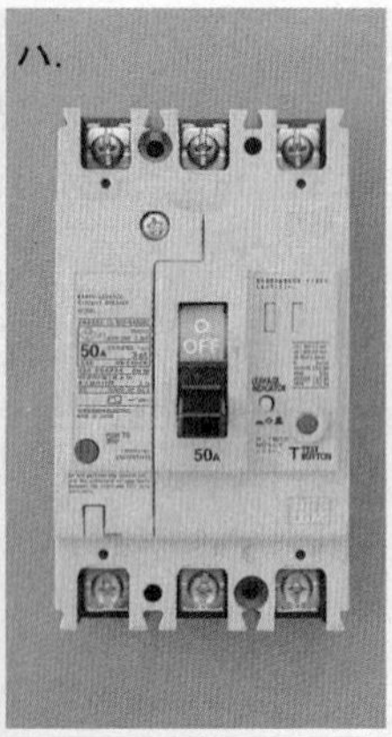	ニ. 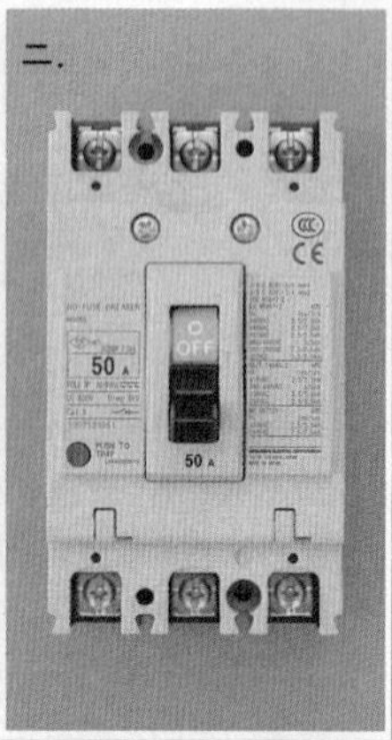
47	⑰で示す部分の配線工事で，一般的に**使用されることのない工具は。**	イ. 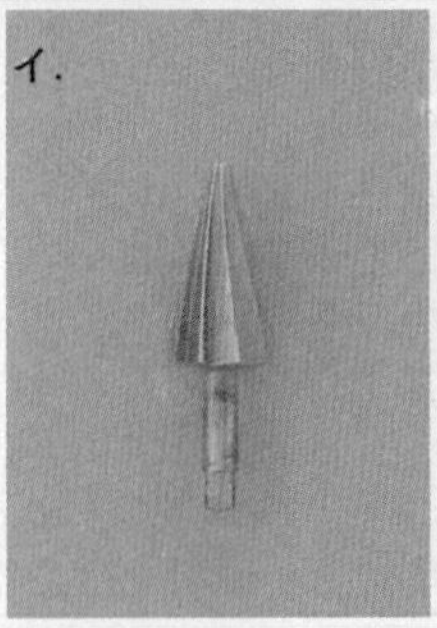	ロ. 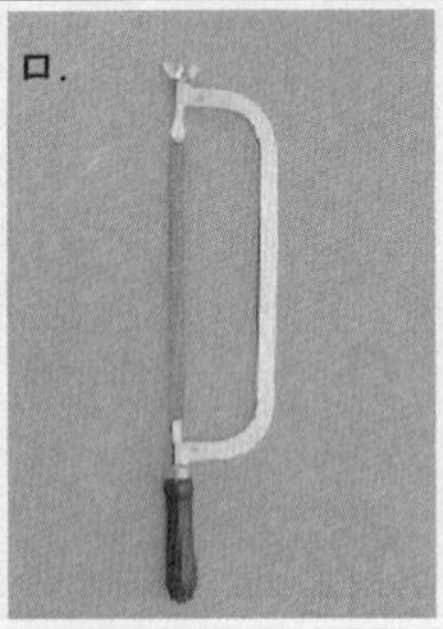	ハ. 	ニ. 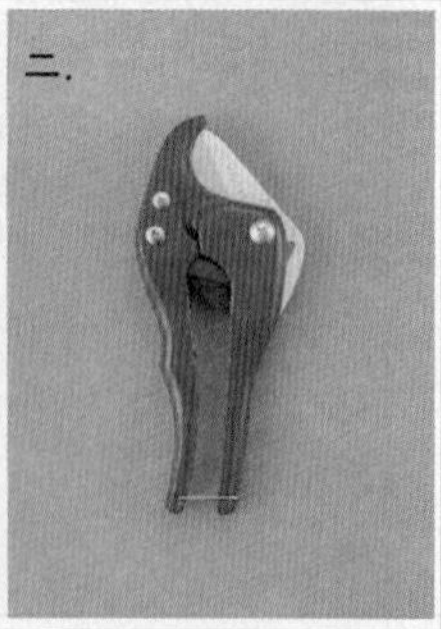
48	⑱で示すボックス内の接続をすべて圧着接続とする場合，使用するリングスリーブの種類と最少個数の組合せで，**正しいものは。** ただし，使用する電線は特記のないものは VVF1.6 とする。	イ. 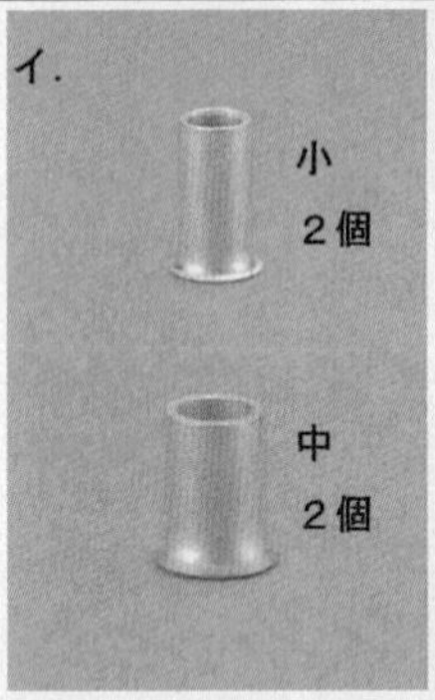 小 2個 中 2個	ロ. 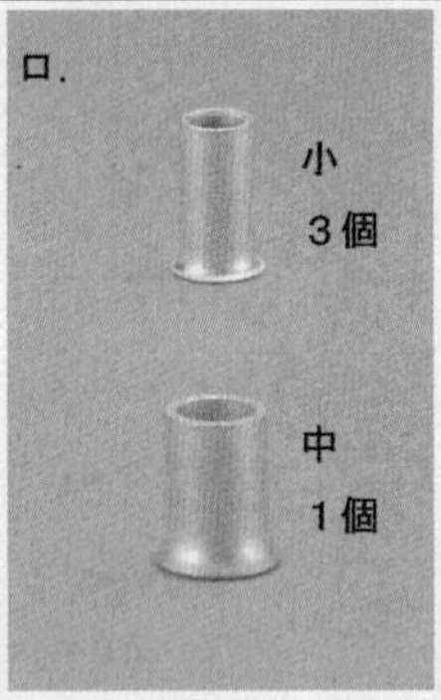 小 3個 中 1個	ハ. 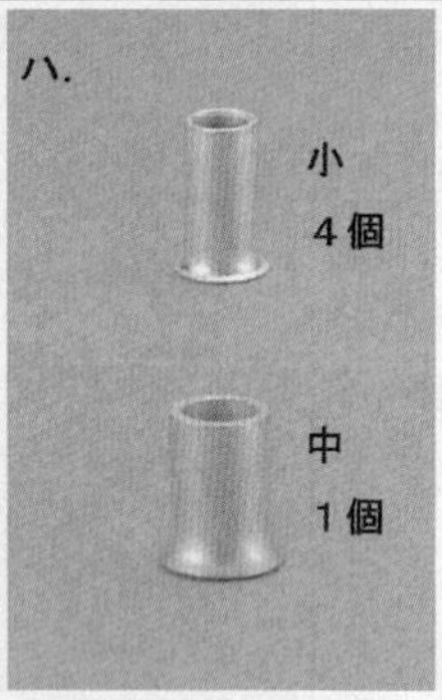 小 4個 中 1個	ニ. 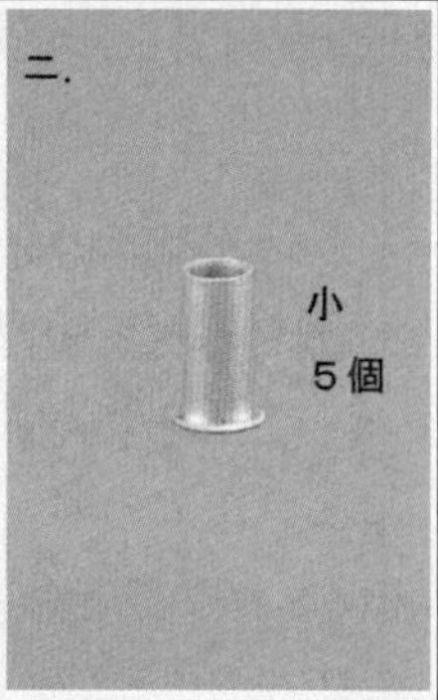 小 5個
49	この配線図の図記号で，**使用されていない**コンセントは。	イ. 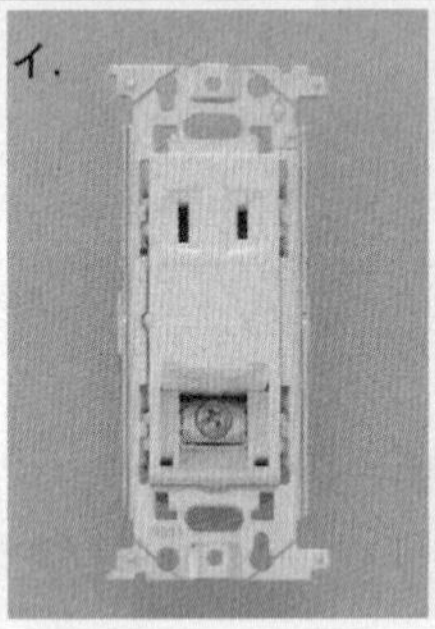	ロ. 	ハ. 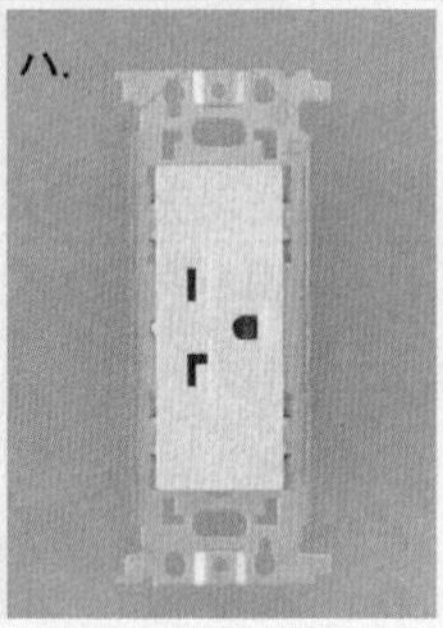	ニ. 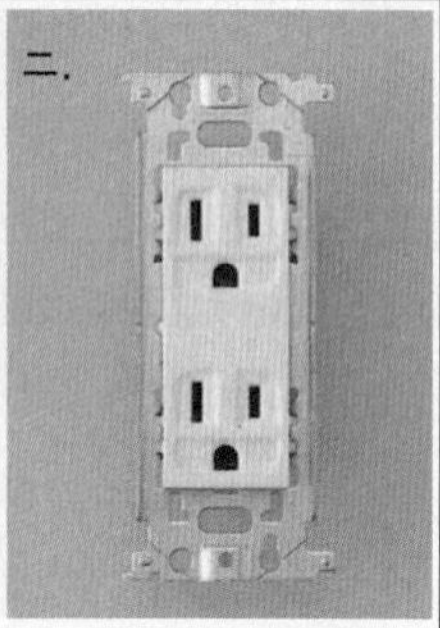
50	この配線図の施工に関して，使用するものの組合せで，**誤っているものは。**	イ. 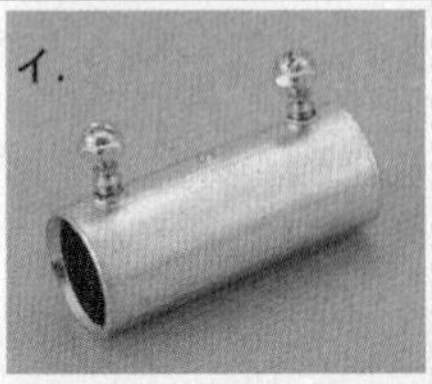 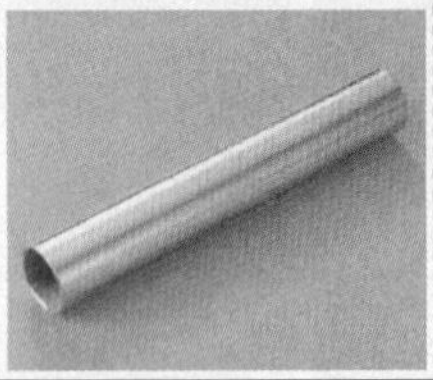	ロ.  	ハ.  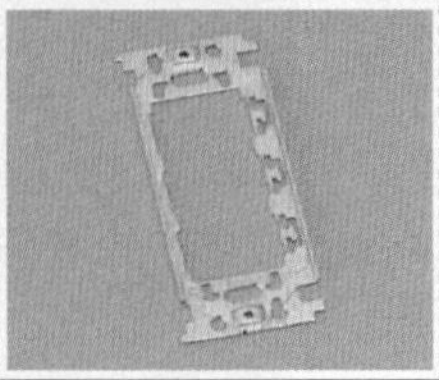	ニ. 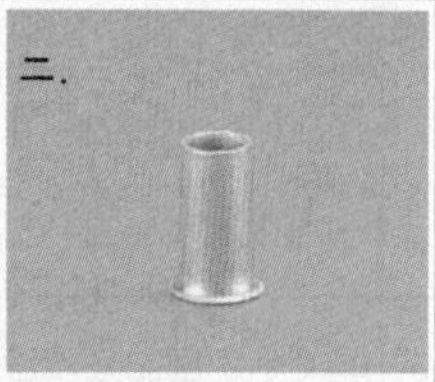 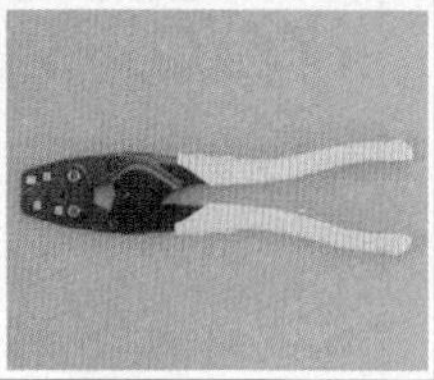

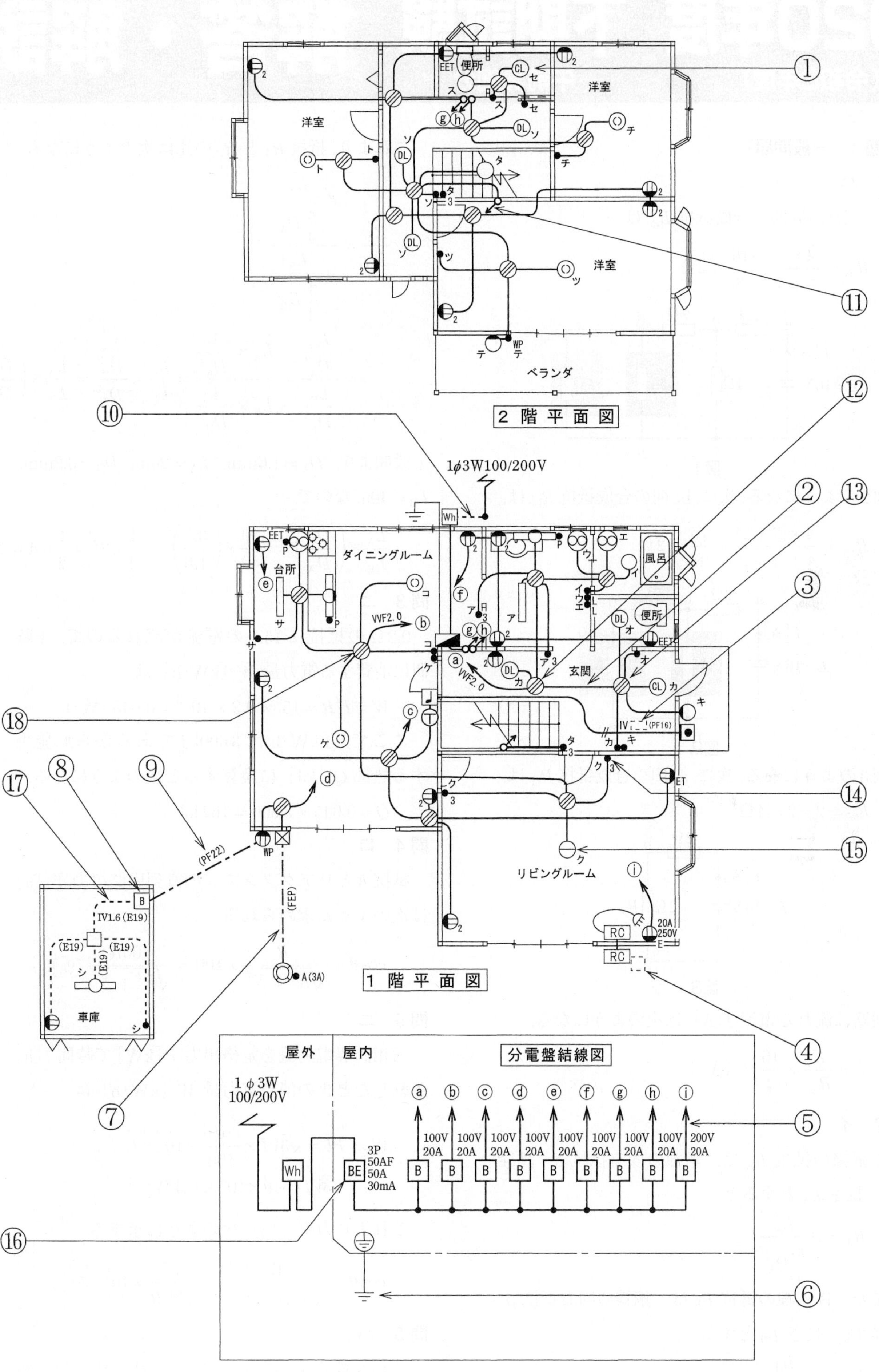
洋室
便所
洋室
洋室
ベランダ
2 階 平 面 図
1φ3W100/200V
ダイニングルーム
台所
風呂
便所
玄関
リビングルーム
車庫
1 階 平 面 図
分電盤結線図
屋外
屋内
1 φ 3W
100/200V
3P
50AF
50A
30mA
100V
20A
200V
20A
VVF2.0
IV1.6 (E19)
(PF22)
(FEP)
(PF16)
A (3A)
20A
250V
E

2020年度（令和2年度）下期試験 —午前実施分— 解答・解説

〔問題1. 一般問題〕

問1　ハ

図1からde間の合成抵抗 R_{de} は，

$$R_{de}=\frac{4\times4}{4+4}=\frac{16}{8}=2\,\Omega$$

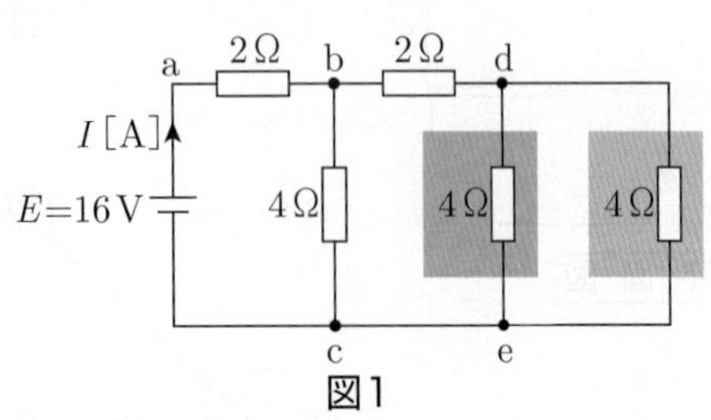

図1

図2のようになる. 次に, bc間の合成抵抗 R_{bc} は,

$$R_{bc}=\frac{4\times(2+2)}{4+(2+2)}=\frac{16}{8}=2\,\Omega$$

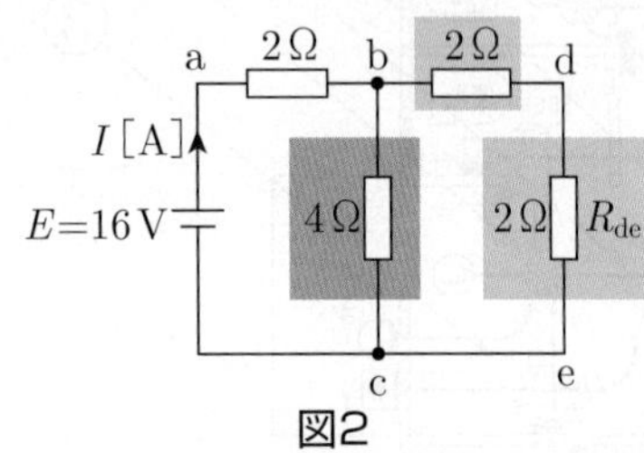

図2

図3のようになる. 次に, ac間の合成抵抗 R_{ac} は,

$$R_{ac}=2+2=4\,\Omega$$

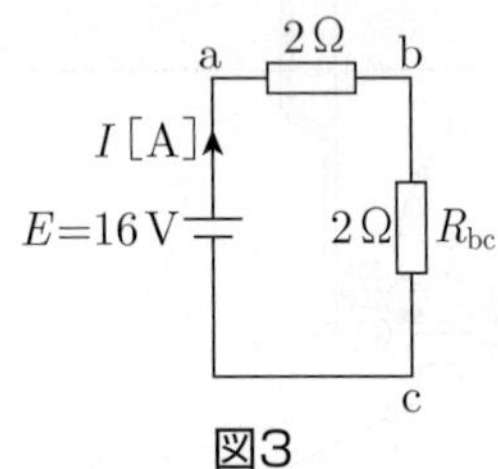

図3

回路に流れる電流 I[A] は次のようになる.

$$I=\frac{E}{R_{ac}}=\frac{16}{4}=4\,\mathrm{A}$$

問2　イ

A銅線の抵抗 R_A は，銅線の固有抵抗 ρ，直径 D_A，長さ L_A とすると，

$$R_A=\rho\frac{L_A}{\frac{\pi}{4}D_A^2}$$

また，B銅線の抵抗 R_B は，銅線の固有抵抗 ρ，直径 D_B，長さ L_B とすると，

$$R_B=\rho\frac{L_B}{\frac{\pi}{4}D_B^2}$$

これより，抵抗 R_A と R_B の比は次のようになる.

$$\frac{R_A}{R_B}=\frac{\rho\dfrac{L_A}{\frac{\pi}{4}D_A^2}}{\rho\dfrac{L_B}{\frac{\pi}{4}D_B^2}}=\frac{\dfrac{L_A}{D_A^2}}{\dfrac{L_B}{D_B^2}}=\frac{L_A\times\dfrac{1}{D_A^2}}{L_B\times\dfrac{1}{D_B^2}}=\frac{L_A}{L_B}\times\frac{D_B^2}{D_A^2}=\frac{L_A}{L_B}\times\left(\frac{D_B}{D_A}\right)^2$$

設問より，$D_A=1.6\mathrm{mm}$，$L_A=20\mathrm{m}$，$D_B=3.2\mathrm{mm}$，$L_B=40\mathrm{m}$ なので

$$\frac{L_A}{L_B}\times\left(\frac{D_B}{D_A}\right)^2=\frac{20}{40}\times\left(\frac{3.2}{1.6}\right)^2=\frac{1}{2}\times2^2=\frac{1}{2}\times4=2$$

問3　ニ

0.2Ωの抵抗に15Aの電流が流れるので，1時間に消費する電力量 W［kW·h］は,

$$W=I^2R=15^2\times0.2\times10^{-3}=0.045\,\mathrm{kW\cdot h}$$

ここで，1kW·hは3600kJであるから，発生する熱量 Q［kJ］に換算すると次のようになる.

$$Q=0.045\times3\,600=162\,\mathrm{kJ}$$

問4　ロ

抵抗 R とリアクタンス X の直列回路の力率[%]は次のように求められる.

$$\cos\theta=\frac{R}{\sqrt{R^2+X^2}}\times100=\frac{100R}{\sqrt{R^2+X^2}}\ [\%]$$

問5　ニ

三相誘導電動機を定格出力 P[kW]で時間 t[h]運転したときの消費電力量 W［kW·h］は,

$$W=Pt=\sqrt{3}VI\times\frac{\cos\theta}{100}\times10^3\times t=\sqrt{3}VI\cos\theta\times10^5\times t\ [\mathrm{kW\cdot h}]$$

これより力率［%］次のように求まる.

$$\cos\theta=\frac{W}{\sqrt{3}VIt\times10^{-5}}=\frac{W}{\sqrt{3}VIt}\times10^5\ [\%]$$

問6　ハ

三相3線式電線路の電力損失 P_L［W］は，電線1線当たりの抵抗 r［Ω］，線電流 I［A］とす

問	1	2	3	4	5	6	7	8	9	10	11	12	13	14	15	16	17	18	19	20	21	22	23	24	25
答	ハ	イ	ニ	ロ	ニ	ハ	イ	ハ	ロ	ニ	イ	ロ	ニ	ハ	ハ	ニ	ハ	ロ	ロ	ハ	ハ	ロ	イ	ニ	ロ

問	26	27	28	29	30	31	32	33	34	35	36	37	38	39	40	41	42	43	44	45	46	47	48	49	50
答	ハ	イ	ニ	ロ	ロ	イ	ロ	ロ	イ	イ	ニ	ハ	ハ	ニ	ロ	ロ	ニ	イ	ハ	イ	ハ	ニ	イ	ニ	ロ

ると次式で表せる．

$$P_L = 3I^2 r\ [\mathrm{W}]$$

問 7　イ

負荷が平衡しているとき，中性線には電流が流れないので電力損失は発生しない．このため，電線路の電力損失 P_L［W］は，1 線当たりの抵抗 0.1 Ω，負荷電流 15 A なので次のようになる．

$$P_L = 2I^2 r = 2 \times 15^2 \times 0.1 = 45\ [\mathrm{W}]$$

問 8　ハ

断面積 5.5mm^2 の 600V ビニル絶縁電線の許容電流は 49A で，金属管に 4 本収めるときの電流減少係数は 0.63 であるから，電線 1 本当たりの許容電流 I［A］は次のようになる．

$$I = 49 \times 0.63 \fallingdotseq 31\ \mathrm{A}$$

絶縁電線の許容電流（内線規程 1340−1 表）

種　類	太　さ	許容電流［A］
単線 直径［mm］	1.6	27
	2.0	35
より線 断面積［mm^2］	3.5	37
	5.5	49

（周囲温度 30℃以下）

問 9　ロ

電技解釈第 148 条により，低圧屋内幹線の太さを決める根拠となる電流を求める．電動機電流の合計を I_M，電熱器電流の合計を I_H とすると，

$$I_M = 30 + 30 + 20 = 80\mathrm{A},\quad I_H = 15\mathrm{A}$$

このため，$I_H < I_M$ であり $I_M > 50\mathrm{A}$ なので，幹線の太さを決める根拠となる電流 I［A］は次のようになる．

$$I = I_M \times 1.1 + I_H = 80 \times 1.1 + 15 = 103\ \mathrm{A}$$

問 10　ニ

電技解釈第 149 条により，50A の分岐回路には 40A 以上 50A 以下のコンセントを用いる．

分岐回路の施設（電技解釈第 149 条）

分岐過電流遮断器の定格電流	コンセント	電線の太さ
15A	15 A 以下	直径 1.6 mm 以上
20A（配線用遮断器）	20 A 以下	
20A（配線用遮断器を除く）	20 A	直径 2 mm 以上
30A	20 A 以上 30 A 以下	直径 2.6 mm 以上
40A	30 A 以上 40 A 以下	断面積 8 mm^2 以上
50A	40 A 以上 50 A 以下	断面積 14 mm^2 以上

問 11　イ

電技解釈第 120 条により，地中電線路は電線にケーブルを使用しなくてはいけないので，イが正しい．

問 12　ロ

内線規程 1340−5 表より，公称断面積 1.25 mm^2 のゴムコードの許容電流は 12 A である．このため，定格電圧 100 V で 1 200 W を超える電熱器具は使用できない．

問 13　ニ

薄鋼電線管の切断作業には，パイプカッタや金切りのこが使用されるので，ニが誤りである．プリカナイフとは，2 種金属製可とう電線管の切断に使用する工具である．

問 14　ハ

三相誘導電動機の回転数は電源周波数に比例するので，電源周波数が 60 Hz から 50 Hz に変わると回転速度は低下する．よって，ハが誤りである．

問 15　ハ

電技解釈第 33 条により，定格電流 30 A の配線用遮断器は 1.25 倍（37.5 A）の電流が流れた場合，60 分以内に自動的に動作しなければならない．

問 16　ニ

写真に示す材料は 1 種金属線ぴ（幅 40 mm 未満）で，金属線ぴ工事に使用される．

問 17　ハ

写真に示す器具の○で囲まれた部分は電磁接触器である．下部に接続されている熱動継電器と組み合わせ，電磁開閉器として電動機負荷などの開閉器として使用される．

問 18　ロ

写真に示す工具はホルソである．電気ドリルに取り付け，分電盤などの金属板の穴あけに使用する工具である．

問 19　ロ

電技解釈第 156 条により，金属線ぴ工事は展開した場所であっても，湿気の多い場所又は水気のある場所には施設できない．

問 20　ハ

電技解釈第 161 条により，金属線ぴ工事による低圧屋内配線は，2 種金属線ぴ内で電線を分岐する場合，長さに係わらず D 種接地工事を省略してはいけない．

問 21　ハ

電技解釈第 143 条により，住宅の屋内電路の対

地電圧は 150 V 以下としなくてはいけないが，定格消費電力 2 kW 以上，対地電圧 300 V 以下の電気機械器具に電気を供給する場合は，次により施設することができる．

(1) 屋内配線は当該機器のみに電気を供給するもので電気機械器具と直接接続すること．

(2) 電路には専用の過電流遮断器，漏電遮断器を施設すること．

(3) 屋内配線には簡易防護措置を施すこと．

問 22　ロ

電技解釈第 159 条により，金属管工事で D 種接地工事を省略することができるのは，管の長さが 4 m 以下で乾燥した場所に施設する場合なので，ロが不適切である．イは電技解釈第 158 条，ハは電技解釈第 29 条，ニは電技解釈第 159 条（対地電圧 150 V 以下で管長 8 m 以下）により D 種接地工事が省略できる．

問 23　イ

電技解釈第 158 条により，合成樹脂管の支持点間の距離は 1.5 m 以下とし，かつ，その支持点は，管端，管とボックスとの接続点及び管相互のそれぞれの近くの箇所に設けなくてはいけない．

問 24　ニ

内線規程 1315−1，1315−6 により，単相 3 線式電路の電線の標識は次図のように用いられる．したがって，赤色線と黒色線間の電圧は 200 V，白色線と大地間の電圧は 0 V，黒色線と大地間の電圧は 100 V である．

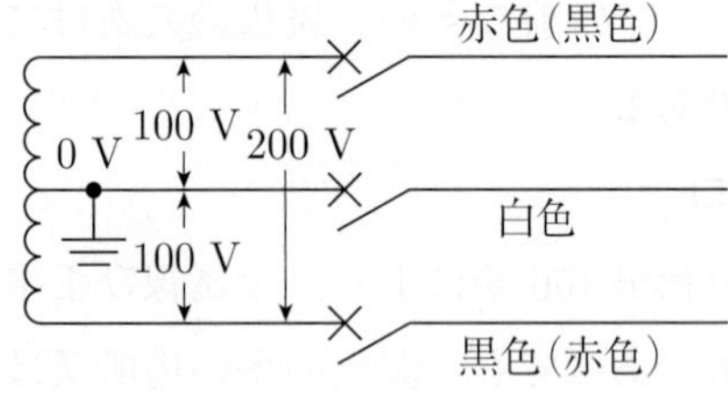

問 25　ロ

電技省令第 58 条により，低圧電路の使用電圧と絶縁抵抗の最小値が定められている．三相 3 線式 200 V の電動機回路は，使用電圧 300 V 以下で対地電圧は 150 V を超えるので，絶縁抵抗値は 0.2 MΩ 以上なくてはいけない．

低圧電路の絶縁性能（電技省令第 58 条）

電路の使用電圧の区分		絶縁抵抗値
300V 以下	対地電圧 150V 以下	0.1 MΩ 以上
	その他の場合	0.2 MΩ 以上
300V を超える低圧回路		0.4 MΩ 以上

問 26　ハ

電技解釈第 29 条により，使用電圧 200 V の機械器具の鉄台には D 種接地工事を施さなくてはいけない．また，電技解釈第 17 条により，電路に 0.1 秒で動作する漏電遮断器が施設されているので，D 種接地工事の接地抵抗値は 500 Ω 以下，接地線は 1.6mm 以上で施工する．

機械器具の金属製外箱等の接地（電技解釈第 29 条）

機械器具の使用電圧の区分		接地工事
低圧	300V 以下	D 種接地工事
	300V 超過	C 種接地工事

問 27　イ

設問の図記号（左図）は可動コイル形を示す．可動コイル形の測定器は直流回路用の計器である．また，図記号（右図）は測定器の目盛板を水平に置いて測定することを示す．

測定器の種類と使用できる回路

種類	記号	使用できる回路
可動コイル形		直流回路
可動鉄片形		交流回路
誘導形		交流回路

測定器の使用法

記号	使用法
⊥	鉛直に立てて使用
⊓	水平に置いて使用

問 28　ニ

電気工事士法は，電気工事の作業に従事する者の資格及び義務を定め、もって電気工事の欠陥による災害の発生の防止に寄与することを目的として定められている（電気工事士法第 1 条）．

問 29　ロ

電気用品安全法施行令（別表第 1）により，特定電気用品に区分されるものは，A の定格電圧 100 V，定格電流 20 A の漏電遮断器と，C の定格電圧 600 V，直径 2 mm のケーブルである．B の換気扇（定格消費電力 300 W 以下）と D の合成樹脂製可とう電線管（内径 120 mm 以下）は特定電気用品以外の電気用品に該当する．

問 30　ロ

一般用電気工作物とは，低圧受電で受電の場所と同一の構内で使用する電気工作物で，同じ構内で連係して使用する下記の小規模事業用電気工作物以外の小規模発電設備も含む．一般用電気工作となる小規模発電設備は，発電電圧 600V 以下で，出力の合計が 50 kW 以上となるものを除く（電気事業法施行規則第 48 条）．

小規模発電設備

設備名	出力	区分
風力発電設備	20 kW 未満	小規模事業用電気工作物**
太陽電池発電設備	50 kW 未満	
	10 kW 未満	一般用電気工作物
水力発電設備*	20 kW 未満	
内燃力発電設備	10 kW 未満	
燃料電池発電設備	10 kW 未満	
スターリングエンジン発電設備	10 kW 未満	

＊最大使用水量 $1m^3/s$ 未満（ダムを伴うものを除く）

＊＊第二種電気工事士は，小規模事業用電気工作物の工事に従事できる．

〔問題 2．配線図〕

問 31　イ

①で示す図記号はシーリング（天井直付）を示す．ペンダントは⊖，埋込器具は(DL)，引掛シーリング（丸）は◎の図記号である．

問 32　ロ

②で示す部分の最小電線本数は，複線結線図−1 より 3 本である．

問 33　ロ

電技解釈第 181 条により，小勢力回路で使用できる電線（軟銅線）は直径 0.8 mm 以上である．

問 34　イ

④に示す部分はルームエアコンの屋外ユニットなので，傍記表示は「O」である．

問 35　イ

⑤で示す部分は単相 3 線式の単相 200 V の電路（配線番号ⓘ）で，対地電圧は 100 V である．このため，電路と大地の絶縁抵抗値は 0.1 MΩ 以上なくてはいけない．

低圧電路の絶縁性能（電技省令第 58 条）

電路の使用電圧の区分		絶縁抵抗値
300V 以下	対地電圧 150V 以下	0.1 MΩ 以上
	その他の場合	0.2 MΩ 以上
300V を超える低圧回路		0.4 MΩ 以上

問 36　ニ

⑥で示す部分の接地工事は，単相 3 線式 100/200V 電灯分電盤の集中接地端子の接地工事なので，電技解釈第 29 条により D 種接地工事を施す．また，電技解釈第 17 条により，電路に 0.1 秒以内に動作する漏電遮断器が設置されているので，接地抵抗値は 500 Ω 以下であればよい．なお，集中接地端子は，コンセントの接地極などに施す接地工事の接地線を集中して接続し，接地極に至る接地線を共用させる目的で住宅用分電盤に施設される．

問 37　ハ

⑦で示す部分は，管路式地中電線路（波付硬質合成樹脂管）である．電技解釈第 120 条により，地中電線路には電線にケーブルを使用しなくてはいけない．

問 38　ハ

⑧で示す引込口開閉器が省略できるのは，電技

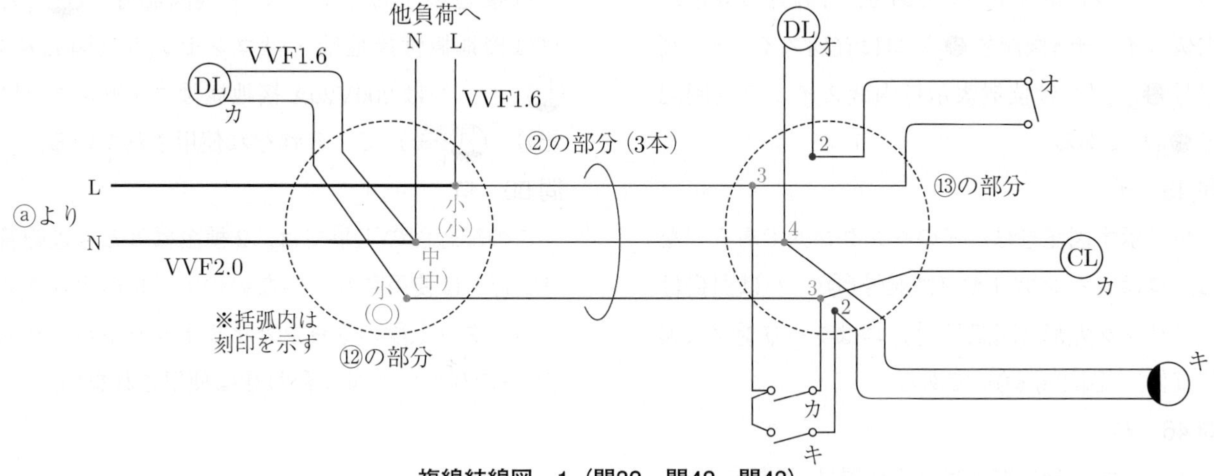

複線結線図−1（問32，問42，問43）

2020 年度：下期-午前（令和 2 年度）

解釈第 147 条により，住宅から車庫までの配線の電路の長さが 15 m 以下の場合である．

問 39　ニ

⑨で示す記号 PF は，合成樹脂製可とう電線管である．耐衝撃性硬質塩化ビニル電線管は HIVE, 波付硬質合成樹脂管は FEP，硬質塩化ビニル電線管は VE の記号で表す．

問 40　ロ

⑩で示す部分の工事方法は，電技解釈第 110 条により，木造の造営物であるため，ケーブル工事（鉛被，アルミ被，MI ケーブルを除く），がいし引き工事，合成樹脂管工事で施工する．

問 41　ロ

⑪で示す部分の配線は，2 階の 3 路スイッチのみに接続する配線なので，最小電線本数は 3 本である．このため，ロの 3 心の VVF ケーブル 1 本を使用する．

問 42　ニ

⑫で示すボックス内の接続は，複線結線図−1 より，1.6mm × 2 本接続 1 箇所，1.6mm × 2 本 + 2.0mm × 1 本接続 1 箇所，1.6mm × 3 本 + 2.0mm × 1 本接続 1 箇所となるので，使用するリングスリーブは小 2 個（刻印「○」と「小」），中 1 個（刻印「中」）である（JIS C 2806）．

問 43　イ

⑬で示すボックス内の接続は複線結線図 -1 のようになるので，使用する差込形コネクタは 2 本接続用 2 個，3 本接続用 2 個，4 本接続用 1 個である．

問 44　ハ

⑭で示す図記号の器具は，傍記表記が「3」なので，ハの 3 路スイッチである，イは確認表示灯内蔵スイッチ（図記号 $●_L$），ロは遅延スイッチ（図記号 $●_D$），ニは位置表示灯内蔵スイッチ（図記号 $●_H$）である．

問 45　イ

⑮で示す図記号は，イのペンダントである．なお，ロはシャンデリヤ（図記号 ⒸⒽ），ハは引掛けシーリング丸形（図記号◎），ニはシーリング（天井直付）（図記号 ⒸⓁ）である．

問 46　ハ

⑯で示す部分に取り付ける機器は，図記号から，ハの 3 極の漏電遮断器（過負荷保護付）である．イは 2 極の配線用遮断器，ロは 2 極の漏電遮断器（過負荷保護付），ニは 3 極の配線用遮断器である．

問 47　ニ

⑰で示す部分の図記号は，ねじなし電線管を使用した金属管工事を示している．このため，ニの合成樹脂管用カッタは使用しない．

問 48　イ

⑱で示すボックス内の接続は，複線結線図−2 より，1.6mm × 2 本接続 2 箇所，1.6mm × 4 本 + 2.0mm × 1 本接続 1 箇所，1.6mm × 3 本 + 2.0mm × 1 本接続 1 箇所となるので，使用するリングスリーブは小 2 個，中 2 個である（JIS C 2806）．

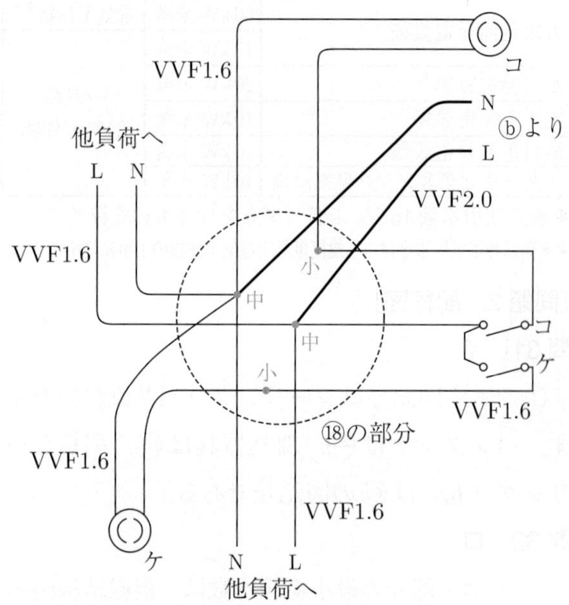

複線結線図－2（問48）

問 49　ニ

この配線図の工事では，ニの接地極付コンセント（2 口）（図記号：$◓_{2E}$）は使用されていない．イは接地端子付コンセント（図記号：$◓_{ET}$），ロは接地極付接地端子付コンセント（図記号：$◓_{EET}$），ハは 200V20A 接地極付コンセント（図記号：$◓^{20A}_{250V\ E}$）で，それぞれ使用されている．

問 50　ロ

この配線図の工事では，2 種金属可とう電線管（F2 管）は使用されていないので，ロのボックスコネクタ（上段の写真）とアウトレットボックス（下段の写真）の組み合わせは使用されない．

第二種電気工事士
筆記試験

2020年度
（令和2年度）

下期試験
（午後実施分）

※ 2020 年度（令和２年度）の第二種電気工事士上期筆記試験は，新型コロナウイルス感染症拡大防止の観点から，試験実施が中止された．
下期筆記試験は上期試験からの振替え受験者と下期試験申込者を対象者とし，同日の午前と午後にそれぞれ実施された．

問題1．一般問題（問題数 30，配点は1問当たり2点）

【注】本問題の計算で $\sqrt{2}$，$\sqrt{3}$ 及び円周率 π を使用する場合の数値は次によること。$\sqrt{2}=1.41$，$\sqrt{3}=1.73$，$\pi=3.14$

次の各問いには4通りの答え（イ，ロ，ハ，ニ）が書いてある。それぞれの問いに対して答えを1つ選びなさい。

なお，選択肢が数値の場合は最も近い値を選びなさい。

	問い	答え			
1	図のような直流回路で，a−b 間の電圧［V］は。 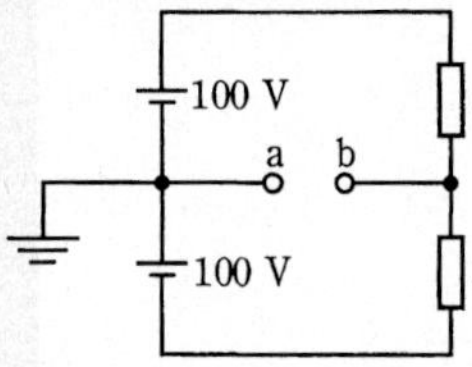 	イ．10	ロ．20	ハ．30	ニ．40
2	A，B 2本の同材質の銅線がある。A は直径 1.6 mm，長さ 100 m，B は直径 3.2 mm，長さ 50 m である。A の抵抗は B の抵抗の何倍か。	イ．1	ロ．2	ハ．4	ニ．8
3	電線の接続不良により，接続点の接触抵抗が 0.2 Ωとなった。この電線に 10 A の電流が流れると，接続点から1時間に発生する熱量［kJ］は。 ただし，接触抵抗の値は変化しないものとする。	イ．72	ロ．144	ハ．288	ニ．576
4	図のような交流回路で，電源電圧 204 V，抵抗の両端の電圧が 180 V，リアクタンスの両端の電圧が 96 V であるとき，負荷の力率［%］は。 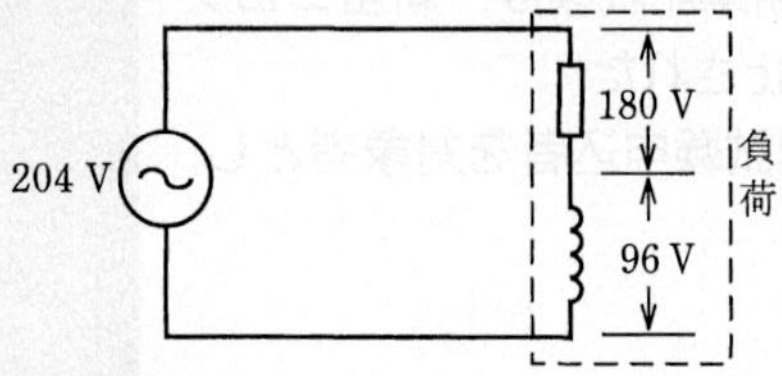 	イ．35	ロ．47	ハ．65	ニ．88
5	図のような三相負荷に三相交流電圧を加えたとき，各線に 15 A の電流が流れた。線間電圧 E［V］は。 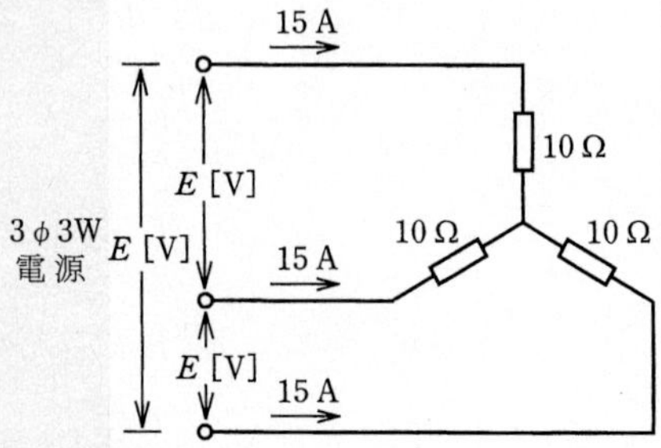 	イ．150	ロ．212	ハ．260	ニ．300

	問い	答え			
6	図のように，電線のこう長 12 m の配線により，消費電力 1600 W の抵抗負荷に電力を供給した結果，負荷の両端の電圧は 100 V であった。配線における電圧降下［V］は。 ただし，電線の電気抵抗は長さ 1000 m 当たり 5.0 Ω とする。 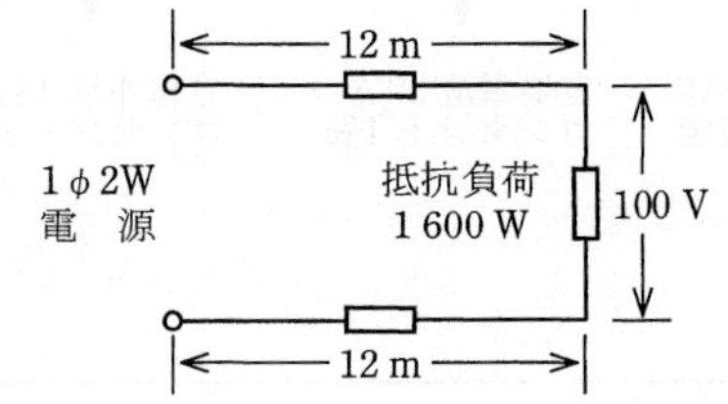	イ．1	ロ．2	ハ．3	ニ．4
7	図のような単相 3 線式回路で，電線 1 線当たりの抵抗が 0.1 Ω，抵抗負荷に流れる電流がともに 20 A のとき，この電線路の電力損失［W］は。 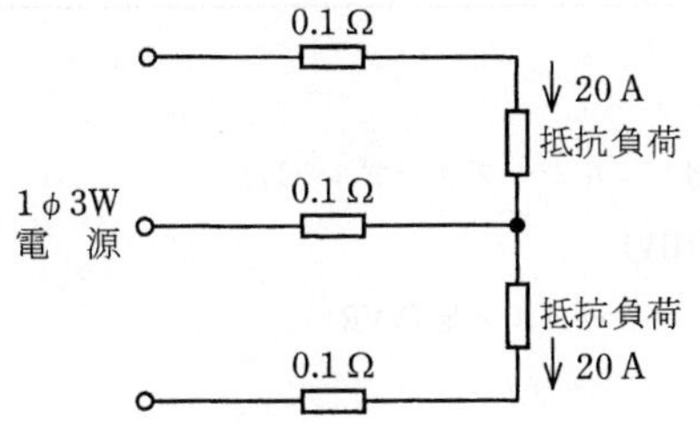	イ．40	ロ．69	ハ．80	ニ．120
8	金属管による低圧屋内配線工事で，管内に断面積 3.5 mm^2 の 600V ビニル絶縁電線（軟銅線）4 本を収めて施設した場合，電線 1 本当たりの許容電流［A］は。 ただし，周囲温度は 30℃以下，電流減少係数は 0.63 とする。	イ．19	ロ．23	ハ．31	ニ．49
9	定格電流 12 A の電動機 5 台が接続された単相 2 線式の低圧屋内幹線がある。この幹線の太さを決定するための根拠となる電流の最小値［A］は。 ただし，需要率は 80 % とする。	イ．48	ロ．60	ハ．66	ニ．75

	問い	答え
10	低圧屋内配線の分岐回路の設計で，配線用遮断器，分岐回路の電線の太さ及びコンセントの組合せとして，**適切なものは**。 ただし，分岐点から配線用遮断器までは3 m，配線用遮断器からコンセントまでは8 mとし，電線の数値は分岐回路の電線（軟銅線）の太さを示す。 また，コンセントは兼用コンセントではないものとする。	イ．B 20 A　2.0 mm　定格電流 30 Aのコンセント 1個 ロ．B 30 A　2.0 mm　定格電流 30 Aのコンセント 1個 ハ．B 40 A　8 mm²　定格電流 30 Aのコンセント 1個 ニ．B 30 A　2.6 mm　定格電流 15 Aのコンセント 2個
11	多数の金属管が集合する場所等で，通線を容易にするために用いられるものは。	イ．分電盤 ロ．プルボックス ハ．フィクスチュアスタッド ニ．スイッチボックス
12	絶縁物の最高許容温度が最も高いものは。	イ．600V 架橋ポリエチレン絶縁ビニルシースケーブル（CV） ロ．600V 二種ビニル絶縁電線（HIV） ハ．600V ビニル絶縁ビニルシースケーブル丸形（VVR） ニ．600V ビニル絶縁電線（IV）
13	ねじなし電線管の曲げ加工に使用する工具は。	イ．トーチランプ ロ．ディスクグラインダ ハ．パイプレンチ ニ．パイプベンダ
14	定格周波数60 Hz，極数4の低圧三相かご形誘導電動機の同期速度［min^{-1}］は。	イ．1 200　ロ．1 500　ハ．1 800　ニ．3 000
15	漏電遮断器に内蔵されている零相変流器の役割は。	イ．不足電圧の検出 ロ．短絡電流の検出 ハ．過電圧の検出 ニ．地絡電流の検出

	問　い	答　え
16	写真に示す材料の名称は。	イ．ユニバーサル ロ．ノーマルベンド ハ．ベンダ ニ．カップリング
17	写真に示す機器の用途は。	イ．回路の力率を改善する。 ロ．地絡電流を検出する。 ハ．ネオン放電灯を点灯させる。 ニ．水銀灯の放電を安定させる。
18	写真に示す測定器の名称は。	イ．周波数計 ロ．検相器 ハ．照度計 ニ．クランプ形電流計
19	600V ビニル絶縁ビニルシースケーブル平形 1.6 mm を使用した低圧屋内配線工事で，絶縁電線相互の終端接続部分の絶縁処理として，**不適切なものは。** ただし，ビニルテープは JIS に定める厚さ約 0.2 mm の電気絶縁用ポリ塩化ビニル粘着テープとする。	イ．リングスリーブ(E 形)により接続し，接続部分を自己融着性絶縁テープ(厚さ約 0.5 mm)で半幅以上重ねて 1 回(2 層)巻いた。 ロ．リングスリーブ(E 形)により接続し，接続部分を黒色粘着性ポリエチレン絶縁テープ(厚さ約 0.5 mm)で半幅以上重ねて 3 回(6 層)巻いた。 ハ．リングスリーブ(E 形)により接続し，接続部分をビニルテープで半幅以上重ねて 3 回(6 層)巻いた。 ニ．差込形コネクタにより接続し，接続部分をビニルテープで巻かなかった。
20	使用電圧 100 V の屋内配線の施設場所による工事の種類として，**適切なものは。**	イ．点検できない隠ぺい場所であって，乾燥した場所の金属線ぴ工事 ロ．点検できない隠ぺい場所であって，湿気の多い場所の平形保護層工事 ハ．展開した場所であって，湿気の多い場所のライティングダクト工事 ニ．展開した場所であって，乾燥した場所の金属ダクト工事

	問い	答え
21	店舗付き住宅に三相 200 V，定格消費電力 2.8 kW のルームエアコンを施設する屋内配線工事の方法として，**不適切なものは。**	イ．屋内配線には，簡易接触防護措置を施す。 ロ．電路には，漏電遮断器を施設する。 ハ．電路には，他負荷の電路と共用の配線用遮断器を施設する。 ニ．ルームエアコンは，屋内配線と直接接続して施設する。
22	機械器具の金属製外箱に施すD種接地工事に関する記述で，**不適切なものは。**	イ．一次側 200 V，二次側 100 V，3 kV·A の絶縁変圧器(二次側非接地)の二次側電路に電動丸のこぎりを接続し，接地を施さないで使用した。 ロ．三相 200 V 定格出力 0.75 kW 電動機外箱の接地線に直径 1.6 mm の IV 電線(軟銅線)を使用した。 ハ．単相 100 V 移動式の電気ドリル(一重絶縁)の接地線として多心コードの断面積 0.75 mm^2 の 1 心を使用した。 ニ．単相 100 V 定格出力 0.4 kW の電動機を水気のある場所に設置し，定格感度電流 15 mA，動作時間 0.1 秒の電流動作型漏電遮断器を取り付けたので，接地工事を省略した。
23	電磁的不平衡を生じないように，電線を金属管に挿入する方法として，**適切なものは。**	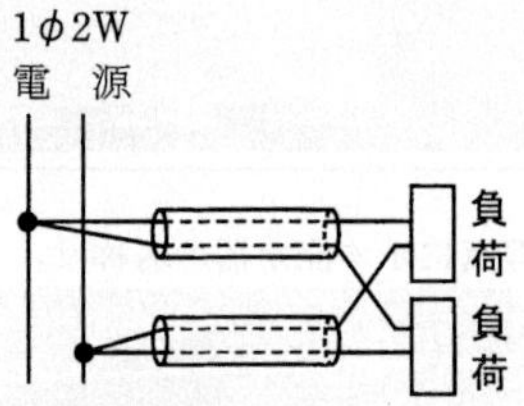 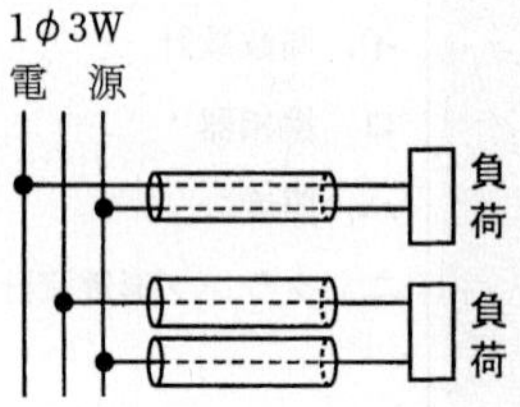 イ．3φ3W 電源 負荷 三相用 負荷 単相用 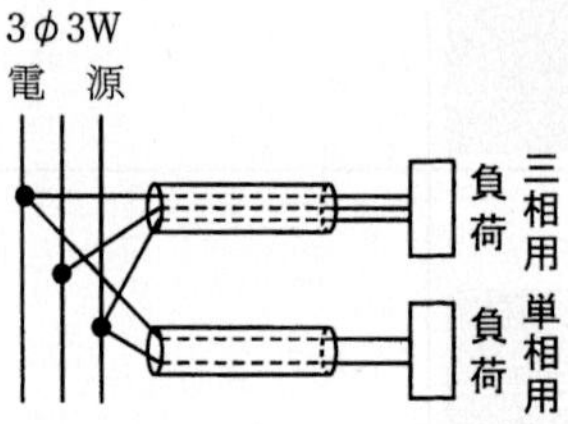 ロ．1φ2W 電源 負荷 負荷 ハ．1φ3W 電源 負荷 負荷 ニ．3φ3W 電源 負荷 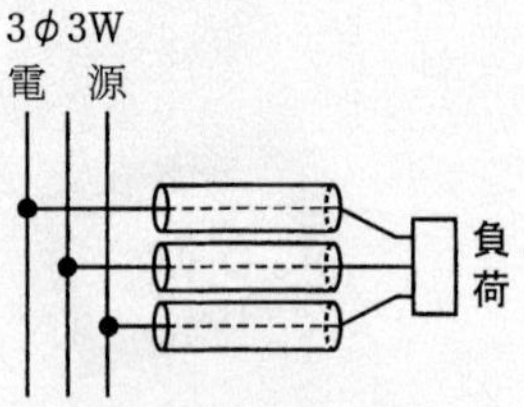
24	回路計(テスタ)に関する記述として，**正しいものは。**	イ．アナログ式で交流又は直流電圧を測定する場合は，あらかじめ想定される値の直近上位のレンジを選定して使用する。 ロ．抵抗を測定する場合の回路計の端子における出力電圧は，交流電圧である。 ハ．ディジタル式は電池を内蔵しているが，アナログ式は電池を必要としない。 ニ．電路と大地間の抵抗測定を行った。その測定値は電路の絶縁抵抗値として使用してよい。
25	単相 3 線式 100/200 V の屋内配線において，開閉器又は過電流遮断器で区切ることができる電路ごとの絶縁抵抗の最小値として，「電気設備に関する技術基準を定める省令」に規定されている値 [MΩ] の組合せで，**正しいものは。**	イ．電路と大地間 0.2 電線相互間 0.4 ロ．電路と大地間 0.2 電線相互間 0.2 ハ．電路と大地間 0.1 電線相互間 0.1 ニ．電路と大地間 0.1 電線相互間 0.2

	問　い	答　え
26	直読式接地抵抗計(アーステスタ)を使用して直読で接地抵抗を測定する場合，補助接地極(2箇所)の配置として，**適切なものは。**	イ．被測定接地極を端とし，一直線上に2箇所の補助接地極を順次10m程度離して配置する。 ロ．被測定接地極を中央にして，左右一直線上に補助接地極を5m程度離して配置する。 ハ．被測定接地極を端とし，一直線上に2箇所の補助接地極を順次1m程度離して配置する。 ニ．被測定接地極と2箇所の補助接地極を相互に5m程度離して正三角形に配置する。
27	導通試験の目的として，**誤っているものは。**	イ．電路の充電の有無を確認する。 ロ．器具への結線の未接続を発見する。 ハ．電線の断線を発見する。 ニ．回路の接続の正誤を判別する。
28	電気の保安に関する法令についての記述として，**誤っているものは。**	イ．「電気工事士法」は，電気工事の作業に従事する者の資格及び義務を定めた法律である。 ロ．一般用電気工作物の定義は，「電気設備に関する技術基準を定める省令」において定めている。 ハ．「電気用品安全法」は，電気用品の製造，販売等を規制することなどにより，電気用品による危険及び障害の発生を防止することを目的とした法律である。 ニ．「電気用品安全法」では，電気工事士は，同法に基づく表示のない電気用品を電気工事に使用してはならないと定めている。
29	「電気用品安全法」において，特定電気用品の適用を受けるものは。	イ．外径25mmの金属製電線管 ロ．定格電流60Aの配線用遮断器 ハ．ケーブル配線用スイッチボックス ニ．公称断面積150 mm^2の合成樹脂絶縁電線
30	一般用電気工作物の適用を受けるものは。 ただし，発電設備は電圧600V以下で，同一構内に設置するものとする。	イ．低圧受電で，受電電力の容量が40kW，出力15kWの非常用内燃力発電設備を備えた映画館 ロ．高圧受電で，受電電力の容量が55kWの機械工場 ハ．低圧受電で，受電電力の容量が40kW，出力5kWの太陽電池発電設備を備えた幼稚園 ニ．高圧受電で，受電電力の容量が55kWのコンビニエンスストア

※令和5年3月20日の電気事業法および関連法の改正・施行に伴い，問30の選択肢の内容を一部変更しています.

問題２．配線図 (問題数 20，配点は１問当たり２点)

図は，鉄骨軽量コンクリート造店舗平屋建の配線図である。この図に関する次の各問いには４通りの答え（イ，ロ，ハ，ニ）が書いてある。それぞれの問いに対して，答えを１つ選びなさい。

【注意】 1．屋内配線の工事は，特記のある場合を除き 600V ビニル絶縁ビニルシースケーブル平形 (VVF)を用いたケーブル工事である。
2．屋内配線等の電線の本数，電線の太さ，その他，問いに直接関係のない部分等は省略又は簡略化してある。
3．漏電遮断器は，定格感度電流 30 mA，動作時間 0.1 秒以内のものを使用している。
4．選択肢（答え）の写真にあるコンセント及び点滅器は，「JIS C 0303：2000 構内電気設備の配線用図記号」で示す「一般形」である。
5．ジョイントボックスを経由する電線は，すべて接続箇所を設けている。

	問い	答え
31	①で示すコンセントの極配置(刃受)は。	イ．　ロ．　ハ．　ニ．
32	②で示す図記号の器具の取り付け場所は。	イ．天井面　ロ．壁面　ハ．床面　ニ．二重床面
33	③で示す図記号の配線方法は。	イ．天井隠ぺい配線　ロ．壁隠ぺい配線 ハ．床隠ぺい配線　ニ．露出配線
34	④で示す部分の配線工事で用いる管の種類は。	イ．硬質塩化ビニル電線管 ロ．耐衝撃性硬質塩化ビニル電線管 ハ．耐衝撃性硬質塩化ビニル管 ニ．波付硬質合成樹脂管
35	⑤で示す図記号の器具の名称は。	イ．配線用遮断器　ロ．漏電遮断器(過負荷保護付) ハ．モータブレーカ　ニ．カットアウトスイッチ
36	⑥で示す部分の電路と大地間との絶縁抵抗として，許容される最小値 [MΩ] は。	イ．0.1　ロ．0.2　ハ．0.4　ニ．1.0
37	⑦で示す図記号の器具の名称は。	イ．電磁開閉器　ロ．押しボタンスイッチ ハ．リモコンリレー　ニ．リモコンセレクタスイッチ
38	⑧で示す部分の接地工事の種類と接地線の最小太さの組合せで，**正しいものは。**	イ．A 種接地工事　2.6 mm ロ．A 種接地工事　1.6 mm ハ．D 種接地工事　2.6 mm ニ．D 種接地工事　1.6 mm
39	⑨で示す図記号の器具を用いる目的は。	イ．不平衡電流を遮断する。 ロ．地絡電流のみを遮断する。 ハ．過電流と地絡電流を遮断する。 ニ．過電流のみを遮断する。
40	⑩で示す引込線取付点の地表上の高さの最低値 [m] は。 ただし，引込線は道路を横断せず，技術上やむを得ない場合で，交通に支障がないものとする。	イ．2.0　ロ．2.5　ハ．3.0　ニ．3.5

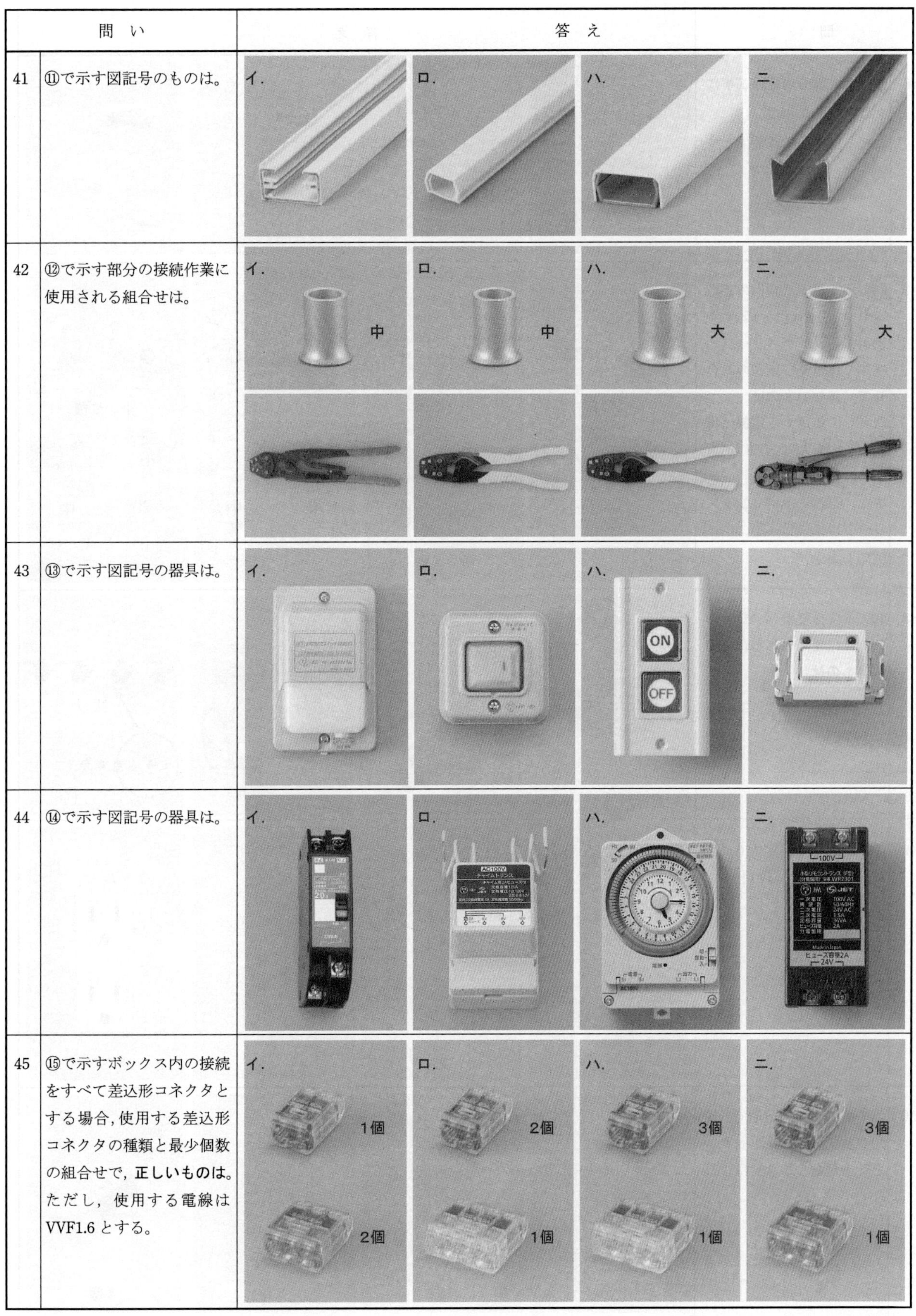

	問い	イ.	ロ.	ハ.	ニ.
41	⑪で示す図記号のものは。	イ.	ロ.	ハ.	ニ.
42	⑫で示す部分の接続作業に使用される組合せは。	イ. 中	ロ. 中	ハ. 大	ニ. 大
43	⑬で示す図記号の器具は。	イ.	ロ.	ハ. ON OFF	ニ.
44	⑭で示す図記号の器具は。	イ.	ロ. AC100V チャイムトランス	ハ.	ニ. 100V ヒューズ容量2A 24V
45	⑮で示すボックス内の接続をすべて差込形コネクタとする場合，使用する差込形コネクタの種類と最少個数の組合せで，**正しいものは。** ただし，使用する電線はVVF1.6とする。	イ. 1個 2個	ロ. 2個 1個	ハ. 3個 1個	ニ. 3個 1個

2020年度:下期-午後(令和2年度)

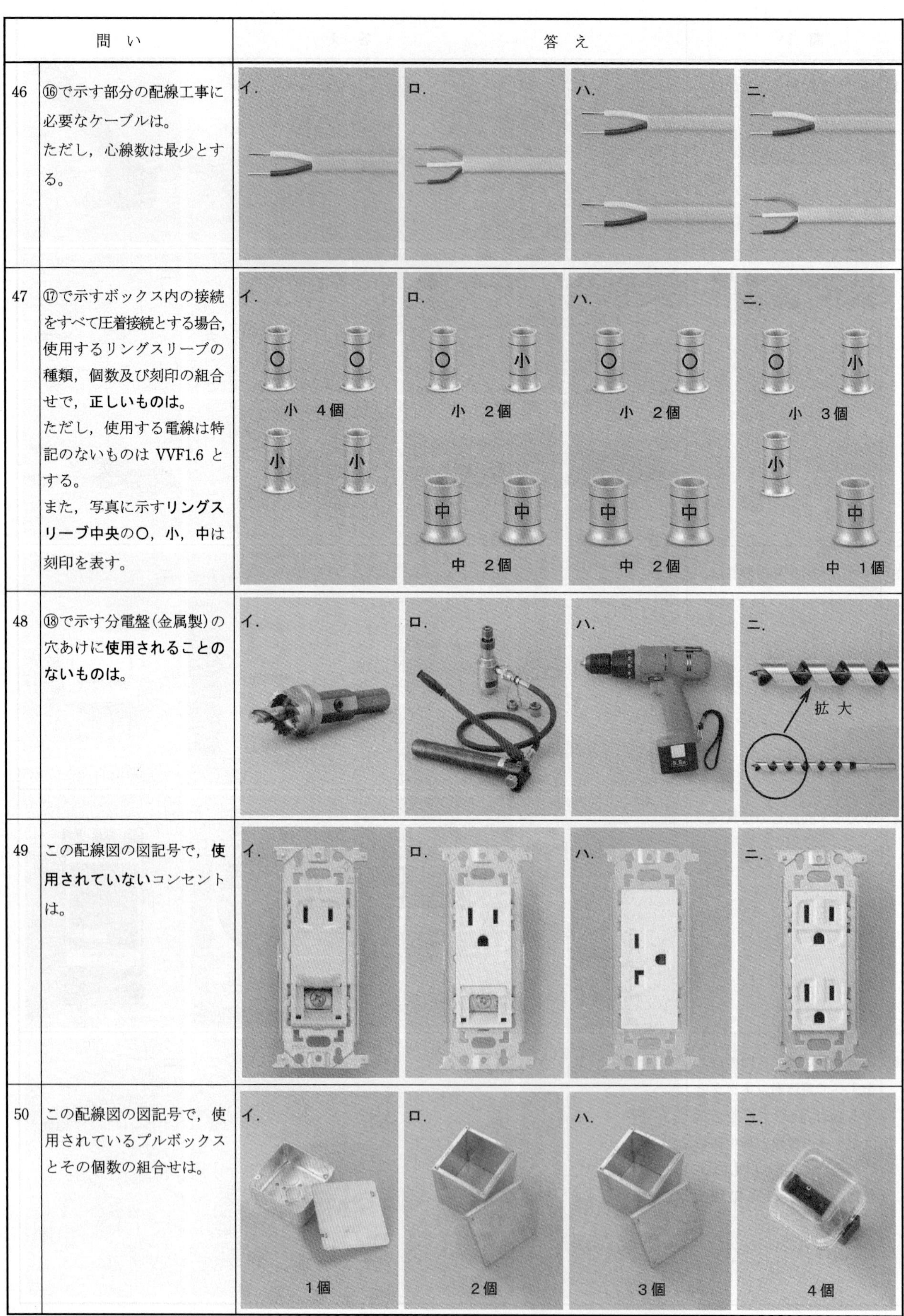

	問い	答え イ.	ロ.	ハ.	ニ.
46	⑯で示す部分の配線工事に必要なケーブルは。 ただし，心線数は最少とする。				
47	⑰で示すボックス内の接続をすべて圧着接続とする場合，使用するリングスリーブの種類，個数及び刻印の組合せで，**正しいものは。** ただし，使用する電線は特記のないものは VVF1.6 とする。 また，写真に示す**リングスリーブ中央**の○，小，中は刻印を表す。	○ ○ 小 4個 小 小	○ 小 小 2個 中 中 中 2個	○ ○ 小 2個 中 中 中 2個	○ 小 小 3個 小 中 中 1個
48	⑱で示す分電盤(金属製)の穴あけに**使用されることのないものは。**				拡大
49	この配線図の図記号で，**使用されていない**コンセントは。				
50	この配線図の図記号で，使用されているプルボックスとその個数の組合せは。	1個	2個	3個	4個

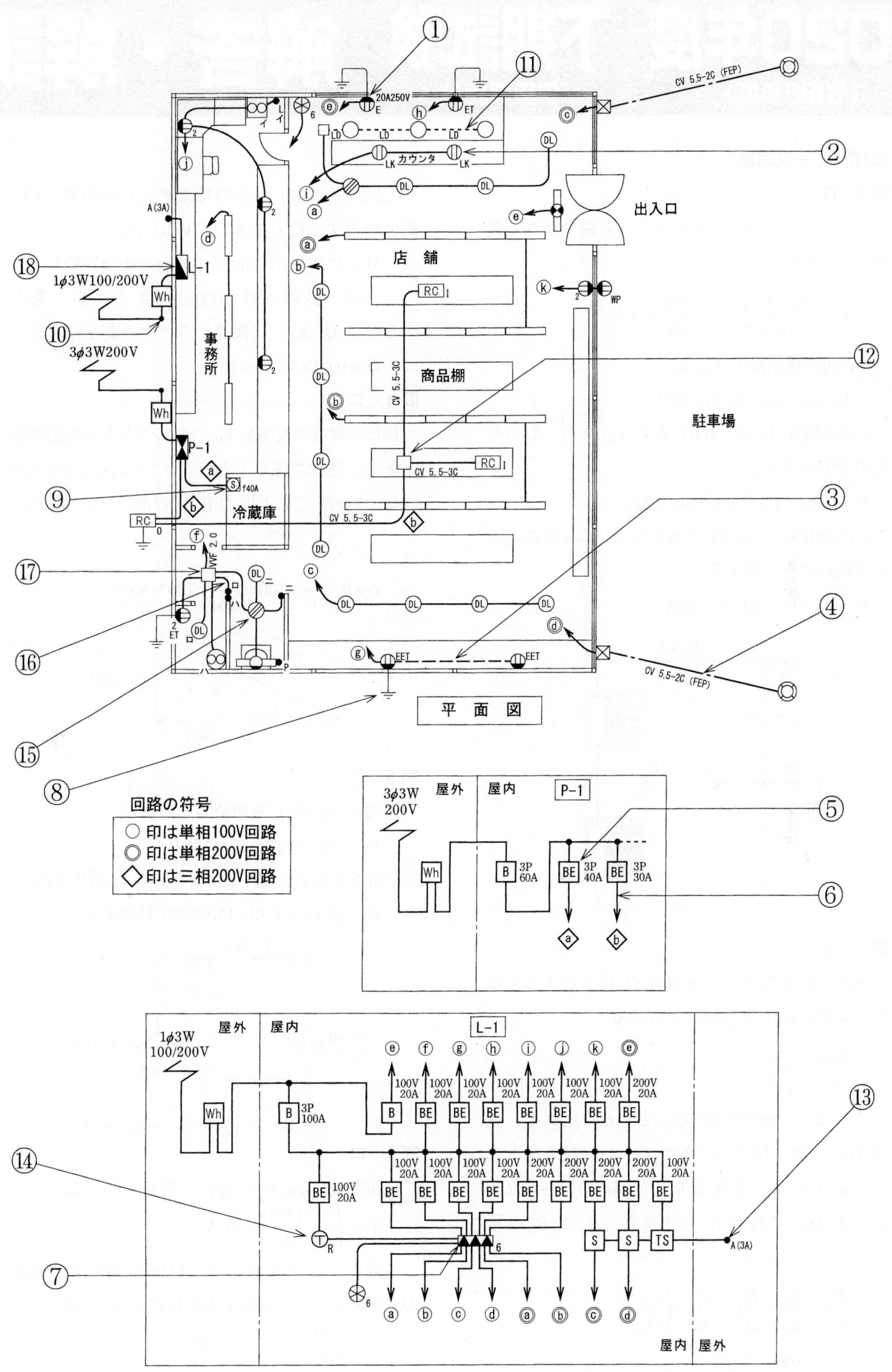

出入口
店 舗
事務所
商品棚
冷蔵庫
駐車場
平 面 図
回路の符号
○ 印は単相100V回路
◎ 印は単相200V回路
◇ 印は三相200V回路
1φ3W100/200V
3φ3W200V
CV 5.5-2C (FEP)
CV 5.5-3C
カウンタ
屋外
屋内
P-1
L-1

〔問題 1. 一般問題〕

問 1 ロ

図のように接地点を0Vとし，回路を流れる電流 I を求めると，

$$I=\frac{100-(-100)}{20+30}=\frac{200}{50}=4\,\mathrm{A}$$

c–d 間の電圧降下 V_{cd} は，

$$V_{cd}=I\times 20=4\times 20=80\,\mathrm{V}$$

b 点の電圧 V_b は，100V から V_{cd} を差し引いたものであるから，

$$V_b=100-V_{cd}=100-80=20\,\mathrm{V}$$

a 点の電圧 V_a は 0V であるから，a–b 間の電圧 V は次のように求まる．

$$V=V_b-V_a=20-0=20\,\mathrm{V}$$

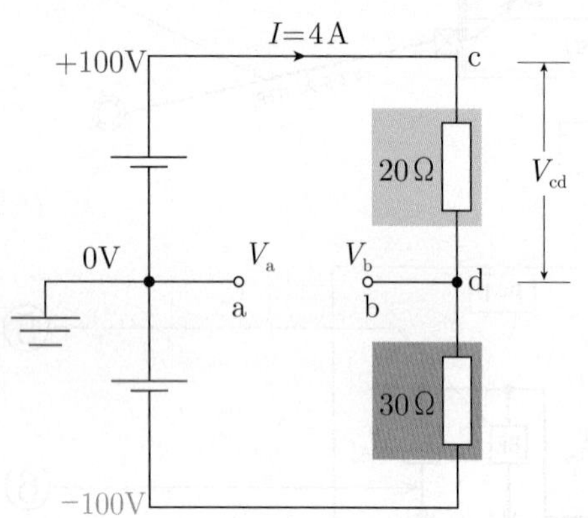

問 2 ニ

銅線の固有抵抗を ρ，直径を D，長さを L とすると，銅線の抵抗 R は次式で表せる．

$$R=\rho\frac{L}{\frac{\pi}{4}D^2}\,[\Omega]$$

これより，銅線の抵抗は長さ L に比例し，直径 D の2乗に反比例するので，A 銅線の長さを L_A，直径を D_A，抵抗を R_A，B 銅線の長さを L_B，直径を D_B，抵抗を R_B とすると，R_A と R_B の比は次のようになる．

$$\frac{R_A}{R_B}=\frac{L_A}{L_B}\times\frac{{D_B}^2}{{D_A}^2}=\frac{L_A}{L_B}\times\left(\frac{D_B}{D_A}\right)^2$$

$$=\frac{100}{50}\times\left(\frac{3.2}{1.6}\right)^2=2\times 2^2=2\times 4=8$$

問 3 イ

0.2Ω の抵抗に 10A の電流が流れるので，1 時間に消費する電力量 W [kW·h] は，

$$W=I^2Rt=10^2\times 0.2\times 10^{-3}\times 1=0.02\,\mathrm{kW\cdot h}$$

ここで，1kW·h は 3 600kJ であるから，発生する熱量 Q [kJ] に換算すると次のようになる．

$$Q=0.02\times 3\,600=72\,\mathrm{kJ}$$

問 4 ニ

抵抗の両端の電圧を V_R，リアクタンスの両端の電圧を V_L，電源電圧を V としてベクトル図に表すと図のようになる．これより，力率[%]は次のように求まる．

$$V=\sqrt{{V_R}^2+{V_L}^2}=204\,\mathrm{V}$$

$$\cos\theta=\frac{V_R}{V}\times 100=\frac{180}{204}\times 100\fallingdotseq 88\,\%$$

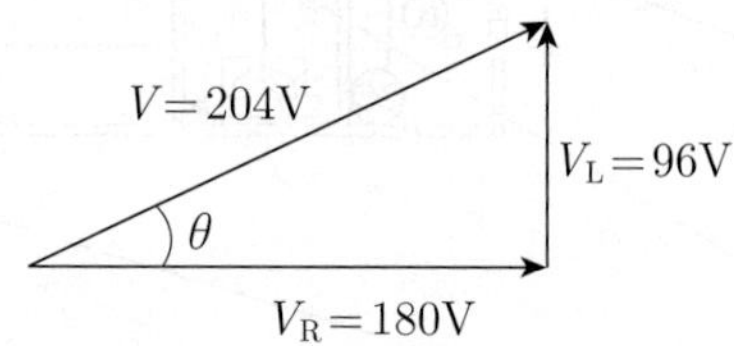

問 5 ハ

相電圧 E_P [V] を求めると，

$$E_P=I\times R=15\times 10=150\,\mathrm{V}$$

Y 結線では，線間電圧 E は相電圧 E_P の $\sqrt{3}$ 倍なので，

$$E=\sqrt{3}\,E_P=1.73\times 150=259.5\fallingdotseq 260\,\mathrm{V}$$

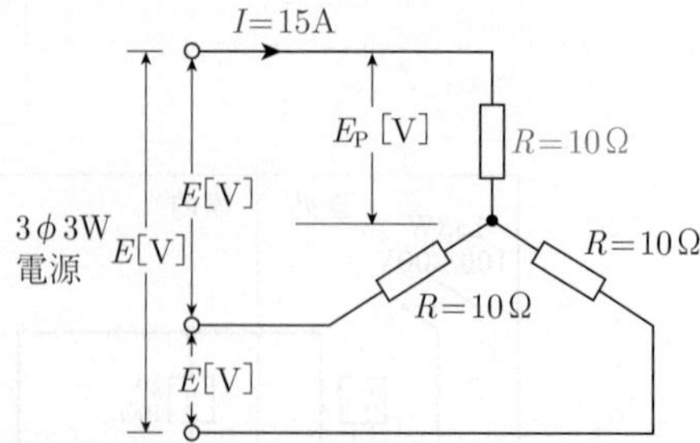

問 6 ロ

抵抗負荷 1 600 W に流れる電流 I [A] は，

$$I=\frac{P}{V}=\frac{1\,600}{100}=16\,\mathrm{A}$$

電線のこう長が 12 m で，1 000 m 当たりの抵抗が 5.0Ω なので，電線 1 本の抵抗 r [Ω] は，

$$r=\frac{5.0}{1\,000}\times 12=0.06\,\Omega$$

これより，電圧降下 e [V] は次のようになる．

$$e=2Ir=2\times 16\times 0.06=1.92\fallingdotseq 2\,\mathrm{V}$$

問	1	2	3	4	5	6	7	8	9	10	11	12	13	14	15	16	17	18	19	20	21	22	23	24	25
答	ロ	ニ	イ	ニ	ハ	ロ	ハ	ロ	ロ	ハ	ロ	イ	ニ	ハ	ニ	ロ	イ	ハ	イ	ニ	ハ	ニ	イ	イ	ハ

問	26	27	28	29	30	31	32	33	34	35	36	37	38	39	40	41	42	43	44	45	46	47	48	49	50
答	イ	イ	ロ	ロ	ハ	ロ	イ	ハ	ニ	ロ	ロ	ハ	ニ	ニ	ロ	イ	ハ	イ	ニ	イ	ロ	ハ	ニ	ニ	ロ

問 7　ハ

負荷が平衡しているとき，中性線には電流が流れないので電力損失は発生しない．このため，電線路の電力損失 P_L［W］は，1 線当たりの抵抗 0.1 Ω，負荷電流 20 A なので次のようになる．

$$P_L = 2I^2r = 2\times 20^2\times 0.1 = 80\,\mathrm{W}$$

問 8　ロ

断面積 3.5 mm^2 の 600V ビニル絶縁電線の許容電流は 37A で，金属管に 4 本収めるときの電流減少係数は 0.63 であるから，電線 1 本当たりの許容電流 I［A］は次のようになる．

$$I = 37\times 0.63 \fallingdotseq 23\,\mathrm{A}$$

絶縁電線の許容電流（内線規程 1340－1 表）

種　類	太　さ	許容電流 [A]
単線 直径 [mm]	1.6	27
	2.0	35
より線 断面積 [mm^2]	2	27
	3.5	37
	5.5	49

（周囲温度 30℃以下）

問 9　ロ

電技解釈第 148 条により，低圧屋内幹線の太さを決める根拠となる電流を求める．電動機電流の合計値 I_M は，需要率が 80% なので，

$$I_M = 12\times 5\times 0.8 = 48\,\mathrm{A}$$

また，$I_M \leqq 50\,\mathrm{A}$ なので，幹線の太さを決める根拠となる電流の最小値 I[A] は次のようになる．

$$I = I_M\times 1.25 = 48\times 1.25 = 60\,\mathrm{A}$$

問 10　ハ

電技解釈第 149 条により，40 A 分岐回路のコンセントは 30 A 以上，40 A 以下，電線の断面積 8mm^2 以上のものを用いなければならない．

分岐回路の施設（電技解釈第 149 条）

分岐過電流遮断器の定格電流	コンセント	電線の太さ
15A	15 A 以下	直径 1.6 mm 以上
20A（配線用遮断器）	20 A 以下	
20A（配線用遮断器を除く）	20 A	直径 2 mm 以上
30A	20 A 以上 30 A 以下	直径 2.6 mm 以上
40A	30 A 以上 40 A 以下	断面積 8 mm^2 以上
50A	40 A 以上 50 A 以下	断面積 14 mm^2 以上

問 11　ロ

多数の金属管が集合する場所等で，通線を容易にするために用いる材料は，プルボックスである．この他，金属管工事などで電線相互の接続に使用される．

プルボックス

問 12　イ

600V 架橋ポリエチレン絶縁ビニルシースケーブル（CV）の絶縁物の最高許容温度は 90℃である．

絶縁電線・ケーブルの最高許容温度（内線規程 1340－3 表）

絶縁電線の種類	最高許容温度
600V ビニル絶縁電線（IV）	60℃
600V 二種ビニル絶縁電線（HIV）	75℃
600V ビニル絶縁ビニルシースケーブル（平形：VVF，丸形：VVR）	60℃
600V 架橋ポリエチレン絶縁ビニルシースケーブル（CV）	90℃

問 13　ニ

ねじなし電線管の曲げ加工は，パイプベンダや油圧式パイプベンダが使用される．トーチランプは硬質ポリ塩化ビニル電線管の曲げ加工，ディスクグラインダは鉄板の切断など，パイプレンチは金属管やカップリングの締付などに使用する工具である．

問 14　ハ

三相かご形誘導電動機の同期速度 N_s は，周波数を f[Hz]，極数を p とすると，次のように求められる．

$$N_s = \frac{120f}{p} = \frac{120\times 60}{4} = 1\,800\,\mathrm{min}^{-1}$$

問 15　ニ

漏電遮断器に内蔵されている零相変流器（ZCT）の役割は，地絡事故が発生したときに流れる地絡電流の検出である．

問 16　ロ

写真に示す材料はノーマルベンド（ねじなし電線管用）である．金属管工事の直角屈曲場所に用いる材料である．

問 17　イ

写真に示す機器は低圧進相コンデンサである．電動機などと並列に接続し，回路の力率を改善するために用いる．

問 18　ハ

写真に示す測定器は照度計である．デジタル表示部分に照度の単位である「lx」とあることで判断できる．

問 19　イ

内線規程 1335-1 表により，終端接続の絶縁処理は，自己融着性絶縁テープ（厚さ 0.5mm）を用いる場合，半幅以上重ねて 1 回（2 層）以上巻き，更に保護テープ（厚さ約 0.2mm）を半幅以上重ねて 1 回（2 層）以上巻かなくてはいけない．

問 20　ニ

電技解釈第 156 条により，金属ダクト工事は展開した乾燥した場所に施工できる．金属線ぴ工事は点検できない隠ぺい場所，平形保護層工事とライディングダクト工事は湿気の多い場所に施工できない．

問 21　ハ

電技解釈第 143 条により，定格消費電力 2 kW 以上，対地電圧 300 V 以下の電気機械器具に電気を供給する場合，次により施設しなくてはならない．

(1)屋内配線は当該機器のみに電気を供給するものとし，電気機械器具と直接接続すること．

(2)電路には専用の過電流遮断器，漏電遮断器を施設すること．

(3)屋内配線には簡易防護措置を施すこと．

問 22　ニ

電技解釈第 29 条により，水気のある場所に施設する低圧用機械器具に電気を供給する電路は，漏電遮断器（定格感度 15 mA 以下，動作時間 0.1 秒以下）を設置しても D 種接地工事を省略してはならない．また，電技解釈第 17 条により，接地線の太さは，直径 1.6 mm 以上の軟銅線（IV 線），断面積 0.75 mm^2 以上の多心コード（移動して使用する電気機械器具）で施工する．

問 23　イ

金属管には電磁的不平衡を起こさせないよう，1 回路の電線全部を同一管内に収めなくてはいけない．これは，電磁的不平衡を要因とした渦電流の発生により，電線管の加熱を防止するためである（内線規程 3110−3）．

問 24　イ

アナログ式の回路計（テスタ）で交流又は直流電圧を測定する場合，内部回路保護のため，あらかじめ想定される値の直近上位のレンジを選定して使用する．

問 25　ハ

電技省令第 58 条により，単相 3 線式 100/200V の屋内配線では，対地電圧が 150V 以下なので，電路と大地間，電線相互間とも絶縁抵抗値は 0.1MΩ 以上でなければならない．

低圧電路の絶縁性能（電技省令第 58 条）

電路の使用電圧の区分		絶縁抵抗値
300V 以下	対地電圧 150V 以下	0.1 MΩ 以上
	その他の場合	0.2 MΩ 以上
300V を超える低圧回路		0.4 MΩ 以上

問 26　イ

直読式接地抵抗計（アーステスタ）は，被測定接地極（E）を端とし，一直線上に 2 箇所の補助接地極（P, C）を順次 10 m 程度離して配置して測定する．

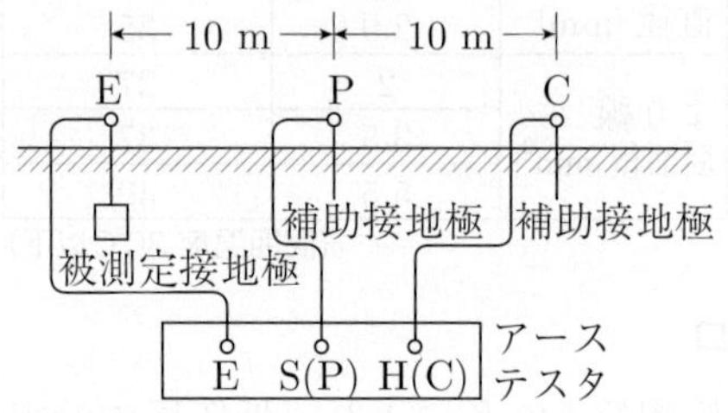

問 27　イ

導通試験は，配線の誤接続，断線，接続の不完全，電線と器具端子との接続不良などの回路の導通状態の良否を判定するために行う試験であり，電路の充電の有無を確認する目的では行わない．

問 28　ロ

一般用電気工作物の定義は，電気事業法（第 38 条）において定められている．

問 29　ロ

電気用品安全法施行令（別表第 1）により，特定電気用品に区分されるものは，ロの定格電流 60 A の配線用遮断器である．金属製電線管（内径 120 mm 以下），ケーブル配線用スイッチボックス，合成樹脂絶縁電線（断面積 100 mm^2 を超えるもの）は特定電気用品ではない．

問 30　ハ

一般用電気工作物とは，低圧受電で受電の場所と同一の構内で使用する電気工作物で，同じ構内で連係して使用する下記の小規模事業用電気工作物以外の小規模発電設備も含む．一般用電気工作となる小規模発電設備は，発電電圧 600V 以下で，出力の合計が 50 kW 以上となるものを除く（電気事業法施行規則第 48 条）．

小規模発電設備

設備名	出力	区分
風力発電設備	20 kW 未満	小規模事業用電気工作物**
太陽電池発電設備	50 kW 未満	
	10 kW 未満	一般用電気工作物
水力発電設備*	20 kW 未満	
内燃力発電設備	10 kW 未満	
燃料電池発電設備	10 kW 未満	
スターリングエンジン発電設備	10 kW 未満	

＊最大使用水量 1m3/s 未満（ダムを伴うものを除く）
＊＊第二種電気工事士は，小規模事業用電気工作物の工事に従事できる．

〔問題 2．配線図〕

問 31　ロ

①で示す図記号は，定格 250V20A 接地極付コンセントなので，ロが正しい．イの◯は定格 250V15A 接地極付コンセント，ハの◯は定格 125V15A 接地極付コンセント，ニの◯は定格 125V20A 接地極付コンセントの極配置（刃受）である（内線規程 3202−2 表）．

問 32　イ

②で示す図記号のコンセントは，天井面取付の抜け止め形コンセントである．壁面は◯，床面は◯，二重床面は◯の図記号で表す．

問 33　ハ

③で示す図記号は床隠ぺい配線を示す．

問 34　ニ

④で示す部分の記号 FEP は，波付硬質合成樹脂管である．硬質塩化ビニル電線管は VE，耐衝撃性硬質塩化ビニル電線管は HIVE，耐衝撃性硬質塩化ビニル管は HIVP の記号で表す．

問 35　ロ

⑤で示す図記号[BE]は漏電遮断器（過負荷保護付）である．配線用遮断器は[B]，モータブレーカは[B]，カットアウトスイッチは[S]の図記号で表す．

問 36　ロ

⑥で示す部分は三相 3 線式 200 V の電路（配線番号◇b）で，対地電圧は 150 V を超えるため，電路と大地の絶縁抵抗値は 0.2 MΩ 以上なくてはいけない．

低圧電路の絶縁性能（電技省令第 58 条）

電路の使用電圧の区分		絶縁抵抗値
300V 以下	対地電圧 150V 以下	0.1 MΩ 以上
	その他の場合	0.2 MΩ 以上
300V を超える低圧回路		0.4 MΩ 以上

問 37　ハ

⑦で示す図記号はリモコンリレーである．傍記の「6」は回路数（リレー数）を示す．電磁開閉器は[S]，押しボタンスイッチは[●]，リモコンセレクタスイッチは⊛の図記号で表す．

問 38　ニ

⑧で示す部分の接地工事は，単相 100 V コンセントの接地なので，電技解釈第 29 条により D 種接地工事を施す．また，電技解釈第 17 条により，接地線の最小太さは直径 1.6 mm である．

問 39　ニ

⑨で示す図記号はヒューズ定格電流 40 A の電流計付箱開閉器である．内部のヒューズにより負荷の過電流のみを遮断する器具である．

問 40　ロ

電技解釈第 116 条により，道路を横断せず技術上やむを得ない場合で，交通に支障のないとき，引込線取付点の地表上の高さは 2.5 m 以上である．

問 41　イ

⑪で示す図記号はライティングダクトなので，イが正しい．ロはモール．ハは 1 種金属線ぴ，ニは 2 種金属線ぴである．

問 42　ハ

⑫で示すボックス内の接続は図より，5.5mm²* 3 本接続 3 箇所なので，リングスリーブは大を 3 個使用し，リングスリーブ用の圧着ペンチ（柄が黄色）で圧着接続する．

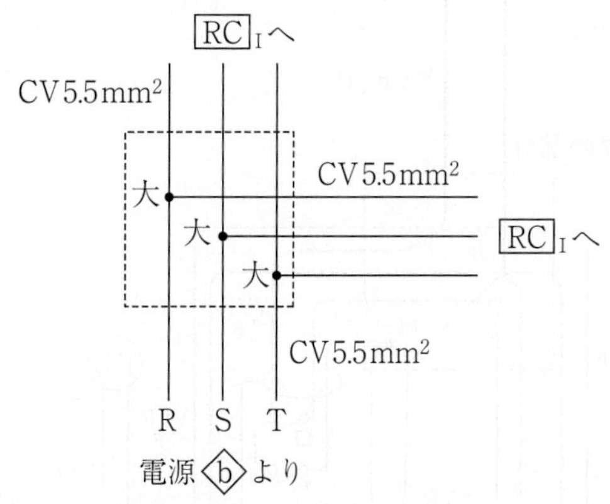

リングスリーブと電線の組合せ（JIS C 2806，内線規定 1335−2 表）

種類	電線の組合せ 1.6mm	2.0mm	5.5mm²	異なる場合	刻印
小	2 本	−	−	1.6mm×1＋0.75mm²×1	○
				1.6mm×2＋0.75mm²×1	
	3～4 本	2 本	−	2.0mm×1＋1.6mm×1 ～ 2	小
中	5～6 本	3～4 本	2 本	2.0mm×1＋1.6mm×3 ～ 5	中
				2.0mm×2＋1.6mm×1 ～ 3	
				2.0mm×3＋1.6mm×1	
大	7 本	5 本	3 本	省略	大

問 43　イ

⑬で示す図記号は自動点滅器なので，イが正しい．ロは防雨形点滅器（図記号●$_{\mathrm{WP}}$），ハは電磁開閉器用押しボタン（図記号◉$_{\mathrm{B}}$），ニはリモコンスイッチ（図記号●$_{\mathrm{R}}$）である．

問 44　ニ

⑭で示す図記号はリモコントランスなので，ニが正しい．イはリモコンリレー，ロは小形変圧器，ハはタイムスイッチである．

問 45　イ

⑮で示すボックス内の接続は複線結線図－1のようになる．使用する差込形コネクタは2本接続用1個，3本接続用2個である．

問 46　ロ

⑯で示す部分の最小電線本数は，複線結線図－1より3本であるである．

問 47　ハ

⑰で示すボックス内の接続は，複線結線図－1より，1.6 mm × 2本の接続が2箇所，1.6 mm×3本＋2.0 mm × 1本の接続が1箇所，1.6 mm × 4本＋2.0 mm × 1本の接続が1箇所となるので，使用するリングスリーブは小2個（刻印「○」），中2個（刻印「中」）である（JIS C 2806）．

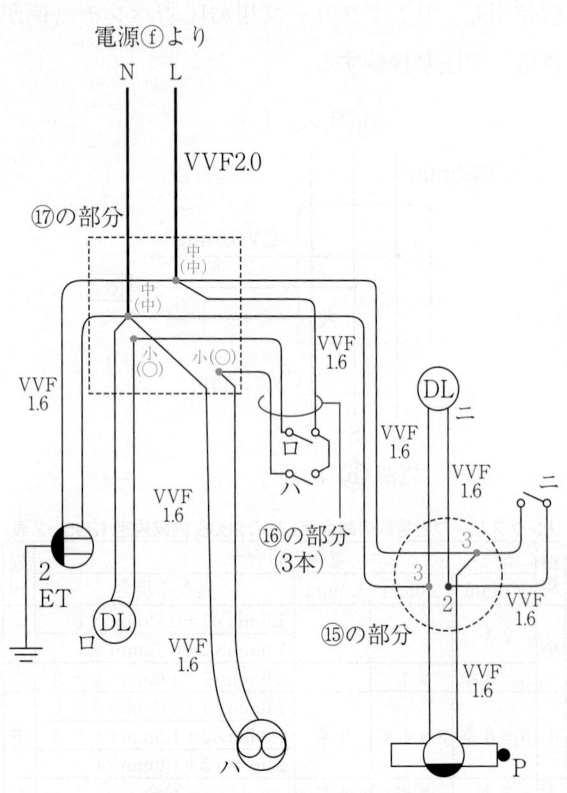

複線結線図－1（問45，問46，問47）

問 48　ニ

⑱で示す分電盤（金属製）に穴をあける工事に使用されないのは，ニの木工用ドリルビット（木工用きり）である．この工具は木材に穴をあけるのに用いられる．イはホルソ，ロはノックアウトパンチャ，ハは電動ドリルで，それぞれ金属板の穴あけに使用する工具である．

問 49　ニ

この配線図の工事では，ニの接地極付コンセント（2口）（図記号：◑$_{\mathrm{2E}}$）は使用されていない．イは接地端子付コンセント（図記号：◑$_{\mathrm{ET}}$），ロは接地極付接地端子付コンセント（図記号：◑$_{\mathrm{EET}}$），ハは定格250V20A接地極付コンセント（図記号：◑$^{\mathrm{20A}}_{\mathrm{250V}}$ E）で，それぞれ使用されている．

問 50　ロ

この配線図の図記号で，使用されているプルボックス（図記号：☒）は，屋外灯との接続箇所の2個である．イのアウトレットボックス（図記号：□）は配線図の⑫と⑰で示す箇所の2個，ニのVVF用ジョイントボックス（図記号：▨）は2個使用されている．

第二種電気工事士 筆記試験

2019年度（令和元年度）

上期試験

問題１．一般問題（問題数 30，配点は１問当たり２点）

【注】本問題の計算で $\sqrt{2}$，$\sqrt{3}$ 及び円周率 π を使用する場合の数値は次によること。　$\sqrt{2}=1.41$，$\sqrt{3}=1.73$，$\pi=3.14$

次の各問いには４通りの答え（イ，ロ，ハ，ニ）が書いてある。それぞれの問いに対して答えを１つ選びなさい。

なお，選択肢が数値の場合は最も近い値を選びなさい。

	問　い	答　え
1	図のような回路で，スイッチ S を閉じたとき，a－b 端子間の電圧［V］は。 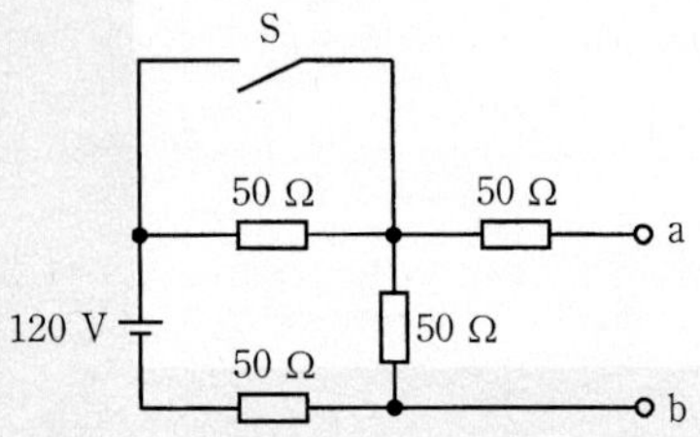	イ．30　ロ．40　ハ．50　ニ．60
2	ビニル絶縁電線（単心）の導体の直径を D，長さを L とするとき，この電線の抵抗と許容電流に関する記述として，**誤っているものは。**	イ．許容電流は，周囲の温度が上昇すると，大きくなる。 ロ．電線の抵抗は，D^2 に反比例する。 ハ．電線の抵抗は，L に比例する。 ニ．許容電流は，D が大きくなると，大きくなる。
3	電熱器により，60 kg の水の温度を 20 K 上昇させるのに必要な電力量［kW·h］は。 ただし，水の比熱は 4.2kJ/(kg·K) とし，熱効率は 100 % とする。	イ．1.0　ロ．1.2　ハ．1.4　ニ．1.6
4	図のような交流回路において，抵抗 8 Ω の両端の電圧 V［V］は。 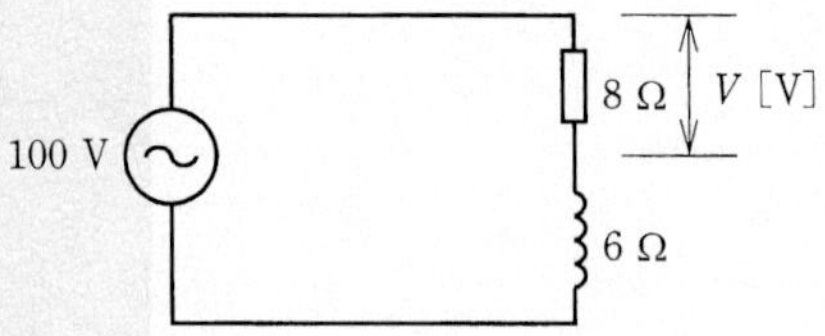	イ．43　ロ．57　ハ．60　ニ．80
5	図のような三相 3 線式回路の全消費電力［kW］は。 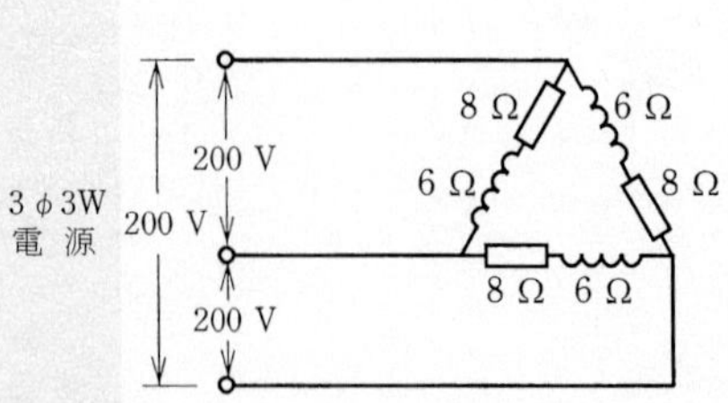	イ．2.4　ロ．4.8　ハ．9.6　ニ．19.2

	問い	答え
6	図のような単相 2 線式回路において，c－c′間の電圧が 100 V のとき，a－a′間の電圧［V］は。 ただし，r は電線の電気抵抗［Ω］とする。 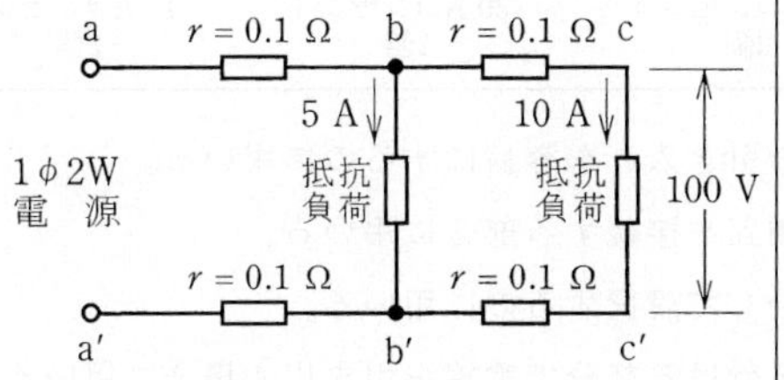	イ．102　ロ．103　ハ．104　ニ．105
7	図のような単相 3 線式回路で，電線 1 線当たりの抵抗が r［Ω］，負荷電流が I［A］，中性線に流れる電流が 0 A のとき，電圧降下 $(V_s - V_r)$［V］を示す式は。 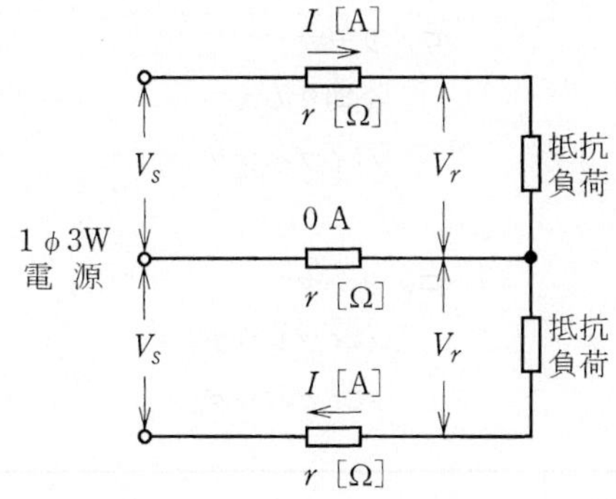	イ．$2rI$　ロ．$3rI$　ハ．rI　ニ．$\sqrt{3}rI$
8	金属管による低圧屋内配線工事で，管内に直径 2.0 mm の 600 V ビニル絶縁電線（軟銅線）5 本を収めて施設した場合，電線 1 本当たりの許容電流［A］は。 ただし，周囲温度は 30 ℃以下，電流減少係数は 0.56 とする。	イ．10　ロ．15　ハ．19　ニ．27
9	図のように定格電流 100 A の過電流遮断器で保護された低圧屋内幹線から分岐して，6 m の位置に過電流遮断器を施設するとき，a－b 間の電線の許容電流の最小値［A］は。 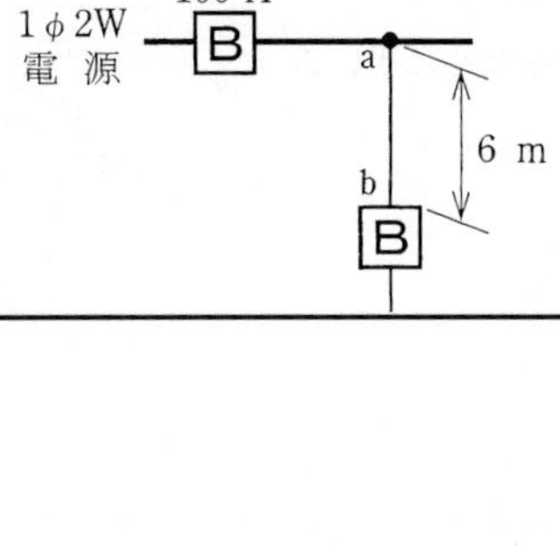	イ．25　ロ．35　ハ．45　ニ．55

	問　い	答　え
10	低圧屋内配線の分岐回路の設計で，配線用遮断器の定格電流とコンセントの組合せとして，**不適切なものは。**	イ．B 30 A　30 Aコンセント 2個 ロ．B 30 A　15 Aコンセント 2個 ハ．B 20 A　20 Aコンセント 1個 ニ．B 20 A　15 Aコンセント 2個
11	アウトレットボックス（金属製）の使用方法として，**不適切なものは。**	イ．金属管工事で電線の引き入れを容易にするのに用いる。 ロ．金属管工事で電線相互を接続する部分に用いる。 ハ．配線用遮断器を集合して設置するのに用いる。 ニ．照明器具などを取り付ける部分で電線を引き出す場合に用いる。
12	使用電圧が300 V以下の屋内に施設する器具であって，付属する移動電線にビニルコードが**使用できるものは。**	イ．電気扇風機 ロ．電気こたつ ハ．電気こんろ ニ．電気トースター
13	金属管（鋼製電線管）工事で切断及び曲げ作業に使用する工具の組合せとして，**適切なものは。**	イ．やすり　パイプレンチ　トーチランプ ロ．リーマ　金切りのこ　パイプベンダ ハ．やすり　金切りのこ　トーチランプ ニ．リーマ　パイプレンチ　パイプベンダ
14	極数6の三相かご形誘導電動機を周波数50 Hzで使用するとき，最も近い回転速度[min^{-1}]は。	イ．500　ロ．1 000　ハ．1 500　ニ．3 000
15	系統連系型の小出力太陽光発電設備において，**使用される機器は。**	イ．調光器 ロ．低圧進相コンデンサ ハ．自動点滅器 ニ．パワーコンディショナ
16	写真に示す材料の用途は。 （合成樹脂製）	イ．住宅でスイッチやコンセントを取り付けるのに用いる。 ロ．多数の金属管が集合する箇所に用いる。 ハ．フロアダクトが交差する箇所に用いる。 ニ．多数の遮断器を集合して設置するために用いる。

	問い	答え
17	写真に示す器具の用途は。	イ．リモコン配線の操作電源変圧器として用いる。 ロ．リモコン配線のリレーとして用いる。 ハ．リモコンリレー操作用のセレクタスイッチとして用いる。 ニ．リモコン用調光スイッチとして用いる。
18	写真に示す工具の用途は。	イ．硬質塩化ビニル電線管の曲げ加工に用いる。 ロ．合成樹脂製可とう電線管の接続加工に用いる。 ハ．ライティングダクトの曲げ加工に用いる。 ニ．金属管（鋼製電線管）の曲げ加工に用いる。
19	単相 100 V の屋内配線工事における絶縁電線相互の接続で，**不適切なものは。**	イ．絶縁電線の絶縁物と同等以上の絶縁効力のあるもので十分被覆した。 ロ．電線の引張強さが 15 %減少した。 ハ．電線相互を指で強くねじり，その部分を絶縁テープで十分被覆した。 ニ．接続部の電気抵抗が増加しないように接続した。
20	100 V の低圧屋内配線工事で，**不適切なものは。**	イ．フロアダクト工事で，ダクトの長さが短いのでＤ種接地工事を省略した。 ロ．ケーブル工事で，ビニル外装ケーブルと弱電流電線が接触しないように施設した。 ハ．金属管工事で，ワイヤラス張りの貫通箇所のワイヤラスを十分に切り開き，貫通部分の金属管を合成樹脂管に収めた。 ニ．合成樹脂管工事で，その管の支持点間の距離を 1.5 m とした。
21	店舗付き住宅の屋内に三相 3 線式 200 V，定格消費電力 2.5 kW のルームエアコンを施設した。このルームエアコンに電気を供給する電路の工事方法として，**適切なものは。** ただし，配線は接触防護措置を施し，ルームエアコン外箱等の人が触れるおそれがある部分は絶縁性のある材料で堅ろうに作られているものとする。	イ．専用の過電流遮断器を施設し，合成樹脂管工事で配線し，コンセントを使用してルームエアコンと接続した。 ロ．専用の漏電遮断器(過負荷保護付)を施設し，ケーブル工事で配線し，ルームエアコンと直接接続した。 ハ．専用の配線用遮断器を施設し，金属管工事で配線し，コンセントを使用してルームエアコンと接続した。 ニ．専用の開閉器のみを施設し，金属管工事で配線し，ルームエアコンと直接接続した。
22	床に固定した定格電圧 200 V，定格出力 2.2 kW の三相誘導電動機の鉄台に接地工事をする場合，接地線（軟銅線）の太さと接地抵抗値の組合せで，**不適切なものは。** ただし，漏電遮断器を設置しないものとする。	イ．直径 1.6 mm，10 Ω ロ．直径 2.0 mm，50 Ω ハ．公称断面積 0.75 mm^2，5 Ω ニ．直径 2.6 mm，75 Ω

	問い	答え
23	図に示す雨線外に施設する金属管工事の末端Ⓐ又はⒷ部分に使用するものとして，**不適切なものは。** 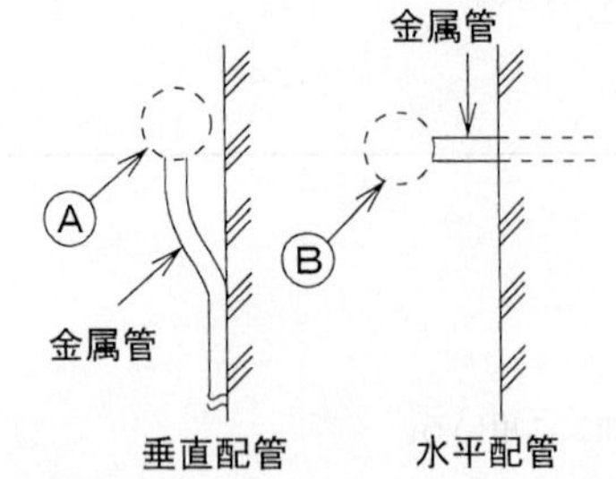 金属管 Ⓐ 金属管 Ⓑ 垂直配管 水平配管	イ．Ⓐ部分にエントランスキャップを使用した。 ロ．Ⓑ部分にターミナルキャップを使用した。 ハ．Ⓑ部分にエントランスキャップを使用した。 ニ．Ⓐ部分にターミナルキャップを使用した。
24	図のような単相3線式回路で，開閉器を閉じて機器Aの両端の電圧を測定したところ150Vを示した。この原因として，**考えられるものは。** 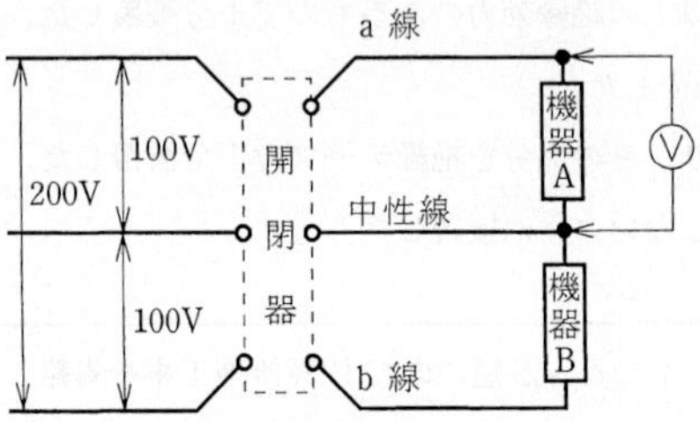 a線 100V 200V 100V 開閉器 中性線 機器A V 機器B b線	イ．機器Aの内部で断線している。 ロ．a線が断線している。 ハ．b線が断線している。 ニ．中性線が断線している。
25	使用電圧が低圧の電路において，絶縁抵抗測定が困難であったため，使用電圧が加わった状態で漏えい電流により絶縁性能を確認した。「電気設備の技術基準の解釈」に定める，絶縁性能を有していると判断できる漏えい電流の最大値［mA］は。	イ．0.1　ロ．0.2　ハ．1　ニ．2
26	工場の200V三相誘導電動機(対地電圧200V)への配線の絶縁抵抗値［MΩ］及びこの電動機の鉄台の接地抵抗値［Ω］を測定した。電気設備技術基準等に適合する測定値の組合せとして，**適切なものは。** ただし，200V電路に施設された漏電遮断器の動作時間は0.1秒とする。	イ．0.2 MΩ 300 Ω ロ．0.4 MΩ 600 Ω ハ．0.1 MΩ 200 Ω ニ．0.1 MΩ 50 Ω
27	単相3線式回路の漏れ電流の有無を，クランプ形漏れ電流計を用いて測定する場合の測定方法として，**正しいものは。** ただし，▨は中性線を示す。	イ．　ロ．　ハ．　ニ． 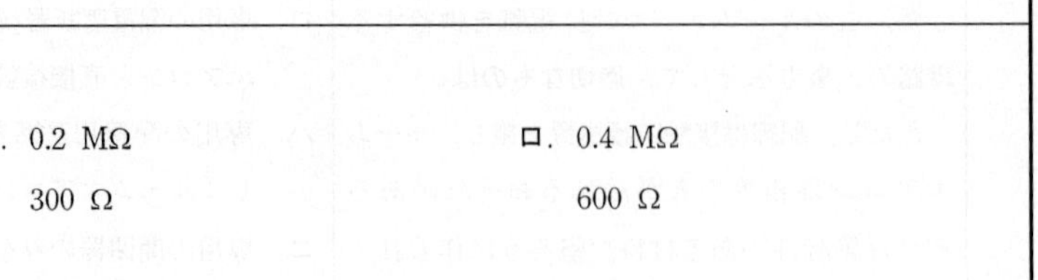

問い		答え
28	電気工事士の義務又は制限に関する記述として，**誤っているものは。**	イ．電気工事士は，都道府県知事から電気工事の業務に関して報告するよう求められた場合には，報告しなければならない。 ロ．電気工事士は，電気工事士法で定められた電気工事の作業に従事するときは，電気工事士免状を携帯しなければならない。 ハ．電気工事士は，電気工事士法で定められた電気工事の作業に従事するときは，「電気設備に関する技術基準を定める省令」に適合するよう作業を行わなければならない。 ニ．電気工事士は，住所を変更したときは，免状を交付した都道府県知事に申請して免状の書換えをしてもらわなければならない。
29	電気用品安全法における電気用品に関する記述として，**誤っているものは。**	イ．電気用品の製造又は輸入の事業を行う者は，電気用品安全法に規定する義務を履行したときに，経済産業省令で定める方式による表示を付すことができる。 ロ．特定電気用品には (PS/E) または(PS)E の表示が付されている。 ハ．電気用品の販売の事業を行う者は，経済産業大臣の承認を受けた場合等を除き，法令に定める表示のない電気用品を販売してはならない。 ニ．電気工事士は，電気用品安全法に規定する表示の付されていない電気用品を電気工作物の設置又は変更の工事に使用してはならない。
30	一般用電気工作物に関する記述として，**誤っているものは。**	イ．低圧で受電するもので，出力 60 kW の太陽電池発電設備を同一構内に施設するものは，一般用電気工作物となる。 ロ．低圧で受電するものは，小規模事業用電気工作物に該当しない小規模発電設備を同一構内に施設しても一般用電気工作物となる。 ハ．低圧で受電するものであっても，火薬類を製造する事業場など，設置する場所によっては一般用電気工作物とならない。 ニ．高圧で受電するものは，受電電力の容量，需要場所の業種にかかわらず，一般用電気工作物とならない。

※令和５年３月20日の電気事業法および関連法の改正・施行に伴い，問30の選択肢の内容を一部変更しています．

問題２．配線図（問題数 20，配点は１問当たり２点）

図は，木造３階建住宅の配線図である。この図に関する次の各問いには４通りの答え（イ，ロ，ハ，ニ）が書いてある。それぞれの問いに対して，答えを１つ選びなさい。

【注意】１．屋内配線の工事は，特記のある場合を除き 600V ビニル絶縁ビニルシースケーブル平形（VVF）を用いたケーブル工事である。

２．屋内配線等の電線の本数，電線の太さ，その他，問いに直接関係のない部分等は省略又は簡略化してある。

３．漏電遮断器は，定格感度電流 30mA，動作時間 0.1 秒以内のものを使用している。

４．選択肢（答え）の写真にあるコンセント及び点滅器は，「JIS C 0303：2000 構内電気設備の配線用図記号」で示す「一般形」である。

５．ジョイントボックスを経由する電線は，すべて接続箇所を設けている。

６．３路スイッチの記号「0」の端子には，電源側又は負荷側の電線を結線する。

	問　い	答　え
31	①で示す図記号の器具の種類は。	イ．引掛形コンセント　ロ．シーリング（天井直付） ハ．引掛シーリング（角）　ニ．埋込器具
32	②で示す部分の電路と大地間の絶縁抵抗として，許容される最小値[MΩ]は。	イ．0.1　ロ．0.2　ハ．0.4　ニ．1.0
33	③で示すコンセントの極配置（刃受）は。	イ． 　ロ． 　ハ． 　ニ． 
34	④で示す図記号の器具の種類は。	イ．漏電遮断器付コンセント　ロ．接地極付コンセント ハ．接地端子付コンセント　ニ．接地極付接地端子付コンセント
35	⑤で示す図記号の器具を用いる目的は。	イ．不平衡電流を遮断する。　ロ．過電流と地絡電流を遮断する。 ハ．地絡電流のみを遮断する。　ニ．短絡電流のみを遮断する。
36	⑥で示す部分の接地工事における接地抵抗の許容される最大値［Ω］は。	イ．10　ロ．100　ハ．300　ニ．500
37	⑦で示す部分の最少電線本数（心線数）は。	イ．3　ロ．4　ハ．5　ニ．6
38	⑧で示す部分の小勢力回路で使用できる電線（軟銅線）の導体の最小直径［mm］は。	イ．0.8　ロ．1.2　ハ．1.6　ニ．2.0
39	⑨で示す部分は屋外灯の自動点滅器である。その図記号の傍記表示は。	イ．A　ロ．T　ハ．P　ニ．L
40	⑩で示す図記号の配線方法は。	イ．天井隠ぺい配線　ロ．床隠ぺい配線 ハ．露出配線　ニ．ライティングダクト配線

問い		答え
41	⑪で示す図記号の器具は。	イ．　ロ．　ハ．　ニ．
42	⑫で示す図記号の器具は。	イ．　ロ．　ハ．　ニ．
43	⑬で示す図記号の機器は。	イ．　ロ．　ハ．　ニ．
44	⑭で示すボックス内の接続をすべて圧着接続とする場合，使用するリングスリーブの種類と最少個数の組合せで，**正しいものは。** ただし，使用する電線は，すべて VVF1.6 とする。	イ．小 2個　中 2個 ロ．小 3個　中 1個 ハ．小 3個　中 2個 ニ．小 1個　中 3個
45	⑮で示す図記号の機器は。	イ．　ロ．　ハ．　ニ．

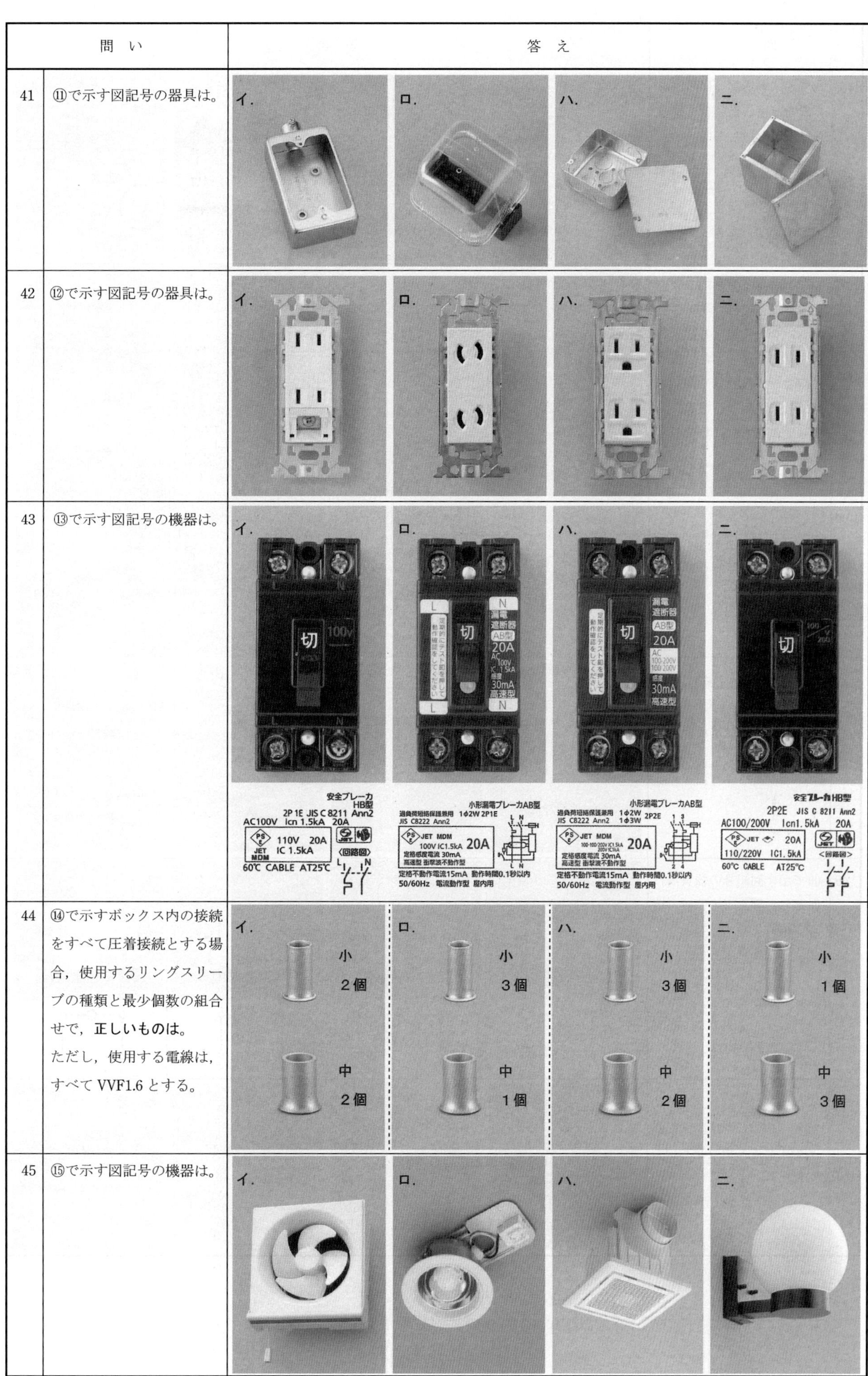

2019年度：上期（令和元年度）

問い		答え			
46	⑯で示す木造部分に配線用の穴をあけるための工具として，**正しいものは。**	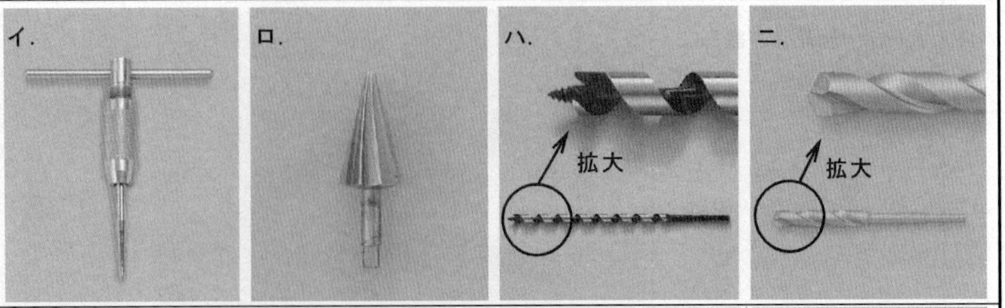 イ.	ロ.	ハ. 拡大	ニ. 拡大
47	⑰で示すボックス内の接続をすべて差込形コネクタとする場合，使用する差込形コネクタの種類と最少個数の組合せで，**正しいものは。** ただし，使用する電線は，すべてVVF1.6とする。	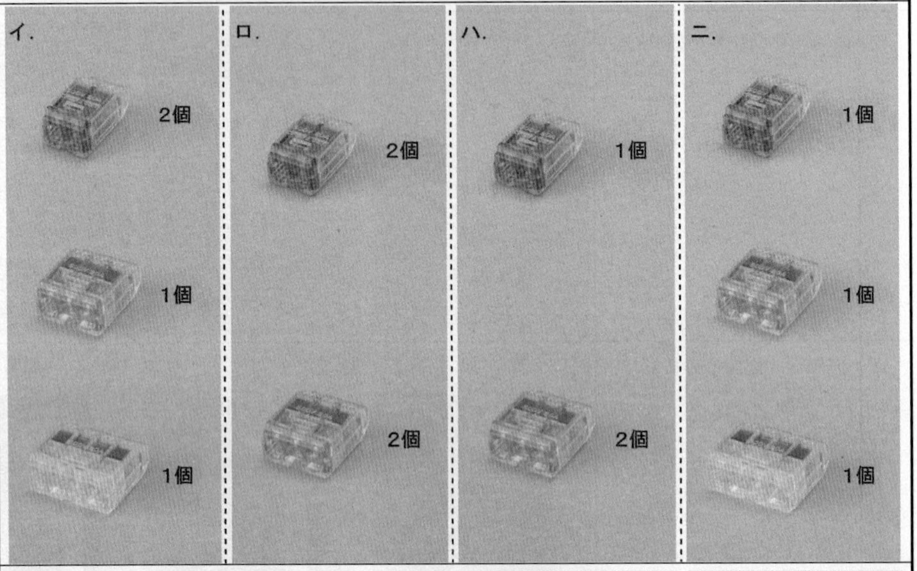 イ. 2個 1個 1個	ロ. 2個 2個	ハ. 1個 2個	ニ. 1個 1個 1個
48	⑱で示す部分の配線工事に必要なケーブルは。 ただし，心線数は最少とする。	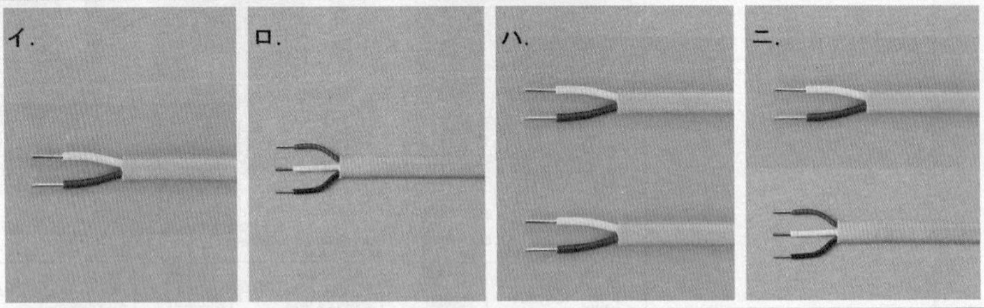 イ.	ロ.	ハ.	ニ.
49	⑲で示す図記号の器具は。 ただし，写真下の図は，接点の構成を示す。	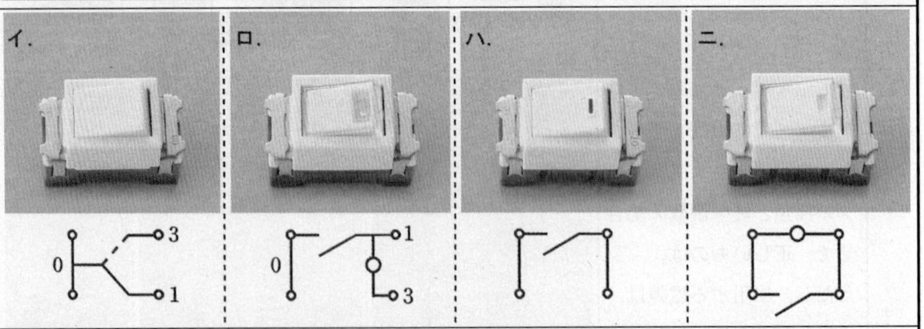 イ. 0 3 1	ロ. 0 1 3	ハ.	ニ.
50	⑳で示す地中配線工事で防護管（FEP）を切断するための工具として，**正しいものは。**	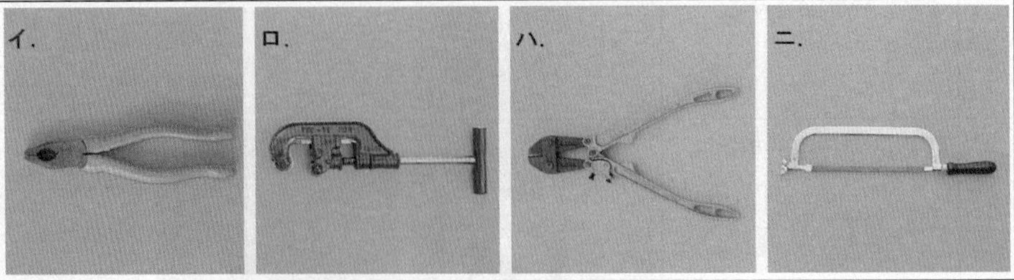 イ.	ロ.	ハ.	ニ.

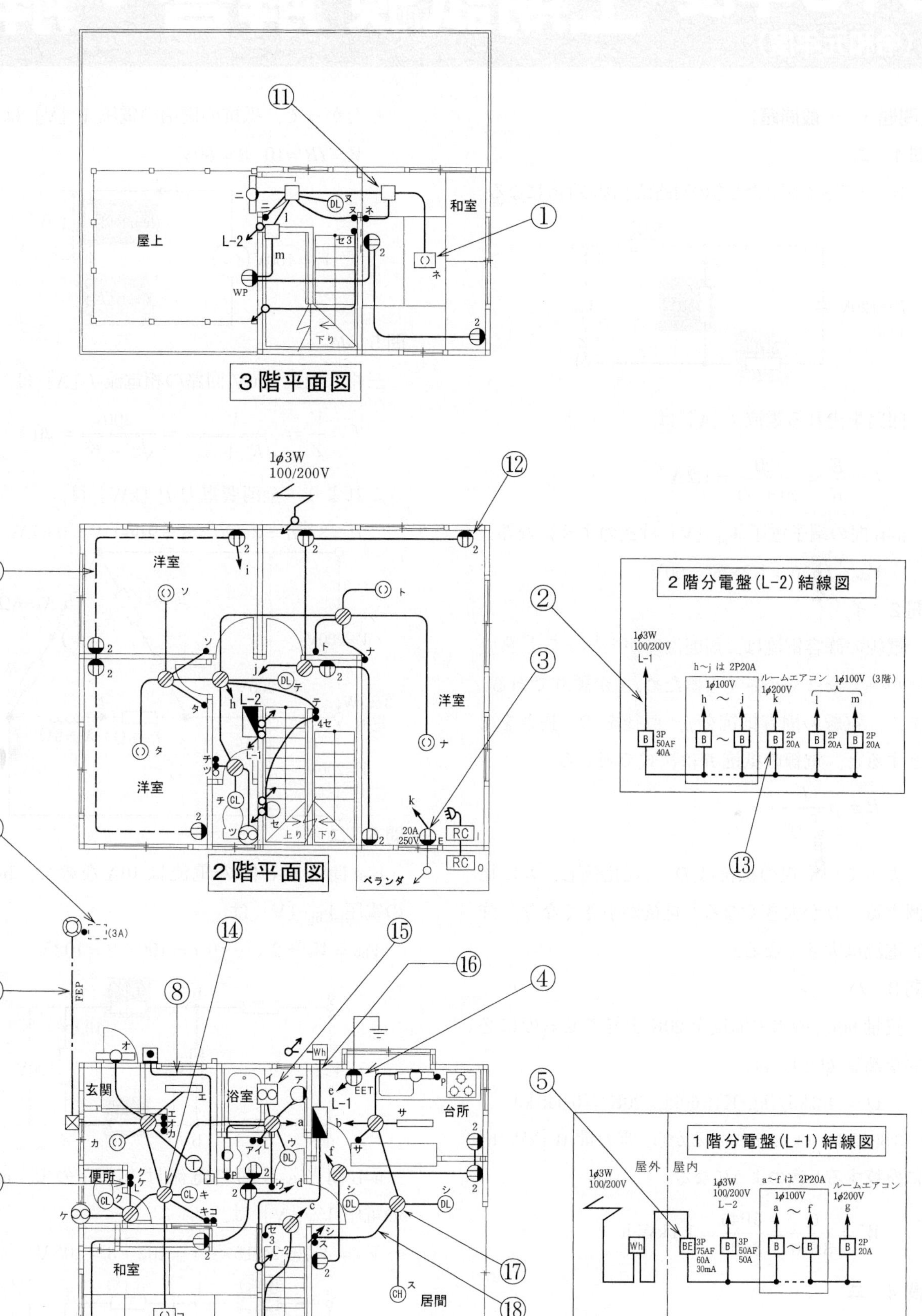
3階平面図
2階平面図
1階平面図
2階分電盤(L-2)結線図
1階分電盤(L-1)結線図
屋上
和室
洋室
ベランダ
玄関
浴室
台所
便所
居間
1φ3W
100/200V
ルームエアコン
屋外
屋内

第二種電気工事士筆記試験
2019年度（令和元年度） 上期試験 解答・解説

〔問題1．一般問題〕

問1　ニ

スイッチSを閉じたときの回路は下図のようになる．

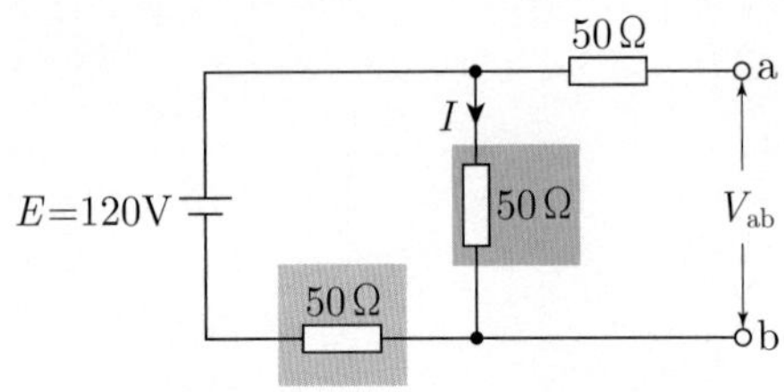

回路を流れる電流 I［A］は，

$$I=\frac{E}{R}=\frac{120}{50+50}=1.2\,\text{A}$$

a–b 間の端子電圧 V_{ab}［V］は次のようになる．

$$V_{ab}=I\times 50=1.2\times 50=60\text{V}$$

問2　イ

電線の許容電流は，周囲温度が上昇すると熱放散が悪くなって小さくなるため，イが誤りである．また，電線の固有抵抗を ρ，直径を D，長さを L とすると，電線の抵抗 R は次式で表せる．

$$R=\rho\frac{L}{\frac{\pi}{4}D^2}$$

よって，電線の抵抗は D^2 に反比例し，L に比例する．D が大きくなると抵抗が小さくなり，許容電流は大きくなる．

問3　ハ

質量 60kg の水の温度を 20K 上昇させるのに必要な熱量 Q［J］は，

$$Q=4.2\,\text{kJ/(kg·K)}\times 60\text{kg}\times 20\text{K}=5\,040\,\text{kJ}$$

3 600 kJ＝1 kW·h であるから，電力量 W［kW·h］に換算すると次のようになる．

$$W=\frac{Q}{3600}=\frac{5040}{3600}=1.4\,\text{kW·h}$$

問4　ニ

この回路のインピーダンス Z を求めると，

$$Z=\sqrt{R^2+X^2}=\sqrt{8^2+6^2}=10\,\Omega$$

これより，回路を流れる電流 I は，

$$I=\frac{V_0}{Z}=\frac{100}{10}=10\,\text{A}$$

したがって，抵抗の両端の電圧 V［V］は，

$$V=IR=10\times 8=80\text{V}$$

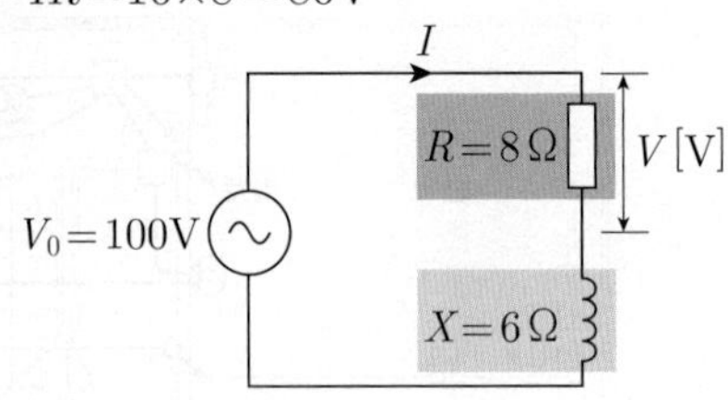

問5　ハ

三相3線式 200V 回路の相電流 I［A］は，

$$I=\frac{V}{Z}=\frac{V}{\sqrt{R^2+X_L{}^2}}=\frac{200}{\sqrt{8^2+6^2}}=20\,\text{A}$$

これより，全消費電力 P［kW］は，

$$P=3I^2R=3\times 20^2\times 8=9\,600\,\text{W}=9.6\,\text{kW}$$

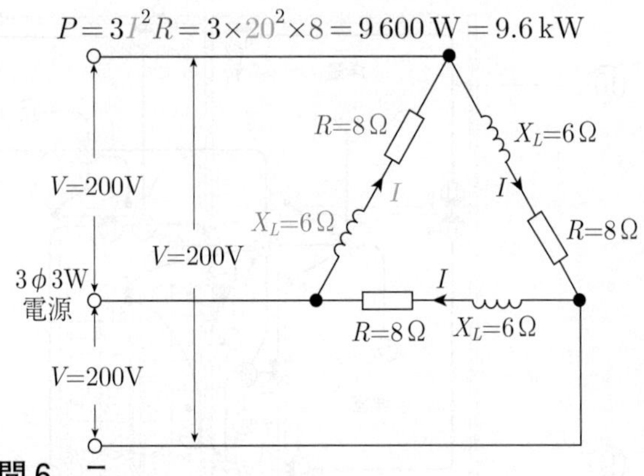

問6　ニ

b–c 間と b′–c′ 間の電流は 10A なので，b–b′ 間の電圧 $V_{bb'}$［V］は，

$$V_{bb'}=V_{cc'}+2\times 10\times 0.1=100+2=102\,\text{V}$$

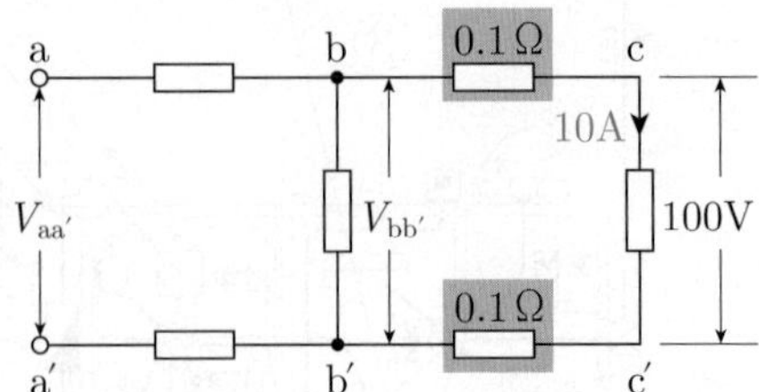

a–b 間と a′–b′ 間の電流は 15A なので，a–a′ 間の電圧 $V_{aa'}$［V］は，

$$V_{aa'}=V_{bb'}+2\times 15\times 0.1=102+3=105\,\text{V}$$

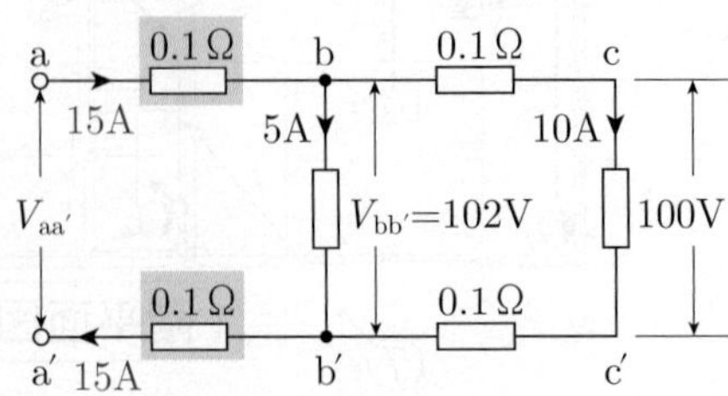

問7　ハ

中性線には電流が流れておらず，電圧降下は発生しない．1線当たりの抵抗は r[Ω]，負荷電流が I[A]なので，電圧降下（V_s-V_r）[V]を示す式は，

$$V_s-V_r=(V_r+rI)-V_r=rI \text{ [V]}$$

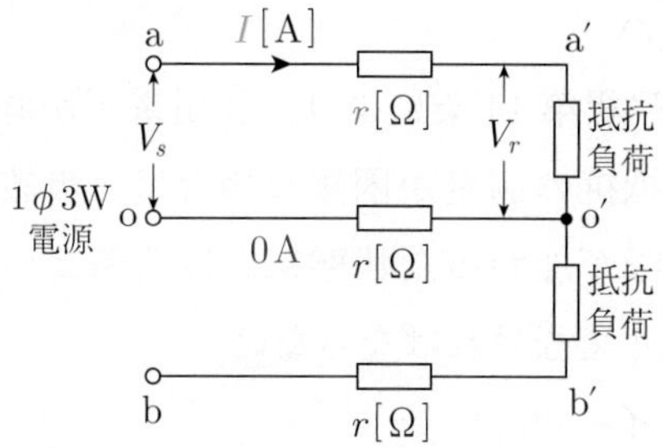

問8　ハ

直径2.0mmの600Vビニル絶縁電線の許容電流は35Aである．金属管内に5本を収めて施設する場合の電流減少係数は0.56なので，電線1本当たりの許容電流 I [A] は，

$$I=35\times0.56=19.6\fallingdotseq19\text{A}$$

絶縁電線の許容電流（内線規程 1340－1表）

種　類		太　さ	許容電流 [A]
単線	直径 [mm]	1.6	27
		2.0	35
より線	断面積 [mm²]	2	27
		3.5	37

（周囲温度 30℃以下）

問9　ロ

電技解釈第149条により，分岐回路の過電流遮断器の位置が幹線との分岐点から3mを超え8m以内なので，過電流遮断器の定格電流を I_B [A] とすると，a–b間の電線の許容電流 I [A] は，

$$I\geqq I_B\times0.35=100\times0.35=35\text{A}$$

問10　ロ

電技解釈第149条により，30A分岐回路のコンセントには20A以上30A以下のものを用いる．

分岐回路の施設（電技解釈第149条）

分岐過電流遮断器の定格電流	コンセント	電線の太さ
15A	15A以下	直径1.6mm以上
20A（配線用遮断器）	20A以下	
20A（配線用遮断器を除く）	20A	直径2mm以上
30A	20A以上30A以下	直径2.6mm以上
40A	30A以上 40A以下	断面積 8 mm² 以上
50A	40A以上 50A以下	断面積 14 mm² 以上

問11　ハ

配線用遮断器を集合して設置する材料には，分電盤や配電盤が用いられる．アウトレットボックスは電線の引き出しに使用する材料で，次のような用途に用いられる．

・金属管が交差屈曲する場所で電線の引き入れを容易にする
・金属管工事で電線相互を接続する
・照明器具を取り付ける

問12　イ

ビニルコードは，電気を熱として使用しない機器に限り使用できるので，イが正しい．ロ，ハ，ニの機器は電気を熱として使用するため，ビニルコードは使用できない．

問13　ロ

金属管（鋼製電線管）は金切りのこで切断し，クリックボールにリーマを取り付けて管端処理を行う．曲げ作業にはパイプベンダを使用する．

問14　ロ

三相かご形誘導電動機の同期速度 N_s は，周波数を f[Hz]，極数を p とすると，次のように求められる．

$$N_s=\frac{120f}{p}=\frac{120\times50}{6}=1000\,\text{min}^{-1}$$

問15　ニ

系統連系型の小出力太陽光発電設備で使用されるのはパワーコンディショナである．太陽電池で発電した直流電力を交流電力に変換し，系統電力と連系するための機器である．

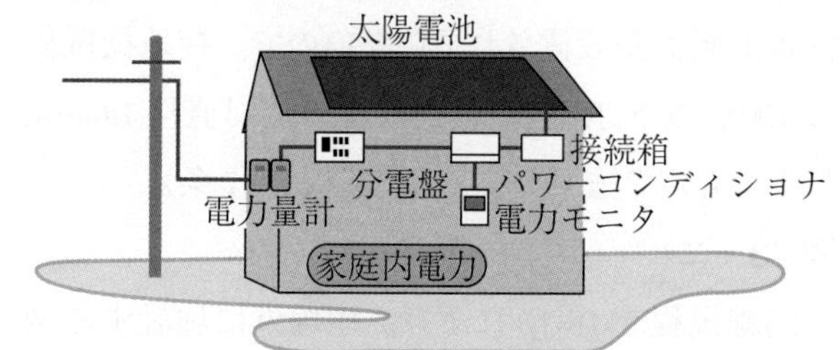

問16　イ

写真に示す材料は合成樹脂製の埋込スイッチボックスで，住宅などで壁にスイッチやコンセントを取り付けるために用いる材料である．

問17　ロ

写真に示す器具は，リモコン配線のリレーとして用いるリモコンリレーである．

問18　イ

写真に示す工具はガストーチランプである．硬質塩化ビニル電線管の曲げ加工や，はんだを溶かすことなどに用いる．

問 19　ハ

電技解釈第 12 条により，電線相互の接続は次のように定められている．

(1) 電線接続部の電気抵抗を増加させない

(2) 電線の引張強さを 20％以上減少させない

(3) 接続部分には接続管その他の器具を使用するか，ろう付けすること

(4) 絶縁電線の絶縁物と同等以上の絶縁抗力のあるもので十分に被覆すること

問 20　イ

電技解釈第 165 条により，フロアダクト工事による低圧屋内配線では，ダクトの長さに係わらず D 種接地工事を省略してはいけない．

問 21　ロ

電技解釈第 143 条により，定格消費電力 2kW 以上，対地電圧 300V 以下の電気機械器具に電気を供給する場合，次により施設しなくてはならない．

(1) 屋内配線は当該機器のみに電気を供給するものとし，電気機械器具と直接接続すること

(2) 電路には専用の過電流遮断器，漏電遮断器を施設すること

(3) 屋内配線には簡易防護措置を施すこと

問 22　ハ

電技解釈第 29 条により，200V 三相誘導電動機の鉄台には D 種接地工事を施さなくてはならない．漏電遮断器が設置されていないので，接地抵抗値は 100 Ω 以下，接地線（軟銅線）の太さは直径 1.6 mm 以上のもので施工する（電技解釈第 17 条）．

問 23　ニ

内線規程 3110-15 により，雨線外に施設する金属管配線の末端には，水の浸入を防止するため，Ⓐの垂直配管の場合はエントランスキャップを使用し，Ⓑの水平配管の場合はターミナルキャップまたはエントランスキャップを使用する．

エントランスキャップ

ターミナルキャップ

問 24　ニ

単相 3 線式回路で中性線が断線すると，電圧の均衡が崩れ，容量の大きい機器には定格より低い電圧が加わり，容量の小さい機器には定格より大きい電圧が加わる．

問 25　ハ

電技解釈第 14 条により，使用電圧が低圧電路で絶縁抵抗の測定が困難な場合は，当該電路の使用電圧が加わった状態における漏えい電流が 1mA 以下でなければならない．

問 26　イ

電技省令第 58 条により，200V 三相誘導電動機（対地電圧 200V）の配線の絶縁抵抗値は 0.2MΩ 以上あればよい．また，電技解釈第 29 条により，電動機の鉄台には D 種接地工事を施さなくてはならないが，0.5 秒以内に動作する漏電遮断器が施設されているので，接地抵抗値は 500 Ω 以下であればよい（電技解釈第 17 条）．

低圧電路の絶縁性能（電技省令第 58 条）

電路の使用電圧の区分		絶縁抵抗値
300V 以下	対地電圧 150V 以下	0.1 MΩ 以上
	その他の場合	0.2 MΩ 以上
300V を超える低圧回路		0.4 MΩ 以上

問 27　ニ

単相 3 線式回路の漏れ電流は，クランプで 3 本すべての電線を挟んで測定する．下図のような単相 3 線式回路において，負荷電流を I_1，I_2，漏れ電流を I_g とすると検出部を通る電流は次のようになり，漏れ電流 I_g を検出できる．

$$I_1+I_g-(I_1-I_2)-I_2=I_1+I_g-I_1+I_2-I_2=I_g$$

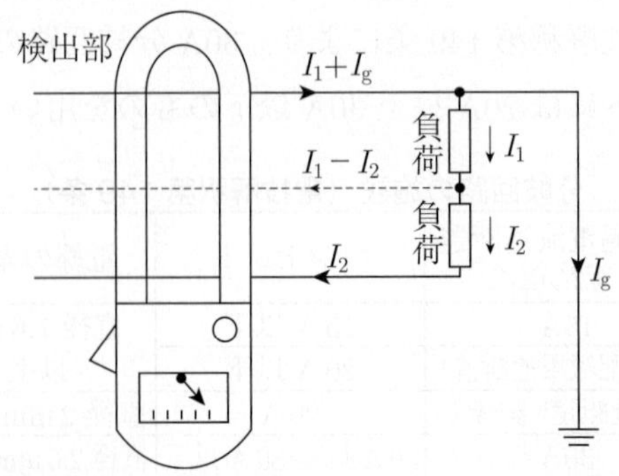

問 28　ニ

電気工事士免状の記載事項に変更（氏名の変更）があった場合は，免状を交付した都道府県知事に申請する．しかし，住所を変更した場合は，免状所有者が住所欄を修正すればよく，都道府県知事への申請は必要ない．

問 29　ロ

Ⓟの記号は，電気用品のうち特定電気用品以外の電気用品を示すので，ロが誤りである．特定電気用品とは，構造や使用の方法などから危険・傷害の発生するおそれが多い電気製品のことで，◇PSE の表示をしなくてはならない．

問 30　イ

一般用電気工作物とは，低圧受電で受電の場所と同一の構内で使用する電気工作物で，同じ構内で連係して使用する下記の小規模事業用電気工作物以外の小規模発電設備も含む．一般用電気工作となる小規模発電設備は，発電電圧 600V 以下で，出力の合計が 50kW 以上となるものを除く（電気事業法施行規則第 48 条）．

小規模発電設備

設備名	出力	区分
風力発電設備	20kW 未満	小規模事業用電気工作物**
太陽電池発電設備	50kW 未満	
	10kW 未満	一般用電気工作物
水力発電設備*	20kW 未満	
内燃力発電設備	10kW 未満	
燃料電池発電設備	10kW 未満	
スターリングエンジン発電設備	10kW 未満	

*最大使用水量 $1m^3/s$ 未満（ダムを伴うものを除く）
**第二種電気工事士は，小規模事業用電気工作物の工事に従事できる．

〔問題 2. 配線図〕

問 31　ハ

①で示す図記号は引掛シーリング（角）を示す．なお，引掛形コンセントは$\mathrm{◐}_T$，シーリング（天井直付）はⒸⓁ，埋込器具はⒹⓁの図記号である．

問 32　イ

②で示す部分は単相 3 線式 100/200V 回路である．電技省令第 58 条により，対地電圧は 150V 以下なので，絶縁抵抗値は 0.1MΩ 以上でなければならない．

低圧電路の絶縁性能（電技省令第 58 条）

電路の使用電圧の区分		絶縁抵抗値
300V 以下	対地電圧 150V 以下	0.1MΩ 以上
	その他の場合	0.2MΩ 以上
300V を超える低圧回路		0.4MΩ 以上

問 33　ハ

③で示す図記号は定格 250V20A 用接地極付コンセントなので，ハが正しい．なお，イは 125V15A 引掛形接地極付コンセント，ロは 250V15A 接地極付コンセント，ニは 125V20A 接地極付コンセントの極配置（刃受）である（内線規程 3202-2, 3 表）．

問 34　ニ

④で示す図記号は EET の傍記があるので，接地極付接地端子付コンセントを示す．なお，漏電遮断器付コンセントは EL，接地極付コンセントは E，接地端子付コンセントは ET と傍記する．

問 35　ロ

⑤で示す図記号は過負荷保護付の漏電遮断器である．この器具は，回路の過電流と地絡電流を遮断するために用いられる．

問 36　ニ

⑥で示すコンセントの接地極には，電技解釈第 29 条により，D 種接地工事を施さなくてはならない．地絡を生じたときに 0.5 秒以内に動作する漏電遮断装置が設置されているので，接地抵抗値は 500Ω 以下であればよい（電技解釈第 17 条）．

問 37　イ

⑦で示す部分の最少電線本数は，電気回路図により 3 本である．

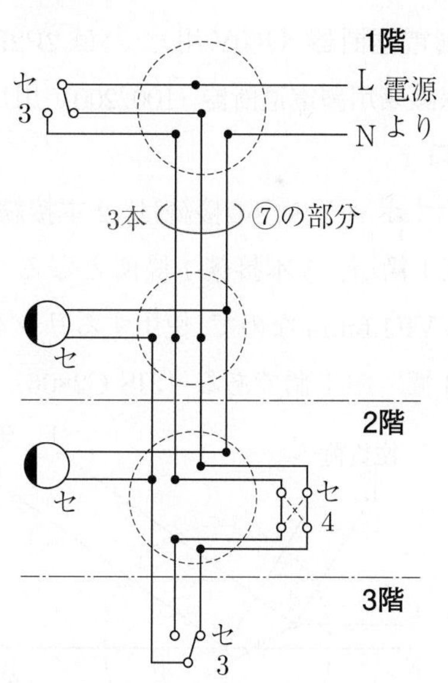

問 38　イ

⑧で示す部分の小勢力回路で使用できる電線（軟銅線）の太さは，電技解釈第 181 条により，直径 0.8mm 以上である．

問 39　イ

⑨で示す部分は屋外灯の自動点滅器なので，図記号の傍記表示は A である．なお，T はタイマ付，P はプルスイッチ，L は確認表示灯内蔵の点滅器の傍記表示を示す．

問 40　ロ

⑩で示す図記号の配線方法は，ロの床隠ぺい配線である．

問 41　ハ

⑪で示す図記号□はジョイントボックスであるから，ハの器具（アウトレットボックス）が該当する．なお，イは露出スイッチボックス（ねじなし電線管用），ロはVVF用ジョイントボックス，ニはプルボックスである．

問 42　ニ

⑫で示す図記号は，ニの埋込形コンセント（2口）である．なお，イは接地端子付（2口），ロは抜止形（2口），ハは接地極付（2口）の埋込形コンセントである．

問 43　ニ

⑬で示す図記号は単相200V回路に施設される配線用遮断器なので，ニの2P2E（2極2素子）の配線用遮断器を使用する．なお，イは2P1Eの配線用遮断器（100V用），ロは2P1Eの過負荷短絡保護兼用漏電遮断器（100V用），ハは2P2Eの過負荷短絡保護兼用漏電遮断器（100/200V用）である．

問 44　ロ

⑭で示すボックス内の接続は，2本接続2箇所，4本接続1箇所，5本接続1箇所となる．電線はすべてVVF1.6mmなので，使用するリングスリーブは小3個，中1個である（JIS C2806）．

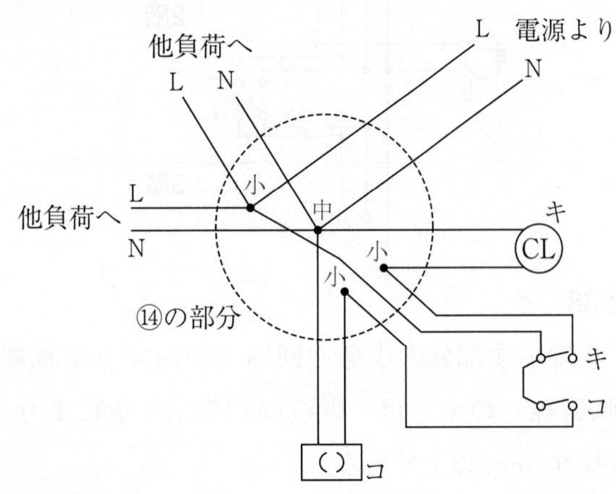

問 45　ハ

⑮で示す図記号は，ハの換気扇（天井付）である．なお，イは換気扇（図記号∞$_{P}$），ロは埋込器具（図記号(DL)），ニは壁付照明器具（図記号◐）である．

問 46　ハ

⑯で示す木造部分に配線用の穴をあけるための工具は，ハの木工用ドリルビット（木工用きり）である．なお，イはタップセット，ロはリーマ，ニはコンクリート用ドリルビット（振動用）である．

問 47　イ

⑰で示すボックス内の接続は複線結線図のようになる．使用する差込形コネクタは2本接続用2個，3本接続用1個，4本接続用1個である．

問 48　ロ

⑱で示す部分の配線は，複線結線図のように最少心線数は3本となる．したがって，ロの3心のVVFケーブル1本を使用する．

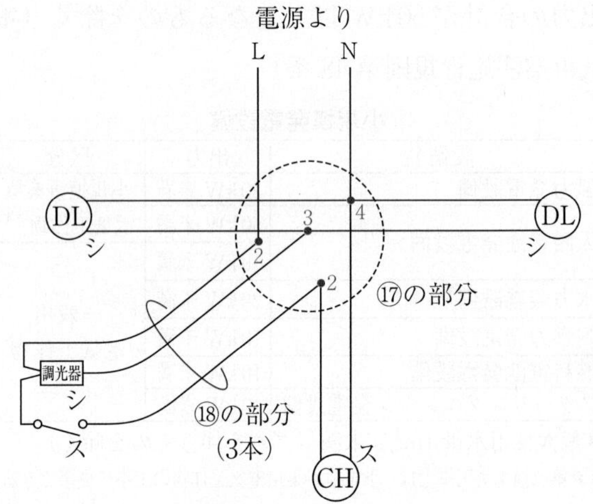

複線結線図（問47，問48）

問 49　ロ

⑲で示す図記号の器具は，ロの確認表示灯内蔵スイッチである．なお，イは3路スイッチ（図記号●$_{3}$），ハは単極スイッチ（図記号●），ニは位置表示灯内蔵スイッチ（図記号●$_{H}$）である．

問 50　ニ

⑳で示す地中配線工事で防護管（FEP）を切断するために使用する工具は，ニの金切のこである．なお，イは絶縁ペンチ，ロはパイプカッタ，ハはボルトクリッパである．

第二種電気工事士
筆記試験

2019年度
（令和元年度）

下期試験

問題1．一般問題（問題数30，配点は1問当たり2点）

【注】本問題の計算で$\sqrt{2}$，$\sqrt{3}$ 及び円周率πを使用する場合の数値は次によること。 $\sqrt{2}=1.41$ ，$\sqrt{3}=1.73$ ，$\pi=3.14$

次の各問いには4通りの答え（イ，ロ，ハ，ニ）が書いてある。それぞれの問いに対して答えを1つ選びなさい。

なお，選択肢が数値の場合は最も近い値を選びなさい。

	問い	答え
1	図のような回路で，端子 a－b 間の合成抵抗［Ω］は。 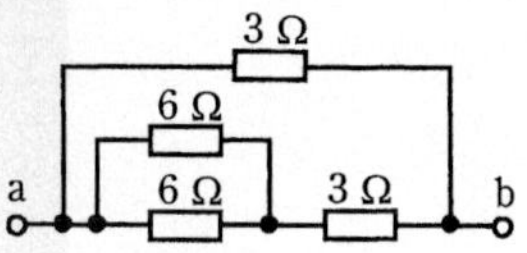 （図：3 Ω，6 Ω，6 Ω，3 Ω，a，b）	イ．1　ロ．2　ハ．3　ニ．4
2	直径 2.6 mm，長さ 10 m の銅導線と抵抗値が最も近い同材質の銅導線は。	イ．断面積 5.5 mm^2，長さ 10 m ロ．断面積 8 mm^2，長さ 10 m ハ．直径 1.6 mm，長さ 20 m ニ．直径 3.2 mm，長さ 5 m
3	消費電力が 500 W の電熱器を，1時間30分使用したときの発熱量［kJ］は。	イ．450　ロ．750　ハ．1 800　ニ．2 700
4	図のような正弦波交流回路の電源電圧 v に対する電流 i の波形として，**正しいものは**。 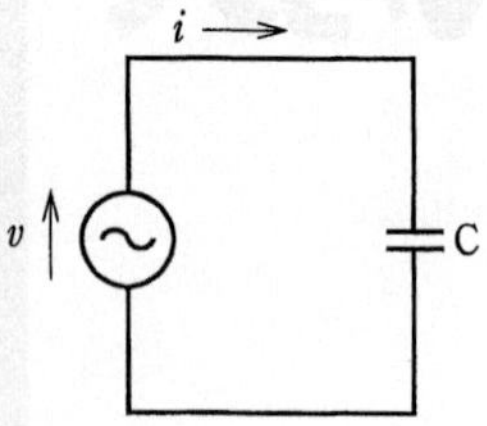 （図：i，v，C）	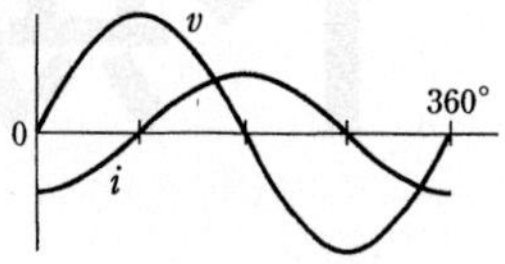 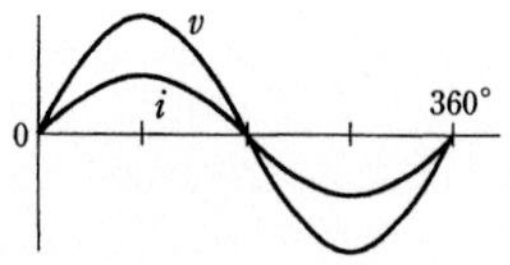 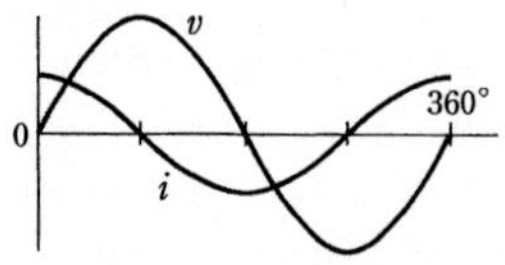 イ．（波形図：v，i，0，360°） ロ．（波形図：v，i，0，360°） ハ．（波形図：v，i，0，360°） ニ．（波形図：v，i，0，360°） 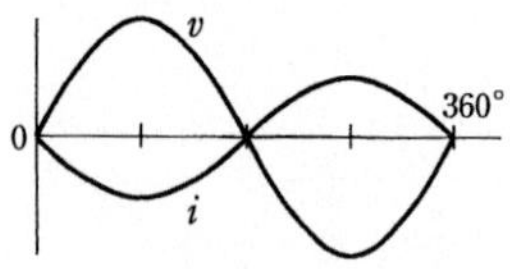
5	図のような三相3線式回路に流れる電流 I［A］は。 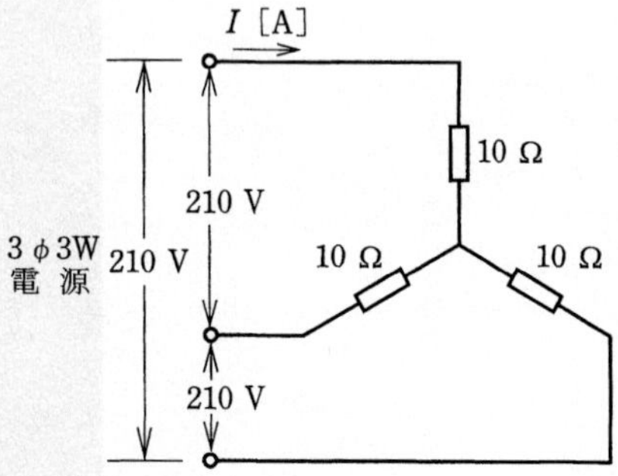 （図：I［A］，10 Ω，10 Ω，10 Ω，210 V，210 V，210 V，3 ϕ 3W 電源）	イ．8.3　ロ．12.1　ハ．14.3　ニ．20.0

	問い				答え
6	図のような単相3線式回路で，消費電力100 W，500 Wの2つの負荷はともに抵抗負荷である。図中の✕印点で断線した場合，a－b間の電圧［V］は。 ただし，断線によって負荷の抵抗値は変化しないものとする。 1φ3W 電源 200 V 100 V 100 V a b 抵抗負荷 100 W (100 Ω) 抵抗負荷 500 W (20 Ω)	イ．33	ロ．100	ハ．167	ニ．200
7	図のような三相3線式回路で，電線1線当たりの抵抗が0.15 Ω，線電流が10 Aのとき，電圧降下($V_s - V_r$)［V］は。 3φ3W 電源 10 A 0.15 Ω V_s V_r 三相抵抗負荷	イ．1.5	ロ．2.6	ハ．3.0	ニ．4.5
8	合成樹脂製可とう電線管(PF管)による低圧屋内配線工事で，管内に断面積5.5 mm^{2}の600 Vビニル絶縁電線(軟銅線)3本を収めて施設した場合，電線1本当たりの許容電流［A］は。 ただし，周囲温度は30 ℃以下，電流減少係数は0.70とする。	イ．26	ロ．34	ハ．42	ニ．49
9	図のように定格電流50 Aの過電流遮断器で保護された低圧屋内幹線から分岐して，7 mの位置に過電流遮断器を施設するとき，a－b間の電線の許容電流の最小値［A］は。 1φ2W 電源 50 A B a b 7 m B	イ．12.5	ロ．17.5	ハ．22.5	ニ．27.5

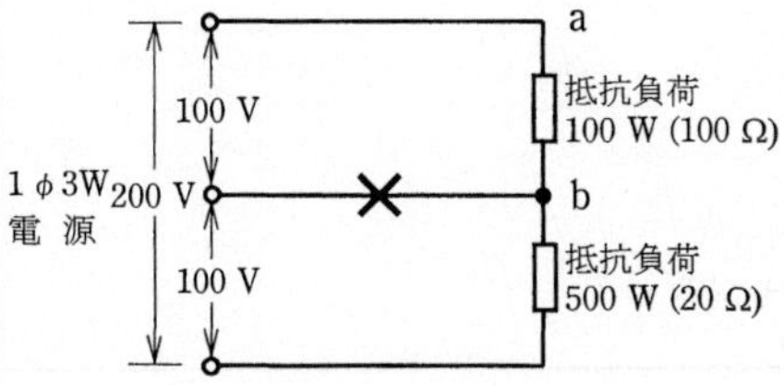

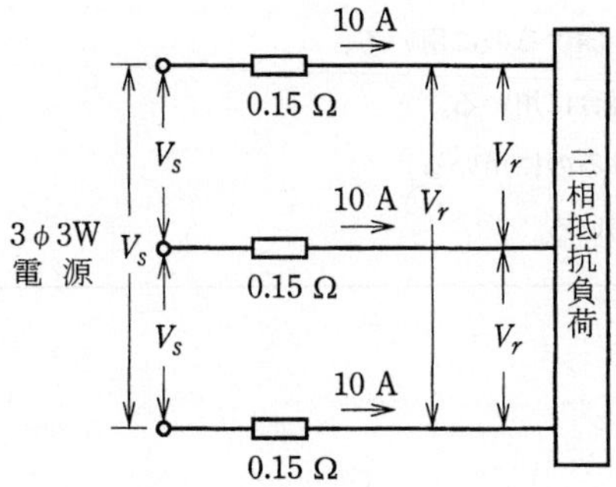

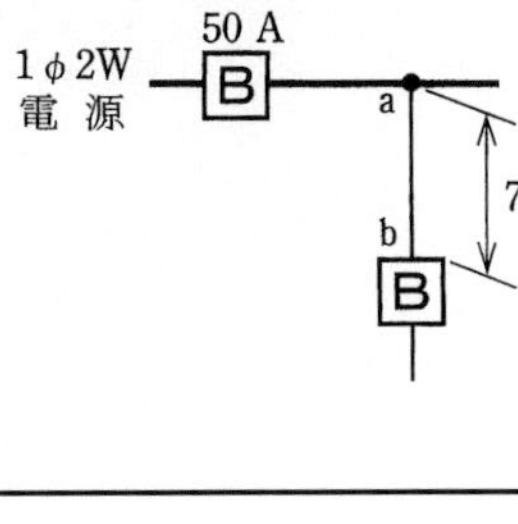

2019年度：下期（令和元年度）

	問　い	答　え
10	定格電流 30 A の配線用遮断器で保護される分岐回路の電線(軟銅線)の太さと，接続できるコンセントの図記号の組合せとして，**適切なものは。** ただし，コンセントは兼用コンセントではないものとする。	イ．断面積 5.5 mm^2　2 ロ．断面積 3.5 mm^2　3 ハ．直径 2.0 mm　20A ニ．断面積 5.5 mm^2　20A 2
11	住宅で使用する電気食器洗い機用のコンセントとして，**最も適しているものは。**	イ．引掛形コンセント ロ．抜け止め形コンセント ハ．接地端子付コンセント ニ．接地極付接地端子付コンセント
12	絶縁物の最高許容温度が**最も高いものは。**	イ．600 V 二種ビニル絶縁電線(HIV) ロ．600 V ビニル絶縁電線(IV) ハ．600 V 架橋ポリエチレン絶縁ビニルシースケーブル(CV) ニ．600 V ビニル絶縁ビニルシースケーブル丸形(VVR)
13	ノックアウトパンチャの用途で，**適切なものは。**	イ．金属製キャビネットに穴を開けるのに用いる。 ロ．太い電線を圧着接続する場合に用いる。 ハ．コンクリート壁に穴を開けるのに用いる。 ニ．太い電線管を曲げるのに用いる。
14	三相誘導電動機の始動において，全電圧始動(じか入れ始動)と比較して，スターデルタ始動の特徴として，**正しいものは。**	イ．始動時間が短くなる。 ロ．始動電流が小さくなる。 ハ．始動トルクが大きくなる。 ニ．始動時の巻線に加わる電圧が大きくなる。
15	低圧電路に使用する定格電流 30 A の配線用遮断器に 60 A の電流が継続して流れたとき，この配線用遮断器が自動的に動作しなければならない時間［分］の限度は。	イ．1　　ロ．2　　ハ．3　　ニ．4
16	写真に示す材料の名称は。	イ．銅線用裸圧着スリーブ ロ．銅管端子 ハ．銅線用裸圧着端子 ニ．ねじ込み形コネクタ

	問い	答え
17	写真に示す器具の名称は。	イ．電力量計 ロ．調光器 ハ．自動点滅器 ニ．タイムスイッチ
18	写真に示す工具の用途は。	イ．VVF ケーブルの外装や絶縁被覆をはぎ取るのに用いる。 ロ．CV ケーブル（低圧用）の外装や絶縁被覆をはぎ取るのに用いる。 ハ．VVR ケーブルの外装や絶縁被覆をはぎ取るのに用いる。 ニ．VFF コード（ビニル平形コード）の絶縁被覆をはぎ取るのに用いる。
19	低圧屋内配線工事で，600 V ビニル絶縁電線（軟銅線）をリングスリーブ用圧着工具とリングスリーブ（E 形）を用いて終端接続を行った。接続する電線に適合するリングスリーブの種類と圧着マーク（刻印）の組合せで，**不適切なものは。**	イ．直径 2.0 mm 3 本の接続に，中スリーブを使用して圧着マークを **中** にした。 ロ．直径 1.6 mm 3 本の接続に，小スリーブを使用して圧着マークを **小** にした。 ハ．直径 2.0 mm 2 本の接続に，中スリーブを使用して圧着マークを **中** にした。 ニ．直径 1.6mm 1 本と直径 2.0mm 2 本の接続に，中スリーブを使用して圧着マークを **中** にした。
20	使用電圧 100 V の屋内配線の施設場所における工事の種類で，**不適切なものは。**	イ．点検できない隠ぺい場所であって，乾燥した場所のライティングダクト工事 ロ．点検できない隠ぺい場所であって，湿気の多い場所の防湿装置を施した合成樹脂管工事（CD 管を除く） ハ．展開した場所であって，湿気の多い場所のケーブル工事 ニ．展開した場所であって，湿気の多い場所の防湿装置を施した金属管工事
21	木造住宅の単相 3 線式 100/200 V 屋内配線工事で，**不適切な工事方法は。** ただし，使用する電線は 600 V ビニル絶縁電線，直径 1.6 mm（軟銅線）とする。	イ．合成樹脂製可とう電線管（CD 管）を木造の床下や壁の内部及び天井裏に配管した。 ロ．合成樹脂製可とう電線管（PF 管）内に通線し，支持点間の距離を 1.0 m で造営材に固定した。 ハ．同じ径の硬質塩化ビニル電線管（VE）2 本を TS カップリングで接続した。 ニ．金属管を点検できない隠ぺい場所で使用した。

	問　い	答　え
22	D種接地工事を**省略できないものは。** ただし，電路には定格感度電流 30 mA，定格動作時間 0.1 秒の漏電遮断器が取り付けられているものとする。	イ．乾燥した場所に施設する三相 200 V（対地電圧 200 V）動力配線の電線を収めた長さ 3 m の金属管。 ロ．乾燥した場所に施設する単相 3 線式 100/200 V（対地電圧 100 V）配線の電線を収めた長さ 6 m の金属管。 ハ．乾燥した木製の床の上で取り扱うように施設する三相 200 V（対地電圧 200 V）空気圧縮機の金属製外箱部分。 ニ．乾燥した場所のコンクリートの床に施設する三相 200 V（対地電圧 200 V）誘導電動機の鉄台。
23	電磁的不平衡を生じないように，電線を金属管に挿入する方法として，**適切なものは。**	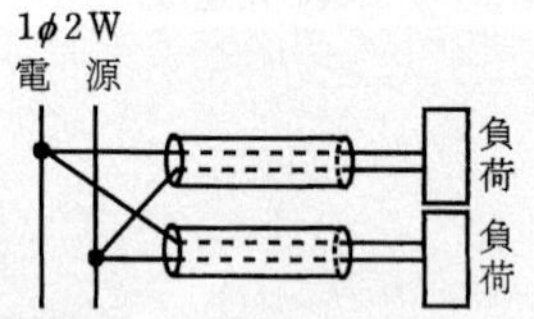 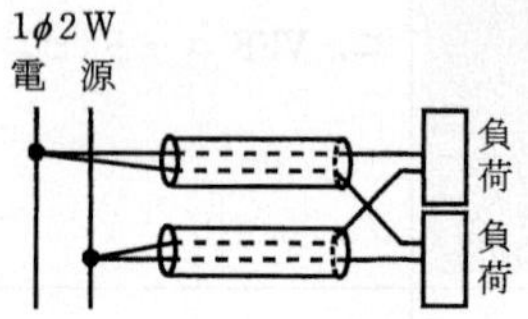 イ．3φ3W 電源 負荷 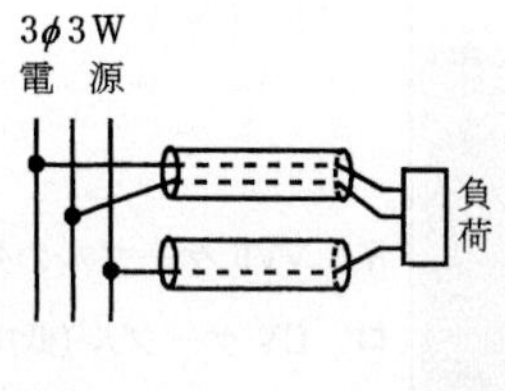 ロ．1φ2W 電源 負荷 負荷 ハ．1φ2W 電源 負荷 負荷 ニ．3φ3W 電源 負荷 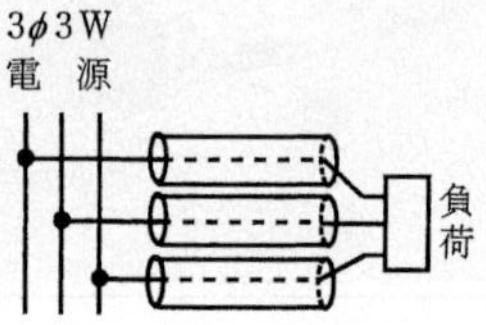
24	屋内配線の検査を行う場合，器具の使用方法で，**不適切なものは。**	イ．検電器で充電の有無を確認する。 ロ．接地抵抗計（アーステスタ）で接地抵抗を測定する。 ハ．回路計（テスタ）で電力量を測定する。 ニ．絶縁抵抗計（メガー）で絶縁抵抗を測定する。
25	分岐開閉器を開放して負荷を電源から完全に分離し，その負荷側の低圧屋内電路と大地間の絶縁抵抗を一括測定する方法として，**適切なものは。**	イ．負荷側の点滅器をすべて「切」にして，常時配線に接続されている負荷は，使用状態にしたままで測定する。 ロ．負荷側の点滅器をすべて「切」にして，常時配線に接続されている負荷は，すべて取り外して測定する。 ハ．負荷側の点滅器をすべて「入」にして，常時配線に接続されている負荷は，使用状態にしたままで測定する。 ニ．負荷側の点滅器をすべて「入」にして，常時配線に接続されている負荷は，すべて取り外して測定する。

	問　い	答　え
26	次の空欄(A)，(B)及び(C)に当てはまる組合せとして，**正しいものは**。 使用電圧が 300V を超える低圧の電路の電線相互間及び電路と大地との間の絶縁抵抗は区切ることのできる電路ごとに［(A)］［MΩ］以上でなければならない。また，当該電路に施設する機械器具の金属製の台及び外箱には［(B)］接地工事を施し，接地抵抗値は［(C)］［Ω］以下に施設することが必要である。 ただし，当該電路に施設された地絡遮断装置の動作時間は 0.5 秒を超えるものとする。	イ．(A) 0.4　(B) C 種　(C) 10 ロ．(A) 0.4　(B) C 種　(C) 500 ハ．(A) 0.2　(B) D 種　(C) 100 ニ．(A) 0.4　(B) D 種　(C) 500
27	図の交流回路は，負荷の電圧，電流，電力を測定する回路である。図中に a, b, c で示す計器の組合せとして，**正しいものは**。 1φ2W 電源　a　b　c　負荷	イ．a 電流計　b 電圧計　c 電力計 ロ．a 電力計　b 電流計　c 電圧計 ハ．a 電圧計　b 電力計　c 電流計 ニ．a 電圧計　b 電流計　c 電力計
28	電気工事士法において，一般用電気工作物の工事又は作業で電気工事士でなければ**従事できないものは**。	イ．インターホーンの施設に使用する小型変圧器(二次電圧が 36 V 以下)の二次側の配線をする。 ロ．電線を支持する柱，腕木を設置する。 ハ．電圧 600 V 以下で使用する電力量計を取り付ける。 ニ．電線管とボックスを接続する。
29	電気用品安全法における電気用品に関する記述として，**誤っているものは**。	イ．電気用品の製造又は輸入の事業を行う者は，電気用品安全法に規定する義務を履行したときに，経済産業省令で定める方式による表示を付すことができる。 ロ．特定電気用品は構造又は使用方法その他の使用状況からみて特に危険又は障害の発生するおそれが多い電気用品であって，政令で定めるものである。 ハ．特定電気用品には (PS E) 又は (PS) E の表示が付されている。 ニ．電気工事士は，電気用品安全法に規定する表示の付されていない電気用品を電気工作物の設置又は変更の工事に使用してはならない。
30	「電気設備に関する技術基準を定める省令」における電圧の低圧区分の組合せで，**正しいものは**。	イ．交流 600 V 以下，直流 750 V 以下 ロ．交流 600 V 以下，直流 700 V 以下 ハ．交流 600 V 以下，直流 600 V 以下 ニ．交流 750 V 以下，直流 600 V 以下

問題２．配線図 (問題数 20，配点は１問当たり２点)

図は、鉄筋コンクリート造集合住宅の１戸部分の配線図である。この図に関する次の各問いには４通りの答え（イ、ロ、ハ、ニ）が書いてある。それぞれの問いに対して，答えを１つ選びなさい。

【注意】 １．屋内配線の工事は，特記のある場合を除き 600V ビニル絶縁ビニルシースケーブル平形 (VVF)を用いたケーブル工事である。
２．屋内配線等の電線の本数，電線の太さ，その他，問いに直接関係のない部分等は省略又は簡略化してある。
３．漏電遮断器は，定格感度電流 30 mA，動作時間 0.1 秒以内のものを使用している。
４．選択肢（答え）の写真にある点滅器は，「JIS C 0303：2000 構内電気設備の配線用図記号」で示す「一般形」である。
５．ジョイントボックスを経由する電線は，すべて接続箇所を設けている。
６．３路スイッチの記号「0」の端子には，電源側又は負荷側の電線を結線する。

	問　い	答　え
31	①で示す図記号の計器の使用目的は。	イ．負荷率を測定する。　ロ．電力を測定する。 ハ．電力量を測定する。　ニ．最大電力を測定する。
32	②で示す部分の小勢力回路で使用できる電圧の最大値［V］は。	イ．24　ロ．30　ハ．40　ニ．60
33	③で示す図記号の器具の種類は。	イ．位置表示灯を内蔵する点滅器　ロ．確認表示灯を内蔵する点滅器 ハ．遅延スイッチ　ニ．熱線式自動スイッチ
34	④で示す図記号の器具の種類は。	イ．接地端子付コンセント　ロ．接地極付接地端子付コンセント ハ．接地極付コンセント　ニ．接地極付接地端子付漏電遮断器付コンセント
35	⑤で示す部分にペンダントを取り付けたい。図記号は。	イ．CH　ロ．( )　ハ．　ニ．CL
36	⑥で示す部分はルームエアコンの屋内ユニットである。その図記号の傍記表示は。	イ．O　ロ．R　ハ．B　ニ．I
37	⑦で示すコンセントの極配置(刃受)は。	イ．　ロ．　ハ．　ニ．
38	⑧で示す部分の最少電線本数(心線数)は。	イ．2　ロ．3　ハ．4　ニ．5
39	⑨で示す部分の電路と大地間の絶縁抵抗として，許容される最小値[MΩ]は。	イ．0.1　ロ．0.2　ハ．0.4　ニ．1.0
40	⑩で示す図記号の器具の種類は。	イ．シーリング(天井直付)　ロ．引掛シーリング(丸) ハ．埋込器具　ニ．天井コンセント(引掛形)

問い		答え			
41	⑪で示すボックス内の接続をすべて圧着接続とする場合，使用するリングスリーブの種類と最少個数の組合せで，**正しいものは。** ただし，使用する電線はすべて VVF1.6 とする。	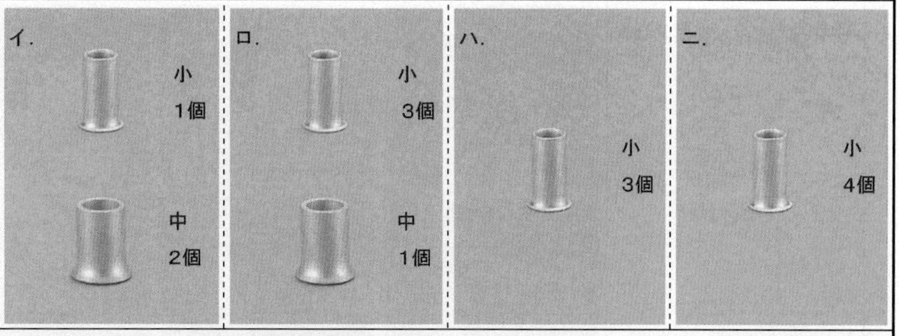 イ．小 1個 中 2個	ロ．小 3個 中 1個	ハ．小 3個	ニ．小 4個
42	⑫で示す部分の配線工事に使用するケーブルは。 ただし，心線数は最少とする。	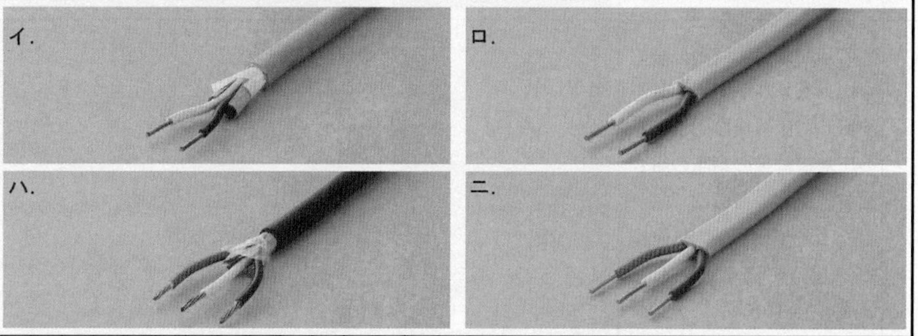 イ．	ロ．	ハ．	ニ．
43	⑬で示す図記号の器具は。	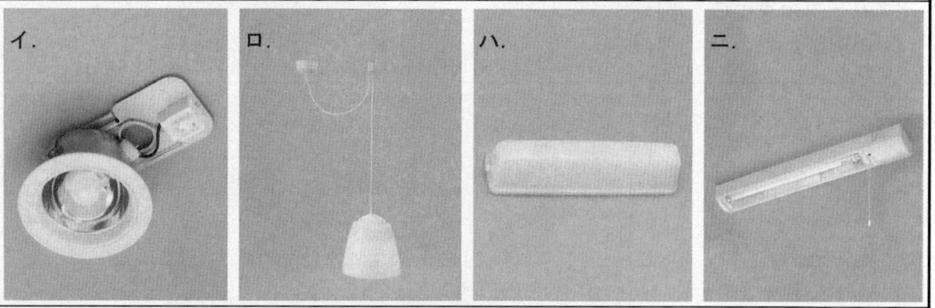 イ．	ロ．	ハ．	ニ．
44	⑭で示す部分に取り付ける機器は。	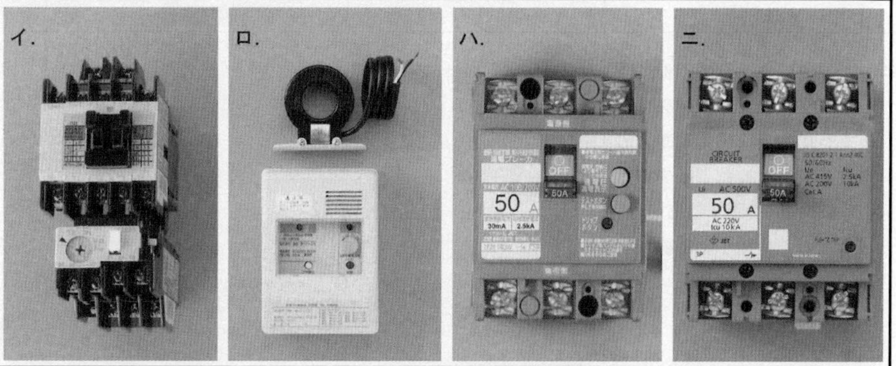 イ．	ロ．	ハ．	ニ．
45	⑮で示す回路の負荷電流を測定するものは。	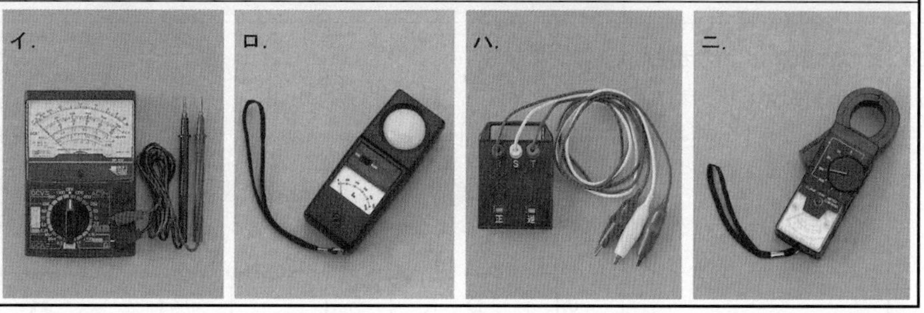 イ．	ロ．	ハ．	ニ．

問い		答え			
46	⑯で示す図記号の器具は。	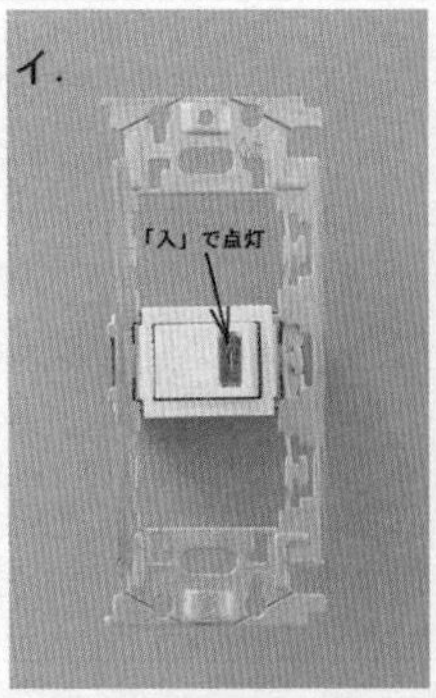 イ.「入」で点灯	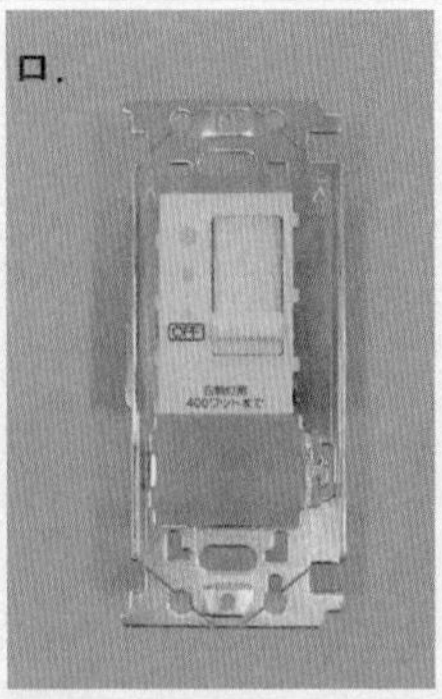 ロ.	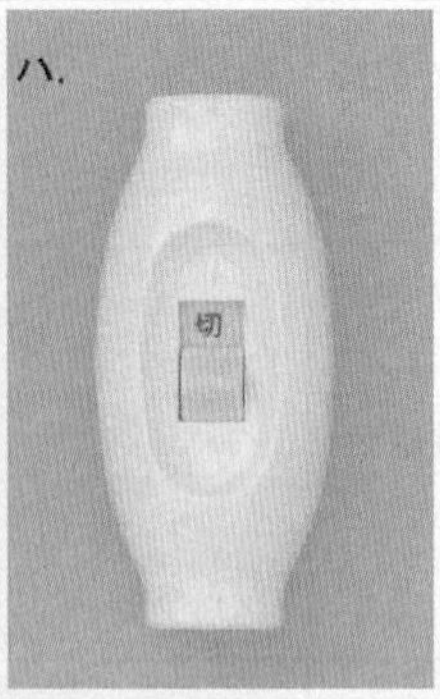 ハ. 切	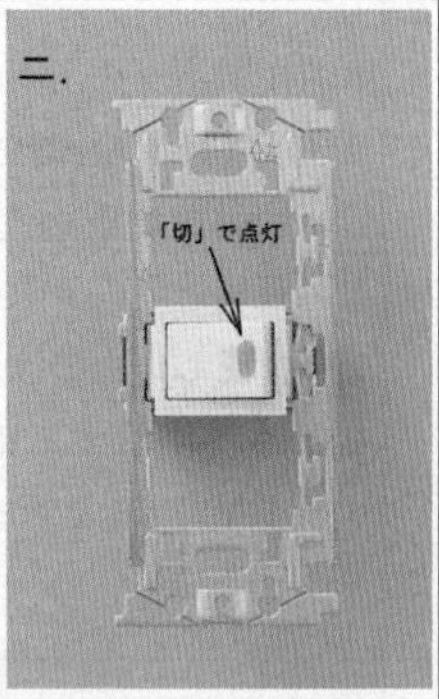 ニ.「切」で点灯
47	⑰で示すボックス内の接続をリングスリーブ小3個を使用して圧着接続した場合の圧着接続後の刻印の組合せで，**正しいものは。** ただし，使用する電線はすべてVVF1.6とする。 また，写真に示す**リングスリーブ中央の**○，**小**は刻印を表す。	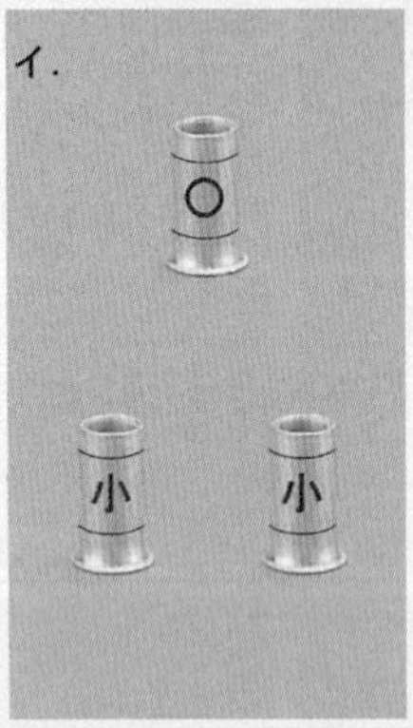 イ. ○ 小 小	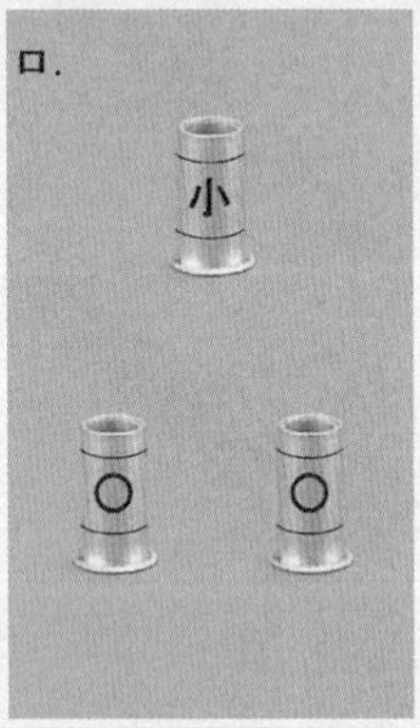 ロ. 小 ○ ○	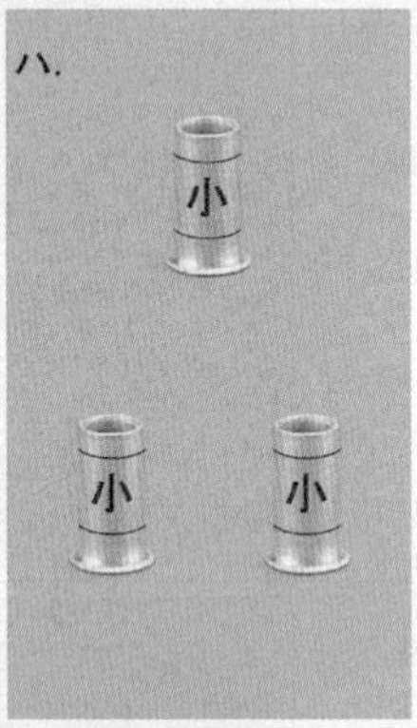 ハ. 小 小 小	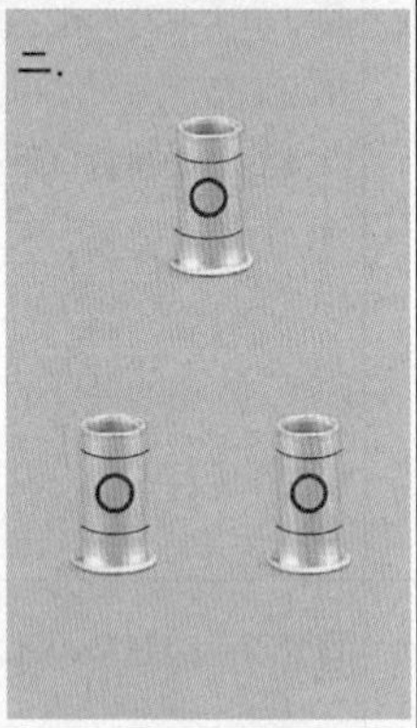 ニ. ○ ○ ○
48	⑱で示す図記号のものは。	 イ.	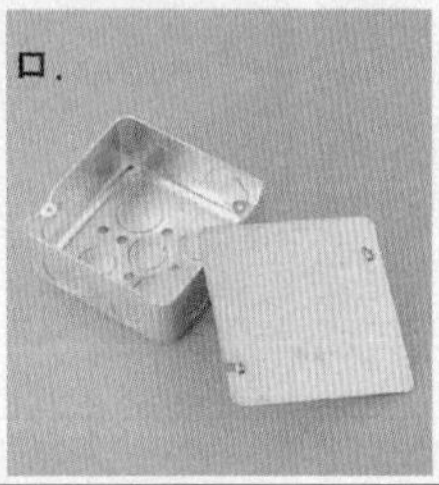 ロ.	 ハ.	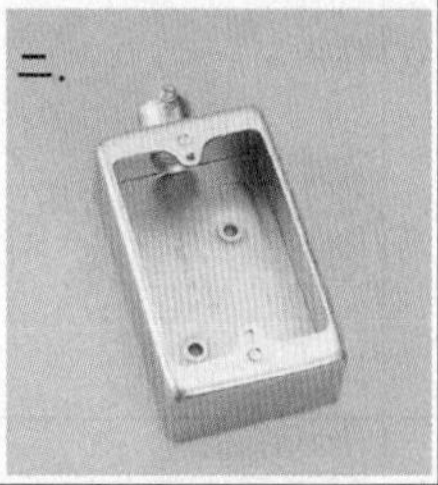 ニ.
49	⑲で示すボックス内の接続をすべて差込形コネクタとする場合，使用する差込形コネクタの種類と最少個数の組合せで，**正しいものは。** ただし，使用する電線はすべてVVF1.6とする。	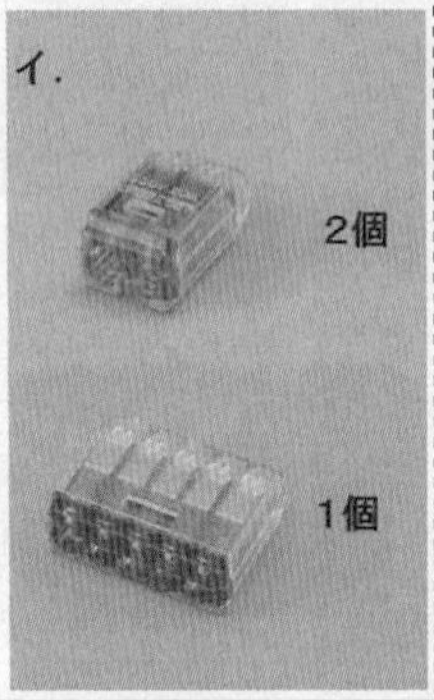 イ. 2個 1個	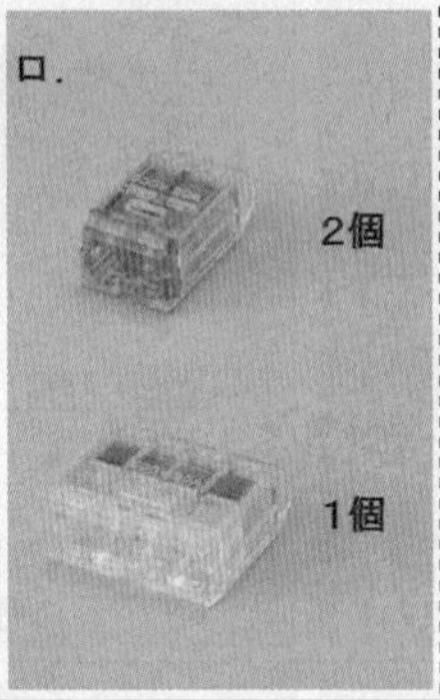 ロ. 2個 1個	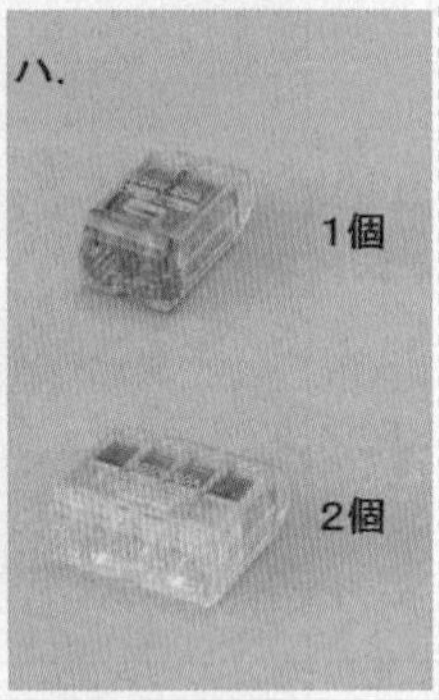 ハ. 1個 2個	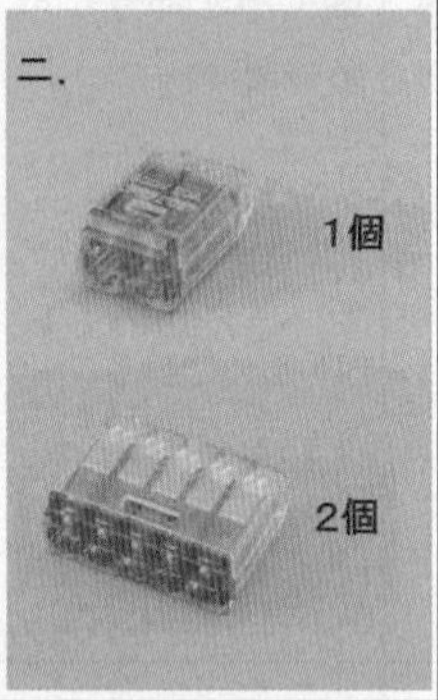 ニ. 1個 2個
50	この配線図の図記号で**使用されていない**スイッチは。 ただし，写真下の図は，接点の構成を示す。	 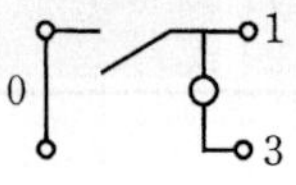 イ. 0 1 3	 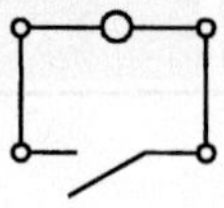 ロ.	 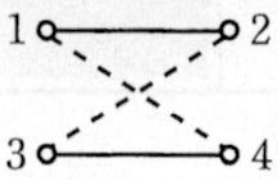 ハ. 1 2 3 4	 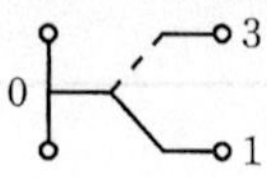 ニ. 0 3 1

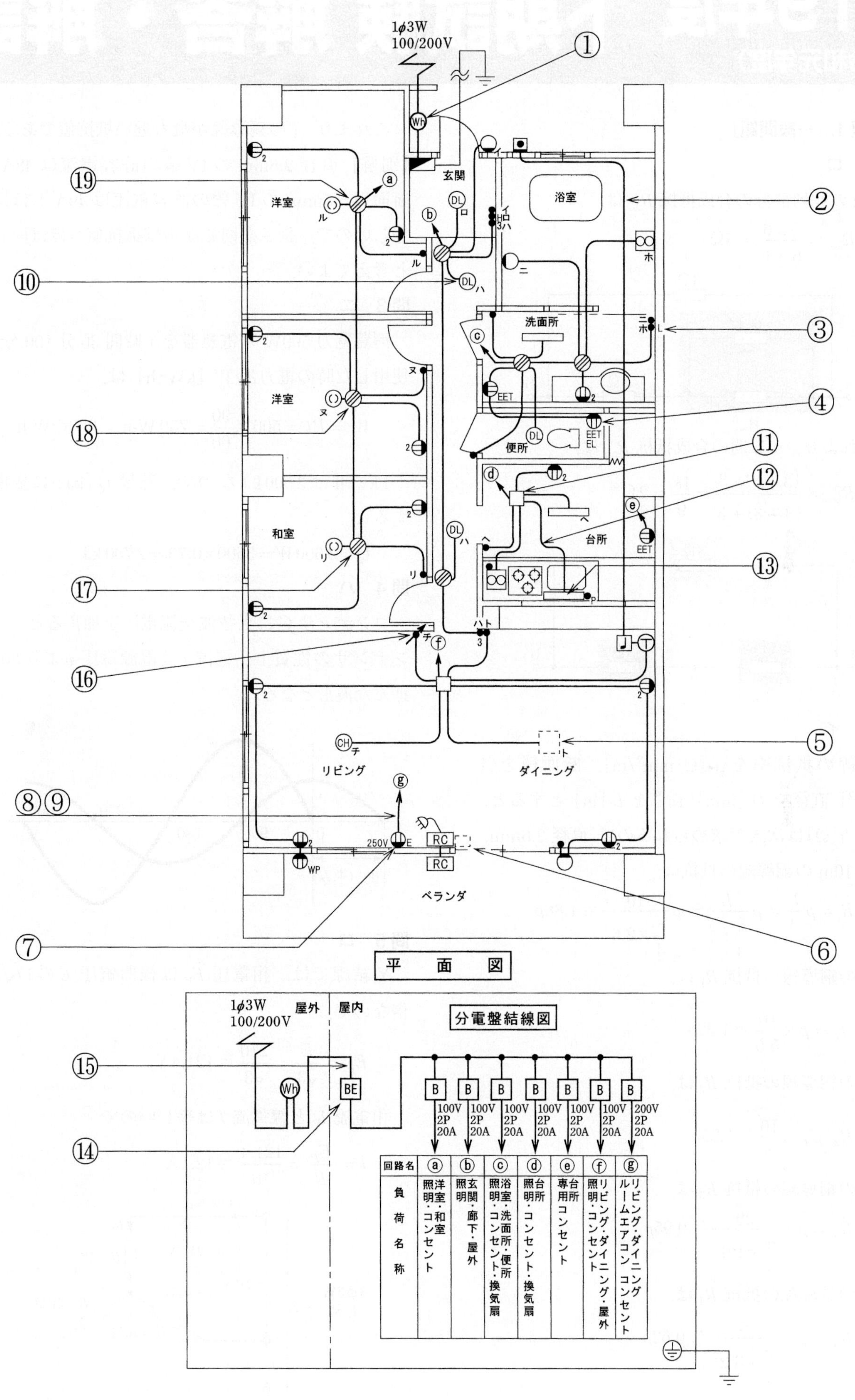

回路名	ⓐ	ⓑ	ⓒ	ⓓ	ⓔ	ⓕ	ⓖ
負荷名称	洋室・和室照明・コンセント	玄関・廊下・屋外照明	浴室・洗面所・便所照明・コンセント・換気扇	台所照明・コンセント・換気扇	台所専用コンセント	リビング・ダイニング・屋外照明・コンセント	リビング・ダイニングルームエアコン コンセント

2019年度：下期（令和元年度）

第二種電気工事士筆記試験
2019年度 下期試験 解答・解説
（令和元年度）

〔問題 1．一般問題〕

問 1　ロ

6 Ω の並列部分の合成抵抗 R_{ao} は，

$$R_{\mathrm{ao}}=\frac{6\times 6}{6+6}=3\,\Omega$$

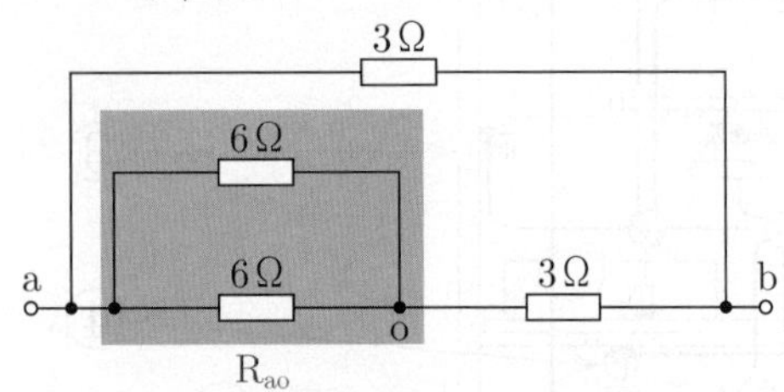

これより，a–b 間の合成抵抗 R_{ab} は，

$$R_{\mathrm{ab}}=\frac{(3+3)\times 3}{(3+3)+3}=\frac{18}{9}=2\,\Omega$$

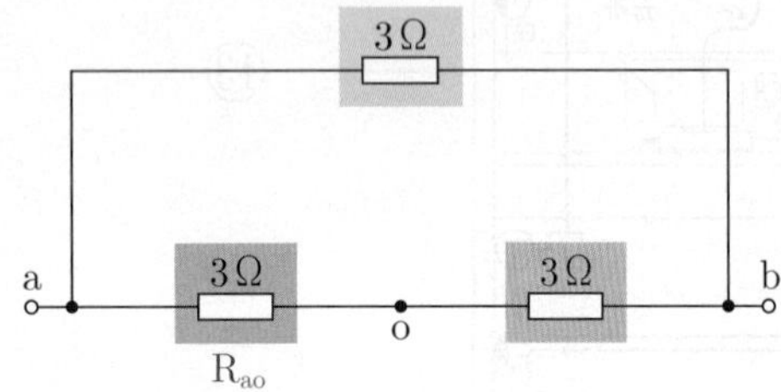

問 2　イ

銅線の抵抗率を ρ［Ω·mm²/m］，断面積を A［mm²］，直径を D［mm］，長さを L［m］とすると，抵抗 R［Ω］は次式で求められるので，直径 2.6mm，長さ 10m の銅導線の抵抗は，

$$R=\rho\frac{L}{A}=\rho\frac{L}{\frac{\pi}{4}D^2}=\rho\frac{10}{\frac{\pi}{4}\times 2.6^2}\fallingdotseq 1.88\rho$$

イの銅導線の抵抗 R_1 は，

$$R_1=\rho\times\frac{10}{5.5}\fallingdotseq 1.82\rho$$

ロの銅導線の抵抗 R_2 は，

$$R_2=\rho\times\frac{10}{8}\fallingdotseq 1.25\rho$$

ハの銅導線の抵抗 R_3 は，

$$R_3=\rho\times\frac{20}{\frac{\pi}{4}\times 1.6^2}\fallingdotseq 9.95\rho$$

ニの銅導線の抵抗 R_4 は，

$$R_4=\rho\times\frac{5}{\frac{\pi}{4}\times 3.2^2}\fallingdotseq 0.62\rho$$

これより，イの銅導線が最も近い抵抗値である．

【別解】直径 2.6mm の IV 線の許容電流は 48A，断面積 5.5mm² の IV 線の許容電流は 49A とほぼ等しいので，長さが同じならば抵抗値もほぼ同じと考えてよい．

問 3　ニ

消費電力 500W の電熱器を 1 時間 30 分（90 分）使用した時の電力量 W［kW·h］は，

$$W=Pt=500\times\frac{90}{60}=750\,\mathrm{W\cdot h}=0.75\,\mathrm{kW\cdot h}$$

1 kw·h は 3 600 kJ なので，熱量 Q［kJ］に変換すると，

$$Q=3\,600\,W=3600\times 0.75=2\,700\,\mathrm{kJ}$$

問 4　ハ

コンデンサ C に正弦波交流電圧を加えると，コンデンサの性質上，電流 i は電源電圧 v より 90° 進んだ波形となる．

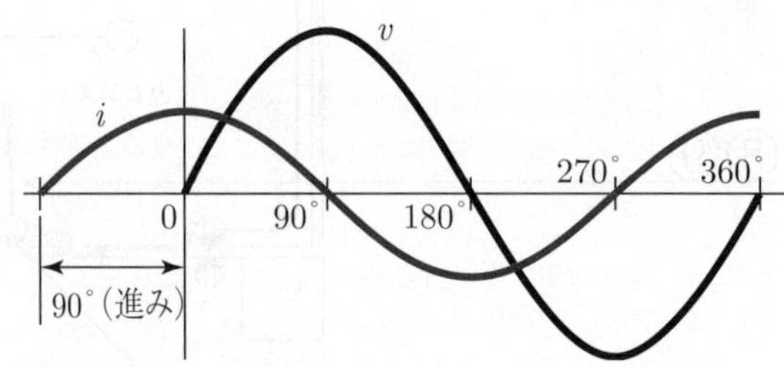

問 5　ロ

Y 結線では，相電圧 E_{P} は線間電圧 E の $1/\sqrt{3}$ 倍なので，

$$E_P=\frac{E}{\sqrt{3}}=\frac{210}{\sqrt{3}}\fallingdotseq 121.4\,\mathrm{V}$$

相電流 I_{P} と線電流 I は等しいので，

$$I=\frac{E_P}{R}=\frac{121.4}{10}\fallingdotseq 12.1\,\mathrm{A}$$

問	1	2	3	4	5	6	7	8	9	10	11	12	13	14	15	16	17	18	19	20	21	22	23	24	25
答	ロ	イ	ニ	ハ	ロ	ハ	ロ	ロ	ロ	ニ	ニ	ハ	イ	ロ	ロ	ハ	ニ	イ	ハ	イ	イ	ニ	ロ	ハ	ハ

問	26	27	28	29	30	31	32	33	34	35	36	37	38	39	40	41	42	43	44	45	46	47	48	49	50
答	イ	ニ	ニ	ハ	イ	ハ	ニ	ロ	ニ	ハ	ニ	イ	ロ	イ	ハ	イ	ロ	ニ	ハ	ニ	ロ	イ	イ	ニ	ハ

問6　ハ

×印点で断線した場合の回路は，図のようになる．電流 I を求めると，

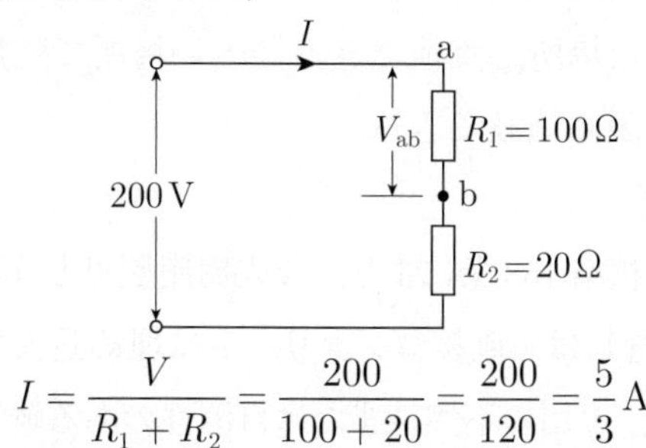

$$I=\frac{V}{R_1+R_2}=\frac{200}{100+20}=\frac{200}{120}=\frac{5}{3}\,\mathrm{A}$$

R_1 の抵抗値が 100 W なので，a–b 間の電圧 V_{ab} は，

$$V_{ab}=R_1\times I=100\times\frac{5}{3}\fallingdotseq 167\,\mathrm{V}$$

問7　ロ

1 相分のみを考えた等価回路は図のようになる．

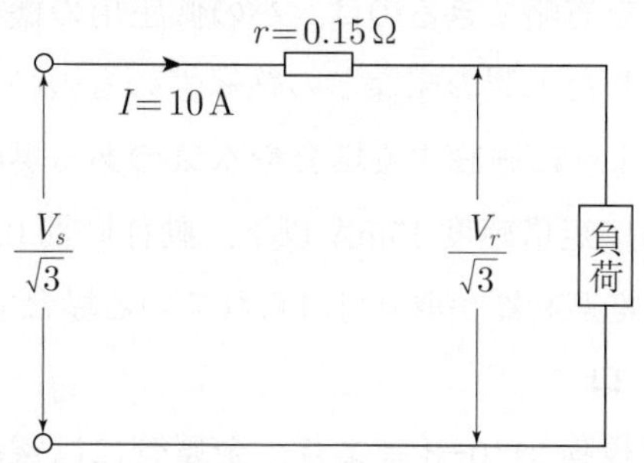

1 相分の電圧降下を求めると，

$$\frac{V_s}{\sqrt{3}}-\frac{V_r}{\sqrt{3}}=Ir$$

三相 3 線式回路の電圧降下（V_s-V_r）[V] は両辺を $\sqrt{3}$ 倍し，次のように求まる．

$$V_s-V_r=\sqrt{3}Ir=\sqrt{3}\times10\times0.15\fallingdotseq 2.6\,\mathrm{V}$$

問8　ロ

断面積 5.5 mm² の 600V ビニル絶縁電線の許容電流は 49 A である．PF 管内に 3 本を収めて施設する場合の電流減少係数は 0.70 であるから，電線 1 本当たりの許容電流 I [A] は，

$$I=49\times0.70=34.3\fallingdotseq 34\,\mathrm{A}$$

絶縁電線の許容電流（内線規程 1340−1 表）

種　類	太　さ	許容電流 [A]
単線 直径 [mm]	1.6	27
	2.0	35
より線 断面積 [mm²]	3.5	37
	5.5	49

（周囲温度 30℃以下）

問9　ロ

電技解釈第 149 条により，分岐回路の過電流遮断器の位置が幹線との分岐点から 3 m を超え 8 m 以内なので，過電流遮断器の定格電流を I_B [A] とすると，a-b 間の電線の許容電流 I [A] は，

$$I\geqq I_B\times0.35=50\times0.35=17.5\,\mathrm{A}$$

問10　ニ

電技解釈第 149 条により，30 A 分岐回路の電線の太さは 2.6 mm 以上（より線は 5.5 mm² 以上）とし，コンセントは 20 A 以上 30 A 以下のものを用いなければならない．

分岐回路の施設（電技解釈第 149 条）

分岐過電流遮断器の定格電流	コンセント	電線の太さ
15A	15 A 以下	直径 1.6 mm 以上
20A（配線用遮断器）	20 A 以下	
20A（配線用遮断器を除く）	20 A	直径 2 mm 以上
30A	20 A 以上 30 A 以下	直径 2.6 mm 以上
40A	30 A 以上 40 A 以下	断面積 8 mm² 以上
50A	40 A 以上 50 A 以下	断面積 14 mm² 以上

問11　ニ

内線規程 3202-3 により，電気食器洗い機用コンセントには，接地極付コンセントを使用する．また，接地極付コンセントには接地端子を備えることが望ましいとされていることから，接地極付接地端子付コンセントが最も適している．

問12　ハ

内線規程 1340-3 表より，600V 架橋ポリエチレン絶縁ビニルシースケーブルの絶縁物の最高許容温度は 90℃である．

絶縁電線・ケーブルの最高許容温度

絶縁電線の種類	最高許容温度
600V ビニル絶縁電線（IV）	60℃
600V 二種ビニル絶縁電線（HIV）	75℃
600V ビニル絶縁ビニルシースケーブル（平形：VVF，丸形：VVR）	60℃
600V 架橋ポリエチレン絶縁ビニルシースケーブル（CV）	90℃

問13　イ

ノックアウトパンチャは金属製キャビネットやプルボックスなどの鉄板に穴を開ける工具である．太い電線の圧着接続には手動油圧式圧着器，コンクリート壁の穴開けには振動ドリル，太い電線管の曲げ加工には油圧式パイプベンダが用いられる．

問 14　ロ

三相誘導電動機のスターデルタ始動とは，巻線をY結線として始動し，ほぼ全速度に達したときに△結線に戻す方式をいう．全電圧始動と比較し，始動電流を1/3に小さくすることができる．5.5kW以上数10kW以下の誘導電動機の始動法に用いられる．

問 15　ロ

電技解釈第33条により，定格電流30Aの配線用遮断器に60Aの電流が継続して流れたとき，通過電流は定格電流の2倍となるので，2分以内に動作しなければならない．

配線用遮断器の動作時間（電技解釈第33条）

定格電流区分	時間	
	定格電流の1.25倍	定格電流の2倍
30A以下	60分	2分
30Aを超え50A以下	60分	4分
50Aを超え100A以下	120分	6分

問 16　ハ

写真に示す材料は銅線用裸圧着端子である．絶縁電線（より線）を挿入し，専用の圧着ペンチで圧着接続した後,機械器具端子との接続に用いる．

問 17　ニ

写真に示す器具はタイムスイッチである．設定した時刻に電灯等を点滅するために用いる．

問 18　イ

写真に示す工具はケーブルストリッパである．VVFケーブルの外装や絶縁被覆のはぎ取り作業に用いる．

問 19　ハ

JIS C 2806，内線規程1335−2表により，接続する電線に適合するリングスリーブ（E形）の種類と圧着マーク（刻印）の組合わせは次表による．ハは，小スリーブを使用して圧着マーク（刻印）を小としなくてはならない．

リングスリーブと電線の組合せ（JIS C 2806，内線規定 1335−2表）

種類	電線の組合せ			刻印
	1.6mm	2.0mm	異なる場合	
小	2本	−	1.6mm×1＋0.75mm²×1	○
			1.6mm×2＋0.75mm²×1	
	3～4本	2本	2.0mm×1＋1.6mm×1～2	小
中	5～6本	3～4本	2.0mm×1＋1.6mm×3～5	中
			2.0mm×2＋1.6mm×1～3	
			2.0mm×3＋1.6mm×1	

問 20　イ

電技解釈第156条により，ライティングダクト工事は，使用電圧が300V以下で，展開した場所で乾燥した場所，点検できる隠ぺい場所で乾燥した場所に限り施設できる．

問 21　イ

電技解釈第158条により，合成樹脂製可とう電線管（CD管）は，直接コンクリートに埋め込んで施設するか，専用の不燃性または自消性のある難燃性の管またはダクトに収めて施設しなくてはならない．

問 22　ニ

電技解釈第159条により，イ，ロの金属管工事はD種接地工事を省略できる．また，電技解釈第29条により，機械器具の鉄台及び外箱のD種接地工事を省略できるのは，ハの低圧用の機械器具を乾燥した木製の床などの絶縁性のものの上で取り扱うように施設する場合や水気のある場所以外の電路に定格感度15mA以下，動作時間0.1秒以下の漏電遮断器が取り付けられている場合である．

問 23　ロ

内線規程3110−3により，金属管には電磁的不平衡を起こさせないよう，1回路の電線全部を同一管内に収めなくてはいけない．これは，電磁的不平衡を要因とした渦電流の発生により，電線管の加熱を防止するためである．

問 24　ハ

回路計（テスタ）で電力量の測定はできない．一般に回路計で測定できるのは，交流電圧，直流電圧，回路抵抗などである．

問 25　ハ

内線規程1345−2により，低圧屋内電路と大地間の絶縁抵抗を測定する場合は，負荷側の点滅器をすべて「入」にして，常時配線に接続されている負荷は使用状態にしたままで測定する．

問 26　イ

使用電圧が300Vを超える低圧電路の電線相互間及び大地との絶縁抵抗は，区切ることのできる電路ごとに0.4MΩ以上なくてはならない（電技省令第58条）．また，この電路に施設する機械器具の金属製の台及び外箱にはC種接地工事を施し（電技解釈第29条），接地抵抗値は10Ω以下（電技解釈第 17 条）で施設する必要がある．

低圧電路の絶縁性能（電技省令第 58 条）

電路の使用電圧の区分		絶縁抵抗値
300V 以下	対地電圧 150V 以下	0.1 MΩ 以上
	その他の場合	0.2 MΩ 以上
300V を超える低圧回路		0.4 MΩ 以上

機械器具の金属製外箱等の接地（電技解釈第 29 条）

機械器具の使用電圧の区分		接地工事
低圧	300V 以下	D 種接地工事
	300V 超過	C 種接地工事

問 27　ニ

電圧計，電流計，電力計の結線方法は，電圧計は負荷と並列に，電流計は負荷と直列に接続する．また，電力計の電圧コイルは負荷と並列に，電流コイルは負荷と直列に接続する．

問 28　ニ

電気工事士法施行規則第 2 条により，ニの電線管とボックスを接続する作業は電気工事士でなければ従事できない．イ，ロ，ハの工事は，電気工事士法施行令第 1 条により，軽微な工事として電気工事士でなくても従事できる．

問 29　ハ

(PS/E) の記号は，電気用品のうち特定電気用品以外の電気用品を示すので，ハが誤りである．特定電気用品とは，構造や使用の方法などから危険・傷害の発生するおそれが多い電気製品のことで，◇(PS/E) の表示をしなくてはならない．

問 30　イ

電技省令第 2 条により，低圧は直流にあっては 750V 以下，交流にあっては 600 V 以下と定められている．

〔問題 2．配線図〕

問 31　ハ

①で示す図記号は電力量計を示す．電力量計は電路で使用した電力量を測定する計器である．

問 32　ニ

②で示す部分の小勢力回路で使用できる最大使用電圧は，電技解釈第 181 条により，60 V 以下とされている．

問 33　ロ

③で示す図記号は L の傍記があるので，確認表示灯を内蔵する点滅器を示す．なお，位置表示灯を内蔵する点滅器は H，遅延スイッチは D，熱線式自動スイッチは RAS（センサ分離形は RA）と傍記する．

問 34　ニ

④で示す図記号は EET, EL の傍記があるので，接地極付接地端子付漏電遮断器付コンセントを示す．なお，接地端子付コンセントは ET，接地極付接地端子付コンセントは EET，接地極付コンセントは E を傍記する．

問 35　ハ

ペンダントの図記号は⊖なので，ハが正しい．なお，(CH) はシャンデリヤ，◎は引掛シーリング（丸），(CL) はシーリング（天井直付）を示す．

問 36　ニ

ルームエアコンの屋内ユニットの傍記表示は I である．なお，屋外ユニットは O と傍記する．

問 37　イ

⑦で示すコンセントは 250V15A 接地極付コンセントなので，極配置は [図] である．なお，[図] は 250V20A コンセント，[図] は 125V20A コンセント，[図] は 125V15A 接地極付コンセントの極配置である．

問 38　ロ

⑧で示す部分の最小電線本数は，下図により 3 本である．

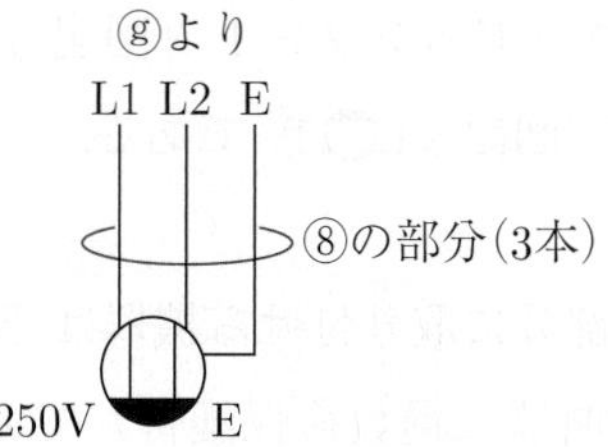

問 39　イ

⑨で示す部分は単相 3 線式 100/200 V を電源とする単相 200 V のルームエアコン専用回路である．対地電圧は 150 V 以下であるから，絶縁抵抗は電技省令第 58 条により 0.1 MW 以上でなければならない（問 26 の解説の表を参照）．

問 40　ハ

⑩で示す図記号の器具は，ハの埋込器具である．なお，シーリング（天井直付）は (CL)，引掛シーリング（丸）は◎，天井コンセント（引掛形）は ⓘT の図記号で表す．

2019 年度：下期（令和元年度）

問 41　イ

⑪で示すボックス内の接続は，複線結線図－1 に示すように，2 本接続 1 箇所，5 本接続 2 箇所となる．電線はすべて VVF1.6 なので，使用するリングスリーブは小 1 個，中 2 個である（JIS C 2806）．

問 42　ロ

⑫で示す部分の配線は，複線結線図－1 に示すように 2 本必要なので，ロの 2 心の VVF ケーブル 1 本を使用する．なお，問題文の【注意】1. に特記のある場合を除き VVF を用いたケーブル工事とあるため，イの 2 心の VVR ケーブルは使用できない．

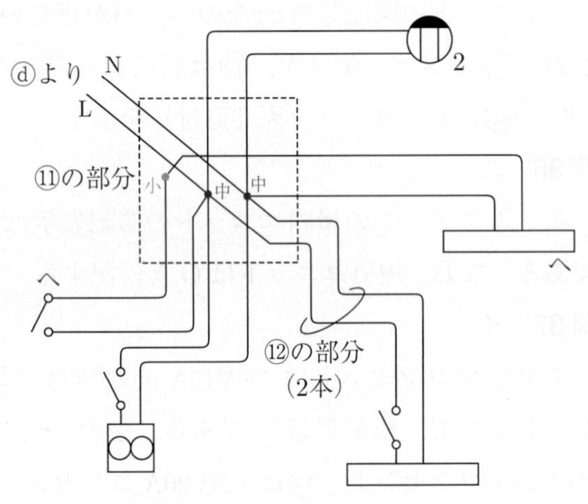

複線結線図－1（問41，問42）

問 43　ニ

⑬で示す図記号は天井直付蛍光灯（プルスイッチ付）である．なお，イはダウンライト（図記号(DL)），ロはコードペンダント（図記号⊖），ハは壁付蛍光灯（図記号▭◐▭）である．

問 44　ハ

⑭で示す部分に取り付ける機器は，図記号から，ハの漏電遮断器（過負荷保護付）である．なお，イは電磁開閉器，ロは漏電火災警報器，ニは配線用遮断器である．

問 45　ニ

負荷電流の測定には，ニのクランプ形電流計を使用する．イは回路計（テスタ），ロは照度計，ハは検相器である．

問 46　ロ

⑯で示す図記号の器具は，ロの調光器である．なお，イは確認表示灯内蔵スイッチ（図記号$●_L$），ハはコードスイッチ，ニは位置表示灯内蔵スイッチ（図記号$●_H$）である．

問 47　イ

⑰で示すボックス内の接続は，複線結線図－2 に示すように，4 本接続 2 箇所，2 本接続 1 箇所となる．電線はすべて VVF1.6 なので，リングスリーブ小を 3 個使用し，4 本接続の 2 箇所は「小」，2 本接続の 1 箇所は「○」の刻印で圧着しなくてはいけない（JIS C2806）．

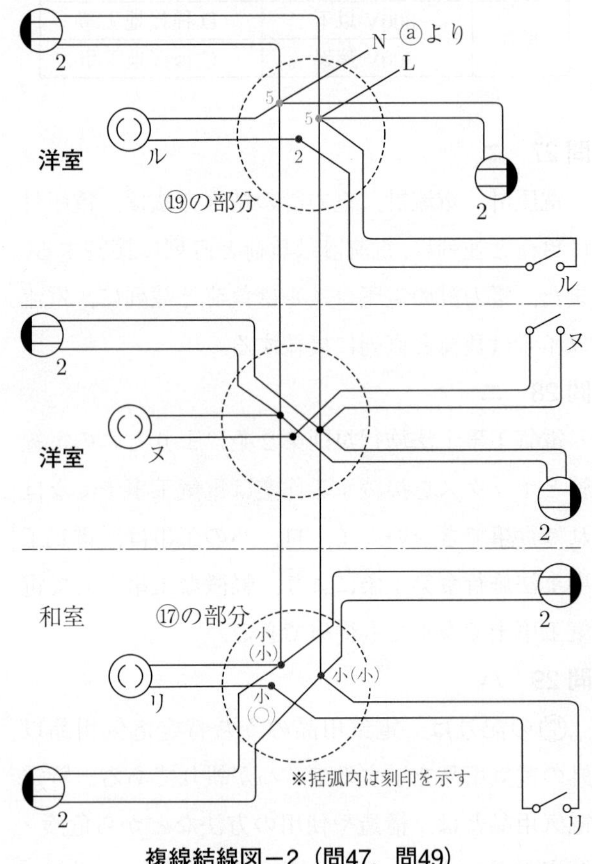

複線結線図－2（問47，問49）

問 48　イ

⑱で示す図記号は，イの VVF 用ジョイントボックスである．なお，ロはアウトレットボックス，ハはプルボックス，ニは露出スイッチボックス（ねじなし電線管用）である．

問 49　ニ

⑲で示すボックス内の接続は，複線結線図－2 に示すようになる．使用する差込形コネクタは 2 本接続用 1 個，5 本接続用 2 個である．

問 50　ハ

この配線図で，ハの 4 路スイッチ（図記号$●_4$）は使用していない．なお，イの確認表示灯内蔵スイッチ（図記号$●_L$），ロの位置表示灯内蔵スイッチ（図記号$●_H$），ニの 3 路スイッチ（図記号$●_3$）はそれぞれ使用されている．

第二種電気工事士
筆記試験

2018年度
（平成30年度）

上期試験

問題1．一般問題（問題数 30，配点は1問当たり2点）

【注】本問題の計算で $\sqrt{2}$，$\sqrt{3}$ 及び円周率 π を使用する場合の数値は次によること。$\sqrt{2}=1.41$，$\sqrt{3}=1.73$，$\pi=3.14$

次の各問いには4通りの答え（**イ**，**ロ**，**ハ**，**ニ**）が書いてある。それぞれの問いに対して答えを1つ選びなさい。

	問い	答え
1	図のような回路で，スイッチ S を閉じたとき，a−b 端子間の電圧[V]は。 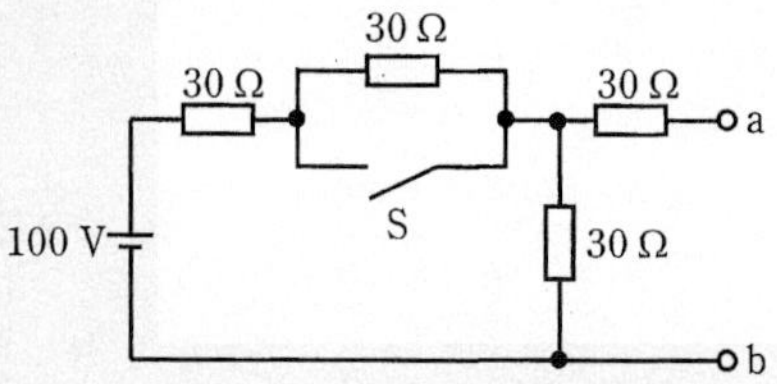	イ．30　ロ．40　ハ．50　ニ．60
2	コイルに 100 V，50 Hz の交流電圧を加えたら 6 A の電流が流れた。このコイルに 100 V，60 Hz の交流電圧を加えたときに流れる電流[A]は。 ただし，コイルの抵抗は無視できるものとする。	イ．4　ロ．5　ハ．6　ニ．7
3	ビニル絶縁電線（単心）の導体の直径を D，長さを L とするとき，この電線の抵抗と許容電流に関する記述として，**誤っているものは**。	イ．許容電流は，周囲の温度が上昇すると，大きくなる。 ロ．許容電流は，D が大きくなると，大きくなる。 ハ．電線の抵抗は，L に比例する。 ニ．電線の抵抗は，D^2 に反比例する。
4	電線の接続不良により，接続点の接触抵抗が 0.2 Ωとなった。この電線に 15 A の電流が流れると，接続点から1時間に発生する熱量[kJ]は。 ただし，接触抵抗の値は変化しないものとする。	イ．11　ロ．45　ハ．72　ニ．162
5	図のような三相負荷に三相交流電圧を加えたとき，各線に 20 A の電流が流れた。線間電圧 E[V]は。 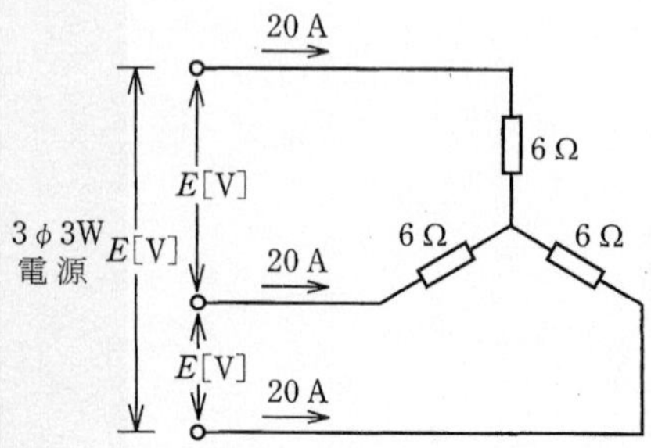	イ．120　ロ．173　ハ．208　ニ．240

	問い	答え			
6	図のように，電線のこう長16 mの配線により，消費電力2 000 Wの抵抗負荷に電力を供給した結果，負荷の両端の電圧は100 Vであった。配線における電圧降下[V]は。 ただし，電線の電気抵抗は長さ1 000 m当たり3.2 Ωとする。 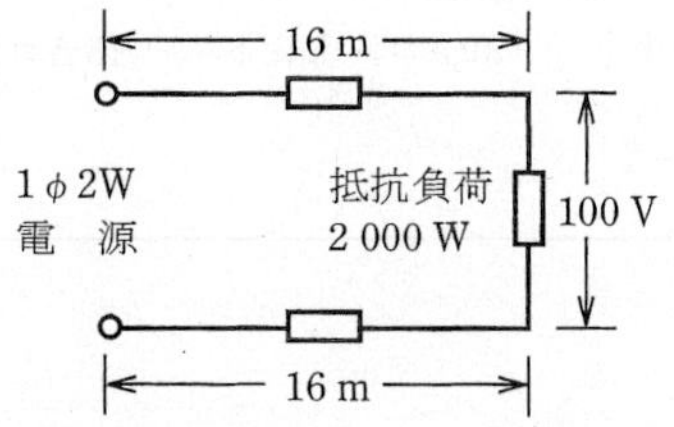 16 m 1φ2W 電源 抵抗負荷 2 000 W 100 V 16 m	イ．1	ロ．2	ハ．3	ニ．4
7	図のような単相3線式回路において，電線1線当たりの抵抗が0.2 Ωのとき，a－b間の電圧[V]は。 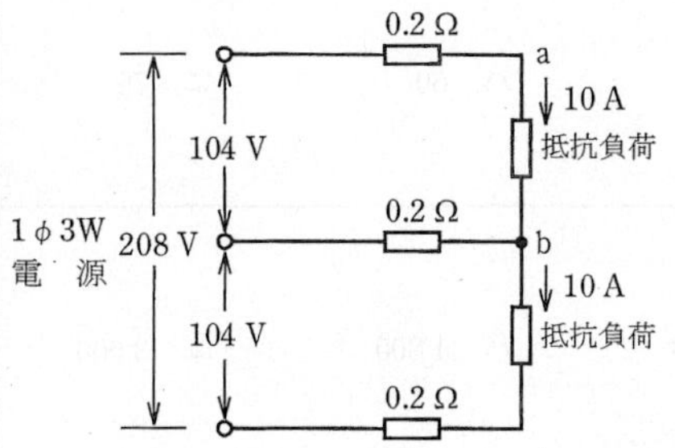 0.2 Ω a 10 A 抵抗負荷 104 V 1φ3W 電源 208 V 0.2 Ω b 10 A 抵抗負荷 104 V 0.2 Ω	イ．96	ロ．100	ハ．102	ニ．106
8	金属管による低圧屋内配線工事で，管内に直径2.0 mmの600Vビニル絶縁電線（軟銅線）4本を収めて施設した場合，電線1本当たりの許容電流[A]は。 ただし，周囲温度は30 ℃以下，電流減少係数は0.63とする。	イ．17	ロ．22	ハ．30	ニ．35
9	図のように定格電流100 Aの過電流遮断器で保護された低圧屋内幹線から分岐して，6 mの位置に過電流遮断器を施設するとき，a－b間の電線の許容電流の最小値[A]は。 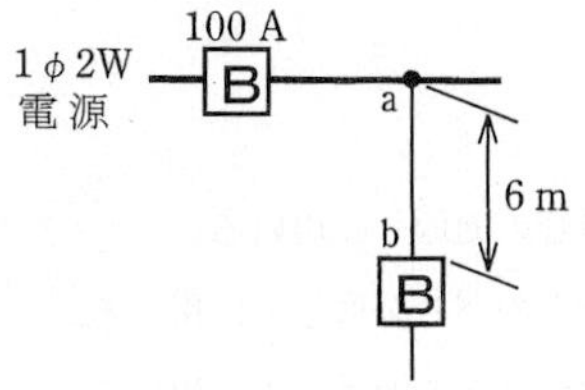 1φ2W 電源 100 A B a 6 m b B	イ．25	ロ．35	ハ．45	ニ．55

	問　い	答　え			
10	低圧屋内配線の分岐回路の設計で，配線用遮断器の定格電流とコンセントの組合せとして，**不適切なものは。**	イ．B 20 A 15 Aコンセント 2個	ロ．B 20 A 20 Aコンセント 1個	ハ．B 30 A 30 Aコンセント 2個	ニ．B 30 A 15 Aコンセント 2個
11	低圧電路に使用する定格電流が 20 A の配線用遮断器に 25 A の電流が継続して流れたとき，この配線用遮断器が自動的に動作しなければならない時間[分]の限度（最大の時間）は。	イ．20	ロ．30	ハ．60	ニ．120
12	低圧屋内配線として使用する 600V ビニル絶縁電線（IV）の絶縁物の最高許容温度[℃]は。	イ．30	ロ．45	ハ．60	ニ．75
13	定格周波数 60 Hz，極数 4 の低圧三相かご形誘導電動機における回転磁界の同期速度[min^{-1}]は。	イ．1 200	ロ．1 500	ハ．1 800	ニ．3 000
14	金属管（鋼製電線管）の切断及び曲げ作業に使用する工具の組合せとして，**適切なものは。**	イ．リーマ パイプレンチ トーチランプ ハ．リーマ 金切りのこ トーチランプ		ロ．やすり 金切りのこ パイプベンダ ニ．やすり パイプレンチ パイプベンダ	
15	白熱電球と比較して，電球形 LED ランプ（制御装置内蔵形）の特徴として，**誤っているものは。**	イ．力率が低い。 ロ．発光効率が高い。 ハ．価格が高い。 ニ．寿命が短い。			
16	写真に示す工具の用途は。	イ．リーマと組み合わせて，金属管の面取りに用いる。 ロ．面取器と組み合わせて，ダクトのバリを取るのに用いる。 ハ．羽根ぎりと組み合わせて，鉄板に穴を開けるのに用いる。 ニ．ホルソと組み合わせて，コンクリートに穴を開けるのに用いる。			

	問い	答え
17	写真に示す材料の用途は。	イ．金属管と硬質塩化ビニル電線管とを接続するのに用いる。 ロ．合成樹脂製可とう電線管相互を接続するのに用いる。 ハ．合成樹脂製可とう電線管とCD管とを接続するのに用いる。 ニ．硬質塩化ビニル電線管相互を接続するのに用いる。
18	写真に示す機器の名称は。	イ．水銀灯用安定器 ロ．変流器 ハ．ネオン変圧器 ニ．低圧進相コンデンサ
19	低圧屋内配線工事で，600Vビニル絶縁電線（軟銅線）をリングスリーブ用圧着工具とリングスリーブ（E形）を用いて接続を行った。接続する電線に適合するリングスリーブの種類と圧着マーク（刻印）の組合せで，**適切なものは。**	イ．直径1.6 mm 1本と直径 2.0 mm 1本の接続に，小スリーブを使用して圧着マークを **小** にした。 ロ．直径2.0 mm 2本の接続に，小スリーブを使用して圧着マークを **○** にした。 ハ．直径1.6 mm 4本の接続に，中スリーブを使用して圧着マークを **中** にした。 ニ．直径1.6 mm 2本と直径 2.0 mm 1本の接続に，中スリーブを使用して圧着マークを **中** にした。
20	乾燥した点検できない隠ぺい場所の低圧屋内配線工事の種類で，**適切なものは。**	イ．合成樹脂管工事 ロ．バスダクト工事 ハ．金属ダクト工事 ニ．がいし引き工事
21	使用電圧200 Vの三相電動機回路の施工方法で，**不適切なものは。**	イ．湿気の多い場所に1種金属製可とう電線管を用いた金属可とう電線管工事を行った。 ロ．乾燥した場所の金属管工事で，管の長さが3 mなので金属管のD種接地工事を省略した。 ハ．造営材に沿って取り付けた600Vビニル絶縁ビニルシースケーブルの支持点間の距離を2 m以下とした。 ニ．金属管工事に600Vビニル絶縁電線を使用した。
22	D種接地工事を**省略できないものは。** ただし，電路には定格感度電流30 mA，動作時間が0.1秒以下の電流動作型の漏電遮断器が取り付けられているものとする。	イ．乾燥したコンクリートの床に施設する三相200 V（対地電圧200 V）誘導電動機の鉄台 ロ．乾燥した木製の床の上で取り扱うように施設する三相200 V（対地電圧200 V）空気圧縮機の金属製外箱部分 ハ．乾燥した場所に施設する単相3線式100/200 V（対地電圧100 V）配線の電線を収めた長さ7 mの金属管 ニ．乾燥した場所に施設する三相200 V（対地電圧200 V）動力配線の電線を収めた長さ3 mの金属管

	問い	答え
23	低圧屋内配線の合成樹脂管工事で，合成樹脂管（合成樹脂製可とう電線管及びCD管を除く）を造営材の面に沿って取り付ける場合，管の支持点間の距離の最大値[m]は。	イ．1　　ロ．1.5　　ハ．2　　ニ．2.5
24	一般に使用される回路計（テスタ）によって**測定できないものは。**	イ．直流電圧　　ロ．交流電圧　　ハ．回路抵抗　　ニ．漏れ電流
25	アナログ形絶縁抵抗計（電池内蔵）を用いた絶縁抵抗測定に関する記述として，**誤っているものは。**	イ．絶縁抵抗測定の前には，絶縁抵抗計の電池容量が正常であることを確認する。 ロ．絶縁抵抗測定の前には，絶縁抵抗測定のレンジに切り替え，測定モードにし，接地端子（E:アース）と線路端子（L:ライン）を短絡し零点を指示することを確認する。 ハ．被測定回路に電源電圧が加わっている状態で測定する。 ニ．電子機器が接続された回路の絶縁測定を行う場合は，機器等を損傷させない適正な定格測定電圧を選定する。
26	使用電圧100 Vの低圧電路に，地絡が生じた場合0.1秒で自動的に電路を遮断する装置が施してある。この電路の屋外にD種接地工事が必要な自動販売機がある。その接地抵抗値a[Ω]と電路の絶縁抵抗値 b[MΩ]の組合せとして，「電気設備に関する技術基準を定める省令」及び「電気設備の技術基準の解釈」に**適合していないものは。**	イ．a 600　b 2.0　　ロ．a 500　b 1.0　　ハ．a 100　b 0.2　　ニ．a 10　b 0.1
27	電気計器の目盛板に図のような記号があった。記号の意味として**正しいものは。** 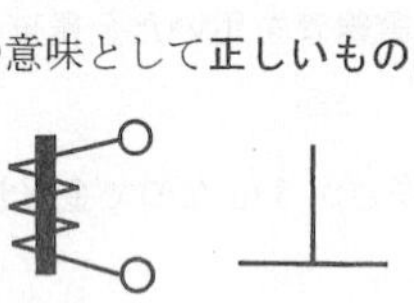	イ．可動コイル形で目盛板を水平に置いて使用する。 ロ．可動コイル形で目盛板を鉛直に立てて使用する。 ハ．誘導形で目盛板を水平に置いて使用する。 ニ．可動鉄片形で目盛板を鉛直に立てて使用する。
28	電気工事士法において，第二種電気工事士免状の交付を受けている者であっても**従事できない電気工事の作業は。**	イ．自家用電気工作物（最大電力500 kW未満の需要設備）の低圧部分の電線相互を接続する作業 ロ．自家用電気工作物（最大電力500 kW未満の需要設備）の地中電線用の管を設置する作業 ハ．一般用電気工作物の接地工事の作業 ニ．一般用電気工作物のネオン工事の作業

	問い	答え
29	電気用品安全法における特定電気用品に関する記述として，**誤っているものは。**	イ．電気用品の製造の事業を行う者は，一定の要件を満たせば製造した特定電気用品に〈PS E〉の表示を付すことができる。 ロ．電線，ヒューズ，配線器具等の部品材料であって構造上表示スペースを確保することが困難な特定電気用品にあっては，特定電気用品に表示する記号に代えて <PS>E とすることができる。 ハ．電気用品の輸入の事業を行う者は，一定の要件を満たせば輸入した特定電気用品に(PS E)の表示を付すことができる。 ニ．電気用品の販売の事業を行う者は，経済産業大臣の承認を受けた場合等を除き，法令に定める表示のない特定電気用品を販売してはならない。
30	一般用電気工作物に関する記述として，**誤っているものは。**	イ．低圧で受電するものであっても，出力 60 kW の太陽電池発電設備を同一構内に施設した場合，一般用電気工作物とならない。 ロ．低圧で受電するものは，小規模事業用電気工作物に該当しない小規模発電設備を同一構内に施設しても一般用電気工作物となる。 ハ．低圧で受電するものであっても，火薬類を製造する事業場など，設置する場所によっては一般用電気工作物とならない。 ニ．高圧で受電するものは，受電電力の容量，需要場所の業種にかかわらず，すべて一般用電気工作物となる。

※令和５年３月20日の電気事業法および関連法の改正・施行に伴い，問30の選択肢の内容を一部変更しています．

問題２．配線図（問題数 20，配点は１問当たり ２ 点）

図は，鉄筋コンクリート造の集合住宅共用部の部分的な配線図である。この図に関する次の各問いには４通りの答え（イ，ロ，ハ，ニ）が書いてある。それぞれの問いに対して，答えを１つ選びなさい。

【注意】１．屋内配線の工事は，動力回路及び特記のある場合を除き600V ビニル絶縁ビニルシースケーブル平形（VVF）を用いたケーブル工事である。

２．屋内配線等の電線の本数，電線の太さ，その他，問いに直接関係のない部分等は省略又は簡略化してある。

３．漏電遮断器は，定格感度電流 30 mA，動作時間 0.1 秒以内のものを使用している。

４．選択肢（答え）の写真にあるコンセント及び点滅器は，「JIS C 0303：2000 構内電気設備の配線用図記号」で示す「一般形」である。

５．配電盤，分電盤及び制御盤の外箱は金属製である。

６．ジョイントボックス及びプルボックスを経由する電線は，すべて接続箇所を設けている。

７．３路スイッチの記号「0」の端子には，電源側又は負荷側の電線を結線する。

	問い	答え
31	①で示す低圧ケーブルの名称は。	イ．引込用ビニル絶縁電線 ロ．600V ビニル絶縁ビニルシースケーブル平形 ハ．600V ビニル絶縁ビニルシースケーブル丸形 ニ．600V 架橋ポリエチレン絶縁ビニルシースケーブル（単心３本より線）
32	②で示す部分はワイドハンドル形点滅器である。その図記号は。	イ．◆　ロ．●D　ハ．●WP　ニ．●R
33	③で示す図記号の名称は。	イ．圧力スイッチ ロ．電磁開閉器用押しボタン ハ．フロートレススイッチ電極 ニ．フロートスイッチ
34	④で示す部分は引掛形のコンセントである。その図記号の傍記表示は。	イ．ET　ロ．EL　ハ．LK　ニ．T
35	⑤で示す部分は二重床用のコンセントである。その図記号は。	イ．[図記号]　ロ．[図記号]　ハ．[図記号]　ニ．[図記号]
36	⑥で示す図記号の機器は。	イ．制御配線の信号により動作する開閉器（電磁開閉器） ロ．タイムスイッチ ハ．熱線式自動スイッチ用センサ ニ．電流計付箱開閉器
37	⑦で示す機器の定格電流の最大値[A]は。	イ．15　ロ．20　ハ．30　ニ．40
38	⑧で示す部分の接地工事の種類及びその接地抵抗の許容される最大値[Ω]の組合せとして，**正しいものは**。 なお，引込線の電源側には地絡遮断装置は設置されていない。	イ．C 種接地工事　10 Ω ロ．C 種接地工事　50 Ω ハ．D 種接地工事　100 Ω ニ．D 種接地工事　500 Ω
39	⑨で示す部分の最少電線本数（心線数）は。	イ．2　ロ．3　ハ．4　ニ．5
40	⑩で示す部分の電路と大地間の絶縁抵抗として，許容される最小値[MΩ]は。	イ．0.1　ロ．0.2　ハ．0.4　ニ．1.0

	問い	答え
41	⑪で示す部分の接続工事をリングスリーブ小3個を使用して圧着接続する場合の刻印は。 ただし，使用する電線はすべて VVF1.6 とする。 また，写真に示す**リングスリーブ中央の○，小**は刻印を表す。	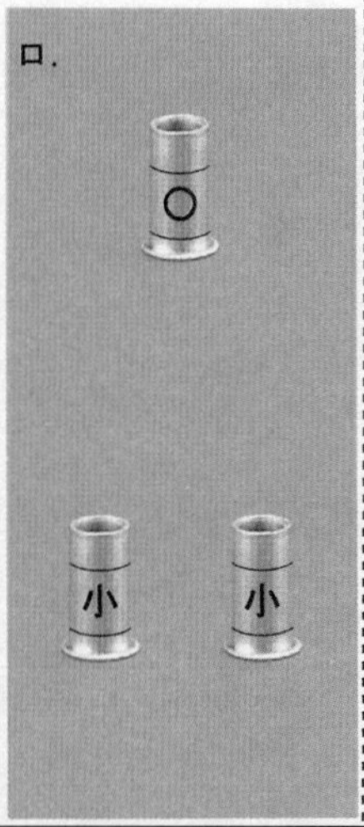 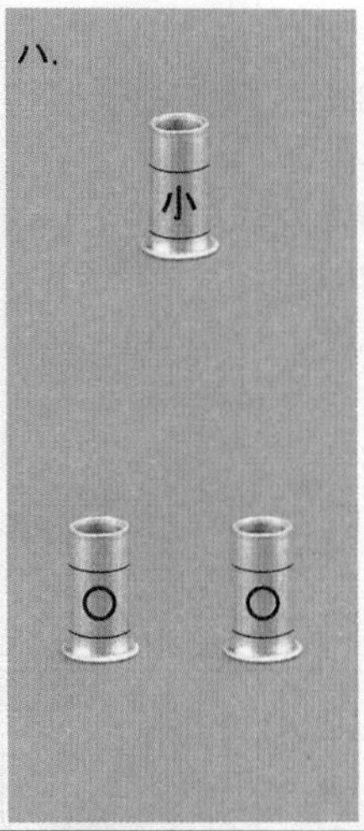 イ．小 / 小 小　ロ．○ / 小 小　ハ．小 / ○ ○　ニ．○  / ○ ○ 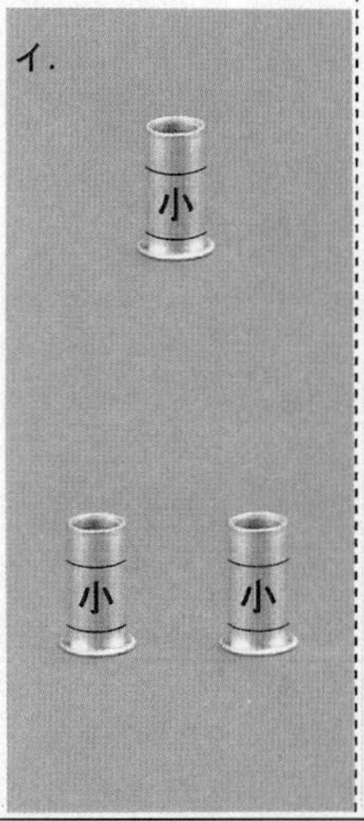
42	⑫で示すコンセントの電圧と極性を確認するための測定器の組合せで，**正しいものは**。	イ． 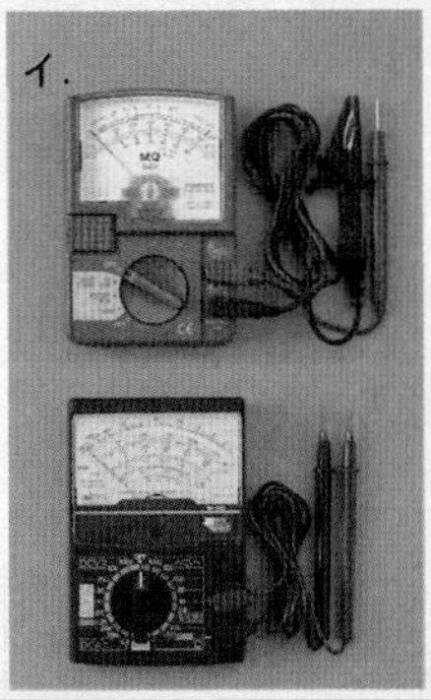　ロ． 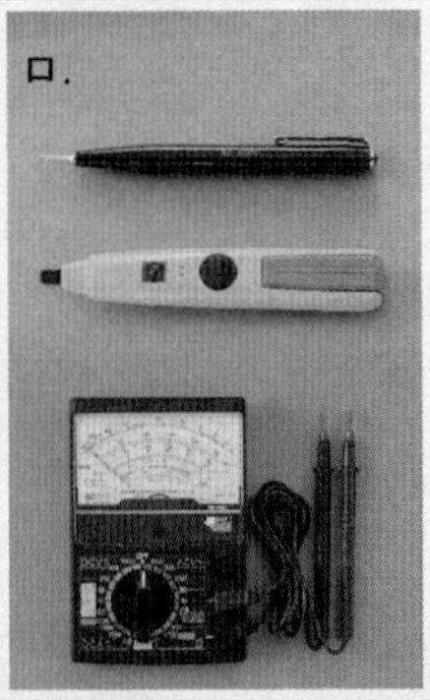　ハ． 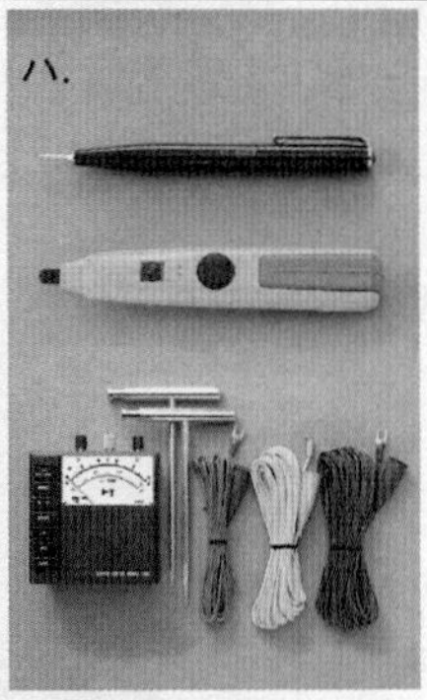　ニ． 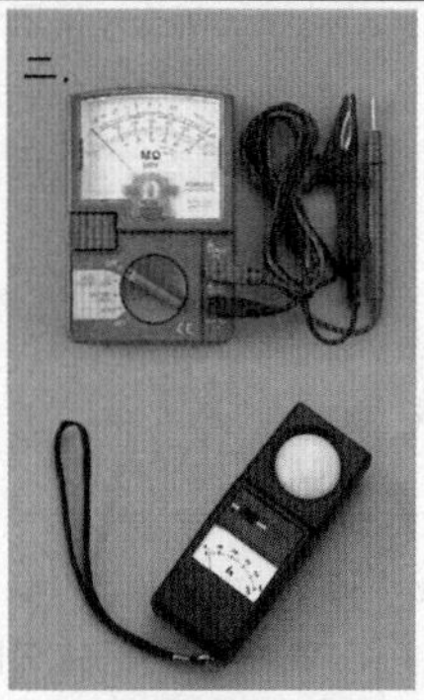
43	⑬で示す図記号の機器は。	イ． 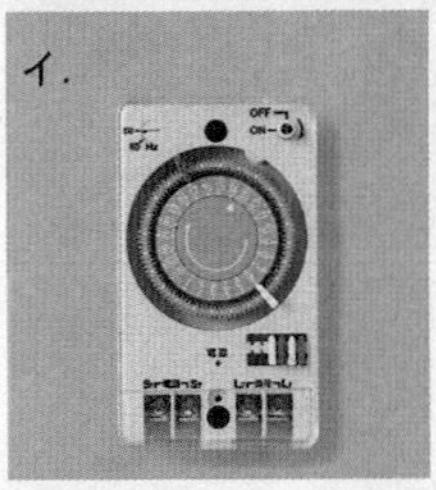　ロ． 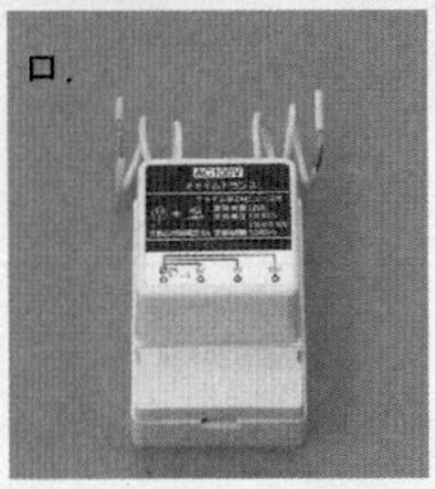　ハ． 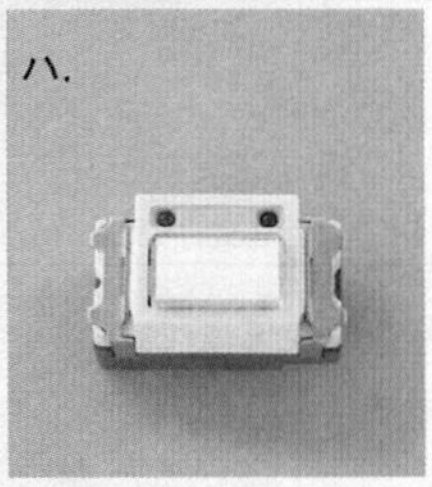　ニ． 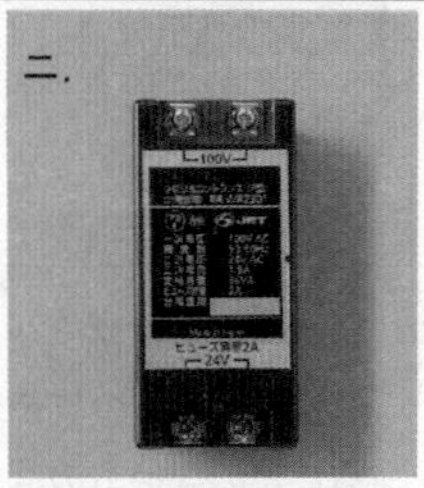
44	⑭で示す部分の工事で管とボックスを接続するために**使用されるものは**。	イ． 　ロ． 　ハ． 　ニ． 
45	⑮で示すポンプ室及び受水槽室内で**使用されていないものは**。 ただし，写真下の図は，接点の構成を示す。	イ． 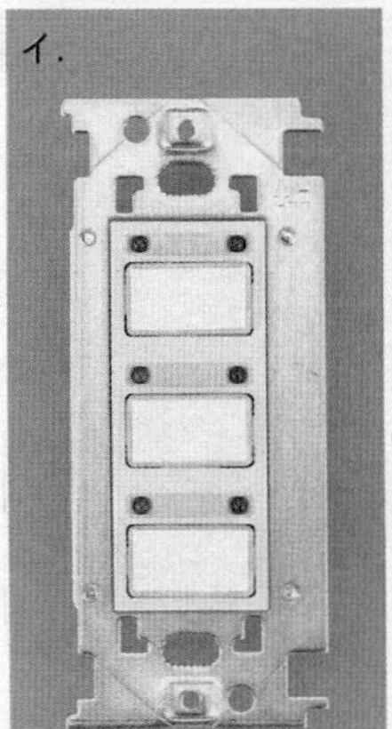　ロ．ON OFF　ハ．　ニ．1 2 3 4  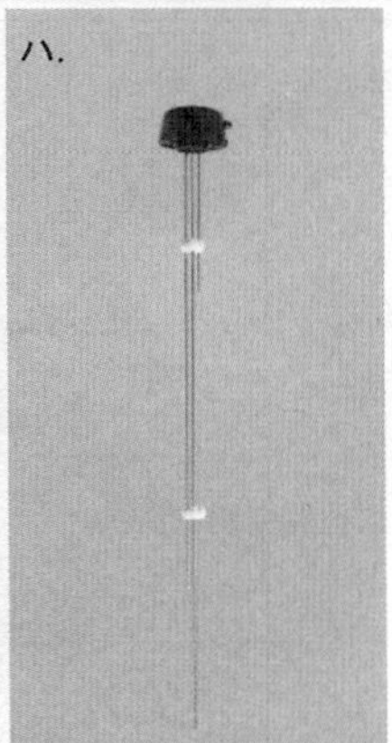 

問い		答え			
46	⑯で示すプルボックス内の接続をすべて圧着接続とする場合，使用するリングスリーブの種類と最少個数の組合せで，**正しいものは。** ただし，使用する電線はすべてIV1.6とする。	イ． 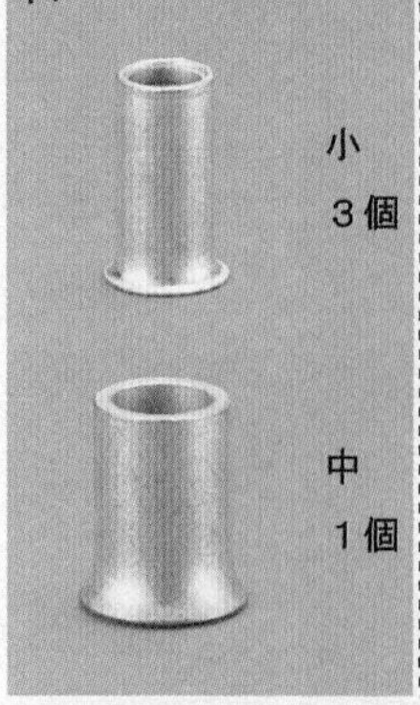 小 3個 中 1個	ロ． 小 4個 中 1個 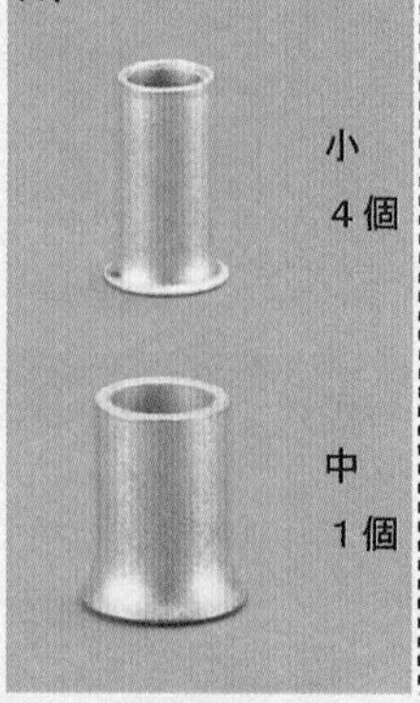	ハ． 小 4個 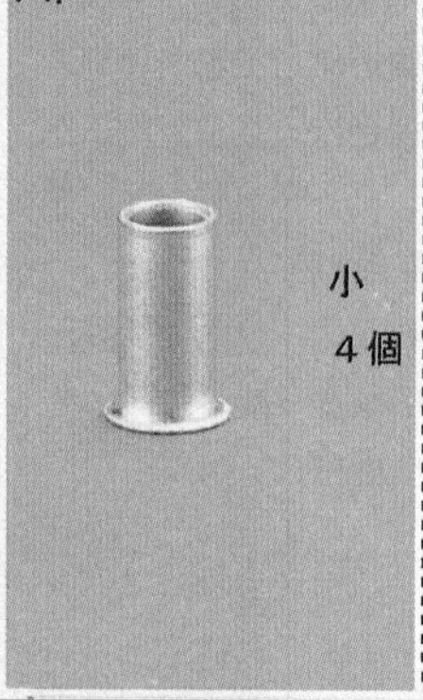	ニ． 小 5個 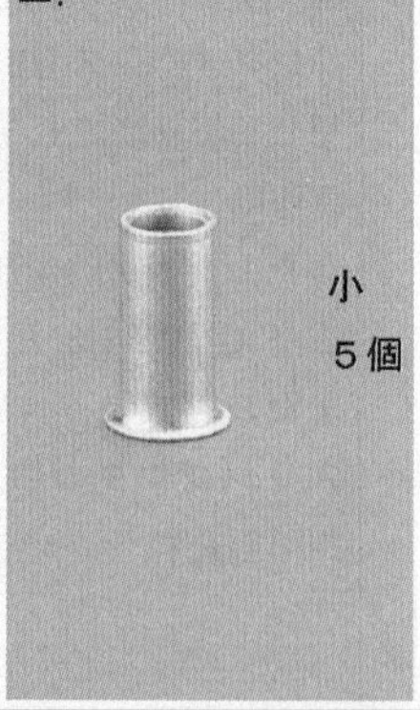
47	⑰で示すプルボックス内の接続をすべて差込形コネクタとする場合，使用する差込形コネクタの種類と最少個数の組合せで，**正しいものは。** ただし，使用する電線はすべてIV1.6とする。	イ． 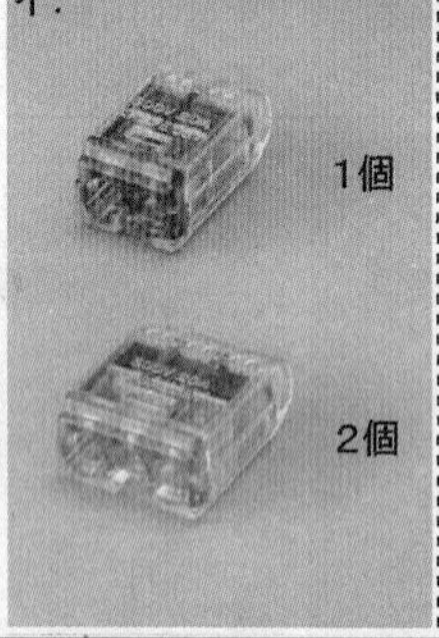 1個 2個	ロ． 3個 1個 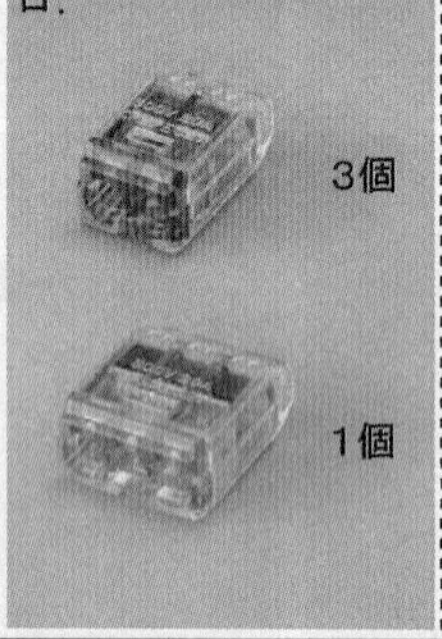	ハ． 3個 	ニ． 4個 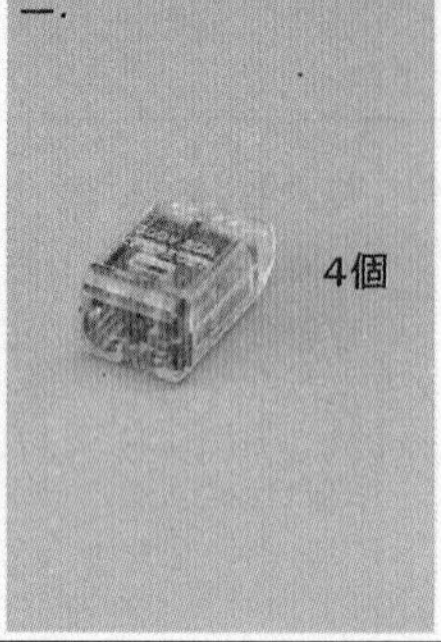
48	⑱で示す点滅器の取り付け工事に**使用するものは。**	イ． 	ロ． 	ハ． 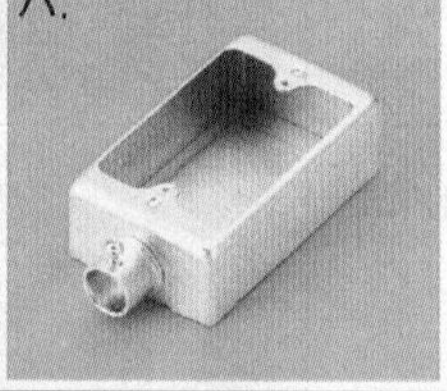	ニ． 
49	⑲で示す分電盤（金属製）に穴をあけるのに**使用されることのないものは。**	イ． 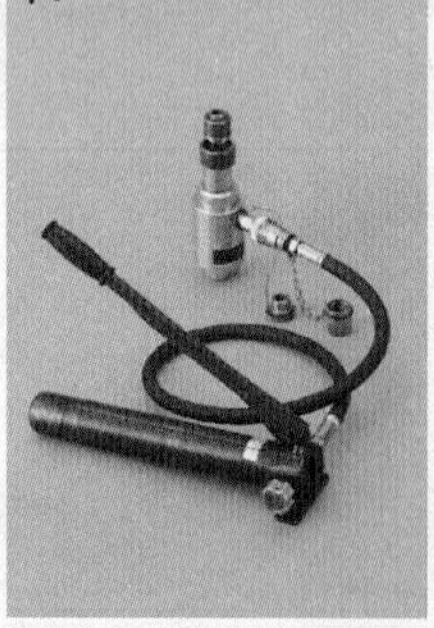	ロ． 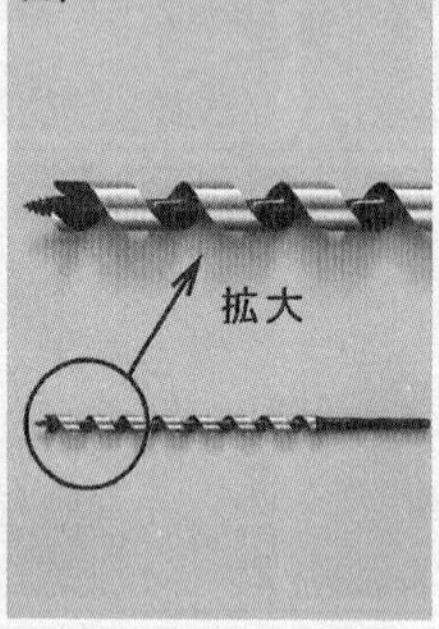 拡大	ハ． 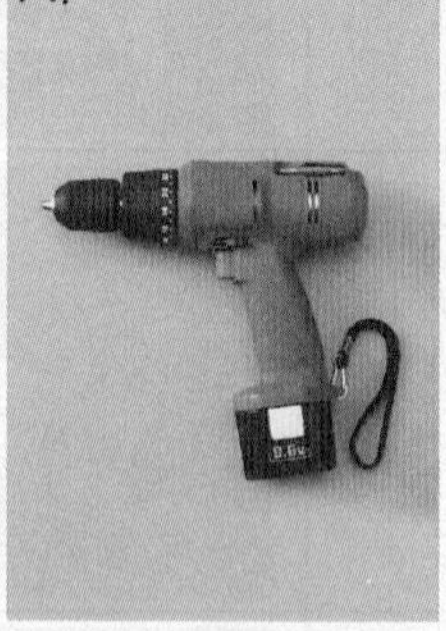	ニ． 
50	この配線図で，**使用されていないものは。**	イ． 	ロ． 	ハ． 	ニ． 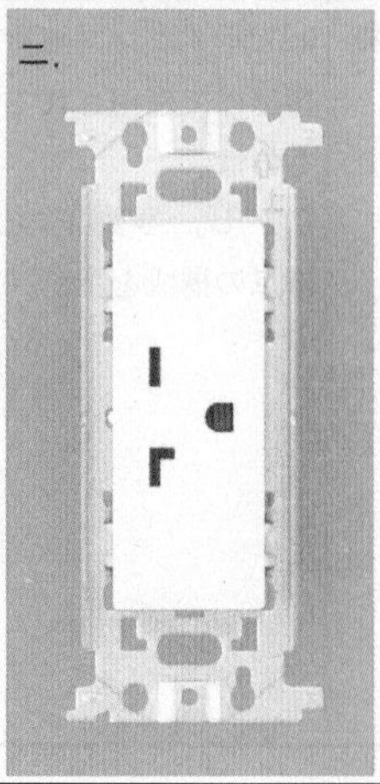

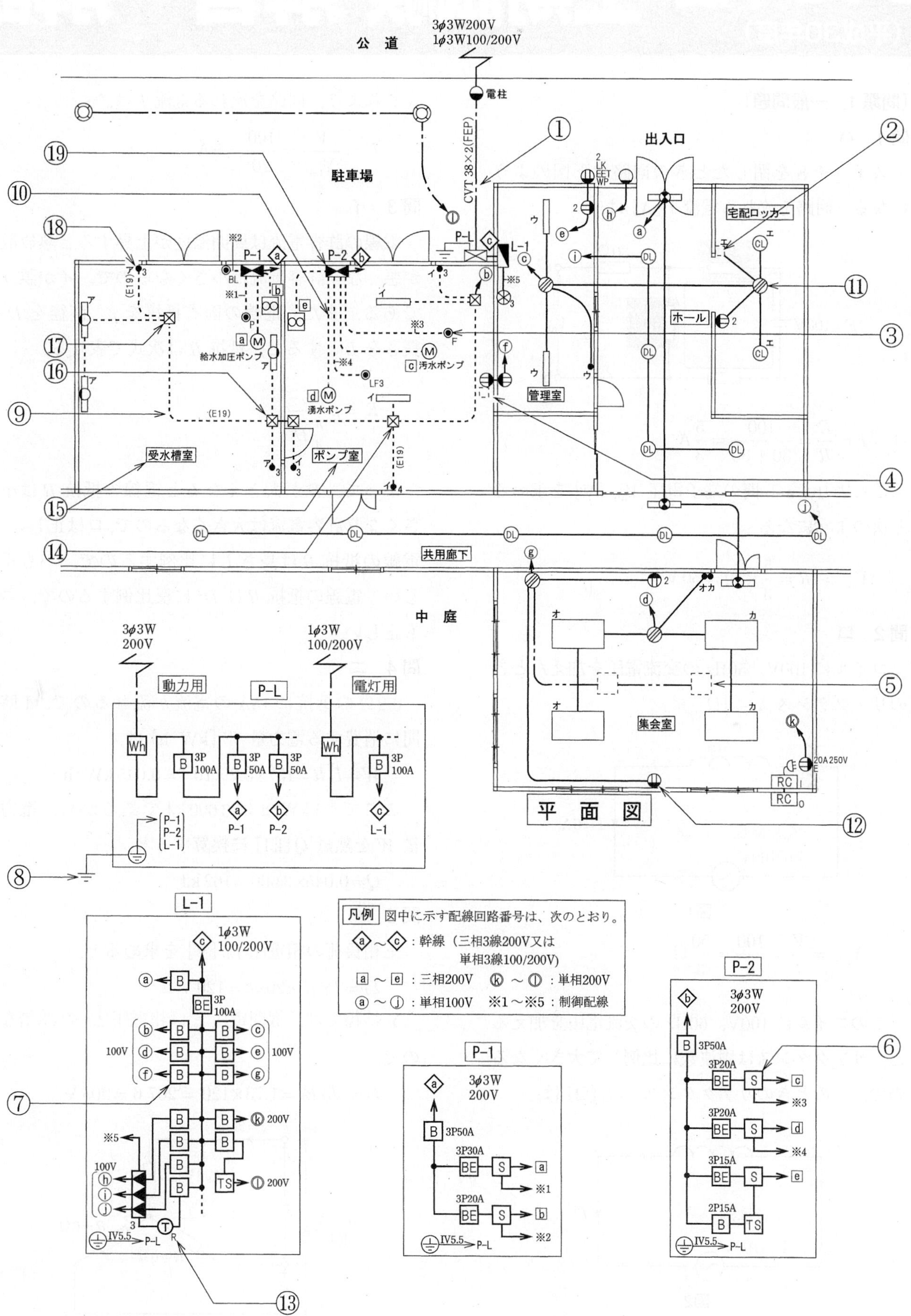

3φ3W200V
1φ3W100/200V
公道
電柱
CVT 38×2(FEP)
駐車場
出入口
宅配ロッカー
ホール
管理室
受水槽室
ポンプ室
給水加圧ポンプ
汚水ポンプ
湧水ポンプ
共用廊下
中庭
集会室
平面図
動力用
P-L
電灯用
3φ3W 200V
1φ3W 100/200V
L-1
凡例 図中に示す配線回路番号は、次のとおり。
ⓐ～ⓒ：幹線（三相3線200V又は単相3線100/200V)
ⓐ～ⓔ：三相200V ⓚ～ⓛ：単相200V
ⓐ～ⓙ：単相100V ※1～※5：制御配線
P-1
P-2

〔問題1. 一般問題〕

問1　ハ

スイッチSを閉じたときの回路は下図のようになる．回路を流れる電流 I [A] は，

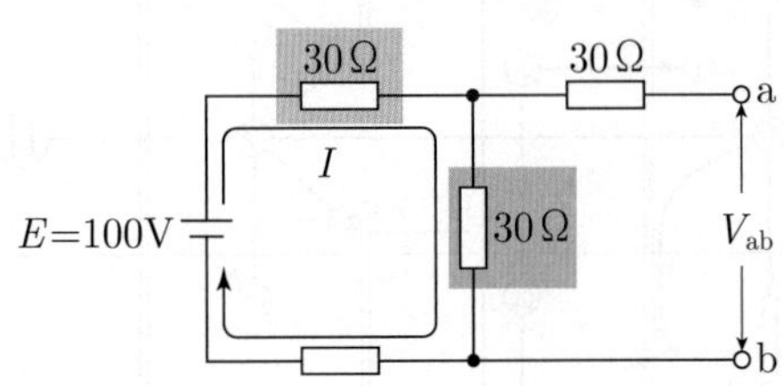

$$I=\frac{E}{R}=\frac{100}{30+30}=\frac{5}{3}\mathrm{A}$$

これより，a–b間の端子電圧 V_{ab} [V] を求めると次のようになる．

$$V_{ab}=IR=\frac{5}{3}\times 30=50\,\mathrm{V}$$

問2　ロ

コイルに100V，50Hzの交流電圧を加えたときのリアクタンス X_{L50} [Ω] は，

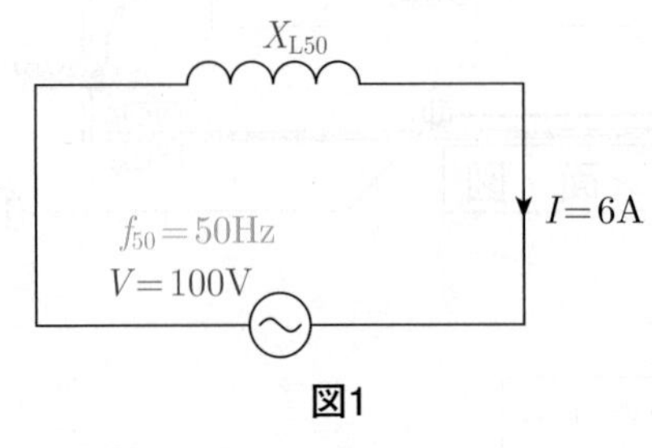

図1

$$X_{L50}=\frac{V}{I}=\frac{100}{6}=\frac{50}{3}\Omega$$

このコイルに100V，60Hzの交流電圧を加えると，リアクタンスは周波数に比例して大きくなるので，このときのリアクタンス X_{L60} [Ω] は，

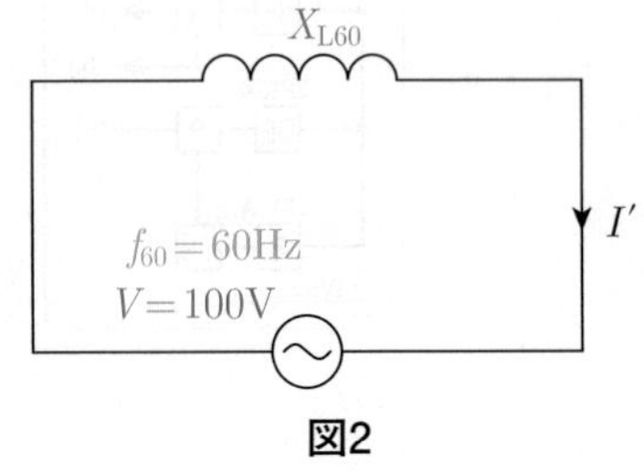

図2

$$X_{L60}=X_{L50}\times\frac{f_{60}}{f_{50}}=\frac{50}{3}\times\frac{60}{50}=20\,\Omega$$

これより，回路を流れる電流 I' は，

$$I'=\frac{V}{X_{L60}}=\frac{100}{20}=5\,\mathrm{A}$$

問3　イ

電線の許容電流は周囲温度が上昇すると熱放散が悪くなり許容電流は小さくなるので，イが誤りである．また，電線の固有抵抗を ρ，直径を D，長さを L とすると，抵抗 R は次式で表せる．

$$R=\rho\frac{L}{\frac{\pi}{4}D^2}$$

よって，D が大きくなると電線の抵抗 R は小さくなり許容電流は大きくなるので，ロは正しい．電線の抵抗 R は長さ L に比例するので，ハも正しい．電線の抵抗 R は D^2 に反比例するので，ニも正しい．

問4　ニ

0.2Ωの抵抗に15Aの電流が流れるので，1時間に消費する電力量 W [kW·h] は，

$$W=I^2R=15^2\times 0.2\times 10^{-3}=0.045\,\mathrm{kW\cdot h}$$

ここで，1kW·hは3 600kJであるから，電力量 W を熱量 Q [kJ] に換算すると，

$$Q=0.045\times 3\,600=162\,\mathrm{kJ}$$

問5　ハ

三相負荷の相電圧 E_P [V] を求めると，

$$E_P=I\times R=20\times 6=120\,\mathrm{V}$$

Y結線では，線間電圧 E は相電圧 E_P の $\sqrt{3}$ 倍なので，

$$E=\sqrt{3}\,E_P=1.73\times 120=207.6=208\,\mathrm{V}$$

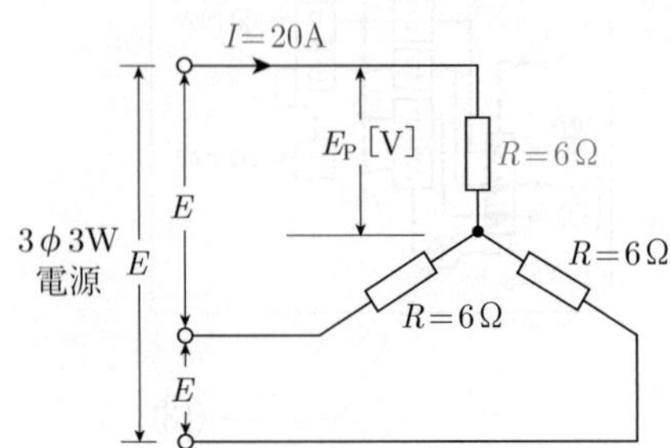

問6　ロ

抵抗負荷2000Wに流れる負荷電流I[A]は,

$$I=\frac{P}{V}=\frac{2000}{100}=20\,\mathrm{A}$$

電線のこう長が16mで，1000m当たりの抵抗が3.2Ωなので，電線1本の抵抗r[Ω]は,

$$r=\frac{3.2}{1000}\times 16 \fallingdotseq 0.05\,\Omega$$

これより,電圧降下e[V]は次のように求まる.

$$e=2Ir=2\times 20\times 0.05=2\,\mathrm{V}$$

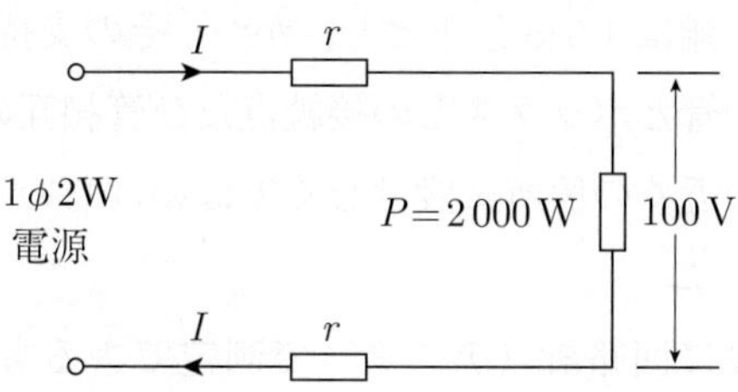

問7　ハ

抵抗負荷が平衡しているので，中性線には電流が流れず，電圧降下は発生しない．1線当たりの抵抗は0.2Ωなのでa-b間の電圧V_{ab}[V]は,

$$V_{ab}=104-10\times 0.2=104-2=102\,\mathrm{V}$$

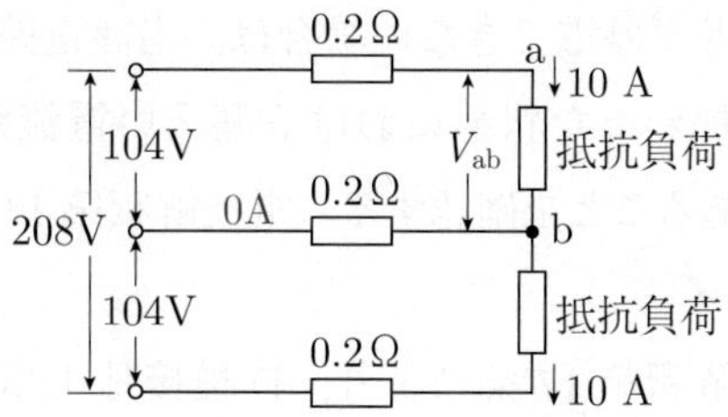

問8　ロ

直径2.0mmの600Vビニル絶縁電線の許容電流は35Aで，金属管に4本収めるときの電流減少係数は0.63であるから，電線1本当たりの許容電流I[A]は,

$$I=35\times 0.63 \fallingdotseq 22\,\mathrm{A}$$

絶縁電線の許容電流（内線規程1340−1表）

種　類	太　さ	許容電流[A]
単線 直径[mm]	1.6	27
	2.0	35
より線 断面積[mm²]	2	27
	3.5	37

（周囲温度30℃以下）

問9　ロ

電技解釈第149条により，分岐回路の過電流遮断器の位置が，幹線との分岐点から3mを超え8m以内なので,過電流遮断器の定格電流をI_B[A]とすると，ab間の電線の許容電流I[A]は,

$$I \geqq I_B\times 0.35=100\times 0.35=35\,\mathrm{A}$$

問10　ニ

電技解釈第149条により，30A分岐回路のコンセントは20A以上30A以下のものを用いなければならいので，ニが不適切である.

分岐回路の施設（電技解釈第149条）

分岐過電流遮断器の定格電流	コンセント	電線の太さ
15A	15A以下	直径1.6mm以上
20A（配線用遮断器）	20A以下	
20A（配線用遮断器を除く）	20A	直径2mm以上
30A	20A以上30A以下	直径2.6mm以上

問11　ハ

電技解釈第33条により，定格電流20Aの配線用遮断器に25Aの電流が継続して流れた場合，1.25倍の電流が流れることになるので，60分以内に動作しなければならない．なお，定格電流の2倍の電流が流れた場合は,2分以内に動作しなければならない.

問12　ハ

600Vビニル絶縁電線（IV）の絶縁物の最高許容温度は60℃である（内線規程1340−3表).

絶縁電線・ケーブルの最高許容温度

種類	最高許容温度
600Vビニル絶縁電線（IV）	60℃
600V二種ビニル絶縁電線（HIV）	75℃
600Vビニル絶縁ビニルシースケーブル（平形：VVF，丸形：VVR）	60℃
600V架橋ポリエチレン絶縁ビニルシースケーブル（CV）	90℃

問13　ハ

三相かご形誘導電動機の同期速度N_s[min⁻¹]は，周波数f[Hz]，極数pとすると，次式で求められる．これより，周波数60Hz，極数4の誘導電動機の同期速度は,

$$N_s=\frac{120f}{p}=\frac{120\times 60}{4}=1800\,\mathrm{min^{-1}}$$

問14　ロ

金属管（鋼製電線管）の切断には金切りのこを用い，曲げ加工にはパイプベンダを用い，管端処理にはやすりやリーマを用いる.

問15　ニ

電球形LEDランプは，白熱電球と比較して寿

命が長く，発光効率が高いことなどが特徴である．

白熱電球と電球形LEDランプの比較（弊社調べ）

	白熱電球	電球形LEDランプ
発光効率	10 lm/W	100 lm/W
寿命	1 000 時間	40 000 時間
力率	100％	65％
価格	白熱電球＜電球形LEDランプ	

問16　イ

写真に示す工具はクリックボールである．この工具は，リーマと組み合わせて金属管の面取りなどに用いられる．

問17　ニ

写真に示す材料はTSカップリングである．硬質塩化ビニル電線管（VE管）相互を接続するのに用いられる．

問18　ニ

写真に示す機器は低圧進相コンデンサである．電動機と並列に接続し，回路の力率を改善するために用いる．

問19　イ

リングスリーブ（E形）による電線の接続は，JIS C 2806，内線規程1335-8で定められている．これより，イが正しい．なお，ロ，ハ，ニとも小スリーブを使用して圧着マークは「小」としなくてはいけない．

リングスリーブ（E形）の種類と接続できる心線本数

電線の組合せ	圧着マーク	リングスリーブ
1.6mm 2 本	○	小
1.6mm 4 本	小	
1.6mm 1 本と 2.0mm 1 本		
1.6mm 2 本と 2.0mm 1 本		
2.0mm 2 本		

問20　イ

電技解釈第156条により，乾燥した点検できない隠ぺい場所の低圧屋内配線工事は，ケーブル工事，金属管工事，合成樹脂管工事などで施工しなくてはいけない．

問21　イ

電技解釈第160条により，1種金属製可とう電線管を用いる金属可とう電線管工事は，乾燥した場所でなければ施工できないので，イが不適切である．なお，ロとニは電技解釈第159条．ハは電技解釈第164条により正しい．

問22　イ

電技解釈第29条により，機械器具の金属製鉄台のD種接地工事を省略できるのは，水気のある場所以外の場所に施設する低圧用の機械器具に電気を供給する電路に，定格感度電流15 mA以下，動作時間が0.1秒以下の電流動作型の漏電遮断器を施設する場合なので，イが不適切である．なお，ロは電技解釈第29条，ハとニは電技解釈第159条によりD種接地工事が省略できる．

問23　ロ

電技解釈第158条により，合成樹脂管の支持点間の距離は1.5 m以下とし，かつ，その支持点は，管端，管とボックスとの接続点及び管相互のそれぞれの近くの箇所に設けなくてはいけない．

問24　ニ

一般に回路計（テスタ）で測定できるものは，交流電圧，直流電圧，回路抵抗などで，漏れ電流の測定にはクランプ形電流計が用いられる．

問25　ハ

絶縁抵抗計で電路の絶縁抵抗を測定するときは，必ず被測定回路を停電して行わなければならない．やむを得ず停電できない場合は，当該電路の使用電圧が加わった状態における漏えい電流が1 mA以下であることを確認する（電技解釈第14条）．

問26　イ

電技解釈第17条により，D種接地工事は低圧電路において，地絡を生じた場合に0.5秒以内に当該電路を自動的に遮断する装置を施設した場合は，接地抵抗値を500 Ω以下とすることができる．また，電技省令第58条により，電路の絶縁抵抗値は0.1 MΩ以上でなければならない．

低圧電路の絶縁性能（電技省令第58条）

電路の使用電圧の区分		絶縁抵抗値
300V 以下	対地電圧 150V 以下	0.1 MΩ 以上
	その他の場合	0.2 MΩ 以上
300V を超える低圧回路		0.4 MΩ 以上

問27　ニ

設問の動作原理の図記号（左図）は可動鉄片形を示す．可動鉄片形の測定器は交流回路用で，直流回路には使用できない．また，置き方の記号（右図）は測定器の目盛板を鉛直に置いて測定することを示している．

測定器の種類と使用できる回路

種類	記号	使用できる回路
可動コイル形		直流回路
可動鉄片形		交流回路
誘導形		交流回路

測定器の使用法

記号	使用法
⊥	鉛直に立てて使用
⊓	水平に置いて使用

問 28　イ

電気工事士法により，第二種電気工事士免状では自家用電気工作物（最大電力が500kW未満の需要設備）の低圧部分の工事はできない．ロは電気工事士の免状がなくても従事できる．ハ，ニは第二種電気工事士の免状で従事できる．

問 29　ハ

(PS/E)の記号は，電気用品のうち特定電気用品以外の電気用品を示すので，ハが誤りである．特定電気用品とは，構造や使用の方法などから危険の生じるおそれが高い電気製品のことで，<PS/E>の表示をしなくてはならない．

問 30　ニ

一般用電気工作物とは，低圧受電で受電の場所と同一の構内で使用する電気工作物で，同じ構内で連係して使用する下記の小規模事業用電気工作物以外の小規模発電設備も含む．一般用電気工作となる小規模発電設備は，発電電圧600V以下で，出力の合計が50kW以上となるものを除く（電気事業法施行規則第48条）．

小規模発電設備

設備名	出力	区分
風力発電設備	20kW未満	小規模事業用電気工作物**
太陽電池発電設備	50kW未満	
	10kW未満	一般用電気工作物
水力発電設備*	20kW未満	
内燃力発電設備	10kW未満	
燃料電池発電設備	10kW未満	
スターリングエンジン発電設備	10kW未満	

*最大使用水量$1m^3/s$未満（ダムを伴うものを除く）

**第二種電気工事士は，小規模事業用電気工作物の工事に従事できる．

〔問題 2. 配線図〕

問 31　ニ

①で示す低圧ケーブルには，「CVT38×2」の傍記があるので，電線の太さ$38\,mm^2$の600V架橋ポリエチレン絶縁ビニルシースケーブル（単心3本より線）を2本使用していることが分かる．

問 32　イ

ワイドハンドル形点滅器の図記号は◆なので，イが正しい．なお，$●_D$は遅延スイッチ，$●_{WP}$は防雨形，$●_R$はリモコンスイッチの図記号である．

問 33　ニ

③で示す図記号は，汚水ポンプの運転制御に用いられるフロートスイッチである．なお，フロートレススイッチ電極の図記号は$◉_{LF}$である．

問 34　ニ

引掛形コンセントの図記号の傍記はTである．なお，ETは接地端子付，ELは漏電遮断器付，LKは抜け止め形の傍記記号である．

問 35　イ

二重床用コンセントの図記号は(|)なので，イが正しい．なお，ロは非常用コンセント，ハは床面取り付けコンセント，ニは天井取り付けコンセントの図記号である．

問 36　イ

⑥で示す図記号は，フロートスイッチの制御信号により動作する開閉器（電磁開閉器）である．汚水ポンプの運転制御に使用されている．

問 37　ロ

⑦で示す機器は単相100V配線用遮断器である．この分岐回路には15Aコンセントが設置されているため，電技解釈第149条により，この配線用遮断器の定格電流の最大値は20A以下となる．

問 38　ハ

⑧で示す部分は，配電盤の金属製外箱の接地工事で，使用電圧が300V以下であることから，電技解釈第29条により，D種接地工事を施す．また，電源側に地絡継電器が設置されていないので，接地抵抗値は100Ω以下としなくてはならない(電技解釈第17条)．

問 39　ハ

⑨で示す部分の最少電線本数（心線数）は，複線結線図−1より4本である．

問 40　ロ

⑩で示す電路は三相200Vの電気配線であるこ

とから，電技省令第58条により，電路と大地間の絶縁抵抗は0.2 MΩ以上でなくてはならない．

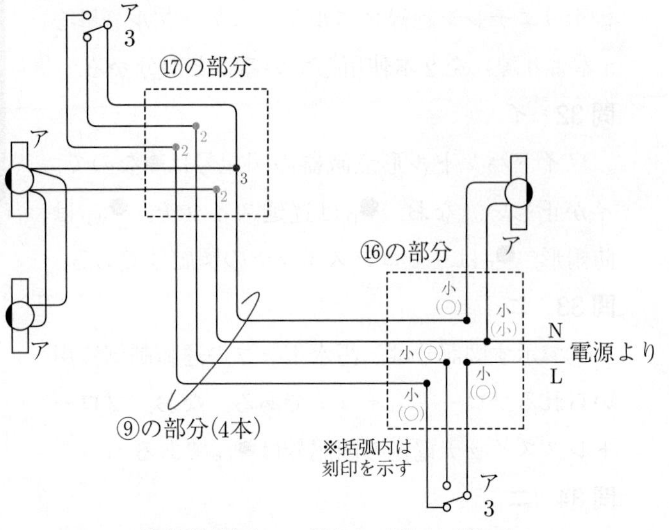

複線結線図－1（問39，問46，問47）

問41　イ

⑪で示す部分の接続工事をリングスリーブで圧着接続する場合の刻印は，複線結線図-2より，1.6mm × 3本の接続が2箇所，1.6mm × 4本の接続が接続が1箇所となるので，3箇所とも「小」の刻印が正しい（JIS C 2806）．

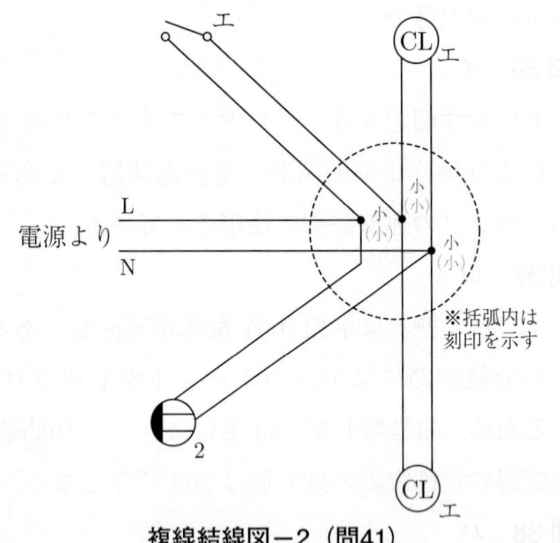

複線結線図－2（問41）

問42　ロ

⑫で示すコンセントの電圧を確認するには回路計（テスタ）を使用し，極性を確認するには低圧検電器を使用する．このため，ロの組み合わせ(上：低圧検電器，下：回路計）が正しい．

問43　ニ

⑬で示す図記号はリモコン変圧器を示しているので，ニが正しい．なお，イはタイムスイッチ（図記号TS），ロは小型変圧器（チャイム用）（図記号Ⓣ)，ハはリモコンスイッチ（図記号●$_R$）である．

問44　ハ

⑭で示す部分の工事は，プルボックスとねじなし金属管を接続する工事なので，ねじなしボックスコネクタを使用する．このため，ハが正しい．

なお，イはストレートボックスコネクタ，ロはねじなしブッシング，ニはコンビネーションカップリングである．

問45　イ

⑮で示すポンプ室及び受水槽内では，イのリモコンスイッチは使用されていない．

なお，ロは電磁開閉器用押しボタン（確認表示灯付）（図記号◉$_{BL}$)，ハはフロートレススイッチ電極（図記号◉$_{LF}$)，ニは埋込形4路スイッチ（図記号●$_4$）である．

問46　ニ

⑯で示すボックス内の接続は，複線結線図-1より，2本接続が4箇所，3本接続が1箇所である．このため，接続に必要なリングスリーブは小が5個である（JIS C 2806）．

問47　ロ

⑰で示すボックス内の接続で使用する差込形コネクタは，複線結線図-1より，2本接続用3個，3本接続用1個である．

問48　ハ

⑱で示す部分の工事は，ねじなし電線管による露出配線なのでスイッチボックスは，ハの露出スイッチボックス(ねじなし電線管用)を使用する．

問49　ロ

⑲で示す分電盤（金属製）に穴をあける工事に使用されないのは，ロの木工用ドリルビットである．この工具は木材に丸穴をあけるのに用いられる．なお，イはノックアウトパンチャ，ハは電動ドリル，ニはホルソで，金属板に穴をあける工具である．

問50　ハ

この配線図では，ハの防雨型コンセントは使用されていない（図記号$_{WP}^{LK}$)．イはプルボックス（図記号☒)，ロはVVF用ジョイントボックス（図記号▨)，ニは定格250V20Aの接地極付埋込形コンセント（図記号$^{20A\,250V}_{E}$）で，各々使用されている．

第二種電気工事士
筆記試験

2018年度
（平成30年度）

下期試験

問題１．一般問題（問題数 30，配点は１問当たり２点）

【注】本問題の計算で $\sqrt{2}$，$\sqrt{3}$ 及び円周率 π を使用する場合の数値は次によること。$\sqrt{2}=1.41$，$\sqrt{3}=1.73$，$\pi=3.14$

次の各問いには４通りの答え（イ，ロ，ハ，ニ）が書いてある。それぞれの問いに対して答えを１つ選びなさい。

	問　い	答　え
1	図のような回路で，端子 a−b 間の合成抵抗[Ω]は。 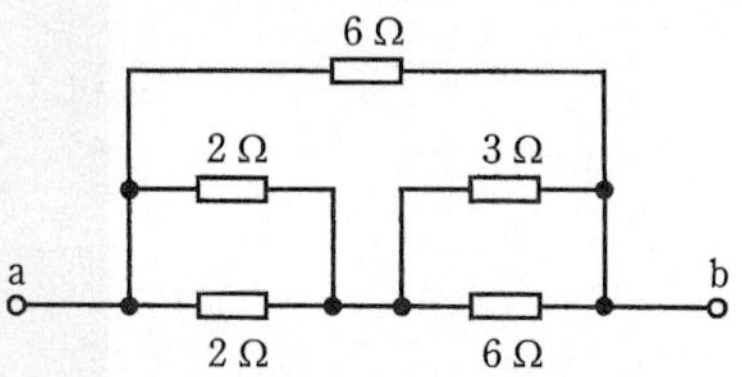 	イ．1　ロ．2　ハ．3　ニ．4
2	図のような交流回路において，抵抗 12 Ω の両端の電圧 V[V]は。 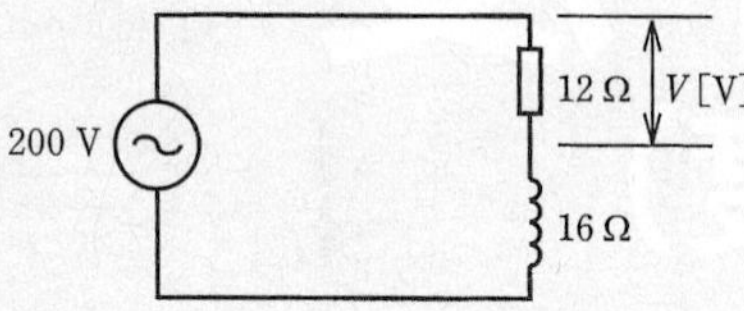 	イ．86　ロ．114　ハ．120　ニ．160
3	直径2.6 mm，長さ10 m の銅導線と抵抗値が最も近い同材質の銅導線は。	イ．直径 1.6 mm，長さ 20 m ロ．断面積 8 mm^2，長さ 10 m ハ．直径 3.2 mm，長さ 5 m ニ．断面積5.5 mm^2，長さ10 m
4	電熱器により，60 kg の水の温度を 20 K 上昇させるのに必要な電力量[kW･h]は。 ただし，水の比熱は 4.2 kJ/(kg･K)とし，熱効率は 100 %とする。	イ．1.0　ロ．1.2　ハ．1.4　ニ．1.6
5	図のような三相 3 線式回路に流れる電流 I[A]は。 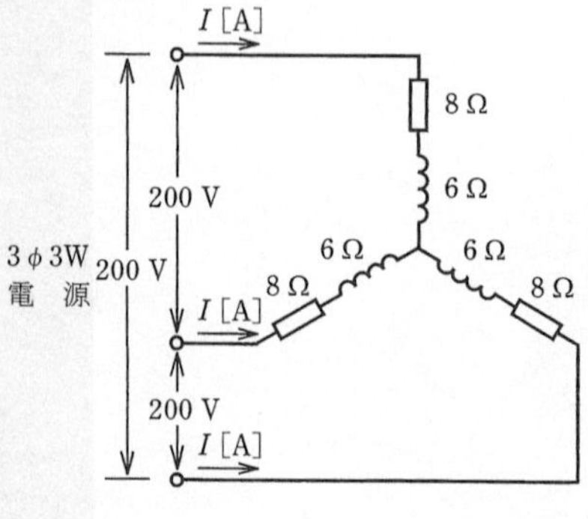 	イ．8.3　ロ．11.6　ハ．14.3　ニ．20.0

	問い	答え
6	図のように，電線のこう長 8 m の配線により，消費電力 2 000 W の抵抗負荷に電力を供給した結果，負荷の両端の電圧は 100 V であった。配線における電圧降下[V]は。 ただし，電線の電気抵抗は長さ 1 000 m 当たり 3.2 Ωとする。 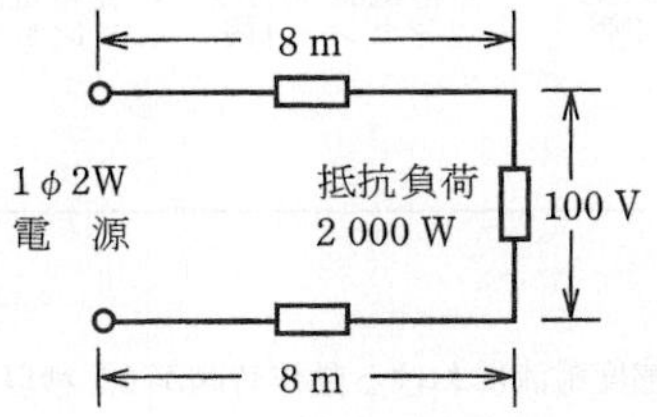	イ．1　ロ．2　ハ．3　ニ．4
7	図のような単相 3 線式回路において，電線 1 線当たりの抵抗が 0.1 Ωのとき，a—b 間の電圧[V]は。 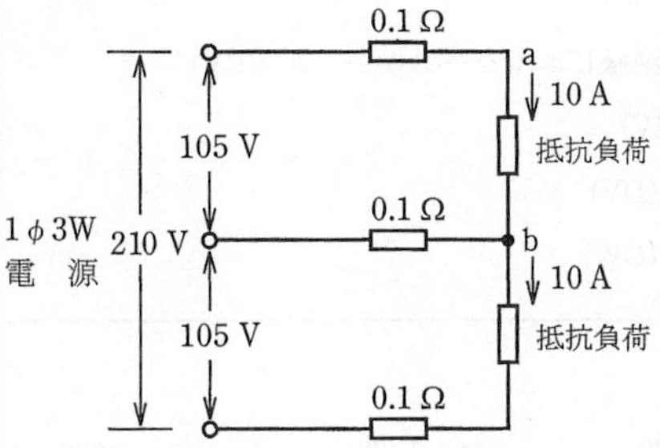	イ．102　ロ．103　ハ．104　ニ．105
8	低圧屋内配線工事に使用する 600V ビニル絶縁ビニルシースケーブル丸形（銅導体），導体の直径 2.0 mm，3 心の許容電流[A]は。 ただし，周囲温度は 30 ℃以下，電流減少係数は 0.70 とする。	イ．19　ロ．24　ハ．33　ニ．35
9	図のように定格電流 125 A の過電流遮断器で保護された低圧屋内幹線から分岐して，10 m の位置に過電流遮断器を施設するとき，a—b 間の電線の許容電流の最小値[A]は。 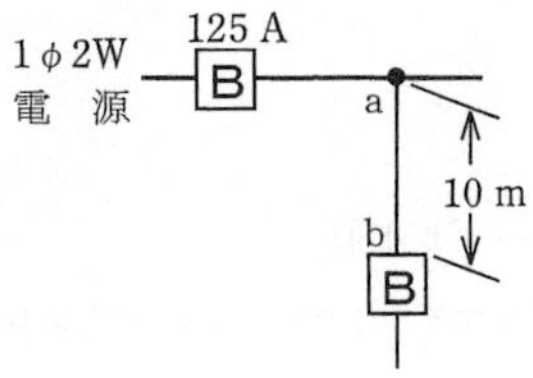	イ．44　ロ．57　ハ．69　ニ．89

	問　い	答　え
10	低圧屋内配線の分岐回路の設計で，配線用遮断器，分岐回路の電線の太さ及びコンセントの組合せとして，**適切なものは。** ただし，分岐点から配線用遮断器までは 3 m，配線用遮断器からコンセントまでは 8 m とし，電線の数値は分岐回路の電線（軟銅線）の太さを示す。 また，コンセントは兼用コンセントではないものとする。	イ．B 20 A　2.0 mm　定格電流 20 A のコンセント 2個 ロ．B 30 A　2.0 mm　定格電流 20 A のコンセント 2個 ハ．B 20 A　1.6 mm　定格電流 30 A のコンセント 1個 ニ．B 30 A　2.6 mm　定格電流 15 A のコンセント 1個
11	漏電遮断器に関する記述として，**誤っているものは。**	イ．高速形漏電遮断器は，定格感度電流における動作時間が 0.1 秒以下である。 ロ．漏電遮断器は，零相変流器によって地絡電流を検出する。 ハ．高感度形漏電遮断器は，定格感度電流が 1 000mA 以下である。 ニ．漏電遮断器には，漏電電流を模擬したテスト装置がある。
12	低圧の地中配線を直接埋設式により施設する場合に**使用できるものは。**	イ．600V 架橋ポリエチレン絶縁ビニルシースケーブル（CV） ロ．600V ビニル絶縁電線（IV） ハ．引込用ビニル絶縁電線（DV） ニ．屋外用ビニル絶縁電線（OW）
13	極数 6 の三相かご形誘導電動機を周波数 50 Hz で使用するとき，最も近い回転速度$[\mathrm{min}^{-1}]$は。	イ．500　ロ．1 000　ハ．1 500　ニ．3 000
14	電気工事の種類と，その工事で使用する工具の組合せとして，**適切なものは。**	イ．バスダクト工事　と　ガストーチランプ ロ．合成樹脂管工事　と　パイプベンダ ハ．金属線ぴ工事　と　ボルトクリッパ ニ．金属管工事　と　リーマ
15	系統連系型の太陽電池発電設備において使用される機器は。	イ．低圧進相コンデンサ ロ．パワーコンディショナ ハ．調光器 ニ．自動点滅器
16	写真に示す材料の名称は。 なお，材料の表面には「**タイシガイセン EM600V EEF/F1.6mm JIS JET<PS>E〇〇社タイネン 2017**」が記されている。	イ．無機絶縁ケーブル ロ．600V ビニル絶縁ビニルシースケーブル平形 ハ．600V ポリエチレン絶縁耐燃性ポリエチレンシースケーブル平形 ニ．600V 架橋ポリエチレン絶縁ビニルシースケーブル

	問い	答え
17	写真に示す器具の用途は。	イ．リモコンリレー操作用のセレクタスイッチとして用いる。 ロ．リモコン配線の操作電源変圧器として用いる。 ハ．リモコン配線のリレーとして用いる。 ニ．リモコン用調光スイッチとして用いる。
18	写真に示す工具の用途は。	イ．VFFコード（ビニル平形コード）の絶縁被覆をはぎ取るのに用いる。 ロ．CVケーブル（低圧用）の外装や絶縁被覆をはぎ取るのに用いる。 ハ．VVRケーブルの外装や絶縁被覆をはぎ取るのに用いる。 ニ．VVFケーブルの外装や絶縁被覆をはぎ取るのに用いる。
19	単相100Vの屋内配線工事における絶縁電線相互の接続で，**不適切なものは。**	イ．絶縁電線の絶縁物と同等以上の絶縁効力のあるもので十分被覆した。 ロ．電線の電気抵抗が10％増加した。 ハ．終端部を圧着接続するのにリングスリーブ（E形）を使用した。 ニ．電線の引張強さが15％減少した。
20	木造住宅の金属板張り（金属系サイディング）の壁を貫通する部分の低圧屋内配線工事として，**適切なものは。** ただし，金属管工事，金属可とう電線管工事に使用する電線は，600Vビニル絶縁電線とする。	イ．ケーブル工事とし，壁の金属板張りを十分に切り開き，600Vビニル絶縁ビニルシースケーブルを合成樹脂管に収めて電気的に絶縁し，貫通施工した。 ロ．金属管工事とし，壁に小径の穴を開け，金属板張りと金属管とを接触させ金属管を貫通施工した。 ハ．金属可とう電線管工事とし，壁の金属板張りを十分に切り開き，金属製可とう電線管を壁と電気的に接続し，貫通施工した。 ニ．金属管工事とし，壁の金属板張りと電気的に完全に接続された金属管にD種接地工事を施し，貫通施工した。
21	木造住宅の単相3線式100/200V屋内配線工事で，**不適切な工事方法は。** ただし，使用する電線は600Vビニル絶縁電線，直径1.6mm（軟銅線）とする。	イ．同じ径の硬質塩化ビニル電線管（VE）2本をTSカップリングで接続した。 ロ．合成樹脂製可とう電線管（CD管）を木造の床下や壁の内部及び天井裏に配管した。 ハ．金属管を点検できない隠ぺい場所で使用した。 ニ．合成樹脂製可とう電線管（PF管）内に通線し，支持点間の距離を1.0mで造営材に固定した。
22	機械器具の金属製外箱に施すD種接地工事に関する記述で，**不適切なものは。**	イ．三相200V電動機外箱の接地線に直径1.6mmのIV電線を使用した。 ロ．単相100V移動式の電気ドリル（一重絶縁）の接地線として多心コードの断面積0.75 mm²の1心を使用した。 ハ．単相100Vの電動機を水気のある場所に設置し，定格感度電流15mA，動作時間0.1秒の電流動作型漏電遮断器を取り付けたので，接地工事を省略した。 ニ．一次側200V，二次側100V，3kV·Aの絶縁変圧器（二次側非接地）の二次側電路に電動丸のこぎりを接続し，接地を施さないで使用した。

	問い	答え
23	低圧屋内配線工事で，600V ビニル絶縁電線を金属管に収めて使用する場合，その電線の許容電流を求めるための電流減少係数に関して，同一管内の電線数と電線の電流減少係数との組合せで，**誤っているものは**。 ただし，周囲温度は 30 ℃ 以下とする。	イ．2 本　0.80 ロ．4 本　0.63 ハ．5 本　0.56 ニ．6 本　0.56
24	アナログ式回路計（電池内蔵）の回路抵抗測定に関する記述として，**誤っているものは**。	イ．回路計の電池容量が正常であることを確認する。 ロ．抵抗測定レンジに切り換える。被測定物の概略値が想定される場合は，測定レンジの倍率を適正なものにする。 ハ．赤と黒の測定端子（テストリード）を短絡し，指針が 0 Ωになるよう調整する。 ニ．被測定物に，赤と黒の測定端子（テストリード）を接続し，その時の指示値を読む。なお，測定レンジに倍率表示がある場合は，読んだ指示値を倍率で割って測定値とする。
25	単相 3 線式 100/200V 屋内配線で，絶縁被覆の色が赤色，白色，黒色の 3 種類の電線が使用されていた。この屋内配線で電線相互間及び電線と大地間の電圧を測定した。その結果としての電圧の組合せで，**適切なものは**。 ただし，中性線は白色とする。	イ．赤色線と大地間　200 V 白色線と大地間　100 V 黒色線と大地間　0 V ロ．白色線と黒色線間　100 V 赤色線と大地間　0 V 黒色線と大地間　200 V ハ．赤色線と白色線間　200 V 赤色線と大地間　0 V 黒色線と大地間　100 V ニ．赤色線と黒色線間　200 V 白色線と大地間　0 V 赤色線と大地間　100 V
26	直読式接地抵抗計を用いて，接地抵抗を測定する場合，被測定接地極 E に対する，2 つの補助接地極 P（電圧用）及び C（電流用）の配置として，**最も適切なものは**。	イ．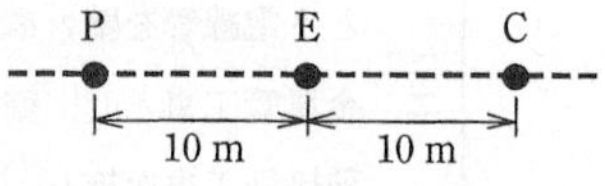P E C 10 m 10 m ロ．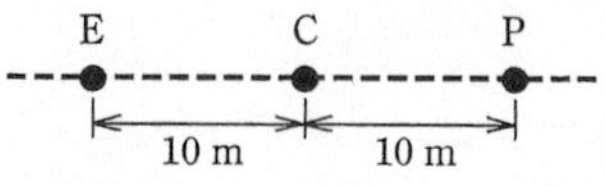E C P 10 m 10 m ハ．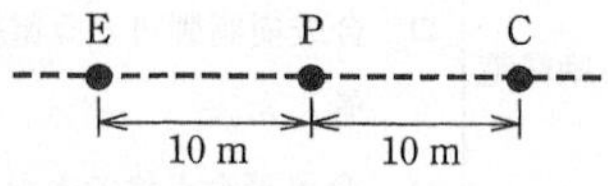E P C 10 m 10 m ニ．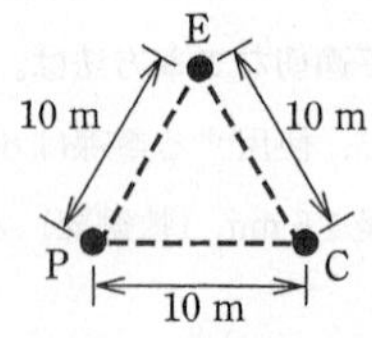E 10 m 10 m P C 10 m
27	図のような単相 3 線式回路で，開閉器を閉じて機器 A の両端の電圧を測定したところ 120 V を示した。この原因として，**考えられるものは**。 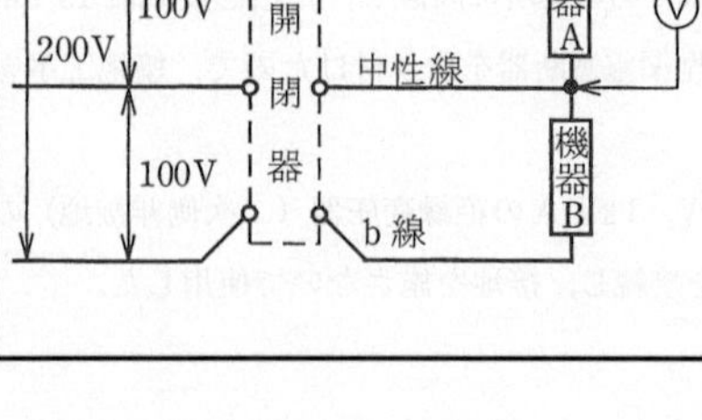a 線 100V 200V 100V 開閉器 中性線 機器A V 機器B b 線	イ．a 線が断線している。 ロ．中性線が断線している。 ハ．b 線が断線している。 ニ．機器 A の内部で断線している。

	問い	答え
28	電気工事士の義務又は制限に関する記述として，**誤っているものは。**	イ．電気工事士は，電気工事士法で定められた電気工事の作業に従事するときは，電気工事士免状を携帯していなければならない。 ロ．電気工事士は，氏名を変更したときは，免状を交付した都道府県知事に申請して免状の書換えをしてもらわなければならない。 ハ．第二種電気工事士のみの免状で，需要設備の最大電力が 500 kW 未満の自家用電気工作物の低圧部分の電気工事のすべての作業に従事することができる。 ニ．電気工事士は，電気工事士法で定められた電気工事の作業を行うときは，電気設備に関する技術基準を定める省令に適合するよう作業を行わなければならない。
29	電気用品安全法において，特定電気用品の適用を受けるものは。	イ．消費電力 40 W の蛍光ランプ ロ．外径 19 mm の金属製電線管 ハ．消費電力 30 W の換気扇 ニ．定格電流 20 A の配線用遮断器
30	「電気設備に関する技術基準を定める省令」における電圧の低圧区分の組合せで，**正しいものは。**	イ．直流にあっては 600 V 以下，交流にあっては 600 V 以下のもの ロ．直流にあっては 750 V 以下，交流にあっては 600 V 以下のもの ハ．直流にあっては 600 V 以下，交流にあっては 750 V 以下のもの ニ．直流にあっては 750 V 以下，交流にあっては 750 V 以下のもの

問題２．配線図（問題数 20，配点は１問当たり２点）

図は，鉄骨軽量コンクリート造店舗平屋建の配線図である。この図に関する次の各問いには４通りの答え（**イ**，**ロ**，**ハ**，**ニ**）が書いてある。それぞれの問いに対して，答えを１つ選びなさい。

【注意】 1．屋内配線の工事は，特記のある場合を除き 600V ビニル絶縁ビニルシースケーブル平形（VVF）を用いたケーブル工事である。
2．屋内配線等の電線の本数，電線の太さ，その他，問いに直接関係のない部分等は省略又は簡略化してある。
3．漏電遮断器は，定格感度電流 30 mA，動作時間 0.1 秒以内のものを使用している。
4．選択肢（答え）の写真にあるコンセント及び点滅器は，「JIS C 0303：2000 構内電気設備の配線用図記号」で示す「一般形」である。
5．電灯分電盤及び動力分電盤の外箱は金属製である。
6．ジョイントボックスを経由する電線は，すべて接続箇所を設けている。
7．3路スイッチの記号「0」の端子には，電源側又は負荷側の電線を結線する。

	問い	答え
31	①で示す部分は自動点滅器の傍記表示である。 **正しいものは。**	イ．O　ロ．P　ハ．W　ニ．A
32	②で示す図記号の名称は。	イ．リモコンセレクタスイッチ ロ．漏電警報器 ハ．リモコントランス ニ．表示スイッチ
33	③で示す図記号の器具の取り付け場所は。	イ．床面 ロ．天井面 ハ．壁面 ニ．二重床面
34	④で示す部分に使用するコンセントの極配置（刃受）は。	イ． 　ロ． 　ハ． 　ニ． 
35	⑤で示す部分の配線で(VE28)とあるのは。	イ．外径 28 mm の硬質塩化ビニル電線管である。 ロ．外径 28 mm の合成樹脂製可とう電線管である。 ハ．内径 28 mm の硬質塩化ビニル電線管である。 ニ．内径 28 mm の合成樹脂製可とう電線管である。
36	⑥で示す部分の接地工事の種類及びその接地抵抗の許容される最大値[Ω]の組合せとして，**正しいものは。** なお，引込線の電源側には地絡遮断装置は設置されていない。	イ．C 種接地工事　10 Ω ロ．C 種接地工事　50 Ω ハ．D 種接地工事　100 Ω ニ．D 種接地工事　500 Ω
37	⑦で示す箇所に設置する機器の図記号は。	イ．Ⓣ$_B$　ロ．Ⓣ$_R$　ハ．●$_D$　ニ．●$_R$
38	⑧で示す部分の電路と大地間の絶縁抵抗として，許容される最小値[MΩ]は。	イ．0.1　ロ．0.2　ハ．0.4　ニ．1.0
39	⑨で示す図記号の器具を用いる目的は。	イ．過電流を遮断する。 ロ．地絡電流を遮断する。 ハ．過電流と地絡電流を遮断する。 ニ．不平衡電流を遮断する。
40	⑩の部分の最少電線本数（心線数）は。	イ．2　ロ．3　ハ．4　ニ．5

	問い	答え			
41	⑪で示す部分の接続工事をリングスリーブで圧着接続する場合のリングスリーブの種類，個数及び刻印の組合せで，**正しいものは。** ただし，写真に示す**リングスリーブ中央の○，小，中**は刻印を表す。	イ．  小　1個 中　2個	ロ．  小　1個 中　2個	ハ． 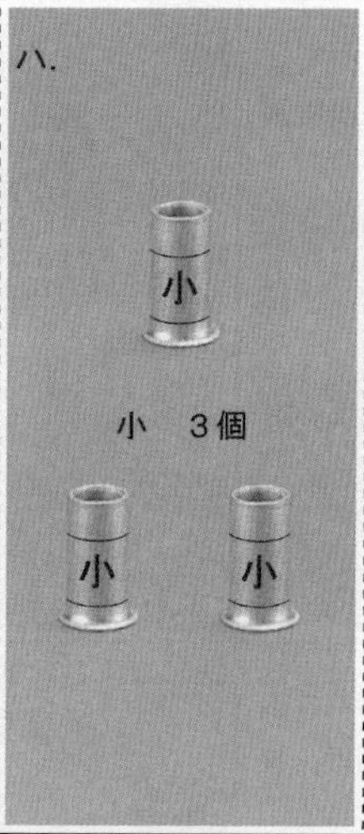 小　3個	ニ． 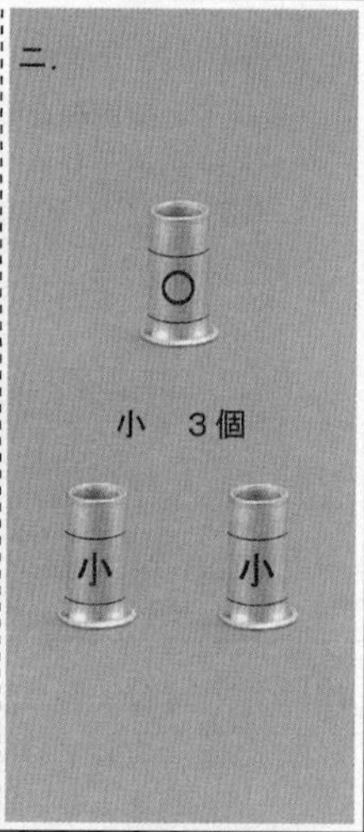 小　3個
42	⑫で示す電線管相互を接続するために**使用されるものは。**	イ． 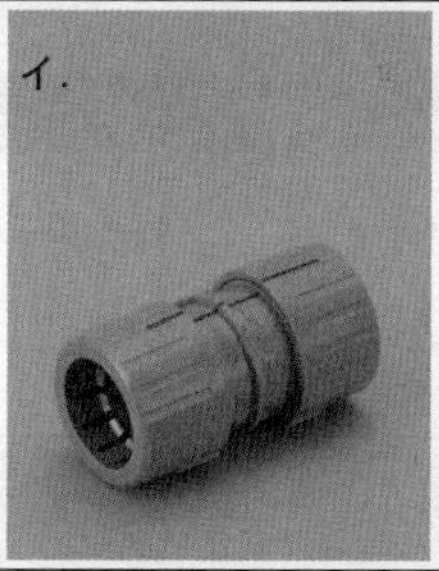	ロ． 	ハ． 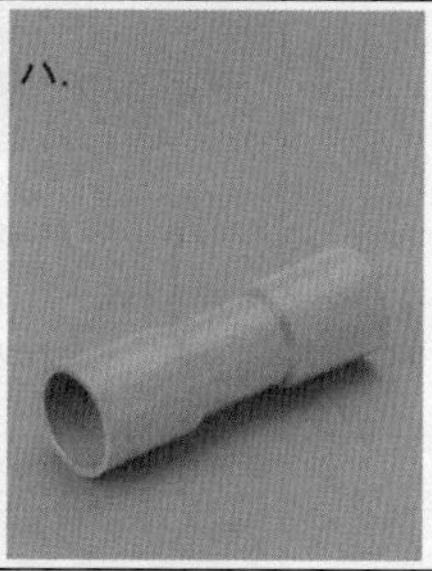	ニ． 
43	⑬で示す部分の配線工事で一般的に**使用されることのない工具は。**	イ． 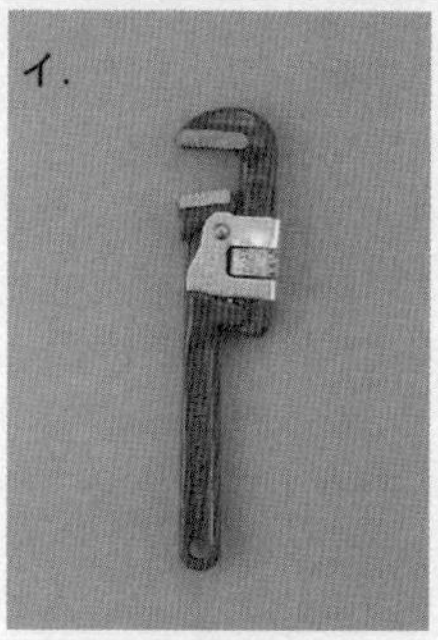	ロ． 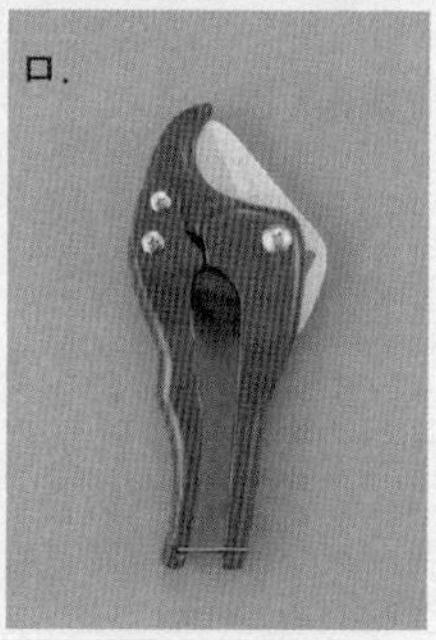	ハ． 	ニ． 
44	⑭で示す回路の漏れ電流を測定できるものは。	イ． 	ロ． 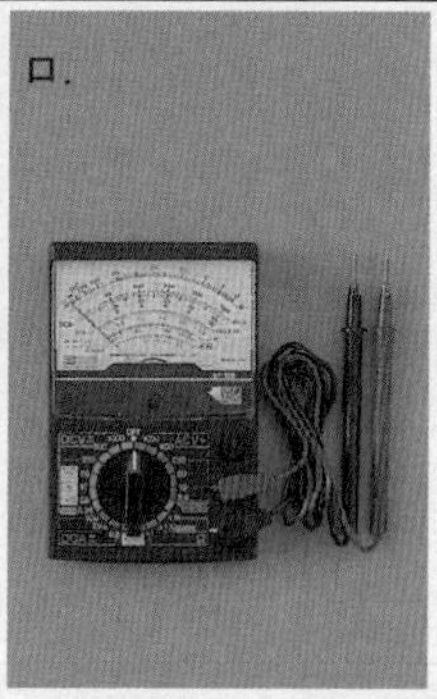	ハ． 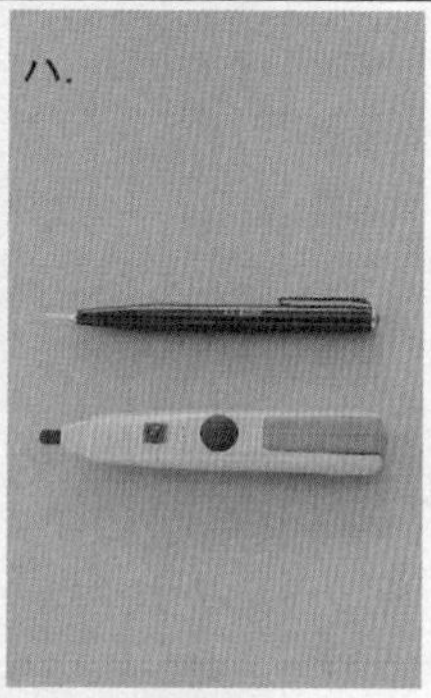	ニ． 
45	⑮で示す図記号の部分に使用される機器は。	イ． 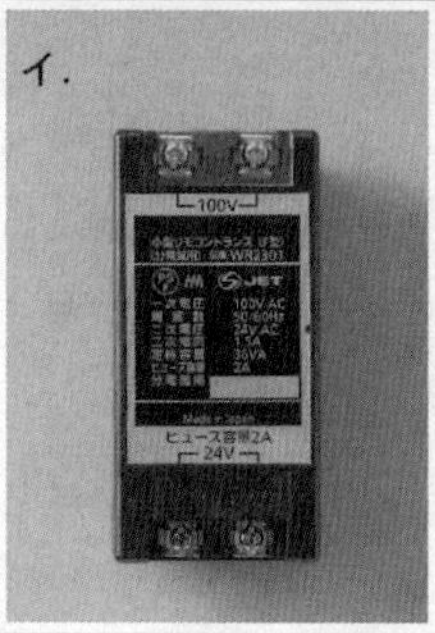	ロ． 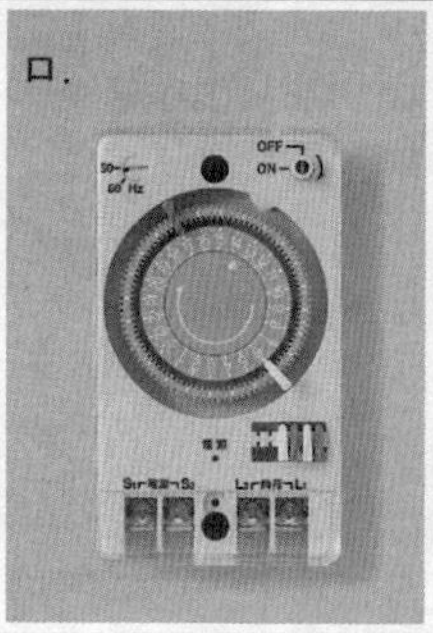	ハ． 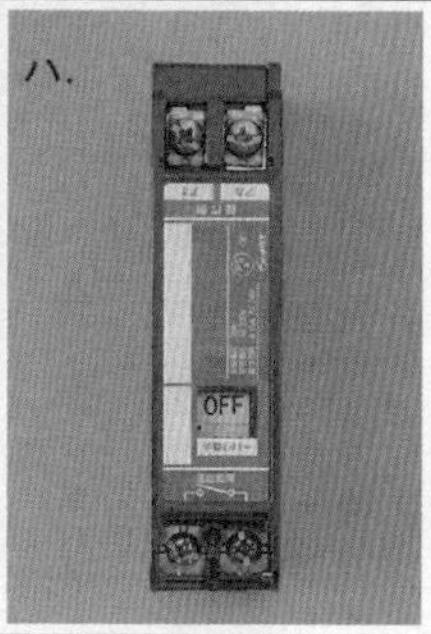	ニ． 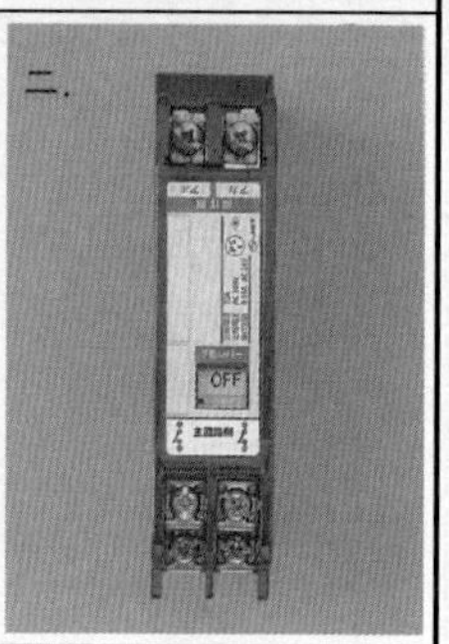

2018年度：下期（平成30年度）

問い		答え			
46	⑯の部分で写真に示す圧着端子と接地線を圧着接続するための工具は。 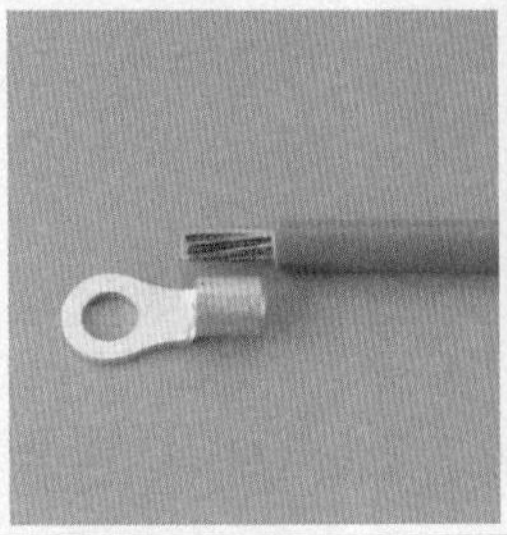	イ. 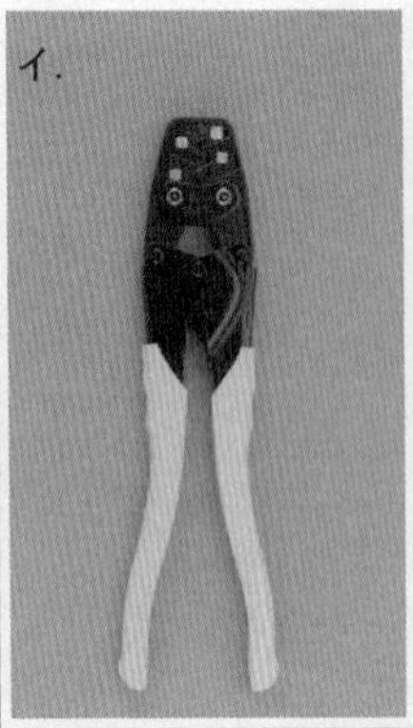	ロ. 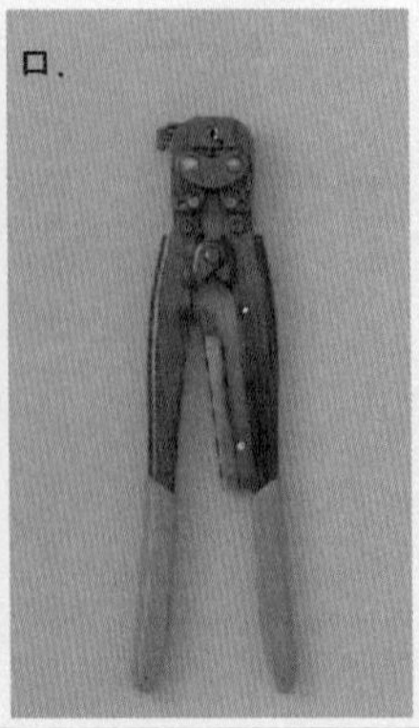	ハ. 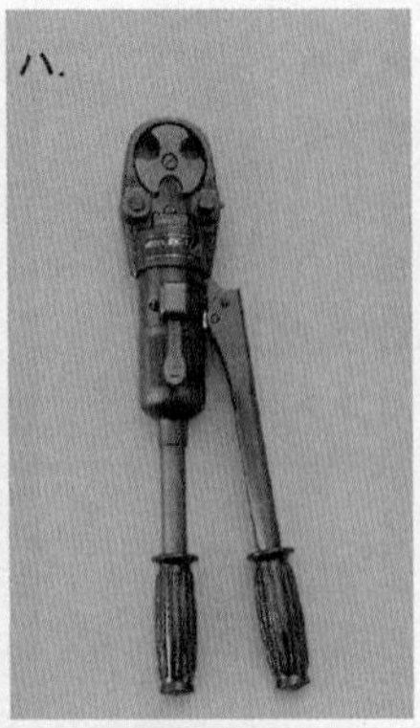	ニ. 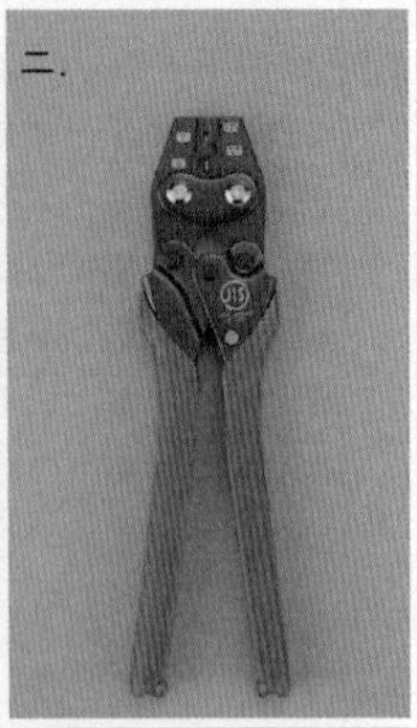
47	⑰で示す図記号の器具は。ただし，写真下の図は，接点の構成を示す。	イ.  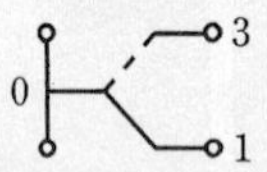 0 3 1	ロ.  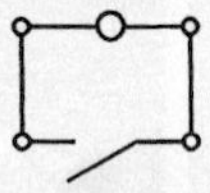	ハ. 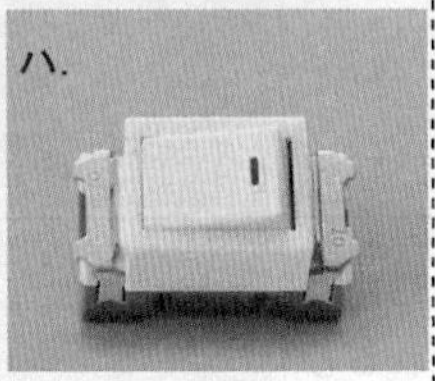 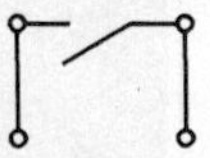	ニ.  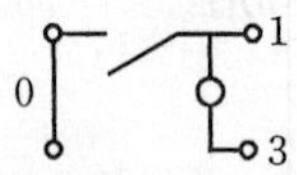 0 1 3
48	⑱で示す VVF 用ジョイントボックス内の接続をすべて圧着接続とする場合，使用するリングスリーブの種類と最少個数の組合せで，**正しいものは。** ただし，接地配線も含まれるものとする。	イ.  大 3個	ロ. 中 3個 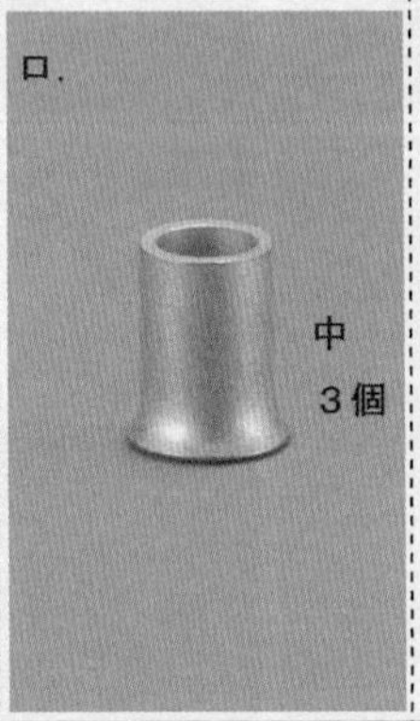	ハ. 小 3個 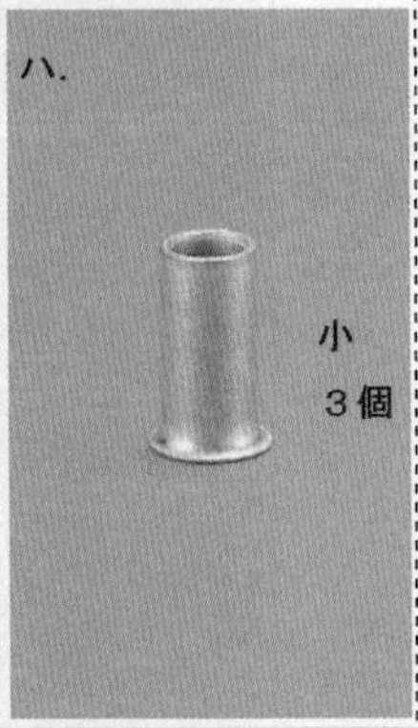	ニ. 大 2個 中 1個 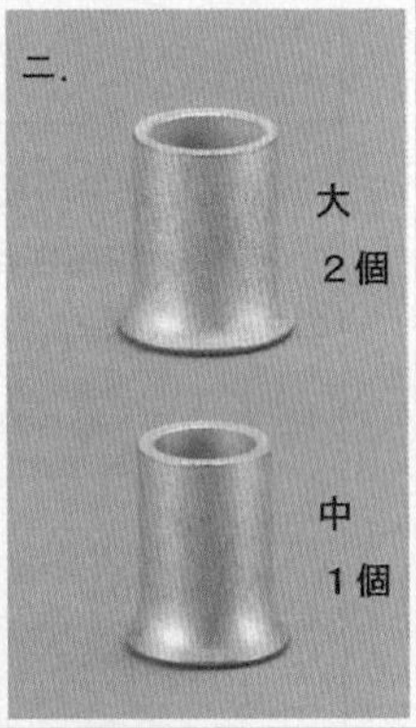
49	⑲で示す VVF 用ジョイントボックス内の接続をすべて差込形コネクタとする場合，使用する差込形コネクタの種類と最少個数の組合せで，**正しいものは。** ただし，使用する電線はすべて VVF1.6 とする。	イ.  4個	ロ. 5個 	ハ. 6個 	ニ. 3個 1個 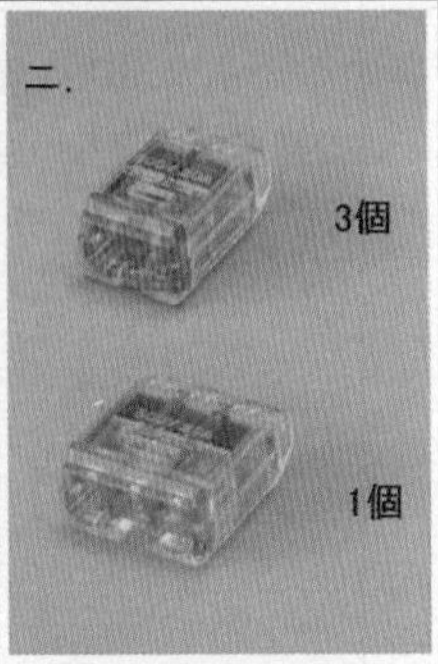
50	この配線図で，**使用されていない**コンセントは。	イ. 	ロ. 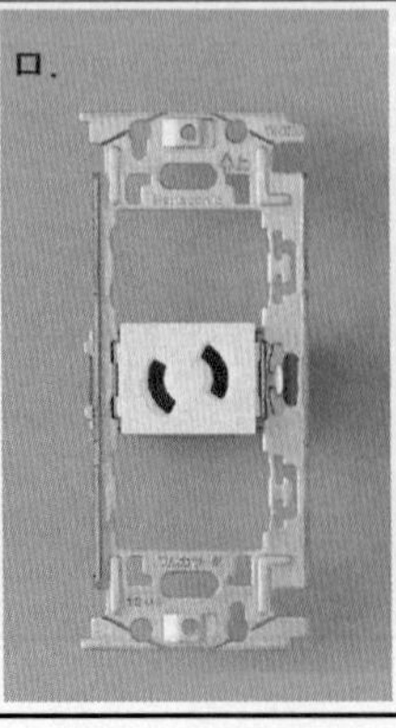	ハ. 	ニ. 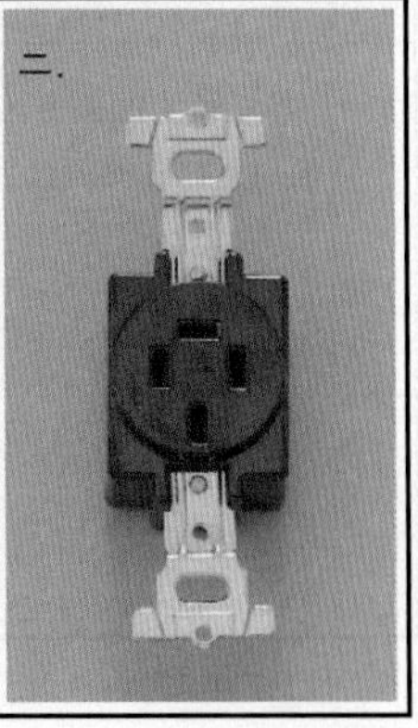

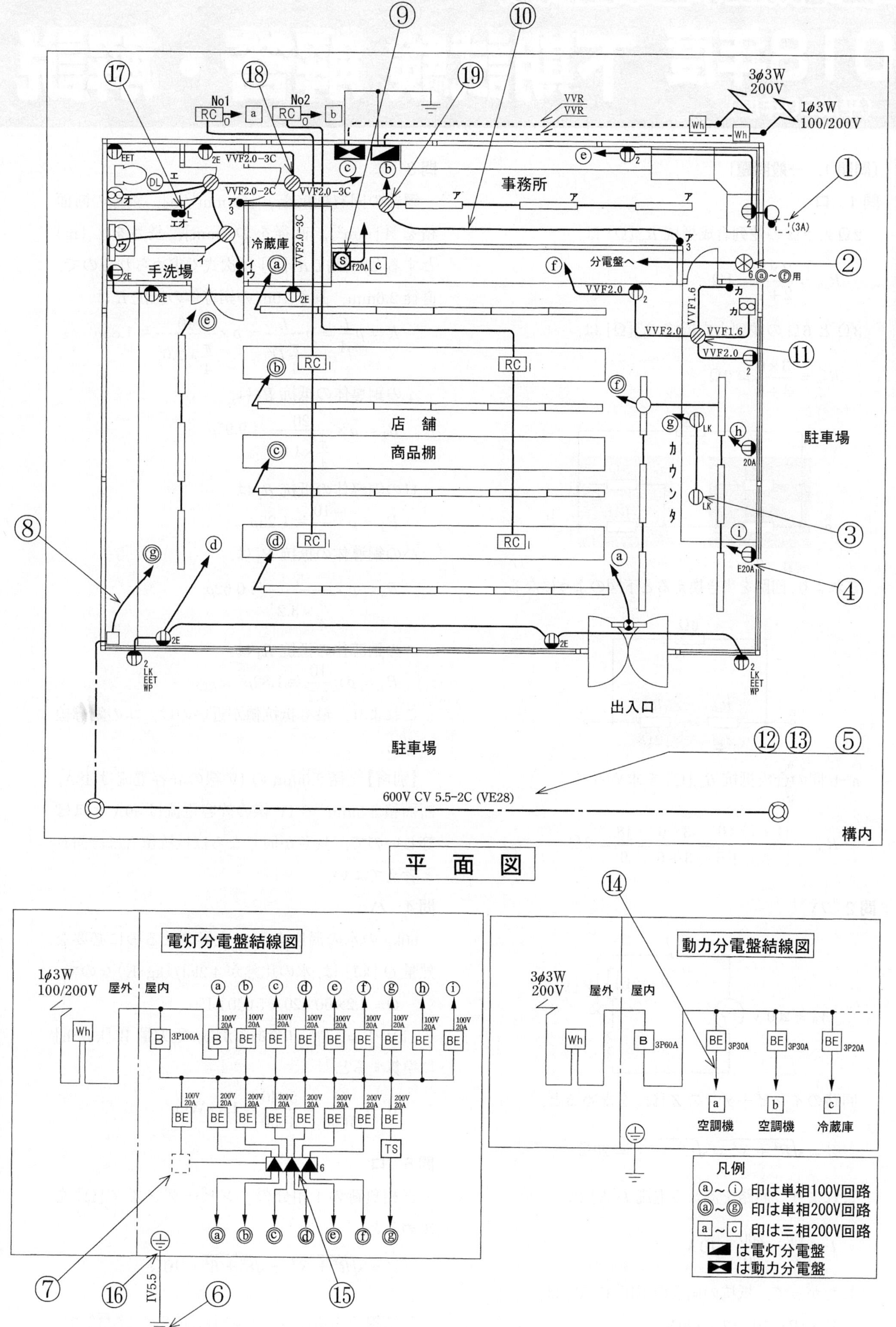

平面図
事務所
冷蔵庫
手洗場
店舗
商品棚
カウンタ
駐車場
出入口
構内
分電盤へ
600V CV 5.5-2C (VE28)
3φ3W 200V
1φ3W 100/200V
電灯分電盤結線図
動力分電盤結線図
空調機
冷蔵庫
凡例
ⓐ～ⓘ 印は単相100V回路
◎a～◎g 印は単相200V回路
a～c 印は三相200V回路
は電灯分電盤
は動力分電盤

〔問題1. 一般問題〕

問1 ロ

2Ωと2Ωの並列合成抵抗 R_{a0}[Ω] は,

$$R_{a0}=\frac{2\times2}{2+2}=1\Omega$$

3Ωと6Ωの並列合成抵抗 R_{b0}[Ω] は,

$$R_{b0}=\frac{3\times6}{3+6}=2\Omega$$

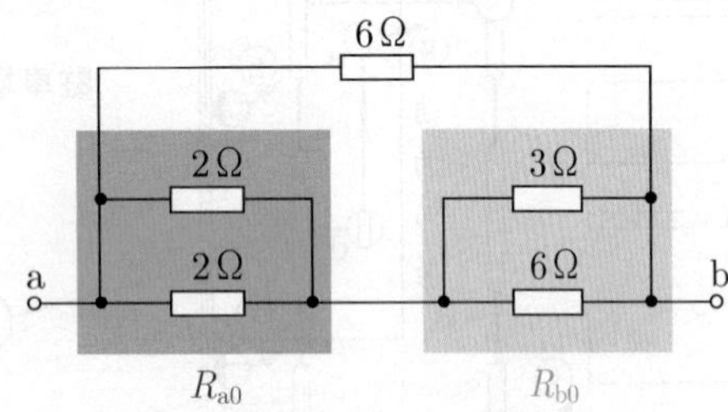

これより,回路を書き換えると下図のようになる.

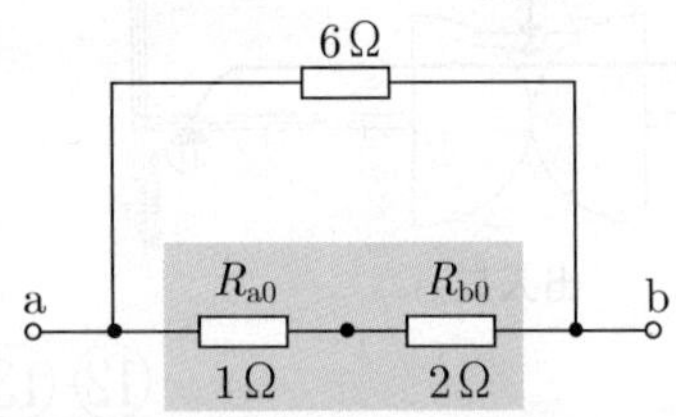

a–b 間の合成抵抗 R_{ab}[Ω] を求めると,

$$R_{ab}=\frac{(1+2)\times6}{(1+2)+6}=\frac{3\times6}{3+6}=\frac{18}{9}=2\Omega$$

問2 ハ

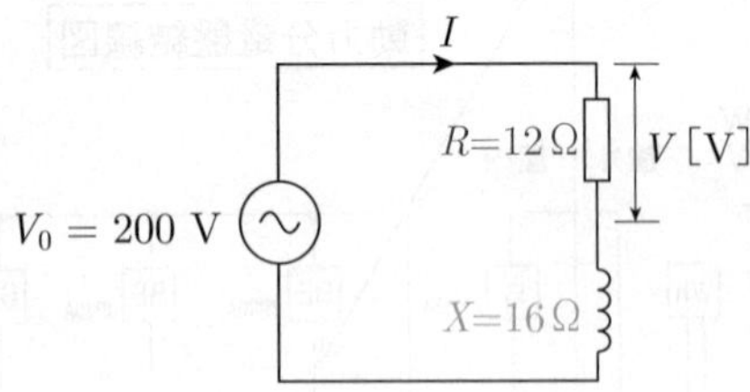

回路のインピーダンス Z[Ω] を求めると,

$$Z=\sqrt{R^2+X^2}=\sqrt{12^2+16^2}=20\Omega$$

これより,回路を流れる電流 I[A] は,

$$I=\frac{V_0}{Z}=\frac{200}{20}=10\,\mathrm{A}$$

したがって,抵抗の両端の電圧 V[V] は,

$$V=IR=10\times12=120\,\mathrm{V}$$

問3 ニ

銅線の固有抵抗を ρ [Ω·mm²/m],銅線の断面積を A [mm²],直径を D [mm],長さを L [m] とすると,抵抗 R [Ω] は次式で求められるので,直径 2.6mm,長さ 10m の銅導体の抵抗 R は,

$$R=\rho\frac{L}{A}=\rho\frac{L}{\frac{\pi}{4}D^2}=\rho\times\frac{10}{\frac{\pi}{4}\times2.6^2}\fallingdotseq1.88\rho$$

イの銅導体の抵抗 R_1 は,

$$R_1=\rho\times\frac{20}{\frac{\pi}{4}\times1.6^2}\fallingdotseq9.95\rho$$

ロの銅導体の抵抗 R_2 は,

$$R_2=\rho\times\frac{10}{8}\fallingdotseq1.25\rho$$

ハの銅導体の抵抗 R_3 は,

$$R_3=\rho\times\frac{5}{\frac{\pi}{4}\times3.2^2}\fallingdotseq0.62\rho$$

ニの銅導体の抵抗 R_4 は,

$$R_4=\rho\times\frac{10}{5.5}\fallingdotseq1.82\rho$$

これより,最も抵抗値が近いのは,ニの銅導線である.

【別解】直径 2.6mm の IV 線の許容電流は 48A,断面積 5.5mm² の IV 線の許容電流は 49A とほぼ等しいので,長さが同じならば抵抗値もほぼ同じと考えてよい.

問4 ハ

60kg の水の温度を 20K 上昇させるのに必要な熱量 Q [kJ] は,水の比熱が 4.2kJ/(kg·K) なので,

$$Q=4.2\times60\times20=5\,040\,\mathrm{kJ}$$

1 kW·h = 3600 kJ であるから,電力量 W[kW·h] に換算すると,

$$W=\frac{Q}{3\,600}=\frac{5\,040}{3\,600}=1.4\,\mathrm{kW\cdot h}$$

問5 ロ

三相負荷の1相分のインピーダンス Z [Ω] を求めると,

$$Z=\sqrt{R^2+X^2}=\sqrt{8^2+6^2}=10\Omega$$

Y結線の相電圧 V_p は線間電圧 V の $1/\sqrt{3}$ 倍で,

$V = 200\,\text{V}$ であるから，線電流 I [A] は，

$$I = \frac{V_p}{Z} = \frac{\frac{200}{\sqrt{3}}}{10} = \frac{200}{\sqrt{3}} \times \frac{1}{10} = \frac{20}{\sqrt{3}} \fallingdotseq 11.6\,\text{A}$$

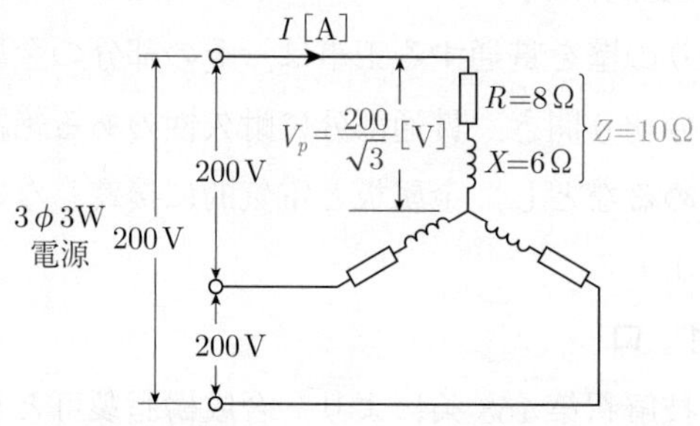

問 6　イ

抵抗負荷 2000 W に流れる負荷電流 I [A] は，

$$I = \frac{P}{V} = \frac{2000}{100} = 20\,\text{A}$$

電線のこう長が 8 m で，1000 m 当たりの抵抗が 3.2 Ω なので，電線 1 本の抵抗 r [Ω] は，

$$r = \frac{3.2}{1000} \times 8 = 0.0256\ \Omega$$

これより，電圧降下 e [V] は次のようになる．

$$e = 2Ir = 2 \times 20 \times 0.0256 \fallingdotseq 1\text{V}$$

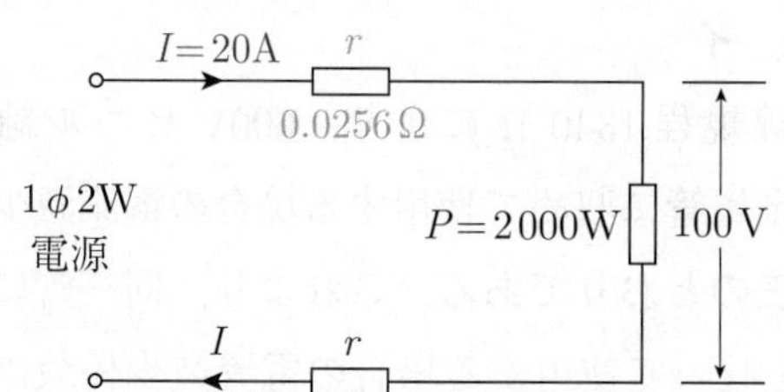

問 7　ハ

抵抗負荷が平衡しているので，中性線には電流が流れず電圧降下は発生しない．1 線当たりの抵抗は 0.1 Ω なので a–b 間の電圧 V_{ab} [V] は，

$$V_{ab} = 105 - 10 \times 0.1 = 105 - 1 = 104\,\text{V}$$

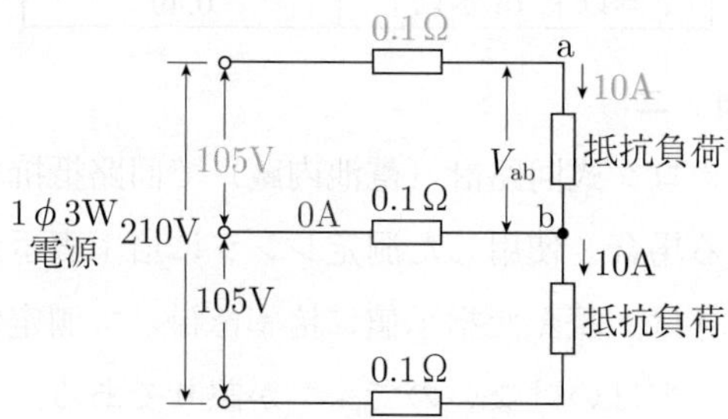

問 8　ロ

直径 2.0mm の 600V ビニル絶縁電線の許容電流は 35A で，電流減少係数は 0.70 であるから，電線 1 本当たりの許容電流 I [A] は，

$$I = 35 \times 0.70 = 24.5 = 24\,\text{A}$$

絶縁電線の許容電流(内線規程 1340−1 表)

種　類	太　さ	許容電流 [A]
単線 直径 [mm]	1.6	27
	2.0	35
より線 断面積 [mm²]	2	27
	3.5	37

(周囲温度 30℃以下)

問 9　ハ

電技解釈第 149 条により，分岐回路の過電流遮断器の位置が幹線との分岐点から 8 m を超えているので，過電流遮断器の定格電流を I_B [A] とすると，a–b 間の電線の許容電流 I [A] は，

$$I \geqq I_B \times 0.55 = 125 \times 0.55 \fallingdotseq 69\,\text{A}$$

問 10　イ

電技解釈第 149 条により，20 A 分岐回路のコンセントは 20 A 以下，電線の太さは 1.6 mm 以上を使用しなければならないので，イが正しい．また，30 A 分岐回路のコンセントは 20 A 以上 30 A 以下，電線の太さは 2.6 mm 以上を使用する．

分岐回路の施設 (電技解釈第 149 条)

分岐過電流遮断器の定格電流	コンセント	電線の太さ
15A	15 A 以下	直径 1.6 mm 以上
20A (配線用遮断器)	20 A 以下	
20A (配線用遮断器を除く)	20 A	直径 2 mm 以上
30A	20 A 以上 30 A 以下	直径 2.6 mm 以上

問 11　ハ

高感度形漏電遮断器の定格感度電流は 30mA 以下なので，ハが誤りである．なお，高速形の動作時間は定格感度電流の 0.1 秒以下で，漏電遮断器は零相変流器により地絡電流を検出し，漏電電流を模擬したテスト装置 (テストボタン) が付いている (JIS C 8201−2−2)．

問 12　イ

電技解釈第 120 条により，地中電線路には電線にケーブルを使用しなくてはいけないので，イが正しい．なお，埋設方法は，管路式，暗きょ式，直接埋設方式により施設しなくてはいけない．

問 13　ロ

三相かご形誘導電動機の同期速度 N_s [min⁻¹] は，周波数 f [Hz]，極数 p とすると，次式で求められる．これより，周波数 50Hz，極数 6 の誘導電動機の同期速度は，

$$N_s=\frac{120f}{p}=\frac{120\times 50}{6}=1000\,\mathrm{min}^{-1}$$

問 14　ニ

金属管のバリ取りはリーマを使用するので，ニが正しい．イのガストーチランプは合成樹脂管の曲げ加工，ロのパイプベンダは金属管の曲げ加工，ハのボルトクリッパは太い電線などの切断に使用する工具である．

問 15　ロ

系統連系型の太陽電池発電設備で使用されるのはパワーコンディショナである．太陽電池で発電した直流電力を交流電力に変換し，系統電力と連携するための機器である．

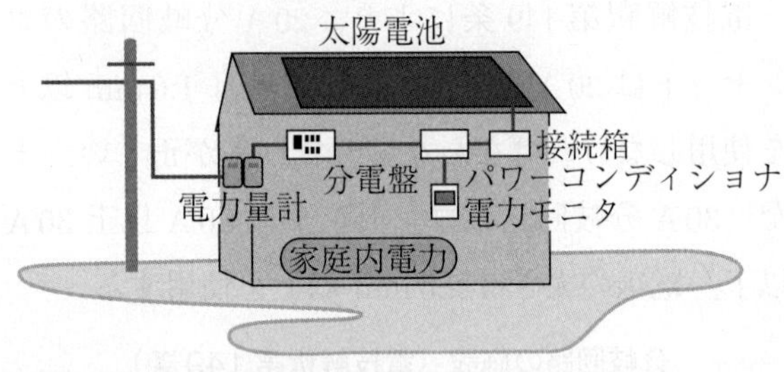

問 16　ハ

写真に示す材料の名称は，600V ポリエチレン絶縁耐燃性ポリエチレンシースケーブル平形である．耐紫外線用エコケーブルとも呼ばれ，ケーブル表面に記されている JIS は JIS 認証，JET は登録検査機関の略称，<PS>E は特定電気用品の表示記号である．

問 17　ハ

写真に示す器具は，リモコン配線のリレーとして用いる片切のリモコンリレーである．

問 18　ニ

写真に示す工具はケーブルストリッパで，VVF ケーブルの外装や絶縁被覆のはぎ取り作業に用いる工具である．

問 19　ロ

電技解釈第 12 条により，電線相互の接続は次のように定められている．

(1)電線接続部の電気抵抗を増加させないこと

(2)電線の引張強さを 20％以上減少させないこと

(3)接続部分には接続管その他の器具を使用するか，ろう付けすること

(4)絶縁電線の絶縁物と同等以上の絶縁抗力のあるもので十分に被覆すること

問 20　イ

電技解釈第 145 条により，金属管工事，金属可とう電線管工事，ケーブル工事で木造住宅の金属板張りの壁を貫通する工事は，その部分の金属板を十分切り開き，貫通部分に耐久性のある絶縁管をはめるなどし，金属板と電気的に接続しないよう施工する．

問 21　ロ

電技解釈第 158 条により，合成樹脂製可とう電線管（CD 管）は，直接コンクリートに埋め込んで施設するか，専用の不燃性または自消性のある難燃性の管またはダクトに収めて施設しなくてはいけないので，ロが不適切である．

問 22　ハ

電技解釈第 29 条により，D 種接地工事を省略することができるのは，水気のある場所以外の場所に低圧用の機械器具に電気を供給する電路に，定格感度電流 15 mA 以下，動作時間が 0.1 秒以下の漏電遮断器を施設する場合なので，ハが不適切である．

問 23　イ

内線規程 1340−1 により，600V ビニル絶縁電線を金属管に収めて使用する場合の電流減少係数は下表のとおりである．これより，同一管に電線 2 本を収めて使用する場合の電流減少係数は 0.70 なので，イが誤りである．

電流減少係数（内線規程 1340−2 表）

同一管内の電線数	電流減少係数
3 本以下	0.70
4 本	0.63
5〜6 本	0.56
7 本以上 15 本以下	0.49

問 24　ニ

アナログ式回路計（電池内蔵）で回路抵抗を測定する場合，使用した測定レンジに倍率表示があるときは，読んだ指示値に倍率を掛けて測定値としなくてはいけないので，ニが誤りである．

問 25　ニ

内線規程 1315−1，1315−6 により，単相 3 線式電路の電線の色は次図のように用いられる．したがって，赤色線と黒色線間の電圧は 200V，白色線と大地間の電圧は 0 V，赤色線と大地間の電圧

は 100 V である.

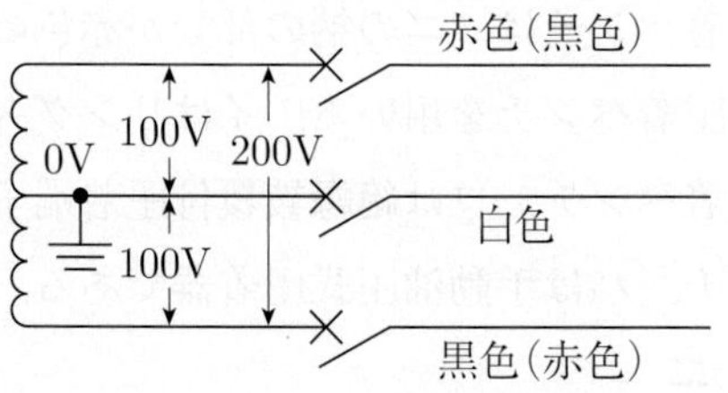

問 26　ハ

接地抵抗計（アーステスタ）は，被測定接地極（E）を端とし，一直線上に 2 箇所の補助接地極（P，C）を順次 10 m 離して配置し測定する.

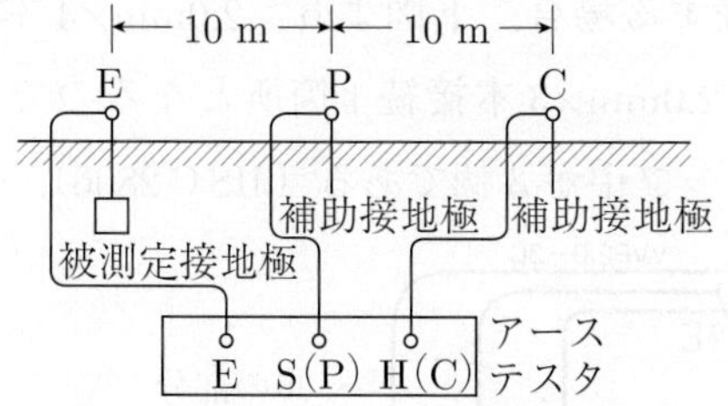

問 27　ロ

単相 3 線式回路で中性線が断線すると，容量の大きい機器には定格より低い電圧が加わり，容量の小さい機器には定格より大きい電圧が加わる.

問 28　ハ

電気工事士法により，第二種電気工事士免状のみでは自家用電気工作物（最大電力が 500 kW 未満の需要設備）の低圧部分の工事はできないので，ハが誤りである.

問 29　ニ

電気用品安全法で，特定電気用品に区分されるのは，定格電流 100A 以下の配線用遮断器なので，ニが正しい.

問 30　ロ

電技省令第 2 条により，低圧は直流にあっては 750V 以下，交流にあっては 600V 以下と定められている.

〔問題 2．配線図〕

問 31　ニ

自動点滅器の図記号は●$_A$なので，傍記表記は A が正しい.

問 32　イ

②で示す図記号は，リモコンセレクタスイッチである．単相 200V の照明回路ⓐ～ⓕのスイッチとして用いられている.

問 33　ロ

③で示す図記号は，抜け止め形の天井コンセントである．床面コンセントの図記号は（図記号），壁付けコンセントの図記号は（図記号），二重床用コンセントの図記号は（図記号）である.

問 34　ニ

④で示す図記号は，定格 125V20A 接地極付コンセントである．（図記号）は定格 250V20A の接地極付コンセント，（図記号）は定格 125V15A 接地極付コンセント，（図記号）は定格 250V15A 接地極付コンセントの図記号である.

問 35　ハ

⑤で示す部分の配線は（VE28）とあるので，内径 28mm の硬質塩化ビニル電線管を使用した地中配線である.

問 36　ハ

⑥で示す部分の接地工事は，単相 100/200V 電灯分電盤の金属製外箱の接地なので，電技解釈第 29 条により D 種接地工事を施す．また，電源側に地絡遮断装置が設置されていないので，接地抵抗値は 100 Ω 以下としなくてはならない.

機械器具の金属製外箱等の接地（電技解釈第 29 条）

機械器具の使用電圧の区分		接地工事
低圧	300V 以下	D 種接地工事
	300V 超過	C 種接地工事

問 37　ロ

⑦で示す箇所には，リモコンリレーの制御電源であるリモコン変圧器Ⓣ$_R$を設置する．Ⓣ$_B$はベル変圧器，●$_D$は遅延スイッチ，●$_R$はリモコンスイッチの図記号である.

問 38　イ

⑧で示す部分の電路は，単相 200V の電気配線で，対地電圧は 100V であることから，電技省令第 58 条により，電路と大地間の絶縁抵抗は 0.1 MΩ 以上でなくてはならない.

低圧電路の絶縁性能（電技省令第 58 条）

電路の使用電圧の区分		絶縁抵抗値
300V 以下	対地電圧 150V 以下	0.1 MΩ 以上
	その他の場合	0.2 MΩ 以上
300V を超える低圧回路		0.4 MΩ 以上

問 39　イ

⑨で示す図記号は，電流計付の開閉器で，回路に過電流が流れた場合，電路をヒューズにより遮断するために設置する．

問 40　ロ

⑩で示す部分の最少電線本数（心線数）は，複線結線図−1 より 3 本である．

問 41　イ

⑪で示す部分の接続工事をリングスリーブで圧着接続する場合，下図より 1.6mm×2 本接続 1 箇所，2.0mm×2 本＋1.6mm×1 本接続 2 箇所となるので，リングスリーブ小 1 個（刻印「○」），中 2 個（刻印「中」）である（JIS C 2806）．

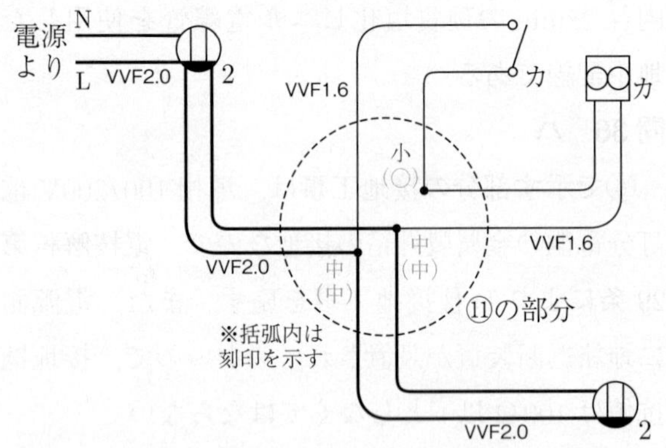

問 42　ハ

⑫で示す部分は，硬質塩化ビニル電線管を使用した地中配線工事である．電線管相互の接続には，ハの TS カップリングを使用する．

問 43　イ

⑬で示す部分の工事は，硬質塩化ビニル電線管を使用した地中配線工事なので，イのパイプレンチは使用しない．パイプレンチはカップリングの接続などに使用する工具である．ロは合成樹脂管カッタ，ハは面取り器，ニはガストーチランプで，硬質塩化ビニル電線管工事に使用される．

問 44　イ

⑭で示す動力回路の漏れ電流を測定する計器は，イのクランプ形電流計である．ロは回路計，ハは検電器（低圧用），ニは絶縁抵抗計である．

問 45　ニ

⑮で示す図記号はリモコンリレーであるが，単相 200V 回路なので，ニの両切のリモコンリレーを使用する．イはリモコン変圧器，ロはタイムスイッチ，ハは片切のリモコンリレーである．

問 46　ニ

⑯の部分で写真に示す圧着端子と接地線を接続する圧着ペンチは，ニの柄の部分が赤色の圧着端子用の圧着ペンチを用いる．イはリングスリーブ用の圧着ペンチ，ロは絶縁被覆付圧着端子用の圧着ペンチ，ハは手動油圧式圧着器である．

問 47　ニ

⑰で示す図記号の器具は，傍記表記が L なので，ニの確認表示灯内蔵の点滅器である．

問 48　ロ

⑱で示す部分の接続工事をリングスリーブで圧着接続する場合，下図より，2.0mm×4 本接続 2 箇所，2.0mm×3 本接続 1 箇所となるので，リングスリーブ中が 3 個である（JIS C 2806）．

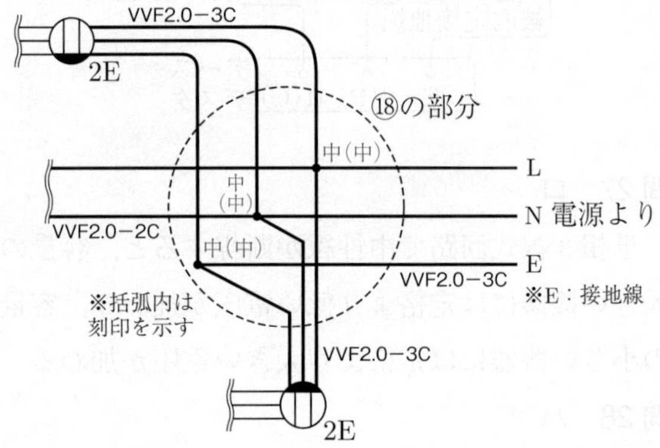

問 49　ロ

⑲で示すボックス内の接続は，複線結線図−1 より，2 本接続用が 5 個である．

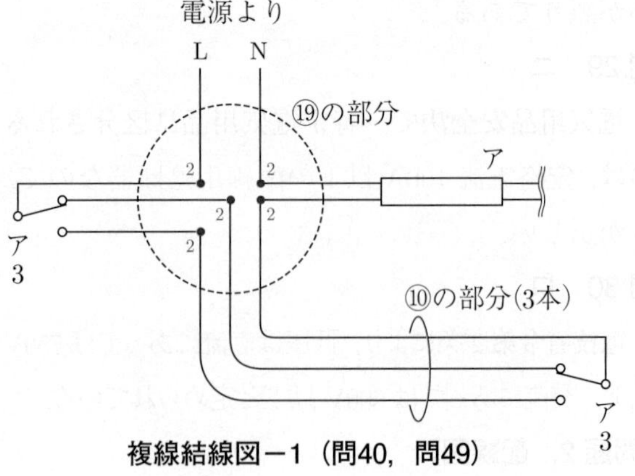

複線結線図−1（問40，問49）

問 50　ニ

この配線図では，ニの三相 200V 接地極付コンセントは使用されていない（図記号：$_{E}^{3P250V}$）．イは 2 口の接地極付コンセント（図記号：$_{2E}$），ロは抜止形コンセント（図記号：$_{LK}$），ハは接地極付接地端子付コンセント（図記号：$_{EET}$）で，各々使用されている．

第二種電気工事士
筆記試験

2017年度
（平成29年度）

上期試験

問題１．一般問題 (問題数 30，配点は１問当たり２点)

【注】本問題の計算で $\sqrt{2}$，$\sqrt{3}$ 及び円周率 π を使用する場合の数値は次によること。　$\sqrt{2}=1.41$，$\sqrt{3}=1.73$，$\pi=3.14$

次の各問いには４通りの答え（イ，ロ，ハ，ニ）が書いてある。それぞれの問いに対して答えを１つ選びなさい。

	問い	答え
1	図のような回路で，端子a－b間の合成抵抗［Ω］は。 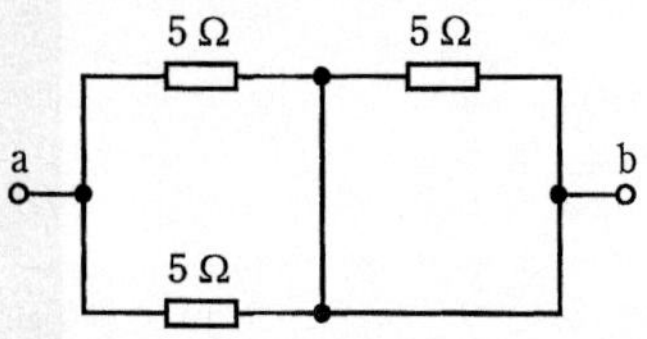 	イ．2.5　ロ．5　ハ．7.5　ニ．15
2	図のような交流回路で，電源電圧204 V，抵抗の両端の電圧が180 V，リアクタンスの両端の電圧が96 Vであるとき，負荷の力率［%］は。 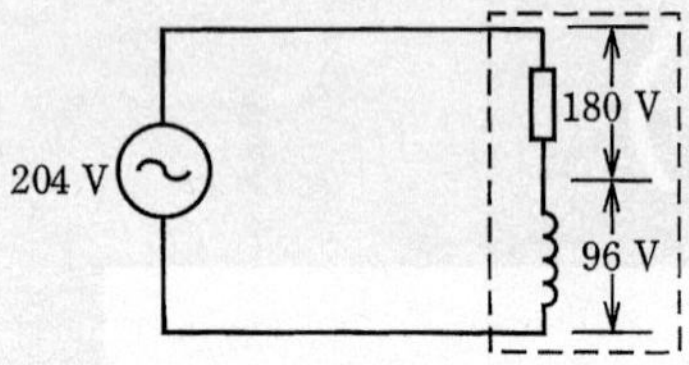 	イ．35　ロ．47　ハ．65　ニ．88
3	A，B 2本の同材質の銅線がある。Aは直径1.6 mm，長さ20 m，Bは直径3.2 mm，長さ40 mである。Aの抵抗はBの抵抗の何倍か。	イ．2　ロ．3　ハ．4　ニ．5
4	図のような交流回路で，負荷に対してコンデンサCを設置して，力率を 100 %に改善した。このときの電流計の指示値は。 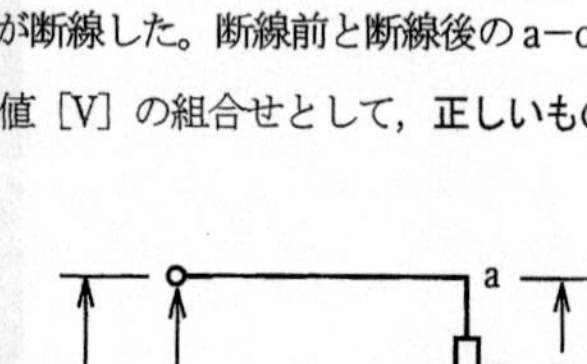 	イ．零になる。 ロ．コンデンサ設置前と比べて変化しない。 ハ．コンデンサ設置前と比べて増加する。 ニ．コンデンサ設置前と比べて減少する。
5	図のような三相３線式200 Vの回路で，c－o間の抵抗が断線した。断線前と断線後のa－o間の電圧 V の値［V］の組合せとして，正しいものは。 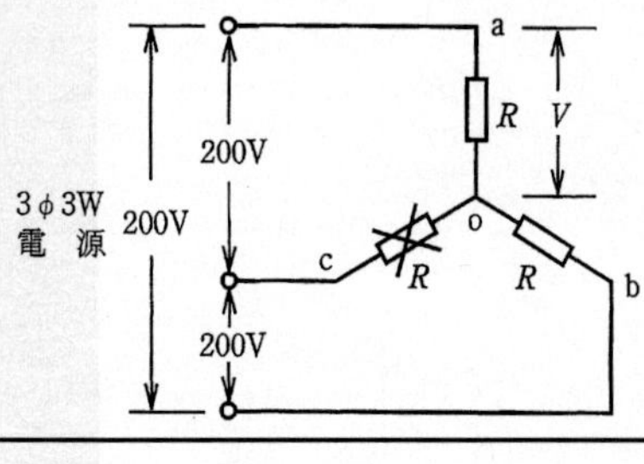 	イ．断線前116　断線後100 ロ．断線前116　断線後116 ハ．断線前100　断線後116 ニ．断線前100　断線後100

問い		答え			
6	図のように，電線のこう長10 mの配線により，消費電力1 500 Wの抵抗負荷に電力を供給した結果，負荷の両端の電圧は100 Vであった。配線における電圧降下[V]は。 ただし，電線の電気抵抗は長さ1 000 m当たり5.0 Ωとする。 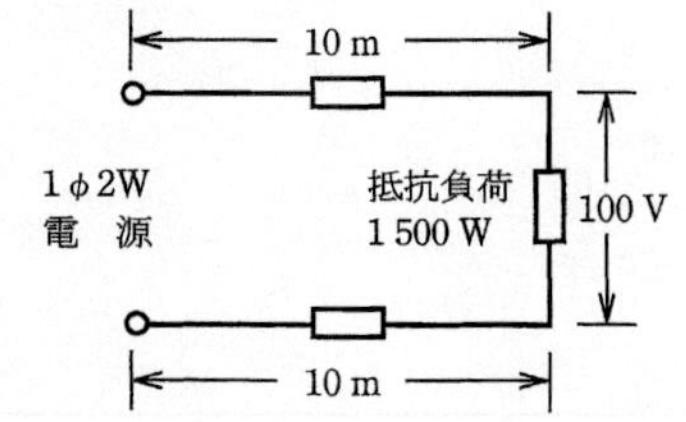 10 m / 1 φ 2W 電源 / 抵抗負荷 1 500 W / 100 V / 10 m	イ．0.15	ロ．0.75	ハ．1.5	ニ．3.0
7	金属管による低圧屋内配線工事で，管内に直径2.0 mmの600Vビニル絶縁電線（軟銅線）2本を収めて施設した場合，電線1本当たりの許容電流[A]は。 ただし，周囲温度は30℃以下，電流減少係数は0.7とする。	イ．19	ロ．24	ハ．27	ニ．35
8	図のように，三相の電動機と電熱器が低圧屋内幹線に接続されている場合，幹線の太さを決める根拠となる電流の最小値[A]は。 ただし，需要率は100%とする。 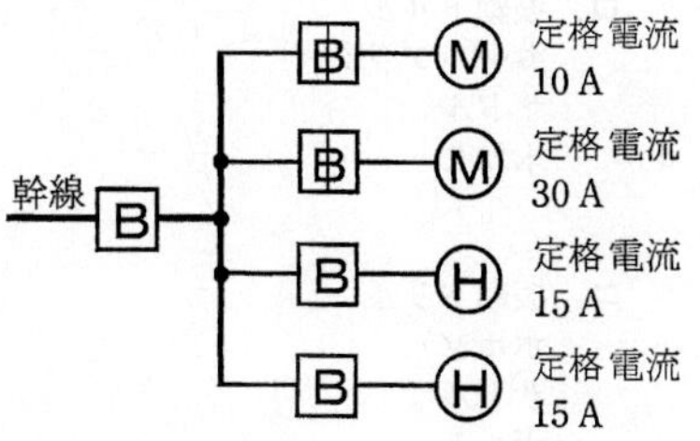 幹線 B / B M 定格電流 10 A / B M 定格電流 30 A / B H 定格電流 15 A / B H 定格電流 15 A	イ．70	ロ．74	ハ．80	ニ．150
9	低圧屋内配線の分岐回路の設計で，配線用遮断器，分岐回路の電線の太さ及びコンセントの組合せとして，**不適切なものは**。 ただし，分岐点から配線用遮断器までは3 m，配線用遮断器からコンセントまでは8 mとし，電線の数値は分岐回路の電線（軟銅線）の太さを示す。 また，コンセントは兼用コンセントではないものとする。	イ． 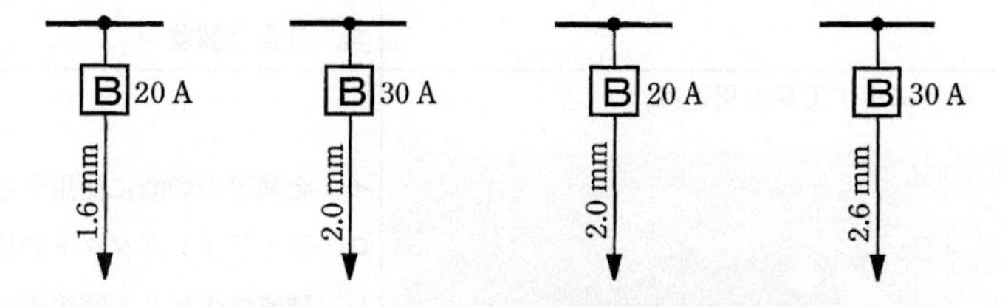 B 20 A 1.6 mm 定格電流15 Aのコンセント 2個	ロ． B 30 A 2.0 mm 定格電流30 Aのコンセント 2個	ハ． B 20 A 2.0 mm 定格電流20 Aのコンセント 3個	ニ． B 30 A 2.6 mm 定格電流20 Aのコンセント 1個

2017年度：上期（平成29年度）

	問い	答え
10	図のように定格電流 50 A の配線用遮断器で保護された低圧屋内幹線から VVR ケーブル太さ 8 mm^2（許容電流 42 A）で低圧屋内電路を分岐する場合，a–b 間の長さの最大値[m] は。 ただし，低圧屋内幹線に接続される負荷は，電灯負荷とする。 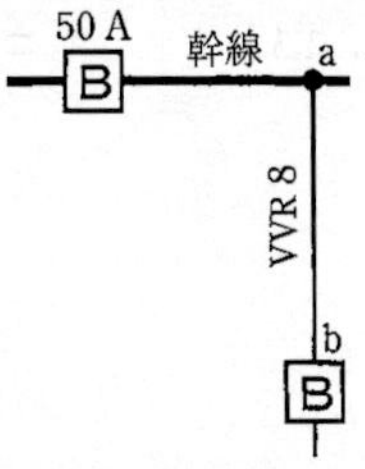	イ．3　ロ．5　ハ．8　ニ．制限なし
11	金属管工事において，絶縁ブッシングを使用する主な目的は。	イ．電線の被覆を損傷させないため。 ロ．金属管相互を接続するため。 ハ．金属管を造営材に固定するため。 ニ．電線の接続を容易にするため。
12	白熱電球と比較して，電球形 LED ランプ（制御装置内蔵形）の特徴として，**誤っているもの**は。	イ．寿命が短い。 ロ．発光効率が高い（同じ明るさでは消費電力が少ない）。 ハ．価格が高い。 ニ．力率が低い。
13	一般用低圧三相かご形誘導電動機に関する記述で，**誤っているものは**。	イ．じか入れ（全電圧）始動での始動電流は全負荷電流の 4～8 倍程度である。 ロ．負荷が増加すると回転速度がやや低下する。 ハ．電源の周波数が 60 Hz から 50 Hz に変わると回転速度が増加する。 ニ．3 本の結線のうちいずれか 2 本を入れ替えると逆回転する。
14	コンクリート壁に金属管を取り付けるときに用いる材料及び工具の組合せとして，**適切なものは**。	イ．ホルソ　カールプラグ　ハンマ　ステープル ロ．振動ドリル　カールプラグ　サドル　木ねじ ハ．ハンマ　たがね　ステープル　コンクリート釘 ニ．振動ドリル　ホルソ　サドル　ボルト
15	系統連系型の太陽電池発電設備において使用される機器は。	イ．パワーコンディショナ ロ．低圧進相コンデンサ ハ．調光器 ニ．自動点滅器
16	写真に示す工具の用途は。 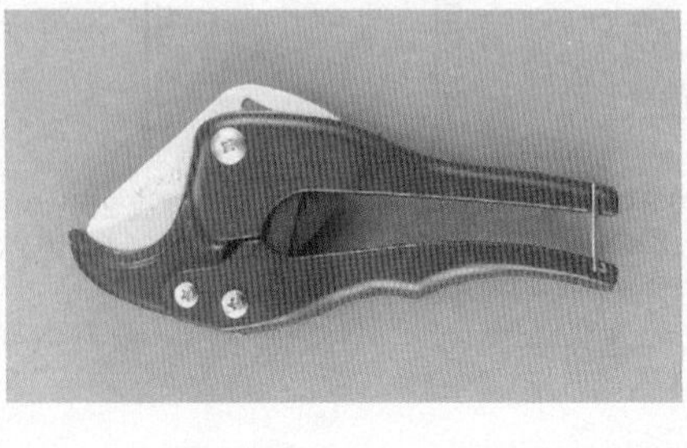	イ．金属管の切断に使用する。 ロ．ライティングダクトの切断に使用する。 ハ．硬質塩化ビニル電線管の切断に使用する。 ニ．金属線ぴの切断に使用する。

問い		答え
17	写真に示す器具の名称は。 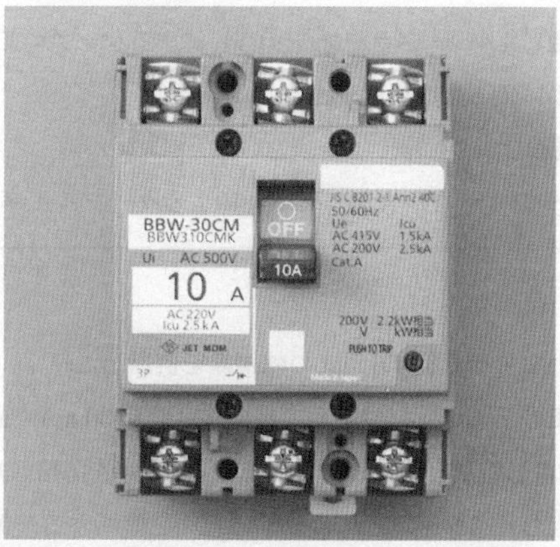	イ．漏電警報器 ロ．電磁開閉器 ハ．漏電遮断器 ニ．配線用遮断器（電動機保護兼用）
18	写真に示す測定器の名称は。 	イ．検相器 ロ．周波数計 ハ．クランプ形電流計 ニ．照度計
19	特殊場所とその場所に施工する低圧屋内配線工事の組合せで，**不適切なものは**。	イ．プロパンガスを他の小さな容器に小分けする可燃性ガスのある場所 MIケーブルを使用したケーブル工事 ロ．石油を貯蔵する危険物の存在する場所 600Vビニル絶縁ビニルシースケーブルを防護装置に収めないで使用したケーブル工事 ハ．小麦粉をふるい分けする可燃性粉じんのある場所 硬質塩化ビニル電線管VE28を使用した合成樹脂管工事 ニ．自動車修理工場の吹き付け塗装作業を行う可燃性ガスのある場所 厚鋼電線管を使用した金属管工事
20	単相3線式100/200V屋内配線の住宅用分電盤の工事を施工した。**不適切なものは**。	イ．ルームエアコン（単相200V）の分岐回路に2極2素子の配線用遮断器を取り付けた。 ロ．電熱器（単相100V）の分岐回路に2極2素子の配線用遮断器を取り付けた。 ハ．主開閉器の中性極に銅バーを取り付けた。 ニ．電灯専用（単相100V）の分岐回路に2極1素子の配線用遮断器を取り付け，素子のある極に中性線を結線した。
21	使用電圧100Vの屋内配線の施設場所における工事の種類で，**不適切なものは**。	イ．点検できない隠ぺい場所であって，乾燥した場所の金属管工事 ロ．点検できない隠ぺい場所であって，湿気の多い場所の合成樹脂管工事（CD管を除く） ハ．展開した場所であって，湿気の多い場所のケーブル工事 ニ．展開した場所であって，湿気の多い場所のライティングダクト工事

	問　い	答　え
22	同一敷地内の車庫へ使用電圧100 Vの電気を供給するための低圧屋側配線部分の工事として，**不適切なものは。**	イ．600V 架橋ポリエチレン絶縁ビニルシースケーブル（CV）によるケーブル工事 ロ．硬質塩化ビニル電線管(VE)による合成樹脂管工事 ハ．1 種金属製線ぴによる金属線ぴ工事 ニ．600V ビニル絶縁ビニルシースケーブル丸形（VVR）によるケーブル工事
23	D種接地工事の施工方法として，**不適切なものは。**	イ．ルームエアコンの接地線として，直径 1.6 mm の軟銅線を使用した。 ロ．単相 100 V の電動機を水気のある場所に設置し，定格感度電流 30 mA，動作時間 0.1 秒の電流動作型漏電遮断器を取り付けたので，接地工事を省略した。 ハ．低圧電路に地絡を生じた場合に 0.5 秒以内に自動的に電路を遮断する装置を設置し，接地抵抗値が 300 Ωであった。 ニ．移動して使用する電気機械器具の金属製外箱の接地線として，多心キャブタイヤケーブルの断面積 0.75 mm^2 の 1 心を使用した。
24	低圧電路で使用する測定器とその用途の組合せとして，**誤っているものは。**	イ．クランプ形電流計 と 負荷電流の測定 ロ．回路計（テスタ）と 導通の確認 ハ．検相器 と 電動機の回転速度の測定 ニ．検電器 と 電路の充電の有無の確認
25	低圧屋内配線の絶縁抵抗測定を行いたいが，その電路を停電して測定することが困難なため，漏えい電流により絶縁性能を確認した。「電気設備の技術基準の解釈」に定める絶縁性能を有していると判断できる漏えい電流の最大値［mA］は。	イ．0.1　　ロ．0.2　　ハ．1.0　　ニ．2.0
26	接地抵抗計（電池式）に関する記述として，**誤っているものは。**	イ．接地抵抗測定の前には，接地抵抗計の電池容量が正常であることを確認する。 ロ．接地抵抗測定の前には，端子間を開放して測定し，指示計の零点の調整をする。 ハ．接地抵抗測定の前には，接地極の地電圧が許容値以下であることを確認する。 ニ．接地抵抗測定の前には，補助極を適正な位置に配置することが必要である。
27	図の交流回路は，負荷の電圧，電流，電力を測定する回路である。図中に a，b，c で示す計器の組合せとして，**正しいものは。** 1φ2W 電源　a　b　c　負荷	イ．a 電流計　b 電圧計　c 電力計 ロ．a 電力計　b 電流計　c 電圧計 ハ．a 電圧計　b 電流計　c 電力計 ニ．a 電圧計　b 電力計　c 電流計

	問い	答え
28	電気工事士法に違反しているものは。	イ．電気工事士試験に合格したが，電気工事の作業に従事しないので都道府県知事に免状の交付申請をしなかった。 ロ．電気工事士が電気工事士免状を紛失しないよう，これを営業所に保管したまま電気工事の作業に従事した。 ハ．電気工事士が住所を変更したが，30日以内に都道府県知事にこれを届け出なかった。 ニ．電気工事士が経済産業大臣に届け出をしないで，複数の都道府県で電気工事の作業に従事した。
29	電気工事士法において，一般用電気工作物に係る工事の作業で a，b ともに電気工事士でなければ従事できないものは。	イ．a：配電盤を造営材に取り付ける。 b：電線管を曲げる。 ロ．a：地中電線用の管を設置する。 b：定格電圧 240 V の電力量計を取り付ける。 ハ．a：電線を支持する柱を設置する。 b：電線管に電線を収める。 ニ．a：接地極を地面に埋設する。 b：定格電圧 125 V の差込み接続器にコードを接続する。
30	低圧の屋内電路に使用する次の配線器具のうち，特定電気用品の適用を受けるものは。 ただし，定格電圧，定格電流，使用箇所，構造等すべて「電気用品安全法」に定める電気用品に該当するものとする。	イ．カバー付ナイフスイッチ ロ．電磁開閉器 ハ．ライティングダクト ニ．タイムスイッチ

問題２．配線図（問題数 20，配点は１問当たり２点）

図は，鉄筋コンクリート造の集合住宅共用部の部分的配線図である。この図に関する次の各問いには４通りの答え（イ，ロ，ハ，ニ）が書いてある。それぞれの問いに対して，答えを１つ選びなさい。

【注意】

1．屋内配線の工事は，動力回路及び特記のある場合を除き 600V ビニル絶縁ビニルシースケーブル平形（VVF）を用いたケーブル工事である。
2．屋内配線等の電線の本数，電線の太さ，その他，問いに直接関係のない部分等は省略又は簡略化してある。
3．選択肢（答え）の写真にあるコンセント及び点滅器は，「JIS C 0303：2000 構内電気設備の配線用図記号」で示す「一般形」である。
4．ジョイントボックスを経由する電線は，すべて接続箇所を設けている。
5．３路スイッチの記号「0」の端子には，電源側又は負荷側の電線を結線する。

	問　い	答　え
31	①で示す部分に取り付ける分電盤の図記号は。	イ． 　ロ． 　ハ． 　ニ． 
32	②で示す部分の配線工事で用いる管の種類は。	イ．波付硬質合成樹脂管 ロ．硬質塩化ビニル電線管 ハ．耐衝撃性硬質塩化ビニル電線管 ニ．合成樹脂製可とう電線管
33	③で示す外灯は，100 W の水銀灯である。 その図記号の傍記表示として，**正しいものは**。	イ．N100　ロ．H100　ハ．M100　ニ．W100
34	④で示す図記号の名称は。	イ．非常用照明 ロ．一般用照明 ハ．誘導灯 ニ．保安用照明
35	⑤で示す図記号の器具は。	イ．過負荷警報を知らせるブザー ロ．確認表示灯付の電磁開閉器用押しボタン ハ．運転時に点灯する青色のパイロットランプ ニ．負荷を運転させる為のフロートスイッチ
36	⑥で示す図記号の名称は。	イ．電力計 ロ．タイムスイッチ ハ．配線用遮断器 ニ．電力量計
37	⑦で示す部分の電路と大地間の絶縁抵抗として，許容される最小値[MΩ]は。	イ．0.1　ロ．0.2　ハ．0.4　ニ．1.0
38	⑧で示す部分の最少電線本数（心線数）は。	イ．2　ロ．3　ハ．4　ニ．5
39	⑨で示す部分は引掛形のコンセントである。 その図記号の傍記表示として，**正しいものは**。	イ．T　ロ．ET　ハ．EL　ニ．LK
40	⑩で示す引込線取付点の地表上の高さの最低値[m]は。 ただし，引込線は道路を横断せず，技術上やむを得ない場合で，交通に支障がないものとする。	イ．2.5　ロ．3.0　ハ．3.5　ニ．4.0

	問い				
41	⑪で示す図記号の器具は。	イ. 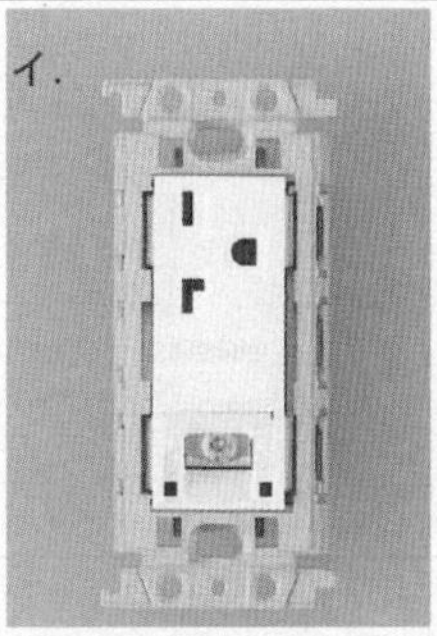	ロ. 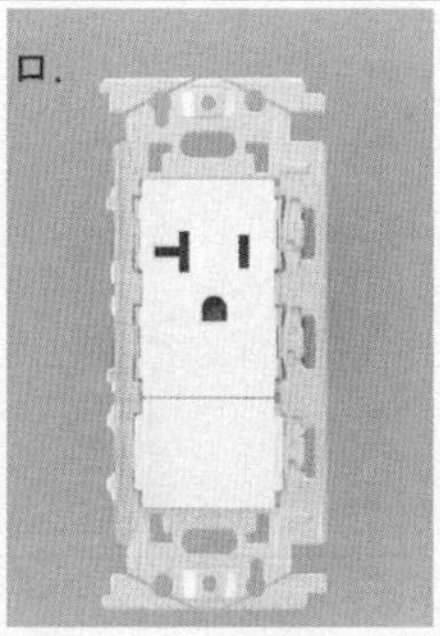	ハ. 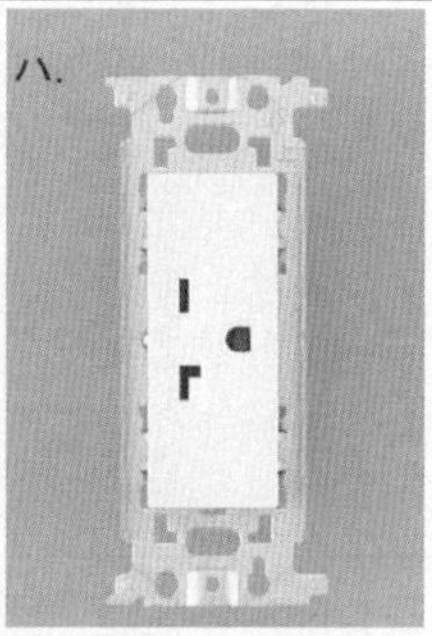	ニ. 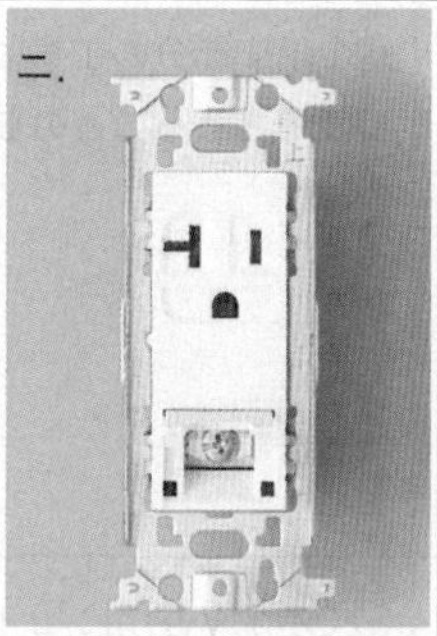
42	⑫で示す部分の天井内のジョイントボックス内において，接続工事をリングスリーブで圧着接続した場合のリングスリーブの種類，個数及び接続後の刻印との組合せで**正しいものは**。 ただし，使用する電線はすべてVVF1.6とする。また，写真に示す**リングスリーブ中央の○，小，中は接続後の刻印を表す**。	イ.  小 小　小 小　3個	ロ. ○ 小　1個 中　中 中　2個 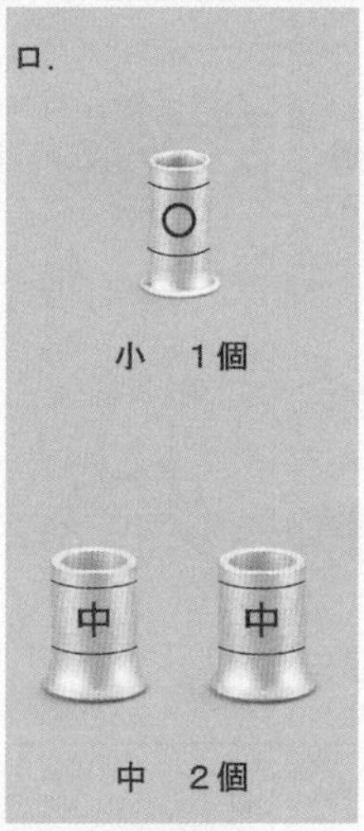	ハ. 中 中　1個 小　小 小　2個 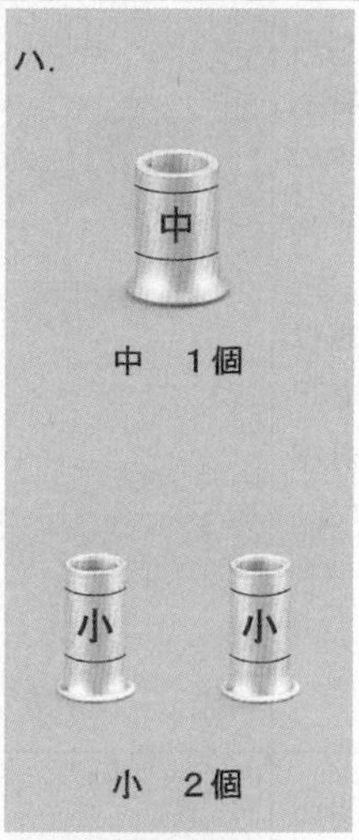	ニ. 中 中　1個 ○　小 小　2個 
43	⑬の部分で，下の写真に示す圧着端子と接地線を圧着接続するための工具として，**適切なものは**。 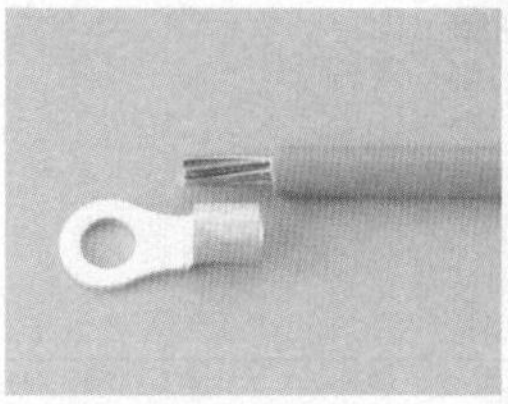	イ. 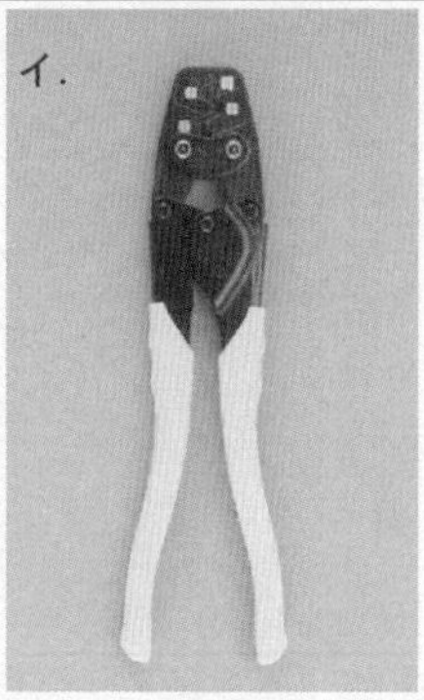	ロ. 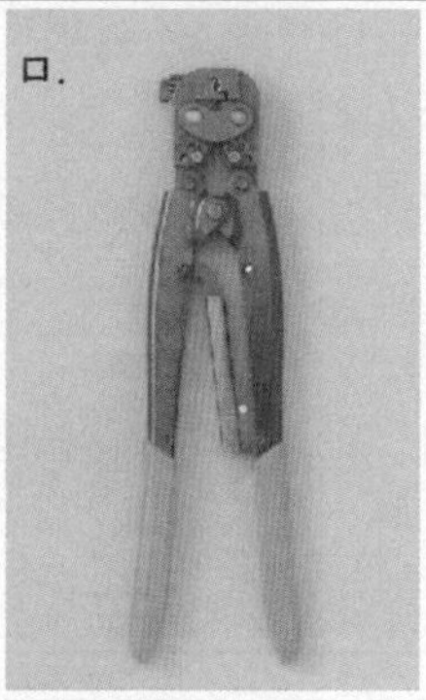	ハ. 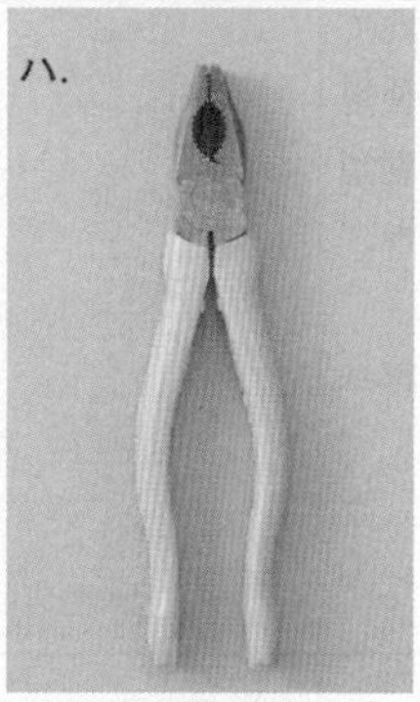	ニ. 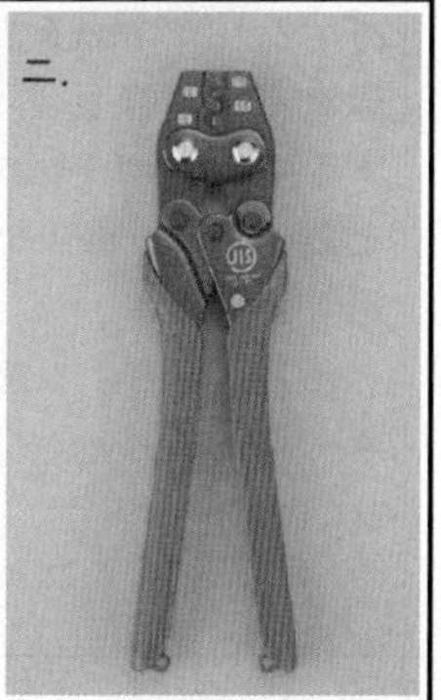
44	⑭で示す図記号の器具は。	イ. 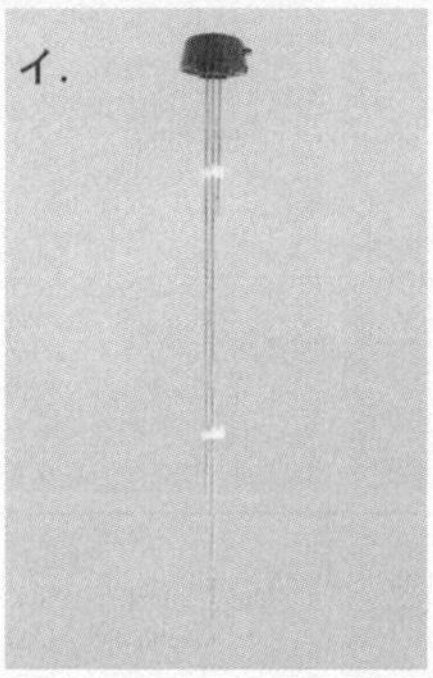	ロ. 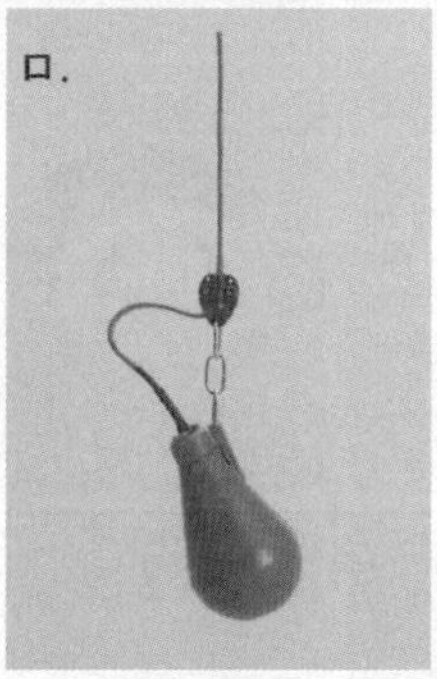	ハ.  ON OFF	ニ. 
45	⑮で示す図記号のものは。	イ. 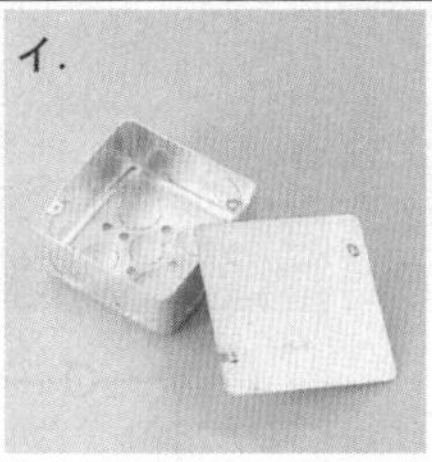	ロ. 	ハ. 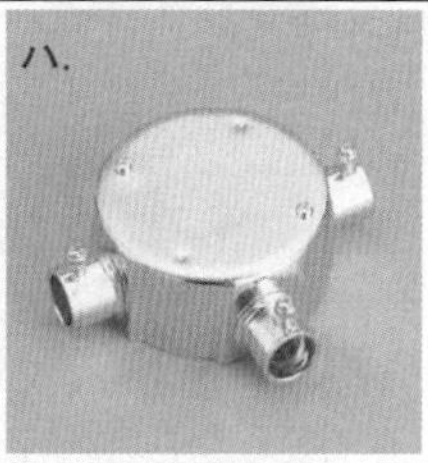	ニ. 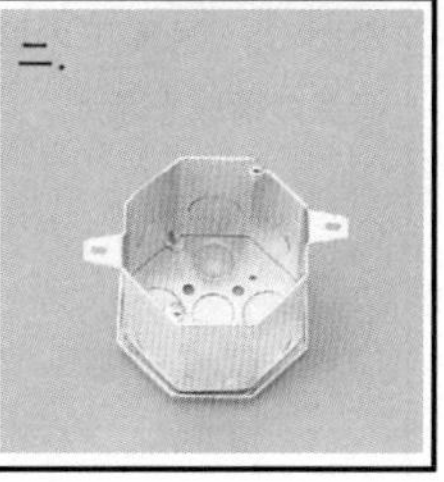

	問　い	
46	⑯で示す部分の工事において**使用されることのないものは。**	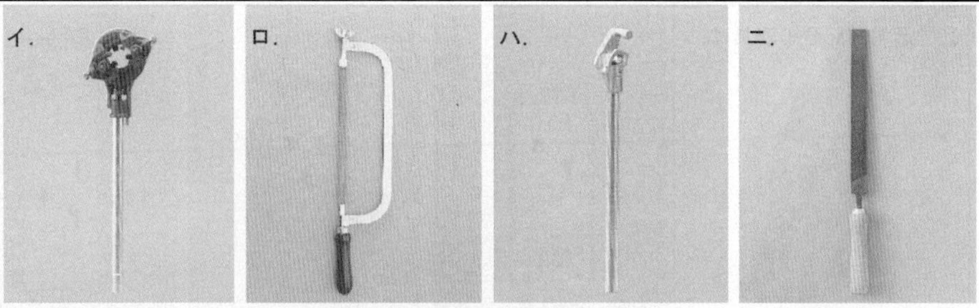 イ.　ロ.　ハ.　ニ.
47	⑰で示すVVF用ジョイントボックス内の接続をすべて差込形コネクタとする場合，使用する差込形コネクタの種類と最少個数の組合せで，**適切なものは。** ただし，使用する電線はすべてVVF1.6とし，地下1階に至る配線の電線本数（心線数）は最少とする。	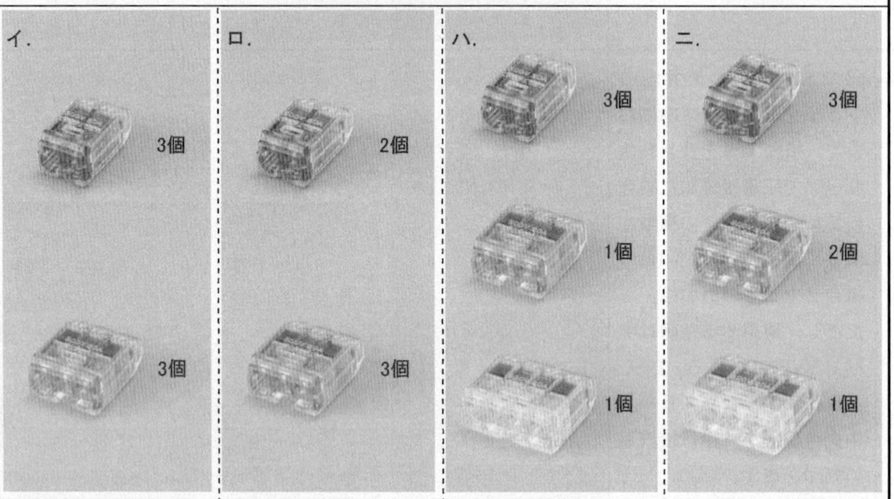 イ. 3個 3個　ロ. 2個 3個　ハ. 3個 1個 1個　ニ. 3個 2個 1個
48	⑱で示すVVF用ジョイントボックス内の接続をすべて圧着接続とする場合，使用するリングスリーブの種類と最少個数の組合せで，**適切なものは。** ただし，使用する電線はすべてVVF1.6とする。	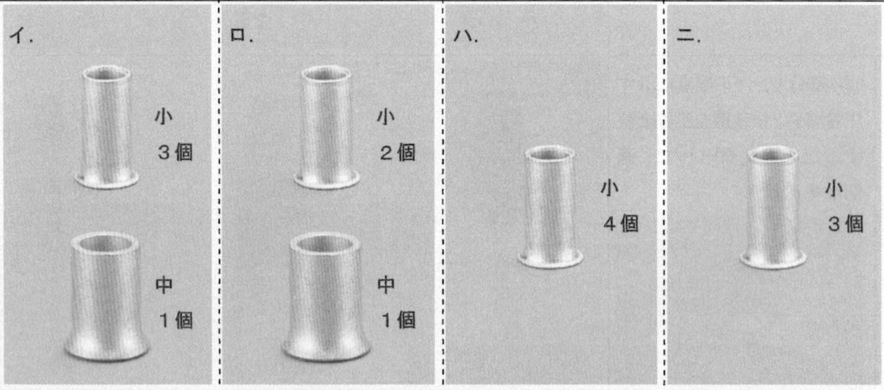 イ. 小 3個 中 1個　ロ. 小 2個 中 1個　ハ. 小 4個　ニ. 小 3個
49	⑲で示す図記号の器具は。	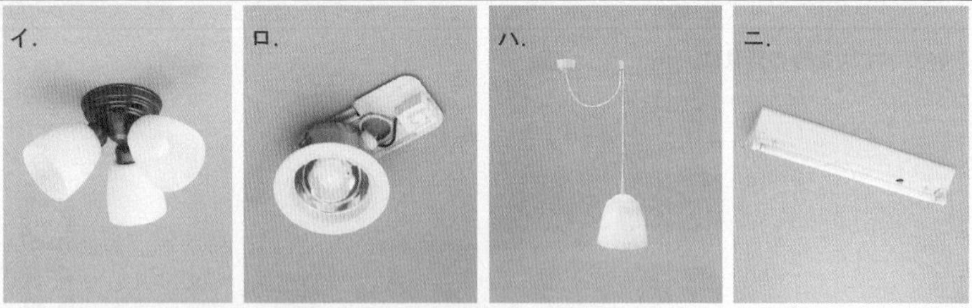 イ.　ロ.　ハ.　ニ.
50	この配線図で，**使用されていないスイッチは。** ただし，写真下の図は，接点の構成を示す。	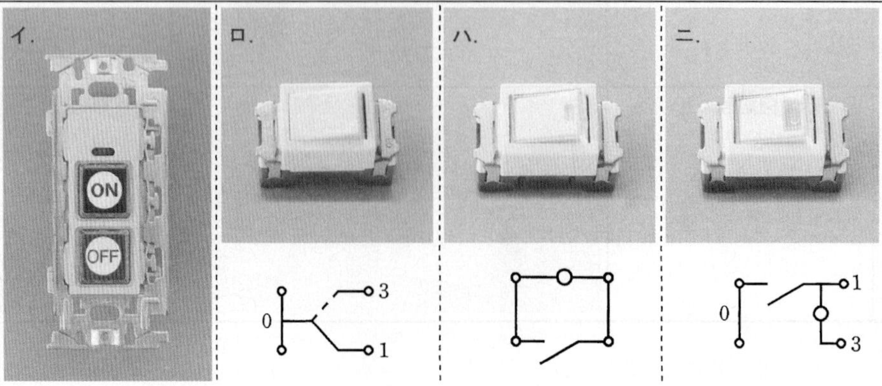 イ. ON OFF　ロ. 0 3 1　ハ.　ニ. 0 1 3

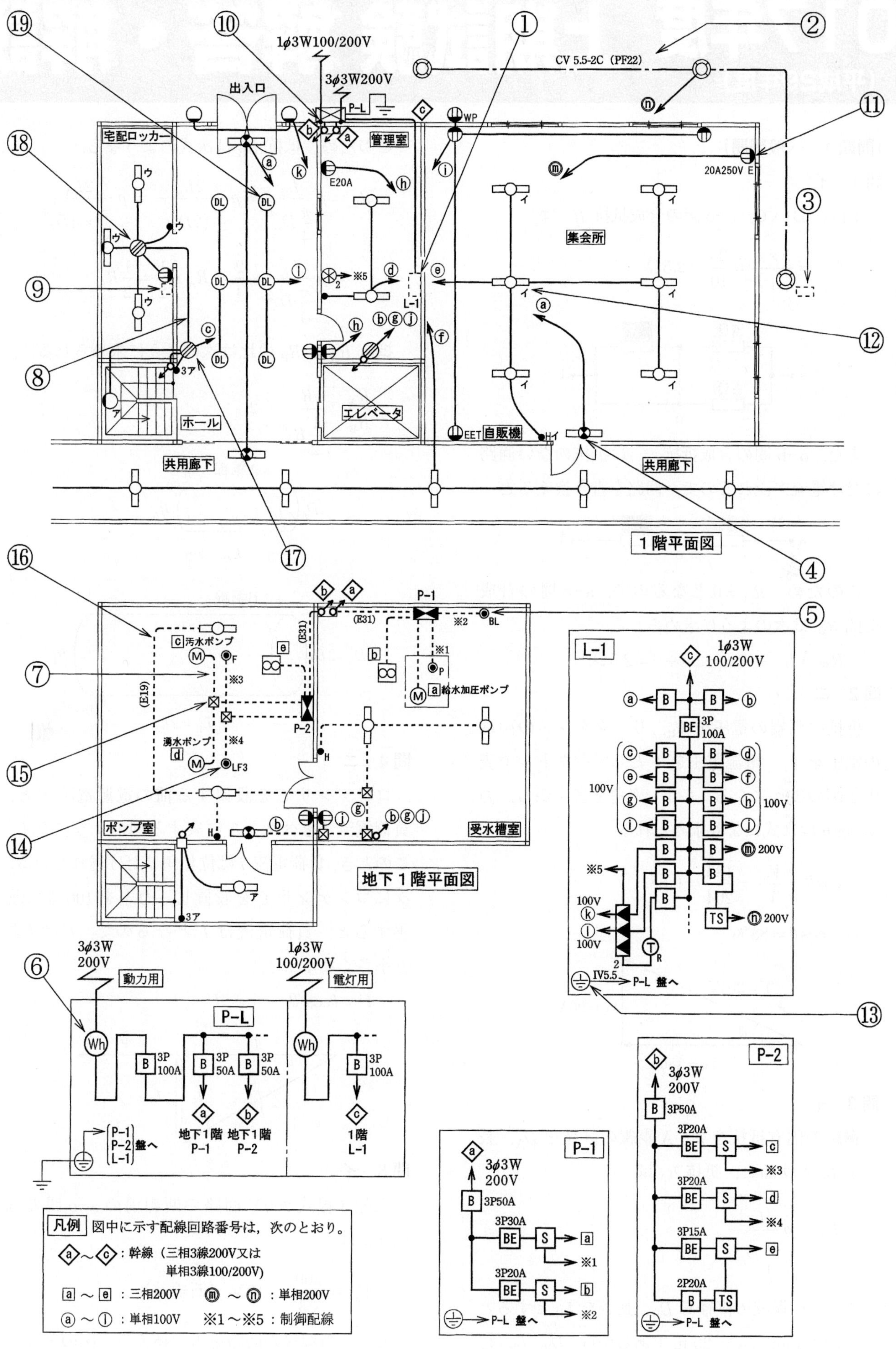
1φ3W100/200V
3φ3W200V
CV 5.5-2C（PF22）
出入口
P-L
宅配ロッカー
管理室
集会所
20A250V E
E20A
L-1
※5
ホール
エレベータ
自販機
共用廊下
1階平面図
汚水ポンプ
給水加圧ポンプ
湧水ポンプ
(E31)
(E19)
※1
※2
※3
※4
BL
LF3
P-1
P-2
ポンプ室
受水槽室
地下1階平面図
1φ3W 100/200V
3P 100A
100V
200V
TS
IV5.5
P-L 盤へ
3φ3W 200V
動力用
1φ3W 100/200V
電灯用
3P 100A
3P 50A
地下1階 P-1
地下1階 P-2
1階 L-1
P-1 P-2 L-1 盤へ
3P50A
3P30A
3P20A
3P15A
2P20A
凡例　図中に示す配線回路番号は，次のとおり。
ⓐ～ⓒ：幹線（三相3線200V又は単相3線100/200V）
a ～ e ：三相200V　ⓜ ～ ⓝ：単相200V
ⓐ ～ ⓛ：単相100V　※1～※5：制御配線

第二種電気工事士筆記試験
2017年度 上期試験 解答・解説
（平成29年度）

〔問題 1. 一般問題〕

問1 イ

下図において，a–o 間の合成抵抗 R_{ao} は，

$$R_{ao}=\frac{5\times 5}{5+5}=\frac{25}{10}=2.5\,\Omega$$

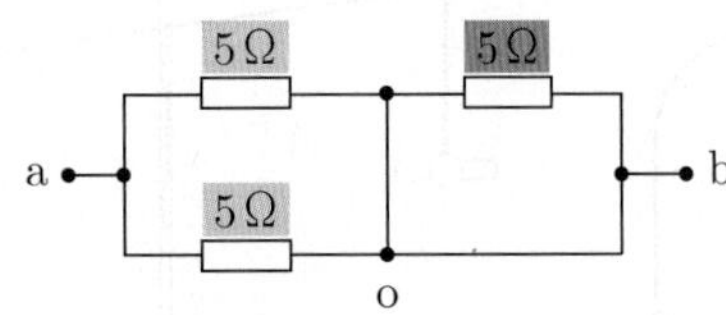

また，o–b 間の合成抵抗 R_{ob} は抵抗のない回路にだけ電流が流れるので，回路を書き換えると，

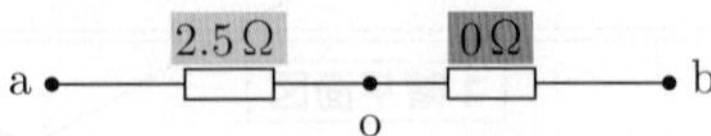

このため，$R_{ob}=0$ となるので，a–b 間の合成抵抗 R_{ab} は次のように求められる．

$$R_{ab}=R_{ao}+R_{ob}=2.5+0=2.5\,\Omega$$

問2 ニ

抵抗の両端の電圧を V_R，リアクタンスの両端の電圧を V_L，電源電圧を V としてベクトルで表すと図のようになる．θ は力率角を表すから，力率 $\cos\theta$ は次式により求められる．

$$\cos\theta=\frac{V_R}{V}=\frac{180}{204}=0.88$$

$$\therefore\quad \cos\theta=88\,\%$$

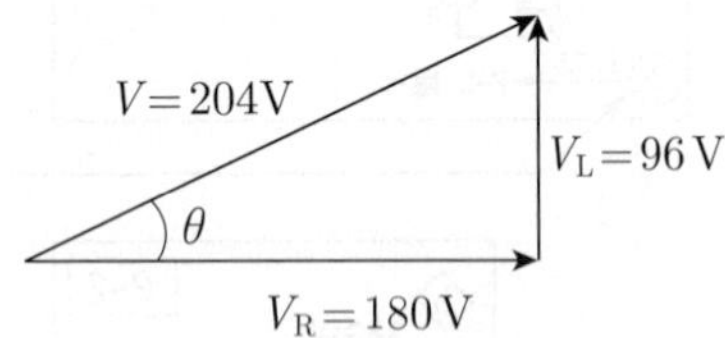

問3 イ

銅線の固有抵抗を ρ，A 銅線の直径を D_A，長さを L_A とすると，抵抗 R_A は，

$$R_A=\rho\frac{L_A}{\frac{\pi}{4}D_A^{\,2}}$$

また，B 銅線の直径を D_B，長さを L_B とすると $D_A=1.6\text{ mm}$，$L_A=20\text{ m}$ であるから，D_B，L_B は，

$$D_B=3.2\text{ mm}=2D_A,\quad L_B=40\text{ m}=2L_A$$

このため，抵抗 R_B は次式のようなる．

$$R_B=\rho\frac{L_B}{\frac{\pi}{4}D_B^{\,2}}=\rho\frac{2L_A}{\frac{\pi}{4}(2D_A)^2}=\rho\frac{2L_A}{\frac{\pi}{4}\times 4D_A^{\,2}}$$

$$=\rho\frac{L_A}{\frac{\pi}{4}D_A^{\,2}}\times\frac{2}{4}=R_A\times\frac{1}{2}=\frac{1}{2}R_A$$

抵抗 R_A と R_B の比は次のように求められる．

$$\frac{R_A}{R_B}=\frac{R_A}{\frac{1}{2}R_A}=2$$

A銅線

D_A　ρ　R_A

L_A

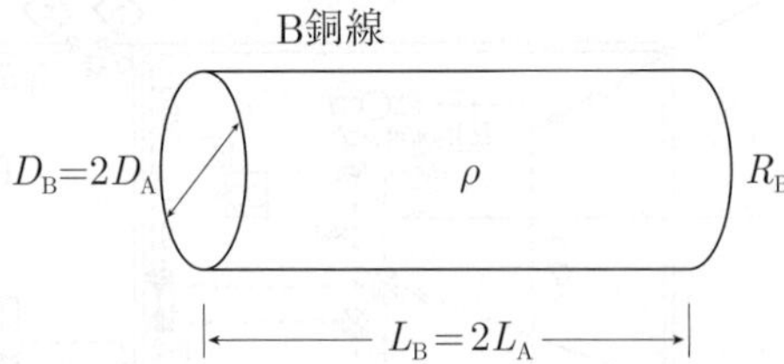

問4 ニ

コンデンサ C を設置する前の電源電圧 V と，負荷電流 I をベクトルに表すと図のようになる．このとき，負荷電流 I は位相角 θ だけ遅れている．次にコンデンサ C を設置し，力率を 100％に改善すると，負荷電流は I' となるので，I' は I より小さくなる．

$$I'=I\cos\theta\qquad \therefore\ I'<I$$

I'　V　θ　I_L　I_C　I

問5 イ

三相 3 線式 200 V 回路の断線前の a–o 間の電圧 V_{ao} は，

$$V_{ao}=\frac{200}{\sqrt{3}}\fallingdotseq 116\text{ V}$$（断線前）

また，断線後の回路を書き換えると図のようになり，a–o 間の電圧 V_{ao}' は，a–b 間の電圧 V の

問	1	2	3	4	5	6	7	8	9	10	11	12	13	14	15	16	17	18	19	20	21	22	23	24	25
答	イ	ニ	イ	ニ	イ	ハ	ロ	ハ	ロ	ニ	イ	イ	ハ	ロ	イ	ハ	ニ	ニ	ロ	ニ	ニ	ハ	ロ	ハ	ハ

問	26	27	28	29	30	31	32	33	34	35	36	37	38	39	40	41	42	43	44	45	46	47	48	49	50
答	ロ	ハ	ロ	イ	ニ	ハ	ニ	ロ	ハ	ロ	ニ	ロ	イ	イ	イ	ハ	ニ	ニ	イ	ロ	イ	ハ	ロ	ロ	ニ

1/2 となる．

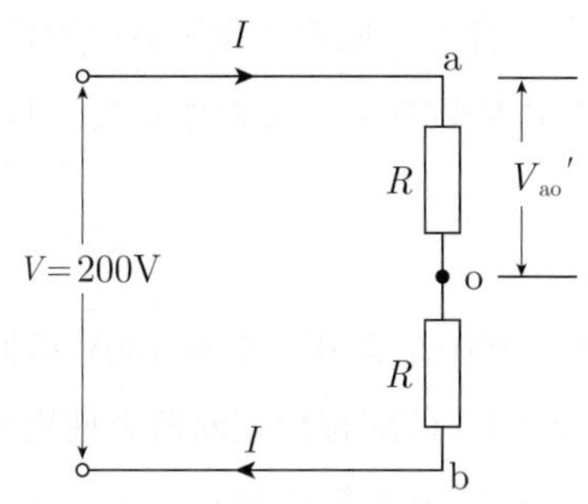

$$V_{ao}' = \frac{200}{2} = 100\,\mathrm{V}\ \text{（断線後）}$$

問 6　ハ

抵抗負荷 1 500 W に流れる負荷電流 I［A］は，

$$I = \frac{P}{V} = \frac{1500}{100} = 15\,\mathrm{A}$$

電線のこう長が 10 m，1 000 m あたりの抵抗が 5 Ω なので，電線 1 本の抵抗 r［Ω］は，

$$r = \frac{5}{1000} \times 10 = 0.05\,\Omega$$

したがって，電圧降下 e［V］は次のようになる．

$$e = 2Ir = 2 \times 15 \times 0.05 = 1.5\,\mathrm{V}$$

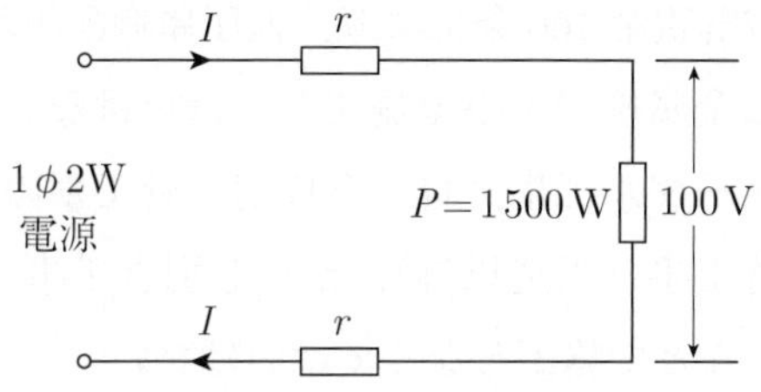

問 7　ロ

直径 2.0 mm の 600V ビニル絶縁電線の許容電流は 35 A である．金属管内に 2 本を収めて施設する場合の電流減少係数が 0.7 であるから，電線 1 本あたりの許容電流は次のように求められる．

$$35 \times 0.7 = 24.5 \fallingdotseq 24\,\mathrm{A}$$

問 8　ハ

電技解釈第 148 条により，低圧屋内幹線の太さを決める根拠となる電流を求める．電動機電流の合計を I_M，電熱器電流の合計を I_H とすると，

$$I_M = 10 + 30 = 40\,\mathrm{A}$$

$$I_H = 15 + 15 = 30\,\mathrm{A}$$

これより，$I_H = 30\,\mathrm{A} < I_M = 40\,\mathrm{A}$，$I_M \leqq 50\,\mathrm{A}$ なので，幹線の太さを決める根拠となる電流 I は次のように求まる．

$$I = I_M \times 1.25 + I_H$$

$$= 40 \times 1.25 + 30 = 80\,\mathrm{A}$$

問 9　ロ

電技解釈第 149 条により，30 A 分岐回路の電線は 2.6 mm 以上を用いなくてはいけない．したがって，ロが不適切である．

分岐回路の施設（電技解釈第 149 条）

分岐過電流遮断器の定格電流	コンセント	電線の太さ
15A	15A 以下	直径 1.6mm 以上
20A（配線用遮断器）	20A 以下	
20A（ヒューズ）	20A	直径 2mm 以上
30A	20A 以上 30A 以下	直径 2.6mm 以上

問 10　ニ

低圧屋内幹線の配線用遮断器の定格電流 I_0 が 50 A で，分岐回路（VVR 8 mm²）の許容電流 I が 42 A である．I_0 に対する I の割合は，

$$\frac{I}{I_0} = \frac{42}{50} = 0.84 = 84\%$$

これより，$I \geqq 0.55 I_0$ であることから，電技解釈第 149 条により，分岐点から配線用遮断器までの長さの制限はない．したがって，ニが正しい．

過電流遮断器の施設（電技解釈第 149 条）

	配線用遮断器までの長さ
原則	3 m 以下
$I \geqq 0.35 I_0$	8 m 以下
$I \geqq 0.55 I_0$	制限なし

問 11　イ

絶縁ブッシングは，金属管工事で電線の被覆を損傷させないため，金属管の管端やボックスコネクタに取り付ける金属管用材料である．したがって，イが正しい．ロはカップリング，ハはサドル，ニは差込形コネクタが該当する．

問 12　イ

電球形 LED ランプは，白熱電球と比較して寿命が極めて長く，発光効率が高いことなどが特徴である．したがって，イが誤りである．

白熱電球と電球形 LED ランプの比較（弊社調べ）

	白熱電球	電球形 LED ランプ
発光効率	10 lm/W	100 lm/W
寿命	1 000 時間	40 000 時間
力率	100 %	65 %
価格	白熱電球 < 電球形 LED ランプ	

問 13　ハ

三相誘導電動機の回転数 $N[\mathrm{min}^{-1}]$ は，電源周波数 $f[\mathrm{Hz}]$，極数を p とすると次式で表せる．

$$N = \frac{120f}{p}\ [\mathrm{min}^{-1}]$$

回転数 N は電源周波数 f に比例するので，電源周波数が 60 Hz から 50 Hz に変わると回転速度は低下するので，ハが誤りである．また，三相誘導電動機は，全電圧始動すると定格電流の 4 ～ 8 倍の電流が流れ，負荷が増加すると滑りが大きくなり回転速度は低下する．逆回転させるには，3 本の結線のうち 2 本を入れ替えればよい．

問 14　ロ

コンクリート壁への金属管の取り付けは，振動ドリルで壁に穴をあけ，カールプラグを打ち込み，木ねじをサドルに通してカールプラグにねじ込み金属管を固定する．したがって，ロが正しい．

問 15　イ

系統連系型の太陽電池発電設備で使用されるのはパワーコンディショナである．太陽電池が発電した直流電力を交流電力に変換し，系統連系するための機器である．

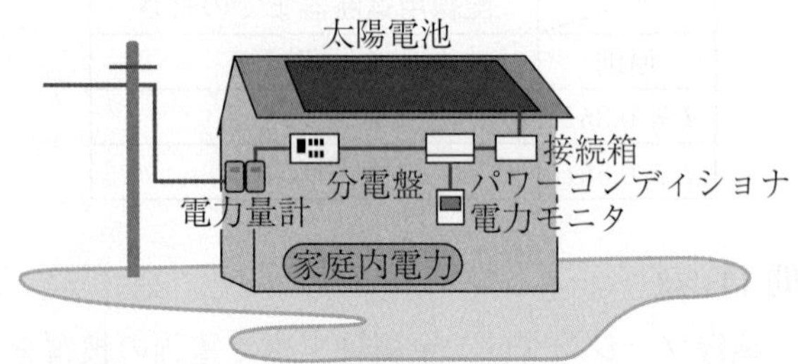

問 16　ハ

写真に示す工具は合成樹脂管用カッタである．合成樹脂管の切断に用いる工具である．

問 17　ニ

写真に示す器具は，配線用遮断器（電動機保護兼用）である．電動機回路を保護するために用いる．

問 18　ニ

写真に示す測定器は照度計である．目盛板に照度の単位である「lx」とあることで判断できる．

問 19　ロ

電技解釈第 177 条により，石油などの危険物がある場所の低圧屋内配線工事は，ケーブル工事，金属管工事，合成樹脂管工事で施工すべきであるが，600V ビニル絶縁ビニルシースケーブルを使用する場合，管その他の防護装置の中に収めて施工しなくてはいけない．したがって，ロが不適切である．

問 20　ニ

内線規程 1360−7 より，単相 100V の回路は，2 極 1 素子（2P1E）の配線用遮断器を使用する場合，素子のない極に中性線を接続しなければいけない．単相 200V の回路は，両極とも非接地側になるため 2 極 2 素子（2P2E）の配線用遮断器を用いる．主開閉器の中性極が断線すると負荷電圧が上昇するので，ヒューズを入れず銅バーで直結する．

問 21　ニ

電技解釈第 156 条により，湿気の多い場所でのライティングダクト工事は施工できない．したがって，ニが不適切である．金属管工事，合成樹脂管工事，ケーブル工事は展開した場所や点検できない隠ぺい場所で，湿気のある場所でも施工できる．

問 22　ハ

電技解釈第 166 条により，低圧屋側配線部分の工事は金属線ぴ工事で施工してはいけない．イ，ニのケーブル工事，ロの合成樹脂管工事の他に，金属管工事（木造以外），がいし引き工事（展開場所）などで施工しなくてはいけない．

問 23　ロ

電技解釈第 29 条により，水気のある場所に機械器具を設置する場合，漏電遮断器を施設しても D 種接地工事を省略することはできない．したがって，ロが不適切である．

問 24　ハ

電動機の回転速度を測定する計測器は回転計である．したがって，ハが誤りである．検相器は三相回路の相順を調べる測定器である．

問 25　ハ

電技解釈 14 条により，絶縁抵抗測定が困難な場合においては，当該電路の使用電圧が加わった状態における漏えい電流が，1 mA 以下であることと定められている．したがって，ハが正しい．

問 26　ロ

接地抵抗計は，端子間を開放して測定すると，接地抵抗計に電流が流れないので，指示計の零点調整はできない．したがって，ロが誤りである．

問 27　ハ

電圧計，電流計，電力計の結線方法は，電圧計は負荷と並列に，電流計は負荷と直列に接続する．また，電力計の電圧コイルは負荷と並列に，電流コイルは負荷と直列に接続する．

問 28　ロ

電気工事士法第5条により，電気工事の作業に従事する際には，電気工事士免状を携帯しなければならない．

問 29　イ

電気工事士法施行規則第2条による電気工事士でなければ従事できない作業は，

・配電盤を造営材に取り付ける
・電線管を曲げる
・電線管に電線を収める
・接地極を埋設する

などである．したがって，イが正しい．

問 30　ニ

電気用品安全法により，特定電気用品に区分されるものは，タイムスイッチ，配線用遮断器，タンブラースイッチ，フロートスイッチ，差し込み接続器などである．したがって，ニが正しい．

〔問題 2．配線図〕

問 31　ハ

分電盤の図記号は◢である．なお，⊠の図記号は配電盤，⧓の図記号は制御盤，⧓の図記号は実験盤である．

問 32　ニ

②で示す部分の工事で用いる管は（PF）とあるので，合成樹脂製可とう電線管である．

問 33　ロ

100 W の水銀灯を表す記号は H100 である．N100 は 100 W のナトリウム灯，M100 は 100 W のメタルハライド灯，W100 は 100 W の壁付照明である．

問 34　ハ

④に示す図記号は，誘導灯（蛍光灯形）である．避難口や避難方向を示すために施設する．

問 35　ロ

⑤に示す図記号は，BL とあるので，確認表示灯付の電磁開閉器用押しボタンである．給水加圧ポンプの電動機を運転するために用いる．

問 36　ニ

⑥で示す図記号は電力量計である．なお，電力計はⓌ，タイムスイッチは[TS]，配線用遮断器は[B]である．

問 37　ロ

⑦で示す回路は汚水ポンプの電動機に接続されている三相 200 V 回路である．対地電圧は 150 V を超えるので，電路と大地の絶縁抵抗値は 0.2 MΩ 以上なくてはいけない．したがって，ロが正しい．

低圧電路の絶縁性能（電技省令第 58 条）

電路の使用電圧の区分		絶縁抵抗値
300 V 以下	対地電圧 150 V 以下	0.1 MΩ 以上
	その他の場合	0.2 MΩ 以上
300 V を超える低圧回路		0.4 MΩ 以上

問 38　イ

⑧の部分の最小電線本数（心線数）は，複線結線図2より2本である．

問 39　イ

引掛形コンセントの図記号の傍記は T である．ET は接地端子付コンセント，EL は漏電遮断器付コンセント，LK は抜け止め形コンセントの傍記である．

問 40　イ

電技解釈第 116 条により，道路を横断せず，技術上やむを得ない場合で，交通に支障がない引込線取付点の地表上の高さの最低値は 2.5 m である．

問 41　ハ

⑪で示す図記号の器具は，20A250V 接地極付コンセントなので，ハが正しい．イは 20A250V 接地極付接地端子付コンセント，ロは 20A125V 接地極付コンセント，ニは 20A125V 接地極付接地端子付コンセントである．

問 42　ニ

⑫で示すボックス内の接続は複線結線図1より，2本接続が1箇所，4本接続が1箇所，5本接続が1箇所である．したがって，必要なリングスリーブは小が2個，中が1個となる．刻印は2本接続箇所が「○」，4本接続箇所が「小」，5本接続箇所が「中」となる（JIS C 2806）．

問 43　ニ

⑬の部分で圧着端子と接地線を接続する圧着ペンチは，柄の部分が赤色の圧着端子用の圧着ペンチを用いる．したがって，ニが正しい．なお，イはリングスリーブ用の圧着ペンチ，ロは絶縁被覆付圧着端子用の圧着ペンチである．

問 44　イ

⑭で示す図記号は LF3 と傍記があることから，電極数 3 のフロートレススイッチ電極なので，イが正しい．なお，ロはフロートスイッチ，ハは電磁開閉器用押しボタン，ニは電磁開閉器である．

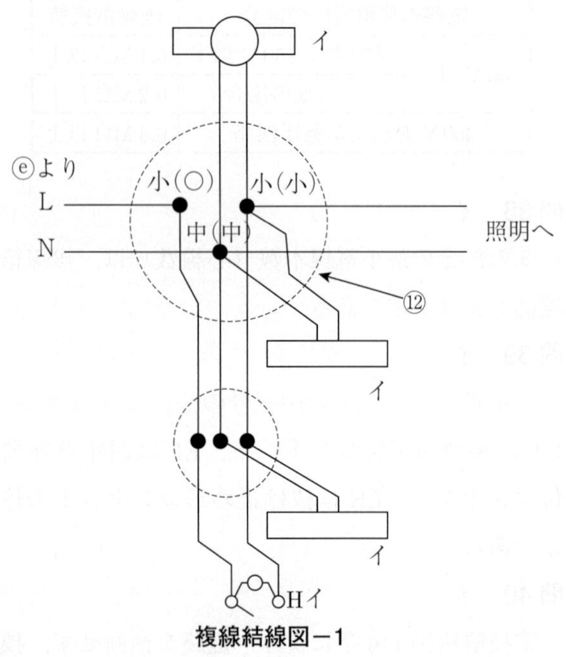

複線結線図－1

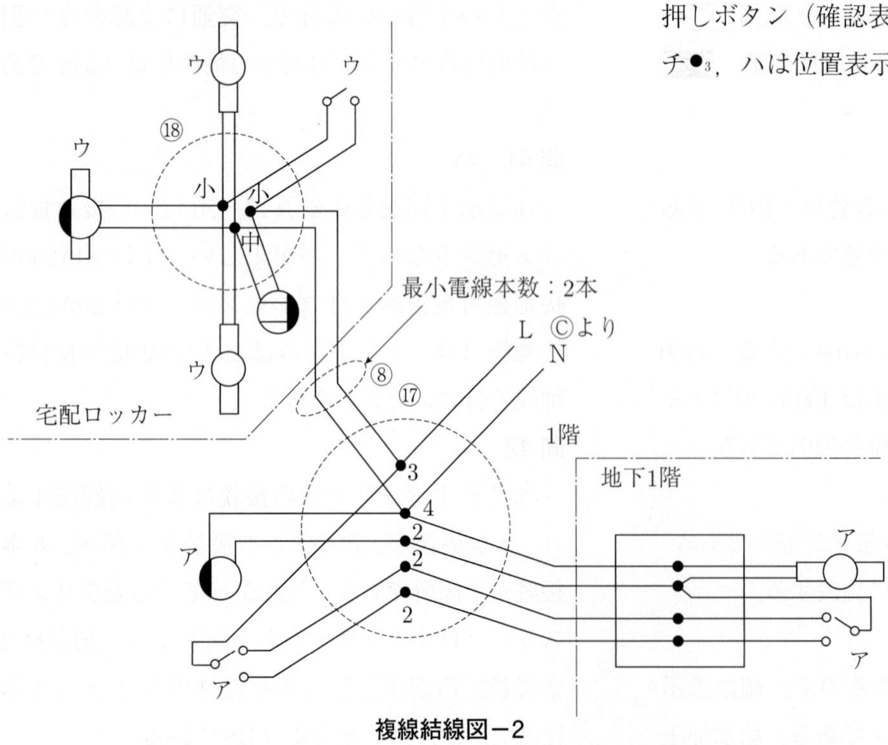

複線結線図－2

問 45　ロ

⑮で示す図記号は，プルボックスである．なお，イはアウトレットボックス，ハは丸型三方露出ボックス，ニはコンクリートボックスである．

問 46　イ

⑯の部分の工事はねじなし金属管工事なので，ねじ切り器（リード型ラチェット式）は使用しない．なお，ロは金切りのこ，ハはパイプベンダ，ニは平やすりである．

問 47　ハ

⑰で示すボックス内の接続に必要な差込形コネクタは，複線結線図 2 より，2 本接続用 3 個，3 本接続用 1 個，4 本接続用 1 個である．

問 48　ロ

⑱で示すボックス内の接続は複線結線図 2 より，3 本接続が 1 箇所，4 本接続が 1 箇所，5 本接続が 1 箇所である．したがって，必要なリングスリーブは小が 2 個，中が 1 個となる．

問 49　ロ

⑲で示す図記号は埋込器具（ダウンライト）である．なお，イはシーリングⒸⓁ，ハはペンダント⊖，ニは蛍光灯（ボックス付）□◯□である．

問 50　ニ

この配線図では，ニの確認表示灯内蔵スイッチ●L は使用されていない．なお，イは電磁開閉器用押しボタン（確認表示灯付）◉BL，ロは 3 路スイッチ●3，ハは位置表示灯内蔵スイッチ●H である．

第二種電気工事士
筆記試験

2017年度
（平成29年度）

下期試験

問題１．一般問題 (問題数 30, 配点は１問当たり２点)

【注】本問題の計算で $\sqrt{2}$, $\sqrt{3}$ 及び円周率π を使用する場合の数値は次によること。 $\sqrt{2}=1.41$, $\sqrt{3}=1.73$, $\pi=3.14$

次の各問いには４通りの答え（イ，ロ，ハ，ニ）が書いてある。それぞれの問いに対して答えを１つ選びなさい。

	問　い	答　え			
1	図のような直流回路で，a－b 間の電圧［V］は。 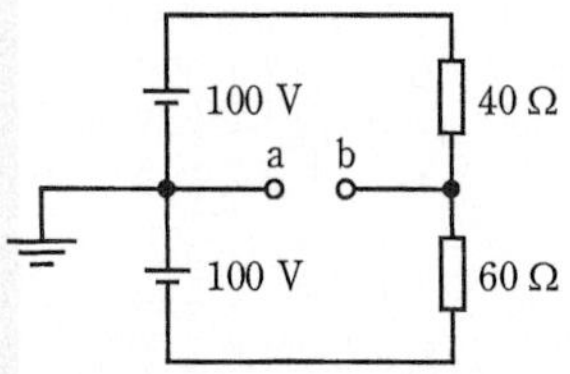 100 V　40 Ω　a　b　100 V　60 Ω	イ．20	ロ．30	ハ．40	ニ．50
2	図のような交流回路で，抵抗 8 Ωの両端の電圧 V［V］は。 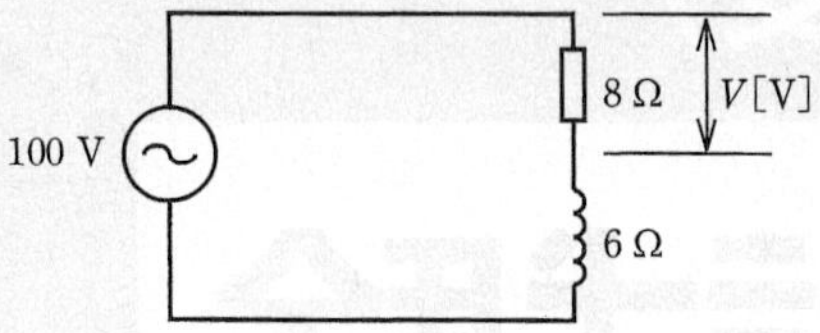 100 V　8 Ω　V[V]　6 Ω	イ．43	ロ．57	ハ．60	ニ．80
3	抵抗率 ρ［Ω・m］，直径 D［mm］，長さ L［m］の導線の電気抵抗［Ω］を表す式は。	イ．$\dfrac{\rho L^2}{\pi D^2}\times 10^6$	ロ．$\dfrac{4\rho L}{\pi D^2}\times 10^6$	ハ．$\dfrac{4\rho L}{\pi D}\times 10^6$	ニ．$\dfrac{4\rho L^2}{\pi D}\times 10^6$
4	消費電力が 400 W の電熱器を，1 時間 20 分使用した時の発熱量［kJ］は。	イ．960	ロ．1920	ハ．2400	ニ．2700
5	図のような三相3線式回路の全消費電力［kW］は。 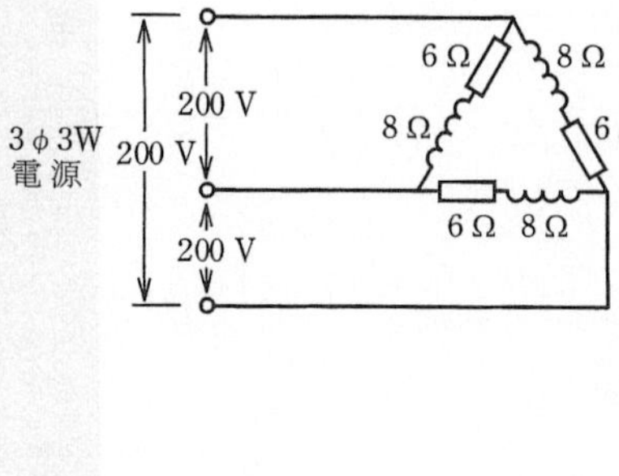 3 φ 3W 電源　200 V　200 V　200 V　6 Ω　8 Ω　8 Ω　6 Ω　6 Ω　8 Ω	イ．2.4	ロ．4.8	ハ．7.2	ニ．9.6

	問い	答え			
6	図のように，電線のこう長 L[m]の配線により，抵抗負荷に電力を供給した結果，負荷電流が 10 A であった。配線における電圧降下 V_1-V_2[V]を表す式として，**正しいものは。** ただし，電線の電気抵抗は長さ 1 m 当たり r[Ω]とする。 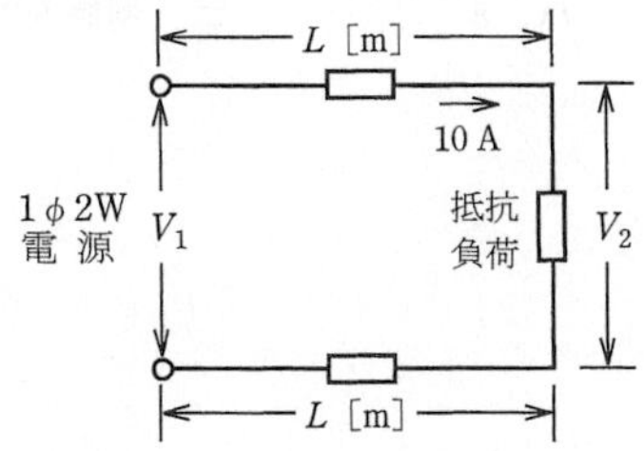 	イ．rL	ロ．$2rL$	ハ．$10rL$	ニ．$20rL$
7	金属管による低圧屋内配線工事で，管内に直径 1.6 mm の 600V ビニル絶縁電線（軟銅線）6 本を収めて施設した場合，電線 1 本当たりの許容電流[A]は。 ただし，周囲温度は 30℃以下，電流減少係数は 0.56 とする。	イ．15	ロ．19	ハ．20	ニ．27
8	図のように，三相の電動機と電熱器が低圧屋内幹線に接続されている場合，幹線の太さを決める根拠となる電流の最小値[A]は。 ただし，需要率は 100％とする。 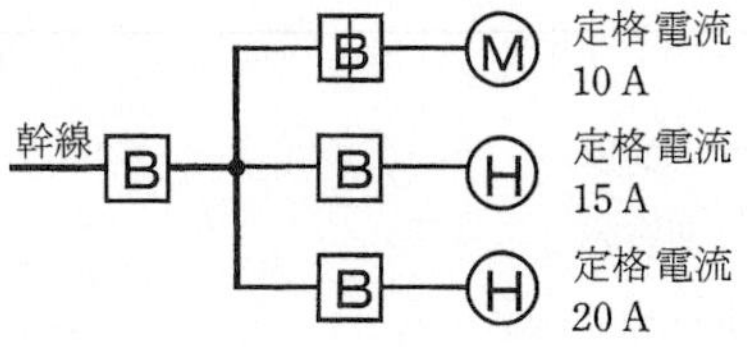 	イ．45	ロ．50	ハ．55	ニ．60
9	低圧屋内配線の分岐回路の設計で，配線用遮断器，分岐回路の電線の太さ及びコンセントの組合せとして，**適切なものは。** ただし，分岐点から配線用遮断器までは 3 m，配線用遮断器からコンセントまでは 8 m とし，電線の数値は分岐回路の電線（軟銅線）の太さを示す。 また，コンセントは兼用コンセントではないものとする。	イ． 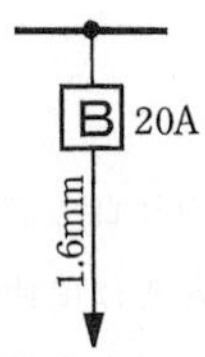 定格電流 30Aのコンセント 1個	ロ． 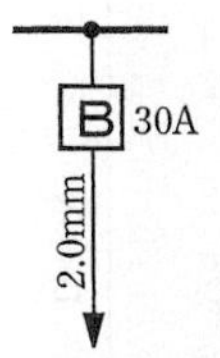 定格電流 30Aのコンセント 1個	ハ． 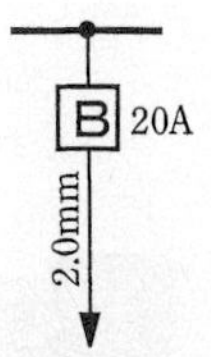 定格電流 20Aのコンセント 1個	ニ． 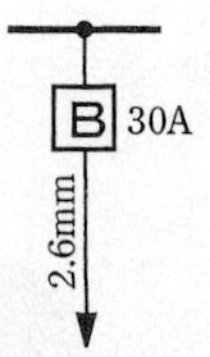 定格電流 15Aのコンセント 2個

	問い	答え
10	図のように，定格電流 100 A の配線用遮断器で保護された低圧屋内幹線から VVR ケーブル太さ $5.5\ \mathrm{mm}^2$（許容電流 34 A）で低圧屋内電路を分岐する場合，a－b 間の長さの最大値[m]は。 ただし，低圧屋内幹線に接続される負荷は，電灯負荷とする。 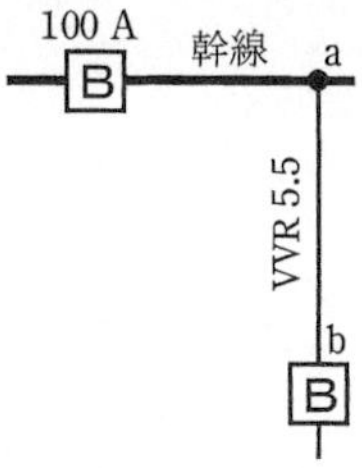	イ．3　ロ．5　ハ．8　ニ．制限なし
11	アウトレットボックス（金属製）の使用方法として，**不適切なものは。**	イ．金属管工事で電線の引き入れを容易にするのに用いる。 ロ．配線用遮断器を集合して設置するのに用いる。 ハ．金属管工事で電線相互を接続する部分に用いる。 ニ．照明器具などを取り付ける部分で電線を引き出す場合に用いる。
12	組み合わせて使用する機器で，その組合せとして，明らかに**誤っているものは。**	イ．光電式自動点滅器 と 庭園灯 ロ．零相変流器 と 漏電警報器 ハ．ネオン変圧器 と 高圧水銀灯 ニ．スターデルタ始動器 と 一般用低圧三相かご形誘導電動機
13	三相誘導電動機が周波数 50 Hz の電源で無負荷運転されている。この電動機を周波数 60 Hz の電源で無負荷運転した場合の回転の状態は。	イ．回転速度は変化しない。 ロ．回転しない。 ハ．回転速度が減少する。 ニ．回転速度が増加する。
14	電気工事の種類と，その工事で使用する工具の組合せとして，**適切なものは。**	イ．金属管工事 と リーマ ロ．合成樹脂管工事 と パイプベンダ ハ．金属線ぴ工事 と ボルトクリッパ ニ．バスダクト工事 と ガストーチランプ
15	白熱電球と比較して，電球形 LED ランプ（制御装置内蔵形）の特徴として，**正しいものは。**	イ．寿命が短い。 ロ．発光効率が高い（同じ明るさでは消費電力が少ない）。 ハ．価格が安い。 ニ．力率が高い。
16	写真に示す工具の用途は。 	イ．金属管切り口の面取りに使用する。 ロ．木柱の穴あけに使用する。 ハ．鉄板，各種合金板の穴あけに使用する。 ニ．コンクリート壁の穴あけに使用する。

問い		答え
17	写真に示す器具の○で囲まれた部分の名称は。	イ．漏電遮断器 ロ．電磁接触器 ハ．熱動継電器 ニ．漏電警報器
18	写真に示す材料の用途は。	イ．PF管を支持するのに用いる。 ロ．照明器具を固定するのに用いる。 ハ．ケーブルを束線するのに用いる。 ニ．金属線ぴを支持するのに用いる。
19	低圧屋内配線の図記号と，それに対する施工方法の組合せとして，**誤っているものは。**	イ．———///——— IV1.6（16）　厚鋼電線管で天井隠ぺい配線工事。 ロ．-------///------- IV1.6（E19）　硬質塩化ビニル電線管で露出配線工事。 ハ．———///——— IV1.6（PF16）　合成樹脂製可とう電線管で天井隠ぺい配線工事。 ニ．-------///------- IV1.6（F2 17）　2種金属製可とう電線管で露出配線工事。
20	単相 100 V の屋内配線工事における絶縁電線相互の接続で，**不適切なものは。**	イ．絶縁電線の絶縁物と同等以上の絶縁効力のあるもので十分被覆した。 ロ．電線の引張強さが 15%減少した。 ハ．差込形コネクタによる終端接続で，ビニルテープによる絶縁は行わなかった。 ニ．電線の電気抵抗が 5%増加した。
21	使用電圧 200 V の三相電動機回路の施工方法で，**不適切なものは。**	イ．金属管工事に 600V ビニル絶縁電線を使用した。 ロ．湿気の多い場所に 1 種金属製可とう電線管を用いた金属可とう電線管工事を行った。 ハ．乾燥した場所の金属管工事で，管の長さが 3 m なので金属管の D 種接地工事を省略した。 ニ．造営材に沿って取り付けた 600V ビニル絶縁ビニルシースケーブルの支持点間の距離を 2 m 以下とした。

	問　い	答　え
22	低圧屋内配線の金属可とう電線管工事として，**不適切なものは。** ただし，管は2種金属製可とう電線管を使用するものとする。	イ．管と金属管（鋼製電線管）との接続にTSカップリングを使用した。 ロ．管相互及び管とボックスとは，堅ろうに，かつ，電気的に完全に接続した。 ハ．管内に600Vビニル絶縁電線を収めた。 ニ．管とボックスとの接続にストレートボックスコネクタを使用した。
23	屋内の管灯回路の使用電圧が1 000 Vを超えるネオン放電灯工事として，**不適切なものは。** ただし，接触防護措置が施してあるものとする。	イ．ネオン変圧器への100 V電源回路は，専用回路とし，20 A配線用遮断器を設置した。 ロ．ネオン変圧器の二次側(管灯回路)の配線を，点検できる隠ぺい場所に施設した。 ハ．ネオン変圧器の二次側（管灯回路）の配線を，ネオン電線を使用し，がいし引き工事により施設し，電線の支持点間の距離を2 mとした。 ニ．ネオン変圧器の金属製外箱にD種接地工事を施した。
24	低圧電路で使用する測定器とその用途の組合せとして，**正しいものは。**	イ．回路計（テスタ）と 絶縁抵抗の測定 ロ．回転計 と 三相回路の相順（相回転）の確認 ハ．検電器 と 電路の充電の有無の確認 ニ．電力計 と 消費電力量の測定
25	低圧屋内配線の電路と大地間の絶縁抵抗を測定した。「電気設備に関する技術基準を定める省令」に**適合していないものは。**	イ．三相3線式の使用電圧200 V（対地電圧200 V）電動機回路の絶縁抵抗を測定したところ0.18 MΩであった。 ロ．単相3線式100/200 Vの使用電圧200 V空調回路の絶縁抵抗を測定したところ0.16 MΩであった。 ハ．単相2線式の使用電圧100 V屋外庭園灯回路の絶縁抵抗を測定したところ0.12 MΩであった。 ニ．単相2線式の使用電圧100 V屋内配線の絶縁抵抗を，分電盤で各回路を一括して測定したところ，1.5 MΩであったので個別分岐回路の測定を省略した。
26	三相200 V，2.2 kWの電動機の鉄台に施設した接地工事の接地抵抗値を測定し，接地線（軟銅線）の太さを検査した。接地抵抗値及び接地線の太さ（直径）の組合せで，**適切なものは。** ただし，電路には漏電遮断器が施設されてないものとする。	イ．50 Ω 1.2 mm　ロ．70 Ω 2.0 mm　ハ．150 Ω 1.6 mm　ニ．200 Ω 2.6 mm
27	単相3線式回路の漏れ電流を，クランプ形漏れ電流計を用いて測定する場合の測定方法として，**正しいものは。** ただし，▨▨▨は中性線を示す。	イ．　ロ．　ハ．　ニ． 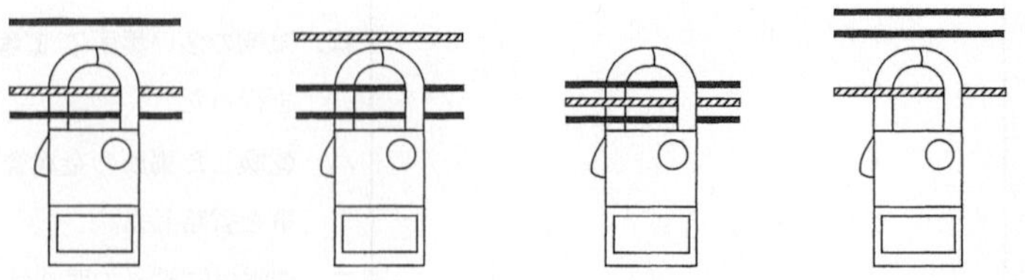

	問い	答え
28	電気工事士法において，一般用電気工作物に係る工事の作業で電気工事士でなければ**従事できないものは**。	イ．定格電圧 100 V の電力量計を取り付ける。 ロ．火災報知器に使用する小型変圧器（二次電圧が 36 V 以下）の二次側の配線をする。 ハ．定格電圧 250 V のソケットにコードを接続する。 ニ．電線管に電線を収める。
29	一般用電気工作物の適用を**受けないものは**。 ただし，発電設備は電圧 600 V 以下で，1 構内に設置するものとする。	イ．低圧受電で，受電電力の容量が 35 kW，出力 5 kW の太陽電池発電設備を備えた幼稚園 ロ．低圧受電で，受電電力の容量が 35 kW，出力 10 kW の太陽電池発電設備と電気的に接続した出力 5 kW の風力発電設備を備えた農園 ハ．低圧受電で，受電電力の容量が 45 kW，出力 5 kW の燃料電池発電設備を備えたコンビニエンスストア ニ．低圧受電で，受電電力の容量が 35 kW，出力 5 kW の非常用内燃力発電設備を備えた映画館
30	「電気設備に関する技術基準を定める省令」における電圧の低圧区分の組合せで，**正しいものは**。	イ．直流 600 V 以下，交流 750 V 以下 ロ．直流 600 V 以下，交流 600 V 以下 ハ．直流 750 V 以下，交流 600 V 以下 ニ．直流 750 V 以下，交流 300 V 以下

※令和５年３月 20 日の電気事業法および関連法の改正・施行に伴い，問 29 の選択肢の内容を一部変更し，併せて解答も変更しています．

問題２．配線図（問題数 20，配点は１問当たり２点）

図は，鉄骨軽量コンクリート造の工場，事務所及び倉庫の配線図である。この図に関する次の各問いには４通りの答え（**イ**，**ロ**，**ハ**，**ニ**）が書いてある。それぞれの問いに対して，答えを１つ選びなさい。

【注意】１．屋内配線の工事は，動力回路及び特記のある場合を除き 600V ビニル絶縁ビニルシースケーブル平形（VVF）を用いたケーブル工事である。
２．屋内配線等の電線の本数，電線の太さ，その他，問いに直接関係のない部分等は省略又は簡略化してある。
３．漏電遮断器は，定格感度電流 30 mA，動作時間 0.1 秒以内のものを使用している。
４．選択肢（答え）の写真にあるコンセント及び点滅器は，「JIS C 0303：2000 構内電気設備の配線用図記号」で示す「一般形」である。
５．ジョイントボックスを経由する電線は，すべて接続箇所を設けている。
６．３路スイッチの記号「0」の端子には，電源側又は負荷側の電線を結線する。

	問い	答え
31	①で示す部分はルームエアコンの屋外ユニットである。その図記号の傍記表示として，**正しいものは。**	**イ**．R　**ロ**．B　**ハ**．I　**ニ**．O
32	②の部分の最少電線本数(心線数)は。	**イ**．2　**ロ**．3　**ハ**．4　**ニ**．5
33	③で示す図記号の名称は。	**イ**．位置表示灯を内蔵する点滅器　**ロ**．確認表示灯を内蔵する点滅器 **ハ**．遅延スイッチ　**ニ**．熱線式自動スイッチ
34	④で示す低圧ケーブルの名称は。	**イ**．600V ビニル絶縁ビニルシースケーブル丸形 **ロ**．600V 架橋ポリエチレン絶縁ビニルシースケーブル **ハ**．600V ビニル絶縁ビニルシースケーブル平形 **ニ**．600V ゴム絶縁クロロプレンシースケーブル
35	⑤で示す部分の地中電線路を直接埋設式により施設する場合の埋設深さの最小値[m]は。ただし，車両その他の重量物の圧力を受けるおそれがある場所とする。	**イ**．0.3　**ロ**．0.6　**ハ**．0.9　**ニ**．1.2
36	⑥で示す屋外灯の種類は。	**イ**．水銀灯　**ロ**．メタルハライド灯 **ハ**．ナトリウム灯　**ニ**．蛍光灯
37	⑦で示す部分の電路と大地間の絶縁抵抗として，許容される最小値[MΩ]は。	**イ**．0.1　**ロ**．0.2　**ハ**．0.4　**ニ**．1.0
38	⑧で示す図記号の名称は。	**イ**．引掛形コンセント　**ロ**．接地極付コンセント **ハ**．抜け止め形コンセント　**ニ**．漏電遮断器付コンセント
39	⑨で示す部分の接地工事の種類及びその接地抵抗の許容される最大値[Ω]の組合せとして，**正しいものは。**	**イ**．A 種接地工事　10 Ω　**ロ**．A 種接地工事　100 Ω **ハ**．D 種接地工事　100 Ω　**ニ**．D 種接地工事　500 Ω
40	⑩で示す図記号の機器は。	**イ**．制御配線の信号により動作する開閉器（電磁開閉器） **ロ**．電動機の始動器 **ハ**．熱線式自動スイッチ用センサ **ニ**．力率を改善する進相コンデンサ

問い		答え			
41	⑪で示すVVF用ジョイントボックス内の接続をすべて圧着接続とする場合，使用するリングスリーブの種類と最少個数の組合せで，**適切なものは。** ただし，使用する電線はすべてVVF1.6とする。	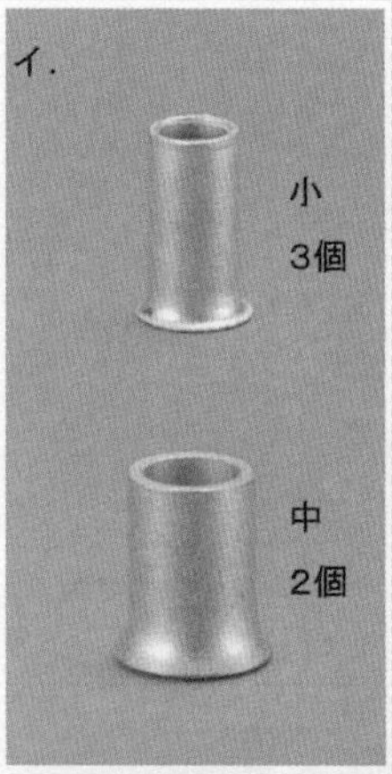 イ．小 3個 中 2個	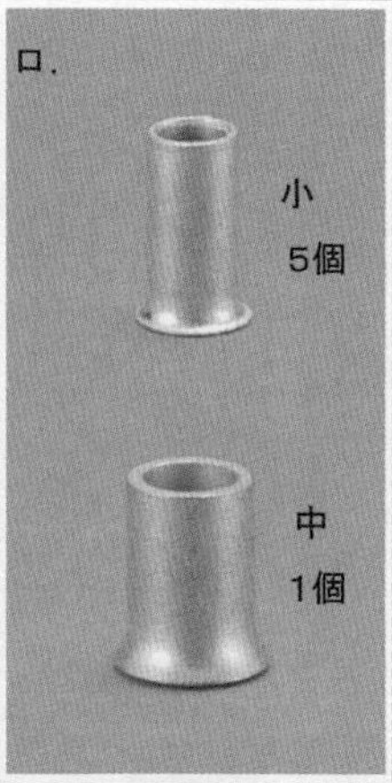 ロ．小 5個 中 1個	 ハ．小 5個	 ニ．小 6個
42	⑫で示すVVF用ジョイントボックス部分の工事を，リングスリーブE形による圧着接続で行う場合に用いる工具として，**適切なものは。**	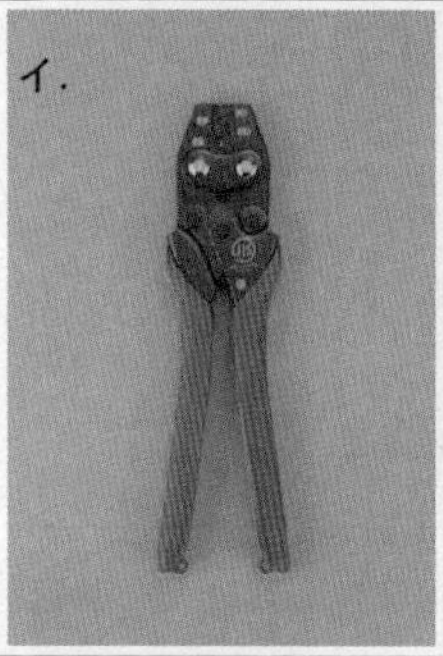 イ．	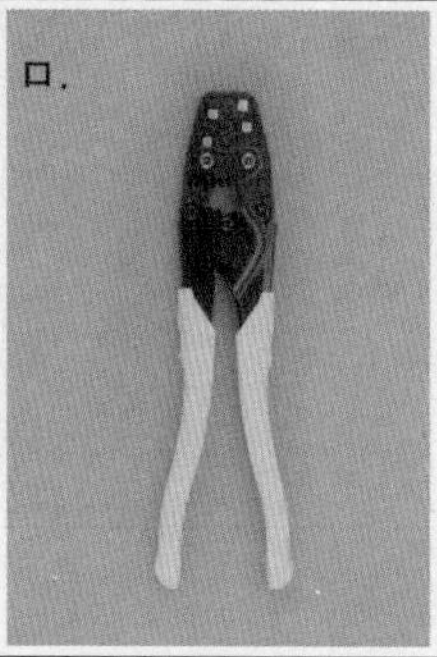 ロ．	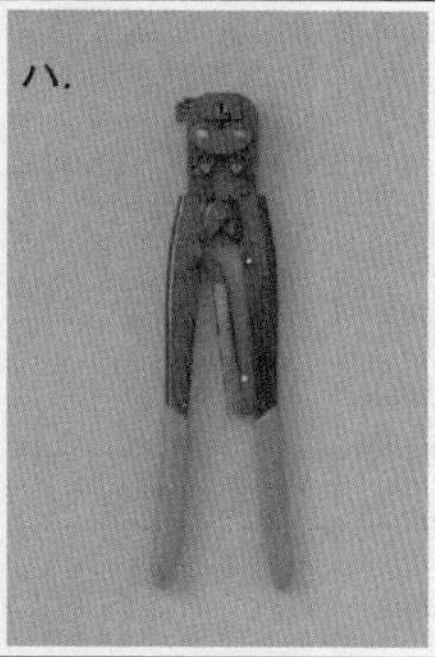 ハ．	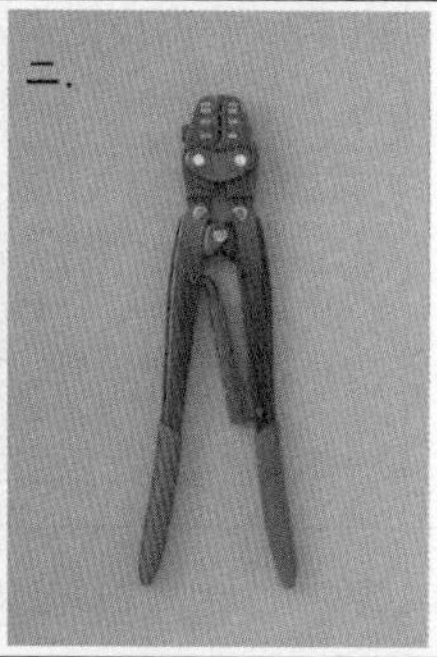 ニ．
43	⑬で示す電線管相互を接続するために**使用されるものは。**	 イ．	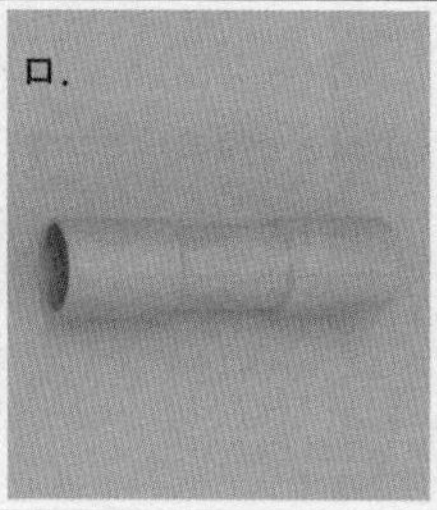 ロ．	 ハ．	 ニ．
44	⑭で示すVVF用ジョイントボックス内の接続をすべて差込形コネクタとする場合，使用する差込形コネクタの種類と最少個数の組合せで，**適切なものは。** ただし，使用する電線はすべてVVF1.6とする。	 イ．4個	 ロ．5個	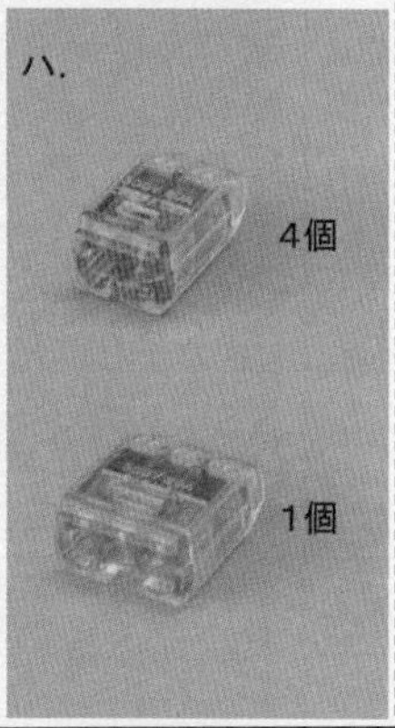 ハ．4個 1個	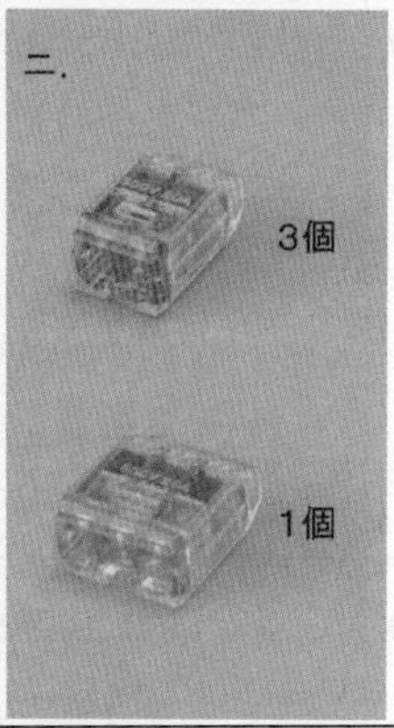 ニ．3個 1個
45	⑮で示す回路の絶縁抵抗値を測定するものは。	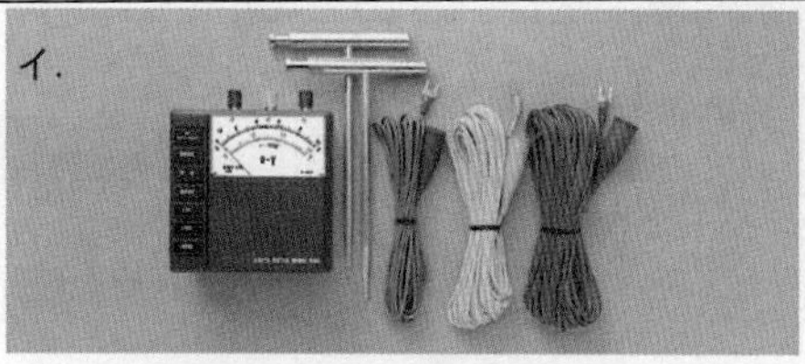 イ．	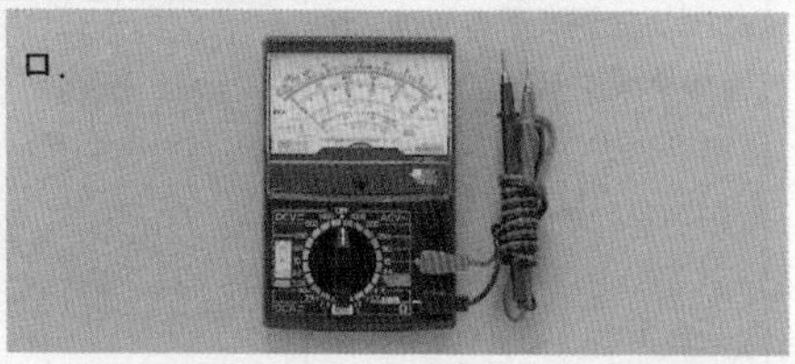 ロ．	 ハ．	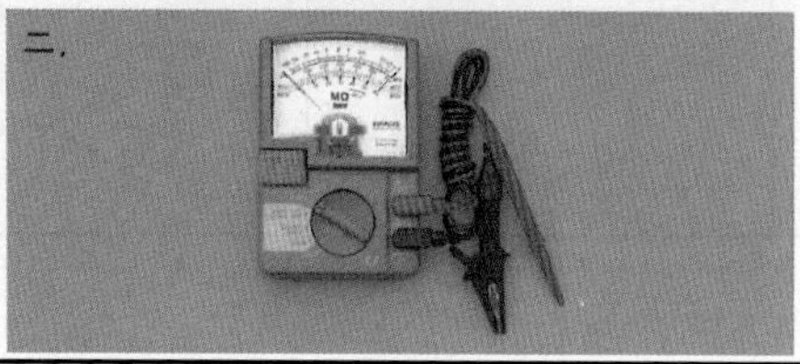 ニ．

2017年度：下期（平成29年度）

	問い	答え			
46	⑯で示す部分の接続工事をリングスリーブ小3個を使用して圧着接続した場合の圧着接続後の刻印の組合せで，**正しいものは。** ただし，使用する電線はすべて VVF1.6 とする。 また，写真に示す**リングスリーブ中央**の○，小は接続後の刻印を表す。	イ. 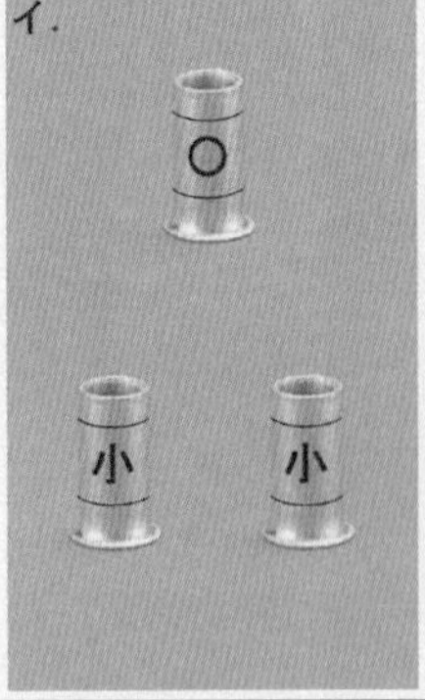	ロ. 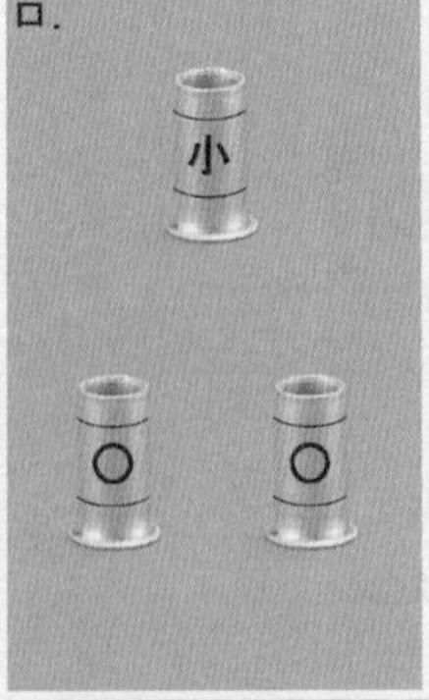	ハ. 	ニ. 
47	⑰で示す地中配線工事で使用する工具は。	イ. 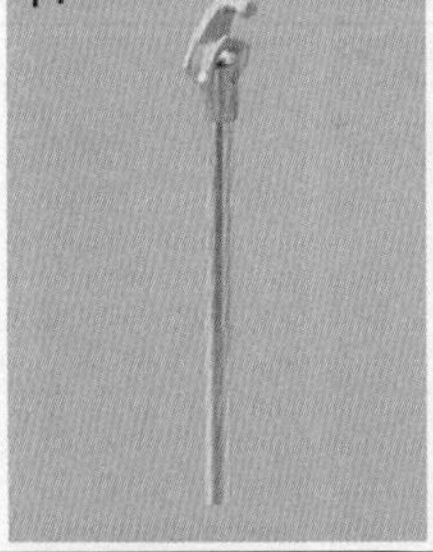	ロ. 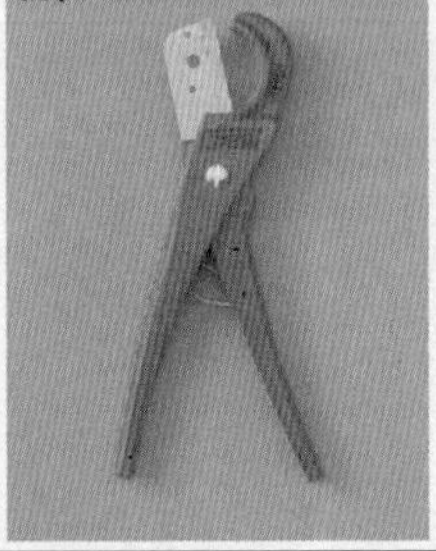	ハ. 	ニ. 
48	⑱で示す図記号の器具は。	イ. 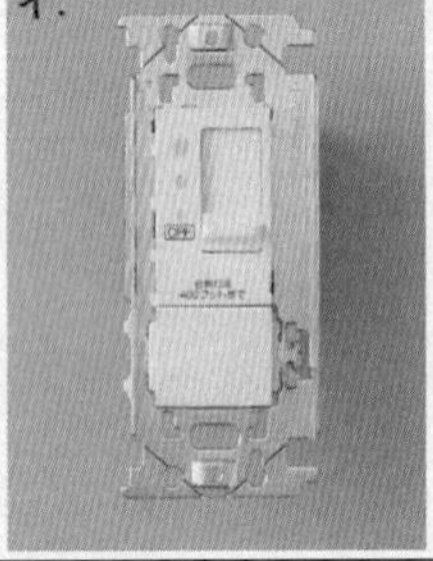	ロ. 	ハ. 	ニ. 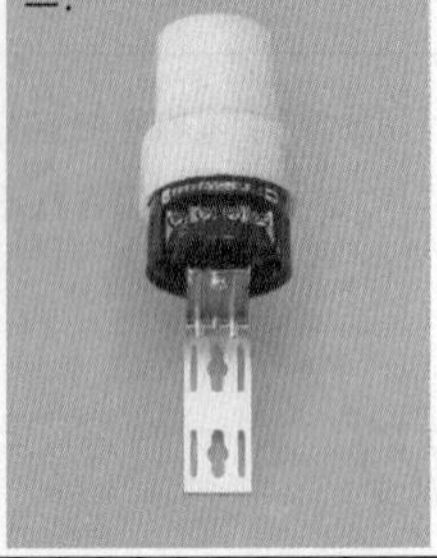
49	⑲で示す図記号の器具は。	イ. 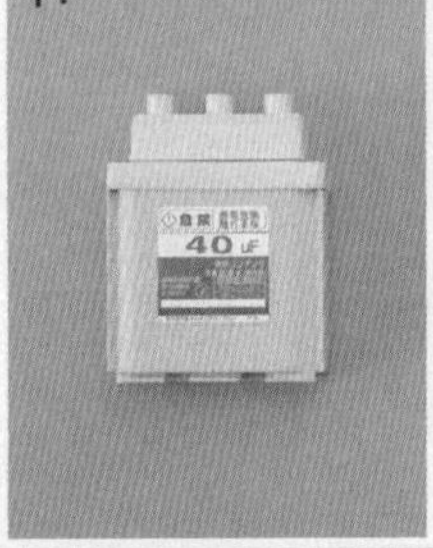	ロ. 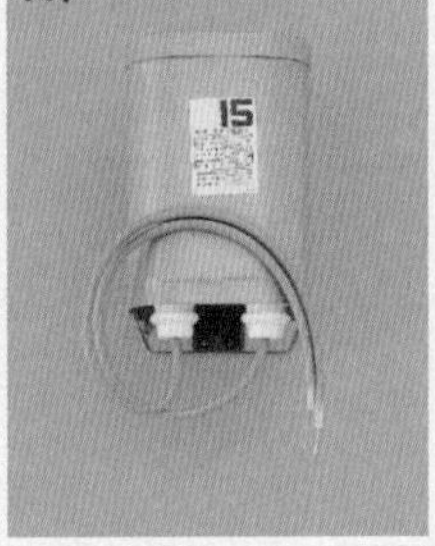	ハ. 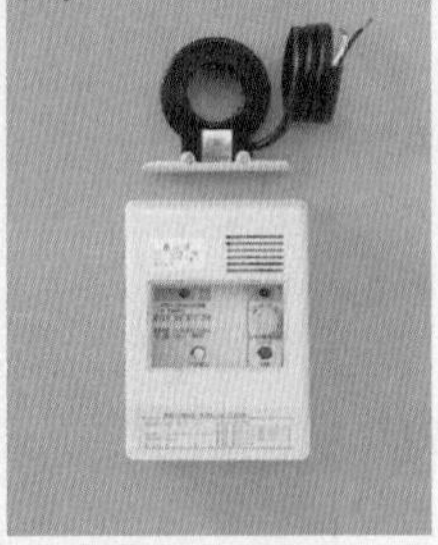	ニ. 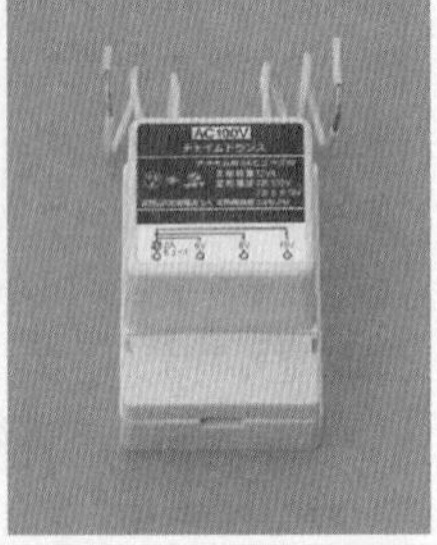
50	この配線図で，**使用されていない**スイッチは。 ただし，写真下の図は，接点の構成を示す。	イ.  (防雨形) 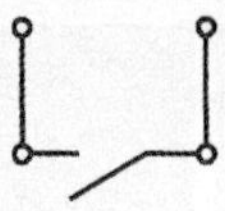	ロ.  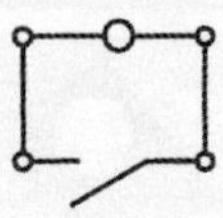	ハ.  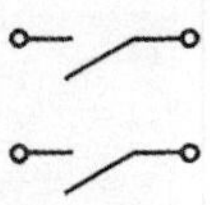	ニ.  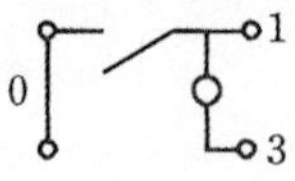 0 1 3

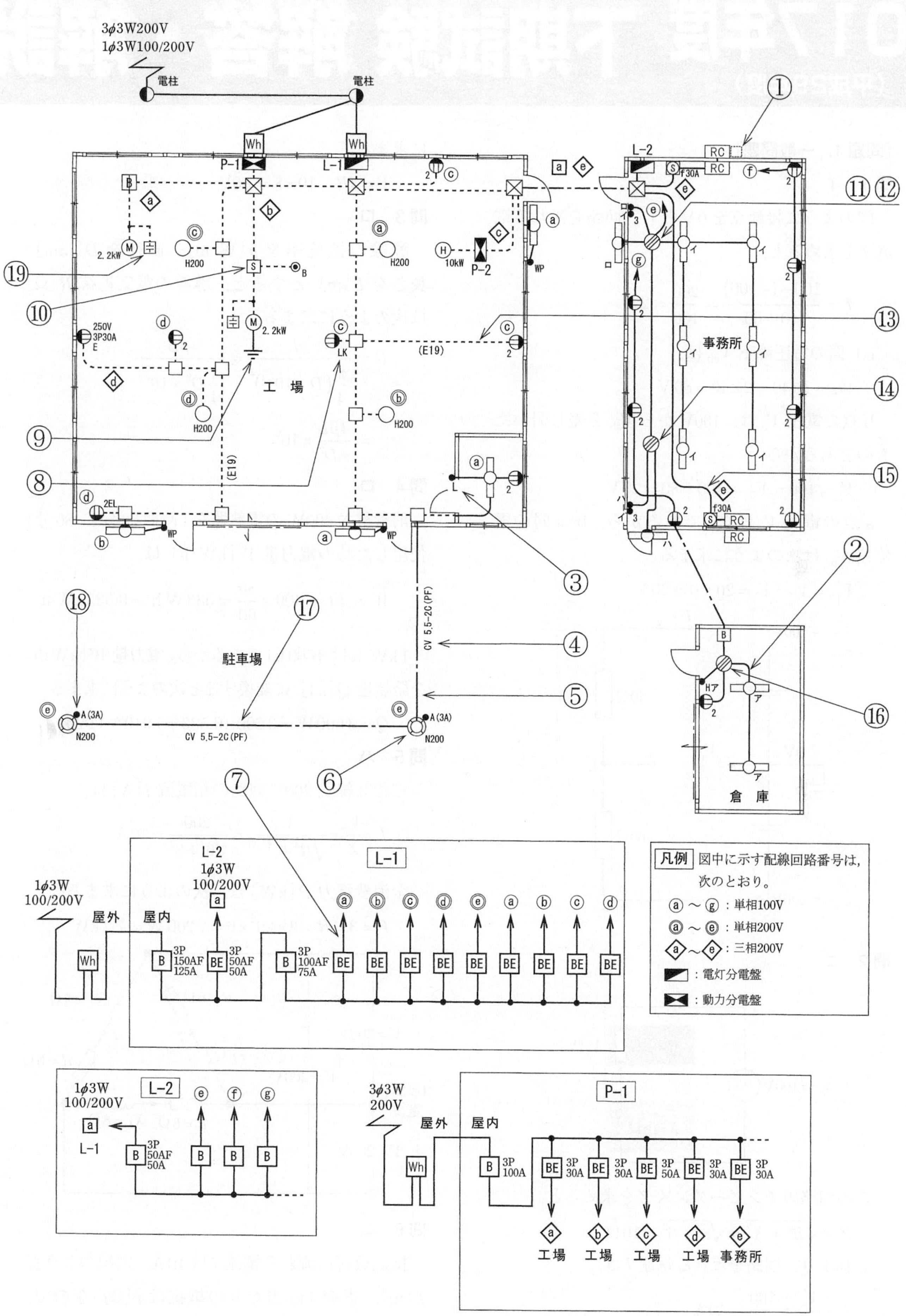
3φ3W200V
1φ3W100/200V
電柱
電柱
Wh
Wh
P-1
L-1
L-2
工場
事務所
駐車場
倉庫
CV 5.5-2C (PF)
(E19)
凡例 図中に示す配線回路番号は，次のとおり。
ⓐ～ⓖ：単相100V
◎ⓐ～◎ⓔ：単相200V
◇ⓐ～◇ⓔ：三相200V
：電灯分電盤
：動力分電盤
L-1
L-2
P-1
屋外
屋内
工場
事務所

〔問題 1．一般問題〕

問 1　イ

図のように接地点を 0 V とし，回路を流れる電流 I を求めると，

$$I=\frac{100-(-100)}{40+60}=\frac{200}{100}=2\,\mathrm{A}$$

c-b 間の電圧降下 V_{cb} は，

$$V_{\mathrm{cb}}=I\times 40=2\times 40=80\,\mathrm{V}$$

b 点の電圧 V_{b} は，100V から V_{cb} を差し引いたものであるから，

$$V_{\mathrm{b}}=100-V_{\mathrm{cb}}=100-80=20\,\mathrm{V}$$

a 点の電圧 V_{a} は 0 V であるから，b−a 間の電位差 V_{ba} は次のように求まる．

$$V_{\mathrm{ba}}=V_{\mathrm{b}}-V_{\mathrm{a}}=20-0=20\,\mathrm{V}$$

問 2　ニ

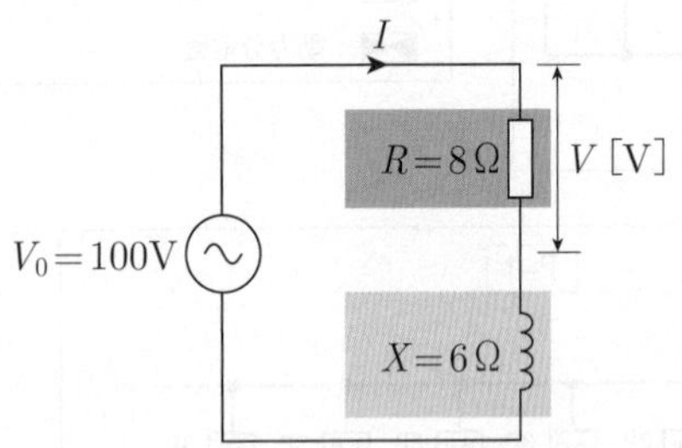

この回路のインピーダンス Z を求めると，

$$Z=\sqrt{R^2+X^2}=\sqrt{8^2+6^2}=10\,\Omega$$

これより，回路を流れる電流 I は，

$$I=\frac{V_0}{Z}=\frac{100}{10}=10\,\mathrm{A}$$

したがって，抵抗の両端の電圧 V は次のように求まる．

$$V=IR=10\times 8=80\mathrm{V}$$

問 3　ロ

導線の抵抗率を ρ［W·m］，直径を D［mm］，長さを L［m］とすると，導線の電気抵抗 R［Ω］は次のように求まる．

$$R=\frac{\rho L}{\frac{\pi}{4}\left(D\times 10^{-3}\right)^2}=\frac{\rho L}{\frac{\pi}{4}D^2\times 10^{-6}}$$

$$=\frac{4\rho L}{\pi D^2}\times 10^6$$

問 4　ロ

消費電力 400W の電熱器を 1 時間 20 分（＝80 分）使用した時の電力量 W［kW·h］は，

$$W=Pt=400\times\frac{80}{60}=533\,\mathrm{W\cdot h}=0.533\,\mathrm{kW\cdot h}$$

1 kW·h は 3 600 kJ であるから，電力量 W［kW·h］を発熱量 Q［kJ］に変換すると次のように求まる．

$$Q=3\,600\,W=3\,600\times 0.533=1\,919\fallingdotseq 1\,920\,\mathrm{kJ}$$

問 5　ハ

三相 3 線式 200V 回路の相電流 I［A］は，

$$I=\frac{V}{Z}=\frac{V}{\sqrt{R^2+X_L{}^2}}=\frac{200}{\sqrt{6^2+8^2}}=20\,\mathrm{A}$$

全消費電力 P［kW］は，次のように求まる．

$$P=3I^2R=3\times 20^2\times 6=7\,200\,\mathrm{W}=7.2\,\mathrm{kW}$$

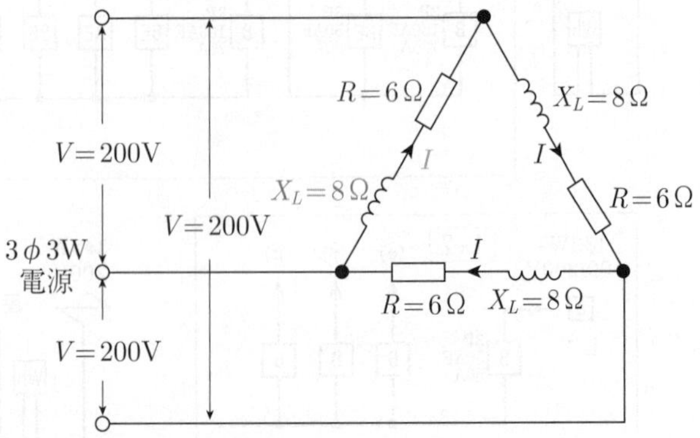

問 6　ニ

抵抗負荷に流れる電流 I は 10 A，電線のこう長 L［m］，電線 1 m 当たりの抵抗は r［Ω］なので，配線の電圧降下 $e(=V_1-V_2)$［V］は次のようになる．

$$e=2IrL=2\times 10\times r\times L=20rL\,[\mathrm{V}]$$

問	1	2	3	4	5	6	7	8	9	10	11	12	13	14	15	16	17	18	19	20	21	22	23	24	25
答	イ	ニ	ロ	ロ	ハ	ニ	イ	イ	ハ	イ	ロ	ハ	ニ	イ	ロ	ハ	ロ	イ	ロ	ニ	ロ	イ	ハ	ハ	イ

問	26	27	28	29	30	31	32	33	34	35	36	37	38	39	40	41	42	43	44	45	46	47	48	49	50
答	ロ	ハ	ニ	ロ	ハ	ニ	イ	ロ	ロ	ニ	ハ	イ	ハ	ニ	イ	ニ	ロ	ハ	ロ	ニ	イ	ロ	ニ	イ	ハ

問7　イ

直径1.6mmの600Vビニル絶縁電線の許容電流は27Aである．金属管内に6本を収めて施設する場合の電流減少係数が0.56であるから，電線1本あたりの許容電流は次のように求まる．

$$27\times0.56=15.1\fallingdotseq15\,\mathrm{A}$$

問8　イ

電技解釈第148条により，低圧屋内幹線の太さを決める根拠となる電流を求める．電動機電流の合計をI_M，電熱器電流の合計をI_Hとすると，

$$I_M=10\,\mathrm{A}\qquad I_H=15+20=35\,\mathrm{A}$$

I_MよりI_Hが大きく，需要率100%であることから，幹線の太さを決める根拠となる電流Iは次のように求まる．

$$I=I_M+I_H=10+35=45\,\mathrm{A}$$

問9　ハ

電技解釈第149条により，20A分岐回路のコンセントは20A以下，太さは1.6mm以上でなければならない．したがって，ハが正しい．イのコンセントは20A以下，ロの分岐回路の太さは2.6mm以上，ニのコンセントは20A以上30A以下でなければならない．

分岐回路の施設（電技解釈第149条）

分岐過電流遮断器の定格電流	コンセント	電線の太さ
15A	15A以下	直径1.6mm以上
20A（配線用遮断器）	20A以下	
20A（ヒューズ）	20A	直径2mm以上
30A	20A以上 30A以下	直径2.6mm以上
40A	30A以上 40A以下	断面積$8\mathrm{mm}^2$以上
50A	40A以上 50A以下	断面積$14\mathrm{mm}^2$以上

問10　イ

低圧屋内幹線の配線用遮断器の定格電流I_0が100Aで，分岐回路（VVR$5.5\mathrm{mm}^2$）の許容電流Iが34Aである．配線用遮断器の定格電流I_0に対する分岐回路の許容電流Iの割合は，

$$\frac{I}{I_0}=\frac{34}{100}=0.35=34\,\%$$

これより，$I<0.35I_0$であることから，電技解釈第149条により，分岐点から配線用遮断器までの長さは3m以下としなくてはいけない．

過電流遮断器の施設（電技解釈第149条）

	配線用遮断器までの長さ
原則	3m以下
$I\geqq0.35I_0$	8m以下
$I\geqq0.55I_0$	制限なし

問11　ロ

アウトレットボックスは電線を引き出すために使用する材料である．アウトレットボックスの使用方法としては，

・金属管が交差屈曲する場所で電線の引き入れを容易にする

・金属管工事で電線相互を接続する

・照明器具を取り付ける

ことなどに用いられる．配線用遮断器を集合して設置するのは分電盤や配電盤で，アウトレットボックスではない．

問12　ハ

ネオン変圧器は、ネオン放電灯との組み合わせで使用するので，ハが誤りである．ネオン変圧器は，二次側を9000～15000Vに昇圧して放電灯を点灯させるための変圧器である．

問13　ニ

三相誘導電動機の回転数$N\,[\mathrm{min}^{-1}]$は，電源周波数$f\,[\mathrm{Hz}]$，極数をpとすると次式で表せる．

$$N=\frac{120f}{p}\ [\mathrm{min}^{-1}]$$

これより，回転数Nは電源周波数fに比例するので，電源周波数が50Hzから60Hzに変化すると回転速度は1.2倍に増加する．

問14　イ

金属管のバリ取りはリーマを使用するので，イが正しい．ロのパイプベンダは金属管の曲げ加工に使用する．ハのボルトクリッパは太い電線などの切断に使用する．ニのガストーチランプは硬質塩化ビニル管の曲げ加工に使用する工具である．

問15　ロ

電球形LEDランプは，白熱電球と比較して発光効率が非常に高く，寿命が極めて長いことなどが特徴である．

白熱電球と電球形LEDランプの比較（弊社調べ）

	白熱電球	電球形 LEDランプ
発光効率	10 lm/W	100 lm/W
寿命	1 000 時間	40 000 時間
力率	100%	65%
価格	白熱電球＜電球形LEDランプ	

問16　ハ

写真に示す工具はホルソである．電気ドリルに取り付け，分電盤などの金属板の穴あけに使用する工具である．

問17　ロ

写真に示す器具の○で囲まれた部分は電磁接触器である．下部に接続されている熱動継電器と組み合わせ，電磁開閉器として電動機負荷などの開閉器として使用される．

問18　イ

写真に示す材料はPF管用サドル（合成樹脂製）で，PF管の支持に使用する材料である．写真下の中央の凸部がPF管の凹部を固定する．

問19　ロ

ロの図記号は，鋼製電線管（ねじなし電線管）の露出配線工事を示しているので，施工方法の記載（硬質塩化ビニル電線管）と合っていない．

問20　ニ

電技解釈第12条により，電線の接続は電気抵抗を増加させないこと，電線の引張強さを20％以上減少させないこと，絶縁電線と同等以上の絶縁効力のあるもので被覆すること，絶縁電線と同等以上の絶縁効力のある接続器（差込形コネクタ）を使用することなどが定められている．

問21　ロ

電技解釈第160条により，1種金属製可とう電線管工事は湿気の多い場所では施工できないので，ロが不適切である．ハのD種接地工事は金属管の長さが4m以下で乾燥した場所に施設する場合は省略できる．ニのケーブル支持点間の距離は2m以下で施工する．

問22　イ

金属可とう電線管と金属管（鋼製電線管）の接続はコンビネーションカップリングを使用するので，イが不適切である．TSカップリングは，硬質塩化ビニル電線管相互の接続に使用する材料である．

問23　ハ

電技解釈第186条により，使用電圧が1000Vを超えるネオン放電灯の管灯回路は，ネオン電線を使用し，支持点間の距離は1m以下としなくてはいけない．

問24　ハ

検電器は電路の充電の有無を確認するための測定器なので，ハが正しい．イの回路計（テスタ）は配線の導通試験などに使用する．ロの回転計は電動機の回転速度の測定に使用する．ニの電力計は消費電力の測定に使用する測定器である．

問25　イ

電技省令第58条により，低圧電路の使用電圧と絶縁抵抗の最小値が定められている．三相3線式200Vの電動機回路は，使用電圧300V以下で対地電圧は150Vを超えるので，絶縁抵抗値は0.2MΩ以上なくてはいけない．

低圧電路の絶縁性能（電技省令第58条）

電路の使用電圧の区分		絶縁抵抗値
300V以下	対地電圧150V以下	0.1MΩ以上
	その他の場合	0.2MΩ以上
300Vを超える低圧回路		0.4MΩ以上

問26　ロ

電技解釈第29条により，使用電圧200Vの機械器具の鉄台にはD種接地工事を施さなくてはいけない．また，電技解釈第17条により，D種接地工事の接地抵抗値は100Ω以下，接地線は1.6mm以上で施工しなくてはいけない．

機械器具の金属製外箱等の接地（電技解釈第29条）

機械器具の使用電圧の区分		接地工事
低圧	300V以下	D種接地工事
	300V超過	C種接地工事

問27　ハ

単相3線式回路の漏れ電流は，クランプで3本すべての電線を挟んで測定する．図のような単相3線式回路において，負荷電流をI_1，I_2，漏れ電流をI_gとすると検出部を通る電流は次のようになり，漏れ電流I_gを検出できる．

$$I_1+I_g-(I_1-I_2)-I_2=I_1+I_g-I_1+I_2-I_2=I_g$$

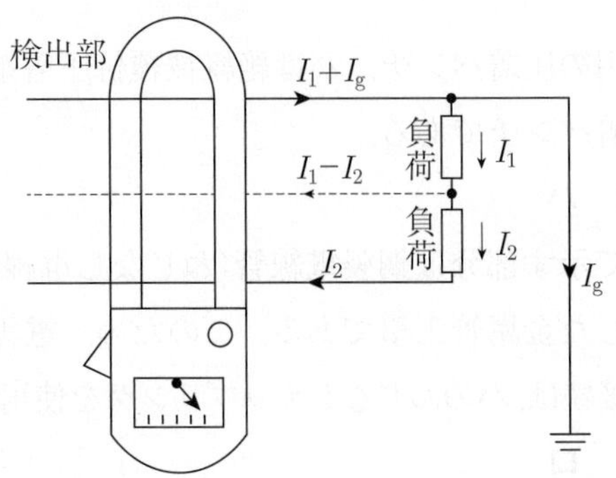

問 28　ニ

電気工事士法施行規則第 2 条により，ニの電線管に電線を収める作業は，電気工事士でなくては従事できない．なお，電圧 600 V 以下の電力量計の取付工事，火災報知器などに使用する小型変圧器（二次電圧が 36 V 以下のもの）の二次側配線工事，600 V 以下のソケットとコードの接続工事は，軽微な工事として電気工事士でなくても従事できる（電気工事士法施行令第 1 条）．

問 29　ロ

一般用電気工作物とは，低圧受電で受電の場所と同一の構内で使用する電気工作物で，同じ構内で連係して使用する下記の小規模事業用電気工作物以外の小規模発電設備も含む．一般用電気工作となる小規模発電設備は，発電電圧 600V 以下で，出力の合計が 50 kW 以上となるものを除く（電気事業法施行規則第 48 条）．

小規模発電設備

設備名	出力	区分
風力発電設備	20 kW 未満	小規模事業用電気工作物**
太陽電池発電設備	50 kW 未満	
	10 kW 未満	一般用電気工作物
水力発電設備*	20 kW 未満	
内燃力発電設備	10 kW 未満	
燃料電池発電設備	10 kW 未満	
スターリングエンジン発電設備	10 kW 未満	

＊最大使用水量 $1 m^3/s$ 未満（ダムを伴うものを除く）
＊＊第二種電気工事士は，小規模事業用電気工作物の工事に従事できる．

問 30　ハ

電技省令第 2 条により，低圧は直流にあっては 750V 以下，交流にあっては 600V 以下と定められている．

〔問題 2．配線図〕

問 31　ニ

①に示す部分はルームエアコンの屋外ユニットなので，傍記は「O」である．

問 32　イ

②で示す部分の最小電線本数は複線結線図−1 より，2 本である．

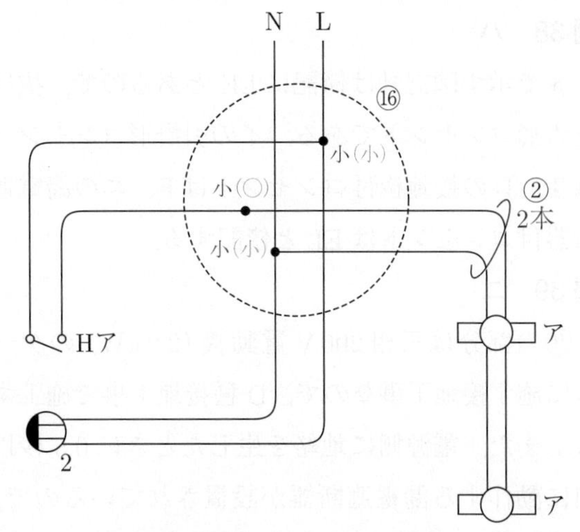

複線結線図－1（問32，問46）

問 33　ロ

③に示す図記号は，ロの確認表示灯内蔵点滅器である．イの位置表示灯内蔵点滅器は●H，ハの遅延スイッチは●D，ニの熱線式自動スイッチは●RAS と表す．

問 34　ロ

④に示す記号は，CV5.5−2C とあるので，600V 架橋ポリエチレン絶縁ビニルシースケーブル（CV ケーブル）で太さは $5.5 mm^2$，心数は 2 心であることを示している．

問 35　ニ

⑤に示す部分の地中電線路の直接埋設式は電技解釈第 120 条により，車両その他の重量物の圧力を受ける場合，埋設深さ 1.2 m 以上で堅ろうなトラフその他の防護物に収めて施設しなくてはならない．

問 36　ハ

⑥で示す図記号は 200 W のナトリウム灯である．水銀灯の図記号は H，メタルハライド灯の図記号は M を傍記する．

問 37　イ

⑦で示す部分は単相 3 線式の単相 200 V の電路（配線回路番号ⓐ）で，対地電圧は 100 V である．このため，電路と大地の絶縁抵抗値は 0.1 MΩ 以上なくてはいけない．

低圧電路の絶縁性能（電技省令第 58 条）

電路の使用電圧の区分		絶縁抵抗値
300V 以下	対地電圧 150V 以下	0.1MΩ 以上
	その他の場合	0.2MΩ 以上
300V を超える低圧回路		0.4MΩ 以上

2017 年度：下期（平成 29 年度）

問 38　ハ

⑧で示す図記号は傍記に LK とあるので，抜け止め形コンセントである．イの引掛形コンセントは T，ロの接地極付コンセントは E，ニの漏電遮断器付コンセントは EL と傍記する．

問 39　ニ

⑨の部分は三相 200 V 電動機（2.2 kW）のケースに施す接地工事なので，D 種接地工事で施工する．また，電源側に地絡を生じたときに 0.5 秒以内に動作する漏電遮断器が設置されているので，接地抵抗は 500 Ω 以下であればよい（電技解釈第 17 条）．

問 40　イ

⑩で示す図記号には，電磁開閉器用押しボタンが接続されているから，この図記号はイの電磁開閉器を示す．三相 200 V 電動機（2.2 kW）の運転，停止を行うためのものである．

問 41　ニ

⑪で示すボックス内の接続は複線結線図−2 より，2 本接続が 4 カ所，3 本接続が 1 カ所，4 本接続が 1 カ所である．したがって，必要なリングスリーブは小が 6 個である．

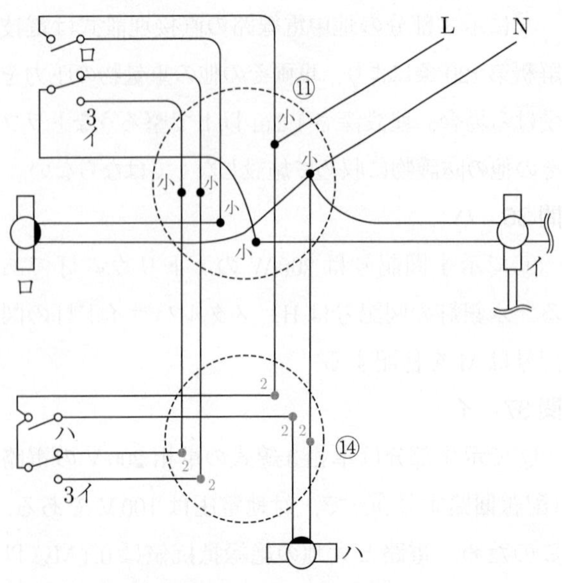

複線結線図－2（問41，問44）

問 42　ロ

⑫の部分で示す部分の圧着接続をリングスリーブ E 形で行う場合は，ロの柄の部分が黄色のリングスリーブ用の圧着ペンチを用いる．イは圧着端子用の圧着ペンチ，ハは絶縁被覆付圧着端子用の圧着ペンチである．

問 43　ハ

⑬で示す部分は鋼製電線管(ねじなし電線管)を使用した金属管工事である．このため，電線管相互の接続は，ハのねじなしカップリングを使用する．

問 44　ロ

⑭で示すボックス内の接続は複線結線図−2 より，2 本接続が 5 カ所である．したがって，必要な差込形コネクタは，ロの 2 本接続用 5 個である．

問 45　ニ

絶縁抵抗の測定は，ニの絶縁抵抗計を使用する．イは接地抵抗計，ロは回路計（テスタ），ハは照度計である．

問 46　イ

⑯で示すボックス内の接続は複線結線図−1（前ページ参照）より，2 本接続が 1 カ所，3 本接続が 2 カ所である．また，使用する電線の太さが 1.6 mm なので，2 本接続箇所（1 カ所）は「○」の刻印，3 本接続箇所（2 カ所）は「小」の刻印で圧着しなくてはいけない（JIS C 2806）．

問 47　ロ

⑰で示す地中配線工事は合成樹脂製可とう電線管を使用した工事である．このため，この工事で使用する工具は，ロの合成樹脂管用カッタである．

問 48　ニ

⑱で示す図記号の器具は，ニの自動点滅器である．屋外灯を周囲の明るさに応じて，自動的に点滅させるスイッチである．

問 49　イ

⑲で示す図記号の器具は，イの低圧進相コンデンサである．この進相コンデンサは，三相電動機の力率改善のために設置されている．

問 50　ハ

この配線図の施工では，ハの埋込形 2 極スイッチ（両切スイッチ，図記号●$_{2P}$）は使用されていない．イは防雨形スイッチ（図記号●$_{WP}$），ロは位置表示灯内蔵スイッチ（図記号●$_{H}$），ニは確認表示灯内蔵スイッチ（図記号●$_{L}$）である．

第二種電気工事士
筆記試験

2016年度
（平成28年度）

上期試験

問題１．一般問題（問題数 30，配点は１問当たり２点）

【注】本問題の計算で$\sqrt{2}$，$\sqrt{3}$ 及び円周率πを使用する場合の数値は次によること。 $\sqrt{2}=1.41$ ，$\sqrt{3}=1.73$ ，$\pi=3.14$

次の各問いには４通りの答え（イ，ロ，ハ，ニ）が書いてある。それぞれの問いに対して答えを１つ選びなさい。

	問い	答え			
1	図のような回路で，端子 a－b 間の合成抵抗［Ω］は。 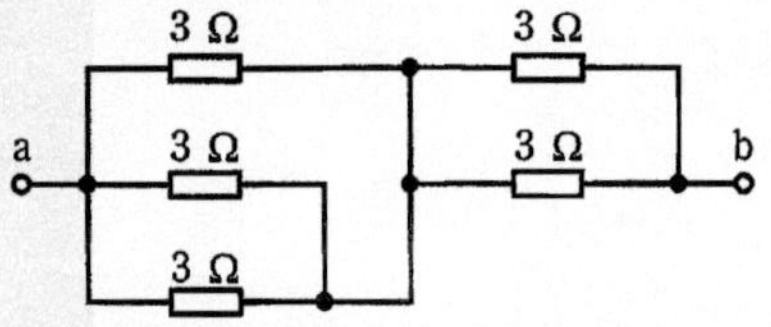	イ．1.1	ロ．2.5	ハ．6	ニ．15
2	図のような交流回路において，抵抗 12 Ω の両端の電圧 V［V］は。 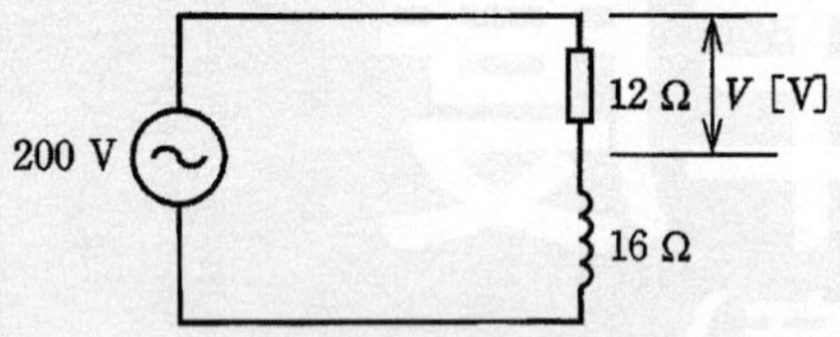	イ．86	ロ．114	ハ．120	ニ．160
3	ビニル絶縁電線（単線）の抵抗と許容電流に関する記述として，**誤っているものは**。	イ．許容電流は，周囲の温度が上昇すると，大きくなる。 ロ．許容電流は，導体の直径が大きくなると，大きくなる。 ハ．電線の抵抗は，導体の長さに比例する。 ニ．電線の抵抗は，導体の直径の２乗に反比例する。			
4	電線の接続不良により，接続点の接触抵抗が 0.2 Ω となった。この電線に 15 A の電流が流れると，接続点から 1 時間に発生する熱量［kJ］は。 ただし，接触抵抗の値は変化しないものとする。	イ．11	ロ．45	ハ．72	ニ．162
5	定格電圧 V［V］，定格電流 I［A］の三相誘導電動機を定格状態で時間 t［h］の間，連続運転したところ，消費電力量が W［kW·h］であった。 この電動機の力率［%］を表す式は。	イ．$\frac{W}{\sqrt{3}VIt}\times 10^5$	ロ．$\frac{W}{3VIt}\times 10^5$	ハ．$\frac{\sqrt{3}VI}{Wt}\times 10^5$	ニ．$\frac{3VI}{Wt}\times 10^5$
6	図のような単相３線式回路において，電線１線当たりの抵抗が 0.2 Ω のとき，a－b 間の電圧［V］は。 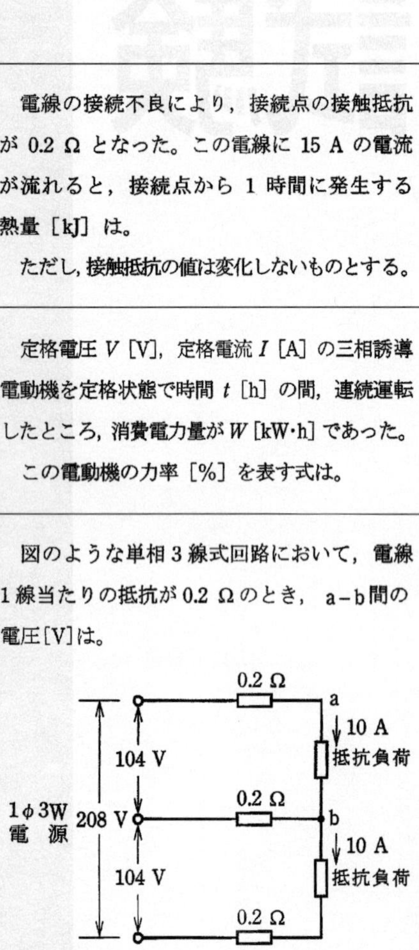	イ．96	ロ．100	ハ．102	ニ．106

	問い	答え
7	図のような単相 3 線式回路において，消費電力 1 000 W，200 W の 2 つの負荷はともに抵抗負荷である。図中の ✕ 印点で断線した場合，a－b 間の電圧[V]は。 ただし，断線によって負荷の抵抗値は変化しないものとする。 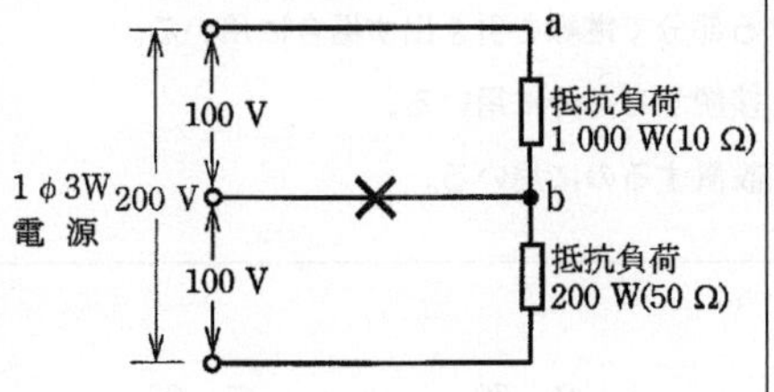	イ．17　ロ．33　ハ．100　ニ．167
8	金属管による低圧屋内配線工事で，管内に断面積 3.5 mm^2 の 600V ビニル絶縁電線（軟銅線）3 本を収めて施設した場合，電線 1 本当たりの許容電流[A]は。 ただし，周囲温度は 30 ℃以下，電流減少係数は 0.70 とする。	イ．19　ロ．26　ハ．34　ニ．49
9	図のように定格電流 50 A の過電流遮断器で保護された低圧屋内幹線から分岐して，7 m の位置に過電流遮断器を施設するとき，a－b 間の電線の許容電流の最小値[A]は。 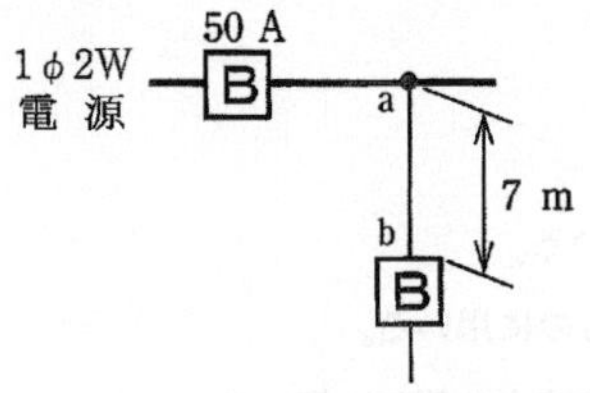	イ．12.5　ロ．17.5　ハ．22.5　ニ．27.5
10	低圧屋内配線の分岐回路の設計で，配線用遮断器，分岐回路の電線の太さ及びコンセントの組合せとして，**適切なものは。** ただし，分岐点から配線用遮断器までは 3 m，配線用遮断器からコンセントまでは 8 m とし，電線の数値は分岐回路の電線（軟銅線）の太さを示す。 また，コンセントは兼用コンセントではないものとする。	イ．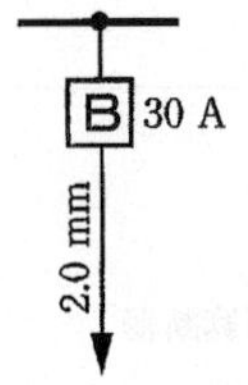定格電流 20 Aの コンセント 1個 ロ．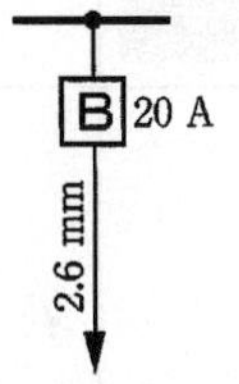定格電流 30 Aの コンセント 1個 ハ．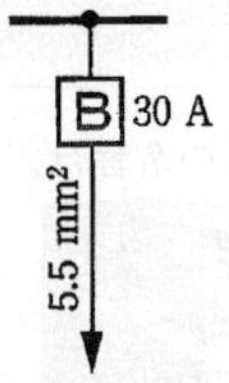定格電流 15 Aの コンセント 2個 ニ．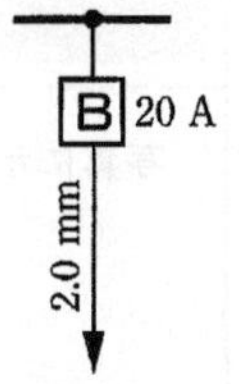定格電流 20 Aの コンセント 2個

	問　い	答　え
11	電気工事の種類と，その工事で使用する工具の組合せとして，**適切なものは**。	イ．金属線ぴ工事とボルトクリッパ ロ．合成樹脂管工事とパイプベンダ ハ．金属管工事とクリックボール ニ．バスダクト工事と圧着ペンチ
12	アウトレットボックス（金属製）の使用方法として，**不適切なものは**。	イ．金属管工事で電線の引き入れを容易にするのに用いる。 ロ．照明器具などを取り付ける部分で電線を引き出す場合に用いる。 ハ．金属管工事で電線相互を接続する部分に用いる。 ニ．配線用遮断器を集合して設置するのに用いる。
13	低圧屋内配線として使用する 600V ビニル絶縁電線（IV）の絶縁物の最高許容温度[℃]は。	イ．30　　ロ．45　　ハ．60　　ニ．75
14	三相誘導電動機を逆回転させるための方法は。	イ．三相電源の3本の結線を3本とも入れ替える。 ロ．三相電源の3本の結線のうち，いずれか2本を入れ替える。 ハ．コンデンサを取り付ける。 ニ．スターデルタ始動器を取り付ける。
15	霧の濃い場所やトンネル内等の照明に**適しているものは**。	イ．ナトリウムランプ ロ．蛍光ランプ ハ．ハロゲン電球 ニ．水銀ランプ
16	写真に示す材料の用途は。 	イ．VVF ケーブルを接続する箇所に用いる。 ロ．スイッチやコンセントを取り付けるのに用いる。 ハ．合成樹脂管工事において，電線を接続する箇所に用いる。 ニ．天井からコードを吊り下げるときに用いる。
17	写真に示す器具の名称は。 	イ．配線用遮断器 ロ．漏電遮断器 ハ．電磁接触器 ニ．漏電警報器

	問い	答え
18	写真に示す工具の用途は。	イ．金属管の曲げ加工に用いる。 ロ．合成樹脂製可とう電線管の接続加工に用いる。 ハ．ライティングダクトの曲げ加工に用いる。 ニ．硬質塩化ビニル電線管の曲げ加工に用いる。
19	600V ビニル絶縁ビニルシースケーブル平形 1.6 mm を使用した低圧屋内配線工事で，絶縁電線相互の終端接続部分の絶縁処理として，**不適切なものは。** ただし，ビニルテープは JIS に定める厚さ約 0.2 mm の絶縁テープとする。	イ．リングスリーブにより接続し，接続部分を自己融着性絶縁テープ（厚さ約 0.5 mm）で半幅以上重ねて 1 回（2 層）巻き，更に保護テープ（厚さ約 0.2 mm）を半幅以上重ねて 1 回（2 層）巻いた。 ロ．リングスリーブにより接続し，接続部分を黒色粘着性ポリエチレン絶縁テープ（厚さ約 0.5 mm）で半幅以上重ねて 2 回（4 層）巻いた。 ハ．リングスリーブにより接続し，接続部分をビニルテープで半幅以上重ねて 1 回（2 層）巻いた。 ニ．差込形コネクタにより接続し，接続部分をビニルテープで巻かなかった。
20	床に固定した定格電圧 200 V，定格出力 2.2 kW の三相誘導電動機の鉄台に接地工事をする場合，接地線（軟銅線）の太さと接地抵抗値の組合せで，**不適切なものは。** ただし，漏電遮断器を設置しないものとする。	イ．直径 2.6 mm，75 Ω ロ．直径 2.0 mm，50 Ω ハ．直径 1.6 mm，10 Ω ニ．公称断面積 0.75 mm^2，5 Ω
21	100/200V の低圧屋内配線工事で，600V ビニル絶縁ビニルシースケーブルを用いたケーブル工事の施工方法として，**適切なものは。**	イ．防護装置として使用した金属管の長さが 10 m であったが，乾燥した場所であるので，金属管に D 種接地工事を施さなかった。 ロ．丸形ケーブルを，屈曲部の内側の半径をケーブル外径の 6 倍にして曲げた。 ハ．建物のコンクリート壁の中に直接埋設した。（臨時配線工事の場合を除く。） ニ．金属製遮へい層のない電話用弱電流電線と共に同一の合成樹脂管に収めた。
22	使用電圧 300 V 以下の低圧屋内配線の工事方法として，**不適切なものは。**	イ．金属可とう電線管工事で，より線（600V ビニル絶縁電線）を用いて，管内に接続部分を設けないで収めた。 ロ．フロアダクト工事で，電線を分岐する場合，接続部分に十分な絶縁被覆を施し，かつ，接続部分を容易に点検できるようにして接続箱（ジャンクションボックス）に収めた。 ハ．金属ダクト工事で，電線を分岐する場合，接続部分に十分な絶縁被覆を施し，かつ，接続部分を容易に点検できるようにしてダクトに収めた。 ニ．ライティングダクト工事で，ダクトの終端部は閉そくしないで施設した。

	問　い	答　え
23	店舗付き住宅に三相 200 V，定格消費電力 2.8 kW のルームエアコンを施設する屋内配線工事の方法として，**不適切なものは。**	イ．電路には漏電遮断器を施設する。 ロ．電路には専用の配線用遮断器を施設する。 ハ．屋内配線には，簡易接触防護措置を施す。 ニ．ルームエアコンは屋内配線とコンセントで接続する。
24	一般用電気工作物の低圧屋内配線工事が完了したときの検査で，一般に**行われていないものは。**	イ．絶縁耐力試験 ロ．絶縁抵抗の測定 ハ．接地抵抗の測定 ニ．目視点検
25	分岐開閉器を開放して負荷を電源から完全に分離し，その負荷側の低圧屋内電路と大地間の絶縁抵抗を一括測定する方法として，**適切なものは。**	イ．負荷側の点滅器をすべて「入」にして，常時配線に接続されている負荷は，使用状態にしたままで測定する。 ロ．負荷側の点滅器をすべて「切」にして，常時配線に接続されている負荷は，使用状態にしたままで測定する。 ハ．負荷側の点滅器をすべて「入」にして，常時配線に接続されている負荷は，すべて取り外して測定する。 ニ．負荷側の点滅器をすべて「切」にして，常時配線に接続されている負荷は，すべて取り外して測定する。
26	直読式接地抵抗計（アーステスタ）を使用して直読で接地抵抗を測定する場合，補助接地極（2 箇所）の配置として，**適切なものは。**	イ．被測定接地極を端とし，一直線上に 2 箇所の補助接地極を順次 1 m 程度離して配置する。 ロ．被測定接地極を中央にして，左右一直線上に補助接地極を 5 m 程度離して配置する。 ハ．被測定接地極を端とし，一直線上に 2 箇所の補助接地極を順次 10 m 程度離して配置する。 ニ．被測定接地極と 2 箇所の補助接地極を相互に 5 m 程度離して正三角形に配置する。
27	電気計器の目盛板に図のような記号がある。 記号の意味及び測定できる回路で，**正しいものは。** 	イ．可動鉄片形で目盛板を水平に置いて，交流回路で使用する。 ロ．可動コイル形で目盛板を水平に置いて，交流回路で使用する。 ハ．可動鉄片形で目盛板を鉛直に立てて，直流回路で使用する。 ニ．可動コイル形で目盛板を水平に置いて，直流回路で使用する。
28	電気工事士の義務又は制限に関する記述として，**誤っているものは。**	イ．電気工事士は，電気工事士法で定められた電気工事の作業に従事するときは，電気工事士免状を携帯していなければならない。 ロ．電気工事士は，電気工事士法で定められた電気工事の作業に従事するときは，電気設備に関する技術基準を定める省令に適合するようにその作業をしなければならない。 ハ．電気工事士は，住所を変更したときは，免状を交付した都道府県知事に申請して免状の書換えをしてもらわなければならない。 ニ．電気工事士は，電気工事の作業に電気用品安全法に定められた電気用品を使用する場合は，同法に定める適正な表示が付されたものを使用しなければならない。

	問い	答え
29	電気工事士法において，一般用電気工作物の工事又は作業で電気工事士でなければ従事できないものは。	イ．電圧 600 V 以下で使用する電力量計を取り付ける。 ロ．インターホーンの施設に使用する小型変圧器（二次電圧が 36 V 以下）の二次側の配線をする。 ハ．電線を支持する柱，腕木を設置する。 ニ．電線管とボックスを接続する。
30	電気用品安全法の適用を受ける次の電気用品のうち，特定電気用品は。	イ．定格電流 20 A の漏電遮断器 ロ．消費電力 30 W の換気扇 ハ．外径 19 mm の金属製電線管 ニ．消費電力 40 W の蛍光ランプ

2016年度：上期（平成28年度）

問題２．配線図（問題数 20，配点は１問当たり２点）

図は，木造３階建住宅の配線図である。この図に関する次の各問いには４通りの答え（イ，ロ，ハ，ニ）が書いてある。それぞれの問いに対して，答えを１つ選びなさい。

【注意】１．屋内配線の工事は，特記のある場合を除き 600V ビニル絶縁ビニルシースケーブル平形（VVF）を用いたケーブル工事である。
２．屋内配線等の電線の本数，電線の太さ，その他，問いに直接関係のない部分等は省略又は簡略化してある。
３．漏電遮断器は，定格感度電流 30 mA，動作時間 0.1 秒以内のものを使用している。
４．選択肢（答え）の写真にあるコンセント及び点滅器は，「JIS C 0303：2000 構内電気設備の配線用図記号」で示す「一般形」である。
５．ジョイントボックスを経由する電線は，すべて接続箇所を設けている。
６．３路スイッチの記号「0」の端子には，電源側又は負荷側の電線を結線する。

	問　い	答　え
31	①で示す図記号の名称は。	イ．調光器　ロ．素通し　ハ．遅延スイッチ　ニ．リモコンスイッチ
32	②で示すコンセントの極配置（刃受）で，**正しいものは。**	イ．　ロ．　ハ．　ニ．
33	③で示す部分の工事方法として，**適切なものは。**	イ．金属線ぴ工事 ロ．金属管工事 ハ．金属ダクト工事 ニ．600V ビニル絶縁ビニルシースケーブル丸形を使用したケーブル工事
34	④で示す部分に取り付ける計器の図記号は。	イ．CT　ロ．W　ハ．S　ニ．Wh
35	⑤で示す部分の電路と大地間の絶縁抵抗として，許容される最小値［MΩ］は。	イ．0.1　ロ．0.2　ハ．0.4　ニ．1.0
36	⑥で示す図記号の名称は。	イ．シーリング（天井直付）　ロ．埋込器具　ハ．シャンデリヤ　ニ．ペンダント
37	⑦で示す部分の接地工事における接地抵抗の許容される最大値［Ω］は。	イ．100　ロ．300　ハ．500　ニ．600
38	⑧で示す部分の最少電線本数（心線数）は。	イ．2　ロ．3　ハ．4　ニ．5
39	⑨で示す図記号の名称は。	イ．自動点滅器　ロ．熱線式自動スイッチ　ハ．タイムスイッチ　ニ．防雨形スイッチ
40	⑩で示す図記号の配線方法は。	イ．天井隠ぺい配線　ロ．床隠ぺい配線　ハ．露出配線　ニ．床面露出配線

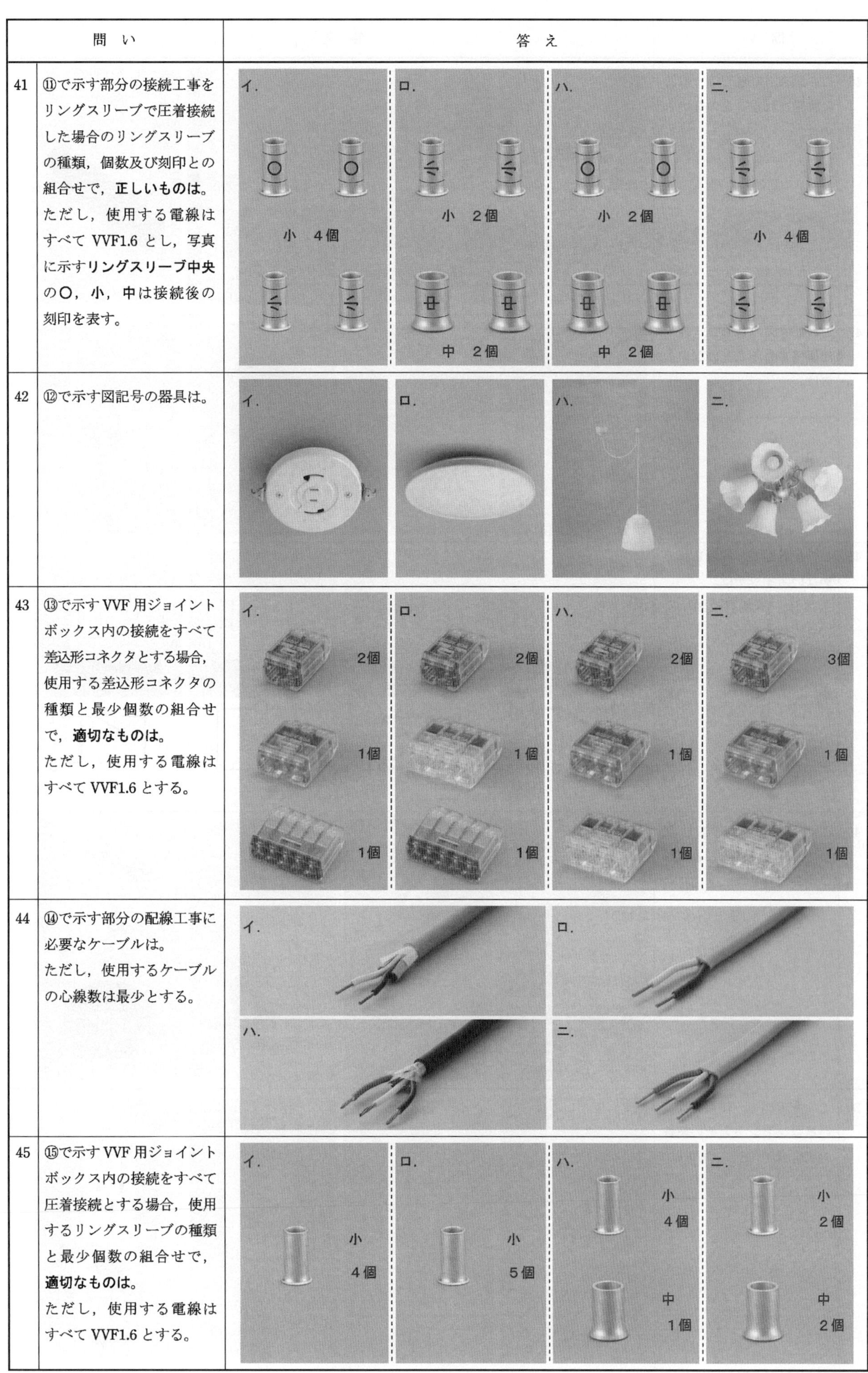

問い		答え
41	⑪で示す部分の接続工事をリングスリーブで圧着接続した場合のリングスリーブの種類，個数及び刻印との組合せで，**正しいものは。** ただし，使用する電線はすべて VVF1.6 とし，写真に示す**リングスリーブ中央**の**○**，**小**，**中**は接続後の刻印を表す。	イ．小　4個 ロ．小　2個　中　2個 ハ．小　2個　中　2個 ニ．小　4個
42	⑫で示す図記号の器具は。	イ． ロ． ハ． ニ．
43	⑬で示す VVF 用ジョイントボックス内の接続をすべて差込形コネクタとする場合，使用する差込形コネクタの種類と最少個数の組合せで，**適切なものは。** ただし，使用する電線はすべて VVF1.6 とする。	イ．2個　1個　1個 ロ．2個　1個　1個 ハ．2個　1個　1個 ニ．3個　1個　1個
44	⑭で示す部分の配線工事に必要なケーブルは。 ただし，使用するケーブルの心線数は最少とする。	イ． ロ． ハ． ニ．
45	⑮で示す VVF 用ジョイントボックス内の接続をすべて圧着接続とする場合，使用するリングスリーブの種類と最少個数の組合せで，**適切なものは。** ただし，使用する電線はすべて VVF1.6 とする。	イ．小　4個 ロ．小　5個 ハ．小　4個　中　1個 ニ．小　2個　中　2個

	問い	答え			
46	この配線図の施工で,一般的に**使用されることのないもの**は。	イ. 	ロ. 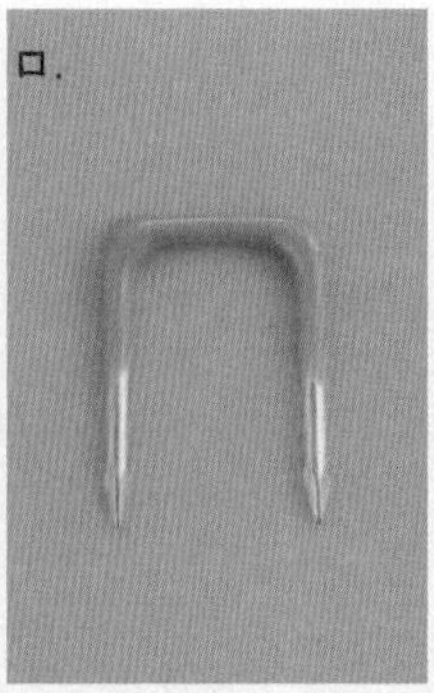	ハ. 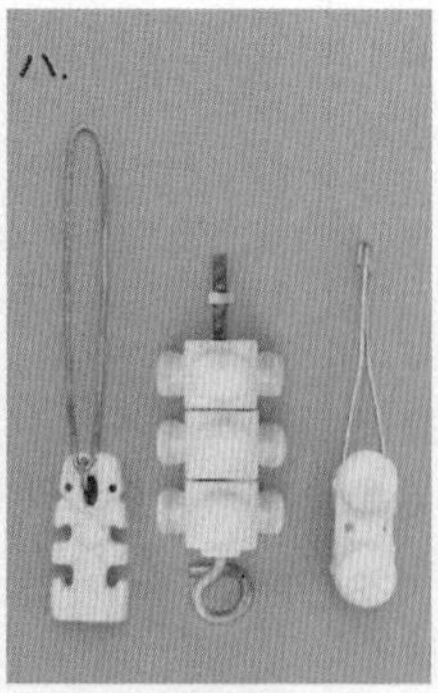	ニ. 
47	この配線図の施工で,一般的に**使用されることのないもの**は。	イ. 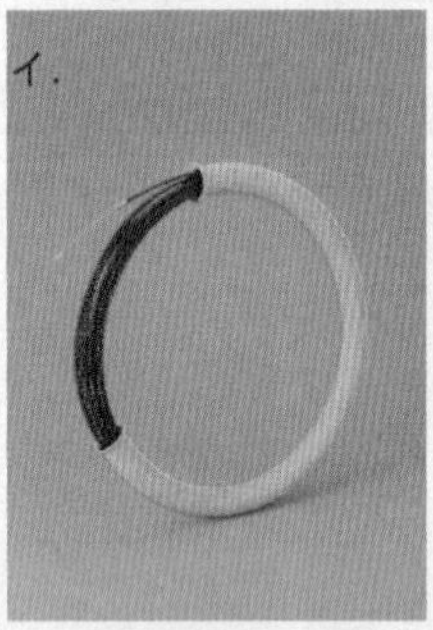	ロ. 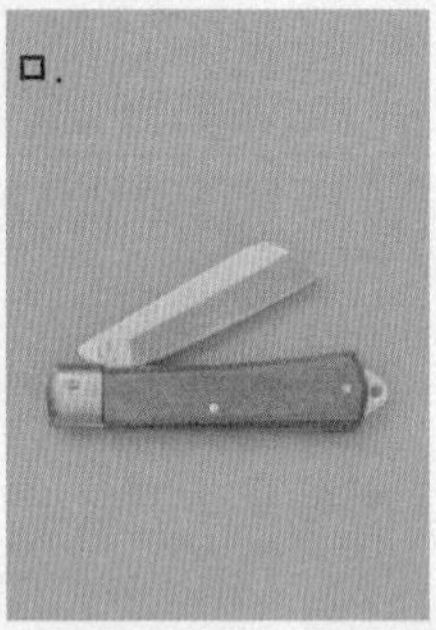	ハ. 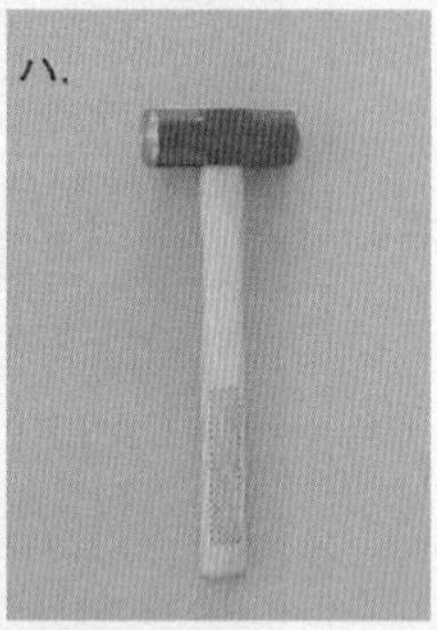	ニ. 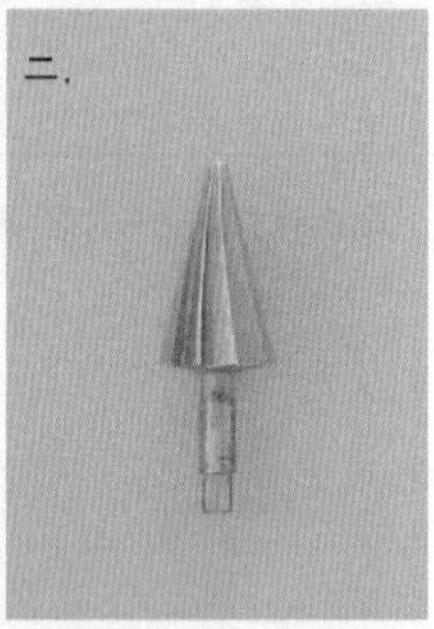
48	この配線図で,**使用されていない**スイッチは。 ただし,写真下の図は,接点の構成を示す。	イ. 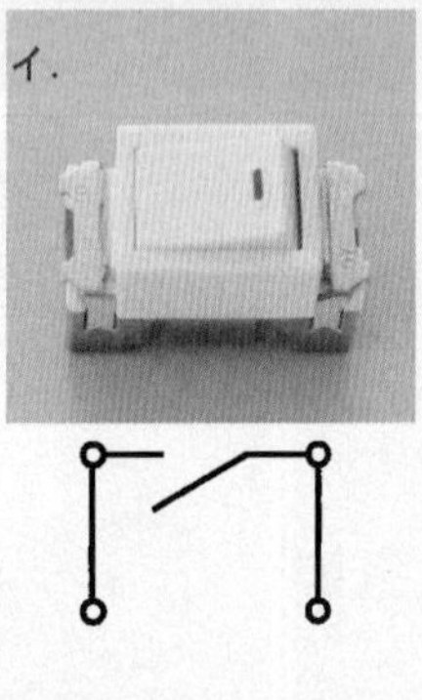	ロ. 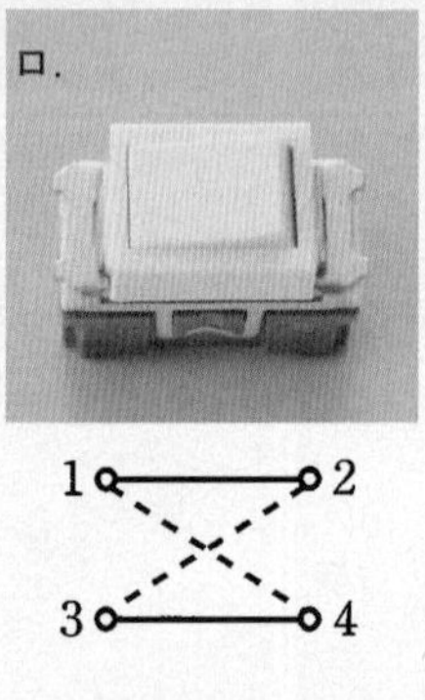 1 2 3 4	ハ. 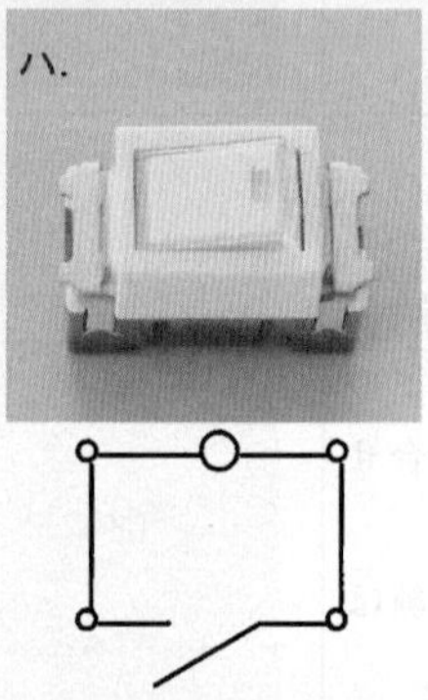	ニ. 0 1 3 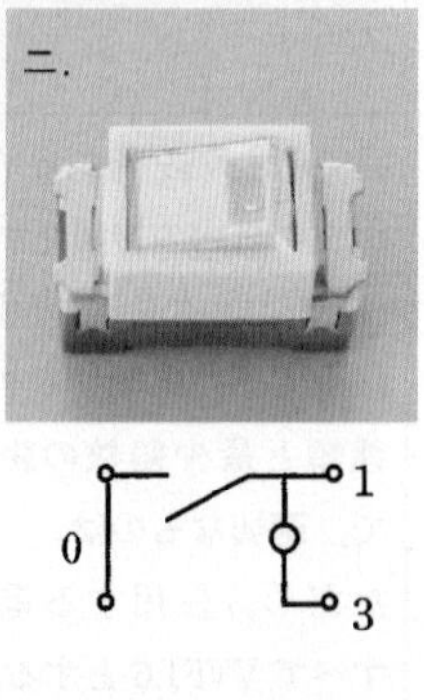
49	この配線図の施工に関して,**使用されることのない物の組合せ**は。	イ. 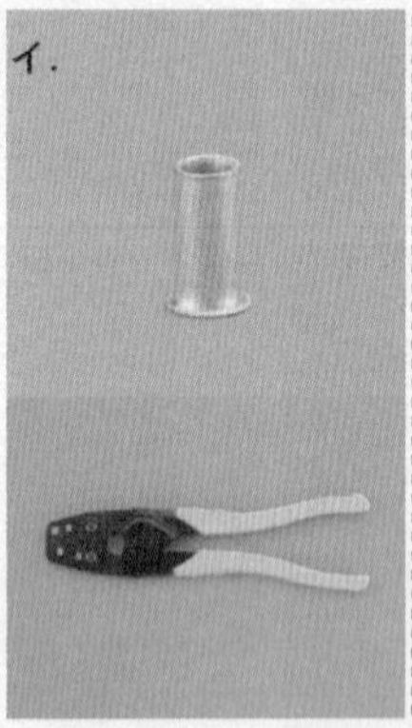	ロ. 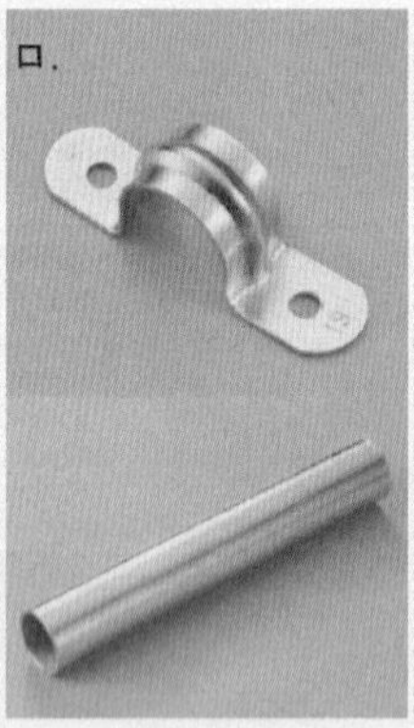	ハ. 	ニ. 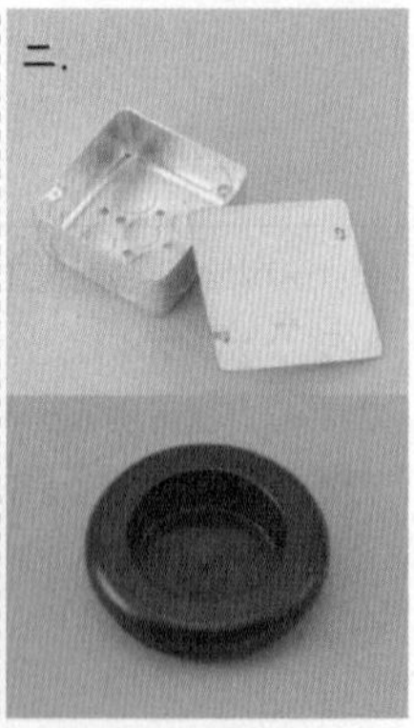
50	この配線図で,使用されているコンセントとその個数の組合せで,**正しいもの**は。	イ. 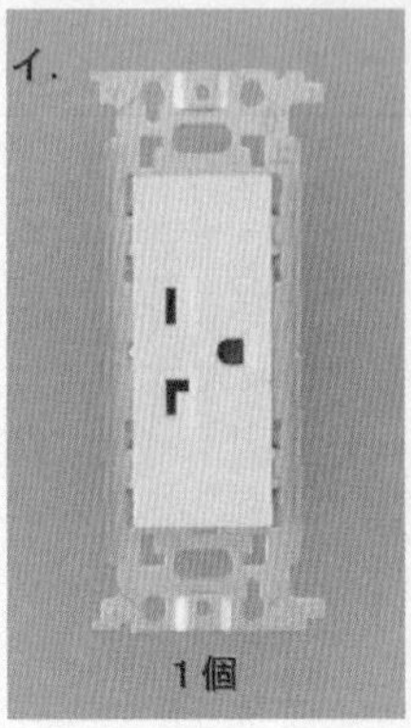 1個	ロ. 2個 	ハ. 2個 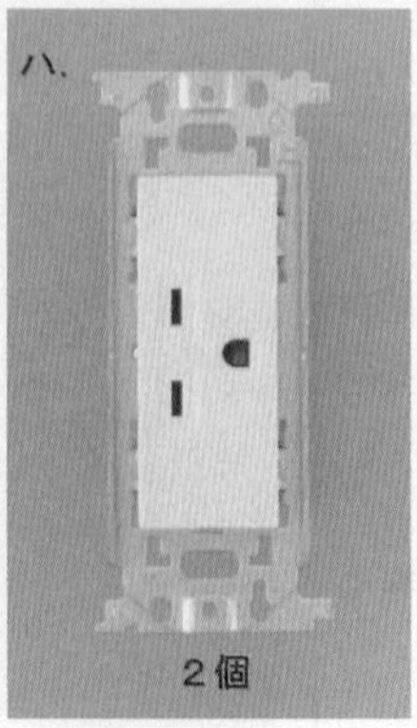	ニ. 1個 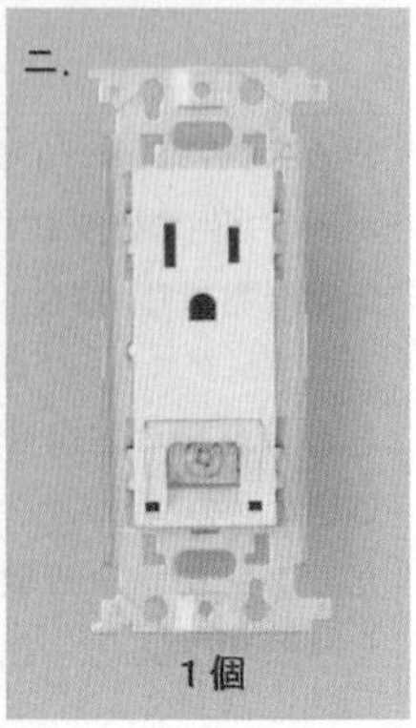

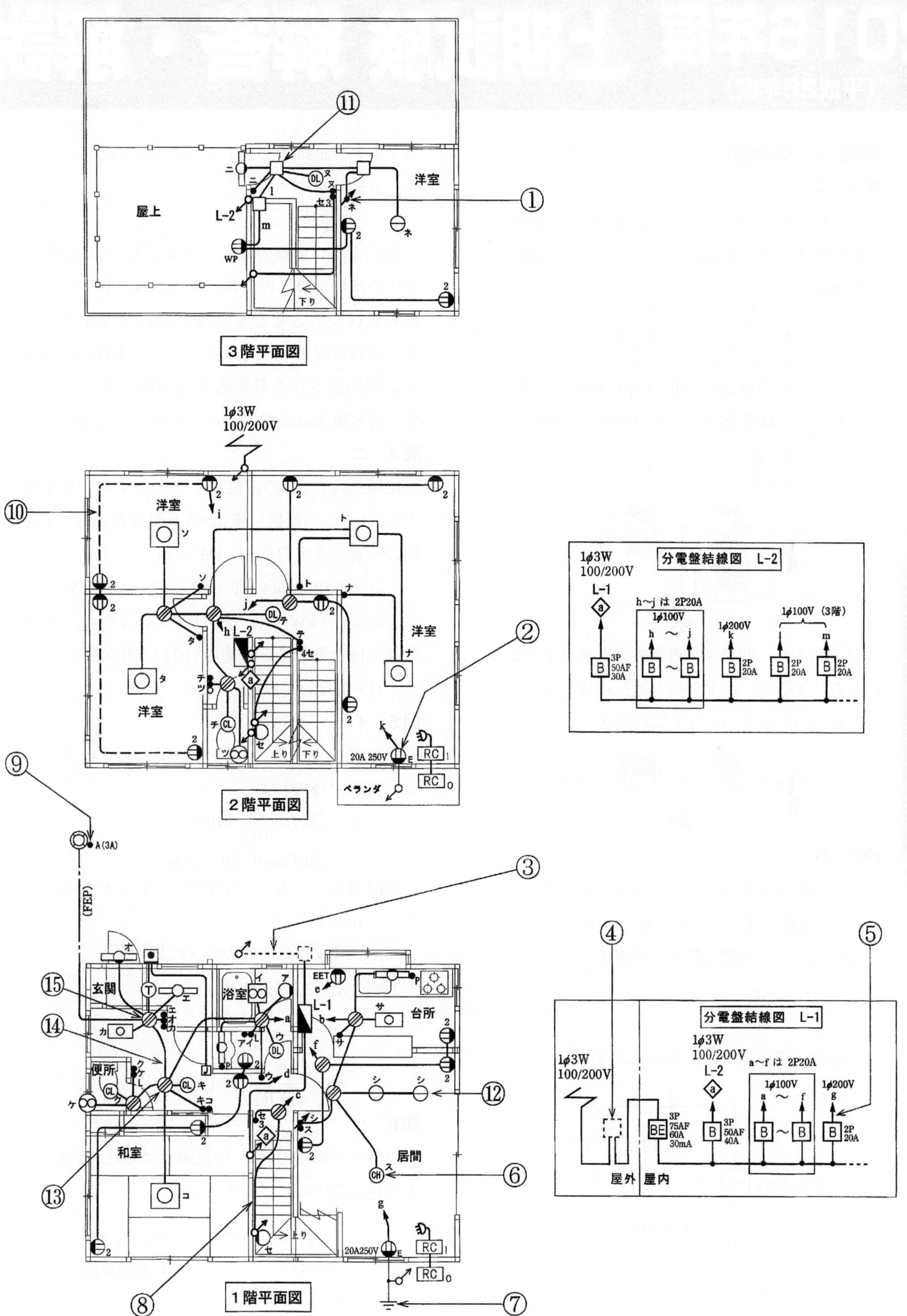
3階平面図
屋上
洋室
L-2
WP
下り
2階平面図
1φ3W
100/200V
洋室
洋室
洋室
L-2
上り
下り
20A 250V
ベランダ
RC I
RC O
分電盤結線図 L-2
1φ3W
100/200V
L-1
h~j は 2P20A
1φ100V
1φ200V
1φ100V (3階)
3P
50AF
30A
2P
20A
A(3A)
(FEP)
1階平面図
玄関
浴室
台所
便所
和室
居間
L-1
EET
上り
20A250V
RC I
RC O
分電盤結線図 L-1
1φ3W
100/200V
a~f は 2P20A
1φ100V
1φ200V
L-2
BE
3P
75AF
60A
30mA
3P
50AF
40A
2P
20A
屋外
屋内

〔問題1．一般問題〕

問1　ロ

図1のa–o間は3つの抵抗の並列回路なので，合成抵抗 R_{ao} は各抵抗の逆数の和をさらに逆数として求める．

$$R_{ao}=\frac{1}{\frac{1}{R}+\frac{1}{R}+\frac{1}{R}}=\frac{1}{\frac{1}{3}+\frac{1}{3}+\frac{1}{3}}=1\,\Omega$$

また，o–b間は2つの抵抗の並列回路なので，合成抵抗 R_{ob} は各抵抗の「和分の積」で求める．

$$R_{ob}=\frac{R\times R}{R+R}=\frac{3\times3}{3+3}=1.5\,\Omega$$

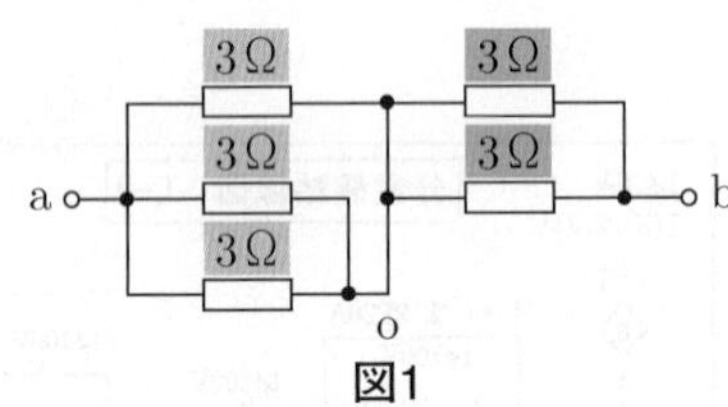

図1

以上により，問題図を書き換えると図2のようになる．よって，a–b間の合成抵抗 R_{ab} は，

$$R_{ab}=R_{ao}+R_{ob}=1+1.5=2.5\,\Omega$$

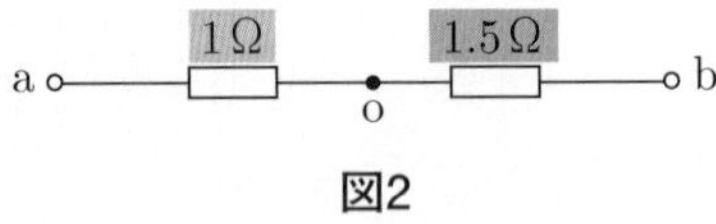

図2

問2　ハ

この回路のインピーダンス Z を求めると，

$$Z=\sqrt{R^2+X^2}=\sqrt{12^2+16^2}=20\,\Omega$$

これにより，回路を流れる電流 I は，

$$I=\frac{I_0}{Z}=\frac{200}{20}=10\,\mathrm{A}$$

したがって，抵抗の両端の電圧 V は，

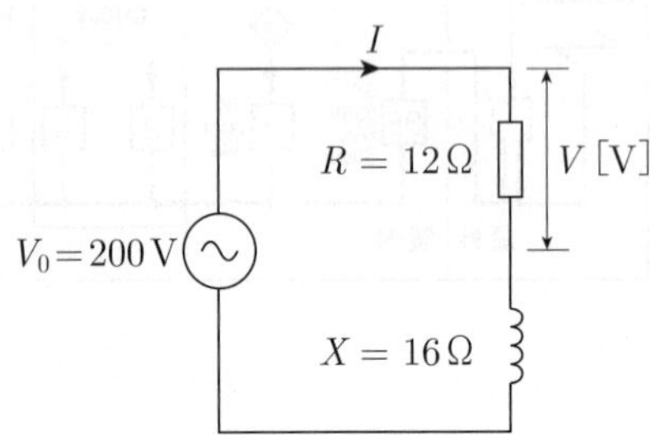

$$V=IR=10\times12=120\,\mathrm{V}$$

問3　イ

銅線の抵抗率を ρ，銅線の直径を D，長さを L とすると，抵抗 R は次式で求められる．

$$R=\rho\frac{L}{\frac{\pi}{4}D^2}$$

上式より，電線の抵抗は導体の長さに比例し，電線の抵抗は導体の直径の2条に反比例する．導体の直径が大きくなると電線の抵抗が小さくなり，許容電流は大きくなる．また，電線の許容電流は周囲温度が上昇すると熱放散が悪くなるので，許容電流は小さくなる．よって，イが誤り．

問4　ニ

接触抵抗0.2Ωの抵抗により発生する熱量を考える．0.2Ωの抵抗に電流15Aが流れると，1時間に消費する電力量 W[kW·h]は，

$$W=I^2Rt=15^2\times0.2\times10^{-3}\times1=0.045\,\mathrm{kW\cdot h}$$

ここで，1kW·hは3 600kJであるから，W の計算で得た電力量を熱量 Q[kJ]に換算すると，

$$Q=0.045\times3\,600=162\,\mathrm{kJ}$$

問5　イ

電動機の力率を，回路の力率 $\cos\theta$[%]とすると，出力 P[kW]は，

$$P=\sqrt{3}VI\times\frac{\cos\theta}{100}\times10^{-3}$$
$$=\sqrt{3}VI\cos\theta\times10^{-5}\ [\mathrm{kW}]$$

t[h]運転したときの消費電力 W[kW·h]は，

$$W=Pt$$
$$=\sqrt{3}VI\cos\theta\times10^{-5}\times t\ [\mathrm{kW\cdot h}]$$

力率 $\cos\theta$[%]を求めると，

$$\cos\theta=\frac{W}{\sqrt{3}VIt\times10^{-5}}$$
$$=\frac{W}{\sqrt{3}VIt}\times10^{5}\ [\%]$$

問6　ハ

負荷が平衡していて，中性線には電流が流れず，中性線に電圧降下は発生しない．

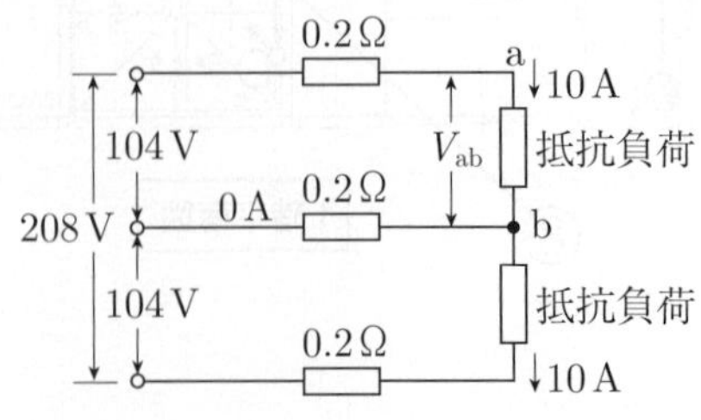

1線当たりの抵抗は0.2Ωなので，a–b間の電圧 V_{ab}[V] は，

$$V_{ab}=104-10\times 0.2=104-2=102\,\mathrm{V}$$

問7　ロ

×印点で断線した場合の回路は，下図のようになる．回路に流れる電流 I を求めると，

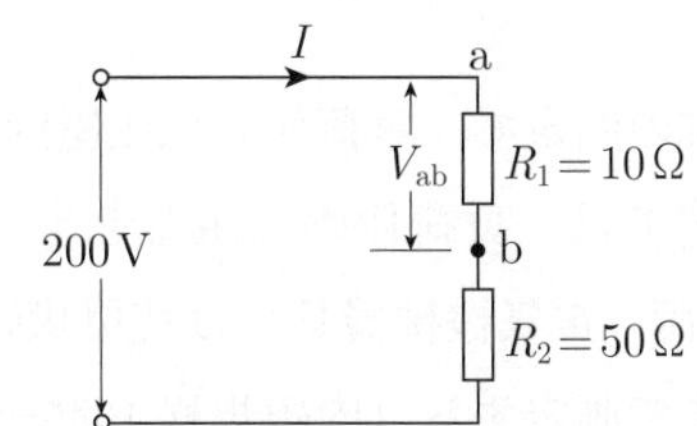

$$I=\frac{V}{R_1+R_2}=\frac{200}{10+50}=\frac{200}{60}=\frac{10}{3}\,\mathrm{V}$$

R_1 の抵抗値は10Ωなので，a–b間の電圧 V_{ab} は，

$$V_{ab}=R_1\times I=10\times\frac{10}{3}\fallingdotseq 33\,\mathrm{V}$$

問8　ロ

断面積3.5 mm² の600V ビニル絶縁電線の許容電流は37 A で，金属管に3本収めるときの電流減少係数は0.70であるから，電線1本当たりの許容電流[A] は，

$$37\times 0.70\fallingdotseq 26\,\mathrm{A}$$

絶縁電線の許容電流（内線規程 1340–1 表）

種　類	太　さ	許容電流[A]
単線 直径[mm]	1.6	27
	2.0	35
より線 断面積[mm²]	2	27
	3.5	37
	5.5	49

（周囲温度 30℃以下）

問9　ロ

電技解釈第149条により，分岐回路の過電流遮断器の位置が幹線との分岐点から3 m を超え8 m 以内なので，過電流遮断器の定格電流を I_B[A] とすると，ab間の電線の許容電流 I[A] は，

$$I\geqq I_B\times 0.35=50\times 0.35=17.5\,\mathrm{A}$$

問10　ニ

電技解釈第149条により，ニが正しい．イの30 A 分岐回路の電線は直径2.6 mm 以上のものを用いる．ロの20 A 分岐回路のコンセントは20 A 以下のものを用いる．ハの30 A 分岐回路のコンセントは20 A 以上30 A 以下のものを用いる．

分岐回路の施設（電技解釈第149条）

分岐過電流遮断器の定格電流	コンセント	電線の太さ
15 A	15 A 以下	直径 1.6 mm 以上
20 A （配線用遮断器）	20 A 以下	
20 A （配線用遮断器を除く）	20 A	直径 2 mm 以上
30 A	20 A 以上 30 A 以下	直径 2.6 mm 以上
40 A	30 A 以上 40 A 以下	断面積 8 mm² 以上
50 A	40 A 以上 50 A 以下	断面積 14 mm² 以上

問11　ハ

金属管（鋼製電線管）の切断時は金切りのこで切断し，クリックボールにリーマを取り付けて管端処理を行う．

問12　ニ

アウトレットボックスは，金属管工事で電線の引き入れを容易にすることや，電線相互の接続に使用する材料である．照明器具の取り付けにも用いられる．配線用遮断器を集合して設置するのは分電盤や配電盤である．

問13　ハ

600V ビニル絶縁電線（IV）の絶縁物の最高許容温度は60℃である（内線規程 1340–3 表）．

絶縁電線・ケーブルの最高許容温度

種類	最高許容温度
600V ビニル絶縁電線（IV）	60℃
600V 二種ビニル絶縁電線（HIV）	75℃
600V ビニル絶縁ビニルシースケーブル（平形：VVF，丸形：VVR）	60℃
600V 架橋ポリエチレン絶縁ビニルシースケーブル（CV）	90℃

問14　ロ

三相誘導電動機を逆転させるには，三相電源の3本の結線のうち，いずれか2本を入れ替える．

問15　イ

ナトリウムランプは発光効率が高く，黄色の単色光は霧や煙の中でも透過性が良いことから，霧の多い場所やトンネル内の照明に適している．

問16　イ

写真の材料はVVF用ジョイントボックスで，VVFケーブル工事でケーブルの接続箇所に用いる．

問 17　ロ

写真に示す器具は過電流保護付の漏電遮断器である．配線用遮断器との違いは，漏電検出のテストボタンが付いていることと，漏電遮断器の動作する定格感度電流が表示されていることである．

問 18　ニ

写真に示す工具はガストーチランプである．硬質塩化ビニル電線管の曲げ加工や，はんだを溶かすことなどに用いる．

問 19　ハ

終端接続の絶縁処理は内線規程 1335－7 により，ビニルテープ(0.2 mm)を用いる場合は，ビニルテープを半幅以上重ねて 2 回(4 層)以上巻かなくてはいけない．

問 20　ニ

機械器具の使用電圧が 300 V 以下の接地工事は D 種接地工事である．漏電遮断器が設置されていないので，電技解釈第 17 条により接地抵抗値は 100 Ω 以下, 接地線（軟銅線）の太さは直径 1.6 mm 以上のもので施工しなければならない．

問 21　ロ

ケーブルを曲げる場合は，屈曲部内側の半径をケーブル外径の 6 倍以上として施工する（内線規程 3165−4）．なお，金属管の長さが 4 m を超える場合は D 種接地工事を省略できない（電技解釈第 159 条）．ケーブルは直接コンクリートに埋設してはいけない（電技解釈第 164 条）．金属製遮へい層のない電話用弱電流電線を同一の管に入れることはできない（電技解釈第 167 条）．

問 22　ニ

電技解釈 165 条により，ライティングダクト工事におけるダクトの終端部は，導体がダクトから露出するのを防ぐため，エンドキャップで閉そくしなくてはいけない．

問 23　ニ

電技解釈 143 条により，三相 200 V，2 kW 以上の電気機械器具は，屋内配線と直接接続して施設しなければならない．コンセントによる接続は禁止されている．

問 24　イ

低圧屋内配線工事が完了したときに行われる竣工検査の項目は，目視点検，絶縁抵抗の測定，接地抵抗の測定，電路の導通試験である．なお，イの絶縁耐力試験とは，高圧及び特別高圧の電路が使用電圧に耐える絶縁耐力をもっているかを確認するための試験で，低圧屋内配線工事の検査では行わない（電技解釈第 15，16 条）．

問 25　イ

絶縁抵抗の測定で，負荷側の低圧屋内電路と大地間の測定では，負荷側の点滅器をすべて「入」にして, 負荷（電気機械器具）は使用状態（接続）にしたままで測定する（内線規程 1345−2）．

問 26　ハ

接地抵抗計（アーステスタ）は，被測定接地極(E)を端とし, 一直線上に 2 箇所の補助接地極(P, C）を順次 10 m 離して配置し測定する．

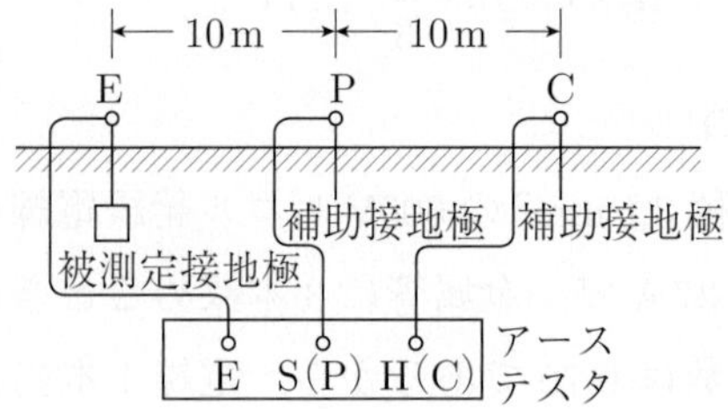

問 27　ニ

設問の図記号(左図)は可動コイル形を示す．可動コイル形の測定器は直流回路用で, 交流回路には使用できない．また, 図記号（右図)は測定器の目盛板を水平に置いて測定することを示す．

測定器の種類と使用できる回路

種類	記号	使用できる回路
可動コイル形		直流回路
可動鉄片形		交流回路
誘導形		交流回路
熱電形		交流・直流回路

測定器の使用法

記号	使用法
⊥	鉛直に立てて使用
⊓	水平に置いて使用
∠60°	傾斜（60°）で使用

問 28　ハ

電気工事士免状の記載事項で，住所を変更した場合は，免状所有者が住所欄を修正すればよく，都道府県知事への申請は必要ない．

問 29　ニ

電気工事士法施工規則第 2 条により，電線管とボックスを接続する作業は電気工事士でなければ従事できない．イ，ロ，ハの記述は軽微な工事として電気工事士でなくても従事できる．

問 30　イ

電気用品安全法により，特定電気用品に区分されるものは，イの定格電流 20 A の漏電遮断器である．30 W の換気扇，40 W の蛍光ランプ，防爆型を除く電線管は特定電気用品以外の電気用品に該当する．

〔問題 2．配線図〕

問 31　イ

①の図記号は調光器である．右下に「ネ」と補記されていことから，同室内のペンダントの調光器を示している．

問 32　ロ

②で示す図記号は，ロの定格 250V20A 用接地極付コンセントである．なお，イは 125V20A 接地極付コンセント，ハは 125V15A 接地極付コンセント，ニは 250V15A 接地極付コンセントである．

問 33　ニ

③で示す部分は電技解釈第 110 条（低圧屋側電線路の施設）により，木造建築の場合は，合成樹脂管工事，がいし引き工事，ケーブル工事（鉛被ケーブル，アルミ被ケーブル，MI ケーブルを除く）でなければならない．

問 34　ニ

④に取り付ける計器は，電力量計（屋外用）であるから，図記号はニが正しい．

問 35　イ

⑤の部分は単相 3 線式 100/200 V を電源とする単相 200 V のルームエアコン専用回路である．対地電圧は 150 V 以下であるから，絶縁抵抗は電技省令第58条により 0.1MΩ 以上でなければならない．

問 36　ハ

⑥で示す図記号はシャンデリヤを示す．なお，シーリングは(CL)，埋込器具は(DL)，ペンダントは⊖の図記号である．

問 37　ハ

⑦で示すコンセントの接地極には D 種接地工事を施す．地絡を生じたときに 0.5 秒以内に動作する漏電遮断器が電源側に設置されているので，接地抵抗は 500 Ω 以下であればよい（電技解釈第 17 条）．

問 38　ロ

⑧の部分の最少電線本数（心線数）は，複線結線図（簡略図）のように 3 本である．

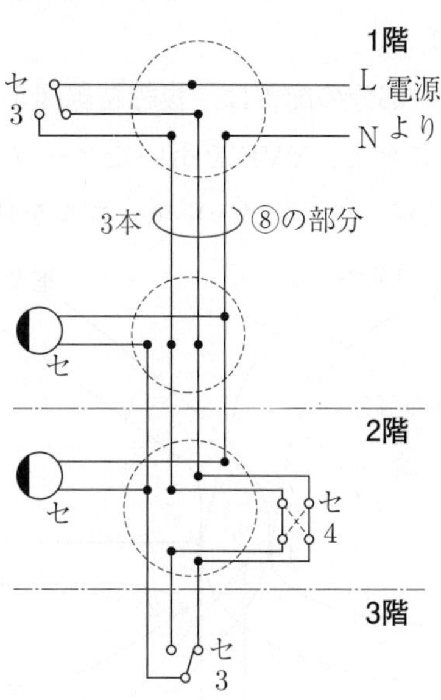

問 39　イ

⑨で示す図記号は自動点滅器を示す．なお，熱線式自動スイッチは●RAS，タイムスイッチはTS，防雨型スイッチは●WP の図記号である．

問 40　ロ

⑩で示す図記号は床隠ぺい配線を示す．なお，⑧が天井隠ぺい配線，③が露出配線の図記号である．

問 41　イ

⑪で示すボックス内の接続は複線結線図より，小スリーブが 4 個必要で刻印は○が 2 箇所（1.6 mm × 2 本接続），小が 2 箇所（1.6 mm × 4 本接続）である．

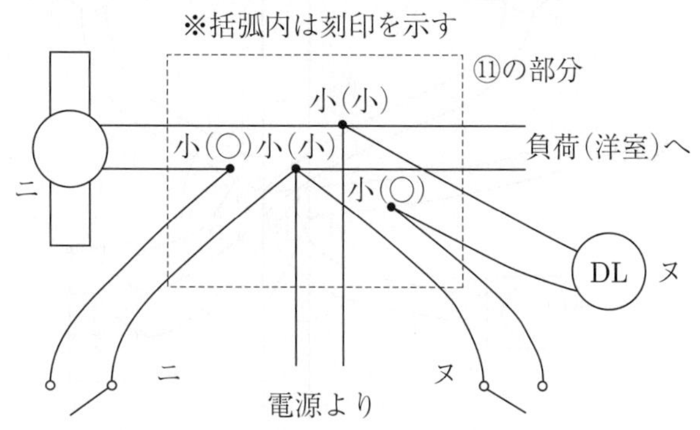

問 42　ハ

⑫で示す図記号はハのペンダントである．なお，イは引掛けシーリング（丸形），ロはシーリングライト（天井直付），ニはシャンデリヤである．

問 43　ロ

⑬で示すボックス内の接続に必要な差込形コネクタは，2 本接続用が 2 個，4 本接続用が 1 個，5 本接続用が 1 個である（問 44 の複線結線図を参照）．

問 44　ロ

⑭で示す部分の配線は，複線結線図より 2 本必要であることと，VVF を用いたケーブル工事であることから，2 心の VVF ケーブルを使用する．

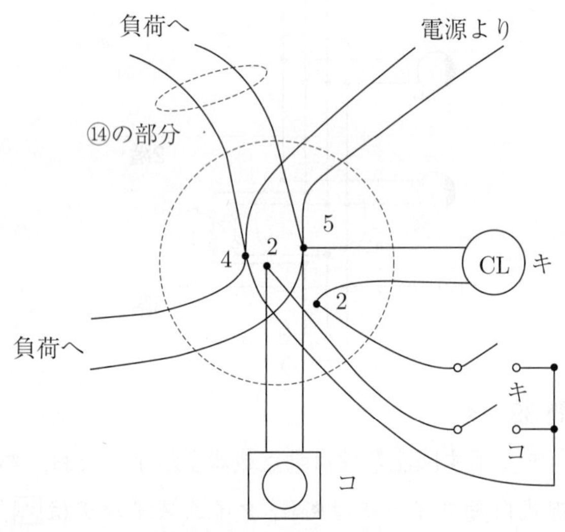

複線結線図（問43，問44）

問 45　ハ

⑮で示すボックス内の接続は複線結線図より，小スリーブが 4 個，中スリーブが 1 個必要である．小スリーブは，1.6 mm × 2 本接続 3 箇所と 1.6 mm × 4 本接続 1 箇所に使用し，中スリーブは，1.6 mm × 6 本接続 1 箇所に使用する．

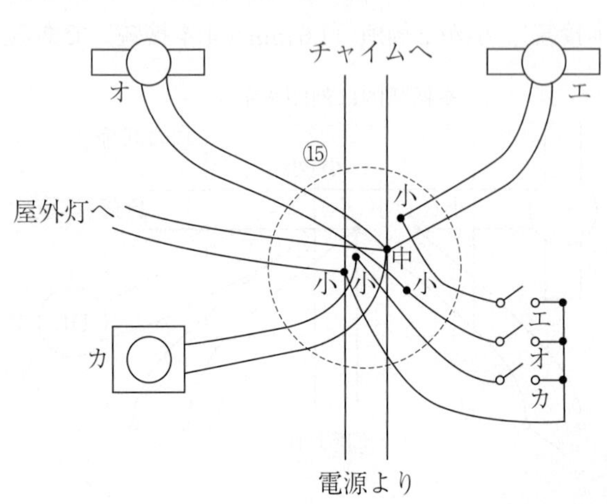

問 46　イ

この配線図の施工では，イの露出スイッチボックスは使用しない．なお，ロは VVF のステープルで，VVF ケーブルの支持に使用する．ハは引留がいしで，引込用電線を引留めるのに使用する．ニは波付硬質ポリエチレン管（FEP 管）で，地中埋設配管として使用する．

問 47　ニ

ニのリーマは金属管工事に使用するもので，この配線図の施工では使用しない．なお，イは呼び線挿入器で，電線管内に電線を挿入するのに使用する．ロは電工ナイフで，電線の絶縁被覆のはぎ取りなどに使用する．ハはハンマで，接地棒の打ち込みなどに使用する．

問 48　ハ

この配線図で，ハの位置表示灯内蔵スイッチ（図記号●$_{\mathrm{H}}$）は使用していない．なお，この配線図で，イの埋込形単極スイッチ（図記号●），ロの埋込形 4 路スイッチ（図記号●$_{4}$），ニの確認表示灯内蔵スイッチ（図記号●$_{\mathrm{L}}$）は使用されている．

問 49　ロ

ロのサドルとねじなし電線管は金属管工事に使用するもので，この配線図の施工では使用しない．なお，イはリングスリーブと圧着ペンチで，電線相互の接続に使用する．ハはリングスリーブと絶縁テープで，電線の圧着接続と絶縁処理に使用する．ニはアウトレットボックスとゴムブッシングで，電線やケーブルの接続箇所に使用する．

問 50　ニ

この配線図で，ニの接地極付接地端子付埋込形コンセント（図記号⊖$_{\mathrm{EET}}$）は 1 個使用されている．なお，イは 200V20A 用の接地極付埋込形コンセント（図記号⊖$^{\mathrm{20A}}_{\mathrm{250V\,E}}$）で，この配線図では 1 個ではなく 2 個使用されている．また，ロは接地極付埋込形コンセント（図記号⊖$_{\mathrm{ET}}$），ハは 200V15A 用の接地極付埋込形コンセント（図記号⊖$_{\mathrm{250V\,E}}$）であるが，この配線図ではロ，ハは使用されていない．

第二種電気工事士
筆記試験

2016年度
（平成28年度）

下期試験

問題1．一般問題（問題数 30，配点は1問当たり 2 点）

【注】本問題の計算で $\sqrt{2}$，$\sqrt{3}$ 及び円周率π を使用する場合の数値は次によること。　$\sqrt{2}=1.41$，$\sqrt{3}=1.73$，$\pi=3.14$

次の各問いには4通りの答え（イ，ロ，ハ，ニ）が書いてある。それぞれの問いに対して答えを1つ選びなさい。

<table>
<tr><th></th><th>問　い</th><th>答　え</th></tr>
<tr><td>1</td><td>図のような回路で，電流計 Ⓐ の値が 1 A を示した。このときの電圧計 Ⓥ の指示値［V］は。
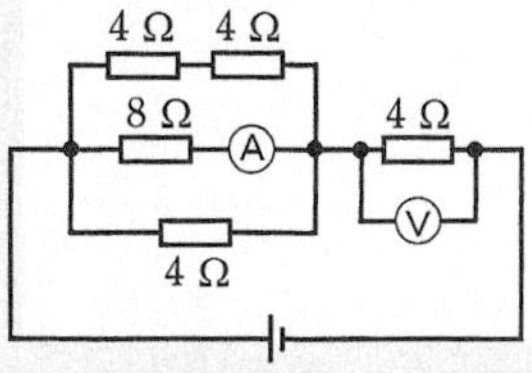
</td><td>イ．16　ロ．32　ハ．40　ニ．48</td></tr>
<tr><td>2</td><td>図のような回路で，スイッチ S_1 を閉じ，スイッチ S_2 を開いたときの，端子 a－b 間の合成抵抗［Ω］は。
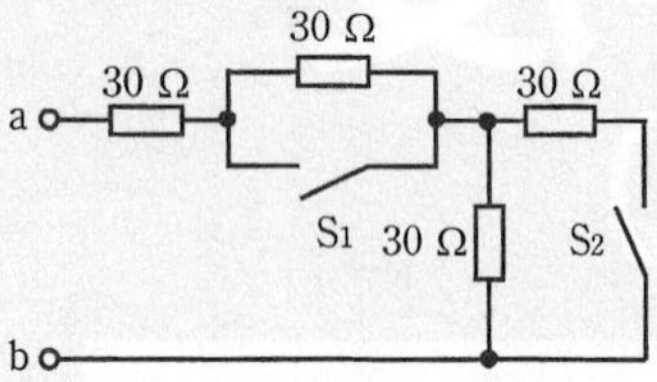
</td><td>イ．45　ロ．60　ハ．75　ニ．120</td></tr>
<tr><td>3</td><td>直径 2.6 mm，長さ 10 m の銅導線と抵抗値が最も近い同材質の銅導線は。</td><td>イ．直径 1.6 mm，長さ 20 m
ロ．断面積 5.5 mm^2，長さ 10 m
ハ．直径 3.2 mm，長さ 5 m
ニ．断面積 8 mm^2，長さ 10 m</td></tr>
<tr><td>4</td><td>図のような交流回路で，電源電圧 102 V，抵抗の両端の電圧が 90 V，リアクタンスの両端の電圧が 48 V であるとき，負荷の力率［%］は。
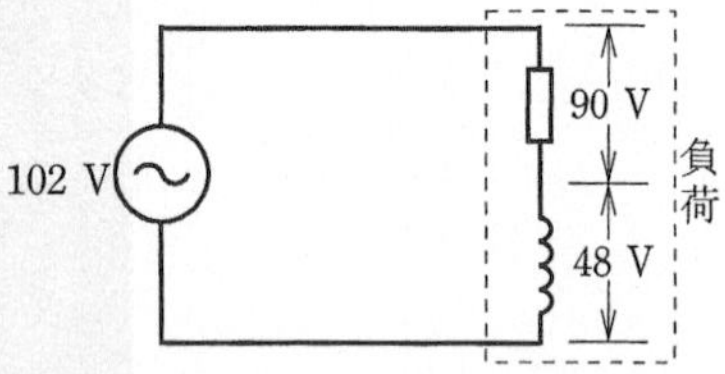
</td><td>イ．47　ロ．69　ハ．88　ニ．96</td></tr>
<tr><td>5</td><td>図のような三相負荷に三相交流電圧を加えたとき，各線に 20 A の電流が流れた。線間電圧 E［V］は。
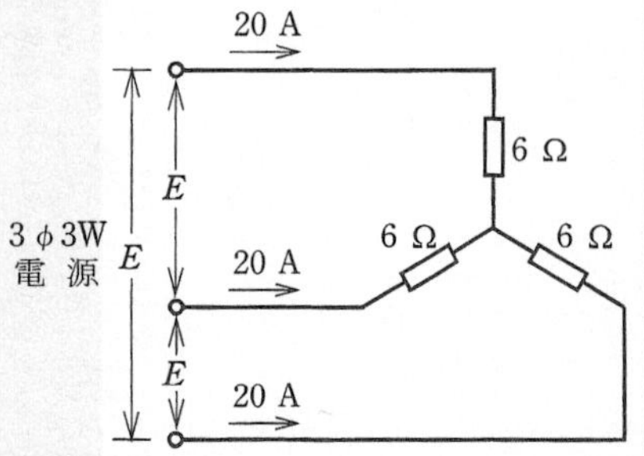
</td><td>イ．120　ロ．173　ハ．208　ニ．240</td></tr>
</table>

	問い	答え			
6	図のような単相3線式回路において，電線1線当たりの抵抗が0.1 Ωのとき，a－b間の電圧[V]は。 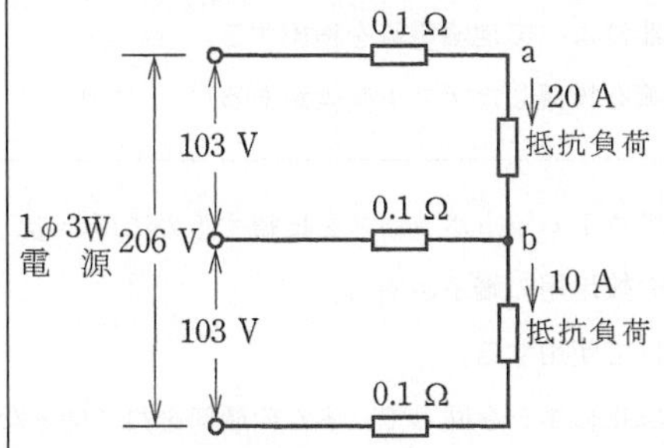 0.1 Ω a 20 A 抵抗負荷 103 V 1φ3W 電源 206 V 0.1 Ω b 10 A 抵抗負荷 103 V 0.1 Ω	イ．99	ロ．100	ハ．101	ニ．102
7	金属管による低圧屋内配線工事で，管内に直径2.0 mmの600Vビニル絶縁電線（軟銅線）4本を収めて施設した場合，電線1本当たりの許容電流［A］は。 ただし，周囲温度は30 ℃以下，電流減少係数は0.63とする。	イ．17	ロ．22	ハ．30	ニ．35
8	図のような三相3線式回路で，電線1線当たりの抵抗値が0.15 Ω，線電流が10 Aのとき，この電線路の電力損失［W］は。 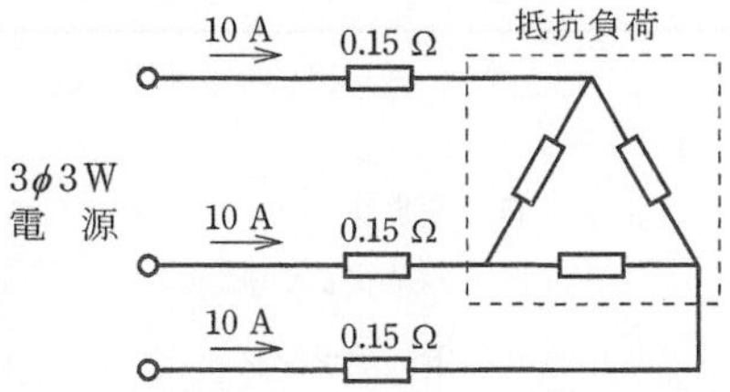 10 A 0.15 Ω 抵抗負荷 3φ3W 電源 10 A 0.15 Ω 10 A 0.15 Ω	イ．2.6	ロ．15	ハ．26	ニ．45
9	低圧屋内配線の分岐回路の設計で，配線用遮断器，分岐回路の電線の太さ及びコンセントの組合せとして，**適切なものは**。 ただし，分岐点から配線用遮断器までは3 m，配線用遮断器からコンセントまでは8 mとし，電線の数値は分岐回路の電線（軟銅線）の太さを示す。 また，コンセントは兼用コンセントではないものとする。	イ． 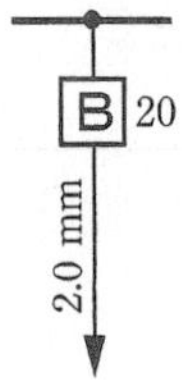 B 20 A 2.0 mm 定格電流 20 Aのコンセント 2個	ロ． 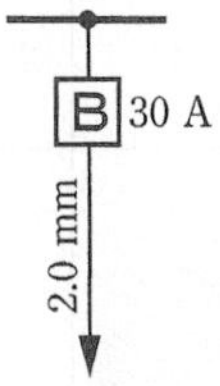 B 30 A 2.0 mm 定格電流 20 Aのコンセント 2個	ハ． 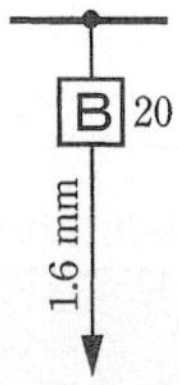 B 20 A 1.6 mm 定格電流 30 Aのコンセント 1個	ニ． 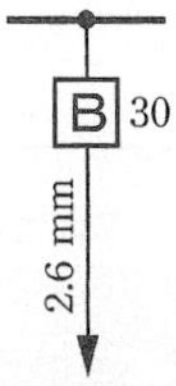 B 30 A 2.6 mm 定格電流 15 Aのコンセント 1個
10	図のように定格電流60 Aの過電流遮断器で保護された低圧屋内幹線から分岐して，10 mの位置に過電流遮断器を施設するとき，a－b間の電線の許容電流の最小値［A］は。 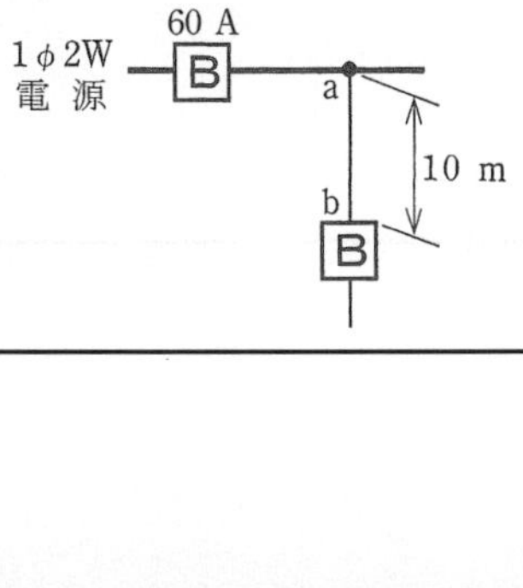 1φ2W 電源 60 A B a 10 m b B	イ．15	ロ．21	ハ．27	ニ．33

2016年度：下期（平成28年度）

	問　い	答　え
11	漏電遮断器に関する記述として，**誤っているものは。**	**イ**．高速形漏電遮断器は，定格感度電流における動作時間が 0.1 秒以下である。 **ロ**．高感度形漏電遮断器は，定格感度電流が 1 000 mA 以下である。 **ハ**．漏電遮断器は，零相変流器によって地絡電流を検出する。 **ニ**．漏電遮断器には，漏電電流を模擬したテスト装置がある。
12	金属管工事に使用される「ねじなしボックスコネクタ」に関する記述として，**誤っているものは。**	**イ**．ねじなし電線管と金属製アウトレットボックスを接続するのに用いる。 **ロ**．ボンド線を接続するための接地用の端子がある。 **ハ**．絶縁ブッシングを取り付けて使用する。 **ニ**．ねじなし電線管との接続は止めネジを回して，ネジの頭部をねじ切らないように締め付ける。
13	組み合わせて使用する機器で，その組合せが明らかに**誤っているものは。**	**イ**．ネオン変圧器と高圧水銀灯 **ロ**．光電式自動点滅器と庭園灯 **ハ**．零相変流器と漏電警報器 **ニ**．スターデルタ始動器と一般用低圧三相かご形誘導電動機
14	使用電圧が 300 V 以下の屋内に施設する器具であって，付属する移動電線にビニルコードが使用できるものは。	**イ**．電気トースター **ロ**．電気こたつ **ハ**．電気扇風機 **ニ**．電気こんろ
15	金属管（鋼製電線管）工事で切断及び曲げ作業に使用する工具の組合せとして，**適切なものは。**	**イ**．リーマ　金切りのこ　パイプベンダ **ロ**．やすり　パイプレンチ　トーチランプ **ハ**．やすり　金切りのこ　トーチランプ **ニ**．リーマ　パイプレンチ　パイプベンダ
16	写真に示す材料が使用される工事は。 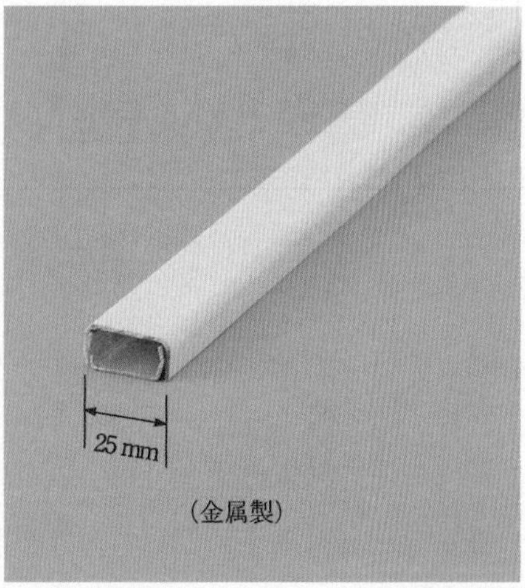 25 mm （金属製）	**イ**．金属線ぴ工事 **ロ**．金属ダクト工事 **ハ**．金属可とう電線管工事 **ニ**．金属管工事

	問い	答え
17	写真に示す材料の用途は。 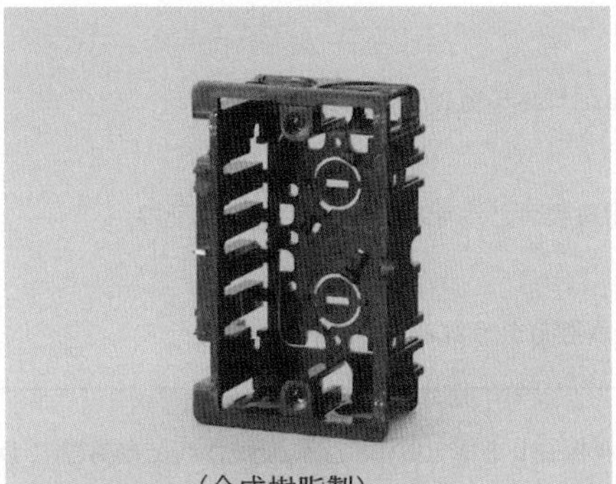 （合成樹脂製）	イ．フロアダクトが交差する箇所に用いる。 ロ．多数の遮断器を集合して設置するために用いる。 ハ．多数の金属管が集合する箇所に用いる。 ニ．住宅でスイッチやコンセントを取り付けるのに用いる。
18	写真に示す工具の用途は。 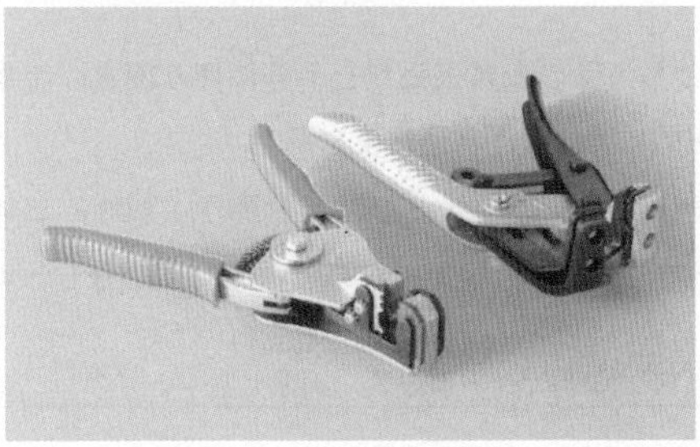	イ．VVR ケーブルの外装や絶縁被覆をはぎ取るのに用いる。 ロ．CV ケーブル（低圧用）の外装や絶縁被覆をはぎ取るのに用いる。 ハ．VVF ケーブルの外装や絶縁被覆をはぎ取るのに用いる。 ニ．VFF コード（ビニル平形コード）の絶縁被覆をはぎ取るのに用いる。
19	使用電圧 200 V の電動機に接続する部分の金属可とう電線管工事として，**不適切なものは。** ただし，管は 2 種金属製可とう電線管を使用する。	イ．管とボックスとの接続にストレートボックスコネクタを使用した。 ロ．管の長さが 6 m であるので，電線管の D 種接地工事を省略した。 ハ．管の内側の曲げ半径を管の内径の 6 倍以上とした。 ニ．管と金属管（鋼製電線管）との接続にコンビネーションカップリングを使用した。
20	単相 3 線式 100/200 V 屋内配線の住宅用分電盤の工事を施工した。**不適切なものは。**	イ．電灯専用（単相 100 V）の分岐回路に 2 極 1 素子の配線用遮断器を用い，素子のない極に中性線を結線した。 ロ．電熱器（単相 100 V）の分岐回路に 2 極 2 素子の配線用遮断器を取り付けた。 ハ．主開閉器の中性極に銅バーを取り付けた。 ニ．ルームエアコン（単相 200 V）の分岐回路に 2 極 1 素子の配線用遮断器を取り付けた。
21	電磁的不平衡を生じないように，電線を金属管に挿入する方法として，**適切なものは。**	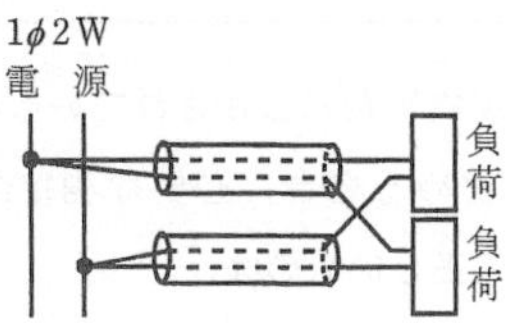 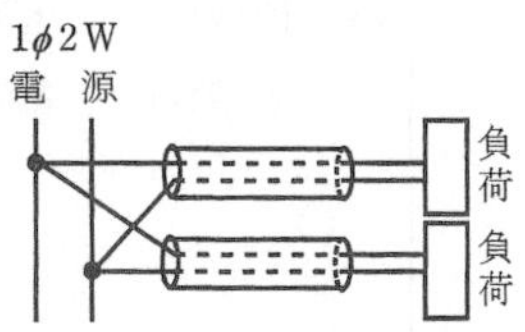 イ．3ϕ3W 電源 負荷 ロ．1ϕ2W 電源 負荷 負荷 ハ．1ϕ2W 電源 負荷 負荷 ニ．3ϕ3W 電源 負荷 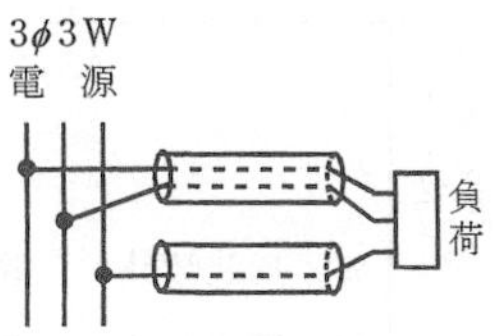 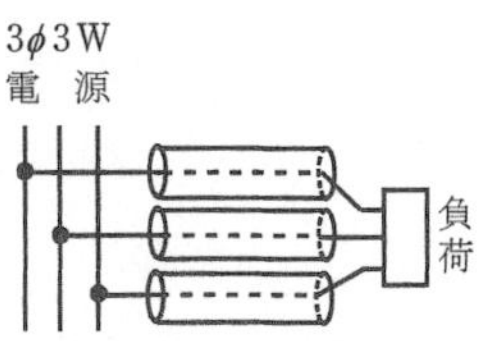

2016年度：下期（平成28年度）

	問　い	答　え
22	低圧屋内配線の図記号と，それに対する施工方法の組合せとして，**正しいものは**。	イ．-----///----- IV1.6 (E19)　厚鋼電線管で天井隠ぺい配線。 ロ．——///—— IV1.6 (PF16)　硬質塩化ビニル電線管で露出配線。 ハ．——///—— IV1.6 (16)　合成樹脂製可とう電線管で天井隠ぺい配線。 ニ．-----///----- IV1.6 (F2 17)　2種金属製可とう電線管で露出配線。
23	木造住宅の金属板張り（金属系サイディング）の壁を貫通する部分の低圧屋内配線工事として，**適切なものは**。 ただし，金属管工事，金属可とう電線管工事に使用する電線は，600V ビニル絶縁電線とする。	イ．金属管工事とし，壁の金属板張りと電気的に完全に接続された金属管に D 種接地工事を施し，貫通施工した。 ロ．金属管工事とし，壁に小径の穴を開け，金属板張りと金属管とを接触させ金属管を貫通施工した。 ハ．金属可とう電線管工事とし，壁の金属板張りを十分に切り開き，金属製可とう電線管を壁と電気的に接続し，貫通施工した。 ニ．ケーブル工事とし，壁の金属板張りを十分に切り開き，600V ビニル絶縁ビニルシースケーブルを合成樹脂管に収めて電気的に絶縁し，貫通施工した。
24	導通試験の目的として，**誤っているものは**。	イ．器具への結線の未接続を発見する。 ロ．電路の充電の有無を確認する。 ハ．回路の接続の正誤を判別する。 ニ．電線の断線を発見する。
25	単相3線式100/200V の屋内配線において，開閉器又は過電流遮断器で区切ることができる電路ごとの絶縁抵抗の最小値として，「電気設備に関する技術基準を定める省令」に規定されている値［MΩ］の組合せで，**正しいものは**。	イ．電路と大地間　0.1　電線相互間　0.1 ロ．電路と大地間　0.1　電線相互間　0.2 ハ．電路と大地間　0.2　電線相互間　0.2 ニ．電路と大地間　0.2　電線相互間　0.4
26	ネオン式検電器を使用する目的は。	イ．ネオン放電灯の照度を測定する。 ロ．ネオン管灯回路の導通を調べる。 ハ．電路の漏れ電流を測定する。 ニ．電路の充電の有無を確認する。
27	低圧屋内電路に接続されている単相負荷の力率を求める場合，必要な測定器の組合せとして，**正しいものは**。	イ．周波数計　電圧計　電力計 ロ．周波数計　電圧計　電流計 ハ．電圧計　電流計　電力計 ニ．周波数計　電流計　電力計

	問　い	答　え
28	電気工事士法において，第二種電気工事士免状の交付を受けている者であっても**従事できない**電気工事の作業は。	イ．自家用電気工作物（最大電力 500 kW 未満の需要設備）の地中電線用の管を設置する作業 ロ．自家用電気工作物（最大電力 500 kW 未満の需要設備）の低圧部分の電線相互を接続する作業 ハ．一般用電気工作物の接地工事の作業 ニ．一般用電気工作物のネオン工事の作業
29	電気用品安全法の適用を受ける電気用品に関する記述として，**誤っているものは。**	イ．(PS/E) の記号は，電気用品のうち「特定電気用品以外の電気用品」を示す。 ロ．<PS/E> の記号は，電気用品のうち「特定電気用品」を示す。 ハ．＜ＰＳ＞Ｅの記号は，電気用品のうち輸入した「特定電気用品以外の電気用品」を示す。 ニ．電気工事士は，電気用品安全法に定められた所定の表示が付されているものでなければ，電気用品を電気工作物の設置又は変更の工事に使用してはならない。
30	一般用電気工作物の適用を受けるものは。 ただし，発電設備は電圧 600 V 以下で，1構内に設置するものとする。	イ．高圧受電で，受電電力の容量が 55 kW の機械工場 ロ．低圧受電で，受電電力の容量が 40 kW，出力 15 kW の非常用内燃力発電設備を備えた映画館 ハ．高圧受電で，受電電力の容量が 55 kW のコンビニエンスストア ニ．低圧受電で，受電電力の容量が 40 kW，出力 5 kW の太陽電池発電設備を備えた幼稚園

※令和５年３月20日の電気事業法および関連法の改正・施行に伴い，問30の選択肢の内容を一部変更しています．

問題２．配線図 (問題数 20，配点は１問当たり２点)

図は，鉄骨軽量コンクリート造一部２階建工場の配線図である。この図に関する次の各問いには４通りの答え（イ，ロ，ハ，ニ）が書いてある。それぞれの問いに対して，答えを１つ選びなさい。

【注意】 1．屋内配線の工事は，特記のある場合を除き電灯回路は 600V ビニル絶縁ビニルシースケーブル平形（VVF）を用いたケーブル工事である。

2．屋内配線等の電線の本数，電線の太さ及び１階工場内の照明等の回路，その他，問いに直接関係のない部分等は省略又は簡略化してある。

3．漏電遮断器は，定格感度電流 30 mA，動作時間 0.1 秒以内のものを使用している。

4．選択肢（答え）の写真にあるコンセントは，「一般形（JIS C 0303：2000 構内電気設備の配線用図記号）」を使用している。

5．ジョイントボックスを経由する電線は，すべて接続箇所を設けている。

6．3 路スイッチの記号「0」の端子には，電源側又は負荷側の電線を結線する。

	問い	答え
31	①で示す部分の最少電線本数(心線数)は。 ただし，電源からの接地側電線は，スイッチを経由しないで照明器具に配線する。	イ．3　ロ．4　ハ．5　ニ．6
32	②で示す引込口開閉器が省略できる場合の，工場と倉庫との間の電路の長さの最大値［m］は。	イ．5　ロ．10　ハ．15　ニ．20
33	③で示す部分に使用できる電線は。	イ．引込用ビニル絶縁電線 ロ．架橋ポリエチレン絶縁ビニルシースケーブル ハ．ゴム絶縁丸打コード ニ．屋外用ビニル絶縁電線
34	④で示す図記号の名称は。	イ．ブザー ロ．パイロットランプ ハ．電磁開閉器用押しボタン ニ．握り押しボタン
35	⑤で示す引込線取付点の地表上の高さの最低値［m］は。 ただし，引込線は道路を横断せず，技術上やむを得ない場合で交通に支障がないものとする。	イ．2.5　ロ．3.0　ハ．3.5　ニ．4.0
36	⑥で示す図記号の名称は。	イ．漏電遮断器(過負荷保護付)　ロ．漏電警報器 ハ．モータブレーカ　ニ．配線用遮断器
37	⑦で示す部分に施設してはならない過電流遮断装置は。	イ．２極にヒューズを取り付けたカバー付ナイフスイッチ ロ．２極２素子の配線用遮断器 ハ．２極にヒューズを取り付けたカットアウトスイッチ ニ．２極１素子の配線用遮断器
38	⑧で示す部分の接地工事の接地抵抗の最大値と，電線（軟銅線）の最小太さとの組合せで，適切なものは。	イ．300 Ω 1.6 mm　ロ．500 Ω 1.6 mm　ハ．300 Ω 2.0 mm　ニ．600 Ω 2.0 mm
39	⑨で示す部分の電路と大地間の絶縁抵抗として，許容される最小値［MΩ］は。	イ．0.1　ロ．0.2　ハ．0.4　ニ．1.0
40	⑩で示すコンセントの極配置(刃受)で，正しいものは。	イ． 　ロ． 　ハ． 　ニ． 

問い		答え			
41	⑪で示すジョイントボックス内の接続をすべて圧着接続とする場合，使用するリングスリーブの種類と必要最少個数の組合せで，**適切なものは。**	イ．  中 2個 大 1個	ロ． 中 1個 大 2個 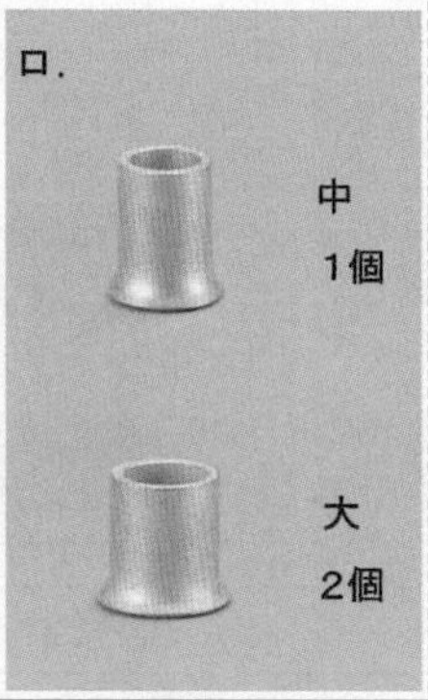	ハ． 中 3個 	ニ． 大 3個 
42	⑫で示すジョイントボックス内の接続をすべて差込形コネクタとする場合，使用する差込形コネクタの種類と最少個数の組合せで，**適切なものは。** ただし，使用する電線はすべてVVF1.6とする。	イ． 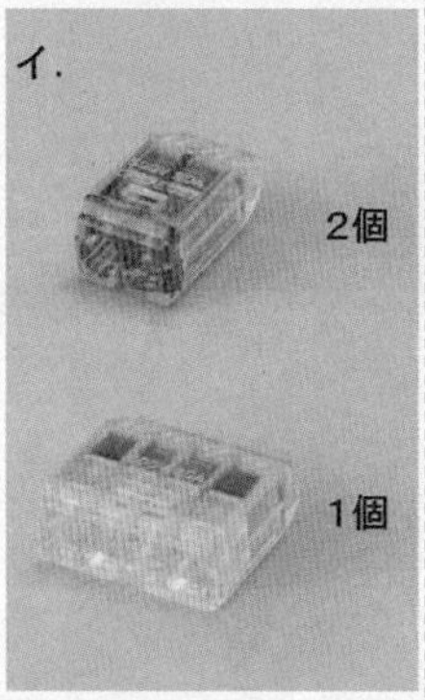 2個 1個	ロ． 2個 2個 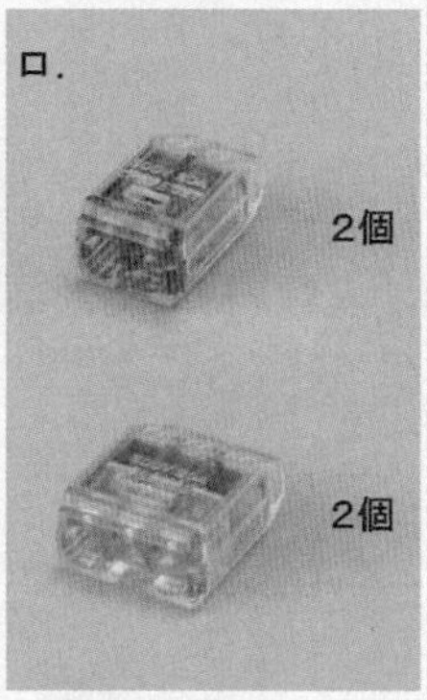	ハ． 3個 1個 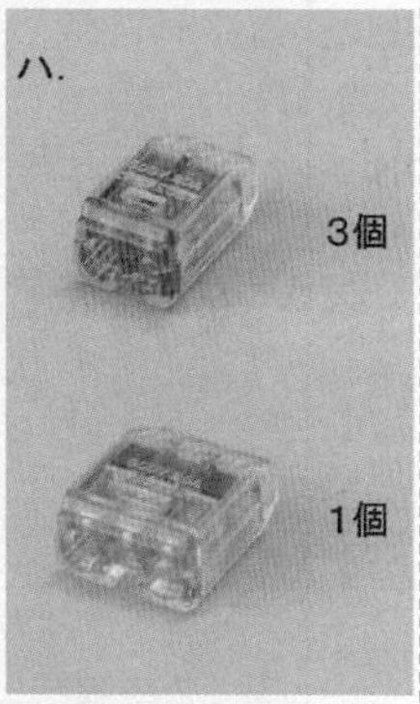	ニ． 3個 1個 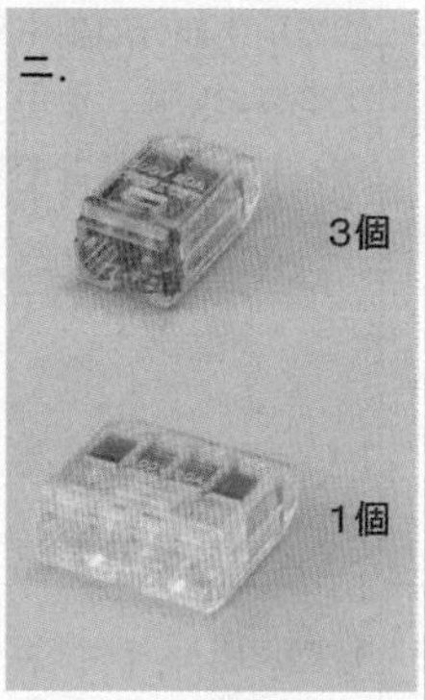
43	⑬で示す部分の配線工事に必要なケーブルは。 ただし，使用するケーブルの心線数は最少とする。	イ． 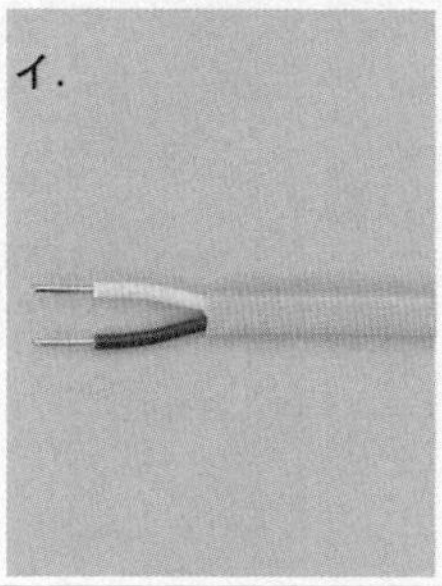	ロ． 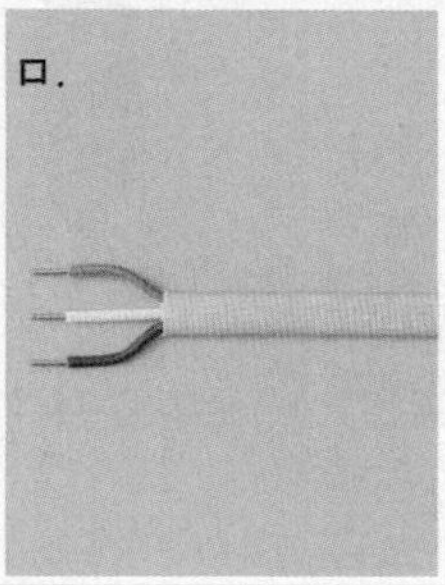	ハ． 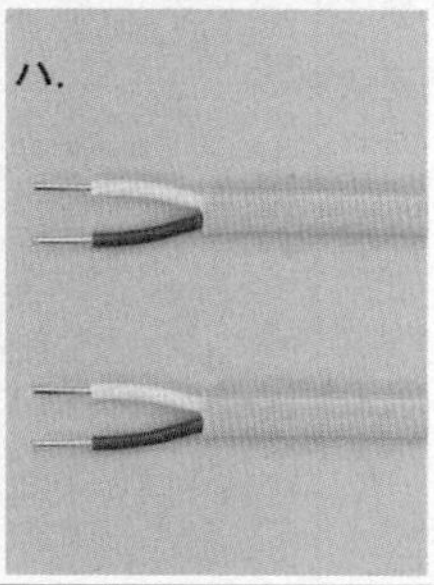	ニ． 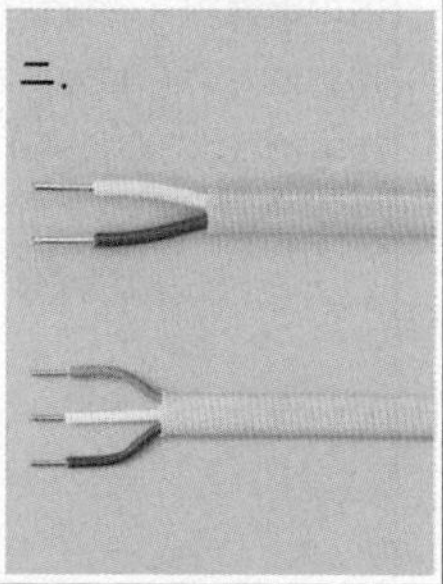
44	⑭で示す部分の接続工事をリングスリーブで圧着接続した場合のリングスリーブの種類，個数及び刻印との組合せで，**正しいものは。** ただし，使用する電線はすべてIV1.6とし，写真に示す**リングスリーブ中央**の○，小，中は接続後の刻印を表す。	イ．  小 3個	ロ． 小 3個 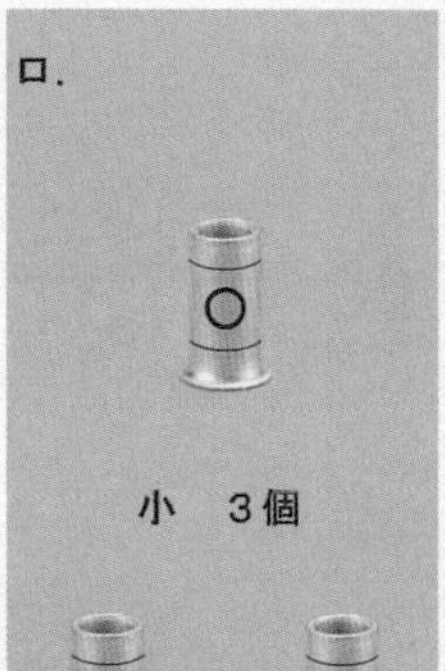	ハ． 小 3個 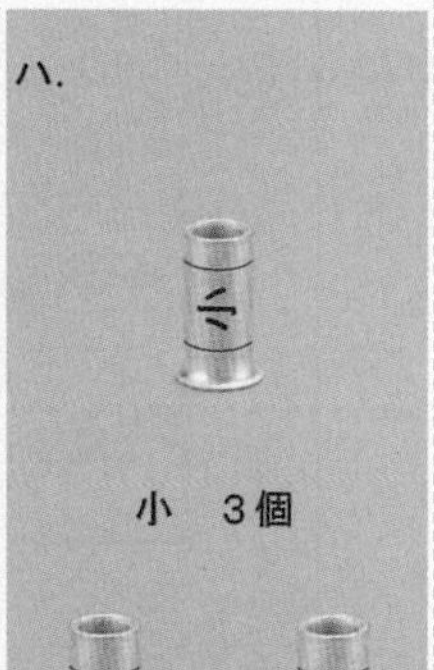	ニ． 中 1個 小 2個 
45	⑮で示す部分の工事において，**使用されることのないものは。**	イ． 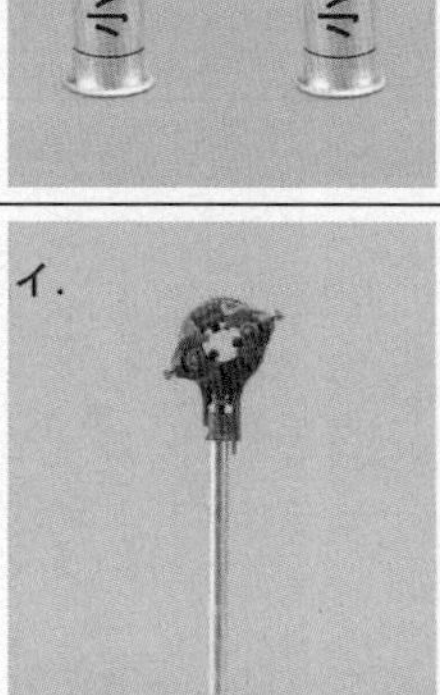	ロ． 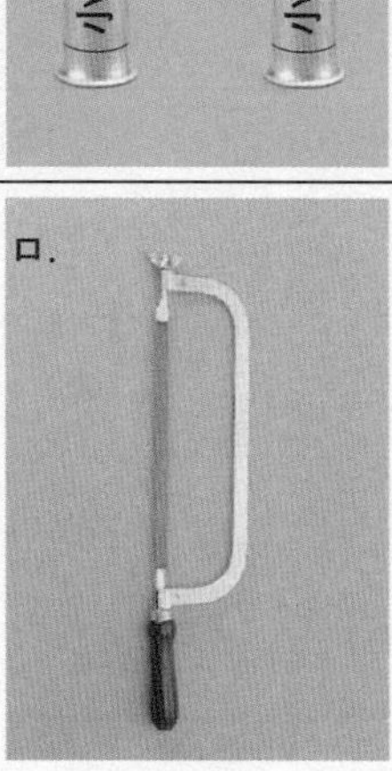	ハ． 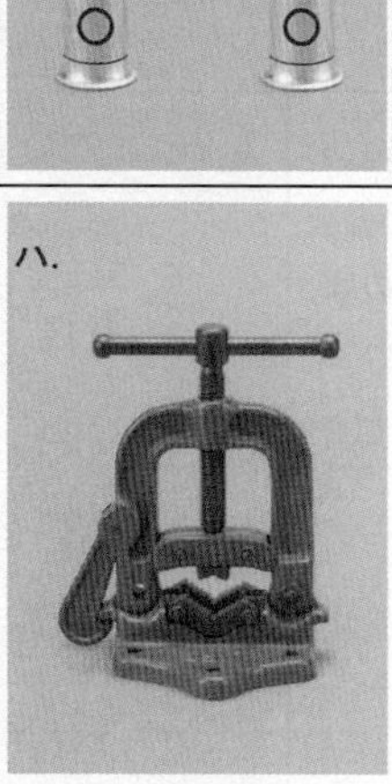	ニ． 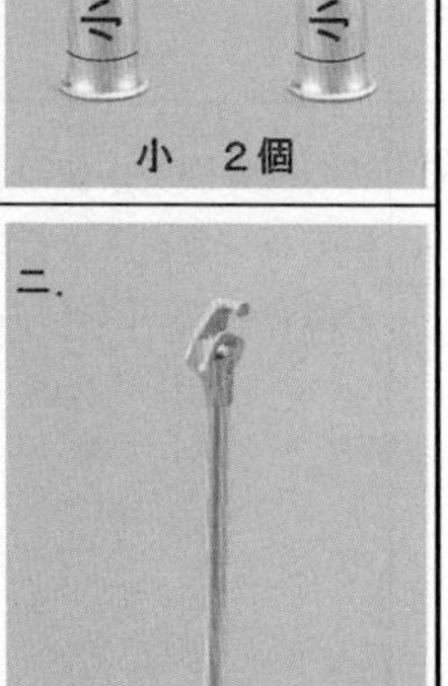

	問い	イ	ロ	ハ	ニ
46	⑯で示す部分の配線を器具の裏面から見たものである。**正しいものは。** ただし，電線の色別は，白色は電源からの接地側電線，黒色は電源からの非接地側電線，赤色は負荷に結線する電線とする。	イ. 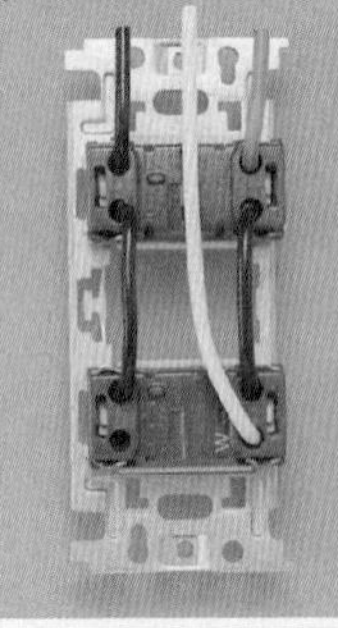	ロ. 	ハ. 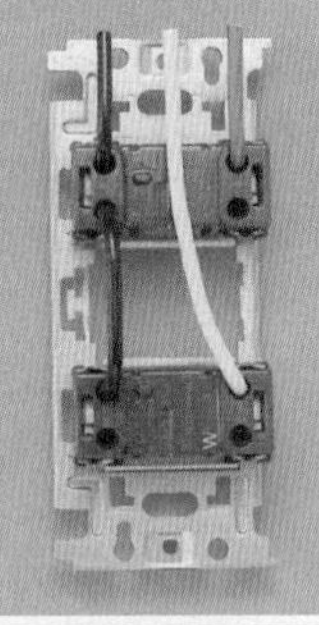	ニ. 
47	⑰で示す部分の地中配線の工事において，使用する物として，**不適切なものは。**	イ. 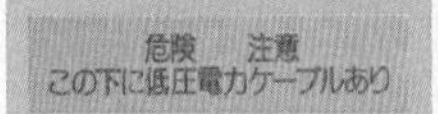 危険　注意 この下に低圧電力ケーブルあり	ロ. 	ハ. 	ニ. 
48	⑱で示すジョイントボックス内の電線相互の接続作業に用いるものとして，**不適切なものは。**	イ. 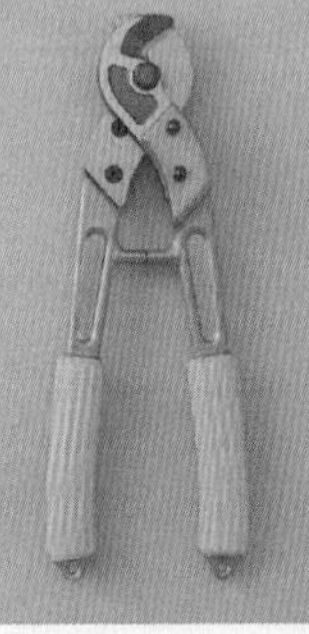	ロ. 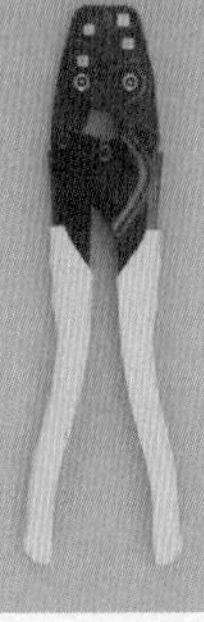	ハ. 	ニ. 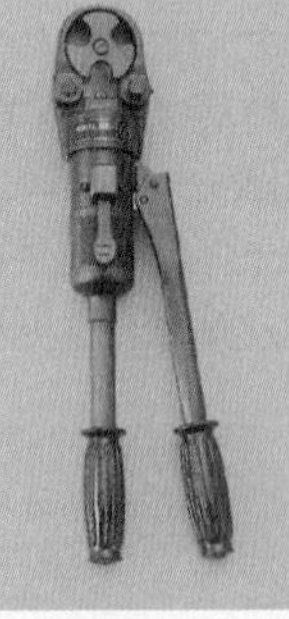
49	⑲で示す図記号の器具は。	イ. 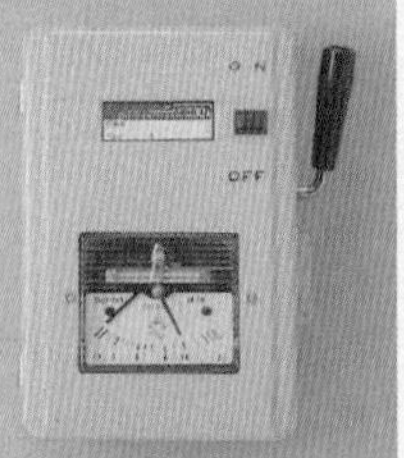	ロ. 	ハ. 	ニ. 
50	この配線図で，使用されているコンセントとその個数の組合せで，**正しいものは。**	イ.  1個	ロ.  1個	ハ.  2個	ニ. 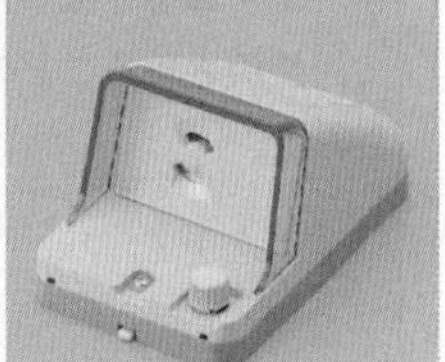 1個

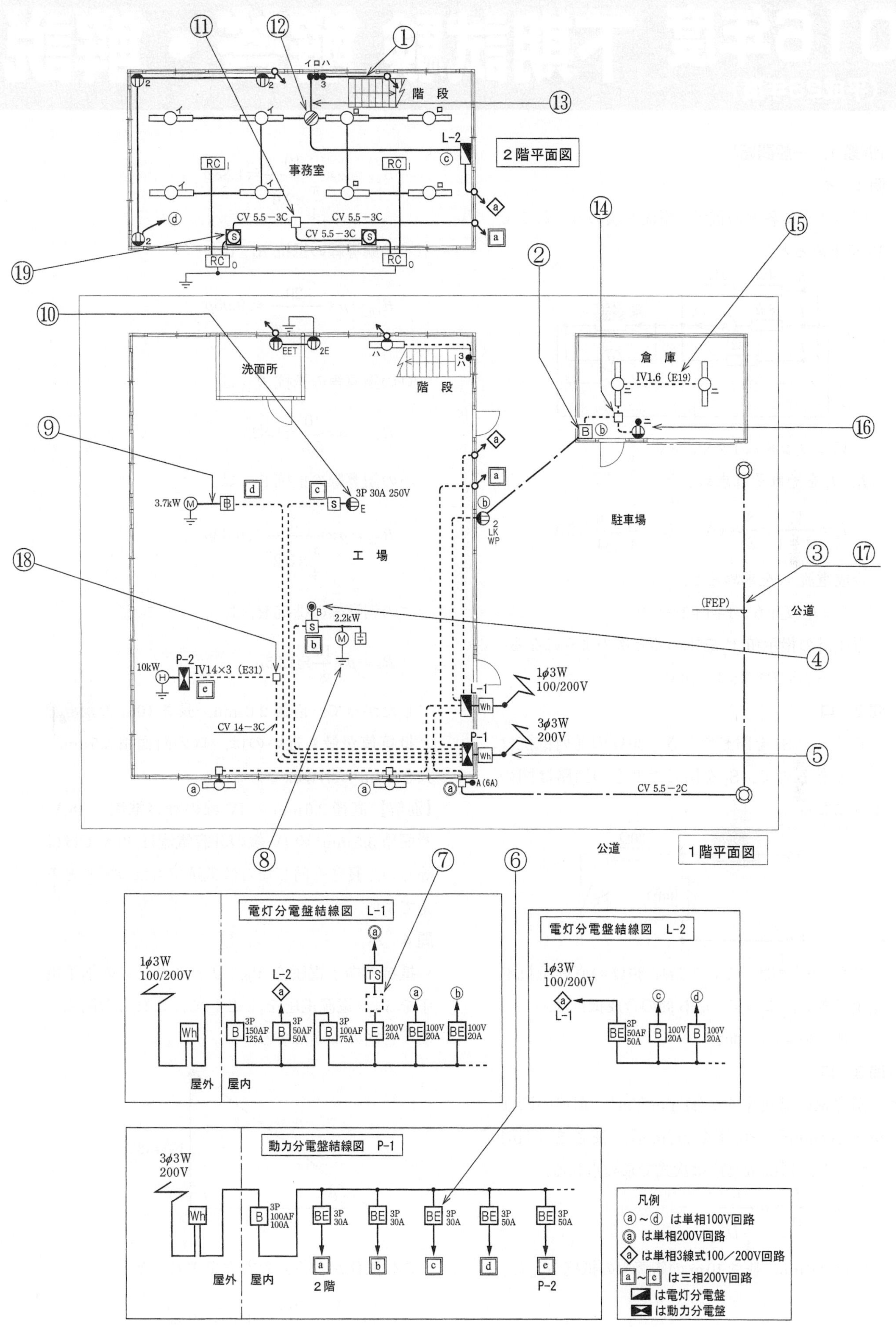

2016年度：下期（平成28年度）

第二種電気工事士筆記試験

2016年度 下期試験 解答・解説

（平成28年度）

〔問題 1. 一般問題〕

問1 イ

図のように各部の電圧，電流を決める．ここで V_1 を求めると，

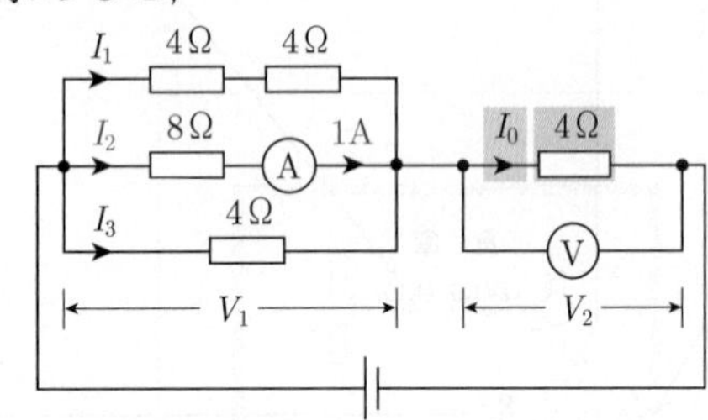

$V_1 = I_2 \times 8 = 1 \times 8 = 8\,\mathrm{V}$

I_1，I_3 をそれぞれ求めると，

$$I_1 = \frac{V_1}{4+4} = \frac{8}{8} = 1\,\mathrm{A},\quad I_3 = \frac{V_1}{4} = \frac{8}{4} = 2\,\mathrm{A}$$

合成電流 I_0 を求めると，

$I_0 = I_1 + I_2 + I_3 = 1 + 1 + 2 = 4\,\mathrm{A}$

電圧計の指示値 V_2 を求めると次のようになる．

$V_2 = I_0 \times R = 4 \times 4 = 16\,\mathrm{V}$

問2 ロ

スイッチ S_1 を閉じたとき，30 Ω の並列抵抗は無視できるので，S_1 を閉じたときの回路は図のようになる．

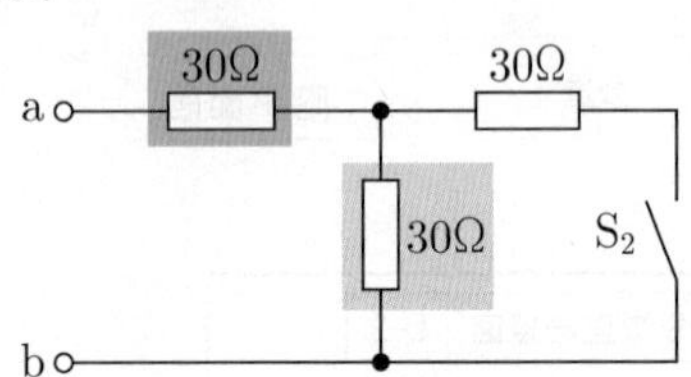

また，S_2 は開いているので 30 Ω の直列抵抗も無視できる．よって，a-b 間の合成抵抗は，

$R = 30 + 30 = 60\,\Omega$

問3 ロ

銅導線の抵抗率を $\rho\,[\Omega\cdot\mathrm{mm}^2/\mathrm{m}]$，銅線の断面積を $A\,[\mathrm{mm}^2]$，直径を $D\,[\mathrm{mm}]$，長さを $L\,[\mathrm{m}]$ とすると，抵抗 $R\,[\Omega]$ は次式で求められる．

$$R = \rho\frac{L}{A} = \rho\frac{L}{\frac{\pi}{4}D^2}$$

直径 2.6 mm，長さ 10 m の銅導線の抵抗 $R_{2.6}$ は，

$$R_{2.6} = \rho \times \frac{10}{\frac{\pi}{4} \times 2.6^2} \fallingdotseq 1.88\rho$$

イの銅導線の抵抗 $R_{1.6}$ は，

$$R_{1.6} = \rho \times \frac{20}{\frac{\pi}{4} \times 1.6^2} \fallingdotseq 9.95\rho$$

ロの銅導線の抵抗 $R_{5.5}$ は，

$$R_{5.5} = \rho \times \frac{10}{5.5} \fallingdotseq 1.82\rho$$

ハの銅導線の抵抗 $\mathrm{R}_{3.2}$ は，

$$R_{3.2} = \rho \times \frac{5}{\frac{\pi}{4} \times 3.2^2} \fallingdotseq 0.62\rho$$

ニの銅導線の抵抗 R_8 は，

$$R_8 = \rho \times \frac{10}{8} \fallingdotseq 1.25\rho$$

したがって，直径 2.6 mm，長さ 10 m の銅導線と抵抗値が最も近いのは，ロの断面積 5.5 mm²，長さ 10 m の銅導線である．

【別解】直径 2.6 mm の IV 線の許容電流は 48 A，断面積 5.5 mm² の IV 線の許容電流は 49 A でほぼ等しい．長さも同じならば抵抗値もほぼ同じと考えてよい．

問4 ハ

抵抗の端子電圧を V_R，リアクタンスの端子電圧を V_X，電源電圧を V として，これらの関係を表すと図のようになる．

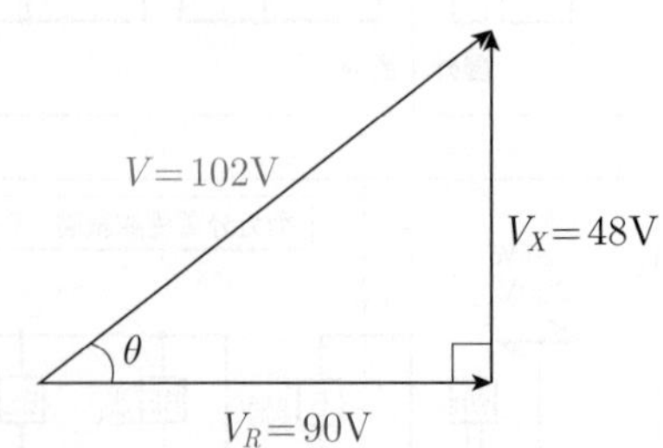

この関係から負荷の力率を求めると，

$$\cos\theta = \frac{V_R}{V} = \frac{90}{102} \fallingdotseq 0.88 = 80\,\%$$

問 5　ハ

相電圧 E_P[V] を求めると，

$$E_P = I \times R = 20 \times 6 = 120\,\mathrm{V}$$

Y 結線の線間電圧 E は相電圧 E_P の $\sqrt{3}$ 倍なので，

$$E = \sqrt{3}\,E_P = 1.73 \times 120 \fallingdotseq 208\,\mathrm{V}$$

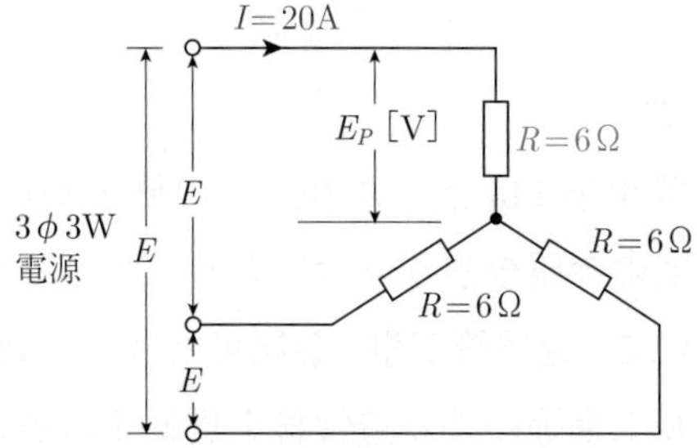

問 6　ロ

負荷が平衡しておらず，図のように中性線にも電流が流れて電圧降下が生じる．1 線あたりの抵抗は 0.1 Ω なので，a–b 間の電圧 V_{ab}[V] は，

$$V_{ab} = V_s - I_1 \times r - (I_1 - I_2) \times r$$
$$= 103 - 20 \times 0.1 - (20 - 10) \times 0.1 = 100\,\mathrm{V}$$

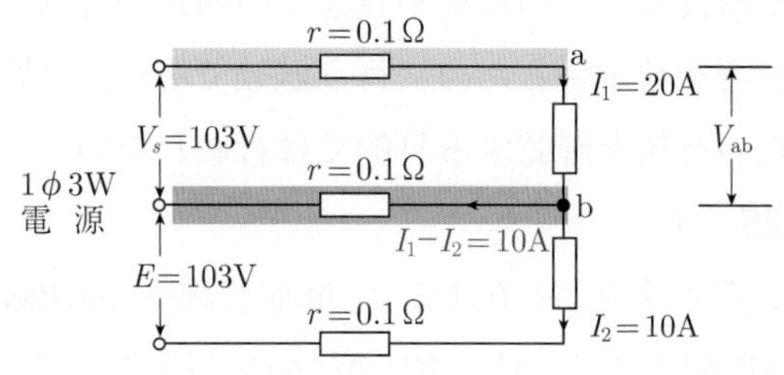

問 7　ロ

直径 2.0 mm の 600 V ビニル絶縁電線の許容電流は 35 A で，金属管に 4 本収めるときの電流減少係数は 0.63 であるから，電線 1 本当たりの許容電流 I[A] は次のようになる．

$$I = 35 \times 0.63 \fallingdotseq 22\,\mathrm{A}$$

絶縁電線の許容電流（内線規程 1340−1 表）

種　類	太　さ	許容電流 [A]
単線 直径 [mm]	1.6	27
	2.0	35
より線 断面積 [mm²]	2	27
	3.5	37
	5.5	49

（周囲温度 30℃以下）

問 8　ニ

三相 3 線式電線路の電力損失 P_L は，電線 1 線あたりの抵抗を r[Ω]，線電流を I[A] とすると，次のようになる．

$$P_L = 3I^2 r = 3 \times 10^2 \times 0.15 = 45\,\mathrm{W}$$

問 9　イ

電技解釈第 149 条により，イが正しい．

分岐回路の施設（電技解釈第 149 条）

分岐過電流遮断器の定格電流	コンセント	電線の太さ
15A	15 A 以下	直径 1.6 mm 以上
20A（配線用遮断器）	20 A 以下	
20A（ヒューズ）	20 A	直径 2 mm 以上
30A	20 A 以上 30 A 以下	直径 2.6 mm 以上

問 10　ニ

電技解釈第 149 条により，分岐回路の過電流遮断器の位置が幹線との分岐点から 8 m を超えているので，a–b 間の電線の許容電流は過電流遮断器の定格電流の 55 % 以上が必要になる．このため，過電流遮断器の定格電流を I_B[A]，電線の許容電流を I[A] とすると，次式のようになる．

$$I \geqq I_B \times 0.55 = 60 \times 0.55 = 33\,\mathrm{A}$$

問 11　ロ

高感度形漏電遮断器の定格感度電流は 30 mA 以下なので，ロが誤りである．なお，高速形の動作時間は，定格感度電流で 0.1 秒以内である．また，零相変流器により地絡電流を検出し，漏電電流を模擬したテスト装置（テストボタン）が付いているので，イ，ハ，ニは正しい．

漏電遮断器の感度電流

感度区分	動作制限区分	定格感度電流
高感度形	高速形 時延形 反限時形	30 mA 以下
中感度形	高速形 時延形	30mA を超え 1000 mA 以下
低感度形	高速形 時延形	1000mA を超え 30 A 以下

漏電遮断器の動作時間

高速形……定格感度電流で 0.1 秒以内
時延形……定格感度電流で 0.1 秒を超え 2 秒以内
反限時形…定格感度電流で 0.3 秒以内
　　　　　定格感度電流の 2 倍で 0.15 秒以内
　　　　　定格感度電流の 5 倍で 0.04 秒以内

問 12　ニ

ねじなしボックスコネクタは，ねじなし電線管と接続する場合，抜け防止のため，止めネジの頭部が切れるまで締め付けなくてはいけない．

問 13　イ

ネオン変圧器は，二次側を昇圧して放電灯を点灯させるための変圧器であり，ネオン放電灯と組み合わせて使用するので，イが誤りである．

問 14　ハ

ビニルコードは，電気扇風機など電気を熱として使用しない機器に限り使用できる．イ，ロ，ニは電気を熱として使用するので，ビニルコードは使用できない．

問 15　イ

金属管（鋼製電線管）は金切りのこで切断し，クリックボールにリーマを取り付けて管端処理を行う．曲げ作業にはパイプベンダを使用する．

問 16　イ

写真に示す材料は一種金属線ぴ(幅 40 mm 未満)で，メタルモールとも呼ばれる．一種金属線ぴを使用する金属線ぴ工事は，コンセントやスイッチを設置する場合，壁面などに配線を行う工事である．

問 17　ニ

写真に示す材料は合成樹脂製のスイッチボックスで，住宅などで壁にスイッチやコンセントを取り付けるために用いる材料である．

問 18　ハ

写真に示す工具はケーブルストリッパで，VVF ケーブルの外装や絶縁被覆のはぎ取り作業に用いる工具である．

問 19　ロ

電技解釈第 160 条により，金属可とう電線管の長さが 6 m になる場合，D 種接地工事を省略できない．D 種接地工事を省略できるのは，低圧屋内配線の使用電圧が 300 V 以下であって，管の長さが 4 m 以下の場合である．

問 20　ニ

ルームエアコンなどの単相 200V 回路には，2 極 2 素子（2P2E）の配線用遮断器を用いなければならない．2 極 1 素子 (2P1E) の配線用遮断器が使用できるのは，一線を接地した対地電圧 150V 以下の電路である（内線規程 1360−7)．

問 21　ハ

金属管は電磁的不平衡を起こさせないよう，1 回路の電線全部を同一管内に収めなくてはいけない．これは，電磁的不平衡を要因とした渦電流の発生により，電線管の加熱を防止するためである(内線規程 3110−3)．

問 22　ニ

ニの図記号は，管の呼び 17 mm の 2 種金属可とう電線管で，露出配線であることを示している．イ，ロ，ハは図記号と施工方法の組み合わせが誤っている．

問 23　ニ

電技解釈第 145 条により，ニの施工が正しい．木造住宅の金属板張り（金属系サイディング）の壁において，金属管工事，金属可とう電線管工事，ケーブル工事等により造営材を貫通する場合，壁の金属板張りを十分に切り開き，壁の金属板張りと電気的に接続しないように，金属管，金属製可とう電線管，ケーブル等を耐久性のある絶縁管に収めて施設しなければならない．

問 24　ロ

導通試験は，配線の誤接続，断線，未接続，電線と器具端子との結線不良などの回路の導通状態の良否を判定するために行う試験であり，電路の充電の有無を確認する目的では行われない．

問 25　イ

電技省令第 58 条により，単相 3 線式 100/200 V の屋内配線では，対地電圧が 150 V 以下なので，電路と大地間，電線相互間とも絶縁抵抗値は 0.1 MΩ 以上でなければならない．

低圧電路の絶縁性能（電技省令第 58 条）

電路の使用電圧の区分		絶縁抵抗値
300V 以下	対地電圧 150V 以下	0.1 MΩ 以上
	その他の場合	0.2 MΩ 以上
300V を超える低圧回路		0.4 MΩ 以上

問 26　ニ

ネオン式検電器は電路の充電の有無を確認するために用いられる．ネオン式検電器はネオン放電管に電圧を加えると発光する原理を利用したものである．

問 27　ハ

単相交流回路の電力は電圧×電流×力率で求められるので，力率は次式で求めることができる．

$$\text{力率} = \frac{\text{電力}}{\text{電圧} \times \text{電流}}$$

よって，電圧計，電流計，電力計が必要となる．

問 28　ロ

電気工事士法により，第二種電気工事士免状では自家用電気工作物（最大電力が 500 kW 未満の需要設備）の低圧部分の工事はできない．この工事ができるのは第一種電気工事士であるが，電線路を除く低圧部分であれば認定電気工事従事者も従事できる．イは電気工事士の免状がなくても従事でき，ハ，ニは第二種電気工事士の免状で従事できる．

問 29　ハ

＜PS＞E の記号は，電気用品のうち特定電気用品を示し，輸入した製品に限定した表示ではない．この表示は，表示スペースがとれない絶縁電線のような特定電気用品に使用される．

問 30　ニ

一般用電気工作物とは，低圧受電で受電の場所と同一の構内で使用する電気工作物で，同じ構内で連係して使用する下記の小規模事業用電気工作物以外の小規模発電設備も含む．一般用電気工作となる小規模発電設備は，発電電圧 600V 以下で，出力の合計が 50 kW 以上となるものを除く（電気事業法施行規則第 48 条）．

小規模発電設備

設備名	出力	区分
風力発電設備	20 kW 未満	小規模事業用電気工作物**
太陽電池発電設備	50 kW 未満	
	10 kW 未満	一般用電気工作物
水力発電設備*	20 kW 未満	
内燃力発電設備	10 kW 未満	
燃料電池発電設備	10 kW 未満	
スターリングエンジン発電設備	10 kW 未満	

＊最大使用水量 $1 m^3/s$ 未満（ダムを伴うものを除く）
＊＊第二種電気工事士は，小規模事業用電気工作物の工事に従事できる．

〔問題 2．配線図〕

問 31　イ

①で示す部分は，接地側電線と 3 路スイッチ相互間の配線なので，最少電線本数は 3 本である（次ページの問 43 の複線結線図−1 を参照．）．

問 32　ハ

②の部分は，低圧屋内電路の使用電圧が 300 V 以下で，20A の BE（過負荷保護付は B の機能を兼ねる．）で保護された電路に接続しているから，電技解釈第 147 条により，住宅と倉庫の間の電路の長さが 15 m 以下であれば，引込口開閉器を省略できる．

問 33　ロ

③で示す部分は FEP（波付硬質合成樹脂管）による管路式地中電線路なので，電線はケーブルを使用しなくてはならない（電技解釈第 120 条）．

問 34　ハ

④で示す図記号は電磁開閉器用押しボタンである．三相 200 V 回路 b の電動機（2.2 kW）の運転，停止を行うためのものである．

問 35　イ

⑤で示す低圧架空引込線取付点の地表上の高さは，電技解釈第 116 条により，道路を横断せずやむを得ない場合で，交通に支障がないときは 2.5 m 以上でなければならない．

問 36　イ

⑥で示す図記号は漏電遮断器（過負荷保護付）である．なお，漏電警報器は ⊘_G（⊘_F 消防法），モータブレーカは B_M または B，配線用遮断器は B の図記号である．

問 37　ニ

⑦の部分は単相 200V 回路なので，2 極 2 素子の配線用遮断器，2 極にヒューズを取り付けたカバー付ナイフスイッチまたはカットアウトスイッチを用いなければならない（内線規程 1360−7）．

問 38　ロ

⑧で示す部分は，三相 200 V2.2 kW 電動機の金属製外箱を示すので，D 種接地工事を施す．地絡を生じたときに 0.5 秒以内に動作する漏電遮断器が電源側に設置されているので，接地抵抗は 500 Ω 以下，接地線（軟銅線）は 1.6 mm 以上を使用する．（電技解釈第 17 条，第 29 条）．

問 39　ロ

⑨の部分は三相 200V 回路 d の電動機（3.7 kW）回路である．使用電圧が 300 V 以下，対地電圧が 150 V を超えるので，電技省令第 58 条により，電路と大地の絶縁抵抗値は 0.2 MΩ 以上でなければならない（問 25 の表を参照）．

問 40　ロ

⑩で示す図記号の傍記 3P30A250V（定格電圧）は三相 200V（使用電圧）30A，傍記 E は接地極付コンセントを示す．三相 200V30A 接地極付コンセントの極配置は⊕である．

2016 年度：下期（平成 28 年度）

問 41　ニ

⑪で示すボックス内の接続に必要なリングスリーブは，大スリーブが 3 個（5.5 mm^2×3 本接続が 3 箇所）となる．（内線規程 1335-2 表）．

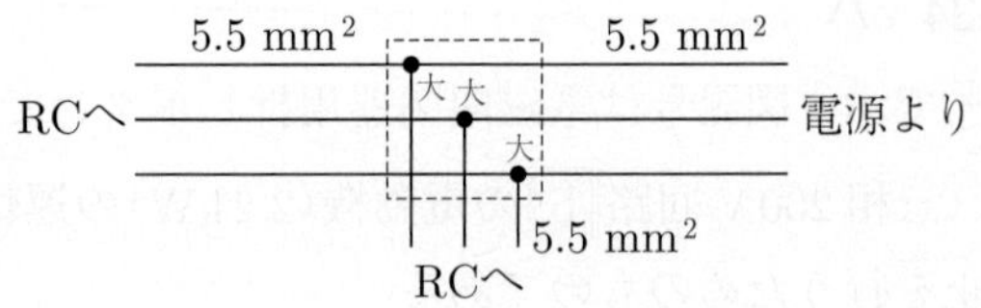

問 42　ニ

⑫で示すボックス内の接続は 2 本接続が 3 箇所，4 本接続が 1 箇所である．したがって，必要な差込形コネクタは 2 本接続用が 3 個，4 本接続用が 1 個である（問 43 の複線結線図−1 を参照.）.

問 43　ハ

⑬で示す部分の配線は，複線結線図−1 より 4 本必要である．この配線の施工は VVF を用いたケーブル工事であることから，2 心の VVF ケーブルを 2 本を使用する．

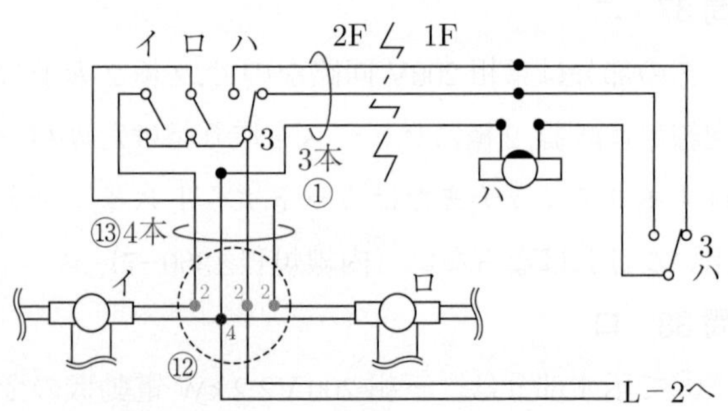

複線結線図−1（問31，問42，問43）

問 44　ハ

⑭で示すボックス内の接続は複線結線図−2 より，2 本接続が 2 箇所，3 本接続が 1 箇所である．使用する電線は 1.6mm の IV 線なので，リングスリーブは小が 3 個必要となり，2 本接続箇所は「○」，3 本接続箇所は「小」の刻印となる．

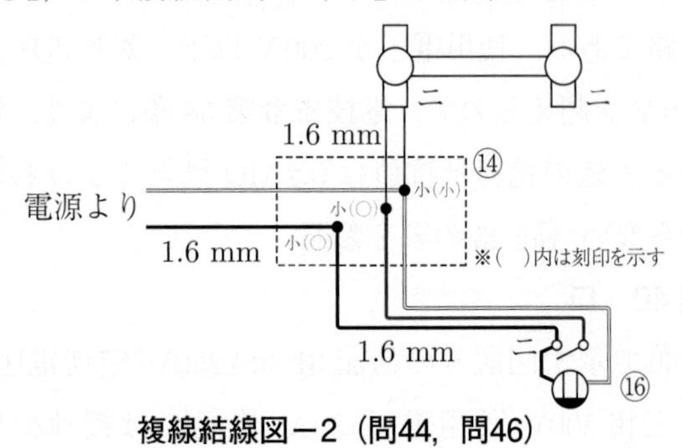

複線結線図−2（問44，問46）

問 45　イ

⑮で示す部分はねじなし電線管（E19）工事なので，イのリード型ラチェット式ねじ切り器は使用しない．金属管の切断にはロの金切りのこ，金属管切断などの固定にハのパイプバイス，金属管の曲げ加工にニのパイプベンダを使用する．

問 46　ハ

⑯で示す部分は，同じスイッチボックスに点滅器（上側）とコンセント（下側）が取り付けられていることを示す．電源からの接地側電線（白色）はコンセントの W 端子に，非接地側電線（黒色）は点滅器とコンセントに結線する．このため，器具間の非接地側は，黒色の電線（渡り線）で結線しなくてはならない．また，点滅器の負荷側の電線は赤色で結線する（問 44 の複線結線図−2 を参照.）.

問 47　ニ

⑰で示す部分は FEP（波付硬質合成樹脂管）による管路式地中配線工事なので，ニの金属管は使用しない．なお，イは地下埋設物の位置を標示する埋設表示シート，ロは FEP（波付硬質合成樹脂管），ハは CV ケーブル（CV5.5−2C）である．

問 48　ロ

⑱で示すジョイントボックス内では 14 mm^2 の CV ケーブルと 14 mm^2 の IV 線の接続作業を行うので，ロのリングスリーブ用圧着ペンチは使用できない．電線相互の圧着には，ニの手動油圧式圧着器を使用する．

問 49　イ

⑲で示す図記号は電流計付箱開閉器である．なお，ロはカバー付ナイフスイッチ，ニは電磁開閉器であり，ともに開閉器なので $\boxed{\mathrm{S}}$ の図記号，ハは三相用の配線用遮断器で $\boxed{\mathrm{B}}_{3P}$ の図記号である．

問 50　ロ

この配線図で，ロの接地極付接地端子付埋込形コンセントは 1 個使用されている．なお，ハの接地極付埋込形コンセント（2 口）は，この配線図では 1 個使用されている．イの接地極付埋込形コンセントとニの接地端子付防雨形コンセント（1 口，抜止形）は，この配線図では使用されていない．

第二種電気工事士
筆記試験

2015年度
（平成27年度）

上期試験

問題１．一般問題 (問題数 30，配点は１問当たり２点)

【注】本問題の計算で $\sqrt{2}$, $\sqrt{3}$ 及び円周率πを使用する場合の数値は次によること。　$\sqrt{2}=1.41$ ， $\sqrt{3}=1.73$ ，$\pi=3.14$

次の各問いには４通りの答え（イ，ロ，ハ，ニ）が書いてある。それぞれの問いに対して答えを１つ選びなさい。

	問　い	答　え
1	図のような回路で，端子a－b間の合成抵抗［Ω］は。 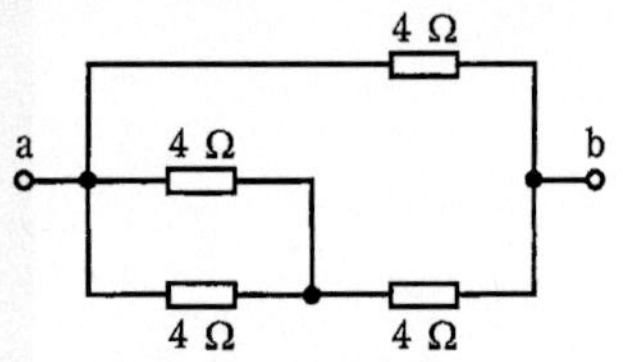	イ．1.5　ロ．1.8　ハ．2.4　ニ．3.0
2	図のような回路で，電源電圧が 24 V，抵抗 $R=4\ \Omega$ に流れる電流が 6 A，リアクタンス $X_L=3\ \Omega$ に流れる電流が 8 A であるとき，回路の力率［%］は。 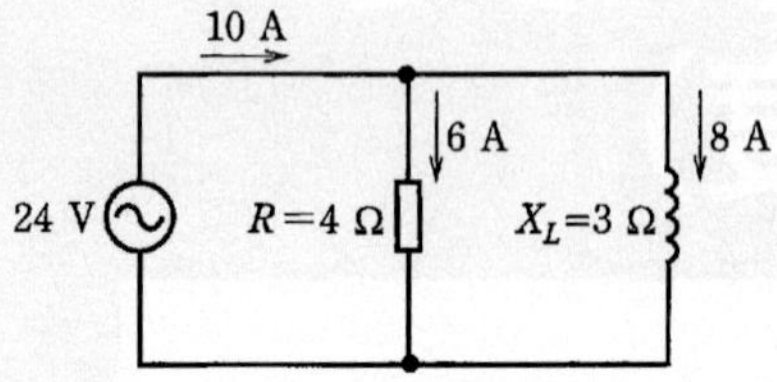	イ．43　ロ．60　ハ．75　ニ．80
3	A，B 2 本の同材質の銅線がある。A は直径 1.6 mm，長さ 20 m，B は直径 3.2 mm，長さ 40 m である。A の抵抗は B の抵抗の何倍か。	イ．2　ロ．3　ハ．4　ニ．5
4	図のような交流回路で，負荷に対してコンデンサ C を設置して，力率を 100 %に改善した。このときの電流計の指示値は。 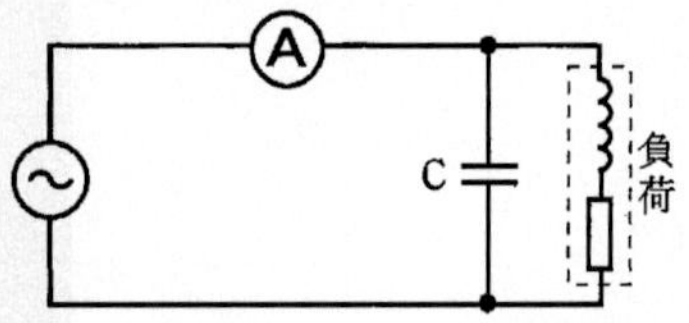	イ．零になる。 ロ．コンデンサ設置前と比べて変化しない。 ハ．コンデンサ設置前と比べて増加する。 ニ．コンデンサ設置前と比べて減少する。
5	図のような電源電圧 E［V］の三相 3 線式回路で，図中の ✕ 印点で断線した場合，断線後の a－c 間の抵抗 R［Ω］に流れる電流 I［A］を示す式は。 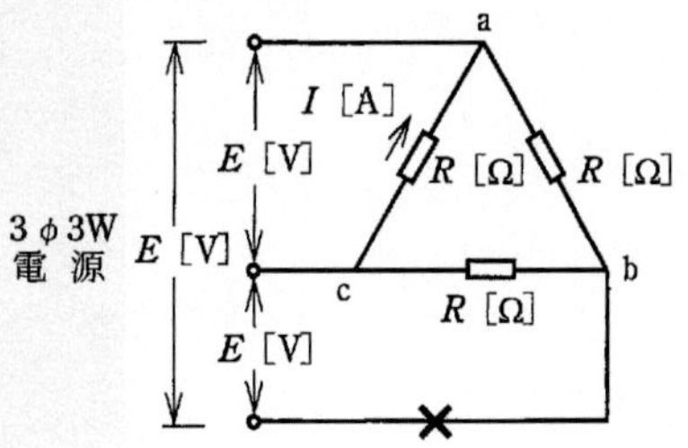	イ．$\frac{E}{2R}$　ロ．$\frac{E}{\sqrt{3}R}$　ハ．$\frac{E}{R}$　ニ．$\frac{3E}{2R}$

	問い	答え			
6	図のような三相 3 線式回路で，電線 1 線当たりの抵抗が 0.15 Ω，線電流が 10 A のとき，この電線路の電力損失［W］は。 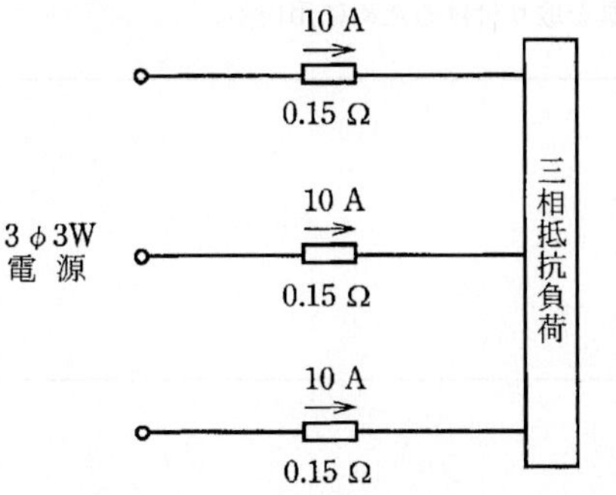	イ．15	ロ．26	ハ．30	ニ．45
7	金属管による低圧屋内配線工事で，管内に直径 1.6 mm の 600V ビニル絶縁電線（軟銅線）3 本を収めて施設した場合，電線 1 本当たりの許容電流［A］は。 ただし，周囲温度は 30 ℃以下，電流減少係数は 0.70 とする。	イ．19	ロ．24	ハ．27	ニ．34
8	定格電流 12 A の電動機 5 台が接続された単相 2 線式の低圧屋内幹線がある。この幹線の太さを決定するための根拠となる電流の最小値［A］は。 ただし，需要率は 80 % とする。	イ．48	ロ．60	ハ．66	ニ．75
9	図のように定格電流 100 A の過電流遮断器で保護された低圧屋内幹線から分岐して，6 m の位置に過電流遮断器を施設するとき，a－b 間の電線の許容電流の最小値［A］は。 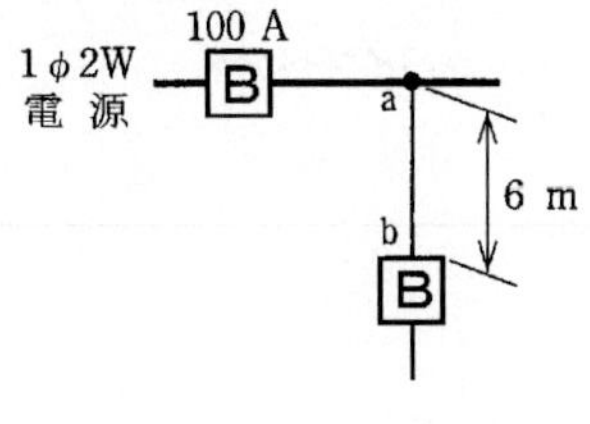	イ．25	ロ．35	ハ．45	ニ．55
10	低圧屋内配線の分岐回路の設計で，配線用遮断器，分岐回路の電線の太さ及びコンセントの組合せとして，**適切なものは。** ただし，分岐点から配線用遮断器までは 3 m，配線用遮断器からコンセントまでは 8 m とし，電線の数値は分岐回路の電線（軟銅線）の太さを示す。 また，コンセントは兼用コンセントではないものとする。	イ． 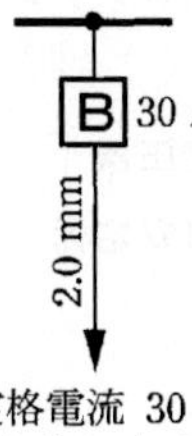 定格電流 30 Aのコンセント 1個	ロ． 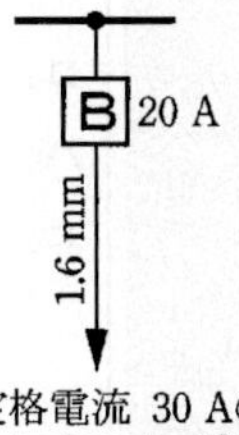 定格電流 30 Aのコンセント 2個	ハ． 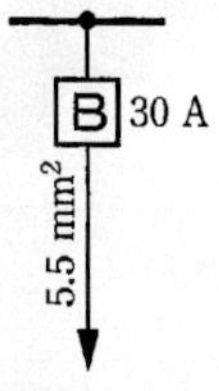 定格電流 15 Aのコンセント 2個	ニ． 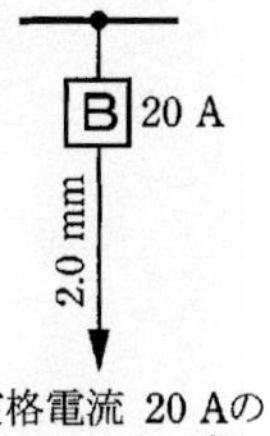 定格電流 20 Aのコンセント 1個

	問い	答え
11	プルボックスの主な使用目的は。	イ．多数の金属管が集合する場所等で，電線の引き入れを容易にするために用いる。 ロ．多数の開閉器類を集合して設置するために用いる。 ハ．埋込みの金属管工事で，スイッチやコンセントを取り付けるために用いる。 ニ．天井に比較的重い照明器具を取り付けるために用いる。
12	漏電遮断器に内蔵されている零相変流器の役割は。	イ．地絡電流の検出 ロ．短絡電流の検出 ハ．過電圧の検出 ニ．不足電圧の検出
13	許容電流から判断して，公称断面積 1.25 mm^2 のゴムコード（絶縁物が天然ゴムの混合物）を使用できる最も消費電力の大きな電熱器具は。 ただし，電熱器具の定格電圧は 100 V で，周囲温度は 30 ℃以下とする。	イ．600 W の電気炊飯器 ロ．1 000 W のオーブントースター ハ．1 500 W の電気湯沸器 ニ．2 000 W の電気乾燥器
14	点灯管を用いる蛍光灯と比較して，高周波点灯専用形の蛍光灯の特徴として，**誤っているものは。**	イ．ちらつきが少ない。 ロ．発光効率が高い。 ハ．インバータが使用されている。 ニ．点灯に要する時間が長い。
15	金属管（鋼製電線管）の切断及び曲げ作業に使用する工具の組合せとして，**適切なものは。**	イ．やすり パイプレンチ パイプベンダ ロ．リーマ パイプレンチ トーチランプ ハ．リーマ 金切りのこ トーチランプ ニ．金切りのこ やすり パイプベンダ
16	写真に示す機器の名称は。 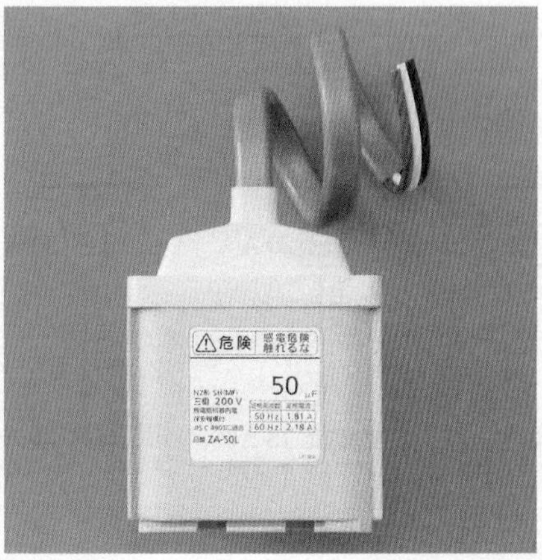	イ．低圧進相コンデンサ ロ．変流器 ハ．ネオン変圧器 ニ．水銀灯用安定器

	問い	答え
17	写真に示す器具の用途は。	イ．三相回路の相順を調べるのに用いる。 ロ．三相回路の電圧の測定に用いる。 ハ．三相電動機の回転速度の測定に用いる。 ニ．三相電動機の軸受けの温度の測定に用いる。
18	写真に示す材料の名称は。	イ．ベンダ ロ．ユニバーサル ハ．ノーマルベンド ニ．カップリング
19	低圧屋内配線工事で，600V ビニル絶縁電線（軟銅線）をリングスリーブ用圧着工具とリングスリーブ E 形を用いて終端接続を行った。接続する電線に適合するリングスリーブの種類と圧着マーク（刻印）の組合せで，**不適切なものは。**	イ．直径 1.6 mm 2 本の接続に，小スリーブを使用して圧着マークを ○ にした。 ロ．直径 1.6 mm 1 本と直径 2.0 mm 1 本の接続に，小スリーブを使用して圧着マークを 小 にした。 ハ．直径 1.6 mm 4 本の接続に，中スリーブを使用して圧着マークを 中 にした。 ニ．直径 1.6 mm 1 本と直径 2.0 mm 2 本の接続に，中スリーブを使用して圧着マークを 中 にした。
20	三相誘導電動機回路の力率を改善するために，低圧進相コンデンサを接続する場合，その接続場所及び接続方法として，**最も適切なものは。**	イ．主開閉器の電源側に各台数分をまとめて電動機と並列に接続する。 ロ．手元開閉器の負荷側に電動機と並列に接続する。 ハ．手元開閉器の負荷側に電動機と直列に接続する。 ニ．手元開閉器の電源側に電動機と並列に接続する。
21	屋内の管灯回路の使用電圧が 1 000 V を超えるネオン放電灯工事として，**不適切なものは。** ただし，簡易接触防護措置が施してあるものとする。	イ．ネオン変圧器への 100 V 電源回路は，専用回路とし，20 A 配線用遮断器を設置した。 ロ．ネオン変圧器の二次側（管灯回路）の配線をがいし引き工事により施設し，弱電流電線との離隔距離を 5 cm とした。ただし，隔壁や絶縁管は設けなかった。 ハ．ネオン変圧器の金属製外箱に D 種接地工事を施した。 ニ．ネオン変圧器の二次側（管灯回路）の配線を，ネオン電線を使用し，がいし引き工事により施設し，電線の支持点間の距離を 1 m とした。

2015年度：上期（平成27年度）

	問い	答え
22	使用電圧 100 V の屋内配線の施設場所における工事の種類で，**不適切なものは。**	イ．点検できない隠ぺい場所であって，乾燥した場所の金属管工事 ロ．点検できない隠ぺい場所であって，湿気の多い場所の合成樹脂管工事（CD 管を除く） ハ．展開した場所であって，水気のある場所のケーブル工事 ニ．展開した場所であって，水気のある場所のライティングダクト工事
23	図に示す一般的な低圧屋内配線の工事で，スイッチボックス部分の回路は。ただし，ⓐは電源からの非接地側電線（黒色），ⓑは電源からの接地側電線（白色）を示し，負荷には電源からの接地側電線が直接に結線されているものとする。なお，パイロットランプは 100 V 用を使用する。 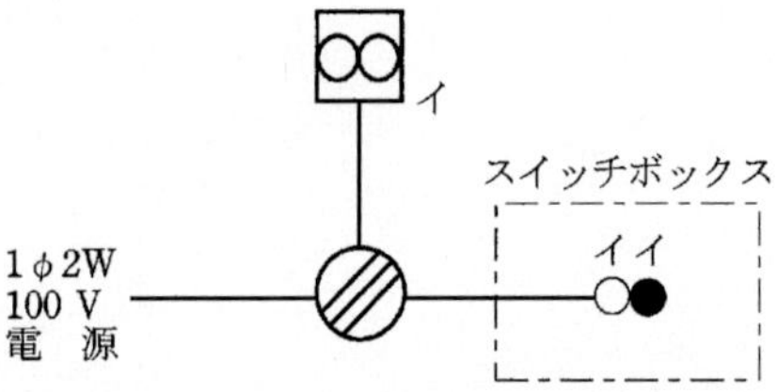 1φ2W 100 V 電源　イ　スイッチボックス　イイ ○は確認表示灯（パイロットランプ）を示す。	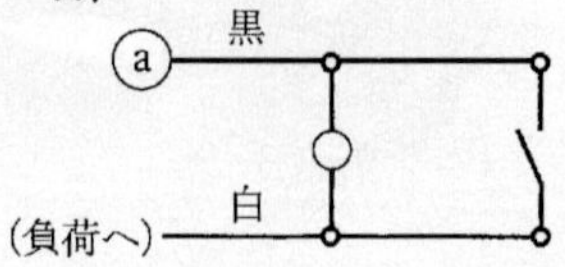 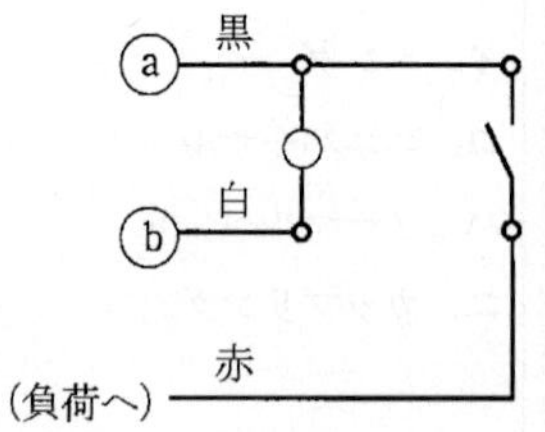 イ．ⓐ 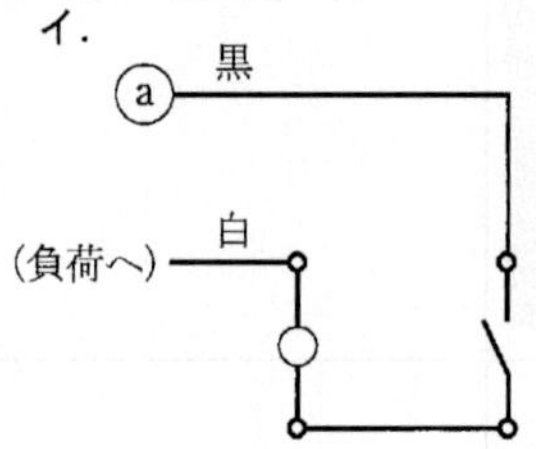 黒　白（負荷へ） ロ．ⓐ 黒　白（負荷へ） ハ．ⓐ 黒　ⓑ 白　赤（負荷へ） ニ．ⓐ 黒　ⓑ 白　赤（負荷へ） 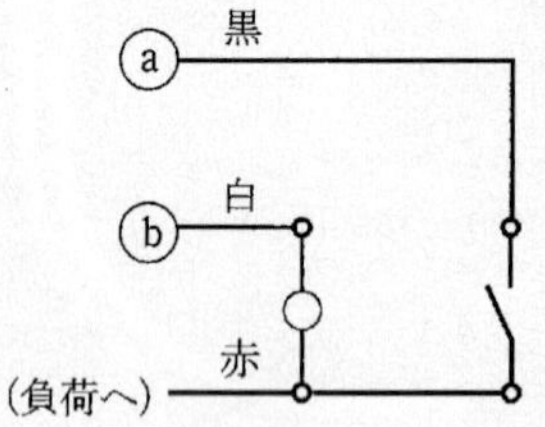
24	単相 3 線式 100/200V の屋内配線で，絶縁被覆の色が赤色，白色，黒色の 3 種類の電線が使用されていた。この屋内配線で電線相互間及び電線と大地間の電圧を測定した。その結果としての電圧の組合せで，**適切なものは。** ただし，中性線は白色とする。	イ．黒色線と大地間 100 V　白色線と大地間 200 V　赤色線と大地間 0 V ロ．黒色線と白色線間 100 V　黒色線と大地間 0 V　赤色線と大地間 200 V ハ．赤色線と黒色線間 200 V　白色線と大地間 0 V　黒色線と大地間 100 V ニ．黒色線と白色線間 200 V　黒色線と大地間 100 V　赤色線と大地間 0 V
25	単相 3 線式回路の漏れ電流を，クランプ形漏れ電流計を用いて測定する場合の測定方法として，**正しいものは。** ただし，▬ は中性線を示す。	イ． 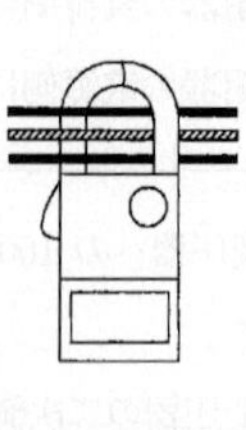　ロ． 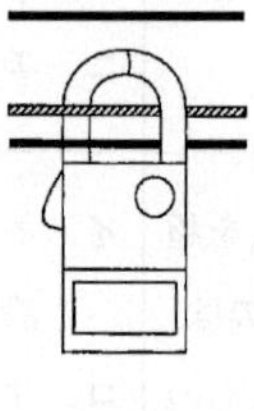　ハ． 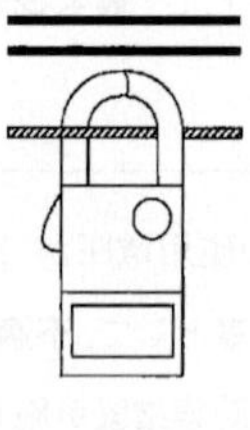　ニ． 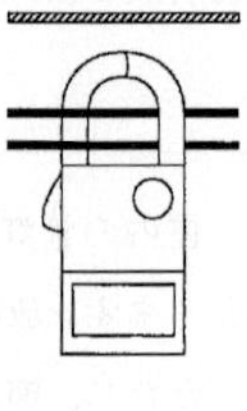
26	接地抵抗計（電池式）に関する記述として，**誤っているものは。**	イ．接地抵抗計には，ディジタル形と指針形（アナログ形）がある。 ロ．接地抵抗計の出力端子における電圧は，直流電圧である。 ハ．接地抵抗測定の前には，接地抵抗計の電池容量が正常であることを確認する。 ニ．接地抵抗測定の前には，地電圧が許容値以下であることを確認する。

	問　い	答　え
27	低圧回路を試験する場合の試験項目と測定器に関する記述として，**誤っているものは。**	イ．導通試験に回路計（テスタ）を使用する。 ロ．絶縁抵抗測定に絶縁抵抗計を使用する。 ハ．電動機の回転速度の測定に検相器を使用する。 ニ．負荷電流の測定にクランプ形電流計を使用する。
28	電気の保安に関する法令についての記述として，**誤っているものは。**	イ．「電気工事士法」は，電気工事の作業に従事する者の資格及び義務を定めた法律である。 ロ．「電気設備に関する技術基準を定める省令」は，電気事業法の規定に基づき定められた経済産業省令である。 ハ．「電気用品安全法」は，電気用品の製造，販売等を規制し，電気用品の安全性を確保するために定めた法律で電気用品による危険及び障害の発生を防止することを目的とする。 ニ．「電気用品安全法」において，電気工作物は，一般用電気工作物，電気事業の用に供する電気工作物，自家用電気工作物の3つに分類されている。
29	電気工事士法において，一般用電気工作物の工事又は作業で a，b ともに電気工事士でなければ**従事できないものは。**	イ．a：電線が造営材を貫通する部分に金属製の防護装置を取り付ける。 b：電圧 200 V で使用する電力量計を取り外す。 ロ．a：電線管相互を接続する。 b：接地極を地面に埋設する。 ハ．a：地中電線用の管を設置する。 b：配電盤を造営材に取り付ける。 ニ．a：電線を支持する柱を設置する。 b：電圧 100 V で使用する蓄電池の端子に電線をねじ止めする。
30	低圧の屋内電路に使用する次のもののうち，特定電気用品の組合せとして，**正しいものは。** A：定格電圧 100 V，定格電流 20 A の漏電遮断器 B：定格電圧 100 V，定格消費電力 25 W の換気扇 C：定格電圧 600 V，導体の太さ（直径）2.0 mm の3心ビニル絶縁ビニルシースケーブル D：内径 16 mm の合成樹脂製可とう電線管（PF 管）	イ．A・B　　ロ．B・D　　ハ．A・C　　ニ．C・D

2015年度：上期（平成27年度）

問題２．配線図（問題数 20，配点は１問当たり２点）

図は，鉄骨軽量コンクリート造店舗平屋建の配線図である。この図に関する次の各問いには４通りの答え（イ，ロ，ハ，ニ）が書いてある。それぞれの問いに対して，答えを１つ選びなさい。

【注意】 １．屋内配線の工事は，特記のある場合を除き600Vビニル絶縁ビニルシースケーブル平形（VVF）を用いたケーブル工事である。

２．屋内配線等の電線の本数，電線の太さ，その他，問いに直接関係のない部分等は省略又は簡略化してある。

３．漏電遮断器は，定格感度電流30 mA，動作時間0.1秒以内のものを使用している。

４．選択肢（答え）の写真にあるコンセント及び点滅器は，「JIS C 0303：2000 構内電気設備の配線用図記号」で示す「一般形」である。

５．３路スイッチの記号「0」の端子には，電源側又は負荷側の電線を結線する。

	問い	答え
31	①で示す屋外灯の種類は。	イ．蛍光灯　ロ．水銀灯 ハ．ナトリウム灯　ニ．メタルハライド灯
32	②で示す部分はルームエアコンの屋内ユニットである。その図記号の傍記表示として，**正しいものは。**	イ．B　ロ．O　ハ．I　ニ．R
33	③で示す部分の電路と大地間の絶縁抵抗として，許容される最小値［MΩ］は。	イ．0.1　ロ．0.2　ハ．0.4　ニ．0.6
34	④で示す部分の最少電線本数（心線数）は。	イ．2　ロ．3　ハ．4　ニ．5
35	⑤で示す図記号の計器の使用目的は。	イ．負荷率を測定する。　ロ．電力を測定する。 ハ．電力量を測定する。　ニ．最大電力を測定する。
36	⑥で示す部分の接地工事の種類及びその接地抵抗の許容される最大値［Ω］の組合せとして，**正しいものは。**	イ．C種接地工事　10 Ω　ロ．C種接地工事　50 Ω ハ．D種接地工事　100 Ω　ニ．D種接地工事　500 Ω
37	⑦で示す図記号の名称は。	イ．配線用遮断器　ロ．カットアウトスイッチ ハ．モータブレーカ　ニ．漏電遮断器（過負荷保護付）
38	⑧で示す図記号の名称は。	イ．火災表示灯　ロ．漏電警報器 ハ．リモコンセレクタスイッチ　ニ．表示スイッチ
39	⑨で示す図記号の器具の取り付け場所は。	イ．二重床面　ロ．壁面　ハ．床面　ニ．天井面
40	⑩で示す配線工事で耐衝撃性硬質塩化ビニル電線管を使用した。その傍記表示は。	イ．FEP　ロ．HIVE　ハ．VE　ニ．CD

問　い		答　え			
41	⑪で示す部分でDV線を引き留める場合に**使用するものは。**	イ. 	ロ. 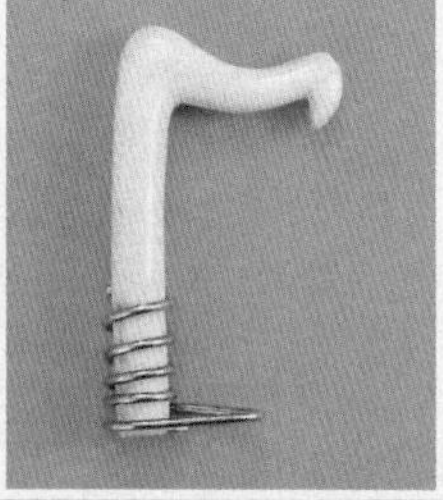	ハ. 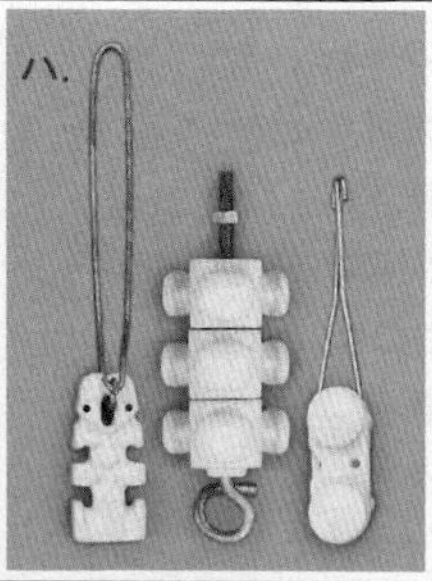	ニ. 
42	⑫で示す図記号の器具は。	イ. 	ロ. 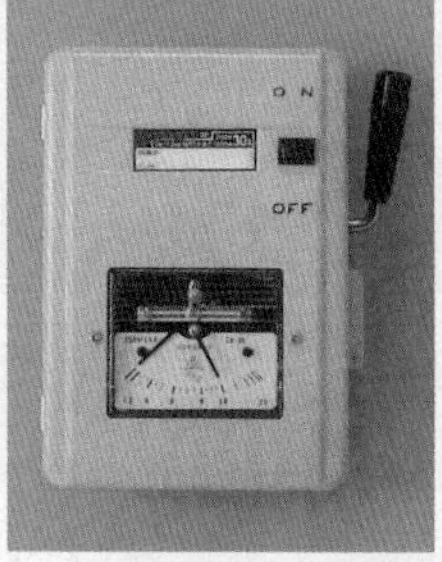	ハ. 	ニ. 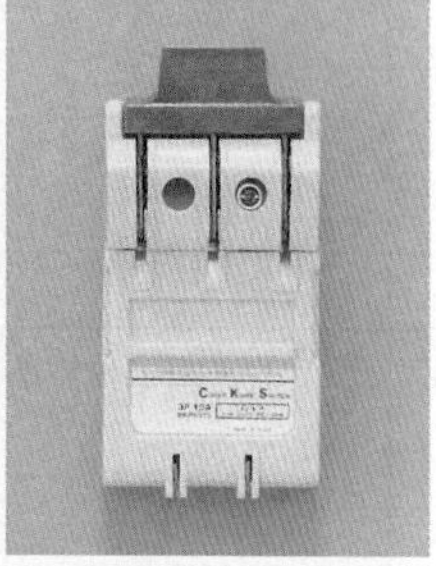
43	⑬で示すボックス内の接続をすべて圧着接続とする場合，使用するリングスリーブの種類と最少個数の組合せで，**適切なものは。** ただし，使用する電線はVVF1.6とし，ボックスを経由する電線は，すべて接続箇所を設けるものとする。	イ.  小 4個	ロ.  小 5個	ハ. 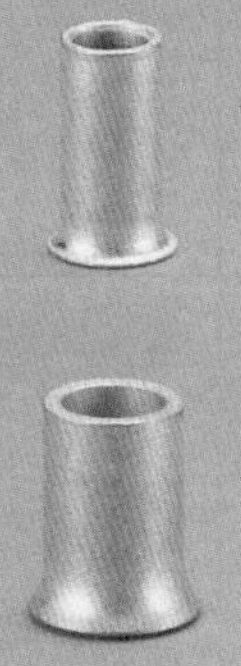 小 3個 中 1個	ニ.  小 4個 中 1個
44	⑭で示す屋外部分の接地工事を施すとき，一般的に**使用されることのないものは。**	イ. 	ロ. 	ハ. 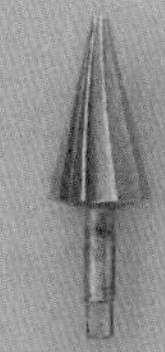	ニ. 
45	⑮で示す部分の配線工事に必要なケーブルは。 ただし，使用するケーブルの心線数は最少とする。	イ. 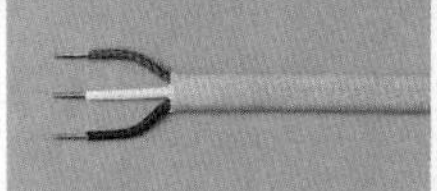	ロ. 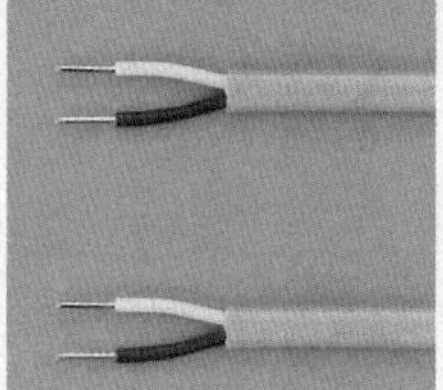	ハ. 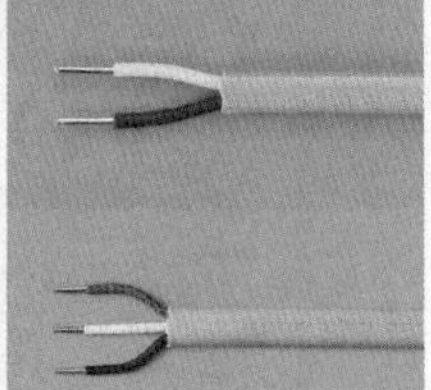	ニ. 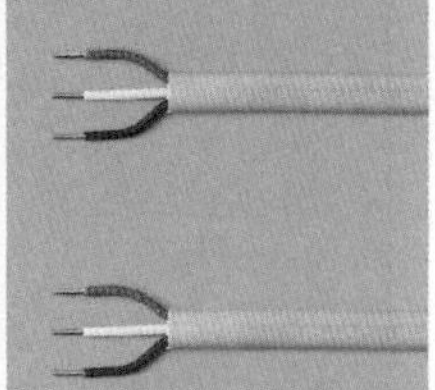

2015年度：上期（平成27年度）

	問い	答え			
46	⑯で示すボックス内の接続をすべて差込形コネクタとする場合，使用する差込形コネクタの種類と最少個数の組合せで，**適切なものは。** ただし，使用する電線はVVF1.6とし，ボックスを経由する電線は，すべて接続箇所を設けるものとする。	イ．  2個 1個 1個	ロ． 3個 1個 1個 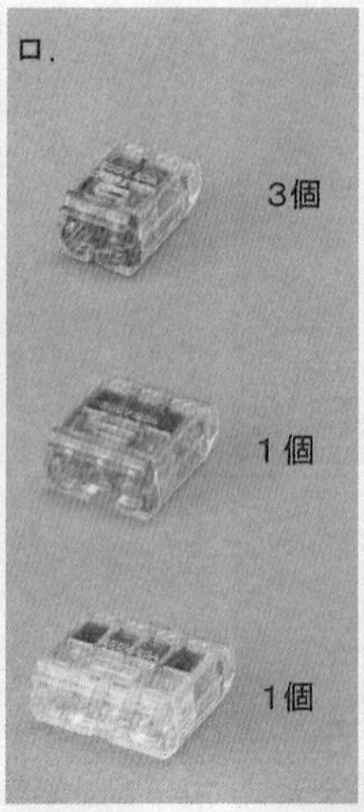	ハ． 3個 2個 	ニ． 2個 2個 
47	⑰で示す図記号の器具は。	イ． 	ロ． 	ハ． 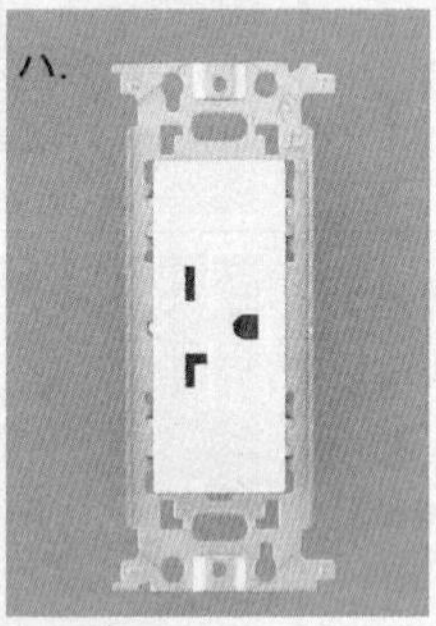	ニ． 
48	⑱で示す図記号のものは。	イ． 	ロ． 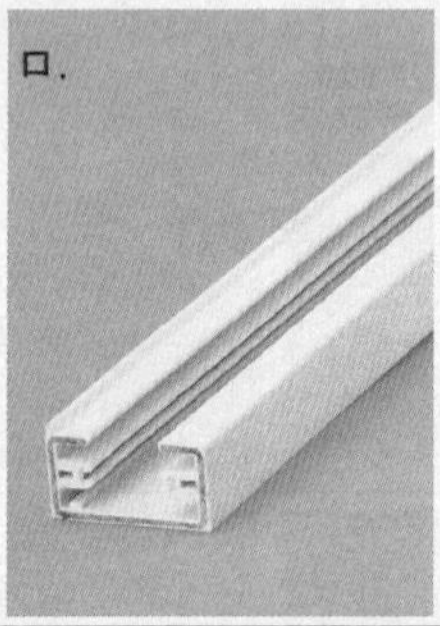	ハ． 	ニ． 
49	この配線図の施工で，**使用されていないものは。** ただし，写真下の図は，接点の構成を示す。	イ． 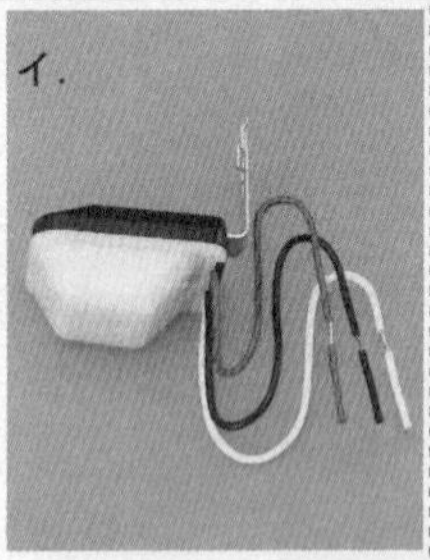	ロ． 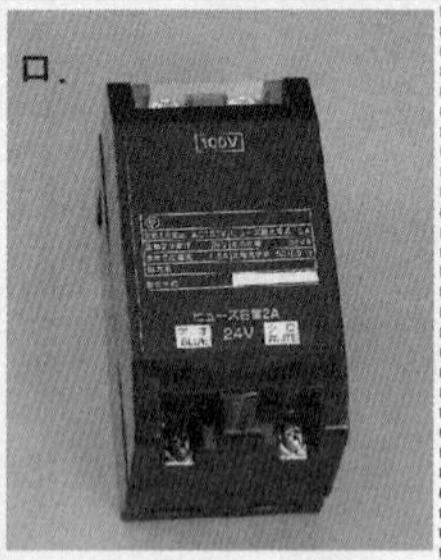	ハ． 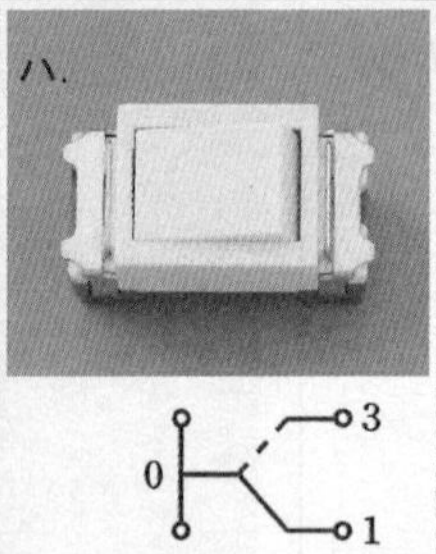 0 3 1	ニ． 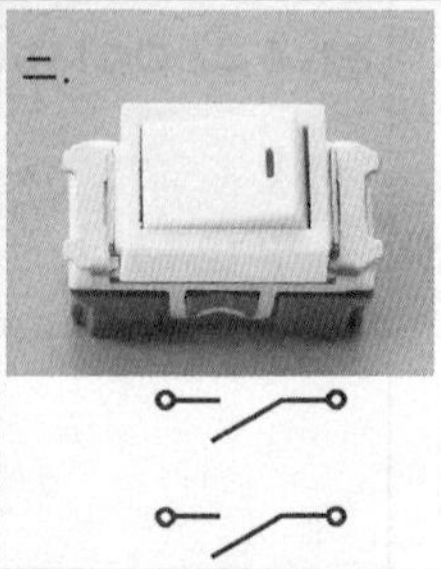
50	この配線図で，**使用されているコンセントは。**	イ． 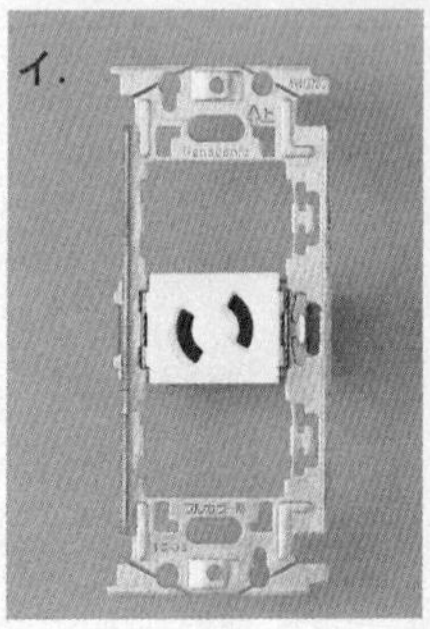	ロ． 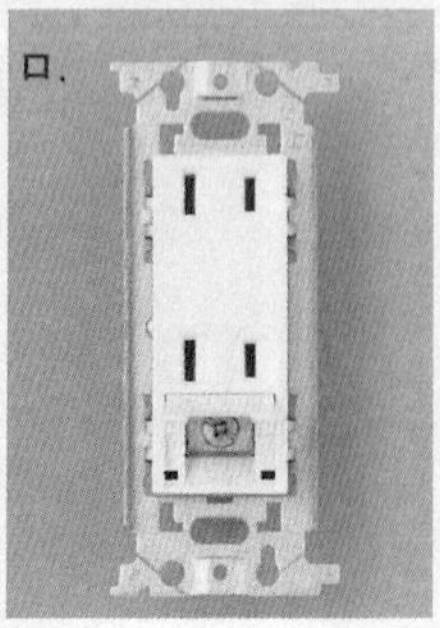	ハ． 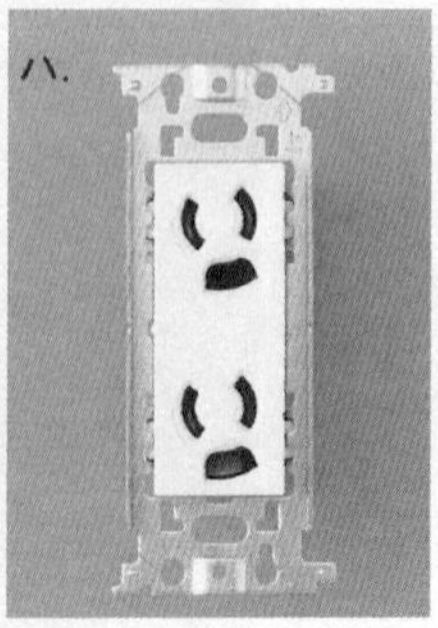	ニ． 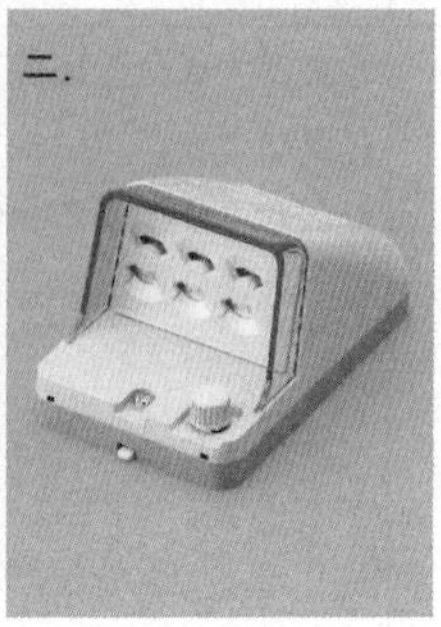

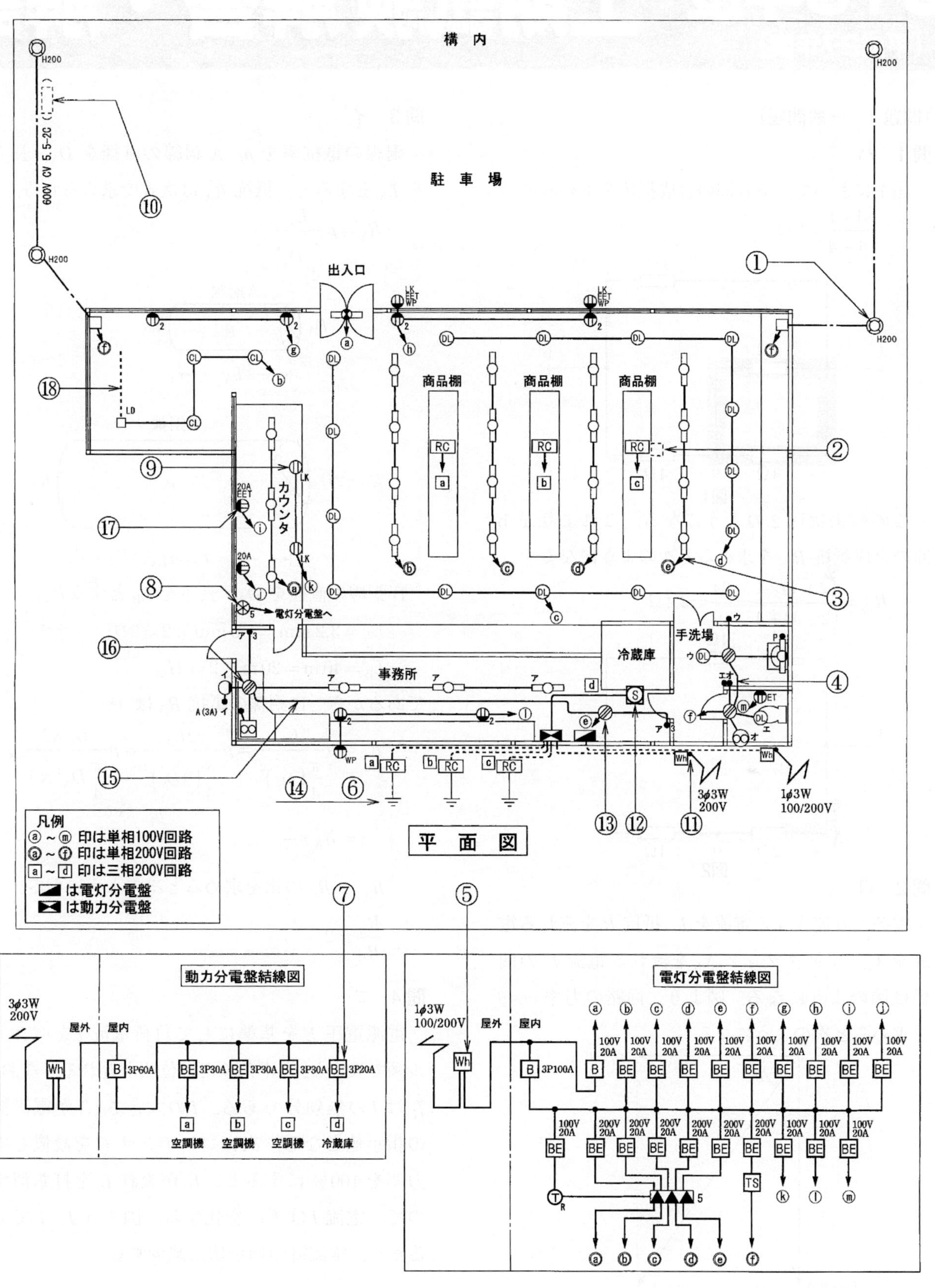

構内
駐車場
出入口
商品棚
商品棚
商品棚
カウンタ
事務所
冷蔵庫
手洗場
電灯分電盤へ
600V CV 5.5-2C
3φ3W
200V
1φ3W
100/200V
平面図
凡例
ⓐ～ⓜ 印は単相100V回路
Ⓐ～Ⓕ 印は単相200V回路
a～d 印は三相200V回路
は電灯分電盤
は動力分電盤
動力分電盤結線図
屋外
屋内
3P60A
3P30A
3P20A
空調機
冷蔵庫
電灯分電盤結線図
3P100A
100V 20A
200V 20A

第二種電気工事士筆記試験
2015年度（平成27年度） 上期試験解答・解説

〔問題 1. 一般問題〕

問1 ハ

図1において，a–o 間の合成抵抗を求めると，

$$\frac{4\times4}{4+4}=2\,\Omega$$

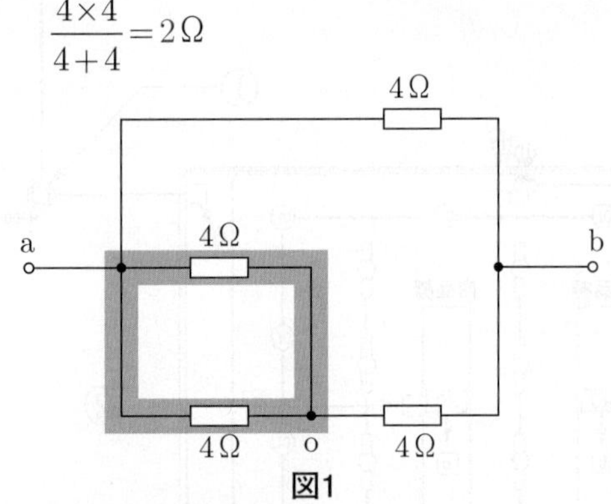

図1

この結果は図2のようになる．これより a–b 間の合成抵抗 R_{ab} を求めると次のようになる．

$$R_{ab}=\frac{(2+4)\times4}{(2+4)+4}=\frac{24}{10}=2.4\,\Omega$$

図2

問2 ロ

電源より流入する電流を I，抵抗 R を流れる電流を I_R，リアクタンス X_L を流れる電流 I_L の関係は図のようになる．図より，回路の力率 $\cos\theta$ を求めると次のようになる．

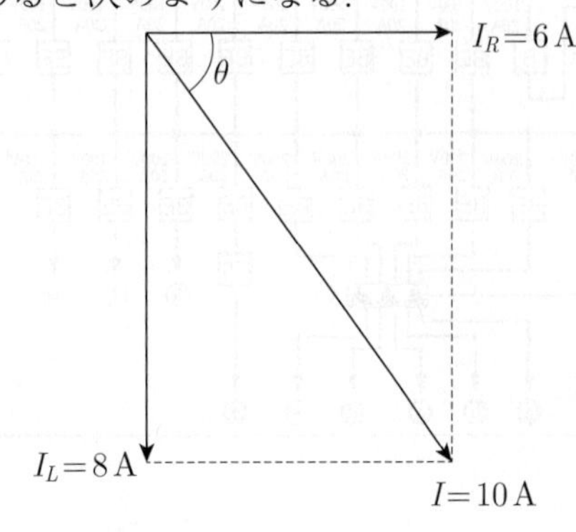

$$\cos\theta=\frac{I_R}{I}=\frac{6}{10}=0.6$$

$$\therefore\quad \cos\theta=60\,\%$$

問3 イ

銅線の抵抗率を ρ，A 銅線の直径を D_A，長さを L_A とすると，抵抗 R_A は次式で求められる．

$$R_A=\rho\frac{L_A}{\frac{\pi}{4}D_A{}^2}$$

A銅線

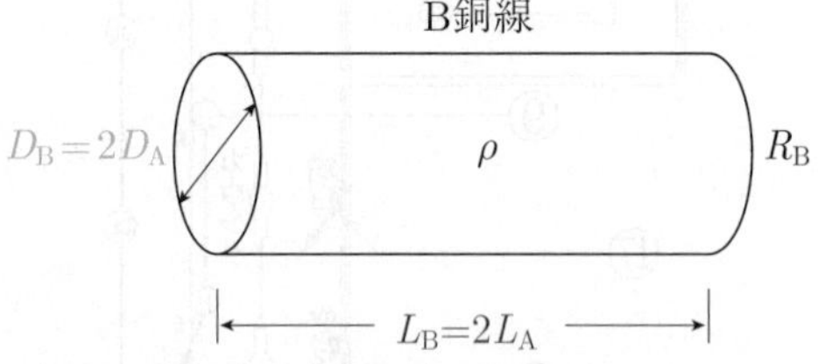

B 銅線の直径を D_B，長さを L_B とすると，

$$D_B=3.2\,\text{mm}=1.6\,\text{mm}\times2=2D_A$$

$$L_B=40\,\text{m}=20\,\text{m}\times2=2L_A$$

であるから，B 銅線の抵抗 R_B は，

$$R_B=\rho\frac{L_B}{\frac{\pi}{4}(D_B)^2}=\rho\frac{2L_A}{\frac{\pi}{4}(2D_A)^2}=\rho\frac{L_A\times2}{\frac{\pi}{4}D_A{}^2\times4}$$

$$=R_A\times\frac{1}{2}$$

R_A と R_B の比を求めると次のようになる．

$$\frac{R_A}{R_B}=2$$

問4 ニ

電源電圧 $\dot{E}$ を基準にして負荷電流 $\dot{I}$ をベクトル図で表すと，力率角 θ だけ位相が遅れる．なお，$\dot{I}_L$ は $\dot{I}$ の無効分である．$\dot{I}$ の大きさ $|\dot{I}|$ が電流計の指示値となる．次にコンデンサ C を設置して力率を 100％にすると，$\dot{I}_C$ が流れ $\dot{I}_L$ を打ち消すので，電流 $\dot{I}$ は $\dot{I}'$ に変化する．図より $\dot{I}>\dot{I}'$ であるから，電流計の指示値は減少する．

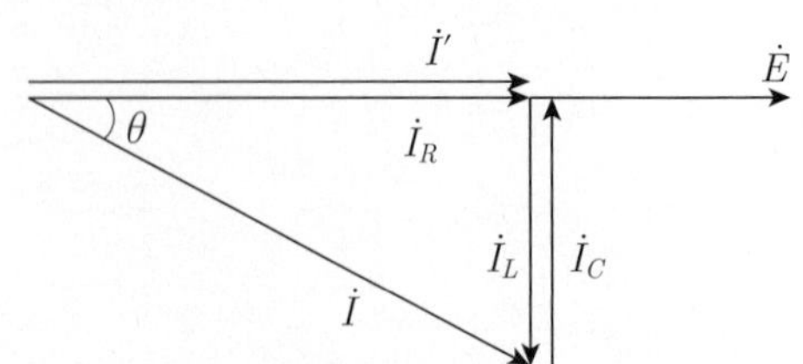

問	1	2	3	4	5	6	7	8	9	10	11	12	13	14	15	16	17	18	19	20	21	22	23	24	25
答	ハ	ロ	イ	ニ	ハ	ニ	イ	ロ	ロ	ニ	イ	イ	ロ	ニ	ニ	イ	イ	ハ	ハ	ロ	ロ	ニ	ニ	ハ	イ

問	26	27	28	29	30	31	32	33	34	35	36	37	38	39	40	41	42	43	44	45	46	47	48	49	50
答	ロ	ハ	ニ	ロ	ハ	ロ	ハ	イ	イ	ハ	ニ	ニ	ハ	ニ	ロ	ハ	ロ	イ	ハ	ロ	ロ	ニ	ロ	ニ	イ

問5　ハ

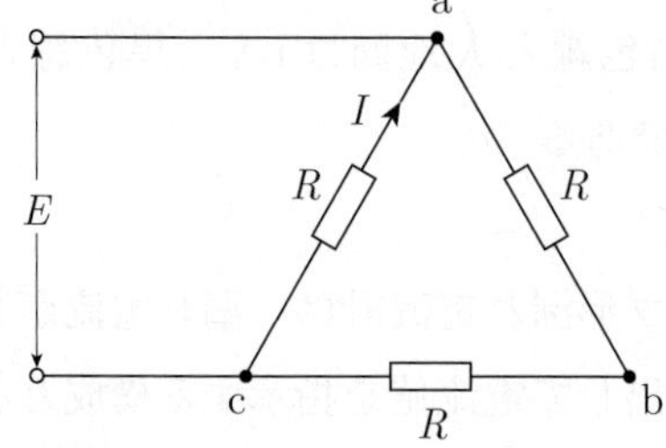

断線後の回路は図のようにa–c間に単相電圧E[V]が加わる.

a–c間の抵抗R[Ω]に流れる電流I[A]はオームの法則により求まる.

$$I=\frac{E}{R}\ \text{[A]}$$

問6　ニ

三相3線式電線路の電力損失P_l[W]は，電線1線当たりの抵抗をr[Ω]，線電流をI[A]とすると次式により求まる.

$$P_l=3I^2r=3\times10^2\times0.15=45\ \text{[W]}$$

問7　イ

直径1.6mmの600Vビニル絶縁電線の許容電流は27Aである．金属管内に電線3本を収めて施設する場合の電流減少係数が0.7であるから，この場合の電線1本当たりの許容電流は，

$$27\times0.7=18.9\fallingdotseq19\ \text{A}$$

問8　ロ

電技解釈第148条による．電動機の定格電流の合計は$12\times5=60$Aであり，需要率が80%であるから，修正した負荷電流I_Mは，

$$I_M=60\times0.8=48\ \text{A}$$

この値が50A以下であるから，幹線の太さを決定するための根拠となる電流I_wは，

$$I_w=1.25I_M=1.25\times48=60\ \text{A}$$

問9　ロ

分岐回路の過電流遮断器の位置が，幹線との分岐点から3mを超え8m以内なので，ab間の電線の許容電流I[A]は，電技解釈第149条により求められる．過電流遮断器の定格電流をI_B[A]とすると，次式により求まる.

$$I\geqq I_B\times0.35=100\times0.35=35\ \text{A}$$

問10　ニ

電技解釈第149条による.

イの30Aの分岐回路の電線の太さは2.6mm以上のものを用いる．ロの20A分岐回路のコンセントは20A以下のものを用いる．ハの30A分岐回路のコンセントは20A以上30A以下のものを用いる.

問11　イ

プルボックスは，多数の金属管が集合する場所で，電線の接続や電線の引き入れを容易にするために用いる.

問12　イ

漏電遮断器に内蔵されている零相変流器の役割は，地絡電流の検出である.

問13　ロ

公称断面積1.25mm^{2}のゴムコードの許容電流は12A（内線規程1340−2）である．100Vで使用する場合は1200W以下の電熱器具とする.

問14　ニ

高周波点灯専用形の蛍光灯は，インバータを用いて周波数を20〜50kHzの高周波に変換して点灯させる．点灯管を用いる蛍光灯と比較すると，ちらつきが少ない，発光効率が高い，点灯に要する時間が短い，などの特長がある.

問15　ニ

金属管（鋼製電線管）の切断には金切りのこを用い，曲げ作業にはパイプベンダを用い，管端処理にはやすりやリーマを用いる.

問16　イ

この機器の名称は低圧進相コンデンサである．電動機と並列に接続し，回路の力率を改善するために用いる.

問17　イ

この器具は三相回路の相順を調べるのに用いる.

名称は検相器（相回転計，相順検定器）である.

問18　ハ

この材料の名称はノーマルベンド（ねじなし管用）である．金属管工事の直角屈曲場所に用いる.

問19　ハ

600Vビニル絶縁電線をリングスリーブ用圧着工具とリングスリーブE形を用いて終端接続を行う場合，接続する電線に適合するリングスリーブの種類と圧着マーク（刻印）の組合せは表による．したがって，ハは不適切である.

リングスリーブの種類	電線の組合せ			圧着マーク
	1.6 mm	2.0 mm	異なる径（mm）	
小スリーブ	2		$1.6\times1+0.75\,\mathrm{mm}^2\times1$ $1.6\times2+0.75\,\mathrm{mm}^2\times1$	○
	3～4	2	2.0×1+1.6×1～2	小
中スリーブ	5～6	3～4	2.0×1+1.6×3～5 2.0×2+1.6×1～3 2.0×3+1.6×1	中

問 20　ロ

三相誘導電動機回路の力率を改善するために使用する低圧進相コンデンサは，手元開閉器の負荷側に電動機と並列に接続する．

問 21　ロ

ネオン変圧器の二次側（管灯回路）の配線をがいし引き工事により施設する場合，弱電流電線との離隔距離は電技解釈第 186 条（167 条）により，10 cm 以上としなければならない．

問 22　ニ

電技解釈第 156 条により，ライティングダクト工事は水気のある場所または湿気の多い場所の施工はできない．

問 23　ニ

この回路を複線図で表すと図のようになる．

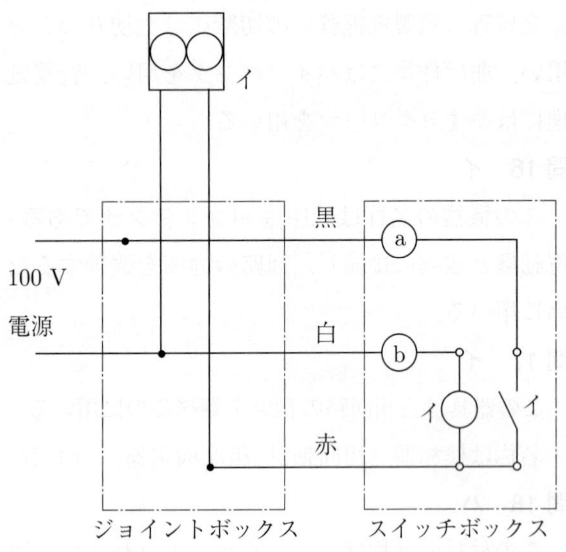

問 24　ハ

単相 3 線式電路の色は図のように用いられる．

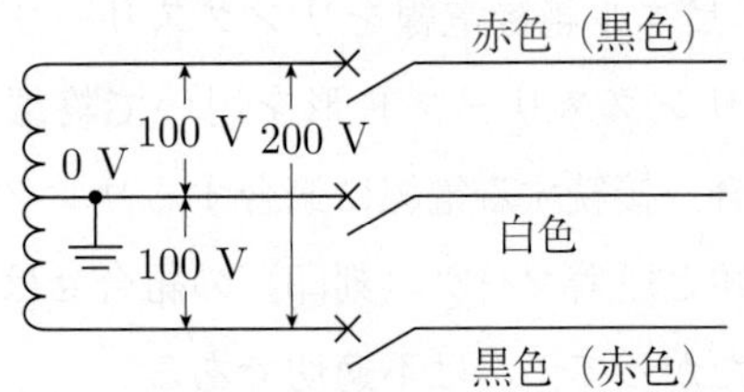

したがって，赤色線と黒色線間の電圧は 200 V，白色線と大地間は 0 V，黒色線と大地間は 100 V である．

問 25　イ

クランプ形漏れ電流計は，漏れ電流が発生する磁界を検出して電流値を指示する構成となっている．図のような単相 3 線式回路において，負荷電流を I_1，I_2，漏れ電流を I_g とする．

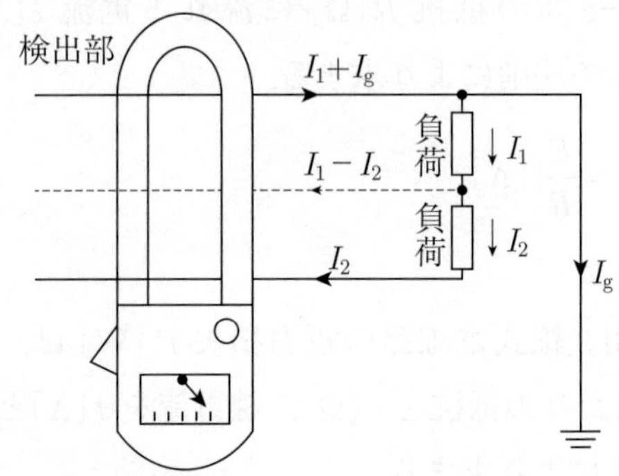

クランプ形電流計を図のように用いたとき，検出部を通る電流は，

$$I_1+I_g-(I_1-I_2)-I_2=I_1+I_g-I_1+I_2-I_2=I_g$$

となり，漏れ電流 I_g を測定することができる．

問 26　ロ

接地抵抗計の出力端子に直流を用いると，分極作用により正しい値が得られなくなるので，電池の直流をインバータで交流に変換したものが用いられている．

問 27　ハ

電動機の回転速度の測定には回転計を用いる．なお，検相器は三相交流回路の相順を判定するのに用いられる．

問 28　ニ

「電気事業法」において，電気工作物は，一般用電気工作物，電気事業の用に供する電気工作物，自家用電気工作物の 3 つに分類されている．

問 29　ロ

電気工事士法において，電気工事士でなければ従事できない主な作業は次のとおり．

- 電線が造営材を貫通する部分に金属製の防護装置を取り付ける
- 電線相互を接続する
- 接地極を地面に埋設する
- 配電盤を造営材に取り付ける

問 30　ハ

定格電圧 100 V，定格電流 100 A 以下の漏電遮断器および定格電圧 600 V，導体の太さ（直径）2.0 mm の 3 心ビニル絶縁ビニルシースケーブル（公称断面積 22 mm^2 以下，線心 7 本以下）は電気用品安全法による特定電気用品の適用を受ける．なお，定格電圧 100 V，定格消費電力 25 W（300 W 以下）の換気扇および内径 16 mm の合成樹脂製可とう電線管（120 mm 以下）（PF 管）は特定電気用品以外の電気用品である．

〔問題 2. 配線図〕

問 31　ロ

①で示す屋外灯の図記号 $_{\mathrm{H200}}$ の傍記表示 H200 は 200 W の水銀灯を表す．なお，ナトリウム灯は N，メタルハライド灯は M を傍記する．

問 32　ハ

ルームエアコンの屋内ユニットの図記号には I，屋外ユニットの図記号には O を傍記する．

問 33　イ

電技省令第 58 条により，電気使用場所の開閉器または，過電流遮断器で区切られる低圧電路の使用電圧と絶縁抵抗の最小値は次の表による．

電路の使用電圧の区分		絶縁抵抗値
300 V 以下	対地電圧が 150 V 以下の場合	0.1 MΩ
	その他の場合	0.2 MΩ
300 V を超えるもの		0.4 MΩ

③で示す部分の ⓔ 回路は単相 3 線式 200 V の電灯回路であるが，対地電圧は 150 V 以下なので絶縁抵抗値は 0.1 MΩ 以上あればよい．

問 34　イ

④で示す部分の最少電線本数（心線数）は複線結線図−1 のように 2 本である．

問 35　ハ

⑤で示す図記号 Wh は電力量計（箱入り又はフード付）であるから，電力量を測定する．

問 36　ニ

⑥で示す部分はルームエアコンの接地工事であるから，D 種接地工事を施す．電源側に漏電遮断器が設置してあり，漏電引外し動作時間が 0.5 秒以内なので，接地抵抗値は 500 Ω 以下であればよい．（電技解釈第 17 条）

問 37　ニ

⑦で示す図記号 $\boxed{\mathrm{BE}}_{\mathrm{3P20A}}$ は，漏電遮断器（過負荷保護付）である．なお，配線用遮断器は $\boxed{\mathrm{B}}$，モータブレーカは $\boxed{\mathrm{B}}_{\mathrm{M}}$ 又は $\boxed{\mathrm{B}}$ である．

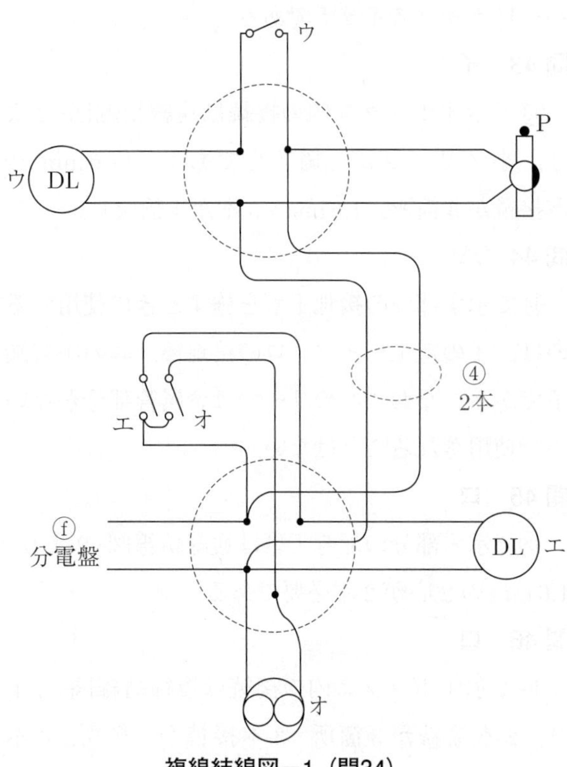

複線結線図−1（問34）

問 38　ハ

⑧で示す図記号 $_5$ は，リモコンセレクタスイッチである．なお，火災表示灯の図記号は ⊗，漏電警報器の図記号は $_{\mathrm{G}}$，表示スイッチの図記号は ▣（発信器）である．

問 39　ニ

⑨で示す図記号 $_{\mathrm{LK}}$ は抜け止め形コンセントを天井面に取り付ける場合を表す．

問 40　ロ

耐衝撃性硬質塩化ビニル電線管の傍記表示は HIVE である．なお，FEP は波付硬質合成樹脂管，VE は硬質塩化ビニル電線管，CD は合成樹脂製可とう電線管を表す．

問 41　ハ

⑪で示す部分で DV 線を引き留める場合に使用するのはハの平形がいしである．なお，イはがいし引き工事で電線の支持に用いるノップがいし，ロはネオン放電管の支持に用いるチューブサポート，ニは電柱の引留め箇所など支線の絶縁に用いる玉がいしである．

2015 年度：上期（平成 27 年度）

問 42　ロ

⑫で示す図記号Ⓢは電流計付の開閉器であるから，ロの器具である．なお，イの器具は電磁開閉器，ハの器具はタイムスイッチ，ニの器具はカバー付ナイフスイッチである．

問 43　イ

⑬で示すボックス内の接続は複線結線図−2 より，小スリーブが 4 個必要である．（1.6 mm ×2 本接続が 3 箇所，1.6 mm ×3 本が 1 箇所）

問 44　ハ

⑭で示す部分の接地工事を施すときに使用するのは，イの電工ナイフ，ロの接地棒，ニの圧着端子である．なお，ハのリーマは金属管部分がないので使用されることはない．

問 45　ロ

⑮で示す部分の配線工事は複線結線図−2 より，1.6 mm の 2 心が 2 本必要である．

問 46　ロ

⑯で示すボックス内の接続は複線結線図−2 より，2 本接続が 3 箇所，3 本接続が 1 箇所，4 本接続が 1 箇所である．したがって，必要な差込形コネクタは 2 本接続用が 3 個，3 本接続用が 1 個，4 本接続用が 1 個である．

問 47　ニ

⑰で示す図記号（20A EET）は，接地極付接地端子付コンセントの 100 V 20 A 用であるから，ニの器具である．なお，イの器具は接地極付接地端子付コンセントの 100 V 15 A 用，ロの器具は接地極付コンセントの 100 V 20 A 用，ハの器具は接地極付コンセントの 200 V 20 A 用である．

問 48　ロ

⑱で示す図記号（LD）は，ライティングダクトであるから，ロの材料である．なお，イはモール，ハは 1 種金属線ぴ，ニはケーブルラックである．

問 49　ニ

この配線図の施工で，イの自動点滅器，ロのリモコン変圧器，ハの 3 路スイッチは使用されている．しかし，ニの 2 極スイッチは使用されていない．

問 50　イ

この配線図で使用されているのは 1 口用の抜け止め形コンセントである．なお，ロは 2 口用の接地端子付コンセント，ハは 2 口用の接地極付抜け止め形コンセント，ニは 3 口用の接地端子付抜け止め形コンセントの防雨形である．

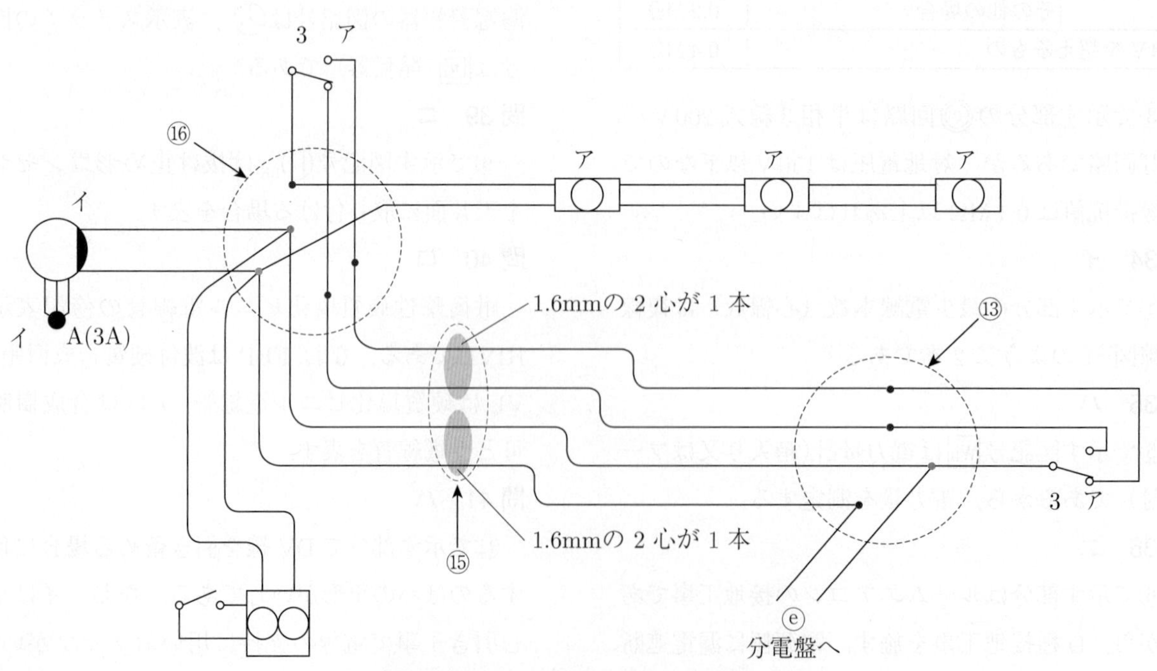

複線結線図−2（問43，問45，問46）

第二種電気工事士
筆記試験

2015年度
（平成27年度）

下期試験

問題１．一般問題 (問題数 30，配点は１問当たり２点)

【注】本問題の計算で $\sqrt{2}$, $\sqrt{3}$ 及び円周率 π を使用する場合の数値は次によること。 $\sqrt{2}=1.41$, $\sqrt{3}=1.73$, $\pi=3.14$

次の各問いには４通りの答え（イ，ロ，ハ，ニ）が書いてある。それぞれの問いに対して答えを１つ選びなさい。

	問　い	答　え			
1	図のような回路で，スイッチＳを閉じたとき，a－b 端子間の電圧［V］は。 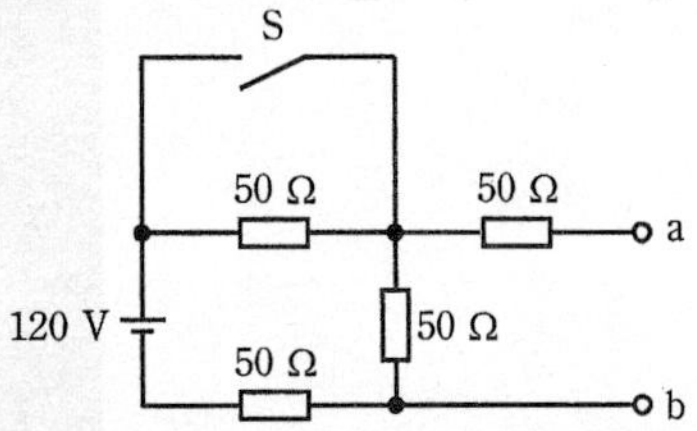 S 50 Ω　50 Ω　a 120 V　50 Ω 50 Ω　b	イ．30	ロ．40	ハ．50	ニ．60
2	コイルに 100 V，50 Hz の交流電圧を加えたら 6 A の電流が流れた。このコイルに 100 V，60 Hz の交流電圧を加えたときに流れる電流［A］は。 ただし，コイルの抵抗は無視できるものとする。	イ．4	ロ．5	ハ．6	ニ．7
3	抵抗率 ρ［Ω・m］，直径 D［mm］，長さ L［m］の導線の電気抵抗［Ω］を表す式は。	イ．$\dfrac{4\rho L}{\pi D^2}\times10^6$	ロ．$\dfrac{\rho L^2}{\pi D^2}\times10^6$	ハ．$\dfrac{4\rho L}{\pi D}\times10^6$	ニ．$\dfrac{4\rho L^2}{\pi D}\times10^6$
4	電熱器により，60 kg の水の温度を 20 K 上昇させるのに必要な電力量［kW・h］は。 ただし，水の比熱は 4.2 kJ/(kg・K) とし，熱効率は 100 ％とする。	イ．1.0	ロ．1.2	ハ．1.4	ニ．1.6
5	図のような三相３線式回路に流れる電流 I[A]は。 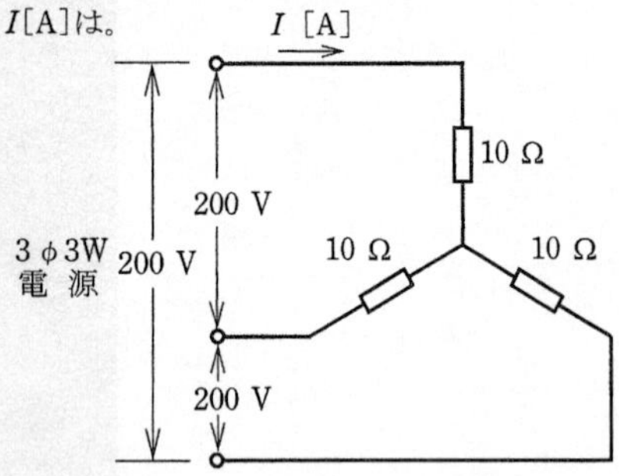 I［A］ 10 Ω 200 V 3φ3W 電源　200 V　10 Ω　10 Ω 200 V	イ．8.3	ロ．11.6	ハ．14.3	ニ．20.0
6	図のような単相２線式回路で，c－c′ 間の電圧が 99 V のとき，a－a′間の電圧［V］は。 ただし，r は電線の抵抗［Ω］とする。 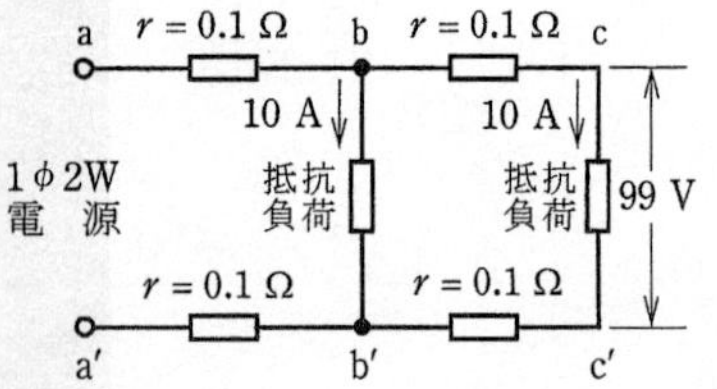 a　r = 0.1 Ω　b　r = 0.1 Ω　c 10 A　10 A 1φ2W 電源　抵抗負荷　抵抗負荷　99 V r = 0.1 Ω　r = 0.1 Ω a′　b′　c′	イ．102	ロ．103	ハ．104	ニ．105

	問い	答え			
7	図のような単相3線式回路で，電線1線当たりの抵抗が 0.1 Ω，抵抗負荷に流れる電流がともに 20 A のとき，この電線路の電力損失［W］は。 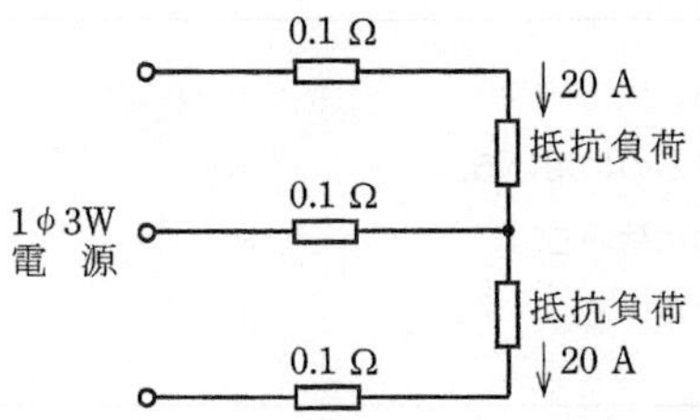	イ．40	ロ．69	ハ．80	ニ．120
8	金属管による低圧屋内配線工事で，管内に直径 2.0 mm の 600V ビニル絶縁電線（軟銅線）5 本を収めて施設した場合，電線 1 本当たりの許容電流［A］は。 ただし，周囲温度は 30 ℃以下，電流減少係数は 0.56 とする。	イ．15	ロ．19	ハ．27	ニ．35
9	図のように定格電流 60 A の過電流遮断器で保護された低圧屋内幹線から分岐して，10 m の位置に過電流遮断器を施設するとき，a－b 間の電線の許容電流の最小値［A］は。 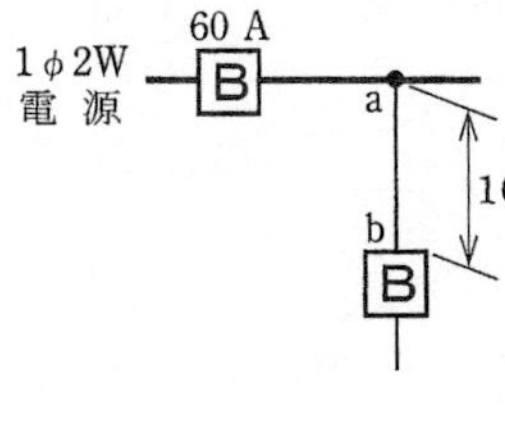	イ．15	ロ．21	ハ．27	ニ．33
10	低圧屋内配線の分岐回路の設計で，配線用遮断器，分岐回路の電線の太さ及びコンセントの組合せとして，**適切なものは。** ただし，分岐点から配線用遮断器までは 3 m，配線用遮断器からコンセントまでは 8 m とし，電線の数値は分岐回路の電線（軟銅線）の太さを示す。 また，コンセントは兼用コンセントではないものとする。	イ． 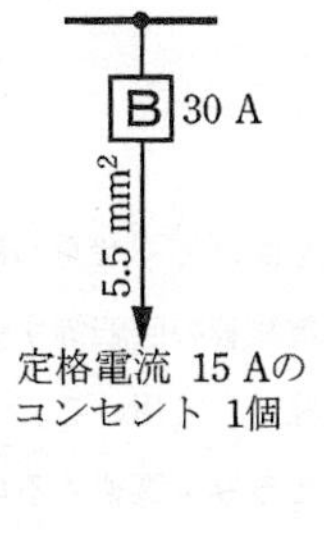	ロ． 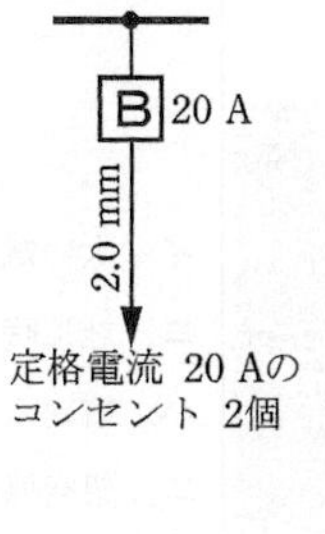	ハ． 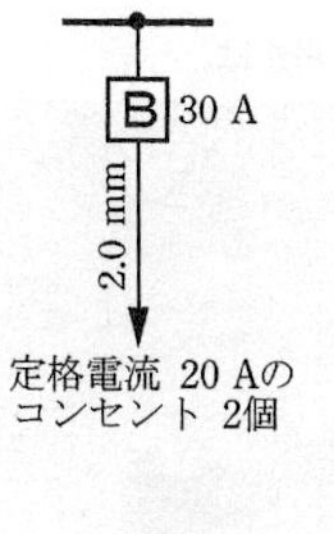	ニ． 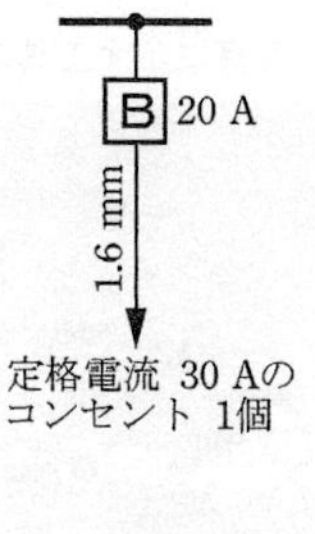

	問い	答え
11	低圧電路に使用する定格電流が 20 A の配線用遮断器に 25 A の電流が継続して流れたとき，この配線用遮断器が自動的に動作しなければならない時間[分]の限度(最大の時間)は。	イ．20　ロ．30　ハ．60　ニ．120
12	ノックアウトパンチャの用途で，**適切なものは**。	イ．太い電線管を曲げるのに用いる。 ロ．金属製キャビネットに穴を開けるのに用いる。 ハ．コンクリート壁に穴を開けるのに用いる。 ニ．太い電線を圧着接続する場合に用いる。
13	定格周波数 60 Hz，極数 4 の低圧三相かご形誘導電動機における回転磁界の同期速度［min^{-1}］は。	イ．1 200　ロ．1 500　ハ．1 800　ニ．3 000
14	蛍光灯を，同じ消費電力の白熱電灯と比べた場合，**正しいものは**。	イ．力率が良い。 ロ．雑音（電磁雑音）が少ない。 ハ．寿命が短い。 ニ．発光効率が高い（同じ明るさでは消費電力が少ない）
15	力率の最も良い電気機械器具は。	イ．電気トースター ロ．電気洗濯機 ハ．電気冷蔵庫 ニ．電球形 LED ランプ（制御装置内蔵形）
16	写真に示す測定器の用途は。	イ．接地抵抗の測定に用いる。 ロ．絶縁抵抗の測定に用いる。 ハ．電気回路の電圧の測定に用いる。 ニ．周波数の測定に用いる。
17	写真に示す工具の用途は。	イ．太い電線を曲げてくせをつけるのに用いる。 ロ．施工時の電線管の回転等すべり止めに用いる。 ハ．電線の支線として用いる。 ニ．架空線のたるみを調整するのに用いる。

	問　い	答　え
18	写真に示す材料の名称は。 なお，材料の表面には「**タイシガイセン EM 600V EEF/F 1.6mm JIS JET <PS>E ○○社 タイネン 2014**」が記されている。	イ．無機絶縁ケーブル ロ．600V ビニル絶縁ビニルシースケーブル平形 ハ．600V 架橋ポリエチレン絶縁ビニルシースケーブル ニ．600V ポリエチレン絶縁耐燃性ポリエチレンシースケーブル平形
19	600V ビニル絶縁ビニルシースケーブル平形 1.6 mm を使用した低圧屋内配線工事で，絶縁電線相互の終端接続部分の絶縁処理として，**不適切なものは。** ただし，ビニルテープは JIS に定める厚さ約 0.2 mm の絶縁テープとする。	イ．リングスリーブ（E 形）により接続し，接続部分をビニルテープで半幅以上重ねて 3 回（6 層）巻いた。 ロ．リングスリーブ（E 形）により接続し，接続部分を黒色粘着性ポリエチレン絶縁テープ（厚さ約 0.5 mm）で半幅以上重ねて 3 回（6 層）巻いた。 ハ．リングスリーブ（E 形）により接続し，接続部分を自己融着性絶縁テープ（厚さ約 0.5 mm）で半幅以上重ねて 1 回（2 層）巻いた。 ニ．差込形コネクタにより接続し，接続部分をビニルテープで巻かなかった。
20	木造住宅の単相 3 線式 100/200V 屋内配線工事で，**不適切な工事方法は。** ただし，使用する電線は 600V ビニル絶縁電線，直径 1.6 mm（軟銅線）とする。	イ．同じ径の硬質塩化ビニル電線管（VE）2 本を TS カップリングで接続した。 ロ．合成樹脂製可とう電線管（PF 管）内に通線し，支持点間の距離を 1.0 m で造営材に固定した。 ハ．金属管を点検できない隠ぺい場所で使用した。 ニ．合成樹脂製可とう電線管（CD 管）を木造の床下や壁の内部及び天井裏に配管した。
21	特殊場所とその場所に施工する低圧屋内配線工事の組合せで，**不適切なものは。**	イ．プロパンガスを他の小さな容器に小分けする可燃性ガスのある場所 厚鋼電線管で保護した 600V ビニル絶縁ビニルシースケーブルを用いたケーブル工事 ロ．小麦粉をふるい分けする可燃性粉じんのある場所 硬質塩化ビニル電線管 VE28 を使用した合成樹脂管工事 ハ．石油を貯蔵する危険物の存在する場所 金属線ぴ工事 ニ．自動車修理工場の吹き付け塗装作業を行う可燃性ガスのある場所 厚鋼電線管を使用した金属管工事
22	D 種接地工事を**省略できないものは。** ただし，電路には定格感度電流 15 mA，動作時間 0.1 秒以下の電流動作型の漏電遮断器が取り付けられているものとする。	イ．乾燥した場所に施設する三相 200 V（対地電圧 200 V）動力配線の電線を収めた長さ 3 m の金属管 ロ．水気のある場所のコンクリートの床に施設する三相 200 V（対地電圧 200 V）誘導電動機の鉄台 ハ．乾燥した木製の床の上で取り扱うように施設する三相 200 V（対地電圧 200 V）空気圧縮機の金属製外箱部分 ニ．乾燥した場所に施設する単相 3 線式 100/200 V（対地電圧 100 V）配線の電線を収めた長さ 7 m の金属管

	問い	答え
23	100 V の低圧屋内配線に，ビニル平形コード（断面積 0.75 mm^2）2 心を絶縁性のある造営材に適当な留め具で取り付けて，施設することができる場所又は箇所は。	イ．乾燥した場所に施設し，かつ，内部を乾燥状態で使用するショウウインドー内の外部から見えやすい箇所 ロ．木造住宅の人の触れるおそれのない点検できる押し入れの壁面 ハ．木造住宅の和室の壁面 ニ．乾燥状態で使用する台所の床下収納庫
24	単相交流電源から負荷に至る回路において，電圧計，電流計，電力計の結線方法として，**正しいものは。**	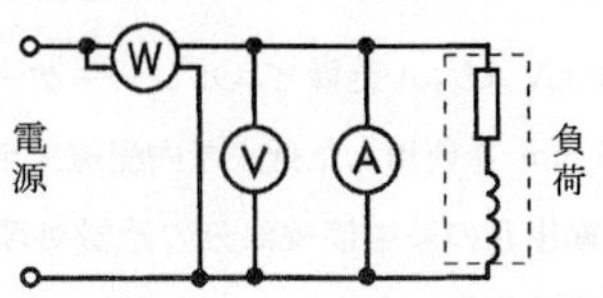 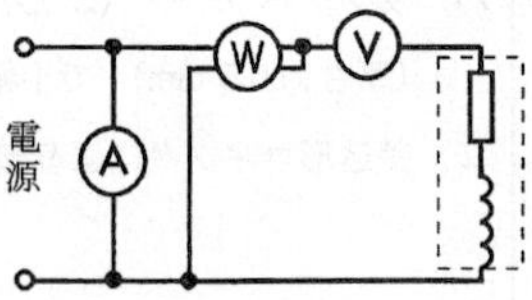 イ．（電源 A W V 負荷） 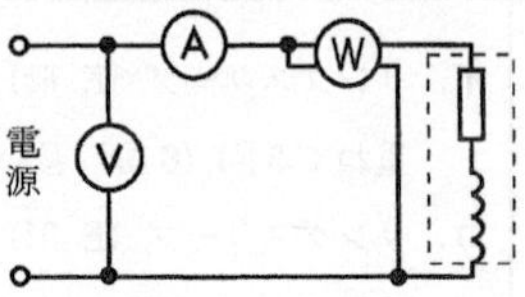 ロ．（電源 W V A 負荷） ハ．（電源 A W V 負荷） ニ．（電源 A V W 負荷） 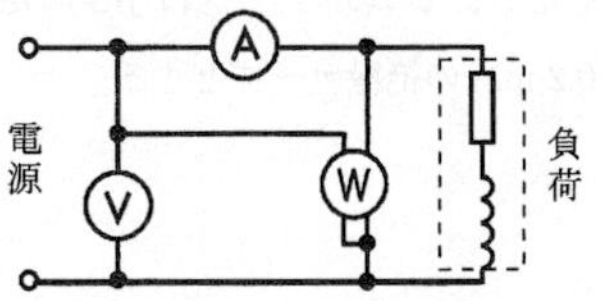
25	直読式接地抵抗計を用いて，接地抵抗を測定する場合，被測定接地極 E に対する，2 つの補助接地極 P（電圧用）及び C（電流用）の配置として，**最も適切なものは。**	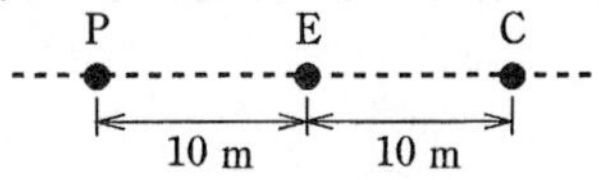 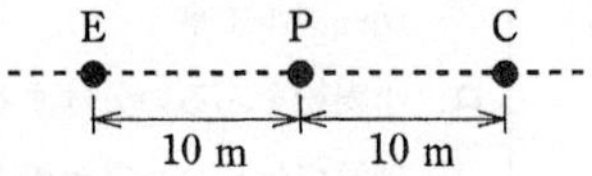 イ．E，P，C（E–P 10 m，E–C 10 m，P–C 10 m） 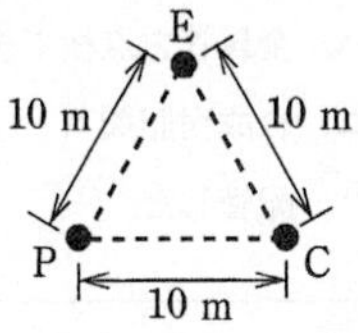 ロ．P　E　C（10 m　10 m） ハ．E　P　C（10 m　10 m） ニ．E　C　P（10 m　10 m） 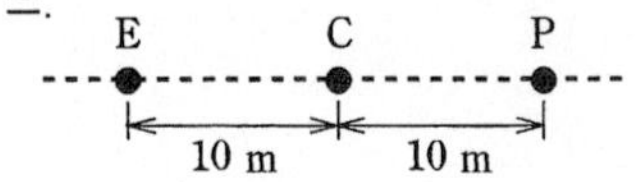
26	回路計（テスタ）に関する記述として，**正しいものは。**	イ．ディジタル式は電池を内蔵しているが，アナログ式は電池を必要としない。 ロ．電路と大地間の抵抗測定を行った。その測定値は電路の絶縁抵抗値として使用してよい。 ハ．交流又は直流電圧を測定する場合は，あらかじめ想定される値の直近上位のレンジを選定して使用する。 ニ．抵抗を測定する場合の回路計の端子における出力電圧は，交流電圧である。
27	一般用電気工作物の低圧屋内配線工事が完了したときの検査で，一般的に行われている検査項目の組合せとして，**正しいものは。**	イ．目視点検　絶縁抵抗測定　接地抵抗測定　温度上昇試験 ロ．目視点検　導通試験　絶縁抵抗測定　接地抵抗測定 ハ．目視点検　導通試験　絶縁耐力試験　温度上昇試験 ニ．目視点検　導通試験　絶縁抵抗測定　絶縁耐力試験

	問　い	答　え
28	電気工事士法において，一般用電気工作物の工事又は作業で電気工事士でなければ**従事できないものは。**	イ．電圧 600 V 以下で使用する電動機の端子にキャブタイヤケーブルをねじ止めする。 ロ．火災感知器に使用する小型変圧器（二次電圧が 36 V 以下）二次側の配線をする。 ハ．電線を支持する柱を設置する。 ニ．配電盤を造営材に取り付ける。
29	電気用品安全法の適用を受ける次の配線器具のうち，特定電気用品の組合せとして，**正しいものは。** ただし，定格電圧，定格電流，極数等から全てが「電気用品安全法」に定める電気用品であるとする。	イ．タンブラースイッチ，カバー付ナイフスイッチ ロ．電磁開閉器，フロートスイッチ ハ．ライティングダクト，差込み接続器 ニ．タイムスイッチ，配線用遮断器
30	一般用電気工作物に関する記述として，**正しいものは。** ただし，発電設備は電圧 600 V 以下とする。	イ．低圧で受電するものは，小規模事業用電気工作物に該当しない小規模発電設備を同一構内に施設しても，一般用電気工作物となる。 ロ．低圧で受電するものは，出力 55 kW の太陽電池発電設備を同一構内に施設しても，一般用電気工作物となる。 ハ．高圧で受電するものは，受電電力の容量，需要場所の業種にかかわらず，すべて一般用電気工作物となる。 ニ．高圧で受電するものであっても，需要場所の業種によっては，一般用電気工作物になる場合がある。

※令和５年３月20日の電気事業法および関連法の改正・施行に伴い，問30の選択肢の内容を一部変更しています.

問題２．配線図（問題数 20，配点は１問当たり２点）

図は，木造２階建住宅の配線図である。この図に関する次の各問いには４通りの答え（イ，ロ，ハ，ニ）が書いてある。それぞれの問いに対して，答えを１つ選びなさい。

【注意】１．屋内配線の工事は，特記のある場合を除き 600V ビニル絶縁ビニルシースケーブル平形（VVF）を用いたケーブル工事である。
２．屋内配線等の電線の本数，電線の太さ，その他，問いに直接関係のない部分等は省略又は簡略化してある。
３．漏電遮断器は，定格感度電流 30 mA，動作時間 0.1 秒以内のものを使用している。
４．選択肢（答え）の写真にあるコンセント及び点滅器は，「JIS C 0303：2000 構内電気設備の配線用図記号」で示す「一般形」である。

	問い	答え
31	①で示す部分の工事方法として，**適切なものは。**	イ．金属管工事 ロ．金属可とう電線管工事 ハ．金属線ぴ工事 ニ．600V ビニル絶縁ビニルシースケーブル丸形を使用したケーブル工事
32	②で示す図記号の器具の取り付け位置は。	イ．天井付　ロ．壁付　ハ．床付　ニ．天井埋込
33	③で示す図記号の器具の種類は。	イ．接地端子付コンセント　ロ．接地極付接地端子付コンセント ハ．接地極付コンセント　ニ．漏電遮断器付コンセント
34	④で示す図記号の名称は。	イ．金属線ぴ　ロ．フロアダクト ハ．ライティングダクト　ニ．合成樹脂線ぴ
35	⑤で示す部分の小勢力回路で使用できる電圧の最大値［V］は。	イ．24　ロ．30　ハ．40　ニ．60
36	⑥で示す図記号の名称は。	イ．ジョイントボックス ロ．VVF 用ジョイントボックス ハ．プルボックス ニ．ジャンクションボックス
37	⑦で示す部分の最少電線本数（心線数）は。ただし，電源からの接地側電線は，スイッチを経由しないで照明器具に配線する。	イ．2　ロ．3　ハ．4　ニ．5
38	⑧で示す図記号（◆）の名称は。	イ．一般形点滅器　ロ．一般形調光器 ハ．ワイドハンドル形点滅器　ニ．ワイド形調光器
39	⑨で示す部分の電路と大地間の絶縁抵抗として，許容される最小値［MΩ］は。	イ．0.1　ロ．0.2　ハ．0.3　ニ．0.4
40	⑩で示す部分の接地工事の種類は。	イ．A 種接地工事　ロ．B 種接地工事 ハ．C 種接地工事　ニ．D 種接地工事

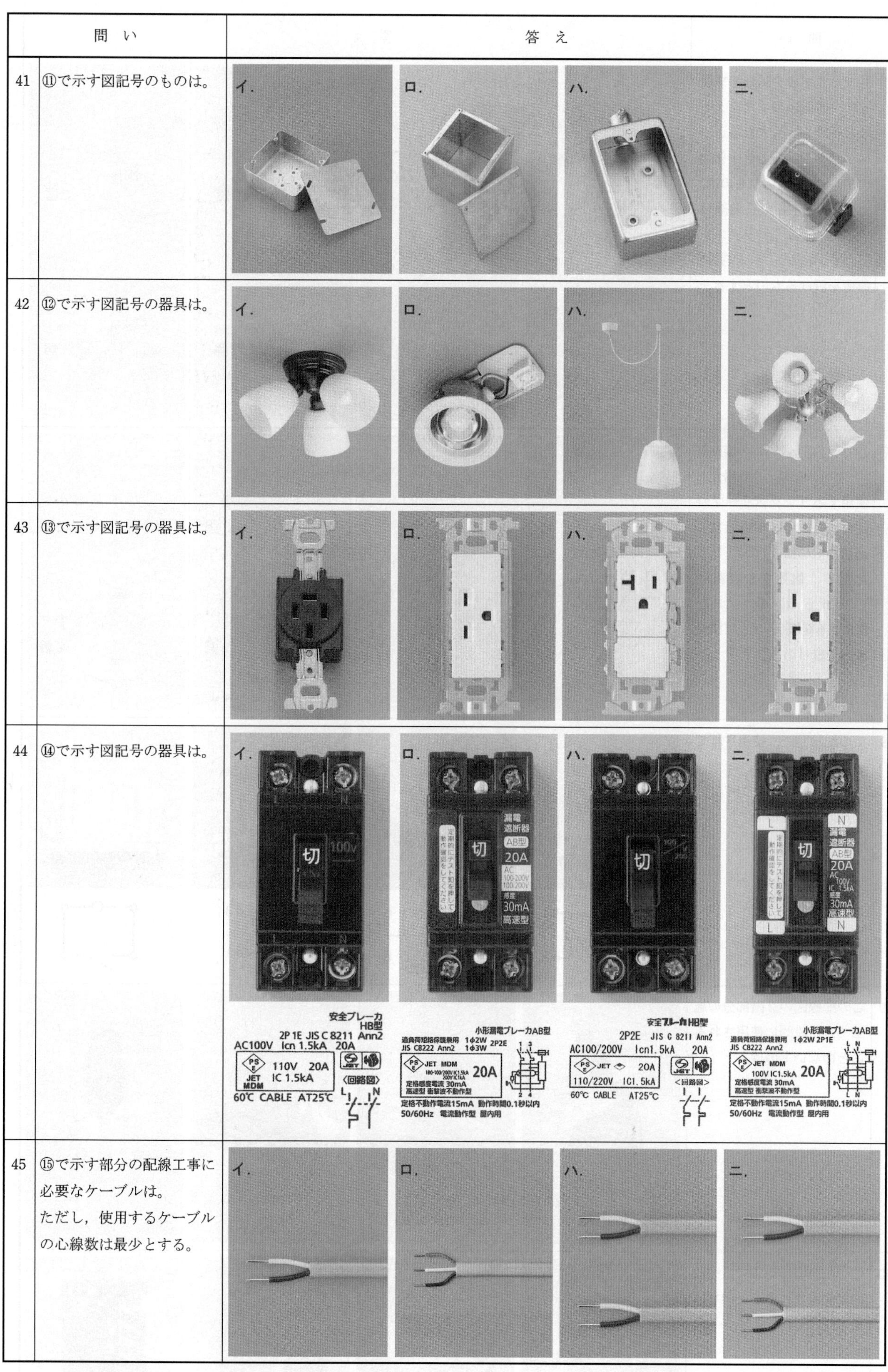

	問い	答え			
41	⑪で示す図記号のものは。	イ.	ロ.	ハ.	ニ.
42	⑫で示す図記号の器具は。	イ.	ロ.	ハ.	ニ.
43	⑬で示す図記号の器具は。	イ.	ロ.	ハ.	ニ.
44	⑭で示す図記号の器具は。	イ.	ロ.	ハ.	ニ.
45	⑮で示す部分の配線工事に必要なケーブルは。 ただし，使用するケーブルの心線数は最少とする。	イ.	ロ.	ハ.	ニ.

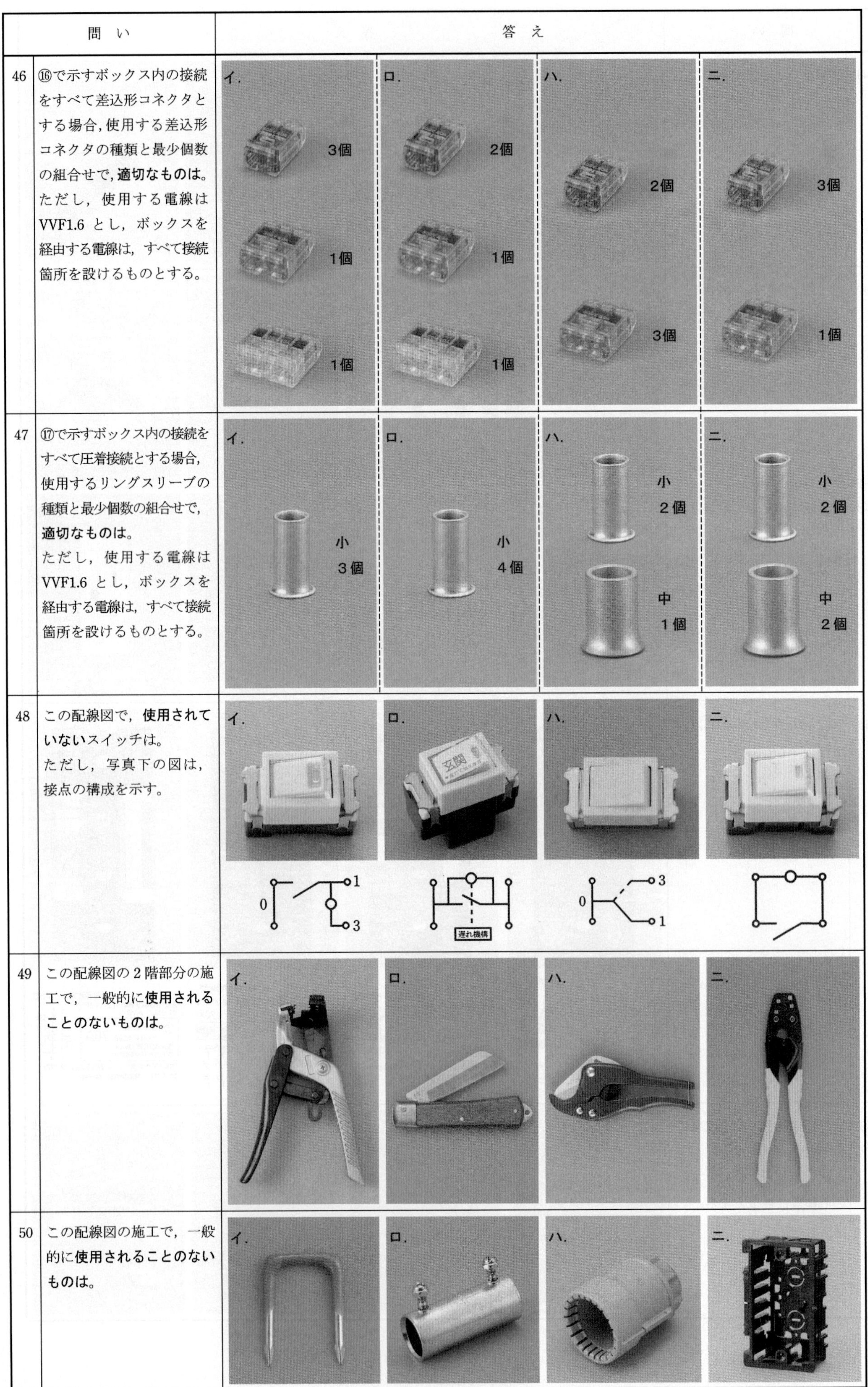

	問い	答え			
46	⑯で示すボックス内の接続をすべて差込形コネクタとする場合，使用する差込形コネクタの種類と最少個数の組合せで，**適切なものは**。 ただし，使用する電線はVVF1.6とし，ボックスを経由する電線は，すべて接続箇所を設けるものとする。	イ. 3個 1個 1個	ロ. 2個 1個 1個	ハ. 2個 3個	ニ. 3個 1個
47	⑰で示すボックス内の接続をすべて圧着接続とする場合，使用するリングスリーブの種類と最少個数の組合せで，**適切なものは**。 ただし，使用する電線はVVF1.6とし，ボックスを経由する電線は，すべて接続箇所を設けるものとする。	イ. 小 3個	ロ. 小 4個	ハ. 小 2個 中 1個	ニ. 小 2個 中 2個
48	この配線図で，**使用されていない**スイッチは。 ただし，写真下の図は，接点の構成を示す。	イ. 0 1 3	ロ. 玄関 遅れ機構	ハ. 0 3 1	ニ.
49	この配線図の2階部分の施工で，一般的に**使用されることのないものは**。	イ.	ロ.	ハ.	ニ.
50	この配線図の施工で，一般的に**使用されることのないものは**。	イ.	ロ.	ハ.	ニ.

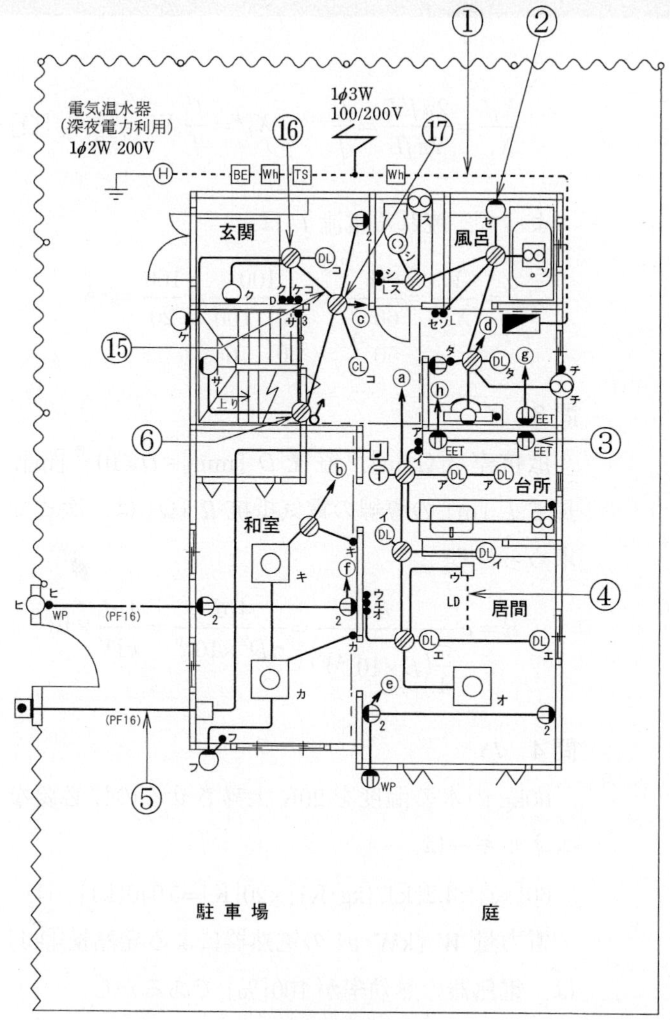
電気温水器
(深夜電力利用)
1φ2W 200V
1φ3W
100/200V
玄関
風呂
台所
和室
居間
駐車場
庭

1階平面図

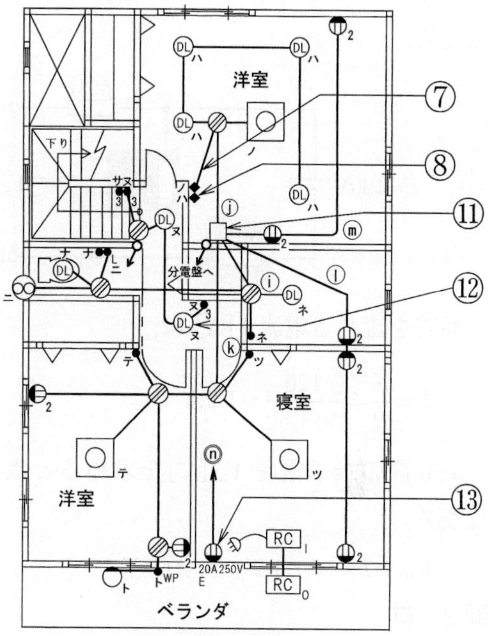
洋室
寝室
洋室
ベランダ
分電盤へ
20A250V
E

2階平面図

凡例

ⓐ～ⓜ 印は単相100V回路

ⓝ 印は単相200V回路

◢ は電灯分電盤

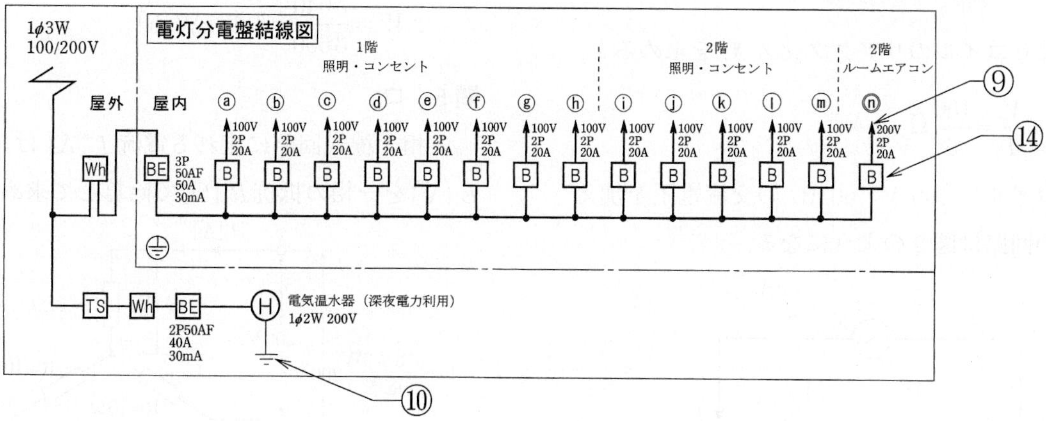
1φ3W
100/200V
電灯分電盤結線図
1階
照明・コンセント
2階
照明・コンセント
2階
ルームエアコン
屋外
屋内
3P
50AF
50A
30mA
100V
2P
20A
200V
2P
20A
2P50AF
40A
30mA
電気温水器（深夜電力利用）
1φ2W 200V

2015年度 下期試験 解答・解説
（平成27年度）

〔問題 1. 一般問題〕

問1 ニ

スイッチSを閉じたときの回路は下図のようになる.

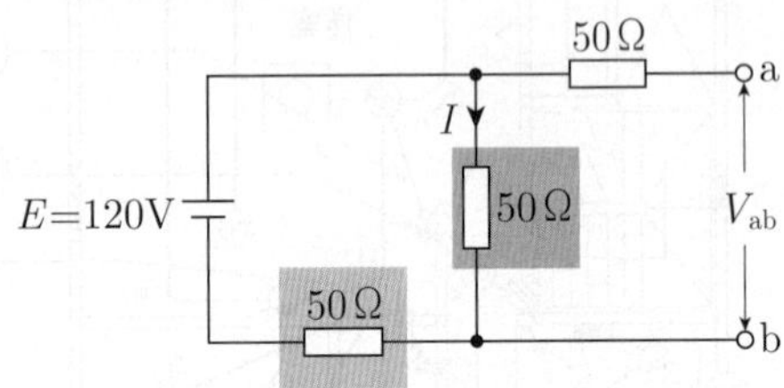

回路を流れる電流 I [A] は,

$$I=\frac{E}{R}=\frac{120}{50+50}=1.2\,\text{A}$$

a–b 間の端子電圧 V_{ab}[V]を求めると次のようになる.

$$V_{ab}=I\times 50=1.2\times 50=60\,\text{V}$$

問2 ロ

100 V, 50 Hz の交流電圧を加えたときの回路は図1のようになる.

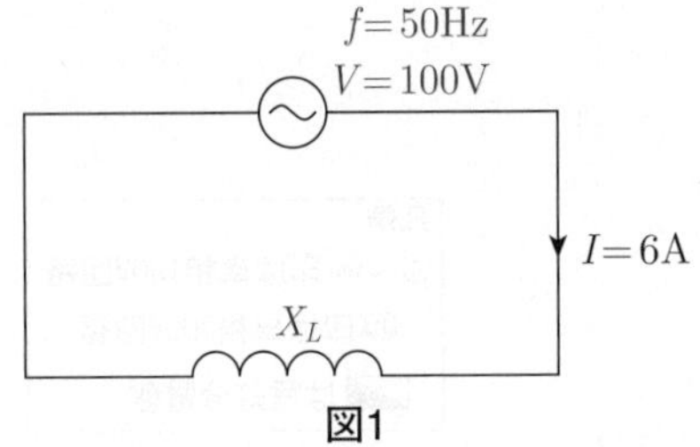

図1

これよりコイルのリアクタンス X_L を求めると,

$$X_L=\frac{V}{I}=\frac{100}{6}\,\Omega$$

このコイルに 100 V, 60 Hz の交流電圧を加えたときの回路は図2のようになる.

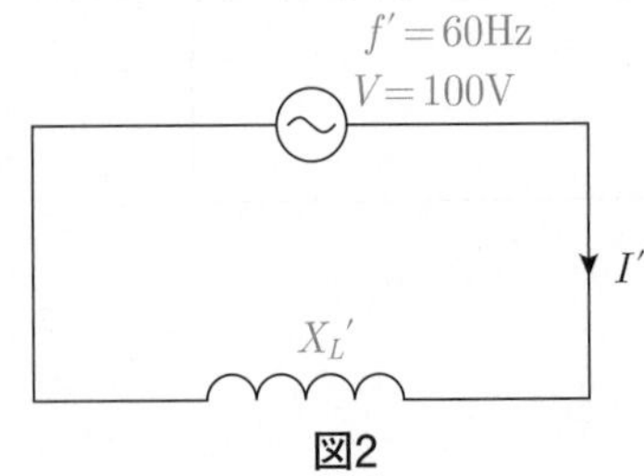

図2

コイルのリアクタンス X_L' は周波数に比例するので,

$$\frac{X_L'}{X_L}=\frac{2\pi f'L}{2\pi fL}=\frac{f'}{f}\quad \therefore X_L'=\frac{f'}{f}X_L=\frac{60}{50}X_L\,[\Omega]$$

よって, 流れる電流 I' は,

$$I'=\frac{V}{X_L'}=\frac{V}{\frac{60}{50}X_L}=\frac{100}{\frac{60}{50}\times\frac{100}{6}}=\frac{100}{20}=5\,\text{A}$$

問3 イ

抵抗率 ρ[Ω·m], 直径 D [mm]=$D\times10^{-3}$ [m], 長さ L [m] の導線の電気抵抗 R [Ω] は, 次式で求められる.

$$R=\rho\frac{L}{\frac{\pi}{4}\left(D\times10^{-3}\right)^2}=\frac{4\rho L}{\pi D^2\times10^{-6}}=\frac{4\rho L}{\pi D^2}\times10^6$$

問4 ハ

60kg の水の温度を 20K 上昇させるのに必要なエネルギーは,

60[kg]×4.2[kJ/(kg·K)]×20[K]=5 040[kJ]　(1)

電力量 W [kW·h] の電熱器による発熱量 [kJ] は, 電熱器の熱効率が 100[%] であるから,

3 600[kJ/(kW·h)]× W [kW·h]×1=3 600 W[kJ] (2)

(2)=(1)式であるから

$$3\,600\,W=5\,040$$

$$\therefore W=\frac{5040}{3600}=1.4\,[\text{kW·h}]$$

問5 ロ

三相3線式回路に流れる電流 I [A] は, 相電圧 E [V]を一相の抵抗 R [Ω]で除算して求められる.

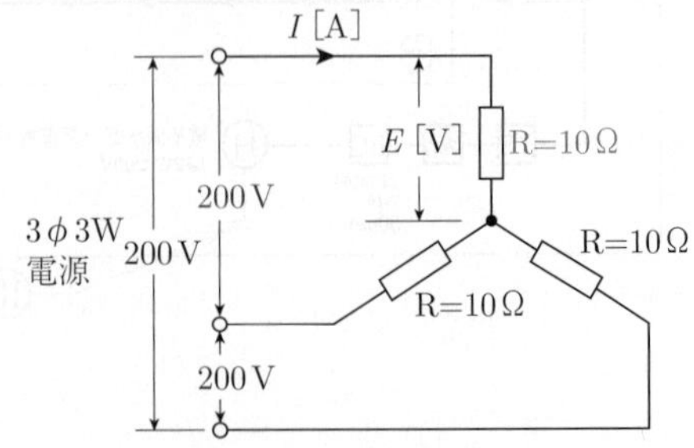

$$I=\frac{E}{R}=\frac{V}{\sqrt{3}}\times\frac{1}{R}=\frac{200}{\sqrt{3}}\times\frac{1}{10}\fallingdotseq 11.6\,\text{A}$$

● 2015 年度（平成 27 年度）下期試験 解答一覧●

問	1	2	3	4	5	6	7	8	9	10	11	12	13	14	15	16	17	18	19	20	21	22	23	24	25	26	27	28	29	30	31	32	33	34	35	36	37	38	39	40	41	42	43	44	45	46	47	48	49	50
答	ニ	ロ	イ	ハ	ロ	ニ	ハ	ロ	ニ	ロ	ハ	ロ	ハ	ニ	イ	イ	ニ	ニ	ハ	ニ	ハ	ロ	イ	イ	ハ	ハ	ロ	ニ	ニ	イ	ニ	ロ	ロ	ハ	ニ	ロ	ロ	ハ	イ	ニ	イ	ロ	ニ	ハ	ロ	イ	ハ	ニ	ハ	ロ

問 6　ニ

bb′間の電圧 $V_{bb'}$ を求めると，

$$V_{bb'} = 99 + 10\times0.1 + 10\times0.1 = 101\,\text{V}$$

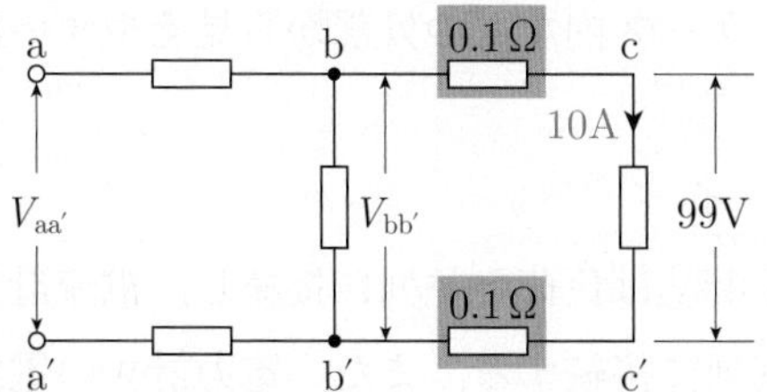

ab 間および b′a′ 間を流れる電流は 20A であるから，aa′間の電圧 $V_{aa'}$ は，

$$V_{aa'} = V_{bb'} + 20\times0.1 + 20\times0.1 = 101 + 4 = 105\,\text{V}$$

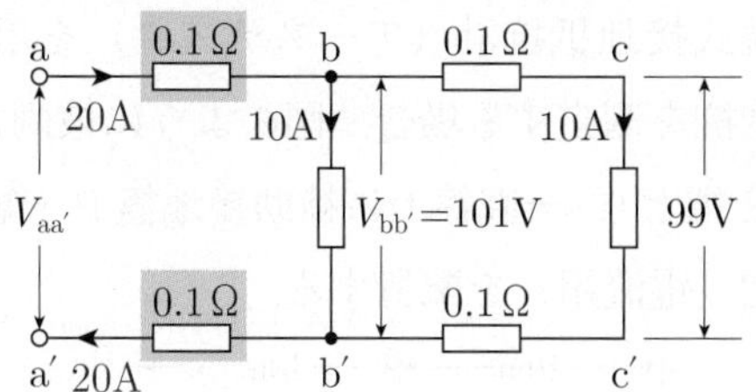

問 7　ハ

負荷が平衡しているので，中性線には電流が流れず，中性線に電力損失は発生しない．電線路の抵抗を r [Ω]，電流を I [A] とすると，電線 1 線当たりの電力損失は I^2r [Ω] であるから，この電線路の電力損失 P_l は，両外線の電力損失を合わせた値になる．

$$P_l = 2I^2r = 2\times20^2\times0.1 = 80\,\text{W}$$

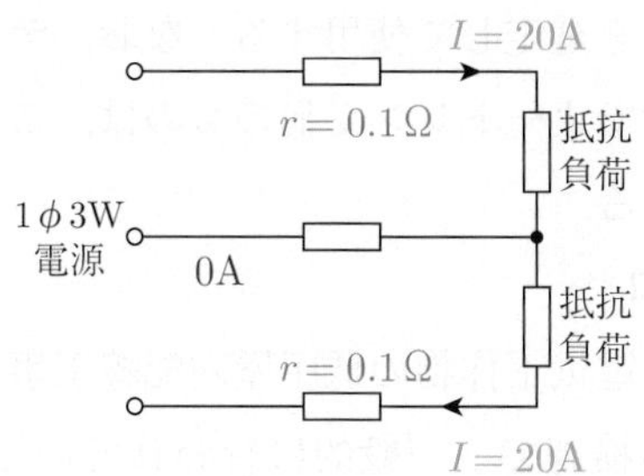

問 8　ロ

直径 2.0mm の 600V ビニル絶縁電線の許容電流は 35A であり，5 本を金属管に収める場合の電流減少係数が 0.56 であるから，電線 1 本当たりの許容電流は，

$$35\times0.56 = 19.6 \fallingdotseq 19\,\text{A}$$

問 9　ニ

分岐回路の過電流遮断器の位置が，幹線との分岐点から 8 m を超えているので，a–b 間の電線の許容電流は電技解釈 149 条により，幹線を保護する過電流遮断器の定格電流 I_B の 55% 以上となる．

したがって，その最小値は

$$I \geqq I_B\times0.55 = 60\times0.55 = 33\,\text{A}$$

問 10　ロ

電技解釈第 149 条による．イの 30 A 分岐回路に設置するコンセントは，定格電流が 20 A 以上 30 A 以下でなければならない．ハの 30 A 分岐回路の電線の太さは 2.6 mm 以上でなければならない．ニの 20 A 分岐回路に設置するコンセントは，定格電流が 20 A 以下でなければならない．

問 11　ハ

電技解釈第 33 条による．定格電流が 20A の配線用遮断器に 25A の電流が継続して流れた場合の倍数は，25/20 = 1.25 倍であるから，定格電流が 30A 以下の配線用遮断器では，60 分以内に動作しなければならない．なお，定格電流の 2 倍の電流が流れた場合は，2 分以内に動作しなければならない．

問 12　ロ

ノックアウトパンチャは，プルボックスなどの金属製キャビネットに穴を開けるのに用いる．

問 13　ハ

三相かご形誘導電動機における回転磁界の同期速度 N_s は，周波数を f，極数を p とすると，次式のように求められる．

$$N_s = \frac{120f}{p} = \frac{120\times60}{4} = 1800\,\text{min}^{-1}$$

問 14　ニ

蛍光灯を同じ消費電力の白熱電灯と比較したときの長所と短所は次のとおりである．

(1)長所：発光効率が白熱電灯の 3 ～ 4 倍高く，寿命が白熱電灯の 5 ～ 10 倍長い．また，まぶしさが少なく，熱放射が少ない．

(2)短所：力率が悪く，雑音（電磁雑音）が発生する，光にちらつきがある．

問 15　イ

電気洗濯機と電気冷蔵庫は，電動機を内蔵しているので力率は悪い．また，LED 電球も整流器や制御装置を内蔵しているので，力率は悪くなる．

問 16　イ

写真に示す測定器は，接地抵抗計（アーステスタ）であり，接地抵抗の測定に用いる．

問 17　ニ

写真に示す工具は，張線器（シメラー）であり，架空線のたるみを調節するのに用いる．

問 18　ニ

写真に示す材料の名称は，600V ポリエチレン絶縁耐燃性ポリエチレンシースケーブル平形である．耐紫外線用エコケーブルとも言われている．なお，ケーブル表面に記されている JIS は JIS 認証，JET は登録検査機関の略称，<PS>E は特定電気用品の表示マークである．

問 19　ハ

終端接続の絶縁処理は内線規程 1335-7 に定められている．自己融着性絶縁テープ(厚さ 0.5mm)を使用する場合は，半幅以上重ねて 1 回（2 層）以上巻き，かつ，その上に保護テープを半幅以上重ねて 1 回以上巻かなければならない．なお，ビニルテープ（厚さ 0.2mm）を用いる場合は，半幅以上重ねて 2 回（4 層）以上巻けばよい．黒色粘着性ポリエチレン絶縁テープを用いる場合は，半幅以上重ねて 1 回（2 層）以上巻けばよい．

問 20　ニ

合成樹脂製可とう電線管（CD 管）工事は，電技解釈第 158 条により，直接コンクリートに埋め込んで施設するか，専用の不燃性または自消性のある難燃性の管またはダクトに収めて施設しなければならない．木造の床下や壁の内部及び天井裏に配管する場合は，後者のように施設する．

問 21　ハ

石油などの危険物を貯蔵または製造する場合の低圧屋内配線工事は，電技解釈第 177 条により，合成樹脂管（CD 管を除く）工事，金属管工事，ケーブル工事とする．したがって，金属線ぴ工事は不適切である．

問 22　ロ

水気のある場所のコンクリートの床に施設する三相 200V（対地電圧 200V）誘導電動機の鉄台の D 種接地工事は，電技解釈 29 条により，省略することができない．

問 23　イ

100V の低圧屋内配線に，ビニル平形コード(断面積 0.75mm^2)を絶縁性のある造営材に適当な留め具で取り付けて施設することができるのは，電技解釈 172 条により，乾燥した場所に施設し，内部を乾燥状態で使用するショウウインドー内やショーケース内などの外部から見えやすい箇所である．

問 24　イ

電圧計Ⓥは負荷と並列に接続し，電流計Ⓐは負荷と直列に接続する．また，電力計Ⓦの電圧コイルは負荷と並列に接続し，電流コイルは負荷と直列に接続する．したがって，イの結線が正しい．

問 25　ハ

直読式接地抵抗計（アーステスタ）を用いて，接地抵抗を測定する場合，図のように被測定接地極 E を端とし，一直線上に補助接地極 P（電圧用）及び C（電流用）を配置する．

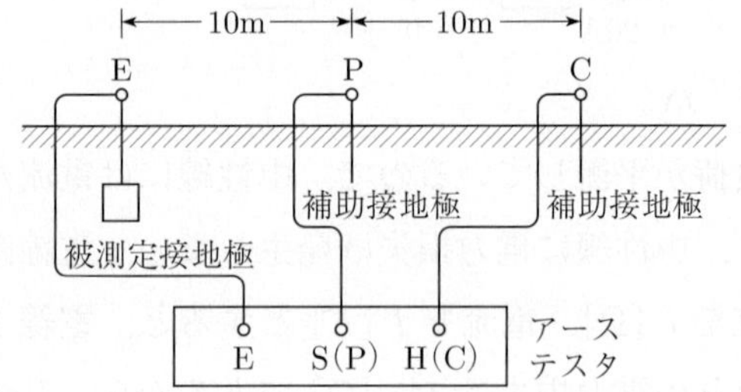

問 26　ハ

回路計（テスタ）で交流または直流電圧を測定する場合は，あらかじめ想定される値の直近上位のレンジを選定して使用する．なお，デジタル形の回路計でオートレンジ形のものは，この操作は不要である．

問 27　ロ

一般用電気工作物の低圧屋内配線工事が完了したときの検査で，一般的に行われているものは，目視点検，導通試験，絶縁抵抗測定，接地抵抗測定である．なお，温度上昇試験，絶縁耐力試験は行われていない．

問 28　ニ

電気工事士法施行規則第 2 条により，配電盤を造営材に取り付ける作業は，電気工事士でなければ従事できない．なお，イ，ロ，ハの記述は軽微な工事として電気工事士でなくても従事できる．

問 29　ニ

題意の条件にあてはまる特定電気用品に該当するのは，タイムスイッチ，配線用遮断器，タンブラースイッチ，フロートスイッチ，差込み接続器である．なお，カバー付ナイフスイッチ，電磁開閉器，ライティングダクトは特定電気用品以外の電気用品に該当する．

問 30　イ

一般用電気工作物とは，低圧受電で受電の場所と同一の構内で使用する電気工作物で，同じ構内で連係して使用する下記の小規模事業用電気工作物以外の小規模発電設備も含む．一般用電気工作となる小規模発電設備は，発電電圧 600V 以下で，出力の合計が 50kW 以上となるものを除く（電気事業法施行規則第 48 条）．

小規模発電設備

設備名	出力	区分
風力発電設備	20kW 未満	小規模事業用電気工作物**
太陽電池発電設備	50kW 未満	
	10kW 未満	一般用電気工作物
水力発電設備*	20kW 未満	
内燃力発電設備	10kW 未満	
燃料電池発電設備	10kW 未満	
スターリングエンジン発電設備	10kW 未満	

＊最大使用水量 $1m^3/s$ 未満（ダムを伴うものを除く）

＊＊第二種電気工事士は，小規模事業用電気工作物の工事に従事できる．

〔問題 2．配線図〕

問 31　ニ

①で示す部分の工事方法は，電技解釈第 110 条による．木造建築なのでケーブル工事（鉛被ケーブル，アルミ被ケーブル，MI ケーブルを除く），がいし引き工事，合成樹脂管工事でなければならない．

問 32　ロ

②で示す図記号◓は，壁付の白熱灯である．なお，天井付はⒸⓁ，床付は$\bigcirc_F$，天井埋込はⒹⓁの図記号である．

問 33　ロ

③で示す図記号◓_{EET}は，接地極付接地端子付コンセントである．なお，接地端子付コンセントは◓_{ET}，接地極付コンセントは◓_{E}，漏電遮断器付コンセントは◓_{EL}の図記号である．

問 34　ハ

④で示す図記号の名称は，ライティングダクトである．なお，金属線ぴは------_{MM}，フロアダクトは------_{F}の図記号である．

問 35　ニ

⑤で示す部分の小勢力回路で使用できる電圧の最大値は，電技解釈第 181 条により，60V である．

問 36　ロ

⑥で示す図記号▨の名称は，VVF 用ジョイントボックスである．なお，ジョイントボックスは□，プルボックスは☒の図記号である．

問 37　ロ

⑦で示す部分の最少電線本数（心線数）は，複線結線図−1 のように 3 本である．

複線結線図－1（問37）

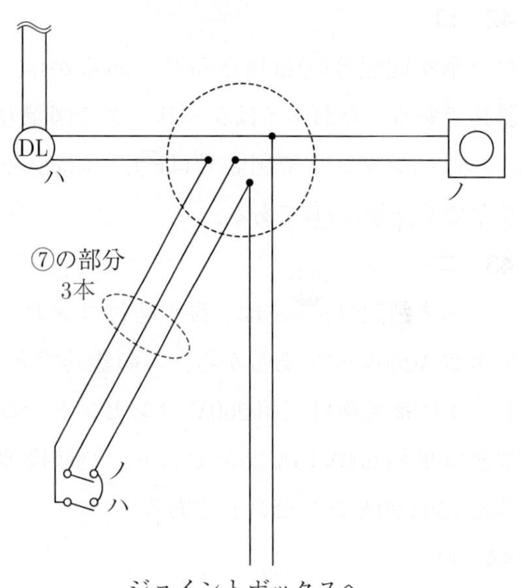

問 38　ハ

⑧で示す図記号◆の名称は，ワイドハンドル形点滅器である．なお，一般形点滅器の図記号は●，一般形調光器の図記号は●̸，ワイド形調光器の図記号は◆̸である．

問 39　イ

電技省令第 58 条により，電気使用場所の開閉器または，過電流遮断器で区切られる低圧電路の使用電圧と絶縁抵抗の最小値は次の表による．

電路の使用電圧の区分		絶縁抵抗値
300 V 以下	対地電圧が 150 V 以下の場合	0.1 MΩ
	その他の場合	0.2 MΩ
300 V を超えるもの		0.4 MΩ

⑨で示す部分は，単相 3 線式 100/200V を電源とし，単相 200V で供給されるルームエアコン回路の配線であり，対地電圧は 150V 以下であるから，絶縁抵抗の最小値は 0.1MΩ である．

問 40　ニ

⑩で示す部分は，単相 200V で使用する電気温水器の金属製外箱に施す接地工事であるから，電技解釈第 29 条により D 種接地工事を施す．

問 41　イ

⑪で示す図記号□はジョイントボックスであるから，イの器具（アウトレットボックス）が該当する．なお，ロはプルボックス，ハは金属管用のスイッチボックス（ねじなしの露出形），ニはVVF 用ジョイントボックスである．

問 42　ロ

⑫で示す図記号Ⓓⓛは埋込器具であるから，ロの器具である．なお，イはシーリングで図記号はⒸⓛ，ハはペンダントで図記号は⊖，ニはシャンデリヤで図記号はⒸⒽである．

問 43　ニ

⑬で示す図記号(20A250V E)は，接地極付コンセントの単相 20A200V 用であるから，ニの器具である．なお，イは接地極付三相 200V コンセント，ロは接地極付単相 200V15A コンセント，ハは接地極付単相 100V20A コンセントである．

問 44　ハ

⑭で示す図記号Ⓑは配線用遮断器であり，図記号の傍記より，ハの器具(2P2E 100/200V 20A)である．2P2E(2 極 2 素子)は 200V 回路に用いる(100V 回路にも兼用できる)．なお，イは 2P1E の配線用遮断器（100V 回路用），ロは 2P2E の過負荷短絡保護兼用漏電遮断器（100V，200V 回路兼用），ニは 2P1E の過負荷短絡保護兼用漏電遮断器（100V 回路用）である．

問 45　ロ

⑮で示す部分の配線工事に必要なケーブルは，複線結線図−2 より，3 心ケーブルが 1 本である．

問 46　イ

⑯で示す VVF 用ジョイントボックス内の接続は，複線結線図−2 より，2 本接続が 3 箇所，3 本接続が 1 箇所，4 本接続が 1 箇所である．したがって，差込形コネクタは 2 本接続用が 3 個，3 本接続用が 1 個，4 本接続用が 1 個必要である．

問 47　ハ

⑰で示す VVF 用ジョイントボックス内の接続は，複線結線図−2 より，2 本接続が 1 箇所，4 本接続が 1 箇所，5 本接続が 1 箇所である．題意より，電線の太さは 1.6mm であるから，1.6mm×2 本～ 1.6mm×4 本の場合は小スリーブを用い，1.6mm×5 本～ 1.6mm×6 本の場合は中スリーブを用いる．したがって，リングスリーブは小が 2 個，中スリーブが 1 個必要である．

複線結線図－2（問45，問46，問47）

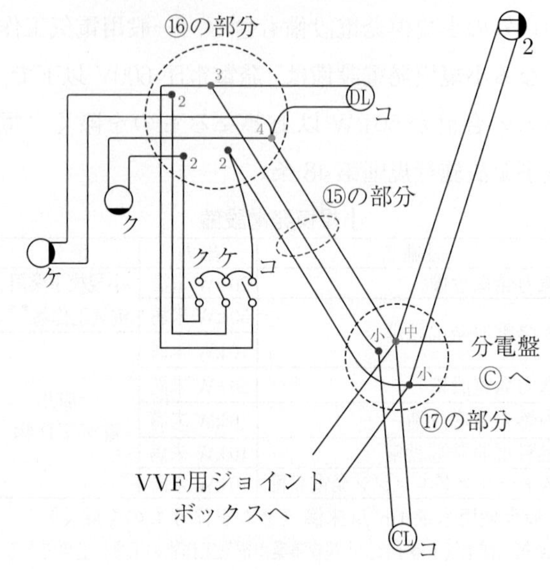

問 48　ニ

この配線図では，ニの位置表示灯内蔵スイッチ（図記号●H）は使用されていない．なお，イの確認表示灯内蔵スイッチ（図記号●L），ロの遅延スイッチ（図記号●D），ハの埋込形 3 路スイッチ（図記号●3）は，ぞれぞれ使用されている．

問 49　ハ

この配線図の 2 階部分の施工は VVF を用いたケーブル工事なので，ハの合成樹脂管用カッタは一般的には使用されない．なお，イはケーブルストリッパ，ロは電工用ナイフ，ニはリングスリーブ用の圧着ペンチであり，それぞれ使用される．

問 50　ロ

この配線図の施工では，ロの金属電線管用カップリング（ねじなしカップリング）は一般的に使用されることはない．なお，イは VVF 用ステープル，ハは合成樹脂製可とう電線管用のボックスコネクタ，ニは VVF 用のスイッチボックスであるから，それぞれ使用される．

第二種電気工事士
筆記試験

2014年度
（平成26年度）

上期試験

問題1．一般問題（問題数30、配点は1問当たり2点）

【注】本問題の計算で$\sqrt{2}$、$\sqrt{3}$及び円周率πを使用する場合の数値は次によること。　$\sqrt{2}=1.41$　、$\sqrt{3}=1.73$　、$\pi=3.14$

次の各問いには4通りの答え（イ、ロ、ハ、ニ）が書いてある。それぞれの問いに対して答えを1つ選びなさい。

	問い	答え			
1	最大値が148〔V〕の正弦波交流電圧の実効値〔V〕は。	イ．85	ロ．105	ハ．148	ニ．209
2	図のような回路で、端子a－b間の合成抵抗〔Ω〕は。 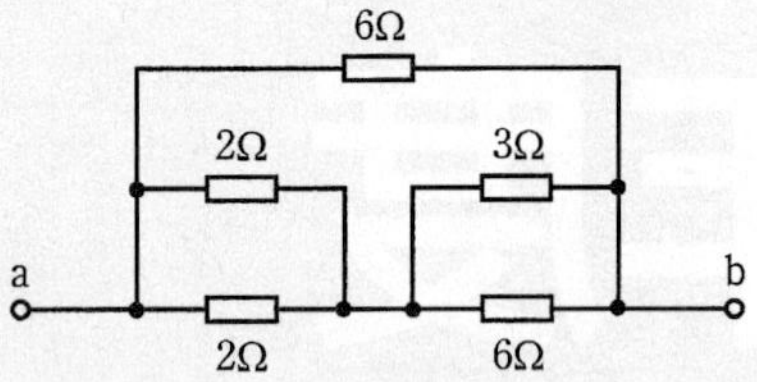 	イ．1	ロ．2	ハ．3	ニ．4
3	図のような交流回路で、電源電圧102〔V〕、抵抗の両端の電圧が90〔V〕、リアクタンスの両端の電圧が48〔V〕であるとき、負荷の力率〔%〕は。 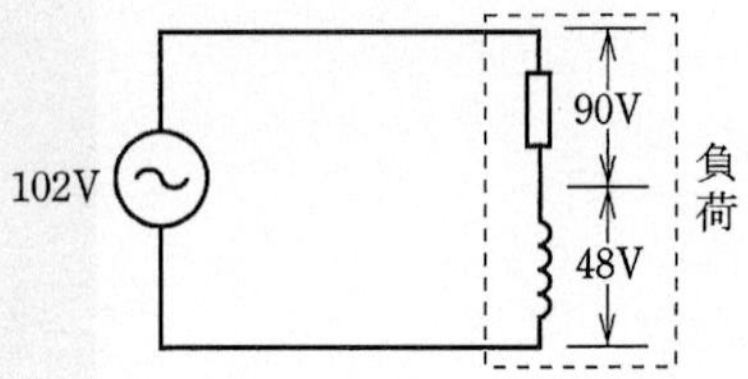 	イ．47	ロ．69	ハ．88	ニ．96
4	電気抵抗R〔Ω〕、直径D〔mm〕、長さL〔m〕の導線の抵抗率〔Ω・m〕を表す式は。	イ．$\frac{\pi D^2 R}{4L\times10^6}$	ロ．$\frac{\pi D^2 R}{L^2\times10^6}$	ハ．$\frac{\pi D R}{4L\times10^3}$	ニ．$\frac{\pi D R}{4L^2\times10^3}$
5	図のような三相3線式回路の全消費電力〔kW〕は。 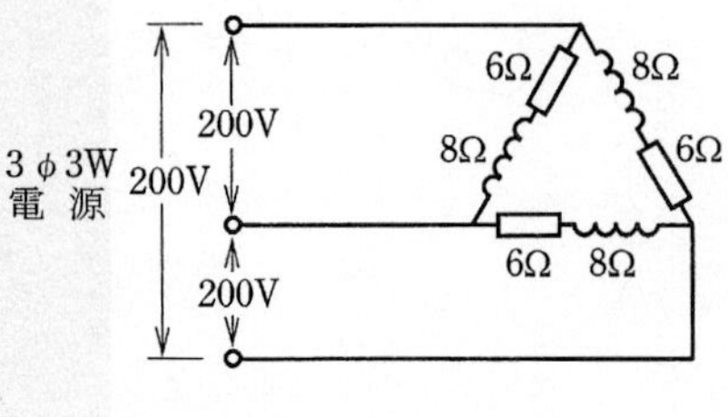 	イ．2.4	ロ．4.8	ハ．7.2	ニ．9.6

	問い	答え			
6	図のような三相 3 線式回路で、電線 1 線当たりの抵抗が 0.15〔Ω〕、線電流が 10〔A〕のとき、電圧降下 $(V_s - V_r)$〔V〕は。 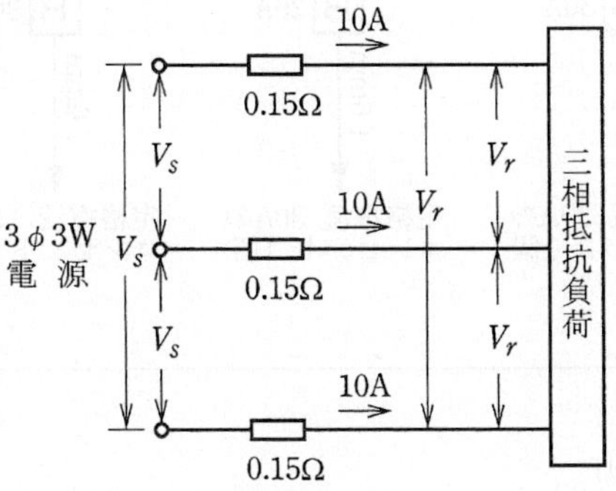	イ．1.5	ロ．2.6	ハ．3.0	ニ．4.5
7	金属管による低圧屋内配線工事で、管内に断面積 5.5〔mm^2〕の 600V ビニル絶縁電線（軟銅線）3 本を収めて施設した場合、電線 1 本当たりの許容電流〔A〕は。 ただし、周囲温度は 30〔℃〕以下、電流減少係数は 0.70 とする。	イ．19	ロ．24	ハ．34	ニ．49
8	図のように、三相の電動機と電熱器が低圧屋内幹線に接続されている場合、幹線の太さを決める根拠となる電流の最小値〔A〕は。 ただし、需要率は 100〔%〕とする。 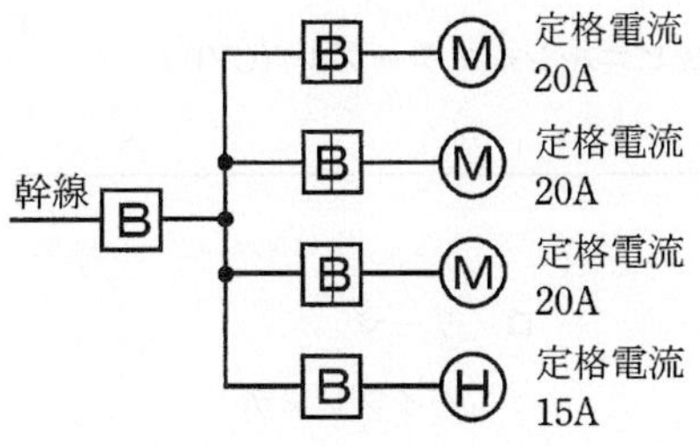	イ．75	ロ．81	ハ．90	ニ．195
9	図のように定格電流 60〔A〕の過電流遮断器で保護された低圧屋内幹線から分岐して、5〔m〕の位置に過電流遮断器を施設するとき、a－b 間の電線の許容電流の最小値〔A〕は。 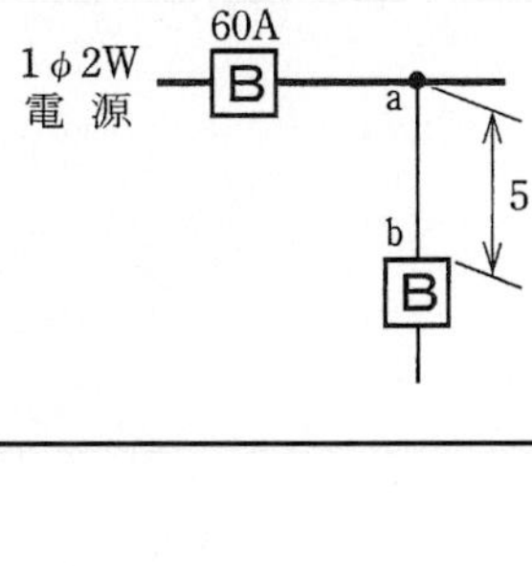	イ．15	ロ．21	ハ．27	ニ．33

	問い	答え
10	低圧屋内配線の分岐回路の設計で、配線用遮断器、分岐回路の電線の太さ及びコンセントの組合せとして、**適切なものは。** ただし、分岐点から配線用遮断器までは3〔m〕、配線用遮断器からコンセントまでは8〔m〕とし、電線の数値は分岐回路の電線(軟銅線)の太さを示す。 また、コンセントは兼用コンセントではないものとする。	**イ.** B 20A、2.0mm、定格電流 20Aのコンセント 1個 **ロ.** B 30A、2.0mm、定格電流 30Aのコンセント 1個 **ハ.** B 20A、1.6mm、定格電流 30Aのコンセント 1個 **ニ.** B 30A、2.6mm、定格電流 15Aのコンセント 2個
11	組み合わせて使用する機器で、その組合せが明らかに**誤っているものは。**	**イ.** ネオン変圧器と高圧水銀灯 **ロ.** 零相変流器と漏電警報器 **ハ.** 光電式自動点滅器と庭園灯 **ニ.** スターデルタ始動器と一般用低圧三相かご形誘導電動機
12	金属管工事において、絶縁ブッシングを使用する主な目的は。	**イ.** 金属管を造営材に固定するため。 **ロ.** 金属管相互を接続するため。 **ハ.** 電線の被覆を損傷させないため。 **ニ.** 電線の接続を容易にするため。
13	低圧の地中配線を直接埋設式により施設する場合に**使用できるものは。**	**イ.** 屋外用ビニル絶縁電線(OW) **ロ.** 600V ビニル絶縁電線(IV) **ハ.** 引込用ビニル絶縁電線(DV) **ニ.** 600V 架橋ポリエチレン絶縁ビニルシースケーブル(CV)
14	金属管(鋼製電線管)の切断及び曲げ作業に使用する工具の組合せとして、**適切なものは。**	**イ.** やすり 金切りのこ パイプベンダ **ロ.** リーマ パイプレンチ トーチランプ **ハ.** リーマ 金切りのこ トーチランプ **ニ.** やすり パイプレンチ パイプベンダ
15	住宅で使用する電気食器洗い機用のコンセントとして、**最も適しているものは。**	**イ.** 接地端子付コンセント **ロ.** 抜け止め形コンセント **ハ.** 接地極付接地端子付コンセント **ニ.** 引掛形コンセント

	問い	答え
16	写真に示す材料の用途は。 	イ．硬質塩化ビニル電線管相互を接続するのに用いる。 ロ．鋼製電線管と合成樹脂製可とう電線管とを接続するのに用いる。 ハ．合成樹脂製可とう電線管相互を接続するのに用いる。 ニ．合成樹脂製可とう電線管と硬質塩化ビニル電線管とを接続するのに用いる。
17	写真に示す工具の用途は。 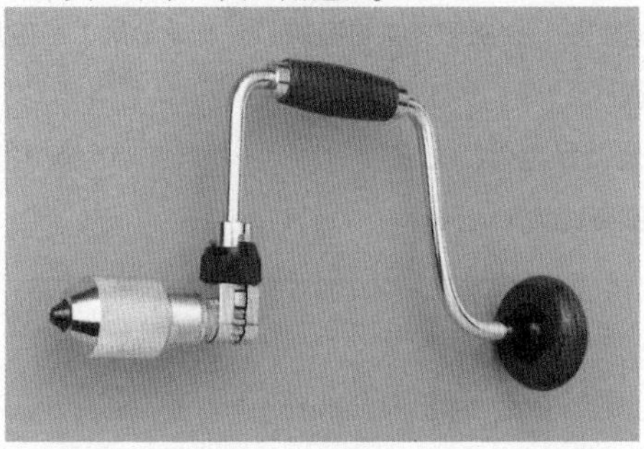	イ．ホルソと組み合わせて、コンクリートに穴を開けるのに用いる。 ロ．リーマと組み合わせて、金属管の面取りに用いる。 ハ．羽根ぎりと組み合わせて、鉄板に穴を開けるのに用いる。 ニ．面取器と組み合わせて、ダクトのバリを取るのに用いる。
18	写真に示す器具の用途は。 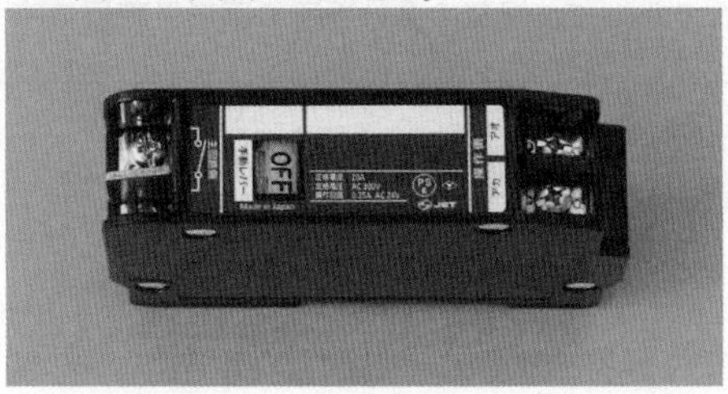	イ．リモコン配線のリレーとして用いる。 ロ．リモコン配線の操作電源変圧器として用いる。 ハ．リモコンリレー操作用のセレクタスイッチとして用いる。 ニ．リモコン用調光スイッチとして用いる。
19	低圧屋内配線工事で、600V ビニル絶縁電線（軟銅線）をリングスリーブ用圧着工具とリングスリーブ E 形を用いて終端接続を行った。接続する電線に適合するリングスリーブの種類と圧着マーク（刻印）の組合せで、**不適切なものは。**	イ．直径 1.6〔mm〕2 本の接続に、小スリーブを使用して圧着マークを ○ にした。 ロ．直径 1.6〔mm〕1 本と直径 2.0〔mm〕1 本の接続に、小スリーブを使用して圧着マークを ○ にした。 ハ．直径 1.6〔mm〕4 本の接続に、小スリーブを使用して圧着マークを **小** にした。 ニ．直径 1.6〔mm〕1 本と直径 2.0〔mm〕2 本の接続に、中スリーブを使用して圧着マークを **中** にした。
20	機械器具の金属製外箱に施す D 種接地工事に関する記述で、**不適切なものは。**	イ．三相 200〔V〕電動機外箱の接地線に直径 1.6〔mm〕の IV 電線（軟銅線）を使用した。 ロ．単相 100〔V〕移動式の電気ドリルの接地線として多心コードの断面積 0.75〔mm^2〕の 1 心を使用した。 ハ．一次側 200〔V〕、二次側 100〔V〕、3〔kV·A〕の絶縁変圧器（二次側非接地）の二次側電路に電動丸のこぎりを接続し、接地を施さないで使用した。 ニ．単相 100〔V〕の電動機を水気のある場所に設置し、定格感度電流 30〔mA〕、動作時間 0.1 秒の電流動作型漏電遮断器を取り付けたので、接地工事を省略した。

	問　い	答　え
21	単相 100〔V〕の屋内配線工事における絶縁電線相互の接続で、**不適切なものは。**	イ．絶縁電線の絶縁物と同等以上の絶縁効力のあるもので十分被覆した。 ロ．電線の引張強さが 15〔%〕減少した。 ハ．差込形コネクタによる終端接続で、ビニルテープによる絶縁は行わなかった。 ニ．電線の電気抵抗が 5〔%〕増加した。
22	店舗付き住宅の屋内に三相 3 線式 200〔V〕、定格消費電力 2.5〔kW〕のルームエアコンを施設した。このルームエアコンに電気を供給する電路の工事方法として、**適切なものは。** ただし、配線は接触防護措置を施し、ルームエアコン外箱等の人が触れるおそれがある部分は絶縁性のある材料で堅ろうに作られているものとする。	イ．専用の過電流遮断器を施設し、合成樹脂管工事で配線し、コンセントを使用してルームエアコンと接続した。 ロ．専用の電磁接触器を施設し、金属管工事で配線し、ルームエアコンと直接接続した。 ハ．専用の配線用遮断器を施設し、金属管工事で配線し、コンセントを使用してルームエアコンと接続した。 ニ．専用の漏電遮断器（過負荷保護付）を施設し、ケーブル工事で配線し、ルームエアコンと直接接続した。
23	使用電圧 100〔V〕の屋内配線の施設場所による工事の種類として、**適切なものは。**	イ．展開した場所であって、乾燥した場所のライティングダクト工事 ロ．展開した場所であって、湿気の多い場所の金属ダクト工事 ハ．点検できない隠ぺい場所であって、乾燥した場所の金属線ぴ工事 ニ．点検できない隠ぺい場所であって、湿気の多い場所の平形保護層工事
24	図のような単相 3 線式回路で、開閉器を閉じて機器 A の両端の電圧を測定したところ 150〔V〕を示した。この原因として、**考えられるものは。** 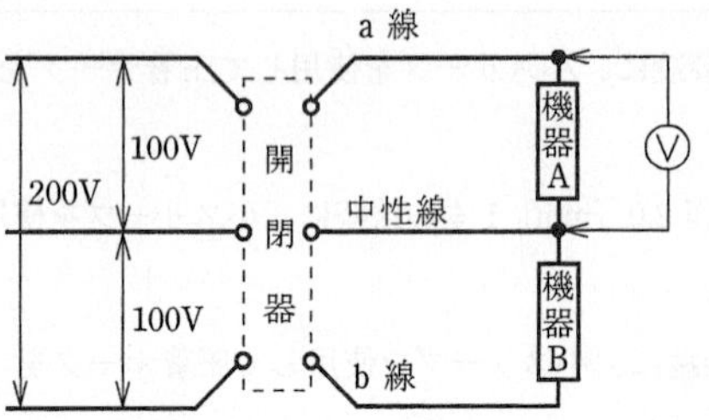 (図: a 線、100V、200V、開閉器、中性線、100V、b 線、機器A、機器B、V)	イ．機器 A の内部で断線している。 ロ．a 線が断線している。 ハ．中性線が断線している。 ニ．b 線が断線している。
25	一般に使用される回路計（テスタ）によって**測定できないものは。**	イ．絶縁抵抗　ロ．回路抵抗　ハ．交流電圧　ニ．直流電圧
26	使用電圧 100〔V〕の低圧電路に、地絡が生じた場合 0.1 秒で自動的に電路を遮断する装置が施してある。この電路の屋外に D 種接地工事が必要な自動販売機がある。その接地抵抗値 a〔Ω〕と電路の絶縁抵抗値 b〔MΩ〕の組合せとして、「電気設備に関する技術基準を定める省令」及び「電気設備の技術基準の解釈」に**適合していないものは。**	イ．a 100 b 0.1　ロ．a 200 b 0.3　ハ．a 500 b 0.5　ニ．a 600 b 1.0

	問い	答え
27	絶縁抵抗計（電池内蔵）に関する記述として、**誤っているものは。**	イ．絶縁抵抗計には、ディジタル形と指針形（アナログ形）がある。 ロ．絶縁抵抗計の定格測定電圧（出力電圧）は、交流電圧である。 ハ．絶縁抵抗測定の前には、絶縁抵抗計の電池容量が正常であることを確認する。 ニ．電子機器が接続された回路の絶縁測定を行う場合は、機器等を損傷させない適正な定格測定電圧を選定する。
28	電気工事士法において、一般用電気工作物の工事又は作業でa、bともに電気工事士でなければ**従事できないものは。**	イ．a：接地極を地面に埋設する。 b：電圧100〔V〕で使用する蓄電池の端子に電線をねじ止めする。 ロ．a：地中電線用の暗きょを設置する。 b：電圧200〔V〕で使用する電力量計を取り付ける。 ハ．a：電線を支持する柱を設置する。 b：電線管に電線を収める。 ニ．a：配電盤を造営材に取り付ける。 b：電線管を曲げる。
29	電気用品安全法により、電気工事に使用する特定電気用品に付すことが**要求されていない**表示事項は。	イ．◇PSE又は＜PS＞Eの記号　　ロ．届出事業者名 ハ．登録検査機関名　　ニ．製造年月
30	「電気設備に関する技術基準を定める省令」における電圧の低圧区分の組合せで、**正しいものは。**	イ．直流にあっては600〔V〕以下、交流にあっては600〔V〕以下のもの ロ．直流にあっては600〔V〕以下、交流にあっては750〔V〕以下のもの ハ．直流にあっては750〔V〕以下、交流にあっては600〔V〕以下のもの ニ．直流にあっては750〔V〕以下、交流にあっては750〔V〕以下のもの

問題2．配線図（問題数 20、配点は1問当たり 2 点）

図は、木造1階建住宅の配線図である。この図に関する次の各問いには4通りの答え（イ、ロ、ハ、ニ）が書いてある。それぞれの問いに対して、答えを1つ選びなさい。

【注意】 1．屋内配線の工事は、特記のある場合を除き 600V ビニル絶縁ビニルシースケーブル平形（VVF）を用いたケーブル工事である。

2．屋内配線等の電線の本数、電線の太さ、その他、問いに直接関係のない部分等は省略又は簡略化してある。

3．漏電遮断器は、定格感度電流 30〔mA〕、動作時間 0.1 秒以内のものを使用している。

4．選択肢（答え）の写真にあるコンセント及び点滅器は、「JIS C 0303：2000 構内電気設備の配線用図記号」で示す「一般形」である。

5．ジョイントボックスを経由する電線は、すべて接続箇所を設けている。

6．3路スイッチの記号「0」の端子には、電源側又は負荷側の電線を結線する。

	問い	答え			
31	①で示す図記号の名称は。	イ．白熱灯 ハ．確認表示灯		ロ．熱線式自動スイッチ ニ．位置表示灯	
32	②で示す部分の接地工事の種類は。	イ．A 種接地工事 ハ．C 種接地工事		ロ．B 種接地工事 ニ．D 種接地工事	
33	③の部分の最少電線本数（心線数）は。 ただし、電源からの接地側電線は、スイッチを経由しないで照明器具に配線する。	イ．2	ロ．3	ハ．4	ニ．5
34	④で示す図記号の名称は。	イ．シーリング（天井直付） ハ．シャンデリア		ロ．埋込器具 ニ．ペンダント	
35	⑤で示す引込口開閉器が省略できる場合の、住宅と車庫との間の電路の長さの最大値〔m〕は。	イ．5	ロ．10	ハ．15	ニ．20
36	⑥で示す部分の電路と大地間の絶縁抵抗として、許容される最小値〔MΩ〕は。	イ．0.1	ロ．0.2	ハ．0.3	ニ．0.4
37	⑦の部分で施設する配線用遮断器は。	イ．2極1素子 ハ．3極2素子		ロ．2極2素子 ニ．3極3素子	
38	⑧で示す図記号の名称は。	イ．小型変圧器 ハ．遅延スイッチ		ロ．タンブラスイッチ ニ．タイムスイッチ	
39	⑨で示す部分の小勢力回路で使用できる電線（軟銅線）の最小太さの直径〔mm〕は。	イ．0.8	ロ．1.2	ハ．1.6	ニ．2.0
40	⑩で示す部分の工事方法で施工できない工事方法は。	イ．金属管工事 ハ．がいし引き工事		ロ．合成樹脂管工事 ニ．ケーブル工事	

	問い	答え			
41	⑪で示す木造部分の配線用の穴をあけるための工具として、**適切なものは。**	イ. 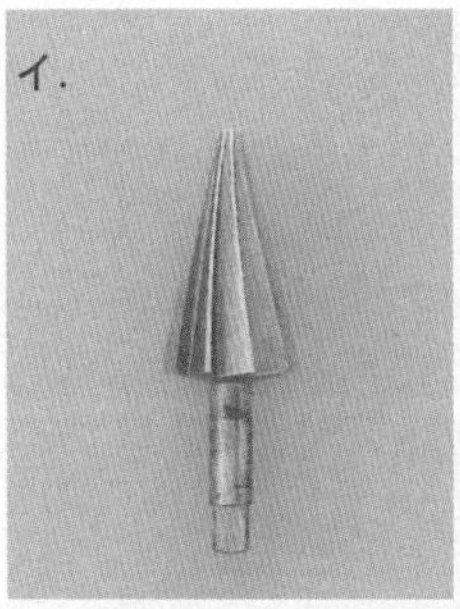	ロ. 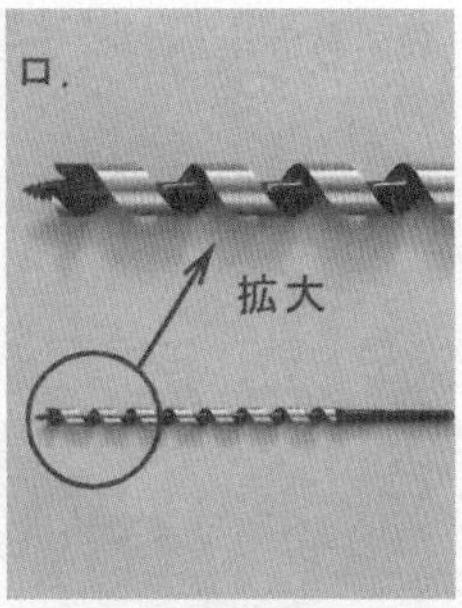 拡大	ハ. 	ニ. 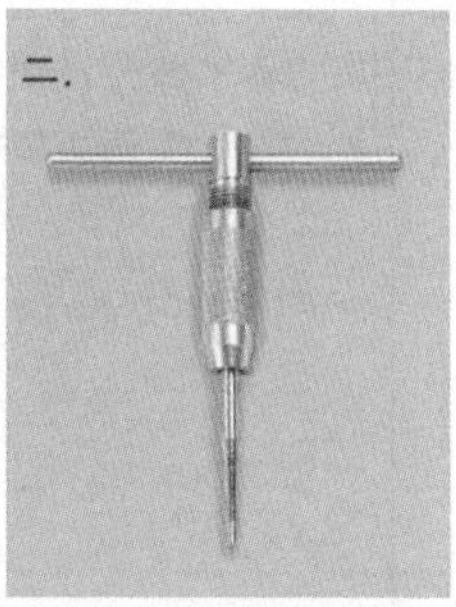
42	⑫で示すVVF用ジョイントボックス内の接続をすべて圧着接続とする場合、使用するリングスリーブの種類と最少個数の組合せで、**適切なものは。** ただし、使用する電線はVVF1.6とする。	イ. 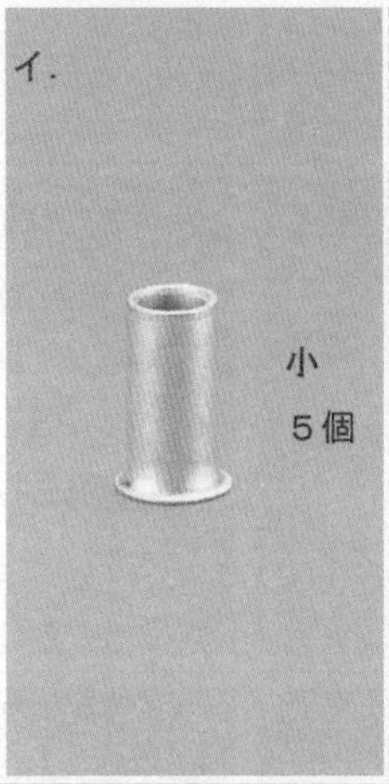 小 5個	ロ. 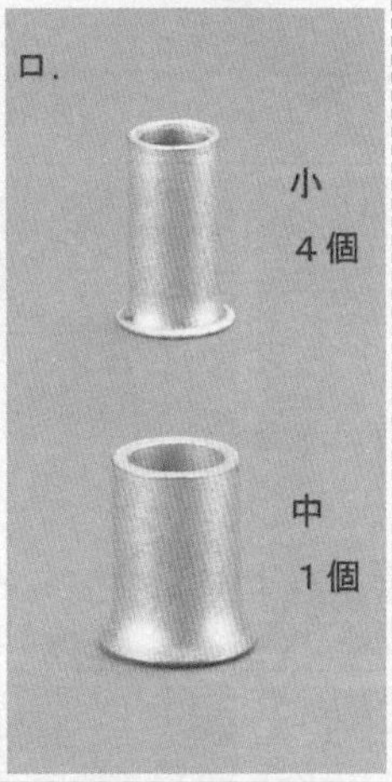 小 4個 中 1個	ハ. 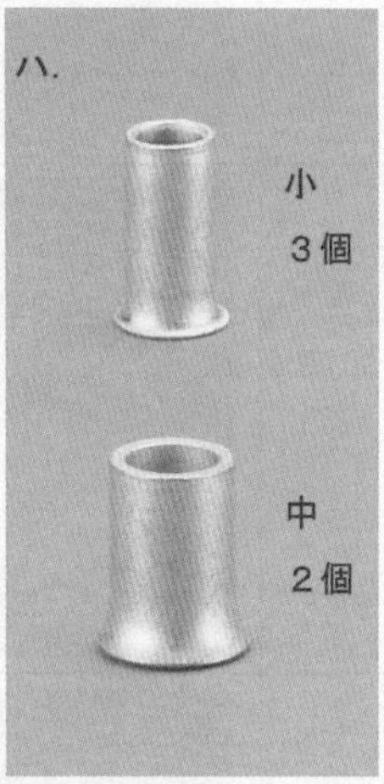 小 3個 中 2個	ニ. 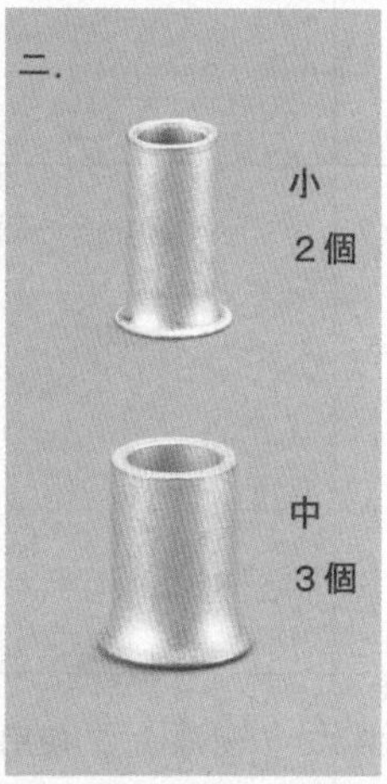 小 2個 中 3個
43	⑬で示すVVF用ジョイントボックス内の接続をすべて差込形コネクタとする場合使用する差込形コネクタの種類と最少個数の組合せで、**適切なものは。** ただし、使用する電線はVVF1.6とする。	イ.  3個 1個	ロ. 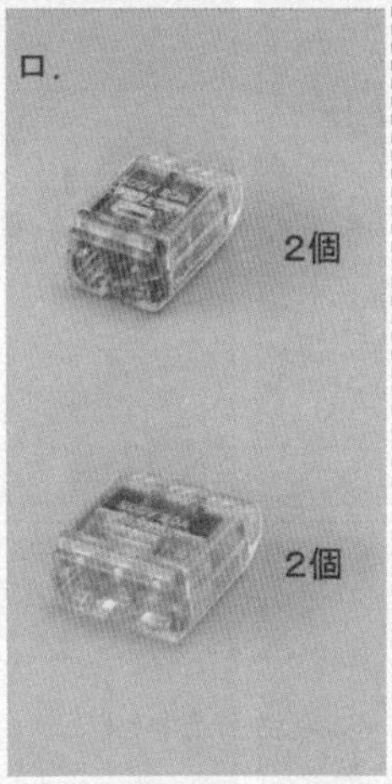 2個 2個	ハ.  4個	ニ.  5個
44	⑭で示す点滅器の取付け工事に使用する材料として、**適切なものは。**	イ. 	ロ. 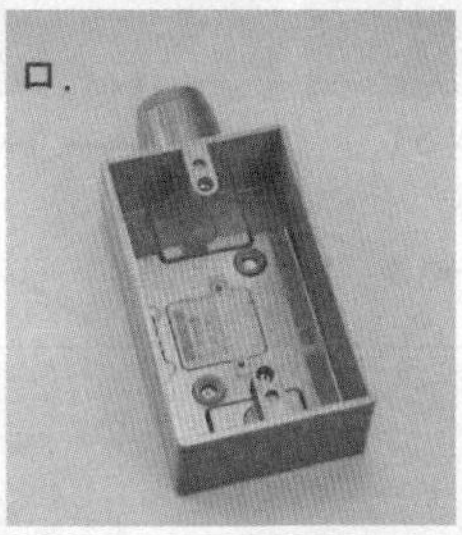	ハ. 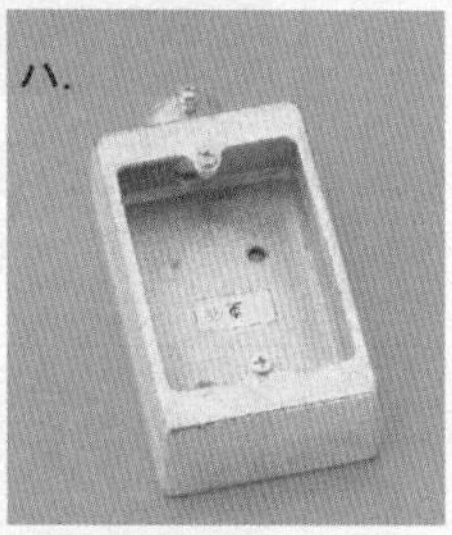	ニ. 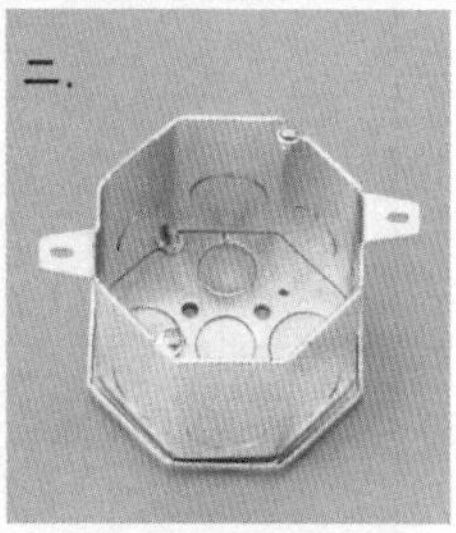
45	⑮で示す回路の負荷電流を測定するものは。	イ. 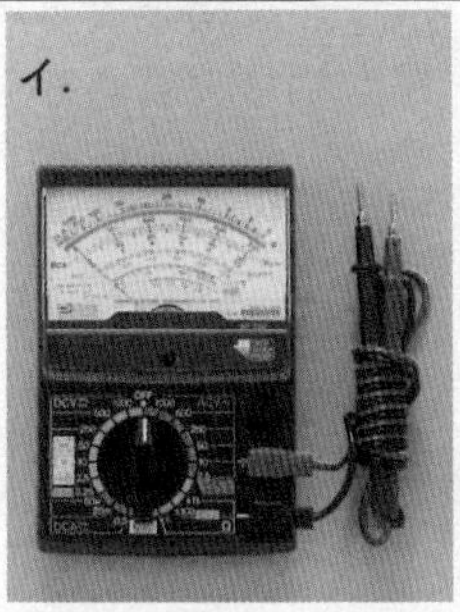	ロ. 	ハ. 	ニ. 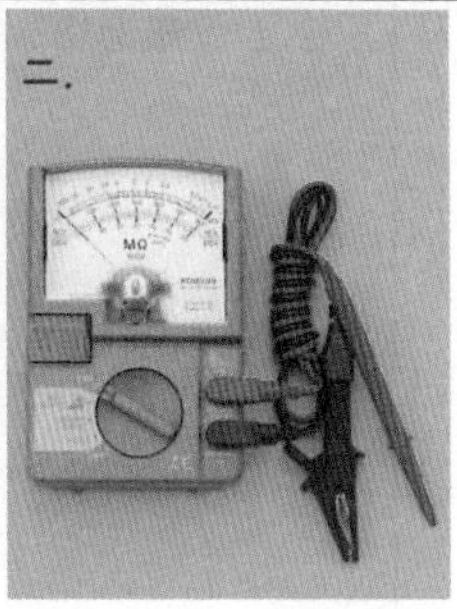

	問　い	答　え			
46	⑯で示す部分に使用するケーブルで、**適切なものは。**	イ. 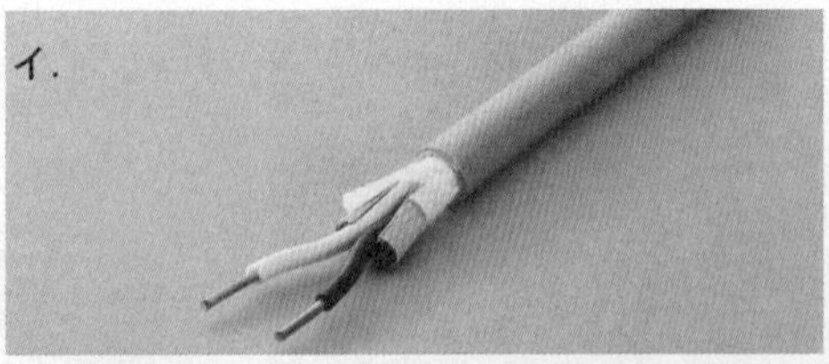	ロ. 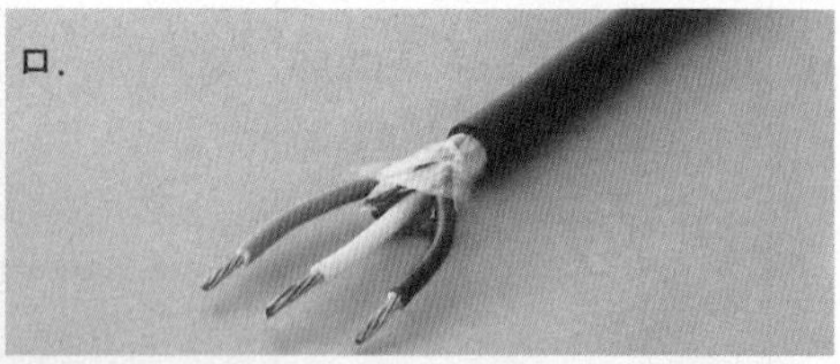	ハ. 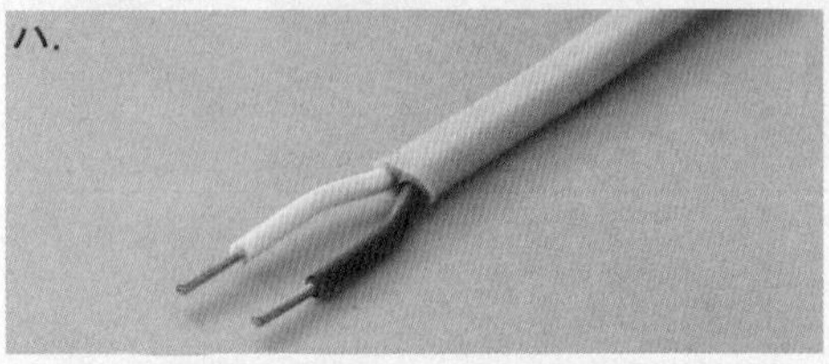	ニ. 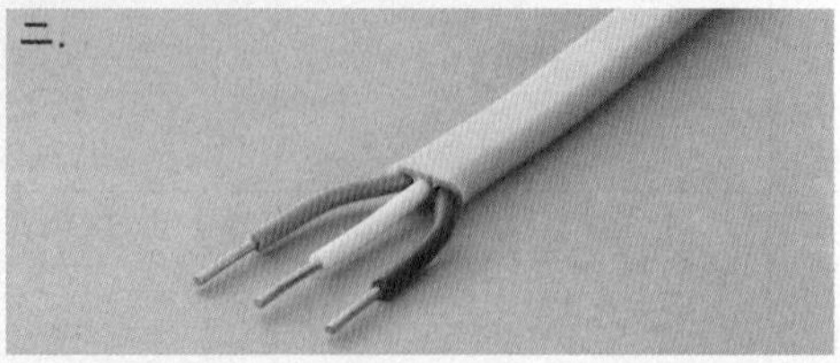
47	⑰で示す図記号の器具は。	イ. 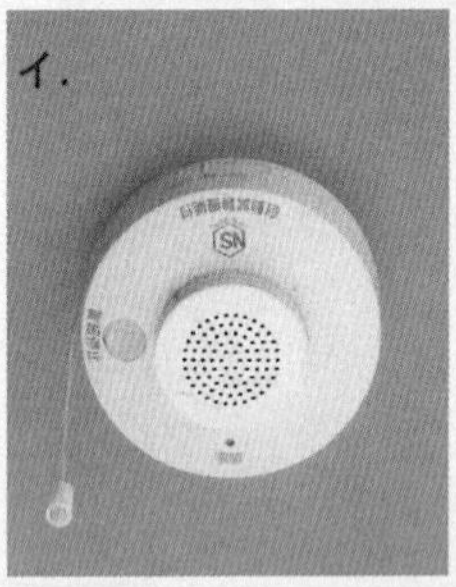	ロ. 	ハ. 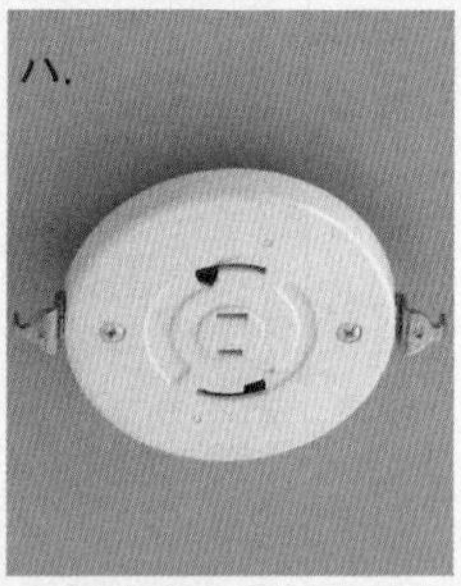	ニ. 
48	この配線図で、**使用しているコンセントは。**	イ. 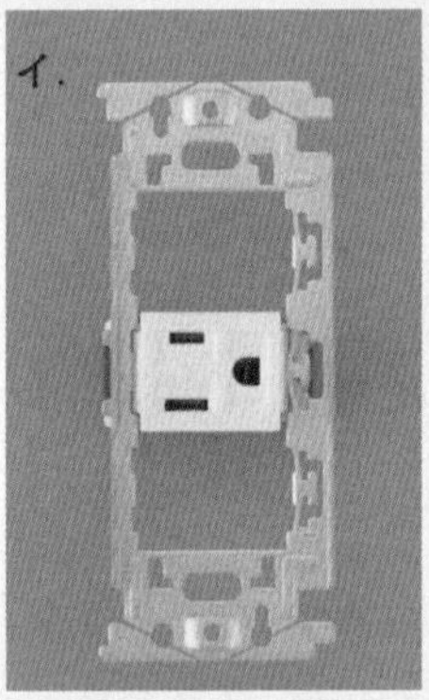	ロ. 	ハ. 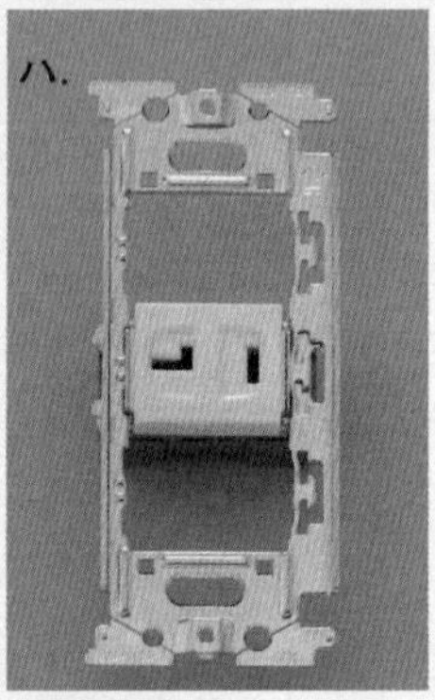	ニ. 
49	この配線図で、**使用していないスイッチは。** ただし、写真下の図は、接点の構成を示す。	イ. 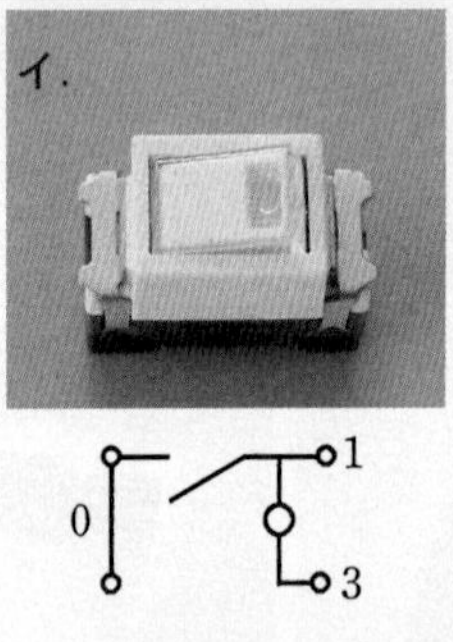 0　1　3	ロ. 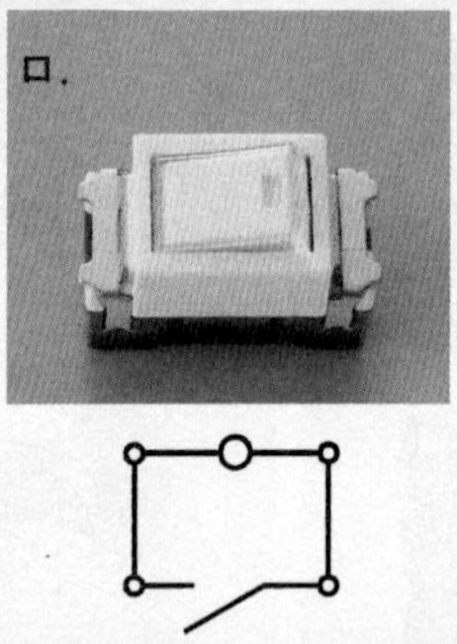	ハ. 0　3　1 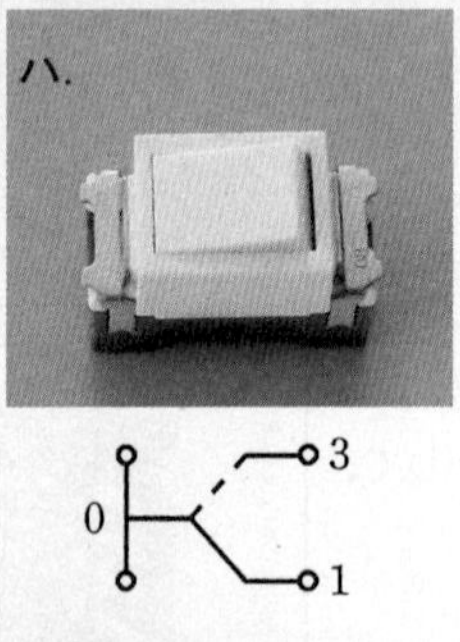	ニ. 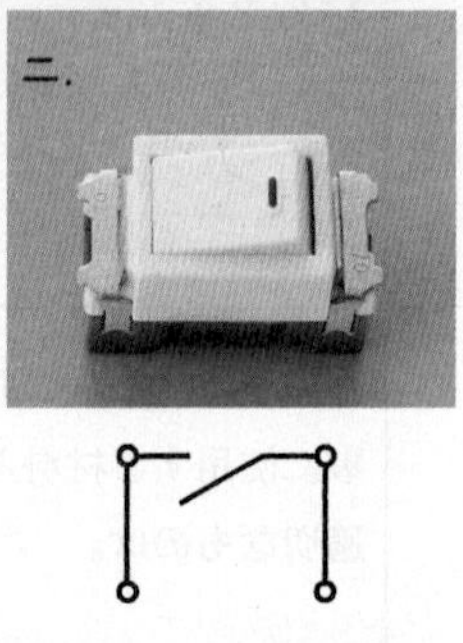
50	この配線図の施工に関して、一般的に使用する物の組合せで、**不適切なものは。**	イ. 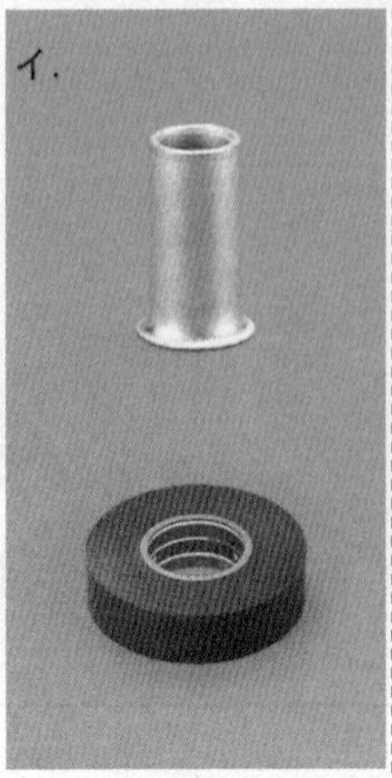	ロ. 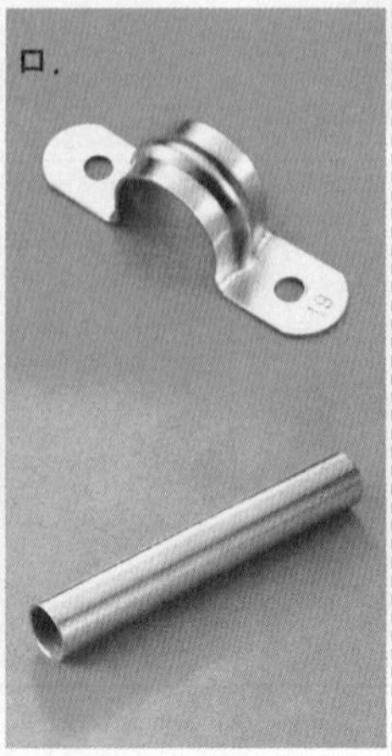	ハ. 	ニ. 

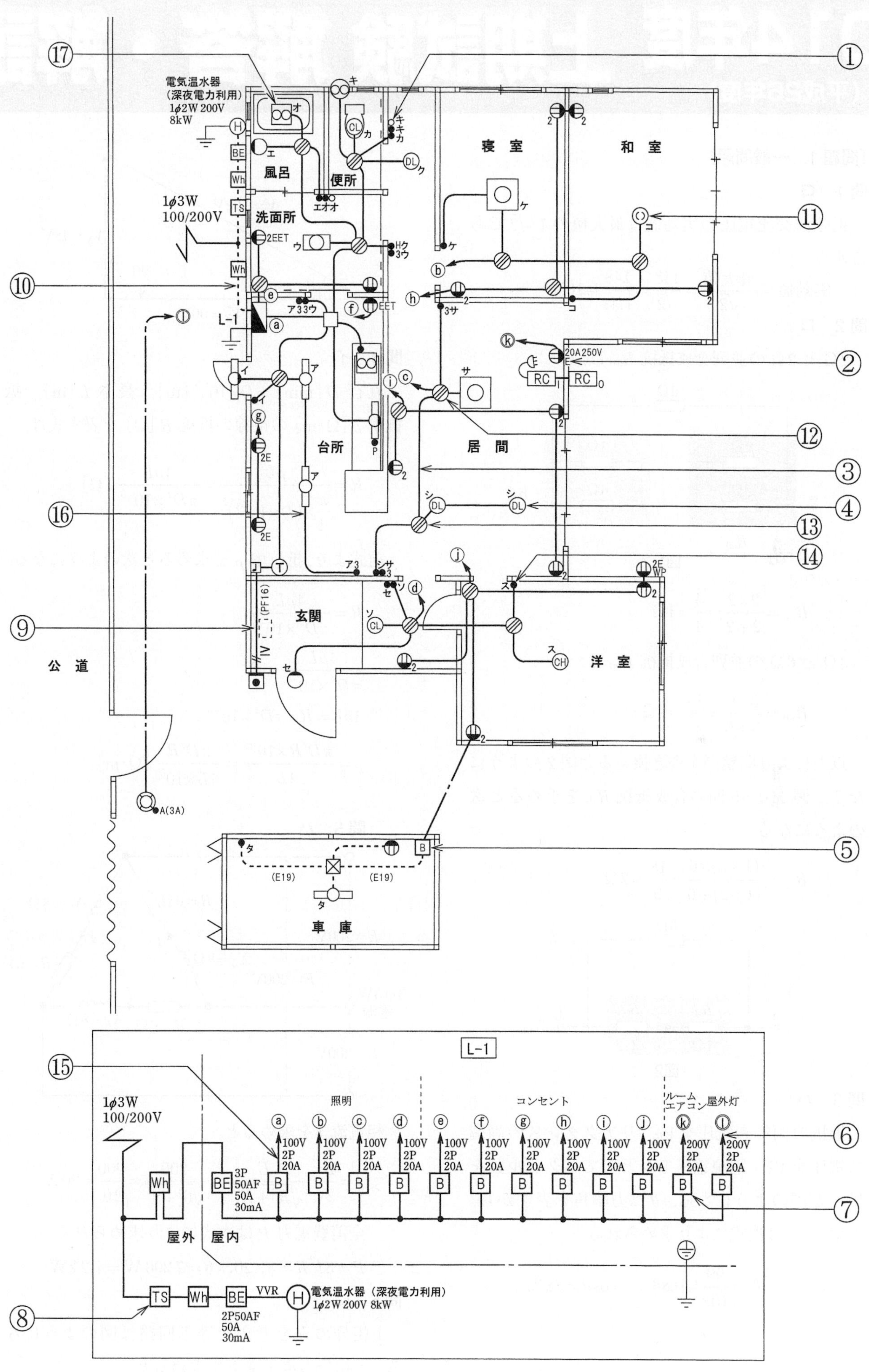

電気温水器
(深夜電力利用)
1φ2W 200V
8kW
1φ3W
100/200V
風呂
便所
洗面所
寝室
和室
台所
居間
玄関
洋室
公道
車庫
L-1
(PF16)
(E19)
20A250V
L-1
照明
コンセント
ルーム
エアコン
屋外灯
100V
2P
20A
200V
3P
50AF
50A
30mA
屋外
屋内
VVR
電気温水器（深夜電力利用）
1φ2W 200V 8kW
2P50AF
50A
30mA

2014年度 上期試験 解答・解説
（平成26年度）

〔問題 1．一般問題〕

問 1　ロ

正弦波交流電圧の実効値は最大値の $1/\sqrt{2}$ であるから，

$$実効値=\frac{最大値}{\sqrt{2}}=\frac{148}{\sqrt{2}}=\frac{148}{1.41}\fallingdotseq 105\,\mathrm{V}$$

問 2　ロ

2Ω と 2Ω の並列合成抵抗 R_{a0} は，

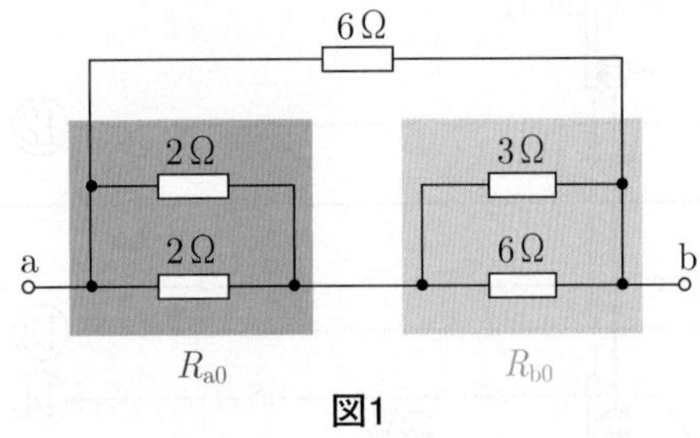

図1

$$R_{a0}=\frac{2\times 2}{2+2}=\frac{4}{4}=1\,\Omega$$

3Ω と 6Ω の並列合成抵抗 R_{b0} は，

$$R_{b0}=\frac{3\times 6}{3+6}=\frac{18}{9}=2\,\Omega$$

以上により問題図を書き換えると図 2 のようになる．図より ab 間の合成抵抗 R_{ab} を求めると次のようになる．

$$R_{ab}=\frac{(1+2)\times 6}{(1+2)+6}=\frac{18}{9}=2\,\Omega$$

6Ω

a　R_{a0}　1Ω　R_{b0}　2Ω　b

図2

問 3　ハ

抵抗の両端の電圧を V_R，リアクタンスの両端の電圧を V_X，電源電圧を V としてベクトル図を描くと図のようになる．θ は力率角を表すから，力率 $\cos\theta$ は次式により求められる．

$$\cos\theta=\frac{V_R}{V}=\frac{90}{102}\fallingdotseq 0.88\qquad \therefore \cos\theta=88\,\%$$

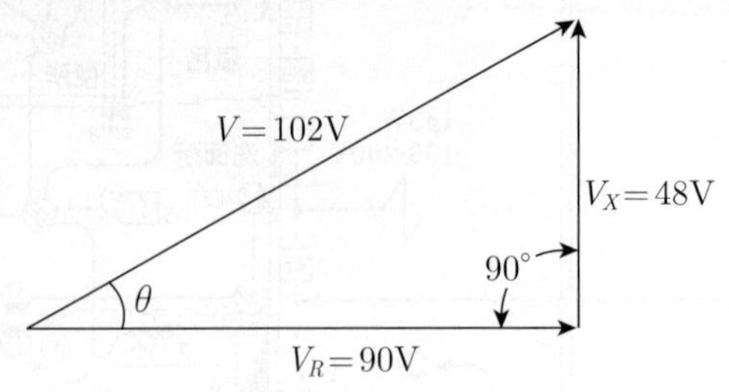

問 4　イ

直径 $D\,[\mathrm{mm}]=D\times 10^{-3}\,[\mathrm{m}]$，長さ $L\,[\mathrm{m}]$，抵抗率 $\rho\,[\Omega\cdot\mathrm{m}]$ の電線の抵抗 $R\,[\Omega]$ を表す式は，

$$R=\frac{\rho L}{\frac{\pi}{4}\times\left(D\times 10^{-3}\right)^2}=\frac{4\rho L}{\pi D^2\times 10^{-6}}\ [\Omega]$$

前式より，抵抗率 ρ を求めると次のようになる．

$$R=\frac{4\rho L}{\pi D^2\times 10^{-6}}$$

$$\frac{4\rho L}{\pi D^2\times 10^{-6}}=R$$

$$4\rho L=R\times\pi D^2\times 10^{-6}$$

$$\rho=\frac{\pi D^2 R\times 10^{-6}}{4L}=\frac{\pi D^2 R}{4L\times 10^6}\ [\Omega\cdot\mathrm{m}]$$

問 5　ハ

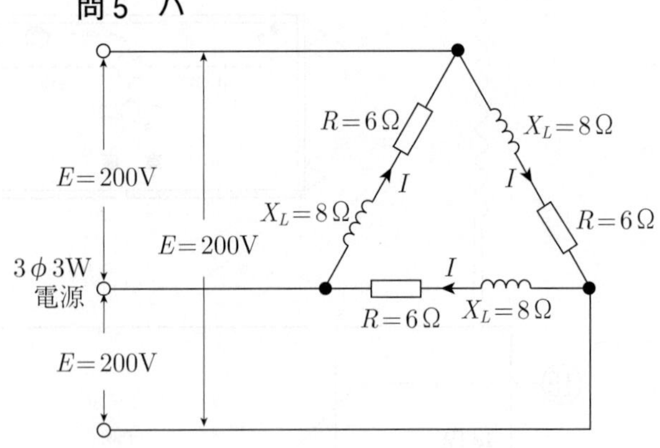

相電流 I を求めると，

$$I=\frac{E}{Z}=\frac{E}{\sqrt{R^2+X_L{}^2}}=\frac{200}{\sqrt{6^2+8^2}}=\frac{200}{10}=20\,\mathrm{A}$$

全消費電力 P は次式により求められる．

$$P=3I^2R=3\times 20^2\times 6=7\,200\,\mathrm{W}=7.2\,\mathrm{kW}$$

問 6　ロ

1 相分のみを考えた等価回路は図のようになる．1 相分の電圧降下を求めると，

$$\frac{V_s}{\sqrt{3}}-\frac{V_r}{\sqrt{3}}=Ir$$

$r=0.15\,\Omega$
$I=10\text{A}$
$V_s/\sqrt{3}$
$V_r/\sqrt{3}$
負荷

前式の両辺を$\sqrt{3}$倍すると，

$$V_s-V_r=\sqrt{3}\,Ir$$

三相回路の電圧降下は V_s-V_r であるから，これを求めると次のようになる．

$$V_s-V_r=\sqrt{3}\,Ir=\sqrt{3}\times10\times0.15=2.6\,\text{V}$$

問 7　ハ

断面積 5.5 mm² の 600 V ビニル絶縁電線の許容電流は 49 A であり，3 本を金属管に収める場合の電流減少係数が 0.70 であるから，電線 1 本あたりの許容電流は，

$$49\times0.7\fallingdotseq34\,\text{A}$$

となる．

問 8　ロ

低圧屋内幹線の太さを決める根拠となる電流は電技解釈第 148 条により求められる．

電動機電流の合計を I_M，電熱器電流の合計を I_H とすると，

$$I_M=20+20+20=60\,\text{A}$$

$$I_H=15\,\text{A}$$

$I_H=15\,\text{A}<I_M=60\,\text{A}$ であり，$I_M>50\,\text{A}$ で，かつ需要率 100 ％であるから，幹線の太さを決める根拠となる電流 I は次式で求められる．

$$I\geqq1.1I_M+I_H=1.1\times60+15=81\,\text{A}$$

問 9　ロ

分岐回路の過電流遮断器の位置が，幹線との分岐点から 3 m を超え 8 m 以内なので，ab 間の電線の許容電流は，電技解釈第 149 条により，幹線を保護する過電流遮断器の定格電流の 35 ％以上のものを用いる．

$$I\geqq I_B\times0.35=60\times0.35=21\,\text{A}$$

問 10　イ

電技解釈第 149 条による．ロの 30A の分岐回路の電線の太さは 2.6 mm 以上でなければならない．ハの 20 A 分岐回路に設置するコンセントは 20 A 以下でなければならない．ニの 30 A 分岐回路に設置するコンセントは定格電流が 20 A 以上 30 A 以下でなければならない．

問 11　イ

ネオン変圧器はネオン放電灯と組み合わせて用いる．

なお，高圧水銀灯は高圧水銀灯用の安定器または放電灯用変圧器と組み合わせて用いる．

問 12　ハ

金属管工事において，金属管の管端に取り付ける絶縁ブッシングの使用目的は，電線の被覆を損傷させないためである．

問 13　ニ

地中電線路は電技解釈第 120 条による．電線ケーブルを使用しなければならないので，これに該当するのは 600 V 架橋ポリエチレン絶縁ビニルシースケーブル（CV）である．

問 14　イ

金属管（鋼製電線管）の切断には金切りのこを用い，曲げ作業にはパイプベンダを用い，管端処理にはやすりを用いる．

問 15　ハ

住宅で使用する電気食器洗い機用のコンセントは，接地極付コンセントを使用する．また，接地極付コンセントには接地端子を備えることが望ましい（内線規程 3202−3）．したがって，接地極付接地端子付コンセントが最も適している．

問 16　ハ

写真に示す材料の用途は合成樹脂製可とう電線管相互の接続である．なお，名称はカップリング（PF 管用）である．

問 17　ロ

写真に示す工具の用途は，リーマと組み合わせて，金属管の面取りに用いる．なお，名称はクリックボールである．

問 18　イ

写真に示す器具は，リモコン配線のリレーとして用いる．なお，名称はリモコンリレーである．

問 19　ロ

リングスリーブ（E 形）の種類と接続できる心線本数と圧着マークの組み合わせは，内線規程 1335-2 表による．

種類	同一径	異なる径	圧着マーク
小	1.6×2		○
	1.6×(3~4)	2.0×1＋1.6×(1~2)	小
中	1.6×(5~6) 2.0×(3~4) ⋮	2.0×1＋1.6×(3~5) 2.0×2＋1.6×(1~3) ⋮	中
大	⋮	⋮	大

したがって，直径 1.6 mm 1 本と直径 2.0 mm 1 本の接続の圧着マークは小でなければならない．

問 20　ニ

電技解釈第 29 条により，機械器具の金属製外箱に施す D 種接地工事が省略できるのは次による．

水気のある場所以外の場所に設置した機器の回路に定格感度電流が 15 mA 以下，動作時間が 0.1 秒以下の電流動作型の漏電遮断器を設置する場合である．したがって，水気のある場所に設置するニの場合は不適切である．

問 21　ニ

電技解釈第 12 条により，電線接続は次によるものとする．

(1)　電線接続部の電気抵抗を増加させない．

(2)　電線が引張り強さを 20 %以上減少させない．

(3)　接続部分には接続管その他の器具を使用するか，ろう付けすること．

(4)　絶縁電線の絶縁物と同等以上の絶縁効力のあるもので十分被覆すること．

したがって，電線の電気抵抗が増加したニは不適切である．

問 22　ニ

電技解釈第 143 条により，住宅の屋内電路の対地電圧は 150 V 以下でなければならない．しかし，定格消費電力が 2 kW 以上の電気機械器具及びこれのみに電気を供給するための屋内配線の電線に簡易接触防護措置を施し，配線と機器を直接接続し，専用の過電流遮断器と漏電遮断器を取り付ける場合は，対地電圧を 300 V 以下とすることができる．

問 23　イ

展開した場所であって，乾燥した場所のライティングダクト工事は，電技解釈第 156 条により，使用電圧 100 V の屋内配線工事として適切である．なお，金属ダクト工事および平形保護層工事は湿気の多い場所は施工できない．また，金属線ぴ工事は点検できない隠ぺい場所は施工できない．

問 24　ハ

単相 3 線式回路で中性線が断線すると，容量の大きい機器には定格より低い電圧が加わり，容量の小さい機器には定格より高い電圧が加わる．

問 25　イ

一般に使用される回路計（テスタ）で測定できるのは，交流電圧，回路抵抗，直流電圧である．したがって，回路計では絶縁抵抗は測定できない．なお，絶縁抵抗は絶縁抵抗計（メガー）で測定する．

問 26　ニ

本問では，自動販売機には D 種接地工事が必要で，この電路には地絡が生じた場合 0.1 秒で自動的に電路を遮断する装置が施してある．電技解釈第 17 条により，地絡が生じた場合 0.5 秒以内に自動的に電路を遮断する装置を施す場合の接地抵抗値は 500 Ω 以下であればよい．

電路の絶縁抵抗値は，電技省令第 58 条により，電気使用場所が開閉器または，過電流遮断器で区切られる電圧電路の使用電圧と絶縁抵抗の最小値は次の表による．

電路の使用電圧の区分		絶縁抵抗値
300 V 以下	対地電圧が 150 V 以下の場合	0.1 MΩ
	その他の場合	0.2 MΩ
300 V を超えるもの		0.4 MΩ

本問の場合は 100 V の回路であるから，絶縁抵抗は 0.1 MΩ 以上であればよい．

問 27　ロ

絶縁抵抗計（メガー）の定格測定電圧（出力電圧）は，直流電圧である．絶縁物に直流電圧を加えて漏れ電流を測定し，間接的に絶縁抵抗の対応することができる．

問 28　ニ

電気工事士法施行規則第 2 条による．電気工事士でなければ従事できない作業は，

・接地極を地面に埋設する
・電線管に電線を収める
・配電盤を造営材に取り付ける
・電線管を曲げる

などである．

問 29　ニ

電気用品安全法により，特定電気用品には◇PSE または〈PS〉E の記号，届出事業者名，登録検査機関名，定格が表示事項として要求されている．しかし，製造年月は表示事項として要求されていない．

問 30　ハ

電技省令第 2 条により，低圧の区分は直流にあっては 750 V 以下，交流にあっては 600 V 以下である．なお，高圧の区分は直流にあっては 750 V を，交流にあっては 600 V 超え，7 000 V 以下のもをいう．

〔問題 2．配線図〕

問 31　ハ

○● の図記号はタンブラスイッチと組み合わされているので，名称は確認表示灯（別置型）である．なお，白熱灯の図記号は◯，熱線式自動スイッチの図記号は$●_{RAS}$，位置表示灯内蔵スイッチの図記号は$●_{H}$である．

問 32　ニ

②で示す部分はルームエアコン用コンセントの接地極の接地工事であるから，電技解釈第 17 条，第 29 条により D 種接地工事を施す．

問 33　ハ

③の部分の最少電線本数（心線数）は複線結線図のように 4 本である．

問 34　ロ

④で示す図記号Ⓓⓛは埋込器具（ダウンライト）を表す．なお，シーリング（天井直付）の図記号はⒸⓛ，シャンデリヤの図記号はⒸⓗで，ペンダントの図記号は⊖である．（※問 34 の選択肢では，「シャンデリア」となっているが，JIS C 0303：2000 構内電気設備の配線用図記号には「シャンデリヤ」と示されているため，解説は JIS に従って「シャンデリヤ」とした．）

複線結線図（問33，問43）

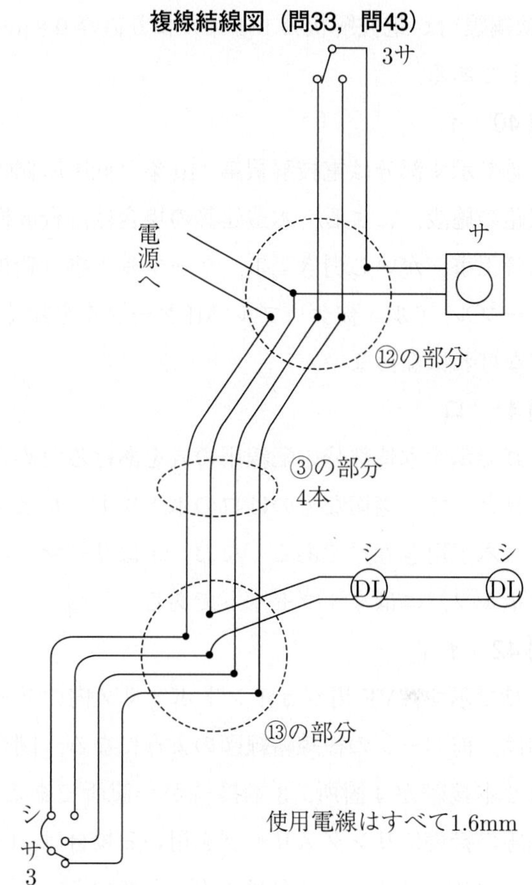

問 35　ハ

⑤で示す引込口開閉器が省略できる場合は，電技解釈第 147 条により住宅と車庫と間の電路の長さが 15 m 以下のときである．

問 36　イ

⑥の部分は単相 3 線式 100/200V を電源とし，単相 200 V で供給される屋外灯回路の配線である．対地電圧は 150 V 以下であるから，絶縁抵抗の値は電技省令第 58 条により 0.1 MΩ 以上であればよい．

問 37　ロ

⑦の部分で施設する配線用遮断器は，200V2P20A であり，単相 200 V 回路なので 2 極 2 素子のものを用いる．

問 38　ニ

⑧で示す図記号TSはタイムスイッチを表す．なお，小型変圧器の図記号はⓉ，タンブラスイッチの図記号は●，遅延スイッチの図記号は$●_{D}$である．

問 39　イ

⑨で示す部分の小勢力回路で使用できる電線(軟銅線)は，電技解釈第 181 条により直径 0.8 mm 以上である．

問 40　イ

⑩で示す部分は電技解釈第 110 条（低圧屋側電線路の施設）による．木造建築の場合は，合成樹脂管工事，がいし引き工事，ケーブル工事（鉛被ケーブル，アルミ被ケーブル，MI ケーブルを除く）でなければならない．

問 41　ロ

⑪で示す木造部分の配線用の穴をあけるための工具として，適切なものはロの木工用ドリルビット（木工用きり）である．なお，イはリーマ，ハはホルソ，ニはタップセットである．

問 42　イ

⑫で示す VVF 用ジョイントボックス内の結線図は，前ページの複線結線図のようになる．図から 2 本接続が 4 箇所，3 本接続が一箇所である．電線の接続にリングスリーブを用いる場合は，1.6 mm×2 本～ 1.6 mm×4 分は小が適している．

したがって，小スリーブが 5 個必要である．

問 43　ニ

⑬で示す VVF 用ジョイントボックス内の結線図は，前ページの複線結線図のようになる．図から 2 本接続が 5 箇所である．電線の接続に差込形コネクタを用いる場合は 2 本接続用が 5 個必要である．

問 44　イ

⑭で示す点滅器は VVF ケーブル工事に用いられるので，スイッチボックスとしては VVF 用のものであるイが適切である．なお，ロは合成樹脂管用スイッチボックス（露出形），ハは金属管用スイッチボックス（ねじなしの露出形），ニはコンクリートボックスである．

問 45　ロ

⑮で示す回路の負荷電流を測定するにはロのクランプ形電流計を用いる．なお，イは回路計（テスタ），ハは照度計，ニは絶縁抵抗計（メガー）である．

問 46　ニ

⑯で示す部分は 3 路スイッチの配線なので，VVF ケーブルの 3 心を用いる．なお，イは VVR ケーブルの 2 心，ロは CV ケーブルの 3 心，ハは VVF ケーブルの 2 心である．

問 47　ロ

⑰で示す図記号⊡は天井付換気扇であるから，ロの器具である．なお，イは住宅用火災警報器，ハは引掛けシーリング（丸形），ニは壁付換気扇である．

問 48　ニ

この配線図で，使用しているコンセントは，ニの接地極付接地端子付埋込形コンセント（図記号◓$_{EET}$）である．なお，イは接地極付埋込形コンセント，ロは接地極付 200 V 用埋込形コンセント，ハは 20 A 用埋込形コンセントでいずれもこの配線図では使用していない．

問 49　イ

この配線図で，イの確認表示灯内蔵スイッチ(図記号●$_L$）は使用していない．なお，ロの位置表示灯内蔵スイッチ（図記号●$_H$），ハの埋込形 3 路スイッチ（図記号●$_3$），ニの埋込形単極スイッチ（図記号●），はそれぞれ使用されている．

問 50　ハ

ハのリングスリーブ（E 形）を用いた電線の圧着接続には，リングスリーブ用（柄が黄色）の圧着ペンチを使用しなければならない．なお，柄が橙色のものは圧着端子用の圧着ペンチである．

第二種電気工事士
筆記試験

2014年度
（平成26年度）

下期試験

問題１．一般問題（問題数30、配点は１問当たり２点）

【注】本問題の計算で$\sqrt{2}$、$\sqrt{3}$及び円周率πを使用する場合の数値は次によること。　$\sqrt{2}=1.41$、$\sqrt{3}=1.73$、$\pi=3.14$

次の各問いには４通りの答え（イ、ロ、ハ、ニ）が書いてある。それぞれの問いに対して答えを１つ選びなさい。

	問い	答え
1	消費電力が500〔W〕の電熱器を、1時間30分使用した時の発熱量〔kJ〕は。	イ．450　ロ．750　ハ．1 800　ニ．2 700
2	図のような直流回路に流れる電流I〔A〕は。 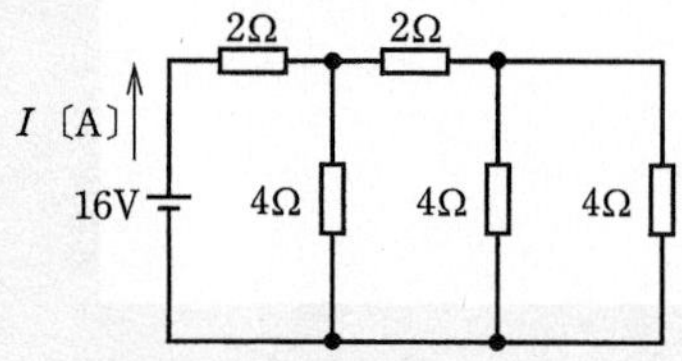 	イ．1　ロ．2　ハ．4　ニ．8
3	直径 2.6〔mm〕、長さ 20〔m〕の銅導線と抵抗値が最も近い同材質の銅導線は。	イ．直径1.6〔mm〕、長さ40〔m〕 ロ．断面積8〔mm^2〕、長さ20〔m〕 ハ．直径3.2〔mm〕、長さ10〔m〕 ニ．断面積5.5〔mm^2〕、長さ20〔m〕
4	図のような三相負荷に三相交流電圧を加えたとき、各線に20〔A〕の電流が流れた。線間電圧E〔V〕は。 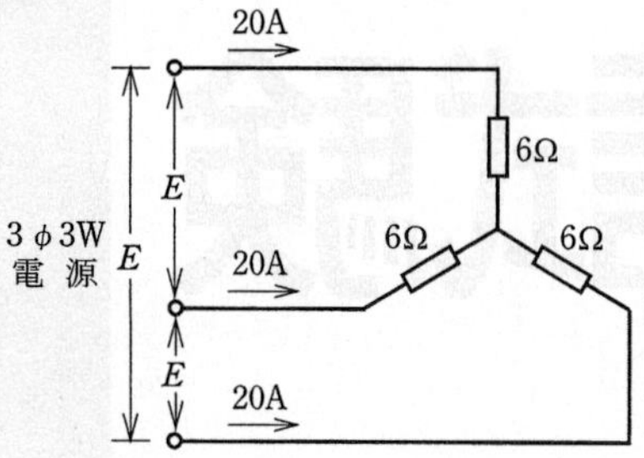 	イ．120　ロ．173　ハ．208　ニ．240
5	単相200〔V〕の回路に、消費電力2.0〔kW〕、力率80〔%〕の負荷を接続した場合、回路に流れる電流〔A〕は。	イ．7.2　ロ．8.0　ハ．10.0　ニ．12.5
6	図のような単相３線式回路で、電線１線当たりの抵抗がr〔Ω〕、負荷電流がI〔A〕、中性線に流れる電流が 0〔A〕のとき、電圧降下(V_s-V_r)〔V〕を示す式は。 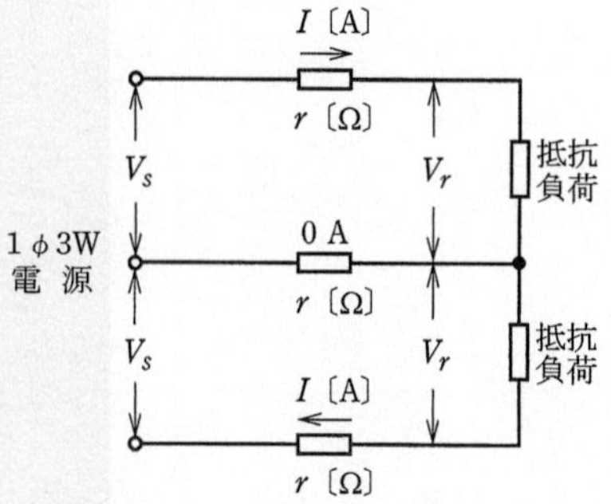 	イ．rI　ロ．$\sqrt{3}rI$　ハ．$2rI$　ニ．$3rI$

	問い	答え			
7	図のような三相3線式回路で、線電流が10〔A〕のとき、この電線路の電力損失〔W〕は。 ただし、電線1線の抵抗は1〔m〕当たり0.01〔Ω〕とする。 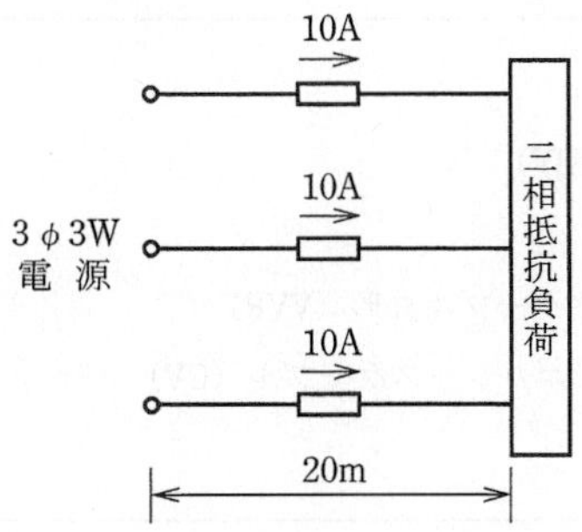	イ．20	ロ．35	ハ．40	ニ．60
8	図のような単相3線式回路で、消費電力100〔W〕、500〔W〕の2つの負荷はともに抵抗負荷である。図中の✕印点で断線した場合、a－b間の電圧〔V〕は。 ただし、断線によって負荷の抵抗値は変化しないものとする。 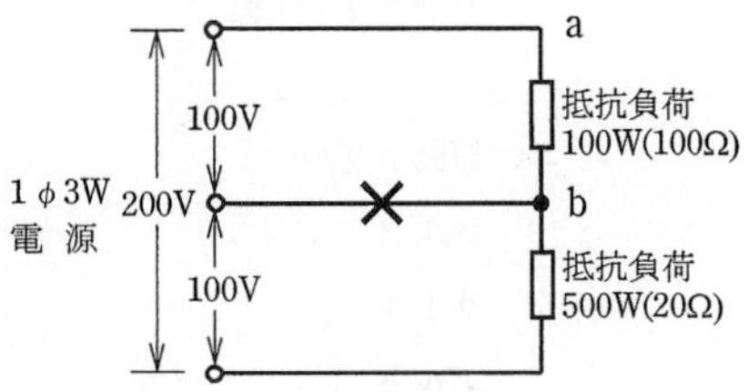	イ．33	ロ．100	ハ．167	ニ．200
9	金属管による低圧屋内配線工事で、管内に直径2.0〔mm〕の600Vビニル絶縁電線(軟銅線)4本を収めて施設した場合、電線1本当たりの許容電流〔A〕は。 ただし、周囲温度は30〔℃〕以下、電流減少係数は0.63とする。	イ．17	ロ．22	ハ．30	ニ．35
10	低圧屋内配線の分岐回路の設計で、配線用遮断器、分岐回路の電線の太さ及びコンセントの組合せとして、**適切なものは**。 ただし、分岐点から配線用遮断器までは3〔m〕、配線用遮断器からコンセントまでは8〔m〕とし、電線の数値は分岐回路の電線(軟銅線)の太さを示す。 また、コンセントは兼用コンセントではないものとする。	イ． 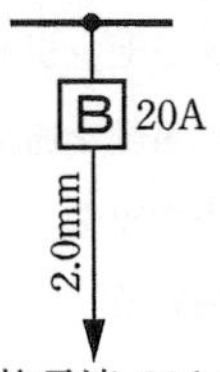定格電流 20Aの コンセント 2個	ロ． 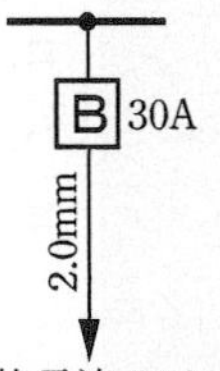定格電流 20Aの コンセント 2個	ハ． 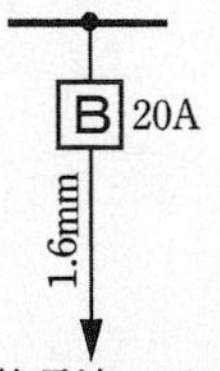定格電流 30Aの コンセント 1個	ニ． 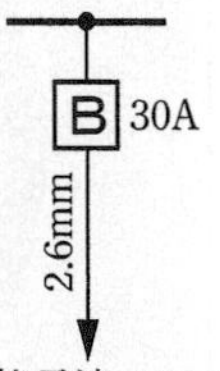定格電流 15Aの コンセント 1個

	問　い	答　え
11	低圧電路に使用する定格電流 20〔A〕の配線用遮断器に 40〔A〕の電流が継続して流れたとき、この配線用遮断器が自動的に動作しなければならない時間〔分〕の限度（最大の時間）は。	イ．1　　ロ．2　　ハ．4　　ニ．60
12	絶縁物の最高許容温度が最も高いものは。	イ．600V 二種ビニル絶縁電線（HIV） ロ．600V ビニル絶縁電線（IV） ハ．600V ビニル絶縁ビニルシースケーブル丸形（VVR） ニ．600V 架橋ポリエチレン絶縁ビニルシースケーブル（CV）
13	極数 6 の三相かご形誘導電動機を周波数 60〔Hz〕で使用するとき、最も近い回転速度〔min^{-1}〕は。	イ．600　　ロ．1 200　　ハ．1 800　　ニ．3 600
14	コンクリート壁に金属管を取り付けるときに用いる材料及び工具の組合せとして、**適切なものは。**	イ．ホルソ カールプラグ ハンマ ステープル ロ．ハンマ たがね ステープル コンクリート釘 ハ．振動ドリル カールプラグ サドル 木ねじ ニ．振動ドリル ホルソ サドル ボルト
15	霧の濃い場所やトンネル内等の照明に**適しているものは。**	イ．ナトリウムランプ ロ．ハロゲン電球 ハ．水銀ランプ ニ．蛍光ランプ
16	写真に示す物の用途は。 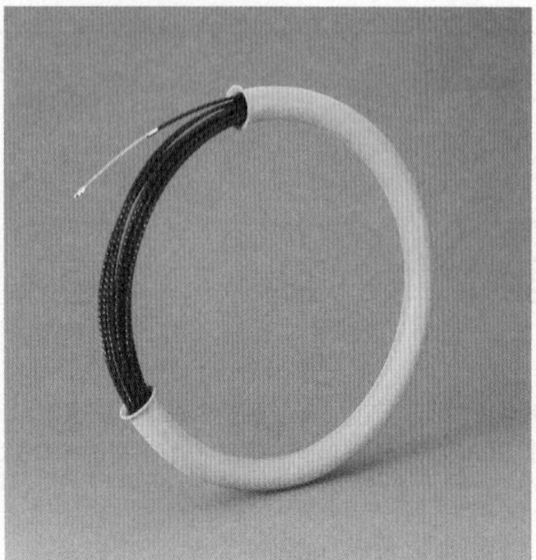	イ．アウトレットボックス（金属製）と、そのノックアウトの径より外径の小さい金属管とを接続するために用いる。 ロ．電線やメッセンジャワイヤのたるみを取るのに用いる。 ハ．電線管に電線を通線するのに用いる。 ニ．金属管やボックスコネクタの端に取り付けて、電線の絶縁被覆を保護するために用いる。

	問い	答え
17	写真に示す材料の用途は。 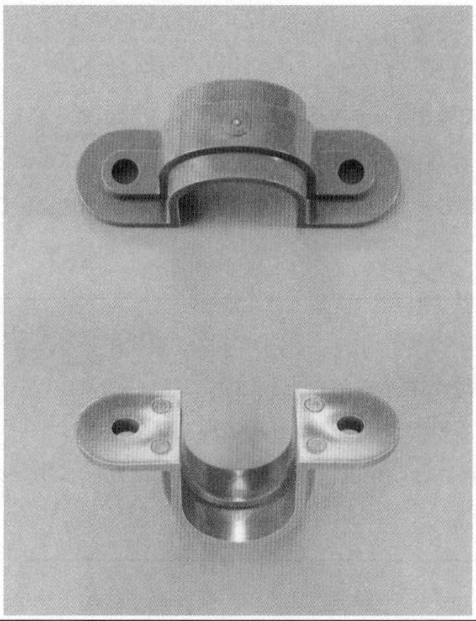	イ．PF管を支持するのに用いる。 ロ．照明器具を固定するのに用いる。 ハ．ケーブルを束線するのに用いる。 ニ．金属線ぴを支持するのに用いる。
18	写真に示す器具の用途は。 	イ．リモコンリレー操作用のスイッチとして用いる。 ロ．リモコン用調光スイッチとして用いる。 ハ．リモコン配線のリレーとして用いる。 ニ．リモコン配線の操作電源変圧器として用いる。
19	低圧屋内配線工事で、600Vビニル絶縁電線（軟銅線）をリングスリーブ用圧着工具とリングスリーブE形を用いて終端接続を行った。接続する電線に適合するリングスリーブの種類と圧着マーク（刻印）の組合せで、**適切なものは。**	イ．直径2.0〔mm〕2本の接続に、小スリーブを使用して圧着マークを ○ にした。 ロ．直径1.6〔mm〕1本と直径2.0〔mm〕1本の接続に、小スリーブを使用して圧着マークを **小** にした。 ハ．直径1.6〔mm〕4本の接続に、中スリーブを使用して圧着マークを **中** にした。 ニ．直径1.6〔mm〕2本と直径2.0〔mm〕1本の接続に、中スリーブを使用して圧着マークを **中** にした。
20	特殊場所とその場所に施工する低圧屋内配線工事の組合せで、**不適切なものは。**	イ．プロパンガスを他の小さな容器に小分けする場所 合成樹脂管工事 ロ．小麦粉をふるい分けする粉じんのある場所 厚鋼電線管を使用した金属管工事 ハ．石油を貯蔵する場所 厚鋼電線管で保護した600Vビニル絶縁ビニルシースケーブルを用いたケーブル工事 ニ．自動車修理工場の吹き付け塗装作業を行う場所 厚鋼電線管を使用した金属管工事

	問　い	答　え
21	硬質塩化ビニル電線管による合成樹脂管工事として、**不適切なものは。**	イ．管相互及び管とボックスとの接続で、接着剤を使用しないで管の差込み深さを管の外径の 0.8 倍とした。 ロ．管の支持点間の距離は 1〔m〕とした。 ハ．湿気の多い場所に施設した管とボックスとの接続箇所に、防湿装置を施した。 ニ．三相 200〔V〕配線で、簡易接触防護措置を施した（人が容易に触れるおそれがない）場所に施設した管と接続する金属製プルボックスに、D 種接地工事を施した。
22	使用電圧 200〔V〕の電動機に接続する部分の金属可とう電線管工事として、**不適切なものは。** ただし、管は 2 種金属製可とう電線管を使用する。	イ．管とボックスとの接続にストレートボックスコネクタを使用した。 ロ．管の内側の曲げ半径を管の内径の 6 倍以上とした。 ハ．管の長さが 6〔m〕であるので、電線管の D 種接地工事を省略した。 ニ．管と金属管（鋼製電線管）との接続にコンビネーションカップリングを使用した。
23	図に示す雨線外に施設する金属管工事の末端Ⓐ又はⒷ部分に使用するものとして、**不適切なものは。** 金属管　Ⓐ　金属管　Ⓑ 垂直配管　水平配管	イ．Ⓐ 部分にエントランスキャップを使用した。 ロ．Ⓐ 部分にターミナルキャップを使用した。 ハ．Ⓑ 部分にエントランスキャップを使用した。 ニ．Ⓑ 部分にターミナルキャップを使用した。
24	低圧検電器に関する記述として、**誤っているものは。**	イ．低圧交流電路の充電の有無を確認する場合、いずれかの一相が充電されていないことを確認できた場合は、他の相についての充電の有無を確認する必要がない。 ロ．電池を内蔵する検電器を使用する場合は、チェック機構（テストボタン）によって機能が正常に働くことを確認する。 ハ．低圧交流電路の充電の有無を確認する場合、検電器本体からの音響や発光により充電の確認ができる。 ニ．検電の方法は、感電しないように注意して、検電器の握り部を持ち検知部（先端部）を被検電部に接触させて充電の有無を確認する。
25	工場の三相 200〔V〕三相誘導電動機の鉄台に施設した接地工事の接地抵抗値を測定し、接地線（軟銅線）の太さを検査した。「電気設備の技術基準の解釈」に適合する接地抵抗値〔Ω〕と接地線の太さ（直径〔mm〕）の組合せで、**適切なものは。** ただし、電路に施設された漏電遮断器の動作時間は、0.1 秒とする。	イ．100〔Ω〕 1.0〔mm〕 ロ．200〔Ω〕 1.2〔mm〕 ハ．300〔Ω〕 1.6〔mm〕 ニ．600〔Ω〕 2.0〔mm〕

	問い	答え
26	三相誘導電動機の回転方向を確認するため、三相交流の相順（相回転）を調べるものは。	イ．回転計　ロ．検相器　ハ．検流計　ニ．回路計
27	低圧屋内配線の絶縁抵抗測定を行いたいが、その電路を停電して測定することが困難なため、漏えい電流により絶縁性能を確認した。「電気設備の技術基準の解釈」に定める絶縁性能を有していると判断できる漏えい電流の最大値〔mA〕は。	イ．0.1　ロ．0.2　ハ．0.4　ニ．1.0
28	電気工事士の義務又は制限に関する記述として、**誤っているものは。**	イ．電気工事士は、電気工事士法で定められた電気工事の作業に従事するときは、電気工事士免状を携帯していなければならない。 ロ．電気工事士は、電気工事の作業に電気用品安全法に定められた電気用品を使用する場合は、同法に定める適正な表示が付されたものを使用しなければならない。 ハ．電気工事士は、氏名を変更したときは、経済産業大臣に申請して免状の書換えをしてもらわなければならない。 ニ．電気工事士は、電気工事士法で定められた電気工事の作業に従事するときは、電気設備に関する技術基準を定める省令に適合するようにその作業をしなければならない。
29	電気用品安全法における特定電気用品に関する記述として、**誤っているものは。**	イ．電気用品の製造の事業を行う者は、一定の要件を満たせば製造した特定電気用品に〈PS E〉の表示を付すことができる。 ロ．電気用品の輸入の事業を行う者は、一定の要件を満たせば輸入した特定電気用品に(PS E)の表示を付すことができる。 ハ．電線、ヒューズ、配線器具等の部品材料であって構造上表示スペースを確保することが困難な特定電気用品にあっては、特定電気用品に表示する記号に代えて＜PS＞Eとすることができる。 ニ．電気用品の販売の事業を行う者は、経済産業大臣の承認を受けた場合等を除き、法令に定める表示のない特定電気用品を販売してはならない。
30	一般用電気工作物の適用を**受けないものは。** ただし、発電設備は電圧600〔V〕以下で、1構内に設置するものとする。	イ．低圧受電で、受電電力の容量が40〔kW〕、出力5〔kW〕の太陽電池発電設備を備えた幼稚園 ロ．低圧受電で、受電電力の容量が35〔kW〕、出力5〔kW〕の非常用内燃力発電設備を備えた映画館 ハ．低圧受電で、受電電力の容量が45〔kW〕、出力5〔kW〕の燃料電池発電設備を備えた中学校 ニ．低圧受電で、受電電力の容量が30〔kW〕、出力15〔kW〕の太陽電池発電設備と電気的に接続した出力5〔kW〕の風力発電設備を備えた農園

※令和５年３月20日の電気事業法および関連法の改正・施行に伴い，問30の選択肢の内容を一部変更し，併せて解答も変更しています．

問題2．配線図（問題数 20、配点は1問当たり 2 点）

図は、鉄筋コンクリート造の集合住宅共用部の部分的配線図である。この図に関する次の各問いには4通りの答え（イ、ロ、ハ、ニ）が書いてある。それぞれの問いに対して、答えを1つ選びなさい。

【注意】 1．屋内配線の工事は、特記のある場合を除き 600V ビニル絶縁ビニルシースケーブル平形（VVF）を用いたケーブル工事である。
2．屋内配線等の電線の本数、電線の太さ、その他、問いに直接関係のない部分等は省略又は簡略化してある。
3．漏電遮断器は、定格感度電流 30〔mA〕、動作時間 0.1 秒以内のものを使用している。
4．選択肢（答え）の写真にあるコンセントは、「JIS C 0303：2000 構内電気設備の配線用図記号」で示す「一般形」である
5．配電盤、分電盤及び制御盤の外箱は金属製である。
6．ジョイントボックスを経由する電線は、すべて接続箇所を設けている。
7．3路スイッチの記号「0」の端子には、電源側又は負荷側の電線を結線する。

	問　い	答　え
31	①で示す部分の地中電線路を直接埋設式により施設する場合の埋設深さの最小値〔m〕は。ただし、車両その他の重量物の圧力を受けるおそれがある場所とする。	イ．0.3　ロ．0.6　ハ．1.2　ニ．1.5
32	②で示す図記号の名称は。	イ．リモコンセレクタスイッチ　ロ．漏電警報器 ハ．リモコンリレー　ニ．火災表示灯
33	③で示す図記号の名称は。	イ．シーリング（天井直付）　ロ．ペンダント ハ．埋込器具　ニ．引掛シーリング（丸）
34	④で示す図記号の器具は。	イ．天井に取り付けるコンセント　ロ．床面に取り付けるコンセント ハ．二重床用のコンセント　ニ．非常用コンセント
35	⑤で示す図記号の機器は。	イ．電動機の始動器 ロ．力率を改善する進相コンデンサ ハ．熱線式自動スイッチ用センサ ニ．制御配線の信号により動作する開閉器（電磁開閉器）
36	⑥で示す機器の定格電流の最大値〔A〕は。	イ．15　ロ．20　ハ．30　ニ．40
37	⑦で示す部分の接地工事における接地抵抗の許容される最大値〔Ω〕は。 なお、引込線の電源側には地絡遮断装置は設置されていない。	イ．10　ロ．100　ハ．300　ニ．500
38	⑧で示す部分の最少電線本数（心線数）は。	イ．4　ロ．5　ハ．6　ニ．7
39	⑨で示す図記号の名称は。	イ．フロートスイッチ　ロ．電磁開閉器用押しボタン ハ．フロートレススイッチ電極　ニ．圧力スイッチ
40	⑩で示す部分の電路と大地間の絶縁抵抗として、許容される最小値〔MΩ〕は。	イ．0.1　ロ．0.2　ハ．0.4　ニ．1.0

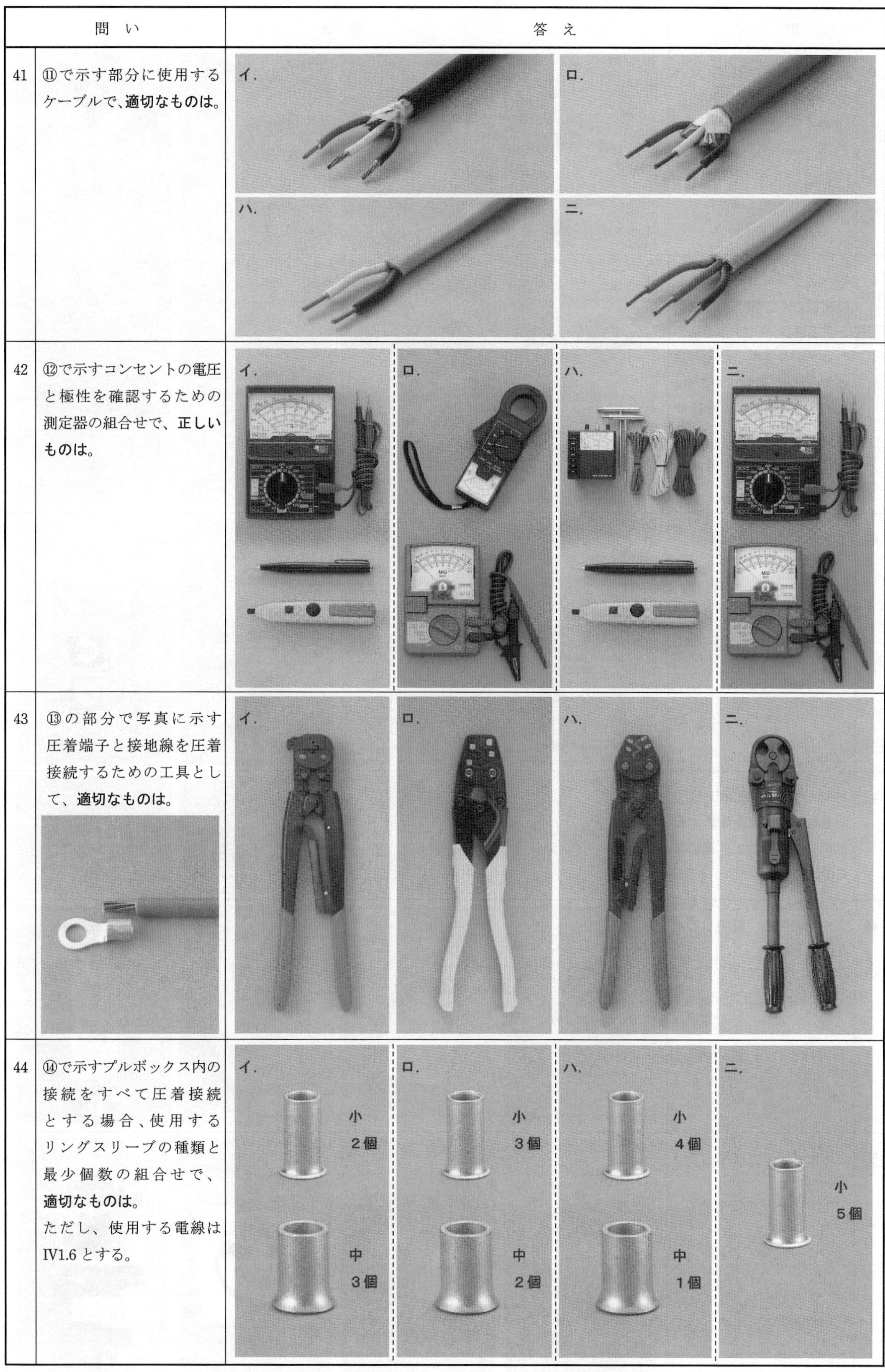

	問い	答え			
41	⑪で示す部分に使用するケーブルで、**適切なものは。**	イ．	ロ．	ハ．	ニ．
42	⑫で示すコンセントの電圧と極性を確認するための測定器の組合せで、**正しいものは。**	イ．	ロ．	ハ．	ニ．
43	⑬の部分で写真に示す圧着端子と接地線を圧着接続するための工具として、**適切なものは。**	イ．	ロ．	ハ．	ニ．
44	⑭で示すプルボックス内の接続をすべて圧着接続とする場合、使用するリングスリーブの種類と最少個数の組合せで、**適切なものは。** ただし、使用する電線はIV1.6とする。	イ． 小 2個 中 3個	ロ． 小 3個 中 2個	ハ． 小 4個 中 1個	ニ． 小 5個

問　い		答　え			
45	⑮で示す部分の工事において、使用されることのないものは。	イ. 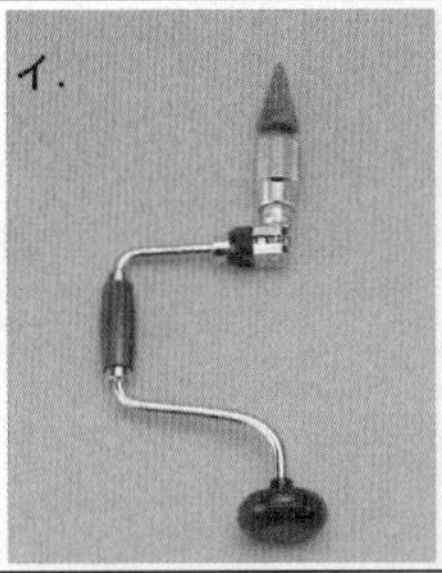	ロ. 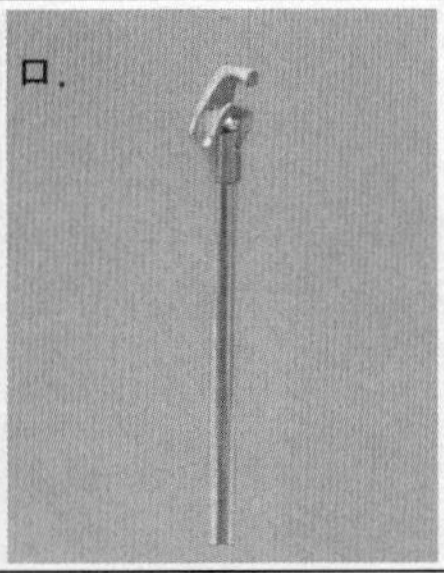	ハ. 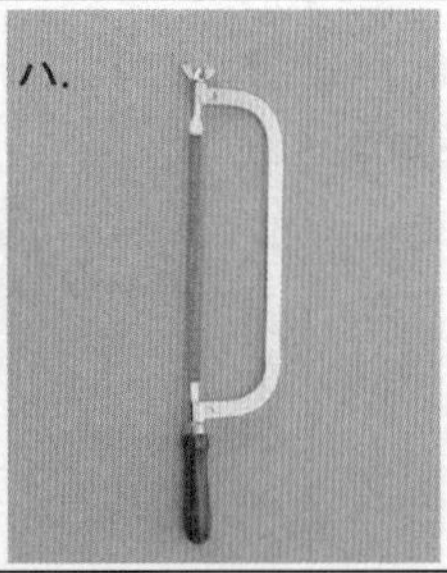	ニ. 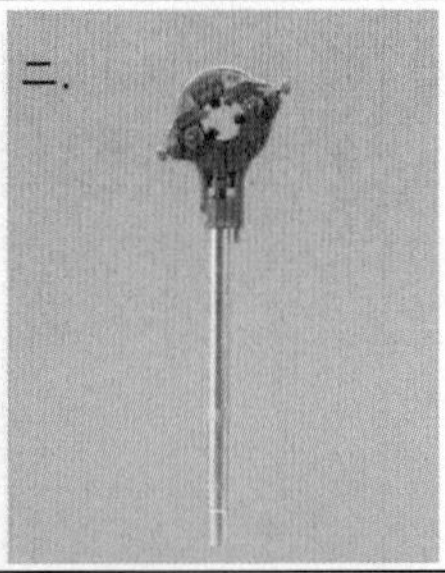
46	⑯で示すプルボックス内の接続をすべて差込形コネクタとする場合、使用する差込形コネクタの種類と最少個数の組合せで、**適切なものは**。ただし、使用する電線はIV1.6とする。	イ. 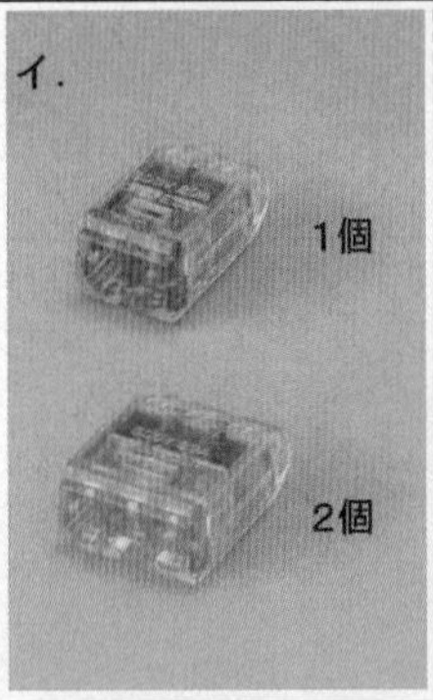 1個 2個	ロ. 3個 1個 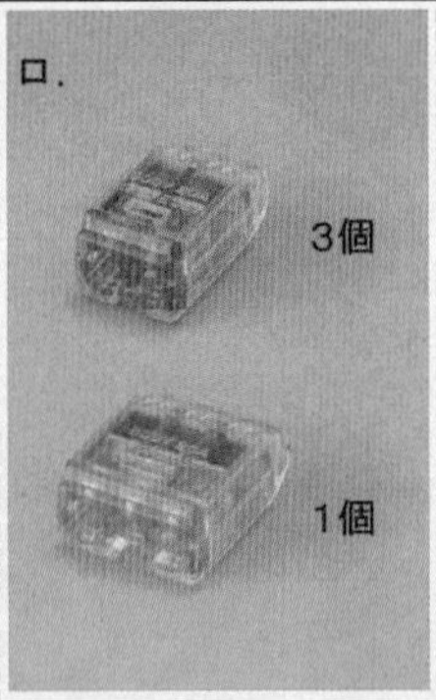	ハ. 3個 	ニ. 4個 
47	⑰で示す図記号の器具は。	イ. 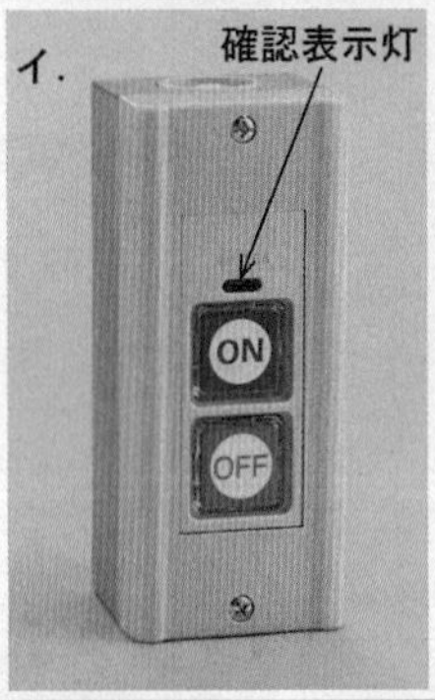 確認表示灯	ロ. 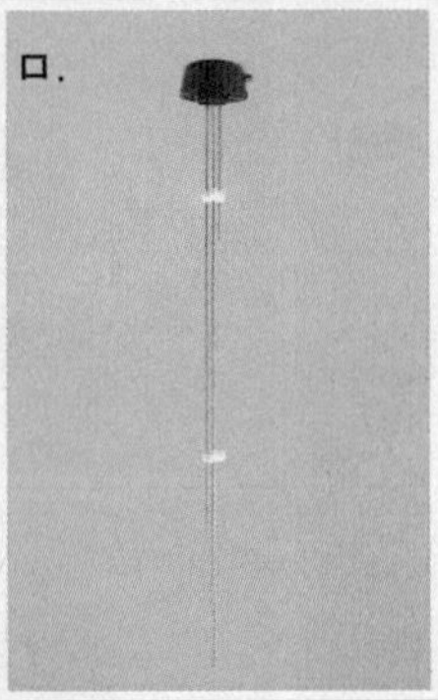	ハ. 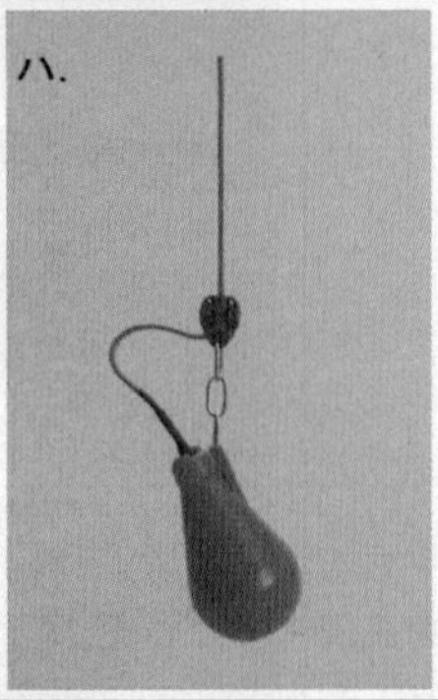	ニ. 
48	⑱で示す地中配線工事で防護管（FEP）を切断するための工具として、**適切なものは**。	イ. 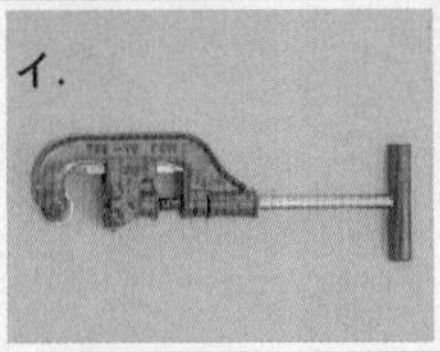	ロ. 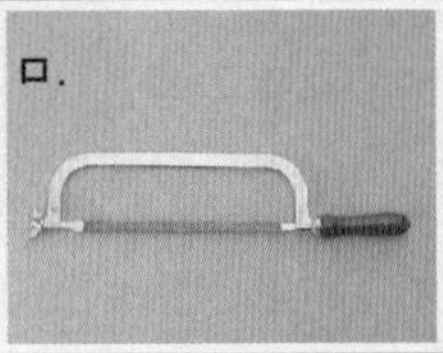	ハ. 	ニ. 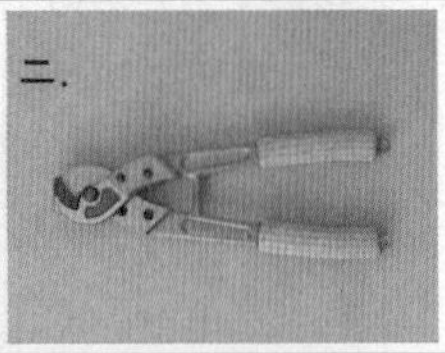
49	この配線図で、使用していないものは。	イ. 	ロ. 	ハ. 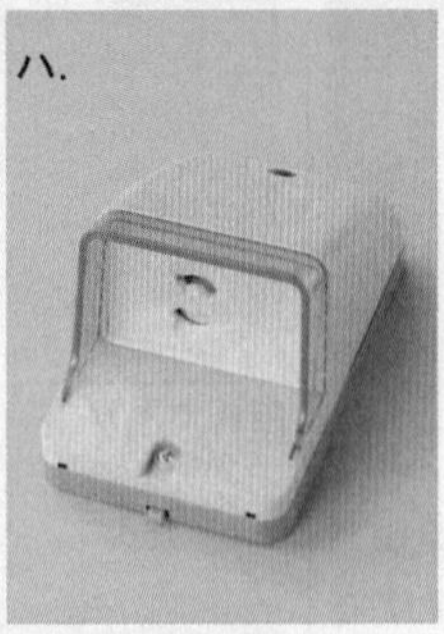	ニ. 
50	この配線図で、使用していないものは。	イ. 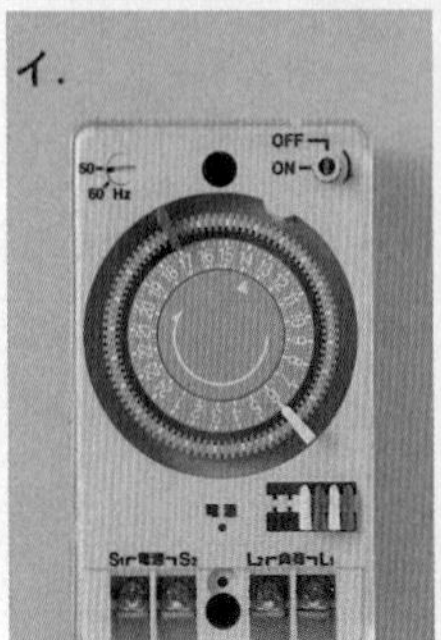	ロ. 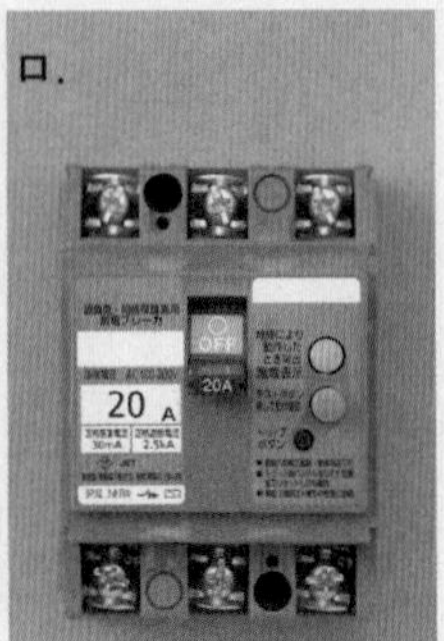	ハ. 	ニ. 

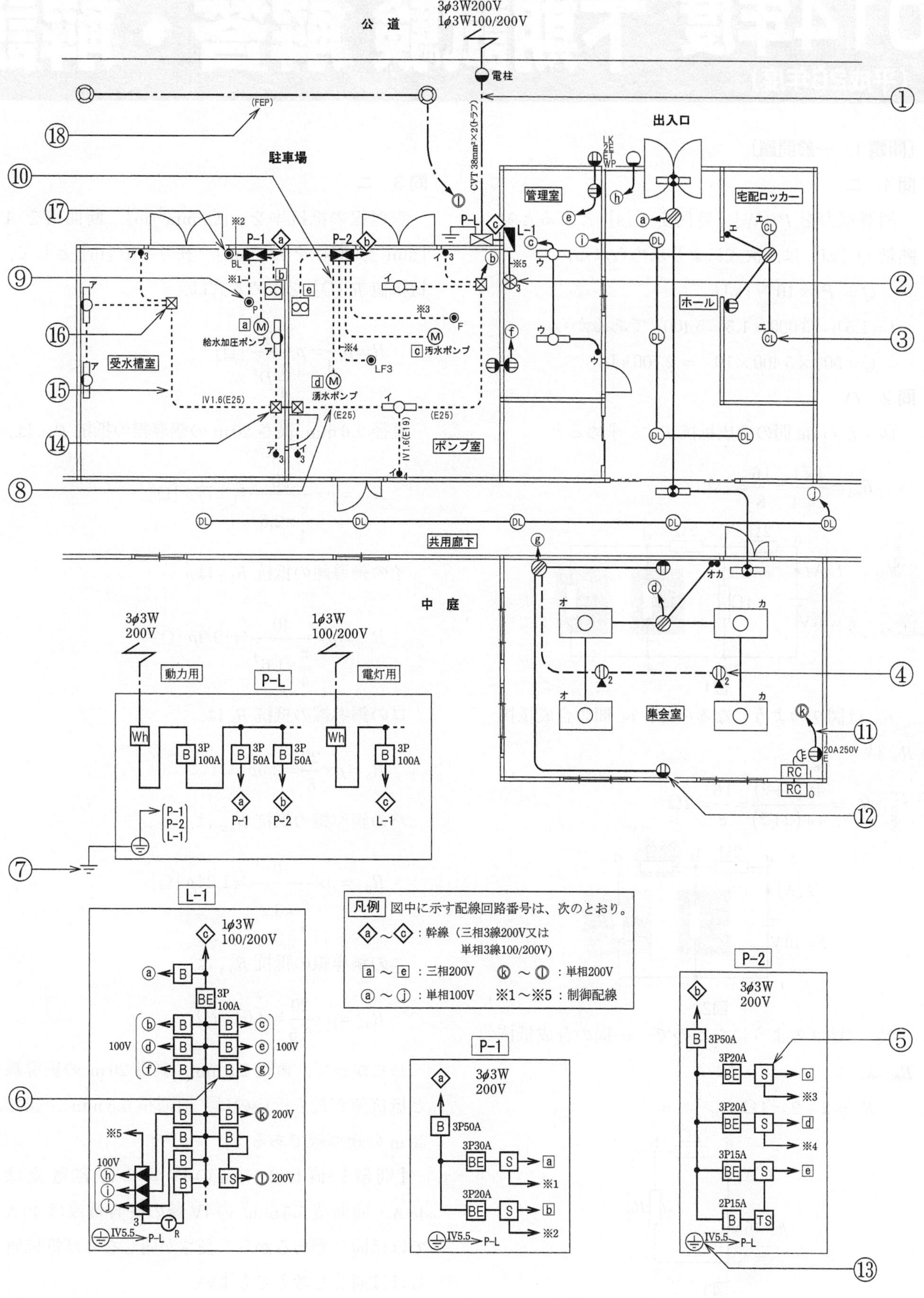

公道
3φ3W200V
1φ3W100/200V
電柱
出入口
駐車場
管理室
宅配ロッカー
ホール
受水槽室
給水加圧ポンプ
汚水ポンプ
湧水ポンプ
ポンプ室
共用廊下
中庭
集会室
動力用
P-L
電灯用
L-1
P-1
P-2
凡例 図中に示す配線回路番号は、次のとおり。
ⓐ～ⓒ：幹線（三相3線200V又は単相3線100/200V）
a ～ e：三相200V
ⓚ～ⓛ：単相200V
ⓐ～ⓙ：単相100V
※1～※5：制御配線

第二種電気工事士筆記試験
2014年度（平成26年度）下期試験 解答・解説

〔問題 1. 一般問題〕

問 1　ニ

消費電力を P［W］，時間を t［s］とすると発熱量 Q［kJ］は，次式により求められる．

$$Q = Pt \times 10^{-3}\ [\mathrm{kJ}]$$

$t = 1.5\,\mathrm{h} = 3\,600 \times 1.5 = 5\,400\,\mathrm{s}$ であるから，

$$Q = 500 \times 5\,400 \times 10^{-3} = 2\,700\,\mathrm{kJ}$$

問 2　ハ

図 1 から de 間の合成抵抗 R_{de} を求めると，

$$R_{\mathrm{ed}} = \frac{4 \times 4}{4+4} = \frac{16}{8} = 2\,\Omega$$

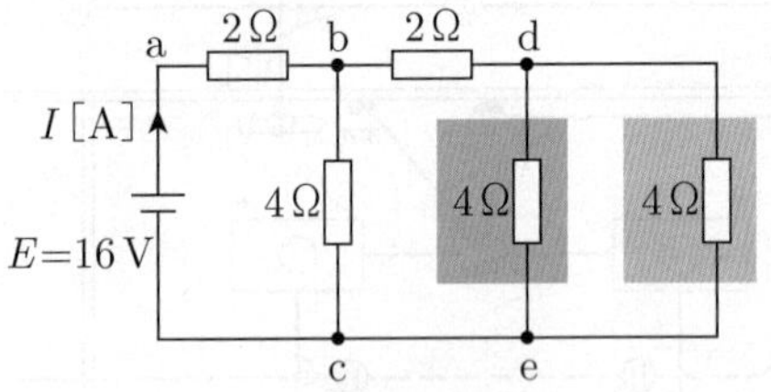

図1

R_{de} は図 2 のようになるので，bc 間の合成抵抗 R_{bc} は，

$$R_{\mathrm{bc}} = \frac{4 \times (2+2)}{4+(2+2)} = \frac{16}{8} = 2\,\Omega$$

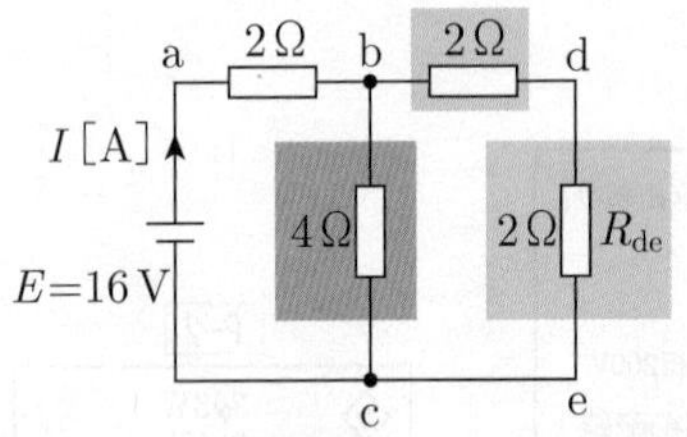

図2

R_{bc} は図 3 のようになるので，ac 間の合成抵抗 R_{ac} は，

$$R_{\mathrm{ac}} = 2 + 2 = 4\,\Omega$$

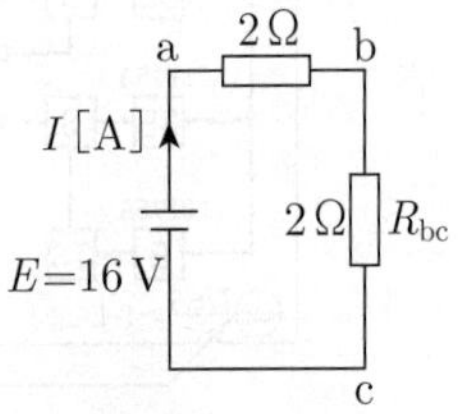

図3

回路に流れる電流 I［A］は，

$$I = \frac{E}{R_{\mathrm{ac}}} = \frac{16}{4} = 4\,\mathrm{A}$$

問 3　ニ

銅導線の抵抗率を ρ［$\Omega\cdot\mathrm{mm}^2/\mathrm{m}$］，断面積を A［mm^2］，直径を D［mm］，長さを L［m］として，抵抗値 R［Ω］を求める式は，

$$R = \rho\frac{L}{A} = \rho\frac{L}{\frac{\pi}{4}D^2}\ [\Omega]$$

直径 2.6 mm，長さ 20 m の銅導線の抵抗 $R_{2.6}$ は，

$$R_{2.6} = \rho \times \frac{20}{\frac{\pi}{4} \times 2.6^2} \fallingdotseq 3.77\rho\ [\Omega]$$

イの銅導線の抵抗 $R_{1.6}$ は，

$$R_{1.6} = \rho \times \frac{40}{\frac{\pi}{4} \times 1.6^2} \fallingdotseq 19.9\rho\ [\Omega]$$

ロの銅導線の抵抗 R_8 は，

$$R_8 = \rho \times \frac{20}{8} = 2.5\rho\ [\Omega]$$

ハの銅導線の抵抗 $R_{3.2}$ は，

$$R_{3.2} = \rho \times \frac{10}{\frac{\pi}{4} \times 3.2^2} \fallingdotseq 1.24\rho\ [\Omega]$$

ニの銅導線の抵抗 $R_{5.5}$ は，

$$R_{5.5} = \rho \times \frac{20}{5.5} \fallingdotseq 3.64\rho\ [\Omega]$$

したがって，直径 2.6 mm，長さ 20 m の銅導線と抵抗値が最も近いのは，断面積 5.5 mm²，長さ 20 m の銅導線である．

【別解】直径 2.6 mm の IV 線の許容電流は 48 A，断面積 5.5 mm² の IV 線の許容電流は 49 A でほぼ同じであるから，長さが同じならば抵抗値もほぼ同じと考えてもよい．

問 4　ハ

線電流 $I = 20\,\mathrm{A}$，負荷抵抗 $R = 6\,\Omega$ であるから，相電圧 E_P を求めると，

$$E_P = I \times R = 20 \times 6 = 120\,\mathrm{V}$$

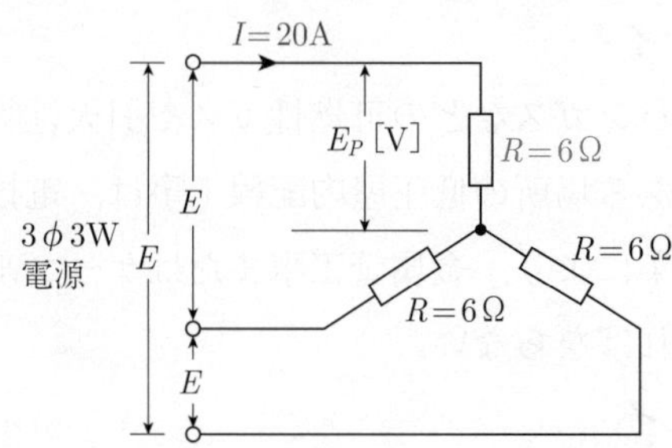

スター結線では，線間電圧 E は相電圧 E_P の $\sqrt{3}$ 倍となる．したがって，線間電圧 E は

$$E=\sqrt{3}E_P=1.73\times120\fallingdotseq208\,\mathrm{V}$$

問 5　ニ

電源電圧 $E=200\,\mathrm{V}$，力率 $\cos\theta=0.8$，回路に流れる電流 I[A] とすると，消費電力 P[W] を求める式は，

$$P=EI\cos\theta$$

$$\therefore\ I=\frac{P}{E\cos\theta}=\frac{2.0\times10^3}{200\times0.8}=\frac{2000}{160}=12.5\,\mathrm{A}$$

問 6　イ

中性線 oo′間には電流が流れず，電圧降下は発生しない．ao 間の電圧 V_s は次式で求められる．

$$V_s=rI+V_r$$

したがって，電圧降下（V_s-V_r）を示す式は，

$$V_s-V_r=rI+V_r-V_r=rI$$

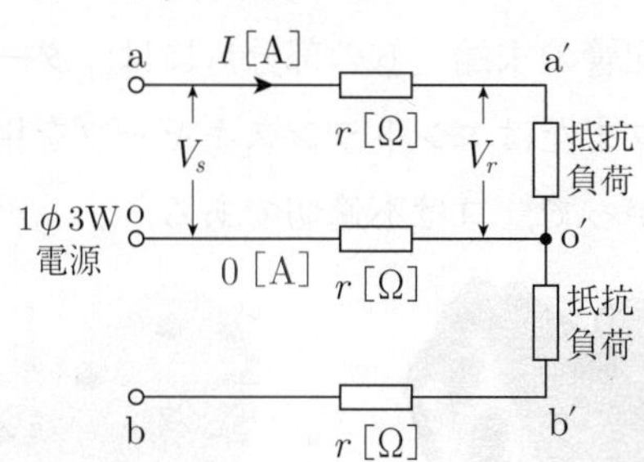

問 7　ニ

電線 1 線の抵抗は 1 m 当たり 0.01 Ω，電線路の長さは 20 m であるから，電線路の抵抗を 1 線当たり r[Ω] とすると，

$$r=0.01\times20=0.2\,\Omega$$

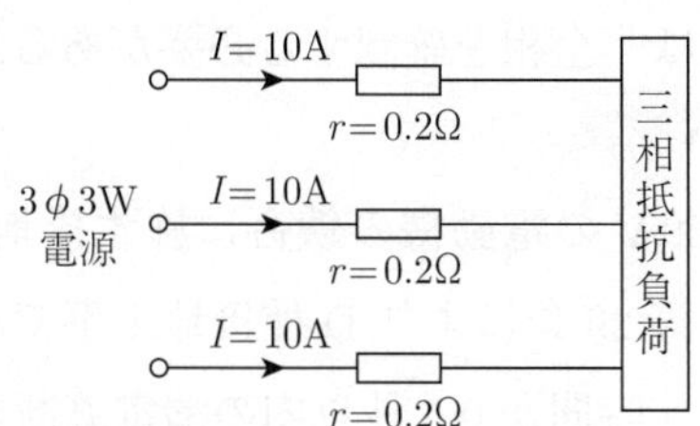

電線 1 線当たりの電力損失は I^2r [W] であるから，三相分の電力損失 P_l [W] は，

$$P_l=3I^2r=3\times10^2\times0.2=60\,\mathrm{W}$$

問 8　ハ

×印点で断線した場合の回路は，次図のようになる．図より電流 I を求めると，

$$I=\frac{V}{R_1+R_2}=\frac{200}{100+20}=\frac{200}{120}=\frac{5}{3}\,\mathrm{A}$$

I [A]
a
V_{ab}
R_1 100 Ω
V=200V
b
R_2 20 Ω

ab 間の電圧 V_{ab} を求めると，

$$V_{ab}=R_1\times I=100\times\frac{5}{3}\fallingdotseq167\,\mathrm{V}$$

問 9　ロ

直径 2.0 mm の 600V ビニル絶縁電線の許容電流は 35 A で，金属管に 4 本挿入するときの電流減少係数は 0.63 であるから，この場合の電線 1 本当たりの許容電流 [A] は，

$$35\times0.63=22.05\fallingdotseq22\,\mathrm{A}$$

問 10　イ

電技解釈第 149 条による．ロの 30 A 分岐回路の電線の太さは，2.6 mm 以上でなければならない．ハの 20 A 分岐回路に設置するコンセントは，定格電流が 20 A 以下でなければならない．ニの 30 A 分岐回路に設置するコンセントは，定格電流が 20 A 以上 30 A 以下でなければならない．

問 11　ロ

電技解釈第 33 条による．定格電流が 20 A の配線用遮断器に 40 A の電流が継続して流れた場合の倍数は，40/20＝2 倍であるから，定格電流が 30 A 以下の配線用遮断器では，2 分以内に動作しなければならない．なお，定格電流の 1.25 倍の電流が流れた場合は，60 分以内に動作しなければならない．

問 12　ニ

内線規程 1340−3 表による．絶縁物の最高許容温度を高いものから順に記すと，次のようになる．

ニ．600V 架橋ポリエチレン絶縁ビニルシースケーブル（CV）：90℃

イ．600V 二種ビニル絶縁電線（HIV）：75℃

ロ．600V ビニル絶縁電線（IV）：60℃

ハ．600V ビニル絶縁ビニルシースケーブル

丸形（VVR）：60℃

問 13　ロ

三相かご形誘導電動機の同期速度 N_s は，周波数を f，極数を p とすると，次式で求められる．

$$N_s = \frac{120f}{p} = \frac{120\times60}{6} = 1200\,\mathrm{min}^{-1}$$

なお，負荷運転時の回転速度 N は，N_s より少し低くなる．

$N = N_s\,(1-s)$　　ただし，s は滑り

問 14　ハ

コンクリート壁への金属管の取り付けは，振動ドリルで壁に穴をあけ，穴にカールプラグを打ち込み，サドルで金属管を支持し，木ねじをサドルに通して，カールプラグにねじ込んで固定する．

問 15　イ

ナトリウムランプは，ナトリウム蒸気中での放電を利用したランプである．橙黄色の光で演色性は悪いが，霧に対する透過性がよく，発光効率が高いため，霧の濃い場所やトンネル内等の照明に適している．

問 16　ハ

写真に示す物の用途は，電線管に電線を通線するのに用いる．なお，名称は呼び線挿入器である．

問 17　イ

写真に示す材料は，PF 管を支持するのに用いる合成樹脂製サドル（PF 管用）である．

問 18　ニ

写真に示す器具の用途は，リモコン配線の操作電源変圧器として用いる．なお，名称はリモコン変圧器である．（100 V を 24 V に変圧する．）

問 19　ロ

接続する電線に適合するリングスリーブの種類と圧着マーク（刻印）の組合せは，次表による．

種類	電線の組合せ			刻印
	1.6 mm	2.0 mm	異なる径の場合[mm]	
小	2 本	——	1.6×1＋0.75mm^2×1	1.6×2 ○
			1.6×2＋0.75mm^2×1	
	3 ～ 4 本	2 本	2.0×1＋1.6×(1 ～ 2)	小
中	5 ～ 6 本	3 ～ 4 本	2.0×1＋1.6×(3 ～ 5)	中
			2.0×2＋1.6×(1 ～ 3)	
			2.0×3＋1.6×1	

したがって，ロが適切である．

問 20　イ

プロパンガスなどの可燃性ガスや引火性物質の蒸気がある場所の低圧屋内配線工事は，電技解釈第 176 条により，金属管工事またはケーブル工事でなければならない．

問 21　イ

硬質塩化ビニル電線管による合成樹脂管工事における管相互及び管とボックスとの接続は，電技解釈第 158 条により，接着剤を使用しないときは，管の差し込み深さを管の外径の 1.2 倍以上としなければならない．

問 22　ハ

金属可とう電線管工事は，電技解釈第 160 条による．2 種可とう電線管には，使用電圧が 200 V の場合は D 種接地工事を施さなければならない．しかし，管の長さが 4 m 以下の場合は，D 種接地工事を省略することができる．

問 23　ロ

雨線外に施設する金属管工事の末端の配管は，内線規程 3110-15 による．

垂直配管の上端（Ⓐの部分）には，エントランスキャップを用いる．

水平配管の末端（Ⓑの部分）には，ターミナルキャップまたはエントランスキャップを用いる．

したがって，ロは不適切である．

エントランスキャップ　　　ターミナルキャップ

問 24　イ

低圧交流電路の充電の有無を低圧検電器で確認する場合は，全相を確認する必要がある．

問 25　ハ

三相 200 V の電動機の鉄台に施す接地工事は，電技解釈第 29 条により D 種接地工事である．電源側に動作時間が 0.5 秒以内の漏電遮断器が施設されているので，電技解釈第 17 条により接地抵抗値は 500 Ω 以下，接地線の太さは 1.6 mm 以上であればよい．

問 26　ロ

三相誘導電動機の回転方向を確認するため，三相交流の相順（相回転）を調べる測定器は検相器である．なお，回転計は電動機等の回転数の測定に用いる．検流計は微小な電流の測定に用いる．回路計は交流電圧，直流電圧，抵抗の測定に用いる．

問 27　ニ

使用電圧が低圧の電路で絶縁抵抗の測定が困難な場合は，電技解釈第 14 条により，使用電圧が加わった状態における漏えい電流が 1 mA 以下であれば絶縁性能を有していると判断できる．

問 28　ハ

電気工事士法第 4 条，施工令第 5 条による．電気工事士は，氏名を変更したときは，免状を交付した都道府県知事に申請して免状の書換えをしてもらわなければならない．

問 29　ロ

電気用品安全法により，電気用品の製造または輸入事業を行う者は，一定の要件を満たせば特定電気用品に〈PSE〉の表示を付すことができる．特定電気用品に(PSE)の表示を付すことは誤りである．

問 30　ニ

一般用電気工作物とは，低圧受電で受電の場所と同一の構内で使用する電気工作物で，同じ構内で連係して使用する下記の小規模事業用電気工作物以外の小規模発電設備も含む．一般用電気工作となる小規模発電設備は，発電電圧 600V 以下で，出力の合計が 50 kW 以上となるものを除く（電気事業法施行規則第 48 条）．

小規模発電設備

設備名	出力	区分
風力発電設備	20 kW 未満	小規模事業用電気工作物**
太陽電池発電設備	50 kW 未満	
	10 kW 未満	一般用電気工作物
水力発電設備*	20 kW 未満	
内燃力発電設備	10 kW 未満	
燃料電池発電設備	10 kW 未満	
スターリングエンジン発電設備	10 kW 未満	

＊最大使用水量 $1\mathrm{m}^3/\mathrm{s}$ 未満（ダムを伴うものを除く）
＊＊第二種電気工事士は，小規模事業用電気工作物の工事に従事できる．

〔問題 2．配線図〕

問 31　ハ

電技解釈第 120 条による．車両その他の重量物の圧力を受けるおそれがある場所に地中電線路を直接埋設式により施設する場合，埋設深さは 1.2 m 以上でなければならない．

問 32　イ

②で示す図記号⊗₃は，リモコンセレクタスイッチである．なお，漏電警報器は○G，リモコンリレーは▲，火災表示灯は⊗の図記号である．

問 33　イ

③で示す図記号(CL)は，シーリング（天井直付）である．なお，ペンダントは⊖，埋込器具は(DL)，引掛シーリング（丸）は◎の図記号である．

問 34　ロ

④で示す図記号(||)▲2は，床面に取り付けるコンセントである．なお，天井に取り付けるコンセントは(||)，二重床用のコンセントは[(||)]，非常用コンセントは[(||)]の図記号である．

問 35　ニ

⑤で示す図記号[S]は，制御配線の信号により動作する開閉器（電磁開閉器）である．なお，進相コンデンサは[±]，熱線式自動スイッチ用センサは$●_{RAS}$の図記号である．

問 36　ロ

⑥で示す機器は，単相 100 V 分岐回路の配線用遮断器である．この分岐回路には定格電流 15 A のコンセントが設置されているため，配線用遮断器の定格電流の最大値は 20 A である．

問 37　ロ

⑦で示す部分は，配電盤，分電盤及び制御盤の金属製外箱の接地工事であるから，電技解釈第 17 条，第 29 条により D 種接地工事が必要であり，電源側に地絡遮断装置が設置されていないので，接地抵抗の最大値は 100 Ω である．

問 38　イ

⑧で示す部分の最少電線本数（心線数）は，次ページの複線結線図−1 のように 4 本である．

問 39　ニ

⑨で示す図記号$◉_P$は，圧力スイッチである．なお，フロートスイッチは$◉_F$，電磁開閉器用押しボタンは$◉_B$，フロートレススイッチ電極は$◉_{LF}$の図記号である．

複線結線図－1（問38）

問 40　ロ

電技省令第 58 条により，電気使用場所の開閉器または，過電流遮断器で区切られる低圧電路の使用電圧と絶縁抵抗の最小値は次の表による．

電路の使用電圧の区分		絶縁抵抗値
300 V 以下	対地電圧が 150 V 以下の場合	0.1 MΩ
	その他の場合	0.2 MΩ
300 V を超えるもの		0.4 MΩ

⑩で示す部分は三相 200 V 回路で，対地電圧も 200 V であるから，絶縁抵抗値は 0.2 MΩ 以上であればよい．

問 41　ニ

⑪で示す部分は単相 200 V 回路で，接地線（緑色）を含んだ配線であるから，ニの 3 心の VVF ケーブルが適切である．

問 42　イ

⑫で示すコンセントの電圧の測定には回路計を用い，非接地側と接地側の極性を確認するには，低圧検電器を用いる．

問 43　ハ

イは絶縁被覆付圧着端子用の圧着ペンチ，ロはリングスリーブ用の圧着ペンチ，ハは裸圧着端子用の圧着ペンチ，ニは手動油圧式圧着器である．したがって，ハが適切である．

問 44　ニ

⑭で示すプルボックス内の接続は，複線結線図－2 のようになる．図より 1.6 mm×2 本の接続が 4 箇所，1.6 mm×3 本の接続が 1 箇所となる．したがって，小スリーブが 5 個必要である．

問 45　ニ

⑮の部分は，ねじなし金属管（E25）工事であるから，ニのねじ切り器は使用されない．

問 46　ロ

⑯で示すプルボックス内の接続は，複線結線図－2 のようになる．図より 1.6 mm×2 本の接続が 3 箇所，1.6 mm×3 本の接続が 1 箇所である．したがって，差込形コネクタは 2 本接続用が 3 個，3 本接続用が 1 個必要である．

複線結線図－2（問44，問46）

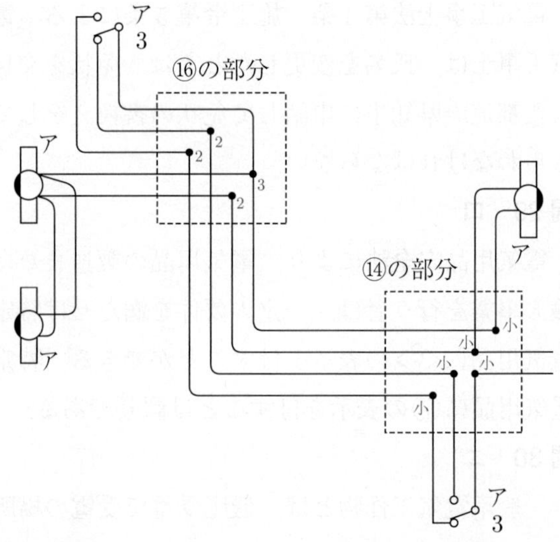

問 47　イ

⑰で示す図記号$\odot_{BL}$は，確認表示灯付の電磁開閉器用押しボタンであるから，イの器具である．なお，ロはフロートレススイッチ電極，ハはフロートスイッチ，ニは電磁開閉器用押しボタンである．

問 48　ロ

FEP（波付硬質合成樹脂管）を切断するための工具は，ロの金切りのこが適している．

問 49　ハ

この配線図では，ハの抜け止め形 1 口の防雨形コンセント◫_{WP}^{LK}は使用していない．なお，防雨形コンセントで使用しているのは，抜け止め形 2 口接地極付接地端子付◫ LK 2E ET WP である．

問 50　ハ

この配線図では，天井付換気扇⊠は使用しているが，壁付用の換気扇⊗は使用していない．

第二種電気工事士 試験で必要な 電気関連法規

電気設備に関する技術基準を定める省令
電気設備の技術基準の解釈
電気事業法施行規則
電気用品安全法・施行令
電気工事士法・施行令・施行規則
電気工事業の業務の適正化に関する法律・施行規則

(2023年11月現在)

電気設備に関する技術基準を定める省令
(重要条文より試験に必要な箇所を抜粋)

第1章　総　　則

【電圧の種別等】

第2条　電圧は,次の区分により低圧,高圧及び特別高圧の3種とする.

一　低圧　直流にあっては750 V以下,交流にあっては600 V以下のもの

二　高圧　直流にあっては750 Vを,交流にあっては600 Vを超え,7 000 V以下のもの

三　特別高圧　7 000 Vを超えるもの

2　(略)

第3章　電気使用場所の施設

【低圧の電路の絶縁性能】

第58条　電気使用場所における使用電圧が低圧の電路の電線相互間及び電路と大地との間の絶縁抵抗は,開閉器又は過電流遮断器で区切ることのできる電路ごとに,次の表の左欄に掲げる電路の使用電圧の区分に応じ,それぞれ同表の右欄に掲げる値以上でなければならない.

電路の使用電圧の区分		絶縁抵抗値
300 V以下	対地電圧(接地式電路においては電線と大地との間の電圧,非接地式電路においては電線間の電圧をいう.以下同じ.)が150 V以下の場合	0.1 MΩ
	その他の場合	0.2 MΩ
300 Vを超えるもの		0.4 MΩ

【過電流からの低圧幹線等の保護措置】

第63条　低圧の幹線,低圧の幹線から分岐して電気機械器具に至る低圧の電路及び引込口から低圧の幹線を経ないで電気機械器具に至る低圧の電路(以下この条において「幹線等」という.)には,適切な箇所に開閉器を施設するとともに,過電流が生じた場合に当該幹線等を保護できるよう,過電流遮断器を施設しなければならない.ただし,当該幹線等における短絡事故により過電流が生じるおそれがない場合は,この限りでない.

2　(略)

【地絡に対する保護措置】

第64条　ロードヒーティング等の電熱装置,プール用水中照明灯その他の一般公衆の立ち入るおそれがある場所又は絶縁体に損傷を与えるおそれがある場所に施設するものに電気を供給する電路には,地絡が生じた場合に,感電又は火災のおそれがないよう,地絡遮断器の施設その他の適切な措置を講じなければならない.

【電動機の過負荷保護】

第65条　屋内に施設する電動機(出力が0.2 kW以下のものを除く.この条において同じ.)には,過電流による当該電動機の焼損により火災が発生するおそれがないよう,過電流遮断器の施設その他の適切な措置を講じなければならない.ただし,電動機の構造上又は負荷の性質上電動機を焼損するおそれがある過電流が生ずるおそれがない場合は,この限りでない.

電気設備の技術基準の解釈
(重要条文より試験に必要な箇所を抜粋)

第1章　総　　則

【用語の定義】(省令第1条)

第1条　この解釈において,次の各号に掲げる用語の定義は,当該各号による.

一　使用電圧(公称電圧)　電路を代表する線間電圧

二〜三　(略)

四　電気使用場所　電気を使用するための電気設備を施設した,1の建物又は1の単位をなす場所

五　需要場所　電気使用場所を含む1の構内又はこれに準ずる区域であって,発電所,変電所及び開閉所以外のもの

六〜八　(略)

九　架空引込線　架空電線路の支持物から他の支持物を経ずに需要場所の取付け点に至る架空電線

十　引込線　架空引込線及び需要場所の造営物の側面等に施設する電線であって,当該需要場所の引込口に至るもの

十一　屋内配線　屋内の電気使用場所において,固定して施設する電線(電気機械器具内の電線,管灯回路の配線,エックス線管回路の配線,第142条第七号に規定する接触電線,第181条第1項に規定する小勢力回路の電線,第182条に規定する出退表示灯回路の電線,第183条に規定する特別低電圧照明回路の電線及び電線路の電線を除く.)

十二　屋側配線　屋外の電気使用場所において，当該電気使用場所における電気の使用を目的として，造営物に固定して施設する電線（電気機械器具内の電線，管灯回路の配線，第142条第七号に規定する接触電線，第181条第1項に規定する小勢力回路の電線，第182条に規定する出退表示灯回路の電線及び電線路の電線を除く.）

十三　屋外配線　屋外の電気使用場所において，当該電気使用場所における電気の使用を目的として，固定して施設する電線（屋側配線，電気機械器具内の電線，管灯回路の配線，第142条第七号に規定する接触電線，第181条第1項に規定する小勢力回路の電線，第182条に規定する出退表示灯回路の電線及び電線路の電線を除く.）

十四　管灯回路　放電灯用安定器又は放電灯用変圧器から放電管までの電路

十五　弱電流電線　弱電流電気の伝送に使用する電気導体，絶縁物で被覆した電気導体又は絶縁物で被覆した上を保護被覆で保護した電気導体（第181条第1項に規定する小勢力回路の電線又は第182条に規定する出退表示灯回路の電線を含む.）

十六　弱電流電線等　弱電流電線及び光ファイバケーブル

十七　弱電流電線路等　弱電流電線路及び光ファイバケーブル線路

十八　多心型電線　絶縁物で被覆した導体と絶縁物で被覆していない導体とからなる電線

十九　ちょう架用線　ケーブルをちょう架する金属線

二十　複合ケーブル　電線と弱電流電線とを束ねたものの上に保護被覆を施したケーブル

二十一　接近　一般的な接近している状態であって，並行する場合を含み，交差する場合及び同一支持物に施設される場合を除くもの

二十二　工作物　人により加工された全ての物体

二十三　造営物　工作物のうち，土地に定着するものであって，屋根及び柱又は壁を有するもの

二十四　建造物　造営物のうち，人が居住若しくは勤務し，又は頻繁に出入り若しくは来集するもの

二十五　道路　公道又は私道（横断歩道橋を除く.）

二十六　水気のある場所　水を扱う場所若しくは雨露にさらされる場所その他水滴が飛散する場所，又は常時水が漏出し若しくは結露する場所

二十七　湿気の多い場所　水蒸気が充満する場所又は湿度が著しく高い場所

二十八　乾燥した場所　湿気の多い場所及び水気のある場所以外の場所

二十九　点検できない隠ぺい場所　天井ふところ，壁内又はコンクリート床内等，工作物を破壊しなければ電気設備に接近し，又は電気設備を点検できない場所

三十　点検できる隠ぺい場所　点検口がある天井裏，戸棚又は押入れ等，容易に電気設備に接近し，又は電気設備を点検できる隠ぺい場所

三十一　展開した場所　点検できない隠ぺい場所及び点検できる隠ぺい場所以外の場所

三十二　難燃性　炎を当てても燃え広がらない性質

三十三　自消性のある難燃性　難燃性であって，炎を除くと自然に消える性質

三十四　不燃性　難燃性のうち，炎を当てても燃えない性質

三十五　耐火性　不燃性のうち，炎により加熱された状態においても著しく変形又は破壊しない性質

三十六　接触防護措置　次のいずれかに適合するように施設することをいう.

イ　設備を，屋内にあっては床上2.3 m以上，屋外にあっては地表上2.5 m以上の高さに，かつ，人が通る場所から手を伸ばしても触れることのない範囲に施設すること.

ロ　設備に人が接近又は接触しないよう，さく，へい等を設け，又は設備を金属管に収める等の防護措置を施すこと.

三十七　簡易接触防護措置　次のいずれかに適合するように施設することをいう.

イ　設備を，屋内にあっては床上1.8 m以上，屋外にあっては地表上2 m以上の高さに，かつ，人が通る場所から容易に触れることのない範囲に施設すること.

ロ　設備に人が接近又は接触しないよう，さく，へい等を設け，又は設備を金属管に収める等の防護措置を施すこと.

三十八　架渉線　架空電線，架空地線，ちょう架用線又は添架通信線等のもの

【電線の接続法】（省令第７条）

第12条　電線を接続する場合は，第181条，第182条又は第192条の規定により施設する場合を除き，電線の電気抵抗を増加させないように接続するとともに，次の各号によること.

一　裸電線（多心型電線の絶縁物で被覆していない導体を含む.以下この条において同じ.）相互，又は裸電線と絶縁電線（多心型電線の絶縁物で被覆した導体を含み，平形導体合成樹脂絶縁電線を除く.以下この条において同じ.），キャブタイヤケーブル若しくはケーブルとを接続する場合は，次によること.

イ　電線の引張強さを20%以上減少させないこと.ただし,ジャンパー線を接続する場合その他電線に加わる張力が電線の引張強さに比べて著しく小さい場合は，この限りでない.

ロ　接続部分には，接続管その他の器具を使用し，又はろう付けすること.ただし，架空電線相互若しくは電車線相互又は鉱山の坑道内において電線相互を接続する場合であって，技術上困難であるときは，この限りでない.

二　絶縁電線相互又は絶縁電線とコード，キャブタイヤケーブル若しくはケーブルとを接続する場合は，前号の規定に準じるほか，次のいずれかによること.

イ　接続部分の絶縁電線の絶縁物と同等以上の絶縁効力のある接続器を使用すること.

ロ　接続部分をその部分の絶縁電線の絶縁物と同等以上の絶縁効力のあるもので十分に被覆すること.

三　コード相互，キャブタイヤケーブル相互，ケーブル相互又はこれらのもの相互を接続する場合は，コード接続器，接続箱その他の器具を使用すること.ただし，次のいずれかに該当する場合はこの限りでない.

イ　断面積8 mm^{2}以上のキャブタイヤケーブル相互を接続する場合において，第一号及び第二号の規定に準じて接続し，かつ，次のいずれかによるとき

(イ)　接続部分の絶縁被覆を完全に硫化すること.

(ロ)　接続部分の上に堅ろうな金属製の防護装置を施すこと.

ロ　金属被覆のないケーブル相互を接続する場合において，第一号及び第二号の規定に準じて接続するとき

四～五　（略）

【低圧電路の絶縁性能】（省令第５条第２項，第58条）

第14条　電気使用場所における使用電圧が低圧の電路（第13条各号に掲げる部分，第16条に規定するもの，第189条に規定する遊戯用電車内の電路及びこれに電気を供給するための接触電線，直流電車線並びに鋼索鉄道の電車線を除く.）は，第147条から第149条までの規定により施設する開閉器又は過電流遮断器で区切ることのできる電路ごとに，次の各号のいずれかに適合する絶縁性能を有すること.

一　省令第58条によること.

二　絶縁抵抗測定が困難な場合においては，当該電路の使用電圧が加わった状態における漏えい電流が，1 mA以下であること.

２　（略）

【接地工事の種類及び施設方法】（省令第11条）

第17条　A種接地工事は，次の各号によること.

一～四　（略）

２　B種接地工事は，次の各号によること.

一～四（略）

３　C種接地工事は，次の各号によること.

一　接地抵抗値は，10 Ω（低圧電路において，地絡を生じた場合に0.5秒以内に当該電路を自動的に遮断する装置を施設するときは，500 Ω）以下であること.

二　接地線は，次に適合するものであること.

イ　故障の際に流れる電流を安全に通じることができるもので

あること．
ロ　ハに規定する場合を除き，引張強さ 0.39 kN 以上の容易に腐食し難い金属線又は直径 1.6 mm 以上の軟銅線であること．
ハ　移動して使用する電気機械器具の金属製外箱等に接地工事を施す場合において，可とう性を必要とする部分は，次のいずれかのものであること．
(イ)　多心コード又は多心キャブタイヤケーブルの 1 心であって，断面積が 0.75 mm^2 以上のもの
(ロ)　可とう性を有する軟銅より線であって，断面積が 1.25 mm^2 以上のもの
4　D 種接地工事は，次の各号によること．
一　接地抵抗値は，100 Ω（低圧電路において，地絡を生じた場合に 0.5 秒以内に当該電路を自動的に遮断する装置を施設するときは，500 Ω）以下であること．
二　接地線は，第 3 項第二号の規定に準じること．
5　C 種接地工事を施す金属体と大地との間の電気抵抗値が 10 Ω 以下である場合は，C 種接地工事を施したものとみなす．
6　D 種接地工事を施す金属体と大地との間の電気抵抗値が 100 Ω 以下である場合は，D 種接地工事を施したものとみなす．

【機械器具の金属製外箱等の接地】（省令第 10 条，第 11 条）

第29条　電路に施設する機械器具の金属製の台及び外箱（以下この条において「金属製外箱等」という．）（外箱のない変圧器又は計器用変成器にあっては，鉄心）には，使用電圧の区分に応じ，29－1 表に規定する接地工事を施すこと．ただし，外箱を充電して使用する機械器具に人が触れるおそれがないようにさくなどを設けて施設する場合又は絶縁台を設けて施設する場合は，この限りでない．

29－1 表

機械器具の使用電圧の区分		接地工事
低圧	300 V 以下	D 種接地工事
	300 V 超過	C 種接地工事
高圧又は特別高圧		A 種接地工事

2　機械器具が小出力発電設備である燃料電池発電設備である場合を除き，次の各号のいずれかに該当する場合は，第 1 項の規定によらないことができる．
一　交流の対地電圧が 150 V 以下又は直流の使用電圧が 300 V の機械器具を，乾燥した場所に施設する場合
二　低圧用の機械器具を乾燥した木製の床その他これに類する絶縁性のものの上で取り扱うように施設する場合
三　電気用品安全法の適用を受ける 2 重絶縁の構造の機械器具を施設する場合
四　低圧用の機械器具に電気を供給する電路の電源側に絶縁変圧器（2 次側線間電圧が 300 V 以下であって，容量が 3 kVA 以下のものに限る．）を施設し，かつ，当該絶縁変圧器の負荷側の電路を接地しない場合
五　水気のある場所以外の場所に施設する低圧用の機械器具に電気を供給する電路に，電気用品安全法の適用を受ける漏電遮断器（定格感度電流が 15 mA 以下，動作時間が 0.1 秒以下の電流動作型のものに限る．）を施設する場合
六　金属製外箱等の周囲に適当な絶縁台を設ける場合
七　外箱のない計器用変成器がゴム，合成樹脂その他の絶縁物で被覆したものである場合
八　（略）
3～4　（略）

【低圧電路に施設する過電流遮断器の性能等】（省令第 14 条）

第33条　低圧電路に施設する過電流遮断器は，これを施設する箇所を通過する短絡電流を遮断する能力を有するものであること．ただし，当該箇所を通過する最大短絡電流が 10 000 A を超える場合において，過電流遮断器として 10 000 A 以上の短絡電流を遮断する能力を有する配線用遮断器を施設し，当該箇所より電源側の電路に当該配線用遮断器の短絡電流を遮断する能力を超え，当該最大短絡電流以下の短絡電流を当該配線用遮断器より早く，又は同時に遮断する能力を有する，過電流遮断器を施設するときは，この限りでない．
2　過電流遮断器として低圧電路に施設するヒューズ（電気用品安全法の適用を受けるもの，配電用遮断器と組み合わせて 1 の過電流遮断器として使用するもの及び第 4 項に規定するものを除く．）は，水平に取り付けた場合（板状ヒューズにあっては，板面を水平に取り付けた場合）において，次の各号に適合するものであること．
一　定格電流の 1.1 倍の電流に耐えること．
二　33–1 表の左欄に掲げる定格電流の区分に応じ，定格電流の 1.6 倍及び 2 倍の電流を通じた場合において，それぞれ同表の右欄に掲げる時間内に溶断すること．

33－1 表

定格電流の区分	時間	
	定格電流の 1.6 倍の電流を通じた場合	定格電流の 2 倍の電流を通じた場合
30 A 以下	60 分	2 分
30 A を超え 60 A 以下	60 分	4 分
60 A を超え 100 A 以下	120 分	6 分
100 A を超え 200 A 以下	120 分	8 分
200 A を超え 400 A 以下	180 分	10 分
400 A を超え 600 A 以下	240 分	12 分
600 A 超過	240 分	20 分

3　過電流遮断器として低圧電路に施設する配線用遮断器（電気用品安全法の適用を受けるもの及び次項に規定するものを除く．）は，次の各号に適合するものであること．
一　定格電流の 1 倍の電流で自動的に動作しないこと．
二　33–2 表の左欄に掲げる定格電流の区分に応じ，定格電流の 1.25 倍及び 2 倍の電流を通じた場合において，それぞれ同表の右欄に掲げる時間内に自動的に動作すること．

33－2 表

定格電流の区分	時間	
	定格電流の 1.25 倍の電流を通じた場合	定格電流の 2 倍の電流を通じた場合
30 A 以下	60 分	2 分
30 A を超え 50 A 以下	60 分	4 分
50 A を超え 100 A 以下	120 分	6 分
100 A を超え 225 A 以下	120 分	8 分
225 A を超え 400 A 以下	120 分	10 分
400 A を超え 600 A 以下	120 分	12 分
600 A を超え 800 A 以下	120 分	14 分
800 A を超え 1 000 A 以下	120 分	16 分
1 000 A を超え 1 200 A 以下	120 分	18 分
1 200 A を超え 1 600 A 以下	120 分	20 分
1 600 A を超え 2 000 A 以下	120 分	22 分
2 000 A 超過	120 分	24 分

4～5　（略）

【過電流遮断器の施設の例外】（省令第 14 条）

第35条　次の各号に掲げる箇所には，過電流遮断器を施設しないこと．
一　接地線
二　多線式電路の中性線
三　第 24 条第 1 項第一号ロの規定により，電路の一部に接地工事を施した低圧電線路の接地側電線
2　次の各号のいずれかに該当する場合は，前項の規定によらないことができる．
一　多線式電路の中性線に施設した過電流遮断器が動作した場合において，各極が同時に遮断されるとき
二　（略）

【地絡遮断装置の施設】（省令第15条）

第36条　金属製外箱を有する使用電圧が60Vを超える低圧の機械器具に接続する電路には，電路に地絡を生じたときに自動的に電路を遮断する装置を施設すること．ただし，次の各号のいずれかに該当する場合はこの限りでない．

一　機械器具に簡易接触防護措置（金属製のものであって，防護措置を施す機械器具と電気的に接続するおそれがあるもので防護する方法を除く．）を施す場合

二　機械器具を次のいずれかの場所に施設する場合

イ　発電所又は変電所，開閉所若しくはこれらに準ずる場所

ロ　乾燥した場所

ハ　機械器具の対地電圧が150V以下の場合においては，水気のある場所以外の場所

三　機械器具が，次のいずれかに該当するものである場合

イ　電気用品安全法の適用を受ける2重絶縁構造のもの

ロ　ゴム，合成樹脂その他の絶縁物で被覆したもの

ハ　誘導電動機の2次側電路に接続されるもの

ニ　第13条第二号に掲げるもの

四　機械器具に施されたC種接地工事又はD種接地工事の接地抵抗値が3Ω以下の場合

五　電路の系統電源側に絶縁変圧器（機械器具側の線間電圧が300V以下のものに限る．）を施設するとともに，当該絶縁変圧器の機械器具側の電路を非接地とする場合

六　機械器具内に電気用品安全法の適用を受ける漏電遮断器を取り付け，かつ，電源引出部が損傷を受けるおそれがないように施設する場合

七　（略）

八　電路が，管灯回路である場合

2～5　（略）

第3章　電　線　路

【低圧屋側電線路の施設】（省令第20条，第28条，第29条，第30条，第37条）

第110条　低圧屋側電線路（低圧の引込線及び連接引込線の屋側部分を除く．以下この節において同じ．）は，次の各号のいずれかに該当する場合に限り，施設することができる．

一　1構内又は同一基礎構造物及びこれに構築された複数の建物並びに構造的に一体化した1つの建物（以下この条において「1構内等」という．）に施設する電線路の全部又は一部として施設する場合

二　1構内等専用の電線路中，その構内等に施設する部分の全部又は一部として施設する場合

2　低圧屋側電線路は，次の各号のいずれかにより施設すること．

一　がいし引き工事により，次に適合するように施設すること．

イ　展開した場所に施設し，簡易接触防護措置を施すこと．

ロ　第145条第1項の規定に準じて施設すること．

ハ～チ　（略）

二　合成樹脂管工事により，第145条第2項及び第158条の規定に準じて施設すること．

三　金属管工事により，次に適合するように施設すること．

イ　木造以外の造営物に施設すること．

ロ　第159条の規定に準じて施設すること．

四　バスダクト工事により，次に適合するように施設すること．

イ　木造以外の造営物において，展開した場所又は点検できる隠ぺい場所に施設すること．

ロ　第163条の規定に準じて施設するほか，屋外用のバスダクトであって，ダクト内部に水が浸入してたまらないものを使用すること．

五　ケーブル工事により，次に適合するように施設すること．

イ　鉛被ケーブル，アルミ被ケーブル又はMIケーブルを使用する場合は，木造以外の造営物に施設すること．

ロ　第145条第2項の規定に準じて施設すること．

ハ　次のいずれかによること．

(イ)　ケーブルを造営材に沿わせて施設する場合は，第164条第1項の規定に準じて施設すること．

(ロ)　ケーブルをちょう架用線にちょう架して施設する場合は，第67条（第一号ホ及び第五号を除く．）の規定に準じて施設し，かつ，電線が低圧屋側電線路を施設する造営材に接触しないように施設すること．

3　低圧屋側電線路の電線が，当該低圧屋側電線路を施設する造営物に施設される，他の低圧電線であって屋側に施設されるもの，管灯回路の配線，弱電流電線等又は水管，ガス管若しくはこれらに類するものと接近又は交差する場合は，第167条の規定に準じて施設すること．

【低圧架空引込線等の施設】（省令第6条，第20条，第21条第1項，第25条第1項，第28条，第29条，第37条）

第116条　低圧架空引込線は，次の各号により施設すること．

一　電線は，絶縁電線又はケーブルであること．

二　電線は，ケーブルである場合を除き，引張強さ2.30kN以上のもの又は直径2.6mm以上の硬銅線であること．ただし，径間が15m以下の場合に限り，引張強さ1.38kN以上のもの又は直径2mm以上の硬銅線を使用することができる．

三　電線が屋外用ビニル絶縁電線である場合は，人が通る場所から手を伸ばしても触れることのない範囲に施設すること．

四　電線が屋外用ビニル絶縁電線以外の絶縁電線である場合は，人が通る場所から容易に触れることのない範囲に施設すること．

五　電線がケーブルである場合は，第67条（第五号を除く．）の規定に準じて施設すること．ただし，ケーブルの長さが1m以下の場合は，この限りでない．

六　電線の高さは，116－1表に規定する値以上であること．

116－1表

区分		高さ
道路（歩行の用にのみ供される部分を除く．）を横断する場合	技術上やむを得ない場合において交通に支障のないとき	路面上3m
	その他の場合	路面上5m
鉄道又は軌道を横断する場合		レール面上5.5m
横断歩道橋の上に施設する場合		横断歩道橋の路面上3m
上記以外の場合	技術上やむを得ない場合において交通に支障のないとき	地表上2.5m
	その他の場合	地表上4m

七　電線が，工作物又は植物と接近又は交差する場合は，低圧架空電線に係る第71条から第79条までの規定に準じて施設すること．ただし，電線と低圧架空引込線を直接引き込んだ造営物との離隔距離は，危険のおそれがない場合に限り，第71条第1項第二号及び第78条第1項の規定によらないことができる．

八　電線が，低圧架空引込線を直接引き込んだ造営物以外の工作物（道路，横断歩道橋，鉄道，軌道，索道，電車線及び架空電線を除く．以下この項において「他の工作物」という．）と接近又は交差する場合において，技術上やむを得ない場合は，第七号において準用する第71条から第78条（第71条第3項及び第78条第4項を除く．）の規定によらず，次により施設することができる．

イ　電線と他の工作物との離隔距離は，116－2表に規定する値以上であること．ただし，低圧架空引込線の需要場所の取付け点付近に限り，日本電気技術規格委員会規格JESC E2005（2002）「低圧引込線と他物との離隔距離の特例」の「2．技術的規定」による場合は，同表によらないことができる．

116－2表

区分	低圧引込線の電線の種類	離隔距離
造営物の上部造営材の上方	高圧絶縁電線，特別高圧絶縁電線又はケーブル	0.5m
	屋外用ビニル絶縁電線以外の低圧絶縁電線	1m
	その他	2m
その他	高圧絶縁電線，特別高圧絶縁電線又はケーブル	0.15m
	その他	0.3m

ロ　危険のおそれがないように施設すること．

2　低圧引込線の屋側部分又は屋上部分は，第110条第2項（第一号チを除く．）及び第3項の規定に準じて施設すること．

3　第82条第2項又は第3項に規定する低圧架空電線に直接接続する架空引込線は，第1項の規定にかかわらず，第82条第2項又は第3項の規定に準じて施設することができる．

4　低圧連接引込線は，次の各号により施設すること．

一　第1項から第3項までの規定に準じて施設すること．

二　引込線から分岐する点から100 mを超える地域にわたらないこと．

三　幅5 mを超える道路を横断しないこと．

四　屋内を通過しないこと．

【地中電線路の施設】（省令第21条第2項，第47条）

第120条　地中電線路は，電線にケーブルを使用し，かつ，管路式，暗きょ式又は直接埋設式により施設すること．なお，管路式には電線共同溝（C.C.BOX）方式を，暗きょ式にはキャブ（電力，通信等のケーブルを収納するために道路下に設けるふた掛け式のU字構造物）によるものを，それぞれ含むものとする．

2　地中電線路を管路式により施設する場合は，次の各号によること．

一　電線を収める管は，これに加わる車両その他の重量物の圧力に耐えるものであること．

二　高圧又は特別高圧の地中電線路には，次により表示を施すこと．ただし，需要場所に施設する高圧地中電線路であって，その長さが15 m以下のものにあってはこの限りでない．

イ　物件の名称，管理者名及び電圧（需要場所に施設する場合にあっては，物件の名称及び管理者名を除く．）を表示すること．

ロ　おおむね2 mの間隔で表示すること．ただし，他人が立ち入らない場所又は当該電線路の位置が十分に認知できる場合は，この限りでない．

3　（略）

4　地中電線路を直接埋設式により施設する場合は，次の各号によること．ただし，一般用電気工作物が設置された需要場所及び私道以外に施設する地中電線路を日本電気技術規格委員会規格JESC E6007（2021）「直接埋設式（砂巻き）による低圧地中電線の施設」の「3．技術的規定」により施設する場合はこの限りでない．

一　地中電線の埋設深さは，車両その他の重量物の圧力を受けるおそれがある場所においては1.2 m以上，その他の場所においては0.6 m以上であること．ただし，使用するケーブルの種類，施設条件等を考慮し，これに加わる圧力に耐えるよう施設する場合はこの限りでない．

二　地中電線を衝撃から防護するため，次のいずれかにより施設すること．

イ　地中電線を，堅ろうなトラフその他の防護物に収めること．

ロ　低圧又は高圧の地中電線を，車両その他の重量物の圧力を受けるおそれがない場所に施設する場合は，地中電線の上部を堅ろうな板又はといで覆うこと．

ハ　地中電線に，第6項に規定するがい装を有するケーブルを使用すること．さらに，地中電線の使用電圧が特別高圧である場合は，堅ろうな板又はといで地中電線の上部及び側部を覆うこと．

ニ　地中電線に，パイプ型圧力ケーブルを使用し，かつ，地中電線の上部を堅ろうな板又はといで覆うこと．

三　第2項第二号の規定に準じ，表示を施すこと．

5～7　（略）

第5章　電気使用場所の施設及び小出力発電設備

【電気使用場所の施設及び小出力発電設備に係る用語の定義】（省令第1条）

第142条　この解釈において用いる電気使用場所の施設に係る用語であって，次の各号に掲げるものの定義は，当該各号による．

一　低圧幹線　第147条の規定により施設した開閉器又は変電所に準ずる場所に施設した低圧開閉器を起点とする，電気使用場所に施設する低圧の電路であって，当該電路に，電気機械器具（配線器具を除く．以下この条において同じ．）に至る低圧電路であって過電流遮断器を施設するものを接続するもの

二　低圧分岐回路　低圧幹線から分岐して電気機械器具に至る低圧電路

三　低圧配線　低圧の屋内配線，屋側配線及び屋外配線

四　屋内電線　屋内に施設する電線路の電線及び屋内配線

五　電球線　電気使用場所に施設する電線のうち，造営物に固定しない白熱電灯に至るものであって，造営物に固定しないものをいい，電気機械器具内の電線を除く．

六　移動電線　電気使用場所に施設する電線のうち，造営物に固定しないものをいい，電球線及び電気機械器具内の電線を除く．

七　接触電線　電線に接触してしゅう動する集電装置を介して，移動起重機，オートクリーナその他の移動して使用する電気機械器具に電気の供給を行うための電線

八　防湿コード　外部編組に防湿剤を施したゴムコード

九　電気使用機械器具　電気を使用する電気機械器具をいい，発電機，変圧器，蓄電池その他これに類するものを除く．

十　家庭用電気機械器具　小型電動機，電熱器，ラジオ受信機，電気スタンド，電気用品安全法の適用を受ける装飾用電灯器具その他の電気機械器具であって，主として住宅その他これに類する場所で使用するものをいい，白熱電灯及び放電灯を除く．

十一　配線器具　開閉器，遮断器，接続器その他これらに類する器具

十二　白熱電灯　白熱電球を使用する電灯のうち，電気スタンド，携帯灯及び電気用品安全法の適用を受ける装飾用電灯器具以外のもの

十三　放電灯　放電管，放電灯用安定器，放電灯用変圧器及び放電管の点灯に必要な附属品並び管灯回路の配線をいい，電気スタンドその他これに類する放電灯器具を除く．

【電路の対地電圧の制限】（省令第15条，第56条第1項，第59条，第63条第1項，第64条）

第143条　住宅の屋内電路（電気機械器具内の電路を除く．以下この項において同じ．）の対地電圧は，150 V以下であること．ただし，次の各号のいずれかに該当する場合は，この限りでない．

一　定格消費電力が2 kW以上の電気機械器具及びこれに電気を供給する屋内配線を次により施設する場合

イ　屋内配線は，当該電気機械器具のみに電気を供給するものであること．

ロ　電気機械器具の使用電圧及びこれに電気を供給する屋内配線の対地電圧は，300 V以下であること．

ハ　屋内配線には，簡易接触防護措置を施すこと．

ニ　電気機械器具には，簡易接触防護措置を施すこと．ただし，次のいずれかに該当する場合は，この限りでない．

(イ)　電気機械器具のうち簡易接触防護措置を施さない部分が，絶縁性のある材料で堅ろうに作られたものである場合

(ロ)　電気機械器具を，乾燥した木製の床その他これに類する絶縁性のものの上でのみ取り扱うように施設する場合

ホ　電気機械器具は，屋内配線と直接接続して施設すること．

ヘ　電気機械器具に電気を供給する電路には，専用の開閉器及び過電流遮断器を施設すること．ただし，過電流遮断器が開閉機能を有するものである場合は，過電流遮断器のみとすることができる．

ト　電気機械器具に電気を供給する電路には，電路に地絡が生じたときに自動的に電路を遮断する装置を施設すること．ただし，次に適合する場合は，この限りでない．

(イ)　電気機械器具に電気を供給する電路の電源側に，次に適合する変圧器を施設すること．

(1)　絶縁変圧器であること．

(2)　定格容量は3 kVA以下であること．

(3)　1次電圧は低圧であり，かつ，2次電圧は300 V以下であること．

(ロ)　(イ)の規定により施設する変圧器には，簡易接触防護措置を施すこと．

(ハ)　(イ)の規定により施設する変圧器の負荷側の電路は，非接地であること．

二～四　（略）

五　第132条第3項の規定により，屋内に電線路を施設する場合

2　住宅以外の場所の屋内に施設する家庭用電気機械器具に電気を供給する屋内電路の対地電圧は，150 V以下であること．ただし，家庭用電気機械器具並びにこれに電気を供給する屋内配線及びこれに施設する配線器具を，次の各号のいずれかにより施設する場合は，300 V以下とすることができる．

一　前項第一号ロからホまでの規定に準じて施設すること．

二　簡易接触防護措置を施すこと．ただし，取扱者以外の者が立ち入らない場所にあっては，この限りでない．

3　白熱電灯（第183条に規定する特別低電圧照明回路の白熱電灯を除く．）に電気を供給する電路の対地電圧は，150 V以下であること．ただし，住宅以外の場所において，次の各号によ

り白熱電灯を施設する場合は，300 V 以下とすることができる．

一　白熱電灯及びこれに附属する電線には，接触防護措置を施すこと．

二　白熱電灯（機械装置に附属するものを除く．）は，屋内配線と直接接続して施設すること．

三　白熱電灯の電球受口は，キーその他の点滅機構のないものであること．

【メタルラス張り等の木造造営物における施設】（省令第56条，第59条）

第145条　メタルラス張り，ワイヤラス張り又は金属板張りの木造の造営物に，がいし引き工事により屋内配線，屋側配線又は屋外配線（この条においては，いずれも管灯回路の配線を含む．）を施設する場合は，次の各号によること．

一　電線を施設する部分のメタルラス，ワイヤラス又は金属板の上面を木板，合成樹脂板その他絶縁性及び耐久性のあるもので覆い施設すること．

二　電線がメタルラス張り，ワイヤラス張り又は金属板張りの造営材を貫通する場合は，その貫通する部分の電線を電線ごとにそれぞれ別個の難燃性及び耐水性のある堅ろうな絶縁管に収めて施設すること．

2　メタルラス張り，ワイヤラス張り又は金属板張りの木造の造営物に，合成樹脂管工事，金属管工事，金属可とう電線管工事，金属線ぴ工事，金属ダクト工事，バスダクト工事又はケーブル工事により，屋内配線，屋側配線又は屋外配線を施設する場合，又はライティングダクト工事により低圧屋内配線を施設する場合は，次の各号によること．

一　メタルラス，ワイヤラス又は金属板と次に掲げるものとは，電気的に接続しないように施設すること．

イ　金属管工事に使用する金属管，金属可とう電線管工事に使用する可とう電線管，金属線ぴ工事に使用する金属線ぴ又は合成樹脂管工事に使用する粉じん防爆型フレキシブルフィッチング

ロ　合成樹脂管工事に使用する合成樹脂管，金属管工事に使用する金属管又は金属可とう電線管工事に使用する可とう電線管に接続する金属製のプルボックス

ハ　金属管工事に使用する金属管，金属可とう電線管工事に使用する可とう電線管又は金属線ぴ工事に使用する金属線ぴに接続する金属製の附属品

ニ　金属ダクト工事，バスダクト工事又はライティングダクト工事に使用するダクト

ホ　ケーブル工事に使用する管その他の電線を収める防護装置の金属製部分又は金属製の電線接続箱

ヘ　ケーブルの被覆に使用する金属体

二　金属管工事，金属可とう電線管工事，金属ダクト工事，バスダクト工事又はケーブル工事により施設する電線が，メタルラス張り，ワイヤラス張り又は金属板張りの造営材を貫通する場合は，その部分のメタルラス，ワイヤラス又は金属板を十分に切り開き，かつ，その部分の金属管，可とう電線管，金属ダクト，バスダクト又はケーブルに，耐久性のある絶縁管をはめる，又は耐久性のある絶縁テープを巻くことにより，メタルラス，ワイヤラス又は金属板と電気的に接続しないように施設すること．

3　メタルラス張り，ワイヤラス張り又は金属板張りの木造の造営物に，電気機械器具を施設する場合は，メタルラス，ワイヤラス又は金属板と電気機械器具の金属製部分とは，電気的に接続しないように施設すること．

【低圧配線に使用する電線】（省令第57条第1項）

第146条　低圧配線は，直径 1.6 mm の軟銅線若しくはこれと同等以上の強さ及び太さのもの又は断面積が 1 mm^2 以上の MI ケーブルであること．ただし，配線の使用電圧が 300 V 以下の場合において次の各号のいずれかに該当する場合は，この限りでない．

一　電光サイン装置，出退表示灯その他これらに類する装置又は制御回路等（自動制御回路，遠方操作回路，遠方監視装置の信号回路その他これらに類する電気回路をいう．以下この条において同じ．）の配線に直径 1.2 mm 以上の軟銅線を使用し，これを合成樹脂管工事，金属管工事，金属線ぴ工事，金属ダクト工事，フロアダクト工事又はセルラダクト工事により施設する場合

二　電光サイン装置，出退表示灯その他これらに類する装置又は制御回路等の配線に断面積 0.75 mm^2 以上の多心ケーブル又は多心キャブタイヤケーブルを使用し，かつ，過電流を生じた場合に自動的にこれを電路から遮断する装置を設ける場合

三　第172条第1項の規定により断面積 0.75 mm^2 以上のコード又はキャブタイヤケーブルを使用する場合

四　第172条第3項の規定によりエレベータ用ケーブルを使用する場合

2　低圧配線に使用する，600 V ビニル絶縁電線，600 V ポリエチレン絶縁電線，600 V ふっ素樹脂絶縁電線及び 600 V ゴム絶縁電線の許容電流は，次の各号によること．ただし，短時間の許容電流についてはこの限りでない．

一　単線にあっては146－1表に，成形単線又はより線にあっては146－2表にそれぞれ規定する許容電流に，第二号に規定する係数を乗じた値であること．

146－1表

導体の直径 (mm)	許容電流（A）		
	軟銅線又は硬銅線	硬アルミ線，半硬アルミ線又は軟アルミ線	イ号アルミ合金線又は高力アルミ合金線
1.0 以上1.2 未満	16	12	12
1.2 以上1.6 未満	19	15	14
1.6 以上2.0 未満	27	21	19
2.0 以上2.6 未満	35	27	25
2.6 以上3.2 未満	48	37	35
3.2 以上4.0 未満	62	48	45
4.0 以上5.0 未満	81	63	58
5.0	107	83	77

146－2表

導体の公称断面積 (mm^2)	許容電流（A）		
	軟銅線又は硬銅線	硬アルミ線，半硬アルミ線又は軟アルミ線	イ号アルミ合金線又は高力アルミ合金線
0.9 以上 1.25 未満	17	13	12
1.25 以上　2 未満	19	15	14
2 以上　3.5 未満	27	21	19
3.5 以上　5.5 未満	37	29	27
5.5 以上　8 未満	49	38	35
8 以上　14 未満	61	48	44
14 以上　22 未満	88	69	63
22 以上　30 未満	115	90	83
30 以上　38 未満	139	108	100
38 以上　50 未満	162	126	117
50 以上　60 未満	190	148	137
60 以上　80 未満	217	169	156
80 以上 100 未満	257	200	185
100 以上 125 未満	298	232	215
125 以上 150 未満	344	268	248
150 以上 200 未満	395	308	284
200 以上 250 未満	469	366	338
250 以上 325 未満	556	434	400
325 以上 400 未満	650	507	468
400 以上 500 未満	745	581	536
500 以上 600 未満	842	657	606
600 以上 800 未満	930	745	690
800 以上 1 000 未満	1 080	875	820
1 000	1 260	1 040	980

二　第一号の規定における係数は，次によること．

イ　146－3表に規定する許容電流補正係数の計算式により計算した値であること．

146－3表

絶縁体の材料及び施設場所の区分		許容電流補正係数の計算式
ビニル混合物（耐熱性を有するものを除く．）及び天然ゴム混合物		$\sqrt{\frac{60-\theta}{30}}$
ビニル混合物（耐熱性を有するものに限る．），ポリエチレン混合物（架橋したものを除く．）及びスチレンブタジエンゴム混合物		$\sqrt{\frac{75-\theta}{30}}$
エチレンプロピレンゴム混合物		$\sqrt{\frac{80-\theta}{30}}$
ポリエチレン混合物（架橋したものに限る．）		$\sqrt{\frac{90-\theta}{30}}$
ふっ素樹脂混合物	電線又はこれを収める線ぴ，電線管，ダクト等を通電による温度の上昇により他の造営材に障害を及ぼすおそれがない場所に施設し，かつ，電線に接触防護措置を施す場合	$0.9\sqrt{\frac{200-\theta}{30}}$
	その他の場合	$0.9\sqrt{\frac{90-\theta}{30}}$
けい素ゴム混合物	電線又はこれを収める線ぴ，電線管，ダクト等を通電による温度の上昇により他の造営材に障害を及ぼすおそれがない場所に施設し，かつ，電線に接触防護措置を施す場合	$\sqrt{\frac{180-\theta}{30}}$
	その他の場合	$\sqrt{\frac{90-\theta}{30}}$

（備考）θは，周囲温度（単位:℃）．ただし，30℃以下の場合は30とする．

ロ　絶縁電線を，合成樹脂管，金属管，金属可とう電線管又は金属線ぴに収めて使用する場合は，イの規定により計算した値に，更に146－4表に規定する電流減少係数を乗じた値であること．ただし，第148条第1項第五号ただし書並びに第149条第2項第一号ロ及び第二号イに規定する場合においては，この限りでない．

146－4表

同一管内の電線数	電流減少係数
3以下	0.70
4	0.63
5又は 6	0.56
7以上15以下	0.49
16以上40以下	0.43
41以上60以下	0.39
61以上	0.34

【低圧屋内電路の引込口における開閉器の施設】（省令第56条）

第147条　低圧屋内電路（第178条に規定する火薬庫に施設するものを除く．以下この条において同じ．）には，引込口に近い箇所であって，容易に開閉することができる箇所に開閉器を施設すること．ただし，次の各号のいずれかに該当する場合は，この限りでない．

一　低圧屋内電路の使用電圧が300V以下であって，他の屋内電路（定格電流が15A以下の過電流遮断器又は定格電流が15Aを超え20A以下の配線用遮断器で保護されているものに限る．）に接続する長さ15m以下の電路から電気の供給を受ける場合

二　低圧屋内電路に接続する電源側の電路（当該電路に架空部分又は屋上部分がある場合は，その架空部分又は屋上部分より負荷側にある部分に限る．）に，当該低圧屋内電路に専用の開閉器を，これと同一の構内であって容易に開閉することができる箇所に施設する場合

【低圧幹線の施設】（省令第56条第1項，第57条第1項，第63条第1項）

第148条　低圧幹線は，次の各号によること．

一　損傷を受けるおそれがない場所に施設すること．

二　電線の許容電流は，低圧幹線の各部分ごとに，その部分を通じて供給される電気使用機械器具の定格電流の合計値以上であること．ただし，当該低圧幹線に接続する負荷のうち，電動機又はこれに類する起動電流が大きい電気機械器具（以下この条において「電動機等」という．）の定格電流の合計が，他の電気使用機械器具の定格電流の合計より大きい場合は，他の電気使用機械器具の定格電流の合計に次の値を加えた値以上であること．

イ　電動機等の定格電流の合計が50A以下の場合は，その定格電流の合計の1.25倍

ロ　電動機等の定格電流の合計が50Aを超える場合は，その定格電流の合計の1.1倍

三　前号の規定における電流値は，需要率，力率等が明らかな場合には，これらによって適当に修正した値とすることができる．

四　低圧幹線の電源側電路には，当該低圧幹線を保護する過電流遮断器を施設すること．ただし，次のいずれかに該当する場合は，この限りでない．

イ　低圧幹線の許容電流が，当該低圧幹線の電源側に接続する他の低圧幹線を保護する過電流遮断器の定格電流の55%以上である場合

ロ　過電流遮断器に直接接続する低圧幹線又はイに掲げる低圧幹線に接続する長さ8m以下の低圧幹線であって，当該低圧幹線の許容電流が，当該低圧幹線の電源側に接続する他の低圧幹線を保護する過電流遮断器の定格電流の35%以上である場合

ハ　過電流遮断器に直接接続する低圧幹線又はイ若しくはロに掲げる低圧幹線に接続する長さ3m以下の低圧幹線であって，当該低圧幹線の負荷側に他の低圧幹線を接続しない場合

ニ　低圧幹線に電気を供給する電源が太陽電池のみであって，当該低圧幹線の許容電流が，当該低圧幹線を通過する最大短絡電流以上である場合

五　前号の規定における「当該低圧幹線を保護する過電流遮断器」は，その定格電流が，当該低圧幹線の許容電流以下のものであること．ただし，低圧幹線に電動機等が接続される場合の定格電流は，次のいずれかによることができる．

イ　電動機等の定格電流の合計の3倍に，他の電気使用機械器具の定格電流の合計を加えた値以下であること．

ロ　イの規定による値が当該低圧幹線の許容電流を2.5倍した値を超える場合は，その許容電流を2.5倍した値以下であること．

ハ　当該低圧幹線の許容電流が100Aを超える場合であって，イ又はロの規定による値が過電流遮断器の標準定格に該当しないときは，イ又はロの規定による値の直近上位の標準定格であること．

六　第四号の規定により施設する過電流遮断器は，各極（多線式電路の中性極を除く．）に施設すること．ただし，対地電圧が150V以下の低圧屋内電路の接地側電線以外の電線に施設した過電流遮断器が動作した場合において，各極が同時に遮断されるときは，当該電路の接地側電線に過電流遮断器を施設しないことができる．

2　低圧幹線に施設する開閉器は，次の各号に適合する場合には，中性線又は接地側電線の極にこれを施設しないことができる．

一　開閉器は，前条の規定により施設する以外のものであること．

二　低圧幹線は，次に適合する低圧電路に接続するものであること．

イ　第19条又は第24条第1項の規定により接地工事を施した低圧電路であること．

ロ　低圧電路は，次のいずれかに適合するものであること．

(イ)　電路に地絡を生じたときに自動的に電路を遮断する装置を施設すること．

(ロ)　イの規定による接地工事の接地抵抗値が，3Ω以下であること．

三　中性線又は接地側電線の極の電線は，開閉器の施設箇所において，電気的に完全に接続され，かつ，容易に取り外すことができること．

【低圧分岐回路等の施設】（省令第56条第1項，第57条第1項，第59条第1項，第63条第1項）

第149条　低圧分岐回路には，次の各号により過電流遮断器及び開閉器を施設すること．

一　低圧幹線との分岐点から電線の長さが3m以下の箇所に，過電流遮断器を施設すること．ただし，分岐点から過電流遮断器までの電線が，次のいずれかに該当する場合は，分岐点から3mを超える箇所に施設することができる．

イ　電線の許容電流が，その電線に接続する低圧幹線を保護する過電流遮断器の定格電流の55%以上である場合

ロ　電線の長さが8m以下であり，かつ，電線の許容電流がその電線に接続する低圧幹線を保護する過電流遮断器の定格電流の35%以上である場合

二　前号の規定により施設する過電流遮断器は，各極（多線式電路の中性極を除く.）に施設すること．ただし，次のいずれかに該当する電線の極については，この限りでない.

イ　対地電圧が150V以下の低圧電路の接地側電線以外の電線に施設した過電流遮断器が動作した場合において，各極が同時に遮断されるときは，当該電路の接地側電線

ロ　第三号イ及びロに規定する電路の接地側電線

三　第一号に規定する場所には，開閉器を各極に施設すること．ただし，次のいずれかに該当する低圧分岐回路の中性線又は接地側電線の極については，この限りでない.

イ　第24条第1項又は第19条第1項から第4項までの規定により接地工事を施した低圧電路に接続する分岐回路であって，当該分岐回路が分岐する低圧幹線の各極に開閉器を施設するもの

ロ　前条第2項第二号イ及びロの規定に適合する低圧電路に接続する分岐回路であって，開閉器の施設箇所において，中性線又は接地側電線を，電気的に完全に接続し，かつ，容易に取り外すことができるもの

四　第一号の規定により施設する過電流遮断器が，前号の規定に適合する開閉器の機能を有するものである場合は，当該過電流遮断器と別に開閉器を施設することを要しない.

2　低圧分岐回路は，次の各号により施設すること.

一　第二号及び第三号に規定するものを除き，次によること.

イ　第1項第一号の規定により施設する過電流遮断器の定格電流は，50A以下であること.

ロ　電線は，太さが149－1表の中欄に規定する値の軟銅線若しくはこれと同等以上の許容電流のあるもの又は太さが同表の右欄に規定する値以上のMIケーブルであること.

149－1表

分岐回路を保護する過電流遮断器の種類	軟銅線の太さ	MIケーブルの太さ
定格電流が15A以下のもの	直径1.6mm	断面積1 mm^2
定格電流が15Aを超え20A以下の配線用遮断器		
定格電流が15Aを超え20A以下のもの（配線用遮断器を除く.）	直径2mm	断面積1.5 mm^2
定格電流が20Aを超え30A以下のもの	直径2.6mm	断面積2.5 mm^2
定格電流が30Aを超え40A以下のもの	断面積8 mm^2	断面積6 mm^2
定格電流が40Aを超え50A以下のもの	断面積14 mm^2	断面積10 mm^2

ハ　電線が，次のいずれかに該当する場合は，ロの規定によらないことができる.

(イ)　次に適合するもの

(1)　1のねじ込み接続器，1のソケット又は1のコンセントからその分岐点に至る部分であって，当該部分の電線の長さが，3m以下であること.

(2)　太さが149－2表の中欄に規定する値の軟銅線若しくはこれと同等以上の許容電流のあるもの又は太さが同表の右欄に規定する値以上のMIケーブルであること.

149－2表

分岐回路を保護する過電流遮断器の種類	軟銅線の太さ	MIケーブルの太さ
定格電流が15Aを超え20A以下のもの（配線用遮断器を除く.）	直径1.6mm	断面積1 mm^2
定格電流が20Aを超え30A以下のもの		
定格電流が30Aを超え50A以下のもの	直径2mm	断面積1.5 mm^2

(ロ)　使用電圧が300V以下であって，第146条第1項各号のいずれかに該当するもの

ニ　低圧分岐回路に接続する，コンセント又はねじ込み接続器若しくはソケットは，149－3表に規定するものであること.

149－3表

分岐回路を保護する過電流遮断器の種類	コンセント	ねじ込み接続器又はソケット
定格電流が15A以下のもの	定格電流が15A以下のもの	ねじ込み型のソケットであって，公称直径が39mm以下のもの若しくはねじ込み型以外のソケット又は公称直径が39mm以下のねじ込み接続器
定格電流が15Aを超え20A以下の配線用遮断器	定格電流が20A以下のもの	
定格電流が15Aを超え20A以下のもの（配線用遮断器を除く.）	定格電流が20Aのもの（定格電流が20A未満の差込みプラグが接続できるものを除く.）	ハロゲン電球用のソケット若しくはハロゲン電球用以外の白熱電灯用若しくは放電灯用のソケットであって，公称直径が39mmのもの又は公称直径が39mmのねじ込み接続器
定格電流が20Aを超え30A以下のもの	定格電流が20A以上30A以下のもの（定格電流が20A未満の差込みプラグが接続できるものを除く.）	
定格電流が30Aを超え40A以下のもの	定格電流が30A以上40A以下のもの	
定格電流が40Aを超え50A以下のもの	定格電流が40A以上50A以下のもの	

二　電動機又はこれに類する起動電流が大きい電気機械器具（以下この条において「電動機等」という.）のみに至る低圧分岐回路は，次によること.

イ　第1項第一号の規定により施設する過電流遮断器の定格電流は，その過電流遮断器に直接接続する負荷側の電線の許容電流を2.5倍（第33条第4項に規定する過電流遮断器にあっては，1倍）した値（当該電線の許容電流が100Aを超える場合であって，その値が過電流遮断器の標準定格に該当しないときは，その値の直近上位の標準定格）以下であること.

ロ　電線の許容電流は，間欠使用その他の特殊な使用方法による場合を除き，その部分を通じて供給される電動機等の定格電流の合計を1.25倍（当該電動機等の定格電流の合計が50Aを超える場合は，1.1倍）した値以上であること.

三　定格電流が50Aを超える1の電気使用機械器具（電動機等を除く.以下この号において同じ.）に至る低圧分岐回路は，次によること.

イ　低圧分岐回路には，当該電気使用機械器具以外の負荷を接続しないこと.

ロ　第1項第一号の規定により施設する過電流遮断器の定格電流は，当該電気使用機械器具の定格電流を1.3倍した値（その値が過電流遮断器の標準定格に該当しないときは，その値の直近上位の標準定格）以下であること.

ハ　電線の許容電流は，当該電気使用機械器具及び第1項第一号の規定により施設する過電流遮断器の定格電流以上であること.

3　住宅の屋内には，次の各号のいずれかに該当する場合を除き，中性線を有する低圧分岐回路を施設しないこと.

一　1の電気機械器具（配線器具を除く.以下この条において同じ.）に至る専用の低圧配線として施設する場合

二　低圧配線の中性線が欠損した場合において，当該低圧配線の中性線に接続される電気機械器具に異常電圧が加わらないように施設する場合

三　低圧配線の中性線が欠損した場合において，当該電路を自動的に，かつ，確実に遮断する装置を施設する場合

4　低圧分岐回路に施設する開閉器は，第1項第三号又は第173条第9項の規定により施設するものを除き，次の各号に該当する箇所に施設しないことができる.

一　開閉器を使用電圧が300V以下の低圧2線式電路に施設する場合は，当該2線式電路の1極

二　開閉器を多線式電路に施設する場合は，第1項第三号ロの規定に適合する低圧電路に接続する分岐回路の中性線又は接地側電線

5　引込口から低圧幹線を経ずに電気機械器具に至る低圧電路は，第1項(第三号ただし書を除く.)，第2項及び第3項の規定に準じて施設すること.

【配線器具の施設】(省令第59条第1項)

第150条　低圧用の配線器具は，次の各号により施設すること.

一　充電部分が露出しないように施設すること．ただし，取扱者以外の者が出入りできないように措置した場所に施設する場合は，この限りでない.

二　湿気の多い場所又は水気のある場所に施設する場合は，防湿装置を施すこと.

三　配線器具に電線を接続する場合は，ねじ止めその他これと同等以上の効力のある方法により，堅ろうに，かつ，電気的に完全に接続するとともに，接続点に張力が加わらないようにすること.

四　屋外において電気機械器具に施設する開閉器，接続器，点滅器その他の器具は，損傷を受けるおそれがある場合には，これに堅ろうな防護装置を施すこと.

2　低圧用の非包装ヒューズは，不燃性のもので製作した箱又は内面全てに不燃性のものを張った箱の内部に施設すること．ただし，使用電圧が300 V以下の低圧配線において，次の各号に適合する器具又は電気用品安全法の適用を受ける器具に収めて施設する場合は，この限りでない.

一　極相互の間に，開閉したとき又はヒューズが溶断したときに生じるアークが他の極に及ばないような絶縁性の隔壁を設けること.

二　カバーは，耐アーク性の合成樹脂で製作したものであり，かつ，振動により外れないものであること.

三　完成品は，日本産業規格 JIS C 8308（1988）「カバー付きナイフスイッチ」の「3.1　温度上昇」,「3.6　短絡遮断」,「3.7　耐熱」及び「3.9　カバーの強度」に適合するものであること.

【電気機械器具の施設】(省令第59条第1項)

第151条　電気機械器具（配線器具を除く．以下この条において同じ.）は，その充電部分が露出しないように施設すること．ただし，次の各号のいずれかに該当するものについては，この限りでない.

一　第183条に規定する特別低電圧照明回路の白熱電灯

二　管灯回路の配線

三　電気こんろ等その充電部分を露出して電気を使用することがやむを得ない電熱器であって，その露出する部分の対地電圧が150 V以下のもののその露出する部分

四　電気炉，電気溶接器，電動機，電解槽又は電撃殺虫器であって，その充電部分の一部を露出して電気を使用することがやむを得ないもののその露出する部分

五　次に掲げるもの以外の電気機械器具であって，取扱者以外の者が出入りできないように措置した場所に施設するもの

イ　白熱電灯

ロ　放電灯

ハ　家庭用電気機械器具

2　通電部分に人が立ち入る電気機械器具は，施設しないこと．ただし，第198条の規定により施設する場合は，この限りでない.

3　屋外に施設する電気機械器具（管灯回路の配線を除く.）内の配線のうち，人が接触するおそれ又は損傷を受けるおそれがある部分は，第159条の規定に準ずる金属管工事又は第164条(第3項を除く.）の規定に準ずるケーブル工事（電線を金属製の管その他の防護装置に収める場合に限る.）により施設すること.

4　電気機械器具に電線を接続する場合は，ねじ止めその他これと同等以上の効力のある方法により，堅ろうに，かつ，電気的に完全に接続するとともに，接続点に張力が加わらないようにすること.

【電動機の過負荷保護装置の施設】(省令第65条)

第153条　屋内に施設する電動機には，電動機が焼損するおそれがある過電流を生じた場合に自動的にこれを阻止し，又はこれを警報する装置を設けること．ただし，次の各号のいずれかに該当する場合はこの限りでない.

一　電動機を運転中，常時，取扱者が監視できる位置に施設する場合

二　電動機の構造上又は負荷の性質上，その電動機の巻線に当該電動機を焼損する過電流を生じるおそれがない場合

三　電動機が単相のものであって，その電源側電路に施設する過電流遮断器の定格電流が15 A（配線用遮断器にあっては，20 A）以下の場合

四　電動機の出力が0.2 kW以下の場合

【低圧屋内配線の施設場所による工事の種類】(省令第56条第1項)

第156条　低圧屋内配線は，次の各号に掲げるものを除き，156－1表に規定する工事のいずれかにより施設すること.

一　第172条第1項の規定により施設するもの

二　第175条から第178条までに規定する場所に施設するもの

【がいし引き工事】(省令第56条第1項，第57条第1項，第62条)

第157条　がいし引き工事による低圧屋内配線は，次の各号によること.

一　電線は，第144条第一号イからハまでに掲げるものを除き，絶縁電線（屋外用ビニル絶縁電線，引込用ビニル絶縁電線及び引込用ポリエチレン絶縁電線を除く.）であること.

二　電線相互の間隔は，6 cm以上であること.

三　電線と造営材との離隔距離は，使用電圧が300 V以下の場合は2.5 cm以上，300 Vを超える場合は4.5 cm（乾燥した場所に施設する場合は，2.5 cm）以上であること.

四　電線の支持点間の距離は，次によること.

イ　電線を造営材の上面又は側面に沿って取り付ける場合は，2 m以下であること.

ロ　イに規定する以外の場合であって，使用電圧が300 Vを超えるものにあっては，6 m以下であること.

五　使用電圧が300 V以下の場合は，電線に簡易接触防護措置を施すこと.

156－1表

施設場所の区分		使用電圧の区分	工事の種類											
			がいし引き工事	合成樹脂管工事	金属管工事	金属可とう電線管工事	金属線ぴ工事	金属ダクト工事	バスダクト工事	ケーブル工事	フロアダクト工事	セルラダクト工事	ライティングダクト工事	平形保護層工事
展開した場所	乾燥した場所	300V 以下	○	○	○	○	○	○	○	○			○	
		300V 超過	○	○	○	○		○	○	○				
	湿気の多い場所又は水気のある場所	300V 以下	○	○	○	○			○	○				
		300V 超過	○	○	○	○				○				
点検できる隠ぺい場所	乾燥した場所	300V 以下	○	○	○	○	○	○	○	○		○	○	○
		300V 超過	○	○	○	○		○	○	○				
	湿気の多い場所又は水気のある場所	－	○	○	○	○				○				
点検できない隠ぺい場所	乾燥した場所	300V 以下		○	○	○				○	○	○		
		300V 超過		○	○	○				○				
	湿気の多い場所又は水気のある場所	－		○	○	○				○				

（備考）○は，使用できることを示す.

六　使用電圧が300 V を超える場合は，電線に接触防護措置を施すこと．
七　電線が造営材を貫通する場合は，その貫通する部分の電線を電線ごとにそれぞれ別個の難燃性及び耐水性のある物で絶縁すること．ただし，使用電圧が150 V 以下の電線を乾燥した場所に施設する場合であって，貫通する部分の電線に耐久性のある絶縁テープを巻くときはこの限りでない．
八　電線が他の低圧屋内配線又は管灯回路の配線と接近又は交差する場合は，次のいずれかによること．
　イ　他の低圧屋内配線又は管灯回路の配線との離隔距離が，10 cm（がいし引き工事により施設する低圧屋内配線が裸電線である場合は，30 cm）以上であること．
　ロ　他の低圧屋内配線又は管灯回路の配線との間に，絶縁性の隔壁を堅ろうに取り付けること．
　ハ　いずれかの低圧屋内配線又は管灯回路の配線を，十分な長さの難燃性及び耐水性のある堅ろうな絶縁管に収めて施設すること．
　ニ　がいし引き工事により施設する低圧屋内配線と，がいし引き工事により施設する他の低圧屋内配線又は管灯回路の配線とが並行する場合は，相互の離隔距離が6 cm 以上であること．
九　がいしは，絶縁性，難燃性及び耐水性のあるものであること．

【合成樹脂管工事】（省令第56条第1項，第57条第1項）

第158条　合成樹脂管工事による低圧屋内配線の電線は，次の各号によること．
一　絶縁電線（屋外用ビニル絶縁電線を除く．）であること．
二　より線又は直径3.2 mm（アルミ線にあっては，4 mm）以下の単線であること．ただし，短小な合成樹脂管に収めるものは，この限りでない．
三　合成樹脂管内では，電線に接続点を設けないこと．
2　合成樹脂管工事に使用する合成樹脂管及びボックスその他の附属品（管相互を接続するもの及び管端に接続するものに限り，レジューサーを除く．）は，次の各号に適合するものであること．
一　電気用品安全法の適用を受ける合成樹脂製の電線管及びボックスその他の附属品であること．ただし，附属品のうち金属製のボックス及び第159条第4項第一号の規定に適合する粉じん防爆型フレキシブルフィッチングにあっては，この限りでない．
二　端口及び内面は，電線の被覆を損傷しないような滑らかなものであること．
三　管（合成樹脂製可とう管及びCD管を除く．）の厚さは，2 mm 以上であること．ただし，次に適合する場合はこの限りでない．
　イ　屋内配線の使用電圧が300 V 以下であること．
　ロ　展開した場所又は点検できる隠ぺい場所であって，乾燥した場所に施設すること．
　ハ　接触防護措置を施すこと．
3　合成樹脂管工事に使用する合成樹脂管及びボックスその他の附属品は，次の各号により施設すること．
一　重量物の圧力又は著しい機械的衝撃を受けるおそれがないように施設すること．
二　管相互及び管とボックスとは，管の差込み深さを管の外径の1.2倍（接着剤を使用する場合は，0.8倍）以上とし，かつ，差込み接続により堅ろうに接続すること．
三　管の支持点間の距離は1.5 m 以下とし，かつ，その支持点は，管端，管とボックスとの接続点及び管相互の接続点のそれぞれの近くの箇所に設けること．
四　湿気の多い場所又は水気のある場所に施設する場合は，防湿装置を施すこと．
五　合成樹脂管を金属製のボックスに接続して使用する場合又は前項第一号ただし書に規定する粉じん防爆型フレキシブルフィッチングを使用する場合は，次によること．（関連省令第10条，第11条）
　イ　低圧屋内配線の使用電圧が300 V 以下の場合は，ボックス又は粉じん防爆型フレキシブルフィッチングにD種接地工事を施すこと．ただし，次のいずれかに該当する場合は，この限りでない．
　　(イ)　乾燥した場所に施設する場合
　　(ロ)　屋内配線の使用電圧が直流300 V 又は交流対地電圧150 V 以下の場合において，簡易接触防護措置（金属製のものであって，防護措置を施す設備と電気的に接続するおそれがあるもので防護する方法を除く．）を施すとき
　ロ　低圧屋内配線の使用電圧が300 V を超える場合は，ボックス又は粉じん防爆型フレキシブルフィッチングにC種接地工事を施すこと．ただし，接触防護措置（金属製のものであって，防護措置を施す設備と電気的に接続するおそれがあるもので防護する方法を除く．）を施す場合は，D種接地工事によることができる．
六　合成樹脂管をプルボックスに接続して使用する場合は，第二号の規定に準じて施設すること．ただし，技術上やむを得ない場合において，管及びプルボックスを乾燥した場所において不燃性の造営材に堅ろうに施設するときは，この限りでない．
七　CD管は，次のいずれかにより施設すること．
　イ　直接コンクリートに埋め込んで施設すること．
　ロ　専用の不燃性又は自消性のある難燃性の管又はダクトに収めて施設すること．
八　合成樹脂製可とう管相互，CD管相互及び合成樹脂製可とう管とCD管とは，直接接続しないこと．

【金属管工事】（省令第56条第1項，第57条第1項）

第159条　金属管工事による低圧屋内配線の電線は，次の各号によること．
一　絶縁電線（屋外用ビニル絶縁電線を除く．）であること．
二　より線又は直径3.2 mm（アルミ線にあっては，4 mm）以下の単線であること．ただし，短小な金属管に収めるものは，この限りでない．
三　金属管内では，電線に接続点を設けないこと．
2　金属管工事に使用する金属管及びボックスその他の附属品（管相互を接続するもの及び管端に接続するものに限り，レジューサーを除く．）は，次の各号に適合するものであること．
一　電気用品安全法の適用を受ける金属製の電線管（可とう電線管を除く．）及びボックスその他の附属品又は黄銅若しくは銅で堅ろうに製作したものであること．ただし，第4項に規定するもの及び絶縁ブッシングにあっては，この限りでない．
二　管の厚さは，次によること．
　イ　コンクリートに埋め込むものは，1.2 mm 以上
　ロ　イに規定する以外のものであって，継手のない長さ4 m 以下のものを乾燥した展開した場所に施設する場合は，0.5 mm 以上
　ハ　イ及びロに規定するもの以外のものは，1 mm 以上
三　端口及び内面は，電線の被覆を損傷しないような滑らかなものであること．
3　金属管工事に使用する金属管及びボックスその他の附属品は，次の各号により施設すること．
一　管相互及び管とボックスその他の附属品とは，ねじ接続その他これと同等以上の効力のある方法により，堅ろうに，かつ，電気的に完全に接続すること．
二　管の端口には，電線の被覆を損傷しないように適当な構造のブッシングを使用すること．ただし，金属管工事からがいし引き工事に移る場合においては，その部分の管の端口には，絶縁ブッシングその他これに類するものを使用すること．
三　湿気の多い場所又は水気のある場所に施設する場合は，防湿装置を施すこと．
四　低圧屋内配線の使用電圧が300 V 以下の場合は，管には，D種接地工事を施すこと．ただし，次のいずれかに該当する場合は，この限りでない．（関連省令第10条，第11条）
　イ　管の長さ（2本以上の管を接続して使用する場合は，その全長．以下この条において同じ．）が4 m 以下のものを乾燥した場所に施設する場合
　ロ　屋内配線の使用電圧が直流300 V 又は交流対地電圧150 V 以下の場合において，その電線を収める管の長さが8 m 以下のものに簡易接触防護措置（金属製のものであって，防護措置を施す管と電気的に接続するおそれがあるもので防護する方法を除く．）を施すとき又は乾燥した場所に施設するとき
五　低圧屋内配線の使用電圧が300 V を超える場合は，管には，C種接地工事を施すこと．ただし，接触防護措置（金属製のものであって，防護措置を施す管と電気的に接続するおそれがあるもので防護する方法を除く．）を施す場合は，D種接地工事によることができる．（関連省令第10条，第11条）
六　金属管を金属製のプルボックスに接続して使用する場合は，第一号の規定に準じて施設すること．ただし，技術上やむを得ない場合において，管及びプルボックスを乾燥した場所において不燃性の造営材に堅ろうに施設し，かつ，管及びプルボックス

相互を電気的に完全に接続するときは，この限りでない．

4　金属管工事に使用する金属管の防爆型附属品は，次の各号に適合するものであること．

一　粉じん防爆型フレキシブルフィッチングは，次に適合すること．

イ　構造は，継目なしの丹銅，リン青銅若しくはステンレスの可とう管に丹銅，黄銅若しくはステンレスの編組被覆を施したもの又は電気用品の技術上の基準を定める省令別表第二1⑴及び⑸ロに適合する2種金属製可とう電線管に厚さ0.8 mm以上のビニルの被覆を施したものの両端にコネクタ又はユニオンカップリングを堅固に接続し，内面は電線の引入れ又は引換えの際に電線の被覆を損傷しないように滑らかにしたものであること．

ロ　完成品は，室温において，その外径の10倍の直径を有する円筒のまわりに180度屈曲させた後，直線状に戻し，次に反対方向に180度屈曲させた後，直線状に戻す操作を10回繰り返したとき，ひび，割れその他の異状を生じないものであること．

二　耐圧防爆型フレキシブルフィッチングは，次に適合すること．

イ　構造は，継目なしの丹銅，リン青銅又はステンレスの可とう管に丹銅，黄銅又はステンレスの編組被覆を施したものの両端にコネクタ又はユニオンカップリングを堅固に接続し，内面は電線の引入れ又は引換えの際に電線の被覆を損傷しないように滑らかにしたものであること．

ロ　完成品は，室温において，その外径の10倍の直径を有する円筒のまわりに180度屈曲させた後，直線状に戻し，次に反対方向に180度屈曲させた後，直線状に戻す操作を10回繰り返した後，196 N/cm^{2}の水圧を内部に加えたとき，ひび，割れその他の異状を生じないものであること．

三　安全増防爆型フレキシブルフィッチングは，次に適合すること．

イ　構造は，電気用品の技術上の基準を定める省令別表第二1⑴及び⑸イに適合する1種金属製可とう電線管に丹銅，黄銅若しくはステンレスの編組被覆を施したもの又は電気用品の技術上の基準を定める省令別表第二1⑴及び⑸ロに適合する2種金属製可とう電線管に厚さ0.8 mm以上のビニルを被覆したものの両端にコネクタ又はユニオンカップリングを堅固に接続し，内面は電線の引入れ又は引換えの際に電線の被覆を損傷しないように滑らかにしたものであること．

ロ　完成品は，室温において，その外径の10倍の直径を有する円筒のまわりに180度屈曲させた後，直線状に戻し，次に反対方向に180度屈曲させた後，直線状に戻す操作を10回繰り返したとき，ひび，割れその他の異状を生じないものであること．

四　第一号から第三号までに規定するもの以外のものは，次に適合すること．

イ　材料は，乾式亜鉛めっき法により亜鉛めっきを施した上に透明な塗料を塗るか，又はその他適当な方法によりさび止めを施した鋼又は可鍛鋳鉄であること．

ロ　内面及び端口は，電線の引入れ又は引換えの際に電線の被覆を損傷しないように滑らかにしたものであること．

ハ　電線管との接続部分のねじは，5山以上完全にねじ合わせることができる長さを有するものであること．

ニ　接合面（ねじのはめ合わせ部分を除く．）は，日本産業規格JIS C 0903(1983)「一般用電気機器の防爆構造通則」の「7.2.1　接合面」及び「7.2.3　接合面の仕上がり程度」に適合するものであること．ただし，金属，ガラス繊維，合成ゴム等の難燃性及び耐久性のあるパッキンを使用し，これを堅ろうに接合面に取り付ける場合は，接合面の奥行きは，日本産業規格JIS C 0903（1983）「一般用電気機器の防爆構造通則」の表6のボルト穴までの最短距離の値以上とすることができる．

ホ　接合面のうちねじのはめ合わせ部分は，日本産業規格JIS C 0903（1983）「一般用電気機器の防爆構造通則」の「7.3.4　ねじはめあい部」に適合するものであること．

ヘ　完成品は，日本産業規格JIS C 0903（1983）「一般用電気機器の防爆構造通則」の「7.1.1　容器の強さ」に適合するものであること．

【金属可とう電線管工事】（省令第56条第1項，第57条第1項）

第160条　金属可とう電線管工事による低圧屋内配線の電線は，次の各号によること．

一　絶縁電線（屋外用ビニル絶縁電線を除く．）であること．

二　より線又は直径3.2 mm（アルミ線にあっては，4 mm）以下の単心のものであること．

三　電線管内では，電線に接続点を設けないこと．

2　金属可とう電線管工事に使用する電線管及びボックスその他の附属品（管相互及び管端に接続するものに限る．）は，次の各号に適合するものであること．

一　電気用品安全法の適用を受ける金属製可とう電線管及びボックスその他の附属品であること．

二　電線管は，2種金属製可とう電線管であること．ただし，次に適合する場合は，1種金属製可とう電線管を使用することができる．

イ　展開した場所又は点検できる隠ぺい場所であって，乾燥した場所であること．

ロ　屋内配線の使用電圧が300 Vを超える場合は，電動機に接続する部分で可とう性を必要とする部分であること．

ハ　管の厚さは，0.8 mm以上であること．

三　内面は，電線の被覆を損傷しないような滑らかなものであること．

3　金属可とう電線管工事に使用する電線管及びボックスその他の附属品は，次の各号により施設すること．

一　重量物の圧力又は著しい機械的衝撃を受けるおそれがないように施設すること．

二　管相互及び管とボックスその他の附属品とは，堅ろうに，かつ，電気的に完全に接続すること．

三　管の端口は，電線の被覆を損傷しないような構造であること．

四　2種金属製可とう電線管を使用する場合において，湿気の多い場所又は水気のある場所に施設するときは，防湿装置を施すこと．

五　1種金属製可とう電線管には，直径1.6 mm以上の裸軟銅線を全長にわたって挿入又は添加して，その裸軟銅線と管とを両端において電気的に完全に接続すること．ただし，管の長さ（2本以上の管を接続して使用する場合は，その全長．以下この条において同じ．）が4 m以下のものを施設する場合は，この限りでない．

六　低圧屋内配線の使用電圧が300 V以下の場合は，電線管には，D種接地工事を施すこと．ただし，管の長さが4 m以下のものを施設する場合は，この限りでない．（関連省令第10条，第11条）

七　低圧屋内配線の使用電圧が300 Vを超える場合は，電線管には，C種接地工事を施すこと．ただし，接触防護措置（金属製のものであって，防護措置を施す設備と電気的に接続するおそれがあるもので防護する方法を除く．）を施す場合は，D種接地工事によることができる．（関連省令第10条，第11条）

【金属線ぴ工事】（省令第56条第1項，第57条第1項）

第161条　金属線ぴ工事による低圧屋内配線の電線は，次の各号によること．

一　絶縁電線（屋外用ビニル絶縁電線を除く．）であること．

二　線ぴ内では，電線に接続点を設けないこと．ただし，次に適合する場合は，この限りでない．

イ　電線を分岐する場合であること．

ロ　線ぴは，電気用品安全法の適用を受ける2種金属製線ぴであること．

ハ　接続点を容易に点検できるように施設すること．

ニ　線ぴには第3項第二号ただし書の規定にかかわらず，D種接地工事を施すこと．（関連省令第10条，第11条）

ホ　線ぴ内の電線を外部に引き出す部分は，線ぴの貫通部分で電線が損傷するおそれがないように施設すること．

2　金属線ぴ工事に使用する金属製線ぴ及びボックスその他の附属品（線ぴ相互を接続するもの及び線ぴの端に接続するものに限る．）は，次の各号のいずれかに適合するものであること．

一　電気用品安全法の適用を受ける金属製線ぴ及びボックスその他の附属品であること．

二　黄銅又は銅で堅ろうに製作し，内面を滑らかにしたものであって，幅が5 cm以下，厚さが0.5 mm以上のものであること．

3　金属線ぴ工事に使用する金属製線ぴ及びボックスその他の附属品は，次の各号により施設すること．

一　線ぴ相互及び線ぴとボックスその他の附属品とは，堅ろうに，かつ，電気的に完全に接続すること．

二　線ぴには，D 種接地工事を施すこと．ただし，次のいずれかに該当する場合は，この限りでない．(関連省令第 10 条，第 11 条)

イ　線ぴの長さ（2 本以上の線ぴを接続して使用する場合は，その全長をいう．以下この条において同じ．）が 4 m 以下のものを施設する場合

ロ　屋内配線の使用電圧が直流 300 V 又は交流対地電圧が 150 V 以下の場合において，その電線を収める線ぴの長さが 8 m 以下のものに簡易接触防護措置（金属製のものであって，防護措置を施す設備と電気的に接続するおそれがあるもので防護する方法を除く．）を施すとき又は乾燥した場所に施設するとき

【金属ダクト工事】（省令第 56 条第 1 項，第 57 条第 1 項）

第162条　金属ダクト工事による低圧屋内配線の電線は，次の各号によること．

一　絶縁電線（屋外用ビニル絶縁電線を除く．）であること．

二　ダクトに収める電線の断面積（絶縁被覆の断面積を含む．）の総和は，ダクトの内部断面積の 20% 以下であること．ただし，電光サイン装置，出退表示灯その他これらに類する装置又は制御回路等（自動制御回路，遠方操作回路，遠方監視装置の信号回路その他これらに類する電気回路をいう．）の配線のみを収める場合は，50% 以下とすることができる．

三　ダクト内では，電線に接続点を設けないこと．ただし，電線を分岐する場合において，その接続点が容易に点検できるときは，この限りでない．

四　ダクト内の電線を外部に引き出す部分は，ダクトの貫通部分で電線が損傷するおそれがないように施設すること．

五　ダクト内には，電線の被覆を損傷するおそれがあるものを収めないこと．

六　ダクトを垂直に施設する場合は，電線をクリート等で堅固に支持すること．

2　金属ダクト工事に使用する金属ダクトは，次の各号に適合するものであること．

一　幅が 5 cm を超え，かつ，厚さが 1.2 mm 以上の鉄板又はこれと同等以上の強さを有する金属製のものであって，堅ろうに製作したものであること．

二　内面は，電線の被覆を損傷するような突起がないものであること．

三　内面及び外面にさび止めのために，めっき又は塗装を施したものであること．

3　金属ダクト工事に使用する金属ダクトは，次の各号により施設すること．

一　ダクト相互は，堅ろうに，かつ，電気的に完全に接続すること．

二　ダクトを造営材に取り付ける場合は，ダクトの支持点間の距離を 3 m（取扱者以外の者が出入りできないように措置した場所において，垂直に取り付ける場合は，6 m）以下とし，堅ろうに取り付けること．

三　ダクトのふたは，容易に外れないように施設すること．

四　ダクトの終端部は，閉そくすること．

五　ダクトの内部にじんあいが侵入し難いようにすること．

六　ダクトは，水のたまるような低い部分を設けないように施設すること．

七　低圧屋内配線の使用電圧が 300 V 以下の場合は，ダクトには，D 種接地工事を施すこと．(関連省令第 10 条，第 11 条)

八　低圧屋内配線の使用電圧が 300 V を超える場合は，ダクトには，C 種接地工事を施すこと．ただし，接触防護措置（金属製のものであって，防護措置を施す設備と電気的に接続するおそれがあるもので防護する方法を除く．）を施す場合は，D 種接地工事によることができる．(関連省令第 10 条，第 11 条)

【バスダクト工事】（省令第 56 条第 1 項，第 57 条第 1 項）

第163条　バスダクト工事による低圧屋内配線は，次の各号によること．

一　ダクト相互及び電線相互は，堅ろうに，かつ，電気的に完全に接続すること．

二　ダクトを造営材に取り付ける場合は，ダクトの支持点間の距離を 3 m（取扱者以外の者が出入りできないように措置した場所において，垂直に取り付ける場合は，6 m）以下とし，堅ろうに取り付けること．

三　ダクト（換気型のものを除く．）の終端部は，閉そくすること．

四　ダクト（換気型のものを除く．）の内部にじんあいが侵入し難いようにすること．

五　湿気の多い場所又は水気のある場所に施設する場合は，屋外用バスダクトを使用し，バスダクト内部に水が浸入してたまらないようにすること．

六　低圧屋内配線の使用電圧が 300 V 以下の場合は，ダクトには，D 種接地工事を施すこと．(関連省令第 10 条，第 11 条)

七　低圧屋内配線の使用電圧が 300 V を超える場合は，ダクトには，C 種接地工事を施すこと．ただし，接触防護措置（金属製のものであって，防護措置を施す設備と電気的に接続するおそれがあるもので防護する方法を除く．）を施す場合は，D 種接地工事によることができる．(関連省令第 10 条，第 11 条)

2　バスダクト工事に使用するバスダクトは，日本産業規格 JIS C 8364（2008）バスダクトに適合するものであること．

【ケーブル工事】（省令第 56 条第 1 項，第 57 条第 1 項）

第164条　ケーブル工事による低圧屋内配線は，次項及び第 3 項に規定するものを除き，次の各号によること．

一　電線は，164－1 表に規定するものであること．

164－1 表

電線の種類		区分：使用電圧が 300 V 以下のものを展開した場所又は点検できる隠ぺい場所に施設する場合	区分：その他の場合
ケーブル		○	○
2 種	キャブタイヤケーブル	○	
3 種	キャブタイヤケーブル	○	○
4 種	キャブタイヤケーブル	○	○
2 種	クロロプレンキャブタイヤケーブル	○	
3 種	クロロプレンキャブタイヤケーブル	○	○
4 種	クロロプレンキャブタイヤケーブル	○	○
2 種	クロロスルホン化ポリエチレンキャブタイヤケーブル	○	
3 種	クロロスルホン化ポリエチレンキャブタイヤケーブル	○	○
4 種	クロロスルホン化ポリエチレンキャブタイヤケーブル	○	○
2 種	耐燃性エチレンゴムキャブタイヤケーブル	○	
3 種	耐燃性エチレンゴムキャブタイヤケーブル	○	○
ビニルキャブタイヤケーブル		○	
耐燃性ポリオレフィンキャブタイヤケーブル		○	

（備考）○は，使用できることを示す．

二　重量物の圧力又は著しい機械的衝撃を受けるおそれがある箇所に施設する電線には，適当な防護装置を設けること．

三　電線を造営材の下面又は側面に沿って取り付ける場合は，電線の支持点間の距離をケーブルにあっては 2 m（接触防護措置を施した場所において垂直に取り付ける場合は，6 m）以下，キャブタイヤケーブルにあっては 1 m 以下とし，かつ，その被覆を損傷しないように取り付けること．

四　低圧屋内配線の使用電圧が 300 V 以下の場合は，管その他の電線を収める防護装置の金属製部分，金属製の電線接続箱及び電線の被覆に使用する金属体には，D 種接地工事を施すこと．ただし，次のいずれかに該当する場合は，管その他の電線を収める防護装置の金属製部分については，この限りでない．(関連省令第 10 条，第 11 条)

イ　防護装置の金属製部分の長さが 4 m 以下のものを乾燥した場所に施設する場合

ロ　屋内配線の使用電圧が直流 300 V 又は交流対地電圧 150 V 以下の場合において，防護装置の金属製部分の長さが 8 m 以下のものに簡易接触防護措置（金属製のものであって，防護措置を施す設備と電気的に接続するおそれがあるもので防護する方法を除く．）を施すとき又は乾燥した場所に施設するとき

五　低圧屋内配線の使用電圧が 300 V を超える場合は，管その他の電線を収める防護装置の金属製部分，金属製の電線接続箱及び電線の被覆に使用する金属体には，C 種接地工事を施すこと．ただし，接触防護措置（金属製のものであって，防護措置を施す設備と電気的に接続するおそれがあるもので防護する方法を除く．）を施す場合は，D 種接地工事によることができる．(関連省令第 10 条，第 11 条)

2　電線を直接コンクリートに埋め込んで施設する低圧屋内配線は，次の各号によること．

一　電線は，MI ケーブル，コンクリート直埋用ケーブル又は第 120 条第 6 項に規定する性能を満足するがい装を有するケーブルであること．

二　コンクリート内では，電線に接続点を設けないこと．ただし，接続部において，ケーブルと同等以上の絶縁性能及び機械的保護機能を有するように施設する場合は，この限りでない．

三　工事に使用するボックスは，電気用品安全法の適用を受ける金属製若しくは合成樹脂製のもの又は黄銅若しくは銅で堅ろうに製作したものであること．

四　電線をボックス又はプルボックス内に引き込む場合は，水がボックス又はプルボックス内に浸入し難いように適当な構造のブッシングその他これに類するものを使用すること．

五　前項第四号及び第五号の規定に準じること．

3　電線を建造物の電気配線用のパイプシャフト内に垂直につり下げて施設する低圧屋内配線は，次の各号によること．

一　電線は，次のいずれかのものであること．

イ　第9条第2項に規定するビニル外装ケーブル又はクロロプレン外装ケーブルであって，次に適合する導体を使用するもの

(イ)　導体に銅を使用するものにあっては，公称断面積が22 mm^2 以上であること．

(ロ)　導体にアルミニウムを使用するものにあっては，次に適合すること．

(1)　軟アルミ線，半硬アルミ線及びアルミ成形単線以外のものであること．

(2)　公称断面積が30 mm^2 以上であること．ただし，第9条第2項第一号ハの規定によるものにあっては，この限りでない．

ロ　垂直ちょう架用線付きケーブルであって，次に適合するもの

(イ)　ケーブルは，(ロ)に規定するちょう架用線を第9条第2項に規定するビニル外装ケーブル又はクロロプレン外装ケーブルの外装に堅ろうに取り付けたものであること．

(ロ)　ちょう架用線は，次に適合するものであること．

(1)　引張強さが5.93 kN以上の金属線又は断面積が22 mm^2 以上の亜鉛めっき鉄より線であって，断面積5.3 mm^2 以上のものであること．

(2)　ケーブルの重量（ちょう架用線の重量を除く．）の4倍の引張荷重に耐えるようにケーブルに取り付けること．

ハ　第9条第2項に規定するビニル外装ケーブル又はクロロプレン外装ケーブルの外装の上に当該外装を損傷しないように座床を施し，更にその上に第4条第二号に規定する亜鉛めっきを施した鉄線であって，引張強さが294 N以上のもの又は直径1 mm以上の金属線を密により合わせた鉄線がい装ケーブル

二　電線及びその支持部分の安全率は，4以上であること．

三　電線及びその支持部分は，充電部分が露出しないように施設すること．

四　電線との分岐部分に施設する分岐線は，次によること．

イ　ケーブルであること．

ロ　張力が加わらないように施設し，かつ，電線との分岐部分には，振留装置を施設すること．

ハ　ロの規定により施設してもなお電線に損傷を及ぼすおそれがある場合は，さらに，適当な箇所に振留装置を施設すること．

五　第1項第二号，第四号及び第五号の規定に準じること．

六　パイプシャフト内は，省令第70条及び第175条から第178条までに規定する場所でないこと．（関連省令第68条，第69条，第70条）

【特殊な低圧屋内配線工事】（省令第56条第1項，第57条第1項，第64条）

第165条　フロアダクト工事による低圧屋内配線は，次の各号によること．

一　電線は，絶縁電線（屋外用ビニル絶縁電線を除く．）であること．

二　電線は，より線又は直径3.2 mm（アルミ線にあっては，4 mm）以下の単線であること．

三　フロアダクト内では，電線に接続点を設けないこと．ただし，電線を分岐する場合において，その接続点が容易に点検できるときは，この限りでない．

四　フロアダクト工事に使用するフロアダクト及びボックスその他の附属品（フロアダクト相互を接続するもの及びフロアダクトの端に接続するものに限る．）は，次のいずれかのものであること．

イ　電気用品安全法の適用を受ける金属製のフロアダクト及びボックスその他の附属品

ロ　次に適合するもの

(イ)　厚さが2 mm以上の鋼板で堅ろうに製作したものであること．

(ロ)　亜鉛めっきを施したもの又はエナメル等で被覆したものであること．

(ハ)　端口及び内面は，電線の被覆を損傷しないような滑らかなものであること．

五　フロアダクト工事に使用するフロアダクト及びボックスその他の附属品は，次により施設すること．

イ　ダクト相互並びにダクトとボックス及び引出口とは，堅ろうに，かつ，電気的に完全に接続すること．

ロ　ダクト及びボックスその他の附属品は，水のたまるような低い部分を設けないように施設すること．

ハ　ボックス及び引出口は，床面から突出しないように施設し，かつ，水が浸入しないように密封すること．

ニ　ダクトの終端部は，閉そくすること．

ホ　ダクトには，D種接地工事を施すこと．（関連省令第10条，第11条）

2　セルラダクト工事による低圧屋内配線は，次の各号によること．

一　電線は，絶縁電線（屋外用ビニル絶縁電線を除く．）であること．

二　電線は，より線又は直径3.2 mm（アルミ線にあっては，4 mm）以下の単線であること．

三　セルラダクト内では，電線に接続点を設けないこと．ただし，電線を分岐する場合において，その接続点が容易に点検できるときは，この限りでない．

四　セルラダクト内の電線を外部に引き出す場合は，当該セルラダクトの貫通部分で電線が損傷するおそれがないように施設すること．

五　セルラダクト工事に使用するセルラダクト及び附属品（ヘッダダクトを除き，セルラダクト相互を接続するもの及びセルラダクトの端に接続するものに限る．）は，次に適合するものであること．

イ　鋼板で製作したものであること．

ロ　端口及び内面は，電線の被覆を損傷しないような滑らかなものであること．

ハ　ダクトの内面及び外面は，さび止めのためにめっき又は塗装を施したものであること．ただし，民間規格評価機関として日本電気技術規格委員会が承認した規格である「デッキプレート」の「適用」の欄に規定するものに適合するものにあっては，この限りでない．

ニ　ダクトの板厚は，165－1表に規定する値以上であること．

165－1表

ダクトの最大幅	ダクトの板厚
150 mm以下	1.2 mm
150 mmを超え200 mm以下	1.4 mm（民間規格評価機関として日本電気技術規格委員会が承認した規格である「デッキプレート」の「適用」の欄に規定するものに適合するものにあっては1.2 mm）
200 mmを超えるもの	1.6 mm

ホ　附属品の板厚は1.6 mm以上であること．

ヘ　底板をダクトに取り付ける部分は，次の計算式により計算した値の荷重を底板に加えたとき，セルラダクトの各部に異状を生じないこと．

$P=5.88D$

Pは，荷重（単位：N/m）

Dは，ダクトの断面積（単位：cm^2）

六　セルラダクト工事に使用するヘッダダクト及びその附属品（ヘッダダクト相互を接続するもの及びヘッダダクトの端に接続するものに限る．）は，次に適合するものであること．

イ　前号イ，ロ及びホの規定に適合すること．

ロ　ダクトの板厚は，165－2表に規定する値以上であること．

165－2表

ダクトの最大幅	ダクトの板厚
150 mm以下	1.2 mm
150 mmを超え200 mm以下	1.4 mm
200 mmを超えるもの	1.6 mm

七　セルラダクト工事に使用するセルラダクト及び附属品（ヘッダダクト及びその附属品を含む．）は，次により施設すること．

イ　ダクト相互並びにダクトと造営物の金属構造体，附属品及びダクト

に接続する金属体とは堅ろうに，かつ，電気的に完全に接続すること．

ロ　ダクト及び附属品は，水のたまるような低い部分を設けないように施設すること．

ハ　引出口は，床面から突出しないように施設し，かつ，水が浸入しないように密封すること．

ニ　ダクトの終端部は，閉そくすること．

ホ　ダクトにはD種接地工事を施すこと．(関連省令第10条，第11条)

3　ライティングダクト工事による低圧屋内配線は，次の各号によること．

一　ダクト及び附属品は，電気用品安全法の適用を受けるものであること．

二　ダクト相互及び電線相互は，堅ろうに，かつ，電気的に完全に接続すること．

三　ダクトは，造営材に堅ろうに取り付けること．

四　ダクトの支持点間の距離は，2 m以下とすること．

五　ダクトの終端部は，閉そくすること．

六　ダクトの開口部は，下に向けて施設すること．ただし，次のいずれかに該当する場合は，横に向けて施設することができる．

イ　簡易接触防護措置を施し，かつ，ダクトの内部にじんあいが侵入し難いように施設する場合

ロ　日本産業規格JIS C 8366(2012)「ライティングダクト」の「5 性能」，「6　構造」及び「8　材料」の固定Ⅱ形に適合するライティングダクトを使用する場合

七　ダクトは，造営材を貫通しないこと．

八　ダクトには，D種接地工事を施すこと．ただし，次のいずれかに該当する場合は，この限りでない．(関連省令第10条，第11条)

イ　合成樹脂その他の絶縁物で金属製部分を被覆したダクトを使用する場合

ロ　対地電圧が150 V以下で，かつ，ダクトの長さ（2本以上のダクトを接続して使用する場合は，その全長をいう．）が4 m以下の場合

九　ダクトの導体に電気を供給する電路には，当該電路に地絡を生じたときに自動的に電路を遮断する装置を施設すること．ただし，ダクトに簡易接触防護措置（金属製のものであって，ダクトの金属製部分と電気的に接続するおそれのあるもので防護する方法を除く．）を施す場合は，この限りでない．

4　平形保護層工事による低圧屋内配線は，次の各号によること．

一　住宅以外の場所においては，次によること．

イ　次に掲げる以外の場所に施設すること．

(イ)　旅館，ホテル又は宿泊所等の宿泊室

(ロ)　小学校，中学校，盲学校，ろう学校，養護学校，幼稚園又は保育園等の教室その他これに類する場所

(ハ)　病院又は診療所等の病室

(ニ)　フロアヒーティング等発熱線を施設した床面

(ホ)　第175条から第178条までに規定する場所

ロ　造営物の床面又は壁面に施設し，造営材を貫通しないこと．

ハ　電線は，電気用品安全法の適用を受ける平形導体合成樹脂絶縁電線であって，20 A用又は30 A用のもので，かつ，アース線を有するものであること．

ニ　平形保護層（上部保護層，上部接地用保護層及び下部保護層をいう．以下この条において同じ．）内の電線を外部に引き出す部分は，ジョイントボックスを使用すること．

ホ　平形導体合成樹脂絶縁電線相互を接続する場合は，次によること．(関連省令第7条)

(イ)　電線の引張強さを20%以上減少させないこと．

(ロ)　接続部分には，接続器を使用すること．

(ハ)　次のいずれかによること．

(1)　接続部分の平形導体合成樹脂絶縁電線の絶縁物と同等以上の絶縁効力のある接続器を使用すること．

(2)　接続部分をその部分の平形導体合成樹脂絶縁電線の絶縁物と同等以上の絶縁効力のあるもので十分に被覆すること．

ヘ　平形保護層内には，電線の被覆を損傷するおそれがあるものを収めないこと．

ト　電線に電気を供給する電路は，次に適合するものであること．

(イ)　電路の対地電圧は，150 V以下であること．

(ロ)　定格電流が30 A以下の過電流遮断器で保護される分岐回路であること．

(ハ)　電路に地絡を生じたときに自動的に電路を遮断する装置を施設すること．

チ　平形保護層工事に使用する平形保護層，ジョイントボックス，差込み接続器及びその他の附属品は，次に適合するものであること．

(イ)　平形保護層は次に適合するものであること．

(1)　構造は日本産業規格JIS C 3652 (1993)「電力用フラットケーブルの施工方法」の「附属書 電力用フラットケーブル」の「4.6 上部保護層」，「4.5 上部接地用保護層」及び「4.4 下部保護層」に適合すること．

(2)　完成品は，日本産業規格JIS C 3652 (1993)「電力用フラットケーブルの施工方法」の「附属書 電力用フラットケーブル」の「5.16　機械的特性」，「5.18　地絡・短絡特性」及び「5.20　上部接地用保護層及び上部保護層特性」の試験方法により試験したとき，「3　特性」に適合すること．

(ロ)　ジョイントボックス及び差込み接続器は，電気用品安全法の適用を受けるものであること．

(ハ)　平形保護層，ジョイントボックス，差込み接続器及びその他の附属品は，当該平形導体合成樹脂絶縁電線に適したものであること．

リ　平形保護層工事に使用する平形保護層，ジョイントボックス，差込み接続器及びその他の附属品は，次により施設すること．

(イ)　平形保護層は，電線を保護するように施設すること．この場合において，上部保護層は，上部接地用保護層を兼用することができる．

(ロ)　平形保護層を床面に施設する場合は，平形保護層を粘着テープにより固定し，適当な防護装置を設けること．

(ハ)　平形保護層を壁面に施設する場合は，金属ダクト工事に使用する金属ダクトに収めて施設すること．ただし，平形保護層の床面からの立上り部において，平形保護層の長さを30 cm以下とし，適当な防護装置を設けて施設する場合は，この限りでない．

(ニ)　上部接地用保護層相互及び上部接地用保護層と電線に附属する接地線とは，電気的に完全に接続すること．(関連省令第11条)

(ホ)　上部保護層及び上部接地用保護層並びにジョイントボックス及び差込み接続器の金属製外箱には，D種接地工事を施すこと．(関連省令第10条，第11条)

二　住宅においては，次のいずれかにより施設すること．

イ　民間規格評価機関として日本電気技術規格委員会が承認した規格である「コンクリート直天井面における平形保護層工事」の「適用」の欄に規定する要件

ロ　民間規格評価機関として日本電気技術規格委員会が承認した規格である「石膏ボード等の天井面・壁面における平形保護層工事」の「適用」の欄に規定する要件

【低圧の屋側配線又は屋外配線の施設】(省令第56条第1項，第57条第1項，第63条第1項)

第166条　低圧の屋側配線又は屋外配線（第184条，第188条及び第192条に規定するものを除く．以下この条において同じ．)は，次の各号によること．

一　低圧の屋側配線又は屋外配線は，166－1表に規定する工事のいずれかにより施設すること．

166－1表

施設場所の区分	使用電圧の区分	工事の種類					
		がいし引き工事	合成樹脂管工事	金属管工事	金属可とう電線管工事	バスダクト工事	ケーブル工事
展開した場所	300V 以下	○	○	○	○	○	○
	300V 超過	○	○	○	○	○	○
点検できる隠ぺい場所	300V 以下	○	○	○	○	○	○
	300V 超過		○	○	○	○	○
点検できない隠ぺい場所	－		○	○	○		○

（備考）○は，使用できることを示す．

二　がいし引き工事による低圧の屋側配線又は屋外配線は，第

157条の規定に準じて施設すること．この場合において，同条第1項第三号における「乾燥した場所」は「雨露にさらされない場所」と読み替えるものとする．

三　合成樹脂管工事による低圧の屋側配線又は屋外配線は，第158条の規定に準じて施設すること．

四　金属管工事による低圧の屋側配線又は屋外配線は，第159条の規定に準じて施設すること．

五　金属可とう電線管工事による低圧の屋側配線又は屋外配線は，第160条の規定に準じて施設すること．

六　バスダクト工事による低圧の屋側配線又は屋外配線は，次によること．

イ　第163条の規定に準じて施設すること．

ロ　屋外用のバスダクトを使用し，ダクト内部に水が浸入してたまらないようにすること．

ハ　使用電圧が300Vを超える場合は，民間規格評価機関として日本電気技術規格委員会が承認した規格である「バスダクト工事による300Vを超える低圧屋側配線又は屋外配線の施設」の「適用」の欄に規定する要件によること．

七　ケーブル工事による低圧の屋側配線又は屋外配線は，次によること．

イ　電線は，166－2表に規定するものであること．

166－2表

電線の種類		区分	
		使用電圧が300V以下のものを展開した場所又は点検できる隠ぺい場所に施設する場合	その他の場合
ケーブル		○	○
2種	クロロプレンキャブタイヤケーブル	○	
3種		○	○
4種		○	○
2種	クロロスルホン化ポリエチレンキャブタイヤケーブル	○	
3種		○	○
4種		○	○
2種	耐燃性エチレンゴムキャブタイヤケーブル	○	
3種		○	○
ビニルキャブタイヤケーブル		○	
耐燃性ポリオレフィンキャブタイヤケーブル		○	

（備考）○は，使用できることを示す．

ロ　第164条第1項第二号から第五号まで及び同条第2項の規定に準じて施設すること．

八　低圧の屋側配線又は屋外配線の開閉器及び過電流遮断器は，屋内電路用のものと兼用しないこと．ただし，当該配線の長さが屋内電路の分岐点から8m以下の場合において，屋内電路用の過電流遮断器の定格電流が15A（配線用遮断器にあっては，20A）以下のときは，この限りでない．

2　屋外に施設する白熱電灯の引下げ線のうち，地表上の高さ2.5m未満の部分は，次の各号のいずれかにより施設すること．

一　次によること．

イ　電線は，直径1.6mmの軟銅線と同等以上の強さ及び太さの絶縁電線（屋外用ビニル絶縁電線を除く．）であること．

ロ　電線に簡易接触防護措置を施し，又は電線の損傷を防止するように施設すること．

二　ケーブル工事により，第164条第1項及び第2項の規定に準じて施設すること．

【低圧配線と弱電流電線等又は管との接近又は交差】（省令第62条）

第167条　がいし引き工事により施設する低圧配線が，弱電流電線等又は水管，ガス管若しくはこれらに類するもの（以下この条において「水管等」という．）と接近又は交差する場合は，次の各号のいずれかによること．

一　低圧配線と弱電流電線等又は水管等との離隔距離は，10cm（電線が裸電線である場合は，30cm）以上とすること．

二　低圧配線の使用電圧が300V以下の場合において，低圧配線と弱電流電線等又は水管等との間に絶縁性の隔壁を堅ろうに取り付けること．

三　低圧配線の使用電圧が300V以下の場合において，低圧配線を十分な長さの難燃性及び耐水性のある堅ろうな絶縁管に収めて施設すること．

2　合成樹脂管工事，金属管工事，金属可とう電線管工事，金属線ぴ工事，金属ダクト工事，バスダクト工事，ケーブル工事，フロアダクト工事，セルラダクト工事，ライティングダクト工事又は平形保護層工事により施設する低圧配線が，弱電流電線等又は水管等と接近し又は交差する場合は，次項ただし書の規定による場合を除き，低圧配線が弱電流電線等又は水管等と接触しないように施設すること．

3　合成樹脂管工事，金属管工事，金属可とう電線管工事，金属線ぴ工事，金属ダクト工事，バスダクト工事，フロアダクト工事又はセルラダクト工事により施設する低圧配線の電線と弱電流電線とは，同一の管，線ぴ若しくはダクト若しくはこれらのボックスその他の附属品又はプルボックスの中に施設しないこと．ただし，低圧配線をバスダクト工事以外の工事により施設する場合において，次の各号のいずれかに該当するときは，この限りでない．

一　低圧配線の電線と弱電流電線とを，次に適合するダクト，ボックス又はプルボックスの中に施設する場合．この場合において，低圧配線を合成樹脂管工事，金属管工事，金属可とう電線管工事又は金属線ぴ工事により施設するときは，電線と弱電流電線とは，別個の管又は線ぴに収めて施設すること．

イ　低圧配線と弱電流電線との間に堅ろうな隔壁を設けること．

ロ　金属製部分にC種接地工事を施すこと．（関連省令第10条，第11条）

二　弱電流電線が，次のいずれかに該当するものである場合

イ　リモコンスイッチ，保護リレーその他これに類するものの制御用の弱電流電線であって，絶縁電線と同等以上の絶縁効力があり，かつ，低圧配線との識別が容易にできるもの

ロ　C種接地工事を施した金属製の電気的遮へい層を有する通信用ケーブル（関連省令第10条，第11条）

【電球線の施設】（省令第56条第1項，第57条第1項）

第170条　電球線は，次の各号によること．

一　使用電圧は，300V以下であること．

二　電線の断面積は，0.75 mm^2 以上であること．

三　電線は，170－1表に規定するものであること．

170－1表

電線の種類		施設場所	
		屋内	屋側又は屋外
防湿コード		○	○※2
防湿コード以外のゴムコード		○※1	
ゴムキャブタイヤコード		○	
1種	キャブタイヤケーブル	○	○※2
2種		○	○
3種			
4種			
2種	クロロプレンキャブタイヤケーブル	○	○
3種			
4種			
2種	クロロスルホン化ポリエチレンキャブタイヤケーブル	○	○
3種			
4種			
2種	耐燃性エチレンゴムキャブタイヤケーブル	○	○
3種			

※1：乾燥した場所に施設する場合に限る．

※2：屋側に雨露にさらされないように施設する場合に限る．

（備考）○は，使用できることを示す．

四　簡易接触防護措置を施す場合は，前号の規定にかかわらず，次に掲げる電線を使用することができる．

イ　軟銅より線を使用する600Vゴム絶縁電線

ロ　口出し部の電線の間隔が10mm以上の電球受口に附属する電線にあっては，軟銅より線を使用する600Vビニル絶縁電線

五　電球線と屋内配線又は屋側配線との接続は，その接続点において電球又は器具の重量を配線に支持させないものであること．

【移動電線の施設】（省令第56条，第57条第1項，第66条）

第171条　低圧の移動電線は，第181条第1項第七号（第182条第五号にお

いて準用する場合を含む.）に規定するものを除き，次の各号によること.

一　電線の断面積は，0.75 mm^2 以上であること.

二　電線は，171－1表に規定するものであること.

171－1表

電線の種類		区分		
		使用電圧が300V以下のもの		使用電圧が300Vを超えるもの
		屋内に施設する場合	屋側又は屋外に施設する場合	
ビニルコード		△※1		
ビニルキャブタイヤコード		△※1	△※2	
耐燃性ポリオレフィンコード		△※1		
耐燃性ポリオレフィンキャブタイヤコード		△※1	△※2	
防湿コード		○	○※2	
防湿コード以外のゴムコード		○※1		
ゴムキャブタイヤコード		○		
ビニルキャブタイヤケーブル		△	△	▲
耐燃性ポリオレフィンキャブタイヤケーブル		△	△	▲
1種	キャブタイヤケーブル	○		
2種 3種 4種	キャブタイヤケーブル	○	○	○
2種 3種 4種	クロロプレンキャブタイヤケーブル	○	○	○
2種 3種 4種	クロロスルホン化ポリエチレンキャブタイヤケーブル	○	○	○
2種 3種	耐燃性エチレンゴムキャブタイヤケーブル	○	○	○

※1：乾燥した場所に施設する場合に限る.

※2：屋側に雨露にさらされないように施設する場合に限る.

（備考）

1.　○は，使用できることを示す.

2.　△は，次に掲げるものに附属する移動電線として使用する場合に限り使用できることを示す.

(1)　差込み接続器を介さないで直接接続される放電灯，扇風機，電気スタンドその他の電気を熱として利用しない電気機械器具（配線器具を除く．以下この条において同じ.）

(2)　電気温水器その他の高温部が露出せず，かつ，これに電線が触れるおそれがない構造の電熱器であって，電熱器と移動電線との接続部の温度が80℃以下であり，かつ，電熱器の外面の温度が100℃を超えるおそれがないもの

(3)　移動点滅器

3.　▲は，電気を熱として利用しない電気機械器具に附属する移動電線に限り使用できることを示す.

三　屋内に施設する使用電圧が300V以下の移動電線が，次のいずれかに該当する場合は，第一号及び第二号の規定によらないことができる.

イ　電気ひげそり，電気バリカンその他これらに類する軽小な家庭用電気機械器具に附属する移動電線に，長さ2.5m以下の金糸コードを使用し，これを乾燥した場所で使用する場合

ロ　電気用品安全法の適用を受ける装飾用電灯器具（直列式のものに限る.）に附属する移動電線を乾燥した場所で使用する場合

ハ　第172条第3項の規定によりエレベータ用ケーブルを使用する場合

ニ　第190条の規定により溶接用ケーブルを使用する場合

四　移動電線と屋内配線との接続には，差込み接続器その他これに類する器具を用いること．ただし，移動電線をちょう架用線にちょう架して施設する場合は，この限りでない.

五　移動電線と屋側配線又は屋外配線との接続には，差込み接続器を用いること.

六　移動電線と電気機械器具との接続には，差込み接続器その他これに類する器具を用いること．ただし，簡易接触防護措置を施した端子にコードをねじ止めする場合は，この限りでない.

2　低圧の移動電線に接続する電気機械器具の金属製外箱に第29条第1項の規定により接地工事を施す場合において，当該移動電線に使用する多心コード又は多心キャブタイヤケーブルの線心のうちの1つを接地線として使用するときは，次の各号によること.

一　線心と造営物に固定している接地線との接続には，多心コード又は多心キャブタイヤケーブルと屋内配線，屋側配線又は屋外配線との接続に使用する差込み接続器その他これに類する器具の1極を用いること.

二　線心と電気機械器具の外箱との接続には，多心コード又は多心キャブタイヤケーブルと電気機械器具との接続に使用する差込み接続器その他これに類する器具の1極を用いること．ただし，多心コード又は多心キャブタイヤケーブルと電気機械器具とをねじ止めにより接続する場合は，この限りでない.

三　第一号及び第二号の規定における差込み接続器その他これに類する器具の接地線に接続する1極は，他の極と明確に区別することができる構造のものであること.

3～4　（略）

【特殊な配線等の施設】（省令第56条第1項，第2項，第57条第1項，第63条第1項）

第172条　ショウウィンドー又はショウケース内の低圧屋内配線を，次の各号により施設する場合は，外部から見えやすい箇所に限り，コード又はキャブタイヤケーブルを造営材に接触して施設することができる.

一　ショウウィンドー又はショウケースは，乾燥した場所に施設し，内部を乾燥した状態で使用するものであること.

二　配線の使用電圧は，300V以下であること.

三　電線は，断面積0.75 mm^2 以上のコード又はキャブタイヤケーブルであること.

四　電線は，乾燥した木材，石材その他これに類する絶縁性のある造営材に，その被覆を損傷しないように適当な留め具により，1m以下の間隔で取り付けること.

五　電線には，電球又は器具の重量を支持させないこと.

六　ショウウィンドー又はショウケース内の配線又はこれに接続する移動電線と，他の低圧屋内配線との接続には，差込み接続器その他これに類する器具を用いること.

2～4　（略）

【粉じんの多い場所の施設】（省令第68条，第69条，第72条）

第175条　粉じんの多い場所に施設する低圧又は高圧の電気設備は，次の各号のいずれかにより施設すること.

一　（略）

二　可燃性粉じん（小麦粉，でん粉その他の可燃性の粉じんであって，空中に浮遊した状態において着火したときに爆発するおそれがあるものをいい，爆燃性粉じんを除く.）が存在し，電気設備が点火源となり爆発するおそれがある場所に施設する電気設備は，次により施設すること.

イ　危険のおそれがないように施設すること.

ロ　屋内配線等は，次のいずれかによること.

(イ)　合成樹脂管工事により，次に適合するように施設すること.

(1)　厚さ2mm未満の合成樹脂製電線管及びCD管以外の合成樹脂管を使用すること.

(2)　合成樹脂管及びボックスその他の附属品は，損傷を受けるおそれがないように施設すること.

(3)　ボックスその他の附属品及びプルボックスは，容易に摩耗，腐食その他の損傷を生じるおそれがないパッキンを用いる方法，すきまの奥行きを長くする方法その他の方法により粉じんが内部に侵入し難いように施設すること.

(4)　管と電気機械器具とは，第158条第3項第二号の規定に準じて接続すること.

(5)　電動機に接続する部分で可とう性を必要とする部分の配線には，第159条第4項第一号に規定する粉じん防爆型フレキシブルフィッチングを使用すること.

(ロ)　金属管工事により，次に適合するように施設すること.

(1)　金属管は，薄鋼電線管又はこれと同等以上の強度を有

するものであること．

(2) 管相互及び管とボックスその他の附属品，プルボックス又は電気機械器具とは，5山以上ねじ合わせて接続する方法その他これと同等以上の効力のある方法により，堅ろうに接続すること．

(3) (イ)(3)及び(5)の規定に準じて施設すること．

(ハ) ケーブル工事により，次に適合するように施設すること．

(1) 前号イ(ロ)(2)の規定に準じて施設すること．

(2) 電線を電気機械器具に引き込むときは，引込口より粉じんが内部に侵入し難いようにし，かつ，引込口で電線が損傷するおそれがないように施設すること．

ハ 移動電線は，次によること．

(イ) 電線は，1種キャブタイヤケーブル以外のキャブタイヤケーブルであること．

(ロ) 電線は，接続点のないものを使用し，損傷を受けるおそれがないように施設すること．

(ハ) ロ(ハ)(2)の規定に準じて施設すること．

ニ 電気機械器具は，電気機械器具防爆構造規格に規定する粉じん防爆普通防じん構造のものであること．

ホ 前号ハ，ホ及びヘの規定に準じて施設すること．

三～四 （略）

2 （略）

【可燃性ガス等の存在する場所の施設】（省令第69条，第72条）

第176条 可燃性のガス（常温において気体であり，空気とある割合の混合状態において点火源がある場合に爆発を起こすものをいう．）又は引火性物質（火のつきやすい可燃性の物質で，その蒸気と空気とがある割合の混合状態において点火源がある場合に爆発を起こすものをいう．）の蒸気（以下この条において「可燃性ガス等」という．）が漏れ又は滞留し，電気設備が点火源となり爆発するおそれがある場所における，低圧又は高圧の電気設備は，次の各号のいずれかにより施設すること．

一 次によるとともに，危険のおそれがないように施設すること．

イ 屋内配線，屋側配線，屋外配線，管灯回路の配線，第181条第1項に規定する小勢力回路の電線及び第182条に規定する出退表示灯回路の電線（以下この条において「屋内配線等」という．）は，次のいずれかによること．

(イ) 金属管工事により，次に適合するように施設すること．

(1) 金属管は，薄鋼電線管又はこれと同等以上の強度を有するものであること．

(2) 管相互及び管とボックスその他の附属品，プルボックス又は電気機械器具とは，5山以上ねじ合わせて接続する方法その他これと同等以上の効力のある方法により，堅ろうに接続すること．

(3) 電動機に接続する部分で可とう性を必要とする部分の配線には，第159条第4項第二号に規定する耐圧防爆型フレキシブルフィッチング又は同項第三号に規定する安全増防爆型フレキシブルフィッチングを使用すること．

(ロ) ケーブル工事により，次に適合するように施設すること．

(1) 電線は，キャブタイヤケーブル以外のケーブルであること．

(2) 電線は，第120条第6項に規定する性能を満足するがい装を有するケーブル又はMIケーブルを使用する場合を除き，管その他の防護装置に収めて施設すること．

(3) 電線を電気機械器具に引き込むときは，引込口で電線が損傷するおそれがないようにすること．

ロ 屋内配線等を収める管又はダクトは，これらを通じてガス等がこの条に規定する以外の場所に漏れないように施設すること．

ハ 移動電線は，次によること．

(イ) 電線は，3種キャブタイヤケーブル，3種クロロプレンキャブタイヤケーブル，3種クロロスルホン化ポリエチレンキャブタイヤケーブル，3種耐燃性エチレンゴムキャブタイヤケーブル，4種キャブタイヤケーブル，4種クロロプレンキャブタイヤケーブル又は4種クロロスルホン化ポリエチレンキャブタイヤケーブルであること．

(ロ) 電線は，接続点のないものを使用すること．

(ハ) 電線を電気機械器具に引き込むときは，引込口より可燃性ガス等が内部に侵入し難いようにし，かつ，引込口で電線が損傷するおそれがないように施設すること．

ニ 電気機械器具は，電気機械器具防爆構造規格に適合するもの（第二号の規定によるものを除く．）であること．

ホ 前条第一号ハ，ホ及びヘの規定に準じて施設すること．

二 日本産業規格 JIS C 60079－14（2008）「爆発性雰囲気で使用する電気機械器具–第14部：危険区域内の電気設備（鉱山以外）」の規定により施設すること．

2 （略）

【危険物等の存在する場所の施設】（省令第69条，第72条）

第177条 危険物（消防法（昭和23年法律第186号）第2条第7項に規定する危険物のうち第2類，第4類及び第5類に分類されるもの，その他の燃えやすい危険な物質をいう．）を製造し，又は貯蔵する場所（第175条，前条及び次条に規定する場所を除く．）に施設する低圧又は高圧の電気設備は，次の各号により施設すること．

一 屋内配線，屋側配線，屋外配線，管灯回路の配線，第181条第1項に規定する小勢力回路の電線及び第182条に規定する出退表示灯回路の電線（以下この条において「屋内配線等」という．）は，次のいずれかによること．

イ 合成樹脂管工事により，次に適合するように施設すること．

(イ) 合成樹脂管は，厚さ2mm未満の合成樹脂製電線管及びCD管以外のものであること．

(ロ) 合成樹脂管及びボックスその他の附属品は，損傷を受けるおそれがないように施設すること．

ロ 金属管工事により，薄鋼電線管又はこれと同等以上の強度を有する金属管を使用して施設すること．

ハ ケーブル工事により，次のいずれかに適合するように施設すること．

(イ) 電線に第120条第6項に規定する性能を満足するがい装を有するケーブル又はMIケーブルを使用すること．

(ロ) 電線を管その他の防護装置に収めて施設すること．

二 移動電線は，次によること．

イ 電線は，1種キャブタイヤケーブル以外のキャブタイヤケーブルであること．

ロ 電線は，接続点のないものを使用し，損傷を受けるおそれがないように施設すること．

ハ 移動電線を電気機械器具に引き込むときは，引込口で損傷を受けるおそれがないように施設すること．

三～四 （略）

2～3 （略）

【小勢力回路の施設】（省令第56条第1項，第57条第1項，第59条第1項，第62条）

第181条 電磁開閉器の操作回路又は呼鈴若しくは警報ベル等に接続する電路であって，最大使用電圧が60V以下のもの（以下この条において「小勢力回路」という．）は，次の各号によること．

一 小勢力回路の最大使用電流は，181–1表の中欄に規定する値以下であること．

二 小勢力回路に電気を供給する電路には，次に適合する変圧器を施設すること．

イ 絶縁変圧器であること．

ロ 1次側の対地電圧は，300V以下であること．

ハ 2次短絡電流は，181－1表の右欄に規定する値以下であること．ただし，当該変圧器の2次側電路に，定格電流が同表の中欄に規定する最大使用電流以下の過電流遮断器を施設する場合は，この限りでない．

181－1表

小勢力回路の最大使用電圧の区分	最大使用電流	変圧器の2次短絡電流
15V以下	5A	8A
15Vを超え30V以下	3A	5A
30Vを超え60V以下	1.5A	3A

三 小勢力回路の電線を造営材に取り付けて施設する場合は，次によること．

イ　電線は，ケーブル（通信用ケーブルを含む.）である場合を除き，直径0.8 mm以上の軟銅線又はこれと同等以上の強さ及び太さのものであること.
ロ　電線は，コード，キャブタイヤケーブル，ケーブル，第3項に規定する絶縁電線又は第4項に規定する通信用ケーブルであること．ただし，乾燥した造営材に施設する最大使用電圧が30 V以下の小勢力回路の電線に被覆線を使用する場合は，この限りでない.
ハ　電線を損傷を受けるおそれがある箇所に施設する場合は，適当な防護装置を施すこと.
ニ　電線を防護装置に収めて施設する場合及び電線がキャブタイヤケーブル，ケーブル又は通信用ケーブルである場合を除き，次によること.
(イ) 電線がメタルラス張り，ワイヤラス張り又は金属板張りの木造の造営材を貫通する場合は，第145条第1項の規定に準じて施設すること.
(ロ) 電線をメタルラス張り，ワイヤラス張り又は金属板張りの木造の造営材に取り付ける場合は，電線を絶縁性，難燃性及び耐水性のあるがいしにより支持し，造営材との離隔距離を6 mm以上とすること.
ホ　電線をメタルラス張り，ワイヤラス張り又は金属板張りの木造の造営物に施設する場合において，次のいずれかに該当するときは，第145条第2項の規定に準じて施設すること.
(イ) 電線を金属製の防護装置に収めて施設する場合
(ロ) 電線が金属被覆を有するケーブル又は通信用ケーブルである場合へ　電線は，金属製の水管，ガス管その他これらに類するものと接触しないように施設すること.
四〜七　(略)
2〜4　(略)

【ネオン放電灯の施設】（省令第56条第1項，第57条第1項，第59条第1項）
第186条　(略)
一〜十　(略)
2　管灯回路の使用電圧が1 000 Vを超えるネオン放電灯は，次の各号によること.
一　簡易接触防護措置を施すとともに，危険のおそれがないように施設すること.
二　屋内に施設する場合は，前条第1項第一号の規定に準じること.
三　放電灯用変圧器は，電気用品安全法の適用を受けるネオン変圧器であること.
四　管灯回路の配線は，次によること.
イ　展開した場所又は点検できる隠ぺい場所に施設すること.
ロ　がいし引き工事により，次に適合するように施設すること.
(イ) 電線は，ネオン電線であること.
(ロ) 電線は，造営材の側面又は下面に取り付けること．ただし，電線を展開した場所に施設する場合において，技術上やむを得ないときは，この限りでない.
(ハ) 電線の支持点間の距離は，1 m以下であること.
(ニ) 電線相互の間隔は，6 cm以上であること.
(ホ) 電線と造営材との離隔距離は186－1表に規定する値以上であること.

186－1表

施設場所の区分	使用電圧の区分	離隔距離
展開した場所	6 000 V以下	2 cm
	6 000 Vを超え9 000 V以下	3 cm
	9 000 V超過	4 cm
点検できる隠ぺい場所	－	6 cm

(ヘ) がいしは，絶縁性，難燃性及び耐水性のあるものであること.
ハ　管灯回路の配線のうち放電管の管極間を接続する部分，放電管取付け枠内に施設する部分又は造営材に沿い施設する部分（放電管からの長さが2 m以下の部分に限る.）を次により施設する場合は，ロ(イ)から(ニ)までの規定によらないことができる.
(イ) 電線は，厚さ1 mm以上のガラス管に収めて施設すること．ただし，電線の長さが10 cm以下の場合は，この限りでない.
(ロ) ガラス管の支持点間の距離は，50 cm以下であること.
(ハ) ガラス管の支持点のうち最も管端に近いものは，管端から8 cm以上であって12 cm以下の部分に設けること.
(ニ) ガラス管は，造営材に堅ろうに取り付けること.
ニ　第167条の規定に準じて施設すること.
五　管灯回路の配線又は放電管の管極部分が造営材を貫通する場合は，その部分を難燃性及び耐水性のある堅ろうな絶縁管に収めること.
六　放電管は，造営材と接触しないように施設し，かつ，放電管の管極部分と造営材との離隔距離は，第四号ロ(ホ)の規定に準じること.
七　ネオン変圧器の外箱には，D種接地工事を施すこと.（関連省令第10条，第11条）
八　(略)
九　湿気の多い場所又は水気のある場所に施設するネオン放電灯には適当な防湿装置を施すこと.
3　(略)

電気事業法施行規則
(重要条文より試験に必要な箇所を抜粋)

第3章　電気工作物

(一般用電気工作物の範囲)
第48条　法第38条第1項の経済産業省令で定める電圧は，600 Vとする.
2　法第38条第1項の経済産業省令で定める発電用の電気工作物は，次のとおりとする．ただし，次の各号に定める設備であって，同一の構内に設置する次の各号に定める他の設備と電気的に接続され，それらの設備の出力の合計が50 kW以上となるものを除く.
一　太陽電池発電設備であって出力50 kW未満のもの
二　風力発電設備であって出力20 kW未満のもの
三　次のいずれかに該当する水力発電設備であって，出力20 kW未満のもの
イ　最大使用水量が1 m^3/s未満のもの（ダムを伴うものを除く.）
ロ　特定の施設内に設置されるものであって別に告示するもの
四　内燃力を原動力とする火力発電設備であって出力10 kW未満のもの
五　次のいずれかに該当する燃料電池発電設備であって，出力10 kW未満のもの
イ〜ロ　(略)
六　(略)
3　法第38条第1項の経済産業省令で定める場所は，次のとおりとする.
一　火薬類取締法（昭和25年法律第149号）第2条第1項に規定する火薬類（煙火を除く.）を製造する事業場
二　鉱山保安法施行規則（平成16年経済産業省令第96号）が適用される鉱山のうち，同令第1条第2項第八号に規定する石炭坑
4　法第38条第1項第1号の経済産業省令で定める電圧は，600 Vとする.

電気用品安全法
(重要条文より試験に必要な箇所を抜粋)

第2章　事業の届出等

(事業の届出)
第3条　電気用品の製造又は輸入の事業を行う者は，経済産業省令で定める電気用品の区分に従い，事業開始の日から30日以内に，次の事項を経済産業大臣に届け出なければならない.
一　氏名又は名称及び住所並びに法人にあっては，その代表者の氏名
二　経済産業省令で定める電気用品の型式の区分
三　当該電気用品を製造する工場又は事業場の名称及び所在地

(電気用品の輸入の事業を行う者にあっては，当該電気用品の製造事業者の氏名又は名称及び住所)

第３章　電気用品の適合性検査等

(基準適合義務等)

第8条　届出事業者は，第３条の規定による届出に係る型式（以下単に「届出に係る型式」という.）の電気用品を製造し，又は輸入する場合においては，経済産業省令で定める技術上の基準（以下「技術基準」という.）に適合するようにしなければならない．ただし，次に掲げる場合に該当するときは，この限りでない.

一　特定の用途に使用される電気用品を製造し，又は輸入する場合において，経済産業大臣の承認を受けたとき.

二　試験的に製造し，又は輸入するとき.

２　届出事業者は，経済産業省令で定めるところにより，その製造又は輸入に係る前項の電気用品（同項ただし書の規定の適用を受けて製造され，又は輸入されるものを除く.）について検査を行い，その検査記録を作成し，これを保存しなければならない.

(特定電気用品の適合性検査)

第9条　届出事業者は，その製造又は輸入に係る前条第１項の電気用品（同項ただし書の規定の適用を受けて製造され，又は輸入されるものを除く.）が特定電気用品である場合には，当該特定電気用品を販売する時までに，次の各号のいずれかに掲げるものについて，経済産業大臣の登録を受けた者の次項の規定による検査（以下「適合性検査」という.）を受け，かつ，同項の証明書の交付を受け，これを保存しなければならない．ただし，当該特定電気用品と同一の型式に属する特定電気用品について既に第二号に係る同項の証明書の交付を受けこれを保存している場合において当該証明書の交付を受けた日から起算して特定電気用品ごとに政令で定める期間を経過していないとき又は同項の証明書と同等なものとして経済産業省令で定めるものを保存している場合は，この限りでない.

一　当該特定電気用品

二　試験用の特定電気用品及び当該特定電気用品に係る届出事業者の工場又は事業場における検査設備その他経済産業省令で定めるもの

２　前項の登録を受けた者は，同項各号に掲げるものについて経済産業省令で定める方法により検査を行い，これらが技術基準又は経済産業省令で定める同項第二号の検査設備その他経済産業省令で定めるものに関する基準に適合しているときは，経済産業省令で定めるところにより，その旨を記載した証明書を当該届出事業者に交付することができる.

(表示)

第10条　届出事業者は，その届出に係る型式の電気用品の技術基準に対する適合性について，第８条第２項（特定電気用品の場合にあっては，同項及び前条第１項）の規定による義務を履行したときは，当該電気用品に経済産業省令で定める方式による表示を付することができる.

２　届出事業者がその届出に係る型式の電気用品について前項の規定により表示を付する場合でなければ，何人も，電気用品に同項の表示又はこれと紛らわしい表示を付してはならない.

第４章　販売等の制限

(販売の制限)

第27条　電気用品の製造，輸入又は販売の事業を行う者は，第10条第１項の表示が付されているものでなければ，電気用品を販売し，又は販売の目的で陳列してはならない.

２　前項の規定は，同項に規定する者が次に掲げる場合に該当するときは，適用しない.

一　特定の用途に使用される電気用品を販売し，又は販売の目的で陳列する場合において，経済産業大臣の承認を受けたとき.

二　第８条第１項第一号の承認に係る電気用品を販売し，又は販売の目的で陳列するとき.

(使用の制限)

第28条　電気事業法第２条第１項第十七号に規定する電気事業者，同法第38条第４項に規定する自家用電気工作物を設置する者，電気工事士法（昭和35年法律第139号）第２条第４項に規定する電気工事士，同法第３条第３項に規定する特種電気工事資格者又は同条第４項に規定する認定電気工事従事者は，第10条第１項の表示が付されているものでなければ，電気用品を電気事業法第２条第１項第十八号に規定する電気工作物の設置又は変更の工事に使用してはならない.

２　電気用品を部品又は附属品として使用して製造する物品であって，政令で定めるものの製造の事業を行う者は，第10条第１項の表示が付されているものでなければ，電気用品をその製造に使用してはならない.

３　前条第２項の規定は，前２項の場合に準用する.

電気用品安全法施行令
(重要条文より試験に必要な箇所を抜粋)

(特定電気用品)

第1条の2　法第２条第２項の特定電気用品は，別表第１の左欄に掲げるとおりとする.

別表第１　(第１条，第１条の２，第２条関係)

一　電線（定格電圧が100 V以上600 V以下のものに限る.）であって，次に掲げるもの	
(1)　絶縁電線であって，次に掲げるもの（導体の公称断面積が100 mm^2 以下のものに限る.）	
１　ゴム絶縁電線（絶縁体が合成ゴムのものを含む.）	７年
２　合成樹脂絶縁電線（別表第２第一号(1)に掲げるものを除く.）	７年
(2)　ケーブル（導体の公称断面積が22 mm^2 以下，線心が７本以下及び外装がゴム（合成ゴムを含む.）又は合成樹脂のものに限る.）	７年
(3)　コード	７年
(4)　キャブタイヤケーブル（導体の公称断面積が100 mm^2 以下及び線心が７本以下のものに限る.）	７年
二　(略)	
三　配線器具であって，次に掲げるもの（定格電圧が100 V以上300 V以下（蛍光灯用ソケットにあっては，100 V以上1 000 V以下）のものであって，交流の電路に使用するものに限り，防爆型のもの及び油入型のものを除く.）	
(1)　タンブラースイッチ，中間スイッチ，タイムスイッチその他の点滅器（定格電流が30 A以下のものに限り，別表第２第四号(1)に掲げるもの及び機械器具に組み込まれる特殊な構造のものを除く.）	７年
(2)　開閉器であって，次に掲げるもの（定格電流が100 A以下（電動機用のものにあっては，その適用電動機の定格容量が12 kW以下）のものに限り，機械器具に組み込まれる特殊な構造のものを除く.）	
１　箱開閉器（カバー付スイッチを含む.）	７年
２　フロートスイッチ	７年
３　圧力スイッチ（定格動作圧力が294 kPa以下のものに限る.）	７年
４　ミシン用コントローラー	７年
５　配線用遮断器	７年
６　漏電遮断器	７年
(3)　カットアウト（定格電流が100 A以下のものであって，つめ付ヒューズ又はプラグヒューズを取り付けるものに限る.）	７年
(4)　接続器及びその附属品であって，次に掲げるもの（定格電流が50 A以下のものであって，極数が５以下のものに限り，タイムスイッチ機構以外の点滅機構を有するものを含む.）	
１　差込み接続器（別表第２第四号(3)に掲げるもの及び機械器具に組み込まれる特殊な構造のものを除く.）	７年
２　ねじ込み接続器（機械器具に組み込まれる特殊な構造のものを除く.）	７年
３　ソケット（電灯器具以外の機械器具に組み込まれる特殊な構造のものを除く.）	７年
４　ローゼット	７年
５　ジョイントボックス	７年
四～十　(略)	

電気工事士法
（重要条文より試験に必要な箇所を抜粋）

（電気工事士等）

第3条　第1種電気工事士免状の交付を受けている者（以下「第1種電気工事士」という.）でなければ，自家用電気工作物に係る電気工事（第3項に規定する電気工事を除く．第4項において同じ.）の作業（自家用電気工作物の保安上支障がないと認められる作業であって，経済産業省令で定めるものを除く.）に従事してはならない.

2　第1種電気工事士又は第2種電気工事士免状の交付を受けている者（以下「第2種電気工事士」という.）でなければ，一般用電気工作物に係る電気工事の作業（一般用電気工作物の保安上支障がないと認められる作業であって，経済産業省令で定めるものを除く．以下同じ.）に従事してはならない.

3　自家用電気工作物に係る電気工事のうち経済産業省令で定める特殊なもの（以下「特殊電気工事」という.）については，当該特殊電気工事に係る特種電気工事資格者認定証の交付を受けている者（以下「特種電気工事資格者」という.）でなければ，その作業（自家用電気工作物の保安上支障がないと認められる作業であって，経済産業省令で定めるものを除く.）に従事してはならない.

4　自家用電気工作物に係る電気工事のうち経済産業省令で定める簡易なもの（以下「簡易電気工事」という.）については，第1項の規定にかかわらず，認定電気工事従事者認定証の交付を受けている者（以下「認定電気工事従事者」という.）は，その作業に従事することができる.

（電気工事士免状）

第4条　電気工事士免状の種類は，第1種電気工事士免状及び第2種電気工事士免状とする.

2　電気工事士免状は，都道府県知事が交付する.

3　（略）

4　第2種電気工事士免状は，次の各号の1に該当する者でなければ，その交付を受けることができない.

一　第2種電気工事士試験に合格した者

二　経済産業大臣が指定する養成施設において，経済産業省令で定める第2種電気工事士たるに必要な知識及び技能に関する課程を修了した者

三　経済産業省令で定めるところにより，前二号に掲げる者と同等以上の知識及び技能を有していると都道府県知事が認定した者

5～7　（略）

（電気工事士等の義務）

第5条　電気工事士，特種電気工事資格者又は認定電気工事従事者は，一般用電気工作物に係る電気工事の作業に従事するときは電気事業法第56条第1項の経済産業省令で定める技術基準に，自家用電気工作物に係る電気工事の作業（第3条第1項及び第3項の経済産業省令で定める作業を除く.）に従事するときは同法第39条第1項の主務省令で定める技術基準に適合するようにその作業をしなければならない.

2　電気工事士，特種電気工事資格者又は認定電気工事従事者は，前項の電気工事の作業に従事するときは，電気工事士免状，特種電気工事資格者認定証又は認定電気工事従事者認定証を携帯していなければならない.

電気工事士法施行令
（重要条文より試験に必要な箇所を抜粋）

（軽微な工事）

第1条　電気工事士法（以下「法」という.）第2条第3項ただし書の政令で定める軽微な工事は，次のとおりとする.

一　電圧600 V以下で使用する差込み接続器，ねじ込み接続器，ソケット，ローゼットその他の接続器又は電圧600 V以下で使用するナイフスイッチ，カットアウトスイッチ，スナップスイッチその他の開閉器にコード又はキャブタイヤケーブルを接続する工事

二　電圧600 V以下で使用する電気機器（配線器具を除く．以下同じ.）又は電圧600 V以下で使用する蓄電池の端子に電線（コード，キャブタイヤケーブル及びケーブルを含む．以下同じ.）をねじ止めする工事

三　電圧600 V以下で使用する電力量計若しくは電流制限器又はヒューズを取り付け，又は取り外す工事

四　電鈴，インターホーン，火災感知器，豆電球その他これらに類する施設に使用する小型変圧器（二次電圧が36 V以下のものに限る.）の二次側の配線工事

五　電線を支持する柱，腕木その他これらに類する工作物を設置し，又は変更する工事

六　地中電線用の暗渠又は管を設置し，又は変更する工事

（免状の記載事項）

第3条　免状には，次に掲げる事項を記載するものとする.

一　免状の種類

二　免状の交付番号及び交付年月日

三　氏名及び生年月日

（免状の再交付）

第4条　電気工事士は，免状をよごし，損じ，又は失ったときは，当該免状を交付した都道府県知事にその再交付を申請することができる.

2　免状をよごし，又は損じて前項の申請をするときは，申請書に当該免状を添えて提出しなければならない.

3　免状を失ってその再交付を受けた者は，失った免状を発見したときは，遅滞なく，免状の再交付を受けた都道府県知事にこれを提出しなければならない.

（免状の書換え）

第5条　電気工事士は，免状の記載事項に変更を生じたときは，当該免状にこれを証明する書類を添えて，当該免状を交付した都道府県知事にその書換えを申請しなければならない.

電気工事士法施行規則
（重要条文より試験に必要な箇所を抜粋）

（軽微な作業）

第2条　法第3条第1項の自家用電気工作物の保安上支障がないと認められる作業であって，経済産業省令で定めるものは，次のとおりとする.

一　次に掲げる作業以外の作業

イ　電線相互を接続する作業（電気さく（定格一次電圧300 V以下であって感電により人体に危害を及ぼすおそれがないように出力電流を制限することができる電気さく用電源装置から電気を供給されるものに限る．以下同じ.）の電線を接続するものを除く.）

ロ　がいしに電線(電気さくの電線及びそれに接続する電線を除く．ハ，ニ及びチにおいて同じ.）を取り付け，又はこれを取り外す作業

ハ　電線を直接造営材その他の物件（がいしを除く.）に取り付け，又はこれを取り外す作業

ニ　電線管，線樋，ダクトその他これらに類する物に電線を収める作業

ホ　配線器具を造営材その他の物件に取り付け，若しくはこれを取り外し，又はこれに電線を接続する作業（露出型点滅器又は露出型コンセントを取り換える作業を除く.）

ヘ　電線管を曲げ，若しくはねじ切りし，又は電線管相互若しくは電線管とボックスその他の附属品とを接続する作業

ト　金属製のボックスを造営材その他の物件に取り付け，又はこれを取り外す作業

チ　電線，電線管，線樋，ダクトその他これらに類する物が造営材を貫通する部分に金属製の防護装置を取り付け，又はこれを取り外す作業

リ　金属製の電線管，線樋，ダクトその他これらに類する物又はこれらの附属品を，建造物のメタルラス張り，ワイヤラス張り又は金属板張りの部分に取り付け，又はこれらを取り外す作業

ヌ　配電盤を造営材に取り付け，又はこれを取り外す作業

ル　接地線（電気さくを使用するためのものを除く．以下この条において同じ．）を自家用電気工作物（自家用電気工作物のうち最大電力500 kW未満の需要設備において設置される電気機器であって電圧600 V以下で使用するものを除く．）に取り付け，若しくはこれを取り外し，接地線相互若しくは接地線と接地極（電気さくを使用するためのものを除く．以下この条において同じ．）とを接続し，又は接地極を地面に埋設する作業

ヲ　電圧600 Vを超えて使用する電気機器に電線を接続する作業

二　第1種電気工事士が従事する前号イからヲまでに掲げる作業を補助する作業

2　法第3条第2項の一般用電気工作物の保安上支障がないと認められる作業であって，経済産業省令で定めるものは，次のとおりとする．

一　次に掲げる作業以外の作業

イ　前項第一号イからヌまで及びヲに掲げる作業

ロ　接地線を一般用電気工作物（電圧600 V以下で使用する電気機器を除く．）に取り付け，若しくはこれを取り外し，接地線相互若しくは接地線と接地極とを接続し，又は接地極を地面に埋設する作業

二　電気工事士が従事する前号イ及びロに掲げる作業を補助する作業

電気工事業の業務の適正化に関する法律
（重要条文より試験に必要な箇所を抜粋）

第1章　総　　則

（目的）

第1条　この法律は，電気工事業を営む者の登録等及びその業務の規制を行うことにより，その業務の適正な実施を確保し，もって一般用電気工作物等及び自家用電気工作物の保安の確保に資することを目的とする．

（定義）

第2条　この法律において「電気工事」とは，電気工事士法（昭和35年法律第139号）第2条第3項に規定する電気工事をいう．ただし，家庭用電気機械器具の販売に付随して行う工事を除く．

2　この法律において「電気工事業」とは，電気工事を行なう事業をいう．

3　この法律において「登録電気工事業者」とは次条第1項又は第3項の登録を受けた者を，「通知電気工事業者」とは第17条の2第1項の規定による通知をした者を，「電気工事業者」とは登録電気工事業者及び通知電気工事業者をいう．

4　この法律において「第1種電気工事士」とは電気工事士法第3条第1項に規定する第1種電気工事士を，「第2種電気工事士」とは同条第2項に規定する第2種電気工事士をいう．

5　この法律において「一般用電気工作物等」とは電気工事士法第2条第1項に規定する一般用電気工作物等を，「自家用電気工作物」とは同条第2項に規定する自家用電気工作物をいう．

第2章　登　録　等

（登録）

第3条　電気工事業を営もうとする者（第17条の2第1項に規定する者を除く．第3項において同じ．）は，2以上の都道府県の区域内に営業所（電気工事の作業の管理を行わない営業所を除く．以下同じ．）を設置してその事業を営もうとするときは経済産業大臣の，1の都道府県の区域内にのみ営業所を設置してその事業を営もうとするときは当該営業所の所在地を管轄する都道府県知事の登録を受けなければならない．

2　登録電気工事業者の登録の有効期間は，5年とする．

3～5　（略）

第3章　業　　務

（主任電気工事士の設置）

第19条　登録電気工事業者は，その一般用電気工作物等に係る電気工事（以下「一般用電気工事」という．）の業務を行う営業所（以下この条において「特定営業所」という．）ごとに，当該業務に係る一般用電気工事の作業を管理させるため，第1種電気工事士又は電気工事士法による第2種電気工事士免状の交付を受けた後電気工事に関し3年以上の実務の経験を有する第2種電気工事士であって第6条第1項第一号から第四号までに該当しないものを，主任電気工事士として，置かなければならない．

2～3　（略）

電気工事業の業務の適正化に関する法律施行規則
（重要条文より試験に必要な箇所を抜粋）

第3章　業　　務

（器具）

第11条　法第24条の経済産業省令で定める器具は，次のとおりとする．

一　（略）

二　一般用電気工事のみの業務を行う営業所にあっては，絶縁抵抗計，接地抵抗計並びに抵抗及び交流電圧を測定することができる回路計

（標識の掲示）

第12条　法第25条の経済産業省令で定める事項は，次のとおりとする．

一　登録電気工事業者にあっては，次に掲げる事項

イ　氏名又は名称及び法人にあっては，その代表者の氏名

ロ　営業所の名称及び当該営業所の業務に係る電気工事の種類

ハ　登録の年月日及び登録番号

ニ　主任電気工事士等の氏名

二　（略）

2～4　（略）

（帳簿）

第13条　法第26条の規定により，電気工事業者は，その営業所ごとに帳簿を備え，電気工事ごとに次に掲げる事項を記載しなければならない．

一　注文者の氏名または名称および住所

二　電気工事の種類および施工場所

三　施工年月日

四　主任電気工事士等および作業者の氏名

五　配線図

六　検査結果

2　前項の帳簿は，記載の日から5年間保存しなければならない．

日本産業規格

構内電気設備の配線用図記号　C 0303：2000

Graphical symbols of wiring diagram for architectural plans

（重要部分のみ抜粋）

1．適用範囲　この規格は，構内電気設備の電灯，動力，通信・情報，防災・防犯，避雷設備，屋外設備などの配線，機器及びそれらの取付位置，取付方法を示す図面に使用する図記号について規定する．

2．配線

2.1　一般配線

名称	図記号	摘要
天井隠ぺい配線	━━━━	a)　天井隠ぺい配線のうち天井ふところ内配線を区別する場合は，天井ふところ内配線に ━ ━ ━ を用いてもよい．
床隠ぺい配線	━ ━ ━	b)　床面露出配線及び二重床内配線の図記号は，━ ‐ ━ ‐ を用いてもよい．
露出配線	- - - - - - - -	c)　電線の種類を示す必要のある場合は，**表 1** の記号を記入する．

表 1　電線の記号

記号	電線の種類	記号	電線の種類
IV	600V ビニル絶縁電線	VVF	600V ビニル絶縁ビニルシースケーブル（平形）
HIV	600V 二種ビニル絶縁電線	VVR	600V ビニル絶縁ビニルシースケーブル（丸形）
OW	屋外用ビニル絶縁電線	CVV	制御用ビニル絶縁ビニルシースケーブル
CV	600V 又は高圧架橋ポリエチレン絶縁ビニルシースケーブル	EM-EEF	600V ポリエチレン絶縁耐燃性ポリエチレンシースケーブル平形
CVT	600V 又は高圧架橋ポリエチレン絶縁ビニルシースケーブル（単心 3 本のより線）		

d)　絶縁電線の太さ及び電線数は，次のように記入する．

単位が明らかな場合は，単位を省略してもよい．ただし，2.0 は直径，2 は断面積を示す．

例　///1.6　//2.0　//2　///8

数字の傍記の例　1.6×5　5.5×1

ただし，仕様書などで電線の太さ及び電線数が明らかな場合は，記入しなくてもよい．

e)　ケーブルの太さ及び心線数（又は対数）は，次のように記入し，必要に応じ電圧を記入する．

例　1.6 mm　3 心の場合　1.6-3C

0.5 mm　100 対の場合　0.5-100P

ただし，仕様書などでケーブルの太さ及び線心数が明らかな場合は，記入しなくてもよい．

f)　電線の接続点は，次による．

g)　管類の種類を示す必要のある場合は，**表 2** の記号を記入する．

記号	配管の種類	記号	配管の種類
E	鋼製電線管(ねじなし電線管)	MM2	2 種金属線ぴ
PF	合成樹脂製可とう電線管(PF 管)	VE	硬質塩化ビニル電線管
CD	合成樹脂製可とう電線管(CD 管)	VP	硬質塩化ビニル管
F2	2 種金属製可とう電線管	HIVE	耐衝撃性硬質塩化ビニル電線管
F	フロアダクト	HIVP	耐衝撃性硬質塩化ビニル管
MM1	1 種金属線ぴ	FEP	波付硬質合成樹脂管

名称	図記号	摘要
		h) 配管は，次のように表す． 鋼製電線管(ねじなし電線管)の場合 1.6(E19) 合成樹脂製可とう電線管(PF 管)の場合 1.6(PF16) 2 種金属製可とう電線管の場合 1.6(F217) 硬質塩化ビニル電線管の場合 1.6(VE16) ただし，仕様書などで明らかな場合は，記入しなくても良い． i) フロアダクトの表示は，次による． 例 (F7) j) ケーブルラックの表示は，次による． CR 又は サイズは傍記による． k) 金属ダクトの表示は，次による． MD l) 金属線ぴの表示は，次による． MM1 m) ライティングダクトの表示は，次による． LD LD □ は，フィールドボックスを示す． 必要に応じ，電圧，極数及び容量を記入する． 例 LD 125V 2P 15A n) 接地線の表示は，次による． 例 E2.0 o) 接地線と配線を同一管内に入れる場合は，次による． 例 2.0 E2.0(PF22) ただし，接地線の表示 E が明らかな場合は，記入しなくてもよい．
立上り 引下げ 素通し		防火区画貫通部は，次による． 立上り 引下げ 素通し
プルボックス		a) 材料の種類，寸法を傍記する． b) ボックスの大小及び形状に応じた表示としてもよい．
ジョイントボックス		
VVF 用ジョイントボックス		
接地端子		医用のものは，H を傍記する．
接地極		a) 接地種別は，次によって傍記する． A 種 E_A，B 種 E_B，C 種 E_C，D 種 E_D， 例 E_A b) 必要に応じ，接地極の目的，材料の種類，大きさ，接地抵抗値などを傍記する．
受電点		引込口にこれを適用してもよい．

3. 機器

名称	図記号	摘要
電動機	Ⓜ	必要に応じ，電気方式，電圧，容量などを示す場合は，次による． 例 Ⓜ 3ϕ200V 3.7kW
コンデンサ	⊣⊢（□内）	電動機の摘要を準拠する．
電熱器	Ⓗ	電動機の摘要を準拠する．
換気扇	∞（○内）	a) 必要に応じ，種類(扇風機を含む)及び大きさを傍記する． b) 天井付きは，次による． ∞（□内）
ルームエアコン	RC（□内）	a) 屋外ユニットはO，屋内ユニットはIを傍記する RC（□内）$_O$ RC（□内）$_I$ b) 必要に応じ，電気方式，電圧，容量などを傍記する．
小形変圧器	Ⓣ	a) 必要に応じ，電圧，容量などを傍記する． b) 必要に応じ，ベル変圧器はB，リモコン変圧器はR，ネオン変圧器はN，蛍光灯用安定器はF,HID灯(高効率放電灯)用安定器はHを傍記する． Ⓣ$_B$ Ⓣ$_R$ Ⓣ$_N$ Ⓣ$_F$ Ⓣ$_H$ c) 蛍光灯用安定器及びHID灯用安定器で，器具に収めるものは，表示しない．

4. 電灯・動力

4.1 照明器具

名称	図記号	摘要
一般用照明 白熱灯 HID灯	○	a) 器具の種類を示す場合は，文字記号などを記入する． b) a)によりにくい場合には，次の例による． ペンダント ⊖ シーリング(天井直付) Ⓒⓛ（CL） シャンデリヤ （CH） 埋込器具 （DL） 引掛シーリングだけ(角) （）（□内） 引掛シーリングだけ(丸) （）（○内） c) 器具の壁付及び床付の表示 1) 壁付は，壁側を塗るか，又はWを傍記してもよい． ◐ ○$_W$ 2) 床付は，Fを傍記してもよい． ○$_F$ d) 容量を示す場合は，ワット(W)×ランプ数で傍記する． 例 ○$_{100}$ ○$_{200\times3}$ e) 屋外灯は（⊗）としてもよい． f) HID灯の種類を示す場合において，a)によりにくい場合は，容量の前に次の記号を傍記してもよい． 水銀灯 H メタルハライド灯 M ナトリウム灯 N 例 ○$_{H100}$

名称	図記号	摘要
蛍光灯	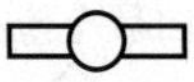	a) 図記号 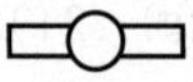 は，としてもよい．  ただし，図記号 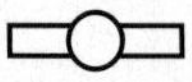 は，ボックス付を示す．  は，ボックスなしを示す． b) 器具の種類を示す場合は，文字記号などを記入する． c) 器具の壁付及び床付の表示 1) 壁付は，壁側を塗るか，又はWを傍記してもよい． W 2) 床付は，Fを傍記してもよい． 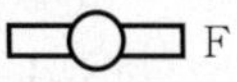 F d) 容量を示す場合は，ワット(W)×ランプ数で傍記する． 例  F40 F40 × 2 e) 器具内配線のつながり方を示す場合は，次による． 例 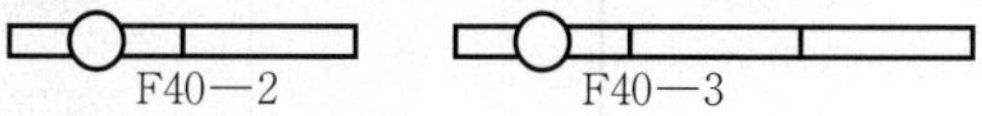 F40―2 F40―3 f) 器具の大小及び形状に応じた表示としてもよい． 例 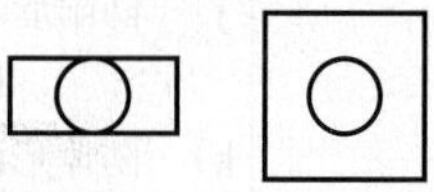
誘導灯 (消防法によるもの) 白熱灯		  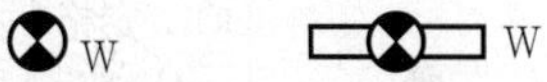 a) 器具の種類を示す場合は，文字記号などを記入する． b) 客席誘導灯(白熱灯形)を示す場合は，Sを傍記してもよい．  S 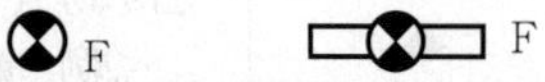
蛍光灯		c) 階段に設ける非常用照明(蛍光灯形)と兼用のものは，次の図記号でもよい． d) 通路誘導灯の避難方向表示は，必要に応じ，矢印を記入する． 例 e) 壁付は，Wを傍記してもよい． W W f) 床付は，Fを傍記してもよい． F F

4.2 コンセント

名称	図記号	摘要
コンセント 一般形		   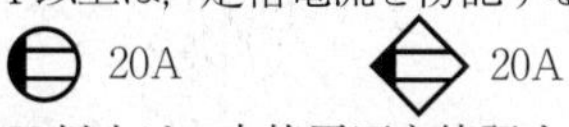 a) 図記号は，壁付きを示し，壁側を塗る． b) 図記号  は，  で示してもよい． 
ワイド形		c) 天井に取り付ける場合は，次による． d) 床面に取り付ける場合は，次による． e) 二重床用は，次による． f) 定格の表し方は，次による． 1) 15 A 125 Vは，傍記しない． 2) 20 A以上は，定格電流を傍記する． 例 20A 20A 3) 250 V以上は，定格電圧を傍記する． 例 20A250V 20A250V

名称	図記号	摘要
		g) 2口以上の場合は，口数を傍記する． 例 2 2 h) 3極以上の場合は，極数を傍記する． 例 3P 3P i) 種類を示す場合は，次による． 抜け止め形 LK LK 引掛形 T T 接地極付 E E 接地端子付 ET ET 接地極付接地端子付 EET EET 漏電遮断器付 EL EL j) 防雨形は，WPを傍記する． WP k) 防爆形は，EXを傍記する． EX l) 医用は，Hを傍記する． H
非常用コンセント (消防法によるもの)		図記号 は， としてもよい．

4.3 点滅器

名称	図記号	摘要
点滅器 一般形	●	a) 定格を示す場合は，次による． 1) 15 Aは，傍記しない． 2) 15 A以外は，定格電流を傍記する． 例 ●$_{20A}$ ◆$_{20A}$ 3) 必要に応じ，定格電圧を傍記する． b) 極数を示す場合は，次による． 1) 単極は，傍記しない． 2) 3路，4路又は2極は，それぞれ3，4又は2Pを傍記する． ●$_3$ ●$_4$ ●$_{2P}$ ◆$_3$ ◆$_4$ ◆$_{2P}$ c) プルスイッチは，Pを傍記する． ●$_P$ d) 位置表示灯を内蔵するものは，Hを傍記する． ●$_H$ ◆$_H$ e) 確認表示灯を内蔵するものは，Lを傍記する． ●$_L$ ◆$_L$ f) 別置された確認表示灯は，○とする． 例 ○● g) 防雨形は，WPを傍記する． ●$_{WP}$ h) 防爆形は，EXを傍記する． ●$_{EX}$ i) タイマ付は，Tを傍記する． ●$_T$ ◆$_T$
ワイドハンドル形	◆	

名称	図記号	摘要
		j）遅延スイッチは，次による。 ●D　◆D ●DF　◆DF（照明・換気扇用） k）熱線式自動スイッチは，次による。 ●RAS ●RA（センサー分離形） l）熱線式自動スイッチ用センサは，次による。 ▽S m）屋外灯などに使用する自動点滅器は，A 及び容量を傍記する。 例　●A（3A）
調光器 一般形	●↗	定格を示す場合は，次による。 例　●↗800W　◆↗800W
ワイド形	◆↗	
リモコンスイッチ	●R	a）別置された確認表示灯は，○とする。 例　○●R b）リモコンスイッチであることが明らかな場合は，R を省略してもよい。
リモコンセレクタスイッチ	⊗	点滅回路数を傍記する。 例　⊗9
リモコンリレー	▲	a）リモコンリレーを集合して取り付ける場合は，▲▲▲ を用い，リレー数を傍記する。 例　▲▲▲10

4.4　開閉器・計器

名称	図記号	摘要
開閉器	S	a）箱入りの場合は，箱の材質などを傍記する。 b）極数，定格電流，ヒューズ定格電流などを傍記する。 例　S 2P30A f 30A c）電流計付は，Ⓢ を用い，電流計の定格電流を傍記する。 例　Ⓢ 2P30A f 30A A5
配線用遮断器	B	a）箱入りの場合は，箱の材質などを傍記する。 b）極数，フレームの大きさ，定格電流などを傍記する。 例　B 3P 225AF 150A c）モーターブレーカを示す場合は，次による。 B M 又は B d）図記号 B は S MCCB としてもよい。
漏電遮断器	E	a）箱入りの場合は，箱の材質などを傍記する。 b）過負荷保護付は，極数，フレームの大きさ，定格電流，定格感度電流など，過負荷保護なしは，極数，定格電流，定格感度電流などを傍記する。 過負荷保護付の例　E 2P 30AF 15A 30mA 過負荷保護なしの例　E 2P 15A 30mA

名称	図記号	摘要
		c) 過負荷保護付は，[BE]を用いてもよい． d) 図記号[E]は[S]ELCB としてもよい．
電磁開閉器用押しボタン	◉B	確認表示灯付の場合は，Lを傍記する． ◉BL
圧力スイッチ	◉P	
フロートスイッチ	◉F	
フロートレススイッチ電極	◉LF	電極数を傍記する． 例 ◉LF3
タイムスイッチ	[TS]	
電力量計	(Wh)	a) 必要に応じ，電気方式，電圧，電流などを傍記する． b) 図記号(Wh)は，(WH)としてもよい．
電力量計 （箱入り又はフード付）	[Wh]	a) 電力量計の摘要を準用する． b) 集合計器箱に収納する場合は，電力量計の数を傍記する． 例 [Wh]12
漏電警報	⊛G	必要に応じ，種類を傍記する．
漏電火災警報 （消防法によるもの）	⊛F	必要に応じ，級別を傍記する．

4.5 配電盤・分電盤等

名称	図記号	摘要
配電盤，分電盤及び制御盤	▭	a) 種類を示す場合は，次による． 配電盤 ⊠ 分電盤 ◪ 制御盤 ⧓

5.2 警報・呼出・表示・ナースコール設備

名称	図記号	摘要
押しボタン	⊡	a) 壁付は，壁側を塗る． ⊡ b) 2個以上の場合は，ボタン数を傍記する． 例 ⊡3
ベル		警報用と時報用とを区別する場合は，次による． 警報用 [A] 時報用 [T]
ブザー		警報用と時報用とを区別する場合は，次による． 警報用 [A] 時報用 [T]
チャイム	[♩]	

2024年版 第二種電気工事士学科試験模範解答集

2024年 1月26日 第1版第1刷発行

編 者 電 気 書 院
発行者 田 中 聡

発 行 所
株式会社 電 気 書 院
ホームページ www.denkishoin.co.jp
(振替口座 00190-5-18837)
〒101-0051 東京都千代田区神田神保町1-3ミヤタビル2F
電話(03)5259-9160/FAX(03)5259-9162

印刷 株式会社シナノパブリッシングプレス
Printed in Japan/ISBN978-4-485-21496-1

• 落丁・乱丁の際は，送料弊社負担にてお取り替えいたします．
• 正誤のお問合せにつきましては，書名・版刷を明記の上，編集部宛に郵送・FAX（03-5259-9162）いただくか，当社ホームページの「お問い合わせ」をご利用ください．電話での質問はお受けできません．また，正誤以外の詳細な解説・受験指導は行っておりません．

[本書の正誤に関するお問い合せ方法は，最終ページをご覧ください]

おぼエールとは

第二種電気工事士の筆記試験問題で出題された，器具や工具などの写真のなかから，特に覚えておきたいものを厳選し，その名称・用途・図記号を収録した無料の Web アプリです．

ダウンロードは不要で，下記の QR コードからアクセスすれば，すぐにご利用いただけます．

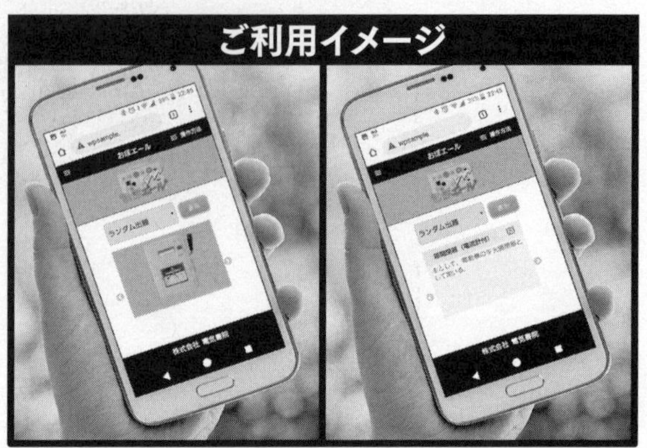
ご利用イメージ

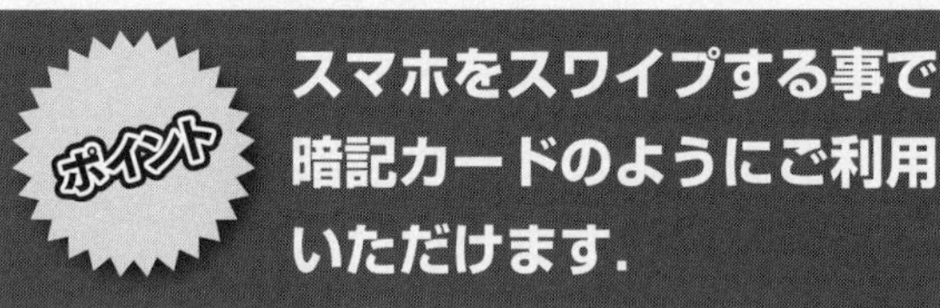
ポイント
スマホをスワイプする事で
暗記カードのようにご利用
いただけます．

アクセスはこちらから

ご利用の手順

① QR コードから「おぼエール」のトップ画面にアクセスしてください．

② トップ画面の「カテゴリを選択」から画面に表示させたい器具などの区分を選択し，「表示」ボタンをタップします．

③ ②で選択した区分に該当する器具などの写真が表示されます．画面をスワイプするとその写真の名称や用途，図記号の解説画面に切り替わります．

④ トップ画面の③で表示させた画面をスワイプすると，次の写真が表示されます．

第二種電気工事士学科試験模範解答集（2024 年版）綴込申込書

2024年 第二種電気工事士学科試験［模擬試験］無料プレゼント

※学科試験模擬試験は（問題）と（解答）のセットです

申込受付期限：2024年9月6日（金）

※在庫がなくなり次第、終了させていただきます

プレゼントをご希望の方は、こちらの申込用紙にご記入の上、**FAX・郵送にてお申し込み下さい。**

発送は（5月上旬頃）から順次行う予定です。

※お申し込み頂く時期によっては、試験日までにお届けできない場合がございますのでご注意下さい

数に限りがあるため、学科試験模擬試験（問題と解答）は、「お一人様1部」とさせていただきます

FAX(075)221-7817 第二種電気工事士学科試験［模擬試験］無料プレゼント

ご送付先 いずれかに ✓ ☐ ご自宅 ☐ 勤務先	〒□□□-□□□□ 都道府県 市区郡
（ご送付先が、勤務先・法人宛の場合のみご記入下さい） 貴社名／部署名	
ふりがな お名前	
電　話	（内線　　　　）

模擬試験のお申し込みは、郵便または FAX にてお送りください。
また、発送のお問い合わせにつきましては、下記までご連絡ください。

〒604-8214
京都市中京区百足屋町 385-3
TEL(03)5259-9160(代表)
FAX(075)221-7817
http://www.denkishoin.co.jp/

書籍の正誤について

万一，内容に誤りと思われる箇所がございましたら，以下の方法でご確認いただきますようお願いいたします．

なお，正誤のお問合せ以外の書籍の内容に関する解説や受験指導などは**行っておりません**．このようなお問合せにつきましては，お答えいたしかねますので，予めご了承ください．

正誤表の確認方法

最新の正誤表は，弊社Webページに掲載しております．書籍検索で「正誤表あり」や「キーワード検索」などを用いて，書籍詳細ページをご覧ください．

正誤表があるものに関しましては，書影の下の方に正誤表をダウンロードできるリンクが表示されます．表示されないものに関しましては，正誤表がございません．

弊社Webページアドレス
https://www.denkishoin.co.jp/

正誤のお問合せ方法

正誤表がない場合，あるいは当該箇所が掲載されていない場合は，書名，版刷，発行年月日，お客様のお名前，ご連絡先を明記の上，具体的な記載場所とお問合せの内容を添えて，下記のいずれかの方法でお問合せください．

回答まで，時間がかかる場合もございますので，予めご了承ください．

郵便で問い合わせる　郵送先

〒101-0051
東京都千代田区神田神保町1-3
ミヤタビル2F
㈱電気書院　編集部　正誤問合せ係

ファクス番号　**03-5259-9162**

ネットで問い合わせる

弊社Webページ右上の「**お問い合わせ**」から
https://www.denkishoin.co.jp/

お電話でのお問合せは，承れません

（2023年12月現在）